Roland Süße (Hrsg.)

Theoretische Grundlagen der Elektrotechnik

von
Dr.-Ing. Peter Burger
Priv.-Doz. Dr.-Ing. habil. Ute Diemar
Prof. Dr.-Ing. habil. Eberhard Kallenbach
Univ.-Prof. Dr. rer. nat. habil. Bernd Marx
Juniorprofessor Dr.-Ing. Tom Ströhla
Priv.-Doz. Dr.-Ing. habil. Roland Süße

Teubner

Roland Süße (Hrsg.)

Theoretische Grundlagen der Elektrotechnik 2

von
Dr.-Ing. Peter Burger
Priv.-Doz. Dr.-Ing. habil. Ute Diemar
Prof. Dr.-Ing. habil. Eberhard Kallenbach
Univ.-Prof. Dr. rer. nat. habil. Bernd Marx
Juniorprofessor Dr.-Ing. Tom Ströhla
Priv.-Doz. Dr.-Ing. habil. Roland Süße

Mit 212 Abbildungen und 22 Tabellen

Teubner

Bibliografische Information der Deutschen Bibliothek
Die Deutsche Bibliothek verzeichnet diese Publikation in der Deutschen Nationalbibliografie; detaillierte bibliografische Daten sind im Internet über <http://dnb.ddb.de> abrufbar.

Herausgegeben von
Priv.-Doz. Dr.-Ing. habil. Roland Süße, Technische Universität Ilmenau

Die Autoren:
Dr.-Ing. Peter Burger, Technische Universität Ilmenau
Priv.-Doz. Dr.-Ing. habil. Ute Diemar, Steinbeiß GmbH, Ilmenau
Prof. Dr.-Ing. habil. Eberhard Kallenbach, Steinbeiß GmbH, Ilmenau
Univ.-Prof. Dr. rer. nat. habil. Bernd Marx, Technische Universität Ilmenau
Juniorprofessor Dr.-Ing. Tom Ströhla, Technische Universität Ilmenau
Priv.-Doz. Dr.-Ing. habil. Roland Süße, Technische Universität Ilmenau

1. Auflage Oktober 2006

Der B. G. Teubner Verlag ist ein Unternehmen von Springer Science+Business Media.
www.teubner.de

Umschlaggestaltung: Ulrike Weigel, www.CorporateDesignGroup.de
Druck und buchbinderische Verarbeitung: Strauss Offsetdruck, Mörlenbach
Gedruckt auf säurefreiem und chlorfrei gebleichtem Papier.

ISBN 978-3-519-00525-4

Inhaltsverzeichnis

Inhaltsübersicht - Theoretische Grundlagen der Elektrotechnik 1

Übersicht verwendeter Symbole

$\mathbb{N}$	-	Menge der natürlichen Zahlen
$\mathbb{Z}$	-	Menge der ganzen Zahlen
$\mathbb{Q}$	-	Menge der rationalen Zahlen
$\mathbb{R}$	-	Menge der reellen Zahlen
$\mathbb{R}^+$	-	Menge der positiven reellen Zahlen
$\mathbb{C}$	-	Menge der komplexen Zahlen
$\mathbb{R}^3$	-	dreidimensionaler euklidischer Raum
$\mathbb{M}^4$	-	vierdimensionaler pseudoeuklidischer Raum
$()_\alpha, ()^\alpha$	-	griechische Indizierung $\Rightarrow \alpha = 1, 2, 3$
$()_i, ()^i$	-	nichtgriechische Indizierung $\Rightarrow i = 0, 1, 2, 3$
$()_{(ii)}, ()^{(ii)}$	-	eingeklammerte Indizierung $\Rightarrow$ keine Summierung über i
$\boldsymbol{g}_i, \boldsymbol{g}^i$	-	Basisvektoren eines Koordinatensystems
$\boldsymbol{e}_i, \boldsymbol{e}^i$	-	Basisvektoren des kartesischen Koordinatensystems
g_{ij}, g^{ij}	-	metrischer Tensor
g	-	Determinante des metrischen Tensors
$\mathrm{d}s$	-	Abstand zweier infinitesimal benachbarter Weltpunkte
$\epsilon_{ijk}, \epsilon^{ijk}$	-	vollständig antisymmetrischer Tensor des $\mathbb{R}^3$
$\epsilon_{ijkl}, \epsilon^{ijkl}$	-	vollständig antisymmetrischer Tensor des $\mathbb{M}^4$
Γ^k_{ij}	-	Christoffelsymbol
A_{ij}, A^{ij}	-	zweidimensionale Fläche
S^{jkl}, S_i	-	dreidimensionale Fläche bzw. der dazu duale Tensor
Ω^{ijkl}, Ω	-	vierdimensionales Volumen bzw. der dazu duale Tensor
A^*_i, A^{*i}	-	Koordinaten des Tensors $\boldsymbol{A}$ auf Einheitsvektoren bezogen
$()^{[i}()^{j]}$	-	Alternierung
$()_{\|i}$	-	kovariante Ableitung (hier: Ableitung nach den $\mathrm{d}x^i$)
grad	-	Gradient
div	-	Divergenz
rot	-	Rotation
$\overset{x^a}{\sim}$	-	proportional bezüglich x^a
$\overset{\text{zykl.}}{=}$	-	zyklische Vertauschung
c	-	Lichtgeschwindigkeit
ε	-	elektrische Dielektrizitätskonstante

μ	-	magnetische Permeabilität
λ^{ijkl}	-	elektromagnetischer Materialtensor
ϱ	-	elektrische Raumladungsdichte
Q, q	-	elektrische Ladung
φ	-	skalares elektrisches Potenzial
v	-	skalare Geschwindigkeit
$\boldsymbol{v}, v_\alpha, v^\alpha$	-	dreidimensionale Geschwindigkeit
$\boldsymbol{v}, v_i, v^i$	-	vierdimensionaler Geschwindigkeitstensor
A	-	skalares Vektorpotenzial
$\boldsymbol{A}, A_\alpha, A^\alpha$	-	dreidimensionales magnetisches Vektorpotenzial
$\boldsymbol{A}, A_i, A^i$	-	vierdimensionaler Potenzialtensor
$\boldsymbol{J}, J_\alpha, J^\alpha$	-	dreidimensionale elektrische Stromdichte im $\mathbb{R}^3$
$\boldsymbol{j}, j_i, j^i$	-	vierdimensionaler Stromdichtetensor
$\boldsymbol{E}, E_\alpha, E^\alpha$	-	dreidimensionale elektrische Feldstärke
$\boldsymbol{B}, B_\alpha, B^\alpha$	-	dreidimensionale magnetische Flussdichte
$\boldsymbol{F}, F_{ij}, F^{ij}$	-	vierdimensionaler Feldstärketensor
$\boldsymbol{D}, D_\alpha, D^\alpha$	-	dreidimensionale elektrische Erregung (elektrische Verschiebungsflussdichte)
$\boldsymbol{H}, H_\alpha, H^\alpha$	-	dreidimensionale magnetische Erregung (magnetische Feldstärke)
$\boldsymbol{G}, G_{ij}, G^{ij}$	-	vierdimensionaler Erregungstensor
p^n	-	Differenzialoperator mit Ordnung n
i, j	-	imaginäre Einheit mit $\mathrm{i}^2 = \mathrm{j}^2 = -1$
${}_a\mathrm{I}_x^p\{f(x)\}$	-	fraktionale Integration nach Riemann-Liouville
${}_a\mathrm{D}_x^p\{f(x)\}$	-	fraktionale Differenziation nach Riemann-Liouville
${}_a^{\mathrm{G}}\mathrm{D}_x^p\{f(x)\}$	-	fraktionale Differenziation nach Grünwald-Letnikow
${}_a^{\mathrm{C}}\mathrm{D}_x^p\{f(x)\}$	-	fraktionale Differenziation nach Caputo

Kapitel 13

Berechnung von Netzwerken mit fraktionaler Bauelementecharakteristik

In diesem Kapitel sind Methoden wiedergegeben, welche die Berechnung der Strom-Spannungsverhältnisse in Netzwerken mit Bauelementen, die Kennlinien mit gebrochenen Ableitungen enthalten, erlauben. Man spricht von elektrischen Netzwerken mit fraktionalen Bauelementecharakteristiken.

Es ist weiterhin nachgewiesen, wie mit Hilfe der fraktionalen Rechnung (Differenziation bzw. Integration) mathematische Approximation der Eigenschaften von derartigen Bauelementen und Schaltungen mit wesentlich höherer Genauigkeit aufgeführt werden können.

Als mathematische Grundlage gilt die gebrochen Differenzial- und Integralrechnung. In diesem Kalkül wird beispielsweise nicht die erste, zweite oder höhere Ableitung, sondern die n/m-te Differenziation bzw. Integration gebildet. n und m sind vorerst ganze reelle Zahlen.

13.1 Zur geschichtlichen Entwicklung der fraktionalen Rechnung und neue Aspekte für die nichtlineare Elektrotechnik

Die Differenziation gebrochener Ordnung wurde erstmalig im Jahre 1695 im Briefwechsel zwischen G.W. Leibnitz und G.A. L'Hospital erwähnt. Danach befassten sich berühmte Mathematiker, wie L. Euler, J.L. Lagrange, J.B.J. Fourier, O. Heaviside und andere mit dem Kalkül der Differenziation gebrochener Ordnung. Trotz dieser frühen Arbeiten wurde erst zu Beginn der 70-er Jahre des 20. Jahrhunderts eine allgemeine Theorie entwickelt. Die Bezeichnung dieser Theorie stammt vom englische Terminus *fractional calculus* ab und bezeichnet im Deutschen die gebrochene Differenzial- und Integralrechnung. Man sagt auch abgekürzt *fraktionale Differenziation.*

Die zu Beginn der Thematik ausschließlich mit gebrochener Ordnung ausgeführte Differenziation oder Integration wurde inzwischen auf reellwertige und komplexe Ordnungen ausgedehnt. Diese Theorie kennt nicht nur eine Definition der gebrochenen Differenzialrechnung sondern mehrere. Aus der Sicht der Theorie und im Hinblick auf spätere Anwendungen in der Elektrotechnik stehen die Darstellungen nach Riemann-Liouville, Grünwald-Letnikow, Caputo und Beyer-Kempfle im Vordergrund.

Mit dem ausgearbeiteten Kalkül der fraktionalen Differenziation entstehen insbesondere für die nichtlineare Elektrotechnik neue Herangehensweisen. In realen elektrischen Schaltungen entstehen infolge von Temperatur- und Frequenzabhängigkeiten des Materials, durch Verschiebungsströme, durch die elektromagnetische Induktion zwischen den Bauteilen, u. a. Abweichungen vom idealen Zustand. Zur *Kompensation* dieser Abweichungen werden die realen Bauelemente mit nichtlinearen Beschreibungen erfasst und verändert oder durch Schaltungen mit idealen Bauelementen nachgebildet. Daher weist in der Elektrotechnik jede praktische Anordnung von Bauelementen mehr oder weniger ausgeprägte nichtlineare Eigenschaften auf.

In einer Vielzahl von Anwendungen führt der unerwünschte nichtlineare Charakter von Bauelementen aufgrund ihrer Nichtbeachtung zu Verzerrungen und damit auch zu Abweichungen zwischen Messung und Rechnung. Neben diesen unerwünschten Verhaltensweisen werden nichtlineare Bauelemente zielgerichtet in der Praxis eingesetzt, um ein ganz bestimmtes wesentliches Verhalten einer Schaltung zu erreichen. Als Beispiele seien Gleichrichterschaltungen mit nichtlinearen Halbleiterdioden oder Leistungsendverstärker mit Transistoren infolge der gewünschten Übersteuerung und viele andere zu nennen.

Jedoch reicht zur exakten Beschreibung der nichtlinearen Schaltungen die Differenzialgleichungen mit ganzzahliger Ordnung nur bedingt aus. Daher greift an dieser Stelle die Einbeziehung elektrischer nichtlinearer Elemente mit fraktionaler Charakteristik. Sie bietet viele Vorteile. Für erste Anwendungen dieser Theorie wird die Nichtlinearität separat betrachtet und die nachfolgenden Umsetzungen beziehen sich ausschließlich elektrische Elemente mit linearen Eigenschaften und fraktionalem Charakter.

Als real existierende Schaltungen sind hier Hoch- und Tiefpassfilter erster Ordnung gewählt. Zur Unterscheidung wird die Bezeichnung realer Hochpass und realer Tiefpass eingeführt. Diesen fraktionalen Beschreibungen liegen die Messungen des Betrages und der Phase der Übertragungsfunktion in Abhängigkeit der Frequenz f bei rein sinusförmigem Signal zugrunde.

Die für künftige Verwendung mit idealer Hochpass oder idealer Tiefpass bezeichneten Filter setzen sich aus einem ohmschen Widerstand R und einem Kondensator C mit der

Differenziationsordnung eins zusammen und dienen zum Vergleich mit den vorliegenden Messwerten.

Ein idealer Kondensator der höheren Ordnung $p = \alpha - \beta = -1$ existiert in der Realität nicht. Stattdessen entstehen Abweichungen zwischen den Messwerten und den mit vorgegeben Bauelementeparametern R und C berechneten Verläufen. Diese Aussage gilt es zu untersuchen. Die Aufgabe besteht dann in der Nachbildung realer Schaltungen durch eine mathematische Beschreibung mit Hilfe der fraktionalen Differenziation. Das Ziel besteht damit im Ersatz der vorliegenden idealen Elemente Widerstand oder Kondensator durch ein elektrisches Bauelement mit fraktionaler Charakteristik. Die Wahl fällt schließlich auf den Kondensator, da im Vergleich dazu die parasitären Einwirkungen eines Widerstandes im Allgemeinen erst für Frequenzen im MHz-Bereich eintreten. Diese Filter tragen zur Unterscheidung vom Ausgangszustand die Bezeichnung *fraktionaler Hochpass* oder *fraktionaler Tiefpass*.

Eine weitere behandelte Schaltung stellt ein Hochpass bestehend aus Widerstand und Spule dar. Auch hier empfiehlt sich die Approximation der Spule durch ein fraktionales Bauelement. Trotz der Beschreibung der Frequenzabhängigkeit mittels fraktionalen Ableitungen darf der ohmsche Anteil der Spulenwicklung nicht vernachlässigt werden. Es gelten die gleichen Bezeichnungen in Anlehnung an die genannten RC-Filter Hoch- und Tiefpass mit realen, idealen und fraktionalen Verhalten.

Von den Anwendungen in der Elektrotechnik ist in den nächsten Abschnitten zu klären, welche Definitionen der fraktionalen Differenziation existieren und welche den Vorzug zur Nutzung erhält.

13.2 Integraldarstellung von fraktionalen Integrodifferenzialoperatoren

Seit dem Beginn des 20. Jahrhunderts kristallisierten sich mehrere verschiedene Definitionen zur Ausführung der fraktionalen Differenziation bzw. Integration heraus, wobei zu Beginn der Aufstellung dieser Theorie die Ordnungen begrenzt werden. Inzwischen konnten die Ordnungen auf reellwertige und komplexe Zahlen erweitert werden. Dennoch besteht die Bezeichnung fraktionale Differenziation bzw. Integration fort.

Zur Ausführung der fraktionalen Differenziation oder Integration durch den Operator:

$$\frac{\mathrm{d}^p f(x)}{\mathrm{d}x^p} \qquad \text{mit: } p \in \mathbb{R} \tag{13.1}$$

erfolgt die Einführung des Begriffes Integrodifferenzialoperator mit fraktionaler Charakteristik. Die Anwendung eines derartigen Operators auf eine differenzierbare Funktion $f(x)$ ermöglicht die Ausführung einer fraktionalen Integration oder Differenziation dieser Funktion durch die Wahl des Vorzeichens der Ordnung. Als Ansatzmöglichkeiten zur Ausführung dienen Reihenansätze, Integrale oder Operatoren.

In diesem Kapitel stehen die Integraldarstellungen, benannt nach Riemann[1] und Liouville, sowie nach Caputo, im Mittelpunkt. Speziell diese beiden Ansätze haben sich durch ihre Anwendung in der Technik etabliert. Daher gilt es, sie vorzustellen und untereinander, sowie mit den klassischen Ableitungen zu vergleichen.

Ein wichtiges Kriterium zur Überprüfung der fraktionalen Differenziation auf ihre Richtigkeit bildet die Übereinstimmung mit den ganzzahligen Ableitungen. Da jedoch die Ableitungen mit ganzzahliger Ordnung als Ursprung für die fraktionalen Ableitungen gelten und zudem bereits Aufgestelltes erfüllt bzw. in die behandelnde Theorie eingebunden werden muss, besteht die Notwendigkeit der Gleichheit.

Die ganzzahligen Ableitungen genügen per Definition der *Halbgruppeneigenschaft*:

$$\frac{\mathrm{d}^m}{\mathrm{d}x^m}\frac{\mathrm{d}^n}{\mathrm{d}x^n}f(x) = \frac{\mathrm{d}^n}{\mathrm{d}x^n}\frac{\mathrm{d}^m}{\mathrm{d}x^m}f(x) = \frac{\mathrm{d}^{m+n}}{\mathrm{d}x^{m+n}}f(x)\ , \tag{13.2}$$

der *Translationsinvarianz*:

$$g(x) = \frac{\mathrm{d}^n f(x)}{\mathrm{d}x^n} \quad \Longleftrightarrow \quad g(x-\xi) = \frac{\mathrm{d}^n f(x-\xi)}{\mathrm{d}x^n} \tag{13.3}$$

und der *Linearität*:

$$\frac{\mathrm{d}^n(a\cdot f(x) + b\cdot g(x))}{\mathrm{d}x^n} = a\cdot\frac{\mathrm{d}^n f(x)}{\mathrm{d}x^n} + b\cdot\frac{\mathrm{d}^n f(x)}{\mathrm{d}x^n} \tag{13.4}$$

Mittels dieser Eigenschaften ist eine Aussage auch über die fraktionalen Integrodifferenzialoperatoren in Bezug auf ihre Zulässigkeit einschließlich deren Gültigkeitsbereich möglich.

13.3 Fraktionale Integration nach Riemann-Liouville

Den Ausgangspunkt für die fraktionale Integration stellt die allgemein bekannte ganzzahlige Integration nach Cauchy dar. Deshalb kann die Integration erster Ordnung in Form einer Differenziation mit der Ordnung minus eins aufgefasst werden:

$$\left.\frac{\mathrm{d}^{-1}f(\xi)}{\mathrm{d}\xi^{-1}}\right|_{\xi=x}^{\xi=a} = \int_a^x f(\xi)\,\mathrm{d}\xi = \frac{1}{(n-1)!}\frac{\mathrm{d}^{n-1}}{\mathrm{d}x^{n-1}}\int_a^x (x-\xi)^{n-1}\,f(\xi)\,\mathrm{d}\xi \tag{13.5}$$

$$\text{mit: } x \geq a,\ n \in \mathbb{N}.$$

Für eine Allgemeingültigkeit im mathematischen Sinn, speziell zur Unterbindung einer möglichen Unlösbarkeit, muss die untere Grenze a des Integralbereiches mit $a > -\infty$ eingeschränkt werden. Jedoch verwendet man in den meisten Fällen, insbesondere in

[1]Riemann, Bernhard (1826-1866). Deutscher Mathematiker mit grundlegenden Arbeiten zur Funktionen- und zur Differenzialgeometrie.

Ingenieurswissenschaften, Funktionen, die mit $a \rightarrow -\infty$ eine Konvergenz des vorliegenden Integrals hervorrufen. Daher wird der spätere Einsatz der fraktionalen Ableitungen mit der Grenzvariable a und dem Definitionsbereich $a \in \mathbb{R}$ für praktische Anwendungen nur geringfügig eingeschränkt.

Für ein besseres Verständnis der Gleichung (13.5) sind die nachstehenden Erläuterungen zu beachten. Die obere Grenze x hat zur Folge, dass nur das Verhalten davor, mit $\xi < x$ beschrieben, einen Einfluss auf den Wert der Funktion an der Stelle x ausübt. Überschreitet demnach die Variable ξ mit ihrem Wert die Grenze x, bleiben die entsprechenden Funktionswerte $f(\xi)$ unbeachtet. Das bedeutet, dass die rechtsseitige Information $f(\xi)$ mit $\xi > x$, oder bezogen auf die Zeit die Zukunft, nicht auf den Funktionswert an der Stelle x wirkt. Aufgrund dieser Gegebenheit wird die Kausalität des später mit der Gleichung (13.5) beschriebenen Systems sichergestellt.

Den Inhalt des Begriffes *Kausalität* klärt die Definition 13.1:

Definition 13.1 (Kausalität) *Ein Vorgang ist kausal, wenn eine Wirkung zu einem Zeitpunkt t_1 dann und nur dann auftritt, wenn ihre Ursache zum Zeitpunkt t_0 stattfand und $t_0 \leq t_1$ gilt.*

Anmerkung:
Die Wirkung kann selbst Ursache einer weiteren Wirkung sein.

Des Weiteren befindet sich unter dem Integral der Ausdruck $(x - \xi)$, der auf eine Koordinatentransformation hinweist. Das darin enthaltene negative Vorzeichen spiegelt sich in einer Umkehr des zu integrierenden Intervalls wieder. Somit startet für die Funktion $f(\xi)$ die Integration im Punkt x und endet im Punkt a. In den meisten physikalischen Fällen wird für die Grenze a der Wert 0 oder $-\infty$ eingesetzt. Das ist in der Art und Weise zu verstehen, dass die Funktion $f(\xi)$ beginnend zum (Zeit-) Punkt x in die Vergangenheit bis zur Grenze $a = 0$ oder $a \rightarrow -\infty$ betrachtet wird.

Schließlich erfolgt eine Wichtung dieser Umkehrtransformation $(x - \xi)$ durch den Exponenten n, später q, in der Form $(x - \xi)^{n-1}$. Liegt die Konstante n im Intervall $[0, 1)$, so rückt die nahe Vergangenheit in den Vordergrund und die Gegenwart x ist dabei am stärksten gewichtet. Dagegen gelangt für $n > 1$ die Vergangenheit in den Vordergrund.

Um den Unterschied für $q < 1$ und $q > 1$ zu verdeutlichen, wird der Term $(x - \xi)^{q-1}$ für $0 < q \leq 3$ näher betrachtet. Aus den Bildern 13.1(a) und 13.1(b) wird damit der grundlegende Unterschied zwischen $q \in \mathbb{N}$ und $q \in \mathbb{Q}$ deutlich. Für ganzzahlige q wirkt sich das Gewicht über x hinaus aus, während dies für nichtganzzahlige q nicht möglich ist.

Um im Weiteren zu der Definition einer beliebigen, vorerst noch ganzzahligen Integration zu gelangen, bedient man sich der $(n-1)$-maligen Integration oder anders formuliert der $(-(n-1))$-maligen Differenziation:

$$\frac{\mathrm{d}^{(-(n-1))}}{\mathrm{d}x^{(-(n-1))}} \frac{\mathrm{d}^{-1}}{\mathrm{d}x^{-1}} f(x) = \frac{\mathrm{d}^{-n+1-1}}{\mathrm{d}x^{-n+1-1}} f(x) = \frac{\mathrm{d}^{-n}}{\mathrm{d}x^{-n}} f(x) \,. \tag{13.6}$$

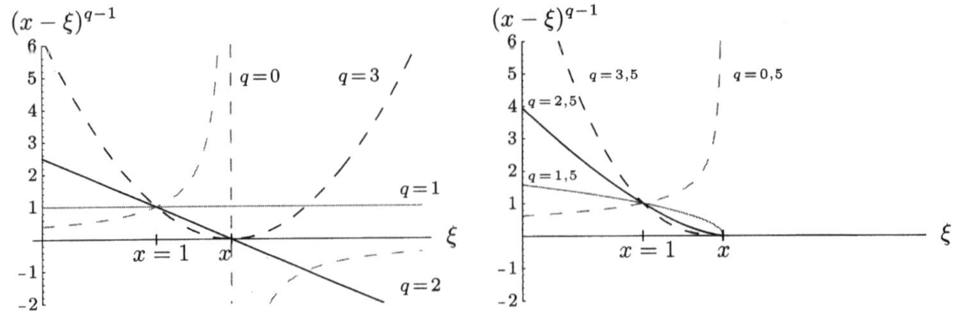

(a) Verlauf von $(x-\xi)^{q-1}$ für $q = 0,\ 1,\ 2,\ 3$ (b) Verlauf von $(x-\xi)^{q-1}$ für $q = \{0{,}5; 1{,}5; 2{,}5; 3{,}5\}$

Bild 13.1: Verlauf von $(x-\xi)^{q-1}$ bei ganzzahligem und gebrochenem q

Bei der Anwendung dieser $(n-1)$-maligen Integration auf die Gl. (13.5) und der Erweiterung der Differenziationsordnung n von *natürlichen* auf *reelle Zahlen* q entsteht die Darstellung der q-fachen fraktionalen Integration der Funktion $f(x)$ über x in den Grenzen a bis x nach Riemann-Liouville (bezeichnet mit ${}_a\mathrm{I}_x^q$):

$$ {}_a\mathrm{I}_x^q\{f(x)\} = \frac{\mathrm{d}^{-q}f}{\mathrm{d}x^{-q}} = \frac{1}{\Gamma(q)} \int\limits_a^x (x-\xi)^{q-1}\, f(\xi)\,\mathrm{d}\xi \qquad \text{mit: } q \in \mathbb{R}^+,\ x \geq a. \tag{13.7} $$

Die darin enthaltene Gammafunktion $\Gamma(x)$ ist definiert durch:

$$ \Gamma(q) = (q-1)! = \int\limits_0^\infty \mathrm{e}^{-t}\, t^{\,q-1}\mathrm{d}t \qquad \text{mit: } q \in \mathbb{R}^+. \tag{13.8} $$

Die fraktionale Integration nach Riemann-Liouville, erfüllt die erforderliche Übereinstimmung mit der bekannten ganzzahligen Integration. Für die Integration mit der Ordnung $q = 1$ der integrierbaren Funktion $f(x)$ geht die Gl. (13.7) über in:

$$ {}_a\mathrm{I}_x^1\{f(x)\} = \frac{1}{\Gamma(1)} \int\limits_a^x (x-\xi)^{1-1}\, f(\xi)\,\mathrm{d}\xi = \int\limits_a^x f(\xi)\,\mathrm{d}\xi\ . \tag{13.9} $$

13.4 Fraktionale Differenziation durch Integraldarstellung

Die bereits bekannten Regeln zur Differenziation einer Funktion $f(x)$ mit ganzzahliger Ordnung basieren auf der Grenzwertbetrachtung:

$$ \frac{\mathrm{d}f(x)}{\mathrm{d}x} = \lim_{\Delta x \to 0} \frac{f(x+\Delta x) - f(x-\Delta x)}{2\Delta x}\ . \tag{13.10} $$

Mit der Forderung $\Delta x \to 0$ entspricht diese Berechnung einer Punktoperation. Im Gegensatz dazu gehen die verschiedenen Definitionen zur Ausführung der fraktionalen Differenziation, benannt nach Riemann-Liouville, Caputo und Grünwald-Letnikow, resultierend aus der darin enthaltenen Integration, in eine Art Intervalloperation über. In Folge dieser Eigenschaft mit der variablen unteren Grenze a eröffnet sich, bezogen auf vorliegende Speichereigenschaften, ein völlig neuer Aspekt in der Differenzialrechnung [72], [79], [80], [86].

13.4.1 Fraktionale Differenziation nach Riemann-Liouville

Als Ausgangspunkt für die fraktionale Differenziation nach Riemann-Liouville dient die bereits vorgestellte fraktionale Integration aus Gl. (13.7) versehen mit einer zusätzlichen k-fachen ganzzahligen Differenziation:

$$\frac{\mathrm{d}^k}{\mathrm{d}x^k}\, {}_a\mathrm{I}_x^q\,\{f(x)\} = \frac{\mathrm{d}^{k-q}}{\mathrm{d}x^{k-q}}\, f(x) = \frac{1}{\Gamma(q)}\frac{\mathrm{d}^k}{\mathrm{d}x^k}\int_a^x (x-\xi)^{q-1}\, f(\xi)\,\mathrm{d}\xi \tag{13.11}$$

$$\text{mit: } 0 < q \leq 1,\ k \in \mathbb{N}.$$

Die Zusammenfassung der k-fachen Ableitung und der q-fachen Integration erlaubt die beidseitige Erfüllung der Halbgruppeneigenschaft nach Gl. (13.2) der fraktionalen Integration nach Riemann-Liouville [72], [80], [105]. Somit lässt sich unter Einführung der neuen Variable $p = k - q$ die fraktionale Integration in eine Differenziation mit der Ordnung p überführen:

$${}_a\mathrm{D}_x^p\{f(x)\} = \frac{1}{\Gamma(k-p)}\,\frac{\mathrm{d}^k}{\mathrm{d}x^k}\int_a^x (x-\xi)^{k-p-1}\, f(\xi)\,\mathrm{d}\xi \tag{13.12}$$

$$\text{mit: } k-1 \leq p < k,\ k \in \mathbb{N},\ p \in \mathbb{R}^+.$$

Einen interessanten Aspekt für den Einsatz fraktionaler Differenziation liefert die einbezogene Integration. Mit ihr vollzieht sich der Übergang von einer Punktoperation entsprechend der ganzzahligen Ableitung auf eine Intervalloperation bei Differenziation mit reellwertiger Ordnung. Als Resultat fließt in die Berechnung nach Gl. (13.12) auch der Verlauf der Funktion $f(x)$ vor der oberen Integrationsgrenze $\xi = x$ mit ein. Bezogen auf die Zeit entspricht das, vergleichbar mit Integrationen, einer Beachtung des Funktionsverlaufes in der Vergangenheit im Intervall $[a, x)$.

Mit Rückblick auf die fraktionale Integration nach Riemann-Liouville mit Gl. (13.7) entsteht aus der fraktionalen Differenziation nach Riemann-Liouville gemäß Gl. (13.12) der Ausdruck:

$${}_a\mathrm{D}_x^p\{f(x)\} = \frac{1}{\Gamma(k-p)}\,\frac{\mathrm{d}^k}{\mathrm{d}x^k}\int_a^x (x-\xi)^{k-p-1} f(\xi)\,\mathrm{d}\xi = \frac{\mathrm{d}^k}{\mathrm{d}x^k}\,{}_a\mathrm{I}_x^{k-p}\{f(x)\}\,. \tag{13.13}$$

Da eine k-fache Differenziation gleichermaßen eine $(-k)$-fache Integration darstellt, ergibt sich mit $q = k - p$ aus der Gl. (13.13) der folgende Zusammenhang zwischen fraktionaler Differenziation und Integration:

$$\begin{aligned}\frac{\mathrm{d}^{-k}}{\mathrm{d}x^{-k}}\,{}_a\mathrm{D}_x^p\{f(x)\} &= {}_a\mathrm{I}_x^{k-p}\{f(x)\}\\ {}_a\mathrm{D}_x^{p-k}\{f(x)\} &= {}_a\mathrm{I}_x^{k-p}\{f(x)\}\\ {}_a\mathrm{D}_x^{-q}\{f(x)\} &= {}_a\mathrm{I}_x^{q}\{f(x)\} \qquad \text{mit: } q \in \mathbb{R}^+. \end{aligned} \tag{13.14}$$

Damit ist die fraktionale Differenziation mit ${}_a\mathrm{D}_x^p\,\{f(x)\}$ auf die fraktionale Integration mittels Erweiterung der Ordnung $p \in \mathbb{R}^+$ auf $p \in \mathbb{R}$ erweiterbar. Die Integration nach Gl. (13.7) hingegen erweist sich im Allgemeinen nicht als ausdehnbar auf einen allgemeinen Ausdruck für die fraktionale Differenziation und Integration.

Anmerkung:
Die zusätzliche ganzzahlige Integration in Gl. (13.12) verdient besondere Aufmerksamkeit. Mit ihr erhöht sich der Rechenaufwand im Vergleich zu den ganzzahligen Ableitungen und es wird dadurch die Lösbarkeit fraktionaler Differenzialgleichungen eingeschränkt. Zudem erfolgt ein Übergang in eine Intervalloperation, wodurch für spätere Berechnungen die Grenzen der Integration mitbestimmend sind.

13.4.2 Eigenschaften des Riemann-Liouville Operators

Für die Charakterisierung der Operatoren zur Ausführung der Differenziation oder Integration mit jeweils reellwertiger Ordnung dienen die bereits vorgestellten Eigenschaften. Somit gelten für die fraktionale Integration gemäß dem Riemann-Liouville Operator nach Gl. (13.7) sowohl die Halbgruppeneigenschaft nach Gl. (13.2):

$${}_a\mathrm{I}_x^m\{{}_a\mathrm{I}_x^n\{f(x)\}\} = {}_a\mathrm{I}_x^n\{{}_a\mathrm{I}_x^m\{f(x)\}\} = {}_a\mathrm{I}_x^{m+n}\{f(x)\} \qquad \text{mit: } m,\ n \in \mathbb{R}, \tag{13.15}$$

als auch die Linearität nach Gl. (13.4):

$${}_a\mathrm{I}_x^n\{\alpha \cdot f(x) + \beta \cdot g(x)\} = \alpha \cdot {}_a\mathrm{I}_x^n\{f(x)\} + \beta \cdot {}_a\mathrm{I}_x^n\{g(x)\} \qquad \text{mit: } n \in \mathbb{R}. \tag{13.16}$$

Die Translationsinvarianz nach der Gl. (13.3) kann im Allgemeinen nicht eingehalten werden [72], [80], [105].

Im Vergleich zur fraktionalen Integration genügt die fraktionale Differenziation nach Riemann-Liouville lediglich der Linearität mit:

$${}_a\mathrm{D}_x^n\{\alpha \cdot f(x) + \beta \cdot g(x)\} = \alpha \cdot {}_a\mathrm{D}_x^n\{f(x)\} + \beta \cdot {}_a\mathrm{D}_x^n\{g(x)\} \qquad \text{mit: } n \in \mathbb{R}. \tag{13.17}$$

Die Translationsvarianz wird nicht und die Halbgruppeneigenschaft nur teilweise erfüllt:

$$\frac{\mathrm{d}^m}{\mathrm{d}x^m}\,{}_a\mathrm{D}_x^p\{f(x)\} = {}_a\mathrm{D}_x^{m+p}\{f(x)\} \Longleftrightarrow m \in \mathbb{Z}, \tag{13.18}$$

allgemein gilt jedoch:

$${}_a\mathrm{D}_x^m\{{}_a\mathrm{D}_x^n\{f(x)\}\} \neq {}_a\mathrm{D}_x^n\{{}_a\mathrm{D}_x^m\{f(x)\}\} \neq {}_a\mathrm{D}_x^{m+n}\{f(x)\} \qquad \text{mit: } m,\ n \in \mathbb{R}. \tag{13.19}$$

13.4.3 Fraktionale Differenziation nach Grünwald-Letnikow

Durch eine Koordinatentransformation von $(x-\xi)$ auf ξ entsteht mit Hilfe der Darstellung nach Riemann-Liouville die nach Grünwald und Letnikow benannte fraktionale Differenziation:

$$ {}_a^{\mathrm{G}}\mathrm{D}_x^p\left\{f(x)\right\} = \sum_{n=0}^{k-1} \frac{f^{(n)}(a)\cdot(x-a)^{n-p}}{\Gamma(1+n-p)} + \frac{1}{\Gamma(k-p)} \int\limits_a^x \frac{f^{(k)}(\xi)}{(x-\xi)^{p-k+1}}\,\mathrm{d}\xi \qquad (13.20)$$

$$\text{mit: } k-1 \le p < k,\ k \in \mathbb{N},\ n \in \mathbb{N},\ p \in \mathbb{R}^+.$$

Aus der nicht weiter ausgeführten Koordinatentransformation resultiert die Identität der beiden Darstellungen nach Riemann-Liouville und Grünwald-Letnikow. Demzufolge ist für die Darstellung nach Grünwald-Letnikow auch die Gleichheit mit ganzzahligen Ableitungen nach den klassischen Regeln zwingend. Des Weiteren werden die Eigenschaften entsprechend dem Riemann-Liouville Operator eingehalten.

13.4.4 Fraktionale Differenziation nach Caputo

Die Darstellung nach Caputo geht aus der fraktionalen Differenziation nach Grünwald-Letnikow bei Vernachlässigung des in der Grünwald-Letnikow Darstellung vertretenen Summenterms hervor. Durch die Nichtbeachtung des Summenterms in Gl. (13.20) vereinfacht sich die Berechnung. Somit entsteht für die Aufstellung der Definition nach Caputo zur Durchführung einer fraktionalen Differenziation der Ausdruck:

$$ {}_a^{\mathrm{C}}\mathrm{D}_x^p\{f(x)\} = \frac{1}{\Gamma(k-p)} \int\limits_a^x \frac{f^{(k)}(\xi)}{(x-\xi)^{p-k+1}}\,\mathrm{d}\xi \qquad (13.21)$$

$$\text{mit: } k-1 \le p < k,\ k \in \mathbb{N},\ p \in \mathbb{R}^+.$$

Wie bereits für die fraktionale Differenziation nach Riemann-Liouville im Abschnitt 13.4.1 gezeigt, ermöglicht die Umkehr des Vorzeichens der Differenziationsordnung p bzw. die Erweiterung von $p \in \mathbb{R}^+$ auf $p \in \mathbb{R}$ ohne Einschränkung eine Durchführung der fraktionalen Integration. Diese Ausdehnung der Differenziationsordnung steht auch für die Darstellung nach Caputo zur Verfügung. Da eine solche durchführbare Bestimmung der fraktionalen Integration nach Caputo in vergleichbarer Literatur keinen Rückhalt fand, erfolgt auch hier keine weitere Vorstellung.

Diese Vereinfachung hat jedoch zur Folge, dass sich bei bestimmten Funktionen $f(x)$ Abweichungen zur Darstellung nach Grünwald-Letnikow und damit auch zur Darstellung nach Riemann-Liouville ergeben. Die Eigenschaften nach den Gleichungen (13.2), (13.3) und (13.4) können für die Definition nach Caputo ebenfalls nicht vollständig eingehalten werden, sondern nur zum Teil entsprechend der Differenziation nach Riemann-Liouville und Grünwald-Letnikow.

13.5 Darstellung der Elemente höherer Ordnung in der rationalen α-β-Ebene

Mit diesen Definitionen und Herleitungen zur fraktionalen Differenziation können die im Abschnitt 9.2 beschriebenen Bauelemente höherer Ordnung auf solche mit rationalem α und β erweitert werden. Wie gezeigt wurde, kann eine positive Differenziation als eine negative Integration und eine positive Integration als ein negative Differenziation aufgefasst werden. Aufgrund der Tatsache, dass dies auch auf die fraktionalen Differenziationen und Integrationen zutrifft, werden diese neuen Elemente ebenfalls mit der Gleichung:

$$\mathrm{p}^{\beta} y = f(\mathrm{p}^{\alpha} x) \qquad \text{mit: } \alpha,\ \beta \in \mathbb{R} \tag{13.22}$$

bzw. umgestellt:

$$y = \mathrm{p}^{-\beta} f(\mathrm{p}^{\alpha} x) \qquad \text{mit: } \alpha,\ \beta \in \mathbb{R} \tag{13.23}$$

für α, β als reelle Zahlen beschrieben. Diese Erweiterung findet ihren Bezug auf die fraktionale Differenziation oder Integration nach Riemann-Liouville in Gl. (13.12) oder nach Caputo in Gl. (13.21).

Die Gleichung (13.23) geht demzufolge in die Form:

$$y = {}_a\mathrm{D}_{\tau}^{-\beta} \left\{ f\left({}_a\mathrm{D}_{\tau}^{\alpha}\{x\} \right) \right\} \tag{13.24}$$

über.

Beispiel 1:
Als Resultat entsteht beispielsweise für ein lineares Bauelement der Bezeichnung ξ mit einer fraktionalen Ordnung $\alpha = 0$ und $\beta = -0{,}4$ bei entnormierter Darstellung bezüglich Spannung und Strom:

$$u(t) = \xi \, \frac{\mathrm{d}^{0,4} i(t)}{\mathrm{d}t^{0,4}} \, . \tag{13.25}$$

□

Anmerkung:
In Übereinstimmung mit den vorliegenden Definitionen der Bauelemente höherer Ordnung im Kapitel 9 ist bezüglich der Elektrotechnik eine Entnormierung in der Form $y = u(t)/U_0$ und $x = i(t)/I_0$ vorzunehmen. Eine Entnormierung nach $y^* = i(t)/I_0$ und $x^* = u(t)/U_0$ wäre prinzipiell möglich, würde jedoch auf eine davon abweichende Definition der Bauelemente höherer Ordnung führen.

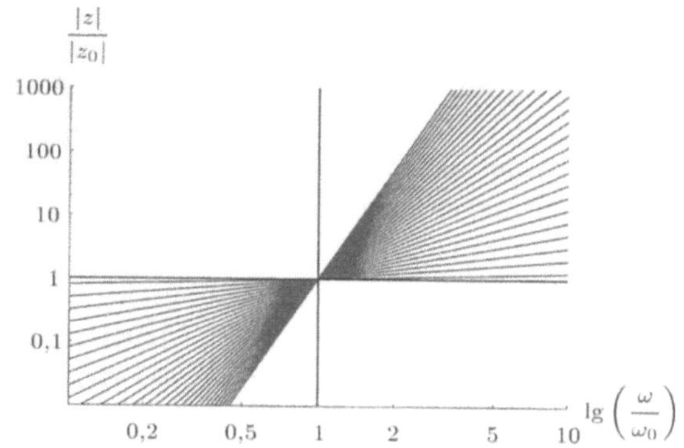

Bild 13.2: Amplitudenverhalten der Impedanzfunktion mit positiven, rationalen k

13.5.1 Betrag und Phasenverhalten

Mit Hilfe der gebrochenen Differenzialrechnung lassen sich beliebige Elemente in der α-β-Ebene definieren, dessen Koordinaten aus rationalen Zahlen bestehen. Ein möglicher Operator für die Beschreibungsgleichungen der Elemente höherer, rationaler Ordnung ist der Riemann-Liouville-Operator. Deshalb gelangt man dann zu den Beschreibungsgleichungen mit Hilfe der fraktionalen Riemann-Liouville-Differenzialrechnung.

Die Trennung in die einzelnen Quadranten ist nicht erforderlich, da die fraktionale Integration als eine negative fraktionale Differenziation angesehen werden kann. Daher entsteht kein anderer Ausdruck wie bei den ganzzahligen Ableitungen.

Mit dieser Erweiterung ändert sich die Darstellung in Bild 9.9 dahingehend, dass nicht mehr nur einzelne, ganzzahlig definierte Punkte in der α-β-Ebene, sondern jeder Punkt dieser Ebene, der durch rationale Koordinaten beschrieben wird, ein Element höherer Ordnung beschreibt.

Für das *Betrags- und Phasenverhalten von Elementen rationaler Ordnung* gelten der Form nach dieselben Gleichungen wie für Elemente ganzzahliger Ordnung. Da nun $k \in \mathbb{R}$ gilt, ändert sich der Amplitudenanstieg nicht mehr sprungweise, sondern kontinuierlich. Dies drückt das Bild 13.2 aus. Hier wurde k von 0,1 ausgehend jeweils um $\Delta = 0{,}2$ bis zu $k = 6$ erhöht. Zusätzlich sind die Amplitudenanstiege der Grenzwerte $k = 0$ und $k \to \infty$ eingezeichnet. Es gilt für den logarithmischen Amplitudenanstieg

$$\frac{\mathrm{d}\dfrac{|z|}{|z_0|}}{\mathrm{d}\lg\left(\dfrac{\omega}{\omega_0}\right)} = 20 \cdot k \qquad \text{mit: } k \in \mathbb{R}\ . \tag{13.26}$$

Der Wert Δ kann beliebig klein sein. Damit wird auch der *Abstand* zwischen den einzelnen Linien im Bild 13.2 beliebig klein.

Der Phasenwinkel φ ergibt sich zu:

$$\varphi(k) = 90^\circ \cdot k = k \cdot \frac{\pi}{2} \qquad \text{mit: } k \in \mathbb{R}. \tag{13.27}$$

Das Spektrum der Phasenwinkel geht damit zu einem kontinuierlichen Spektrum über in dem alle Phasenverschiebungen möglich sind.

13.5.2 Der Übergang zwischen den Charakteristiken der Elemente nullter und höherer ganzzahliger Ordnung

Die Dimensionen der Konstanten sind in Erweiterung des Elementeschemas über die Gl. (13.22) für die Fälle $k \in \mathbb{Z}$ bekannt:

$$[K] = \frac{[y]}{[x]} \cdot [\mathrm{p}^k] = \frac{\mathrm{V}}{\mathrm{A}} \cdot \mathrm{s}^k \,. \tag{13.28}$$

Beispiel 2:
So gilt beispielsweise für $k = 1$:

$$[K] = \frac{[y]}{[x]} \cdot [\mathrm{p}^1] = \frac{\mathrm{V}}{\mathrm{A}} \cdot \mathrm{s} = \frac{\mathrm{Vs}}{\mathrm{A}} = \mathrm{H} = [L^*] \,, \tag{13.29}$$

für $k = 0$:

$$[K] = \frac{[y]}{[x]} \cdot [\mathrm{p}^0] = \frac{\mathrm{V}}{\mathrm{A}} \cdot \mathrm{s}^0 = \frac{\mathrm{V}}{\mathrm{A}} = \Omega = [R] \tag{13.30}$$

und $k = -1$ führt auf das Ergebnis:

$$[K] = \frac{[y]}{[x]} \cdot [\mathrm{p}^{-1}] = \frac{\mathrm{V}}{\mathrm{A}} \cdot \mathrm{s}^{-1} = \frac{\mathrm{V}}{\mathrm{As}} = \frac{1}{\mathrm{F}} = \left[\frac{1}{C}\right] \,. \tag{13.31}$$

□

Da nun $k \in \mathbb{R}$ gilt, muss die Dimension der Zeit auch nichtganzzahlige Werte annehmen. Stellvertretend für alle anderen Übergänge zwischen den charakteristischen Geraden werden die beiden Übergänge von $k = 0$ zu $k = \pm 1$ untersucht. Als Eingangssignal dient ein Sprung zum Zeitpunkt a mit der Amplitude 1:

$$f(x) = \begin{cases} 1 & a < x \\ 0 & \text{sonst} \end{cases} \,. \tag{13.32}$$

Für den Übergang von $k = 0$ zu $k = -1$ ergibt sich:

$x \leq a$:

$$ {}_0\mathrm{I}_x^k\{f(x)\} = \frac{1}{\Gamma(k)} \int\limits_0^x (x-\xi)^{k-1} \cdot 0 \, \mathrm{d}\xi = C = 0 \tag{13.33} $$

$x < a$:

$$ {}_0\mathrm{I}_x^k\{f(x)\} = \frac{1}{\Gamma(k)} \int\limits_0^x (x-\xi)^{k-1} \cdot 1 \, \mathrm{d}\xi = \frac{(x-a)^k}{\Gamma(k+1)} \, . \tag{13.34} $$

Für den Übergang von $k = 0$ zu $k = +1$ ergibt sich mit Gl. (13.12):

$x \leq a$:

$$ {}_0\mathrm{D}_x^k\{f(x)\} = \frac{1}{\Gamma(m-k)} \frac{\mathrm{d}^m}{\mathrm{d}x^m} \int\limits_0^x (x-\xi)^{m-k-1} \cdot 0 \, \mathrm{d}\xi = 0 \tag{13.35} $$

$x < a$:

$$ {}_0\mathrm{D}_x^k\{f(x)\} = \frac{1}{\Gamma(m-k)} \frac{\mathrm{d}^m}{\mathrm{d}x^m} \int\limits_0^x (x-\xi)^{m-k-1} \cdot 1 \, \mathrm{d}\xi = \frac{(x-a)^{-k}}{\Gamma(1-k)} \, . \tag{13.36} $$

Im Bild 13.3 sind die Antworten aller Elemente mit $-1 \leq k \leq +1$ auf einen Spannungssprung zum Zeitpunkt $t = a = 0$ wiedergegeben. Zum Zweck der besseren Anschaulichkeit wird die Grafik aus zwei verschiedenen Richtungen betrachtet. So ist der kontinuierliche Übergang von einem charakteristischen Verhalten zum nächsten deutlich zu erkennen.

Die Bild 13.3 gibt für $k = -1$ das Verhalten eines idealen Integrators erster Ordnung wieder. Im Falle einer idealen Kapazität entspricht diese Kurve der aufgenommenen elektrischen Ladung $q(t)$, wenn $f(x)$ als Stromfunktion $i(t)$ entnormiert werden. Für $k = +1$ zeigt sich das Verhalten einer idealen Induktivität.

Die gebrochenen oder fraktionale Differenzialrechnung beschreibt damit ein kontinuierliches Übergangsverhalten zwischen bekannten Grundelementen der Elektrotechnik. Es ergibt sich ein kontinuierliches Übergangsverhalten der Ausgangsignale an den Übergangselementen, wenn diesen das gleiche Eingangssignal eingeprägt wird.

13.5.3 Fraktionale Elemente der Ordnung $k = 0$

Hier wird der Übergang des Verhaltens eines ohmschen Widerstandes entlang der Geraden $k = 0$ vom Punkt $\alpha = \beta = 0$ zum Punkt $\alpha = \beta = -1$ in der rationalen α, β-Ebene

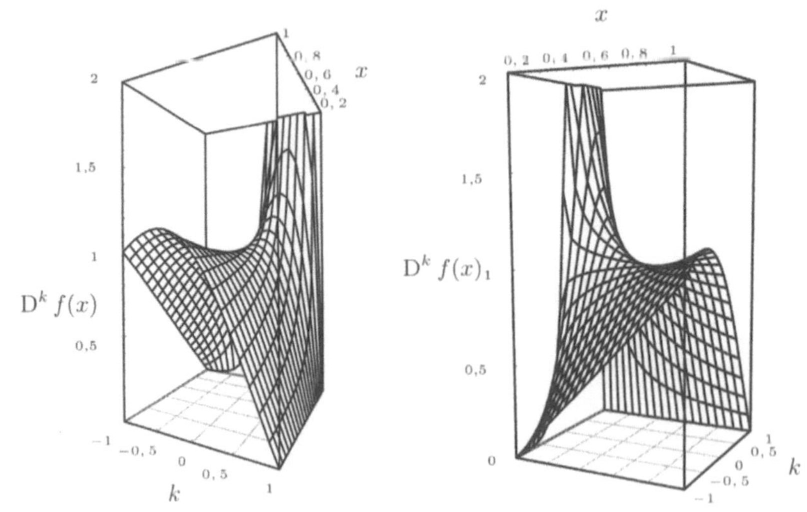

Bild 13.3: Spannungssprungantworten von Elementen der Ordnung $-1 \leq k \leq 1$ zum Zeitpunkt $t = a = 0$

(siehe Bild 9.4) untersucht. Im Punkt $\alpha = \beta = -1$ befindet sich der sogenannte Memristor. Der ohmsche Widerstand durchläuft eine inhaltliche Veränderung, die ihn von rein ohmschen Verhalten in das Verhalten eines Memristors übergehen lässt. Da dieser Übergang rechnerisch wie praktisch nur in endlichen Schritten verfolgt bzw. nachgebildet werden kann, werden die Ordnungen der Übertragungselemente dazwischen wie folgt festgelegt:

$$\alpha_1 = \beta_1 = \frac{1}{4}, \quad \alpha_2 = \beta_2 = \frac{1}{2}, \quad \alpha_3 = \beta_3 = \frac{3}{4}\,. \tag{13.37}$$

Beachtet werden muss, dass sich die Dimension von Q_0 zu As^k ändert. Die Gleichung für den Memristor geht mit Gl.13.22 für $\alpha = -1$, $\beta = -1$ entnormiert in den Ausdruck:

$$u = R_0 \cdot \frac{\mathrm{d}^k f\left(q^k\right)}{\mathrm{d}t^k} \tag{13.38}$$

über. Die Ordnung k ist hier jedoch nicht als Exponent der Ladung q anzunehmen, sondern es gilt gemäß der Gl.13.7:

$$q^k = {}_a\mathrm{I}_t^k\{i(t)\}\,. \tag{13.39}$$

Die Funktion $f\left(q^k\right)$ besitzt somit die Beschreibung:

$$f(q^k) = \left|q^k\right|^2 \operatorname{sign}\left(q^k\right) = \left|{}_a\mathrm{I}_t^k\{\sin(t)\}\right|\,. \tag{13.40}$$

Nun kann die Differenzialgleichung des zu untersuchenden Bauelements aufgestellt werden. Nach Trennung der Variablen wird um die rationale Ordnung k integriert. Für die Einprägung einer sinusförmigen Spannung ergibt sich in normierter Form:

$${}_a\mathrm{I}_t^k\{f'(q^k)\} = {}_a\mathrm{I}_t^k\{\sin(t)\}\,. \tag{13.41}$$

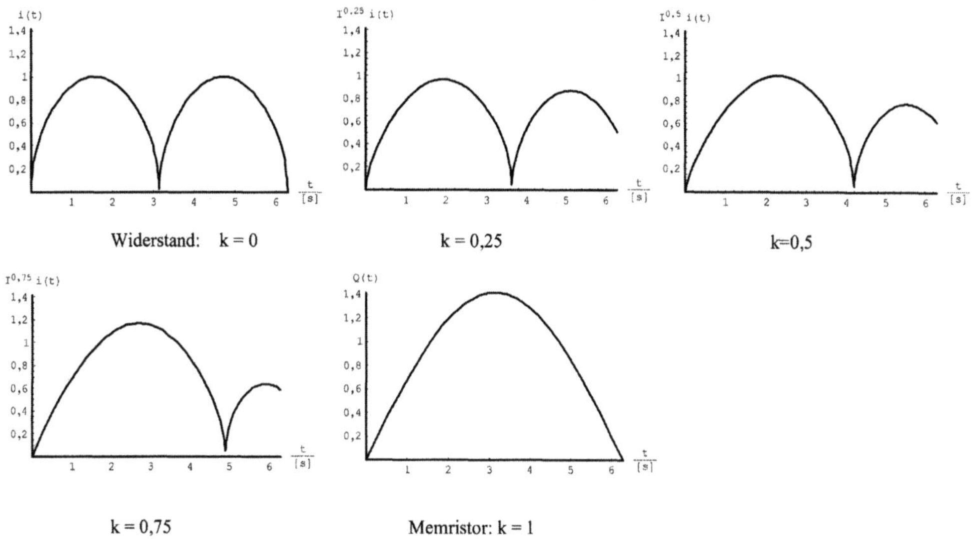

Bild 13.4: Übergang von $i(t)$ zu $q(t)$

Für die Integration der gebrochenen Ordnung des Sinus mit der Festlegung der unteren Grenze a auf $a = 0$ wird folgende Reihe verwendet:

$$
{}_0\mathrm{I}_t^k\{\sin(t)\} = t^k \sum_{m=0}^{\infty} \frac{(-1)^m \cdot t^{2m+1}}{\Gamma(k+2m+2)} + \sum_{m=0}^{k} \frac{(-1)^{m-1} \cdot t^{k-2m-1}}{\Gamma(k-2m)} \,. \tag{13.42}
$$

Als zu lösende Gleichung ergibt sich schließlich:

$$
C + {}_0\mathrm{I}_t^k\{\sin(t)\} = \left(\frac{q^k}{\Gamma(k+1)}\right) + \mathrm{sign}\left(\frac{q^k}{\Gamma(k+1)}\right) \,. \tag{13.43}
$$

Die Konstante C muss so beschaffen sein, dass sie für $k = 1$ den Wert 1 annimmt. Dies ist notwendig, um die Anfangsbedingung $\Psi(t = 0) = 0$ zu erfüllen. Damit folgt für C:

$$
\frac{t^{k-1}}{\Gamma(k)} \,. \tag{13.44}
$$

Beispiel 3:
Die Kurven im Bild 13.4 dokumentieren das Übergangsverhalten vom Widerstand mit quadratischer Kennlinie zum Memristor mit quadratischer Kennlinie bei sinusförmiger Spannungseinprägung. Dort ist zu erkennen, dass sich die Amplitude der ersten Halbwelle mit steigendem k erhöht und diese Erhöhung sich über eine wachsende Zeitdauer erstreckt. Bei der zweiten Halbwelle ist das Verhalten genau entgegengesetzt, bis sie bei $k = 1$ ganz verschwunden ist und die erste sich über die gesamte Periodendauer erstreckt.

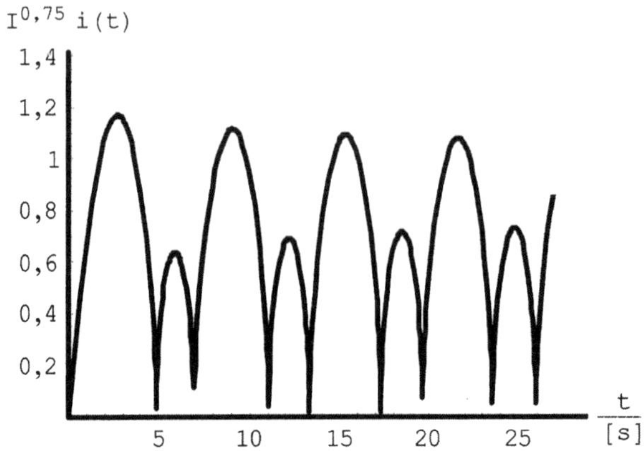

Bild 13.5: ${}_0\mathrm{I}_t^{0{,}75}\{i(t)\}$ von 0 bis 9π

Das Bild 13.5 zeigt für $k = 0{,}75$ den Verlauf über fünf Perioden. Hier wird der Einfluss der Vorgeschichte anhand der Amplitudenhöhenveränderung der ersten bzw. zweiten Halbwelle deutlich. Die Amplitudenhöhe der ersten Halbwelle verringert sich von einer Periode zur nächsten, während sich die der zweiten erhöht. Beide konvergieren gegen einen Grenzwert. □

Zusammenfassend ist zu schlussfolgern, dass mit Hilfe der gebrochenen Differenzialrechnung die Theorie der Elemente höherer ganzzahliger Ordnung auf beliebige, rationale Ordnungen erweitert worden ist. Dies gilt prinzipiell für alle Kennlinienfunktionen und Eingangssignale, die die nachfolgenden mathematischen Operationen ermöglichen. Die hier verwendete fraktionale Differenziation nach Riemann-Liouville ist dabei einfach anwendbar, solange die Kennlinienfunktion des Elementes zu der Funktionenklasse gehört, für den Operator er Gültigkeit besitzt.

13.6 Approximation des Übertragungsverhaltens eines RC-Hochpasses

Die Vorteile der fraktionalen Differenziation sollen nun bei der Beschreibung von elektrischen Filtern nachgewiesen werden. Zur Klassifizierung und Analyse elektrischer Frequenzfilter dient die Übertragungsfunktion. Für einen RC-Hochpass werden sein Betrag und sein Phasenverhalten gemessen, um die Messergebnisse zu weiteren Untersuchungen zu verwenden.

Der ideale RC-Hochpass besitzt den Aufbau nach Bild 13.6. Ausgehend vom idealen RC-Hochpass präsentiert sich als Beschreibung für diesen Filter die mit ideal bezeichnete Übertragungsfunktion $\underline{H}_{\text{ideal}}$:

$$\underline{H}_{\text{ideal}} = \frac{\mathrm{j}\omega RC}{1 + \mathrm{j}\omega RC} \tag{13.45}$$

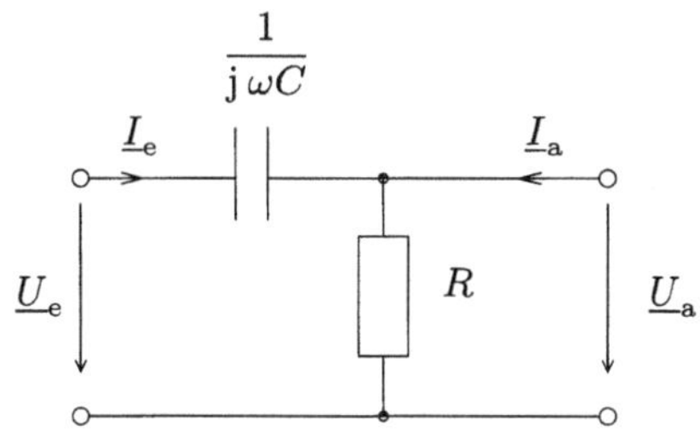

Bild 13.6: Schaltung des idealen RC-Hochpasses ($R = 2\,\mathrm{k\Omega}$; $C = 100\,\mathrm{nF}$)

und daraus gehen nach der Trennung in Betrag und Phase die Ausdrücke:

$$|\underline{H}_{\mathrm{ideal}}| = \frac{\omega RC}{\sqrt{1 + (\omega RC)^2}} \tag{13.46}$$

$$\varphi_{\mathrm{ideal}} = \arctan \frac{1}{\omega RC} \tag{13.47}$$

hervor.

13.6.1 Messung des Frequenzganges am realen RC-Hochpass

Die Messwerte, bezeichnet mit $|\underline{H}_{\mathrm{mess}}|$ und φ_{mess}, sind zusammen mit den theoretisch ermittelten Werten $|\underline{H}_{\mathrm{ideal}}|$ nach Gl. (13.46) und φ_{ideal} nach Gl. (13.47) in der Tabelle 13.1 eingetragen. Die zugehörige grafische Darstellung der Übertragungsfunktion für den realen und idealen RC-Hochpass gibt das Bild 13.7 wieder. Da die Optimierung des idealen Kondensators mittels eines fraktionalen Bauelementes auf der Verringerung des relativen Fehlers basiert, befinden sich zusätzlich in dem Bild 13.7 die relativen Abweichungen zwischen dem idealen Kondensator und den Messergebnissen.

Vor der Ausführung der Approximation des Frequenzverhaltens muss auf die vorliegenden Messfehler eingegangen werden. Für den Betrag der Übertragungsfunktion mit einer relativen Abweichung von bis zu 7 % und Schwankungen im Verlauf unter 1 % deuten sich Fehler an, die nicht allein aus Messungenauigkeiten resultieren. Vor allem der relative Ablesefehler herrührend von der Skaleneinteilung am Millivoltmeter mit 3,3 % und 5 % wird aufgrund der vorliegenden geringen Schwankungsbreite von maximal 1 % nicht in diesem Ausmaß wiedererkannt. Bei der Phasenmessung präsentieren sich die Verläufe aufgrund der Digitalanzeige und damit ausbleibenden Ablesefehler als ausgesprochen stetig mit vereinzelten Schwankungen weit unter einem Prozent. Lediglich für Frequenzen oberhalb 4 kHz nehmen die Unstetigkeiten aufgrund der Messwerte unter 10° zu. Das klärt sich mit der Ableseungenauigkeit am Messinstrument mit nur einer Nachkommastelle auf. Eine absolute Abweichung von ±0,05° entspricht bei 50° einem relativen Fehler von ±0,1 %, hingegen bei 5° steigt der Fehler auf das zehnfache ±1 % an. Trotz dieses Nachteils bewegt sich die Schwankungsbreite des relativen Fehlers in dem genannten oberen Frequenzbereich etwa unter zwei Prozent und die Messwerte fließen dennoch in die Approximation mit ein.

Tabelle 13.1: Messung des Übertragungsverhaltens an einem realen RC-Hochpass und einem theoretisch berechneten RC-Hochpass mit den Bauelementeparametern R und C

	Messwerte		theoretische Werte	
f in Hz	$\lvert \underline{H}_{\text{mess}} \rvert = \frac{u_a}{u_e}$	φ_{mess} in °	$\lvert \underline{H}_{\text{ideal}} \rvert$	φ_{ideal} in °
21	0,0247	88,20	0,0264	88,49
30	0,0350	88,00	0,0377	87,84
40	0,0467	87,60	0,0500	87,12
49	0,0582	87,20	0,0621	86,44
60	0,0707	86,65	0,0758	85,65
70	0,0820	86,10	0,0876	85,00
79	0,0935	85,60	0,0994	84,29
89	0,105	85,05	0,1118	83,58
99	0,116	84,45	0,1241	82,87
150	0,173	81,40	0,1846	79,36
200	0,229	78,20	0,2432	75,93
298	0,330	71,95	0,3502	69,50
407	0,433	65,35	0,4549	62,94
503	0,507	60,10	0,5340	57,70
598	0,570	55,40	0,6008	53,10
702	0,629	50,90	0,6613	48,60
796	0,680	47,20	0,7072	45,00
903	0,720	43,60	0,7501	41,40
996	0,750	40,70	0,7811	38,64
1495	0,860	29,80	0,8827	28,03
2003	0,905	23,20	0,9293	21,67
2975	0,950	16,10	0,9660	14,98
3990	0,965	12,10	0,9807	11,28
4995	0,978	9,70	0,9875	9,05
6005	0,980	8,10	0,9913	7,55
7010	0,982	7,00	0,9936	6,48
7985	0,983	6,10	0,9951	5,69
8975	0,985	5,50	0,9961	5,07
10015	0,987	4,90	0,9979	4,54
15015	0,992	3,30	0,9986	3,03
20005	0,993	2,45	0,9992	2,28

13.6.2 Approximation des Frequenzverhaltens eines realen RC-Hochpasses

Um die dargestellten Abweichungen zu minimieren, setzt hier die Verwendung elektrischer Bauelemente mit fraktionaler Charakteristik ein. So beschreibt zukünftig eine *fraktionale Ableitung* die Beziehung zwischen Strom und Spannung. Die fraktionale Impedanz und die fraktionale Admittanz sind durch die Ausdrücke:

$$\underline{Z} = (\mathrm{j}\omega)^p \, \xi \tag{13.48}$$

$$\underline{Y} = (\mathrm{j}\omega)^{-p} \, \zeta \, . \tag{13.49}$$

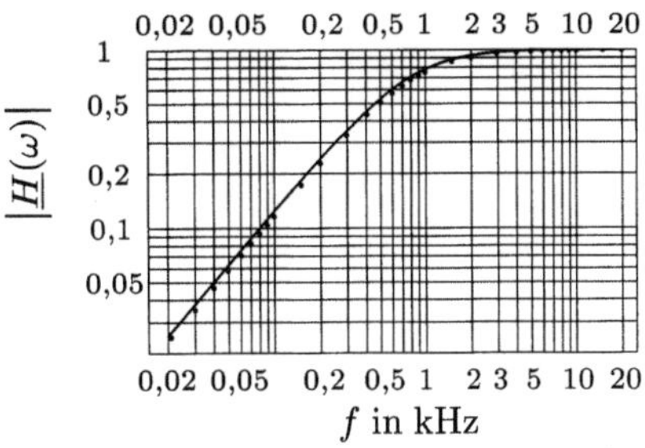

(a) Messung am realen RC-Hochpass (Punkte) und Berechnung am idealen RC-Hochpass (—)

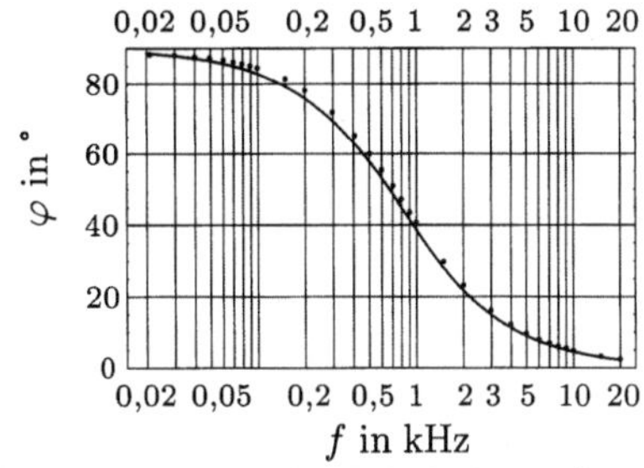

(b) Messung am realen RC-Hochpass (Punkte) und Berechnung am idealen RC-Hochpass (—)

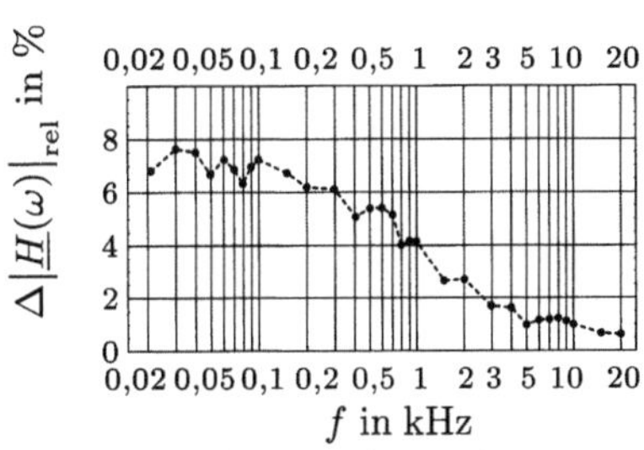

(c) relative Abweichung der Rechnung zur Messung

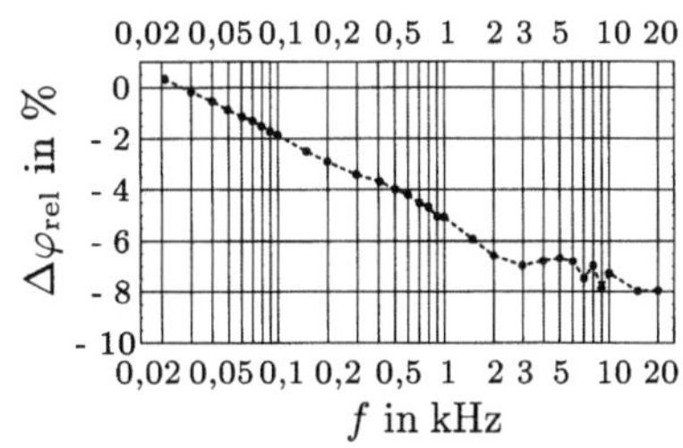

(d) relative Abweichung der Rechnung auf die Messung

Bild 13.7: Betrag und Phase der Übertragungsfunktion $\underline{H}(f)$ der Messung (Punkte) und des idealen RC-Hochpasses entsprechend den gegebenen Parametern ($R = 2\,\mathrm{k\Omega}$; $C = 100\,\mathrm{nF}$) (—)

festgesetzt. In der Praxis werden reale Kondensatoren mit Ersatzschaltungen, bestehend aus idealen Widerständen, Spulen und idealen Kondensatoren nachgebildet. Im einfachsten Fall ist das ein Ersatzwiderstand seriell oder parallel zum Kondensator.

Hier wird nun der reale Kondensator durch ein *fraktionales, lineares elektrisches Bauelement mit ohmsch-kapazitiven Verhalten* ersetzt. Diesen Ansatz griff Pierre Curie[2] bereits im Jahre 1889 in seiner Arbeit (»Curie's empirical law«) auf, in der er den Strom durch einen Kondensator mit der Gleichung:

$$i(t) = \frac{U_0}{h_1\, t^n} \qquad \text{mit: } 0 < n < 1 \tag{13.50}$$

approximiert. h_1 und U_0 stellen aus dem Aufbau des Kondensators herrührende Konstanten dar.

Als Resultat dieser Überlegungen dient für die weitere Beschreibung des komplexen Leitwertes $\underline{Y}$ eines Kondensators die Gl. (13.49) mit:

$$-1 < p < 0\,. \tag{13.51}$$

[2]Curie, P. (15.05.1859 - 19.04.1906): Entdeckte mit seiner Frau die Elemente Polonium und Radium und seinem Bruder die Piezoelektrizität der Kristalle (1880), arbeitete über paramagnetische und ferromagnetische Stoffe.

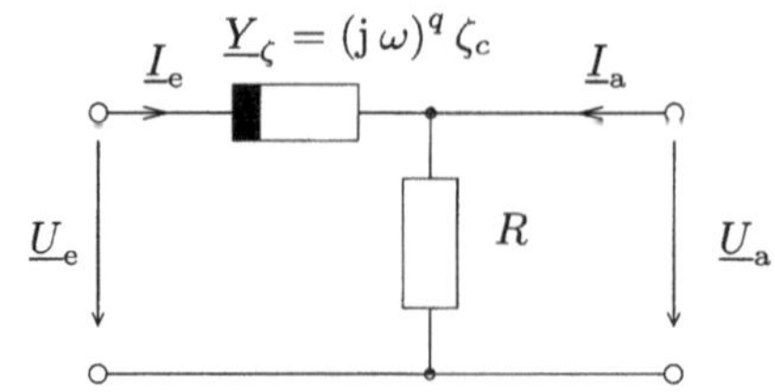

Bild 13.8: Schaltung eines Hochpasses mit dem fraktionalen Element ζ_c

Mit der Vereinbarung:

$$q = -p \tag{13.52}$$

besitzt das im Weiteren mit ζ_c bezeichnete fraktionale Bauelement, anstatt des bisher im RC-Hochpass verwendeten idealen Kondensators C, die mathematische Beschreibung:

$$\underline{Y}_\zeta \;=\; (\mathrm{j}\omega)^q\,\zeta_c \qquad \text{mit: } 0 < q < 1\ . \tag{13.53}$$

Die Schaltung für den idealen RC-Hochpass ändert sich demzufolge mit der Einführung eines fraktionalen Elementes ζ_c entsprechend der Bild 13.8. Zur übersichtlicheren Rechnung gilt für ζ_c die Festlegung:

$$\zeta_c = k \cdot k_c \cdot C \tag{13.54}$$

mit:

$$k_c \;=\; 1\,s^{q-1}\ . \tag{13.55}$$

Aufgrund dieser Zuweisung wird die später zu optimierende Variable k auf eins normiert. s steht dabei für die Zeiteinheit Sekunde. Im ganzzahligen Fall resultieren für einen Kondensator die Wertzuweisungen $q = 1$ und $k = 1$. Damit entspricht ζ_c der Kapazität C und k_c nimmt den Wert Eins an.

Die Berechnung der beiden Parameter q und k in der Gl. (13.53) als Approximation findet unter Zuhilfenahme eines mathematischen Programmes, z.B. *Mathematica*, statt. Das Ziel besteht dabei in der Minimierung der Abweichung der berechneten zu den gemessenen Werten. Daher muss zur Art der Abweichung Stellung genommen werden.

Bereits mit der Messkurve nach Bild 13.7 wurde die Verwendung der relativen Abweichung festgelegt. Zur Bestätigung werden am Beispiel der Änderung der Kapazität C von 100 nF auf 90 nF die Folgen für eine absolute und relative Abweichung untersucht. Dazu bieten sich die auf das vorliegende Maximum normierten Darstellungen der Abweichungen in dem Bild 13.9 an.

Die absolute Abweichung weist ein Maximum im Bereich der Grenzfrequenz auf. Dagegen lässt die relative Abweichung ihre Maxima für den Betrag deutlich unterhalb

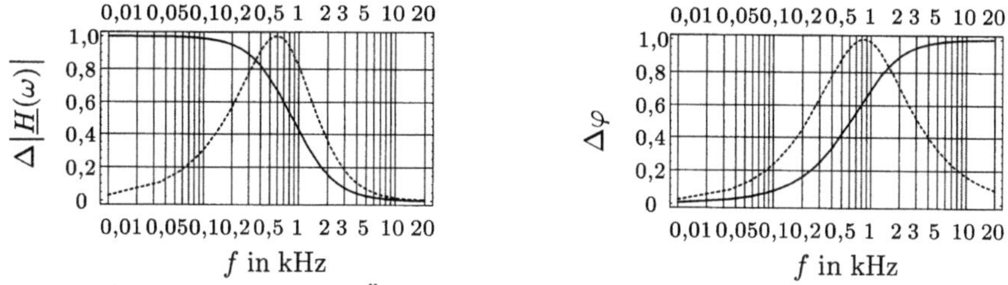

(a) absolute (—) und relative (- - -) Änderung des Betrages

(b) absolute (—) und relative (- - -) Änderung der Phase

Bild 13.9: Absolute und relative Änderung von Betrag und Phase mit Normierung auf das entsprechende Maximum bei idealen RC-Hochpass infolge der Verkleinerung der Kapazität C um 10 %

und die Phase eindeutig oberhalb der Grenzfrequenzen erkennen. Weiterhin schließt die Kurve der relativen Abweichung die absolute Abweichung zu einem Großteil mit ein. Daher ist die Verringerung des relativen Fehlers durch Anpassung des fraktionalen Bauelementes ζ_c erforderlich.

Die hier allein an der Parameteränderung von C gezeigten Folgen für die Abweichungen von Betrag und Phase der Übertragungsfunktion werden durch die Änderung der Ordnung q des fraktionalen Bauelementes ζ_c beeinflusst. Da diese hinzukommende Abhängigkeit keine gravierenden Neuerungen zu den Verläufen in den Bildern 13.9(a) und 13.9(b) und folglich für die Auswahl der Bereiche der Messpunkte hervorruft, fließt die Beachtung der Ordnung q problemlos mit den genannten Frequenzbereichen in die weitere Approximation ein.

Da für die komplexe Übertragungsfunktion eines fraktionalen Bauelementes analytische Optimierungsverfahren, z. B. die *Methode der kleinsten Fehlerquadrate*, schnell an ihre Grenzen stoßen empfiehlt sich eine numerische Anpassung.

Für ein derartiges Verfahren wird eine Berechnungsvorschrift für die zu minimierenden Abstände der Messwerte $y_{H\nu}$ und $y_{\varphi\nu}$ zu den Berechnungspunkten $z_{H\nu}$ und $z_{\varphi\nu}$ jeweils an den Messpunkten x_ν, bekannt von der Methode der kleinsten Fehlerquadrate, aufgestellt:

$$\Delta_{\text{rel}} = \sum_{\nu=h_\text{u}}^{h_\text{o}} \sqrt{\left(\frac{z_{H\nu}(x_\nu) - y_{H\nu}(x_\nu)}{y_{H\nu}(x_\nu)}\right)^2} + \sum_{\nu=\varphi_\text{u}}^{\varphi_\text{o}} \sqrt{\left(\frac{z_{\varphi\nu}(x_\nu) - y_{\varphi\nu}(x_\nu)}{y_{\varphi\nu}(x_\nu)}\right)^2}. \quad (13.56)$$

Δ_{rel} formuliert die entsprechend den gewählten Messpunkten aufsummierte relative Abweichung der Berechnungspunkte zu den Messwerten bezogen auf die Messwerte. Dieser analytische Ausdruck wird im Weiteren minimiert, um eine optimale Beschreibung des Messobjektes zu gewährleisten. Die vorliegenden Grenzen beider Summen h_u, h_o und φ_u, φ_o resultieren aus den gewählten, zur Anpassung verwendeten Messwerten. Die Werte x_ν stehen für die ausgemessenen Frequenzen, $y_{H\nu}$ und $y_{\varphi\nu}$ stellen die dabei

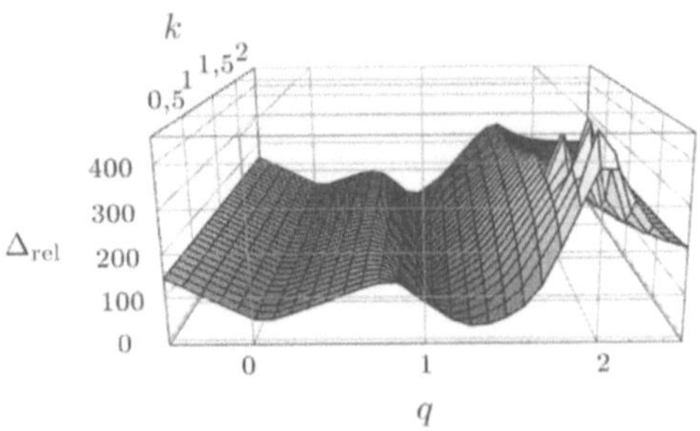

(a) dreidimensionale Darstellung

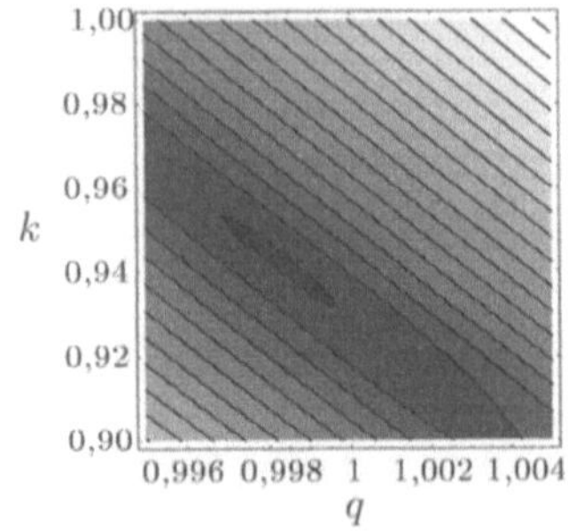

(b) Höhenlinien

Bild 13.10: dreidimensionale Darstellung der Abweichung Δ_{rel} in Abhängigkeit der Ordnung q und des Parameters k

gemessene Übertragungsfunktion mit Betrag und Phase dar und $z_{H\nu}$ und $z_{\varphi\nu}$ dementsprechend die berechnete Übertragungsfunktion für das fraktionale Element mit dem Parameter ζ_c nach der Gl. (13.54). Für die Punkte $z_{H\nu}$ und $z_{\varphi\nu}$ muss die Aufstellung der Übertragungsfunktion $\underline{H}$ an einem RC-Hochpass mit fraktionalen Charakter nach Bild 13.8 gemäß dem Vorgehen bei ganzzahligen Ordnungen erfolgen:

$$\underline{H}_{\text{frak}} = \frac{\underline{U}_a}{\underline{U}_e} = \frac{R}{R + \dfrac{1}{\underline{Y}_\zeta}} = \frac{R\,\underline{Y}_\zeta}{1 + R\,\underline{Y}_\zeta} = \frac{(\mathrm{j}\omega)^q\,R\,\zeta_c}{1 + (\mathrm{j}\omega)^q\,R\,\zeta_c}\,. \tag{13.57}$$

Die allgemeine Zerlegung dieser Übertragungsfunktion in Betrag und Phase ergibt den Ausdruck:

$$\underline{H}_{\text{frak}} = \left|\underline{H}_{\text{frak}}\right| \cdot \mathrm{e}^{\mathrm{j}\varphi_{\text{frak}}} \tag{13.58}$$

und führt unter Verwendung des Programms *Mathematica* auf:

$$z_{H\,\nu} = \left|\underline{H}_{\text{frak}}\right| = \frac{\omega^q\,R\,\zeta_c}{\sqrt{1 + \omega^{2q}\,R^2\,\zeta_c^2 + 2\,\omega^q\,R\,\zeta_c\,\cos\left(\frac{\pi q}{2}\right)}} \tag{13.59}$$

$$z_{\varphi\,\nu} = \varphi_{\text{frak}} = \arctan\left(\frac{\sin\left(\frac{\pi q}{2}\right)}{\omega^q\,R\,\zeta_c + \cos\left(\frac{\pi q}{2}\right)}\right). \tag{13.60}$$

Die Variable ν mit Rückblick auf Gl. (13.56) gibt die entsprechende Frequenz f bzw. ω aus den gewählten Messpunkten vor. Mit diesem Ausdruck wird der Aufwand bei Approximation der Variablen q und k innerhalb ζ_c nach Gl. (13.54) mit der Methode der kleinsten Fehlerquadrate im Vergleich zu einer im einfachsten Fall verwendeten linearen oder quadratischen Ansatzfunktion ersichtlich.

Auch die direkte analytische Berechnung der minimalen Abweichung bezüglich q und k weist rechentechnische Komplikationen auf. Als Vorweggriff zum nächsten Abschnitt

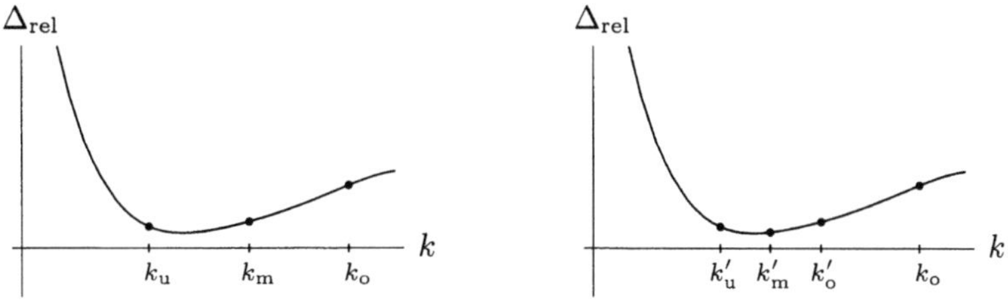

(a) Punkte vor der Bereichseingrenzung

(b) Punkte nach der Bereichseingrenzung

Bild 13.11: Verfahren des Goldenen Schnittes zur Ermittlung des Minimums der relativen Abweichung der Rechnung zur Messung für k bei vorgegebenen q

dienen für die Approximation der Übertragungsfunktion die beiden Frequenzbereiche:

$$\begin{array}{lllllll} \text{Betrag} & |\underline{H}| & : & \nu = 1 \ldots 25 & \rightarrow & f = & 20 \ldots 6 \cdot 10^3\,\text{Hz} \\ \text{Phase} & \varphi_H & : & \nu = 9 \ldots 31 & \rightarrow & f = & 60 \ldots 20 \cdot 10^3\,\text{Hz} \end{array} . \qquad (13.61)$$

Damit entsteht eine Funktion für Δ_{rel} aus über 50 Termen mit Potenzfunktionen und trigonometrischen Anteilen, die eine analytische Bestimmung des gesuchten Minimums bzgl. q und k erschweren. Die grafische Darstellung dieser Funktion führt auf die Bild 13.10 mit einem geneigten Wellental. Aufgrund dieser vorliegenden Struktur deutet sich zum Ersten der für weitere Optimierungsrechnung eingegrenzte Bereich an. Und zum Zweiten und wichtigeren kann mit der alleinigen Anpassung von k nicht das Minimum erreicht werden. Erst durch die Einbeziehung der Ordnung q in das Optimierungsverfahren nähert sich der Allgorithmus dem globalen Minimum im vorgegebenen Bereich.

Die Bestimmung der Parameter q und k für ein Minimum von Δ_{rel} erfolgt mit einem numerischen Verfahren. Das Verfahren des steilsten Abstieges (Gradientenverfahren) führt nach wenigen Schritten auf ein Ergebnis, das trotz der Einbeziehung der ersten Ableitung in beide Koordinatenrichtungen in der Nähe des globalen Minimums lag. Die Verwendung des Newtonverfahrens, das ebenfalls die erste Ableitung betrachtet, führte ebenfalls zu keiner brauchbaren Lösung. Lediglich das modifizierte Verfahren des Goldenen Schnittes brachte das globale Minimum als Lösung hervor. Dafür musste der Faktor für die Bereichseinschränkung von ursprünglich 0,618 auf 0,25 reduziert werden.

Das Verfahren des Goldenen Schnittes ist grafisch im Bild 13.11 mit einer Bereichshalbierung vorgestellt. Dabei wird durch den Vergleich der beiden äußeren Punkte der Bereich in Richtung des kleineren Funktionswertes reduziert. Die Bestimmung eines Optimums für ein zweidimensionales Problem erhöht deutlich den Rechenaufwand. Hier muss entsprechend dem Bild 13.12 für vorgegebene Werte der Ordnung q (q_{u} und q_{o}) nach dem Verfahren des Goldenen Schnittes ein in Bezug auf die Abweichung Δ_{rel} optimales k bestimmt werden. Aufgrund des erforderlichen Einschlusses des Minimums durch die beiden Punkte q_{u} und q_{o}, fordert das Verfahren die genäherte Kenntnis der Lage des Minimums. Der Vergleich von Δ_{rel} für die im ersten Schritt erhaltenen Punkte (1) und (3) erlaubt die Verschiebung des Punktes mit größerer Abweichung Δ_{rel} in

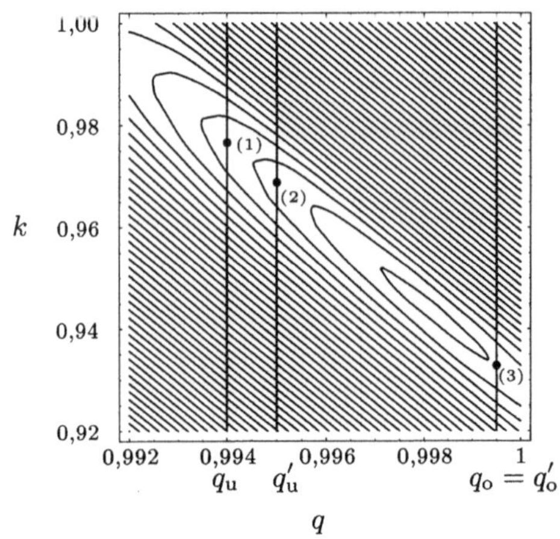

Bild 13.12: Höhenlinien von Δ_{rel} und die Suche der Lösung für Ordnung q und Parameter k durch schrittweise numerische Bereichseinengung (hier: von (1) auf (2) mit $q_u \to q_u'$ und $q_o \to q_o'$)

Richtung des Minimums. Hier entspricht das der Verschiebung von Punkt (1) zu Punkt (2).

Aus dem Bild 13.12 geht die Vermutung einer linearen Beziehung zwischen den Punkten hervor. Dieses Verhalten entspräche für die weitere Rechnung einer deutlichen Verminderung des Rechenaufwandes. Jedoch hat die exemplarische Bestimmung mehrerer Punkte eine Abweichung von einer Geraden zum Vorschein gebracht. Daher musste die schrittweise Annäherung an die Lösung ausgeführt werden.

Die Häufigkeit N der Rekursionsvorschrift dieser schrittweisen Berechnung resultiert aus der gewünschten Genauigkeit. Diese steht in direkter Verbindung zur Breite des Bereiches zwischen beiden Punkte und damit auch zur Änderung von Δ_{rel} bei zwei aufeinander folgenden Rechenschritten (siehe Abb. 13.12: $(1-3) \to (2-3)$). Damit wurde für einen Abbruch ein Vergleich zwischen $\Delta_{rel_{(\nu)}}$ und $\Delta_{rel_{(\nu+1)}}$ ausgeführt und als Kriterium eine Änderung mit maximal:

$$\delta = \left|\Delta_{rel_{(\nu+1)}} - \Delta_{rel_{(\nu)}}\right| \; < \; 10^{-10} \qquad (13.62)$$

gefordert. Die ausgeführte Ermittlung von q und k mit etwa 3600 Iterationen beansprucht eine geringe Rechenzeit. Die Ausführung der Rechnung und die daraus hervor gehenden Ergebnisse befinden sich im nachfolgenden Unterabschnitt.

13.6.3 Auswertung der Ergebnisse

Mit Hilfe des erstellten mathematischen Kalküls bestand die Aufgabe in der Approximation der Messwerte entsprechend den Eigenschaften eines *fraktionalen RC-Hochpasses.* Die Approximation von Betrag und Phase mittels Minimierung der relativen Abweichung erfolgt in den bereits genannten Bereichen:

$$\begin{array}{lclcl} \text{Betrag} & |\underline{H}| & : & \nu = 1 \dots 25 & \rightarrow & f & = & 20 \dots 6 \cdot 10^3\,\text{Hz} \\ \text{Phase} & \varphi_H & : & \nu = 9 \dots 31 & \rightarrow & f & = & 60 \dots 20 \cdot 10^3\,\text{Hz} \end{array} . \tag{13.63}$$

Darin weisen Betrag und Phase der Übertragungsfunktion Fehlerwerte deutlich über einem bis acht Prozent auf. Eine derartige Diskrepanz darf auch aufgrund der vorliegenden stetigen Verläufe nicht allein als stochastischer Messfehler verstanden werden, sondern wird als unvollständige Beschreibung des Messaufbaus interpretiert.

Mit Bezug auf die weiteren Ergebnisse entstehen für den idealen RC-Hochpass in den gewählten Frequenzbereichen die Abweichungen nach Gl. (13.56) der berechneten zu den gemessenen Werten normiert:

$$\Delta_{\text{ideal}_H} \approx 1{,}2629 \tag{13.64}$$

$$\Delta_{\text{ideal}_\varphi} \approx 1{,}2773 \tag{13.65}$$

$$\Delta_{\text{ideal}} \approx 2{,}5402 \,. \tag{13.66}$$

Damit liegt ein Vergleich auf die folgende verbesserte Darstellung durch fraktional orientierte Beschreibung vor. Im Resultat für q_{opt} und k_{opt} entstehen die optimierten Werte:

$$q_{\text{opt}} \approx 0{,}998 \tag{13.67}$$

$$k_{\text{opt}} \approx 0{,}943 \,. \tag{13.68}$$

Mit diesem Ergebnis geht die beschreibende Funktion des idealen Kondensators über in ein fraktionales Element mit ohmsch-kapazitivem Charakter:

$$\zeta_c \approx 94{,}337 \cdot 10^{-9} \, \frac{\text{A}\,\text{s}^{0{,}998}}{\text{V}} \,. \tag{13.69}$$

Die daraus resultierenden Abweichungen nach Gl. (13.56) in Bezug auf die gewählten Messbereiche ergeben:

$$\Delta_{\text{frakt}_H} \approx 0{,}1457 \tag{13.70}$$

$$\Delta_{\text{frakt}_\varphi} \approx 0{,}1476 \tag{13.71}$$

$$\Delta_{\text{frakt}} \approx 0{,}2933 \,. \tag{13.72}$$

Im Ergebnis zeichnet sich eine Verringerung der Abweichungen um über 88 % ab. Die grafischen Darstellungen von Betrag und Phase der Übertragungsfunktion und die entsprechenden relativen Abweichungen zu den Messungen gibt das Bild 13.13 wieder.

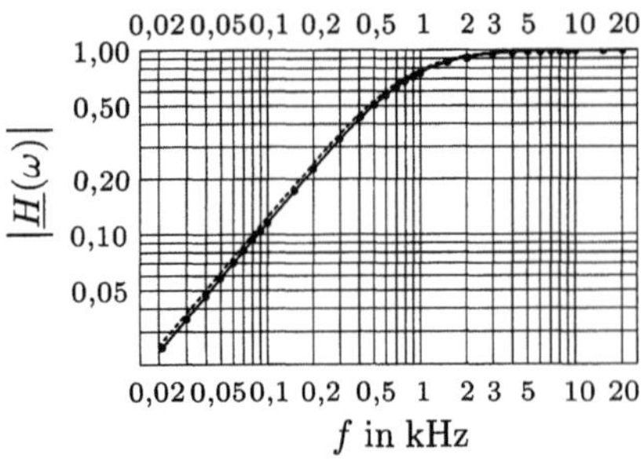

(a) Betrag am vermessenen realen RC-Hochpass (Punkte) und am berechneten idealen (- - -) und fraktionalen RC-Hochpass (—)

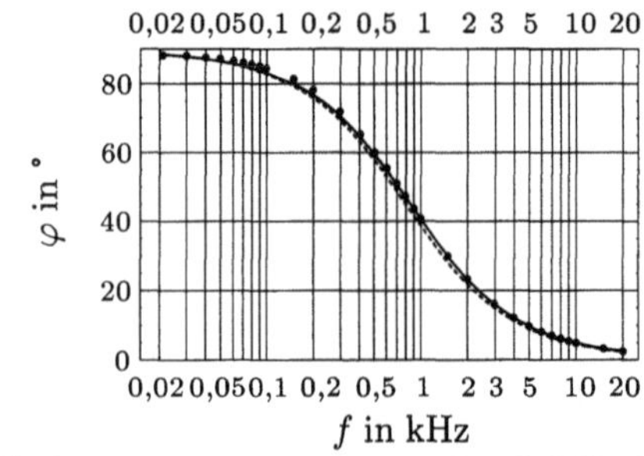

(b) Phase am vermessenen realen RC-Hochpass (Punkte) und am berechneten idealen (- - -) und fraktionalen RC-Hochpass (—)

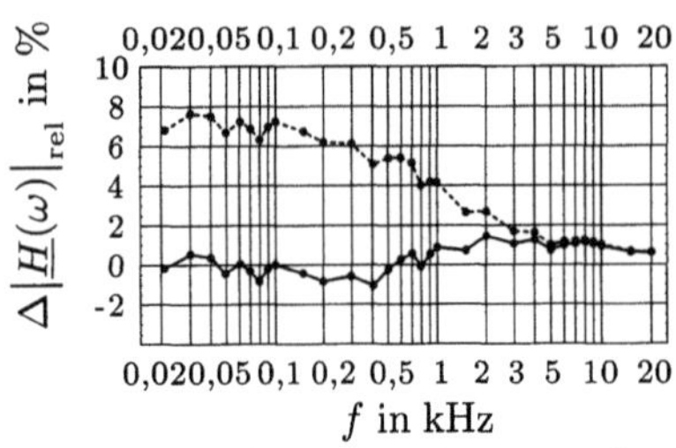

(c) relative Abweichung des Betrages der Rechnung zur Messung

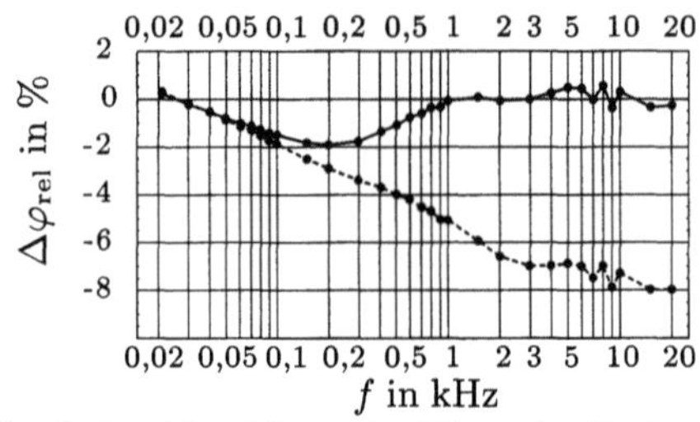

(d) relative Abweichung der Phase der Rechnung zur Messung

Bild 13.13: Vergleich der Übertragungsfunktion $\underline{H}(f)$ der realen Messung (Punkte), des idealen RC-Hochpasses entsprechend den im Messaufbau gegebenen Parametern R und C (- - -) und des optimierten Rζ_c-Hochpasses mit fraktionaler Charakteristik (—)

Dort kann auch die bessere Beschreibungsform des realen RC-Hochpasses mit der Verwendung von *Bauelementen mit fraktionaler Charakteristik* auf grafischer Ebene nachvollzogen werden.

Um zu zeigen, dass die alleinige Änderung von k und damit der Kapazität C des Kondensators nicht das gleiche Ergebnis hervorbringt, wird die Optimierung für k ausgeführt. Es entsteht die Lösung:

$$k \approx 0{,}929\,241 \; . \tag{13.73}$$

Die Abweichungen ergeben bei diesem Wert:

$$\Delta_{k_H} \approx 0{,}1765 \tag{13.74}$$
$$\Delta_{k_\varphi} \approx 0{,}1394 \tag{13.75}$$
$$\Delta_k \approx 0{,}3159 \; . \tag{13.76}$$

Aus diesem Ergebnis geht ebenfalls eine Darstellung des realen Messaufbaus mit einem über 80 % kleineren Fehler zur Berechnung allein durch die Änderung der Kapazität

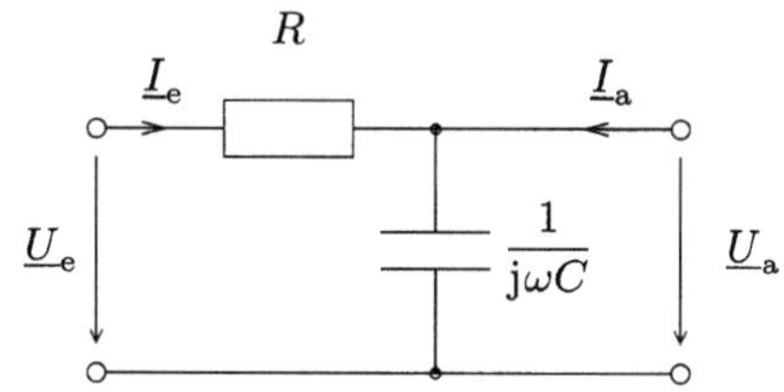

Bild 13.14: Schaltung des idealen RC-Tiefpasses ($R = 2\,\mathrm{k\Omega}$; $C = 100\,\mathrm{nF}$)

C des ganzzahligen Kondensators hervor. Damit entsteht der größte Fehler in der Beschreibung der realen Anordnung durch eine fehlerhafte Angabe des Parameters C.

13.7 Approximation des Übertragungsverhaltens eines realen RC-Tiefpasses

Nun erfolgt die Untersuchung eines RC-Tiefpass, der vorerst als ideal betrachtet wird entsprechend dem Bild 13.14. Das Ziel besteht auch hier im Aufzeigen der Vorteile der fraktionalen Differenziation gegenüber den bisher bekannten Approximationsmethoden.

Für die Messung standen die gleichen Bauelemente wie im Falle des RC-Hochpasses bereit. Daher bestehen für die berechneten Elementeparameter Vergleichsmöglichkeiten.

Ausgehend vom idealen RC-Tiefpass ergibt sich die Beschreibung der Übertragungsfunktion $\underline{H}_{\mathrm{ideal}}(\omega)$ durch:

$$\underline{H}_{\mathrm{ideal}}(\omega) = \frac{1}{1 + \mathrm{j}\omega RC} \tag{13.77}$$

und daraus die Trennung in Betrag und Phase:

$$\left|\underline{H}_{\mathrm{ideal}}(\omega)\right| = \frac{1}{\sqrt{1 + (\omega RC)^2}} \tag{13.78}$$

$$\varphi_{\mathrm{ideal}} = -\arctan(\omega RC)\,. \tag{13.79}$$

13.7.1 Messung des Frequenzganges eines realen RC-Tiefpasses

Der Frequenzbereich für $\left|\underline{H}_{\mathrm{mess}}\right|$ und φ_{mess} entspricht dem des RC-Hochpasses mit $f = (20 \ldots 20 \cdot 10^3\,\mathrm{Hz})$. Die Darstellung der Messwerte und errechneten Werte $\left|\underline{H}_{\mathrm{ideal}}\right|$ nach Gl. (13.78) und φ_{ideal} nach Gl. (13.79) für den idealen RC-Tiefpass befinden sich in der Tabelle 13.2. Die grafischen Darstellungen von Betrag und Phase der Übertragungsfunktion für den realen und idealen RC-Tiefpass entnimmt man dem Bild 13.15.

Tabelle 13.2: Messung des Übertragungsverhaltens an einem realen RC-Tiefpass und einem theoretisch berechneten RC-Tiefpass mit den Bauelementeparametern R und C

	Messwerte		theoretische Werte	
f in Hz	$\lvert \underline{H}_{\text{mess}} \rvert = \frac{u_a}{u_e}$	φ_{mess} in °	$\lvert \underline{H}_{\text{ideal}}(\omega) \rvert$	φ_{ideal} in °
20	0,990	-1,3	0,9997	-1,44
30	0,990	-2,0	0,9993	-2,16
40	0,989	-2,6	0,9987	-2,88
51	0,987	-3,3	0,9980	-3,63
60	0,986	-4,0	0,9972	-4,31
70	0,985	-4,6	0,9962	-5,03
80	0,983	-5,3	0,9950	-5,74
91	0,982	-6,0	0,9936	-6,49
100	0,991	-6,6	0,9923	-7,13
151	0,977	-10,0	0,9826	-10,7
200	0,963	-13,1	0,9698	-14,1
303	0,933	-19,6	0,9347	-20,8
401	0,897	-25,2	0,8930	-26,7
504	0,850	-30,6	0,8451	-32,3
599	0,807	-35,1	0,7992	-36,9
696	0,765	-39,2	0,7530	-41,2
801	0,720	-43,2	0,7050	-45,2
897	0,683	-46,5	0,6638	-48,4
997	0,643	-49,5	0,6240	-51,4
1104	0,603	-52,3	0,5849	-54,2
1505	0,490	-60,5	0,4674	-62,1
1997	0,390	-66,9	0,3703	-68,3
3015	0,270	-74,2	0,2552	-75,2
3995	0,207	-77,9	0,1954	-78,7
4985	0,168	-80,3	0,1576	-80,9
6005	0,140	-81,9	0,1314	-82,5
6995	0,120	-83,0	0,1130	-83,5
8060	0,104	-84,0	0,0983	-84,4
9025	0,093	-84,6	0,0878	-85,0
10015	0,084	-85,2	0,0792	-85,5
15065	0,056	-87,0	0,0528	-87,0
20005	0,042	-87,9	0,0398	-87,7

Darin zeigen sich in Analogie zum RC-Hochpass für die Übertragungsfunktion über einen Messfehler hinausgehende Bereiche. Diese Bereiche gilt es durch eine Optimierung zu verringern.

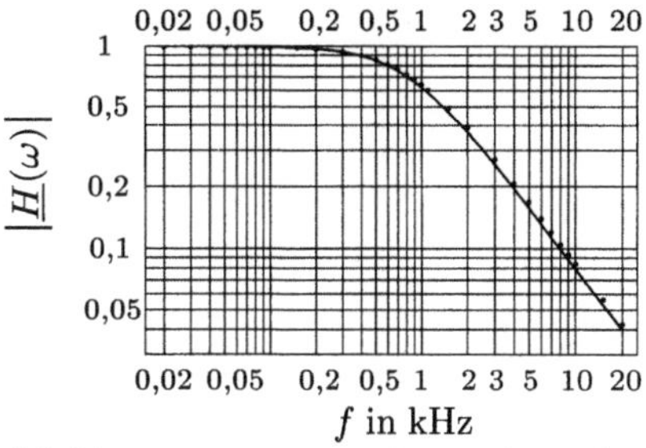

(a) Messung am realen RC-Tiefpass (Punkte) und Berechnung am idealen RC-Tiefpass (—)

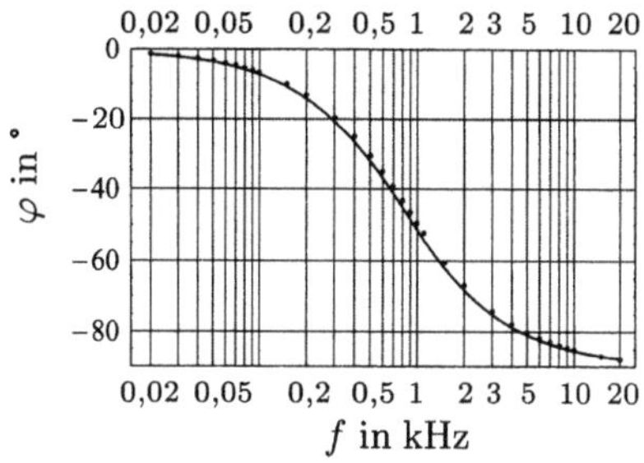

(b) Messung am realen RC-Tiefpass (Punkte) und Berechnung am idealen RC-Tiefpass (—)

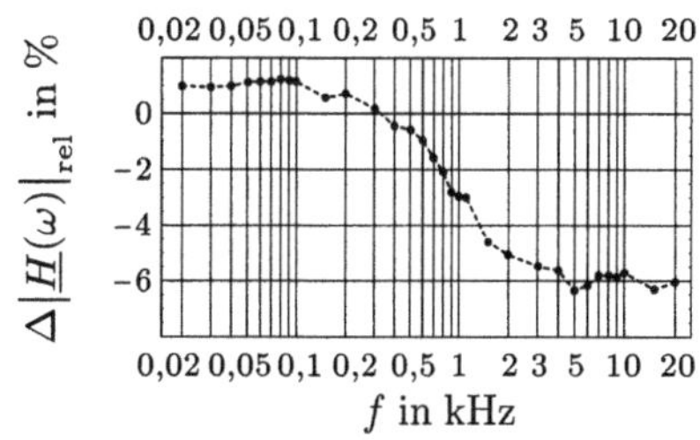

(c) relative Abweichung der Rechnung zur Messung

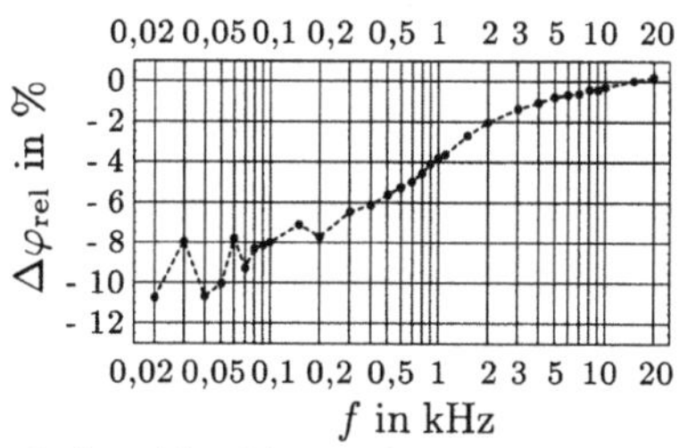

(d) relative Abweichung der Rechnung auf die Messung

Bild 13.15: Betrag und Phase der Übertragungsfunktion $\underline{H}(f)$ der Messung (Punkte) und des idealen RC-Tiefpasses entsprechend den gegebenen Parametern ($R = 2\,\mathrm{k\Omega}$; $C = 100\,\mathrm{nF}$) (—)

13.7.2 Auswertung und Ergebnisse

Da für den RC-Hochpass die größere Aussagekraft des relativen Fehlers aus dem Abschnitt 13.6.2 hervorgeht, rückt hier der absolute Fehler in den Hintergrund. Der gewählte Frequenzbereich der vermessenen Übertragungsfunktion erstreckt sich über:

$$\begin{array}{llcl}\text{Betrag} & |\underline{H}| & : & \nu = 15 \ldots 32 \quad \rightarrow \quad f \;=\; 600 \ldots 20 \cdot 10^3\,\mathrm{Hz} \\ \text{Phase} & \varphi_H & : & \nu = 12 \ldots 25 \quad \rightarrow \quad f \;=\; 300 \ldots 5 \cdot 10^3\,\mathrm{Hz}\end{array} \quad . \tag{13.80}$$

Aus Vergleichsgründen in Bezug auf die Genauigkeit ergeben sich bei einem unveränderten idealen RC-Tiefpass mit vorgegebenen R und C folgende Abweichungen nach Gl. (13.56):

$$\Delta_{\mathrm{ideal}_H} \approx 0{,}8216 \tag{13.81}$$

$$\Delta_{\mathrm{ideal}_\varphi} \approx 0{,}5255 \tag{13.82}$$

$$\Delta_{\mathrm{ideal}} \approx 1{,}3471 \; . \tag{13.83}$$

Die Aufstellung und Auswertung der Übertragungsfunktion des fraktionalen RC-Tiefpasses erfolgt gemäß dem Vorgehen beim RC-Hochpass. Damit ergibt die Berechnung für die optimierten Parameter q_{opt} und k_{opt} des fraktionalen RC-Tiefpasses:

$$q_{\mathrm{opt}} \approx 0{,}998 \tag{13.84}$$
$$k_{\mathrm{opt}} \approx 0{,}954 \tag{13.85}$$

und führt auf das fraktionale Element ζ_c:

$$\zeta_c \approx 95{,}453 \cdot 10^{-9} \, \frac{\mathrm{A\,s}^{0{,}998}}{\mathrm{V}} \, . \tag{13.86}$$

Daraus resultieren für die Abweichungen die Werte:

$$\Delta_{\mathrm{frakt}_H} \approx 0{,}068\,5 \tag{13.87}$$
$$\Delta_{\mathrm{frakt}_\varphi} \approx 0{,}043\,3 \tag{13.88}$$
$$\Delta_{\mathrm{frakt}} \approx 0{,}111\,8 \, . \tag{13.89}$$

Für diesen RC-Tiefpass verringern sich die Abweichungen im Vergleich zum äquivalenten RC-Hochpass um über 91,7 %. Bei dem Vergleich der beiden Approximationen zeigt sich eine Änderung der Ordnung des fraktionalen Elementes mit Gl. (13.67) und Gl. (13.84) um weniger als 0,03 %. Die Variable k aus Gl. (13.68) und Gl. (13.85) schwankt um 1 %. Diese sehr geringe Abweichung zueinander bestätigt die Beschreibung des in beiden Schaltungen gleichen Kondensators durch ein fraktional orientiertes Element.

Die entsprechenden Darstellungen für die Übertragungsfunktion befinden sich im Bild 13.16. Hierbei deutet sich der bereits bei der Bereichsauswahl für die Optimierung erwähnte Fehler der Phase für Frequenzen unterhalb 300 Hz an. Die Abweichung steigt bis auf $-4\,\%$ an. Berücksichtigt man allerdings den genannten absoluten Anzeigefehler am Phasenmessinstrument mit $\pm 0{,}05^\circ$, so entspricht das bei $f = 20\,\mathrm{Hz}$ mit der Phase $\varphi(20\,\mathrm{Hz}) = -1{,}3^\circ$ einem maximalen relativen Fehler von 3,6 %.

Zum Vergleich wurde in der Optimierung die Variable k allein berücksichtigt. Der damit errechnete Wert:

$$k = 0{,}939 \tag{13.90}$$

führt auf die Abweichungen:

$$\Delta_{k_H} \approx 0{,}078\,4 \tag{13.91}$$
$$\Delta_{k_\varphi} \approx 0{,}045\,1 \tag{13.92}$$
$$\Delta_k \approx 0{,}1235 \, . \tag{13.93}$$

Die Abweichungen entsprechen den Ergebnissen des fraktionalen RC-Tiefpasses mit einer Verschlechterung von etwa 10 %. Im Vergleich zum idealen RC-Tiefpass sinken die Abweichungen um etwa 90 %.

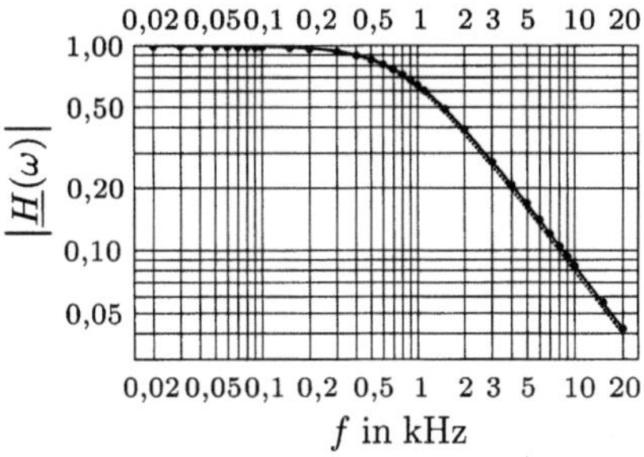

(a) Betrag am vermessenen realen RC-Tiefpass (Punkte) und am berechneten idealen (- - -) und fraktionalen RC-Tiefpass (—)

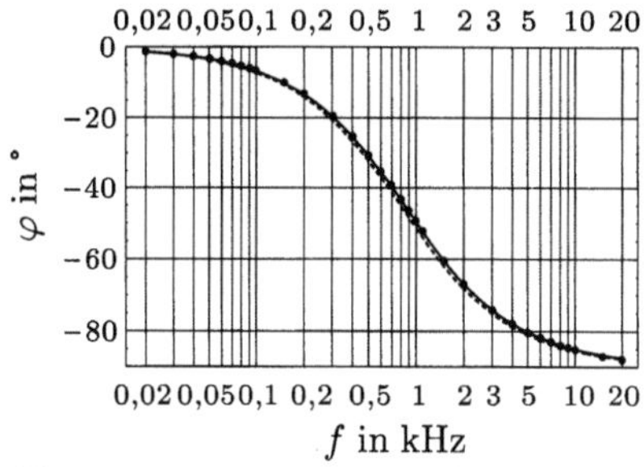

(b) Phase am vermessenen realen RC-Tiefpass (Punkte) und am berechneten idealen (- - -) und fraktionalen RC-Tiefpass (—)

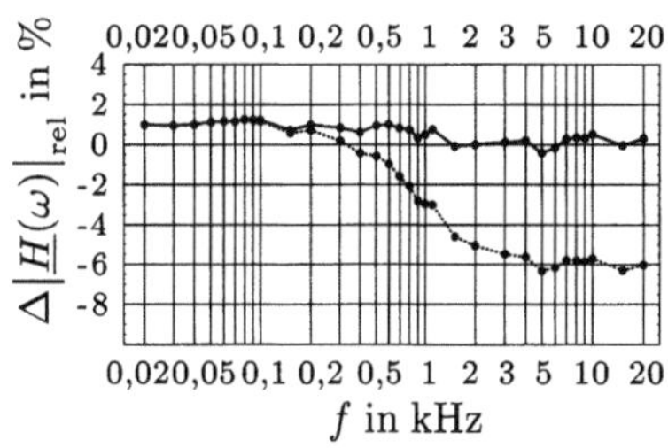

(c) relative Abweichung des Betrages der Rechnung zur Messung

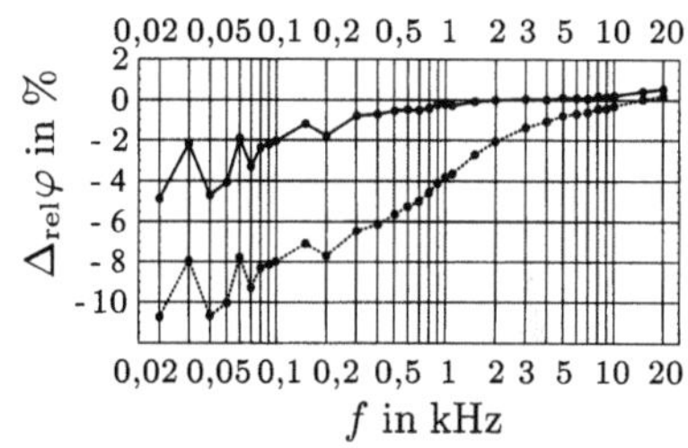

(d) relative Abweichung der Phase der Rechnung zur Messung

Bild 13.16: Vergleich der Übertragungsfunktion $\underline{H}(f)$ der realen Messung (Punkte), des idealen RC-Tiefpasses mit den im Messaufbau gegebenen Parametern R und C (- - -) und des Rζ_c-Tiefpasses mit fraktionaler Charakteristik optimiert mit den Elementen R und ζ_c (—)

13.8 Resümee zum Einsatz von Bauelementen mit fraktionalem Charakter

Durch die Verwendung elektrischer Elemente mit fraktionalem Charakter reduzierten sich die Abweichungen in Bezug auf ganzzahlige Elemente nullter, erster und höherer Ordnung wesentlich. Diese Tatsache konnte für die beiden RC-Filter Hochpass und Tiefpass nachgewiesen werden. Eine Bestätigung stellt zudem die Übereinstimmung des berechneten fraktionalen Elementes ζ_c in beiden Fällen mit einer Differenz von unter einem Prozent dar. Damit weisen reale Kondensatoren in ihrer Beschreibung Differenziationsordnungen kleiner Eins auf.

Gleiches wurde auch bei einer elektromagnetischen Anordnung in Form einer Spule nachgewiesen. Daraus folgt die Tatsache, dass eine Vielzahl realer Bauelemente und Schaltungen einen fraktionalen Charakter besitzen. Mit dieser Aussage stellen die ganzzahligen Elemente nur den Idealfall dar und es kann für die genauere Beschreibung realer Anordnungen nicht auf Elemente mit fraktionaler Charakteristik verzichtet werden.

Kapitel 14

Prinzipien und Formalismen

In Wissenschaft und Technik gibt ein Prinzip (lat. principium) einerseits grundlegende Inhalte von großer Allgemeinheit (Energieerhaltungsprinzip; Ladungserhaltungsprinzip) und andererseits methodische Aspekte (Superpositionsprinzip, Kompensationsprinzip) durch Anwendungsvorschriften oder Regeln wieder. Deswegen kommt den Prinzipien eine über die Jahrhunderte währende Bedeutung zu. Das belegen die Erkenntniszeitpunkte ihrer Entdecker, wie d'Alambert (1717-1783), Maupertuis (1747), Gauß (1777-1855), Hamilton (1805-1865). Die Differenzialprinzipien von d'Alembert, das der virtuellen Verrückung und das von Gauß vervollständigen die Aufzählung. Beispielsweise hat sich das Prinzip von d'Alembert für die Zukunft als nicht so bedeutungsvoll herausgestellt, weil mit diesem, im Gegensatz zum Newtonschen Grundgedanken, die Kraft als primäre Größe aus der Mechanik eliminiert werden sollte.

Die Autoren schließen sich der mit dem Prinzip von Maupertuis ([108], S. 836 ff.) begonnenen Entwicklung an. Mit diesem Integralprinzip werden die Gesetzmäßigkeiten der Mechanik, so auch die Bewegungsabläufe, aus Extremalforderungen hergeleitet. Diesen Forderungen zu folge nehmen bestimmte Größen für die in der Natur realisierten Bewegungsabläufe minimale oder maximale Werte an. Maupertuis knüpfte hier bewusst an das Fermatsche Prinzip (benannt nach Fermat 1601-1655) an, nach dem der Weg des Lichtstrahls aus einer derartigen Extremalforderung, meist einem Minimum, folgt. Die Entdeckung von Maupertuis gilt als Vorläufer des Prinzips der kleinsten Wirkung, welches auch unter der Bezeichnung Hamilton-Prinzip (1834) geführt wird und das sich in der Physik bis in die heutige Feldtheorie erstreckt. Es besagt:

> Dem zu untersuchenden System wird ein Wirkungsintegral zugeordnet, das ein Funktional der möglichen (zulässigen) Bewegungen (Zustandsänderungen) ist, das für die tatsächlich erfolgende Bewegung ein Extremum besitzt und dessen erste Variation an der Stelle der tatsächlichen Bewegung deshalb verschwindet.

Der Wert des Integrals hängt von den Zuständen des Systems während eines endlichen Zeitintervalles ab. Mit der Stationärität des Integrals können aus den zulässigen Zuständen (Bewegungen) die real stattfindenden Zustände berechnet werden.

Auf dem Lagrange- und Hamilton-Formalismus muss eingegangen werden, weil man über ihn zu einer Impulsfunktion der Feldtheorie gelangt. Und genau an dieser Stelle wird der relativistische Viererformalismus verlassen, weil die Zeit ausgezeichnet ist. Die hieraus hergeleiteten Hamilton-Gleichungen können deshalb nicht im Viererformalismus erscheinen. Es entsteht eine Grenze der Übertragbarkeit des Schemas der Punktmechanik auf die relativistische Feldtheorie.

14.1 Differenzialprinzipien der Mechanik

In der kanonischen Mechanik heben sich drei Differenzialprinzipien heraus, die im Folgenden eingehend beschrieben werden.

1. das d'Alembert-Prinzip
2. das Prinzip der virtuellen Arbeit (Spezialfall vom Prinzip von d'Alembert)
3. das Gaußsche-Prinzip des kleinsten Zwanges

14.1.1 Das d'Alembert-Prinzip

Zuerst ist der Inhalt des Begriffes *virtuelle Verrückung* zu klären.

> Die virtuelle Verrückung δr_k des k-ten Massepunktes bezeichnet (im Unterschied zur wirklichen in der Zeit ablaufenden infinitesimalen Verrückung δr_k) eine bei festgehaltener Zeit ausgeführte gedachte, mit den Nebenbedingungen verträglichen infinitesimale Verrückung.

Das *Prinzip von d'Alembert* lautet dann mathematisch ausgedrückt:

$$\sum_{k=1}^{n}(m_k\ddot{\boldsymbol{r}}_k - \boldsymbol{F}_k)\delta\boldsymbol{r}_k = 0 \ , \qquad k = 1, \ldots, n. \tag{14.1}$$

Dabei sind:

m_k - die Masse des k-ten Massepunktes bei n Massen

$\boldsymbol{r}_k$ - der Radiusvektor des k-ten Massepunktes

$\boldsymbol{F}_k$ - die auf den k-ten Massepunkt wirkende eingeprägte Kraft

Die virtuellen Verrückungen $\delta \boldsymbol{r}_k$ sind wegen der durch Nebenbedingungen verursachten Kopplungen nicht voneinander unabhängig. Man kann deshalb nicht auf die Gültigkeit der Newtonschen Gesetze:

$$m_k \ddot{\boldsymbol{r}}_k - \boldsymbol{F}_k = 0 \; , \qquad k = 1, \ldots, n \tag{14.2}$$

schließen. Für virtuelle Verrückungen ($\mathrm{d}t = 0$) lauten die Nebenbedingungen:

$$\sum_{k=1}^{n} \boldsymbol{a}_{mk} \delta \boldsymbol{r}_k = 0 \; . \tag{14.3}$$

Diese Gleichung werden mit den reellen Multiplikatoren λ_m multipliziert, alle l Nebenbedingungen addiert und das Ergebnis von Gleichung (14.1) subtrahiert:

$$\sum_{k=1}^{n} (m_k \ddot{\boldsymbol{r}}_k - \boldsymbol{F}_k - \sum_{m=1}^{l} \lambda_m a_{mk}) \delta \boldsymbol{r}_k = 0 \; . \tag{14.4}$$

Von Gleichung (14.4) schließt man jetzt auf die Bewegungsgleichungen in der Form:

$$m_k \ddot{\boldsymbol{r}}_k = \boldsymbol{F}_k + \sum_{m=1}^{l} \lambda_m a_{mk} \; , \qquad k = 1, \ldots, n. \tag{14.5}$$

Wie erklärt sich dieser Schluss? Die l Größen λ_m werden so gewählt, dass bei l Summanden in (14.4) die Klammerausdrücke verschwinden. So verbleibt, weil im dreidimensionalen Raum, die Summe von $f = 3n - l$ Gliedern. Das System besitzt f Freiheitsgrade. Von den Größen $\delta x_k, \delta y_k$ und δz_k sind f frei wählbar. Insbesondere können diese bis auf eine Null gesetzt werden. Der Koeffizient dieser einen Verrückung, d. h. der Inhalt in den runden Klammern, muss dann verschwinden. Auf diese Art und Weise kann man auf das Verschwinden aller Klammerausdrücke schließen.

14.1.2 Das Prinzip der virtuellen Arbeit

Der bekannte Sonderfall des Prinzips von d'Alembert nach Gleichung (14.1) für die Statik ($\ddot{\boldsymbol{r}}_k = 0$) heißt *Prinzip der virtuellen Arbeit* oder *Prinzip der virtuellen Verrückung*:

$$\sum_{k=1}^{n} \boldsymbol{F}_k \delta \boldsymbol{r}_k = 0 \; , \qquad k = 1, \ldots, n. \tag{14.6}$$

Es wird zur Berechnung von Gleichgewichten herangezogen.

Beispiel 1:
Berechnung des Gleichgewichtes eines Massenpunktes auf der Kugeloberfläche

Mit Hilfe des Prinzip der virtuellen Arbeit soll das Gleichgewicht eines Massenpunktes, der sich im homogenen Schwerefeld der Erde befindet und der an eine Kugeloberfläche

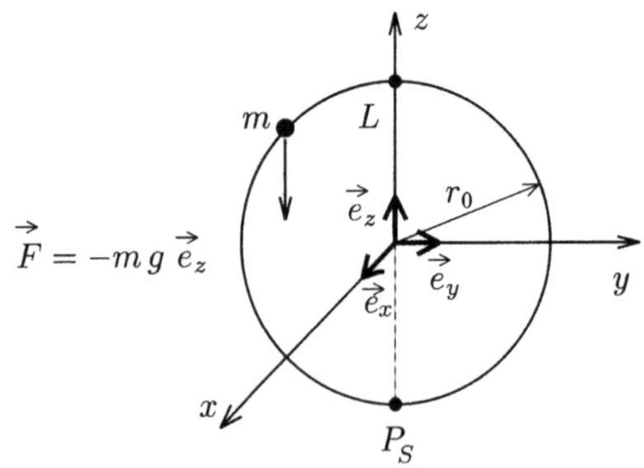

Bild 14.1: Darstellung zur Bestimmung des Gleichgewichts eines Massepunktes auf der Kugeloberfläche

gebunden ist (Kugelpendel), berechnet werden (Bild 14.1). Der Radius der Kugel sei r_0.

Die holonom-skleronome Nebenbedingung nimmt dann die Form:

$$f - \text{const.} = x^2 + y^2 + z^2 - r_0^2 = 0 \tag{14.7}$$

an. Die potentielle Energie ist durch (g: Gravitationsbeschleunigung):

$$U = U_0 + mgz \tag{14.8}$$

gegeben. Die hierzu gehörende Gravitationskraft folgt durch die Gradientenbildung der potentiellen Energie zu:

$$\boldsymbol{F} = -\operatorname{grad} U = -mg\boldsymbol{e}_z \ . \tag{14.9}$$

Der Freiheitsgrad 3 des Massepunktes wird um Eins reduziert, so dass zwei unabhängige Variablen vorliegen. Das Gleichgewicht des Massenpunktes kann man über die Extrema der potentiellen Energie $U(z)$ bestimmen. z kann dabei nicht willkürlich gewählt werden, sondern unterliegt der Nebenbedingung (14.7). Die Analysis bietet zur Lösung solcher Extremwertaufgaben zwei Methoden an:

1. Eliminationsmethode
2. Lagrangesche Multiplikationsmethode

Bei der Eliminationsmethode ist z zu eliminieren. Mittels Gleichung (14.7) und Gleichung (14.8) ergibt sich:

$$U = U_0 + mg\sqrt{r_0^2 - x^2 - y^2} \ . \tag{14.10}$$

Die unabhängigen Variablen sind x und y. Die notwendigen Bedingungen für das Vorliegen von Extrema lauten dann:

$$\frac{\partial U}{\partial x} = -\frac{mgx}{\sqrt{r_0^2 - x^2 - y^2}} = 0 \, , \qquad \frac{\partial U}{\partial y} = -\frac{mgy}{\sqrt{r_0^2 - x^2 - y^2}} = 0 \, . \tag{14.11}$$

Hieraus folgen $x = 0$ und $y = 0$ und mit (14.7):

$$z = \pm \, r_0 \, . \tag{14.12}$$

Die beiden Vorzeichen entsprechen dem labilen (L) bzw. dem stabilen (S) Gleichgewicht (Bild 14.1).

Bei der Anwendung der Lagrangeschen Multiplikationsmethode gehen die Extrema aus der Funktion:

$$\bar{U} = U_0 + mgz - \lambda(x^2 + y^2 + z^2 - r_0^2) \tag{14.13}$$

hervor. Die Hinzufügung des Multiplikators λ bringt eine freie Funktion in die Rechnung. Deshalb können alle drei Variablen x, y, z als unabhängig angesehen werden. Die notwendigen Bedingungen für das Extremum sind deshalb:

$$\frac{\partial \bar{U}}{\partial x} = -2\lambda x = 0 \, , \quad \frac{\partial \bar{U}}{\partial y} = -2\lambda y = 0 \, , \quad \frac{\partial \bar{U}}{\partial z} = mg - 2\lambda z = 0 \, , \tag{14.14}$$

woraus:

$$x = 0 \, , \qquad y = 0 \, , \qquad \lambda = \frac{mg}{2z} \, . \tag{14.15}$$

folgen. Mit Gleichung (14.7) gilt auch hier:

$$z = \pm r_0 \tag{14.16}$$

und für den Lagrangeschen Multiplikator in Gl. (14.13) erhalten wir:

$$\lambda = \pm \frac{mg}{2r_0} \, . \tag{14.17}$$

Die eben dargestellte Methode ist die Grundlage für das Prinzip der virtuellen Arbeit. Aus Gl. (14.5) gehen im Falle der Statik die Gleichungen:

$$F_x + \lambda \frac{\partial f}{\partial x} = 0 \, , \qquad F_y + \lambda \frac{\partial f}{\partial y} = 0 \, , \qquad F_z + \lambda \frac{\partial f}{\partial z} = 0 \, , \tag{14.18}$$

hervor, welche sich auch in die Formen:

$$\frac{\partial U}{\partial x} = \lambda \frac{\partial f}{\partial x} \, ; \qquad \frac{\partial U}{\partial y} = \lambda \frac{\partial f}{\partial y} \, ; \qquad \frac{\partial U}{\partial z} = \lambda \frac{\partial f}{\partial z} \tag{14.19}$$

umschreiben lassen. Die Bedingungen für eine potentielle Energie lauten:

$$\frac{\partial \bar{U}}{\partial x} = 0 \, , \qquad \frac{\partial \bar{U}}{\partial y} = 0 \, , \qquad \frac{\partial \bar{U}}{\partial z} = 0 \tag{14.20}$$

Für die Zwangskraft folgt aus dem Gradienten von f unter Beachtung von λ:

$$\boldsymbol{Z} = \lambda \, \operatorname{grad} f = 2\lambda(x\boldsymbol{e}_x + y\boldsymbol{e}_y + z\boldsymbol{e}_z) \ . \tag{14.21}$$

Mit $z = \pm r_0$ und $\lambda = \pm\frac{mg}{2r_0}$ nimmt in der Gleichgewichtslage die Zwangskraft den Ausdruck:

$$\boldsymbol{Z} = mg\boldsymbol{e}_z \tag{14.22}$$

an.

□

Die Massenpunkte sind über die Zwangsbedingungen, die zu jedem Zeitpunkt erfüllt sein müssen, miteinander verkoppelt. Die virtuellen Verrückungen sind gedachte Verrückungen der verallgemeinerten Lagekoordinaten, die bei festgehaltenen Zeiten ausgeführt werden und die ebenfalls den Zwangsbedingungen unterliegen.

Anmerkung:
In der Theorie elektrischer Netzwerke (Analyse, Synthese, Modellierung) bestehen diese Zwangsbedingungen in Form der Maschen- und Knotensätze. Denn durch beide Sätze ist sichergestellt, dass sich in jedem elektrischen Netzwerk nicht beliebige Spannungen und Ströme einstellen, sondern diese festen Bedingungen genügen müssen.

14.1.3 Das Gaußsche Prinzip des kleinsten Zwanges

Gauß formulierte das *Prinzip des kleinsten Zwanges* in Anlehnung an *seine Methode* der kleinsten Fehlerquadrate im Jahre 1829. Nach Gauß ist die Größe:

$$\begin{aligned} Z &= \sum_{k=1}^{n} m_k \left(\ddot{\boldsymbol{r}}_k - \frac{\boldsymbol{F}_k}{m_k} \right)^2 \\ Z &= \sum_{k=1}^{n} m_k \left(\left(\ddot{x}_k - \frac{F_{kx}}{m_k} \right)^2 + \left(\ddot{y}_k - \frac{F_{ky}}{m_k} \right)^2 + \left(\ddot{z}_k - \frac{F_{kz}}{m_k} \right)^2 \right) \end{aligned} \tag{14.23}$$

das Maß des Zwanges. Da die Bewegung eines mechanischen Systems bei Nichtbeachtung der Nebenbedingungen nach den Newtonschen Bewegungsgesetzen ablaufen würde, ist der Zwang ein Maß für die Abweichung von der freien Bewegung. Im Sinne der Fehlerrechnung entsprechen die quadratischen Summanden den Fehlerquadraten und die Masse den Gewichten.

Die tatsächliche Bewegung läuft nach Gauß so ab, dass der Zwang bei der Berücksichtigung der Nebenbedingungen minimal wird:

$$\delta Z = 0 \ . \tag{14.24}$$

δZ berechnet sich bei festgehaltenen Lagen und Geschwindigkeiten aller Massenpunkte. Es gelten deshalb:

$$\delta \boldsymbol{r}_k = 0 \ , \qquad \delta \dot{\boldsymbol{r}}_k = 0 \ , \qquad \delta t = 0 \ . \tag{14.25}$$

Aus (14.23) geht, da in $\boldsymbol{F}_k$ nur $\boldsymbol{r}_k, \dot{\boldsymbol{r}}_k$ und t auftreten,:

$$\delta Z = 2\sum_{k=1}^{n}(m_k\ddot{\boldsymbol{r}}_k - \boldsymbol{F}_k)\delta\ddot{\boldsymbol{r}}_k \tag{14.26}$$

hervor, während die Nebenbedingungen die Form:

$$\frac{\mathrm{d}u_m}{\mathrm{d}t} = c_m + \sum_{k=1}^{n} \boldsymbol{a}_{mk}\dot{\boldsymbol{r}}_k = 0 \ , \qquad m = 1, 2, \ldots, l \tag{14.27}$$

besitzen. Die Definition der Nebenbedingungen, denen ein mechanisches System unterliegt, lautet in differenzieller Form nach H. Hertz [1]:

$$\mathrm{d}u_m = c_m\mathrm{d}t + \sum_{k=1}^{n}(a_{mk}\mathrm{d}x_k + b_{mk}\mathrm{d}y_k + c_{mk}\mathrm{d}z_k) = 0 \ , \qquad m = 1, 2, \ldots, l \ . \tag{14.28}$$

14.2 Das Hamilton-Prinzip der extremalen Wirkung

Beim *Hamilton-Prinzip* (1834) handelt es sich um ein Integralprinzip. Seine Bedeutung erstreckt sich bis in die allgemeine Feldtheorie. Es leitet sich aus dem Prinzip von d'Alembert ab.

Aus mathematischer Sicht liegt ein Variationsproblem vor. Die Gleichung (14.1) wird über die Zeit t im Intervall von t_0 bis t_1 integriert und die Summierung mit dem Integral als Grenzfall einer Summierung vertauscht:

$$\sum_{k=1}^{n}\int_{t_0}^{t_1}(m_k\ddot{\boldsymbol{r}}_k\delta\boldsymbol{r}_k - \boldsymbol{F}_k\delta\boldsymbol{r}_k)\,\mathrm{d}t = 0 \ . \tag{14.29}$$

Mit der Umformung:

$$\ddot{\boldsymbol{r}}_k\delta\boldsymbol{r}_k = \frac{\mathrm{d}}{\mathrm{d}t}(\dot{\boldsymbol{r}}_k\delta\boldsymbol{r}_k) - \frac{1}{2}\delta\dot{\boldsymbol{r}}_k^2 \tag{14.30}$$

und der Variation der kinetischen Energie:

$$\delta T = \sum_{k=1}^{n}\frac{m_k}{2}\delta\dot{\boldsymbol{r}}_k^2 \tag{14.31}$$

folgt bei Vorzeichenwechsel:

$$\int_{t_0}^{t-1}\left(\delta T + \sum_{k=1}^{n}\boldsymbol{F}_k\delta\boldsymbol{r}_k\right)\mathrm{d}t - \sum_{k=1}^{n} m_k\,(\dot{\boldsymbol{r}}_k\delta\boldsymbol{r}_k)|_{t_0}^{t_1} = 0 \ . \tag{14.32}$$

[1] Hertz, Heinrich (1857-1894): Deutscher Physiker. Bestätigte 1888 experimentell die von Maxwell vorausgesagten elektromagnetischen Wellen und deren Ausbreitung im Raum mit Lichtgeschwindigkeit. Begründer der Hochfrequenztechnik.

Im Sinne der Variationsrechnung wird das Verschwinden der Variationen gefordert, welche mit den virtuellen Verrückungen identifiziert werden. An den Integrationsgrenzen gelten:

$$\delta \boldsymbol{r}_k(t_0) = \delta \boldsymbol{r}_k(t) = 0 \tag{14.33}$$

und damit:

$$\int\limits_{t_0}^{t_1} \left(\delta T + \sum_{k=1}^{n} \boldsymbol{F}_k \delta \boldsymbol{r}_k \right) \mathrm{d}t = 0 \tag{14.34}$$

Mit der Postulierung einer Funktion der Dimension der Energie:

$$L = L(\dot{\boldsymbol{r}}_k, \boldsymbol{r}_k, t) = T - V(\boldsymbol{r}_k, \dot{\boldsymbol{r}}_k, t) \tag{14.35}$$

gelangt man zur ***Lagrange-Funktion.*** Diese Funktion V heißt geschwindigkeitsabhängiges Potenzial, obwohl die physikalische Dimension diejenige einer Energie ist. Hängt V nicht von der Geschwindigkeit $\dot{\boldsymbol{r}}$ ab, so ist V mit der potentiellen Energie des Systems identisch. Aus der Gleichung (14.34) folgt:

$$\int\limits_{t_0}^{t_1} \left(\delta L + \delta V + \sum_{k=1}^{n} \boldsymbol{F}_k \delta \boldsymbol{r}_k \right) \mathrm{d}t = 0 \; . \tag{14.36}$$

Mit der in kartesischen Koordinaten $x_{k\mu}$ geschriebenen Variationsableitung der Funktion $V = V(\boldsymbol{r}_k, \dot{\boldsymbol{r}}_k, t)$:

$$\frac{\delta V}{\delta x_{k\mu}} = \frac{\partial V}{\partial x_{k\mu}} - \frac{\mathrm{d}}{\mathrm{d}t} \frac{\partial V}{\partial \dot{x}_{k\mu}} \; , \tag{14.37}$$

folgt nach einigen Umformungen:

$$\begin{aligned} \delta V &= \sum_{k=1}^{n} \left(\frac{\partial V}{\partial x_{k\mu}} \delta x_{k\mu} + \frac{\partial V}{\partial \dot{x}_{k\mu}} \delta \dot{x}_{k\mu} \right) \\ \delta V &= \sum_{k=1}^{n} \left[\left(\frac{\partial V}{\partial x_{k\mu}} - \frac{\mathrm{d}}{\mathrm{d}t} \frac{\partial V}{\dot{x}_{k\mu}} \right) \delta x_{k\mu} + \frac{\mathrm{d}}{\mathrm{d}t} \left(\frac{\partial V}{\partial \dot{x}_{k\mu}} \delta x_{k\mu} \right) \right] \\ \delta V &= \sum_{k=1}^{n} \left[\frac{\delta V}{\delta x_{k\mu}} \delta x_{k\mu} + \frac{\mathrm{d}}{\mathrm{d}t} \left(\frac{\partial V}{\partial \dot{x}_{k\mu}} \delta x_{k\mu} \right) \right] \end{aligned} \tag{14.38}$$

und schließlich der Ausdruck:

$$\int\limits_{t_0}^{t_1} \left[\delta L + \sum_{k=1}^{n} \left(\frac{\delta V}{\delta x_{k\mu}} + F_{k\mu} \right) \delta x_{k\mu} \right] \mathrm{d}t = 0 \; . \tag{14.39}$$

Dabei wurde die Integration über die totale zeitliche Ableitung ausgeführt und die Gleichung (14.33) beachtet.

Die eingeprägte Kraft $\boldsymbol{F}_k$ steht nun mit dem geschwindigkeitsabhängigen Potenzial $V(\boldsymbol{r}_k, \dot{\boldsymbol{r}}_k, t)$ in der Form:

$$\boldsymbol{F}_{k\mu} = -\frac{\delta V}{\delta x_{k\mu}} = -\left(\frac{\partial V}{\partial x_{k\mu}} - \frac{\mathrm{d}}{\mathrm{d}t} \frac{\partial V}{\partial \dot{x}_{k\mu}} \right) \tag{14.40}$$

(für $V = V(\boldsymbol{r})$ gilt $\boldsymbol{F}_{k\mu} = -\operatorname{grad} V(\boldsymbol{r})$) in Verbindung, so dass die Gleichung (14.39) nach der Vertauschung von Integration und Variation das Ergebnis:

$$\delta \int_{t_0}^{t_1} L \,\mathrm{d}t = \delta \int_{t_0}^{t_1} (T - V) \,\mathrm{d}t = 0 \quad , \quad \delta x_{k\mu}(t_0) = \delta x_{k\mu}(t_1) = 0 \ . \tag{14.41}$$

liefert. Das ist die mathematische Formulierung des Hamilton-Prinzips.

Die Aufgabe besteht nun darin, auf die zugehörigen Euler-Lagrange-Gleichungen zu schließen, welche sich hier als die Bewegungsgleichungen des mechanischen Systems herausstellen. Es ist:

$$\delta L = \sum_{k=1}^{n} \left[\frac{\delta L}{\delta x_{k\mu}} \delta x_{k\mu} + \frac{\mathrm{d}}{\mathrm{d}t} \left(\frac{\partial L}{\partial \dot{x}_{k\mu}} \delta x_{k\mu} \right) \right] \tag{14.42}$$

mit:

$$\frac{\delta L}{\delta x_{k\mu}} = \frac{\partial L}{\partial x_{k\mu}} - \frac{\mathrm{d}}{\mathrm{d}t} \frac{\partial L}{\partial \dot{x}_{k\mu}} \ . \tag{14.43}$$

Mit der Gleichung (14.42) wird in Gleichung (14.41) eingegangen. Dann folgt nach der Integration über die totalen zeitlichen Ableitungen:

$$\delta \int_{t_0}^{t_1} L \,\mathrm{d}t = \int_{t_0}^{t_1} \delta L \,\mathrm{d}t = \sum_{k=1}^{n} \int_{t_0}^{t_1} \frac{\delta L}{\delta x_{k\mu}} \delta x_{k\mu} \,\mathrm{d}t = 0 \ . \tag{14.44}$$

Liegen keine Nebenbedingungen vor, so schließt man wegen der Unabhängigkeit der Variation $\delta x_{k\mu}$ auf die Lagrange-Gleichungen:

$$\frac{\delta L}{\delta x_{k\mu}} := \frac{\partial L}{\partial x_{k\mu}} - \frac{\mathrm{d}}{\mathrm{d}t} \frac{\partial L}{\partial \dot{x}_{k\mu}} = 0 \ . \tag{14.45}$$

Die *Wirkungsfunktion* ist durch den Ausdruck:

$$S = \int_{t_0}^{t_1} L(\boldsymbol{r}_k, \dot{\boldsymbol{r}}_k, t) \,\mathrm{d}t + S_0 \ , \tag{14.46}$$

definiert, wobei zur Vereinfachung die Schreibweise hier und später auf ein eigenes Symbol für die Integrationsvariable verzichtet wird. Das *Hamilton-Prinzip* besagt dann:

> Die Bewegung eines mechanischen Systems zwischen zwei vorgegebenen Zeitpunkten läuft so ab, dass die Wirkung zwischen diesen Zeitpunkten extremal wird.

Anmerkung:
Die in Form von Differenzialgleichungen formulierten Naturgesetze stehen mit unserem Kausalverständnis unmittelbar in Verbindung, da sich danach der Ablauf des Naturgeschehens aus einem Anfangszustand heraus entwickelt.

In das Hamilton-Prinzip als Integralprinzip geht ganz entscheidend ein endlicher Zeitabschnitt ($t_0 < t < t_1$) ein, wobei Vergangenheit und Zukunft gleichgewichtig berücksichtigt werden.

Die Herleitung im Kapitel 13 zur Anwendung der fraktionalen Differenzialrechnung zeigen, dass dort Vergangenheit und Zukunft nicht gleichgewichtig Berücksichtigung finden. Durch die Wahl der unteren Integrationsgrenze kann eine stärkere Berücksichtigung der Vergangenheit eines physikalischen oder technischen Vorganges erfolgen bis hin zur Verarbeitung von Speichereigenschaften. D.h. der Ablauf eines Vorganges hängt wesentlich von seiner Vorgeschichte an einem bestimmten Ort ab.

Ein System habe den Freiheitsgrad f und l holonome Nebenbedingungen. Damit kommen nur noch $p = f - l$ verallgemeinerte Lagekoordinaten vor. Das *Hamilton-Prinzip* lautet dann:

$$\delta \int_{t_0}^{t_1} L(q_k, \dot{q}_k, t)\,\mathrm{d}t = 0 \tag{14.47}$$

mit:

$$\delta q_k(t_0) = 0 \ , \qquad \delta q_k(t_1) = 0 \ , \qquad k = 1, 2, \ldots, p. \tag{14.48}$$

Die zugehörigen ***Euler-Lagrange-Gleichungen*** auch als Variationsableitungen bezeichnet, haben die Form:

$$\frac{\delta L}{\delta q_k} := \frac{\partial L}{\partial q_k} - \frac{\mathrm{d}}{\mathrm{d}t}\frac{\partial L}{\partial \dot{q}_k} = 0 \ , \qquad k = 1, 2, \ldots, p. \tag{14.49}$$

14.3 Der Lagrange-Hamilton-Formalismus für klassische Felder

Die Lagekoordinaten x_k beschreiben in der Punktmechanik den Bewegungsablauf. In den Ingenieurwissenschaften sind es die verallgemeinerten Lagekoordinaten:

$$q_k = q_k(t) \ , \qquad k = 1, 2, \ldots, f. \tag{14.50}$$

mit f als Freiheitsgrad des Systems. Die klassische Feldtheorie ([108], S. 1519-1525.) befasst sich mit einer Gesamtheit klassischer Felder, die im Allgemeinen aus verschiedenartigen Feldarten besteht. Die f Feldfunktionen:

$$U_k = U_k(x^i) = U_k(\boldsymbol{r}, t) \ , \qquad k = 1, 2, \ldots, f \ , \qquad i = 0, 1, 2, 3 \tag{14.51}$$

sollen dieses System beschreiben. Es besteht beim Vergleich von Gl. (14.50) mit der Gl. (14.51) folgende Zuordnung:

$$q_k \to U_k \;, \qquad t \to x^i \;. \tag{14.52}$$

Die verallgemeinerten Lagekoordinaten (im besonderen die Lagekoordinaten der Mechanik), entsprechen den Feldfunktionen der Feldtheorie, während der Zeitparameter t mit den vier Galileischen Raum-Zeit-Koordinaten:

$$\{x^i\} = \{x^0, x^1, x^2, x^3\} = \{ct, x^1, x^2, x^3\} \tag{14.53}$$

korrespondiert. Aus relativistischen Gründen gehören die Raumkoordinaten x^1, x^2, x^3 und die Zeitkoordinate t untrennbar zusammen, weil nur auf diese Weise dem *speziellen Relativitätsprinzip* genügt werden kann.

In die *Feldfunktionen der Feldtheorie* geht neben der Zeit der Ortsvektor als *Parametertripel* mit den Ortskoordinaten als Parameter ein. Diese Parameter liegen dicht. Aus diesem Grund spricht man zur Unterscheidung von der Punktmechanik mit ihren endlich vielen Freiheitsgraden in der Feldtheorie von *Systemen mit nicht abzählbar unendlich vielen Freiheitsgraden*, bedingt durch die dichte Lage der Werte der Ortskoordinaten.

14.3.1 Das Hamilton-Prinzip als relativistisch invariantes Prinzip

In der *Feldtheorie* bildet man die Lagrange-Funktion L als 3-dimensionales Volumenintegral über ein Gebiet des Ortsraumes mit der Lagrange-Dichte $\mathfrak{L}$ als Integrand:

$$L = \int\limits_{V_3} \mathfrak{L}(U_k, \frac{\partial U_k}{\partial x^\lambda}, \frac{\partial U_k}{\partial t}, \boldsymbol{r}, t)\,\mathrm{d}V \;. \tag{14.54}$$

Diese *Lagrange-Dichte* stellt eine Funktion der Feldfunktionen, deren Ableitungen und gegebenenfalls in expliziter Weise eine Funktion der Raum-Zeit-Koordinaten dar. In relativistischer Schreibweise hat die Lagrange-Dichte deshalb die Form:

$$\mathfrak{L} = \mathfrak{L}(U_k, U_{k,i}, x^i) \tag{14.55}$$

mit:

$$U_{k,i} = \frac{\partial U_k}{\partial x^i} \;. \tag{14.56}$$

Eine solche Lagrange-Dichte heißt Lagrange-Dichte 1. Ordnung, weil in dieser nur erste Ableitungen auftreten. Eine Feldtheorie dieser Art nennt man *lokale Feldtheorie*, weil die Lagrange-Dichte jeweils nur von einem Raum-Zeit-Punkt abhängt. Bei den nichtlokalen Feldtheorien, die hier unbeachtet bleiben, treten kompliziertere Strukturen, z. B. Integrale, auf.

Damit die auf dieser *Lagrange-Dichte* basierende Theorie dem speziellen Relativitätsprinzip genügt, muss die Lagrange-Dichte eine *relativistische Invariante* sein. Wird Gl. (14.54) über ein Zeitintervall zwischen t_0 und t_1 integriert, dann folgt mit:

$$\mathrm{d}^{(4)}V = \mathrm{d}^{(4)}x = \mathrm{d}x^{(3)}\mathrm{d}x^4 = c\mathrm{d}^{(3)}x\mathrm{d}t = c\,\mathrm{d}V\mathrm{d}t \tag{14.57}$$

als *relativistische Invariante* und Außerachtlassung der additiven Konstanten für die *Wirkung S* der relativistisch sinnvolle Ausdruck (eine Konstante trägt gemäß den Voraussetzungen der Variationsrechnung nicht zur Variation von S bei):

$$S = \int_{t_0}^{t_1}\int_{V_3} \mathfrak{L}\,\mathrm{d}V\,\mathrm{d}t = \frac{1}{c}\int_{V_4} \mathfrak{L}\,\mathrm{d}^{(4)}V \ . \tag{14.58}$$

Die Wirkung ist damit für einen festen 4-dimensionalen Raum-Zeit-Bereich V_4 auch eine Invariante. In Verallgemeinerung von Gleichung (14.46) formuliert man das Hamilton-Prinzip als relativistisch invariantes Prinzip durch die nullgesetzte 1. Variation:

$$\delta \int_{V_4} \mathfrak{L}(U_k, U_{k,i}, x^i)\,\mathrm{d}^{(4)}V = 0 \ . \tag{14.59}$$

Die Feldfunktionen U_k sind in Übereinstimmung mit der Variationsrechnung zu variieren. In Analogie zum Verschwinden der Variation an den Integrationsgrenzen sind die Feldfunktionen U_k auf der Berandung (V_4) des 4-dimensionalen Raum-Zeit-Bereiches V_4 konstant zu halten, d. h., es gilt:

$$\delta U_k\big|_{(V_4)} = 0 \ . \tag{14.60}$$

14.3.2 Euler-Lagrange-Gleichungen des Feldsystems

Nun werden die *Euler-Lagrange-Gleichungen* (auch Lagrange-Gleichungen 2. Art oder kurz *Lagrange-Gleichungen* genannt) als Bewegungsgleichungen des Feldsystems hergeleitet. In der *Feldtheorie* heißen diese Gleichungen *Feldgleichungen.* In Ausführung der 1. Variation auf Gleichung (14.59) bei Vertauschung von Integration und Variation folgt:

$$\int_{V_4} \delta\mathfrak{L}(U_k, U_{k,i}, x^i)\,\mathrm{d}^{(4)}V = \int_{V_4} \left[\frac{\partial\mathfrak{L}}{\partial U_k}\delta U_k + \frac{\partial\mathfrak{L}}{\partial U_{k,i}}\delta U_{k,i}\right]\mathrm{d}^{(4)}V = 0$$
$$k = 1, 2, \ldots, f \ , \qquad i = 0, 1, 2, 3 \ . \tag{14.61}$$

Gesucht sind also die Feldfunktionen U_k, die (14.61) einen Extremwert zuteilen.

Da bekannter Weise die Variation auch mit der Differenziation vertauschbar ist, geht (14.61) in die Form:

$$\int\limits_{V_4} \left[\frac{\partial \mathfrak{L}}{\partial U_k} \delta U_k + \frac{\partial \mathfrak{L}}{\partial U_{k,i}} (\delta U_k)_{,i} \right] \mathrm{d}^{(4)}V = 0 \tag{14.62}$$

über und die Anwendung der Produktregel für die Differenziation liefert den Ausdruck:

$$\int\limits_{V_4} \left(\left[\frac{\partial \mathfrak{L}}{\partial U_k} - \left(\frac{\partial \mathfrak{L}}{\partial U_{k,i}} \right)_{,i} \right] \delta U_k + \left(\frac{\partial \mathfrak{L}}{\partial U_{k,i}} \delta U_k \right)_{,i} \right) \mathrm{d}^{(4)}V = 0 \; . \tag{14.63}$$

Mit dem vierdimensionalen Gaußschen Satz (analog zum dreidimensionalen) in Tensorschreibweise angewendet auf die Koordinaten a^m eines Tensors:

$$\int\limits_{V} a^m_{,m} \, \mathrm{d}^{(4)}V = K_4 \int\limits_{(V_4)} a^m \, \mathrm{d}f_m \tag{14.64}$$

werden die rechten Summanden in (14.63) umgeformt:

$$\int\limits_{V_4} \left(\frac{\partial \mathfrak{L}}{\partial U_{k,i}} \delta U_k \right)_{,i} \mathrm{d}^{(4)}V = K_4 \int\limits_{(V_4)} \frac{\partial \mathfrak{L}}{\partial U_{k,i}} \delta U_k \mathrm{d}f_i \; . \tag{14.65}$$

Der Tensor des 3-dimensionalen Flächenelements in der 4-dimensionalen Raum-Zeit ist durch:

$$\mathrm{d}f_m = \frac{1}{6K} \varepsilon_{mijk} \, \mathrm{d}V^{ijk} = \frac{1}{6K} \varepsilon_{mnop} \, \mathrm{d}V^{nop} \tag{14.66}$$

definiert. ε_{mijk} bezeichnet den 4-dimensionalen, antisymmetrischen Levi-Civita-Pseudotensor. Der Faktor K wird aus Zweckmäßigkeitsgründen eingeführt und hängt von der Anzahl der Dimensionen ab.

Da nach der Voraussetzung Gl. (14.60) die Feldfunktionen U_k auf der Berandung festgehalten werden, verschwindet der Integrand und somit das Integral über die Oberfläche und es gilt:

$$\int\limits_{V_4} \left[\frac{\partial \mathfrak{L}}{\partial U_k} - \left(\frac{\partial \mathfrak{L}}{\partial U_{k,i}} \right)_{,i} \right] \delta U_k \, \mathrm{d}^{(4)}V = 0 \; . \tag{14.67}$$

Die notwendige Bedingung für das Verschwinden des Integrals ist wegen der freien Wählbarkeit der Variationen δU_k, dass der Integrand selbst Null ist. So ergeben sich die Lagrange-Gleichungen der Feldtheorie zu:

$$\frac{\partial \mathfrak{L}}{\partial U_k} - \left(\frac{\partial \mathfrak{L}}{\partial U_{k,i}} \right)_{,i} = 0 \; , \qquad k = 1, 2, \ldots, f \; , \qquad i = 0, 1, 2, 3 \tag{14.68}$$

Mit der Variationsableitung der Lagrange-Dichte in der Form:

$$\frac{\delta \mathfrak{L}}{\delta U_k} := \frac{\partial \mathfrak{L}}{\partial U_k} - \left(\frac{\partial \mathfrak{L}}{\partial U_{k,i}} \right)_{,i} \; , \qquad k = 1, \ldots, f \; ; \qquad i = 0, 1, 2, 3 \; . \tag{14.69}$$

beinhalten die Lagrange-Gleichungen (14.68) auch hier das Verschwinden der Variationsableitung.

Die Strukturen der Lagrange-Gleichungen der Feldtheorie korrespondieren mit denen der Mechanik und unter Verwendung verallgemeinerter Lagekoordinaten mit denen elektrischer Systeme und letztlich mit denen technischer Systeme. Da von einer invarianten Wirkung ausgegangen worden ist und kovariant (d. h. nach den Gesetzen der Tensorrechnung) gerechnet wurde, ist die Lagrange-Gleichung (14.68) forminvariant. Sie genügen dem speziellen Relativitätsprinzip und haben in jedem Inertialsystem die gleiche Form.

Als Beispiele für Felder seien das bekannte Maxwell-Feld, das Schrödinger-Feld, das Dirac-Feld, Felder in der Kontinuumsmechanik und in der Thermodynamik aufgeführt. Die Theorie dieser klassischen Felder heißt klassische Feldtheorie. An ihrer Ausarbeitung waren viele Wissenschaftler, insbesondere Physiker, beteiligt.

14.3.3 Die Hamilton-Gleichungen

Die Physik definiert in der Feldtheorie Gleichungen, die den Hamilton-Gleichungen der Punktmechanik analog sind. In Anlehnung an die kanonischen Impulse: werden die Impulse

$$\Pi^{ki} = \frac{\partial \mathfrak{L}}{\partial U_{k,i}} , \qquad k = 1, 2, \ldots, f , \qquad i = 0, 1, 2, 3 . \tag{14.70}$$

definiert. In der Punktmechanik und verallgemeinert in technischen Systemen besteht die Zuordnung:

$$q_k \to p^k = \frac{\partial L}{\partial \dot{q}_k} . \tag{14.71}$$

In der Feldtheorie ist die relativistische Korrespondenz:

$$U_k \to \Pi^{ki} = \frac{\partial \mathfrak{L}}{\partial U_{k,i}} \tag{14.72}$$

zutreffend. In technischen Systemen, insbesondere in der Punktmechanik, wird also einer kovarianten verallgemeinerten Lagekoordinate (Lagevariable) q_k jeweils ein kontravarianter Impuls (Impulsvariable) p^k zugeordnet. Aus relativistischen Gründen würden bei formalem Vorgehen in der Feldtheorie einer Feldfunktion U_k die vier Größen Π^{ki} korrespondieren.

Der gedankliche Anschluss an die Punktmechanik weicht aber von dieser Linie ab und führt zur Definition der Impulsfunktion der Feldtheorie:

$$\Pi^k = \frac{1}{c}\Pi^{k0} = \frac{1}{c}\frac{\partial \mathfrak{L}}{\partial U_{k,0}} = \frac{\partial \mathfrak{L}}{\partial \left(\frac{\partial U_k}{\partial t}\right)} . \tag{14.73}$$

Damit erhält man die nachgebaute Korrespondenz:

$$U_k \to \Pi^k \tag{14.74}$$

als zueinander kanonisch-konjugierte Feldvariable. Durch die Auszeichnung der 0. Komponente in Gleichung (14.73), also der Zeit, wird der relativistische Viererformalismus verlassen. In Analogie zur (klassischen) Hamilton-Funktion wird die Hamilton-Dichte der Feldtheorie in der Form:

$$\mathfrak{H} = \Pi^k \frac{\partial U_k}{\partial t} - \mathfrak{L} = \Pi^{k0} U_{k,0} - \mathfrak{L} \tag{14.75}$$

definiert. Die kovariante Rechnung (relativistischer Viererformalismus) wird in der Gleichung (14.75) verlassen, weil bei der Definition dieser fundamentalen Größe die Zeit ausgezeichnet ist. *Die hieraus hergeleiteten Hamilton-Gleichungen können demzufolge nicht im Viererformalismus erscheinen.*

Der relativistische Viererformalismus wird hier verlassen (man beachte dazu $\partial U_k/\partial t$ in Gl. (14.73)), entsteht eine Grenze der Übertragbarkeit der Punktmechanik auf die relativistische Feldtheorie.

Für die Theorie technischer Systeme, bei denen im Inneren meist keine relativistischen Erscheinungen entscheidenden Einfluss auf ihre Funktionsweise ausüben, ist der Hamilton-Formalismus in allen seinen älteren und neueren Formen eine der Berechnungsmethoden. Das trifft besonders dann zu, wenn verschiedene Energieformen im System vorhanden sind. Bei realen technischen Systemen ist das immer der Fall.

Im Weiteren muss untersucht werden, wie sich die Hamilton-Dichte der Feldtheorie $\mathfrak{H}$ in Gleichung (14.75) infinitesimal ändert. Darüber gibt das totale Differenzial Auskunft:

$$\mathrm{d}\mathfrak{H} = \frac{\partial U_k}{\partial t}\mathrm{d}\Pi^k + \Pi^k \mathrm{d}\left(\frac{\partial U_k}{\partial t}\right) - \frac{\partial \mathfrak{L}}{\partial U_k}\mathrm{d}U_k - \frac{\partial \mathfrak{L}}{\partial U_{k,i}} - \left(\frac{\partial \mathfrak{L}}{\partial x_i}\right)_{\mathrm{expl}} \mathrm{d}x^i \,. \tag{14.76}$$

In Gleichung (14.76) bedeutet die Schreibweise $\left(\frac{\partial \mathfrak{L}}{\partial x^i}\right)_{\mathrm{expl}}$ die explizite Ableitung nach den x^i, falls die x^i als unabhängige Variable in $\mathfrak{L}$ explizit auftreten. Der Zusammenhang von $\left(\frac{\partial \mathfrak{L}}{\partial x^i}\right)$ und $\left(\frac{\partial \mathfrak{L}}{\partial x^i}\right)_{\mathrm{expl}}$ ist durch den Ausdruck:

$$\frac{\partial \mathfrak{L}}{\partial x^i} = \frac{\partial \mathfrak{L}}{\partial U_k} U_{k,i} + \frac{\partial \mathfrak{L}}{\partial U_{k,j}} U_{k,j,i} + \left(\frac{\partial \mathfrak{L}}{\partial x^i}\right)_{\mathrm{expl}} \tag{14.77}$$

infolge der anzuwendenden Kettenregel gegeben. Mit der Identität:

$$\Pi^k \mathrm{d}\left(\frac{\partial U_k}{\partial U_k}\right) - \frac{\partial \mathfrak{L}}{\partial U_{k,i}}\mathrm{d}U_{k,i} = -\frac{\partial \mathfrak{L}}{\partial U_{k,\lambda}}\mathrm{d}U_{k,\lambda} \tag{14.78}$$

geht Gleichung (14.76) über in:

$$d\mathfrak{H} = \frac{\partial U_t}{\partial t}\mathrm{d}\Pi^k - \frac{\partial \mathfrak{L}}{\partial U_k}\mathrm{d}U_k - \frac{\partial \mathfrak{L}}{\partial U_{k,\lambda}}\mathrm{d}U_{k,\lambda} - \left(\frac{\partial \mathfrak{L}}{\partial x^i}\right)_{\mathrm{expl}} \mathrm{d}x^i \tag{14.79}$$

Die *Hamilton-Dichte der Feldtheorie* $\mathfrak{H}$ besitzt die Funktionsstruktur:

$$\mathfrak{H} = \mathfrak{H}(U_k, U_{k,\lambda}, \Pi^k, x^i) \tag{14.80}$$

für den Fall der Unabhängigkeit von U_k und Π^k. Unter dieser Voraussetzung kann auf folgende Gleichungen:

$$\frac{\partial U_k}{\partial t} = \frac{\partial \mathfrak{H}}{\partial \Pi^k}\,, \qquad \frac{\partial \mathfrak{H}}{\partial U_k} = -\frac{\partial \mathfrak{L}}{\partial U_k} \tag{14.81}$$

und:

$$\frac{\partial \mathfrak{H}}{\partial U_{k,\lambda}} = -\frac{\partial \mathfrak{L}}{\partial U_{k,\lambda}}\,, \qquad \left(\frac{\partial \mathfrak{H}}{\partial x^i}\right)_{\text{expl}} = -\left(\frac{\partial \mathfrak{L}}{\partial x^i}\right)_{\text{expl}} \tag{14.82}$$

geschlossen werden. Damit lassen sich die Lagrange-Gleichungen (14.68) umformen:

$$\frac{\partial \mathfrak{L}}{\partial U_k} = \left(\frac{\partial \mathfrak{L}}{\partial U_{k,i}}\right)_{,i} = \left(\frac{\partial \mathfrak{L}}{\partial U_{k,\lambda}}\right)_{,\lambda} + \frac{\partial}{\partial t}\left(\frac{\partial \mathfrak{L}}{\partial\left(\frac{\partial U_k}{\partial t}\right)}\right) = \left(\frac{\partial \mathfrak{L}}{\partial U_{k,\lambda}}\right)_{,\lambda} + \frac{\partial \Pi^k}{\partial t}\,, \tag{14.83}$$

so dass daraus das Zwischenergebnis:

$$\frac{\partial \Pi^k}{\partial t} = \frac{\partial \mathfrak{L}}{\partial U_k} - \left(\frac{\partial \mathfrak{L}}{\partial U_{k,\lambda}}\right)_{,\lambda} \tag{14.84}$$

hervorgeht. Damit gehen wird in das Gleichungssystem (14.81) eingesetzt und man erhält die *Hamilton-Gleichungen der Feldtheorie*:

$$\frac{\partial U_k}{\partial t} = \frac{\partial \mathfrak{H}}{\partial \Pi^k}\,, \qquad \frac{\partial \Pi^k}{\partial t} = -\left[\frac{\partial \mathfrak{H}}{\partial U_k} - \left(\frac{\partial \mathfrak{H}}{\partial U_{k,\lambda}}\right)_{,\lambda}\right]\,. \tag{14.85}$$

Die Funktionalableitung einer Integralgröße:

$$F = \int\limits_{V_3} f(U_k, U_{k,\lambda}, \Pi^k, x^i)\mathrm{d}V \tag{14.86}$$

ist nach:

$$\frac{\mathfrak{d}F}{\mathfrak{d}U_k} = \frac{\partial f}{\partial U_k} - \left(\frac{\partial f}{\partial U_{k,\lambda}}\right)_{,\lambda}\,, \qquad \frac{\mathfrak{d}F}{\mathfrak{d}\Pi^k} = \frac{\partial f}{\partial \Pi^k} \tag{14.87}$$

zu bilden. Wird nun die *Hamilton-Funktion der Feldtheorie* als Raumintegral über die Hamilton-Dichte:

$$H = \int\limits_{V_3} \mathfrak{H}(U_k, U_{k,\lambda}, \Pi^k, x^i)\mathrm{d}V \tag{14.88}$$

dargestellt, die Funktionalableitung nach Gl. (14.87) auf $\mathfrak{H}$ angewandt, und damit in die Hamilton-Gleichung (14.85) eingegangen, so erkennt man, dass das Gleichungssystem:

$$\frac{\partial U_k}{\partial t} = \frac{\mathfrak{d}H}{\mathfrak{d}\Pi^k}\,; \qquad \frac{\partial \Pi^k}{\partial t} = -\frac{\mathfrak{d}H}{\mathfrak{d}U_k} \tag{14.89}$$

eine weitgehende formale Anlehnung an die Hamilton-Gleichungen der Punktmechanik aufweist.

14.4 Lineare und nichtlineare Räume

In der Mathematik gibt es viele mehr oder weniger abstrakte Räume, die oft die Vorstellung erwecken, dass es sich bei ihnen um etwas besonders Theoretisches handelt. Das ist einerseits richtig, da ihnen solche Eigenschaften zugewiesen wurden, mit denen man verschiedenartige Aufgaben bearbeiten kann, ohne jedes Mal neue Theorien heranzuziehen. Auf der anderen Seite findet man oft die eigene Welt und vor allem viele Aufgabenstellungen in bestimmten Räumen wieder. Bestimmte Aufgaben vereinfachen sich erheblich, wenn sie mit dem Kalkül des passenden Raumes berechnet werden. Ausgangspunkt für viele analytische Untersuchungen ist der lineare Vektorraum, eine Menge von Objekten, genannt Vektoren, versehen mit einer algebraischen Struktur. Diese Struktur, die Linearität, tritt in der Physik im *Superpositionsprinzip* zutage. Es handelt sich also bei der Linearität um eine mathematische Abstraktion dieses physikalischen Prinzips. Bestimmte Aufgaben vereinfachen sich erheblich, wenn sie mit dem Kalkül des passenden Raumes behandelt werden. Durch die Betrachtung eines Problems in einem bestimmten Raum kann man aber auch Anregungen für neue Methoden oder Fragestellungen dieses und anderer Bereiche erhalten. In dieser Art und Weise werden in diesem Buch die Berechnung elektromechanischer Systeme mit dem Lagrange- bzw. Hamilton-Formalismus betrachtet. Die Vorteile der Theorien mit höherer Abstraktion müssen jedoch meist mit einem gewissen theoretischen Anfangsaufwand erkauft werden. Dieser einmalige Mehraufwand amortisiert sich aber bald.

Bevor in die Physik und Elektrotechnik eingestiegen wird, sollen das Wissen über lineare und nichtlineare Räume zusammengefasst und unter einem neuen Blickwinkel betrachtet werden.

14.5 Definition affiner und euklidischer Räume

Zum Thema linearer Vektorräume, wie affine Räume auch genannt werden, gibt es bereits eine Vielzahl von Lehrbüchern. Die mathematische Theorie ist vollständig ausgearbeitet und gehört zur Mathematikausbildung des Grundstudiums jeder naturwissenschaftlich – technischen Richtung. Deshalb soll hier nur an die wichtigsten Definitionen erinnert werden. Eine der anschaulichsten Definitionen findet man in [88]:

Definition 14.1 *Der* n-dimensionale affine Raum $\mathbf{A}_n$ *ist eine Menge von Punkten, für die das folgende Axiomensystem (vollständiges Punkt-Vektor-Axiomensystem) gilt:*

1. *Es gibt (mindestens) einen* Punkt.
2. *Zu jedem geordneten Paar von Punkten A, B gehört genau ein* Vektor $\boldsymbol{x} = \overline{AB}$.
3. *Zu jedem Punkt A und jedem Vektor $\boldsymbol{x}$ gibt es genau einen Punkt B mit $\overline{AB} = \boldsymbol{x}$.*
4. *Für beliebige Punkte A, B, C, D gilt das* Parallelogrammaxiom*:* $\overline{AB} = \overline{CD} \longrightarrow \overline{AC} = \overline{BD}$.
5. *Jedem Vektor $\boldsymbol{x}$ und jeder Zahl α ist ein Vektor $\alpha\boldsymbol{x}$ zugeordnet.*
6. *Für jeden Vektor $\boldsymbol{x}$ gilt $1\boldsymbol{x} = \boldsymbol{x}$ (neutrales Element).*

7. *Erste* Distributivität*:* $(\alpha + \beta)\boldsymbol{x} = \alpha\boldsymbol{x} + \beta\boldsymbol{x}$ *für alle Vektoren* $\boldsymbol{x}$ *und Zahlen* α, β.
8. *Zweite* Distributivität*:* $\alpha(\boldsymbol{x} + \boldsymbol{y}) = \alpha\boldsymbol{x} + \alpha\boldsymbol{y}$ *für alle Vektoren* $\boldsymbol{x}, \boldsymbol{y}$ *und Zahlen* α.
9. Assoziativität *der Multiplikation:* $\alpha(\beta\boldsymbol{x}) = (\alpha\beta)\boldsymbol{x} \quad \forall\alpha, \beta \quad \forall\boldsymbol{x}$.
10. *Dimensionsaxiom: Es gibt n linear unabhängige Vektoren; n+1 Vektoren sind linear abhängig.*

Die abstrakten affinen Räume sind in der Technik nicht anwendbar, da zwischen den Punkten untereinander und zu den Vektoren keine messbaren Beziehungen bestehen. Man geht deshalb vom affinen zum euklidischen Raum über, indem man »Messungen« einführt. Konkret geschieht dieser Übergang durch Einführung einer Rechenoperation, die zwei Vektoren eine Maßzahl zuordnet. Bei dieser Rechenoperation handelt es sich im gewöhnlichen Fall um das Skalarprodukt. Wird das Skalarprodukt auf zwei gleiche Vektoren angewandt, so erhält man das Maß dieses Vektors, das Quadrat seiner Länge:

$$l^2 = |\boldsymbol{x}|^2 = \boldsymbol{x} \cdot \boldsymbol{x} \ . \tag{14.90}$$

Der Abstand zweier Punkte wird durch die Länge des Verbindungsvektors beschrieben. Bei zwei verschiedenen Vektoren ergibt sich ein Maß für den Winkel α zwischen diesen, denn es gilt die bekannte Beziehung:

$$\boldsymbol{x} \cdot \boldsymbol{y} = |\boldsymbol{x}||\boldsymbol{y}| \cos(\alpha) \ . \tag{14.91}$$

Offensichtlich wird der Raum somit vermessbar. Die exakte Definition des euklidischen Raumes lautet [88], [6]:

Definition 14.2 *Ein n-dimensionaler affiner Raum, in dem eine reguläre und symmetrische Bilinearform* $\varphi(\boldsymbol{x}, \boldsymbol{y})$ *zweier Vektoren* $\boldsymbol{x}, \boldsymbol{y}$ *gegeben ist, heißt* n-dimensionaler euklidischer Raum $\mathbf{E}_n$.

Ohne auf die Begriffe regulär und symmetrisch weiter einzugehen, werden für $\varphi(\boldsymbol{x}, \boldsymbol{y})$ das Skalarprodukt zweier Vektoren:

$$\varphi(\boldsymbol{x}, \boldsymbol{y}) := \boldsymbol{x} \cdot \boldsymbol{y} \tag{14.92}$$

mit seinen bekannten Eigenschaften verwendet.

Weitere Definitionen, z. B. die der Subtraktion oder des Kreuzproduktes oder wie oben angedeutet die Definition von Länge und Winkel, und dazugehörende Sätze finden sich bereits in Bd. 1.

Eine der wichtigsten Eigenschaften der linearen Räume kommt in der Ausführung der (Parallel-) Verschiebung von Vektoren zum Ausdruck. Vektoren sind in affinen Räumen nämlich unabhängig von Verschiebungen, d. h., unabhängig vom Bezugspunkt hat der Vektor immer gleiche Eigenschaften (z. B. Länge, Winkel zu anderen Vektoren). Selbst bei den im nächsten Abschnitt eingeführten, krummlinigen Koordinaten ändert sich an dieser Tatsache nichts.

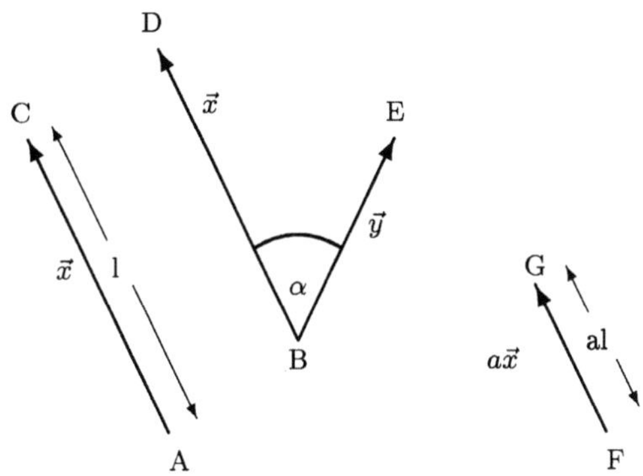

Bild 14.2: Vektoren im euklidischen Raum

14.6 Zur Tensoralgebra in euklidischen Räumen

Nachdem im vorangegangenen Abschnitt ein linearer Raum eingeführt wurde, in dem man Messungen durchführen kann, müssen noch geeignete Rechenhilfsmittel hinzugefügt werden.

Dazu wird im n-dimensionalen euklidischen Raum (im affinen ist das natürlich auch möglich) ein beliebiger Punkt ausgezeichnet und *Koordinatenursprung* O genannt. Jeder weitere Punkt A ist mit dem Koordinatenursprung durch den *Ortsvektor* $\boldsymbol{a} = \overline{OA}$ oder durch eine Linearkombination von n unabhängigen Vektoren verbunden. *Unabhängig* ist eine Menge von Vektoren genau dann, wenn kein Element dieser Menge durch eine Linearkombination der anderen Elemente darstellbar ist.

Die n unabhängigen Vektoren werden *Basis- oder Grundvektoren* $\boldsymbol{g}_1, \ldots, \boldsymbol{g}_n$ genannt, die Verbindung Ursprung – Basisvektoren als *Basis* $\mathcal{B}$ bezeichnet. Für eine gegebene Basis lässt sich also jeder Punkt bzw. (Orts-) Vektor als Linearkombination der Basisvektoren darstellen. Die entsprechenden Koeffizienten heißen *Koordinaten* $x^1, \ldots, x^n$ des Punktes. Die Basisvektoren selbst besitzen offensichtlich die Koordinaten:

$$\boldsymbol{g}_1 = (1, 0, \ldots, 0), \qquad \boldsymbol{g}_2 = (0, 1, \ldots, 0), \qquad \ldots \qquad \boldsymbol{g}_n = (0, 0, \ldots, 1) \,. \tag{14.93}$$

Bis zu dieser Stelle kam ausschließlich die (Vektor-) Algebra zur Anwendung, die man gewiss weiter ausdehnen könnte. Zum Einstieg in die Tensoralgebra, mit der die elektrotechnischen Systeme beschrieben werden, kommt an dieser Stelle ein entscheidender Fakt dazu.

Für eine beliebige Basis $\mathcal{B} = (O, \boldsymbol{g}_1, \ldots, \boldsymbol{g}_n)$ gibt es unter allen anderen Basen genau eine ausgezeichnete Basis $\mathcal{B}' = (O, \boldsymbol{g}^1, \ldots, \boldsymbol{g}^n)$, bei der jeder Basisvektor $\boldsymbol{g}^i$ senkrecht auf den Basisvektoren $\boldsymbol{g}_j$ mit $j = 1, \ldots, n$; $j \neq i$ der ursprünglichen Basis steht und

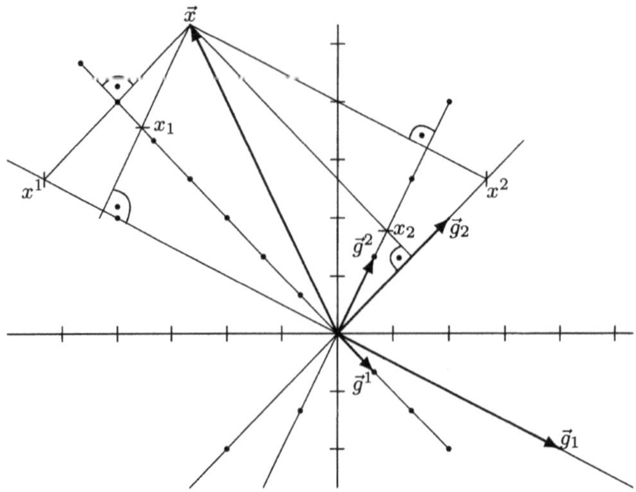

Bild 14.3: Ko- und kontravariante Basisvektoren und Komponenten eines Vektors im zweidimensionalen euklidischen Raum

dessen Skalarprodukt mit $\boldsymbol{g}_i$ Eins ergibt. Diese Bildungsvorschrift spiegelt sich in der Beziehung:

$$\boldsymbol{g}^i \cdot \boldsymbol{g}_j = \delta^i_j = \begin{cases} 1 & \text{für} \quad i = j \\ 0 & \text{für} \quad i \neq j \end{cases} \qquad i, j = 1, \ldots, n \tag{14.94}$$

wieder. Die $\boldsymbol{g}_i$ werden ***kovariante***, die $\boldsymbol{g}^i$ ***kontravariante*** Basisvektoren genannt. Im Dreidimensionalen ergeben sich die Umrechnungsbeziehungen:

$$\boldsymbol{g}^k = \frac{\boldsymbol{g}_l \times \boldsymbol{g}_m}{[\boldsymbol{g}_1, \boldsymbol{g}_2, \boldsymbol{g}_3]} \qquad \text{bzw.} \qquad \boldsymbol{g}_k = \frac{\boldsymbol{g}^l \times \boldsymbol{g}^m}{[\boldsymbol{g}^1, \boldsymbol{g}^2, \boldsymbol{g}^3]} \qquad (k, l, m) \overset{\text{zykl}}{=} (1, 2, 3) \tag{14.95}$$

ab.

Im System der kovarianten Basisvektoren $\boldsymbol{g}_i$ heißen die Koordinaten x^i eines Vektors kontravariant, x_i dagegen bei der Darstellung mit kontravarianten Basisvektoren $\boldsymbol{g}^i$ kovariant. Allgemein stehen obere Indizes für die kontravariante Form und untere Indizes für die kovariante Form. Der Zusammenhang zwischen diesen Begriffen wird im Bild 14.3 für den zweidimensionalen Fall verdeutlicht.

Anmerkung:
Im Bild 14.3 wurde zur besseren Vorstellung das kartesische Koordinatensystem mit eingezeichnet. Die Grundvektoren $\boldsymbol{g}_i$ wurden hier aus dem kartesischen Koordinatensystem abgeleitet ($\boldsymbol{g}_1 = 2\boldsymbol{e}_{01} - \boldsymbol{e}_{02}$, $\boldsymbol{g}_2 = \boldsymbol{e}_{01} + \boldsymbol{e}_{02}$). Alle anderen Grundvektoren und Koordinaten ergeben sich dann kausal aus ihnen.

Für den Fall, dass alle kovarianten Basisvektoren mit ihren kontravarianten Gegenstücken übereinstimmen, liegt das der menschlichen Vorstellung am nächsten kommende, das kartesische Koordinatensystem vor.

Anmerkung:
Zur Vereinfachung der Schreibweise wird in der Tensorrechnung die Einsteinsche Summenkonvention und eine Erweiterung dieser verwendet. Das bedeutet, dass in einem Produkt über einen gleichen oberen und unteren Index summiert wird. Beispiele:

$$x^i \boldsymbol{g}_i = \sum_{i=1}^{n} x^i \boldsymbol{g}_i ; \qquad a_k^k = \sum_{k=1}^{n} a_k^k \, . \tag{14.96}$$

Bei der Erweiterung handelt es sich um Indizes in Brüchen, wie z. B.:

$$\frac{\partial x^i}{\partial x^j} \boldsymbol{g}^j = \sum_{j=1}^{n} \frac{\partial x^i}{\partial x^j} \boldsymbol{g}^j \, . \tag{14.97}$$

Für eine Überprüfung aufgestellter Gleichungen gibt es einen *Indexerhaltungsatz*, der besagt, dass Indizes, über die in einem Produkt nicht summiert wird, in allen Summanden auf beiden Seiten einer Gleichung vorkommen.

Neben den in diesem Buch dargelegten Berechnungsmethoden sind schiefwinklige oder nichtorthogonale krummlinige Koordinaten zur besseren Anpassung von Gitterstrukturen an unregelmäßig geformten Körpern geeignet. So verwendet z. B. der FDTD-Algorithmus (finite difference time domain algorithm) zur genauen Modellierung der geometrischen Konfiguration schiefwinklige Koordinaten.

Im Folgenden werden die Gesetzmäßigkeiten beim Übergang zwischen affinen (linearen) Koordinaten untersucht. Gegeben sei die lineare Transformation:

$$\boldsymbol{g}_i = \underline{a}_i{}^j \boldsymbol{g}_{0j} \, , \tag{14.98}$$

bei der $\underline{a}_i^j$ die Koeffizienten der Transformationsmatrix sind. über die Darstellung eines beliebigen Vektors in beiden Koordinatensystemen in ko- und kontravarianter Form:

$$\boldsymbol{x} = x^i \boldsymbol{g}_i = x_i \boldsymbol{g}^i = x_0{}^i \boldsymbol{g}_{0i} = x_{0i} \boldsymbol{g}^{0i} \, , \tag{14.99}$$

erhält man die korrespondierenden Transformationsbeziehungen:

$$\begin{aligned} x^i &= \overline{a}^i{}_j x^{0j} \, , \\ \boldsymbol{g}^i &= \overline{a}^i{}_j \boldsymbol{g}^{0j} \, , \\ x_i &= \underline{a}_i{}^j x_{0j} \, , \end{aligned} \tag{14.100}$$

wobei $(\overline{a}_j{}^i) = (\underline{a}^i{}_j)^{-1}$ gilt. Aus den vier Transformationsbeziehungen leiten sich die oben eingeführten Namen kovariant (Transformation wie die Basisvektoren) und kontravariant (Transformation entgegengesetzt zu den Basisvektoren, die Transformationsmatrix wird hier invertiert und transponiert) ab.

Beispiel 1:
Es sollen die Basissysteme, die aus

$$\begin{aligned} \boldsymbol{g}_1 &= \boldsymbol{g}_{01} \\ \boldsymbol{g}_2 &= \boldsymbol{g}_{01} + \boldsymbol{g}_{02} \\ \boldsymbol{g}_3 &= \boldsymbol{g}_{01} + \boldsymbol{g}_{02} + \boldsymbol{g}_{03} \end{aligned} \qquad \text{und} \qquad \begin{aligned} \overline{\boldsymbol{g}}_1 &= \boldsymbol{g}_{01} + 2\boldsymbol{g}_{03} \\ \overline{\boldsymbol{g}}_2 &= 2\boldsymbol{g}_{02} + \boldsymbol{g}_{03} \\ \overline{\boldsymbol{g}}_3 &= \boldsymbol{g}_{01} \end{aligned} \tag{14.101}$$

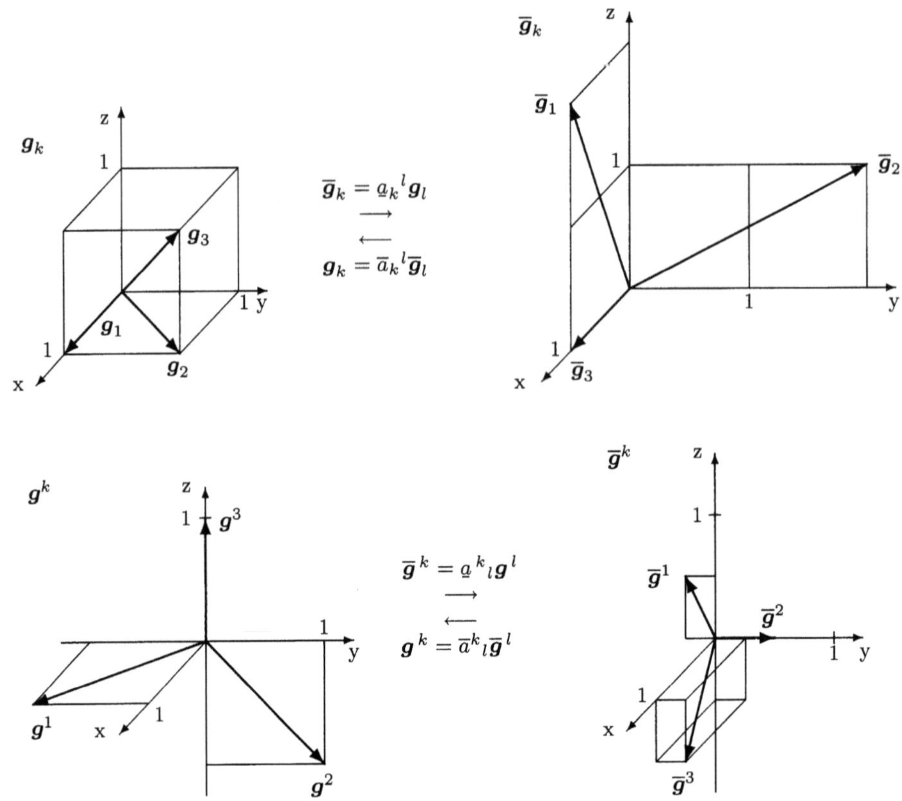

Bild 14.4: Anschauliche Wiedergabe zum Basiswechsel

in kovarianten und kontravarianten Koordinaten graphisch dargestellt werden und ihre gegenseitige Umrechnung in allen vier Formen angegeben werden.

Die kontravarianten Grundvektoren zu den Gegebenen berechnen sich direkt aus der Bildungsvorschrift wiedergegeben in Gl. 14.95. Das Ergebnis lautet:

$$\begin{aligned} g^1 &= g^{01} - g^{02} \\ g^2 &= \qquad\; g^{02} - g^{03} \\ g^3 &= \qquad\qquad\quad g^{03} \end{aligned} \qquad \text{bzw.} \qquad \begin{aligned} \overline{g}^1 &= \qquad\; -\tfrac{1}{4}g^{02} + \tfrac{1}{2}g^{03} \\ \overline{g}^2 &= \qquad\quad\;\; \tfrac{1}{2}g^{02} \\ \overline{g}^3 &= g^{01} + \tfrac{1}{4}g^{02} - \tfrac{1}{2}g^{03} \end{aligned} \tag{14.102}$$

und ist in Abbildung 14.4 dargestellt.

Die gesuchten Umformungen zwischen den beiden schiefwinkligen Koordinatensystemen ergeben sich beispielsweise, indem die ungestrichenen Beziehungen nach den kartesischen Grundvektoren g_{0i} umgestellt werden und anschließend in die gestrichenen

Beziehungen eingesetzt werden. Alle vier Umformungen lauten gegenübergestellt:

$$\begin{aligned} \overline{\boldsymbol{g}}_1 &= \boldsymbol{g}_1 - 2\boldsymbol{g}_2 + 2\boldsymbol{g}_3 \\ \overline{\boldsymbol{g}}_2 &= -2\boldsymbol{g}_1 + \boldsymbol{g}_2 + \boldsymbol{g}_3 \\ \overline{\boldsymbol{g}}_3 &= \boldsymbol{g}_1 \end{aligned} \qquad \begin{aligned} \boldsymbol{g}_1 &= \overline{\boldsymbol{g}}_3 \\ \boldsymbol{g}_2 &= -\tfrac{1}{4}\overline{\boldsymbol{g}}_1 + \tfrac{1}{2}\overline{\boldsymbol{g}}_2 + \tfrac{5}{4}\overline{\boldsymbol{g}}_3 \\ \boldsymbol{g}_3 &= \tfrac{1}{4}\overline{\boldsymbol{g}}_1 + \tfrac{1}{2}\overline{\boldsymbol{g}}_2 + \tfrac{3}{4}\overline{\boldsymbol{g}}_3 \end{aligned} \tag{14.103}$$

$$\begin{aligned} \overline{\boldsymbol{g}}^1 &= -\tfrac{1}{4}\boldsymbol{g}^2 + \tfrac{1}{4}\boldsymbol{g}^3 \\ \overline{\boldsymbol{g}}^2 &= \tfrac{1}{2}\boldsymbol{g}^2 + \tfrac{1}{2}\boldsymbol{g}^3 \\ \overline{\boldsymbol{g}}^3 &= \boldsymbol{g}_1 + \tfrac{5}{4}\boldsymbol{g}^2 + \tfrac{3}{4}\boldsymbol{g}^3 \end{aligned} \qquad \begin{aligned} \boldsymbol{g}^1 &= \overline{\boldsymbol{g}}^1 - 2\overline{\boldsymbol{g}}^2 + \overline{\boldsymbol{g}}^3 \\ \boldsymbol{g}^2 &= -2\overline{\boldsymbol{g}}^1 + \overline{\boldsymbol{g}}^2 \\ \boldsymbol{g}^3 &= 2\overline{\boldsymbol{g}}^1 + \overline{\boldsymbol{g}}^2 \end{aligned} \quad . \tag{14.104}$$

□

Nach der Einführung der zwei Darstellungsformen eines Vektors wird nun mit dem *metrischen Tensor* fortgesetzt. Formal lässt er sich als Skalarprodukt der Basisvektoren berechnen. Es gibt also vier Darstellungsformen:

$$g_{ij} = \boldsymbol{g}_i \cdot \boldsymbol{g}_j, \qquad g^{ij} = \boldsymbol{g}^i \cdot \boldsymbol{g}^j, \qquad g^i{}_j = \boldsymbol{g}^i \cdot \boldsymbol{g}_j = g_i{}^j = \boldsymbol{g}_i \cdot \boldsymbol{g}^j = \delta^i_j \; . \tag{14.105}$$

Dabei bilden (g_{ij}) und (g^{ij}) zueinander inverse Matrizen, was sich durch Multiplikation der zwei linken Gleichung aus (14.105) zeigen lässt:

$$g_{ij}g^{jk} = \boldsymbol{g}_i \cdot \boldsymbol{g}_j \;\; \boldsymbol{g}^j \cdot \boldsymbol{g}^k = \boldsymbol{g}_i \cdot (\boldsymbol{g}_j \cdot \boldsymbol{g}^j)\boldsymbol{g}^k = \boldsymbol{g}_i \cdot \boldsymbol{g}^k = \delta_i{}^k \; . \tag{14.106}$$

Die Bedeutung des metrischen Tensors lässt sich sofort erkennen, wenn man das Skalarprodukt zweier Vektoren betrachtet:

$$\boldsymbol{x} \cdot \boldsymbol{y} = x^i \boldsymbol{g}_i \cdot \boldsymbol{g}_j y^j = g_{ij} x^i y^j \; . \tag{14.107}$$

Interessant ist auch die gemischte Darstellung:

$$\boldsymbol{x} \cdot \boldsymbol{y} = x^i \boldsymbol{g}_i \cdot \boldsymbol{g}^j y_j = x^i y_i \; . \tag{14.108}$$

Die zwei weiteren Darstellungen sind analog. Mit Hilfe des metrischen Tensors wird das Skalarprodukt direkt aus den Koordinaten der Vektoren berechnet. Deshalb ist der metrische Tensor dem Skalarprodukt zur Definition des euklidischen Raumes äquivalent. Bei krummlinigen Koordinaten besitzt er darüber hinaus den Vorteil, nicht an die Basisvektoren gebunden zu sein. Wichtig dabei ist, dass zur Berechnung des Skalarproduktes die gemischte Darstellung verwendet oder der metrische Tensor einbezogen werden muss.

Das Skalarprodukt in seiner gemischten Form zeigt beim Übergang der Koordinaten $x^1, \dots, x^n$ zu den Koordinaten $\overline{x}^1, \dots, \overline{x}^n$ nach Gl. (14.100):

$$\boldsymbol{x} \cdot \boldsymbol{y} = x^i y_i = \overline{a}^i{}_k \overline{x}^k \underline{a}_i{}^l \overline{x}_l = \overline{x}^k \overline{a}_k{}^i \underline{a}_i{}^l \overline{x}_l = \overline{x}^k \overline{y}_k \; , \tag{14.109}$$

die *Invarianz des Skalarproduktes bei Koordinatentransformationen.*

Aus kartesischen Koordinaten lassen sich durch nichtlineare Transformationen krummlinige Koordinaten erzeugen. Die bekanntesten unter ihnen sind Polarkoordinaten im zweidimensionalen, Kugel- oder Zylinderkoordinaten im dreidimensionalen Raum. Allen Koordinatentransformationen ist gemeinsam, dass sie eineindeutig und differenzierbar sein müssen. Aus der Eineindeutigkeit geht ein wichtiger Satz hervor:

Satz 14.1 *In einem linearen Raum lässt sich jedes Koordinatensystem in das Kartesische transformieren.*

Er stellt einen erheblichen Unterschied zu Mannigfaltigkeiten und Riemannschen Räumen dar, die im Abschnitt 14.7 diskutiert werden. Gewöhnlich sind die Transformationsbeziehungen für die Koordinaten gegeben:

$$\overline{x}^1 = f^1(x^1, \ldots, x^n) \,, \qquad \ldots \qquad \overline{x}^n = f^n(x^1, \ldots, x^n) \,, \tag{14.110}$$

welche auch als Koordinatenlinien interpretieren werden können, wenn alle Koordinaten bis auf eine Null gesetzt werden. Da Vektoren hier bei Verschiebung auch Verdrehungen unterliegen, ist es erforderlich, sich von der Basis als solches zu lösen. Man betrachtet vielmehr an jedem beliebigen Punkt M des Raumes sogenannte lokale Basen, deren Basisvektoren sich aus den Tangenten an die Koordinatenlinien in M ergeben. Für M mit dem Ortsvektor $\boldsymbol{x}$ folgt:

$$\boldsymbol{g}_i = \left.\frac{\partial \boldsymbol{x}}{\partial x^i}\right|_M \,, \qquad i = 1, \ldots, n \,. \tag{14.111}$$

Damit ergibt sich auch die Transformationsbeziehung ortsabhängiger Basen im Punkt M zwischen verschiedenen krummlinigen Systemen:

$$\overline{\boldsymbol{g}}_i(M) = \left.\frac{\partial \boldsymbol{x}}{\partial \overline{x}^i}\right|_M = \left.\frac{\partial \boldsymbol{x}}{\partial x^j}\right|_M \left.\frac{\partial x^j}{\partial \overline{x}^i}\right|_M = \left.\frac{\partial x^i}{\partial \overline{x}^j}\right|_M \boldsymbol{g}_j(M) \,. \tag{14.112}$$

In einer infinitesimal kleinen Umgebung des Punktes ist die Transformation also wieder linear. Damit gelten die Transformationsbeziehungen (14.98) und (14.100) auch für die krummlinigen Koordinaten. Des Weiteren werden die Koeffizienten des metrischen Tensors $g_{ij}(x^1, \ldots, x^n)$ ortsabhängig. Der Abstand zweier infinitesimal benachbarter Punkte lässt sich damit analog Gl. (14.90) berechnen:

$$\mathrm{d}s = \sqrt{\mathrm{d}\boldsymbol{x} \cdot \mathrm{d}\boldsymbol{x}} = \sqrt{g_{ij}\mathrm{d}x^i \mathrm{d}x^j} \,. \tag{14.113}$$

Die gesamte Bogenlänge einer Kurve muss durch Integration dieser Beziehung ermittelt werden.

Wichtig für lineare Räume im Rahmen der Tensoranalysis ist, dass jedes Koordinatensystem in zwei dualen Formen bzgl. seiner Basisvektoren und Koordinaten auftritt (ko- und kontravariant). Weiterhin lässt sich jedes Koordinatensystem in das kartesische Koordinatensystem transformieren. Die *Metrik* [griech. metriké (techné »Kunst des Messens«, zu metron »Maß«)] ist durch Einführung des metrischen Tensors (oder des Skalarproduktes) eindeutig für jedes System bestimmt. Skalare bleiben in linearen Räumen bei Koordinatentransformationen konstant. Das gilt auch für Vektoren bzw. Tensoren. Jedoch unterscheiden sich ihre Koordinaten in verschiedenen Grundsystemen.

14.7 Mannigfaltigkeiten

Im letzten Abschnitt wurde durch die Haupteigenschaft affiner Räume erklärt, dass es ausgezeichnete Koordinatensysteme gibt. Hierbei handelt es sich um die Geradlinigen. Mit der Verallgemeinerung der Räume entfällt nun diese Eigenschaft, d. h., dass alle Koordinatensysteme wirklich gleichberechtigt sind. Damit fallen auch viele geometrische Eigenschaften weg, und eine Definition dieses Raumes (der Mannigfaltigkeit) wird erschwert.

Raschewski [88] geht bei der Definition von einer Abbildung zusammenhängender Gebiete im affinen Raum aus und definiert:

Definition 14.3 *Unter einer* elementaren Mannigfaltigkeit (der Ordnung N und der Dimension n) *versteht man die Menge $\mathcal{M}$, zu der eine eineindeutige Abbildung von $\mathcal{M}$ auf ein zusammenhängendes Gebiet Ω (Menge im affinen Raum) der Variablen $x^1, \ldots, x^n$ gegeben ist, wobei diese Abbildung nur bis auf eine beliebige (N-mal stetig differenzierbare) Transformation dieser Variablen in neue Variablen $\overline{x}^1, \ldots, \overline{x}^n$ mit:*

$$\overline{x}^i = f^i(x^1, \ldots, x^n), \qquad x^i = g^i(\overline{x}^1, \ldots, \overline{x}^n) \qquad i = 1, \ldots, n \tag{14.114}$$

festgelegt ist.

Des Weiteren führt Raschewski an dieser Stelle die folgenden, aus affinen Räumen bekannten Begriffe ein. Ein Element M der Menge $\mathcal{M}$ heißt *Punkt* in der Mannigfaltigkeit. Damit lässt sich die in der Definition erklärte Abbildung auch in der Form:

$$M \leftrightarrow (x^1, \ldots, x^n) \in \Omega \qquad \text{bzw.} \qquad M \leftrightarrow (\overline{x}^1, \ldots, \overline{x}^n) \in \overline{\Omega} \tag{14.115}$$

schreiben. Dabei werden die dem Punkt M entsprechenden Werte $x^1, \ldots, x^n$ als *Koordinaten* des Punktes bezeichnet. Die Transformation in Gl. (14.114) repräsentiert die bekannte *Variablentransformation* (Koordinatentransformation). Diese Begriffe sollen auch für allgemeine Mannigfaltigkeiten gelten.

Beispiele für elementare Mannigfaltigkeiten sind als zweidimensionale Flächen besonders anschaulich. So lassen sich ein Kreisfläche, eine Halbkugeloberfläche (siehe Bild 14.5), ein Paraboloid usw. eineindeutig auf einen Bereich $\mathbb{R}^2$ abbilden, wobei $\mathbb{R}$ die Menge der reellen Zahlen ist.

Anmerkung:
Ein graphische Interpretation der Abbildung der Halbkugeloberfläche auf die Ebene $\boldsymbol{x} \times \boldsymbol{y}$ kann man sich wie folgt vorstellen. Die Halbkugel wird so auf die Ebene gelegt, dass die Öffnung parallel zur Ebene ist und das Lot vom Mittelpunkt gerade auf den Koordinatenursprung fällt. Indem man die Radien der Halbkugel bis zur xy-Ebene verlängert, erhält man eine geeignete Abbildung. Es werden alle Punkte der Halbkugel und alle der Ebene erfasst und die Eineindeutigkeit ist gewährleistet.

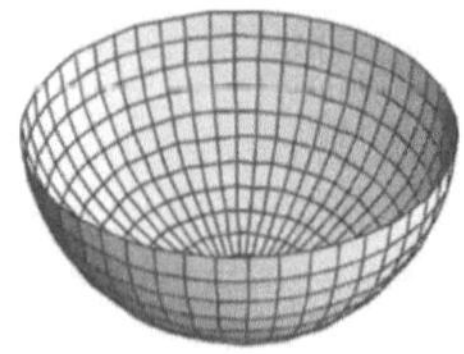

Bild 14.5: Halbkugel als Beispiel für eine elementare Mannigfaltigkeit

Anders ist es bei Flächen, wie z. B. der Kugeloberfläche (Sphäre) oder der Torusoberfläche (siehe Bild 14.6). Bei ihnen ist es nicht möglich, sie auf einen Bereich des $\mathbb{R}^2$ abzubilden. Hier behilft man sich damit, Teile der Flächen als elementare Mannigfaltigkeiten anzusehen. Bei der Kugel wären das beispielsweise zwei Halbkugeln, während beim Torus vier Teile erforderlich sind. Diese Vorgehensweise zeigt den Weg zur Erzeugung einer allgemeinen Mannigfaltigkeit auf. Aus elementaren Mannigfaltigkeiten wird eine zusammenhängende Mannigfaltigkeit durch überlappen oder mindestens Aneinandergrenzen erzeugt, wobei die Übergänge differenzierbar sein sollen. Die vollständige Definition bei Raschewski [88] lautet:

Definition 14.4 *Eine* n-dimensionale Mannigfaltigkeit der Ordnung N *ist eine Menge $\mathcal{M}$, in der ein System von Untermengen $\mathcal{M}_a$ ausgezeichnet ist, das den folgenden Bedingungen genügt.* [2]

1. *Jede Untermenge $\mathcal{M}_a$ ist eine elementare n-dimensionale Mannigfaltigkeit der Ordnung N.*

2. *Jeder Punkt M der Menge $\mathcal{M}$ liegt in wenigstens einem $\mathcal{M}_a$.*

3. *Ist $\mathcal{M}_a \subset \mathcal{M}_b$ und sind x^i und y^i irgendwelche Koordinatensysteme in $\mathcal{M}_a$ bzw. $\mathcal{M}_b$, so lassen sich die Koordinaten y^i eines beliebigen Punktes M in $\mathcal{M}_a$ (der damit auch in $\mathcal{M}_b$ liegt) durch seine Koordinaten x^i mit Hilfe von N-mal stetig differenzierbaren Funktionen mit einer von Null verschiedenen Funktionaldeterminante ausdrücken:*

$$y^i = f^i(x^1, \ldots, x^n), \qquad \det\left|\frac{\partial y^i}{\partial y^j}\right| \neq 0 \qquad \textit{mit:} \qquad i, j = 1, \ldots, n. \tag{14.116}$$

   (Verträglichkeit von elementaren Mannigfaltigkeiten).

4. *Gehört ein Punkt M zu $\mathcal{M}_a$ und zu $\mathcal{M}_b$, so lässt sich ein $\mathcal{M}_c$ finden, das den Punkt M enthält und seinerseits in $\mathcal{M}_a$ und $\mathcal{M}_b$ enthalten ist (überlappung).*

5. *Je zwei Punkte M_1 und M_2 lassen sich durch eine stetige Kurve verbinden (Zusammenhängigkeit).*

Bild 14.6: Beispiele für eine nichtelementare Mannigfaltigkeit: Kugel (links) und Torus (rechts)

Obwohl Mannigfaltigkeiten sehr abstrakt sind, kann man auf ihnen Tensoren definieren.

Definition 14.5 *Eine geordnete Menge von Zahlen heißt r-fach kontravarianter und s-fach kovarianter* Tensor $T^{i_1\ldots i_r}_{j_1\ldots j_s}(M)$, *wenn bei der Transformation von beliebigen Koordinaten $x^1,\ldots,x^n$ zu den Koordinaten $\overline{x}^1,\ldots,\overline{x}^n$ die folgende Beziehung gilt:*

$$\overline{T}^{i_1\ldots i_r}_{i_{r+1}\ldots i_{r+s}}(M) = \left.\frac{\partial \overline{x}^{i_1}}{\partial x^{j_1}}\right|_M \cdots \left.\frac{\partial \overline{x}^{i_r}}{\partial x^{j_r}}\right|_M \cdot \left.\frac{\partial x^{j_{r+1}}}{\partial \overline{x}^{i_{r+1}}}\right|_M \cdots \left.\frac{\partial x^{j_{r+s}}}{\partial \overline{x}^{i_{r+s}}}\right|_M T^{j_1\ldots j_r}_{j_{r+1}\ldots j_{r+s}} . \quad (14.117)$$

Mit der Definition von Tensoren ist man auch in Mannigfaltigkeiten (später auch in Riemannschen Räumen) in der Lage, Analysen allgemeiner, im besonderen elektrotechnischer Systeme vorzunehmen. Eine Möglichkeit zur Verbesserung der Handhabbarkeit nichtlinearer Beziehungen besteht in ihrer Linearisierung. Gesucht wird zu jedem Punkt M einer Mannigfaltigkeit $\mathcal{M}$ ein affiner Raum A_{T}, der in einer infinitesimal kleinen Umgebung des Punktes die Mannigfaltigkeit hinreichend genau beschreibt, aber andererseits die guten Eigenschaften des affinen Raumes beibehält.

Dazu wird jedem kontravarianten Tensor erster Stufe x^i im Punkt M der Mannigfaltigkeit eineindeutig ein Vektor $\boldsymbol{x}$ im *affinen Tangentialraum* an diesem Punkt zugeordnet. In dem Buch von Raschewski, ist diese Abbildung beschrieben. Wichtige Eigenschaften dieser Transformation sind, dass in der Mannigfaltigkeit die Addition von Tensoren sowie die Multiplikation eines Tensors mit einer Konstanten den Vektoroperationen im Tangentialraum entsprechen und dass der Wertebereich der Abbildung alle Vektoren des Tangentialraumes erfasst. Damit lässt sich eine Basis im affinen Tangentialraum konstruieren, deren Ursprung der Punkt M ist und die mit einer ***lokalen Basis*** in der Mannigfaltigkeit korrespondiert.

Im Ergebnis dieser Abbildung kann jedem Kurvenstück in der Umgebung des Punktes M in der Mannigfaltigkeit ein Vektor $\mathrm{d}\boldsymbol{x}$ zugeordnet werden. Koordinatentransformationen in der Mannigfaltigkeit führen zu gleichen Transformationen in den affinen Tangentialräumen.

[2]In Arnold, V.I.: Mathematische Methoden der klassischen Mechanik, Deutscher Verlag der Wissenschaften, Berlin, 1988 bezeichnet *Arnold* elementare Mannigfaltigkeiten als Karten und miteinander verträgliche Karten als Atlas. Zwei Atlanten heißen einander *äquivalent*, wenn ihre Vereinigung ebenfalls ein Atlas ist. Die Mannigfaltigkeit ist danach eine Klasse von äquivalenten Atlanten.

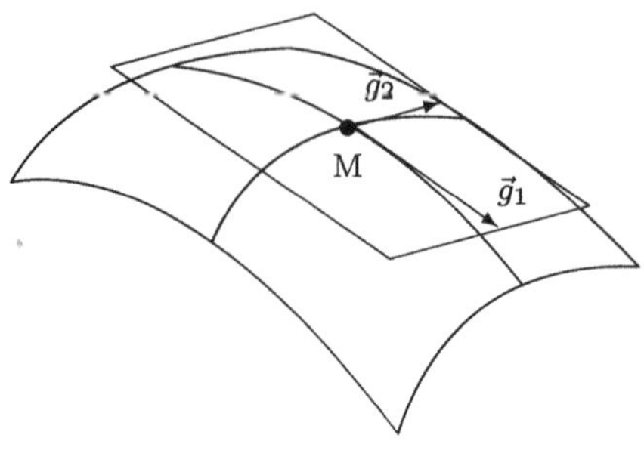

Bild 14.7: Affiner Tangentialraum an eine Mannigfaltigkeit

14.8 Riemannsche Räume

Analog dem Übergang von affinen zu euklidischen Räumen wird zur Definition des Riemannschen Raumes in der Mannigfaltigkeit eine Metrik und damit eine Messmöglichkeit eingeführt.

Definition 14.6 *Ein Riemannscher Raum V_n (auch Riemannsche Mannigfaltigkeit genannt) ist eine Mannigfaltigkeit $\mathcal{M}_n$, in der ein zweifach kovariantes, symmetrisches, und nicht ausgeartetes Tensorfeld:*

$$g_{ij}(M) = g_{ij}(x^1, \dots, x^n), \qquad \det[g_{ij}] \neq 0, \qquad g_{ij} = g_{ji}, \qquad i, j = 1, \dots, n \tag{14.118}$$

gegeben ist [88].

Die Definition des metrischen Tensorfeldes ist so gewählt, dass Messungen im euklidischen Tangentialraum (hervorgegangen aus dem affinen Tangentialraum) mit den Messungen in einem euklidischen Raum äquivalent sind. Für den Abstand zweier infinitesimal benachbarter Punkte im Riemannschen Raum gilt deshalb entsprechend Gl. (14.113) die Beziehung:

$$\mathrm{d}s = \sqrt{g_{ij}\mathrm{d}x^i\mathrm{d}x^j} \; . \tag{14.119}$$

Es ist offensichtlich, dass der euklidische Raum ein Spezialfall des Riemannschen ist, da es im euklidischen Raum stets eine Koordinatentransformation geben muss, die ein beliebiges Koordinatensystem in ein geradliniges (affines, lineares) überführt. Das bedeutet, dass es Koordinatensysteme gibt, in denen für alle Punkte M die Beziehung $g_{ij}(M) = \text{const.}$ gilt. In euklidischen Räumen ist damit die Konstruktion von affinen Tangentialräumen nicht erforderlich.

Anmerkung:
Liegen verallgemeinerte kontravariante Lagekoordinaten als Anfangsfestlegung zugrunde, dann sind die Koordinaten der verallgemeinerten Impulse kovarianter Natur. Technisch stehen dann über die kovariante Metrik die verallgemeinerten Geschwindigkeiten mit den kovarianten Impulsen in Verbindung.

Man hätte auch kovariante Koordinaten zugrunde legen können und müsste dann eine kontravariante Metrik in die veränderte Definition einbeziehen.

Eine m-dimensionale Fläche in einer n-dimensionalen Mannigfaltigkeit $\mathcal{M}_n^{(N)}$ (der Ordnung N) ist eine Punktmenge, die durch die N-mal stetig differenzierbare Beziehung:

$$x^i = x^i(u^1, \ldots, u^m), \qquad i = 1, \ldots, n;\ m < n \tag{14.120}$$

gegeben ist, wobei $u^1, \ldots, u^m$ unabhängige Parameter mit einem Gebiet als Definitionsbereich sind. Weiterhin muss die zu den n Funktionen (14.120) gehörende Funktionalmatrix:

$$F = \begin{pmatrix} \dfrac{\partial x^1}{\partial u^1} & \cdots & \dfrac{\partial x^n}{\partial u^1} \\ \vdots & \ddots & \vdots \\ \dfrac{\partial x^1}{\partial u^m} & \cdots & \dfrac{\partial x^n}{\partial u^m} \end{pmatrix} \tag{14.121}$$

den Rang m haben. Diese Flächen stellen selbst Mannigfaltigkeiten $\mathcal{M}_m^{(N)}$ dar. Denn bei einer Transformation der Parameter:

$$v^i = f^i(u^1, \ldots, u^m), \qquad u^i = g^i(v^1, \ldots, v^m), \qquad i = 1, \ldots, m, \tag{14.122}$$

wobei f^i und g^i für sich N-mal stetig differenzierbar sind, besitzt die Darstellung der Fläche durch die neuen Parameter v^i die gleiche Form wie Gl. (14.120), und zwar:

$$x^i = x^i(v^1, \ldots, v^m), \qquad i = 1, \ldots, n. \tag{14.123}$$

Betrachtet man ein Bogenelement auf diesen Flächen:

$$\mathrm{d}s^2 = g_{ij}(x^1, \ldots, x^n)\mathrm{d}x^i\mathrm{d}x^j = g_{ij}\frac{\partial x^i}{\partial u^k}\frac{\partial x^j}{\partial u^l}\mathrm{d}u^k\mathrm{d}u^l = G_{kl}\mathrm{d}u^k\mathrm{d}u^l\ , \tag{14.124}$$

so ergibt die Untersuchung von:

$$G_{kl}(u^1, \ldots, u^n) = \frac{\partial x^i}{\partial u^k}\frac{\partial x^j}{\partial u^l}\ , \tag{14.125}$$

dass es sich bei der Fläche selbst um einen Riemannschen Raum V_m handelt, weil G_{ij} symmetrisch und regulär[3] ist.

Damit ergibt sich eine einfache Methode, Riemannsche Räume zu erzeugen. Stellt R_n speziell einen euklidischen Raum dar, so lässt sich in ihm durch parametrische Flächen ein Riemannscher Raum V_m aufstellen. Dieser Vorgang geschieht in der Technik immer dann, wenn zu Bewegungen von Punkten in euklidischen Räumen Zwangsbedingungen hinzukommen.

[3]Genau genommen muss das nur bei sogenannten eigentlichen Riemannschen Räumen der Fall sein, also bei solchen die eine positiv definite Metrik tragen

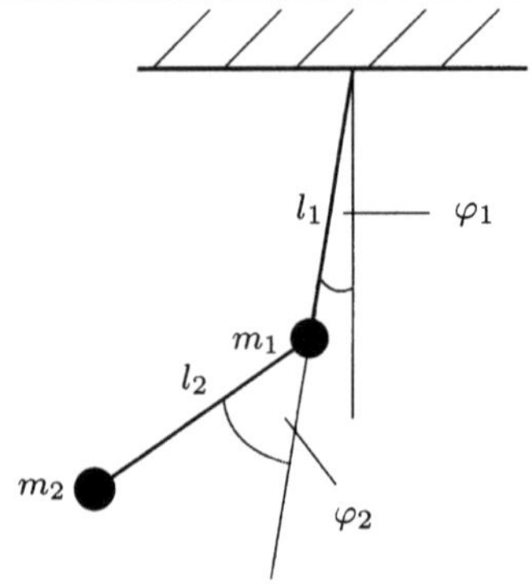

Bild 14.8: Ebenes Doppelpendel als Beispiel der Erzeugung eines Riemannschen Raumes aus einem euklidischen Raum

Beispiel 1:
Betrachtet man beispielsweise einen Gegenstand oder ein Lebewesen auf der genähert kugelförmigen Erde, so befindet sich dieser in einem dreidimensionalen euklidischen Raum. Er wird aber durch die Gravitation gezwungen, sich auf der starren Erdoberfläche zu bewegen, die einen zweidimensionalen Riemannschen Raum (Kugel, Zwang: $x^2 + y^2 + z^2 = R^2$) darstellt. □

Beispiel 2:
Als weiteres Beispiel sei das ebene Doppelpendel im Bild 14.8 aufgeführt. Der Definitionsbereich der beiden Massepunkte ist ein 6-dimensionaler euklidischer Raum ($\mathbb{R}^3 \times \mathbb{R}^3$). Durch die Zwangsbedingungen der Ebenheit und der konstanten Stablängen ergibt sich ein Torus (zweidimensionaler Riemannscher Raum) als Definitionsbereich der Pendelbewegung. □

14.9 Beispiel zur Transformation bei Basiswechsel

Wie nun in einfacher Art und Weise Tensoren erster und höherer Stufe bei einem Wechsel des Koordinatensystems umgerechnet werden können, zeigen zwei durchgerechnete Beispielen. Der Ausgangspunkt ist die Koordinatentransformation im Kapitel zur Synthese elektromagnetischer Felder, mit der eine Lösung der gestellten Aufgabe gefunden werden kann.

Zum einen wird eine schiefwinklige Basis in eine andere schiefwinklige Basis umgerechnet und dazu gezeigt, dass z. B. das Betragsquadrat eines Tensors 1. Stufe (Vektor) eine Invariante gegenüber dem Basiswechsel bleibt. Zur Verdeutlichung der Lage der schiefwinkligen Koordinatensysteme ist der Zusammenhang zu den kartesischen Koordinaten eingefügt. Die Transformationskoeffizienten sind konstant.

In einem weiteren Beispiel sind die Umrechnungen zwischen zwei krummlinigen Koordinatensystemen, hier zwischen dem Kugel- und dem Zylinderkoordinatensystem ausgeführt. Die Transformationskoeffizienten und auch die metrischen Koeffizienten sind keine konstanten mehr, sondern verändern sich von Ort zu Ort. Beide gewählten Transformationen seien rein räumlich.

Diese Rechnungen werden u. a. im Kapitel 20 zur Synthese von elektromagnetischen Feldern benötigt.

14.9.1 Beispiel einer Transformation bei Basiswechsel in schiefwinkligen Koordinaten

Die schiefwinklige Basis

Die schiefwinklige Basis sei durch den Bezug zur kartesischen Basis in der Form:

$$\boldsymbol{g}_1 = \boldsymbol{e}_1 \,, \qquad \boldsymbol{g}_2 = \boldsymbol{e}_1 + \boldsymbol{e}_2 \,, \qquad \boldsymbol{g}_3 = \boldsymbol{e}_1 + \boldsymbol{e}_2 + \boldsymbol{e}_3$$

gegeben. Die Umkehrtransformation (im Weiteren als alte Basis bezeichnet) lautet dann:

$$\boldsymbol{e}_1 = \boldsymbol{g}_1 \,, \qquad \boldsymbol{e}_2 = -\boldsymbol{g}_1 + \boldsymbol{g}_2 \,, \qquad \boldsymbol{e}_3 = -\boldsymbol{g}_2 + \boldsymbol{g}_3 \,.$$

Für die Skalarprodukte der alten Basisvektoren gilt:

$$\begin{aligned} \boldsymbol{g}_1 \cdot \boldsymbol{g}_1 &= 1\,; \qquad \boldsymbol{g}_2 \cdot \boldsymbol{g}_2 = 2\,; \qquad \boldsymbol{g}_3 \cdot \boldsymbol{g}_3 = 3 \\ \boldsymbol{g}_1 \cdot \boldsymbol{g}_2 &= 1\,; \qquad \boldsymbol{g}_2 \cdot \boldsymbol{g}_3 = 2\,; \qquad \boldsymbol{g}_3 \cdot \boldsymbol{g}_1 = 1\,. \end{aligned}$$

Die Basisvektoren $\boldsymbol{g}_2, \boldsymbol{g}_3$ sind keine Einheitsvektoren und kein Paar der Basisvektoren steht senkrecht aufeinander. Für ihre Kreuzprodunkte folgt:

$$\begin{aligned} \boldsymbol{g}_1 \times \boldsymbol{g}_2 &= \boldsymbol{e}_1 \times (\boldsymbol{e}_1 + \boldsymbol{e}_2) &&= -\boldsymbol{g}_2 + \boldsymbol{g}_3 \\ \boldsymbol{g}_2 \times \boldsymbol{g}_3 &= (\boldsymbol{e}_1 + \boldsymbol{e}_2) \times (\boldsymbol{e}_1 + \boldsymbol{e}_2 + \boldsymbol{e}_3) &&= 2\boldsymbol{g}_1 - \boldsymbol{g}_2 \\ \boldsymbol{g}_3 \times \boldsymbol{g}_1 &= (\boldsymbol{e}_1 + \boldsymbol{e}_2 + \boldsymbol{e}_3) \times \boldsymbol{e}_1 &&= -\boldsymbol{g}_1 + 2\boldsymbol{g}_2 - \boldsymbol{g}_3 \,. \end{aligned}$$

Weiterhin ist für das Spatprodukt:

$$(\boldsymbol{g}_1, \boldsymbol{g}_2, \boldsymbol{g}_3) := \boldsymbol{g}_1 \cdot (\boldsymbol{g}_2 \times \boldsymbol{g}_3) = (\boldsymbol{g}_1 \times \boldsymbol{g}_2) \cdot \boldsymbol{g}_3$$

zu schreiben. Das von den $\boldsymbol{g}_1, \boldsymbol{g}_2, \boldsymbol{g}_3$ aufgespannte Parallelepiped (Spat) besitzt in diesem Falle das gleiche Volumen, wie der von den kartesischen Einheitsvektoren bestimmte Würfel (spezielles Spat).

Die metrischen Koeffizienten

Die metrischen Koeffizienten berechnen sich bei vorliegender Basis aus der Gleichung:

$$g_{kl} = \boldsymbol{g}_k \cdot \boldsymbol{g}_l \,, \qquad k, l = 1, 2, 3 \,. \tag{14.126}$$

Ordnet man diese in eine quadratische Matrix ein, so erhält man für die gewählte schiefwinklige Basis:

$$(g_{kl}) = \begin{pmatrix} 1 & 1 & 1 \\ 1 & 2 & 2 \\ 1 & 2 & 3 \end{pmatrix} .$$

In dieser Basis sei der Vektor $\boldsymbol{A}$ durch:

$$\boldsymbol{A} = A^k \boldsymbol{g}_k = \boldsymbol{g}_1 + 2\boldsymbol{g}_2 + \boldsymbol{g}_3$$

gegeben. Seine kontravarianten Koordinaten lauten demnach:

$$A^1 = 1 \; ; \qquad A^2 = 2 \; ; \qquad A^3 = 1 \; .$$

Um zu den kovarianten Koordinaten zu gelangen, bedient man sich der Gleichung:

$$A_k = g_{kl} A^l \; ; \qquad k, l = 1, 2, 3 \tag{14.127}$$

oder z. B. für die erste Koordinate:

$$A_1 = g_{11} A^1 + g_{12} A^2 + g_{13} A^3 = g_{1l} A^l \tag{14.128}$$

und demzufolge:

$$\begin{aligned} A_1 &= 1 \cdot 1 + 1 \cdot 2 + 1 \cdot 1 = 4 \, , \\ A_2 &= 1 \cdot 1 + 2 \cdot 2 + 2 \cdot 1 = 7 \, , \\ A_3 &= 1 \cdot 1 + 2 \cdot 2 + 3 \cdot 1 = 8 \, . \end{aligned}$$

Der Vektor $\boldsymbol{A}$ hat dann in kovarianten Koordinaten die Form:

$$\boldsymbol{A} = A_k \boldsymbol{g}^k = 4\boldsymbol{g}^1 + 7\boldsymbol{g}^2 + 8\boldsymbol{g}^3 \; .$$

Die kontravariante Basis errechnet sich im $\mathbb{R}^3$ aus (mit $(\boldsymbol{g}_1, \boldsymbol{g}_2, \boldsymbol{g}_3) = 1$):

$$\begin{aligned} \boldsymbol{g}^1 &= \frac{\boldsymbol{g}_2 \times \boldsymbol{g}_3}{(\boldsymbol{g}_1, \boldsymbol{g}_2, \boldsymbol{g}_3)} = \boldsymbol{e}_1 - \boldsymbol{e}_2 \\ \boldsymbol{g}^2 &= \frac{\boldsymbol{g}_3 \times \boldsymbol{g}_1}{(\boldsymbol{g}_1, \boldsymbol{g}_2, \boldsymbol{g}_3)} = \boldsymbol{e}_2 - \boldsymbol{e}_3 \\ \boldsymbol{g}^3 &= \frac{\boldsymbol{g}_1 \times \boldsymbol{g}_2}{(\boldsymbol{g}_1, \boldsymbol{g}_2, \boldsymbol{g}_3)} = \boldsymbol{e}_3 \end{aligned} \tag{14.129}$$

oder umgerechnet in die kartesische Basis $\boldsymbol{e}^i, \boldsymbol{e}_i$:

$$\boldsymbol{e}^1 = \boldsymbol{e}_1 = \boldsymbol{g}^1 + \boldsymbol{g}^2 + \boldsymbol{g}^3 \, , \qquad \boldsymbol{e}^2 = \boldsymbol{e}_2 = \boldsymbol{g}^2 + \boldsymbol{g}^3 \, , \qquad \boldsymbol{e}^3 = \boldsymbol{e}_3 = \boldsymbol{g}^3 \, ,$$

so dass der Vektor $\boldsymbol{A}$ in kartesischen Koordinaten zu dem Ausdruck:

$$\boldsymbol{A} = 4\boldsymbol{e}_1 + 3\boldsymbol{e}_2 + \boldsymbol{e}_3 = 4\boldsymbol{e}^1 + 3\boldsymbol{e}^2 + \boldsymbol{e}^3$$

führt.

Für die Metrik folgen wegen der Gültigkeit der Gl. (14.130):

$$g^{kl} = \boldsymbol{g}^{\,k} \cdot \boldsymbol{g}^{\,l} \tag{14.130}$$

in Matrixform die Koeffizienten:

$$\left(g^{kl}\right) = \begin{pmatrix} 2 & -1 & 0 \\ -1 & 2 & -1 \\ 0 & -1 & 1 \end{pmatrix}$$

und somit erhalten wir, weil allgemein die Beziehung:

$$g_{kl} \cdot g^{lm} = \delta_k^m = \begin{cases} 1 & k = m \\ 0 & k \neq m \end{cases}$$

gilt, tatsächlich die Einheitsmatrix als Bestätigung der bisherigen Rechnungen.

$$\begin{pmatrix} 1 & 1 & 1 \\ 1 & 2 & 2 \\ 1 & 2 & 3 \end{pmatrix} \begin{pmatrix} 2 & -1 & 0 \\ -1 & 2 & -1 \\ 0 & -1 & 1 \end{pmatrix} = \begin{pmatrix} 1 & 0 & 0 \\ 0 & 1 & 0 \\ 0 & 0 & 1 \end{pmatrix} .$$

Betrag eines Vektors als Invariante

In kartesischen Koordinaten gilt $\boldsymbol{e}_i = \boldsymbol{e}^{\,i}$, $i = 1, 2, 3$ und der gewählte Vektor lautet damit:

$$\boldsymbol{A} = 4\boldsymbol{e}_1 + 3\boldsymbol{e}_2 + \boldsymbol{e}_3$$

und sein Betragsquadrat errechnet sich bekanntermaßen aus dem Skalarprodukt mit sich selbst zu:

$$\boldsymbol{A}^2 = (4\boldsymbol{e}_1 + 3\boldsymbol{e}_2 + \boldsymbol{e}_3) \cdot (4\boldsymbol{e}_1 + 3\boldsymbol{e}_2 + \boldsymbol{e}_3) = 16 + 9 + 1 = 26$$

In schiefwinkligen Koordinaten multipliziert man zum selben Zweck die Koordinaten mit der kontravarianten Darstellung:

$$\boldsymbol{A}^2 = \left(A^k \boldsymbol{g}_k\right) \cdot \left(A_l \boldsymbol{g}^{\,l}\right) = \left(\boldsymbol{g}_1 + 2\boldsymbol{g}_2 + \boldsymbol{g}_3\right) \cdot \left(4\boldsymbol{g}^{\,1} + 7\boldsymbol{g}^{\,2} + 8\boldsymbol{g}^{\,3}\right)$$

und erhält wegen der Gültigkeit von:

$$\boldsymbol{g}_k \cdot \boldsymbol{g}^{\,l} = \delta_k^l \,, \quad k, l = 1, 2, 3 \tag{14.131}$$

für das Betragsquadrat:

$$\boldsymbol{A}^2 = 1 \cdot 4 + 2 \cdot 7 + 1 \cdot 8 = 26 \,.$$

In kovarianter Darstellung skalar multipliziert mit der kovarianten Form ergibt sich:

$$\begin{aligned} \boldsymbol{A}^2 &= (\boldsymbol{g}_1 + 2\boldsymbol{g}_2 + \boldsymbol{g}_3) \cdot (\boldsymbol{g}_1 + 2\boldsymbol{g}_2 + \boldsymbol{g}_3) \\ &= \boldsymbol{g}_1 \cdot \boldsymbol{g}_1 + 2\boldsymbol{g}_2 \cdot \boldsymbol{g}_1 + \boldsymbol{g}_3 \cdot \boldsymbol{g}_1 + \boldsymbol{g}_1 \cdot 2\boldsymbol{g}_2 + 2\boldsymbol{g}_2 \cdot 2\boldsymbol{g}_2 + \boldsymbol{g}_3 \cdot 2\boldsymbol{g}_2 \\ &\quad + \boldsymbol{g}_1 \cdot \boldsymbol{g}_3 + 2\boldsymbol{g}_2 \cdot \boldsymbol{g}_3 + \boldsymbol{g}_3 \cdot \boldsymbol{g}_3 \\ &= 1 \cdot 1 + 2 \cdot 1 + 1 \cdot 1 + 2 \cdot 1 + 4 \cdot 2 + 2 \cdot 2 + 1 \cdot 1 + 2 \cdot 2 + 1 \cdot 3 \\ &= 26 \,. \end{aligned}$$

Die kontravariante Form desselben Vektors multipliziert mit seiner kontravarianten Darstellung liefert:

$$\begin{aligned}
\boldsymbol{A}^2 &= \left(4\boldsymbol{g}^{\,1}+7\boldsymbol{g}^{\,2}+8\boldsymbol{g}^{\,3}\right)\cdot\left(4\boldsymbol{g}^{\,1}+7\boldsymbol{g}^{\,2}+8\boldsymbol{g}^{\,3}\right)\\
&= 4\boldsymbol{g}^{\,1}\cdot 4\boldsymbol{g}^{\,1}+7\boldsymbol{g}^{\,2}\cdot 4\boldsymbol{g}^{\,1}+8\boldsymbol{g}^{\,3}\cdot 4\boldsymbol{g}^{\,1}+4\boldsymbol{g}^{\,1}\cdot 7\boldsymbol{g}^{\,2}+7\boldsymbol{g}^{\,2}\cdot 7\boldsymbol{g}^{\,2}+8\boldsymbol{g}^{\,3}\cdot 7\boldsymbol{g}^{\,2}\\
&\quad +4\boldsymbol{g}^{\,1}\cdot 8\boldsymbol{g}^{\,3}+7\boldsymbol{g}^{\,2}\cdot 8\boldsymbol{g}^{\,3}+8\boldsymbol{g}^{\,3}\cdot 8\boldsymbol{g}^{\,3}\\
&= 4\cdot 4\cdot 2+7\cdot 4\cdot(-1)+8\cdot 4\cdot 0+4\cdot 7\cdot(-1)+7\cdot 7\cdot 2+8\cdot 7\cdot(-1)\\
&\quad +4\cdot 8\cdot 0+7\cdot 8\cdot(-1)+8\cdot 8\cdot 1\\
&= 26\ .
\end{aligned}$$

Schlussfolgerung: In schiefwinkligen Koordinaten besitzt das Produkt aus kovarianter Form skalar multipliziert mit der kontravarianten Form nur drei Summanden. In allen vier Darstellungen ergibt sich das gleiche Betragsquadrat. Es ist eine skalare Invariante.

Transformation bei Basiswechsel

Die alte Basis sei, wie vorn bereits angewendet, gegeben:

$$\boldsymbol{g}_1 = \boldsymbol{e}_1\ , \qquad \boldsymbol{g}_2 = \boldsymbol{e}_1 + \boldsymbol{e}_2\ , \qquad \boldsymbol{g}_3 = \boldsymbol{e}_1 + \boldsymbol{e}_2 + \boldsymbol{e}_3\ .$$

Die Transformationsmatrix zur neuen Basis $\bar{\boldsymbol{g}}_k$ ist allgemein durch die Gleichung:

$$\bar{\boldsymbol{g}}_k = \underline{a}_k^l \boldsymbol{g}_l \qquad k,l = 1,2,3 \tag{14.132}$$

festgelegt. Für den Basiswechsel zur neuen Basis werden speziellen Koeffizienten gewählt und in der Matrix:

$$\left(\underline{a}_k^l\right) = \begin{pmatrix} 1 & -1 & -1 \\ 1 & 0 & 0 \\ 1 & 0 & -1 \end{pmatrix}$$

zusammengefasst. Damit liegt der Wechsel von der alten Basis zur neuen Basis fest vor. Die neuen kovarianten Basisvektoren haben die Form:

$$\begin{aligned}
\bar{\boldsymbol{g}}_1 &= \boldsymbol{g}_1 - \boldsymbol{g}_2 - \boldsymbol{g}_3\\
\bar{\boldsymbol{g}}_2 &= \boldsymbol{g}_1\\
\bar{\boldsymbol{g}}_3 &= \boldsymbol{g}_1 \qquad\ \ - \boldsymbol{g}_3\ ,
\end{aligned}$$

weil die Beziehung:

$$\bar{\boldsymbol{g}}_k = \underline{a}_k^l \boldsymbol{g}_l\ , \qquad k,l = 1,2,3 \tag{14.133}$$

oder in Matrixform geschrieben:

$$\left(\bar{\boldsymbol{g}}_k\right) = \left(\underline{a}_k^l\right)\left(\boldsymbol{g}_l\right)\ , \qquad k,l = 1,2,3 \tag{14.134}$$

besteht. Bezieht man sich über die $\boldsymbol{g}_k$ auf die kartesische Basis, dann lautet der Zusammenhang zwischen der kartesischen Basis und der neuen Basis:

$$\begin{aligned}\bar{\boldsymbol{g}}_1 &= -\boldsymbol{e}_1 - 2\boldsymbol{e}_2 - \boldsymbol{e}_3\\ \bar{\boldsymbol{g}}_2 &= \boldsymbol{e}_1\\ \bar{\boldsymbol{g}}_3 &= \boldsymbol{e}_2 - \boldsymbol{e}_3 \,.\end{aligned}$$

So ist die Lage der neuen Basis im $\mathbb{R}^3$ leicht erkennbar.

Die kovarianten Metrikkoeffizienten folgen aus der Gleichung:

$$\bar{g}_{kl} = \bar{\boldsymbol{g}}_k \cdot \bar{\boldsymbol{g}}_l \,, \qquad k,l = 1,2,3 \tag{14.135}$$

oder in Matrixform geschrieben und ausgerechnet:

$$(\bar{g}_{kl}) = \begin{pmatrix} 6 & -1 & 3\\ -1 & 1 & 0\\ 3 & 0 & 2 \end{pmatrix}.$$

Zur Berechnung der dazugehörigen kontravarianten neuen Basis müssen die neuen kontravarianten Metrikkoeffizienten vorliegen. Die können durch die Inversion der Matrix $(\bar{g}_{kl})$ gefunden werden, da:

$$\left(\bar{g}^{kl}\right) = \left(\bar{g}_{kl}\right)^{-1} \tag{14.136}$$

ist und die Beziehung:

$$\bar{\boldsymbol{g}}^{\,k} = \bar{g}^{kl}\bar{\boldsymbol{g}}_l$$

gilt.

Man kann hier aber einfacher die inverse Matrix zu $\left(\underline{a}^l_k\right)$ ausrechnen und so die Verbindung der neuen Basis zur alten vollziehen. Durch die Umstellung nach der alten Basis folgt:

$$\begin{aligned}\boldsymbol{g}_1 &= \bar{\boldsymbol{g}}_2\\ \boldsymbol{g}_2 &= -\bar{\boldsymbol{g}}_1 + \bar{\boldsymbol{g}}_3\\ \boldsymbol{g}_3 &= \bar{\boldsymbol{g}}_2 - \bar{\boldsymbol{g}}_3\end{aligned}$$

und daraus die Transformationsmatrix:

$$(\bar{a}^l_k) = \begin{pmatrix} 0 & 1 & 0\\ -1 & 0 & 1\\ 0 & 1 & -1 \end{pmatrix}.$$

Es gilt $\left(\bar{a}^l_k\right) = \left(\underline{a}^l_k\right)^{-1}$, so dass aus dem Matrizenprodukt die Einheitsmatrix hervorgehen muss:

$$\left(\underline{a}^l_k\right)\left(\bar{a}^m_l\right) = \begin{pmatrix} 1 & -1 & -1\\ 1 & 0 & 0\\ 1 & 0 & -1 \end{pmatrix}\begin{pmatrix} 0 & 1 & 0\\ -1 & 0 & 1\\ 0 & 1 & -1 \end{pmatrix} = \begin{pmatrix} 1 & 0 & 0\\ 0 & 1 & 0\\ 0 & 0 & 1 \end{pmatrix}.$$

Die Matrix $(\bar{a}_l^m)$ darf dazu nicht transponiert werden. Das Produkt $(\underline{a}_k^l)(\bar{a}_l^m)^T$ führt nicht auf die Einheitsmatrix.

Nun gilt allgemein für die Transformation der kontravarianten Basisvektoren:

$$\bar{\boldsymbol{g}}^k = \bar{a}_l^k \boldsymbol{g}^l , \tag{14.137}$$

d. h., es wird auf die kontravariante alte Basis zurückgegriffen und über die Matrix $(\bar{a}_l^k)$ bei Summation über l die neue kontravariante Basis berechnet. Das bedeutet, die Matrix $(\bar{a}_k^l)$ muss transponiert werden.

Man erhält:

$$\begin{pmatrix} \bar{\boldsymbol{g}}^1 \\ \bar{\boldsymbol{g}}^2 \\ \bar{\boldsymbol{g}}^3 \end{pmatrix} = \begin{pmatrix} 0 & -1 & 0 \\ 1 & 0 & 1 \\ 0 & 1 & -1 \end{pmatrix} \begin{pmatrix} \boldsymbol{g}^1 \\ \boldsymbol{g}^2 \\ \boldsymbol{g}^3 \end{pmatrix}$$

oder:

$$\begin{aligned} \bar{\boldsymbol{g}}^1 &= & -\boldsymbol{g}^2 & & &= & -\boldsymbol{e}_2 + \boldsymbol{e}_3 & \\ \bar{\boldsymbol{g}}^2 &= \boldsymbol{g}^1 & & + \boldsymbol{g}^3 & &= \boldsymbol{e}_1 & -\boldsymbol{e}_2 + \boldsymbol{e}_3 & \\ \bar{\boldsymbol{g}}^3 &= & \boldsymbol{g}^2 & - \boldsymbol{g}^3 & &= & \boldsymbol{e}_2 - 2\boldsymbol{e}_3 & . \end{aligned} \tag{14.138}$$

Daraus ergeben sich die kontravarianten metrischen Koeffizienten über das Skalarprodukt:

$$\bar{g}^{kl} = \bar{\boldsymbol{g}}^k \cdot \bar{\boldsymbol{g}}^l , \qquad k,l = 1,2,3 \tag{14.139}$$

oder in einer Matrix angeordnet:

$$(\bar{g}^{kl}) = \begin{pmatrix} 2 & 2 & -3 \\ 2 & 3 & -3 \\ -3 & -3 & 5 \end{pmatrix} .$$

Auch hier gilt:

$$(\bar{g}^{kl}) = (\bar{g}_{kl})^{-1}$$

und demzufolge:

$$\bar{g}_{kl}\, \bar{g}^{lm} = \delta_k^m . \tag{14.140}$$

In der Tat ist:

$$\begin{pmatrix} 6 & -1 & 3 \\ -1 & 1 & 0 \\ 3 & 0 & 2 \end{pmatrix} \begin{pmatrix} 2 & 2 & -3 \\ 2 & 3 & -3 \\ -3 & -3 & 5 \end{pmatrix} = \begin{pmatrix} 1 & 0 & 0 \\ 0 & 1 & 0 \\ 0 & 0 & 1 \end{pmatrix} .$$

Koordinaten und Betrag des transformierten Vektors

Nun wird der Vektor $\boldsymbol{A} = \boldsymbol{g}_1 + 2\boldsymbol{g}_2 + \boldsymbol{g}_3$ in die neue Basis transformiert und sein Betragsquadrat berechnet.

Einen Ausdruck für die Forminvarianz eines Tensors erster Stufe gibt die Gleichung:

$$\boldsymbol{A} = A^k \boldsymbol{g}_k = A_k \boldsymbol{g}^{\,k} = \bar{\boldsymbol{A}} = \bar{A}^k \bar{\boldsymbol{g}}_k = \bar{\boldsymbol{A}}_k \bar{\boldsymbol{g}}^{\,k}$$

wieder. Die kovarianten und kontravarianten Basisvektoren im alten sowie im neuen Koordinatensystem liegen vor. Es sind demzufolge nur noch die Koordinaten $\bar{A}^k$ und $\bar{A}_k$ auszurechnen. Für die kontravarianten Koordinaten gilt:

$$\bar{A}^k = \bar{a}^k_l \, A^l \ .$$

Wegen der Beziehung nach Gl. (14.132) liegen die Transformationskoeffizienten vor. Die sie erfassende Matrix ist zu transponieren und zu invertieren (Kontragradienz). In Matrixform gilt dann:

$$\begin{array}{lclclclclclcl}
\bar{\boldsymbol{g}}^{\,1} & = & & - & \boldsymbol{g}^{\,2} & & & = & & - & \boldsymbol{e}_2 & + & \boldsymbol{e}_3 \\
\bar{\boldsymbol{g}}^{\,2} & = & \boldsymbol{g}_1 & & & + & \boldsymbol{g}_3 & = & \boldsymbol{e}_1 & - & \boldsymbol{e}_2 & + & \boldsymbol{e}_3 \\
\bar{\boldsymbol{g}}^{\,3} & = & & & \boldsymbol{g}^{\,2} & - & \boldsymbol{g}^{\,3} & = & & & \boldsymbol{e}_2 & - & 2\boldsymbol{e}_3 \ .
\end{array}$$

Die kontravarianten metrischen Koeffizienten ergeben sich aus dem Skalarprodukt:

$$\bar{g}^{kl} = \bar{\boldsymbol{g}}^{\,k} \cdot \bar{\boldsymbol{g}}^{\,l} \ , \qquad k,l = 1,2,3 \tag{14.141}$$

oder in eine Matrix eingeordnet:

$$(\bar{A}^k) = (\bar{a}^k_l)\,(A^l) = \begin{pmatrix} \bar{A}^1 \\ \bar{A}^2 \\ \bar{A}^3 \end{pmatrix} = \begin{pmatrix} 0 & -1 & 0 \\ 1 & 0 & 1 \\ 0 & 1 & -1 \end{pmatrix} \begin{pmatrix} A^1 \\ A^2 \\ A^3 \end{pmatrix} ,$$

so dass die neuen kontravarianten Koordinaten:

$$\begin{array}{lcrcrcrcr}
\bar{A}^1 & = & 0 \cdot 1 & + & (-1) \cdot 2 & + & 0 \cdot 1 & = & -2 \ , \\
\bar{A}^2 & = & 1 \cdot 1 & + & 0 \cdot 2 & + & 1 \cdot 1 & = & 2 \ , \\
\bar{A}^3 & = & 0 \cdot 1 & + & 1 \cdot 2 & + & (-1) \cdot 1 & \doteq & 1
\end{array}$$

und als Vektor geschrieben:

$$\bar{\boldsymbol{A}} = \bar{A}^k \, \bar{\boldsymbol{g}}_k = -2\,\bar{\boldsymbol{g}}_1 + 2\,\bar{\boldsymbol{g}}_2 + 1\,\bar{\boldsymbol{g}}_3 \ .$$

folgen. Es ist zweckmäßig, die kovarianten Koordinaten desselben Vektors über die kovarianten metrischen Koeffizienten im neuen Koordinatensystem nach:

$$\bar{A}_k = \bar{g}_{kl} \bar{A}^l \ , \tag{14.142}$$

zu berechnen, d. h., der obere Index l wird mit Hilfe der neuen metrischen Koeffizienten heruntergezogen. In Matrixform führt das auf den Ausdruck:

$$\begin{pmatrix}\bar{A}_1\\ \bar{A}_2\\ \bar{A}_3\end{pmatrix} = \begin{pmatrix} 6 & -1 & 3\\ -1 & 1 & 0\\ 3 & 0 & 2\end{pmatrix} \begin{pmatrix}\bar{A}^1\\ \bar{A}^2\\ \bar{A}^3\end{pmatrix}$$

oder ausgerechnet auf:

$$\begin{aligned} \bar{A}_1 &= 6\cdot(-2) + (-1)\cdot 2 + 3\cdot 1 = -11 \;, \\ \bar{A}_2 &= (-1)\cdot(-2) + 1\cdot 2 + 0\cdot 1 = 4 \;, \\ \bar{A}_3 &= 3\cdot(-2) + 0\cdot 2 + 2\cdot 1 = -4 \;. \end{aligned}$$

Der Vektor $\bar{\boldsymbol{A}}$ mit kovarianten Koordinaten lautet somit:

$$\bar{\boldsymbol{A}} = \bar{A}_k\, \bar{\boldsymbol{g}}^{\,k} = -11\,\bar{\boldsymbol{g}}^{\,1} + 4\,\bar{\boldsymbol{g}}^{\,2} - 4\,\bar{\boldsymbol{g}}^{\,3} \;.$$

Das Betragsquadrat eines Vektors stellt eine skalare Invariante dar und diese Größe muss unabhängig vom gewählten Basissystem gleich sein. Es gelten in der neuen schiefwinkligen Basis:

$$\bar{\boldsymbol{A}}^2 = (\bar{A}^k\, \bar{\boldsymbol{g}}_k)\cdot(\bar{A}_k\, \bar{\boldsymbol{g}}^{\,k}) = (-2\,\bar{\boldsymbol{g}}_1 + 2\,\bar{\boldsymbol{g}}_2 + 1\,\bar{\boldsymbol{g}}_3)\cdot(-11\,\bar{\boldsymbol{g}}^{\,1} + 4\,\bar{\boldsymbol{g}}^{\,2} - 4\,\bar{\boldsymbol{g}}^{\,3})$$

und mit:

$$\bar{\boldsymbol{g}}_k \cdot \bar{\boldsymbol{g}}^{\,l} = \bar{\delta}_k^l = \delta_k^l \tag{14.143}$$

erhalten wir:

$$\bar{\boldsymbol{A}}^2 = 22 + 8 - 4 = 26 \;.$$

oder mit den Zahlen aus der Matrix für die neuen kovarianten metrischen Koeffizienten $(\bar{g}_{kl})$ folgt:

$$\begin{aligned} \bar{\boldsymbol{A}}^{\,2} &= (-2\,\bar{\boldsymbol{g}}_1 + 2\,\bar{\boldsymbol{g}}_2 + 1\,\bar{\boldsymbol{g}}_3)\cdot(-2\,\bar{\boldsymbol{g}}_1 + 2\,\bar{\boldsymbol{g}}_2 + 1\,\bar{\boldsymbol{g}}_3) \\ \bar{\boldsymbol{A}}^{\,2} &= 4\,\bar{\boldsymbol{g}}_1\cdot\bar{\boldsymbol{g}}_1 - 4\,\bar{\boldsymbol{g}}_2\cdot\bar{\boldsymbol{g}}_1 - 2\,\bar{\boldsymbol{g}}_3\cdot\bar{\boldsymbol{g}}_1 - 4\,\bar{\boldsymbol{g}}_1\cdot\bar{\boldsymbol{g}}_2 + 4\,\bar{\boldsymbol{g}}_2\cdot\bar{\boldsymbol{g}}_2 + 1\,\bar{\boldsymbol{g}}_3\cdot\bar{\boldsymbol{g}}_2 \\ &\quad -2\,\bar{\boldsymbol{g}}_1\cdot\bar{\boldsymbol{g}}_3 + 2\,\bar{\boldsymbol{g}}_2\cdot\bar{\boldsymbol{g}}_3 + 1\,\bar{\boldsymbol{g}}_2\cdot\bar{\boldsymbol{g}}_1 \\ &= 24 + 4 - 6 + 4 + 4 + 0 - 6 + 0 + 2 = 26 \;. \end{aligned}$$

und schließlich mit den Werten aus $(\bar{g}^{kl})$:

$$\begin{aligned}
\bar{\boldsymbol{A}}^2 &= (-11\bar{\boldsymbol{g}}^1 + 4\bar{\boldsymbol{g}}^2 - 4\bar{\boldsymbol{g}}^3)\cdot(-11\bar{\boldsymbol{g}}^1 + 4\bar{\boldsymbol{g}}^2 - 4\bar{\boldsymbol{g}}^3) \\
&= (-11)(-11)\bar{\boldsymbol{g}}^1\bar{\boldsymbol{g}}^1 + 4(-11)\bar{\boldsymbol{g}}^2\bar{\boldsymbol{g}}^1 + (-4)(-11)\bar{\boldsymbol{g}}^3\bar{\boldsymbol{g}}^1 + (-11)4\bar{\boldsymbol{g}}^1\bar{\boldsymbol{g}}^2 \\
&\quad +4\cdot 4\bar{\boldsymbol{g}}^2\bar{\boldsymbol{g}}^2 + (-4)4\bar{\boldsymbol{g}}^3\bar{\boldsymbol{g}}^2 + (-11)(-4)\bar{\boldsymbol{g}}^1\bar{\boldsymbol{g}}^3 + 4(-4)\bar{\boldsymbol{g}}^2\bar{\boldsymbol{g}}^3 + (-4)(-4)\bar{\boldsymbol{g}}^3\bar{\boldsymbol{g}}^3 \\
&= 121\cdot 2 - 44\cdot 2 + 44\cdot(-3) - 44\cdot 2 + 16\cdot 3 \\
&\quad -16\cdot(-3) + 44\cdot(-3) - 16\cdot(-3) + 16\cdot 5 \\
&= 242 - 88 - 132 - 88 + 48 - 132 + 48 + 80 = 26\ .
\end{aligned}$$

Damit wurde am Beispiel einer Koordinatentransformation die Gleichheit des Betragsquadrats eines Tensors 1. Stufe vor und nach der Transformation nachgewiesen. Seine physikalische Bedeutung kann nicht von der willkürlichen Wahl einer Basis abhängen.

14.9.2 Transformationsbeziehungen zwischen krummlinigen Koordinatensystemen

In krummlinigen Koordinatensystemen gelten formal dieselben Transformationsbeziehungen Gl. (14.126) bis (14.143). Die in ihnen enthaltenen Koeffizienten hängen aber im Allgemeinen von den Koordinaten selbst ab und verändern sich demzufolge von Punkt zu Punkt.

Gelten in krummlinigen, für die Transformation von den alten zu den neuen Koordinaten, die funktionalen Beziehungen (eindeutige Umkehrbarkeit und stetige Differenzierbarkeit vorausgesetzt):

$$\bar{x}^i = \bar{x}^i(x^j)\ ; \qquad i,j = 1,2,\ldots,n \tag{14.144}$$

dann berechnen sich die Transformationskoeffizienten für die kontravarianten Koordinaten durch:

$$\bar{a}^i_j = \frac{\partial \bar{x}^i}{\partial x^j}\ , \qquad i,j = 1,2,\ldots,n. \tag{14.145}$$

Sie kann man ebenfalls in eine quadratische Matrix einordnen und mit den Rechengesetzen der Matrizen behandeln. Für die Beziehungen zwischen der alten kovarianten und der neuen kontravarianten Basis gilt der Zusammenhang:

$$\bar{\boldsymbol{g}}_i = \underline{a}^j_i \boldsymbol{g}_j = \frac{\partial x^j}{\partial \bar{x}^i}\boldsymbol{g}_j\ , \qquad i,j = 1,2,\ldots,n. \tag{14.146}$$

Die Koeffizienten $\bar{a}^i_j$ und $\underline{a}^j_i$ sind zueinander kontragradient, d. h. transponiert invers oder invers transponiert. Auch hier gilt der Zusammenhang:

$$\bar{a}^i_j \underline{a}^j_n = \delta^i_n \; ; \qquad i, j, n = 1, 2, \dots, n. \tag{14.147}$$

Die zur Basis $\boldsymbol{g}_j$ gehörende kontravarianten Koordinaten eines Tensors 1. Stufe A^j transformieren sich in krummlinige Koordinaten nach:

$$\bar{A}^i = \bar{a}^i_j A^j \tag{14.148}$$

für die Umkehrtransformation zu Gl. (14.144) gelten von den neuen zu den alten Koordinaten die Transformationsgleichungen:

$$\boldsymbol{g}_i = \bar{a}^j_i \bar{\boldsymbol{g}}_j \, , \qquad A^i = \underline{a}^i_j \bar{A}^j \tag{14.149}$$

und bezüglich der kontravarianten Basis:

$$\bar{\boldsymbol{g}}^{\,i} = \bar{a}^i_j \boldsymbol{g}^{\,j} \, , \qquad \bar{A}_i = \underline{a}^j_i A_j \tag{14.150}$$

bzw. umgekehrt:

$$\boldsymbol{g}^{\,i} = \underline{a}^i_j \bar{\boldsymbol{g}}^{\,j} \, , \qquad A_i = \bar{a}^j_i \bar{A}_j \; . \tag{14.151}$$

Die metrischen Koeffizienten berechnen sich aus:

$$g_{ij} = \boldsymbol{g}_i \cdot \boldsymbol{g}_j = \sum_{m=1}^{n} \bar{a}^m_i \bar{a}^m_j \, , \qquad i, j = 1, 2, \dots, n. \tag{14.152}$$

und für die metrischen Koeffizienten in einer quadratischen Matrix zusammengefasst, gilt:

$$\left(g_{ij}\right) = \left(g^{ij}\right)^{-1} \; . \tag{14.153}$$

Zwischen den kovarianten und kontravarianten Basisvektoren innerhalb ein und derselben Basis besteht der Zusammenhang:

$$\boldsymbol{g}^{\,i} = g^{ij} \boldsymbol{g}_j \; ; \qquad \boldsymbol{g}_i = g_{ij} \boldsymbol{g}^{\,j} \, , \qquad i, j = 1, 2, \dots, n. \tag{14.154}$$

Kartesische und Kugelkoordinaten

Um die Vorstellung über die Lage der Basisvektoren in Kugelkoordianten zu erlangen, wird auch hier von der kartesischen Basis ausgegangen. Die Transformationsbeziehungen $x^i = x^i(x^j)$ sind durch:

$$\begin{aligned} x &= r \sin\vartheta \cos\alpha \\ y &= r \sin\vartheta \sin\alpha \\ z &= r \cos\vartheta \end{aligned} \tag{14.155}$$

gegeben. Die Basisvektoren im Kugelkoordiantensystem folgen aus den Gl. (14.146):

$$\begin{aligned} \boldsymbol{g}_r &= \frac{\partial x}{\partial r}\boldsymbol{e}_x + \frac{\partial y}{\partial r}\boldsymbol{e}_y + \frac{\partial z}{\partial r}\boldsymbol{e}_z \\ \boldsymbol{g}_\vartheta &= \frac{\partial x}{\partial \vartheta}\boldsymbol{e}_x + \frac{\partial y}{\partial \vartheta}\boldsymbol{e}_y + \frac{\partial z}{\partial \vartheta}\boldsymbol{e}_z \\ \boldsymbol{g}_\alpha &= \frac{\partial x}{\partial \alpha}\boldsymbol{e}_x + \frac{\partial y}{\partial \alpha}\boldsymbol{e}_y + \frac{\partial z}{\partial \alpha}\boldsymbol{e}_z \,. \end{aligned} \tag{14.156}$$

Da Verwechslungen hier nicht möglich sind wurde auf eine Kennzeichnung durch Überstreichung der Basisvektoren und Koordinaten verzichtet.

Differenziert und eingesetzt, folgt:

$$\begin{aligned} \boldsymbol{g}_r &= \sin\vartheta\cos\varphi\,\boldsymbol{e}_x + \sin\vartheta\sin\varphi\,\boldsymbol{e}_y + \cos\vartheta\,\boldsymbol{e}_z \,, \\ \boldsymbol{g}_\vartheta &= r\cos\vartheta\cos\varphi\,\boldsymbol{e}_x + r\cos\vartheta\sin\varphi\,\boldsymbol{e}_y - r\sin\vartheta\,\boldsymbol{e}_z \,, \\ \boldsymbol{g}_\varphi &= -r\sin\vartheta\sin\varphi\,\boldsymbol{e}_x + r\sin\vartheta\cos\varphi\,\boldsymbol{e}_y \,. \end{aligned} \tag{14.157}$$

Die kovarianten Einheitsvektoren (Tangenteneinheitsvektoren) in krummlinigen (hier in Kugelkoordinaten) Koordinaten berechnen sich dementsprechend aus:

$$\begin{aligned} \boldsymbol{g}_r &= \frac{\boldsymbol{g}_r}{|\boldsymbol{g}_r|} = \sin\vartheta\cos\varphi\,\boldsymbol{e}_x + \sin\vartheta\sin\varphi\,\boldsymbol{e}_y + \cos\vartheta\,\boldsymbol{e}_z \,, \\ \boldsymbol{g}_\vartheta &= \frac{\boldsymbol{g}_\vartheta}{|\boldsymbol{g}_\vartheta|} = \cos\vartheta\cos\varphi\,\boldsymbol{e}_x + \cos\vartheta\sin\varphi\,\boldsymbol{e}_y - \sin\vartheta\,\boldsymbol{e}_z \,, \\ \boldsymbol{g}_\varphi &= \frac{\boldsymbol{g}_\varphi}{|\boldsymbol{g}_\varphi|} = -\sin\varphi\,\boldsymbol{e}_x + r\sin\varphi\,\boldsymbol{e}_y \,. \end{aligned} \tag{14.158}$$

Mit diesen Ergebnissen kann man gemäß Gl. (14.152) aus Gl. (14.156) die kovarianten metrischen Koeffizienten ausrechnen und in die quadratische Matrix:

$$(g_{ij}) = \begin{pmatrix} 1 & 0 & 0 \\ 0 & r^2 & 0 \\ 0 & 0 & r^2\sin^2\vartheta \end{pmatrix} \tag{14.159}$$

eintragen.

Aufgrund des unabhängig vom speziellen Koordinatensystem gültigen Zusammenhangs in Gl. (14.153) liefert die Inversion der Matrix nach Gl. (14.159) die kontravarianten metrischen Koeffizienten:

$$(g^{ij}) = \begin{pmatrix} 1 & 0 & 0 \\ 0 & \dfrac{1}{r^2} & 0 \\ 0 & 0 & \dfrac{1}{r^2\sin^2\vartheta} \end{pmatrix} \tag{14.160}$$

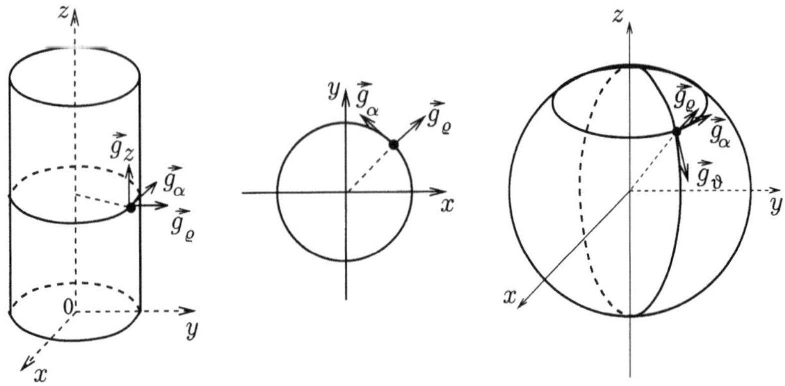

Bild 14.9: Darstellung der Basisvektoren in Kugel- und in Zylinderkoordinaten

Über die Gl. (14.154) wird die kontravariante Basis in Kugelkoordianten ausgerechnet, indem mit Hilfe der kontravarianten Metrik der untere Index der Basisvektoren im Sinne der Tensorrechnung gehoben wird:

$$\boldsymbol{g}^{1} = \boldsymbol{g}_1 , \qquad \boldsymbol{g}^{2} = \frac{1}{r^2}\boldsymbol{g}_2 , \qquad \boldsymbol{g}^{3} = \frac{1}{r^2 \sin^2\vartheta}\boldsymbol{g}_3 \tag{14.161}$$

und gelangt damit zu den kontravarianten Einheitsvektoren:

$$\boldsymbol{e}^{r} = \frac{\boldsymbol{g}^{1}}{|\boldsymbol{g}^{1}|} = \boldsymbol{e}_r , \qquad \boldsymbol{e}^{\vartheta} = \frac{\boldsymbol{g}^{2}}{|\boldsymbol{g}^{2}|} = \boldsymbol{e}_\vartheta , \qquad \boldsymbol{e}^{\varphi} = \frac{\boldsymbol{g}^{3}}{|\boldsymbol{g}^{3}|} = \boldsymbol{e}_\varphi . \tag{14.162}$$

Bemerkung:

1. In den Matrizen erkennt man unschwer die Lammé-Koeffizienten wieder.

2. Die metrischen Koeffizienten in den Gl. (14.159) und (14.160) haben verschiedene Dimensionen. Demzufolge müssen beim Übergang von kartesischen zu krummlinigen Koordinaten die Koordinaten der Feldgrößen, z. B. die elektrische Feldstärke, verschiedene Dimensionen aufweisen.

Übergang von den Kugel- zu den Zylinderkoordinaten und umgekehrt

Als Beispiel in krummlinigen Koordinaten wird nun der Übergang von den Kogelkoordinaten (alte Koordinaten) zu den Zylinderkoordinaten (neue Koordinaten) ausgewählt. Die Basisvektoren in Kugelkoordinaten, sowie die in Zylinderkoordinaten zeigt Bild 14.9. Für die Kugelkoordinaten setzen wir:

$$x^1 = r , \qquad x^2 = \vartheta , \qquad x^3 = \alpha$$

und für die Zylinderkoordinaten

$$\bar{x}^1 = \bar{\varrho} \,, \qquad \bar{x}^2 = \bar{\alpha} \,, \qquad \bar{x}^3 = \bar{z} \,. \tag{14.163}$$

Die Transformationsbeziehungen für den Übergang von den Kugel- zu den Zylinderkoordinaten sind durch die Funktionen:

$$\bar{\varrho} = r\,\sin\vartheta \,, \qquad \bar{\alpha} = \alpha \,, \qquad \bar{z} = r\,\cos\vartheta \tag{14.164}$$

gegeben. Zuerst werden die Transformationsbeziehungen $\bar{a}^i_j$ unter Verwendung der Gl. (14.145) berechnet. Dazu werden die totalen Differenziale:

$$\begin{aligned} \mathrm{d}\bar{\varrho} &= \frac{\partial\bar{\varrho}}{\partial r}\mathrm{d}r + \frac{\partial\bar{\varrho}}{\partial\vartheta}\mathrm{d}\vartheta + \frac{\partial\bar{\varrho}}{\partial\alpha}\mathrm{d}\alpha \\ \mathrm{d}\bar{\alpha} &= \frac{\partial\bar{\alpha}}{\partial r}\mathrm{d}r + \frac{\partial\bar{\alpha}}{\partial\vartheta}\mathrm{d}\vartheta + \frac{\partial\bar{\alpha}}{\partial\alpha}\mathrm{d}\alpha \\ \mathrm{d}\bar{z} &= \frac{\partial\bar{z}}{\partial r}\mathrm{d}r + \frac{\partial\bar{z}}{\partial\vartheta}\mathrm{d}\vartheta + \frac{\partial\bar{z}}{\partial\alpha}\mathrm{d}\alpha \,, \end{aligned} \tag{14.165}$$

gebildet, die eingesetzt und differenziert auf:

$$\begin{aligned} \mathrm{d}\bar{\varrho} &= \sin\vartheta\,\mathrm{d}r + r\,\cos\vartheta\,\mathrm{d}\vartheta \\ \mathrm{d}\bar{\alpha} &= \mathrm{d}\alpha \\ \mathrm{d}\bar{z} &= \cos\vartheta\,\mathrm{d}r - r\,\sin\vartheta\,\mathrm{d}\vartheta \end{aligned}$$

führen. Die gesuchten Koeffizienten $\bar{a}^i_j$ werden in einer quadratischen Matrix zusammengefasst:

$$\left(\bar{a}^i_j\right) = \left(\frac{\partial\bar{x}^i}{\partial x^j}\right) = \begin{pmatrix} \dfrac{\partial\bar{\varrho}}{\partial r} & \dfrac{\partial\bar{\varrho}}{\partial\vartheta} & \dfrac{\partial\bar{\varrho}}{\partial\alpha} \\ \dfrac{\partial\bar{\alpha}}{\partial r} & \dfrac{\partial\bar{\alpha}}{\partial\vartheta} & \dfrac{\partial\bar{\alpha}}{\partial\alpha} \\ \dfrac{\partial\bar{z}}{\partial r} & \dfrac{\partial\bar{z}}{\partial\vartheta} & \dfrac{\partial\bar{z}}{\partial\alpha} \end{pmatrix} = \begin{pmatrix} \sin\vartheta & r\,\cos\vartheta & 0 \\ 0 & 0 & 1 \\ \cos\vartheta & -r\,\sin\vartheta & 0 \end{pmatrix} . \tag{14.166}$$

Auf bekannte Art und Weise wird durch Inversion die Matrix $\left(\bar{a}^i_j\right)^{-1} = \left(\underline{a}^i_j\right)$ gebildet. Man kann auch den Weg über die vorliegende Umkehrtransformation nehmen. Es gilt für den Übergang von Zylinder- zu den Kugelkoordinaten die Beziehung:

$$\begin{aligned} r &= \sqrt{\bar{\varrho}^2 + \bar{z}^2} \\ \vartheta &= \arctan\frac{\bar{\varrho}}{\bar{z}} \\ \alpha &= \bar{\alpha} \,. \end{aligned} \tag{14.167}$$

Für die Elemente der Transformationsmatrix erhält man dann:

$$\left(\underline{a}_j^i\right) = \left(\frac{\partial x^i}{\partial \bar{x}^j}\right) = \begin{pmatrix} \dfrac{\partial r}{\partial \bar{\varrho}} & \dfrac{\partial r}{\partial \bar{\alpha}} & \dfrac{\partial r}{\partial \bar{z}} \\ \dfrac{\partial \vartheta}{\partial \bar{\varrho}} & \dfrac{\partial \vartheta}{\partial \bar{\alpha}} & \dfrac{\partial \vartheta}{\partial \bar{z}} \\ \dfrac{\partial \alpha}{\partial \bar{\varrho}} & \dfrac{\partial \alpha}{\partial \bar{\alpha}} & \dfrac{\partial \alpha}{\partial \bar{z}} \end{pmatrix} = \begin{pmatrix} \dfrac{\bar{\varrho}}{\sqrt{\bar{\varrho}^2+\bar{z}^2}} & 0 & \dfrac{\bar{z}}{\sqrt{\bar{\varrho}^2+\bar{z}^2}} \\ \dfrac{\bar{z}}{\bar{\varrho}^2+\bar{z}^2} & 0 & \dfrac{-\bar{\varrho}}{\bar{\varrho}^2+\bar{z}^2} \\ 0 & 1 & 0 \end{pmatrix}. \tag{14.168}$$

Geht man mit den Beziehungen nach Gl. (14.164) ein, so führt das auf die Inverse Matrix von Gl. (14.166):

$$\left(\underline{a}_j^i\right) = \left(\bar{a}_j^i\right)^{-1} = \begin{pmatrix} \sin\vartheta & 0 & \cos\vartheta \\ \dfrac{\cos\vartheta}{r} & 0 & -\dfrac{\sin\vartheta}{r} \\ 0 & 1 & 0 \end{pmatrix}. \tag{14.169}$$

Das Produkt beider führt auf die Einheitsmatrix:

$$\left(\bar{a}_j^i\right)\cdot\left(\underline{a}_j^i\right) = \begin{pmatrix} \sin\vartheta & r\cos\vartheta & 0 \\ 0 & 0 & 1 \\ \cos\vartheta & -r\sin\vartheta & 0 \end{pmatrix} \cdot \begin{pmatrix} \sin\vartheta & 0 & \cos\vartheta \\ \dfrac{\cos\vartheta}{r} & 0 & -\dfrac{\sin\vartheta}{r} \\ 0 & 1 & 0 \end{pmatrix} = \begin{pmatrix} 1 & 0 & 0 \\ 0 & 1 & 0 \\ 0 & 0 & 1 \end{pmatrix}. \tag{14.170}$$

Welches Vorgehen rationeller ist, hängt sowohl von der Dimension des Raumes als auch von der konkreten Koordinatentransformation ab.

Die metrischen Koeffizienten errechnen sich aus Gl. (14.152) über die Transformationskoeffizienten nach Gl. (14.166) ohne die Basisvektoren berechnen zu müssen zu:

$$\left(g_{ij}\right) = \left(\sum_{m=1}^{3} \bar{a}_i^m\, \bar{a}_j^m\right) = \begin{pmatrix} 1 & 0 & 0 \\ 0 & r^2 & 0 \\ 0 & 0 & 1 \end{pmatrix}. \tag{14.171}$$

Beispielsweise sind das:

$$\begin{aligned} a_{11} &= \bar{a}_1^1\bar{a}_1^1 + \bar{a}_1^2\bar{a}_1^2 + \bar{a}_1^3\bar{a}_1^3 = \sin^2\vartheta + \cos^2\vartheta = 1 \\ a_{12} &= a_{21} = \bar{a}_1^1\bar{a}_2^1 + \bar{a}_1^2\bar{a}_2^2 + \bar{a}_1^3\bar{a}_2^3\ . \end{aligned}$$

Zu den Beziehungen zwischen den Basisvektoren gelangt man über die Gl. (14.146). Die $x^j = x^j\left(\bar{x}^i\right), (i = \bar{\varrho}, \bar{\alpha}, \bar{z}; j = r, \vartheta, \alpha)$ sind durch Gl. (14.167) gegeben. Durch Einsetzen diese erhält man:

$$\begin{aligned}
\bar{\boldsymbol{g}}_{\bar{\varrho}} &= \frac{\partial r}{\partial \bar{\varrho}}\boldsymbol{g}_r + \frac{\partial \vartheta}{\partial \bar{\varrho}}\boldsymbol{g}_\vartheta + \frac{\partial \alpha}{\partial \bar{\varrho}}\boldsymbol{g}_\alpha = \frac{\bar{\varrho}}{\sqrt{\bar{\varrho}^2+\bar{z}^2}}\boldsymbol{g}_r + \frac{\bar{z}}{\bar{\varrho}^2+\bar{z}^2}\boldsymbol{g}_\vartheta + 0\cdot\boldsymbol{g}_\alpha \\
\bar{\boldsymbol{g}}_{\bar{\alpha}} &= \frac{\partial r}{\partial \bar{\alpha}}\boldsymbol{g}_r + \frac{\partial \vartheta}{\partial \bar{\alpha}}\boldsymbol{g}_\vartheta + \frac{\partial \alpha}{\partial \bar{\alpha}}\boldsymbol{g}_\alpha = 0 + 0 + \boldsymbol{g}_\alpha \qquad (14.172)\\
\bar{\boldsymbol{g}}_{\bar{z}} &= \frac{\partial r}{\partial \bar{z}}\boldsymbol{g}_r + \frac{\partial \vartheta}{\partial \bar{z}}\boldsymbol{g}_\vartheta + \frac{\partial \varphi}{\partial \bar{z}}\boldsymbol{g}_\alpha = \frac{\bar{z}}{\sqrt{\bar{\varrho}^2+\bar{z}^2}}\boldsymbol{g}_r - \frac{\bar{\varrho}}{\bar{\varrho}^2+\bar{z}^2}\boldsymbol{g}_\vartheta + 0\cdot\boldsymbol{g}_\alpha \,.
\end{aligned}$$

Durch Einordnen der Koeffizienten in eine Matrix folgt:

$$\left(\underline{a}_i^j\right) = \begin{pmatrix} \dfrac{\bar{\varrho}}{\sqrt{\bar{\varrho}^2+\bar{z}^2}} & \dfrac{\bar{z}}{\bar{\varrho}^2+\bar{z}^2} & 0 \\ 0 & 0 & 1 \\ \dfrac{\bar{z}}{\sqrt{\bar{\varrho}^2+\bar{z}^2}} & -\dfrac{\bar{\varrho}}{\bar{\varrho}^2+\bar{z}^2} & 0 \end{pmatrix} \qquad (14.173)$$

und dieses Ergebnis stimmt mit der transponierten Matrix nach Gl. (14.168) überein. Setzt man nun noch die Umkehrtransformation nach Gl. (14.164) ein, dann folgt für $\left(\underline{a}_i^j\right)$:

$$\left(\underline{a}_i^j\right) = \begin{pmatrix} \sin\vartheta & \dfrac{\cos\vartheta}{r} & 0 \\ 0 & 0 & 1 \\ \cos\vartheta & -\dfrac{\sin\vartheta}{r} & 0 \end{pmatrix}, \qquad (14.174)$$

was mit der transponierten Matrix in Gl. (14.169) übereinstimmt. Für die Zusammenhänge zwischen den Basisvektoren gilt somit:

$$\begin{pmatrix} \bar{\boldsymbol{g}}_{\bar{\varrho}} \\ \bar{\boldsymbol{g}}_{\bar{\alpha}} \\ \bar{\boldsymbol{g}}_{\bar{z}} \end{pmatrix} = \begin{pmatrix} \sin\vartheta & \dfrac{\cos\vartheta}{r} & 0 \\ 0 & 0 & 1 \\ \cos\vartheta & -\dfrac{\sin\vartheta}{r} & 0 \end{pmatrix} \cdot \begin{pmatrix} \boldsymbol{g}_r \\ \boldsymbol{g}_\vartheta \\ \boldsymbol{g}_\alpha \end{pmatrix}, \qquad (14.175)$$

oder:

$$\begin{aligned}
\bar{\boldsymbol{g}}_\varrho &= \sin\vartheta\,\boldsymbol{g}_r + \frac{\cos\vartheta}{r}\boldsymbol{g}_\vartheta \\
\bar{\boldsymbol{g}}_\alpha &= \boldsymbol{g}_\alpha \qquad (14.176)\\
\bar{\boldsymbol{g}}_z &= \cos\vartheta\,\boldsymbol{g}_r - \frac{\sin\vartheta}{r}\boldsymbol{g}_\vartheta \,.
\end{aligned}$$

14.10 Der Riemannsche Raum

14.10.1 Einbettung des Riemannschen Raumes in den euklidischen Raum

In diesem Kapitel soll gezeigt werden, wie sich diskrete, d. h. aus einzelnen Bauelementen bestehende technische Systeme tensoriell behandeln lassen. Wenn man ein System (z. B. ein elektrisches Netzwerk) in seine Elemente zerlegt und die Zwangsbedingungen außer Acht lässt, so kann jedes Element sich in seinen Freiheitsgraden bewegen. Im Falle elektrischer Zweipole hat jedes Element einen Freiheitsgrad, nämlich den Zweigstrom oder die Zweigspannung. Dieses von den Zwangsbedingungen (der Netzwerktopologie) „befreite" System hat zunächst so viele Freiheitsgrade wie die Summe m aller Einzelfreiheitsgrade f_i der k Elemente:

$$m = \sum_{i=1}^{k} f_i \,. \tag{14.177}$$

Bei einem Netzwerk aus Zweipolen entspricht dies also der Anzahl der Elemente.

Diese m Freiheitsgrade spannen eine m-dimensionale Mannigfaltigkeit auf. In der Mathematik versteht man unter einer Mannigfaltigkeit eine Punktmenge, für die eine bijektive Abbildung auf n-Tupel reeller Zahlen existiert. Die Elemente dieser n-Tupel sind nun die verallgemeinerten Orte beziehungsweise Lagen der einzelnen Elemente. Nach Definition einer Norm spannen diese m Freiheitsgrade einen m-dimensionalen euklidischen Raum auf.

Werden jetzt die Zwangsbedingungen eingeführt, so kann das System nur noch bestimmte, durch die Zwangsbedingungen vorgegebene Zustände einnehmen. Im Netzwerk sind dies die unabhängigen Maschen- bzw. Knotengleichungen, im mechanischen System die Verkopplungen. Die Anzahl der Freiheitsgrade des Systems hat sich also durch die Einführung der Zwangsbedingungen auf n verringert. Da die n-dimensionale Mannigfaltigkeit der Systemzustände mit Zwangsbedingungen in die m-dimensionale Mannigfaltigkeit der Systemzustände ohne Zwangsbedingungen eingebettet ist, heißt der durch die m Freiheitsgrade aufgespannte Raum auch Einbettungsraum.

Die Systemzustände unter Zwangsbedingungen bilden im Allgemeinen eine n dimensionale Riemannsche Mannigfaltigkeit. Dieser Begriff geht auf Riemann zurück. Im Folgenden soll auf dieses umfangreiche Gebiet kurz eingegangen werden, da die Riemannsche Geometrie eine elegante tensorielle Behandlung technischer Systeme ermöglicht.

Zunächst sollen in anschaulicher Weise die Eigenschaften des Riemannschen Raumes im zweidimensionalen Falle dargestellt werden, um später zum n-dimensionalen Fall überzugehen. Im Allgemeinen stellt ein zweidimensionaler Riemannscher Raum eine beliebige Fläche dar. Diese Fläche ist in den dreidimensionalen euklidischen Raum eingebettet. Im dreidimensionalen euklidischen Raum werde also ein beliebiges Koordinatensystem x^k eingeführt. Die Koordinate x^3 werde dabei festgehalten.

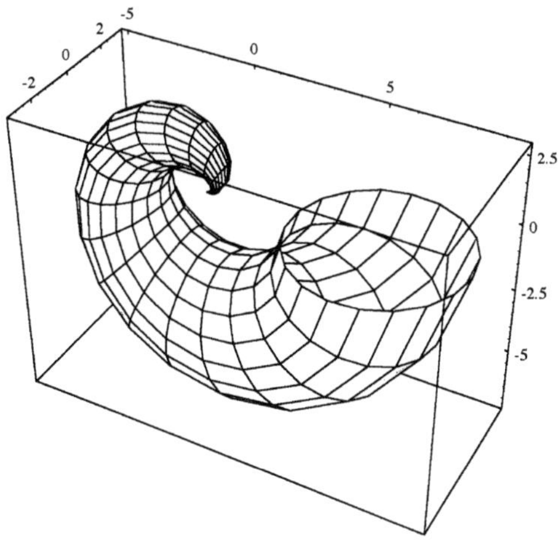

Bild 14.10: Zweidimensionaler Riemannscher Raum, in den dreidimensionalen euklidischen Raum eingebettet

Des Freiheitsgrades x^3 beraubt, ergibt sich somit beim Durchlaufen von x^1 und x^2 eine Fläche, die den Riemannschen Raum darstellt. Entscheidend hierbei ist, dass es sich im allgemeinen Fall um eine gekrümmte Fläche, also keine Ebene handelt. Für die Grundvektoren gelte im:

Einbettungsraum: $\vec{g}_k \in \{\vec{g}_1, \vec{g}_2, \vec{g}_3\}$,

Riemannschen Raum: $\tilde{\vec{g}}_\alpha \in \{\tilde{\vec{g}}_1, \tilde{\vec{g}}_2\}$.

Analog werden zunächst Tilde und griechische Indizes für die Komponenten von Tensoren im Riemannschen Raum verwendet.

Ein zweidimensionaler Riemannscher Raum habe eine Gestalt wie im Bild 14.10. Für ihn gilt:

$$x^{01} = \tilde{x}^1 \cos \tilde{x}^1 (1 + 0{,}5 \cos \tilde{x}^2) \qquad (14.178)$$

$$x^{02} = 0{,}5\, \tilde{x}^1 \sin \tilde{x}^2 \qquad (14.179)$$

$$x^{03} = \tilde{x}^1 \sin \tilde{x}^1 (1 + 0{,}5 \cos \tilde{x}^2) \qquad (14.180)$$

Hierbei soll die 0 in den Indizes verdeutlichen, dass es sich um kartesische Koordinaten im dreidimensionalen Raum handelt. Die festgehaltene Koordinate wäre in diesem Falle die Abweichung vom stetig steigenden Innendurchmesser der Schnecke.

Das Flächenelement $\mathrm{d}\vec{A} = \mathrm{d}x^1 \vec{g}_1 \times \mathrm{d}x^2 \vec{g}_2$ ist somit vom dreidimensionalen euklidischen Raum aus gesehen der Normalenvektor der Tangentialebene an den Riemannschen

Raum, da $\vec{g}_1$ und $\vec{g}_2$ in der Fläche liegen. Für Vektorfelder, die in jedem Punkt des Riemannschen Raumes in dieser Tangentialebene liegen, gilt folgerichtig:

$$\tilde{\vec{A}} = \vec{A} \ , \qquad \tilde{A}^\alpha = A^\alpha \tag{14.181}$$

$$\tilde{\vec{g}}_\alpha = \vec{g}_\alpha \ , \qquad \tilde{g}_{\alpha\beta} = g_{\alpha\beta} \ . \tag{14.182}$$

Dabei sind $\alpha, \beta \in \{1, 2\}$ und die erste Einsteinsche Summationskonvention ist in Kraft. Das heißt, über gleiche Indizes, die oben und unten auftreten, wird summiert.

14.10.2 Rechengesetze im Riemannschen Raum

Die Addition, tensorielles und verjüngendes Produkt sowie Hauptachsentransformantion werden von Tensoren im gekrümmten Raum analog zum euklidischen Raum definiert. Es gelten:

$$\tilde{\vec{a}} + \tilde{\vec{b}} = (\tilde{a}^\alpha + \tilde{b}^\alpha)\tilde{\vec{g}}_\alpha \tag{14.183}$$

$$\tilde{\vec{a}}\tilde{\vec{b}} = \tilde{a}^\alpha \tilde{b}^\beta \tilde{\vec{g}}_\alpha \tilde{\vec{g}}_\beta \tag{14.184}$$

$$\tilde{\vec{a}} \cdot \tilde{\vec{b}} = \tilde{a}^\alpha \tilde{b}^\beta \tilde{g}_{\alpha\beta} \tag{14.185}$$

Wann sind aber zwei Vektoren im Riemannschen Raum parallel? Im euklidischen Raum sind zwei Vektoren parallel, wenn nach einer Parallelverschiebung in einen gemeinsamen Punkt alle Koordinaten gleich sind, das heißt:

$$\vec{a} = \vec{b} \ , \qquad \text{falls} \qquad a^k - \int_P^{P'} \Gamma^k_{lm} a^l \, \mathrm{d}x^m = b^k \ , \tag{14.186}$$

wenn Vektor $\vec{a}$ sich im Punkt P befindet und Vektor $\vec{b}$ im Punkt P'. Die Γ^k_{lm} sind dabei die auf Seite 392 eingeführten Christoffelsymbole. Gleichung (14.186) beruht auf der Tatsache, dass bei der Parallelverschiebung die kovariante Ableitung unverändert bleibt. Es gilt daher:

$$\Delta v^k = - \int_P^{P'} \Gamma^k_{lm} v^l \, \mathrm{d}x^m \ . \tag{14.187}$$

Die im ungekrümmten Raum auf die gleiche Weise definierte Parallelverschiebung in krummlinigen Koordinaten wird für den gekrümmten Raum durch das Konzept des *Abrollens* ersetzt.

Es werden wieder die zwei benachbarten Punkte $P: \tilde{x}^\alpha$ und $P': \tilde{x}^\alpha + \mathrm{d}\tilde{x}^\alpha$ betrachtet, die diesmal infinitesimal dicht beieinander liegen sollen. Mit:

$$\mathrm{d}\tilde{v}^\alpha = \tilde{v}'^\alpha - \tilde{v}^\alpha \tag{14.188}$$

entsteht durch Parallelverschiebung im Einbettungsraum und durch anschließende Projektion auf die Tangentialebene:

$$\mathrm{d}\tilde{v}^\alpha = -\tilde{\Gamma}^\alpha_{\beta\gamma} \tilde{v}^\beta \mathrm{d}\tilde{x}^\gamma \ . \tag{14.189}$$

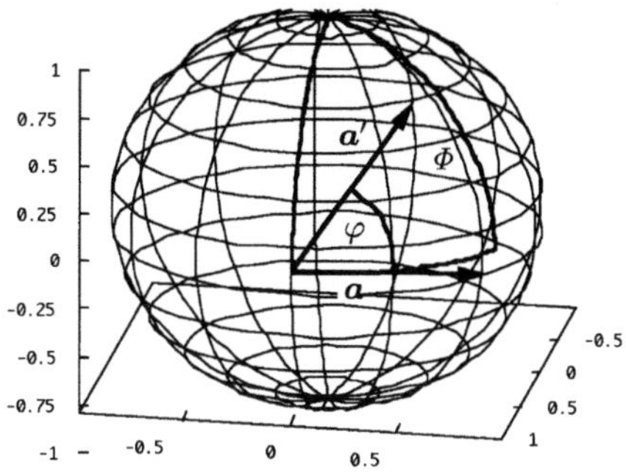

Bild 14.11: Die Kugel als 2D-Riemannscher Raum

Man kann sich das so vorstellen, als ob die zweidimensionale Fläche auf einer Ebene abgerollt wird und dabei ständig der zu verschiebende Vektor in infinitesimalen Abständen von der Tangentialebene im vorherigen Punkt auf den nächsten Punkt in der Fläche projiziert wird.

Es zeigt sich, dass sich analog zum ungekrümmten Raum die Christoffelsymbole zu:

$$\tilde{\Gamma}^{\alpha}_{\beta\gamma} = \frac{1}{2}\tilde{g}^{\alpha\varepsilon}(\tilde{g}_{\gamma\varepsilon,\beta} + \tilde{g}_{\varepsilon\beta,\gamma} - \tilde{g}_{\beta\gamma,\varepsilon}) \tag{14.190}$$

ergeben. Der Betrag des verschobenen Vektors $\vec{v}$ bleibt dabei konstant. Ferner gilt wie im euklidischen Raum:

$$\vec{\tilde{g}}^{\alpha}{}_{,\beta} = -\tilde{\Gamma}^{\alpha}_{\gamma\beta}\vec{\tilde{g}}^{\gamma} \tag{14.191}$$

$$\vec{\tilde{g}}_{\alpha,\beta} = \tilde{\Gamma}^{\gamma}_{\alpha\beta}\vec{\tilde{g}}_{\gamma} \ . \tag{14.192}$$

Das Komma kennzeichnet hierbei die partielle Ableitung nach der entsprechenden Koordinate. Das Ergebnis der Übertragung zwischen zwei Punkten im gekrümmten Raum ist jedoch im Gegensatz zum ungekrümmten Raum wegabhängig. Wenn man zum Beispiel einen Vektor über eine geschlossene Kurve wieder in den Ausgangspunkt abrollt (parallel verschiebt), so haben die Koordinaten im Allgemeinen andere Werte als vor der Übertragung. Es gilt also im Gegensatz zum ungekrümmten Raum im Allgemeinen:

$$\Delta\tilde{v}^{\alpha} = \oint \mathrm{d}\tilde{v}^{\alpha} = -\oint \tilde{\Gamma}^{\alpha}_{\beta\gamma}\tilde{v}^{\beta}\, d\tilde{x}^{\gamma} \neq 0 \quad . \tag{14.193}$$

Beispiel 1:

Vektor $\boldsymbol{a}$ wird entlang der im Bild 14.11 gezeigten Kurve über Äquator und Nordpol der Kugeloberfläche, die einen gekrümmten zweidimensionalen Raum darstellt, durch Abrollen verschoben. Dann ist der Bildvektor $\boldsymbol{a}'$ um $\varphi = \Phi$ gedreht, wobei Φ der umfahrene Raumwinkel ist. Dies gilt für beliebige geschlossene Kurven auf der Kugeloberfläche. □

Die Christoffelsymbole in Gleichung (14.193) müssen im gekrümmten Raum bestimmte Eigenschaften haben. Die Eigenschaft der Krümmung ist durch den Riemannschen Krümmungstensor:

$$R^k{}_{lmn} = -\Gamma^k_{lm,n} + \Gamma^k_{ln,m} + \Gamma^k_{pm}\Gamma^p_{ln} - \Gamma^k_{pn}\Gamma^p_{lm} \tag{14.194}$$

feststellbar. Wenn dieser nicht verschwindet, so liegt ein gekrümmter Raum vor. Eine weitere Eigenschaft des gekrümmten Raumes ist außerdem, dass die Reihenfolge der kovarianten Ableitungen nicht mehr vertauschbar ist.

Anmerkung:
Der Riemannsche Krümmungstensor ist hinsichtlich der Indizes m und n antisymmetrisch aufgebaut. Er spielt in der Physik vor allem innerhalb der allgemeinen Relativitätstheorie eine entscheidende Rolle.

14.10.3 Der N-dimensionale Riemannsche Raum

Analog zum zweidimensionalen Riemannschen Raum werden im M-dimensionalen euklidischen Raum Q Koordinaten festgehalten, so dass $N = M - Q$ Koordinaten für den Riemannschen Raum übrig bleiben. Von nun an beziehen sich alle Berechnungen auf den N-dimensionalen Riemannschen Raum und die Tilde zur Kennzeichnung desselben kann entfallen. Wird ein Vektor im Riemannschen Raum immer parallel zu sich selbst verschoben, entstehen Bahnkurven der Übertragung, die der Gleichung:

$$\frac{\mathrm{d}^2 x^\alpha}{\mathrm{d}s^2} + \Gamma^\alpha_{\beta\gamma}\frac{\mathrm{d}x^\beta}{\mathrm{d}s}\frac{\mathrm{d}c^\gamma}{\mathrm{d}s} = 0 \tag{14.195}$$

mit s als Kurvenparameter genügen. Da der ungekrümmte Raum ein Spezialfall des Riemannschen ist, beschreibt diese Gleichung im ungekrümmten Raum Geraden.Dies wird deutlich, wenn man z. B. ein affines Koordinatensystem mit$\Gamma^\alpha_{\beta\gamma} = 0$ wählt.

14.10.4 Geodäten

Die kürzeste Verbindung zwischen zwei Punkten ist im Riemannschen Raum im Allgemeinen keine Gerade. Um sie zu finden, muss die Variation des Integrals:

$$J = \int\limits_{P_1}^{P_2} \mathrm{d}s \tag{14.196}$$

mit:

$$\mathrm{d}s = \sqrt{g_{\alpha\beta}\mathrm{d}x^\alpha \mathrm{d}x^\beta} = \sqrt{g_{\alpha\beta}\dot{x}^\alpha\dot{x}^\beta}\,\mathrm{d}t \tag{14.197}$$

verschwinden. Man kann sich das so vorstellen, als ob man auf einer zweidimensionalen Fläche ein Gummiband an zwei Punkten befestigt, das sich dann zusammenzieht. Mit $F = \sqrt{g_{\alpha\beta}\dot{x}^\alpha \dot{x}^\beta}$ muss die Bahnkurve also den Eulerschen Differenzialgleichungen:

$$\frac{\mathrm{d}}{\mathrm{d}t}\left(\frac{\partial F}{\partial \dot{x}^\alpha}\right) - \frac{\partial F}{\partial x^\alpha} = 0 \tag{14.198}$$

genügen, die sich aus dem Funktional J ergeben. Diese Bahnkurven heißen Geodäten oder geodätische Linien und sind mit den Kurven der parallelen Übertragung identisch.

Anmerkung:
Anschaulich kann man sich die Erdoberfläche als einen Riemannschen Raum vorstellen und die Spur eines geradeaus fahrenden Fahrzeugs als Geodäte.

Die Gleichungen (14.198) stellen eine Tensorgleichung nicht nur für die Funktion F, sondern für beliebige skalare Funktionen f dar. Das heißt, diese Gleichung weist eine Forminvarianz gegenüber dem Wechsel des Koordinatensystems auf, was im Abschnitt 14.10.6 gezeigt werden wird. Weiter zeigt sich, dass der Ausdruck:

$$h = \frac{\partial f}{\partial \dot{x}^\alpha}\,\dot{x}^\alpha - f = \text{const.}, \tag{14.199}$$

der die Hamilton-Funktion darstellt, wenn $f = L$ ist, unveränderlich bleibt. Wird $f = L$ als die Lagrange-Funktion:

$$L = T - V \tag{14.200}$$

eines technischen Systems angesehen, so stellt die sich ergebende Lösung der Euler-Lagrange-Gleichung die Bewegungsgleichung des Systems dar. Es ergibt sich also die Möglichkeit, über die Metrik bzw. Geometrie des Riemannschen Raumes die Bewegung des Systems nicht nur zu analysieren, sondern auch vorzugeben. Dies ist vor allem bei der Synthese von elektromechanischen Systemen von Vorteil.

14.10.5 Behandlung von mechanischen Punktsystemen

Unter mechanischen Punktsystemen versteht man Systeme von unendlich kleinen Massepunkten, deren Lagekoordinaten über Zwangsbedingungen (z. B. Stangen oder Führungen) miteinander verkoppelt sind. Die Lagrangesche Theorie wurde erstmals auf solche Punktsysteme angewendet. Ein mechanisches Punktsystem im dreidimensionalen euklidischen Raum mit n Massepunkten und z Zwangsbedingungen kann nach Abschnitt 14.10.1 auf einen Massepunkt im Riemannschen Raum mit der Dimensionszahl:

$$N = 3n - z \tag{14.201}$$

reduziert werden. Dieser Massepunkt mit seinen N Freiheitsgraden repräsentiert die n Massepunkte im Einbettungsraum und kann eindeutig auf sie abgebildet werden. Sind die Zwangsbedingungen linear, so ist der Riemannsche Raum im Spezialfall ungekrümmt. Wie berechnet man nun die kinetische Energie eines solchen Massepunktes im N-dimensionalen Raum? Für einen Massepunkt, der sich im freien Raum bewegen kann, beträgt die kinetische Energie im kartesischen Koordinatensystem:

$$T = \frac{m_0}{2}(x^{1(2)} + x^{2(2)} + x^{3(2)}) \, . \tag{14.202}$$

Dies ist ein Spezialfall einer *quadratischen Form*, die in Matrixschreibweise allgemein die Gestalt:

$$C = \frac{1}{2}\boldsymbol{x}^{\mathrm{T}}(C)\,\boldsymbol{x} \tag{14.203}$$

annimmt. Die kinetische Energie ist also eine quadratische Form der Geschwindigkeit. Der Ausdruck in Gleichung (14.202) hat eine Diagonalform. Wenn dies der Fall ist, so spricht man von der metrischen Normalform der quadratischen Form. Nun existiert für jedes Punktsystem (also auch für elektrische Netzwerke) eine solche Schreibweise, die über die quadratische Form (14.203) der verallgemeinerten Geschwindigkeit $\dot{\vec{x}}$ die kinetische Energie zuordnet. In tensorieller Form lautet (14.203):

$$T = \frac{1}{2}T_{\alpha\beta}\dot{x}^{\alpha}\dot{x}^{\beta} \, . \tag{14.204}$$

Um die kinetische Energie eines Punktes für ein beliebiges Koordinatensystem im Riemannschen Raum darstellen zu können, müssen die metrischen Koeffizienten (also die Koordinaten des metrischen Tensors) in den Ausdruck für dieselbe einbezogen werden. Der auf den Riemannschen Raum reduzierte Massepunkt hat nun die kinetische Energie:

$$T = \frac{1}{2}m_0\left(\frac{\mathrm{d}s}{\mathrm{d}t}\right)^2 = \frac{1}{2}m_0 g_{\alpha\beta}\dot{x}^{\alpha}\dot{x}^{\beta} \, . \tag{14.205}$$

Ein Koeffizientenvergleich mit (14.204) zeigt, dass bei entsprechender Wahl der metrischen Koeffizienten die kinetische Energie des Systems als Quadrat des Geschwindigkeitsvektors zuzügliche eines konstanten Faktors dargestellt werden kann. Der Faktor $m_0/2$ ist dabei frei wählbar, da eine gleichzeitige Veränderung aller metrischen Koeffizienten nur eine Verlängerung bzw. Verkürzung aller Grundvektoren nach sich zieht und die Bewegung des Systems nicht vom Koordinatensystem abhängt. Deshalb ist m_0 eine verallgemeinerte normierte Masse, bei mechanischen Systemen zweckmäßig 1 kg [4]. Der Koeffizientenvergleich ergibt dann:

$$g_{\alpha\beta} = \frac{1}{m_0}T_{\alpha\beta} \, . \tag{14.206}$$

Der $3n$-dimensionale Zustandsraum des unverkoppelten Systems wird durch die z Zwangsbedingungen auf N reduziert, so dass sich jetzt ein Punkt im N-dimensionalen Riemannschen Raum bewegt.

Die Zwangsbedingungen im dreidimensionalen euklidischen Raum werden durch:

$$\vec{F}(\vec{x}) = 0 \tag{14.207}$$

[4] Bei elektrischen Netzwerken in Ladungsformulierung 1 H, in Flussformulierung 1 F

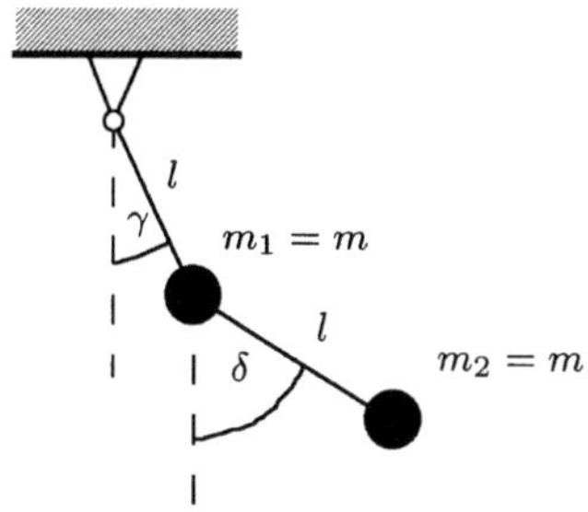

Bild 14.12: Das Doppelpendel

dargestellt. Der Vektor $\vec{x}$ ist ein Vektor im Einbettungsraum der Dimension m, $\vec{F}$ hat die Dimension z (Anzahl der Zwangsbedingungen). Gleichung (14.207) ist unbestimmt, so dass $k = m - z$ Koordinaten frei bestimmt werden können. Die Lösung dieser Gleichung lautet demzufolge:

$$\vec{x} = \vec{f}(\vec{\tilde{x}}) \; . \qquad (14.208)$$

Die Dimension des Vektors $\vec{\tilde{x}}$ ist nun k, also die Anzahl der Freiheitsgrade des Systems unter Zwangsbedingungen.

Anmerkung:
Bei elektrischen Netzwerken werden die Zwangsbedingungen durch die Topologie des Netzwerkes bestimmt. Die $\vec{\tilde{x}}$ sind dann bei der Ladungsformulierung die Ladungen der Zweige des Co-Gerüstes oder bei der Flussformulierung die Flüsse der Zweige des Gerüstes.

Die Koordinaten $\vec{\tilde{x}}$ müssen nicht zwangsläufig mit wirklichen Koordinaten im Einbettungsraum übereinstimmen, es ist jedoch zweckmäßig. Hierbei können, wenn nur die Bewegungsgleichung bestimmter Koordinaten gesucht ist, sofort die interessierenden Koordinaten zu den Koordinaten $\tilde{x}$ gemacht werden, was die Rechnung sehr vereinfacht. Dies soll am folgenden Beispiel verdeutlicht werden.

Beispiel 2:
Bild 14.12 zeigt ein ebenes Doppelpendel mit zwei gleichen Massen. Dabei interessiert die Bewegung der beiden als ideal angesehenen Massepunkte. Wie oben erläutert, werden zweckmäßig die Winkel der beiden Stangen γ und δ als Koordinaten des RiemannschenRaumes festgelegt.

Im dreidimensionalen Raum hätten die Kugeln je drei Freiheitsgrade, das heißt, das System als Ganzes sechs. Da sich die Kugeln jedoch nur in der Ebene bewegen, wird jeder Kugel ein Freiheitsgrad genommen, so dass nur noch vier Freiheitsgrade übrig bleiben. Hinzu kommen noch zwei Zwangsbedingungen:

$$x_1^2 + y_1^2 = l \qquad (14.209)$$

$$(x_2 - x_1)^2 + (y_1 - y_2)^2 = l \; . \qquad (14.210)$$

Diese beiden Gleichungen entsprechen (14.207). Sie müssen nun durch die Gleichung (14.208) erfüllt werden. Sie stellt sich in unserem Fall folgendermaßen dar:

$$x_1 = l\sin\gamma \tag{14.211}$$
$$y_1 = -l\cos\gamma \tag{14.212}$$
$$x_2 = l(\sin\gamma+\sin\delta) \tag{14.213}$$
$$y_2 = -l(\cos\gamma+\cos\delta)\ . \tag{14.214}$$

Hierbei liegt der Ursprung des kartesischen Koordinatensystems in der Pendelaufhängung. Die Winkel γ und δ sind nun die Koordinaten des nunmehr zweidimensionalen Riemannschen Raumes und die Gleichungen (14.211) bis (14.214) befriedigen die Gleichungen (14.209) und (14.210). Es hätte aber genauso gut ein Koordinatensystem verwendet werden können, das weniger anschaulich ist, aber trotzdem (14.207) genügt.

Mit $T=\frac{mv^2}{2}$ entsteht nun durch Ableitung der Gleichungen(14.211:

$$\begin{aligned} T &= \frac{m}{2}v_1^2+\frac{m}{2}v_2^2=\frac{m}{2}(\dot{x}_1^2+\dot{y}_1^2+\dot{x}_2^2+\dot{y}_2^2) \\ &= \frac{ml^2}{2}\left[2\dot{\gamma}^2+\dot{\delta}^2+2\dot{\gamma}\dot{\delta}\cos(\gamma-\delta)\right]=\frac{m_0}{2}g_{\alpha\beta}\dot{\tilde{x}}^\alpha\dot{\tilde{x}}^\beta\ , \end{aligned} \tag{14.215}$$

wobei $\gamma=\tilde{x}^1$ und $\delta=\tilde{x}^2$ gesetzt wurde. Mit:

$$m_0 = ml^2 \tag{14.216}$$

entsteht nun durch Koeffizientenvergleich in (14.215):

$$g_{\alpha\beta}=\begin{pmatrix} 2 & \cos(\gamma-\delta) \\ \cos(\gamma-\delta) & 1 \end{pmatrix}. \tag{14.217}$$

Die Metrik des Riemannschen Raumes ist damit festgelegt. Der potentielle Teil der Lagrange-Gleichung wird mit der Fallbeschleunigung g zu:

$$V=mg(y_1+y_2)=-mg(2\cos\gamma+\cos\delta)\ , \tag{14.218}$$

ist aber für die Berechnung der Metrik (und Krümmung) des Riemannschen Raumes nicht relevant. □

14.10.6 Variationsprobleme im Riemannschen Raum

Wie im Abschnitt 14.10.4 bereits angedeutet wurde, handelt es sich bei der Euler-Lagrange-Gleichung um eine Tensorgleichung. Eine Tensorgleichung ist eine Gleichung, die sich als Ganzes in der gleichen Weise transformieren lässt wie die Komponenten von Vektoren oder Tensoren, das heißt, die rechte und linke Seite einer Gleichung stellen jeweils wieder die Komponente eines Tensors dar.

Bei allgemeinen krummlinigen Koordinaten transformieren sich die Differenziale der Koordinate nach:

$$\mathrm{d}\bar{x}^\alpha = \bar{a}^\alpha_\beta \mathrm{d}x^\beta \,, \tag{14.219}$$

$$\mathrm{d}x^\alpha = \underline{a}^\alpha_\beta \mathrm{d}\bar{x}^\beta \,. \tag{14.220}$$

Da die Beschreibung technischer Systeme auf Differenzialgleichungen mit ersten bzw. höheren Ableitungen nach der Zeit führt, müssen noch die verallgemeinerten Geschwindigkeiten herangezogen werden. Es gilt nach Division von (14.219) und (14.220) durch dt:

$$\dot{\bar{x}}^\alpha = \bar{a}^\alpha_\beta \dot{x}^\beta \,, \tag{14.221}$$

$$\dot{x}^\alpha = \underline{a}^\alpha_\beta \dot{\bar{x}}^\beta \,. \tag{14.222}$$

Das totale Differenzial dieser Ausdrücke kann mit $\bar{a}^\alpha_\beta = f(x^\gamma)$ und $\underline{a}^\alpha_\beta = f(\bar{x}^\gamma)$ zu:

$$\mathrm{d}\dot{\bar{x}}^\alpha = \bar{a}^\alpha_\beta \mathrm{d}\dot{x}^\beta + \frac{\partial \bar{a}^\alpha_\beta}{\partial x^\gamma}\dot{x}^\beta \mathrm{d}x^\gamma \tag{14.223}$$

$$\mathrm{d}\dot{x}^\alpha = \underline{a}^\alpha_\beta \mathrm{d}\dot{\bar{x}}^\beta + \frac{\partial \underline{a}^\alpha_\beta}{\partial \bar{x}^\gamma}\dot{\bar{x}}^\beta \mathrm{d}\bar{x}^\gamma \tag{14.224}$$

gebildet werden, woraus sich wiederum die partiellen Ableitungen der $\dot{x}^\alpha$ und $\dot{\bar{x}}^\alpha$ berechnen lassen, die später für die Ableitung der einzelnen Terme der Differenzialgleichungen gebraucht werden. Man gewinnt somit aus (14.223) und (14.224):

$$\frac{\partial \dot{\bar{x}}^\alpha}{\partial \dot{x}^\beta} = \bar{a}^\alpha_\beta \tag{14.225}$$

$$\frac{\partial \dot{\bar{x}}^\alpha}{\partial x^\beta} = \frac{\partial \bar{a}^\alpha_\gamma}{\partial x^\beta}\dot{x}^\gamma \tag{14.226}$$

$$\frac{\partial \dot{x}^\alpha}{\partial \dot{\bar{x}}^\beta} = \underline{a}^\alpha_\beta \tag{14.227}$$

$$\frac{\partial \dot{x}^\alpha}{\partial \bar{x}^\beta} = \frac{\partial \underline{a}^\alpha_\gamma}{\partial \bar{x}^\beta}\dot{\bar{x}}^\gamma \,, \tag{14.228}$$

sowie aus (14.219) und (14.220):

$$\frac{\partial \bar{x}^\alpha}{\partial \dot{x}^\beta} = \frac{\partial x^\alpha}{\partial \dot{\bar{x}}^\beta} = 0 \,, \tag{14.229}$$

da die verallgemeinerten Lagekoordinaten nicht von den Geschwindigkeiten abhängen. Jetzt soll nun untersucht werden, wie sich Gleichung (14.198) transformiert, wobei an dieser Stelle nicht der Weg F, sondern ein allgemeiner Skalar f verwendet wird. Die vollständige Differenziation der Funktion

$$\bar{f} = f\left(x^\alpha\left[\bar{x}^\beta\right]\right) = f\left(\bar{x}^\beta\right) \tag{14.230}$$

nach den Ortskoordinaten lautet nun:

$$\bar{f}_{,\alpha} = f_{,\beta}\underline{a}^\beta_\alpha + f_{,\dot{\beta}}\frac{\partial \underline{a}^\beta_\gamma}{\partial \bar{x}^\alpha}\dot{\bar{x}}^\gamma \,. \tag{14.231}$$

Diese Größe ist kein Vektor im Sinne des Tensorkalküls, weil außer den $\underline{a}_\alpha^\beta$ noch ein zusätzlicher Term zur Transformation benötigt wird. Bei der Ableitung von (14.230) nach den Geschwindigkeiten

$$\bar{f}_{,\dot{\alpha}} = f_{,\dot{\beta}}\underline{a}_\alpha^\beta \tag{14.232}$$

ergibt sich wieder ein Tensor 1. Stufe im Sinne des Tensorkalküls wegen (14.229). (14.232) muss nun noch nach der Zeit abgeleitet werden, um die Euler-Lagrange-Gleichung bilden zu können. Es gilt:

$$\frac{\mathrm{d}}{\mathrm{d}t}(\bar{f}_{,\dot{\alpha}}) = \underline{a}_\alpha^\beta \frac{\mathrm{d}}{\mathrm{d}t}(f_{,\dot{\beta}}) + f_{,\dot{\beta}} \frac{\partial \underline{a}_\alpha^\beta}{\partial \bar{x}^\gamma} \dot{\bar{x}}^\gamma \,. \tag{14.233}$$

Beim Aufstellen der Euler-Lagrange-Gleichung ist zu beachten, dass:

$$\frac{\partial \underline{a}_\gamma^\beta}{\partial \bar{x}^\alpha} = \frac{\partial^2 x^\beta}{\partial \bar{x}^\gamma \partial \bar{x}^\alpha} = \frac{\partial \underline{a}_\alpha^\beta}{\partial \bar{x}^\gamma} \tag{14.234}$$

gilt, da die Reihenfolge der partiellen Differenziation vertauschbar ist. Diese Terme heben sich beim Aufstellen der Gleichung auf. Mit (14.231) und (14.233) ergibt sich also:

$$\frac{\mathrm{d}}{\mathrm{d}t}(\bar{f}_{,\dot{\alpha}}) - \bar{f}_{,\alpha} = \underline{a}_\alpha^\beta \frac{\mathrm{d}}{\mathrm{d}t}(f_{,\dot{\beta}}) - f_{,\beta}\underline{a}_\alpha^\beta = \underline{a}_\alpha^\beta \left[\frac{\mathrm{d}}{dt}\left(f_{,\dot{\beta}} - f_{,\beta}\right)\right] . \tag{14.235}$$

Da auf der rechten Seite dieser Gleichung die linke Seite in derselben Form (zuzüglich der Transformationskoeffizienten) erscheint, nennt man die Euler-Lagrange-Gleichung forminvariant gegenüber dem Wechsel des Koordinatensystems. Diese Gleichung transformiert sich also wie ein einzelnes Koordinatendifferenzial.

14.10.7 Bildung der kovarianten Impulse

Der Impuls entsteht durch Ableitung der Lagrange-Funktion nach der verallgemeinerten Geschwindigkeit. Es soll im Folgenden gezeigt werden, wie dies bei tensorieller Betrachtung geschieht. Es wird sich ergeben, dass die Koordinaten des Impulses kovarianter Natur sind, wenn kontravariante Lagekoordinaten zugrunde gelegt werden. Die Ableitung eines Skalars f nach einer Koordinate wird im Tensorkalkül als das Skalarprodukt des Gradienten des Skalars mit dem entsprechenden Grundvektor definiert. Demzufolge ist das totale Differenzial das Skalarprodukt aus ∇f und dem gerichteten Linienelement $\mathrm{d}\vec{r} = \vec{g}_\alpha \mathrm{d}x^\alpha$ und liefert:

$$\nabla f \cdot \mathrm{d}\vec{r} = \nabla f \cdot \vec{g}_\alpha \mathrm{d}x^\alpha = \sum_\alpha \frac{\partial f}{\partial x^\alpha} \,. \tag{14.236}$$

Auf der rechten Seite dieser Gleichung dürfen keine Mischterme entstehen, das heißt, die einzelnen Terme mit der jeweiligen Ableitung und dem dazugehörigen Differenzial müssen herausgefiltert werden. Dies geschieht über die Beziehung:

$$\vec{g}^\alpha \cdot \vec{g}_\beta = \delta_\beta^\alpha \tag{14.237}$$

mit dem Kronecker-Symbol:

$$\delta^{\alpha}_{\beta} = \begin{cases} 1: & \alpha = \beta \\ 0: & \alpha \neq \beta \end{cases} . \tag{14.238}$$

Also muss der Gradient die Form:

$$\nabla = \vec{g}^{\alpha} \frac{\partial}{\partial x^{\alpha}} \tag{14.239}$$

haben. Demzufolge sind die Ableitungen eines Skalars (und ebenso eines Vektors) nach einer kontravarianten Koordinate stets kovarianter Natur und sie transformieren sich, wie (14.232) beweist, in kovarianter Weise, also mit Hilfe der $\underline{a}^{\alpha}_{\beta}$, die durch Matrixinversion aus den $\bar{a}^{\alpha}_{\beta}$ gewonnen werden. Das zeigt die Sinnfälligkeit der zweiten Summationskonvention, derzufolge ein oberer Index im Zähler wie ein unterer Index im Nenner behandelt wird und umgekehrt.

Wird nun für f die kontravariante Lagrange-Funktion L eingesetzt, so erhält man mit der kinetischen Energie aus (14.205):

$$L = L\big(\dot{x}^{\alpha}, x^{\alpha}, t\big) = \frac{1}{2} m_0 g_{\alpha\beta}\, \dot{x}^{\alpha} \dot{x}^{\beta} - V . \tag{14.240}$$

Der kovariante Impuls nach der Legendreschen Transformation ergibt sich somit zu:

$$p_{\alpha} = \frac{\partial L}{\partial \dot{x}^{\alpha}} = L_{,\dot{\alpha}} = m_0 g_{\alpha\beta}\, \dot{x}^{\beta} . \tag{14.241}$$

Da bei der Summation beide kontravarianten Geschwindigkeiten einmal den Wert α annehmen, fehlt hier der Faktor $1/2$.

Anmerkung:
Da die kovarianten Impulse und die kontravarianten Geschwindigkeiten gemäß der Legendre-Transformation äquivalente Rechengrößen darstellen, kann das Gleichungssystem (14.241) zur Substitution der Geschwindigkeiten durch die Impulse beim Übergang vom Lagrange- zum Hamilton-Formalismus benutzt werden. Umgekehrt kann nach Umstellung von (14.241) auf die $\dot{x}^{\alpha}$ und Bildung der $g^{\alpha\beta}$ die Beziehung:

$$\dot{x}^{\alpha} = \frac{1}{m_0} g^{\alpha\beta} p_{\beta} \tag{14.242}$$

gewonnen werden. Man kann sie nun dazu benutzen, um nach der Lösung der kanonischen Gleichungen die verallgemeinerten Geschwindigkeiten aus den kovarianten Impulsen zu erhalten.

14.10.8 Forminvarianz der erweiterten Euler-Lagrange-Differenzialgleichung

Die Dissipationsfunktion D ist ein Skalar, der sowohl bei Verwendung der erweiterten Euler-Lagrange-Gleichung, als auch bei der Bildung der erweiterten Hamilton-Funktion mittels $\mathcal{L}$ nur nach der Geschwindigkeit $\dot{x}$ abgeleitet wird. Das heißt, mit:

$$\bar{D} = D\left(\dot{x}^{\alpha}\left[\dot{\bar{x}}^{\beta}\right]\right) = D\left(\dot{\bar{x}}^{\beta}\right) \tag{14.243}$$

transformieren sich die Ableitungen von D zu denen von $\bar{D}$ nach Gleichung (14.232):

$$\bar{D}_{,\dot{\alpha}} = D_{,\dot{\beta}} \underline{a}_{\alpha}^{\beta} \,. \tag{14.244}$$

Damit kann sofort die Transformation der erweiterten Euler-Lagrangesche Gleichung unter Verwendung von (14.235)und (14.244) in der Form

$$\frac{\mathrm{d}}{\mathrm{d}t}(\bar{L}_{,\dot{\alpha}}) - \bar{L}_{,\alpha} + \bar{D}_{,\dot{\alpha}} = \underline{a}_{\alpha}^{\beta}\left[\frac{\mathrm{d}}{\mathrm{d}t}(L_{,\dot{\beta}}) - L_{,\beta}\right] + D_{,\dot{\beta}}\underline{a}_{\alpha}^{\beta} \tag{14.245}$$

$$= \underline{a}_{\alpha}^{\beta}\left[\frac{\mathrm{d}}{\mathrm{d}t}(L_{,\dot{\beta}}) - L_{,\beta} + D_{,\dot{\beta}}\right] \tag{14.246}$$

aufgestellt werden. Damit ist bewiesen, dass auch die erweiterte Euler-Lagrange-Gleichung eine Tensorgleichung ist. Das heißt, sie ist forminvariant gegenüber dem Koordinatensystem und transformiert sich wie ein Tensor erster Stufe. Es muss hier Forminvarianz vorliegen, weil auch die Bewegung dissipativer Systeme nicht von der Wahl eines speziellen Koordinatensystems abhängen darf. In Abschnitt 21.3.3 wird dies am Beispiel eines Relais demonstriert.

Kapitel 15

Wirkungsintegral und Maxwellsche Gleichungen

Im Kapitel 14 wurden die Differenzial- und Integralprinzipien der Mechanik vorgestellt und es ist zum Lagrange-Hamilton-Formalismus für klassische Felder Stellung genommen worden. Das Hauptergebnis besagt: Die Gültigkeit des relativistischen Viererformalismus erlaubt keine unbegrenzte Übertragbarkeit des Hamilton-Formalismus auf die Punktmechanik der relativistischen Feldtheorie. Deshalb sind die mit der Relativitätstheorie in Einklang stehenden Maxwellschen Gleichungen als wesentlicher Bestandteil einer allgemeinen Feldtheorie über das Prinzip der kleinsten Wirkung und den Lagrange-Formalismus herzuleiten.

Den Ausgangspunkt zur Herleitung des Wirkungsintegrals für das elektromagnetische Feld bildet das im Kapitel 14 aufgeführte aus der Mechanik stammende *Prinzip der kleinsten Wirkung*. Dieses Prinzip wird später auch auf Systeme angewendet, in denen eine Bewegung im Sinne der Mechanik nur im Sonderfall stattfindet. Voraussetzung bleibt deshalb, dass zur Erfassung der physikalischen, insbesondere der elektrotechnischen und allgemeiner der technischen Vorgänge ein Wirkungsintegral aufgestellt werden kann. Dieses Wirkungsintegral nimmt dann für die tatsächliche Bewegung einen Extremwert, also ein Maximum oder ein Minimum an.

Mit dem Prinzip der kleinsten Wirkung als theoretische Grundlage geht eine Erweiterung der Integrationsbereiche einher. Sie erfahren nun eine beliebige Ausdehnung und sind nicht nur auf eine kleine Umgebung der Integrationskurve begrenzt.

Im weiteren wird die Theorie des elektromagnetischen Feldes behandelt, für welche im selben Sinne *Elektrodynamik* steht. Da bei der Bezeichnung dieses Begriffes der gleichberechtigte Inhalte des Magnetismus verloren geht, bevorzugen die Autoren den von Schmutzer ([108], S. 565) eingeführten Begriff *Elektromagnetik*.

Sämtliche Größen der Physik und damit auch die der Elektrotechnik sind Tensoren. Aus diesem Grunde und zum Zwecke einer übersichtlichen Darstellung der Gleichungen und Gesetze wird der Tensorkalkül verwendet. Die Tensorrechnung bietet nicht nur Vorteile bei der Behandlung von Problemen im gewöhnlichen dreidimensionalen Raum, sondern sie bewährt sich besonders zur Lösung von Problemen im vierdimensionalen Raum. Wurde eine Darstellung in Tensorschreibweise in einem Koordinatensystem gefunden, so gilt diese dann auch in jedem anderen Koordinatensystem.

Die vierdimensionale Schreibweise der physikalischen Zusammenhänge erleichtert den Zugang zur speziellen Relativitätstheorie, denn diese - obwohl knapp einhundert Jahre alt - verfügt noch immer über besondere Anziehungskraft. Auch der Ingenieur muss sie kennen.

15.1 Ereignisse in Raum und Zeit

15.1.1 Koordinatensysteme

Zur Beschreibung der Vorgänge in Natur und Technik ist ein Koordinatensystem erforderlich. Unter einem Koordinatensystem versteht man ein System geometrischer Objekte, mit deren Hilfe die Lage anderer geometrischer Objekte durch geordnete Zahlen - Koordinaten genannt - umkehrbar eindeutig beschrieben werden kann. Die Art der eineindeutigen Zuordnung zwischen den Koordinaten und den geometrischen Objekten hängt von der jeweiligen Problemstellung ab. Prinzipiell kann jedes n-dimensionale Koordinatensystem Anwendung finden. Zu entscheiden bleibt, welche Vorteile sich in diesem oder jenem Koordinatensystem bieten.In Natur und Technik, in Physik und Elektrotechnik dient also ein Koordinatensystem zur Bestimmung der räumlichen Lage eines Punktes, einer Ladung, eines stromführenden Leiters, eines Teilchens, eines elektromagnetischen Feldes und anderem.

Im Kapitel zur Tensorrechnung wurde dargelegt, wie mit Hilfe von n linear unabhängigen Grundvektoren, die eine Basis bilden und deren Betrag verschieden von Eins sein kann, unter Einbeziehung der Koordinaten ein Koordinatensystem gebildet wird, und wie man dieses in ein anderes Koordinatensystem transformieren kann.

Jetzt und im Weiteren wird streng zwischen einem Koordinatensystem und einem Bezugssystem unterschieden. In einem Bezugssystem kann es beliebig viele Koordinatensysteme geben, die sich alle ineinander transformieren lassen und die im Besonderen keinesfalls orthogonal zu sein brauchen, wobei die Vorteile orthogonaler Koordinatensysteme evident sind.

Bevor nun erklärt wird, was sich hinter dem Begriff *Bezugssystem* verbirgt und welcher Unterschied zu einem Koordinatensystem besteht, sind zwei Hauptaussagen der speziellen Relativitätstheorie anzuführen.

15.1.2 Relativitätsprinzip und Prinzip von der Konstanz der Lichtgeschwindigkeit

Die spezielle Relativitätstheorie entstand aus ungelösten Problemen der Elektromagnetik in bewegten Medien und der Frage nach dem Träger des elektromagnetischen Feldes, der bis dato als Äther bezeichnet wurde. Die spezielle Relativitätstheorie ist heute gesichertes Fundament der Physik. Sie ist überall bestätigt und nirgends widerlegt.

1. **Das Relativitätsprinzip:** Es gibt nur Relativgeschwindigkeiten. Eine absolute Geschwindigkeit (gegen Raum, Äther) ist nicht mess- und sinnvoll definierbar.
2. **Prinzip der Konstanz der Lichtgeschwindigkeit:** Für alle gegeneinander bewegten Beobachter ist die Lichtgeschwindigkeit gleich groß.

Beide Prinzipien sind kennzeichnend für die spezielle Relativitätstheorie. Sie stimmen mit der Erfahrung überein. Es wird sich später zeigen, dass die über das Prinzip der kleinsten Wirkung aus einem Wirkungsintegral hergeleiteten Maxwellschen Gleichungen dieser Relativitätstheorie, genügen.

15.1.3 Ereignis und Bezugssystem

In Natur und Technik, in Elektrotechnik und Technologie finden Ereignisse statt. Jedes Ereignis ist durch den Ort, an dem es sich vollzieht, und durch den Zeitpunkt, zu dem es geschieht, charakterisiert. Damit kann jedes Ereignis durch einen Punkt in einem fiktiven vierdimensionalen Raum angegeben werden, dessen Achsen die drei Raumkoordinaten und die Zeit bilden. Da sich alle Ereignisse in Raum und Zeit vollziehen, durchlaufen Vorgänge von sich einander anschließenden Ereignissen ganz bestimmte Kurven in diesem Raum. Sie werden als Weltlinien bezeichnet. Es können Geraden oder krummlinige Bahnen sein. Die Geschwindigkeit der Bahnbewegung liegt im Intervall von Null bis zur Lichtgeschwindigkeit.

Zur Klärung der Frage »*Was ist ein Bezugssystem?*« geht man von zwei gegebenen beliebigen Koordinatensystemen $\sum$ und $\bar{\sum}$ aus. In $\sum$ ruht eine Lichtquelle und $\bar{\sum}$ bewegt sich gegenüber $\sum$ mit einer Geschwindigkeit größer Null und kleiner c, die vom Ursprung des Koordinatensystems $\sum$ aus gesehen in beliebiger Richtung erfolgen kann. Der Einfachheit halber nimmt man bei konstanter Geschwindigkeit an, dass diese Bewegung in eine Achsenrichtung, meist der x-Richtung erfolgen soll.

Es wird keine Aussage darüber getroffen, was für konkrete Koordinatensysteme gewählt wurden. Das heißt, es ist gleich, ob kartesische Koordinaten, Kugelkoordinaten oder schiefwinklige Koordinaten zugrunde liegen. Also unabhängig von der Wahl der konkreten Koordinaten bezieht man das eine Koordinatensystem auf das andere. Eines davon, nämlich $\sum$, wird als relativ ruhend angenommen, und $\bar{\sum}$ als das sich zu $\sum$ bewegende. Demzufolge spricht man von Bezugssystemen. Zur Bezeichnung dieser Bezugssysteme werden die Symbole B und $\bar{B}$ verwendet. Damit kann die Definition eines Bezugssystems angegeben werden.

Definition 15.1 *Ein Bezugssystem besteht aus einem Koordinatensystem und einer Gesamtheit von Uhren zur Zeitmessung.*

Es gibt Bezugssysteme besonderer Bedeutung. Sie heißen *Inertialsysteme*. In ihnen unterliegt ein sich frei bewegender Körper keinen äußeren Kräften. Er besitzt eine konstante Geschwindigkeit. Hieraus lässt sich die Schlussfolgerung ziehen:

> Bewegt sich ein Bezugssystem gegenüber einem Inertialsystem relativ mit geradlinig gleichförmiger Geschwindigkeit, dann ist es selbst im Inertialsystem

ziehen. *Relativ* beinhaltet hier zwei Aspekte: Ein Bezugssystem wird als ruhend angenommen, obwohl das absolut nicht zutrifft. Jedes mit der Erde fest verbundene Bezugssystem bewegt sich auf einer Weltlinie mit der Geschwindigkeit, die die Erde ausführt. Der zweite Aspekt bezieht sich auf die Bewegung der Bezugssysteme gegeneinander. Es ist gleich, welches von beiden Bezugssystemen als relativ ruhend angenommen wird.

Um den Abstand zwischen zwei Ereignissen definieren zu können, geht man von zwei Bezugssystemen B und $\bar{B}$ aus, die sich relativ zueinander mit konstanter Lichtgeschwindigkeit bewegen. Die Koordinatenachsen, hier kartesische Koordinaten, werden üblicherweise so gewählt, dass x und $\bar{x}$ zusammenfallen und y zu $\bar{y}$ bzw. z zu $\bar{z}$ parallel sind. Zum Bezugssystem B gehört die Zeit t, zum Bezugssystem $\bar{B}$ die Zeit $\bar{t}$.

In jedem Bezugssystem misst man getrennt die Zeiten, die sich voneinander unterscheiden. Anders ausgedrückt, die Anerkennung des Einsteinschen Relativitätsprinzips negiert den Begriff der absoluten Zeit. Die Zeit läuft in verschiedenen Bezugssystemen verschieden schnell ab.

Das Relativitätsprinzip fand seine Bestätigung im Experiment. Im Jahre 1881 stellte zuerst Michelson durch Versuche fest, dass die Lichtgeschwindigkeit von der Ausbreitungsrichtung des Lichtes unabhängig ist. Sendet eine Lichtquelle einen Lichtstrahl aus, dann breitet er sich in jede beliebige Richtung mit derselben Geschwindigkeit aus. Nach der klassischen Mechanik aber sollte die Lichtgeschwindigkeit in Richtung der Erdbewegung kleiner sein als mit der Erdbewegung.

Wenn es keine absolute Zeit gibt, so muss zwischen zwei Ereignissen ein Zeitunterschied bestehen. Die Angabe eines Zeitintervalls zwischen zwei stattfindenden Ereignissen bekommt genau dann einen Sinn, wenn dazu das Bezugssystem mit angegeben wird, auf das sich diese Angabe bezieht. Zwei Ereignisse, die in einem Bezugssystem gleichzeitig sind, werden es in einem anderen Bezugssystem nicht mehr sein.

Im Bild 15.1 sind zwei Inertialsysteme B und $\bar{B}$ mit den eingezeichneten Koordinaten gegeben. Das Inertialsystem $\bar{B}$ soll sich relativ zu B in positiver x-Richtung bewegen. Von einem beliebigen Punkt P_0 auf der $\bar{x}$-Achse werden Signale in zwei entgegengesetzte Richtungen ausgesendet. Da in jedem Inertialsystem die Signalgeschwindigkeit gleich c ist, ist sie in $\bar{B}$ auch in beiden Richtungen gleich c. P_1 und P_2 sollen gleich

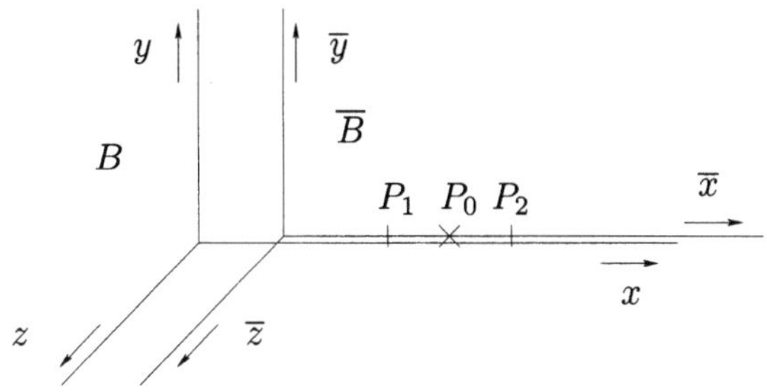

Bild 15.1: Signalgeschwindigkeit in Inertialsystemen

weit von P_0 entfernt sein, so dass - gemessen im Inertialsystem $\bar{B}$ - die beiden Punkte von den Signalen nach gleicher Zeit erreicht werden. Für den Beobachter in B, der im Inertialsystem die Ankunft der Signale in P_1 und P_2 untersucht, erfolgt diese nicht gleichzeitig. Warum? Nach dem Relativitätsprinzip ist die Signalgeschwindigkeit bezüglich des Inertialsystems ebenfalls gleich c. Der Punkt P_1 bewegt sich relativ zum Inertialsystem B dem Signal entgegen, der Punkt P_2 mit dem Signal. Demzufolge muss im Inertialsystem B der Punkt P_1 früher als der Punkt P_2 vom Signal erreicht werden.

15.1.4 Der Abstand

Das Bild 15.1 zeigt, dass sich ein Ereignis an verschiedenen Punkten wiederholen kann oder mehrere Ereignisse an verschiedenen Orten stattfinden können. Demzufolge ist es erforderlich, den Abstand zwischen zwei Weltpunkten P_1 und P_2 einzuführen, der auch als Abstand zwischen zwei Ereignissen angesehen werden kann. Das Bezugssystem B habe die Raumkoordinaten x, y, z und die Zeit t. Zum Bezugssystem $\bar{B}$ gehören $\bar{x}$, $\bar{y}$, $\bar{z}$ und die Zeit $\bar{t}$. Beide sind so wie im Bild 15.1 dargestellt angeordnet. Betrachtet werden zwei Ereignisse.

Beim ersten Ereignis breitet sich vom Punkt $P_1(x_1,\, y_1,\, z_1)$ im Bezugssystem B zum Zeitpunkt t_1 ein Signal mit Lichtgeschwindigkeit aus. Dieses Signal wird im System B verfolgt. Ein zweites Ereignis sei, dass dieses Signal zur Zeit t_2 am Punkt $P_2(x_2,\, y_2,\, z_2)$ ankommt. Da sich das Signal mit Lichtgeschwindigkeit c ausbreiten soll, legt es im Zeitintervall $t_2 - t_1$ die Strecke:

$$s = c\,(t_2 - t_1) \tag{15.1}$$

zurück. Bezogen auf die Raumkoordinaten im Bezugssystem B ist dieselbe Strecke auch gleich:

$$s = \sqrt{(x_2 - x_1)^2 + (y_2 - y_1)^2 + (z_2 - z_1)^2}\ . \tag{15.2}$$

so dass nach Quadrierung beider Ausdrücke und deren Subtraktion:

$$c^2\,(t_2 - t_1)^2 - (x_2 - x_1)^2 - (y_2 - y_1)^2 - (z_2 - z_1)^2 = 0 \tag{15.3}$$

folgt. Die beiden Ereignisse sind auch vom Bezugssystem $\bar{B}$ aus zu beobachten, wobei deren Koordinaten $\bar{x}_1$, $\bar{y}_1$, $\bar{z}_1$, $\bar{t}_1$ und $\bar{x}_2$, $\bar{y}_2$, $\bar{z}_2$, $\bar{t}_2$ sind. Da es sich in beiden Bezugssystemen um die Lichtgeschwindigkeit handelt und die Unabhängigkeit dieser vom Bezugssystem (Prinzip von der Konstanz der Lichtgeschwindigkeit) gilt, folgt analog zu (15.3):

$$c^2\,(\bar{t}_2-\bar{t}_1)^2-(\bar{x}_2-\bar{x}_1)^2-(\bar{y}_2-\bar{y}_1)^2-(\bar{z}_2-\bar{z}_1)^2=0\;. \tag{15.4}$$

Nun lässt sich der Abstand zwischen zwei Ereignissen definieren. Die Koordinaten von zwei beliebigen Ereignissen seien x_1, y_1, z_1, t_1 und x_2, y_2, z_2, t_2. Die Größe:

$$s_{12}=\sqrt{c^2\,(t_2-t_1)^2-(x_2-x_1)^2-(y_2-y_1)^2-(z_2-z_1)^2} \tag{15.5}$$

heißt *Abstand* zwischen den zwei Ereignissen. Sind zwei Ereignisse zueinander infinitesimal benachbart, dann gilt für den Abstand zwischen ihnen:

$$\mathrm{d}s^2=c^2\,\mathrm{d}t^2-\mathrm{d}x^2-\mathrm{d}y^2-\mathrm{d}z^2\;. \tag{15.6}$$

Durch diese quadratische Form wird der Abstand einer Geometrie mit dem Namen *pseudoeuklidische Geometrie* zugeordnet. Wären die Vorzeichen in (15.6) alle positiv, so würde den weiteren Darlegungen der euklidische Raum zu Grunde gelegt.

Anmerkung:
Hier und im Folgenden werden bei der Definition des Abstandsquadrates die Quadrate der Koordinatendifferenziale auf den einzelnen Achsen nicht mit einheitlichen, sondern mit verschiedenen Vorzeichen addiert. Durch diese Definition wird eine künstlich eingeführte rein imaginäre Zeitachse vermieden und so von vornherein einfachere mathematische Ausdrücke erreicht. An Stelle von ct müsste $\mathrm{j}\,ct$ eingeführt werden, und es würde $(\mathrm{j}\,ct)^2=-c^2t^2$ gelten. Somit bestehen zwei prinzipielle mathematische Möglichkeiten unabhängig vom physikalischen Geschehen.

Gilt in einem Inertialsystem für den infinitesimalen Abstand $\mathrm{d}s=0$, so verschwindet wegen (15.3) und (15.4) $\mathrm{d}\bar{s}$ in einem anderen Inertialsystem ebenfalls. Weiterhin sind wegen ihrer Definition $\mathrm{d}s$ und $\mathrm{d}\bar{s}$ Größen von gleicher Ordnung. Deshalb müssen sie einander proportional sein, und es gilt:

$$\mathrm{d}s^2=a\,\mathrm{d}\bar{s}^2\;. \tag{15.7}$$

Der Proportionalitätskoeffizient a kann nur vom Betrag der Relativgeschwindigkeit zwischen beiden Inertialsysteme abhängen. Eine Abhängigkeit von den Koordinaten oder/und von der Zeit hätte zur Folge, dass verschiedene Raumpunkte oder Zeitpunkte nicht mehr gleichwertig wären. Das widerspräche der Homogenität von Raum und Zeit. Der Faktor a kann daher auch nicht von der Richtung der Relativgeschwindigkeit abhängen, denn dies wäre wiederum unvereinbar mit der Isotropie des Raumes.

Zur Bestimmung von a werden drei Inertialsysteme B, $\bar{B}$ und $\tilde{B}$ betrachtet. Die Relativgeschwindigkeit von $\bar{B}$ bzw. $\tilde{B}$ seien $\bar{\boldsymbol{v}}$ bzw. $\tilde{\boldsymbol{v}}$. Unter diesen Voraussetzungen gelten:

$$\mathrm{d}s^2=a(\bar{v})\,\mathrm{d}\bar{s}^2\;,\qquad \mathrm{d}s^2=a(\tilde{v})\,\mathrm{d}\tilde{s}^2\;. \tag{15.8}$$

Aus denselben Gründen muss auch die Beziehung:

$$d\bar{s}^2 = a(v)\, d\tilde{s}^2 \tag{15.9}$$

bestehen, wobei v der Betrag der Relativgeschwindigkeit von $\tilde{B}$ bezüglich $\bar{B}$ ist. Dividiert man die Gleichungen (15.8) und vergleicht das Ergebnis mit (15.9), dann folgt:

$$\frac{a(\tilde{v})}{a(\bar{v})} = a(v)\ . \tag{15.10}$$

Die Geschwindigkeit v hängt von den Beträgen $\bar{v}$ und $\tilde{v}$ und dem Winkel zwischen ihnen ab. Da (15.10) eine skalare Gleichung ist, geht der Winkel nicht ein. Gleichung (15.10) gilt für beliebige Beträge der Geschwindigkeiten und kann deshalb nur erfüllt sein, wenn die Funktion $a(v)$ gleich einer Konstanten ist, die aus demselben Grund gleich 1 sein muss, also:

$$ds^2 = d\bar{s}^2\ . \tag{15.11}$$

gilt. Diese Gleichung kann man integrieren. Aus der Gleichheit der infinitesimalen Abstände folgt auch deren endlichen Abstände. Das heißt:

> Der Abstand zwischen zwei Ereignissen ist in allen Inertialsystemen gleich. Er ist eine Invariante hinsichtlich einer Transformation von einem Inertialsystem in ein anderes. Diese Invarianz stellt den mathematischen Ausdruck für das Prinzip der Konstanz der Lichtgeschwindigkeit dar.

15.1.5 Die Eigenzeit

Es wird eine Uhr mit beliebiger Eigenbewegung in einem Inertialsystem B beobachtet. Für jeden Zeitmoment lässt sich ihre Bewegung als geradlinig-gleichförmig auffassen. Aus diesem Grunde kann in jedem Moment ein mit dieser Uhr fest verbundenes Bezugssystem $\bar{B}$ eingeführt werden, welches zusammen mit der Uhr ebenfalls ein Inertialsystem bildet.

Im infinitesimalen Zeitabschnitt dt legt im Inertialsystem B die bewegte Uhr die Strecke $\sqrt{(dx^2 + dy^2 + dz^2)}$ zurück. Es erhebt sich die Frage: *Gilt, da die Uhr im mit ihr verbundenen Inertialsystem $\bar{B}$ ruht, die Zuordnung* $d\bar{x} = d\bar{y} = d\bar{z} = 0$?

Wegen der Invarianz des vierdimensionalen Abstandes folgt mit (15.11):

$$ds^2 = c^2\, dt^2 - dx^2 - dy^2 - dz^2 = c^2\, d\bar{t}^2\ . \tag{15.12}$$

und nach $d\bar{t}$ umgeformt:

$$d\bar{t}^2 = \frac{c^2\, dt^2 - dx^2 - dy^2 - dz^2}{c^2}\ , \tag{15.13}$$

woraus sich:

$$d\bar{t}^2 = dt\sqrt{1 - \frac{dx^2 + dy^2 + dz^2}{c^2\, dt^2}} \tag{15.14}$$

ergibt. Die Geschwindigkeit v der bewegten Uhr errechnet sich in bekannter Weise aus:

$$v^2 = \frac{\mathrm{d}x^2 + \mathrm{d}y^2 + \mathrm{d}z^2}{\mathrm{d}t^2} \,, \tag{15.15}$$

so dass der Ausdruck:

$$\mathrm{d}\bar{t} = \frac{\mathrm{d}s}{c} = \mathrm{d}t \sqrt{1 - \left(\frac{v}{c}\right)^2} \tag{15.16}$$

hervorgeht. Das Zeitintervall, welches die bewegte Uhr anzeigt, lässt sich durch Integration von (15.16) berechnen, wenn auf der unbewegten Uhr die Zeitdifferenz:

$$\bar{t}_2 - \bar{t}_1 = \int_{t_1}^{t_2} \mathrm{d}t \sqrt{1 - \left(\frac{v}{c}\right)} \tag{15.17}$$

vergeht. Die Gleichungen (15.16) und (15.17) drücken die *Eigenzeit* durch die Zeit des Bezugssystems aus, von dem aus die Beobachtung der Bewegung erfolgt. Daraus geht hervor, dass die Eigenzeit eines sich bewegenden Objektes stets kleiner als das entsprechende Zeitintervall im unbewegten System ist. Anders ausgedrückt: Eine bewegte Uhr (relativ bewegt) geht langsamer als eine unbewegte Uhr.

15.2 Die Lorentz-Transformation

15.2.1 Herleitung der Transformation

Gesucht ist eine Transformationsformel [1] für den Übergang von einem Inertialsystem zu einem anderen. Dieser Übergang soll eine Berechnung der Koordinaten $\bar{x}$, $\bar{y}$, $\bar{z}$, $\bar{t}$ eines Ereignisses in einem Inertialsystem $\bar{B}$ aus den Koordinaten x, y, z, t desselben Ereignisses im Inertialsystem B ermöglichen.

Die relativistischen Transformationsgleichungen werden auf Grund einer einzigen Bedingung hergeleitet, jener der *Invarianz des vierdimensionalen Abstandes.* Nach den Gleichungen (15.5) und (15.6) lässt sich der Abstand zwischen zwei Ereignissen als Entfernung zwischen zwei Punkten in einem vierdimensionalen Koordinatensystem auffassen. Die zu suchende Transformation muss demzufolge alle Längen in diesem vierdimensionalen Raum x, y, z, ct unverändert lassen. Die Frage lautet: Welche Transformationen lassen alle Längen unverändert? Dies sind die Parallelverschiebungen und Drehungen.

Die Parallelverschiebungen des Koordinatensystems scheiden zur weiteren Verwendung aus, weil sie nur die Lage des Ursprungs der räumlichen Koordinaten und den Anfangspunkt der Zeitskala ändern. Die zu suchende Transformation beinhaltet demzufolge eine Drehung des vierdimensionalen Koordinatensystems x, y, z, t.

[1]Von H.A. Lorentz im Jahre 1905 aufgestellte Transformation nach Vorarbeiten von W. Voigt (1887), H. Poincaré (1900) und J.J. Larmor (1900).

Jede Drehung in einem vierdimensionalen Raum lässt sich in sechs Einzeldrehungen in den Ebenen xy, xz, yz, tx, ty, tz zerlegen. Die ersten drei Drehungen beeinflussen nur die räumlichen Koordinaten und entsprechen der bekannten räumlichen Drehung.

Begonnen wird mit einer Drehung in der tx-Ebene, weil sich dabei die Koordinaten y und z nicht verändern. Nach (15.6) muss diese Ebenentransformation die Differenz $(ct)^2 - x^2$ unverändert lassen. Diese Differenz gibt das Quadrat des Abstandes des Punktes (ct, x) vom Koordinatenursprung an. Die Transformationsformeln zwischen den alten und den neuen Koordinaten in Abhängigkeit vom Drehwinkel ist durch die Gleichungen:

$$x = \bar{x}\cosh\alpha + c\bar{t}\sinh\alpha \tag{15.18}$$

$$ct = \bar{x}\sinh\alpha + c\bar{t}\cosh\alpha \tag{15.19}$$

gegeben. Da laut Voraussetzung das Quadrat des Abstandes vor und nach der Transformation erhalten bleibt, also eine Invariante darstellen soll, muss - in mathematische Fassung gebracht - die Gleichung:

$$(ct)^2 - x^2 = (c\bar{t}\,)^2 - \bar{x}^{\,2} \tag{15.20}$$

gelten. Setzt man (15.19) und (15.19) in die linke Seite von (15.20) ein, so folgt nach wenigen Rechnungen unter Verwendung der hyperbolischen Identität:

$$\cosh^2\alpha - \sinh^2\alpha = 1 \tag{15.21}$$

die Gültigkeit von (15.20).

Die Lorentz-Transformation stellt eine Beziehung zwischen Inertialsystemen her. Demzufolge ist eine Transformationsformel von einem Inertialsystem B zu einem anderen Inertialsystem $\bar{B}$ zu suchen, das sich relativ zu B mit der Geschwindigkeit v längs der x-Achse bewegt. Laut Festlegung sollen nun die Koordinate x und die Zeit t eine Transformation erfahren, während die Koordinaten y und z unverändert bleiben. Aus diesem Grunde muss die Transformationsformel die Form (15.19) besitzen. In dieser Gleichung ist nun noch der Drehwinkel zu bestimmen. Dieser Winkel hängt nur von der Relativgeschwindigkeit v zwischen beiden Inertialsystemen ab.

Zur konkreten Bestimmung des Winkels α wird am einfachsten im Inertialsystem B der Koordinatenursprung des Systems $\bar{B}$ betrachtet. Für diesen Koordinatenursprung gilt $\bar{x} = 0$, und (15.19) geht in die Form:

$$x = c\bar{t}\,\sinh\alpha\ , \qquad ct = c\bar{t}\,\cosh\alpha \tag{15.22}$$

über. Durch die Division beider Gleichungen folgt:

$$\frac{x}{ct} = \frac{\sinh\alpha}{\cosh\alpha} = \tanh\alpha\ . \tag{15.23}$$

Die noch freie Größe auf der linken Seite in (15.23) beinhaltet die noch zu ermittelnde Relativgeschwindigkeit v, so dass:

$$\tanh\alpha = \frac{v}{c} \tag{15.24}$$

gilt. Mit den Additionstheoremen für hyperbolische Funktionen:

$$\sinh\alpha = \frac{\tanh\alpha}{\sqrt{1-\tanh^2\alpha}} \,, \qquad \cosh\alpha = \frac{1}{\sqrt{1-\tanh^2\alpha}} \tag{15.25}$$

erhält man durch Einsetzen von (15.24) in (15.25):

$$\sinh\alpha = \frac{\frac{v}{c}}{\sqrt{1-\left(\frac{v}{c}\right)^2}} \qquad \text{und} \qquad \cosh\alpha = \frac{1}{\sqrt{1-\left(\frac{v}{c}\right)^2}} \,. \tag{15.26}$$

Das Ergebnis in (15.19) eingesetzt, ergibt unter Hinzunahme der sich nicht verändernden Koordinaten y und z die gesuchten Transformationsgleichungen:

$$x = \frac{\bar{x}+v\bar{t}}{\sqrt{1-\left(\frac{v}{c}\right)^2}} \,, \quad y = \bar{y} \,, \quad z = \bar{z} \,, \quad t = \frac{\bar{t}+\frac{v}{c^2}\,\bar{x}}{\sqrt{1-\left(\frac{v}{c}\right)^2}} \,. \tag{15.27}$$

Diese für die Elektromagnetik fundamentalen Transformationsbeziehungen werden *Lorentz-Transformation* genannt.

Aus der Lorentz-Transformation lassen sich zwei Folgerungen der speziellen Relativitätstheorie, die Längenkontraktion und die Zeitdilatation, herleiten. Im Inertialsystem B befindet sich ein ruhender Maßstab parallel zur x-Koordinate. Sind x_1 und x_2 die Koordinaten der Enden des Maßstabes im System B, so ist $\Delta x = x_2 - x_1$ die im Inertialsystem B gemessene Länge.

Welche Länge des Maßstabes wird dagegen zu B bewegten Inertialsystem $\bar{B}$ gemessen? Dazu sind die Koordinaten seiner Endpunkte $\bar{x}_1$ und $\bar{x}_2$ in $\bar{B}$ zu ein und demselben Zeitpunkt $\bar{t}$ zu bestimmen. Mit der Lorentz-Transformation (15.27) findet man unter diesen Bedingungen:

$$x_1 = \frac{\bar{x}_1+v\bar{t}}{\sqrt{1-\left(\frac{v}{c}\right)^2}} \,, \qquad x_2 = \frac{\bar{x}_2+v\bar{t}}{\sqrt{1-\left(\frac{v}{c}\right)^2}} \,, \tag{15.28}$$

so dass für die Länge des Maßstabs im System $\bar{B}$:

$$\Delta\bar{x} = \bar{x}_2 - \bar{x}_1 = \Delta x\sqrt{1-\left(\frac{v}{c}\right)^2} \tag{15.29}$$

gilt. Nach Δx aufgelöst, erhält man:

$$\Delta x = \frac{\Delta\bar{x}}{\sqrt{1-\left(\frac{v}{c}\right)^2}} \,. \tag{15.30}$$

Die in einem ruhenden Inertialsystem gemessene Maßstabslänge wird *Eigenlänge* oder Ruhelänge genannt und mit $l_0 = \Delta x$ bezeichnet. Die vom *Inertialsystem* $\bar{B}$ aus gemessene Länge l hat den Wert:

$$l = l_0\sqrt{1-\left(\frac{v}{c}\right)^2} \,. \tag{15.31}$$

In einem Inertialsystem, in dem der Maßstab sich mit der Geschwindigkeit v bewegt, verkleinert sich seine Länge um den Faktor $\sqrt{1-v^2/c^2}$. Diese Phänomen heißt *Längenkontraktion*. Seine Maximallänge besitzt der Maßstab im als ruhend angenommenen Inertialsystem.

Aus der Transformation (15.27) folgt unmittelbar das schon bekannte Resultat über die Eigenzeit in Gleichung (15.17). Um das zu zeigen, wird angenommen: Im Inertialsystem $\bar{B}$ ruht eine Uhr. Es werden zwei Ereignisse ausgewählt, die in $\bar{B}$ am selben Ort $\bar{x}$, $\bar{y}$, $\bar{z}$ mit einem Zeitunterschied:

$$\Delta\bar{t} = \bar{t}_2 - \bar{t}_1 \tag{15.32}$$

geschehen. Die Frage ist, welche Zeit im Inertialsystem B zwischen beiden Ereignissen vergeht?

Aus der Lorentz-Transformation (15.27) folgen die Ausdrücke:

$$t_1 = \frac{\bar{t}_1 + \frac{v}{c^2}\bar{x}}{\sqrt{1-\left(\frac{v}{c}\right)^2}} , \qquad t_2 = \frac{\bar{t}_2 + \frac{v}{c^2}\bar{x}}{\sqrt{1-\left(\frac{v}{c}\right)^2}} , \tag{15.33}$$

oder durch Subtraktion:

$$\Delta t = \frac{\Delta\bar{t}}{\sqrt{1-\left(\frac{v}{c}\right)^2}} . \tag{15.34}$$

Wegen der Gültigkeit von $0 < v < c$ vergrößert sich der Zeitunterschied zwischen den Ereignissen im Inertialsystem B. Man spricht deshalb von einer Zeitdilatation.

15.2.2 Die Galilei-Transformation

Durch den Grenzübergang von $c \to \infty$ geht formal aus der Lorentz-Transformation die aus der klassischen Mechanik bekannte *Galilei-Transformation* hervor:

$$x = \bar{x} + v\bar{t} , \qquad y = \bar{y} , \qquad z = \bar{z} , \qquad t = \bar{t} , \tag{15.35}$$

bei der in beiden Bezugssystemen mit ein und derselben Zeit gemessen wird. Das bedeutet nichts anderes als die Annahme einer einzigen Zeit, einer Absolutzeit. Die Relativität der Betrachtungen geht damit verloren.

Hier sei noch auf einen wesentlichen Unterschied zwischen der Galilei-Transformation und der Lorentz-Transformation hingewiesen: Es werden drei Inertialsysteme betrachtet, die sich wie in (15.8) relativ zueinander bewegen. Die zwei auszuführenden Galilei-Transformationen infolge der Relativgeschwindigkeiten $\bar{\boldsymbol{v}}$ und $\tilde{\boldsymbol{v}}$ ($\bar{\boldsymbol{v}}$ und $\tilde{\boldsymbol{v}}$ unterscheiden sich allgemein nach Betrag und Richtung) hängen nicht von ihrer Reihenfolge ab. Die Galilei-Transformationen sind kommutativ. Nach (15.35) verändert sich nur die x-Koordinate:

$$x = \bar{x} + \bar{v}\bar{t} = \bar{x} + \bar{v}t . \tag{15.36}$$

Für die zweite Transformation gilt:

$$\bar{x} = \tilde{x} + \tilde{v}t \; , \tag{15.37}$$

und eingesetzt in Gleichung (15.36):

$$x = \tilde{x} + (\bar{v} + \tilde{v})\, t \; . \tag{15.38}$$

Auch für den Fall, dass sich die Geschwindigkeiten $\bar{\boldsymbol{v}}$ und $\tilde{\boldsymbol{v}}$ nicht nur im Betrag, sondern auch noch in der Richtung unterscheiden, sind beide vertauschbar mit dem gleichen Ergebnis.

Dagegen hängt das Ergebnis zweier aufeinander folgender Lorentz-Transformationen allgemein von ihrer Reihenfolge ab. Die *Kommutativität* gilt für Lorentz-Transformationen im Allgemeinen nicht. Diese Transformation wurde nach (15.19) über die Drehung hergeleitet. Demzufolge kann jede Lorentz-Transformation formal als Drehung in einem vierdimensionalen Raum angesehen werden. Bekannterweise hängt das Ergebnis zweier Drehungen um verschiedene Achsen infolge verschiedener Geschwindigkeit $\bar{\boldsymbol{v}}$ und $\tilde{\boldsymbol{v}}$ von ihrer Reihenfolge ab, so dass es nicht gleich ist, welche von beiden zuerst ausgeführt wird. Eine Ausnahme bilden die Transformationen, bei denen $\bar{\boldsymbol{v}}$ und $\tilde{\boldsymbol{v}}$ parallel sind, denn diese Drehungen entsprechen solchen um ein und dieselbe Achse.

Von vielseitigem physikalischen, insbesondere elektrotechnischem (technischem) Interesse sind solche Vorgänge, bei denen die Relativgeschwindigkeit v klein gegenüber der Lichtgeschwindigkeit ist. In diesem Fall setzt man $v \ll c$, und (15.27) geht in die Näherungsformel:

$$x = \bar{x} + v\bar{t} \; , \qquad y = \bar{y} \; , \qquad z = \bar{z} \; , \qquad t = \bar{t} + \frac{v}{c^2}\,\bar{x} \tag{15.39}$$

über.

15.2.3 Die Umkehrtransformation

Zur Bestimmung der Umkehrtransformation kann man (15.27) nach den Koordinaten $\bar{x}$, $\bar{y}$, $\bar{z}$, $\bar{t}$ auflösen. Am einfachsten gelangt man zur Umkehrtransformation aus folgender Überlegung heraus: Wenn sich das Inertialsystem $\bar{B}$ relativ zum Inertialsystem B mit der Geschwindigkeit v bewegt, dann bewegt sich das Inertialsystem B relativ zum Bezugssystem $\bar{B}$ mit der Geschwindigkeit $-v$. Nun setzt man in (15.27) für v die Geschwindigkeit $-v$ ein und vertauscht die ungestrichenen mit den gestrichenen Größen. Daraus geht unmittelbar die Umkehrtransformation:

$$\bar{x} = \frac{x - vt}{\sqrt{1 - \left(\frac{v}{c}\right)^2}} \; , \quad \bar{y} = y \; , \quad \bar{z} = z \; , \quad \bar{t} = \frac{t - \frac{v}{c^2}\,x}{\sqrt{1 - \left(\frac{v}{c}\right)^2}} \tag{15.40}$$

hervor.

15.3 Vierertensoren erster Stufe

15.3.1 Vierervektoren

Vierertensoren erster Stufe sind spezielle Tensoren mit vier kontravarianten beziehungsweise vier kovarianten Koordinaten. Sie werden deshalb auch als Vierervektoren bezeichnet und spielen in der Theorie der Elektrotechnik eine wichtige Rolle.

Die Koordinaten eines Ereignisses in Natur und Technik setzen sich aus den drei Ortskoordinaten x, y, z und der Zeitkoordinate ct zusammen. Demzufolge können die Koordinaten eines Ereignisses als Koordinaten eines vierdimensionalen Ortsvektors im vierdimensionalen Raum angesehen werden. Dieser vierdimensionale Ortsvektor wird aus diesem Grund ebenfalls als Vierervektor bezeichnet.

Für den vierdimensionalen Ortsvektor werden die kontravarianten Koordinaten x^k mit $k = 0, 1, 2, 3$:

$$x^0 = ct \; , \qquad x^1 = x \; , \qquad x^2 = y \; , \qquad x^3 = z \; . \tag{15.41}$$

eingeführt. Sein Quadrat des Betrages errechnet sich per Definition aus:

$$(x^0)^2 - (x^1)^2 - (x^2)^2 - (x^3)^2 \tag{15.42}$$

und bleibt bei beliebigen Drehungen des vierdimensionalen Koordinatensystems unverändert. Eine besondere physikalisch und technisch interessante Drehung stellt die Lorentz-Transformation dar.

Wird allgemein für einen beliebigen Vierertensor erster Stufe (Vierervektor) - also vorerst ohne elektrotechnischen oder physikalischen Inhalt - vier kontravariante Koordinaten A^0, A^1, A^2, A^3 angenommen, so ändern sich diese bei einer Transformation des vierdimensionalen Bezugssystems wie die kontravarianten Koordinaten des Viererortsvektors x^k. Denn unter der Lorentz-Transformation gilt in Übereinstimmung mit 15.27 für die kontravarianten Koordinaten:

$$A^0 = \frac{\bar{A}^0 + \frac{v}{c}\bar{A}^1}{\sqrt{1 - \left(\frac{v}{c}\right)^2}} \; , \quad A^1 = \frac{\bar{A}^1 + \frac{v}{c}\bar{A}^0}{\sqrt{1 - \left(\frac{v}{c}\right)^2}} \; , \quad A^2 = \bar{A}^2 \; , \quad A^3 = \bar{A}^3 \; . \tag{15.43}$$

Das Betragsquadrat errechnet sich in Analogie zu (15.42) mit Gleichung (15.43) zu:

$$(A^0)^2 - (A^1)^2 - (A^2)^2 - (A^3)^2 = (\bar{A}^0)^2 - (\bar{A}^1)^2 - (\bar{A}^2)^2 - (\bar{A}^3)^2 \; . \tag{15.44}$$

Der Zusammenhang zwischen den kontravarianten und den kovarianten Koordinaten A_0, A_1, A_2, A_3 ist auf sehr einfache Art und Weise durch:

$$A^0 = A_0 \; , \quad A^1 = -A_1 \; , \quad A^2 = -A_2 \; , \quad A^3 = -A_3 \tag{15.45}$$

gegeben, so dass sich das Quadrat des Betrages vom Vierervektor (Vierertensor erster Stufe) durch:

$$A^0 A_0 + A^1 A_1 + A^2 A_2 + A^3 A_3 = A^k A_k \tag{15.46}$$

mit $k = 0, 1, 2, 3$ entsprechend der bereits festgelegten Summationskonvention berechnet. Betrachtet man (15.43) bis (15.46), so wird offensichtlich, dass sich die kovarianten Komponenten A_k wie folgt transformieren:

$$A_0 = \frac{\bar{A}_0 - \frac{v}{c}\bar{A}_1}{\sqrt{1-\left(\frac{v}{c}\right)^2}} , \quad A_1 = \frac{\bar{A}_1 - \frac{v}{c}\bar{A}_0}{\sqrt{1-\left(\frac{v}{c}\right)^2}} , \quad A_2 = \bar{A}_2 , \quad A_3 = \bar{A}_3 \tag{15.47}$$

Setzt man diese Beziehungen und (15.43) in (15.46) ein, dann erhält man für das Betragsquadrat des Vierervektors (Vierertensors):

$$A^k A_k = \frac{\left(\bar{A}^0 + \frac{v}{c}\bar{A}^1\right)^2}{1-\left(\frac{v}{c}\right)^2} - \frac{\left(\bar{A}^1 + \frac{v}{c}\bar{A}^0\right)^2}{1-\left(\frac{v}{c}\right)^2} - \left(\bar{A}^2\right)^2 - \left(\bar{A}^3\right)^2 , \tag{15.48}$$

oder ausgerechnet das Ergebnis in Gleichung (15.44).

Aus (15.43) oder aus (15.48) geht hervor, dass das Quadrat eines Vierervektors positiv, negativ oder Null werden kann. Man bezeichnet deshalb diese Vierertensoren als zeitartig, raumartig oder lichtartig.

Aus mathematischen und physikalischen Gründen wird für die Darstellung von Vierervektoren auch die Form:

$$A^k = (A^0, \boldsymbol{A}) \tag{15.49}$$

verwendet.

Später ist hergeleitet, dass in dieser Form die skalare Koordinate A^0 mit dem skalaren elektrischen Potenzial und der dreidimensionale Vektor $\boldsymbol{A}$ mit dem dreidimensionalen Vektorpotenzial des magnetischen Feldes identisch sind.

Vergleicht man diese Darstellung mit (15.44), so folgt für die kovarianten Komponenten:

$$A_k = (A_0, -\boldsymbol{A}) . \tag{15.50}$$

Das Betragsquadrat eines beliebigen Vierervektors berechnet sich dann aus (15.46) zu:

$$A^k A_k = (A^0)^2 - \boldsymbol{A}^2 . \tag{15.51}$$

Im Besonderen besitzt der Viererortsvektor x^k die Form:

$$x^k = (ct, \boldsymbol{r}) , \qquad x_k = (ct, -\boldsymbol{r}) . \tag{15.52}$$

Zu ihm gehört das Betragsquadrat:

$$x^k x_k = c^2 t^2 - \boldsymbol{r}^2 . \tag{15.53}$$

Diese Ergebnisse können unter der Lorentz-Transformation sofort auf Vierertensoren zweiter Stufe ausgedehnt werden. Der Zusammenhang zwischen seinen kontravarianten Koordinaten A^{kl}, seinen kovarianten Koordinaten A_{kl} und den dazugehörigen gemischten Koordinaten A_l^k und A_k^l ist durch:

$$\begin{array}{lllll} A^{00} = A_{00} , & A^{01} = -A_{01} , & A^{11} = A_{11} , & A^{12} = A_{21} , & \ldots \\ A_0^0 = A^{00} , & A_1^0 = -A^{01} , & A_0^1 = A^{01} , & A_1^1 = -A^{11} , & \ldots \end{array} \tag{15.54}$$

gegeben. Die allgemeine Regel lautet:

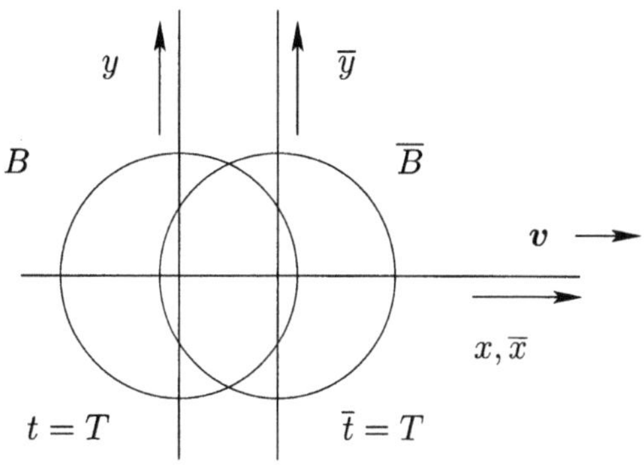

Bild 15.2: Form der Lichtausbreitung in zwei Inertialsystemen

Das Vorzeichen einer Koordinate wird durch das Heben oder Senken eines räumlichen Indizes geändert, durch das Heben oder Senken eines zeitlichen Indizes jedoch nicht.

Bei rein räumlichen Drehungen bilden die neun Koordinaten A^{kl} (A^{11}, A^{12}, A^{13}, A^{21}, A^{22}, A^{23}, A^{31}, A^{32}, A^{33}) einen dreidimensionalen Tensor zweiter Stufe. Die drei kontravarianten Koordinaten A^{01}, A^{02}, A^{03} sowie die drei kontravarianten Koordinaten A^{10}, A^{20}, A^{30} stellen dreidimensionale Tensoren erster Stufe dar. A^{00} ist ein Tensor nullter Stufe.

15.3.2 Lichtausbreitung in bewegten Bezugssystemen

In Abschnitt 15.3.1 wurden die Vierervektoren und ihr Quadrat vorgestellt. Das Quadrat eines Vierervektors kann positiv, negativ oder Null sein. Man klassifiziert sie deshalb nach dem Wert derselben als zeitartige, raumartige oder lichtartige Vierervektoren. Nun soll am Beispiel der Ausbreitung des Lichtes gezeigt werden, dass der sich ergebende Vierertensor lichtartig ist (sein Betragsquadrat besitzt den Wert Null), und jeder Beobachter in einem Inertialsystem die Lichtausbreitung als Kugelfläche erkennt.

Es seien zwei Inertialsysteme B und $\bar{B}$ mit den Koordinaten x, y, z, t bzw. $\bar{x}$, $\bar{y}$, $\bar{z}$, $\bar{t}$ gegeben. Im Bezugssystem B ruht eine Lichtquelle. Das Bezugssystem $\bar{B}$ bewegt sich mit konstanter Geschwindigkeit gegenüber B (Bild 15.2). Das Bezugssystem $\bar{B}$ kann sich in beliebiger Richtung vom Koordinatenursprung des Bezugssystems B wegbewegen. Ohne Einschränkung der Allgemeinheit wird aber der Einfachheit halber angenommen, dass die Richtung der Bewegung in positiver x-Richtung erfolgt. In jedem Inertialsystem befindet sich ein Beobachter, der die Lichtausbreitung verfolgt.

Behauptung:
Jeder Beobachter sieht die Fläche, bis zu der das Licht gekommen ist, als Kugelfläche. Wegen (15.5) gilt im Bezugssystem B für den sich dort befindenden Beobachter:

$$c^2t^2 - x^2 - y^2 - z^2 = 0 \;, \tag{15.55}$$

denn es soll die Fläche betrachtet werden, bis zu der das Licht gerade gekommen ist (lichtartig). Das Quadrat des Vierertensors ist Null. Für eine beliebige verstrichene Zeit $t = T$ hat der Lichtstrahl die Strecke cT zurückgelegt, so dass gilt:

$$c^2T^2 - x^2 - y^2 - z^2 = 0 \; . \tag{15.56}$$

Das ist eine Kugelgleichung mit dem Radius cT. Was sieht nun ein Beobachter im Bezugssystem $\bar{B}$ nach derselben Zeit $\bar{t} = T$?

Für die Lichtausbreitung gilt in seinen Koordinaten gilt:

$$\bar{c}^2T^2 - \bar{x}^2 - \bar{y}^2 - \bar{z}^2 = 0 \; . \tag{15.57}$$

Wegen dem Prinzip der Konstanz der Lichtgeschwindigkeit ist $\bar{c} = c$, so dass aus (15.57):

$$c^2T^2 - \bar{x}^2 - \bar{y}^2 - \bar{z}^2 = 0 \tag{15.58}$$

folgt. Das Licht legt für den Beobachter im Bezugssystem $\bar{B}$ dieselbe Strecke cT zurück. Die Gleichungen (15.56) und (15.58) sind der Form nach gleich. Es sind Kugelgleichungen mit dem Radius $r = cT$. Beide Beobachter stellen deshalb übereinstimmend fest, dass sich das Licht für sie auf eine Kugelfläche ausbreitet.

15.3.3 Invarianz des Lichtkegels

Die Herleitungen über den Abstand und die Eigenschaften von Vierervektoren nebst ihren Koordinaten sollen nun herangezogen werden, um die Lichtausbreitung im Vakuum am so genannten Lichtkegel darzustellen.

Man geht von (15.41) aus und erhält aus (15.53) mit (15.45):

$$x^0 = x_0 = ct \; , \quad x^1 = -x_1 = x \; , \quad x^2 = -x_2 = y \; , \quad x^3 = -x_3 = z \; , \tag{15.59}$$

und für das Quadrat des Vierertensors:

$$x^k x_k = (ct)^2 - x^2 - y^2 - z^2 \; . \tag{15.60}$$

In dreidimensionaler Schreibweise stellt:

$$(ct)^2 - x^2 - y^2 - z^2 = 0 \tag{15.61}$$

eine Kugelgleichung mit dem Radius ct dar. In vierdimensionaler Schreibweise stellt die in der Form gleiche Beziehung einen Kegel dar.

Im Bild 15.3 ist ein zweidimensionaler Schnitt des Lichtkegels als Doppelkegel wiedergegeben. Die dritte Raumdimension kann in der Darstellung natürlich nicht erfasst werden. Trotzdem wird das aus Rand und innerem Volumen bestehende Gebiet als Lichtkegel bezeichnet.

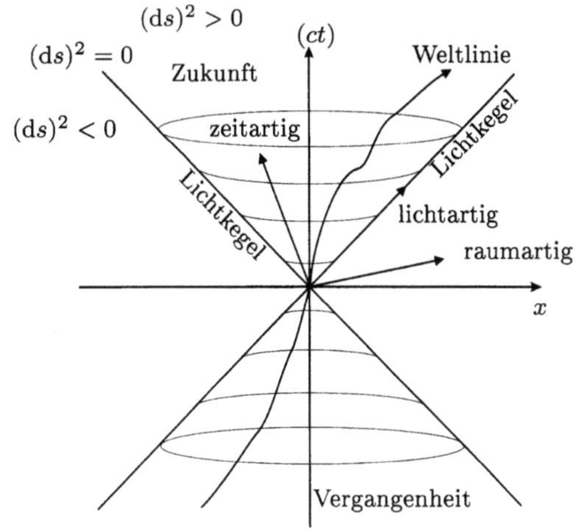

Bild 15.3: Lichtkegel im Schnitt

Der Lichtkegel ist ein wichtiges Hilfsmittel zur Veranschaulichung relativistischer Zusammenhänge. An ihm wird deutlich, dass zwei Ereignisse nur dann miteinander kausal verbunden sein können, wenn der Abstand (auch infinitesimal) zwischen ihnen zeitartig ist. Keine Wirkung kann sich mit einer Geschwindigkeit ausbreiten, die schneller als die Lichtgeschwindigkeit ist. Der Bewegungsvorgang verläuft auf irgendeiner Weltlinie innerhalb oder auf dem Lichtkegel von der Vergangenheit über die Gegenwart in die Zukunft. Eine Ursache zieht eine Bewegung nach sich, die zu einer Wirkung führt. Hier zeigt sich, wie sinnvoll die Begriffe Ursache und Wirkung sind.

Mit der Lorentz-Transformation (15.27) kann der Lichtkegel in bewegten Bezugssystemen betrachtet werden, indem die Koordinaten x und t in:

$$(ct)^2 - x^2 = 0 \tag{15.62}$$

durch die Beziehungen:

$$x = \frac{\bar{x} + v\bar{t}}{\sqrt{1 - \left(\frac{v}{c}\right)^2}} \quad \text{und} \quad t = \frac{\bar{t} + \frac{v}{c^2}\,\bar{x}}{\sqrt{1 - \left(\frac{v}{c}\right)^2}} \tag{15.63}$$

ersetzt werden. Es gilt:

$$(ct)^2 - x^2 = \frac{1}{1 - \left(\frac{v}{c}\right)^2}\left[\left(c\bar{t} + \frac{v}{c}\,\bar{x}\right)^2 - (\bar{x} + v\bar{t}\,)^2\right] = (c\bar{t}\,)^2 - \bar{x}^2 = 0\ . \tag{15.64}$$

Das Ergebnis in (15.64) sagt aus, dass der Lichtkegel eine Invariante gegenüber der Lorentz-Transformation ist. An Stelle von (15.62) gilt im bewegten Bezugssystem:

$$(c\bar{t}\,)^2 - \bar{x}^2 = 0\ . \tag{15.65}$$

Hierin kommt das negative Resultat des bekannten Michelsonversuches deutlich zum Ausdruck. Er beweist, dass eine Bewegung mit Lichtgeschwindigkeit in jedem bewegten Inertialsystem wieder eine Bewegung mit der Lichtgeschwindigkeit c ist.

Da bei der Lorentz-Transformation sowohl die y- als auch die z-Koordinate invariant bleiben ($y = \bar{y}$, $z = \bar{z}$), kann:

$$(ct)^2 - x^2 - y^2 - z^2 = (c\bar{t})^2 - \bar{x}^2 - \bar{y}^2 - \bar{z}^2 = 0 \tag{15.66}$$

geschrieben werden, so dass diese Invarianz auch für den dreidimensionalen Lichtkegel gilt.

15.3.4 Vierergradient des skalaren Potenzials und der Wellenoperator

Man bildet in Übereinstimmung mit (6.254) den Gradienten als Ableitung des Potenzials $\varphi(ct, x, y, z)$ nach den kontravarianten Koordinaten. Es ist:

$$\boldsymbol{g}^i \frac{\partial \varphi}{\partial x^i} = \boldsymbol{g}^0 \frac{\partial \varphi}{\partial x^0} + \boldsymbol{g}^1 \frac{\partial \varphi}{\partial x^1} + \boldsymbol{g}^2 \frac{\partial \varphi}{\partial x^2} + \boldsymbol{g}^3 \frac{\partial \varphi}{\partial x^3} \tag{15.67}$$

oder eingesetzt:

$$\boldsymbol{g}^i \frac{\partial \varphi}{\partial x^i} = \boldsymbol{g}^0 \frac{\partial \varphi}{\partial (ct)} + \boldsymbol{g}^1 \frac{\partial \varphi}{\partial x^1} + \boldsymbol{g}^2 \frac{\partial \varphi}{\partial x^2} + \boldsymbol{g}^3 \frac{\partial \varphi}{\partial x^3} = \left(\frac{1}{c} \frac{\partial \varphi}{\partial t}, \nabla \varphi \right) . \tag{15.68}$$

Alle Koordinaten sind kovariant, weil nach den kontravarianten Koordinaten des vierdimensionalen Ortsvektors differenziert wurde.

Wie bereits gezeigt worden ist, gilt für Vierervektoren nach (15.45) oder (15.52):

$$x^0 = x_0 \ , \quad x^1 = -x_1 \ , \quad x^2 = -x_2 \ , \quad x^3 = -x_3 \ . \tag{15.69}$$

Für die Ableitung des skalaren elektrischen Potenzials nach den kovarianten Koordinaten folgt damit:

$$\boldsymbol{g}_i \frac{\partial \varphi}{\partial x_i} = \boldsymbol{g}_0 \frac{\partial \varphi}{\partial (ct)} + \boldsymbol{g}_1 \frac{\partial \varphi}{\partial x_1} + \boldsymbol{g}_2 \frac{\partial \varphi}{\partial x_2} + \boldsymbol{g}_3 \frac{\partial \varphi}{\partial x_3} \ , \tag{15.70}$$

und so für den Gradienten:

$$\operatorname{grad} \varphi = \boldsymbol{g}_i \frac{\partial \varphi}{\partial x_i} = \boldsymbol{g}_0 \frac{\partial \varphi}{\partial (ct)} + \boldsymbol{g}_1 \frac{\partial \varphi}{\partial x_1} + \boldsymbol{g}_2 \frac{\partial \varphi}{\partial x_2} + \boldsymbol{g}_3 \frac{\partial \varphi}{\partial x_3} \ . \tag{15.71}$$

Bei Berücksichtigung von (15.69) gilt:

$$\boldsymbol{g}_i \frac{\partial \varphi}{\partial x_i} = \left(\frac{1}{c} \frac{\partial \varphi}{\partial t}, -\nabla \varphi \right) . \tag{15.72}$$

Diese kovariante Ableitung wird nun zur Bildung des Wellenoperators herangezogen, so dass sich wie von selbst der charakteristische Teil der Wellengleichung für das skalare elektrische Potenzial ergibt. Das Ziel besteht also in der Suche einer skalaren Invariante, die beim Übergang von einem Inertialsystem zu einem anderen erhalten bleibt.

Die zweimalige Anwendung eines Operators erster Stufe (im obigen Sinne) auf ein Skalar führt dann wieder auf einen Skalar, wenn zwischen beiden Operatoren ein Skalarprodukt erklärt wird. In Übereinstimmung mit den Herleitungen zur Tensorrechnung, ist von außen gesehen zur Bildung einer skalaren Invariante ein kontravarianter Operator (Vektor, Tensor) auf einen kovarianten Operator (Vektor, Tensor) und dieser wiederum auf einen Skalar anzuwenden. Von innen gesehen, wird auf den Skalar zuerst der kovariante Operator angewendet und auf dieses Ergebnis skalar verknüpft dann der kontravariante Operator.

Werden diese vierdimensionalen Operatoren mit den Viereckoperatoren $\Box_{\text{kov}}$ bzw. $\Box^{\text{kon}}$ bezeichnet, so folgt, angewendet auf das skalare elektrische Potenzial φ :

$$\Box^{\text{kon}}(\Box_{\text{kov}}\,\varphi) = \Box^2\varphi\,. \tag{15.73}$$

Der hochgestellte Index 2 bezeichnet eine zweifache Anwendung des Operators und stellt nicht das Quadrat des Operators dar. Mit (15.67), (15.68) und (15.72) folgt der Ausdruck:

$$\boldsymbol{g}^i\frac{\partial}{\partial x^i}\cdot\left[\boldsymbol{g}_i\,\frac{\partial}{\partial x^i}(\varphi)\right] = \left(\frac{1}{c}\frac{\partial}{\partial t},\,\nabla\right)\cdot\left[\left(\frac{1}{c}\frac{\partial}{\partial t},\,-\nabla\right)\varphi\right] = \Box^{\text{kon}}\cdot\Box_{\text{kov}}\,\varphi\,. \tag{15.74}$$

Dieses Ergebnis geht nach Differenziation und unter der Beachtung von $\boldsymbol{g}^i\cdot\boldsymbol{g}_j = \delta^i_j$ in:

$$\left(\frac{1}{c}\frac{\partial}{\partial t},\,\nabla\right)\cdot\left[\left(\frac{1}{c}\frac{\partial}{\partial t},\,-\nabla\right)\varphi\right] = \frac{1}{c^2}\frac{\partial^2\varphi}{\partial t^2} - \nabla^2\varphi = \Box^2\varphi \tag{15.75}$$

über. Dieser Wellenoperator, angewandt auf φ, führt mit der später noch zu bestimmenden Inhomogenität auf die Wellengleichung für das skalare elektrische Potenzial.

Die Reihenfolge von Tensoren ist bei Operationen mit ihnen im Allgemeinen nicht vertauschbar. Hier kann wegen der Symmetrie des Skalarproduktes und der Anwendung auf einen Skalar eine Vertauschung vorgenommen werden, was zum selben Endergebnis führt. In unserem Beispiel wird auf einen Skalar mit dem kovarianten Operator die Gradientenbildung ausgeführt. Der so entstandene Vektor geht durch die Anwendung des kontravarianten Operators, was wegen des erklärten Skalarproduktes eine Divergenzbildung darstellt, in einen Skalar über. Das Ergebnis ist hier dasselbe.

15.3.5 Die Vierergeschwindigkeit

Die Behandlung von Bewegungsvorgängen in der Elektrotechnik, der Elektromechanik u.a. erfordern die Einführung einer Geschwindigkeit. Der bekannte dreidimensionale

Geschwindigkeitsvektor kann zu einem Vierervektor erweitert werden. Die vierdimensionale Geschwindigkeit oder einfach Vierergeschwindigkeit ist durch:

$$v^i = \frac{\mathrm{d}x^i}{\mathrm{d}s} \qquad i = 0,\, 1,\, 2,\, 3 \tag{15.76}$$

definiert. Mit der Gleichung (15.76), in der $\boldsymbol{v}$ die dreidimensionale Geschwindigkeit (zum Beispiel der Ladung, des Teilchens, des elektrischen Leiters oder des Körpers) darstellt, folgt für die kontravarianten Koordinaten der Vierergeschwindigkeiten v^0 und v^1:

$$v^0 = \frac{\mathrm{d}x^0}{\mathrm{d}s} = \frac{\mathrm{d}(ct)}{c\,\mathrm{d}t\sqrt{1-\left(\frac{v}{c}\right)^2}} = \frac{1}{\sqrt{1-\left(\frac{v}{c}\right)^2}}\,, \tag{15.77}$$

bzw.:

$$v^1 = \frac{\mathrm{d}x^1}{\mathrm{d}s} = \frac{\mathrm{d}x^1}{c\,\mathrm{d}t\sqrt{1-\left(\frac{v}{c}\right)^2}} = \frac{v_{x^1}}{c\sqrt{1-\left(\frac{v}{c}\right)^2}}\,. \tag{15.78}$$

Auf die gleiche Art und Weise errechnen sich die Koordinaten v^2 und v^3, so dass man allgemein v^i als:

$$v^i = \left(\frac{1}{\sqrt{1-\left(\frac{v}{c}\right)^2}},\, \frac{\boldsymbol{v}}{c\sqrt{1-\left(\frac{v}{c}\right)^2}}\right) \tag{15.79}$$

schreiben kann. Da der dreidimensionale Geschwindigkeitsvektor $\boldsymbol{v}$ und damit auch sein Betrag von den v_{x^1}, v_{x^2}, v_{x^3} abhängen, sind die Koordinaten der Vierergeschwindigkeit v^i nicht unabhängig. Für die kovarianten Koordinaten der Vierergeschwindigkeit gilt demzufolge in Übereinstimmung mit den vorangegangenen allgemeinen Herleitungen für Vierervektoren:

$$v_i = \left(\frac{1}{\sqrt{1-\left(\frac{v}{c}\right)^2}},\, \frac{-\boldsymbol{v}}{c\sqrt{1-\left(\frac{v}{c}\right)^2}}\right)\,. \tag{15.80}$$

Das Betragsquadrat der Vierergeschwindigkeit berechnet sich dann zu:

$$v^i v_i = \frac{1}{1-\left(\frac{v}{c}\right)^2} - \frac{\boldsymbol{v}^2}{c^2\left(1-\left(\frac{v}{c}\right)^2\right)} = 1\,. \tag{15.81}$$

Andererseits folgt mit dem Quadrat des infinitesimalen Längenelementes:

$$\mathrm{d}s^2 = \mathrm{d}x^i\,\mathrm{d}x_i = \mathrm{d}x_i\,\mathrm{d}x^i \tag{15.82}$$

für das Betragsquadrat der Vierergeschwindigkeit mit (15.76) die Beziehung:

$$v^i\,v_i = \frac{dx^i}{\mathrm{d}s}\frac{\mathrm{d}x_i}{\mathrm{d}s} = \frac{\mathrm{d}x^i\,\mathrm{d}x_i}{\mathrm{d}x^i\,\mathrm{d}x_i} = 1\,, \tag{15.83}$$

also ebenfalls der Wert Eins.

Aus dem Vergleich der Dimension der $\mathrm{d}x^i$ mit der von $\mathrm{d}s$ geht hervor, dass die so definierte *Vierergeschwindigkeit keine Dimension* besitzt. Da ihr Betrag immer gleich Eins ist, lässt sie sich geometrisch als Einheitsvektor ansehen.

15.4 Das Wirkungsintegral

Die Wirkung errechnet sich allgemein aus dem Produkt von Energie und Zeitdauer der Energieeinwirkung. Sie hat demzufolge in der Elektrotechnik die Dimension VAs · s. Will man alle energetischen Einwirkungen erfassen, dann ist entweder über alle Energien entsprechend der tatsächlichen Zeitdauer der jeweiligen Energieeinwirkung zu summieren, oder bei infinitesimalen Größen ist über alle Wirkungen zu integrieren. Zur Bezeichnung bietet sich der Begriff *Wirkungsintegral* an. Als Symbol wird das Zeichen S verwendet.

Da im Weiteren die Wirkung des elektromagnetischen Feldes und der in ihm befindlichen Teilchen untersucht werden soll, setzt sich das Gesamtwirkungsintegral aus den Bestandteilen :

$$S_{\text{ges}} = S_{\text{F}} + S_{\text{T}} + S_{\text{FT}} \tag{15.84}$$

zusammen.

S_{F} bezeichnet den nur von den Eigenschaften des Feldes abhängenden Anteil. Es ist das Wirkungsintegral des Feldes ohne vorhandene Ladungen. Das Wirkungsintegral S_{T} beschreibt den Anteil der Wirkung, der nur von den Eigenschaften des Teilchens abhängt, also die Wirkungsfunktion eines freien Teilchens. Sind mehrere Teilchen vorhanden, so ist ihr Beitrag zur Wirkung aufzusummieren. Das Wirkungsintegral S_{FT} wird durch die Wechselwirkung zwischen dem Feld und dem ladungsbehafteten Teilchen hervorgerufen.

15.4.1 Wirkungsintegral des Feldes

Den Ausgangspunkt zur Herleitung des Wirkungsintegrals S_{F} bildet die Superposition als wichtige Eigenschaft des elektromagnetischen Feldes. Sie besagt:

> Wird von einer Ladung ein Feld erzeugt, und von einer anderen Ladung ein zweites Feld, so berechnet sich das von beiden Ladungen hervorgerufene Feld durch die vektorielle Addition der Einzelfelder.

In Übereinstimmung mit dem Superpositionsprinzip muss die vektorielle Addition von beliebigen Feldern ein Feld ergeben, welches selbst auftreten kann und welches den Feldgleichungen genügen muss.

Bekanntlich sind die linearen Differenzialgleichungen durch die wesentliche Eigenschaft gekennzeichnet, dass die Linearkombination zweier Lösungen wiederum eine Lösung darstellt. Die gesuchten Differenzialgleichungen müssen infolgedessen linear sein.

Die Feldgrößen werden in einem Tensor (auch Feldtensor, Tensor des elektromagnetischen Feldes oder Tensor der Elektromagnetik genannt) zweiter Stufe der Form:

$$F = F^{ij}\, \boldsymbol{g}_i \boldsymbol{g}_j = F_{ij}\, \boldsymbol{g}^i \boldsymbol{g}^j \qquad i, j = 0, 1, 2, 3 \tag{15.85}$$

erfasst. Die $\boldsymbol{g}_i$, $\boldsymbol{g}_j$ bzw. $\boldsymbol{g}^i$, $\boldsymbol{g}^j$ sind die kovarianten bzw. kontravarianten Grundvektoren eines beliebigen Koordinatensystems. Der Feldtensor ist antisymmetrisch und vierdimensional.

Die Wirkung und damit das Wirkungsintegral stellen Skalare dar. Demzufolge muss der Integrand im Wirkungsintegral S_F selbst ein Skalar sein. Da dieses Wirkungsintegral eine Funktion des Feldtensors der Elektromagnetik sein soll, wird der gesuchte Skalar durch das Produkt aus kovariantem und kontravariantem Feldtensor, also durch $F_{ij}F^{ij}$ gebildet. Das Wirkungsintegral S_F infolge der Feldeigenschaften hat somit im betrachteten Volumen die Form:

$$S_\mathrm{F} = K \int_{t_0}^{t_1} \int_V F_{ij}F^{ij} \mathrm{d}V \mathrm{d}t \tag{15.86}$$

mit:

$$\mathrm{d}V = \mathrm{d}x\,\mathrm{d}y\,\mathrm{d}z \;, \quad (\mathrm{d}V = \mathrm{d}x^1\,\mathrm{d}x^2\,\mathrm{d}x^3 \quad \text{bzw.} \quad \mathrm{d}V = \mathrm{d}x_1\,\mathrm{d}x_2\,\mathrm{d}x_3) \;.$$

Die Integration erfolgt über den gesamten Raum sowie über ein Zeitintervall zwischen zwei festen Zeitpunkten. K ist eine vom Maßsystem abhängige Konstante.

Mit $\mathrm{d}\Omega = c\,\mathrm{d}x\,\mathrm{d}y\,\mathrm{d}z\,\mathrm{d}t$ geht das Wirkungsintegral (15.86) in:

$$S_\mathrm{F} = \frac{K}{c} \int_{t_0}^{t_1} \int_V F_{ij}F^{ij}\,\mathrm{d}\Omega \tag{15.87}$$

über. Die Wirkung lässt sich auch als Integral über die Zeit durch:

$$S_\mathrm{F} = \int_{t_0}^{t_1} L_\mathrm{F}\,\mathrm{d}t \tag{15.88}$$

darstellen. Die Funktion L_F bezeichnet die zum elektromagnetischen Feld gehörende Lagrange-Funktion und ist unschwer (15.86) zu entnehmen.

15.4.2 Wirkungsintegral auf Grund der Eigenschaften der Teilchen

Die Wirkung eines freien Teilchens, das nicht unter der Einwirkung äußerer Kräfte steht, hat in der Mechanik die Form:

$$S_\mathrm{T} = -\alpha \int_{s_0}^{s_1} \mathrm{d}s \;, \tag{15.89}$$

oder ausgedrückt durch seine Lagrange-Funktion L_T:

$$S_\mathrm{T} = \int_{t_0}^{t_1} L_\mathrm{T}\,\mathrm{d}t \tag{15.90}$$

mit α als noch wählbarer Konstanten. Setzt man unter Beachtung des Zusammenhangs zwischen dem zurückgelegten Wegstück ds und der Geschwindigkeit v des materiellen Teilchens mit c als Lichtgeschwindigkeit nach (15.16):

$$\frac{\mathrm{d}s}{c} = \sqrt{1-\left(\frac{v}{c}\right)^2}\,\mathrm{d}t \tag{15.91}$$

ein, dann folgt für die Wirkung des Teilchens:

$$S_\mathrm{T} = -\int_{t_0}^{t_1} \alpha c\sqrt{1-\left(\frac{v}{c}\right)^2}\,\mathrm{d}t\ , \tag{15.92}$$

und aus dem Vergleich mit (15.90) für die Lagrange-Funktion:

$$L_\mathrm{T} = -\alpha c\sqrt{1-\left(\frac{v}{c}\right)^2}\ . \tag{15.93}$$

Die Konstante α kennzeichnet in der Mechanik ein bestimmtes Teilchen. In Übereinstimmung mit der Erfahrung besitzt in der klassischen Mechanik jedes Teilchen eine Masse m. Um einen Zusammenhang zwischen der Konstanten α und der konstanten Ruhemasse m zu finden, geht man von der Forderung aus, dass im Grenzfall für $c \to \infty$ die Lagrange-Funktion in die klassische Form:

$$L_\mathrm{T} = \frac{mv^2}{2} \tag{15.94}$$

übergeht. Der Wurzelausdruck in (15.92) wird nun nach Potenzen von v/c entwickelt, und man erhält bis auf Glieder höherer Ordnung:

$$L_\mathrm{T} = -\alpha c\sqrt{1-\left(\frac{v}{c}\right)^2} \approx -\alpha c + \frac{\alpha v^2}{2c}\ . \tag{15.95}$$

Die Konstanten in der Lagrange-Funktion haben keinen Einfluss auf den Wert des Funktionals, denn die Variation wird definitionsgemäß hinsichtlich einer oder mehrerer Variablen vorgenommen. Sie tragen daher nicht zum Extremum bei und haben deshalb auch keinen Einfluss auf die aus der Lagrange-Funktion ableitbaren Bewegungsgleichungen. Sie können weggelassen werden.

Der Vergleich von (15.94) mit (15.95) führt deshalb bei Vernachlässigung der Konstanten αc auf $\alpha = mc$ und somit nach (15.89) auf das Wirkungsintegral eines freien Teilchens:

$$S_\mathrm{T} = -\int_{s_0}^{s_1} mc\,\mathrm{d}s\ . \tag{15.96}$$

Die Lagrange-Funktion nimmt damit die Form:

$$L_T = -mc^2\sqrt{1-\left(\frac{v}{c}\right)^2} \tag{15.97}$$

an. Sind n Teilchen (Punktmassen) vorhanden, so berechnet sich ihr Beitrag zur Wirkung aus der Summe der Wirkungen für jedes einzelne Teilchen (Prinzip der Superposition der Wirkungen) :

$$S_{\mathrm{T}} = -\sum_{l=1}^{n}\int_{s_0}^{s_1} m_l\, c\, \mathrm{d}s\ . \tag{15.98}$$

15.4.3 Wirkungsintegral infolge der Wechselwirkung zwischen Feld und Teilchen

Dieses Wirkungsintegral muss sowohl Größen, die das Teilchen, als auch Größen, die das elektromagnetische Feld charakterisieren, enthalten. Die Erfahrung lehrt, dass die Eigenschaften eines Teilchens hinsichtlich seiner Wechselwirkung mit dem elektromagnetischen Feld stets nur durch einen Parameter beschrieben werden - den der Ladung q des Teilchens - die positive Werte, negative Werte oder den Wert Null annehmen kann.

Die Eigenschaften des Feldes drücken sich durch den Vierervektor des Potenzials A_i aus. Das so definierte Viererpotenzial besteht aus den kovarianten Koordinaten, die selbst Funktion der Ortskoordinaten und der Zeit sind.

Ein in einem elektromagnetischen Feld bewegtes Teilchen erfährt jedoch nur dann eine Wirkung, wenn es selbst ladungsbehaftet ist. In Übereinstimmung mit den Herleitungen über Vierervektoren wird das Integral eines Teilchens im Feld mit den kovarianten Koordinaten des Viererpotenzials gebildet. Da hierzu die kovarianten Koordinaten eingesetzt werden, sind in Einklang mit der Tensorrechnung die kontravarianten Differenziale $\mathrm{d}x^i$ zu verwenden. Sie werden aus diesen Gründen in der Form:

$$-\int_a^b qA_i\, \mathrm{d}x^i \tag{15.99}$$

in die weiteren Rechnungen eingehen.

Der Vierervektor des Potenzials A^k setzt sich in Analogie zu (15.50) ebenfalls aus zwei Anteilen zusammen. Die drei räumlichen Koordinaten des Vierervektors erfasst man im dreidimensionalen Vektor $\boldsymbol{A}$, der das Vektorpotenzial des magnetischen Feldes darstellt. Die zeitliche Koordinate des Vierervektors in der Form $A^0 = \varphi/c$ bezeichnet das skalare Potenzial des elektrischen Feldes. Man fasst beide Potenziale in kontravarianten Koordinaten im so genannten Potenzialtensor:

$$A^i = \left(\frac{\varphi}{c}, \boldsymbol{A}\right) \tag{15.100}$$

zusammen, oder man schreibt in Übereinstimmung mit (15.50) für die kovarianten Koordinaten des Potenzialtensors:

$$A_i = \left(\frac{\varphi}{c}, -\boldsymbol{A}\right) . \tag{15.101}$$

Beides sind Vierervektoren oder Koordinaten von Tensoren erster Stufe.

Das Wirkungsintegral einer Ladung in einem elektromagnetischen Feld ergibt sich als Summe von (15.96) und (15.99) zu:

$$S = \int_a^b \left(-mc\,\mathrm{d}s - qA_i\,\mathrm{d}x^i\right) . \tag{15.102}$$

Um zur dreidimensionalen Schreibweise überzugehen, bedient man sich des Vierervektors x^i nach (15.52), so dass für die kontravarianten Differenziale:

$$\mathrm{d}x^k = (\mathrm{d}(ct), \mathrm{d}\boldsymbol{r}) \tag{15.103}$$

anzusetzen ist. Die Gleichungen (15.101) und (15.103), eingesetzt in (15.102), ergeben ausmultipliziert den Ausdruck für das nun dreidimensional geschriebene Wirkungsintegral:

$$S = \int_a^b \left(-mc\,\mathrm{d}s - q\varphi\,\mathrm{d}t + q\boldsymbol{A}\,\mathrm{d}\boldsymbol{r}\right) . \tag{15.104}$$

Führt man mit:

$$\boldsymbol{v} = \frac{\mathrm{d}\boldsymbol{r}}{\mathrm{d}t} \tag{15.105}$$

die Geschwindigkeit der Ladung im Feld ein, dann geht (15.104) mit ds aus (15.16) in:

$$S = \int_{t_0}^{t_1} \left(-mc^2\sqrt{1-\left(\frac{v}{c}\right)^2} - q\varphi + q\boldsymbol{A}\boldsymbol{v}\right) \mathrm{d}t \tag{15.106}$$

über. In vierdimensionaler Form gilt in Erweiterung von (15.99) für das Wirkungsintegral S_{FT} infolge der Wechselwirkung zwischen dem Feld und mehreren Teilchen der Zusammenhang:

> Bewegen sich n Teilchen mit den konstanten Ladungen q_l im elektromagnetischen Feld, so gilt für die Wirkung dieses Systems:
>
> $$S_{\mathrm{FT}} = -\sum_{l=1}^{n} \int_a^b q_l A_i\,\mathrm{d}x^i . \tag{15.107}$$

Anmerkung:
Für die rechnerische Auswertung sei folgendes hinzugefügt: In jedem Glied dieser Summe ist für A_i das Potenzial (Vektorpotenzial, skalares Potenzial) an der Stelle der Raumzeit einzusetzen, an der sich das jeweilige Teilchen mit der Ladung q_l gerade befindet.

15.5 Die Lagrange-Funktionen der Wirkungsintegrale

15.5.1 Die Lagrange-Funktion einer Ladung im elektromagnetischen Feld

Die Lagrange-Funktion eines freien Teilchens ist durch Gleichung (15.97) gegeben. Die Lagrange-Funktion einer Ladung im elektromagnetischen Feld ist gleich dem Integranden von (15.106), also:

$$L_{\mathrm{T}} + L_{\mathrm{FT}} = -mc^2\sqrt{1-\left(\frac{v}{c}\right)^2} - q\varphi + q\boldsymbol{A}\boldsymbol{v} \; , \tag{15.108}$$

wobei die beiden rechten Summanden die Wechselwirkung der Ladung mit dem Feld beschreiben und sich die Ladung q auf der Masse m befindet.

15.5.2 Der Feldtensor und die Berechnung von Invarianten

In die Lagrange-Funktion zur Erfassung der Eigenschaften des elektromagnetischen Feldes gehen die Feldgrößen ein, die nach (15.86) im dazugehörigen Tensor zweiter Stufe enthalten sein müssen. Aus diesem Grunde ist die Herleitung des Tensors des elektromagnetischen Feldes (Feldtensor) erforderlich, um seine Koordinaten zu bestimmen.

Der Tensor des elektromagnetischen Feldes

Zur Herleitung dieses Tensors geht man vom Wirkungsintegral nach (15.102) aus. Entsprechend dem Prinzip der kleinsten Wirkung besitzt dieses Wirkungsintegral für die tatsächliche Bewegung ein Extremum (Minimum), in welchem dessen erste Variation δS verschwindet.

Die 1. Variation der Gl. (15.102) lautet:

$$\delta S = -\delta \int_a^b \left(mc\,\mathrm{d}s + qA_i\,\mathrm{d}x^i\right) = 0 \tag{15.109}$$

Daraus folgt mit Gleichung (15.82) und der Vertauschung von Variation und Integration (ist möglich, wenn der Integrand die Voraussetzung gemäß Variationsrechnung erfüllt):

$$\delta S = -\int_a^b \left(mc\frac{\mathrm{d}x_i\,\mathrm{d}\delta x^i}{\mathrm{d}s} + qA_i\,\mathrm{d}\delta x^i + q\delta A_i\,\mathrm{d}x^i\right) \; . \tag{15.110}$$

Mit der kovarianten dimensionslosen Vierergeschwindigkeit:

$$v_i = \frac{\mathrm{d}x_i}{\mathrm{d}s} \tag{15.111}$$

geht (15.110) in:

$$\delta S = -\int_a^b \left(mc\, v_i\, \mathrm{d}\delta x^i + qA_i\, \mathrm{d}\delta x^i + q\delta A_i\, \mathrm{d}x^i\right) \tag{15.112}$$

über. Da in den zwei Termen unter dem Integral der Ausdruck $\mathrm{d}\delta x^i$ auftritt, sind diese partiell zu integrieren. Das rechte Integral bleibt unverändert. Nach erfolgter partieller Integration entsteht für die erste Variation der Ausdruck:

$$\delta S = \int_a^b \left(mc\, \mathrm{d}v_i\, \delta x^i + q\, \mathrm{d}A_i\, \delta x^i - q\delta A_i\, \mathrm{d}x^i\right) - \left[(mc\, v_i + qA_i)\, \delta x^i\right]_a^b \overset{!}{=} 0\ . \tag{15.113}$$

Der rechte Summand verschwindet, weil bei der Variation der x^i die Koordinatenwerte der Integrationsgrenzen konstant bleiben. In der Tat, eine Konstante liefert keinen Beitrag zur Variation des Funktionals oder Wirkungsintegrals.

Die Koordinaten des Viererpotenzials hängen von den Koordinaten x^j ab. Es gelten für $\mathrm{d}A_i$ und δA_i die Beziehungen:

$$\mathrm{d}A_i = \frac{\partial A_i}{\partial x^j}\, \mathrm{d}x^j\ , \qquad \delta A_i = \frac{\partial A_i}{\partial x^j}\, \delta x^j\ , \tag{15.114}$$

so dass Gleichung (15.113) in:

$$\int_a^b \left(mc\, \mathrm{d}v_i\, \delta x^i + q\, \frac{\partial A_i}{\partial x^j}\, \delta x^i\, \mathrm{d}x^j - q\, \frac{\partial A_i}{\partial x^j}\, \delta x^j\, \mathrm{d}x^i\right) = 0 \tag{15.115}$$

übergeht. Wegen:

$$\mathrm{d}v_i = \frac{\mathrm{d}v_i}{\mathrm{d}s}\, \mathrm{d}s \tag{15.116}$$

und (15.76) folgt aus (15.115) nach der Vertauschung der Indizes i und j im dritten Summanden das Integral:

$$\int_a^b \left[mc\, \frac{\mathrm{d}v_i}{\mathrm{d}s} - q\left(\frac{\partial A_j}{\partial x^i} - \frac{\partial A_i}{\partial x^j}\right) v^j\right] \delta x^i\, \mathrm{d}s = 0\ . \tag{15.117}$$

Die Größen x^i sind beliebig wählbar. Deshalb muss in (15.117) zur Erfüllung der Forderung $\delta S = 0$ der Integrand in der Klammer verschwinden:

$$mc\, \frac{\mathrm{d}v_i}{\mathrm{d}s} - q\left(\frac{\partial A_j}{\partial x^i} - \frac{\partial A_i}{\partial x^j}\right) v^j = 0\ . \tag{15.118}$$

Die in diesen Bedingungsgleichungen enthaltenen kovarianten Koordinaten:

$$F_{ij} = \frac{\partial A_j}{\partial x^i} - \frac{\partial A_i}{\partial x^j} \,, \qquad i,j = 0,1,2,3 \tag{15.119}$$

gehören zum Tensor des elektromagnetischen Feldes. Mit den kontravarianten Koordinaten F^{ij} des elektromagnetischen Feldstärketensors gehen die vier (i = 0, 1, 2, 3) Bewegungsgleichungen (15.118) in die Form:

$$mc\,\frac{\mathrm{d}v^i}{\mathrm{d}s} - q\,F^{ij}v_j = 0 \tag{15.120}$$

über. Sowohl Gleichung (15.118) als auch (15.120) stellen jede für sich die Bewegungsgleichungen einer Ladung im elektromagnetischen Feld in vierdimensionaler Schreibweise dar.

Der Feldstärketensor wurde damit aus dem Prinzip der kleinsten Wirkung hergeleitet.

Definiert man nun die elektrische Feldstärke aus den Potenzialen in der Form:

$$\boldsymbol{E} = -\frac{\partial \boldsymbol{A}}{\partial t} - \operatorname{grad}\varphi \tag{15.121}$$

und die magnetische Feldstärke durch:

$$\boldsymbol{B} = \operatorname{rot}\boldsymbol{A} \,, \tag{15.122}$$

so ergeben sich die kovarianten Koordinaten F_{ij} aus (15.119), indem dort (15.101) eingesetzt wird. Das Ergebnis lässt sich in einer Matrix ($i = 0,1,2,3$ als Zeilenindex und j = 0, 1, 2, 3 als Index für die Spalten) darstellen:

$$(F_{ij}) = \begin{pmatrix} 0 & \frac{E_x}{c} & \frac{E_y}{c} & \frac{E_z}{c} \\ -\frac{E_x}{c} & 0 & -B_z & B_y \\ -\frac{E_y}{c} & B_z & 0 & -B_x \\ -\frac{E_z}{c} & -B_y & B_x & 0 \end{pmatrix} \tag{15.123}$$

Mit (15.119) folgt unter Beachtung von (15.100) für die kontravarianten Koordinaten des vierdimensionalen Tensors des elektromagnetischen Feldes :

$$(F^{ij}) = \begin{pmatrix} 0 & -\frac{E_x}{c} & -\frac{E_y}{c} & -\frac{E_z}{c} \\ \frac{E_x}{c} & 0 & -B_z & B_y \\ \frac{E_y}{c} & B_z & 0 & -B_x \\ \frac{E_z}{c} & -B_y & B_x & 0 \end{pmatrix} \tag{15.124}$$

Vergleicht man beide Tensoren hinsichtlich der Vorzeichen an den Koordinaten, so bieten sich die abgekürzten Schreibformen:

$$\left(F_{ij}\right) = \left(\frac{1}{c}\boldsymbol{E},\, \boldsymbol{B}\right) \tag{15.125}$$

und:

$$\left(F^{ij}\right) = \left(-\frac{1}{c}\boldsymbol{E},\, \boldsymbol{B}\right) \tag{15.126}$$

an. Mit dem elektromagnetischen Feldtensor in den Koordinaten F_{ij}, F^{ij} entsprechend den Gleichungen (15.123) und (15.124) beziehungsweise in den Formen nach den Gleichungen (15.125) und (15.126) wurde eine physikalische Größe hergeleitet, die die elektrische Feldstärke und die magnetische Feldstärke in einem Tensor zweiter Stufe zusammenfasst.

Ein Vorteil des Feldtensors hebt sich klar ab: Liegen die Feldstärken in einem Inertialsystem vor, dann sind diese auch infolge der Tensordarstellung in jedem anderen Inertialsystem gegeben.

Die Verbindung zwischen den Potenzialen und den Feldstärken geben (15.121) und (15.122) in bekannter dreidimensionaler Darstellung an. Die Beziehungen (15.123) und (15.124) erfassen diese Zusammenhänge in vierdimensionaler Form. Beide Schreibweisen sind koordinateninvariant, also unabhängig in der Form vom jeweils ausgewählten Koordinatensystem.

Die Feldstärken in (15.121) und (15.122) lassen sich auch durch:

$$\boldsymbol{E} = E_i \boldsymbol{g}^i = -\frac{\partial}{\partial t}\left(A_i\, \boldsymbol{g}^i\right) - \boldsymbol{g}^i \frac{\partial \varphi}{\partial x^i} \tag{15.127}$$

und:

$$\boldsymbol{B} = \operatorname{rot} \boldsymbol{A} = \frac{1}{\sqrt{g}} A_{k,j}\left(\boldsymbol{g}^i \times \boldsymbol{g}^k\right) \tag{15.128}$$

oder:

$$B^i = (\operatorname{rot} \boldsymbol{A})^i = \frac{1}{\sqrt{g}}\left(A_{k,j} - A_{j,k}\right) \qquad (ijk) \overset{\text{zykl.}}{=} (1,\, 2,\, 3) \tag{15.129}$$

ausdrücken.

Beispiel 1:
Zur Berechnung von Koordinaten des Feldtensors wird wie folgt vorgegangen. Mit (15.119) und (15.121) gilt für die Koordinate F_{10}:

$$F_{10} = \frac{\partial A_0}{\partial x^1} - \frac{\partial A_1}{\partial x^0} = \frac{1}{c}\left(\frac{\partial \varphi}{\partial x} + \frac{\partial A_x}{\partial t}\right) = -\frac{1}{c} E_x\,. \tag{15.130}$$

Für F_{21} errechnet man im kartesischen Koordinatensystem mit $g = 1$ über (15.129) oder mit (15.119) und (15.122):

$$F_{21} = \frac{\partial A_1}{\partial x^2} - \frac{\partial A_2}{\partial x^1} = -\frac{\partial A_x}{\partial y} + \frac{\partial A_y}{\partial x} = B^z = B_z\,. \tag{15.131}$$

□

Invarianten des elektromagnetischen Feldes

Aus den hergeleiteten Ergebnissen lassen sich Invarianten berechnen. Invarianten sind solche Größen, die beim Übergang von einem Inertialsystem zu einem anderen Inertialsystem erhalten bleiben, also keine Änderung erfahren.

Ausgehend von den beiden Formen des Feldtensors sind mit (15.123) und (15.124) in vierdimensionaler Form die Produkte:

$$F_{ij}\,F^{ij} = \text{invariant} \tag{15.132}$$

$$e^{ijkl}\,F_{ij}\,F_{kl} = \text{invariant} \tag{15.133}$$

zu bilden.

Der Tensor e^{ijkl} ist vollständig, d. h. in allen Indizes, antisymmetrisch. Da in (15.133) das Produkt eines Tensors mit seinem dualen Tensor gebildet wird, ergibt sich nur ein Pseudoskalar und kein echter Skalar. Drückt man die kovarianten Koordinaten des Feldtensors mit (15.119) durch die kovarianten Viererpotenziale aus, dann geht (15.133) in die Form:

$$e^{ijkl}\,F_{ij}\,F_{kl} = 4\,\frac{\partial}{\partial x^i}\left(e^{ijkl}\,A_j\,\frac{\partial}{\partial x^k}\,A_l\right) \tag{15.134}$$

über. Wegen der enthaltenen zweimaligen Verjüngung (siehe Abschnitt 6.2.2) stellt dieser Ausdruck eine Viererdivergenz (Divergenz im vierdimensionalen Raum) dar. Die Viererdivergenz setzt sich aus der bekannten Divergenz des dreidimensionalen Raumes und der Differenziation der zeitlichen Koordinate des jeweiligen Vierervektors nach der Zeitkoordinate zusammen.

Man berechnet die Größe der Invariante nach (15.132), indem die Indizes $i = 0, 1, 2, 3$ und $j = 0, 1, 2, 3$ durchlaufen:

$$\begin{aligned} F_{ij}\,F^{ij} = \; & F_{00}F^{00} + F_{01}F^{01} + F_{02}F^{02} + F_{03}F^{03} \\ + \; & F_{10}F^{10} + F_{11}F^{11} + F_{12}F^{12} + F_{13}F^{13} \\ + \; & F_{20}F^{20} + F_{21}F^{21} + F_{22}F^{22} + F_{23}F^{23} \\ + \; & F_{30}F^{30} + F_{31}F^{31} + F_{32}F^{32} + F_{33}F^{33} \; . \end{aligned} \tag{15.135}$$

Mit den Koordinaten aus (15.123) und (15.124) entsteht:

$$\begin{aligned} F_{ij}\,F^{ij} = \; & 0 - \frac{E_x^2}{c^2} - \frac{E_y^2}{c^2} - \frac{E_z^2}{c^2} \\ & - \frac{E_x^2}{c^2} + 0 + B_z^2 + B_y^2 \\ & - \frac{E_y^2}{c^2} + B_z^2 + 0 + B_x^2 \\ & - \frac{E_z^2}{c^2} + B_y^2 + B_x^2 + 0 \end{aligned} \tag{15.136}$$

$$F_{ij}\,F^{ij} = 2\left(B_x^2 + B_y^2 + B_z^2\right) - 2\left(\frac{E_x^2}{c^2} + \frac{E_y^2}{c^2} + \frac{E_z^2}{c^2}\right)$$

$$F_{ij}\,F^{ij} = 2\left(\boldsymbol{B}^2 - \frac{\boldsymbol{E}^2}{c^2}\right) . \qquad (15.137)$$

Mit dem Übergang von (15.123) und (15.124) durch Einsetzen und Ausrechnen nach (15.136) zur dreidimensionalen Schreibweise ergibt sich eine echte Invariante. Das Produkt $F_{ij}F^{ij}$ ändert beim Wechsel von einem Koordinatensystem zu einem anderen seinen Wert nicht. Die Gleichung (15.133) führt durch Einsetzen und Ausrechnen auf den Ausdruck:

$$e^{ijkl}\,F_{ij}\,F_{kl} = \frac{E}{c}\,B = \frac{\boldsymbol{E}}{c} \cdot \boldsymbol{B} . \qquad (15.138)$$

Die Koordinaten des vollständig antisymmetrischen Einheitstensors vierter Stufe nehmen für verschiedene i, j, k, l ($i, j, k, l = 0, 1, 2, 3$) den Wert $+1$ an, wenn die Vertauschung der Indizes durch eine gerade Anzahl in die Folge 0, 1, 2, 3 überführt werden kann, jedoch den Wert -1, wenn diese Anzahl ungerade ist. Der Wert der Koordinaten für zwei gleiche Indizes wird wegen der Antisymmetrie Null. Insgesamt finden sich $4! = 24$ von Null verschiedene Koordinaten. Das Ergebnis nach (15.138) stellt ein Pseudoskalar dar, weil es aus dem Produkt eines Tensors mit seinem dualen Tensor hervorgeht.

Aus den Invarianten in (15.136) und (15.138) leiten sich zwei Schlussfolgerungen ab:

1. Sind die Beträge von E/c und B in irgendeinem Inertialsystem gleich, so gilt das auch für jedes beliebige andere Inertialsystem.
2. Sind in irgendeinem Inertialsystem das elektrische und das magnetische Feld zueinander orthogonal, also $\boldsymbol{E} \cdot \boldsymbol{B} = 0$, dann sind sie es auch in jedem anderen Inertialsystem.

15.5.3 Dreidimensionale Darstellung des Wirkungsintegrals des Feldes und seine Lagrange-Funktion

Den Ausgangspunkt für beide Darstellungen bildet das Wirkungsintegral nach (15.85) beziehungsweise nach (15.87) unter der Berücksichtigung der Invariante nach (15.136).

Das elektrische Feld enthält wegen des Zusammenhangs (15.121) die Ableitung des Vektorpotenzials nach der Zeit. Wegen des Quadrates in (15.136) geht $(\partial \boldsymbol{A}/\partial t)^2$ und damit auch $\boldsymbol{E}^2$ mit positivem Vorzeichen in das Wirkungsintegral (15.87) ein. Würde dies nicht der Fall sein, dann könnte durch eine ausreichend schnelle zeitliche Änderung des Vektorpotenzials pro Zeiteinheit ein beliebig großer negativer Wert für die Wirkung S_{F} entstehen. Die Wirkung hätte dann kein Minimum, was der Forderung des Prinzips der kleinsten Wirkung widerspricht. Die Konstante K muss demzufolge negativ sein. Ihr Zahlenwert hängt allein von der Wahl des Maßsystems ab.

Mit dem Ausdruck (15.136) für das Skalarprodukt $F_{ij}F^{ij}$ unter dem Integral geht das Wirkungsintegral S_F nach (15.85) in seine dreidimensionale Form:

$$S_\text{F} = K \int_{t_0}^{t_1} \int_V 2\left(\boldsymbol{B}^2 - \frac{\boldsymbol{E}^2}{c^2}\right) \mathrm{d}V\,\mathrm{d}t \tag{15.139}$$

über. Dreidimensional deshalb, weil die Feldvektoren $\boldsymbol{B}$ und $\boldsymbol{E}$ nur Koordinaten in die Richtungen der drei Ortsachsen haben.

Der Vergleich von (15.88) mit (15.139) ergibt die Lagrange-Funktion des elektromagnetischen Feldes:

$$L_\text{F} = K \int_V 2\left(\boldsymbol{B}^2 - \frac{\boldsymbol{E}^2}{c^2}\right) \mathrm{d}V \ . \tag{15.140}$$

15.5.4 Gesamtwirkungsintegral von Feld und Ladungen

Nach diesen Herleitungen lässt sich das Hauptresultat für alle weiteren Darlegungen und Schlussfolgerungen in einer Gleichung zum Gesamtwirkungsintegral zusammenfassen.

Das Gesamtwirkungsintegral von elektromagnetischem Feld und der in ihm befindlichen Ladungen ergibt sich durch Einsetzen von (15.87), (15.98) und (15.107) in (15.84) als:

$$S_\text{ges} = \frac{K}{c} \int_{t_0}^{t_1} \int_V F_{ij}\, F^{ij}\, \mathrm{d}\Omega - \sum_{l=1}^{n} \int_{s_0}^{s_1} m_l\, c\, \mathrm{d}s - \sum_{l=1}^{n} \int_a^b q_l\, A_i\, \mathrm{d}x^i \ . \tag{15.141}$$

In dieser Gleichung brauchen die Ladungen nicht klein im Verhältnis zur Gesamtgeometrie der elektromagnetischen Anordnung zu sein, wie das zum Beispiel beim Coulombschen Gesetz als Voraussetzung gilt. Die A_i und F_{ij} charakterisieren das gesamte elektromagnetische Feld, welches sich aus der Summe von äußerem Feld und dem von den Ladungen hervorgerufenen Feld zusammensetzt. Die Koordinaten A_i des Viererpotenzials und der Tensor des elektromagnetischen Feldes F_{ij} hängen dann sowohl von der Lage als auch von den Geschwindigkeiten der Ladungen ab.

Die beiden rechten Summanden in (15.141) ergeben für eine Ladung gerade wieder das Wirkungsintegral (15.102), das über die Variation nach (15.109) auf den Tensor des elektromagnetischen Feldes F_{ij} führt.

15.5.5 Die Lagrange-Funktion zum Gesamtwirkungsintegral

Die Lagrange-Funktion für die Wechselwirkung zwischen elektromagnetischem Feld und Ladungen setzt sich analog zum Gesamtwirkungsintegral aus den Teilen:

$$L_{\mathrm{ges}} = L_{\mathrm{F}} + L_{\mathrm{T}} + L_{\mathrm{FT}} \tag{15.142}$$

zusammen. Die Lagrange-Funktion L_{F} entnimmt man (15.140). Der Anteil L_{T} für ein Teilchen gibt (15.97) wieder.

Für ein System von Ladungen geht man zur Bestimmung der Lagrange-Funktion von (15.98) und (15.107) aus und erhält:

$$S_{\mathrm{T}} + S_{\mathrm{FT}} = -\sum_{l=1}^{n} \int_{s_0}^{s_1} m_l\, c\, \mathrm{d}s - \sum_{l=1}^{n} \int_{a}^{b} q_l\, A_i\, \mathrm{d}x^i \; . \tag{15.143}$$

Dieser Ausdruck lässt sich mit:

$$A_i = (A_0,\, -A_1,\, -A_2,\, -A_3) = \left(\frac{\varphi}{c},\, -\boldsymbol{A}\right)$$

und:

$$\mathrm{d}x^0 = c\,\mathrm{d}t \; , \quad \mathrm{d}x^1 = \mathrm{d}x \; , \quad \mathrm{d}x^2 = \mathrm{d}y \; , \quad \mathrm{d}x^3 = \mathrm{d}z$$

in:

$$\begin{aligned} S_{\mathrm{T}} + S_{\mathrm{FT}} &= -\sum_{l=1}^{n} \int_{s_0}^{s_1} m_l\, c\, \mathrm{d}s - \sum_{l=1}^{n} \int_{t_0}^{t_1} q_l\, \frac{\varphi}{c}\, c\, \mathrm{d}t \\ &\quad -\sum_{l=1}^{n} \int_{r_0}^{r_1} q_l\, \left[-A_1\, \mathrm{d}x - A_2\, \mathrm{d}y - A_3\, \mathrm{d}z\right] \end{aligned} \tag{15.144}$$

oder:

$$S_{\mathrm{T}} + S_{\mathrm{FT}} = -\sum_{l=1}^{n} \int_{s_0}^{s_1} m_l\, c\, \mathrm{d}s - \sum_{l=1}^{n} \int_{t_0}^{t_1} q_l\, \varphi\, \mathrm{d}t + \sum_{l=1}^{n} \int_{\boldsymbol{r}_0}^{\boldsymbol{r}_1} q_l\, \boldsymbol{A}\, \mathrm{d}\boldsymbol{r} \tag{15.145}$$

umschreiben.

Führt man $\boldsymbol{v}_l = \mathrm{d}\boldsymbol{r}_l/\mathrm{d}t$ als Geschwindigkeit des jeweiligen Teilchens ein und geht mit (15.16) überall zur Integration nach der Zeit über, so folgt bei Vertauschung von Summen- und Integralzeichen:

$$S_{\mathrm{T}} + S_{\mathrm{FT}} = \int_{t_0}^{t_1} \left[-\sum_{l=1}^{n} m_l\, c^2 \sqrt{1 - \left(\frac{v_l}{c}\right)^2} - \sum_{l=1}^{n} q_l\, \varphi + \sum_{l=1}^{n} q_l\, \boldsymbol{A}\, \boldsymbol{v}_l\right] \mathrm{d}t \; . \tag{15.146}$$

Die Lagrange-Funktion des Gesamtwirkungsintegrals weist unter Hinzufügung ihres Anteils L_F aus (15.140) bei dreidimensionaler Schreibweise die Form:

$$L_{\mathrm{ges}} = K \int\limits_V 2\left(\boldsymbol{B}^2 - \frac{\boldsymbol{E}^2}{c^2}\right) \mathrm{d}V - \sum_{l=1}^{n} m_l\, c^2 \sqrt{1-\left(\frac{v_l}{c}\right)^2} - \sum_{l=1}^{n} q_l\, \varphi + \sum_{l=1}^{n} q_l\, \boldsymbol{A}\, \boldsymbol{v}_l \tag{15.147}$$

auf.

15.6 Grundgleichungen der Elektromagnetik

Die Elektromagnetik baut auf zwei Gruppen von Gleichungen auf:

1. Erste Gruppe der Maxwellschen Gleichungen
2. Zweite Gruppe der Maxwellschen Gleichungen

Jede Gleichungsgruppe wird aus ihrer vierdimensionalen Darstellung hergeleitet. Für die Intensitätsgrößen $(\boldsymbol{E}, \boldsymbol{B})$ wird je eine allgemeine Aussage über die Wirbel und die Quellen getroffen.

15.6.1 Die erste Gruppe der Maxwellschen Gleichungen

Den Ausgangspunkt zur vierdimensionalen Formulierung dieser Gleichungen bildet die Definition des Tensors des elektromagnetischen Feldes. Der Zusammenhang zwischen dem vierdimensionalen Feldstärketensor (15.123) und dem vierdimensionalen Vektorpotenzial A_i aus (15.101) ist durch:

$$F_{ij} = \frac{\partial A_j}{\partial x^i} - \frac{\partial A_i}{\partial x^j}\,, \qquad i,j = 0,1,2,3 \tag{15.148}$$

gegeben und wurde aus der 1. Variation des Wirkungsintegrals (15.109) hergeleitet.

Aus Gleichung (15.148) folgt durch Differenziation nach $\partial/\partial x^k$:

$$\frac{\partial F_{ij}}{\partial x^k} - \frac{\partial}{\partial x^k}\left(\frac{\partial A_j}{\partial x^i} - \frac{\partial A_i}{\partial x^j}\right) = \frac{\partial F_{ij}}{\partial x^k} - \frac{\partial}{\partial x^i}\frac{\partial A_j}{\partial x^k} + \frac{\partial}{\partial x^j}\frac{\partial A_i}{\partial x^k} = 0\,, \tag{15.149}$$

oder durch Addition eines Summanden mit dem Wert Null:

$$\frac{\partial F_{ij}}{\partial x^k} - \frac{\partial}{\partial x^i}\frac{\partial A_j}{\partial x^k} + \frac{\partial}{\partial x^j}\frac{\partial A_i}{\partial x^k} + \frac{\partial}{\partial x^i}\frac{\partial A_k}{\partial x^j} - \frac{\partial}{\partial x^i}\frac{\partial A_k}{\partial x^j} = 0\,. \tag{15.150}$$

Durch Ausklammerung ergibt sich:

$$\frac{\partial F_{ij}}{\partial x^k} + \frac{\partial}{\partial x^i}\left(\frac{\partial A_k}{\partial x^j} - \frac{\partial A_j}{\partial x^k}\right) + \frac{\partial}{\partial x^j}\left(\frac{\partial A_i}{\partial x^k} - \frac{\partial A_k}{\partial x^i}\right) = 0\,, \tag{15.151}$$

oder umgeschrieben ein Tensor dritter Stufe (auf der rechten Seite steht die jeweilige Koordinaten des Nulltensors dritter Stufe):

$$\frac{\partial F_{ij}}{\partial x^k} + \frac{\partial F_{jk}}{\partial x^i} + \frac{\partial F_{ki}}{\partial x^j} = 0 . \tag{15.152}$$

Das Ergebnis in (15.152) geht damit aus (15.148) direkt hervor. Wie sich zeigen wird, liegt mit der Bestimmung des Tensors des elektromagnetischen Feldes fest, dass ohne weitere Bedingungen aus ihm über (15.152) die erste Gruppe der Maxwellschen Gleichungen folgt.

Die Indizes i, j, k sind im Tensor (15.152) zyklisch angeordnet. Wegen der Antisymmetrie von (15.148) und wegen der zyklischen Vertauschung der Indizes in (15.152) ist dieser Tensor in allen drei Indizes selbst antisymmetrisch, und seine Koordinaten sind nur für $i \neq j \neq k$ von Null verschieden. Anders ausgedrückt: Gilt zum Beispiel in (15.148) $i = j$, so folgt wegen der Antisymmetrie:

$$F_{jj} = \frac{\partial A_j}{\partial x^j} - \frac{\partial A_j}{\partial x^j} = 0 , \tag{15.153}$$

und damit auch das Verschwinden der Ableitung von F_{jj}. Berücksichtigt man die vier möglichen Werte (0, 1, 2, 3) für jeden Index, so entstehen wegen:

$$\begin{pmatrix} 4 \\ 3 \end{pmatrix} = 4 \tag{15.154}$$

aus (15.152) nur vier nicht identisch erfüllte Gleichungen.

In der Tat geht für $i = 0$, $j = 1$, $k = 2$ der Tensor dritter Stufe (15.152) über in:

$$\frac{\partial F_{01}}{\partial x^2} + \frac{\partial F_{12}}{\partial x^0} + \frac{\partial F_{20}}{\partial x^1} = 0 , \tag{15.155}$$

und mit den Koordinaten aus (15.41) und aus (15.123) gilt:

$$\frac{\partial \frac{E_x}{c}}{\partial y} \quad \frac{\partial B_z}{\partial (ct)} \quad \frac{\partial \frac{E_y}{c}}{\partial x} = 0 . \tag{15.156}$$

Dieser Ausdruck wird in die Form:

$$\frac{\partial E_y}{\partial x} - \frac{\partial E_x}{\partial y} = -\frac{\partial B_z}{\partial t} \tag{15.157}$$

umgeschrieben, und man erkennt die z-Koordinate der dreidimensionalen inhomogenen Rotation der elektrischen Feldstärke. Diese Gleichung beinhaltet damit die z-Koordinate des Induktionsgesetzes in Differenzialform.

Für die Indexwerte $i = 0$, $j = 1$ und $k = 3$ folgt aus (15.152):

$$\frac{\partial F_{01}}{\partial x^3} + \frac{\partial F_{13}}{\partial x^0} + \frac{\partial F_{30}}{\partial x^1} = \frac{\partial \frac{E_x}{c}}{\partial z} + \frac{\partial B_y}{\partial (ct)} - \frac{\partial \frac{E_z}{c}}{\partial x} = 0 , \tag{15.158}$$

und umgeschrieben:

$$\frac{\partial E_x}{\partial z} - \frac{\partial E_z}{\partial x} = -\frac{\partial B_y}{\partial t} \; . \tag{15.159}$$

Diese Gleichung stellt die y-Koordinate des Induktionsgesetzes in Differenzialform dar. In derselben Art und Weise ergibt sich für $i = 3$, $j = 0$ und $k = 2$ die dritte Koordinate der Rotation:

$$\frac{\partial E_z}{\partial y} - \frac{\partial E_y}{\partial z} = -\frac{\partial B_x}{\partial t} \; . \tag{15.160}$$

Alle drei Koordinaten zusammengefasst liefern die bekannte Maxwellsche Gleichung:

$$\operatorname{rot} \boldsymbol{E} = -\frac{\partial \boldsymbol{B}}{\partial t} \; , \tag{15.161}$$

oder physikalisch ausgedrückt, das Induktionsgesetz in Differenzialform.

Für die Indexwerte $i = 3$, $j = 2$ und $k = 1$ folgt aus (15.152) mit (15.123):

$$\frac{\partial F_{32}}{\partial x^1} + \frac{\partial F_{13}}{\partial x^2} + \frac{\partial F_{21}}{\partial x^3} = \frac{\partial B_x}{\partial x} + \frac{\partial B_y}{\partial y} + \frac{\partial B_z}{\partial z} = 0 \; , \tag{15.162}$$

oder:

$$\operatorname{div} \boldsymbol{B} = 0 \; . \tag{15.163}$$

Diese Gleichung beinhaltet die physikalische Gegebenheit der Quellenfreiheit der magnetischen Flussdichte.

Die Gleichungen (15.161) und (15.163) bilden die erste Gruppe der Maxwellschen Gleichungen. Sie sind dreidimensional. Begrifflich ist zwischen dieser dreidimensionalen Darstellung und einem Tensor dritter Stufe streng zu unterscheiden. Ein Tensor dritter Stufe (ein Tensor mit drei freien Indizes) beschreibt nach (15.152) in vierdimensionaler Darstellung jedoch dieselben Vorgänge:

15.6.2 Die zweite Gruppe der Maxwellschen Gleichungen

Die beiden Gleichungen (15.161) und (15.163) bestimmen die Eigenschaften des elektromagnetischen Feldes noch nicht vollständig. Sie erlauben zwar die Berechnung der zeitlichen Änderung des magnetischen Feldes, nicht aber die des elektrischen Feldes. Man erkennt dies hier daran, dass in ihnen die zeitliche Änderung der elektrischen Feldstärke fehlt.

Bei der Herleitung des Gesamtwirkungsintegrals (15.141) besteht keine Einschränkung hinsichtlich der geometrischen Abmessungen der Ladungen. Demzufolge brauchen die Ladungen bei der auf dem Prinzip der kleinsten Wirkung beruhenden Theorie nicht als punktförmig angesehen zu werden, sondern man kann sie als stetig im Raum verteilt annehmen. Um diese elektrotechnische Gegebenheit in (15.141) zu berücksichtigen, wird von der Ladung q zur Stromdichte übergegangen.

Vierervektor der Stromdichte

Die elektrische Ladung ist durch ihre Definition eine Invariante und somit vom Bezugssystem unabhängig. Die Raumladungsdichte ϱ hängt im Wert vom Bezugssystem ab, nicht aber die Größe $\varrho\,\mathrm{d}V$. Um das zu zeigen, geht man von:

$$\mathrm{d}q = \varrho\,\mathrm{d}V \tag{15.164}$$

aus und multipliziert auf beiden Seiten mit dem Vierervektor $\mathrm{d}x^i$:

$$\mathrm{d}q\,\mathrm{d}x^i = \varrho\,\mathrm{d}V\,\mathrm{d}x^i = \varrho\frac{\mathrm{d}x^i}{\mathrm{d}t}\mathrm{d}V\,\mathrm{d}t \tag{15.165}$$

Da $\mathrm{d}x^i$ ein Vierervektor und $\mathrm{d}q$ ein Skalar sind, muss $\mathrm{d}q\,\mathrm{d}x^i$ ein Vierervektor sein. Demzufolge stellt stellt auch die rechte Seite von (15.165) einen Vierervektor dar. Das Produkt $\mathrm{d}V\,\mathrm{d}t$ verkörpert selbst einen Skalar. Damit ist $\varrho\,\mathrm{d}x^i/\mathrm{d}t$ wiederum ein Vierervektor, der mit:

$$j^i = \varrho\,\frac{\mathrm{d}x^i}{\mathrm{d}t} \tag{15.166}$$

bezeichnet wird. Seine kontravarianten Koordinaten setzen sich aus den drei räumlichen Koordinaten des gewöhnlichen räumlichen Stromdichtevektors ($\boldsymbol{v}$ bezeichnet die Geschwindigkeit der Ladungen):

$$\boldsymbol{j} = \varrho\,\boldsymbol{v} \tag{15.167}$$

und einer zeitlichen Koordinate $c\varrho$ zusammen, so dass in Analogie zu den Gleichungen (15.100) und (15.101):

$$j^i = (c\varrho,\, \boldsymbol{j}\,) \tag{15.168}$$

und:

$$j_i = (c\varrho,\, -\boldsymbol{j}\,) \tag{15.169}$$

gelten.

Um im Gesamtwirkungsintegral (15.141) den Vierervektor der Stromdichte zu berücksichtigen, wird dort der rechte Summand umgeschrieben, indem die Punktladungen q_l durch die stetige Ladungsverteilung ϱ ersetzt werden. Die Integration wird über das Volumen $\mathrm{d}V$ vorgenommen. Damit geht das Summenzeichen über in ein Integral. Man erhält für diesen Summanden:

$$\int\limits_V \varrho A_i\,\mathrm{d}x^i\,\mathrm{d}V = \int\limits_V \varrho A_i\,\frac{\mathrm{d}x^i}{\mathrm{d}t}\,\mathrm{d}V\;\mathrm{d}t = \frac{1}{c}\int\limits_\Omega A_i\,j^i\,\mathrm{d}\Omega\,. \tag{15.170}$$

Eingesetzt in (15.141) nimmt das Gesamtwirkungsintegral des elektromagnetischen Feldes die Form:

$$S_{\mathrm{ges}} = -\frac{K}{c}\int\limits_{t_0}^{t_1}\int\limits_V F_{ij}\,F^{ij}\,\mathrm{d}\Omega - \sum_{l=1}^{n}\int\limits_{s_0}^{s_1} m_l\,c\,\mathrm{d}s - \frac{1}{c}\int\limits_\Omega A_i\,j^i\,\mathrm{d}\Omega \tag{15.171}$$

an.

Herleitung der zweiten Gleichungsgruppe aus dem Prinzip der kleinsten Wirkung

Damit sind die Voraussetzungen geschaffen für das Gesamtwirkungsintegral bei stetiger Ladungsverteilung. Zur Herleitung der Gleichungen der Elektromagnetik aus dem Prinzip der kleinsten Wirkung ist einerseits die Bewegung der Ladung als vorgegeben anzusehen, und die Potenziale werden variiert. Andererseits hat man für die Herleitung der Bewegungsgleichungen das elektromagnetische Feld als gegeben zu betrachten, und es werden die Bahnkurven variiert.

Bildet man nun vom Gesamtwirkungsintegral (15.171) die erste Variation und lässt die Bahnkurven unverändert, dann verschwindet der mittlere Summand. Die Viererstromdichte j^i darf nicht mit variiert werden, weil sie infolge der unveränderten Bahnkurven für die Ladungsträger selbst keine Veränderung erfährt. Es gilt der Ausdruck:

$$\delta S = \frac{K}{c} \int\limits_{\Omega} \delta \left(F_{ij} F^{ij} \right) \mathrm{d}\Omega - \frac{1}{c} \int\limits_{\Omega} \delta \left(A_i j^i \right) \mathrm{d}\Omega = 0 \; . \tag{15.172}$$

Führt man allgemein die Variation für beide Integranden aus, so folgt mit der Produktregel:

$$\delta S = \frac{K}{c} \int\limits_{\Omega} \left(\delta F^{ij} F_{ij} + F^{ij} \delta F_{ij} \right) \mathrm{d}\Omega - \frac{1}{c} \int\limits_{\Omega} j^i \delta A_i \, \mathrm{d}\Omega \; , \tag{15.173}$$

und mit (15.123) und (15.124):

$$\delta S = \int\limits_{\Omega} \left[\frac{2K}{c} F^{ij} \delta F_{ij} - \frac{1}{c} j^i \delta A_i \right] \mathrm{d}\Omega \; . \tag{15.174}$$

Für den kovarianten Feldtensor F_{ij} setzt man (15.119) ein, um dann nach einigen Zwischenrechnungen einen Tensor dritter Stufe mit den kontravarianten Koordinaten zu bilden. Es ergeben sich:

$$\delta S = \int\limits_{\Omega} \left[\frac{2K}{c} \left(F^{ij} \frac{\partial}{\partial x^i} \delta A_j - F^{ij} \frac{\partial}{\partial x^j} \delta A_i \right) - \frac{1}{c} j^i \delta A_i \right] d\Omega \; , \tag{15.175}$$

oder nach Vertauschung der Indizes i und j (über alle Indizes wird summiert und deshalb ist es gleich wenn man i oder j verwendet) im ersten Summanden unter Beachtung der Antisymmetrie des Feldtensors ($F^{ji} = -F^{ij}$):

$$\delta S = \int\limits_{\Omega} \left[-\frac{4K}{c} F^{ij} \frac{\partial}{\partial x^j} \delta A_i - \frac{1}{c} j^i \delta A_i \right] \mathrm{d}\Omega \; . \tag{15.176}$$

Nach der partiellen Integration des ersten Summanden und der Anwendung des vierdimensionalen Gaußschen Satzes ([61], S. 25) erhält man für δS:

$$\delta S = \int\limits_{\Omega} \left[\frac{4K}{c} \frac{\partial F^{ij}}{\partial x^j} - \frac{1}{c} j^i \right] \delta A_i \, \mathrm{d}\Omega - \frac{4K}{c} \int\limits_{S_j} F^{ij} \delta A_i \, \mathrm{d}S_j \; . \tag{15.177}$$

Das rechte Integral in (15.177) liefert keinen Beitrag zu δS, denn es sind die Werte von $F^{ij}\,\delta A_i$ an den vierdimensionalen Grenzen einzusetzen. Die drei räumlichen Integrationsgrenzen befinden sich im Unendlichen. Dort verschwindet das Feld. An den Zeitintegrationsgrenzen (Anfangs- und Endpunkt) verschwindet nach Voraussetzung (6.17) die Variation der Potenziale. Damit liefert dieses Integral immer den Wert Null und (15.177) geht in:

$$\delta S = \int\limits_{\Omega} \left[\frac{4K}{c} \frac{\partial F^{ij}}{\partial x^j} - \frac{1}{c} j^i \right] \delta A_i \, \mathrm{d}\Omega = 0 \tag{15.178}$$

über. Da nach dem Prinzip der kleinsten Wirkung die Variationen für δA_i beliebig vorgenommen werden können, muss zur Erfüllung von (15.178) der Integrand selbst Null sein. Es gilt demzufolge die Tensorgleichung (im linken Summanden wird über den Index $j = 0, 1, 2, 3$ summiert):

$$\frac{4K}{c} \frac{\partial F^{ij}}{\partial x^j} - \frac{1}{c} j^i = 0 \tag{15.179}$$

oder:

$$\frac{\partial F^{ij}}{\partial x^j} = \frac{1}{4K} j^i \,. \tag{15.180}$$

Aus dieser Gleichung folgt für $i = 1$ und $j = 0, 1, 2, 3$:

$$\frac{\partial F^{10}}{\partial x^0} + \frac{\partial F^{11}}{\partial x^1} + \frac{\partial F^{12}}{\partial x^2} + \frac{\partial F^{13}}{\partial x^3} = \frac{1}{4K} j^1 \,. \tag{15.181}$$

Mit den Koordinaten des kontravarianten Tensors (15.124) geht (15.180) in die Form:

$$\frac{\partial \frac{E_x}{c}}{\partial (ct)} - \frac{\partial B_z}{\partial y} + \frac{\partial B_y}{\partial z} = \frac{1}{4K} j_x \tag{15.182}$$

oder umgestellt:

$$\frac{\partial B_z}{\partial y} - \frac{\partial B_y}{\partial z} = \frac{1}{c^2} \frac{\partial E_x}{\partial t} - \frac{1}{4K} j_x \tag{15.183}$$

über. Mit den Werten $i = 2, 3$ und $j = 0, 1, 2, 3$ und den Koordinaten aus (15.124) kann (15.180) in die dreidimensionale vektorielle Gestalt:

$$\operatorname{rot} \boldsymbol{B} = \frac{1}{c^2} \frac{\partial \boldsymbol{E}}{\partial t} - \frac{1}{4K} \boldsymbol{j} \tag{15.184}$$

überführt werden.

Für $i = 0$ und wiederum mit $j = 0, 1, 2, 3$ geht (15.180) in:

$$\frac{\partial F^{00}}{\partial x^0} + \frac{\partial F^{01}}{\partial x^1} + \frac{\partial F^{02}}{\partial x^2} + \frac{\partial F^{03}}{\partial x^3} = \frac{1}{4K} j^0 \,, \tag{15.185}$$

oder mit eingesetzten Tensorkoordinaten und umgeformt in den Ausdruck:

$$\operatorname{div} \boldsymbol{E} = -\frac{1}{4K} c^2 \varrho \tag{15.186}$$

über.

Mit (15.161), (15.163), (15.184) und (15.186) sind die vier Maxwell-Gleichungen über das Prinzip der kleinsten Wirkung hergeleitet worden. Für die Feldstärken der Elektromagnetik $\boldsymbol{E}$ und $\boldsymbol{B}$ wird je eine Aussage über ihre Wirbel und ihre Quellen getroffen.

Die Maxwellschen Gleichungen sind in (15.152) und (15.180) als Tensorgleichungen dargestellt. Auf der rechten Seite von (15.152) steht ohne besondere Kennzeichnung der Nulltensor. Gilt eine solche Gleichung in einem beliebigen Koordinatensystem, dann hat sie auch in jedem anderen Koordinatensystem wegen der Anwendung des gleichen Transformationsgesetzes auf beiden Seiten dieser Gleichung Gültigkeit.

Die zweite Gruppe der Maxwellschen Gleichungen bietet durch die freie Wählbarkeit der Konstanten K eine noch zu treffende Festlegung hinsichtlich des zu verwendenden Maßsystems. Beide Gleichungen enthalten den konstanten Faktor:

$$c^2 = \frac{1}{\mu_0\,\varepsilon_0}\,, \tag{15.187}$$

wobei μ_0 die absolute magnetische Permeabilität des Vakuums und ε_0 die Dielektrizitätskonstante (Influenzkonstante) des Vakuums sind.

Unter Beachtung des negativen Vorzeichens des rechten Terms in (15.186) oder des positiven Vorzeichens des linken Summanden in (15.170) wird die Festlegung:

$$K = -\frac{1}{4\mu_0} \tag{15.188}$$

getroffen, so dass aus (15.184) und (15.186) die Gleichungen:

$$\operatorname{rot}\boldsymbol{B} = \mu_0\,\varepsilon_0\,\frac{\partial \boldsymbol{E}}{\partial t} + \mu_0\,\boldsymbol{j} \tag{15.189}$$

und:

$$\operatorname{div}\boldsymbol{E} = \frac{\varrho}{\varepsilon_0} \tag{15.190}$$

hervorgehen. Beim Übergang von den Feldgrößen $\boldsymbol{B}$ und $\boldsymbol{E}$ zu denen von $\boldsymbol{H}$ und $\boldsymbol{D}$ folgen aus (15.189) und (15.190) mit:

$$\boldsymbol{B} = \mu_0\boldsymbol{H} \tag{15.191}$$

und:

$$\boldsymbol{D} = \varepsilon_0\boldsymbol{E} \tag{15.192}$$

die Gleichungen:

$$\operatorname{rot}\boldsymbol{H} = \frac{\partial \boldsymbol{D}}{\partial t} + \boldsymbol{j} \tag{15.193}$$

und:

$$\operatorname{div}\boldsymbol{D} = \varrho\,, \tag{15.194}$$

die von μ_0 und ε_0 unabhängig sind. Diese Gleichung wird auch als Gaußscher Satz (der Elektrostatik) bezeichnet.

Im Falle des Übergangs vom Vakuum zu einem beliebigen Medium stehen die Feldgrößen $\boldsymbol{B}$ und $\boldsymbol{H}$ beziehungsweise $\boldsymbol{D}$ und $\boldsymbol{E}$ über die allgemeineren Materialgleichungen:

$$\boldsymbol{B} = \mu_0 \, \mu_{\mathrm{r}} \, \boldsymbol{H} \tag{15.195}$$

und:

$$\boldsymbol{D} = \varepsilon_0 \, \varepsilon_{\mathrm{r}} \, \boldsymbol{E} \tag{15.196}$$

in Beziehung. Damit gelten die Maxwellschen Gleichungen auch für beliebige Medien.

Mit der Festlegung der Konstanten K nach (15.188) liegen die Maxwellschen Gleichungen (15.161), (15.163), (15.193) und (15.194) in einem genau festgelegten Maßsystem vor. Dieses Maßsystem heißt Internationales System (SI-Maßsystem).

Beide Gruppen der Maxwellschen Gleichungen sind das Ergebnis zweier Extremwertaufgaben in Integralform und unterliegen dem Prinzip der kleinsten Wirkung. Sie bestimmen das elektromagnetische Feld vollständig. Sie bilden die Berechnungsgrundlagen dieses Feldes und seiner Theorie, der *Elektromagnetik.* Maxwell knüpfte im Jahre 1873 an experimentellen Ergebnissen und dem Begriffsystem des 19. Jahrhunderts an, fasste in seinen Gleichungen sämtliche Kenntnisse über die Elektrizität zusammen und beschrieb sie mit genialer Einfachheit. Maxwell erfasste mit seinen Gleichungen nicht nur die bis dahin bekannten Versuchsergebnisse, sondern schuf auch die theoretischen Grundlagen für Experimente in den nachfolgenden Jahrzehnten. Die Gl. 15.193 heißt aus der Tradition heraus *Erste Maxwellsche Gleichung* und die Gl. (15.161) führt die Bezeichnung *Zweite Maxwellsche Gleichung.*

15.7 Zusammenstellung der Formen von Gesamtwirkungsintegral und Gesamt-Lagrange-Funktion

Das Gesamtwirkungsintegral von elektromagnetischem Feld und der in ihm befindlichen Ladungen (15.141) hat in vierdimensionaler Schreibweise mit der nun festgelegten Konstanten $K = -\frac{1}{4\mu_0}$ die endgültige Form:

$$S_{\mathrm{ges}} = -\frac{1}{4\mu_0 \, c} \int\limits_{t_0}^{t_1} \int\limits_{V} F_{ij} F^{ij} \, \mathrm{d}\Omega - \sum_{l=1}^{n} \int\limits_{s_0}^{s_1} m_l \, c \, \mathrm{d}s - \sum_{l=1}^{n} \int\limits_{a}^{b} q_l \, A_i \, \mathrm{d}x^i \, . \tag{15.197}$$

Die Konstante K muss mit negativem Vorzeichen eingehen, denn bei sonst gleichen Bedingungen und positivem K hätte (15.197) kein Minimum, sondern einen höheren Wert, was dem Prinzip der kleinsten Wirkung widerspräche.

Wird im rechten Term von (15.197) die Summe der Ladungen durch die Integration über die stetige Ladungsverteilung im ganzen Raum ersetzt (15.170), so folgt:

$$S_{\text{ges}} = -\frac{1}{4\mu_0\, c}\int\limits_{t_0}^{t_1}\int\limits_V F_{ij}F^{ij}\,\mathrm{d}\Omega - \sum_{l=1}^{n}\int\limits_{s_0}^{s_1} m_l\, c\,\mathrm{d}s - \frac{1}{c}\int\limits_{t_0}^{t_1}\int\limits_V A_i\, j^i\,\mathrm{d}\Omega\,. \tag{15.198}$$

Um aus diesem Wirkungsintegral die Gesamt-Lagrange-Funktion zu gewinnen, werden alle Terme in die Integration nach der Zeit t umgeschrieben. Mit den bekannten Größen für ds und dΩ ergibt sich:

$$S_{\text{ges}} = \int\limits_{t_0}^{t_1}\left[-\frac{1}{4\mu_0}\int\limits_V F_{ij}F^{ij}\,\mathrm{d}V - \sum_{l=1}^{n} m_l\, c^2\sqrt{1-\left(\frac{v_l}{c}\right)^2} - \int\limits_V A_i\, j^i\,\mathrm{d}V\right]\mathrm{d}t\,. \tag{15.199}$$

Der unter dem Integranden stehende Ausdruck ist die Lagrange-Funktion für stetige Ladungsverteilungen:

$$L_{\text{ges}} = -\frac{1}{4\mu_0}\int\limits_V F_{ij}F^{ij}\,\mathrm{d}V - \sum_{l=1}^{n} m_l\, c^2\sqrt{1-\left(\frac{v_l}{c}\right)^2} - \int\limits_V A_i\, j^i\,\mathrm{d}V\,, \tag{15.200}$$

wobei zu beachten ist, dass sich die Masse m_l mit der Geschwindigkeit $\boldsymbol{v}_l$ bewegt.

Befindet sich nur eine Masse bei stetiger Ladungsverteilung im elektromagnetischen Feld, dann haben (15.199) bzw. (15.200) die Form:

$$S_{\text{ges}} = \int\limits_{t_0}^{t_1}\left[-\frac{1}{4\mu_0}\int\limits_V F_{ij}F^{ij}\,\mathrm{d}V - mc^2\sqrt{1-\left(\frac{v}{c}\right)^2} - \int\limits_V A_i\, j^i\,\mathrm{d}V\right]\mathrm{d}t \tag{15.201}$$

beziehungsweise:

$$L_{\text{ges}} = -\frac{1}{4\mu_0}\int\limits_V F_{ij}F^{ij}\,\mathrm{d}V - mc^2\sqrt{1-\left(\frac{v}{c}\right)^2} - \int\limits_V A_i\, j^i\,\mathrm{d}V\,. \tag{15.202}$$

Das Gesamtwirkungsintegral mit den dreidimensionalen Feldgrößen (Feldvektoren) für diskrete Ladungen liefert bei Addition der Gleichungen (15.139) und (15.146) und eingesetztem $K = -1/4\mu_0$:

$$\begin{aligned} S_{\text{ges}} \;=\; & \int\limits_{t_0}^{t_1}\Bigg[-\frac{1}{2\mu_0}\int\limits_V\left(\boldsymbol{B}-\frac{\boldsymbol{E}^2}{c^2}\right)\mathrm{d}V \\ & - \sum_{l=1}^{n}\left(m_l\, c^2\sqrt{1-\left(\frac{v_l}{c}\right)^2} - q_l\,\varphi + q_l\,\boldsymbol{A}\,\boldsymbol{v}_l\right)\Bigg]\mathrm{d}t\,, \end{aligned} \tag{15.203}$$

woraus die Lagrange-Funktion gleich dem Integranden aus (15.203) zu entnehmen ist:

$$L_{\text{ges}} = -\frac{1}{2\mu_0}\int\limits_V\left(\boldsymbol{B}-\frac{\boldsymbol{E}^2}{c^2}\right)\mathrm{d}V - \sum_{l=1}^{n}\left(m_l\, c^2\sqrt{1-\left(\frac{v_l}{c}\right)^2} - q_l\,\varphi + q_l\,\boldsymbol{A}\,\boldsymbol{v}_l\right) \tag{15.204}$$

Für ein Teilchen der Ruhemasse m als Träger der Ladung q geht (15.203) in den Ausdruck:

$$L_{\text{ges}} = -\frac{1}{2\mu_0}\int\limits_V \left(\boldsymbol{B} - \frac{\boldsymbol{E}^2}{c^2}\right) \mathrm{d}V - mc^2\sqrt{1-\left(\frac{v}{c}\right)^2} - q\varphi + q\boldsymbol{A}\,\boldsymbol{v} \qquad (15.205)$$

über. Der erste Term gibt die Lagrange-Funktion des Feldes wieder, die anderen Terme bilden die Lagrange-Funktion einer Ladung im elektromagnetischen Feld. Die Wechselwirkung dieser Ladung mit dem Feld beschreibt der Anteil $q\,\boldsymbol{A}\,\boldsymbol{v} - q\,\varphi$.

15.8 Drei- und vierdimensionale Form der Kontinuitätsgleichung

Die im Raum V befindliche Ladung Q ist gleich dem Integral:

$$Q = \int\limits_V \varrho\,\mathrm{d}V\,. \qquad (15.206)$$

Erfolgt diese Integration über eine zur x^0-Achse senkrechte Hyperfläche des vierdimensionalen Raumes, so erfasst diese Integration auch den ganzen dreidimensionalen Raum. Mit (15.166) gilt für $i = 0$:

$$\varrho = \frac{j^0}{c}\,, \qquad (15.207)$$

so dass (15.206) in das vierdimensional geschriebene Integral:

$$Q = \int\limits_V \varrho\,\mathrm{d}V = \frac{1}{c}\int\limits_V j^0\,\mathrm{d}V = \frac{1}{c}\int\limits_{S_i} j^i\,\mathrm{d}S_i \qquad \text{mit} \qquad i = 1,\,2,\,3 \qquad (15.208)$$

übergeht. Das rechte Integral enthält die dreidimensionale Stromdichte $\boldsymbol{j}$ und liefert, integriert über den dreidimensionalen Raum, die in diesem befindliche Ladungsmenge. Wird die Gleichung (15.208) partiell nach der Zeit differenziert, dann gibt der Ausdruck:

$$\frac{\partial}{\partial t}\int\limits_V \varrho\,\mathrm{d}V = \frac{1}{c}\frac{\partial}{\partial t}\int\limits_{S_i} j^i\,\mathrm{d}S_i \qquad (15.209)$$

die zeitliche Änderung der im Integrationsgebiet enthaltenen Ladungsmenge an. Die Größe wird wiederum durch die Ladungsmenge bestimmt, die in der Zeiteinheit aus dem Integrationsgebiet heraus oder hineinfließt. Das Oberflächenelement dieses Gebietes sei $\mathrm{d}\boldsymbol{A}_\mathrm{f}$. Die sich pro Zeiteinheit durch das Oberflächenelement $\mathrm{d}\boldsymbol{A}_\mathrm{f}$ bewegende Ladungsmenge ist:

$$\varrho\,\boldsymbol{v}\,\mathrm{d}\boldsymbol{A}_\mathrm{f}\,, \qquad (15.210)$$

wenn $\boldsymbol{v}$ die Geschwindigkeit der Ladungsmenge an der Stelle des Oberflächenelementes darstellt. Wird vereinbart, dass der Vektor $\mathrm{d}\boldsymbol{A}_\mathrm{f}$ des Oberflächenelementes vom zu untersuchenden Gebiet nach außen zeigt, dann ist (15.206) bei positivem ϱ selbst positiv. Die Ladung verlässt das Gebiet. Im Falle ihres Eintritts in das Gebiet wird der Ausdruck negativ. Die gesamte Ladungsmenge, die je Zeiteinheit dieses Gebiet verlässt, errechnet sich aus dem über eine geschlossene Oberfläche erstreckten Integral. Die linke Seite von (15.209) ist demzufolge dreidimensional geschrieben auch gleich:

$$\frac{\partial}{\partial t}\int\limits_V \varrho \,\mathrm{d}V = -\oint\limits_{A_\mathrm{f}} \varrho \boldsymbol{v} \,\mathrm{d}\boldsymbol{A}_\mathrm{f} \ . \tag{15.211}$$

Diese Gleichung stellt die in Integralform geschriebene Kontinuitätsgleichung dar und drückt die Erhaltung der Ladung aus. Mit der dreidimensionalen Stromdichte in der Form:

$$\varrho \boldsymbol{v} = \boldsymbol{j} \tag{15.212}$$

geht (15.211) in den Ausdruck:

$$\frac{\partial}{\partial t}\int\limits_V \varrho \,\mathrm{d}V = -\oint\limits_{A_\mathrm{f}} \boldsymbol{j} \,\mathrm{d}\boldsymbol{A}_\mathrm{f} \tag{15.213}$$

über. Zum Verständnis von $\mathrm{d}S_i$ und $\mathrm{d}\boldsymbol{A}_\mathrm{f}$ sei auf folgenden Unterschied hingewiesen: Das Flächenelement $\mathrm{d}S_i$ ist ein infinitesimales Flächenelement auf einer Hyperfläche im vierdimensionalen Raum, wobei diese den ganzen dreidimensionalen Raum umschließt. Das Flächenelement $\mathrm{d}\boldsymbol{A}_\mathrm{f}$ ist ebenfalls ein infinitesimales Flächenelement, jedoch auf der Oberfläche des dreidimensionalen Raumes. Die Integrationen auf den rechten Seiten in (15.209) bzw. in (15.213) erstrecken sich demzufolge über dasselbe Gebiet.

Die bekanntere Differenzialform der Kontinuitätsgleichung leitet sich aus (15.213), wenn ihre rechte Seite mit dem Gaußschen Satz (der Mathematik) umgeformt wird. Es gilt dann:

$$\frac{\partial}{\partial t}\int\limits_V \varrho \,\mathrm{d}V = -\int\limits_V \operatorname{div} \boldsymbol{j} \,\mathrm{d}V \tag{15.214}$$

oder:

$$\int\limits_V \left(\operatorname{div} \boldsymbol{j} + \frac{\partial}{\partial t}\varrho\right) \mathrm{d}V = 0 \ . \tag{15.215}$$

Diese Gleichung muss für beliebige Integrationsgebiete gelten. Das ist genau dann der Fall, wenn der Integrand verschwindet, also:

$$\operatorname{div} \boldsymbol{j} + \frac{\partial \varrho}{\partial t} = 0 \tag{15.216}$$

ist. Die Gleichung (15.216) stellt die Kontinuitätsgleichung in Differenzialform im dreidimensionalen Raum dar. Mit der Viererstromdichte nach (15.166) erhält die Kontinuitätsgleichung ihre vierdimensionale Form durch:

$$\frac{\partial j^i}{\partial x^i} = 0 \ , \tag{15.217}$$

was summiert über $i = 0, 1, 2, 3$ (zweite Einsteinsche Summationskonvention) gleichbedeutend mit:

$$\frac{\partial j^0}{\partial x^0} + \frac{\partial j^1}{\partial x^1} + \frac{\partial j^2}{\partial x^2} + \frac{\partial j^3}{\partial x^3} = 0 \tag{15.218}$$

ist und mathematisch die vierdimensionale Divergenz ausdrückt. Mit $j^0 = c\varrho$ und $x^0 = ct$ erkennt man unschwer die dreidimensionale Gestalt in (15.216) wieder.

Hier zeigt sich der Vorteil der Definition des Abstandes ds zweier infinitesimaler Ereignisse nach (15.6). Wären dort die imaginäre Einheit j eingeführt und somit lauter positive Vorzeichen festgelegt worden, so müssten folgerichtig $x^0 = \mathrm{j}\, ct$ und $j^0 = \mathrm{j}\, c\varrho$ angesetzt werden, damit die vierdimensionale Kontinuitätsgleichung (15.217) erfüllt bliebe. Denn der Tatbestand der Erhaltung der elektrischen Ladung kann nicht von der Definition des Abstandsquadrates abhängen. Die Ladungserhaltung ist ein rein elektrisches Phänomen, das Abstandsquadrat jedoch eine rein geometrische Größe.

Auf wesentlich kürzerem Wege lässt sich die Kontinuitätsgleichung herleiten, wenn von (15.180) ausgegangen wird. Diese Gleichung ist das Ergebnis der ersten Variation des Wirkungsintegrals und liefert folglich ein Extremum hinsichtlich der Wirkung. Anders ausgedrückt: Die Kontinuitätsgleichung ist eine notwendige Bedingung zur Erfüllung des Prinzips der kleinsten Wirkung in der Elektromagnetik. Die Bedingungsgleichung (15.180) wird auf beiden Seiten nach den ∂x^i partiell differenziert:

$$\frac{\partial^2 F^{ij}}{\partial x^i\,\partial x^j} = \frac{1}{4K}\,\frac{\partial j^i}{\partial x^i} = 0 \tag{15.219}$$

Es ist gleichgültig, ob ein Ausdruck partiell zuerst nach den x^i und dann nach den x^j differenziert wird. Aus diesem Grund gilt für den Differenziationsoperator auf der linken Seite von (15.219):

$$\frac{\partial^2}{\partial x^i\,\partial x^j} = \frac{\partial^2}{\partial x^j\,\partial x^i} \tag{15.220}$$

als Symmetrieeigenschaft hinsichtlich der partiellen Differenziation.

Da der Tensor F^{ij}, wie früher gezeigt worden ist, antisymmetrischer Natur ist, verschwindet in (15.219) die linke Seite, denn das Produkt aus einer symmetrischen und einer antisymmetrischen Größe (Operator, Tensor, Matrix) ergibt immer Null. Es folgt somit aus (15.219) das bereits in (15.217) hergeleitete Ergebnis.

Die beiden Herleitungen mit demselben Ergebnis der Kontinuitätsgleichung wurden bewusst so gewählt, um zu zeigen, welchen weiteren Vorteil die Tensorformulierung aufweist. Folgerichtig kommt aus (15.219) auch sofort ihre Gültigkeit unabhängig von einem konkreten Maßsystem zum Ausdruck. Da die Konstante K dort als Faktor für alle Summanden (Summation für $i = 0, 1, 2, 3$) auftritt, ist K beliebig verschieden von Null wählbar und erlaubt damit auch aus dieser Sicht eine Anpassung an das zu wählende Maßsystem.

15.9 Dimensionen und Bezeichnung der Feldgrößen

15.9.1 Die Dimensionen der drei- und vierdimensionalen Feldgrößen

Aus den Dimensionen des Vektorpotenzials und des skalaren Potenzials:

$$[\boldsymbol{A}] = \frac{\mathrm{Vs}}{\mathrm{m}} \qquad \text{und} \qquad [\varphi] = \mathrm{V} \tag{15.221}$$

bestimmen sich die Dimensionen der Feldstärken der Elektromagnetik mit (15.121) und (15.122) zu:

$$[\boldsymbol{E}] = \frac{\mathrm{V}}{\mathrm{m}} \qquad \text{und} \qquad [\boldsymbol{B}] = \frac{\mathrm{Vs}}{\mathrm{m}^2} \; . \tag{15.222}$$

Die kovarianten und kontravarianten Koordinaten des Feldstärketensors der Elektromagnetik in (15.123) und (15.124) haben demzufolge in kartesischen Koordinaten alle die gleiche Dimension:

$$[F_{ij}] = \left[F^{\,ij}\right] = \frac{\mathrm{Vs}}{\mathrm{m}^2} \; . \tag{15.223}$$

Anmerkung:
Vergleiche dazu die Dimensionen des Feldtensors in verschiedenen Koordinatensystemen im Kapitel 20.

Aus dem rechten Term in (15.198) oder (15.199) folgt mit der Dimension für die Stromdichte nach (15.166)

$$\left[j^i\right] = \frac{\mathrm{A}}{\mathrm{m}^2} \tag{15.224}$$

die Dimension des Wirkungsintegrals zu

$$[S] = \mathrm{VAs}^2 = \mathrm{VAs} \cdot \mathrm{s} \; . \tag{15.225}$$

Die Wirkung bestimmt sich demzufolge aus der während eines Zeitintervalls umgesetzten Energie. Die Dimensionen der Erregungen der Elektromagnetik folgen aus (15.193) und (15.194) zu

$$[\boldsymbol{H}] = \frac{\mathrm{A}}{\mathrm{m}} \qquad \text{und} \qquad [\boldsymbol{D}] = \frac{\mathrm{As}}{\mathrm{m}^2} \; . \tag{15.226}$$

Tabelle 15.1: Bezeichnungen in der Elektromagnetik

Symbol	traditionelle Bezeichnung	neuere Bezeichnung
$\boldsymbol{E}$	elektrische Feldstärke	elektrische Feldstärke
$\boldsymbol{H}$	magnetische Feldstärke	magnetische Erregung
$\boldsymbol{B}$	magnetische Induktion	magnetische Feldstärke
$\boldsymbol{D}$	dielektrische Verschiebung	elektrische Erregung

15.9.2 Bezeichnung der Feldgrößen der Elektromagnetik

Die Symbole und Bezeichnungen der Feldgrößen der Elektromagnetik sind in Tabelle 15.1 zusammengestellt. Eine kurze Diskussion ist erforderlich, weil in der Literatur unterschiedliche Bezeichnungen für ein und dieselbe elektrotechnische Größe gebraucht werden.

Aus der Tradition heraus haben die Begründer der Physik folgende Begriffe festgelegt:

$\boldsymbol{E}$ - elektrische Feldstärke

$\boldsymbol{H}$ - magnetische Feldstärke

$\boldsymbol{B}$ - magnetische Flussdichte

$\boldsymbol{D}$ - dielektrische Verschiebung

Diese Feldgrößen besitzen, wie oben gezeigt, die Maßeinheiten:

$$[\boldsymbol{E}] = \frac{\mathrm{V}}{\mathrm{m}}\,, \quad [\boldsymbol{B}] = \frac{\mathrm{Vs}}{\mathrm{m}^2}\,, \quad [\boldsymbol{H}] = \frac{\mathrm{A}}{\mathrm{m}}\,, \quad [\boldsymbol{D}] = \frac{\mathrm{As}}{\mathrm{m}^2}\,. \tag{15.227}$$

Betrachtet man diese Maßeinheiten, so drückt das Volt eine Intensität und das Ampere eine Quantität aus. Nach dem Wesen dieser Feldgrößen sind $\boldsymbol{E}$ und $\boldsymbol{B}$ Intensitätsgrößen, $\boldsymbol{H}$ und $\boldsymbol{D}$ beide Quantitätsgrößen. Es liegt also auf der Hand, neben der traditionellen Bezeichnung in Übereinstimmung mit dem elektrotechnischen Wesen der Feldgrößen, zwei Bezeichnungen ([109], Seite 389) anzuerkennen (Tabelle 15.1).

Will der Ingenieur zum Beispiel die Dimensionierung einer elektrischen Maschine, eines elektrischen Haushaltsgerätes oder einer mikroelektronischen Schaltung vornehmen, so muss er von der geforderten elektrischen Leistung und der umzusetzenden Energiemenge ausgehen. Es genügt nicht, allein die Energiemenge zu kennen, sondern in der Elektrotechnik ist auch noch die Energie pro Volumeneinheit maßgebend. Diese spezifische Energie wird in $\mathrm{VAs/m}^3$ angegeben. Schreibt man diese Maßeinheit um, dann wird der tiefe physikalische Inhalt der Energie sichtbar. Es gilt:

$$\frac{\mathrm{VAs}}{\mathrm{m}^3} = \frac{\mathrm{V}}{\mathrm{m}}\,\frac{\mathrm{As}}{\mathrm{m}^2} = \frac{\mathrm{Vs}}{\mathrm{m}^2}\,\frac{\mathrm{A}}{\mathrm{m}}\,. \tag{15.228}$$

Unabhängig davon, ob die elektrotechnischen Vorgänge relativistisch oder nichtrelativistisch betrachtet werden und unabhängig davon, ob ein elektrisches oder ein magnetisches Feld vorliegt, gehören zur vollständigen Erfassung der Vorgänge Intensitäts- und Quantitätsgrößen. Die spezifische Energie schließt in sich Intensität und Quantität ein.

15.10 Die Eichinvarianz

In das Gesamtwirkungsintegral von elektromagnetischem Feld und den darin befindlichen Ladungen (15.141) gehen der Feldtensor mit den die Feldvektoren $\boldsymbol{E}$ und $\boldsymbol{B}$ und den Potenzialen $A_i = (\varphi/c, -\boldsymbol{A})$ ein. Über (15.121) und (15.122) ist der Zusammenhang hergestellt. Nach den Herleitungen bleibt noch die Frage zu klären, inwieweit die Potenziale der Elektromagnetik eindeutig bestimmt sind.

Ein elektromagnetisches Feld ist durch seinen Feldtensor oder durch seine Feldvektoren charakterisiert. Zwei Felder sind demzufolge physikalisch identisch, wenn sie dieselben Feldvektoren $\boldsymbol{E}$ und $\boldsymbol{B}$ besitzen. Sind die Potenziale gegeben, so sind wegen der Gültigkeit von (15.121) und (15.122) die Feldvektoren eindeutig bestimmt und das Feld ist in seinem Verlauf bekannt.

Zu ein und demselben Feld lassen sich jedoch mehrere Potenziale finden. Das heißt, der Zusammenhang zwischen den Feldvektoren und den Potenzialen ist nicht eindeutig herstellbar. Es existiert also ein anderes Double von Potenzialen, die zu denselben Feldgrößen führen. Die Suche nach solchen Potenzialen verbirgt sich hinter den Begriffen *Eichvarianz* und *Eichtransformation*.

Mit dem Ausdruck:

$$\tilde{\boldsymbol{A}} = \boldsymbol{A} + \operatorname{grad} f(ct, -\boldsymbol{r}) , \tag{15.229}$$

in der f eine frei wählbare Funktion (Eichfunktion) der Variablen $x_i = (ct, -\boldsymbol{r})$ ist, kann in (15.122) in der Form:

$$\boldsymbol{B} = \operatorname{rot} \boldsymbol{A} = \operatorname{rot} \tilde{\boldsymbol{A}} - \operatorname{rot} \operatorname{grad} f \tag{15.230}$$

eingegangen werden. Das führt wegen:

$$\operatorname{rot} \operatorname{grad} f = \nabla \times (\nabla f) = 0 \tag{15.231}$$

wieder auf:

$$\boldsymbol{B} = \operatorname{rot} \tilde{\boldsymbol{A}} . \tag{15.232}$$

Eine frei wählbare Funktion schließt die Erfüllung gewisser Stetigkeits- bzw. Differenzierbarkeitseigenschaften mit ein. Damit ist das Vektorpotenzial $\tilde{\boldsymbol{A}}$ ein solches geeignetes Potenzial, welches dieselbe magnetische Feldstärke $\boldsymbol{B}$ zur Folge hat. Wird nun (15.229) in (15.121) eingesetzt, so folgt für die elektrische Feldstärke:

$$\boldsymbol{E} = -\frac{\partial \tilde{\boldsymbol{A}}}{\partial t} - \operatorname{grad}\left(\varphi - \frac{\partial f}{\partial t}\right) = -\frac{\partial \tilde{\boldsymbol{A}}}{\partial t} - \operatorname{grad} \tilde{\varphi} . \tag{15.233}$$

Damit ist bewiesen worden, dass das skalare Potenzial:

$$\tilde{\varphi} = \varphi - \frac{\partial f}{\partial t} \tag{15.234}$$

ebenfalls ein geeignetes Potenzial für die Eichinvarianz darstellt, denn es ruft dieselbe elektrische Feldstärke hervor.

Die beiden Transformationsgleichungen (15.229) und (15.234) bilden zusammen die *Eichtransformation.* Mit ihr kann unter Benutzung der Eichfunktion f von den Potenzialen $\boldsymbol{A}$ und φ zu den gleichwertigen ungeeichten Potenzialen $\tilde{\boldsymbol{A}}$ und $\tilde{\varphi}$ übergegangen werden, ohne dass die messbaren Feldstärken $\boldsymbol{E}$ und $\boldsymbol{B}$ einer Änderung unterliegen.

Forminvarianz heißt, dass eine oder mehrere Gleichungen vor und nach der Ausführung einer ganz bestimmten Transformation (hier Potenzialtransformationen) dieselbe Struktur aufweisen. Wird nun noch die Erhaltung der Form der Ausgangsgleichungen (15.121) und (15.122), also:

$$\tilde{\boldsymbol{E}} = -\frac{\partial \tilde{\boldsymbol{A}}}{\partial t} - \operatorname{grad} \tilde{\varphi} \tag{15.235}$$

und:

$$\tilde{\boldsymbol{B}} = \operatorname{rot} \tilde{\boldsymbol{A}} \tag{15.236}$$

gefordert, so folgt aus dem Vergleich von (15.121) mit (15.235) und (15.122) mit (15.236) die Forminvarianz der Feldstärken $\boldsymbol{E}$ und $\boldsymbol{B}$. Es gelten dementsprechend:

$$\boldsymbol{E} = \tilde{\boldsymbol{E}} \qquad \text{und} \qquad \boldsymbol{B} = \tilde{\boldsymbol{B}} \,. \tag{15.237}$$

In der ersten Gruppe der Maxwellschen Gleichungen (15.161) und (15.163) kommen nur die Feldstärken $\boldsymbol{E}$ und $\boldsymbol{B}$ des elektromagnetischen Feldes vor. Aus diesem Grunde behalten diese beiden Gleichungen bei der Ausführung von Eichtransformationen ihre Form. Man sagt, sie sind eichinvariant, und es gelten

$$\operatorname{rot} \tilde{\boldsymbol{E}} = -\frac{\partial \tilde{\boldsymbol{B}}}{\partial t} \qquad \text{und} \qquad \operatorname{div} \tilde{\boldsymbol{B}} = 0 \,. \tag{15.238}$$

15.11 Aufgaben

In diesem Abschnitt sind Aufgaben zur Forminvarianz der Kontinuitätsgleichung beim Übergang von einem zum anderen Inertialsystem, zur Invarianz eines Ladungsmenge beim Übergang von einem zum anderen Bezugssystem und zur Herleitung der Wellengleichung zusammengestellt. Die Lösungen dienen der Selbstkontrolle.

Aufgabe 1:

Man leite die Kontinuitätsgleichung:

$$\operatorname{div} \boldsymbol{j} + \frac{\partial \varrho}{\partial t} = 0 \tag{15.239}$$

für elektrische Ladungen her. Strom- und Raumladungsdichte sind Funktionen der Ortskoordinaten, zusammengefasst in $\boldsymbol{r}$, und der Zeit t.

Hinweis:
Das Phänomen der Erhaltung der elektrischen Ladung bei physikalischen, technischen

und chemischen Vorgängen ist als eine gesicherte Erfahrung (Tatsache) anzusehen. Dieser Tatbestand braucht nicht als Zusatzannahme postuliert werden, weil er sich als Folgerung aus der Maxwell-Theorie ableiten lässt. Das Phänomen der Ladungserhaltung enthält die Maxwell-Gleichung (15.193) mit (15.194) als Nebenbedingung (Gleichung (15.193) trägt auch die Bezeichnung *Durchflutungsgesetz in Differenzialform*).

Es bieten sich auf Grund der vorangestellten Mathematik zwei Lösungswege an:

Lösungsvariante 1:
Um zur Kontinuitätsgleichung (15.239) zu gelangen, wendet man auf beiden Seiten von (15.193) die Operation der Divergenz an. Da die dreidimensional geschriebene Gleichung (15.193) in dieser Form unabhängig von der Wahl eines Koordinatensystems vorliegt, genügt es, formal vorzugehen. Es folgt:

$$\operatorname{div}\operatorname{rot}\boldsymbol{H} = \operatorname{div}\frac{\partial \boldsymbol{D}}{\partial t} + \operatorname{div}\boldsymbol{j} \ . \qquad (15.240)$$

Die linke Seite dieser Gleichung ist immer Null, weil durch die Operation der Rotation zuerst aus dem Vektorfeld $\boldsymbol{H}$ die Wirbelanteile bestimmt werden. Die Quellen des Feldes fallen dadurch aus den weiteren Betrachtungen heraus. Das verbleibende Wirbelfeld weist also keine Quellen mehr auf und folgerichtig ergibt dann die Anwendung der Divergenzbildung den Wert Null. Das eben Erklärte gilt auch für andere, gewissen Stetig- und Differenzierbarkeitsbedingungen genügenden, Vektorfelder (elektrische Felder, magnetische Felder, Kraft- oder Geschwindigkeitsfelder). Aus (15.240) ergibt sich also:

$$\operatorname{div}\boldsymbol{j} + \operatorname{div}\frac{\partial \boldsymbol{D}}{\partial t} = 0 \ . \qquad (15.241)$$

Wegen der Vertauschbarkeit der Divergenzoperation (partielle räumliche Ableitung) und der partiellen zeitlichen Ableitung geht das Ergebnis in (15.241) mit (15.194) in (15.239) über. Die Gleichung (15.239) trägt auch die Bezeichnung *Satz von der Erhaltung der Ladung*, oder kurz *Ladungserhaltungssatz*. Sie sagt aus: Verlässt eine bestimmte Ladungsmenge, beschrieben durch die Stromdichte $\boldsymbol{j}$, ein gegebenes Volumen V durch dessen geschlossene Oberfläche A, so bedingt das einen zeitlichen Abfall der elektrischen Raumladungsdichte in diesem Volumen.

Anmerkung:
Hängt die Raumladungsdichte in (15.239) nicht explizit von der Zeit ab (stationäres Feld), dann gilt:

$$\operatorname{div}\boldsymbol{j} = 0 \ . \qquad (15.242)$$

Die Divergenz der elektrischen Stromdichte ist Null. Das heißt, die Ladungen, die in ein Volumen V mit der geschlossenen Oberfläche A hineinfließen, müssen an anderer Stelle dieses Volumen wieder verlassen. Gleichung (15.242) heißt deshalb auch *Knotensatz in Differenzialform*.

Lösungsvariante 2:
Der zweite, elegantere Weg zur Herleitung der Kontinuitätsgleichung geht von der Viererstromdichte $j^i(x^i)$ nach (15.168) aus. Die Viererstromdichte vereint die Raumladungsdichte $\varrho(x^i)$ und die dreidimensionale Stromdichte $\boldsymbol{j}$. Man differenziert die Viererstromdichte nach den x^i und setzt dann den so gewonnenen Ausdruck gleich Null

(Nulltensor), weil die vorhandene Ladungsmenge im vierdimensionalen Raum erhalten bleiben soll. Es gilt:

$$\frac{\partial j^i}{\partial x^i} = 0 \qquad \text{mit} \qquad i = 0,\, 1,\, 2,\, 3\ , \tag{15.243}$$

was wegen der geforderten Summation (der Index i steht sowohl als oberer als auch unterer Index) auf die Form:

$$\frac{\partial(c\varrho)}{\partial(ct)} + \frac{\partial j^1}{\partial x^1} + \frac{\partial j^2}{\partial x^2} + \frac{\partial j^3}{\partial x^3} = 0 \tag{15.244}$$

führt. Man erkennt unschwer, dass (15.244) mit (15.239) identisch ist. Die drei rechten Summanden in (15.244) stellen die dreidimensionale (räumliche) Divergenzbildung der elektrischen Stromdichte dar.

Die Ausdrücke (15.243) bzw. (15.244) sind Tensorgleichungen. Wegen der Summation über alle Werte von i bleibt kein freier Index (Rechenoperation der Verjüngung, siehe (6.2) übrig, so dass hier skalare Gleichungen vorliegen. Wegen des Tensorcharakters, insbesondere hier eines Tensors nullter Stufe, bleibt das Ergebnis invariant beim Übergang von einem Koordinatensystem zu einem anderen.

Das Koordinatensystem bleibt frei wählbar. Demzufolge können geradlinige Koordinaten mit den konstanten Grundvektoren $\boldsymbol{g}^i$ als Basis gewählt werden. Das heißt, die $\boldsymbol{g}^i$ sind keine Funktionen der Koordinaten x^k. Auf den Vierervektor der Stromdichte j^k wird die Divergenzbildung für $i,\, k = 0,\, 1,\, 2,\, 3$ angewendet, was auf den Ausdruck:

$$\boldsymbol{g}^i \nabla_i (j^k \boldsymbol{g}_k) = \delta^i_k\, \nabla_i\, j^k = \delta^i_k\, \frac{\partial j^k}{\partial x^i} = \frac{\partial j^i}{\partial x^i} = 0 \tag{15.245}$$

führt. Dieses Ergebnis stimmt mit jenem von (15.239) beziehungsweise (15.244) überein.

Aufgabe 2:

Die Kontinuitätsgleichung (15.239) bleibt beim Übergang von einem Bezugssystem (Inertialsystem) $\sum$ zu einem anderen Bezugssystem $\bar{\sum}$ in seiner Form erhalten. Man spricht aus diesem Grund von einer Forminvarianz oder von Kovarianz. Ausgeschrieben bedeutet diese Tatsache mit (15.239) in kartesischen Koordinaten:

$$\frac{\partial j_1}{\partial x} + \frac{\partial j_2}{\partial y} + \frac{\partial j_3}{\partial z} + \frac{\partial \varrho}{\partial t} = \frac{\partial \bar{j}_1}{\partial \bar{x}} + \frac{\partial \bar{j}_2}{\partial \bar{y}} + \frac{\partial \bar{j}_3}{\partial \bar{z}} + \frac{\partial \bar{\varrho}}{\partial \bar{t}} = 0\ . \tag{15.246}$$

Zeigen Sie, wie sich im Einzelnen die Stromdichte und die Raumladungsdichte transformieren müssen, damit diese Forminvarianz gilt!

Lösung:
Nach der Lorentz-Transformation (15.27) bleiben beim Übergang von einem Bezugssystem $\sum$ zu einem anderen $\bar{\sum}$ die Koordinaten $y = \bar{y}$, $z = \bar{z}$ unverändert, da vorausgesetzt wird, dass die Bewegung in die Richtung der positiven x-Achse erfolgt.

Für die Differenziale $\partial/\partial x$ und $\partial/\partial t$ ist ein Zusammenhang zu den Differenzialen $\partial/\partial\bar{x}$ und $\partial/\partial\bar{t}$ herzustellen. Man geht von einer zweimal stetig differenzierbaren Funktion

$$f(x,\,t) = f[x(\bar{x},\,\bar{t}),\,t(\bar{x},\,\bar{t})] \tag{15.247}$$

aus und bildet formal die ersten Ableitungen, was sich nach (15.246) als sinnvoll erweist. Es gilt:

$$\frac{\partial f}{\partial x} = \frac{\partial f}{\partial \bar{x}}\cdot\frac{\partial \bar{x}}{\partial x} + \frac{\partial f}{\partial \bar{t}}\cdot\frac{\partial \bar{t}}{\partial x}\,. \tag{15.248}$$

Nimmt man nun die Funktion f heraus, so entsteht der Operator:

$$\frac{\partial}{\partial x} = \frac{\partial}{\partial \bar{x}}\cdot\frac{\partial \bar{x}}{\partial x} + \frac{\partial}{\partial \bar{t}}\cdot\frac{\partial \bar{t}}{\partial x}\,, \tag{15.249}$$

welcher mit den Transformationsformeln (15.40) in die Form:

$$\frac{\partial}{\partial x} = \frac{1}{\sqrt{1-\left(\frac{v}{c}\right)^2}}\left(\frac{\partial}{\partial \bar{x}} - \frac{v}{c^2}\frac{\partial}{\partial \bar{t}}\right) \tag{15.250}$$

übergeht. Auf analoge Art und Weise bestimmt sich der Operator $\partial/\partial t$ als:

$$\frac{\partial}{\partial t} = \frac{1}{\sqrt{1-\left(\frac{v}{c}\right)^2}}\left(\frac{\partial}{\partial \bar{t}} - v\frac{\partial}{\partial \bar{x}}\right)\,. \tag{15.251}$$

Mit diesen beiden Operatoren geht man ohne Beachtung der Anteile in Richtung y, $\bar{y}$ beziehungsweise z, $\bar{z}$ in (15.246) ein und erhält den Ausdruck:

$$\begin{aligned}\frac{\partial j_1}{\partial x} + \frac{\partial \varrho}{\partial t} &= \frac{1}{\sqrt{1-\left(\frac{v}{c}\right)^2}}\left[\left(\frac{\partial}{\partial \bar{x}} - \frac{v}{c^2}\frac{\partial}{\partial \bar{t}}\right) j_1 + \left(\frac{\partial}{\partial \bar{t}} - v\frac{\partial}{\partial \bar{x}}\right)\varrho\right]\\ \frac{\partial j_1}{\partial x} + \frac{\partial \varrho}{\partial t} &= \frac{\partial \bar{j}_1}{\partial \bar{x}} + \frac{\partial \bar{\varrho}}{\partial \bar{t}}\,.\end{aligned} \tag{15.252}$$

Nach wenigen Umformungen entsteht die Form:

$$\frac{\partial}{\partial \bar{x}}\left[\frac{1}{\sqrt{1-\left(\frac{v}{c}\right)^2}}(j_1 - v\varrho)\right] + \frac{\partial}{\partial \bar{t}}\left[\frac{1}{\sqrt{1-\left(\frac{v}{c}\right)^2}}\left(\varrho - \frac{v}{c^2}j_1\right)\right] = \frac{\partial \bar{j}_1}{\partial \bar{x}} + \frac{\partial \bar{\varrho}}{\partial \bar{t}}\,. \tag{15.253}$$

Da die Gleichung (15.253) für stetige und mindestens einmal differenzierbare, ansonsten beliebige Funktionen j_1, ϱ, $\bar{j}_1$, $\bar{\varrho}$ gilt, sind beide Seiten nur gleich, wenn folgende Transformationsformeln für Raumladungsdichten und Stromdichten erfüllt sind:

$$\bar{\varrho} = \frac{\varrho - \frac{v}{c^2}j_1}{\sqrt{1-\left(\frac{v}{c}\right)^2}}\,,\quad \bar{j}_1 = \frac{j_1 - v\varrho}{\sqrt{1-\left(\frac{v}{c}\right)^2}}\,,\quad \bar{j}_2 = j_2\,,\quad \bar{j}_3 = j_3\,. \tag{15.254}$$

Die an den Anfang gestellte Forderung nach der Forminvarianz der Kontinuitätsgleichung führt somit auf eine Transformation von Strom- und Raumladungsdichte entsprechend der Gleichung (15.254).

Um die Relativität dieser Vorgänge zu verdeutlichen, wird die Frage gestellt: *Was stellt ein Beobachter im als ruhend angenommenen Bezugssystem fest, wenn er sich mit diesem mitbewegt, und was erkennt ein anderer Beobachter im bewegten Bezugssystem?*

1. Es wird angenommen, dass im als ruhend angenommenen Bezugssystem die Stromdichte $|\boldsymbol{j}| = 0$ ist. Der Beobachter im ruhenden Bezugssystem stellt nur eine Raumladungsdichte fest, die sich in seinem System selbstverständlich nicht bewegt. Mit $j_1 = 0$ geht das Ergebnis in (15.254) in:

$$\bar{\varrho} = \frac{\varrho}{\sqrt{1-\left(\frac{v}{c}\right)^2}} \,, \qquad \bar{j}_1 = \frac{-v\varrho}{\sqrt{1-\left(\frac{v}{c}\right)^2}} \tag{15.255}$$

   über. Der sich im bewegten Bezugssystem befindende Beobachter erkennt neben der Raumladungsdichte $\bar{\varrho}$ zusätzlich noch die Stromdichte $\bar{j}_1$. Das heißt, obwohl im ruhenden Bezugssystem nur eine Raumladungsdichte angenommen wurde, existieren für den bewegten Beobachter sowohl eine Raumladungsdichte als auch eine Stromdichte.

   Die Raumladungsdichte $\bar{\varrho}$ ist nach (15.255) wegen $0 < v < c$ gegenüber ϱ vergrößert. Diesen Tatbestand kann der Beobachter im bewegten Bezugssystem nicht feststellen. Er kann $\bar{\varrho}$ nur als eine für ihn so gemessenen Größe bestimmen.

2. Im ruhenden Bezugssystem sei die Raumladungsdichte ϱ gleich Null. Wegen (15.254) folgt für den bewegten Beobachter:

$$\bar{\varrho} = \frac{-\frac{v}{c^2} j_1}{\sqrt{1-\left(\frac{v}{c}\right)^2}} \,, \qquad \bar{j}_1 = \frac{j_1}{\sqrt{1-\left(\frac{v}{c}\right)^2}} \,. \tag{15.256}$$

   Obwohl im ruhenden Bezugssystem keine Raumladungsdichte angenommen wurde, erkennt der Beobachter im bewegten Bezugssystem sowohl die Raumladungsdichte $\bar{\varrho}$ als auch die Stromdichte $\bar{j}_1$. Die Stromdichte $\bar{j}_1$ erscheint dem bewegten Beobachter wegen $0 < v < c$ vergrößert.

Die Gleichung (15.246) kann unter Beachtung von (15.239) auch in den Ausdruck:

$$\operatorname{div} \boldsymbol{j} + \frac{\partial \varrho}{\partial t} = \overline{\operatorname{div}}\, \bar{\boldsymbol{j}} + \frac{\partial \bar{\varrho}}{\partial \bar{t}} = 0 \tag{15.257}$$

umgeschrieben werden. Sie sagt ebenfalls aus, dass die Kontinuitätsgleichung in allen Inertialsystemen dieselbe Form aufweist. Aus dieser Gleichung kann nicht erkannt werden, welches räumliche Koordinatensystem zur Anwendung gelangt. In unserem Beispiel werden kartesische Koordinaten benutzt. Sollten Zylinderkoordinaten zur Anwendung gelangen, so ist die dreidimensionale Divergenz in diese umzuschreiben. Dann sind auch die Differenzialoperatoren (15.250) und (15.251) umzurechnen.

In vierdimensionaler Schreibweise hat die Kontinuitätsgleichung die Form (15.243). Beim Übergang zu bewegten Bezugssystemen gilt dann als Ausdruck der Kovarianz:

$$\frac{\partial j^i}{\partial x^i} = \frac{\partial \bar{j}^i}{\partial \bar{x}^i} = 0 \,. \tag{15.258}$$

Aufgabe 3:

Zeigen Sie die Invarianz der Ladungsmenge beim Übergang von einem Bezugssystem zu einem Anderen!

Lösung:
Vom bewegten Bezugssystem $\bar{\sum}$ aus wird eine ruhende Ladungsmenge im Bezugssystem $\sum$ betrachtet. Demzufolge gilt in $\sum$ für den Betrag der Stromdichte $|\boldsymbol{j}| = 0$, oder wegen (15.254) für die Raumladungsdichte im bewegten System:

$$\bar{\varrho}(\boldsymbol{r},\, t) = \frac{\varrho(\boldsymbol{r},\, t)}{\sqrt{1 - \left(\frac{v}{c}\right)^2}} \,. \tag{15.259}$$

Man gelangt nun durch die Integration über das Volumen $\bar{V}$, V in (15.259) zu den Ladungsmengen sowohl im bewegten als auch im als ruhend angenommenen Bezugssystem. Wegen der Längenkontraktion nach (15.30) und der Gleichheit von $\bar{y} = y$, $\bar{z} = z$ gilt für den Zusammenhang zwischen den infinitesimalen Volumenelementen $\mathrm{d}\bar{\tau}$ und $\mathrm{d}\tau$:

$$\mathrm{d}\bar{\tau} = \sqrt{1 - \left(\frac{v}{c}\right)^2}\, \mathrm{d}\tau \,. \tag{15.260}$$

Damit folgt aus (15.259):

$$\int\limits_{\bar{V}} \bar{\varrho}(\boldsymbol{r},\, t)\, \mathrm{d}\bar{\tau} = \int\limits_{V} \frac{\varrho(\boldsymbol{r},\, t)}{\sqrt{1 - \left(\frac{v}{c}\right)^2}} \sqrt{1 - \left(\frac{v}{c}\right)^2}\, \mathrm{d}\tau = \int\limits_{V} \varrho(\boldsymbol{r},\, t)\, \mathrm{d}\tau \,, \tag{15.261}$$

oder:

$$\bar{Q} = Q \,. \tag{15.262}$$

Damit wurde die Gleichheit der Ladungsmengen in beiden Inertialsystemen nachgewiesen.

Aufgabe 4:

Man zeige, dass sich die elektrodynamischen Potenziale nach (15.121) und (15.122) beim Übergang von einem Inertialsystem zu einem anderen in der kovarianten Form:

$$\varphi = \frac{\bar{\varphi} + v\bar{A}_1}{\sqrt{1 - \left(\frac{v}{c}\right)^2}} \,, \quad A_1 = \frac{\bar{A}_1 + \frac{v}{c^2}\bar{\varphi}}{\sqrt{1 - \left(\frac{v}{c}\right)^2}} \,, \quad A_2 = \bar{A}_2 \,, \quad A_3 = \bar{A}_3 \tag{15.263}$$

transformieren!

Lösung:

Die Vorteile der Darstellung von physikalischen Vorgängen durch Vierervektoren in Abschnitt 15.3.1 sollen ausgenutzt werden. Nach (15.47) gelten für diese die Transformationsgleichungen:

$$A_0 = \frac{\bar{A}_0 - \frac{v}{c}\bar{A}_1}{\sqrt{1-\left(\frac{v}{c}\right)^2}}\,, \quad A_1 = \frac{\bar{A}_1 - \frac{v}{c}\bar{A}_0}{\sqrt{1-\left(\frac{v}{c}\right)^2}}\,, \quad A_2 = \bar{A}_2\,, \quad A_3 = \bar{A}_3\,. \tag{15.264}$$

Den Zusammenhang zu den elektrodynamischen Potenzialen liefert für kovariante Koordinaten Gleichung (15.101) im ruhenden Bezugssystem:

$$A_i = \left(\frac{\varphi}{c}, -\boldsymbol{A}\right) \quad \text{mit} \quad i = 0,\, 1,\, 2,\, 3\,, \tag{15.265}$$

und im bewegten Bezugssystem:

$$\bar{A}_i = \left(\frac{\bar{\varphi}}{c}, -\bar{\boldsymbol{A}}\right) \quad \text{mit} \quad i = 0,\, 1,\, 2,\, 3\,. \tag{15.266}$$

Geht man mit (15.265) und (15.266) in (15.48) ein, so folgt nach wenigen Umformungen das gesuchte Ergebnis in (15.263).

Anmerkung:
Um einen strukturellen Vergleich mit den Ergebnissen in (15.254) für die Strom- und Raumladungsdichten vorzunehmen, bildet man entweder zu (15.254) oder zu (15.263) die Umkehrtransformation. Aus (15.263) folgt unschwer die Umkehrtransformation:

$$\bar{\varphi} = \frac{\varphi - vA_1}{\sqrt{1-\left(\frac{v}{c}\right)^2}}\,, \quad \bar{A}_1 = \frac{A_1 - \frac{v}{c^2}\varphi}{\sqrt{1-\left(\frac{v}{c}\right)^2}}\,, \quad \bar{A}_2 = A_2\,, \quad \bar{A}_3 = A_3\,. \tag{15.267}$$

Man erkennt, dass sich die skalaren Größen ϱ, φ einerseits und die Koordinaten der dreidimensionalen Vektoren $\boldsymbol{j}$, $\boldsymbol{A}$ andererseits nach Gleichungen mit derselben Struktur beim Übergang von einem zu einem anderen Inertialsystem transformieren.

Es wird ein Sonderfall mit $\boldsymbol{A} = 0$ betrachtet. Das bedeutet, im Inertialsystem $\sum$ existiert kein Vektorpotenzial. Aus (15.267) folgt:

$$\bar{\varphi} = \frac{\varphi}{\sqrt{1-\left(\frac{v}{c}\right)^2}} \quad \text{und} \quad \bar{A}_1 = \frac{-\frac{v}{c^2}\varphi}{\sqrt{1-\left(\frac{v}{c}\right)^2}}\,. \tag{15.268}$$

Der Beobachter im bewegten Bezugssystem stellt sowohl ein skalares Potenzial als auch ein Vektorpotenzial fest, obwohl im ruhenden Bezugssystem nur ein skalares Potenzial existiert. Das skalare Potenzial $\bar{\varphi}$ erscheint ihm vergrößert.

Der zweite Sonderfall gilt für $\varphi = 0$ und führt auf die Tatsache, dass der bewegte Beobachter in seinem Bezugssystem sowohl ein skalares Potenzial als auch ein Vektorpotenzial erkennt.

Aufgabe 5:

Leiten Sie die Wellengleichungen für das Vektorpotenzial und das skalare elektrische Potenzial aus den Maxwellschen Gleichungen ab!

Lösung:
Für eine Wellengleichung ist der Wellenoperator nach (15.75) charakteristisch. Am günstigsten geht man von der Definition des Vektorpotenzials nach (15.122) aus und setzt in der ersten Maxwellschen Gleichung (15.193) die Materialgleichung (15.196) ein. Es gilt:

$$\operatorname{rot} \boldsymbol{B} = \mu \, \boldsymbol{j} + \varepsilon\mu \, \frac{\partial \boldsymbol{E}}{\partial t} \qquad \text{mit} \qquad \mu = \text{const.} \; , \quad \varepsilon = \text{const.} \; . \tag{15.269}$$

Mit (15.122) und der Umwandlung der zweifachen Anwendung der Rotation folgt:

$$\operatorname{grad} \operatorname{div} \boldsymbol{A} - \nabla^2 \boldsymbol{A} = \mu \, \boldsymbol{j} + \varepsilon\mu \, \frac{\partial \boldsymbol{E}}{\partial t} \; . \tag{15.270}$$

Mit (15.122) muss man nun in die zweite Maxwellsche Gleichung (15.161) eingehen, so dass sich:

$$\operatorname{rot} \boldsymbol{E} = -\frac{\partial}{\partial t} \operatorname{rot} \boldsymbol{A} = -\operatorname{rot} \frac{\partial \boldsymbol{A}}{\partial t} \; , \tag{15.271}$$

oder wegen der Eichinvarianz, wiederum der Zusammenhang zwischen der elektrischen Feldstärke und den Potenzialen nach (15.121) ergibt. Die Definition (15.121) erweist sich mehrfach als sehr sinnvoll. Den Ausdruck (15.121) differenziert man nun nach der Zeit und geht mit dem Ergebnis in (15.270) ein:

$$\operatorname{grad} \left(\operatorname{div} \boldsymbol{A} + \varepsilon\mu \, \frac{\partial \varphi}{\partial t} \right) - \nabla^2 \boldsymbol{A} + \varepsilon\mu \, \frac{\partial^2 \boldsymbol{A}}{\partial t^2} = \mu \, \boldsymbol{j} \; . \tag{15.272}$$

Wird der Klammerausdruck unter dem Gradienten Null gesetzt, so ergibt sich die inhomogene Wellengleichung für das Vektorpotenzial:

$$\nabla^2 \boldsymbol{A} - \varepsilon\mu \, \frac{\partial^2 \boldsymbol{A}}{\partial t^2} = \Box^2 \boldsymbol{A} = -\mu \, \boldsymbol{j} \; . \tag{15.273}$$

Diese Gleichung wird auch als (vektorielle) *d' Alembertsche Gleichung* bezeichnet.

Anders ausgedrückt: Mit $\boldsymbol{B} = \operatorname{rot} \boldsymbol{A}$ wurde nur eine Festlegung hinsichtlich der Wirbel des Vektorpotenzials getroffen. Nun ist noch eine Festlegung in Bezug auf die Quellen des Vektorpotenzials getroffen worden. Unter Verwendung von:

$$\operatorname{div} \boldsymbol{A} + \varepsilon\mu \, \frac{\partial \varphi}{\partial t} = 0 \tag{15.274}$$

und der Nebenbedingung (15.194) für das elektrische Feld leitet sich die Wellengleichung für das skalare elektrische Potenzial aus (15.273) in der Form:

$$\nabla^2 \varphi - \varepsilon\mu \, \frac{\partial^2 \varphi}{\partial t^2} = \Box^2 \varphi = -\frac{\varrho}{\varepsilon} \tag{15.275}$$

her. Die Wellengleichungen für das Vektorpotenzial beziehungsweise für das skalare elektrische Potenzial haben also dieselbe charakteristische Form und unterscheiden sich nur durch die Inhomogenitäten auf den rechten Seiten.

Aufgabe 6:

Zeigen Sie die Forminvarianz (Kovarianz) der homogenen Wellengleichung für das skalare elektrische Potenzial bei Übergang von einem Bezugssystem zu einem anderen!

Lösung:
Im homogenen Fall lautet die Wellengleichung für das skalare elektrische Potenzial nach (15.75) oder aufgrund (15.275):

$$\Box^2\varphi = 0\ . \tag{15.276}$$

Setzt man in (15.276) ohne Berücksichtigung der gleichbleibenden y- und z-Koordinaten die Operatoren nach (15.250) und (15.251) aus Aufgabe 2 ein, so folgt unmittelbar die gesuchte Lösung:

$$\frac{\partial^2}{\partial x^2} - \frac{1}{c^2}\frac{\partial^2}{\partial t^2} = \frac{\partial^2}{\partial \bar{x}^2} - \frac{1}{c^2}\frac{\partial^2}{\partial \bar{t}^2}\ , \tag{15.277}$$

oder angewandt auf das Potenzial:

$$\frac{\partial^2\varphi}{\partial x^2} - \frac{1}{c^2}\frac{\partial^2\varphi}{\partial t^2} = \frac{\partial^2\bar{\varphi}}{\partial \bar{x}^2} - \frac{1}{c^2}\frac{\partial^2\bar{\varphi}}{\partial \bar{t}^2} = 0\ . \tag{15.278}$$

Mit den Koordinaten y und z erhält man schließlich:

$$\Box^2\varphi = \overline{\Box}^2\bar{\varphi} = 0\ . \tag{15.279}$$

Dieselbe Kovarianz gilt auch für das Vektorpotenzial:

$$\Box^2\boldsymbol{A} = \overline{\Box}^2\bar{\boldsymbol{A}} = 0\ , \tag{15.280}$$

was leicht nachzuweisen ist.

Kapitel 16

Tensoren der Elektromagnetik

Im vorangegangenen Kapitel befinden sich auf der Grundlage der Variationsrechnung und der Tensorrechnung die Herleitungen des Tensors des elektrischen Feldes und der Maxwellschen Gleichungen.

In diesem Kapitel wird zuerst auf wesentliche Aussagen zur Energieströmung, zur Leistungsbilanz, sowie auf den Poynting-Vektor im Zusammenhang mit dem elektromagnetischen Feld eingegangen.

Der Poynting-Vektor weist auf, dass in jedem elektrotechnischen System, d. h. in jedem Gerät, in jeder Energieübertragung und anderen die Energie vom Erzeuger zum Verbraucher im Medium um die elektrischen Leiter herum und nicht in ihnen transportiert wird. In den elektrischen Leitern wird nur die darin entstehende Verlustenergie befördert.

Soll an einer beliebigen Stelle in einem elektromagnetischen Feld, beispielsweise in einem Plattenkondensator, in einem Transformator, entlang von Freileitungen, in mikroelektronischen Schaltungen oder in elektromechanischen Systemen die Richtung der Energieströmung bestimmt werden, dann ist aus der elektrischen Feldstärke und der magnetischen Erregung der Poynting-Vektor zu bestimmen. Seine Richtung zeigt in jedem Punkt des Raumes die Richtung des Energietransportes an. Sein Betrag gibt eine Aussage über die Leistungsdichte durch eine Fläche um einen Punkt.

Zum Ausbau der Theorie wird anschließend der Energie-Impuls-Tensor aus dem Prinzip der kleinsten Wirkung hergeleitet. Dem Leser wird gezeigt, dass die Energiedichte, die Koordinaten des Poynting-Vektors und die Impulsstromdichten in diesem Tensor zusammengefasst sind. Die Impulsstromdichten bilden den so genannten Spannungstensor. Diese Aussage enthält gemäß den Herleitungen zur Tensorrechnung den Vorteil, eine physikalische Größe gefunden zu haben, die beim Übergang von einem beliebigen Koordinatensystem zu einem anderen Koordinatensystem erhalten bleibt.

16.1 Tensor des elektromagnetischen Feldes

Die Koordinaten des Tensors des elektromagnetischen Feldes (kurz auch als Feldtensor oder als Feldstärketensor bezeichnet) sind nach (15.109) aus der ersten Variation des Wirkungsintegrals für die tatsächliche Bewegung eines Teilchens mit der Masse m, auf dem sich die Ladung q befindet, hergeleitet worden. Es ist ein kovarianter Tensor zweiter Stufe in der Form (15.123) beziehungsweise in kontravarianter Gestalt nach (15.124). Sind von einem bestimmten Koordinatensystem die Basisvektoren $\boldsymbol{g}^i$ bzw. $\boldsymbol{g}_i$ bekannt, dann folgt für den Feldtensor:

$$F^{(2)} = F = F_{ij}\,\boldsymbol{g}^i\boldsymbol{g}^j \tag{16.1}$$

beziehungsweise:

$$F^{(2)} = F = F^{ij}\boldsymbol{g}_i\,\boldsymbol{g}_j \;. \tag{16.2}$$

Der Feldtensor erscheint einerseits in der komponentenfreien Schreibweise auf der linken Seite mit der Angabe seiner Stufe und andererseits in seiner Komponentenform auf den rechten Seiten. Tensoren höherer Stufe werden meistens in ihrer Komponentenform dargestellt und weiter behandelt.

Aus den Transformationsgleichungen (6.133) bis (6.136) folgt am Beispiel eines Tensors 2. Stufe gemäß (16.1) für den Übergang zu einem beliebigen anderen Koordinatensystem für:

$$F = \bar{a}^i_l\,\bar{a}^j_m\,\bar{F}_{ij}\,\underline{a}^k_i\,\underline{a}^l_j\,\bar{\boldsymbol{g}}^i\,\bar{\boldsymbol{g}}^j = \bar{F} \;. \tag{16.3}$$

Wegen der Gültigkeit von Gleichung (6.122) (Kroneckersymbol) gilt die Gleichheit:

$$F = F_{ij}\,\boldsymbol{g}^i\,\boldsymbol{g}^j = \bar{F}_{ij}\,\bar{\boldsymbol{g}}^i\bar{\boldsymbol{g}}^j = \bar{F} \;. \tag{16.4}$$

Der Feldtensor F zur Beschreibung des elektromagnetischen Feldes stellt nach (16.4) beim Übergang von einem Koordinatensystem zu einem anderen Koordinatensystem eine unveränderliche Größe, eine Invariante dar. Da sich die Basisvektoren wie gezeigt transformieren, müssen sich die Tensorkoordinaten dazu kontragredient (invers transponiert) transformieren. Die Tensorkoordinaten stellen also für sich allein keine unveränderlichen Größen beim Übergang zu einem anderen Koordinatensystem dar. Demzufolge müssen sich im Allgemeinen Fall diese Koordinaten beim Übergang zu einem anderen Koordinatensystem verändern.

Die Maxwellschen Gleichungen sind sofort in Tensorgleichungen, hier in Koordinatenform geschrieben, zu überführen. Um das zu zeigen, wird von der Maxwellschen Gleichung (15.161) ausgegangen. Mit dem vollständig antisymmetrischen Tensor dritter Stufe in Analogie zu (15.138) gilt für (15.161) in Koordinatenschreibweise:

$$e^{ijk}E_{k,j} = -\frac{\partial B^i}{\partial t} \;, \tag{16.5}$$

oder mit der Zuordnung:

$$B^i = \frac{1}{2}\,e^{ijk}\,B_{jk} \tag{16.6}$$

die Beziehung:

$$E_{k,j} - E_{j,k} = -\frac{\partial B_{jk}}{\partial t} \,. \tag{16.7}$$

Damit ist der Zusammenhang zwischen den Feldstärken in drei- (16.5) und vierdimensionaler (16.6) Schreibweise hergestellt. Die magnetische Feldstärke tritt in dreidimensionaler Form in kontravarianten Vektorkoordinaten B^i auf. Ihre vierdimensionalen Koordinaten sind die eines kovarianten Tensors zweiter Stufe.

16.2 Energieströmung, Leistungsbilanz und Poynting-Vektor

Zur Herleitung des überaus wichtigen Energie-Impuls-Tensors ist die Energiedichte erforderlich. Um das zu zeigen, wird von der zweiten Maxwellschen Gleichung (15.161) und der ersten Maxwellschen Gleichung (15.193) ausgegangen, erstere mit dem Vektor $\boldsymbol{H}$ und die zweite mit dem Vektor $\boldsymbol{E}$ multipliziert. Es folgt nach der Subtraktion beider Gleichungen:

$$\boldsymbol{H} \operatorname{rot} \boldsymbol{E} - \boldsymbol{E} \operatorname{rot} \boldsymbol{H} = -\frac{\partial \boldsymbol{B}}{\partial t} \boldsymbol{H} - \boldsymbol{j}\, \boldsymbol{E} - \frac{\partial \boldsymbol{D}}{\partial t} \boldsymbol{E} \,, \tag{16.8}$$

und nach der Anwendung der vektoranalytischen Formel:

$$-\operatorname{div} [\boldsymbol{EH}] = -\nabla (\boldsymbol{E} \times \boldsymbol{H}) = \boldsymbol{E} \operatorname{rot} \boldsymbol{H} - \boldsymbol{H} \operatorname{rot} \boldsymbol{E} \tag{16.9}$$

der Ausdruck:

$$-\operatorname{div} [\boldsymbol{EH}] = +\frac{\partial \boldsymbol{B}}{\partial t} \boldsymbol{H} + \frac{\partial \boldsymbol{D}}{\partial t} \boldsymbol{E} + \boldsymbol{j}\, \boldsymbol{E} \,. \tag{16.10}$$

Der Vektor $\boldsymbol{S}_p$, gebildet aus dem Vektor der elektrischen Feldstärke und dem Vektor der magnetischen Erregung $\boldsymbol{H}$ heißt Poynting-Vektor und ist durch:

$$\boldsymbol{S}_{\mathrm{p}} = [\boldsymbol{EH}] = \boldsymbol{E} \times \boldsymbol{H} \tag{16.11}$$

gegeben. Nun wird (16.10) umgeformt und über ein räumliches Gebiet des $\mathbb{R}^3$ integriert:

$$-\int_V \operatorname{div} [\boldsymbol{EH}] \, \mathrm{d}V = \int_V \left[\frac{\partial \boldsymbol{B}}{\partial t} \boldsymbol{H} + \frac{\partial \boldsymbol{D}}{\partial t} \boldsymbol{E} \right] \mathrm{d}V + \int_V \boldsymbol{j}\, \boldsymbol{E} \, \mathrm{d}V \,. \tag{16.12}$$

Nach Anwendung des Gaußschen Satz (der Mathematik) auf die rechte Seite ergibt sich:

$$-\oint_A \boldsymbol{S}_{\mathrm{p}} \, \mathrm{d}\boldsymbol{A} = \int_V \left[\frac{\partial \boldsymbol{B}}{\partial t} \boldsymbol{H} + \frac{\partial \boldsymbol{D}}{\partial t} \boldsymbol{E} \right] \mathrm{d}V + \int_V \boldsymbol{j}\, \boldsymbol{E} \, \mathrm{d}V \,. \tag{16.13}$$

Die Gleichung (16.13) wird in der Literatur als der *Satz von Poynting* bezeichnet. Erfahrungsgemäß strebt das elektromagnetische Feld im unendlichen betragsmäßig gegen Null. Deshalb verschwindet das Oberflächenintegral auf der rechten Seite in (16.13), wobei über den gesamten dreidimensionalen Raum integriert wird.

Anders ausgedrückt, heißt das: Der Betrag der elektrischen Feldstärke verändert sich umgekehrt proportional zum Quadrat des Abstandes. Der Betrag der magnetischen Erregung fällt umgekehrt proportional mit dem Abstand, während die Oberfläche A in (16.13) mit dem Quadrat des Abstandes wächst. Damit strebt das Flächenintegral gegen Null für einen ins Unendliche wachsenden Abstand.

Mit $\boldsymbol{j} = \varrho \boldsymbol{v}$ aus (15.167) kann das Integral:

$$\int_V \boldsymbol{j}\,\boldsymbol{E}\;\mathrm{d}V = \sum_{l=1}^{n} q_l\,\boldsymbol{v}_l\,\boldsymbol{E} \tag{16.14}$$

in die Summe über alle elektrischen Ladungen im Feld umgeschrieben werden, so dass Gleichung (16.8) in:

$$\int_V \left[\frac{\partial \boldsymbol{B}}{\partial t}\,\boldsymbol{H} + \frac{\partial \boldsymbol{D}}{\partial t}\,\boldsymbol{E}\right] \mathrm{d}V + \sum_{l=1}^{n} q_l\,\boldsymbol{v}_l\,\boldsymbol{E} = 0 \tag{16.15}$$

übergeht. Die Summe in dieser Gleichung besitzt die Dimension einer Leistung und ist demzufolge gleich der zeitlichen Ableitung der mit den Teilchen verbundenen kinetischen Energie (einschließlich der Ruheenergie):

$$\sum_{l=1}^{n} q_l\,\boldsymbol{v}_l\,\boldsymbol{E} = \sum \frac{\partial E_{\text{kin}}}{\partial t} \tag{16.16}$$

Alle weiteren Darlegungen folgen unter der Voraussetzung, dass sich die zeitlichen Ableitungen in (16.8) in der Form:

$$\frac{\partial \boldsymbol{B}}{\partial t}\,\boldsymbol{H} + \frac{\partial \boldsymbol{D}}{\partial t}\,\boldsymbol{E} = \frac{\partial \xi}{\partial t} = \frac{\partial}{\partial t}\left[\frac{1}{2}\,(\boldsymbol{B}\boldsymbol{H} + \boldsymbol{D}\boldsymbol{E})\right]\,, \tag{16.17}$$

also als Zeitableitung einer Größe ξ darstellen lassen. Diese Voraussetzung sei erfüllt. Im Vakuum gelten:

$$\boldsymbol{B} = \mu_0\,\boldsymbol{H} \qquad \text{und} \qquad \boldsymbol{D} = \varepsilon_0\,\boldsymbol{E}\,, \tag{16.18}$$

und es gilt als Folge aus (16.17):

$$\xi_{\text{Vak.}} = \frac{\mu_0}{2}\,\boldsymbol{H}^{\,2} + \frac{\varepsilon_0}{2}\,\boldsymbol{E}^{\,2}\,. \tag{16.19}$$

Anmerkung:

1. Das Vakuum kann als isotrop angesehen werden. Bei allen anderen isotropen Medien gelten die Gleichungen (16.18) analog, und die Feldgrößen erfüllen die Bedingung (16.17).

2. Unter dem Differenziationszeichen auf der rechten Seite im Ausdruck (16.17) steht die Energiedichte des elektromagnetischen Feldes. Diese Dichte, gemessen in $\mathrm{Ws/m^3}$, erscheint später als Koordinate T^{00} des Energie-Impuls-Tensors. Sie ist einerseits jener Skalar, der die in einer Volumeneinheit enthaltene Energie des Feldes wiedergibt und andererseits wegen den in (16.17) auftretenden elektrischen und magnetischen Größen Verbindungen (mathematisch, physikalisch, technisch) zwischen dem elektrischen Feld und dem magnetischen Feld herstellt.

Mit (16.16) und (16.17) folgt aus (16.15) bei der Vertauschung von Integration und Differenziation:

$$\frac{\partial}{\partial t}\left\{\int \frac{1}{2}\left[\boldsymbol{BH}+\boldsymbol{DE}\right]\,\mathrm{d}V+\sum E_{\mathrm{kin}}\right\}=0\;. \tag{16.20}$$

Der in Klammern stehende Ausdruck bleibt deshalb für das abgeschlossene System erhalten. Dieses System setzt sich aus dem elektromagnetischen Feld und den sich in diesem Feld bewegenden elektrischen Ladungen zusammen. Der linke Summand stellt ebenfalls eine Energie dar und kann aus diesem Grunde als Eigenenergie des elektromagnetischen Feldes gedeutet werden. Der Ausdruck unter dem Integral beschreibt die Feldenergie pro Volumeneinheit und heißt Energiedichte des elektromagnetischen Feldes. Sie wird mit w bezeichnet.

Erfolgt die Integration nicht über den unendlich ausgedehnten Raum, sondern nur über einen Teil von ihm, dann besitzt gemäß den Erläuterungen zu (16.13) im Allgemeinen das dort vorkommende Oberflächenintegral eine von Null verschiedenen Wert. Es gilt dann:

$$\int\limits_V \left[\frac{\partial \boldsymbol{B}}{\partial t}\boldsymbol{H}+\frac{\partial \boldsymbol{D}}{\partial t}\boldsymbol{E}\right]\mathrm{d}V+\frac{\partial}{\partial t}\sum E_{\mathrm{kin}}=-\oint\limits_A \boldsymbol{S}_{\mathrm{p}}\,\mathrm{d}\boldsymbol{A}\;. \tag{16.21}$$

Das Summenzeichen bezieht sich dabei nur auf die im Teilvolumen enthaltenen Teilchen. Die linke Seite erfasst für dieses Teilvolumen die Energie von Feld und Teilchen. Unter der Voraussetzung (16.17) geht (16.21) in:

$$\frac{\partial}{\partial t}\left\{\frac{1}{2}\int\left[\boldsymbol{BH}+\boldsymbol{DE}\right]\,\mathrm{d}V+\sum E_{\mathrm{kin}}\right\}=-\oint\limits_A \boldsymbol{S}_{\mathrm{p}}\,\mathrm{d}\boldsymbol{A} \tag{16.22}$$

über. Damit ist das Integral $-\oint \boldsymbol{S}_{\mathrm{p}}\,\mathrm{d}\boldsymbol{A}$ gleich der zeitlichen Änderung der Energie von elektromagnetischem Feld und den in ihm befindlichen Ladungen. Das Integral gibt dabei den Energiestrom des Feldes durch die Oberfläche des betrachteten Teilvolumens an. Da über eine Fläche integriert wird, gibt der Poynting-Vektor $\boldsymbol{S}_{\mathrm{p}}$ die Energiestromdichte und somit denjenigen Energiebetrag an, der in der Zeiteinheit durch das Oberflächenelement fließt.

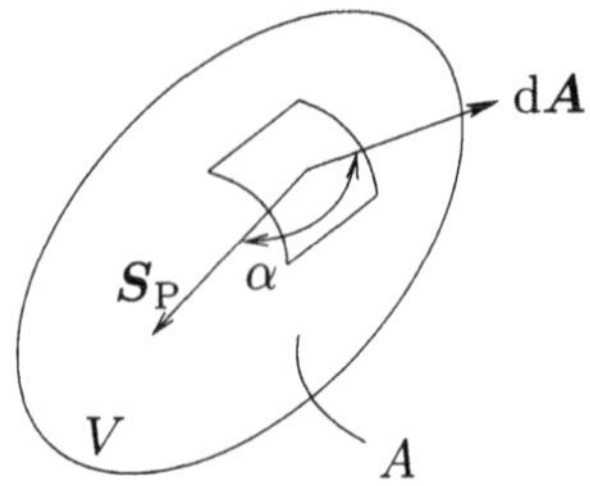

Bild 16.1: Richtung des Poynting-Vektors

In (16.21) und (16.22) wurde angenommen, dass sich auf der Hüllfläche des Teilvolumens zum betrachteten Zeitpunkt keine Ladungen befinden. Wäre das der Fall, dann müssten auf den rechten Seiten zur Energiebilanz die von diesen Ladungen hervorgerufenen Energiestöme hinzugefügt werden.

Das Integral auf der rechten Seite von (16.22) gibt den Fluss des Vektors $\boldsymbol{S}_\mathrm{p}$, der die Hüllfläche A durchsetzt, an. Seine Dimension ist die einer Leistung pro Fläche: $\mathrm{W/m^2}$. Der Poynting-Vektor drückt damit auch die Flächendichte des Leistungsflusses im elektromagnetischen Feld aus. Das Minuszeichen in (16.21) und (16.22) drückt aus, dass der Leistungsfluss oder der Energiestromanteil durch das Flächenelement $\mathrm{d}\boldsymbol{A}$ positiv gezählt wird, wenn dieser in das Innere des Volumens V gerichtet ist. Der Winkel α zwischen dem Poyntingvektor und dem Vektor $\mathrm{d}\boldsymbol{A}$ in Bild 16.1 hat einen Betrag größer $+\pi/2$ und kleiner $+3/2\pi$. Im anderen Fall ist für $-\pi/2 \leq \alpha \leq +\pi/2$ der Kosinus im Skalarprodukt positiv, und der Poynting-Vektor zeigt nach außen. Das heißt, der Leistungsflussanteil bzw. der Energiestromanteil durch das Flächenelement $\mathrm{d}\boldsymbol{A}$ wird negativ gezählt.

Das Integral über $\boldsymbol{j}\boldsymbol{E}$ in (16.13) kann neben der schon angegebenen Energieinterpretation wegen der vorkommenden elektrischen Leitungsstromdichte $\boldsymbol{j}$ auch als jene Leistung angesehen werden, die im Teilvolumen (Volumen) in Wärme umgesetzt wird.

Der Poynting-Vektor $\boldsymbol{S}_\mathrm{p}$ erhält durch die in der Herleitung enthaltene Energiebilanz für das elektromagnetische Feld und den in ihm befindlichen, mit Ladungen versehenen Teilchen eine physikalische Realität, die mathematisch durch:

$$\oint_A \boldsymbol{S}_\mathrm{p}\,\mathrm{d}\boldsymbol{A} = \oint_A (\boldsymbol{E} \times \boldsymbol{H})\,\mathrm{d}\boldsymbol{A} \tag{16.23}$$

erfasst werden kann. Da mit $\boldsymbol{S}_\mathrm{p}$ die Leistungsdichte in einem gegebenen Volumen untersucht worden ist, muss das Integral in (16.23) über eine geschlossene Fläche gebildet werden.

Den Ausgangspunkt der bisherigen Darlegungen in den vorangestellten Kapiteln bildet das Wirkungsintegral. Der Poynting-Vektor als Produkt einer Intensitäts- und einer Quantitätsgröße der Elektromagnetik führte folgerichtig auf eine Integralform und bestätigt dieses Vorgehen. Auch experimentell kann die Beziehung (16.23) nur in der

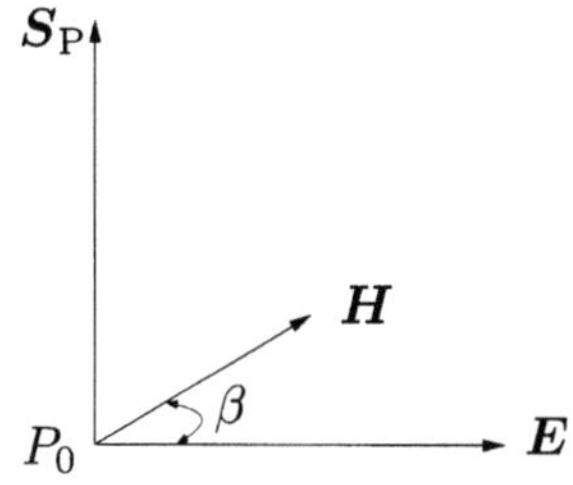

Bild 16.2: Richtung des Poynting-Vektors in Abhängigkeit von den Feldgrößen

Integralform nachgewiesen werden. Oft genügt es jedoch, eine Aussage über die Richtung der Energieströmung zu erhalten. Zu diesem Zweck werden im betreffenden Punkt der Vektor der elektrischen Feldstärke $\boldsymbol{E}$ und die magnetische Erregung $\boldsymbol{H}$ bestimmt. Der Poynting-Vektor und beide Feldvektoren bilden ein Rechtssystem, so dass nach Bild 16.2 die Richtung des Poynting-Vektors und damit die Richtung des Energieflusses feststehen.

Gleichung (16.23) erlaubt nicht, in allen Fällen eindeutig auf die Energieströmung zu schließen. Das ist sofort zu beweisen, wenn zum Poynting-Vektor $\boldsymbol{S}_\mathrm{p}$ ein beliebiger Vektor $\boldsymbol{S}_\mathrm{D}$ hinzu addiert wird, dessen Divergenz überall Null ist. Aus (16.23) folgt mit dem Gaußschen Satz (der Mathematik):

$$\oint_A (\boldsymbol{S}_\mathrm{p} + \boldsymbol{S}_\mathrm{D})\,\mathrm{d}\boldsymbol{A} = \oint_A \boldsymbol{S}_\mathrm{p}\,\mathrm{d}\boldsymbol{A} + \int_V \operatorname{div} \boldsymbol{S}_\mathrm{D}\,\mathrm{d}V = \oint_A \boldsymbol{S}_\mathrm{p}\,\mathrm{d}\boldsymbol{A}\,. \tag{16.24}$$

In beiden Fällen ergibt sich die gleiche Energieströmung durch die geschlossene Hüllfläche.

Wie anschaulich und nützlich der Poynting-Vektor bei der Untersuchung von Problemen des elektromagnetischen Feldes ist, soll an zwei Beispielen gezeigt werden.

Beispiel 1:
Gegeben sei eine elektrische Doppelleitung vom Leiterradius $r_0 = 0{,}5$ cm mit einer Leiterstromdichte $j = 3\ \mathrm{A/mm^2}$ und einer elektrischen Feldstärke von $E = 15\ \mathrm{kV/cm}$. Der für die folgenden Überlegungen unwesentliche Spannungsabfall längs des Leiters soll vernachlässigt werden, so dass nur eine Komponente (Koordinate) der elektrischen Feldstärke auftritt und $E \approx E_r$ gilt. Die elektrische Feldstärke zeigt also radial zur Leiterachse. Die magnetische Erregung zeigt tangential zu einem Kreis um den Leiter. Die elektrische Feldstärke $\boldsymbol{E}$ und die magnetische Erregung $\boldsymbol{H}$ bilden unter diesen Voraussetzungen einen rechten Winkel. Aus (16.11) folgt für den Betrag des Poynting-Vektors $\boldsymbol{S}_\mathrm{p}$:

$$S_\mathrm{p} = E_r\,H_\varphi = \boldsymbol{E}_r\,\frac{j\,r_0}{2} = 1125\,\mathrm{kW/cm^2}\,. \tag{16.25}$$

An der Oberfläche ($r_0 = 0{,}5$ cm) eines jeden Leiters der Doppellleitung stellt sich im Medium Luft eine beachtliche Leistungsdichte ein. Die Betrachtung über den Poynting-Vektor zeigt, dass nicht der metallische Leiter, sondern das ihn umgebende Dielektri-

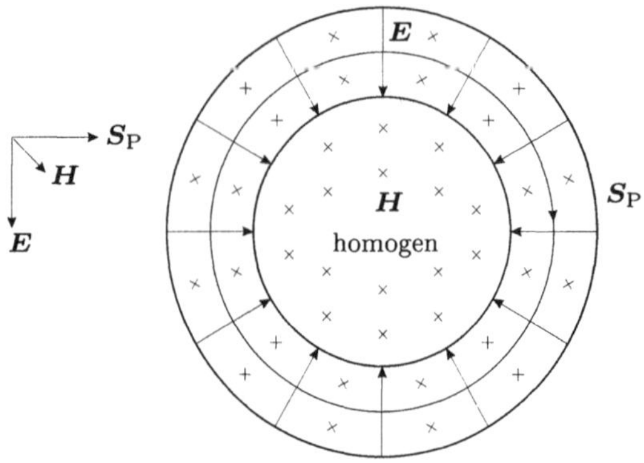

Bild 16.3: Energieströmung im Zylinderkondensator bei überlagertem, homogenem Magnetfeld

kum zur Fortleitung der Energie dient. Der Poynting-Vektor steht senkrecht auf dem Vektorprodukt von $\boldsymbol{E}$ und $\boldsymbol{H}$ und ist in Richtung der Stromdichte gerichtet.

Der Vergleich der Zahlenwerte für die Leistungsdichte im Dielektrikum Luft mit der in aus hochwertigem Stahl gefertigten Antriebswellen für mechanische Energieübertragungen (z.B Antriebswelle eines größeren Schiffes) weist nach, dass die Luft um ein vielfaches höher belastet wird. Je nach Drehzahl treten bei solchen Stahlwellen Leistungsdichten zwischen 25 und 50 $\mathrm{kW/cm^2}$ auf.

Wozu wird der elektrische Leiter tatsächlich gebraucht, wenn die nutzbare Energie im Medium Luft transportiert wird?
Der elektrische Leiter kanalisiert die Energieströmung von der Energiequelle zum Verbraucher. Da längs eines mit einem ohmschen Widerstand behafteten Leiters eine Tangentialfeldstärke infolge des Spannungsabfalls entsteht, existiert somit auch eine Tangentialkomponente der elektrischen Feldstärke. Diese Komponente des Poynting-Vektors zeigt vom Dielektrikum zum Leiter, also in den metallischen Leiter hinein und gibt dem Betrag nach die in Wärme umgesetzte spezifische Leistung an. □

Beispiel 2:
Das zweite Beispiel demonstriert die Energieströmung im statischen Feld eines Zylinderkondensators nach Bild 16.3.

Für die anschaulichen Betrachtungen in dem ersten Beispiel reichte die Differenzialdarstellung des Poynting-Vektors nach (16.11) aus, um in wichtigen Punkten qualitative bzw. quantitative Angaben über die Energieströmung und die spezifische Leistung zu geben.

Bei diesem Beispiel ist von der Integralform des Poynting-Vektors nach (16.23) oder nach (16.24) auszugehen.

Der Zylinderkondensator in Bild 16.3 befindet sich in einem zur Zylinderachse parallelen homogenen magnetischen Feld. Die Integralform liefert auch dann richtige Ergebnisse, wenn dem Auftreten einer Energieströmung keine physikalische Realität zukommt.

Das trifft für dieses Beispiel zu, denn die elektrische Feldstärke $\boldsymbol{E}$ und die magnetische Erregung $\boldsymbol{H}$ haben im Inneren dieses Zylinderkondensators von Null verschiedene Werte und stehen senkrecht aufeinander. Demzufolge hat der Poynting-Vektor einen von Null verschiedenen Betrag und zeigt die Richtung der Energieströmung an. Die Linien der Energieströmung sind Kreise, so dass die Divergenz des Poynting-Vektors überall selbst Null ist. Nach dem Gaußschen Satz ergibt sich für eine geschlossene Fläche keine Energieströmung. Der Poynting-Vektor zeigt an jeder Stelle des Raumes die Richtung der Energieströmung an und gibt die Leistung wieder, die durch eine Fläche senkrecht zur Richtung der Energieströmung hindurch geht. □

16.3 Der Energie-Impuls-Tensor

16.3.1 Herleitung des Energie-Impuls-Tensors aus dem Prinzip der kleinsten Wirkung

Oben wurde unter Verwendung des Poynting-Vektors ein Ausdruck für die Energie des elektromagnetischen Feldes hergeleitet. Zur Erweiterung der bisherigen Ausführungen ist ein Energieausdruck zusammen mit dem Feldimpuls in vierdimensionaler Form herzuleiten. Die Herleitungen werden vorgenommen, ohne sich auf ein bestimmtes physikalisches (elektrotechnisches) System zu spezialisieren.

Den Ausgangspunkt bildet demzufolge ein beliebiges physikalisches System, dessen Wirkungsintegral unter dem Bezug auf (15.141) die Form:

$$S = \int_{t_0}^{t_1} \int_V l(q, \dot{q}, t) \,\mathrm{d}V \,\mathrm{d}t = \int_{t_0}^{t_1} \int_V l\left(q, \frac{\partial q}{\partial x^i}\right) \mathrm{d}V \,\mathrm{d}t \tag{16.26}$$

oder:

$$S = \frac{1}{c} \int_\Omega l\left(q, \frac{\partial q}{\partial x^i}\right) \mathrm{d}\Omega = \frac{1}{c} \int_\Omega l(q, q_{'i}) \,\mathrm{d}\Omega \tag{16.27}$$

hat. l ist eine Funktion der verallgemeinerten Koordinaten q, die den Zustand des physikalischen beziehungsweise technischen Systems beschreiben, und ihrer verallgemeinerten Geschwindigkeiten, die in Gestalt der räumlichen und zeitlichen Ableitungen der q auftreten. Die Ableitung nach der Zeit ist in den Ableitungen $\partial q/\partial x^i$ wegen (15.41) enthalten.

Das Raumintegral:

$$L = \int_V l\left(q, \frac{\partial q}{\partial x^i}\right) \mathrm{d}V \tag{16.28}$$

bezeichnet die Lagrange-Funktion des Systems, so dass die Funktion l die Lagrange-Dichte desselben Systems darstellt.

Die Bewegungsgleichungen des Systems folgen dem Prinzip der kleinsten Wirkung über die Bildung der Variation. In Übereinstimmung mit den Herleitungen zur Variationsrechnung wird für (16.27) die erste Variation:

$$\delta S = \frac{1}{c} \int\limits_{\Omega} \left(\frac{\partial l}{\partial q} \delta q + \frac{\partial l}{\partial q'_i} \delta q'_i \right) \mathrm{d}\Omega \,, \tag{16.29}$$

gebildet, die sich bei Beachtung der Produktregel in die Gleichung:

$$\delta S = \frac{1}{c} \int\limits_{\Omega} \left[\frac{\partial l}{\partial q} \delta q + \frac{\partial}{\partial x^i} \left(\frac{\partial l}{\partial q'_i} \delta q \right) - \delta q \frac{\partial}{\partial x^i} \frac{\partial l}{\partial q'_i} \right] \mathrm{d}\Omega = 0 \tag{16.30}$$

umformen lässt. Wird über den ganzen Raum integriert, dann verschwindet das nach dem Gaußschen Satz umgeformte Integral des zweiten Summanden, weil mit dem Verschwinden des Feldes im Unendlichen seine Lagrange-Funktion L und damit auch die Lagrange-Dichte l gegen Null streben. Aus der Gleichung (16.30) folgt der Ausdruck:

$$\delta S = \frac{1}{c} \int\limits_{\Omega} \left[\frac{\partial l}{\partial q} \delta q - \delta q \frac{\partial}{\partial x^i} \frac{\partial l}{\partial q'_i} \right] \mathrm{d}\Omega = 0 \tag{16.31}$$

oder:

$$\delta S = \frac{1}{c} \int\limits_{\Omega} \left[\frac{\partial l}{\partial q} - \frac{\partial}{\partial x^i} \frac{\partial l}{\partial q'_i} \right] \delta q \, \mathrm{d}\Omega = 0 \,. \tag{16.32}$$

Aus $\delta S = 0$ als notwendige Bedingung für ein Extremum folgt, dass der Klammerausdruck für beliebige δq selbst gleich Null sein muss, und umgestellt:

$$\frac{\partial}{\partial x^i} \frac{\partial l}{\partial q'_i} - \frac{\partial l}{\partial q} = 0 \qquad \text{mit} \qquad i = 0,\, 1,\, 2,\, 3 \tag{16.33}$$

gilt. Nun ist unter der Bedingung (16.33) eine für das System bestehende invariante Größe, also eine Erhaltungsgröße zu suchen. Zu diesem Zweck wird die Divergenz der Lagrange-Dichte l durch:

$$\frac{\partial l}{\partial x^i} = \frac{\partial l}{\partial q} \frac{\partial q}{\partial x^i} + \frac{\partial l}{\partial q'_j} \frac{\partial q'_j}{\partial x^i} \tag{16.34}$$

gebildet. Nach einem bekannten Satz der Analysis kann unter den gemachten Voraussetzungen die Reihenfolge der Differenziationen vertauscht werden. Dann gilt die Formel $q'_{i,j} = q'_{j,i}$. Damit und durch Einsetzen von (16.33) in (16.34) ergibt sich der Ausdruck:

$$\frac{\partial l}{\partial x^i} = \frac{\partial}{\partial x^j} \left(\frac{\partial l}{\partial q'_j} \right) q'_i + \frac{\partial l}{\partial q'_j} \frac{\partial q'_i}{\partial x^j} = \frac{\partial}{\partial x^j} \left(q'_i \frac{\partial l}{\partial q'_j} \right) \,. \tag{16.35}$$

Mit dem Kronecker-Symbol gilt die Identität der Tensorrechnung:

$$\frac{\partial l}{\partial x^i} = \delta_i^j \frac{\partial l}{\partial x^j} \,, \tag{16.36}$$

so dass mit der Form des Tensors zweiter Stufe:

$$T_i^j = q'_i \frac{\partial l}{\partial q'_j} - \delta_i^j \, l \tag{16.37}$$

die gesuchte Invarianz in:

$$\frac{\partial T_i^j}{\partial x^j} = 0 \tag{16.38}$$

umgeschrieben werden kann. Die vierdimensionale Divergenz dieses Tensors zweiter Stufe muss Null sein, damit hinsichtlich der verallgemeinerten Koordinate eine Invarianz auftritt. Trifft diese Aussage für mehrere verallgemeinerte Koordinaten $q^{(r)}$ zu, dann ist auf der rechten Seite von (16.37) der Summenausdruck:

$$T_i^j = \sum q'^{(r)}_i \frac{\partial l}{\partial q'^{(r)}_k} - \delta_i^j \, l \tag{16.39}$$

einzusetzen. Aus (15.217) geht hervor, dass beim Verschwinden der Viererdivergenz des Vierervektors A^i, also:

$$\frac{\partial A^i}{\partial x^i} = 0 \qquad \text{mit} \qquad i = 0,\, 1,\, 2,\, 3 \tag{16.40}$$

infolge der Gültigkeit des vierdimensionalen Gaußschen Satzes für das Umlaufintegral über eine geschlossene Hyperfläche:

$$\oint A^i \, \mathrm{d}S_i = 0 \tag{16.41}$$

gelten muss. Das Integral des Vektors A^i:

$$\int A^i \, \mathrm{d}S_i = K_1 \tag{16.42}$$

bleibt erhalten, wenn über eine den ganzen dreidimensionalen Raum umfassenden Hyperfläche integriert wird.

Ein analoger Sachverhalt besteht demzufolge in Erweiterung der Darlegungen über die Tensorrechnung auch für die Viererdivergenz eines Tensors zweiter Stufe. Die Gleichung (16.42) ergab für einen Tensor erster Stufe einen Skalar als Erhaltungsgröße, so dass für einen Tensor zweiter Stufe ein Vektor als eine solche hervortritt. Die Gleichung:

$$P^i = K_2 \int T^{ij} \, \mathrm{d}S_j \tag{16.43}$$

drückt mathematisch aus: Der Tensor erster Stufe P^i bleibt erhalten. Der Tensor T^{ij} wird Energie-Impuls-Tensor genannt. Der Tensor P^i heißt der Impulsvierervektor des Systems.

Hier sei darauf hingewiesen, dass nur bei mechanischen Systemen dieser Vektor auch einen Impuls im mechanischen Sinne verkörpert. Mit dem Begriff Impulsvierervektor wird hier ein verallgemeinerter Impuls bezeichnet.

Die zweifach kontravarianten Koordinaten T^{ij} des Energie-Impuls-Tensors berechnen sich aus den T_i^j mit Hilfe des metrischen Tensors:

$$T^{ij} = g^{ik} T_k^j \ . \tag{16.44}$$

Nach den Ergebnissen zur Behandlung von Vierervektoren und Vierertensoren kann von den T_i^j direkt zu den T^{ij} mittels (15.54) übergegangen werden. So gilt zum Beispiel:

$$T_0^0 = T^{00} \ . \tag{16.45}$$

Im weiteren Verlauf der Überlegungen sind die Konstante K_2 und die Koordinaten des Energie-Impuls-Tensors zu bestimmen. Die Konstante K_2 in (16.43) wird so gewählt, dass die zeitliche Koordinate P^0 gleich der mit $1/c$ multiplizierten Energie des zu untersuchenden Systems ist. Wie im Zusammenhang mit (16.43) hinsichtlich der Integration über eine Hyperfläche dargelegt wurde, gilt:

$$P^0 = K_2 \int\limits_{S_j} T^{0j}\,\mathrm{d}S_j = K_2 \int\limits_{V} T^{00}\,\mathrm{d}V \ , \tag{16.46}$$

wobei die Integration über die Hyperfläche x^0 = const. erfolgt. Wegen (16.37) folgt mit Gleichung (16.45):

$$T^{00} = \dot{q}\,\frac{\partial l}{\partial \dot{q}} - l \ . \tag{16.47}$$

Die Lagrange-Funktion lässt sich als Energiedifferenz von kinetischer und potentieller Systemenergie darstellen. Da l bereits als Lagrange-Dichte eingeführt wurde, können die Tensorkoordinaten T^{00} als Energiedichte und ihr Integral $\int T^{00}\,\mathrm{d}V$ als Gesamtenergie des Systems gedeutet werden. Die Konstante K_2 ist somit durch $1/c$ festgelegt und aus (16.43) geht für den Viererimpuls des Systems die endgültige Form:

$$P^i = \frac{1}{c} \int\limits_{S_j} T^{ij}\,\mathrm{d}S_j \tag{16.48}$$

hervor. Die Lagrange-Funktion L und die Lagrange-Dichte l finden eine immer breitere Anwendung, weil die Lagrange-Gleichungen bei einer großen Anzahl von Basistransformationen sowie im Besonderen bei Transformationen zwischen Inertialsystemen den Vorteil der Invarianz aufweisen.

16.3.2 Die Koordinaten des Energie-Impuls-Tensors

Der Energie-Impuls-Tensor besteht im Allgemeinen mit $i, j = 0, 1, 2, 3$ aus sechzehn Koordinaten, die in ihrem physikalischen Inhalt zu bestimmen sind. Für die schon erwähnte Integration über die Hyperfläche x^0 = const, oder was dasselbe ist, über den ganzen dreidimensionalen Raum, nimmt (16.48) wegen $j = 0$ die Form:

$$P^i = \frac{1}{c} \int\limits_{V} T^{i0}\,\mathrm{d}V \tag{16.49}$$

an. Die so erfassten räumlichen Koordinaten von P^i $(i = 1,\, 2,\, 3)$ bilden den dreidimensionalen Impulsvektor des Systems. Die zeitliche Koordinate von P^i $(i = 0)$ enthält die mit dem konstanten Faktor $1/c$ multiplizierte Energie des Impulsvektors. Die Tensorkoordinaten:

$$\frac{1}{c}T^{10}\,, \qquad \frac{1}{c}T^{20}\,, \qquad \frac{1}{c}T^{30} \tag{16.50}$$

ergeben die Impulsdichte und können im Impulsdichtevektor zusammengefasst werden. Die Koordinate T^{00} ist die Energiedichte:

$$w = T^{00} \tag{16.51}$$

des Systems.

Aus dem vierdimensionalen Erhaltungssatz (16.38) folgt mit $x^0 = ct$ die dreidimensionalen Formen dieser Invarianz:

$$\frac{\partial T^{0j}}{\partial x^j} = \frac{1}{c}\frac{\partial T^{00}}{\partial t} + \frac{\partial T^{01}}{\partial x^1} + \frac{\partial T^{02}}{\partial x^2} + \frac{\partial T^{03}}{\partial x^3} = \frac{1}{c}\frac{\partial T^{00}}{\partial t} + \frac{\partial T^{0j}}{\partial x^j} = 0 \tag{16.52}$$

und für $\alpha = 1, 2, 3$:

$$\begin{aligned}
\frac{1}{c}\frac{\partial T^{10}}{\partial t} + \frac{\partial T^{11}}{\partial x^1} + \frac{\partial T^{12}}{\partial x^2} + \frac{\partial T^{13}}{\partial x^3} &= \frac{1}{c}\frac{\partial T^{10}}{\partial t} + \frac{\partial T^{1\alpha}}{\partial x^\alpha} = 0 \\
\frac{1}{c}\frac{\partial T^{20}}{\partial t} + \frac{\partial T^{21}}{\partial x^1} + \frac{\partial T^{22}}{\partial x^2} + \frac{\partial T^{23}}{\partial x^3} &= \frac{1}{c}\frac{\partial T^{20}}{\partial t} + \frac{\partial T^{2\alpha}}{\partial x^\alpha} = 0 \\
\frac{1}{c}\frac{\partial T^{30}}{\partial t} + \frac{\partial T^{31}}{\partial x^1} + \frac{\partial T^{32}}{\partial x^2} + \frac{\partial T^{33}}{\partial x^3} &= \frac{1}{c}\frac{\partial T^{30}}{\partial t} + \frac{\partial T^{3\alpha}}{\partial x^\alpha} = 0\,.
\end{aligned} \tag{16.53}$$

Durch Integration der Gleichung (16.52) über das dreidimensionale Volumen entsteht:

$$\frac{1}{c}\frac{\partial}{\partial t}\int_V T^{00}\,\mathrm{d}V + \int_V \frac{\partial T^{0\alpha}}{\partial x^\alpha}\,\mathrm{d}V = 0\,. \tag{16.54}$$

Mit dem dreidimensionalen Gaußschen Satz ergibt sich aus (16.54) der Ausdruck:

$$\frac{\partial}{\partial t}\int_V T^{00}\,\mathrm{d}V = -c\int_{A_\alpha} T^{0\alpha}\,\mathrm{d}A_\alpha\,. \tag{16.55}$$

Der linke Term kennzeichnet die zeitliche Änderung des Integrals über die Energiedichte, also die Änderung der im Teilvolumen V befindlichen Energie je Zeiteinheit. Da auf der rechten Seite die Integration über die Oberflächenelemente in den drei Raumrichtungen vorgenommen wird, gibt dieser Ausdruck die durch diese Flächen in der Zeiteinheit strömende Energie an. Die Größen:

$$cT^{01}\,, \quad cT^{02}\,, \quad cT^{03} \tag{16.56}$$

sind deshalb die Koordinaten des Poynting-Vektors $\boldsymbol{S}_\mathrm{p}$.

Daraus lassen die folgenden Schlussfolgerungen ableiten:

1. Die Gleichung (16.38) ist eine Tensorgleichung, oder anders ausgedrückt, die Größen $T_i^{\,j}$ besitzen Tensorcharakter. Deshalb erfüllt (16.38) die Forderung der relativistischen Invarianz und bleibt beim Übergang von einem Inertialsystem zu einem anderen Inertialsystem erhalten.

2. Das führt auf den Zusammenhang zwischen der Energiestromdichte nach (16.56) und der Impulsdichte in (16.50), woraus auch der Name Energie-Impuls-Tensor herrührt.

3. Wegen der Voraussetzung der Symmetrie dieses Tensors folgt aus dem Vergleich von (16.50) mit (16.56), dass sich die Dichte des Energiestromes aus der mit c^2 multiplizierten Impulsdichte errechnet.

Nun ist noch die Symmetrie:

$$T^{\,ij} = T^{\,ji} \tag{16.57}$$

des Energie-Impuls-Tensors nachzuweisen. Aus rein mathematischen Gründen, also ohne jede Betrachtung eines physikalischen beziehungsweise technischen Inhaltes, erfüllt nicht nur der Tensor $T^{\,ij}$ die Forderung (16.38), sondern auch jeder Tensor der Form:

$$T^{\,ij} + \frac{\partial}{\partial x^k}\, T^{\,ijk} \;, \tag{16.58}$$

wenn $T^{\,ijk} = -T^{\,ikj}$ gilt. Denn wegen dieser Antisymmetrie folgt aus der Differenziation nach den x^j:

$$\frac{\partial^2}{\partial x^j \partial x^k}\, T^{\,ijk} = 0 \;. \tag{16.59}$$

Der Impulsvierervektor eines beliebigen Systems ist eine eindeutig bestimmte Größe. Um das zu zeigen, wird (16.58) in (16.48) eingesetzt. Die Integration über den rechten Summanden muss Null ergeben. In der Tat erhalten wir, den Gaußschen Satz vierdimensional auf $T^{\,ijk}$ angewendet, den Ausdruck:

$$\int\limits_{S_j} \frac{\partial T^{\,ijk}}{\partial x^k}\, \mathrm{d}S_j = \frac{1}{2} \int\limits_{S_j} \left(\frac{\partial T^{\,ijk}}{\partial x^k}\, \mathrm{d}S_j - \frac{\partial T^{\,ijk}}{\partial x^j}\, \mathrm{d}S_k \right) = \int\limits_{f^*_{jk}} T^{\,ijk}\, \mathrm{d}f^*_{jk} \;. \tag{16.60}$$

Die Integration rechts erstreckt sich über eine zweidimensionale Fläche, welche die Hyperfläche berandet und über die auf der linken Seite integriert wird. Diese zweidimensionale Fläche liegt räumlich im Unendlichen. Dort sind weder ein Feld noch Teilchen vorhanden, und das Integral verschwindet. Zum Integral des Impulsvektors P^i in (16.48) kommt kein Betrag durch den Übergang in (16.58) hinzu, womit die Behauptung bewiesen ist.

Damit der Energie-Impuls-Tensor eindeutig definiert ist, muss zu (16.48) noch eine zusätzliche Forderung gestellt werden. Sie besteht darin, dass der verallgemeinerte vierdimensionale Drehimpulstensor D^{ij} des betrachteten Systems mit dem Viererimpuls P^i über:

$$D^{ij} = \int\limits_{P^j} \left(x^i\, \mathrm{d}P^j - x^j\, \mathrm{d}P^i \right) \tag{16.61}$$

oder mit (16.48) über:

$$D^{ij} = \frac{1}{c} \int\limits_{S_k} \left(x^i T^{jk} - x^j T^{ik} \right) \mathrm{d}S_k \ . \tag{16.62}$$

verbunden ist. Ein Erhaltungssatz in differenzieller Form drückt das Verschwinden der Divergenz des Integranden in (16.62) aus:

$$\frac{\partial}{\partial x^k} \left(x^i T^{jk} - x^j T^{ik} \right) = 0 \ . \tag{16.63}$$

Nach der Anwendung der Produktregel der Differenzialrechnung folgt:

$$\frac{\partial x^i}{\partial x^k} T^{jk} + x^i \frac{\partial T^{jk}}{\partial x^k} - \frac{\partial x^j}{\partial x^k} T^{ik} - x^i \frac{\partial T^{ik}}{\partial x^k} = 0 \ . \tag{16.64}$$

Die Ableitungen:

$$\frac{\partial x^i}{\partial x^k} = \delta^i_k \tag{16.65}$$

sind gleich dem Kroneckersymbol. Wegen der Invarianz nach(16.38) gilt:

$$\frac{\partial T^{jk}}{\partial x^k} = 0 \ , \tag{16.66}$$

so dass mit (16.65) der Ausdruck:

$$\delta^i_k T^{jk} - \delta^j_k T^{ik} = T^{ji} - T^{ij} = 0 \tag{16.67}$$

entsteht. Zusammengefasst heißt das: Der Energie-Impuls-Tensor ist genau dann eindeutig bestimmt, wenn er diese Symmetrieeigenschaft aufweist.

Aus (16.54) folgt nach der Integration über das Volumen V der Ausdruck:

$$\frac{\partial}{\partial t} \int\limits_V \frac{1}{c} T^{m0} \, \mathrm{d}V + \int\limits_V \frac{\partial T^{mn}}{\partial x^n} \, \mathrm{d}V = 0 \ , \tag{16.68}$$

oder:

$$\frac{\partial}{\partial t} \int\limits_V \frac{1}{c} T^{m0} \, \mathrm{d}V = - \oint\limits_{f_n} T^{mn} \, \mathrm{d}f_n \ . \tag{16.69}$$

Die linke Seite gibt die Änderung des Impulses pro Zeiteinheit im Volumen V an. Der rechte Term in (16.69) stellt deshalb die verallgemeinerte Impulsmenge dar, die das Volumen V pro Zeiteinheit verlässt. Die Größen T^{mn} $(m,\, n = 1,\, 2,\, 3)$ sind die Dichten des Impulsstromes und bilden den *Spannungstensor*. Die Dichte des Energiestromes charakterisiert ein Tensor erster Stufe, die des Impulsstromes einer zweiter Stufe. Die

Koordinaten des Energie-Impuls-Tensors können nun übersichtlich in einer quadratischen Matrix angeordnet werden:

$$T^{ij} = \begin{pmatrix} T^{00} & T^{01} & T^{02} & T^{03} \\ T^{10} & T^{11} & T^{12} & T^{13} \\ T^{20} & T^{21} & T^{22} & T^{23} \\ T^{30} & T^{31} & T^{32} & T^{33} \end{pmatrix} = \begin{pmatrix} w & \dfrac{S_x}{c} & \dfrac{S_y}{c} & \dfrac{S_z}{c} \\ \dfrac{S_x}{c} & \sigma_{xx} & \sigma_{xy} & \sigma_{xz} \\ \dfrac{S_y}{c} & \sigma_{yx} & \sigma_{yy} & \sigma_{yz} \\ \dfrac{S_z}{c} & \sigma_{zx} & \sigma_{zy} & \sigma_{zz} \end{pmatrix} . \qquad (16.70)$$

Die Energiedichte w, die Koordinaten des Poynting-Vektors (multipliziert mit einer Konstanten) und die Koordinaten der Vektoren der Impulsstromdichten bilden zusammengefasst eine höhere Einheit, einen Tensor zweiter Stufe. Der Spannungstensor mit den Koordinaten $T^{mn} = \sigma_{mn}$ kann auch als Zusammenfassung von drei Vektoren angesehen werden. Bei festem n und laufendem $m = 1, 2, 3$ gehören die σ_{mn} zu je einem dreidimensionalen Vektor, dessen Betrag gerade jene Impulsmenge bestimmt, die pro Zeiteinheit durch die senkrecht zur x^n-Achse stehende Flächeneinheit hindurch strömt.

Für die übersichtliche Darstellung der Ergebnisse ist der Zusammenhang zu den Koordinaten des Tensors des elektromagnetischen Feldes herzustellen.

16.3.3 Energie-Impuls-Tensor des elektromagnetischen Feldes

Die Invarianz in (16.38) oder der ihr äquivalente Ausdruck:

$$\frac{\partial T^{ij}}{\partial x^j} = 0 \qquad (16.71)$$

drückt das Verschwinden der vierdimensionalen Tensordivergenz des Energie-Impuls-Tensors aus. Demzufolge liegt eine Erhaltungsgröße vor, die beim Übergang von einem Bezugssystem zu einem Anderen erhalten bleibt. Im besonderen gilt das für Inertialsysteme. Der Ausdruck (16.71) beinhaltet also einen Erhaltungssatz. Die Invarianz dieser Divergenz genügt demzufolge den Forderungen der speziellen Relativitätstheorie.

Anmerkung:
Die Gleichung (16.71) enthält noch eine Verallgemeinerung. Da dort ein Differenzialausdruck steht, gelten die aus ihm folgenden Ergebnisse für infinitesimale Bereiche auch bei nichtinertialen Bezugssystemen. Das Verschwinden der Viererdivergenz drückt somit einen vierdimensionalen lokalen Erhaltungssatz der Allgemeinen Relativitätstheorie aus.

Aus welchen Koordinaten setzt sich nun der Energie-Impuls-Tensor des elektromagnetischen Feldes zusammen?

Hierzu sei an das Wirkungsintegral infolge der Feldeigenschaften in (15.87) erinnert, worin später $K = -1/\mu_0$ gesetzt worden ist. Der Vergleich von (15.87) mit (16.28) ergibt für die Lagrange-Dichte l:

$$l\left(q, \frac{\partial q}{\partial x^i}\right) = -\frac{1}{4\mu_0} F_{ij} F^{ij} . \tag{16.72}$$

Die verallgemeinerten Koordinaten q des elektromagnetischen Feldes sind die Koordinaten des Viererpotenzials A_i nach (15.101). Mit diesem Potenzialen folgt aus (16.37):

$$T_i^{\,j} = \frac{\partial A_k}{\partial x^i} \frac{\partial l}{\partial\left(\frac{\partial A_k}{\partial x^j}\right)} - \delta_i^j \, l . \tag{16.73}$$

Das Wirkungsintegral S besitzt bekanntlich die Dimension VAs^2 = VAs·s. Die Dimension der Lagrange-Funktion berechnet sich zu $[L]$ = VAs, so dass die Lagrange-Dichte die Dimension :

$$[\,l\,] = \frac{\text{VAs}}{\text{m}^3} \tag{16.74}$$

haben muss. Dieses Ergebnis geht auch unmittelbar aus (16.72) hervor, da für die Dimension von $F_{ij} = \text{Vs/m}^2$ einzusetzen ist. Die Koordinaten des Tensors $T_i^{\,j}$ in (16.73) haben demzufolge die Dimension einer Energie pro Volumeneinheit. Das Kronecker-Symbol ist dimensionslos. Damit kann nun über (16.71) auf die Dimension der vierdimensionalen Divergenz geschlossen werden. Die Koordinaten T^{ij} haben in kartesischen Koordinaten die gleiche Dimension wie die Koordinaten des Tensors $T_i^{\,j}$, so dass:

$$\left[\frac{\partial T_i^{\,j}}{\partial x^i}\right] = \frac{\text{VAs}}{\text{m}^4} \tag{16.75}$$

ist. Die vierdimensionale Tensordivergenz beinhaltet folglich die Energie in einem vierdimensionalen Raumzeitvolumen.

Die Koordinaten des Feldtensors der Elektromagnetik sind über die erste Variation eines Wirkungsintegrals bestimmt worden. Um nun die Koordinaten des Energie-Impuls-Tensors zu gewinnen, wird analog vorgegangen, und die erste Variation δl der Lagrange-Dichte gebildet. Dieses Vorgehen erlaubt ein sinnvolles Weiterrechnen mit der Gleichung (16.73). Zuerst ist der Zusammenhang zwischen den Koordinaten des Feldtensors und den Potenzialen des elektromagnetischen Feldes über (15.119) herzustellen. Bei der Vertauschung von kovarianten mit kontravarianten Koordinaten folgt aus (16.72):

$$\delta\, l = -\frac{1}{2\mu_0} F^{jk} \,\delta\, F_{jk} = -\frac{1}{2\mu_0} F^{jk} \,\delta \left(\frac{\partial A_k}{\partial x^j} - \frac{\partial A_j}{\partial x^k}\right) , \tag{16.76}$$

oder unter Beachtung der Antisymmetrie des Feldtensors $F_{jk} = -F_{kj}$ gilt:

$$\delta\, l = -\frac{1}{\mu_0} F^{jk} \,\delta \left(\frac{\partial A_k}{\partial x^j}\right) . \tag{16.77}$$

Aus dieser Gleichung, abgeleitet nach dem in den Klammern stehenden Ausdruck und der Vertauschung von Variation und Differenziation, folgt:

$$\frac{\partial l}{\partial\left(\frac{\partial A_k}{\partial x^j}\right)} = -\frac{1}{\mu_0}\, F^{jk} \; . \tag{16.78}$$

Die Tensorkomponenten $T_i^{\,j}$ berechnen sich aus (16.73):

$$T_i^{\,j} = -\frac{1}{\mu_0}\,\frac{\partial A_k}{\partial x^i}\, F^{jk} + \frac{1}{4\mu_0}\,\delta_i^j\left(F_{kl}\,F^{kl}\right) \; . \tag{16.79}$$

Um nun eine Analogiebetrachtung zu den Ergebnissen im vorangegangenen Abschnitt zu haben und um zum Beispiel die vierdimensionale Tensordivergenz nach (16.71) berechnen zu können, ist der Index i mit Hilfe des metrischen Tensors g^{ir} nach (6.93) heraufzuziehen. Dafür gilt allgemein:

$$T^{ij} = g^{ir}\, T_r^{\,j} \; , \tag{16.80}$$

so dass nach der Überschiebung mit g^{ir} der Ausdruck:

$$g^{ir}\, T_r^{\,j} = -\frac{1}{\mu_0}\,\frac{\partial A_k}{\partial x^r}\, g^{ir}\, F^{jk} + \frac{1}{4\mu_0}\, g^{ir}\,\delta_r^j\, F_{kl}\, F^{kl} \tag{16.81}$$

entsteht. Diesen schreibt man $\delta_r^j = 1$ für $r = j$ in die Form:

$$T^{ij} = -\frac{1}{\mu_0}\,\frac{\partial A_k}{\partial x^r}\, g^{ir}\,\delta_m^k\, F^{jm} + \frac{1}{4\mu_0}\, g^{ij}\, F_{kl} F^{kl} \tag{16.82}$$

oder in:

$$T^{ij} = -\frac{1}{\mu_0}\,\frac{\partial A_k}{\partial x^r}\, g^{ir}\, g^{kn}\, g_{nm}\, F^{jm} + \frac{1}{4\mu_0}\, g^{ij}\, F_{kl}\, F^{kl} \tag{16.83}$$

um. Wegen der Gültigkeit von:

$$\frac{\partial A_k}{\partial x^r}\, g^{ik}\, g^{jr} = \frac{\partial A^i}{\partial x_j} \; , \tag{16.84}$$

ergibt sich aus (16.83) der Tensor zweiter Stufe:

$$T^{ij} = -\frac{1}{\mu_0}\,\frac{\partial A^k}{\partial x_i}\, F^{j}_{\;\,k} + \frac{1}{4\mu_0}\, g^{ij}\, F_{kl}\, F^{kl} \; . \tag{16.85}$$

Dieser Tensor ist aufgrund des linken Terms nicht symmetrisch. Um seine Symmetrie zu erreichen, wird der Anteil:

$$\frac{1}{\mu_0}\,\frac{\partial A^i}{\partial x_k}\, F^{j}_{\;\,k} \tag{16.86}$$

hinzugefügt. Das ist erlaubt, weil bei fehlenden Ladungen und in stromfreien Gebieten die vierdimensionale Stromdichte Null sein muss und demzufolge wegen (15.180):

$$\frac{\partial F^{i}_{\;\,k}}{\partial x_k} = 0 \tag{16.87}$$

gilt. Dadurch folgt nach der Anwendung der Produktregel für die Differenziation:

$$\frac{1}{\mu_0}\frac{\partial A^i}{\partial x_k}F^j_{\ k} = \frac{1}{\mu_0}\frac{\partial}{\partial x_k}\left(A^i F^j_{\ k}\right) . \tag{16.88}$$

Damit erfüllt der Tensor T^{ij} die Bedingung nach (16.58) und für den Energie-Impuls-Tensor der Elektromagnetik folgt :

$$T^{ij} = -\frac{1}{\mu_0}\left(\frac{\partial A^i}{\partial x_k} - \frac{\partial A_k}{\partial x_i}\right)F^j_{\ k} + \frac{1}{4\mu_0}g^{ij}F_{kl}F^{kl} . \tag{16.89}$$

Der Tensor F_{ij} aus (15.119) lässt sich in seine kontravariante Form:

$$F^{ij} = \left(\frac{\partial A^j}{\partial x_i} - \frac{\partial A^i}{\partial x_j}\right) \tag{16.90}$$

umrechnen. Der Energie-Impuls-Tensor geht somit in die endgültige Form:

$$T^{ij} = \frac{1}{\mu_0}\left(-F^{ik}F^j_{\ k} + \frac{1}{4}g^{ij}F_{kl}F^{kl}\right) \tag{16.91}$$

über. Dieser Tensor ist symmetrisch. Nun werden seine Koordinaten T^{ij} durch die Koordinaten der Feldstärken ausgedrückt. Das sind die elektrische Feldstärke $\boldsymbol{E}$ und die magnetische Flussdichte $\boldsymbol{B}$. Zu diesem Zweck werden die Feldtensoren F_{ij} und F^{ij} nach (15.123) und (15.124) herangezogen.

Es wird mit dem Nachweis, dass die Koordinate T^{00} des Energie-Impuls-Tensors tatsächlich die Energiedichte w des elektromagnetischen Feldes ist, begonnen. In (16.91) sind dazu $i = j = 0$ zu setzen, k und l laufen von 0 bis 3. Es gilt:

$$T^{00} = \frac{1}{\mu_0}\left\{-F^{0k}F^0_{\ k} + \frac{1}{4}g^{00}F_{kl}F^{kl}\right\} . \tag{16.92}$$

Dann wird $k = 0$ gesetzt und l läuft von 0 bis 3. Nun wird $k = 1$ gesetzt, und l läuft wiederum von 0 bis 3 und so weiter. Daraus geht die Summe:

$$\begin{aligned} T^{00} = \frac{1}{\mu_0} + \Big\{ & - F^{00}F^0_{\ 0} + \frac{g^{00}}{4}\left[F_{00}F^{00} + F_{01}F^{01} + F_{02}F^{02} + F_{03}F^{03}\right] \\ & - F^{01}F^0_{\ 1} + \frac{g^{00}}{4}\left[F_{10}F^{10} + F_{11}F^{11} + F_{12}F^{12} + F_{13}F^{13}\right] \\ & - F^{02}F^0_{\ 2} + \frac{g^{00}}{4}\left[F_{20}F^{20} + F_{21}F^{21} + F_{22}F^{22} + F_{23}F^{23}\right] \\ & - F^{03}F^0_{\ 3} + \frac{g^{00}}{4}\left[F_{30}F^{30} + F_{31}F^{31} + F_{32}F^{32} + F_{33}F^{33}\right]\Big\} \end{aligned} \tag{16.93}$$

hervor. Um diese Gleichung auszuwerten, sind die Tensorkoordinaten von Gl. (15.124) in Gl. (16.93) einzusetzen. Mit den Ergebnissen in Gl. (15.136) geht Gl. (16.93) in:

$$T^{00} = \frac{1}{\mu_0}\left\{-F^{0k}F^0_{\ k} + \frac{2g^{00}}{4}\left(\boldsymbol{B}^2 - \frac{\boldsymbol{E}^2}{c^2}\right)\right\} \tag{16.94}$$

über. Durch den Übergang von den gemischten Koordinaten $F^{0}_{\ k}$ zu den kovarianten Koordinaten F_{ik} des Feldtensors mittels der Gleichung:

$$F^{j}_{\ k} = g^{ji} F_{ik} \tag{16.95}$$

folgt für die Tensorkoordinate T^{00} die Formel:

$$T^{00} = \frac{1}{\mu_0} \left\{ -F^{0k}\, g^{0i}\, F_{ik} + \frac{g^{00}}{2} \left(\boldsymbol{B}^2 - \frac{\boldsymbol{E}^2}{c^2} \right) \right\} , \tag{16.96}$$

oder ausgeschrieben:

$$\begin{aligned} T^{00} = \frac{1}{\mu_0} \Bigg\{ & \frac{E_x}{c} \left(g^{00} F_{01} + g^{01} F_{11} + g^{02} F_{21} + g^{03} F_{31} \right) \\ + & \frac{E_y}{c} \left(g^{00} F_{02} + g^{01} F_{12} + g^{02} F_{22} + g^{03} F_{32} \right) \\ + & \frac{E_z}{c} \left(g^{00} F_{03} + g^{01} F_{13} + g^{02} F_{23} + g^{03} F_{33} \right) \\ + & \frac{g^{00}}{2} \left(\boldsymbol{B}^2 - \frac{\boldsymbol{E}^2}{c^2} \right) \Bigg\} . \end{aligned} \tag{16.97}$$

Die Feldstärkekoordinaten sind allgemein einzusetzen, so dass nur noch eine Aussage hinsichtlich der metrischen Koeffizienten zu geben ist. Nach (15.82) gelten für das infinitesimale Abstandsquadrat die beiden mit Hilfe der metrischen Tensoren umgerechneten Formen:

$$(\mathrm{d}s)^2 = g_{ij}\, \mathrm{d}x^i\, \mathrm{d}x^j = g^{ij}\, \mathrm{d}x_i\, \mathrm{d}x_j \ . \tag{16.98}$$

Beide Gleichungen gelten gleichermaßen in Inertial- wie in Nichtinertialsystemen. Im letzteren Fall hängen die metrischen Koeffizienten selbst von den Koordinatendifferenzialen ab, was mit:

$$g_{ij} = g_{ij}\left(x^a\right) . \tag{16.99}$$

ausgedrückt wird. Die g_{ij} können immer als symmetrisch angesehen werden, weil sie aus den symmetrischen Formen (16.98) hervorgehen, in die g_{ij} und g_{ji} beziehungsweise g^{ij} und g^{ji} mit jeweils demselben Faktor multipliziert eingehen. In einem Inertialsystem nehmen bei der Verwendung von ***räumlichen kartesischen Koordinaten*** $x^1 = x$, $x^2 = y$, $x^3 = z$ und der Zeitkoordinate $x^0 = ct$ die metrischen Koeffizienten die Werte:

$$g_{00} = 1 \ , \quad g_{11} = -1 \ , \quad g_{22} = -1 \ , \quad g_{33} = -1 \tag{16.100}$$

an, während für $i \neq j$ die Beziehung $g_{ij} = 0$ gilt. Dieses Ergebnis kann auch unmittelbar aus der Definition des Abstandsquadrates (15.12) beim Vergleich mit (16.98) entnommen werden. Da die kartesischen Koordinaten zu sich selbst orthogonal sind, folgt sofort:

$$g^{00} = 1 \ , \quad g^{11} = -1 \ , \quad g^{22} = -1 \ , \quad g^{33} = -1 \ , \tag{16.101}$$

und $g^{ij} = 0$ für $i \neq j$. Die metrischen Koeffizienten können in einem Matrixschema zusammengefasst werden:

$$(g_{ij}) = (g^{ij}) = \begin{pmatrix} 1 & 0 & 0 & 0 \\ 0 & -1 & 0 & 0 \\ 0 & 0 & -1 & 0 \\ 0 & 0 & 0 & -1 \end{pmatrix} . \tag{16.102}$$

Das vierdimensionale Koordinatensystem mit diesen Werten der metrischen Tensorkoordinaten wird galileisches Koordinatensystem genannt.

Aus (16.102) folgt mit (i = 1, 2, 3):

$$(g_{ij}) = (g^{ij}) = -1 \ . \tag{16.103}$$

Was im Allgemeinen für das Produkt von kovarianten mit den kontravarianten Koordinaten des metrischen Tensors gilt, hat im Besonderen für galileische Koordinatensysteme Gültigkeit:

$$g_{ik}\, g^{kj} = g^{ik}\, g_{kj} = g_i^{\,j} = g^j_{\,i} \tag{16.104}$$

oder:

$$\delta_i^j = \begin{pmatrix} 1 & 0 & 0 & 0 \\ 0 & 1 & 0 & 0 \\ 0 & 0 & 1 & 0 \\ 0 & 0 & 0 & 1 \end{pmatrix} . \tag{16.105}$$

Mit (16.102) kann sofort der Zusammenhang zu den Vierervektoren und Vierertensoren zweiter Stufe hergestellt werden. Ein und dieselbe vektorielle physikalische Größe kann sowohl in kontravarianten als auch in kovarianten Koordinaten dargestellt werden. Dabei gelten die Beziehungen:

$$A^i = g^{ij} A_j \ , \qquad A_i = g_{ij} A^j \ . \tag{16.106}$$

In zeitlichen und räumlichen Koordinaten ausgedrückt, heißt das:

$$A^0 = A_0 \ , \quad A^1 = -A_1 \ , \quad A^2 = -A_2 \ , \quad A^3 = -A_3 \ . \tag{16.107}$$

Für die Übergänge zwischen den Formen ein und desselben physikalischen Tensors werden, wie eben gezeigt, die Formen des metrischen Tensors:

$$F^k_{\ j} = g^{ki}\, F_{ij} \ , \qquad F^{ij} = g^{il}\, g^{jm}\, F_{lm} \tag{16.108}$$

benutzt. Mit (16.102) ergeben sich die Zusammenhänge zwischen den Koordinaten in Analogie zu (15.54) als:

$$F^0_{\ 0} = F_{00} \ , \quad F^0_{\ 1} = F_{01} \ , \quad F^1_{\ 1} = -F_{11} \ , \quad F^1_{\ 2} = -F_{12} \ , \quad \dots \tag{16.109}$$

beziehungsweise als:

$$F^{00} = F_{00} \ , \quad F^{11} = F_{11} \ , \quad F^{10} = -F_{10} \ , \quad F^{01} = -F_{01} \ , \quad \dots \tag{16.110}$$

und demzufolge die Zusammenhänge zwischen den Koordinaten des Tensors der Elektromagnetik nach (15.123) und (15.124).

Die gemischten Koordinaten des Feldtensors lassen sich nun leicht berechnen: :

$$(F_i^{\ j}) = \begin{pmatrix} 0 & -\dfrac{E_x}{c} & -\dfrac{E_y}{c} & -\dfrac{E_z}{c} \\ -\dfrac{E_x}{c} & 0 & B_z & -B_y \\ -\dfrac{E_y}{c} & -B_z & 0 & B_x \\ -\dfrac{E_z}{c} & B_y & -B_x & 0 \end{pmatrix} \tag{16.111}$$

$$
(F^i{}_j) = \begin{pmatrix} 0 & \dfrac{E_x}{c} & \dfrac{E_y}{c} & \dfrac{E_z}{c} \\ \dfrac{E_x}{c} & 0 & B_z & -B_y \\ \dfrac{E_y}{c} & -B_z & 0 & B_x \\ \dfrac{E_z}{c} & B_y & -B_x & 0 \end{pmatrix} . \tag{16.112}
$$

Hier sei nochmals darauf verwiesen, dass der erste Index von links gesehen die Zeile und der zweite Index von links die Spalte im Matrixschema angibt.

Die Koordinaten des metrischen Tensors nach (16.102) helfen nun weiter, um die Koordinate T^{00} des Energie-Impuls-Tensors über (16.98) endgültig zu bestimmen. Es gilt:

$$
T^{00} = \frac{1}{\mu_0} \left\{ \frac{E_x^2}{c^2} + \frac{E_y^2}{c^2} + \frac{E_z^2}{c^2} + \frac{1}{2} \left(\boldsymbol{B}^2 - \frac{\boldsymbol{E}^2}{c^2} \right) \right\} = \frac{1}{2\mu_0} \left\{ \boldsymbol{B}^2 + \frac{\boldsymbol{E}^2}{c^2} \right\} \tag{16.113}
$$

oder:

$$
T^{00} = \frac{\boldsymbol{B}^2}{2\mu_0} + \frac{\varepsilon_0 \boldsymbol{E}^2}{2} = w . \tag{16.114}
$$

Das ist die Energiedichte des elektromagnetischen Feldes im Vakuum. Mit den mittels (15.221) festgelegten Dimensionen der Feldstärken besitzt die Koordinate T^{00} die Dimension:

$$
[T^{00}] = \frac{\text{VAs}}{\text{m}^3} = \frac{\text{Ws}}{\text{m}^3} . \tag{16.115}
$$

Die Energiedichte wird demzufolge in Ws/m^3 gemessen.

Die Tensorkoordinaten T^{0j} ($j = 1, 2, 3$) in (16.91) sind identisch mit den Koordinaten des Poynting-Vektors, da gilt:

$$
T^{0j} = \frac{1}{\mu_0} \left(-F^{0k} F^j{}_k + \frac{1}{4} g^{0j} F_{kl} F^{kl} \right) . \tag{16.116}
$$

Wegen (16.102) und der Verwendung von (16.107) folgt für $j = 1$:

$$
T^{01} = \frac{1}{\mu_0} \left(-F^{00} F^1{}_0 - F^{01} F^1{}_1 - F^{02} F^1{}_2 - F^{03} F^1{}_3 \right) , \tag{16.117}
$$

und eingesetzt:

$$
T^{01} = \frac{1}{\mu_0} \left(+\frac{E_y}{c} B_z - \frac{E_z}{c} B_y \right) . \tag{16.118}
$$

Der Vergleich von (16.118) mit der dreidimensionalen Form des Poynting-Vektors:

$$\begin{vmatrix} \boldsymbol{e}_x & \boldsymbol{e}_y & \boldsymbol{e}_z \\ \dfrac{E_x}{c} & \dfrac{E_y}{c} & \dfrac{E_z}{c} \\ \dfrac{B_x}{\mu_0} & \dfrac{B_y}{\mu_0} & \dfrac{B_z}{\mu_0} \end{vmatrix} = \begin{matrix} +\boldsymbol{e}_x \left(\dfrac{E_y B_z}{c\mu_0} - \dfrac{E_z B_y}{c\mu_0} \right) \\ +\boldsymbol{e}_y \left(\dfrac{E_z B_x}{c\mu_0} - \dfrac{E_x B_z}{c\mu_0} \right) \\ +\boldsymbol{e}_z \left(\dfrac{E_x B_y}{c\mu_0} - \dfrac{E_y B_x}{c\mu_0} \right) \end{matrix}$$

$$= \frac{1}{\mu_0} \left(\boldsymbol{e}_x \frac{S_x}{c} + \boldsymbol{e}_y \frac{S_y}{c} + \boldsymbol{e}_z \frac{S_z}{c} \right) \tag{16.119}$$

liefert für die Tensorkoordinaten:

$$T^{01} = \frac{S_x}{c}, \quad T^{02} = \frac{S_y}{c}, \quad T^{03} = \frac{S_z}{c}. \tag{16.120}$$

Die Dimensionen der Tensorkoordinaten T^{0j}, T^{i0} $(i,\, j = 1,\, 2,\, 3)$ sind:

$$\left[T^{0j}\right] = \left[\frac{S_x}{c}\right] = \frac{\mathrm{VAs}}{\mathrm{m}^3} = \frac{\mathrm{Ws}}{\mathrm{m}^3}, \tag{16.121}$$

also auch die einer Energiedichte. Damit besteht der Energie-Impuls-Tensor aus den Koordinaten:

$$\left(T^{ij}\right) = \begin{pmatrix} w & \dfrac{S_x}{c} & \dfrac{S_y}{c} & \dfrac{S_z}{c} \\ \dfrac{S_x}{c} & T^{11} & T^{12} & T^{13} \\ \dfrac{S_y}{c} & T^{21} & T^{22} & T^{23} \\ \dfrac{S_z}{c} & T^{31} & T^{32} & T^{33} \end{pmatrix}. \tag{16.122}$$

Zum Schluss dieser Untersuchungen ist noch der physikalische Inhalt der Tensorkoordinaten T^{ij} $(i,\, j = 1,\, 2,\, 3)$ zu bestimmen. Für eine gewählte Koordinate $i = 1$, $j = 2$ liefert (16.91):

$$T^{12} = \frac{1}{\mu_0} \left(-F^{10} F^2_{\ 0} - F^{11} F^2_{\ 1} - F^{12} F^2_{\ 2} - F^{13} F^2_{\ 3} \right), \tag{16.123}$$

und mit eingesetzten Koordinaten aus (15.124) sowie aus (16.95) mit (15.123) folgt für diese Koordinate:

$$T^{12} = -\frac{1}{\mu_0} \left(\frac{E_x}{c} \frac{E_y}{c} + B_y\, B_x \right) = -\left(\epsilon_0\, E_x\, E_y + \frac{B_y\, B_x}{\mu_0} \right). \tag{16.124}$$

Für $i = 1$ und $j = 1$ berechnet sich die Tensorkoordinate T^{11} zu:

$$T^{11} = \frac{1}{\mu_0} \left[-F^{10} F^1_{\ 0} - F^{11} F^1_{\ 1} - F^{12} F^1_{\ 2} - F^{13} F^1_{\ 3} - \frac{1}{2} \left(\boldsymbol{B}^2 - \frac{\boldsymbol{E}^2}{c^2} \right) \right]. \tag{16.125}$$

Es ist also:

$$T^{11} = \frac{1}{\mu_0} \left[-\frac{E_x}{c} \frac{E_x}{c} + B_z\, B_z + B_y\, B_y - \frac{1}{2} \left(\boldsymbol{B}^2 - \frac{\boldsymbol{E}^2}{c^2} \right) \right] , \tag{16.126}$$

oder geschickt geschrieben:

$$T^{11} = \frac{1}{\mu_0} \left[\frac{1}{2c^2} \left(E_y^2 + E_z^2 - E_x^2 \right) + \frac{1}{2} \left(B_y^2 + B_z^2 - B_x^2 \right) \right] . \tag{16.127}$$

Für die anderen Tensorkoordinaten könne die analogen Rechnungen ausgeführt werden.

Die neun Koordinaten T^{ij} $(i,\, j = 1,\, 2,\, 3)$ bilden den *Maxwellschen Spannungstensor*. Auch seine Koordinaten haben die Dimension einer Energiedichte. Sie lassen sich in der Formel $(\alpha,\, \beta = 1,\, 2,\, 3)$:

$$T^{\alpha\beta} = \frac{1}{\mu_0} \left[-\frac{E^\alpha}{c} \frac{E^\beta}{c} - B^\alpha\, B^\beta + \frac{1}{2} \delta^{\alpha\beta} \left(\frac{\boldsymbol{E}^2}{c^2} + \boldsymbol{B}^2 \right) \right] \tag{16.128}$$

zusammenfassen. Liegen die Koordinaten des Spannungs-Tensors vor, dann kann man die an ein beliebig orientiertes Flächenelement d$\boldsymbol{A}$ angreifende Kraft berechnen. In Koordinatenschreibweise lautet diese Beziehung:

$$\mathrm{d}F^\alpha = T^{\alpha\beta}\, \mathrm{d}A_\beta \ . \tag{16.129}$$

Die Größe d$\boldsymbol{F}$ ist die Kraft auf das im Raum befindliche Flächenelement d$\boldsymbol{A}$. Unter Zuhilfenahme der räumlichen Basisvektoren eines beliebigen Basissystems geht (16.129) in die koordinatenfreie Darstellung:

$$\mathrm{d}F^\alpha\, \boldsymbol{g}_\alpha = T^{\alpha\beta}\, \boldsymbol{g}_\alpha\, \boldsymbol{g}_\beta \cdot \mathrm{d}A_\gamma\, \boldsymbol{g}^\gamma = T^{\alpha\beta}\, \mathrm{d}A_\gamma\, \boldsymbol{g}_\alpha\, \boldsymbol{g}_\beta \cdot \boldsymbol{g}^\gamma \tag{16.130}$$

über. Wegen der Identität:

$$\boldsymbol{g}_\beta \cdot \boldsymbol{g}^\gamma = \delta_\beta^\gamma \tag{16.131}$$

folgt:

$$\mathrm{d}F^\alpha\, \boldsymbol{g}_\alpha = T^{\alpha\beta}\, \mathrm{d}A_\beta\, \boldsymbol{g}_\alpha \ , \tag{16.132}$$

Die Bestimmung der Koordinaten des Energie-Impuls-Tensors der Elektromagnetik führte zu dem anschaulichen Ergebnis, dass dieser tatsächlich symmetrisch ist. Demzufolge gilt:

$$T^{ij} = T^{ji} \ , \tag{16.133}$$

und die in (16.91) hinein formulierte Symmetrie bestätigt sich.

Der Energie-Impuls-Tensor verfügt noch über eine weitere besondere Eigenschaft. Seine Spur, das heißt die Summe der Hauptdiagonalelemente, ergibt den Wert Null.

Kapitel 17

Elektromagnetische Felder

Die Theorie über elektromagnetische Felder gehört neben der Netzwerktheorie zu den Hauptbestandteilen der Theoretischen Elektrotechnik. Sie wurde von Physikern seit Maxwell bis hin zur relativistischen klassischen bzw. nichtklassischen Form ausgearbeitet und in die Feldtheorie integriert.

Seit den ersten technischen Anwendungen ist sie zum Bestandteil der Ausbildung von Elektroingenieuren geworden, weil sich die meisten elektrotechnischen Aufgaben ohne ihre Nutzung nicht oder nicht optimal lösen lassen. In den Ingenieurwissenschaften vollziehen sich wegen des wissenschaftlich-technischen Fortschreitens zwei bedeutende unumkehrbare Entwicklungen:

1. Die Ingenieure sind bei einer steigenden Anzahl von Produkten (Raketentechnik, Weltraumsonden, Satelitentechnik, Signalübertragungstechnik, Übertragung großer Energien über weite Strecken im fast leeren Raum) gezwungen relativistische Gegebenheiten zu berücksichtigen.

2. Die modernen technische Produkte nutzen meist mehrere Energieformen (mechanische, elektrische, magnetische Energie, Wärmeenegie, Kernenergie).

Die erstgenannte Entwicklungsrichtung setzt einerseits die Theorie und die Analyse elektromagnetischer Felder und andererseits mehr als nur Grundkenntnisse der speziellen Relativitätstheorie voraus.

Der zweite Trend, vor allem erzwungen durch die vielseitigeren Verflechtungen zwischen Informationstechnik, Automatisierung, Elektronik, Mechanik und Magnetik setzt zwar die (klassische) Theorie elektromagnetischer Felder voraus, kommt zukünftig jedoch ohne *energieübergreifende* Methoden nicht hinlänglich aus. Hier tangiert man die Feldtheorie, die die Verschiedenartigkeit von Feldern berücksichtigt. Andererseits lassen sich bei mehreren Energieformen und somit auch Feldern, mit großem Vorteil, meist als einzige Methode, der Lagrange- bzw. der erweiterte Hamilton-Formalismus zur Berechnung verwenden.

In diesem Kapitel wird auf die Darstellung der Maxwellschen Gleichungen in verschiedenen Maßsystemen eingegangen, die Frage nach der Anzahl der Feldgleichungen geklärt und der Beweis über ihre eindeutige Lösbarkeit geführt. Daran schließen sich eine Übersicht zu den Arten von Randbedingungen sowie die Forderungen an die verschiedenen Randwertaufgaben.

17.1 Maßsysteme, Anzahl der Feldgleichungen, Feldbegriffe und Randwertaufgaben

17.1.1 Formen der Maxwellschen Gleichungen in verschiedenen Maßsystemen

Ingenieure bevorzugen das Internationale Einheitensystem (SI-System), der Physiker rechnet gelegentlich im Gaußschen Maßsystem. Andere Maßsysteme, z. B. das elektrostatische Maßsystem, das Georgische MMSA-System, haben an Bedeutung verloren und werden kaum noch zugrunde gelegt.

In die Gl. (15.161), (15.193) und (15.194) werden zwei verschiedene festlegbare Konstanten α_0 und β_0 eingefügt in der Art:

$$\operatorname{rot} \boldsymbol{E} = -\frac{1}{\beta_0}\frac{\partial \boldsymbol{B}}{\partial t}\,, \qquad \operatorname{div} \boldsymbol{B} = 0 \tag{17.1}$$

$$\operatorname{rot} \boldsymbol{H} = \frac{1}{\beta_0}\left(\frac{\partial \boldsymbol{D}}{\partial t} + \alpha_0 \boldsymbol{j}\right), \qquad \operatorname{div} \boldsymbol{D} = \alpha_0 \varrho \tag{17.2}$$

Im SI-System werden $\alpha_0 = 1$ und $\beta_0 = 1$ gesetzt, so dass die dem Ingenieur gewohnte Form der Maxwellschen Gleichungen entsteht:

$$\operatorname{rot} \boldsymbol{E} + \frac{\partial \boldsymbol{B}}{\partial t} = 0\,, \qquad \operatorname{div} \boldsymbol{B} = 0 \tag{17.3}$$

$$\operatorname{rot} \boldsymbol{H} = \left(\frac{\partial \boldsymbol{D}}{\partial t} + \boldsymbol{j}\right), \qquad \operatorname{div} \boldsymbol{D} = \varrho\,. \tag{17.4}$$

Im Gaußschen Maßsystem beträgt $\alpha_0 = 4\pi$ und $\beta_0 = c$ ist also gleich der Lichtgeschwindigkeit im Vakuum. Die Maxwellgleichungen gehen dann über in:

$$\operatorname{rot} \boldsymbol{E} = -\frac{1}{c}\frac{\partial \boldsymbol{B}}{\partial t}\,, \qquad \operatorname{div} \boldsymbol{B} = 0 \tag{17.5}$$

$$\operatorname{rot} \boldsymbol{H} = \frac{1}{c}\left(\frac{\partial \boldsymbol{D}}{\partial t} + 4\pi \boldsymbol{j}\right), \qquad \operatorname{div} \boldsymbol{D} = 4\pi\varrho\,. \tag{17.6}$$

Da die Dimension von $\boldsymbol{B}$ und $\boldsymbol{D}$ bei der Wahl der Konstanten unangetastet bleiben, haben im Gaußschen Maßsystem $\boldsymbol{B}$ und $\boldsymbol{E}$ sowie $\boldsymbol{D}$ und $\boldsymbol{H}$ dieselbe Dimension.

17.1.2 Die Anzahl der Feldgleichungen

Die Berechnung von elektromagnetischen Feldern verlangt die Lösung der Maxwellschen Gleichungen unter der Berücksichtigung der Rand- und Anfangsbedingungen. Für den Anwender sind auch Aussagen über Existenz von Lösungen und über die Eindeutigkeit derselben interessant. Demzufolge ist zuerst die Frage nach der Anzahl der Feldgleichungen zu beantworten.

Die homogenen Gleichungen nach Gl. (17.3) umfassen vier partielle Differenzialgleichungen 1. Ordnung für die sechs Komponenten (Koordinaten) der beiden Feldvektoren $\boldsymbol{E}$ und $\boldsymbol{B}$. Denn die die Rotation enthaltende Gleichung ist eine Vektorgleichung in dreidimensionaler Form, die drei skalare Gleichungen enthält und die vierte Gleichung ist selbst eine skalare Gleichung.

Bei den inhomogenen Gleichungen nach Gl. (17.4) handelt es sich ebenfalls um vier partielle Differenzialgleichungen 1. Ordnung für die sechs Komponenten (Koordinaten) der beiden Feldgrößen $\boldsymbol{H}$ und $\boldsymbol{D}$. Die drei Komponenten der Stromdichte $\boldsymbol{j}$ sowie ϱ gelten als vorgegeben.

Die Gesamtheit der Maxwellschen Gleichungen besteht somit aus acht skalaren Gleichungen für zwölf Feldgrößen, d. h. mathematisch ist dieses Gleichungssystem unterbestimmt.

Die Aufhebung der *Unterbestimmtheit* vollzieht sich über die Materialgleichungen. Für Materialien gelten die Beziehungen:

$$\boldsymbol{B} = \mu \boldsymbol{H} , \qquad \boldsymbol{D} = \varepsilon \boldsymbol{E} . \tag{17.7}$$

Beides sind Vektorgleichungen im dreidimensionalen Raum und umfassen demzufolge sechs skalare Gleichungen. Da die Gleichheit gilt und sich die vier Feldvektoren nur im Zusammenhang mit den Maxwellschen Gleichungen bestimmen lassen, können in jeder dieser drei skalaren Gleichungen nur zwei Größen (Koordinaten) frei gewählt werden. Die jeweils dritte auf beiden Seiten jeder Gleichung liegt fest, weil die Vektoren dann bestimmt sind. Die beiden Materialgleichungen liefern deshalb weitere vier Gleichungen. Insgesamt liegen 12 Feldgleichungen für die 12 zu berechnenden Koordinaten der vier Feldgrößen vor. Die Materialgleichungen heben die Unterbestimmtheit in den Maxwellschen Gleichungen auf.

17.1.3 Der Feldbegriff

Bis hierher wurde der Feldbegriff als eine Selbstverständlichkeit verwendet und soll nun definiert werden.

In der Mathematik spricht man von einem skalaren Feld, wenn jedem Punkt P des (dreidimensionalen) Raumes eine skalare Größe $U(P)$ (z. B. ein Temperaturfeld, die Dichte in einem inhomogenen Medium, das Potenzial eines Kraftfeldes) zugeordnet ist.

Es liegt in einem Raum ein Vektorfeld vor, wenn in jedem Punkt P dieses Raumes ein Vektor $\boldsymbol{V}(P)$ angegeben werden kann (z. B. Kraftfeld der Erde bzw. der Sonne, das Geschwindigkeitsfeld der Teilchen einer strömenden Flüssigkeit, das elektrische Feld, ein magnetisches Feld).

Diese Felder müssen ihre getrennten Ursachen haben. Die Definition des Feldbegriffes setzt das Vorhandensein einer oder mehrerer Ursachen voraus. In der Elektrotechnik ist das die elektrische Ladung. Dieser Begriff bezeichnet nicht nur eine ganz bestimmte, genau charakterisierte Ladung, sondern er steht für ein oder mehrere, allgemeine, mit ihm verbundene, zu seiner Bedeutung zusammengefassten Merkmale:

Definition 17.1

1. *Die elektrische Ladung verkörpert eine Eigenschaft außerhalb rein mechanischer Gegebenheiten und ist erfahrungsgemäß ein Skalar.*
2. *Die Ladungen treten nur als ganzzahlige Vielfache der Elementarladung auf. Als Einheit der Ladung könnte man demzufolge die Ladung des Elektrons wählen. Wegen ihrer Kleinheit ist die Ladung eines Elektrons für technische Zwecke ungeeignet, so dass man als praktische Einheit der Ladung ein Coulomb (1C) wählt. Die Ladung eines Elektrons beträgt $Q_e = -1{,}602 \cdot 10^{-19} C$. In der Einheit der Ladung sind somit $6{,}25 \cdot 10^{19}$ Elementarladungen zusammengefasst.*
3. *Demzufolge kann man bei einer großen Zahl von Erscheinungen vom korpuskularen Aufbau der Ladungen absehen und ihre Gesamtheit betrachten, indem man mit der Vorstellung einer über geladene Gebiete kontinuierlich verteilten Ladung ausgeht.*

Damit ist der Begriff *elektrische Ladung* qualitativ und (mittels verifizierbaren Messungen) quantitativ bestimmt, ohne dass man sich auf eine ganz bestimmte Ladung und auf eine Summe genau bezeichneter Elektronen mit ihren Elementarladungen bezieht.

Nun lässt sich aufbauend auf dem Begriff der elektrischen Ladung der Feldbegriff definieren.

Definition 17.2 *Mit dem Vorhandensein der elektrischen Ladung existiert ein elektrisches Feld, welches sich im Raum in der Umgebung der Ladung ausbreitet. Befindet sich in der Umgebung der ursächlichen Ladung eine zweite Ladung, so wirkt auf sie eine Kraft infolge der Wechselwirkung zwischen dem Feld der ersten Ladung und der zweiten Ladung.*

Das Feld fungiert als Träger der Erscheinung, die in der Wirksamkeit von hier auftretenden elektrischen Kräften besteht.

Die Definition 17.1 steht in Übereinstimmung mit der von Faraday und Maxwell erklärten Nahwirkungstheorie. Nach ihr übertragen sich die Kraftwirkung durch die den

Raum erfüllenden Felder. Vorher wurde ein Fernwirkungspostulat propagiert, welches eine Kraftwirkung aus der Ferne, d. h. eine Wirkung ohne die Vermittlung des dazwischen liegenden Raumes, annahm. Die heutige Feldtheorien lehnen eine solche Fernwirkung ab. Die Nahwirkungstheorie hat sich, da sie in Übereinstimmung mit den Beobachtungen bzw. mit den technischen Vorgängen steht, durchgesetzt.

Sollen nun Felder im Raum beschrieben werden, so steht man vor der Notwendigkeit der Wahl eines Koordinatensystems. Bei rein räumlichen Untersuchungen genügt eine dreidimensionale Basis. Befindet sich in einem Raum eine bestimmte Ladungsmenge, dann kann eine Ladungsdichte ϱ angegeben werden. Das Integral $\int \varrho \, \mathrm{d}V$ muss dann gleich der Summe aller im Integrationsgebiet befindlichen Ladungen sein.

Weil in Wirklichkeit die Ladungen punktförmig sind, ist die Raumladungsdichte ϱ an allen Stellen außer dem Orte der Ladung Null zu setzen. Dazu drücken wir ϱ mittels einer δ - Funktion aus und bedienen uns dann der Distribution auch als verallgemeinerte Funktion bezeichnet. Die δ-Funktion ist als:

$$\delta(x) = \begin{cases} 0, & \text{für } x \neq 0 \\ \infty, & \text{für } x = 0 \, , \end{cases} \tag{17.8}$$

derart definiert, dass für das Integral:

$$\int\limits_{-\infty}^{+\infty} \delta(x) \, \mathrm{d}x = 1 \tag{17.9}$$

gilt. Ist $f(x)$ eine beliebige stetige Funktion, dann gilt:

$$\int\limits_{-\infty}^{+\infty} f(x)\delta(x-c) \, \mathrm{d}x = f(c) \tag{17.10}$$

und im Besonderen:

$$\int\limits_{-\infty}^{+\infty} f(x)\delta(x) \, \mathrm{d}x = f(0) \tag{17.11}$$

ist. Das Integrationsgebiet kann beliebig sein, muss in jedem Fall den Punkt enthalten, in dem die δ-Funktion nicht verschwindet. Die Gleichheit der folgenden Ausdrücke heißt: Die rechte und die linke Seite ziehen dasselbe Ergebnis nach sich, wenn sie als Faktor in einem Integranden auftreten:

$$\delta(-x) = \delta(x) \, , \qquad \delta(cx) = \frac{1}{|c|}\delta(x) \, ; \qquad c = \text{const.} \tag{17.12}$$

In Analogie zur eindimensionalen δ-Funktion $\delta(x)$ lässt sich die dreidimensionale δ-Funktion $\delta(\boldsymbol{r})$ definieren. Sie verschwindet überall ausgenommen am Ursprung des räumlichen Koordinatensystems. Das über den ganzen Raum $\mathbb{R}^3$ erstreckte Integral liefert:

$$\int\limits_{\mathbb{R}^3 \to \infty} \delta(\boldsymbol{r})\,\mathrm{d}\boldsymbol{r} = 1 \ . \tag{17.13}$$

Es gilt $\delta(\boldsymbol{r}) = \delta(x)\delta(y)\delta(z)$ in kartesischen Koordinaten. Befindet sich die Ladung q_a am Ort $\boldsymbol{r}_a$, dann kann man die Raumladungsdichte darstellen in der Form:

$$\varrho = \sum_{a=1}^{n} q_a \delta(\boldsymbol{r} - \boldsymbol{r}_a) \ . \tag{17.14}$$

Integriert man nun über das gesamte Raumgebiet, so folgt wegen (17.9),...,(17.13):

$$\int\limits_V \varrho\,\mathrm{d}V = \int\limits_V \sum_{a=1}^{n} q_a \delta(\boldsymbol{r} - \boldsymbol{r}_a)\,\mathrm{d}V = \sum_{a=1}^{n} \int\limits_V q_a \delta(\boldsymbol{r} - \boldsymbol{r}_a)\,\mathrm{d}V = \sum_{a=1}^{n} q_a \ . \tag{17.15}$$

Das heißt, es wurde die Summe der im Volumen V enthaltenen Ladung berechnet. Aus der Gl. (17.15) ergibt sich noch eine Schlussfolgerung: Die Ladung (eines Teilchens) ist gemäß ihrer Definition eine Invariante und demzufolge vom Koordinatensystem und erweitert vom Bezugssystem unabhängig. Das gilt nicht für die Raumladungsdichte ϱ. Erst das Produkt $\varrho\,\mathrm{d}V$ stellt eine Invariante dar.

Diese Darlegungen lassen sich auf das elektromagnetische Feld auszudehnen. Das elektromagnetische Feld wird durch bewegte elektrische Ladungen hervorgerufen. Sowohl dem Feld als auch der Ladung kommt Realität zu. Der Ladung deshalb, weil sie in diskreten Werten vorkommt und das elektromagnetische Feld erzeugt, dem Feld, weil selbiges der Träger der elektromagnetischen Energie und der elektromagnetischen Wirkung ist.

17.1.4 Konvektive und konduktive Ladungs- und Stromdichten

Da die Maxwellschen Gleichungen nach Gl. (17.3) und (17.4) auch für bewegte Medien gelten, setzt sich die in ihnen eingehende wahre Ladungsdichte ϱ aus den konvektiven Ladungsdichten $\varrho^{(\mathrm{cv})}$ und den konduktiven Ladungsdichten $\varrho^{(\mathrm{cd})}$ zusammen:

$$\varrho = \varrho^{(\mathrm{cv})} + \varrho^{(\mathrm{cd})} \tag{17.16}$$

Die konvektive Ladung wird als freie Ladung oder gebunden an Körper (z. B. auf Isolatoren) transportiert, während die konduktive Ladung aus elektrischen Ladungsträgern bei Bewegung des Mediums hervorgeht. Im Falle ruhender Medien ist $\varrho^{(\mathrm{cd})} = 0$. Diese Einsicht hat, und damit der konkrete Ausdruck für die konduktive Ladung, die Relativitätstheorie hervorgebracht. Erst sie ist in der Lage, die Theorie des Elektromagnetismus bei beliebigen Medien richtig wiederzugeben.

Die elektrische Stromdichte $\boldsymbol{j}$ setzt sich aus der konvektiven Stromdichte $\boldsymbol{j}^{(\mathrm{cv})}$ und der konduktiven Stromdichte $\boldsymbol{j}^{(\mathrm{cd})}$:

$$\boldsymbol{j} = \boldsymbol{j}^{(\mathrm{cv})} + \boldsymbol{j}^{(\mathrm{cd})} \tag{17.17}$$

zusammen. Die konvektive Stromdichte hat ihre Ursache in der Bewegung elektrischer Ladungen mit der Geschwindigkeit $\boldsymbol{v}$, d. h. in der Bewegung einer auf einem Isolator sitzenden elektrischen Ladung durch den Transport des Isolators selbst. Die konduktive elektrische Stromdichte entspricht der elektrischen Leitungsstromdichte (z. B. ohmsche Leitung elektrischer Ladungen).

17.2 Eindeutige Lösbarkeit der Maxwellschen Gleichungen

Es soll nachgewiesen werden, dass mit Hilfe der Maxwellschen Gleichungen das elektromagnetische Feld eindeutig bestimmt werden kann. Diese Aussage ist von prinzipieller Bedeutung, da sie mit dem Kausalitätsbegriff in der Physik zusammenhängt. Die Kausalitätsaussage besagt:

> Die physikalischen Gesetze sind so aufgebaut, dass mit ihrer Hilfe bei der Kenntnis der gegenwärtigen Werte die zukünftigen eindeutig bestimmt werden können.

Es soll nun gezeigt werden, dass die Maxwellschen Gleichungen in mathematischer Form kausale Gesetze darstellen. Dazu wird von folgendem Satz ([112], S. 74) ausgegangen:

Satz 17.1 *Kennt man zu einem Zeitpunkt $t = t_0$ die elektrische und die magnetische Feldstärke in jedem Punkt des durch eine beliebige Fläche im $\mathbb{R}^3$ begrenzten Volumens, so lassen sich mittels der Maxwellschen Gleichungen für eine beliebige Zeit t sämtliche elektromagnetische Größen berechnen, vorausgesetzt, dass die Tangentialkomponenten von $\boldsymbol{E}$ oder von $\boldsymbol{H}$ in jedem Punkt der Begrenzungsfläche zum Anfangszeitpunkt t_0 an bis zum Zeitpunkt t bekannt sind. Es muss weiterhin vorausgesetzt werden, dass die eingeprägten elektromagnetischen Kräfte in Abhängigkeit vom Ort und der Zeit vorliegen.*

Anmerkung:

1. Bevor der Beweis des Satzes 17.1 ausgeführt wird, sei noch auf folgende Tatsache verwiesen. Es genügt nicht zur Berechnung des elektromagnetischen Feldes im betreffenden Volumen, die Feldgrößen nur am Anfang zum Zeitpunkt t_0 zu kennen. Sie sind auf ihrer Begrenzungsfläche auch zu jedem Zeitpunkt notwendig, weil das herausgegriffene Volumen nicht abgeschlossen ist und durch die Angabe der Koordinaten irgendeines Vektors auf der Begrenzungsfläche der Einfluss der in der Zeit vor sich gehenden Veränderung der Außenwelt seine Berücksichtigung findet.

2. Die Maxwellschen Gleichungen stellen mathematisch klassifiziert lineare inhomogene partielle Differenzialgleichungen von insgesamt zweiter Ordnung dar.

Beweis des Satzes 17.1

Um den Beweis nicht unnötig zu komplizieren sei angenommen, dass die Materialparameter ε, μ und $\varkappa$ sowohl von der Zeit als auch von den Feldstärken unabhängig sind.

Der Beweis wird indirekt geführt. Der Ausgangspunkt der Beweiskette bildet die Annahme der Existenz zweier verschiedener Lösungen, die die gegebenen Bedingungen erfüllen. Es bleibt in Übereinstimmung mit dem Inhalt des Satzes 17.1 zu zeigen, dass diese beiden Lösungen identisch sind.

Für die Feldgrößen $\boldsymbol{E}$ und $\boldsymbol{H}$ sollen zwei verschiedene Paare von Feldgrößen $\boldsymbol{E}_1, \boldsymbol{H}_1$ und $\boldsymbol{E}_2, \boldsymbol{H}_2$ existieren und den oben angeführten Bedingungen genügen. Das bedeutet, zum Zeitpunkt $t = t_0$ sind sie im gesamten Volumen gleich und in allen Punkten der Randfläche und zu allen Zeitpunkten stimmen die Tangentialkomponenten von $\boldsymbol{E}_1, \boldsymbol{E}_2$ oder von $\boldsymbol{H}_1, \boldsymbol{H}_2$ mit den vorgeschriebenen Werten überein. Die Feldgrößen genügen den Maxwellschen Gleichungen.

Bildet man die Differenz der beiden Lösungen, so genügen die Vektoren $\boldsymbol{E}_0 = \boldsymbol{E}_1 - \boldsymbol{E}_2$ bzw. $\boldsymbol{H}_0 = \boldsymbol{H}_1 - \boldsymbol{H}_2$ ebenfalls den Maxwellschen Gleichungen, da diese ein lineares Gleichungssystem bilden. Zum Zeitpunkt $t_0 = 0$ gelten $\boldsymbol{H}_0 \equiv 0$ und $\boldsymbol{E}_0 \equiv 0$.

Zur weiteren Beweisführung wird die Leistung nach Gl. (16.13) herangezogen. Unter Berücksichtigung der durch eine fremde elektromotorische Kraft erzeugten, eingeprägten Feldstärke $\boldsymbol{E}_\mathrm{e}$ gilt für die Leistungsstromdichte:

$$\boldsymbol{j} = \varkappa (\boldsymbol{E} + \boldsymbol{E}_\mathrm{e}) . \tag{17.18}$$

Damit sowie mit den angenommenen Werten für die Feldstärken geht man in die Gl. 16.13 und gelangt nach einigen Umformungen zur Leistungsbilanz in der Form:

$$-\frac{\partial}{\partial t} \int\limits_V \left(\frac{1}{2} \mu \boldsymbol{H}_0^2 + \frac{1}{2} \varepsilon \boldsymbol{E}_0^2 \right) \mathrm{d}V = \int\limits_V \frac{\boldsymbol{j}_0^2}{\varkappa} \mathrm{d}V - \int\limits_V \boldsymbol{E}_{\mathrm{e}0} \boldsymbol{j}_0 \, \mathrm{d}V + \oint\limits_A (\boldsymbol{E}_0 \times \boldsymbol{H}_0) \, \mathrm{d}\boldsymbol{A} . \tag{17.19}$$

Die beiden rechten Summanden werden Null. Die eingeprägte elektrische Feldstärke ist in allen Punkten und zu jeder Zeit unabhängig von der speziellen Lösung der Maxwellschen Gleichungen gegeben, d. h., es gilt $\boldsymbol{E}_{\mathrm{e}0} = \boldsymbol{E}_{\mathrm{e}1} - \boldsymbol{E}_{\mathrm{e}2} = 0$. Dasselbe gilt auf der Randfläche für die Tangentialkomponente der magnetischen bzw. der elektrischen Feldstärke. Der Poyntingvektor $\boldsymbol{S}_0 = \boldsymbol{E}_0 \times \boldsymbol{H}_0$ ist eine zur Randfläche tangentiale Komponente. Das Spatprodukt $(\boldsymbol{E}_0 \times \boldsymbol{H}_0) \, \mathrm{d}\boldsymbol{A}$ ergibt in allen Randpunkten den Wert Null. Die Beziehung (17.19) vereinfacht sich dementsprechend zu:

$$-\frac{\partial}{\partial t} \int\limits_V \left(\frac{1}{2} \mu \boldsymbol{H}_0^2 + \frac{1}{2} \varepsilon \boldsymbol{E}_0^2 \right) \mathrm{d}V = \int\limits_V \frac{\boldsymbol{j}^2}{\varkappa} \mathrm{d}V . \tag{17.20}$$

Wegen der mathematischen Form des Integranden kann die rechte Seite keine negativen Werte annehmen. Demzufolge kann auf der linken Seite der Wert des hinter dem

Differenziationszeichen befindlichen Ausdrucks nur geringer werden oder Null sein. Da er bereits zu Anfang Null war, negative Werte sowohl wegen seiner physikalischen Natur, als auch wegen seiner mathematischen Form nicht annehmen kann, muss er im betrachteten Zeitintervall stets Null sein. Es gilt:

$$\int_V \left(\frac{1}{2}\mu \boldsymbol{H}_0^2 + \frac{1}{2}\varepsilon \boldsymbol{E}_0^2 \right) \mathrm{d}V = 0 \ . \tag{17.21}$$

Die Gleichung (17.21) ist nur für $\boldsymbol{H}_0 = 0$ und $\boldsymbol{E}_0 = 0$ erfüllbar und folgerichtig gelten:

$$\boldsymbol{H}_1 = \boldsymbol{H}_2 \ ; \qquad \boldsymbol{E}_1 = \boldsymbol{E}_2 \ . \tag{17.22}$$

Die zu Beginn des Beweises angenommenen zwei Lösungen sind also identisch. Damit ist die Eindeutigkeit der Lösung der Maxwellschen Gleichungen nachgewiesen.

17.3 Arten von Randbedingungen

Die Maxwellschen Gleichungen sind mathematisch charakterisiert lineare partielle Differenzialgleichungen zweiter Ordnung, die bei gegebenen Randbedingungen zu integrieren sind.

Da die Lösungsfunktion im Allgemeinen sowohl von den Randwerten an den räumlichen Grenzen sowie von zeitlichen Werten abhängen kann, unterscheidet man begrifflich im $\mathbb{R}^3$ zwischen Rand- und Anfangsbedingungen.

Bei Differenzialgleichungen zweiter Ordnung unterscheidet man zwischen hyperbolischen, elliptischen und parabolischen partiellen Differenzialgleichungen. Der Typ der Differenzialgleichung kann sich ändern. Es wird zudem angenommen, dass im betrachteten Gebiet die Differenzialgleichung vom gleichen Typ sei.

17.3.1 Hyperbolische Differenzialgleichung und ihre Anfangsbedingungen

Das abgeschlossene Gebiet $\underline{G}$ möge im $(t, x_1, \ldots, x_n)$-Raum $\underline{R}^{n+1}$ liegen. Die x_i sind die Raumkoordinaten. t bezeichnet einen Parameter, der im Sonderfall die Zeit sein kann. In der Elektrotechnik beschreiben diese Differenzialgleichungen Schwingungsvorgänge. Bei hyperbolische Differenzialgleichungen spricht man vom Cauchy-Problem, wenn als Lösung der Differenzialgleichung:

$$\sum_{i,j=1}^{n} a_{ij} \frac{\partial^2 u}{\partial x_i \partial x_j} + \sum_{i=1}^{n} a_{i0} \frac{\partial^2 u}{\partial x_i \partial t} - \frac{\partial^2 u}{\partial t^2} = F\left(t, x_1, \ldots, x_n, u, \frac{\partial u}{\partial t}, \ldots, \frac{\partial u}{\partial x_n}\right) \tag{17.23}$$

eine zweimal stetig differenzierbare Funktion $u(t, x_1, \ldots, x_n)$ für $t > 0$ mit den Anfangsbedingungen:

$$u(0, x_1, \ldots, x_n) = u_0(x_1, \ldots, x_n) \ , \qquad \frac{\partial u}{\partial t}(0, x_1, \ldots, x_n) = u_1(x_1, \ldots, x_n) \tag{17.24}$$

mit vorgegeben Funktionen u_0 und u_1 gesucht wird.

17.3.2 Elliptische Differenzialgleichungen und ihre Randbedingungen

Es sei $\underline{G}$ ein beschränktes Gebiet im $(x_1, \ldots, x_n)$-Raum $\underline{R}^n$ und es wirden elliptische Differenzialgleichungen betrachtet. Elliptische Differenzialgleichungen beschreiben statische Zustände. Sie haben die mathematische Form nach Gl. (17.25):

$$\sum_{i,j}^{n} a_{ij} \frac{\partial^2 u}{\partial x_i \partial x_j} = F\left(x_1, \ldots, x_n, u, \frac{\partial u}{\partial x_1}, \ldots, \frac{\partial u}{\partial x_n}\right) . \tag{17.25}$$

Gesucht sind Lösungen dieser Differenzialgleichung, die auf dem Rand $\underline{A}$ des Gebietes $\underline{G}$ Bedingungen der Art:

$$\left.\left(fu + g\frac{\partial u}{\partial n}\right)\right|_A = h \tag{17.26}$$

genügen. $\partial/\partial n$ bezeichnet die Normalableitung bezüglich $\underline{A}$. f, g und h sind vorgegebene Funktionen auf $\underline{A}$ mit $f \geq 0, g \geq 0$ und $f + g > 0$. Diese Aufgabe heißt Randwertproblem. Man unterscheidet zwischen:

Randbedingungen erster Art: $u|_{\underline{A}} = h_1,$

Randbedingungen zweiter Art: $\left.\frac{\partial u}{\partial n}\right|_{\underline{A}} = h_2$

und:

Randbedingungen dritter Art: $\left.\left(fu + \frac{\partial u}{\partial n}\right)\right|_{\underline{A}} = h_3.$

Die zugehörigen Randwertaufgaben heißen Randwertaufgaben erster, zweiter und dritter Art.

Für die später behandelte Laplace- bzw. Poisson-Gleichung $\Delta\varphi = F(x_1, \ldots, x_n)$ wird die Randwertaufgabe erster Art auch *Dirichletsches Problem* und die Randwertaufgabe zweiter Art *Neumannsches Problem* genannt.

Die dritte Randwertaufgabe ist vom Gesichtspunkt der Elektrotechnik aus nicht von vorrangigem Interesse. Sie wird zur inneren Dimensionierung von Halbleitern sowie bei Elektrowärmeaufgaben herangezogen.

17.3.3 Parabolische Differenzialgleichungen

Parabolische Differenzialgleichungen beschreiben Diffusionsvorgänge. Für Differenzialgleichungen vom Typ:

$$\sum_{i,j=1}^{n} a_{ij} \frac{\partial^2 u}{\partial x_i \partial x_j} = \frac{\partial u}{\partial t} \tag{17.27}$$

stellt man das Anfangswertproblem mit der Anfangsbedingung:

$$u(0, x_1, \ldots, x_n) = u_0(x_1, \ldots, x_n) . \tag{17.28}$$

Die Funktion u_0 ist für $t = 0$ gegeben.

17.3.4 Homogene und inhomogene Randbedingungen

Eine Randbedingung wird homogen genannt, wenn eine Linearkombination der die Randbedingung erfüllende Funktionen u_1 und u_2 wieder den Randbedingungen genügt, d. h., wenn auch die Funktion $a_1u_1 + a_2u_2$ den Randbedingungen genügt. Sind die Funktionen h in den Randbedingungen erster bis dritter Art verschieden von Null, so liegen inhomogene Randbedingungen vor. Homogene Randbedingungen liegen für $h = 0$ vor.

Ein Randwertproblem mit inhomogenen Randbedingungen kann immer auf ein Problem mit homogenen Randbedingungen zurückgeführt werden.

17.3.5 Forderungen an die einzelnen Randwertaufgaben

Die einzelnen Randwertaufgaben ergeben sich aus den von der Elektrotechnik (Physik) gestellten Forderungen:

1. Die Lösung des Problems soll existieren.
2. Die Lösung soll eindeutig bestimmt sein.
3. Die Lösung soll stetig von den Daten des Problems abhängen.

Ein Problem, welches diese Forderungen erfüllt, bezeichnet man auch als gestelltes Randwertproblem.

17.4 Gliederung der elektromagnetischen Felder

Für die sich anschließende Herleitung ingenieurtechnischer Berechnungsmethoden für elektromagnetische Felder bedarf es deren Gliederung, weil davon die Wahl der Methode abhängt. Diese Gliederung wird einerseits nach den Eigenschaften der Materialien, also nach der Erfassung der Materie im jeweiligen Feld, und andererseits nach dem Zeitverhalten der elektromagnetischen Feldgrößen vorgenommen. So entsteht eine Klassifizierung, die sich für die Lösung technischer Aufgabenstellungen bewährt hat.

17.4.1 Unterteilung nach den Materialeigenschaften

In den Materialgleichungen:

$$\boldsymbol{B} = \mu \boldsymbol{H} \tag{17.29}$$

$$\boldsymbol{D} = \varepsilon \boldsymbol{E} \tag{17.30}$$

$$\boldsymbol{j} = \varkappa \boldsymbol{E} \tag{17.31}$$

sind die Materialkenngrößen μ (Permeabilität), ε (Dielektrizität oder Permittivität) und $\varkappa$ (Leitfähigkeit) enthalten. Bei isotropen Medien sind diese Kenngrößen Skalare, das heißt Tensoren nullter Stufe, und somit skalare Invarianten. Im Falle anisotroper Medien stellen sie Tensoren zweiter Stufe dar. Die über die Materialkenngrößen in Zusammenhang stehenden Feldvektoren zeigen im allgemeinen Fall nicht in die selbe Richtung. Zum Beispiel wird im magnetischen Feld der Vektor $\boldsymbol{H}$ durch den Tensor μ in den Vektor $\boldsymbol{B}$ gedreht und im Betrag verändert.

Die Felder heißen homogen, wenn die Materialgrößen Konstanten sind. Sie werden inhomogen genannt für den Fall, bei dem die Materialgrößen Funktionen der räumlichen Koordinaten sind.

Weiterhin unterscheidet man nach relaxationsfreien oder relaxationsbehafteten Vorgängen. Relaxationserscheinungen können in jedem Medium auftreten. Es muss dann über ihre Vernachlässigung entschieden werden. So existieren Polarisationsvorgänge, die auf der Einstellung permanenter Dipole beruhen und mit einer, wenn auch geringfügigen, Veränderung des Feldes (Lorenzfeldes) verbunden sind. Diese Polarisationserscheinungen erfordern aufgrund der dazu erforderlichen Umordnung von Atomen oder Molekülen im Festkörper eine Relaxationszeit von etwa 10^{-11}s. Nach dem Anlegen eines elektrischen Feldes erhöht sich die Polarisation im Dielektrikum exponentiell und sinkt nach seiner Beseitigung exponentiell wieder ab. Einem schnellen elektrischen Wechselfeld kann die Polarisation nur verzögert folgen, so dass Trägheitserscheinungen auftreten.

17.4.2 Gliederung nach dem Zeitverhalten

Bei der Klassifizierung der elektromagnetischen Felder nach ihrem Zeitverhalten wird zwischen statischen, stationären, quasistationären (langsam veränderliche Felder) und rasch veränderliche Felder unterschieden.

Statische Felder

In diesen Feldern sind alle Feldgrößen zeitlich konstant. Sie können trotzdem sehr wohl von den Ortskoordinaten abhängen und sich demzufolge von Ort zu Ort ändern. Es wird angenommen, dass keine Bewegung von elektrischen Ladungen stattfindet. Unter diesen Voraussetzungen existiert ein elektrostatisches Feld und ein von diesem getrenntes magnetisches Feld. Beide Felder lassen sich demzufolge getrennt voneinander berechnen oder synthetisieren.

Aus den Maxwellschen Gleichungen (17.3) und (17.4) gehen dann hervor:

a) **elektrostatisches Feld**:

in Nichtleitern

$$\operatorname{rot} \boldsymbol{E} = 0, \qquad \operatorname{div} \boldsymbol{D} = \varrho, \qquad \boldsymbol{D} = \varepsilon \boldsymbol{E}, \tag{17.32}$$

und in dielektrischen Leitern

$$|\boldsymbol{E}| = 0, \qquad \boldsymbol{D} = 0, \tag{17.33}$$

b) **magnetostatisches Feld**:

$$\operatorname{rot} \boldsymbol{H} = 0, \qquad \operatorname{div} \boldsymbol{B} = 0, \qquad \boldsymbol{B} = \mu \boldsymbol{H}. \tag{17.34}$$

Ob ein Quellenfeld oder ein Wirbelfeld vorliegt, entscheidet man über die Bildung der Divergenz oder der Rotation (siehe dazu umfassend in Abschnitt 6.2.4 Tensoranalysis). Ist die Divergenz einer Feldgröße verschieden von Null, dann liegt ein Quellenfeld vor, ist die Rotation einer Feldgröße ungleich Null, so besitzt das Feld Wirbel.

Gemäß Gl. (17.32) ist ein elektrostatisches Feld wirbelfrei und besitzt Quellen. Das magnetostatische Feld hat weder Quellen noch Wirbel, weil in der Gl. (17.34) sowohl die Rotation von $\boldsymbol{H}$ als auch die Divergenz von $\boldsymbol{B}$ Null sind. Das magnetostatische Feld entsteht durch Dauermagnetmaterialien (permanentmgnetische Werkstoffe).

Stationäre Felder

Auch bei diesen Feldern hängen die Feldgrößen nicht von der Zeit ab. Sie können sich jedoch von Ort zu Ort verändern. Man sieht also von den zeitlichen Veränderungen jeglicher Art ab und berücksichtigt das magnetische Feld der zeitlich konstanten Ströme. Aus den Maxwellschen Gleichungen folgen:

a) **stationäres elektrisches Feld:**

$$\operatorname{rot} \boldsymbol{E} = 0, \qquad \operatorname{div} \boldsymbol{D} = \varrho, \qquad \operatorname{div} \boldsymbol{j} = 0, \qquad \boldsymbol{j} = \varkappa \boldsymbol{E}, \qquad \frac{\partial \boldsymbol{D}}{\partial t} = 0, \tag{17.35}$$

b) **magnetisches Feld stationärer Ströme:**

$$\operatorname{rot} \boldsymbol{H} = \boldsymbol{j}, \qquad \operatorname{div} \boldsymbol{B} = 0, \qquad \boldsymbol{B} = \mu \boldsymbol{H}, \qquad \frac{\partial \boldsymbol{B}}{\partial t} = 0. \tag{17.36}$$

Das stationäre elektrische Feld ist wirbelfrei und hat in den elektrischen Ladungen seine Quellen. Das stationäre magnetische Feld wird aus Leitungsströme erzeugt, besitzt deshalb Wirbel und es ist wegen $\operatorname{div} \boldsymbol{B} = 0$ quellenfrei.

Die Gleichungen (17.35) erlauben die Untersuchung des stationären elektrischen Feldes unabhängig vom magnetischen Feld, weil die magnetischen Feldgrößen nicht mit eingehen. Das stationäre magnetische Feld hat wegen des Auftretens der Stromdichte in (17.36) seine Ursache im stationären Strömungsfeld.

Quasistationäre Felder

Bei diesen Feldern wird die Veränderung der elektrischen Erregung (dielektrische Verschiebung) $\boldsymbol{D}$ mit der Zeit gegenüber dem Betrag der elektrischen Stromdichte $\boldsymbol{j}$ vernachlässigt. Man verzichtet also auf die magnetisierende Wirkung des Verschiebungsstromes $\partial \boldsymbol{D}/\partial t$ und zieht dennoch bereits die zeitliche Änderung der magnetischen Feldstärke (magnetische Flussdichte) in Betracht:

$$\left|\frac{\partial \boldsymbol{D}}{\partial t}\right| \ll |\boldsymbol{j}| \,. \tag{17.37}$$

So gelangt man zu den Grundgleichungen von beinahe *stationären* oder *quasistationären* Strömen. Die Grundgleichungen besitzen unter diesen Annahmen die Formen:

$$\operatorname{rot} \boldsymbol{E} = -\frac{\partial \boldsymbol{B}}{\partial t}, \qquad \operatorname{div} \boldsymbol{D} = \varrho, \qquad \boldsymbol{D} = \varepsilon \boldsymbol{E}, \tag{17.38}$$

$$\operatorname{rot} \boldsymbol{H} = \boldsymbol{j}, \qquad \operatorname{div} \boldsymbol{B} = 0, \qquad \boldsymbol{B} = \mu \boldsymbol{H}, \qquad \boldsymbol{j} = \varkappa \boldsymbol{E}. \tag{17.39}$$

Bei diesen Feldern besteht zwischen den elektrischen und den magnetischen Größen eine sehr enge Verbindung. Die Felder sind nicht mehr getrennt berechenbar.

Rasch veränderliche Felder

Da keine Einschränkungen hinsichtlich des Zeitverhaltens der Feldgrößen mehr vorgenommen werden, erfolgt die Verwendung der Maxwellschen Gleichungen in ihrer vollständigen Form einschließlich der Materialgleichungen:

$$\operatorname{rot} \boldsymbol{E} = -\frac{\partial \boldsymbol{B}}{\partial t}, \qquad \operatorname{div} \boldsymbol{D} = \varrho, \qquad \boldsymbol{D} = \varepsilon \boldsymbol{E}, \tag{17.40}$$

$$\operatorname{rot} \boldsymbol{H} = \boldsymbol{j} + \frac{\partial \boldsymbol{D}}{\partial t}, \qquad \operatorname{div} \boldsymbol{B} = 0, \qquad \boldsymbol{B} = \mu \boldsymbol{H}, \qquad \boldsymbol{j} = \varkappa \boldsymbol{E}. \tag{17.41}$$

Die Abgrenzung der quasistationären Felder (Erscheinungen) von den rasch veränderlichen Feldern (elektromagnetische Wellen) ist nicht einfach und hat seinen Ausdruck nur in den unterschiedlichen Beträgen von $|\partial \boldsymbol{D}/\partial t|$ und $|\boldsymbol{j}|$. Bei Wellenvorgängen nimmt man $|\partial \boldsymbol{D}/\partial t| \gg |\boldsymbol{j}|$ an. Im Idealfall des Vakuums gilt $|\boldsymbol{j}| \equiv 0$. Trotzdem breitet sich dort das angeregte elektromagnetische Feld, ohne an Materie gebunden zu sein, aus.

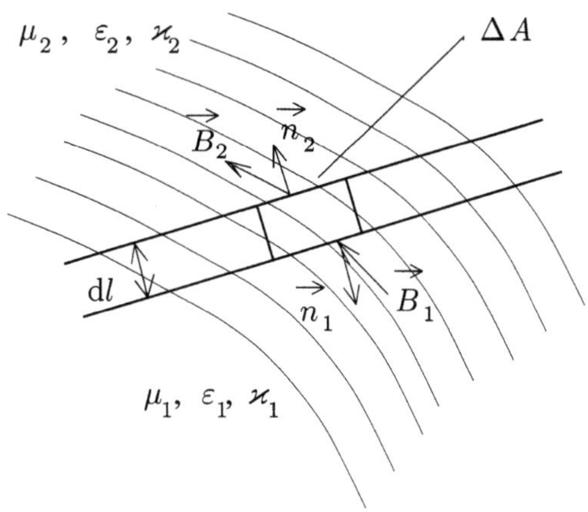

Bild 17.1: Verhalten der Normalkomponenten der magnetischen Flussdichte an den Grenzflächen verschiedener Stoffe

17.5 Verhalten der Feldgrößen an Grenzflächen

Es sei eine sprunghafte Änderung der Materialeigenschaften an den Grenzflächen zwischen Vakuumscheiben mit verschiedenen Materialkonstanten vorausgesetzt und durch μ_1 und μ_2, ε_1 und ε_2 bzw. $\varkappa_1$ und $\varkappa_2$ in den Materialgleichungen (17.29), (17.30) und (17.31) ausgedrückt. Solche sprunghaften Veränderungen finden beim Übergang von einem Leiter zu einem Nichtleiter, bei der schichtweisen Änderung der Materialeigenschaften, beim Übergang von festen zu flüssigen bzw. von festen zu gasförmigen Stoffen statt.

Auf Grund der Maxwellschen Gleichungen lassen sich die verschiedenen Feldgrößen auf beiden Seiten der Grenzfläche bestimmen. Da sich gemäß der obigen Voraussetzungen μ, ε und $\varkappa$ auf diesen Flächen sprunghaft ändern, verändern sich gemäß den Materialgleichungen auch die mit ihnen verbundenen Vektoren sprunghaft. Diese Sprünge sollen im Folgenden qualitativ bestimmt werden.

Zur Bestimmung der Sprünge der einzelnen Feldgrößen (Vektoren) wird zunächst angenommen, dass der Übergang von einem Medium zu einem anderen nicht plötzlich, sondern innerhalb einer Schichtdicke kontinuierlich vor sich geht. Diese Schichtdicke wird dann mehr und mehr verringert und letztendlich gleich Null gesetzt. In dem Bild 17.1 ist eine solche Schichtdicke mit den Materialparametern eingezeichnet, wobei gilt:

$$\begin{aligned} |\boldsymbol{n}_1| &= |\boldsymbol{n}_2| \\ |\boldsymbol{B}_1| &< |\boldsymbol{B}_2| \\ \uparrow \boldsymbol{B}_1 &\neq \uparrow \boldsymbol{B}_2 \end{aligned} \tag{17.42}$$

Wird auf den Vektor der magnetischen Induktion $\boldsymbol{B}$ der Satz von Gauß angewendet, wobei als geschlossene Fläche ein gerader Zylinder mit dem Durchmesser dl gewählt wird, so folgt aus Gleichung (17.3):

$$\int_V \operatorname{div} \boldsymbol{B} \, \mathrm{d}V = \oint_A \boldsymbol{B} \, \mathrm{d}\boldsymbol{A} = B_{\mathrm{n}2}\Delta A - B_{\mathrm{n}1}\Delta A + \Delta\Phi = 0. \tag{17.43}$$

$\Delta\Phi$ gibt die magnetischen Flusslinien an, die durch den Zylindermantel austreten und strebt mit der Verringerung der Zylinderhöhe über alle Grenzen gegen Null. Damit sind die verbleibenden Summanden auf der rechten Seite ebenfalls Null und es gilt:

$$B_{\mathrm{n}2} = B_{\mathrm{n}1}. \tag{17.44}$$

Die Normalkomponente der magnetischen Induktion besitzt an den Grenzflächen zwischen verschiedenen Materialien einen kontinuierlichen Übergang. Das bedeutet, der Vektor $\boldsymbol{B}_2 - \boldsymbol{B}_1$ fällt in die Grenzfläche und sein Skalarprodukt mit den Flächennormalen ergibt:

$$(\boldsymbol{B}_2 - \boldsymbol{B}_1) \cdot \boldsymbol{n} = 0. \tag{17.45}$$

Wird jetzt der Satz von Gauß analog auf den Vektor der elektrischen Verschiebung unter der Beibehaltung derselben Zylinderfläche angewandt, dann erhält man wegen Gl. (17.4):

$$\int_V \operatorname{div} \boldsymbol{D} \, \mathrm{d}V = \int_V \varrho \, \mathrm{d}V = \varrho \, \mathrm{d}l \Delta A = (D_{\mathrm{n}2} - D_{\mathrm{n}1})\Delta A + \Delta\Psi. \tag{17.46}$$

$\Delta\Psi$ gibt die Anzahl der aus der Zylindermantelfläche austretenden Verschiebungslinien an, die mit verschwindender Zylinderhöhe gegen den Wert Null strebt. Der Ausdruck $\varrho \, \mathrm{d}l \Delta A$ drückt die im Volumenelement vorhandene Gesamtladung aus. $\varrho \, \mathrm{d}l$ soll mit der Abnahme der Schichtdicke konstant bleiben. Damit gelangt man zum Begriff der Flächenladung:

$$\lim_{\mathrm{d}l \to 0} \varrho \, \mathrm{d}l = \sigma. \tag{17.47}$$

Aus der Gleichung (17.46) geht demzufolge das Endergebnis:

$$D_{\mathrm{n}2} - D_{\mathrm{n}1} = \sigma \tag{17.48}$$

hervor. In Worten ausgedrückt heißt das: Die Normalkomponenten des Vektors der elektrischen Verschiebung ändern sich sprunghaft, wenn auf der Grenzfläche elektrische Ladungen existieren und haben einen kontinuierlichen Übergang, wenn keine solchen vorhanden sind. Als Tensor-Gleichung geschrieben, gilt also:

$$(\boldsymbol{D}_2 - \boldsymbol{D}_1) \cdot \boldsymbol{n} = 0. \tag{17.49}$$

Bis hierher sind die Normalkomponenten untersucht worden. Um Aussagen über das Verhalten der Tangentialkomponenten der Feldgrößen herzuleiten, geht man von der I. Maxwellschen Gleichung oder dem mathematischen Ausdruck des Durchflutungsgesetze in Differenzialform (17.4) bzw. von der II. Maxwellschen Gleichung oder dem Induktionsgesetz in Differenzialform nach (17.3) aus.

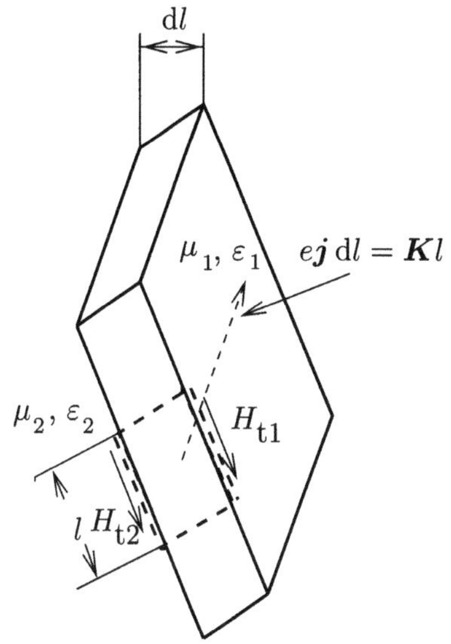

Bild 17.2: Verhalten der Tangentialkomponenten der magnetischen Feldstärke und der elektrischen Feldstärke an der Grenzfläche zweier Stoffe

Aus dem Durchflutungsgesetz folgt bei der Integration längs der gestrichelten Linie in Bild (17.2):

$$\oint_L \boldsymbol{H}\,\mathrm{d}\boldsymbol{l} = H_{t1}l - H_{t2}l + \mathrm{d}F = j\,\mathrm{d}l\,l, \tag{17.50}$$

wobei $\mathrm{d}F$ den Wert des Linienintegrals über die Stirnteile angibt. Mit der Verringerung der Schichtdicke strebt $\mathrm{d}F$ gegen Null. Aus Gleichung (17.50) geht außerdem hervor, dass in der Grenzschicht eine Stromdichte $\boldsymbol{j}$ existiert. Sie fließt senkrecht durch die von $\boldsymbol{l}$ und $\mathrm{d}\boldsymbol{l}$ aufgespannte Fläche. Beim Übergang der Schichtdicke zum Wert Null soll das Produkt $\boldsymbol{j}\,\mathrm{d}l$ konstant bleiben. Dann ist durch:

$$\lim_{\mathrm{d}l\to 0} \boldsymbol{j}\,\mathrm{d}l = \boldsymbol{K} \tag{17.51}$$

die Flächenstromdichte, gemessen in A/m, definiert. Der Magnetisierungsstrom mit seiner magnetisierenden Wirkung wird vernachlässigt, weil sich $\partial \boldsymbol{D}/\partial t$ nicht zu einer Oberflächenstromdichte verdichten kann. Das wäre nur der Fall bei einer unendlich schnellen Feldstärkeänderung oder bei unendlicher elektrischer Feldstärke. Damit gilt:

$$H_{t1} - H_{t2} = K \tag{17.52}$$

oder bei fehlendem Oberflächenstrom:

$$H_{t1} = H_{t2}\,. \tag{17.53}$$

In Worten besagt dieses Ergebnis: Die Tangentialkomponenten der magnetischen Feldstärke auf der Grenzfläche besitzen einen kontinuierlichen Verlauf.

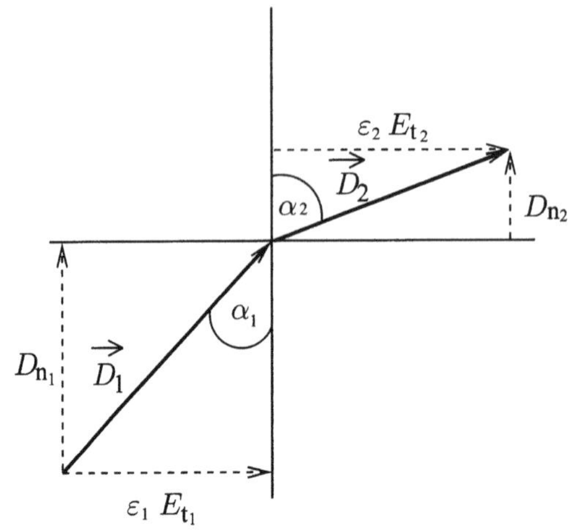

Bild 17.3: Verlauf der elektrischen Feldgrößen an der Grenzfläche zweier Stoffe mit verschiedenen Dielektrizitätskonstanten

Wird das Linienintegral der elektrischen Feldstärke entlang der selben (gestrichelten) Linie gebildet, dann liefert die II. Maxwellsche Gleichung:

$$\int_A \operatorname{rot} \boldsymbol{E}\, \mathrm{d}\boldsymbol{A} = (E_{t1} - E_{t2})l = -\frac{\partial B}{\partial t} l\, \mathrm{d}l\ . \tag{17.54}$$

Die rechte Seite strebt mit abnehmender Schichtdicke $\mathrm{d}l$ gegen Null, weil im Allgemeinen $\partial B/\partial t$ nicht gegen Unendlich strebt und so $\partial B/\partial t\, \mathrm{d}l$ beim Grenzübergang nicht als konstant angenommen werden kann. Es gilt somit für die Tangentialkomponente der elektrischen Feldstärke:

$$E_{t1} = E_{t2}\ . \tag{17.55}$$

Für die elektrischen Feldgrößen sind die Verhältnisse in Bild 17.3 dargestellt.

Auf der Grenzfläche zwischen verschiedenen Materialien verlaufen die Tangentialkomponenten der elektrische Feldstärke kontinuierlich. Zusammenfassend erhält man über die Winkelbeziehungen und die Materialgleichung das Berechnungsgesetz für die Kraftlinien der elektrischen Feldgrößen in der Form:

$$\frac{\tan\alpha_1}{\tan\alpha_2} = \frac{\dfrac{E_{t1}}{E_{n1}}}{\dfrac{E_{t2}}{E_{n2}}} = \frac{\dfrac{D_{t1}}{D_{n1}}}{\dfrac{D_{t2}}{D_{n2}}} = \frac{\varepsilon_1}{\varepsilon_2}\ . \tag{17.56}$$

Für die Kraftlinien der magnetischen Feldgrößen gilt dementsprechend:

$$\frac{\tan\alpha_1}{\tan\alpha_2} = \frac{\dfrac{H_{t1}}{H_{n1}}}{\dfrac{H_{t2}}{H_{n2}}} = \frac{\dfrac{B_{t1}}{B_{n1}}}{\dfrac{B_{t2}}{B_{n2}}} = \frac{\mu_1}{\mu_2}\ . \tag{17.57}$$

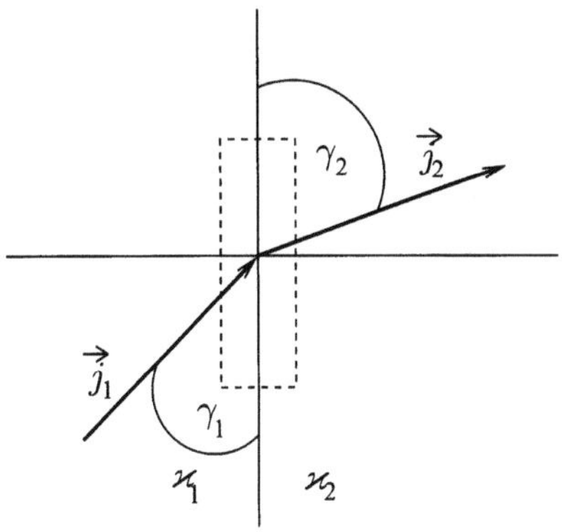

Bild 17.4: Verhalten der elektrischen Leitungsstromdichte an der Grenzfläche zweier Materialien mit verschiedener elektrischer Leitfähigkeit

Zur Darstellung des Überganges für die elektrische Leitungsstromdichte dient das Bild 17.4.

Für die stationäre Strömung gilt die Gleichung:

$$\operatorname{div} \boldsymbol{j} = 0. \tag{17.58}$$

Dieses Ergebnis folgt aus der linken Gleichung (17.36), wenn man auf beiden Seiten die dreidimensionale Divergenz bildet. In Analogie zum Ergebnis aus Gl. (17.43) gilt dann für die Normalkomponenten der elektrischen Stromdichte die Gleichheit von:

$$j_{\mathrm{n1}} = j_{\mathrm{n2}}. \tag{17.59}$$

Wegen der Gültigkeit von $E_{\mathrm{t1}} = E_{\mathrm{t2}}$ folgen

$$j_{\mathrm{t1}} = \varkappa_1 E_{\mathrm{t1}}, \qquad j_{\mathrm{t2}} = \varkappa_2 E_{\mathrm{t2}} = \varkappa_2 E_{\mathrm{t1}} \tag{17.60}$$

und demzufolge das Berechnungsgesetz der Kraftlinien der elektrischen Stromdichte:

$$\frac{\tan\gamma_1}{\tan\gamma_2} = \frac{\frac{j_{\mathrm{t1}}}{j_{\mathrm{n1}}}}{\frac{j_{\mathrm{t2}}}{j_{\mathrm{n2}}}} = \frac{j_{\mathrm{t1}}}{j_{\mathrm{t2}}} = \frac{\varkappa_1}{\varkappa_2}. \tag{17.61}$$

Im allgemeinen tritt auf der Grenzfläche der beiden Seiten eine Oberflächenladung auf, was bedeutet: Die Normalkomponenten der dielektrischen Verschiebung besitzen keinen stetigen Übergang:

$$\begin{aligned} D_{\mathrm{n1}} &= \varepsilon_1 E_{\mathrm{n1}} = \frac{\varepsilon_1 j_{\mathrm{n1}}}{\varkappa_1}, \\ D_{\mathrm{n2}} &= \varepsilon_2 E_{\mathrm{n2}} = \frac{\varepsilon_2 j_{\mathrm{n2}}}{\varkappa_2} = \frac{\varepsilon_2 j_{\mathrm{n1}}}{\varkappa_2}. \end{aligned} \tag{17.62}$$

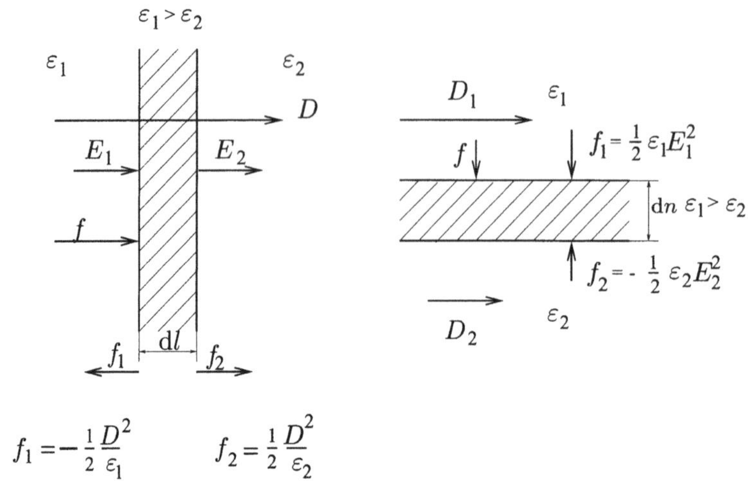

Bild 17.5: Kondensator mit senkrecht bzw. parallel zum elektrostatischen Feld geschichteten Dielektrikum

Mit dem Ergebnis aus (17.48) erhalten wir

$$\sigma = D_{\mathrm{n}2} - D_{\mathrm{n}1} = j_{\mathrm{n}1}\left(\frac{\varepsilon_2}{\varkappa_2} - \frac{\varepsilon_1}{\varkappa_1}\right). \tag{17.63}$$

Die Flächenladungsdichte wird nur dann Null, wenn für die Materialkenngrößen im Sonderfall die Bedingung

$$\left(\frac{\varepsilon_1}{\varkappa_1} - \frac{\varepsilon_2}{\varkappa_2}\right) = 0 \tag{17.64}$$

gilt.

17.5.1 Berechnung der Krafteinwirkung unter Berücksichtigung der Materialeigenschaften

Nach den Herleitungen zum Verhalten der Feldgrößen an Grenzflächen geht es nun um die Berechnung der Kraftwirkungen unter Berücksichtigung der Matrialeigenschaften. Es wird gezeigt, wie man bei zwei einfachen Fällen von der Energiedichte zur Kraftdichte gelangt. Den Ausgangspunkt der Überlegungen bildet der Plattenkondensator, bei dem das Dielektrikum senkrecht bzw. parallel zum elektrischen Feld geschichtet ist. Im Beispiel ist vorausgesetzt, dass vom Kondensator keine Ladungen abfließen und somit die Ladungsmenge Q und der Betrag der Verschiebungsdichte D konstant sind.

Im linken Beispiel im Bild 17.5 gilt nach den Herleitungen zum Verhalten an Grenzflächen:

$$\boldsymbol{D}_1 = \varepsilon_1 \boldsymbol{E}_1 = \boldsymbol{D}_2 = \varepsilon_2 \boldsymbol{E}_2 \tag{17.65}$$

und für das rechte Beispiel:

$$\varepsilon_2 \boldsymbol{D}_1 = \varepsilon_1 \boldsymbol{D}_2 . \tag{17.66}$$

In beiden Fällen greift eine noch zu bestimmende Flächenkraftdichte an die Grenzfläche an. Im linken Beispiel soll sich die Trennfläche unter dem Einfluss dieser Kraft um die Strecke dl verschieben. Die verrichtete Arbeit der elektrostatischen Kräfte ist dann gleich der mit entgegengesetztem Vorzeichen addierten Änderung der Feldenergie:

$$F\,\mathrm{d}l = fA\,\mathrm{d}l = -(f_1 A\,\mathrm{d}l - f_2 A\,\mathrm{d}l) = -\left(\frac{1}{2}\frac{D^2}{\varepsilon_1}A\,\mathrm{d}l - \frac{1}{2}\frac{D^2}{\varepsilon_2}A\,\mathrm{d}l\right) \tag{17.67}$$

oder bei Berücksichtigung von $\boldsymbol{D} = \varepsilon \boldsymbol{E}$:

$$F\,\mathrm{d}l = fA\,\mathrm{d}l = -\left(\frac{1}{2}\varepsilon_1 E_1^2 - \frac{1}{2}\varepsilon_2 E_2^2\right) A\,\mathrm{d}l\,. \tag{17.68}$$

Hieraus errechnet sich die Flächenkraftdichte:

$$f = -\left(\frac{1}{2}\varepsilon_1 E_1^2 - \frac{1}{2}\varepsilon_2 E_2^2\right) = \frac{1}{2}D^2\left(\frac{1}{\varepsilon_2} - \frac{1}{\varepsilon_1}\right)\,. \tag{17.69}$$

Die Richtung der Kraftdichte ist vom Dielektrikum mit der größeren Dielektrizitätskonstante zu dem mit kleinerem ε gerichtet. Die Dimension der Kraftdichte ist eine Energiedichte:

$$[f] = \left[\varepsilon E^2\right] = \frac{\mathrm{As}}{\mathrm{Vm}} \cdot \frac{\mathrm{V}^2}{\mathrm{m}^2} = \frac{\mathrm{VAs}}{\mathrm{m}^3}\,.$$

Im rechten Beispiel vom Bild 17.5 bedingt die Verschiebung der Grenzfläche bei konstanter elektrischer Feldstärke $\boldsymbol{E}$ eine Ladungsänderung dQ. Die Kondensatorelektroden seien jetzt an eine Spannungsquelle (mit Innenwiderstand) angeschlossen. In der Energiebilanz muss demzufolge auch die von der Quelle gelieferte Energie auftreten. Es gelten:

$$U\,\mathrm{d}Q = \mathrm{d}W_\mathrm{e} + F\,\mathrm{d}n \tag{17.70}$$

oder

$$El(\sigma_1 - \sigma_2)b\,\mathrm{d}n = \left(\frac{1}{2}\varepsilon_1 E^2 - \frac{1}{2}\varepsilon_2 E^2\right) lb\,\mathrm{d}n + fbl\,\mathrm{d}n\,. \tag{17.71}$$

Die Größe l bezeichnet die Grenzflächenlänge in $\boldsymbol{E}$-Richtung, d$\boldsymbol{n}$ die Verschiebung der Grenzfläche senkrecht zu $\boldsymbol{E}$, b die Breite der Elektroden senkrecht zu $\boldsymbol{E}$ und d$\boldsymbol{n}$. σ_1, σ_2 sind die Flächenladungsdichten der Elektroden, die am Stoff mit ε_1 bzw ε_2 anliegen ($\sigma_1 = \varepsilon_1 \boldsymbol{E}; \sigma_2 = \varepsilon_2 \boldsymbol{E}$). Damit erhält man das Ergebnis:

$$E(E\varepsilon_1 - E\varepsilon_2) = \frac{1}{2}\varepsilon_1 E^2 - \frac{1}{2}\varepsilon_2 E^2 + f \tag{17.72}$$

oder umgestellt nach der Flächenkraftdichte

$$f = \frac{1}{2}(\varepsilon_1 - \varepsilon_2)E^2\,. \tag{17.73}$$

Die resultierende Kraft zeigt auch hier zum Material mit der kleineren Dielektrizitätskonstanten.

Kapitel 18

Methoden zur Berechnung elektromagnetischer Felder

Allen Berechnungsmethoden für elektromagnetische Felder liegen die Maxwellschen Gleichungen in vier- bzw. in dreidimensionaler Form zugrunde. Es sind lineare partielle inhomogene Differenzialgleichungen von insgesamt 2. Ordnung. Demzufolge sind zur Bestimmung der Feldgrößen stets zwei Integrationen unter der Berücksichtigung der gültigen Rand- und Anfangsbedingungen auszuführen.

Dabei unterscheidet man folgende fünf prinzipiell verschiedene Methoden:

1. Die direkte Integration der Maxwellschen Gleichungen, welche zur analytischen Lösung führt.
2. Die Integration mit Hilfe eines Reihenansatzes, woraus als Lösungsfunktion eine Reihe, die im Allgemeinen nach einer endlichen Anzahl von Summanden abgebrochen wird, hervorgeht.
3. Numerische Methoden zur Berechnung von elektrischen, magnetischen bzw. elektromagnetischen Feldern.
4. Methoden auf der Grundlage der Wahrscheinlichkeitsrechnung.
5. Graphische Methoden.

Diese fünf Methoden unterteilen sich entsprechend der Gliederung des elektromagnetischen Feldes weiter. Eine allumfassende Methode nur mit Vorteilen lässt sich nicht nennen. Die Aufgabenstellung entscheidet wesentlich über die zu verwendende Methode.

Anmerkung:
Die vierte Gruppe von Berechnungsmethoden beruht auf der zufälligen Entscheidung zur Lösung der Feldgleichungen. Sie sind unter dem Begriff *Monte-Carlo-Methode* in die Literatur eingegangen. Diese zufallsbehafteten Methoden sind in den vergangenen Jahren durch numerische Feldberechnungsmethoden verdrängt worden, gewinnen in letzter Zeit wieder an Bedeutung.

18.1 Berechnung elektrostatischer Felder

Im Kapitel 17 wurde bei der Klassifizierung der elektromagnetischen Felder bewiesen, dass sich die elektrostatischen Felder unabhängig von den magnetischen Feldern und umgekehrt analysieren lassen.

Da aus mathematischer Sicht beiden Arten von Feldern dieselben Gleichungen zugrunde liegen, ist es ausreichend, die Methoden für elektrostatische Felder vorzustellen. Durch den Austausch der Feldgrößen für magnetische Felder kommt man bei adäquater Vorgehensweise zum Feldverlauf.

18.1.1 Die Gleichungen von Laplace und Poisson

Die Differenzialgleichungen des elektrostatischen Feldes gehen auf Laplace[1] und Poisson[2] zurück. Den Zusammenhang zwischen der Divergenz der dielektrischen Verschiebung und der Raumladungsdichte enthält die mittlere Gleichung in Gl. (15.26). Bei eingesetztem $\boldsymbol{D} = \varepsilon \boldsymbol{E}$ und konstantem ε folgt:

$$\operatorname{div} \boldsymbol{E} = \frac{\varrho}{\varepsilon} \,. \tag{18.1}$$

Notwendig und hinreichend für die Existenz eines skalaren Potenzials zu einem Vektorfeld ist die Gültigkeit von $\operatorname{rot} \boldsymbol{E} = 0$. Dadurch lässt sich die elektrische Feldstärke als (negativer) Gradient des elektrischen skalaren Potenzials ausdrücken:

$$\boldsymbol{E} = -\operatorname{grad} \varphi \,, \tag{18.2}$$

so dass mit (18.1) die *Poissonsche Gleichung*:

$$\operatorname{div}\, \operatorname{grad} \varphi = \Delta\, \varphi = -\frac{\varrho}{\varepsilon} \tag{18.3}$$

entsteht. Diese ist eine lineare partielle Differenzialgleichung zweiter Ordnung. Für den Fall des Nichtvorhandenseins von elektrischen Raumladungen im zu berechnenden Feldgebiet gilt $\varrho = \varrho(x, y, z) = 0$ und die Gleichung:

$$\Delta\, \varphi = 0 \tag{18.4}$$

[1] Laplace, Pierre, Simon (1749-1827): Französischer Mathematiker und Astronom. Forschte über Himmelsmechanik und Planetenentstehung

[2] Poisson, Siméon, Deniz (1781-1840): Französischer Mathematiker und Physiker. Mitbegründer der Potenzialtheorie.

heißt *Laplace-Gleichung*. Sie beschreibt das elektrostatische raumladungsfreie Feld. Der hier enthaltene Operator $\Delta = \nabla^2$ heißt Laplace-Operator. Er hat in den gebräuchlichsten Koordinatensystemen folgende Form:

a. Kartesische Koordinaten - $P(x, y, z)$:

$$\Delta := \frac{\partial^2}{\partial x^2} + \frac{\partial^2}{\partial y^2} + \frac{\partial^2}{\partial z^2} , \tag{18.5}$$

b. Zylinderkoordinaten (Polarkoordinaten) - $P(r, \alpha, z)$:

$$\Delta := \frac{1}{r}\frac{\partial}{\partial r}\left(r\frac{\partial}{\partial r}\right) + \frac{1}{r^2}\frac{\partial^2}{\partial \alpha^2} + \frac{\partial^2}{\partial z^2} , \tag{18.6}$$

c. Kugelkoordinaten (sphärische Koordinaten) - $P(r, \vartheta, \alpha)$:

$$\Delta := \frac{1}{r^2}\left[\frac{\partial}{\partial r}(r^2\frac{\partial}{\partial r}) + \frac{1}{\sin\vartheta}\frac{\partial}{\partial \vartheta}\left(\sin\vartheta\frac{\partial}{\partial \vartheta}\right) + \frac{1}{\sin^2\vartheta}\frac{\partial^2}{\partial \alpha^2}\right] . \tag{18.7}$$

Wendet man z. B. den Laplace-Operator in Zylinderkoordinaten auf das skalare elektrische Potenzial $\varphi(r, \alpha, z)$ an, so folgt für raumladungsfreie Gebiete die Laplace-Gleichung in der Form:

$$\Delta\varphi := \frac{1}{r}\frac{\partial}{\partial r}\left(r\frac{\partial \varphi}{\partial r}\right) + \frac{1}{r^2}\frac{\partial^2 \varphi}{\partial \alpha^2} + \frac{\partial^2 \varphi}{\partial z^2} = 0 . \tag{18.8}$$

Die Aufgabe besteht nun darin, die Poissonsche bzw. Laplacesche Gleichung zu integrieren. Es liegt jeweils eine lineare partielle Differenzialgleichung zweiter Ordnung vor. Jede Gleichung ist demzufolge zweimal zu integrieren unter der Berücksichtigung der bestehenden Randbedingungen. Dann liegt ein mathematischer Ausdruck für das skalare elektrische Potenzial in Abhängigkeit der Ortskoordinaten vor. Die gesuchte elektrische Feldstärke liefert die Gradientenbildung nach (18.2). Über (15.26) berechnet sich die Verschiebungsflussdichte. Die Verschiebungsflussdichte weist gegenüber der elektrischen Feldstärke den Vorteil auf, dass in Gleichungen mit ihr.

18.1.2 Direkte Integration der Gleichungen von Laplace und Poisson

Berechnung eindimensionaler Felder - Plattenkondensator, zylindersymmetrisches Feld und kugelsymmetrisches Feld unter Einarbeitung der Randbedingungen

Wenn sich die Feldgrößen nur in einer Koordinatenrichtung ändern, spricht man von einem eindimensionalen Feld. Die Feldgleichungen, hier die Laplace-Gleichung bzw. die Poisson-Gleichung, lassen sich sofort integrieren. An diesen drei Sonderfällen zeigen sich besonders die Vorteile durch die Wahl des zu verwendenden Koordinatensystems.

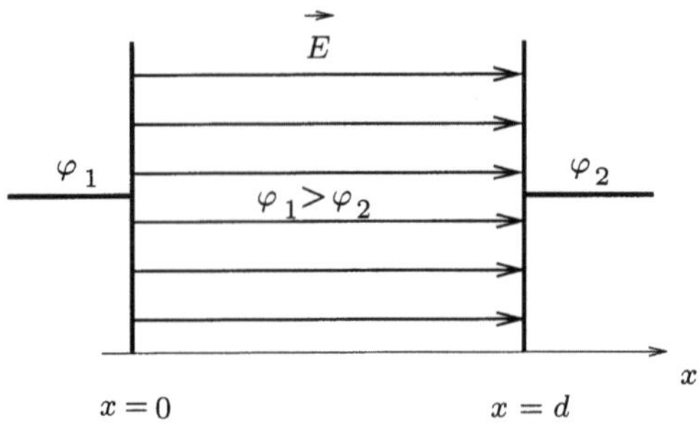

Bild 18.1: Der Plattenkondensator

Das elektrische Feld des Plattenkondensators

Die Lage des kartesischen Koordinatensystems wird so gewählt, dass sich die Feldgrößen des elektrostatischen Feldes nur in Richtung der x-Achse verändern. Dieser Feldverlauf existiert nur im Inneren des Kondensators. Es gilt als angenommen, dass die Abmessungen der Plattenelektroden sehr groß gegenüber ihrem Abstand und aus diesem Grunde Randverzerrungen zu vernachlässigen sind. Das betrachtete Gebiet, hier das zwischen den Kondensatorplatten sei frei von freien Raumladungen, d. h., es gilt $\varrho = 0$. Die Laplace-Gleichung((18.4) geht deshalb in ihre eindimensionale Form:

$$\frac{\partial^2 \varphi}{\partial x^2} = \frac{d^2 \varphi}{dx^2} = 0 \tag{18.9}$$

über. Durch die zweifache Integration findet man als Lösung für das elektrische skalare Potenzial:

$$\frac{\mathrm{d}\varphi}{\mathrm{d}x} = K_1 \quad , \quad \varphi = K_1 x + K_2 \; . \tag{18.10}$$

Für den Plattenkondensator im Bild 18.1 gelten für das elektrische Potenzial die Randbedingungen:

$$\begin{aligned} \varphi &= \varphi_1 && \text{an der Stelle} \quad x = 0 \\ \varphi &= \varphi_2 && \text{an der Stelle} \quad x = d \; . \end{aligned}$$

Aus den Randbedingungen sind die Konstanten K_1 und K_2 zu bestimmen. Man setzt diese Werte in die rechte Gleichung Gl. (18.10) ein und erhält die Lösungsfunktion für den Potenzialverlauf:

$$\varphi_1 = K_2 \, , \qquad \varphi_2 = K_1 d + K_2 \tag{18.11}$$

oder:

$$\varphi(x) = \frac{\varphi_2 - \varphi_1}{\mathrm{d}} x + \varphi_1 \quad \text{mit} \quad K_1 = \frac{\varphi_2 - \varphi_1}{\mathrm{d}} \; ; \qquad K_2 = \varphi_2 \; . \tag{18.12}$$

Sie beschreibt den Verlauf des elektrische Potenzials bei gegebenen Randbedingungen im Plattenkondensator. Die elektrische Feldstärke ist mit dem elektrischen Potenzial über den negativen Gradienten - die elektrische Feldstärke soll als Festlegung in die Richtung des größten Potenzialabfalls zeigen - über die Gleichung (18.2) verbunden. Im eindimensionalen Fall gilt für den Gradienten:

$$E = -\frac{\partial\varphi}{\partial x} = -\frac{\mathrm{d}\varphi}{\mathrm{d}x} = -K_1 = -\frac{\varphi_2 - \varphi_1}{d} = -\frac{U}{d} \; . \tag{18.13}$$

Der Gradient wurde als Richtungsableitung in Richtung der x-Achse gebildet. Der Vektor der elektrischen Feldstärke lautet demzufolge:

$$\boldsymbol{E} = E\boldsymbol{e}_x = -\frac{\partial\varphi}{\partial x}\boldsymbol{e}_x = -\frac{\varphi_2 - \varphi_1}{d}\boldsymbol{e}_x = \frac{\varphi_1 - \varphi_2}{d}\boldsymbol{e}_x = -\frac{U}{d}\boldsymbol{e}_x \; . \tag{18.14}$$

Der Feldstärkeverlauf ist unabhängig vom Ort x, d. h., die Feldstärke ist überall konstant und zeigt stets in die gleiche Richtung.

Die mathematischen Ergebnisse lassen sich auf die Poissonsche Differenzialgleichung ausdehnen. Im Dielektrikum zwischen den Elektroden des Plattenkondensators befinden sich elektrische Ladungen. Im einfachsten Fall ist die Raumladungsdichte ϱ konstant. Das bedeutet, sie hängt nicht von Ort ab. Die Poissonsche Gleichung nach (18.3) nimmt unter diesen Annahmen die Form :

$$\frac{\mathrm{d}^2\varphi}{\mathrm{d}x^2} = -\frac{\varrho}{\varepsilon} \tag{18.15}$$

an. Die zweifache Integration dieser gewöhnlichen Differenzialgleichung führt auf das Zwischenergebnis:

$$\varphi = -\frac{\varrho}{2\varepsilon}x^2 + ax + b \; . \tag{18.16}$$

Mit den Randbedingungen im Bild 18.1:

$$\varphi|_{x=0} = \varphi_1 \; ; \qquad \varphi|_{x=d} = \varphi_1 + U$$

errechnet sich der Verlauf des elektrischen skalaren Potenzials zu:

$$\varphi = \varphi_1 + \left[\frac{U}{d} + \frac{\varrho}{2\varepsilon}d\right]x - \frac{\varrho}{2\varepsilon}x^2 \; . \tag{18.17}$$

Das Bild 18.2 gibt den Feldverlauf für charakteristische Werte der Raumladungsdichte wieder. Für $\varrho - 0$ befinden sich im Dielektrikum keine elektrischen Raumladungen und das elektrische skalare Potenzial steigt proportional mit dem Ort an.

Durch die Gradientenbildung, die hier die Differenziation der Potenzialfunktion nach x bedeutet, gelangt man unter Beachtung des negativen Vorzeichens zum Verlauf der elektrischen Feldstärke:

$$\boldsymbol{E} = \left[-\frac{U}{d} - \frac{\varrho}{2\varepsilon}d + \frac{\varrho}{\varepsilon}x\right]\boldsymbol{e}_x \; . \tag{18.18}$$

Der Sonderfall $\varrho = 0$ führt das gleiche Ergebnis wie in Gl. (18.14). Die elektrische Feldstärke ist durch die Steigung des Potenzialverlaufs bestimmt. Beim Vorhandensein von positiven Raumladungen wird die Steigung an der Elektrode mit dem kleineren Potenzial größer und an der Elektrode mit dem höheren Potenzial kleiner. Die Äquipotenzialflächen verdichten sich zur Elektrode mit dem umgekehrten Vorzeichen der Raumladungsdichte hin.

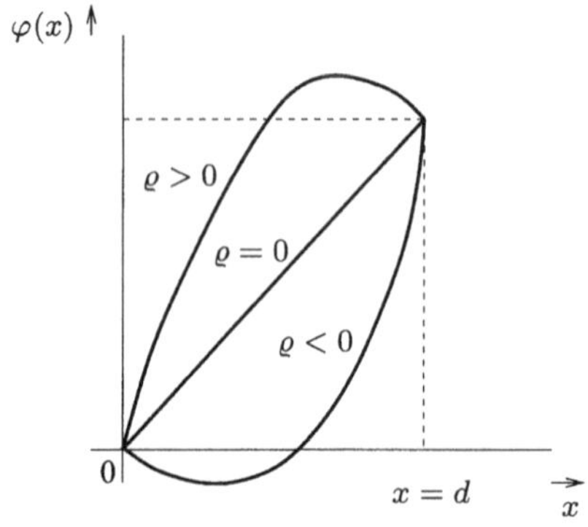

Bild 18.2: Verlauf des elektrischen, skalaren Potenzials

Integration der Poissonschen Gleichung für das zylindersymmetrische Feld

Der Vorteil bei der Wahl der geeigneten Koordinaten zur Berechnung elektrischer Felder zeigt sich bereits bei einfachen technischen Anordnungen. Für zylindersymmetrische Felder wählt man die mathematische Form der Poissonschen Gleichung in Zylinderkoordinaten. Nach Gl. (18.3) gilt mit Gl. (18.6) für das skalare Potenzial $\varphi = \varphi(r, \alpha, z)$:

$$\Delta\varphi = \frac{1}{r}\frac{\partial}{\partial r}\left(r\frac{\partial\varphi}{\partial r}\right) + \frac{1}{r^2}\frac{\partial^2\varphi}{\partial\alpha^2} + \frac{\partial^2\varphi}{\partial z^2} = -\frac{\varrho}{\varepsilon}\,. \tag{18.19}$$

Bei zylindersymmetrischen Feldern liegt eine Konstanz des Feldes in Richtung der Rotationsachse vor. Aus diesem Sachverhalt heraus reicht es aus, dieses Feld nur in Richtung des Radius r als veränderlich anzusehen. Die dreidimensionale Poisson-Gleichung reduziert sich auf den einfachen Fall:

$$\frac{1}{r}\frac{\partial}{\partial r}\left(r\frac{\partial\varphi}{\partial r}\right) = -\frac{\varrho(r)}{\varepsilon}\,, \tag{18.20}$$

der durch die direkte Integration behandelt werden kann. Den Verlauf der Raumladungsdichte in Abhängigkeit vom Radius r kann für die meisten technische Fälle durch eine Potenzfunktion:

$$\varrho(r) = \sum_{i=0}^{n} \varrho_i r^i \tag{18.21}$$

approximiert werden. Da die Integration dieser Summe leicht ausführbar ist, genügt es, um das wesentliche zu zeigen, für ϱ die Funktion:

$$\varrho(r) = \varrho_n r^n \tag{18.22}$$

anzusetzen:

$$\frac{1}{r}\frac{\partial}{\partial r}\left(r\frac{\partial\varphi}{\partial r}\right) = \frac{1}{r}\frac{\mathrm{d}}{\mathrm{d}r}\left(r\frac{\mathrm{d}\varphi}{\mathrm{d}r}\right) = -\frac{\varrho_n}{\varepsilon}r^n\,, \tag{18.23}$$

Die zweifache Integration dieser Gleichung liefert:

$$\frac{\mathrm{d}\varphi}{\mathrm{d}r} = -\frac{\varrho_n}{(n+2)\varepsilon} r^{n+1} + \frac{K_1}{r} \qquad (18.24)$$

und:

$$\varphi(r) = -\frac{\varrho_n}{(n+2)^2\varepsilon} r^{n+2} + K_1 \ln r + K_2 \ . \qquad (18.25)$$

K_1 und K_2 folgen aus den Randbedingungen. Bei konstanter Raumladungsdichte ist n=0 zu setzen und der Potenzialverlauf lautet dann:

$$\varphi(r) = -\frac{\varrho_0}{4\varepsilon} r^2 + K_1 \ln r + K_2 \ . \qquad (18.26)$$

Bei verschwindender Raumladungsdichte gelangt man zum Ergebnis:

$$\varphi(r) = K_1 \ln r + K_2 \ . \qquad (18.27)$$

Was ist gleichbedeutend mit dem Potenzialverlauf der langen Linienladung und auch Lösung der Laplace-Gleichung. Der Potenzialverlauf der langen Linienladung ist zylindersymmetrisch und ändert sich nur in Radiusrichtung. In Richtung der Rotationsachse bleibt das Potenzial konstant.

Integration der Poisson-Gleichung für das kugelsymmetrische Feld

Es wird abermals von der Gl. (18.3) ausgegangen und man erhält mit Gl. (18.6) in Kugelkoordinaten für den eindimensionalen Fall mit r als Kugelradius:

$$\frac{1}{r^2}\frac{\mathrm{d}}{\mathrm{d}r}\left(r^2 \frac{\mathrm{d}\varphi}{\mathrm{d}r}\right) = -\frac{\varrho(r)}{\varepsilon} \ . \qquad (18.28)$$

Für eine Raumladungsdichte in der Form des Polynomansatzes gemäß Gl. (18.22):

$$\varrho = \varrho_n r^n \ , \qquad (18.29)$$

folgt aus Gl. (18.28):

$$\frac{1}{r^2}\frac{\mathrm{d}}{\mathrm{d}r}\left(r^2 \frac{\mathrm{d}\varphi}{\mathrm{d}r}\right) = -\frac{\varrho_n}{\varepsilon} r^n \ . \qquad (18.30)$$

Durch die zweimalige Integration ergibt sich der Potenzialverlauf:

$$\varphi(r) = -\frac{\varrho_n}{\varepsilon(n+3)(n+2)} r^{n+2} + \frac{K_1}{r} + K_2 \ . \qquad (18.31)$$

Den Feldstärkeverlauf liefert die Gradientenbildung:

$$\boldsymbol{E} = -\operatorname{grad}\varphi(r) = \left[\frac{\varrho_n}{\varepsilon(n+3)} r^{n+1} + \frac{K_1}{r^2}\right] \boldsymbol{e}_r \ . \qquad (18.32)$$

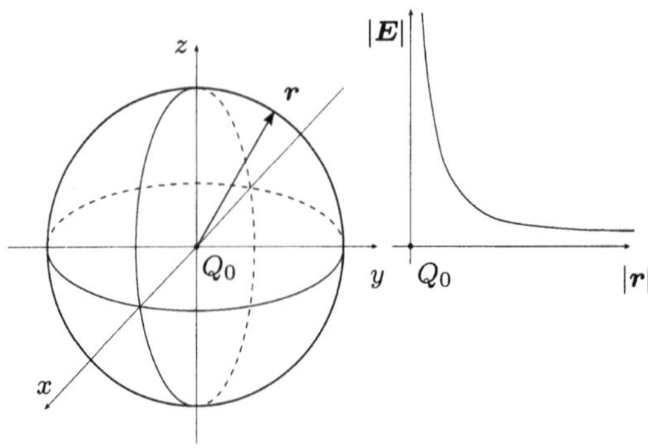

Bild 18.3: Feldbild der Punktladung

Für den Sonderfall einer konstante Raumladung gelten $n = 0$, $\varrho = \varrho_0$ und demzufolge nach Gl. (18.31):

$$\varphi(r) = -\frac{\varrho_0}{6\varepsilon} r^2 + \frac{K_1}{r} + K_2 \tag{18.33}$$

als allgemeine Lösung der Poissonschen Gleichung für kugelsymmetrische statische elektrische Felder.

Die allgemeine Lösung der Laplace-Gleichung für kugelsymmetrische Felder erhält man bei verschwindender Raumladungsdichte ($\varrho_0 = 0$):

$$\varphi(r) = \frac{K_1}{r} + K_2 \tag{18.34}$$

und so für den Vektor der elektrischen Feldstärke:

$$\boldsymbol{E}(r) = \frac{K_1}{r^2}\boldsymbol{e}_r = \frac{K_1}{r^3}\boldsymbol{r} \; . \tag{18.35}$$

Mit der Konstanten:

$$K_1 = \frac{Q_0}{4\pi\varepsilon_0} \tag{18.36}$$

findet man den Feldstärkeverlauf der Punktladung im Bild 18.3 und in mathematischer Form:

$$\boldsymbol{E}(\boldsymbol{r}) = \frac{Q_0}{4\pi\varepsilon_0 r^2}\boldsymbol{e}_r = \frac{Q_0}{4\pi\varepsilon_0 r^3}\boldsymbol{r} \; . \tag{18.37}$$

Lösung der Laplace-Gleichung für dreidimensionale Felder durch Produktansatz in kartesichen, zylindrischen und sphärischen Koordinaten

Die Poisson-(Laplace-)Gleichung lässt sich im Allgemeinen nicht analytisch lösen. In den in der Physik und Technik häufig vorhandenen Feldern sind die Lösungen in den Koordinatenrichtungen separabel, d.h. faktorisierbar. Deshalb nimmt man als Lösung eine Funktion nach Gl. (18.38) an und prüft durch die Randbedingungen, dass kein Widerspruch auftritt.

Mit dem Produktansatz für das skalare elektrische Potenzial wird die Potenzialfunktion im $\mathbb{R}^3$ aus drei Funktionen zusammengesetzt, die jeweils nur von einer Variablen abhängen. Der mathematisch praktische Zweck besteht wegen der Variablentrennung in der einfacheren Integration der partiellen Differenzialgleichung, hier der Laplace-Gleichung.

Mit dem Ansatz:

$$\varphi(x,y,z) = f(x) \cdot g(y) \cdot h(z) \tag{18.38}$$

geht man in die Laplace-Gleichung (18.4) ein:

$$\frac{\partial^2 \varphi}{\partial x^2} + \frac{\partial^2 \varphi}{\partial y^2} + \frac{\partial^2 \varphi}{\partial z^2} = g\,h \frac{\partial^2 f(x)}{\partial x^2} + f\,h \frac{\partial^2 g(y)}{\partial y^2} + f\,g\,\frac{\partial^2 h(z)}{\partial z^2} = 0 \tag{18.39}$$

und stellt nach der Division durch die rechte Seite von Gl. (18.38) die Gleichung (18.39) so um, dass eine Seite nur noch von einer Variablen abhängt. Hier wird die Form:

$$\frac{1}{f(x)} \frac{\partial^2 f(x)}{\partial x^2} + \frac{1}{g(y)} \frac{\partial^2 g(y)}{\partial y^2} = -\frac{1}{h(z)} \frac{\partial^2 h(z)}{\partial z^2} \tag{18.40}$$

gewählt. Die linke Seite ändert sich nicht mit z und deshalb darf sich die rechte Seite auch nicht mit z verändern, d. h. sie bleibt konstant für alle z. Demzufolge ist ($\gamma =$ const.):

$$-\frac{1}{h(z)} \frac{\partial^2 h(z)}{\partial z^2} = \gamma^2 \tag{18.41}$$

und man gelangt zur gewöhnlichen Differenzialgleichung:

$$\frac{\partial^2 h(z)}{\partial z^2} + \gamma^2 h(z) = 0 \; . \tag{18.42}$$

Für $\gamma^2 \geq 0$ existiert die bekannte Lösung (allgemein durch den e^{λ}-Ansatz):

$$h(z) = E \cos \gamma z + F \sin \gamma z \; . \tag{18.43}$$

Diese Vorgehensweise setzt man fort und erhält über Gl. (18.40), (18.41) bei gleichem mathematischen Schluss die Gleichung:

$$\frac{1}{f(x)} \frac{\mathrm{d}^2 f(x)}{\mathrm{d}x^2} = -\frac{1}{g(y)} \frac{\mathrm{d}^2 g(y)}{\mathrm{d}y^2} + \gamma^2 = \alpha^2 \tag{18.44}$$

oder umgestellt:

$$\frac{\mathrm{d}^2 f(x)}{\mathrm{d}x^2} - \alpha^2 f(x) = 0 \; . \tag{18.45}$$

Für $\alpha^2 \geq 0$ existiert eine Lösung in hyperbolischen Funktionen (Beweis durch Einsetzen):

$$f(x) = A \cosh \alpha x + B \sinh \alpha x \; . \tag{18.46}$$

Letztendlich gilt:

$$\frac{1}{g(y)}\frac{\mathrm{d}^2 g(y)}{\mathrm{d}y^2} = \gamma^2 - \alpha^2 = \beta^2 \tag{18.47}$$

oder:

$$\frac{\mathrm{d}^2 g(y)}{\mathrm{d}y^2} - \beta^2 g(y) = 0 \ , \tag{18.48}$$

so dass für $\beta^2 \geq 0$ die Lösung:

$$g(y) = C\cosh\beta y + D\sinh\beta y \tag{18.49}$$

lautet.

Die drei Teillösungen werden nun über den Produktansatz nach Gl. (18.38) im Ausdruck:

$$\varphi(x,y,z) = (A\cosh\alpha x + B\sinh\alpha x)(C\cosh\beta y + D\sinh\beta y)(E\cos\gamma z + F\sin\gamma z) \tag{18.50}$$

zur dreidimensionalen Lösung der Laplace-Gleichung in kartesischen Koordinaten zusammengefasst. Die Konstanten A, B, C, D, E und F sind aus den Randbedingungen zu bestimmen.

Produktansatz in Zylinderkoordinaten

Für Zylinderkoordinaten lautet der Produktansatz:

$$\varphi(r,\alpha,z) = f(r)\cdot g(\alpha)\cdot h(z) \ . \tag{18.51}$$

Mit diesem Ansatz wird in die Laplace-Gleichung nach (18.4) und (18.6) eingegangen und man erhält:

$$\frac{g(\alpha)h(z)}{r}\frac{\mathrm{d}}{\mathrm{d}r}\left(r\frac{\mathrm{d}f(r)}{\mathrm{d}r}\right) + \frac{f(r)h(z)}{r^2}\frac{\mathrm{d}^2 g(\alpha)}{\mathrm{d}\alpha^2} + f(r)g(\alpha)\frac{\mathrm{d}^2 h(z)}{\mathrm{d}z^2} = 0 \ . \tag{18.52}$$

Nach der Division durch die rechte Seite von Gl. (18.51) folgt die Differenzialgleichung:

$$\frac{1}{rf(r)}\frac{\partial}{\partial r}\left(r\frac{\partial f(r)}{\partial r}\right) + \frac{1}{r^2 g(\alpha)}\frac{\partial^2 g(\alpha)}{\partial\alpha^2} + \frac{1}{h(z)}\frac{\partial^2 h(z)}{\partial z^2} = 0 \ . \tag{18.53}$$

Diese partielle Differenzialgleichung ist für beliebiges r, α, z und zweimal stetig differenzierbare $f(r), g(\alpha), h(z)$ nur dann erfüllt, wenn:

$$\frac{1}{h(z)}\frac{\mathrm{d}^2 h(z)}{\mathrm{d}z^2} = a^2 = \text{const.} \tag{18.54}$$

und:

$$\frac{1}{g(\alpha)}\frac{\mathrm{d}^2 g(\alpha)}{\mathrm{d}\alpha^2} = -n^2 = \text{const.} \tag{18.55}$$

Gültigkeit haben. Die erste gewöhnliche Differenzialgleichung löst, wie schon bei kartesischen Koordinaten gesehen, der Ansatz:

$$h(z) = C_1 \cosh az + C_2 \sinh az \tag{18.56}$$

und die zweite gewöhnliche Differenzialgleichung hat die Lösung:

$$g(\alpha) = B_1 \cos n\alpha + B_2 \sin n\alpha \ . \tag{18.57}$$

Der Faktor n im Argument muss ganzzahlig sein, sonst ergäben sich für ein festes $\alpha = \alpha^*$ und für $\alpha = \alpha^* + 2\pi$ verschiedene Werte für $g(\alpha)$, was elektrotechnisch eine Mehrdeutigkeit des skalaren elektrischen Potenzials in Abhängigkeit vom Winkel α ergeben würde.

Geht man mit den Konstanten a und n in die Gl. (18.53) ein, folgt nach wenigen Umformungen die Besselsche Differenzialgleichung[3]:

$$\frac{\mathrm{d}^2 f(r)}{\mathrm{d}r^2} + \frac{1}{r}\frac{\mathrm{d}f(r)}{\mathrm{d}r} + \left[a^2 - \frac{n^2}{r^2}\right] f(r) = 0 \ . \tag{18.58}$$

Mit den Festlegungen:

$$f(r) = y \ , \qquad r = x \ , \qquad a = 1 \tag{18.59}$$

folgt die Form der Besselschen Differenzialgleichung, wie man sie im Taschenbuch der Mathematik ([6], S. 492):

$$x^2 y'' + xy' + [x^2 - n^2]y = 0 \tag{18.60}$$

vorfindet. Mit dem Ansatz ($a_0 \neq 0$):

$$y(x) = \sum_{\gamma=0}^{\infty} a_\gamma x^{n+\gamma} \tag{18.61}$$

geht aus der Gl. (18.60) und wenigen Umformungen die Gleichung:

$$\sum_{\gamma=0}^{\infty} \left[a_\gamma(\gamma + 2n)\gamma x^{n+\gamma} + a_\gamma x^{n+\gamma+2}\right] =$$

$$x^n \left[\underbrace{a_0(2n)\cdot 0 \cdot x^0 + a_0 x^2}_{\gamma=0} + \underbrace{a_1(2n+1)x^1 + a_1 x^3}_{\gamma=1} \right. \tag{18.62}$$

$$\left. + \underbrace{a_2(2n+2)2x^2 + a_2 x^4}_{\gamma=2} + \underbrace{a_3(2n+3)3x^3 + a_3 x^5}_{\gamma=3} + \ldots \right] = 0$$

[3]Bessel, Friedrich, Wilhelm (1784-1846): Grundlegende Arbeiten über astronomische und geodätische Fundamentalgrößen; Beiträge zur Potenzialgeometrie.

hervor. Da x^n verschieden von Null ist, muss ein Koeffizientenvergleich hinsichtlich der Potenzen $x^m, m = 0, 1, 2, \ldots$, in der rechteckigen Klammer ausgeführt werden. Man erhält damit:

$$\begin{array}{lll}
x^0 & : & a_0 \cdot 1 \cdot 0 = 0 \qquad\qquad\qquad \text{, d.h. } a_0 \text{ ist beliebig.} \\
x^1 & : & a_1(2n+1) = 0 \qquad\qquad\qquad a_1 = 0 \\
x^2 & : & a_2(2n+2)2 + a_0 = 0 \\
x^3 & : & a_3(2n+3)3 + a_1 = 0 \\
 & & \vdots \\
x^\gamma & : & a_\gamma(2n+\gamma)\gamma + a_{\gamma-2} = 0 \qquad \text{für } \gamma = 2, 3, \ldots
\end{array}$$

und somit die Rekursionsformel:

$$a_{2k-1} = 0 \ , \quad a_{2k} = (-1)^k \frac{1}{2^{2k}} \frac{a_0}{k!(n+1)(n+2)\ldots(n+k)} \quad \text{für } k = 2, 3, \ldots \ . \tag{18.63}$$

bei beliebigem a_0. Die für $a_0 = \frac{1}{2^n \Gamma(n+1)}$ erzielte Lösung definiert die Bessel-Funktion: (Zylinderfunktion) erster Gattung n-ter Ordnung

$$J_n(x) = \sum_{\gamma=0}^{\infty} \frac{(-1)^\gamma}{\gamma! \, \Gamma(n+\gamma+1)} \left(\frac{x}{2}\right)^{n+2\gamma} \ . \tag{18.64}$$

Die Kurvenverläufe von $J_0(x), J_1(x), J_2(x)$ und $J_3(x)$ sind im Bild 18.5 wiedergegeben.

Für die nachfolgenden praktischen Berechnungen schreibt man die Gl. (18.64) als Reihe. Es gilt mit n als ganze oder nichtganze positive oder negative Zahl:

$$\begin{aligned} J_n(x) = \frac{x^n}{2^n n!}\Bigg[1 &- \frac{x^2}{2^2 \cdot 1!(n+1)} + \frac{x^4}{2^4 \cdot 2!(n+1)(n+2)} \\ &- \frac{x^6}{2^6 \cdot 3!(n+1)(n+2)(n+3)} + \ldots\Bigg] \ . \end{aligned} \tag{18.65}$$

und im Besonderen für die Bessel-Funktion nullter und erster Ordnung mit $0! = 1$:

$$J_0(x) = 1 - \left(\frac{x}{2}\right)^2 + \frac{1}{4}\left(\frac{x}{2}\right)^4 - \frac{1}{36}\left(\frac{x}{2}\right)^6 + \ldots \tag{18.66}$$

$$J_1(x) = \frac{x}{2}\left[1 - \frac{1}{2}\left(\frac{x}{2}\right)^2 + \frac{1}{3 \cdot 4}\left(\frac{x}{2}\right)^4 - \frac{1}{4 \cdot 36}\left(\frac{x}{2}\right)^6 + \ldots\right] \ . \tag{18.67}$$

Das Argument x kann komplex oder reell sein.

Für kleine Argumente strebt der Klammerausdruck in Gl. (18.65) gegen 1, sodass die Grenzwerte:

$$\lim_{x \to 0} J_0(x) = 1 \ , \qquad \lim_{x \to 0} J_1(x) = \frac{x}{2} \tag{18.68}$$

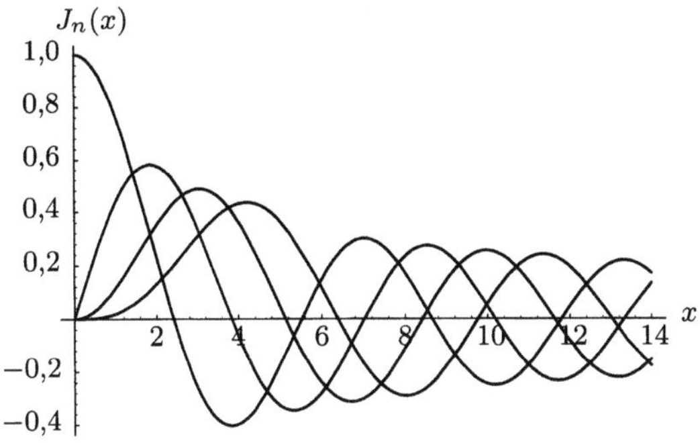

Bild 18.4: Verläufe von Besselfunktionen erster Gattung (Art) n-ter Ordnung

folgen. Die Beziehung (18.66) und (4.69) zeigen den Zusammenhang:

$$\frac{\mathrm{d}J_0(x)}{\mathrm{d}x} = -J_1(x) \ . \tag{18.69}$$

Für die Beträge folgt hieraus für große x ($x \to \infty$):

$$\left|J_0(x\sqrt{\pm\mathrm{j}})\right| = \left|J_1(x\sqrt{\pm\mathrm{j}})\right| = \frac{1}{\sqrt{2\pi x}}\mathrm{e}^{\frac{x}{\sqrt{2}}} \ . \tag{18.70}$$

Für $a \neq 1 (a \neq 0)$ geht aus Gl. (18.58) nach der Division von a die gewöhnliche Differenzialgleichung:

$$\frac{\mathrm{d}^2 f(r)}{\mathrm{d}(ar)^2} + \frac{1}{ar}\frac{\mathrm{d}f(r)}{\mathrm{d}(ar)} + \left[1 - \frac{n^2}{(ar)^2}\right] f(r) = 0 \tag{18.71}$$

mit der Lösung (A_1, A_2 sind Integrationskonstante):

$$f(r) = A_1 J_n(ar) + A_2 N_n(ar) \tag{18.72}$$

hervor. Die Funktionen $J_n(ar)$ heißen Bessel-Funktionen erster Gattung n-ter Ordnung und die Funktion $N_n(ar)$ bezeichnet man als Neumannsche Funktionen oder Bessel-Funktionen zweiter Gattung n-ter Ordnung (Bild 18.5). Beide Funktionen sind in mathematischen Nachschlagwerken tabelliert. Nun kann die durch eine Variablentrennung erhaltene Lösungsfunktion in den Produktansatz für das elektrische skalare Potenzial nach Gl. (18.51) eingesetzt werden. Man erhält die allgemeine Lösung der Laplace-Gleichung:

$$\varphi(r, \alpha, z) = (A_1 J_n(ar) + A_2 N_n(ar))(B_1 \cos n\alpha + B_2 \sin n\alpha)(C_1 \cosh az + C_2 \sinh az) \ . \tag{18.73}$$

Anmerkung:
Die Bessel-Funktionen zweiter Art werden in der Literatur sowohl als Neumannsche als auch als Webersche Funktionen geführt.

Von elektrotechnischem Interesse erweisen sich drei Sonderfälle:

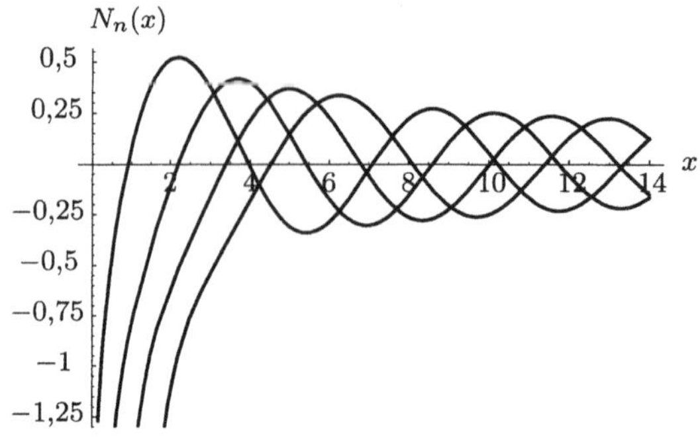

Bild 18.5: Verläufe von Besselfunktionen zweiter Gattung (Art) n-ter Ordnung oder Neumannsche Funktionen

1. z - Achsensymmetrie

   Die Potenzialfunktion φ hängt nicht vom Winkel α ab und es gilt der Ansatz:

   $$\varphi(r,z) = f(r)\cdot h(z)\ . \tag{18.74}$$

   Wegen Gl. (18.55) muss $n = 0$ sein und aus Gl. (18.72) folgt:

   $$f(r) = A_1 J_0(ar) + A_2 N_0(ar)\ . \tag{18.75}$$

   $J_0(ar)$ und $N_0(ar)$ sind Bessel-Funktionen nullter Ordnung und linear unabhängig. Damit nimmt mit Gl. (18.56) die Potenzialfunktion $\varphi(r,z)$ die Form:

   $$\varphi(r,z) = \big(A_1 J_0(ar) + A_2 N_0(ar)\big)\cdot\big(C_1 \cosh az + C_2 \sinh az\big) \tag{18.76}$$

   an.

2. Die Potenzialfunktion hängt nicht von z ab.

   Wegen das Ansatzes in (18.51) gilt:

   $$\varphi(r,\alpha) = f(r)\cdot g(\alpha)\ , \tag{18.77}$$

   so dass:

   $$\frac{\partial\varphi}{\partial z} = \frac{\partial h}{\partial z}\cdot f\cdot g = 0 \tag{18.78}$$

   ist. Wegen (18.54) muss $a = 0$ sein. Aus (18.58) geht die gewöhnliche Differenzialgleichung:

   $$\frac{\mathrm{d}^2 f(r)}{\mathrm{d}r^2} + \frac{1}{r}\frac{\mathrm{d}f(r)}{\mathrm{d}r} - \frac{n^2}{r^2}f(r) = 0 \tag{18.79}$$

   hervor, die die Lösung:

   $$f(r) = D_1 r^n + D_2 r^{-n}\ , \tag{18.80}$$

   wobei D_1 und D_2 Integrationskonstanten sind, repräsentiert.

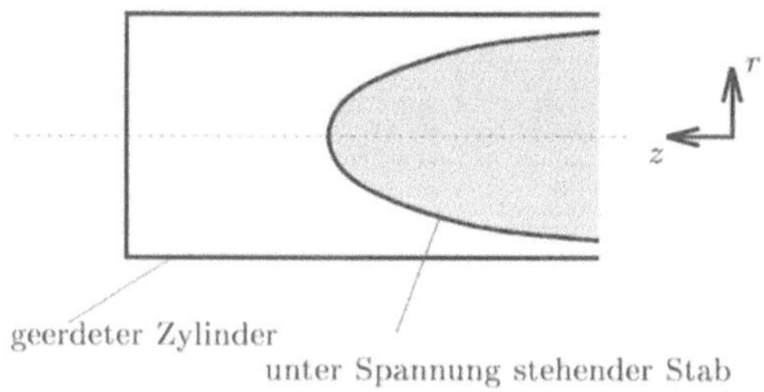

Bild 18.6: Anordung eines unter Spannung stehenden Stabes

3. Die Potenzialfunktion hängt nur vom Radius r ab.
   Es gilt $\varphi = \varphi(r)$ und wegen (18.53):

$$\frac{\mathrm{d}}{\mathrm{d}r}\left(r\frac{\mathrm{d}f(r)}{\mathrm{d}r}\right) = 0 \; . \qquad (18.81)$$

   Die zweimalige Integration liefert das Ergebnis der Gl. (18.28) und somit den Potenzialverlauf der Linienladung.

Anmerkung:
Für $a = 0$ hat die Gl. (18.71) einen singulären Punkt. Mit $n = 0, 1$ gelten:

$$J_0(0) = 1 \; , \qquad J_1(0) = 1 \qquad \text{und} \qquad Y_0(0) = -\infty \; , \qquad Y_1(0) = -\infty \; . \qquad (18.82)$$

Eine Lösung mit Bessel-Funktionen liegt nicht vor.

In der Praxis (elektrische Felder, Energieübertragung mit zylindrischen Leitern) haben zylindersymmetrische Felder besondere Bedeutung. Deshalb wird dazu eine charakteristische Anwendung untersucht. Wegen der vorliegenden Zylindersymmetrie hängt das elektrische skalare Potenzial nicht vom Winkel α ab und es gilt $\varphi = \varphi(r, z)$.

Beispiel 1:
Elektrostatisches Feld eines unter Spannung stehenden Stabes in einem geerdeten Zylinder

Das Feldbild dieser elektrostatischen Anordnung im Bild 18.6 folgt aus der Lösung der Laplace-Gleichung Gl. (18.4) in Zylinderkoordinaten nach Gl. (18.6), wobei das Potenzial vom Radius r im Stab und der laufenden Stablänge z abhängt.

Mit dem Ansatz nach Gl. (18.74) gilt wegen Gl. (18.73) für die Lösung der Laplace-Gleichung:

$$\varphi(r, z) = \left[A_1 J_n(ar) + A_2 N_n(ar)\right] \cdot \left[C_1 \cosh az + C_2 \sinh az\right] \; . \qquad (18.83)$$

Für einen reellen Wert a_0 wird der einfache Fall angenommen. Gesucht wird der Feldverlauf für die Lösung: $(n = 0, A_2 = 0, C_1 = 0)$

$$\varphi(r, z) = A_1 J_0(a_0 r) \cdot C_2 \sinh a_0 z = A J_0(a_0 r) \cdot \sinh a_0 z \qquad (18.84)$$

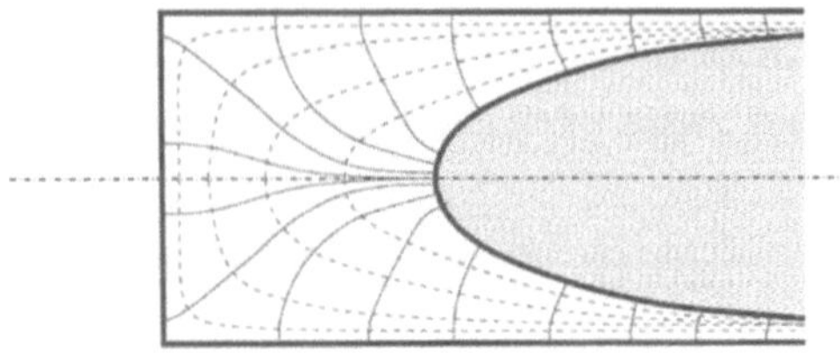

Bild 18.7: Feldbild eines unter Spannung stehenden Stabes

Die Konstante A ist aus der Randbedingung, hier dem Potenzial am Rand des geerdeten Zylinders, zu bestimmen.

Die Lösung nach Gl. (18.84) verschwindet in der Ebene $z = 0$ (da $\sinh a_0 z|_{z=0} = 0$) und auf dem Zylinder mit dem Radius r_0 für den $a_0 r_0 = 2,4$ ist, d. h., wenn $a_0 r_0$ nach Bild 18.4 mit der ersten oder einer beliebigen Wurzel der Bessel-Funktion nullter Ordnung übereinstimmt. Der Wert der Konstante A errechnet sich aus dem Wert des Potenzials für den Punkt $r = 0, z = z_0$. Wegen Gl. (18.68) oder nach Bild 18.4 gilt für $r \to 0, J_0(0) = 1$, so dass aus Gl. (18.84):

$$\varphi(0, z_0) = \varphi_0 = A \sinh a_0 r_0 \tag{18.85}$$

oder:

$$A = \frac{\varphi_0}{\sinh a_0 r_0} \tag{18.86}$$

hervorgehen. Mit den laufenden Koordinaten r und z hat damit der Potenzialverlauf die Form:

$$\varphi(r, z) = \frac{\varphi_0}{\sinh a_0 z_0} J_0(a_0 r) \cdot \sinh a_0 z \; . \tag{18.87}$$

Die Äquipotenzialfläche $\varphi_0 = 0$ ist bekannt. Nun bleibt noch festzustellen, auf welcher Fläche das konstante Potenzial $\varphi(r, z) = \varphi_0$ vorliegt. Die Gleichung dieser Fläche erhält man aus der Lösung nach Gl. (18.87) für φ_0:

$$\varphi_0 = \frac{\varphi_0}{\sinh a_0 z_0} \cdot J_0(a_0 r) \cdot \sinh a_0 z \tag{18.88}$$

oder:

$$\frac{\sinh a_0 z}{\sinh a_0 z_0} \cdot J_0(a_0 r) = 1 \; . \tag{18.89}$$

Bei vorhandenem Wert a_0 berechnet sich diese Äquipotenzialfläche über die Werte von $\sinh a_0 z$ und von $J_0(a_0 r)$, die man über die Tabellen für beide Funktionen, über eine Näherung durch Reihenentwicklung oder mit Hilfe eines mathematischen Programms z. B. Mathematica berechnet.

Die Auswertung führt auf das bekannte Feldbild eines unter Spannung stehenden Stabes in einem geerdeten Zylinder im Bild 18.7.

□

Produktansatz in Kugelkoordinaten

Die Laplace-Gleichung (18.4) soll nun durch den Produktansatz in Kugelkoordinaten

$$\varphi(r,\vartheta,\alpha) = f(r)\cdot g(\vartheta)\cdot h(\alpha) \tag{18.90}$$

gelöst werden. In Kugelkoordinaten gilt:

$$\Delta\varphi = \frac{1}{r^2}\left[\frac{\partial}{\partial r}\left(r^2\frac{\partial\varphi}{\partial r}\right) + \frac{1}{\sin\vartheta}\frac{\partial}{\partial\vartheta}\left(\sin\vartheta\,\frac{\partial\varphi}{\partial\vartheta}\right) + \frac{1}{\sin^2\vartheta}\frac{\partial^2\varphi}{\partial\alpha^2}\right] = 0 \tag{18.91}$$

oder eingesetzt bei Division durch $f(r)g(\vartheta)h(\alpha)$ und Multiplikation mit r^2 folgt:

$$\frac{1}{f(r)}\frac{\partial}{\partial r}\left(r^2\frac{\partial f(r)}{\partial r}\right) + \frac{1}{g(\vartheta)\sin\vartheta}\frac{\partial}{\partial\vartheta}\left(\sin\vartheta\,\frac{\partial g(\vartheta)}{\partial\vartheta}\right) + \frac{1}{h(\alpha)\sin^2\vartheta}\frac{\partial^2 h(\alpha)}{\partial\alpha^2} = 0\,. \tag{18.92}$$

Der linke Summand hängt nur vom Kugelradius r ab, die anderen Summanden sind Funktionen von ϑ und α. Die linke Seite muss für beliebige (bis auf wenige mathematische Forderungen) Funktionen $f(r), g(\vartheta), h(\alpha)$ und unabhängig von den Werten der Veränderlichen r, ϑ, α Null sein. Das ist aber nur erfüllt, wenn sowohl der linke Summand als auch die beiden anderen Summanden zusammen konstant sind. Man setzt:

$$\frac{1}{f(r)}\frac{\mathrm{d}}{\mathrm{d}r}\left(r^2\frac{\mathrm{d}f(r)}{\mathrm{d}r}\right) = a^2 \tag{18.93}$$

$$\frac{1}{g(\vartheta)\sin\vartheta}\frac{\partial}{\partial\vartheta}\left(\sin\vartheta\,\frac{\partial g(\vartheta)}{\partial\vartheta}\right) + \frac{1}{h(\alpha)\sin^2\vartheta}\frac{\partial^2 h(\alpha)}{\partial\alpha^2} = -a^2 \tag{18.94}$$

oder umgestellt:

$$\frac{\sin\vartheta}{g(\vartheta)}\frac{\partial}{\partial\vartheta}\left(\sin\vartheta\,\frac{\partial g(\vartheta)}{\partial\vartheta}\right) + a^2\sin^2\vartheta + \frac{1}{h(\alpha)}\frac{\partial^2 h(\alpha)}{\partial\alpha^2} = 0\,. \tag{18.95}$$

Nach dem gleichen Schluss gilt auch:

$$\frac{1}{h(\alpha)}\frac{\mathrm{d}^2 h(\alpha)}{\mathrm{d}\alpha^2} = -b^2\,, \tag{18.96}$$

so dass aus dem Zwischenergebnis (18.95) die Gleichung:

$$\sin\vartheta\,\frac{\mathrm{d}}{\mathrm{d}\vartheta}\left(\sin\vartheta\,\frac{\partial g(\vartheta)}{\partial\vartheta}\right) + \left(a^2\sin^2\vartheta - b^2\right)g(\vartheta) = 0 \tag{18.97}$$

hervorgeht. Mit den Gleichungen (18.93), (18.96) und (18.97) liegen drei gewöhnliche Differenzialgleichungen zur Bestimmung der Ansatzfunktionen $f(r), g(\vartheta)$ und $h(\alpha)$ vor.

Als Sonderfall erweist sich die Abhängigkeit des elektrischen skalaren Potenzials vom Kugelradius r und dem Winkel ϑ. Das elektrische Feld ist rotationssymmetrisch. Für:

$$\varphi(r,\vartheta) = f(r)\cdot g(\vartheta) \tag{18.98}$$

folgt aus Gl. (18.96) wegen:

$$\frac{\partial \varphi}{\partial \alpha} = \frac{\mathrm{d}h}{\mathrm{d}\alpha} \cdot f \cdot g = 0 \tag{18.99}$$

die Gültigkeit von $b = 0$ und demzufolge aus Gl. (18.95):

$$\sin\vartheta \frac{\mathrm{d}}{\mathrm{d}\vartheta}\left(\sin\vartheta \frac{\mathrm{d}g(\vartheta)}{\mathrm{d}\vartheta}\right) + a^2 g(\vartheta)\sin^2\vartheta = 0 \ . \tag{18.100}$$

Für $a^2 = n(n+1)$, $n \neq 0$ ganzzahlig erhält man aus Gl. (18.95) den Ausdruck:

$$\frac{\mathrm{d}}{\mathrm{d}r}\left(r^2 \frac{\mathrm{d}f(r)}{\mathrm{d}r}\right) - n(n+1)f(r) = 0 \ . \tag{18.101}$$

Diese gewöhnliche Differenzialgleichung besitzt die allgemeine Lösung (Beweis der Richtigkeit durch Einsetzen):

$$f(r) = A_1 \cdot r^n + A_2 \cdot r^{-(n+1)} \ . \tag{18.102}$$

Wegen der Festlegung für a^2 wird aus Gl. (18.98) die Legendresche Differenzialgleichung:

$$\frac{1}{\sin\vartheta}\frac{\mathrm{d}}{\mathrm{d}\vartheta}\left[\sin\vartheta \frac{\mathrm{d}g(\vartheta)}{\mathrm{d}\vartheta}\right] + n(n+1)g(\vartheta) = 0 \ , \tag{18.103}$$

die als Lösung die Legendresche Polynome oder, was begrifflich dasselbe ist, Kugelfunktionen besitzt.

Es wird nun auf die Kugelfunktionen eingegangen und der Zusammenhang zur Laplace-Gleichung aufgezeigt. Die Potenzialfunktion:

$$\varphi(r) = \frac{1}{r} \tag{18.104}$$

erfüllt die Laplace-Gleichung (18.4), denn eingesetzt führt das auf die Gleichung:

$$\begin{aligned} \Delta\left(\frac{1}{r}\right) &= \frac{1}{r^2}\left[\frac{\partial}{\partial r}\left(r^2 \frac{\partial \frac{1}{r}}{\partial r}\right)\right] + 0 + 0 = 0 \\ &= \frac{1}{r^2}\left[\frac{\partial}{\partial r}\left(r^2 \cdot (-\frac{1}{r^2}\right)\right] = \frac{1}{r^2}\left[\frac{\partial}{\partial r}(-1)\right] = 0 \ . \end{aligned} \tag{18.105}$$

Deshalb erfüllt auch die Funktion:

$$\frac{1}{R^2} = \frac{1}{(x-x_0)^1 + (y-y_0)^2 + (z-z_0)^2} = \frac{1}{r^2 - 2rr_0\cos\vartheta + r_0^2} \tag{18.106}$$

die Laplace-Gleichung, da mit ihr nur eine Nullpunktverschiebung von $P(0,0,0)$ nach $P_0(x_0, y_0, z_0)$ stattfindet. Die sphärischen Koordinaten sind so festgelegt, dass $\vartheta = 0$ wird, d. h., die Polarachse geht durch den Punkt $P_0(x_0, y_0, z_0)$ hindurch.

Die Reihenentwicklung von Gl. (18.104) nach aufsteigenden Potenzen von r für $r < r_0$ und absteigende Potenzen von r für $r > 0$ liefert nach Sommerfeld ([115], S. 117):

$$\frac{1}{R} = \begin{cases} \frac{1}{r_0}\sum\limits_{n=0}^{\infty}\left(\frac{r}{r_0}\right)^n P_n(\cos\vartheta) & r < r_0\ , \\ \frac{1}{r}\sum\limits_{n=0}^{\infty}\left(\frac{r_0}{r}\right)^n P_n(\cos\vartheta) & r > r_0\ . \end{cases} \tag{18.107}$$

Die $P_n(\cos\vartheta)$ sind die Koeffizienten zur n-ten auf- bzw. absteigenden Potenz von r. Sie müssen in beiden Reihenentwicklungen dieselben sein, weil beide für $r = r_0$ und beliebigem ϑ ineinander übergehen. Die $P_n(\cos\vartheta)$ sind Polynome n-ten Grades von $\cos\vartheta$. Sie werden als Kugelfunktionen bezeichnet. Da die Funktion $1/R$ die Laplace-Gleichung wie bewiesen erfüllt, muss auch jeder Summand von (18.107) wegen der Gültigkeit des Superpositionsprinzipes einzeln die Laplace-Gleichung erfüllen. Um das zu zeigen, setzt man das n-te Glied der ersten Zeile aus (18.107) in $\Delta\varphi = 0$ ein und erhält:

$$\begin{aligned} \Delta\left[\frac{1}{r_0}\left(\frac{r}{r_0}\right)^n P_n(\cos\vartheta)\right] \quad = \quad & \frac{1}{r^2}\left[\frac{\partial}{\partial r}\left(r^2\frac{\partial\left[\frac{1}{r_0}\left(\frac{r}{r_0}\right)^n P_n(\cos\vartheta)\right]}{\partial r}\right)\right. \\ & +\frac{1}{\sin\vartheta}\frac{\partial}{\partial\vartheta}\left(\sin\vartheta\,\frac{\partial\left[\frac{1}{r_0}\left(\frac{r}{r_0}\right)^n P_n(\cos\vartheta)\right]}{\partial\vartheta}\right) \\ & \left.+\frac{1}{\sin^2\vartheta}\frac{\partial^2\left[\frac{1}{r_0}\left(\frac{r}{r_0}\right)^n P_n(\cos\vartheta)\right]}{\partial\alpha^2}\right] = 0 \end{aligned} \tag{18.108}$$

oder:

$$\frac{\partial}{\partial}\left[r^2\frac{1}{r_0}n\left(\frac{r}{r_0}\right)^{n-1}\frac{1}{r_0}P_n(\cos\vartheta)\right] + \frac{1}{\sin\vartheta}\frac{\partial}{\partial\vartheta}\left[\sin\vartheta\,\frac{1}{r_0}\left(\frac{r}{r_0}\right)^n P_n'(\cos\vartheta)\right] + 0 = 0\ . \tag{18.109}$$

Dieses Zwischenergebnis fasst man zweckmäßig zusammen:

$$\frac{\partial}{\partial r}\left[n\left(\frac{r}{r_0}\right)^{n+1}P_n(\cos\vartheta)\right] + \frac{1}{\sin\vartheta}\frac{\partial}{\partial\vartheta}\left[\sin\vartheta\,\frac{1}{r_0}\left(\frac{r}{r_0}\right)^n P_n'(\cos\vartheta)\right] = 0\ , \tag{18.110}$$

sodass nach der Ausführung der Differenziation die Gleichung:

$$n(n+1)P_n + \frac{1}{\sin\vartheta}\frac{\mathrm{d}}{\mathrm{d}\vartheta}\left(\sin\vartheta\,\frac{\mathrm{d}}{\mathrm{d}\vartheta}P_n\right) = 0 \tag{18.111}$$

entsteht. Der Vergleich mit der Legendre-Differenzialgleichung (18.103) zeigt, dass die Kugelfunktionen oder die Legendre-Polynome eben diese erfüllen.

Anmerkung:
Zum selben Ergebnis gelangt man für die zweite Reihenentwicklung im Ansatz nach Gl. (18.105) für $r > r_0$.

Um die Handhabung der Legendre-Polynome zu erleichtern, wird eine Anpassung an die Darstellung in mathematischen Handbüchern vollzogen. Es wird:

$$\cos\vartheta = \varrho = \frac{z}{r}\,, \qquad \mathrm{d}\varrho = -\sin\vartheta\,\mathrm{d}\vartheta \tag{18.112}$$

gesetzt. Der Operator $\sin\vartheta\,\frac{\mathrm{d}}{\mathrm{d}\vartheta}$ lässt sich wie folgt umformen:

$$\begin{aligned}\sin\vartheta\,\frac{\mathrm{d}}{\mathrm{d}\vartheta} &= \sin^2\vartheta\,\frac{1}{\sin\vartheta}\frac{\mathrm{d}}{\mathrm{d}\vartheta} = \left(1-\cos^2\vartheta\right)\frac{1}{\sin\vartheta}\frac{\mathrm{d}}{\mathrm{d}\vartheta}\\ &= (1-\varrho^2)\frac{1}{\sin\vartheta}\frac{\mathrm{d}}{\mathrm{d}\vartheta} - (1-\varrho^2)\frac{\mathrm{d}}{\mathrm{d}\varrho}\,,\end{aligned} \tag{18.113}$$

weil aus $\mathrm{d}\varrho = -\sin\vartheta\,\mathrm{d}\vartheta$:

$$\frac{1}{\sin\vartheta\,\mathrm{d}\vartheta} = -\frac{1}{\mathrm{d}\varrho}\,, \qquad \frac{\mathrm{d}}{\sin\vartheta\,\mathrm{d}\vartheta} = -\frac{\mathrm{d}}{\mathrm{d}\varrho} \tag{18.114}$$

folgen. Einsetzen in die Legendre-Differenzialgleichung (18.111) führt auf:

$$n(n+1)P_n - \frac{\mathrm{d}}{\mathrm{d}\varrho}\left[-\left(1-\varrho^2\right)\frac{\mathrm{d}}{\mathrm{d}\varrho}P_n\right] = 0 \tag{18.115}$$

oder nach Ausführung der Differenziationen auf die Gleichung:

$$\left(1-\varrho^2\right)\frac{\mathrm{d}^2}{\mathrm{d}\varrho^2}P_n - 2\varrho\frac{\mathrm{d}P_n}{\mathrm{d}\varrho} + n(n+1)P_n = 0. \tag{18.116}$$

Mit den neuen Variablen:

$$\varrho = x\,, \qquad y = P_n(x)\,, \qquad y' = \frac{\mathrm{d}P_n}{\mathrm{d}\varrho}$$

gelangt man zur Legendre-Differenzialgleichung:

$$(1-x^2)y'' - 2xy' + n(n+1)y = 0\,, \qquad n \geq 0,\ n \in \mathbb{Z}. \tag{18.117}$$

Das Polynom $P_n(x)$ bezeichnet man als Legendre-Polynom. Das Polynom $P_n(x)$ ist die einzige linear unabhängige Lösung der Legendre-Differenzialgleichung, die im Intervall $[x = 1\,,\ x = -1]$ beschränkt bleibt. Das Polynom n-ten Grades hat die Form:

$$P_n(x) = \frac{1}{2^n\,n!}\frac{\mathrm{d}^n}{\mathrm{d}x^n}(x-1)^n \tag{18.118}$$

und besitzt genau n reelle einfache Nullstellen im Intervall $-1 < x < 1$.

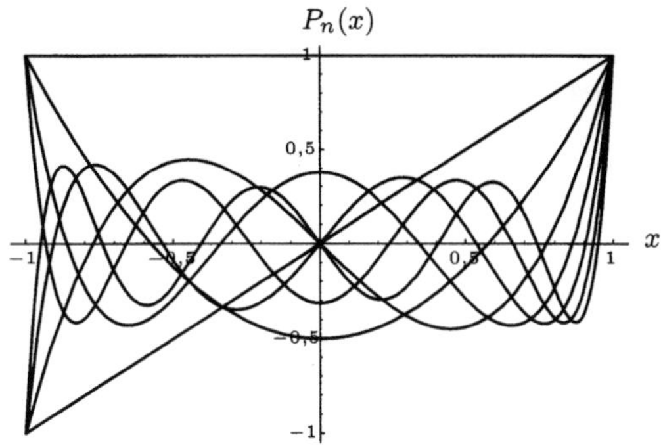

Bild 18.8: Kurvenbilder der Legendre-Polynome (Kugelfunktionen 1. Art) $P_0(x)$ bis $P_7(x)$

Die Kurvenverläufe der Polynome:

$$\begin{aligned}
P_0(x) &= 1 \\
P_1(x) &= x \\
P_2(x) &= \frac{1}{2}(3x^2-1) \\
P_3(x) &= \frac{1}{2}(5x^3-3x) \\
P_4(x) &= \frac{1}{8}(35x^4-30x^2+3) \\
P_5(x) &= \frac{1}{8}(63x^5-70x^3+15x) \\
P_6(x) &= \frac{1}{16}(231x^6-315x^4+105x^2-5) \\
P_7(x) &= \frac{1}{16}(429x^7-693x^5+315x^3-35x) \; .
\end{aligned} \tag{18.119}$$

gibt das Bild 18.8 wieder.

Anmerkung:
Die Integraldarstellung für die Kugelfunktionen steht im Zusammenhang mit der in x, y, z homogenen Funktion n-ten Grades:

$$(z+\mathrm{i}x)^n = r^n(\cos\vartheta + \mathrm{i}\sin\vartheta\cos\alpha)^n = r^n\left(\varrho + \sqrt{\varrho^2-1}\cos\alpha\right)^n \; ,$$

die der Laplace-Gleichung genügt. Der Faktor r^n ist deshalb eine Kugelfunktion Y_n. Die Mittelung über α führt auf eine reine Funktion von ϱ und so auf:

$$P_n(\varrho) = \frac{1}{2\pi}\int\limits_{-\pi}^{+\pi}\left(\varrho + \sqrt{\varrho^2-1}\cos\alpha\right)\mathrm{d}\alpha \; .$$

Diese Integraldarstellung der Kugelfunktion findet man schon bei Laplace [4] in seiner »Mécanique célest«. Laplace hat sie durch den Faktor $1/2\pi$ richtig normiert. Setzt man $\varrho = 1$, dann wird der Integrand gleich 1 und es gilt $P_n(1) = 1$.

Für den Ansatz nach Gl. (18.98) folgt als Lösung für die zweidimensionale Laplace-Gleichung in sphärischen Koordinaten:

$$\varphi(r, \vartheta) = f(r)g(\vartheta) = \left[A_1 r^n + A_2 r^{-(n+1)}\right] P_n(\cos\vartheta) \ . \tag{18.120}$$

Dazu sind die Lösung (18.102) von Gl. (18.101) und die $P_n(\cos\vartheta)$ als Lösung der Legendre-Differenzialgleichung (18.103) eingesetzt worden.

Im Sonderfall n=0 geht aus Gleichung (18.120) als Lösung die Potenzialfunktion:

$$\varphi(r) = \left[A_1 r^0 + A_2 \frac{1}{r}\right] P_0(\cos\vartheta) = \left[A_1 + A_2 \frac{1}{r}\right] \tag{18.121}$$

hervor. Man erkennt das Feldbild der Punktladung, denn mit dem Gradienten in sphärischen Koordinaten:

$$\operatorname{grad}\varphi = \nabla\varphi = \frac{\partial\varphi}{\partial r}\boldsymbol{e}_r + \frac{1}{r}\frac{\partial\varphi}{\partial\vartheta}\boldsymbol{e}_\vartheta + \frac{1}{r\sin\vartheta}\frac{\partial\varphi}{\partial\alpha}\boldsymbol{e}_\alpha \tag{18.122}$$

berechnet sich die elektrische Feldstärke zu:

$$\boldsymbol{E} = -\operatorname{grad}\varphi(r) = -\frac{\partial}{\partial r}\left[A_1 + A_2\frac{1}{r}\right] = \frac{A_2}{r^2}\boldsymbol{e}_r \ . \tag{18.123}$$

Die Konstante A_2 hat bei einer Ladung Q im Vakuum den Wert:

$$A_2 = \frac{Q}{4\pi\varepsilon_0} \ . \tag{18.124}$$

Beispiel 2:
Zur Anwendung der Legendre-Polynome sei die Feldfunktion einer Kugelelektrode in einem homogenen elektrischen Feld gesucht. Innerhalb der Metallkugel ist die elektrische Feldstärke Null. In der Umgebung der Kugel tritt eine Verformung des homogenen elektrischen Feldes auf. Das Bild 18.9 gibt das Feldbild, welches man sich hier rotationssymmetrisch zu denken hat, und die Wahl des Koordinatensystems wieder. Wählt man zweckmäßiger Weise sphärische Koordinaten, dann hängen das elektrische skalare Potenzial und die elektrische Feldstärke nur vom Radius r und dem Winkel ϑ ab. Die Ebene P_1P_2 bildet eine Äquipotenzialebene mit dem Potenzial $\varphi_0 = 0$.

Für das Potenzial $\varphi = \varphi(r, \vartheta)$ wird dem allgemeinen Ergebnis nach Gl. (18.120) folgend ein Ansatz mit $n = 1$ gewählt:

$$\varphi(r, \vartheta) = f(r)g(\vartheta) = \left[A_1 r + A_2 r^{-2}\right] P_1(\cos\vartheta) \tag{18.125}$$

[4] Laplace, P.S.: Traité de mécanique célest. vol.V. (Fünf Bände, 1799-1825).

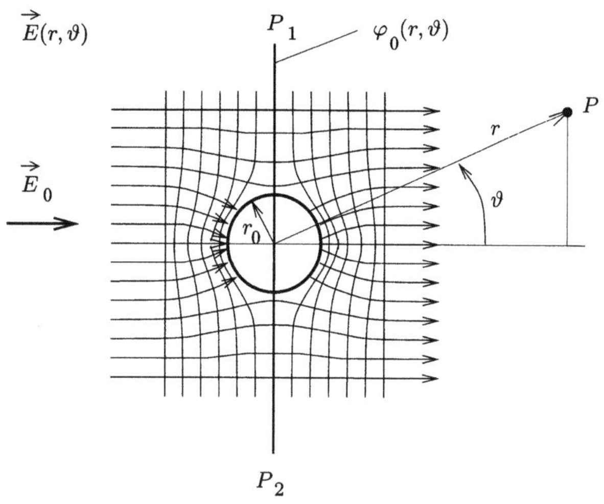

Bild 18.9: Feldbild einer Metallkugel in einem homogenen elektrischen Feld

oder mit $P_1(\cos\vartheta) = \cos\vartheta$ nach (18.119):

$$\varphi(r,\vartheta) = \left(A_1 r + \frac{A_2}{r^2}\right)\cos\vartheta \; . \tag{18.126}$$

Bei größen Werten von r, also weit weg von der Metallkugel, ist das Feld homogen und es gilt:

$$\varphi(r,\vartheta) = A_1 r \cos\vartheta \; . \tag{18.127}$$

Die Bestimmung der Integrationskonstanten erfolgt mit der Randbedingung des Potenziales auf der Kugeloberfläche. Für alle Werte von ϑ ist für $r = r_0$ das Potenzial konstant. Wegen der Folgerung aus Gl. (18.126):

$$\varphi(r = r_0, \vartheta) = \left(A_1 r_0 + \frac{A_2}{r_0^2}\right)\cos\vartheta = \varphi_0 = 0 \tag{18.128}$$

kann wegen $\cos\vartheta \neq 0$ nur der Klammerausdruck selbst Null sein, was auf:

$$A_2 = -A_1 r_0^3 \tag{18.129}$$

oder eingesetzt auf:

$$\varphi = A_1\left(r - \frac{r_0^3}{r^2}\right)\cos\vartheta \tag{18.130}$$

führt. Die Konstante A_1 berechnet sich aus der Tatsache, dass bei großem Radius, die elektrische Feldstärke $\boldsymbol{E}$ gegen das homogenen Feld $\boldsymbol{E}_0$ strebt. Unter Zuhilfenahme des Gradienten in Kugelkoordinaten nach Gl. (18.122) folgt für die Koordinaten der elektrischen Feldstärke:

$$E_r = -\frac{\partial \varphi}{\partial r} = -A_1 \left(1 + \frac{2r_0^3}{r^3}\right) \cos\vartheta \tag{18.131}$$

$$E_\vartheta = -\frac{1}{r}\frac{\partial \varphi}{\partial \vartheta} = A_1 \left(1 - \frac{r_0^3}{r^3}\right) \sin\vartheta \; . \tag{18.132}$$

Lässt man nun $r \to \infty$ streben, so gelten:

$$E_r\Big|_{r\to\infty} = -A_1 \cos\vartheta = E_0 \tag{18.133}$$

und:

$$A_1 = -E_0 \; . \tag{18.134}$$

Diese Konstante kann man in Gl. (18.130) und in Gl. (18.131), (4.120) einsetzen und erhält für das elektrische skalare Potenzial:

$$\varphi = E_0 \left(\frac{r_0^3}{r^2} - r\right) \cos\vartheta \tag{18.135}$$

und für die elektrische Feldstärke:

$$\boldsymbol{E} = E_r \boldsymbol{e}_r + E_\vartheta \boldsymbol{e}_\vartheta = E_0 \left(\frac{2r_0^3}{r^3} + 1\right) \cos\vartheta \boldsymbol{e}_r + E_0 \left(\frac{r_0^3}{r^3} - 1\right) \sin\vartheta \boldsymbol{e}_\vartheta \; . \tag{18.136}$$

Der Betrag der Feldstärke berechnet sich dann aus:

$$E = \sqrt{E_0^2 \left(\frac{2r_0^3}{r^3} + 1\right)^2 \cos^2\vartheta + E_0^2 \left(\frac{r_0^3}{r^3} - 1\right)^2 \sin^2\vartheta} \; . \tag{18.137}$$

Auf der Kugeloberfläche ist $r = r_0$ und wegen Gl. (18.135), weil $\varphi_0 = 0$. Für den Betrag der elektrischen Feldstärke folgt aus Gl. (18.137):

$$\left|\boldsymbol{E}\right| = E_r = 3E_0 \cos\vartheta \; . \tag{18.138}$$

Das bedeutet, dass die Feldstärke demzufolge örtliche Werte bis $3E_0$ annehmen kann, wenn E_0 der Betrag der Feldstärke ohne des Vorhandenseins der Metallkugel ist.

□

Lösung der Laplace-Gleichung bei bekanntem Potenzialverlauf längs der Symmetrieachse durch Reihenentwicklung

Die Potenzialverteilung entlang der Symmetrieachse in zylindersymmetrischen Anordnungen wird einerseits zur näherungsweisen technischen Dimensionierung und andererseits zur Ausdehnung der Lösung im angrenzenden Gebiet verwendet. Demzufolge muss man diejenige Lösung der Laplace-Gleichung finden, die den Potenzialwert in einem beliebigen Raumpunkt mit den Potenzialwerten entlang der Symmetrieachse verbindet. Hierzu bieten sich zwei Methoden an: Die Reihenentwicklung und ein Ansatzverfahren.

Zur Berechnung des elektrischen skalaren Potenzial $\varphi = \varphi(r, z)$ wird von Gl. (18.4) mit Gl. (18.6) ausgegangen. Man erhält:

$$\frac{\partial^2 \varphi}{\partial r^2} + \frac{1}{r}\frac{\partial \varphi}{\partial r} + \frac{\partial^2 \varphi}{\partial z^2} = 0 \,. \tag{18.139}$$

Die Lösung dieser Gleichung soll im achsennahen Gebiet bei gegebenem Potenzialverlauf längs der Symmetrieachse $\varphi_0(z)$ durch zwei Reihenansätze berechnet werden.

<u>Reihenansatz 1</u>:

Die Lösung sei in der Nähe der z-Achse durch die Reihe:

$$\varphi(r, z) = \varphi_0(z) + r\varphi_1(z) + r^2\varphi_2(z) + \ldots = \sum_{i=0}^{\infty} \varphi_i(z) r^i \tag{18.140}$$

angesetzt. $\varphi_0(z)$ ist die schon bekannte Potenzialverteilung. Setzt man diesen Ansatz in die Gl. (18.139) ein, so folgt:

$$\begin{aligned} &\frac{1}{r}\varphi_1 + 2\varphi_2 + 3r\varphi_3 + 4r^2\varphi_4 + 5r^3\varphi_5 + \quad \ldots \\ &\quad +2\varphi_2 + 6r\varphi_3 + 12r^2\varphi_4 + 20r^3\varphi_5 + \quad \ldots \\ &+\frac{\partial^2 \varphi_0(z)}{\partial z^2} + r\frac{\partial^2 \varphi_1}{\partial z^2} + r^2\frac{\partial \varphi_2}{\partial z^2} + r^3\frac{\partial^2 \varphi_3}{\partial z^2} + \quad \ldots \quad = 0 \end{aligned} \tag{18.141}$$

und geordnet nach Potenzen von r:

$$\frac{1}{r}\varphi_1 + \left(4\varphi_2 + \frac{\partial^2 \varphi_0}{\partial z^2}\right) + \left(9\varphi_3 + \frac{\partial^2 \varphi_1}{\partial z^2}\right) r + \left(16\varphi_4 + \frac{\partial^2 \varphi_2}{\partial z^2}\right) r^2 + \ldots = 0 \,. \tag{18.142}$$

Da nach Voraussetzung die Lösung für $r \to 0$ endlich bleiben muss (es liegt ein endliches Potenzial vor) ist $\varphi_1(z) = 0$ zu setzen. Die Gl. (18.142) gilt jedoch für einen beliebigen Wert des Radius r in der Nähe der z-Achse, so dass die Summe nur dann Null wird, wenn jeder Koeffizient der r-ten Potenz selbst Null ist:

$$\begin{aligned} \varphi_2 &= -\frac{1}{4}\frac{\partial^2 \varphi_0}{\partial z^2} \,; \\ \varphi_3 &= -\frac{1}{9}\frac{\partial^2 \varphi_1}{\partial z^2} = 0 \,; \\ \varphi_4 &= -\frac{1}{16}\frac{\partial^2 \varphi_2}{\partial z^2} = \frac{1}{4^3}\frac{\partial^4 \varphi_0}{\partial z^4} \,. \\ &\vdots \end{aligned} \tag{18.143}$$

Damit geht man in den Ansatz nach Gl. (18.140) ein und gelangt zur näherungsweisen Lösung:

$$\varphi(r, z) = \varphi_0(z) - \frac{r^2}{4}\frac{\partial^2 \varphi_0(z)}{\partial z^2} + \frac{r^4}{4^3}\frac{\partial^4 \varphi_0(z)}{\partial z^4} - \frac{r^6}{4^5}\frac{\partial^6 \varphi_0(z)}{\partial z^6} + \ldots \,, \tag{18.144}$$

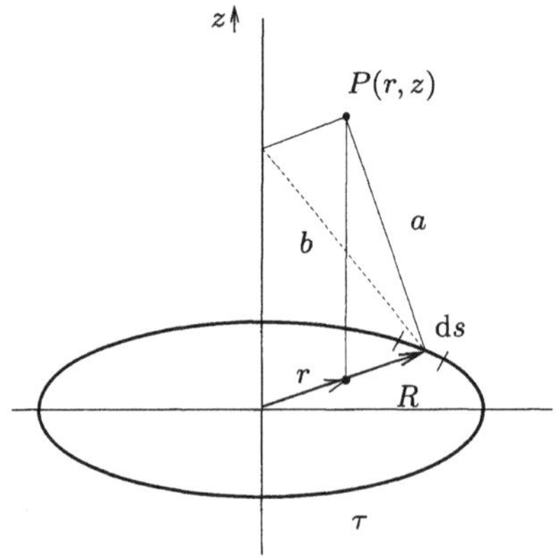

Bild 18.10: Geladener kreisförmiger Drahtring

die durch den gegebenen Potenzialverlauf $\varphi_0(z)$ entlang der z-Achse und ihren Ableitungen zu bestimmen ist.

Beispiel 3:
Berechnung des elektrostatischen Feldes eines geladenen kreisförmigen Drahtringes

Für das achsennahe Gebiet im Bild 18.10 ergibt sich das Potenzial $\varphi(r, z)$ über eine Reihenentwicklung, weil die Potenzialverteilung entlang der z-Achse einfach zu berechnen ist. Bei gegebener Linienladungsdichte τ ($[\tau]$ =As/m) gilt für $r = 0$:

$$\varphi_0(z) = \frac{1}{4\pi\varepsilon} \int\limits_s \frac{\tau}{b} \mathrm{d}s = \frac{\tau}{4\pi\varepsilon} \int\limits_0^{2\pi R} \frac{1}{\sqrt{R^2 + z^2}} \mathrm{d}s = \frac{\tau}{4\pi\varepsilon} \frac{s}{\sqrt{R^2 + z^2}} \Bigg|_0^{2\pi R} = \frac{\tau R}{2\varepsilon\sqrt{R^2 + z^2}} . \tag{18.145}$$

Dieses $\varphi_0(z)$ ist in den Reihenansatz nach Gl. (18.144) einzusetzen, was auf die Reihe:

$$\varphi(r, z) = \frac{\tau R}{2\varepsilon} \left[\frac{1}{\sqrt{R^2 + z^2}} - \frac{r^2}{4} \frac{\partial^2}{\partial z^2} \left(\frac{1}{\sqrt{R^2 + z^2}} \right) + \frac{r^4}{4^3} \frac{\partial^4}{\partial z^4} \left(\frac{1}{\sqrt{R^2 + z^2}} \right) - \ldots \right] \tag{18.146}$$

führt. Nach der Ausführung der Differenziationen berechnet sich das elektrische skalare Potenzial im achsennahen Gebiet näherungsweise durch den Ausdruck:

$$\varphi(r, z) = \frac{\tau R}{2\varepsilon} \left[\frac{1}{(R^2 + z^2)^{1/2}} - \frac{r^2}{4} \frac{(2z^2 - R^2)}{(R^2 + z^2)^{5/2}} + \ldots \right] . \tag{18.147}$$

Für den Fall $r \to 0$ strebt die Lösung in Gl. (18.147) gegen $\varphi_0(z)$ aus Gl. (18.145).

Reihenansatz 2:

Mit dem Reihenansatz:

$$\varphi(r, z) = \sum_{n=0}^{\infty} A_n(z) r^{2n} \tag{18.148}$$

setzt man in die Gl. (18.139) ein und versucht diese zu erfüllen. Die Ausführung der Differenziationen führt über die zweidimensionale Laplace-Gleichung zu der Summe:

$$\sum_{n=0}^{\infty}(2n)^2 A_n(z) r^{2n-2} + \sum_{n=0}^{\infty}\frac{\partial^2 A_n(z)}{\partial z^2} r^{2n} = 0 \ . \tag{18.149}$$

Diese Gleichung muss für einen beliebigen Wert von r Gültigkeit besitzen. Deshalb müssen die Koeffizienten auf der linken Seite für sich für jede Potenz von r Null sein. Für die $(2n-2)$ -ten Potenz der Veränderlichen r gilt:

$$\frac{\partial^2 A_{n-1}(z)}{\partial z^2} + (2n)^2 A_n(z) = 0 \ . \tag{18.150}$$

Entsprechend der Reihenentwicklung nach Gl. (18.148) gehört die Potenzialverteilung an der Symmetrieachse zur nullten Potenz von r, sodass gilt:

$$\varphi(0,z) = \varphi_0(z) = A_0(z) \ . \tag{18.151}$$

Damit entsteht ein rekursives Verfahren zur Bestimmung der Koeffizienten $A_n(z)$. Der Wert des zur Potenz r^2 gehörenden Koeffizienten $A_1(z)$ ist:

$$A_1(z) = -\frac{1}{2^2}\frac{\partial^2 A_0(z)}{\partial z^2} \ , \tag{18.152}$$

der Wert der zur vierten Potenz von r gehörenden Funktion lautet:

$$A_2(z) = -\frac{1}{(2\cdot 2)^2}\frac{\partial^2 A_1(z)}{\partial z^2} = \frac{1}{2^2(2\cdot 2)^2}\frac{\partial^4 A_0(z)}{\partial z^4} \tag{18.153}$$

und allgemein der zur $2n$-ten Potenz $A_n(z)$ hat die Form:

$$A_n(z) = \frac{(-1)^n}{2^{2n}(n!)^2}\frac{\partial^{2n} A_0(z)}{\partial z^{2n}} \ . \tag{18.154}$$

Damit setzt man in die Reihe (18.148) ein und findet für die Potenzialfunktion im gesamten Gebiet:

$$\varphi(r,z) = \sum_{n=0}^{\infty}\frac{(-1)^n}{(n!)^2}\frac{\partial^{2n} A_0(z)}{\partial z^{2n}}\left(\frac{r}{2}\right)^{2n} \ . \tag{18.155}$$

□

Beispiel 4:
Bestimmung des allgemeinen Verlaufes der ÄAquipotenzialflächen an der Symmetrieachse

Zu diesem Zwecke werden die beiden ersten Summanden der nach r aufgestellten Reihe in Gl. (18.155) verwendet. Diese werden in der Umgebung des Punktes $z = z_0$ selbst in eine Reihe entwickelt und die Glieder höherer Ordnung vernachlässigt:

$$\varphi(r,z) = A_0(z_0) + \left.\frac{\partial A_0(z)}{\partial z}\right|_{z=z_0}[z-z_0] + \frac{1}{2}\left.\frac{\partial^2 A_0(z)}{\partial z^2}\right|_{z=z_0}[z-z_0]^2 - \frac{1}{4}\left.\frac{\partial^2 A_0(z)}{\partial z^2}\right|_{z=z_0} r^2 \ . \tag{18.156}$$

Nun wird die Feldstärke über die Gleichung gesucht, auf der das elektrische Potenzial überall gleich dem im Punkt $z = z_0, r = 0$ ist. In unmittelbarer Nähe der Achse gilt:

$$\varphi(0, z) = \varphi_0(z_0) = A_0(z_0) \tag{18.157}$$

oder unter der Verwendung von Gl. (18.156):

$$A_0(z_0) + \left.\frac{\partial A_0(z)}{\partial z}\right|_{z=z_0} [z-z_0] + \frac{1}{2}\left.\frac{\partial^2 A_0(z)}{\partial z^2}\right|_{z=z_0} [z-z_0]^2 - \frac{1}{4}\left.\frac{\partial^2 A_0(z)}{\partial z^2}\right|_{z=z_0} r^2 = A_0(z_0)\,. \tag{18.158}$$

Daraus folgt für die Gleichung der Fläche der Ausdruck:

$$\frac{1}{4}\left.\frac{\partial^2 A_0(z)}{\partial z^2}\right|_{z=z_0} r^2 = \left.\frac{\partial A_0(z)}{\partial z}\right|_{z=z_0} [z-z_0] + \frac{1}{2}\left.\frac{\partial^2 A_0(z)}{\partial z^2}\right|_{z=z_0} [z-z_0]^2. \tag{18.159}$$

Dies ist eine Hyperbelgleichung. Für den Krümmungsradius einer Hyperbel in dem mit der Symmetrieachse gebildeten Schnittpunkt gilt die Formel:

$$r_{\mathrm{kr}} = 2\frac{\left.\frac{\partial A_0(z)}{\partial z}\right|_{z=z_0}}{\left.\frac{\partial^2 A_0(z)}{\partial z^2}\right|_{z=z_0}}\,. \tag{18.160}$$

Für die Potenzialgleichung im Sattelpunkt - Null, $\left.\frac{\partial A_0(z)}{\partial z}\right|_{z=z_0} = 0$ vereinfacht sich Gl. (18.159) auf:

$$\frac{1}{4}\left.\frac{\partial^2 A_0(z)}{\partial z^2}\right|_{z=z_0} = \frac{1}{2}\left.\frac{\partial^2 A_0(z)}{\partial z^2}\right|_{z=z_0} [z-z_0]^2\,. \tag{18.161}$$

Die Hyperbeln entarten in ein Geradenpaar. Für den vom Geradenpaar und der Symmetrieachse eingeschlossenen Winkel gilt:

$$\tan^2\alpha = \frac{r^2}{(z-z_0)^2} = 2\,; \qquad \alpha = 54°44'\,. \tag{18.162}$$

Im Sattelpunkt ist die Form der Äquipotenzialflächen immer gleich und von der weiteren Gestalt des elektrischen Feldes unabhängig. Den entsprechenden Feldverlauf gibt das Bild 18.11 wieder. □

Lösung der Laplace-Gleichung bei bekanntem Potenzialverlauf innerhalb einer Symmetrieebene durch Reihenansatz

Bei dieser Lösungsmethode muss eine Symmetrieebebene existieren und die Potenzialverteilung dort bekannt sein. Die Potenzialverteilung sei von der z-Koordinate unabhängig und die Laplace-Gleichung 18.4 geht in kartesischen Koordinaten über in:

$$\frac{\partial^2\varphi}{\partial x^2} + \frac{\partial^2\varphi}{\partial y^2} = 0\,. \tag{18.163}$$

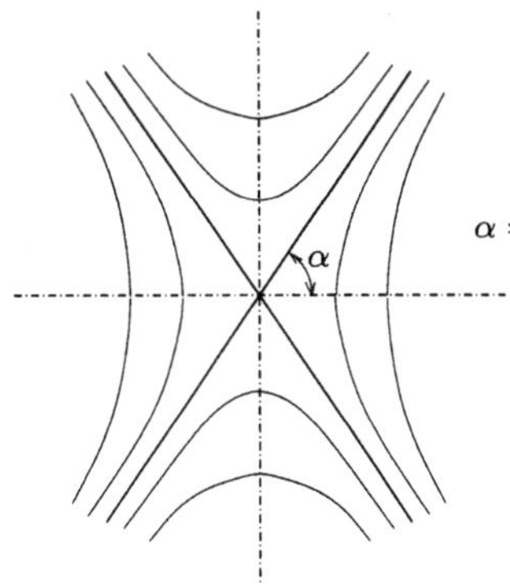

Bild 18.11: Verlauf des zylindersymmetrischen Feldes in der Umgebung des singulären Punktes

Die x-z-Ebene sei die Symmetrieebene. Aufgrund dieser Symmetrie nimmt das skalare elektrische Potenzial für beliebige x an der Stelle $+y$ denselben Wert wie am Ort $-y$ an. In einer Reihenentwicklung kommen aus diesem Grunde nur die geraden Potenzen von y vor. In der Reihenentwicklung sollen außerdem die Koeffizienten nur von x abhängen, damit hinsichtlich gleicher Potenzen von y ein Koeffizientenvergleich erfolgen kann. Der Ansatz für die Potenzialfunktion ist dann:

$$\varphi(x,y) = \sum_{n=0}^{\infty} a_n(x) y^{2n} \; . \tag{18.164}$$

Mit diesem Ansatz setzt man nach zweimaliger Differenziation in die Laplace-Gleichung ein und erhält:

$$\sum_{n=0}^{\infty} \left[\frac{\partial^2 a_n(x)}{\partial x^2} y^{2n} + 2n(2n-1) a_n(x) y^{2n-2} \right] = 0 \; . \tag{18.165}$$

Da diese Summe für beliebige Werte von y Gültigkeit haben muss, wird sie nur Null, wenn die zu gleichen aber beliebigen Potenzen von y gehörenden Koeffizienten verschwinden. Für y^{2n-2} gilt demnach:

$$\frac{\partial^2 a_{n-1}(x)}{\partial x^2} + 2n(2n-1) a_n(x) = 0 \tag{18.166}$$

oder:

$$a_n(x) = -\frac{1}{2n(2n-1)} \frac{\partial^2 a_{n-2}(x)}{\partial x^2} \; . \tag{18.167}$$

Aus dem Reihenansatz in Gl. (18.164) geht hervor, dass der zur nullten Potenz von y gehörende Koeffizient, also $a_0(x)$, die Potenzialverteilung auf der Symmetrieachse angibt und deshalb:

$$a_0(x) = \varphi(x,0) = \varphi^*(x) \tag{18.168}$$

gilt. Damit lassen sich die anderen Koeffizienten der Reihe nacheinander berechnen:

$$\begin{aligned} a_1(x) &= -\frac{1}{1\cdot 2}\frac{\partial^2\varphi(x,0)}{\partial x^2} = -\frac{1}{2!}\frac{\partial^2\varphi^*(x)}{\partial x^2} \\ a_2(x) &= -\frac{1}{3\cdot 4}\frac{\partial^2 a_1(x)}{\partial x^2} = \frac{1}{4!}\frac{\partial^4\varphi^*(x)}{\partial x^4} \\ \ldots & \quad \ldots\ldots\ldots\ldots\ldots\ldots\ldots \\ a_n(x) &= (-1)^n\frac{1}{(2n)!}\frac{\partial^{2n}\varphi^*(x)}{\partial x^{2n}} . \end{aligned} \tag{18.169}$$

Mit diesen Koeffizienten geht man in den Lösungsansatz nach Gl. (18.164) ein und kann aus der Summe:

$$\begin{aligned} \varphi(x,y) &= \varphi^*(x) - \frac{1}{2!}\frac{\partial^2\varphi^*(x)}{\partial x^2}y^2 + \frac{1}{4!}\frac{\partial^4\varphi^*(x)}{\partial x^4}y^4 - \ldots \\ \varphi(x,y) &= \sum_{n=0}^{\infty}(-1)^n\frac{1}{(2n)!}\frac{\partial^{2n}\varphi^*(x)}{\partial x^{2n}}y^{2n} \end{aligned} \tag{18.170}$$

die gesuchte Potenzialverteilung im Raum berechnet werden.

Anmerkung:
In einem beliebigen Punkt der x-y-Ebene wird der Potenzialwert durch den auf der Symmetrieachse angenommenen Wert des Potenzials und durch dessen Differenzialquotient ausgedrückt. Das bedeutet, das Potenzial in der Symmetrieebene bestimmt eindeutig das Potenzial im gesamten Raum.

Zu suchen ist nach den Kurvenverlauf der Äquipotenzialflächen in einem beliebigen Punkt der Symmetrieachse. Dazu wird die Funktion $\varphi(x,y)$ nach Gl. (18.170) in der Umgebung des Punktes $x = x_0,\ y = 0$ in eine Reihe entwickelt. Es gilt für diese Reihenentwicklung:

$$\begin{aligned} \varphi(x,y) &= \varphi(x_0,0) + (x-x_0)\left.\frac{\partial\varphi}{\partial x}\right|_{x_0,0} + y\left.\frac{\partial\varphi}{\partial y}\right|_{x_0,0} + \frac{1}{2}(x-x_0)^2\left.\frac{\partial^2\varphi}{\partial x^2}\right|_{x_0,0} \\ &\quad +(x-x_0)y\left.\frac{\partial^2\varphi}{\partial x\partial y}\right|_{x_0,0} + \frac{1}{2}y^2\left.\frac{\partial^2\varphi}{\partial y^2}\right|_{x_0,0} + \ldots . \end{aligned} \tag{18.171}$$

Die Potenzialwerte an der Stelle $x_0,\ y = 0$ bestimmt man aus der Reihe (18.170) und erhält eingesetzt:

$$\varphi(x,y) \approx \varphi^*(x_0) + (x-x_0)\left.\frac{\partial\varphi^*(x)}{\partial x}\right|_{x_0} + \frac{1}{2}(x-x_0)^2\left.\frac{\partial^2\varphi^*(x)}{\partial x^2}\right|_{x_0} - \frac{1}{2}y^2\left.\frac{\partial^2\varphi^*(x)}{\partial x^2}\right|_{x_0} . \tag{18.172}$$

Die Gleichung der Äquipotenzialfläche, welche durch den Punkt $P(x,y) = P(x_0,0)$ hindurchgeht, hat die Form:

$$\varphi(x,y) = \varphi^*(x_0) , \tag{18.173}$$

so dass aus der Gl. (18.172) die Hyperbelgleichung:

$$(x-x_0)\left.\frac{\partial\varphi^*(x)}{\partial x}\right|_{x_0}+\frac{1}{2}(x-x_0)^2\left.\frac{\partial^2\varphi^*(x)}{\partial x^2}\right|_{x_0}-\frac{1}{2}y^2\left.\frac{\partial^2\varphi^*(x)}{\partial x^2}\right|_{x_0}=0 \qquad (18.174)$$

hervorgeht.

Der Greensche Satz

Im Nachfolgenden soll die Lösung der Poissonschen Gleichung für den gesamten Raum, die sich in einem endlichen Gebiet dieses Raumes überall regulär verhält und im Unendlichen auf eine zu bestimmende Weise Null wird, hergeleitet werden. Dazu ist der (zweite) Greensche Satz erforderlich.

Als Ausgangspunkt zur Herleitung des Greenschen Satzes dient der bekannte dreidimensionale Gaußsche Satz der Vektoranalysis, der auf den Vektor ψ grad φ angewendet wird. ψ und φ sind skalare Funktionen des Ortes. Sie sollen auf der Fläche stetig und im Inneren des Raumes überall stetig differenzierbar sein. Mit dem Gaußschen Satz folgt:

$$\int_V \operatorname{div}\left(\psi(x,y,z)\ \operatorname{grad}\ \varphi(x,y,z)\right)\mathrm{d}V=\oint_A \psi\ \operatorname{grad}\ \varphi\ \mathrm{d}\boldsymbol{A}\ . \qquad (18.175)$$

In der Vektoranalysis gilt aus rein mathematischen Gründen:

$$\begin{aligned}\operatorname{div}\ (\psi\ \operatorname{grad}\ \varphi) &= \psi\operatorname{div}\ \operatorname{grad}\ \varphi+\operatorname{grad}\ \psi\ \operatorname{grad}\ \varphi\\ &= \psi\ \Delta\varphi+\operatorname{grad}\ \psi\ \operatorname{grad}\ \varphi\ ,\end{aligned} \qquad (18.176)$$

was auf:

$$\int_V\Big(\psi\ \Delta\ \varphi+\operatorname{grad}\ \psi\ \operatorname{grad}\ \varphi\Big)\mathrm{d}V=\oint_A\psi\ \operatorname{grad}\ \varphi\ \mathrm{d}\boldsymbol{A} \qquad (18.177)$$

führt. Vertauscht man nun ψ und φ, so folgt:

$$\int_V\Big(\varphi\ \Delta\ \psi+\operatorname{grad}\ \psi\ \operatorname{grad}\ \varphi\Big)\mathrm{d}V=\oint_A\varphi\ \operatorname{grad}\ \psi\ \mathrm{d}\boldsymbol{A}\ . \qquad (18.178)$$

Unter der Verwendung der Beziehung:

$$\operatorname{grad}\ \varphi\ \mathrm{d}\boldsymbol{A}=\frac{\partial\varphi}{\partial n}\mathrm{d}A\ , \qquad (18.179)$$

wobei $\partial\varphi/\partial n$ die Ableitung von φ in Richtung der Normalen auf d$\boldsymbol{A}$ ist, wird die Gl. (18.178) von der Gl. (18.177) (x_1, x_2) subtrahiert und man erhält den Satz von Green: :

$$\int_V(\psi\ \Delta\varphi-\varphi\ \Delta\psi)\ \mathrm{d}V=\oint_A\left(\psi\frac{\partial\varphi}{\partial n}-\varphi\frac{\partial\psi}{\partial n}\right)\mathrm{d}A\ . \qquad (18.180)$$

Für den Sonderfall $\varphi=\psi$ gilt nach (18.178):

$$\int_V\Big(\varphi\ \Delta\varphi+(\operatorname{grad}\ \varphi)^2\Big)\ \mathrm{d}V=\oint_A\varphi\frac{\partial\varphi}{\partial n}\mathrm{d}A\ . \qquad (18.181)$$

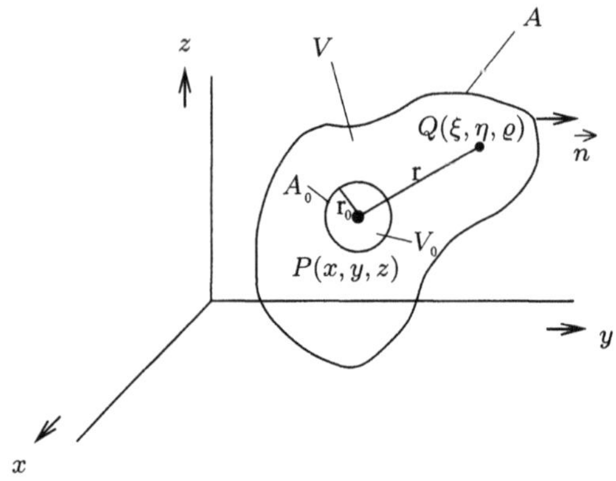

Bild 18.12: Darstellung zum Auf- und Laufpunkt

Wirbelfreie Quellenfelder - Lösung der Gleichung von Poisson

Für diese Felder gelten die Gleichungen (15.34). Man kann die elektrische Feldstärke wegen des Verschwindens ihrer Rotation als Gradient des elektrischen skalaren Potenzials darstellen und gelangt so zur Poissonschen Gleichung (18.3). Für diese wird nun eine Lösung hergeleitet.

Dazu wird gemäß dem Bild 18.12 ein Volumen mittels einer geschlossenen Fläche gegen den ganzen Raum abgegrenzt, der Greensche Satz Gl. (18.180) auf die gesuchte Funktion des skalaren elektrischen Potenzials φ angewendet und die Funktion ψ in der speziellen Form:

$$\psi = \frac{1}{r} = \frac{1}{\sqrt{(\xi - x)^2 + (\eta - y)^2 + (\varrho - z)^2}} \tag{18.182}$$

angenommen. Die Konstanten ξ, η, ϱ gehören zum Laufpunkt Q. x, y, z sind die Koordinaten das Aufpunktes P in dem der Wert des Potenzials φ gesucht wird. Der Aufpunkt befindet sich im Inneren des Volumens V. Bei der Anwendung des Laplace-Operators werden nur die Koordinaten des Laufpunktes Q als Veränderliche angesehen und die Koordinaten des Aufpunktes P festgehalten.

Anmerkung:
Aus der Sicht der Vektoranalysis wird ein wirbelfreies Quellenfeld berechnet. Wegen der Wirbelfreiheit dieses Feldes ist seine Rotation gleich Null und das Feld ist über die Gradientenbildung aus einem Potenzial ableitbar. Es gilt $\boldsymbol{E} = -\operatorname{grad}\ \varphi$. Das negative Vorzeichen dient lediglich der Anpassung an spätere Anwendungen.

Zuerst zeigen wir, dass $\Delta\varphi$ im gesamten Raum gleich Null ist, mit der Ausnahme des Aufpunktes $r = 0$. Es gilt:

$$\Delta\psi = \Delta\frac{1}{r} = \operatorname{div}\ \operatorname{grad}\ \frac{1}{r} = 0\ . \tag{18.183}$$

Für grad $\frac{1}{r}$ folgt:

$$\text{grad}\ \frac{1}{r} = -\frac{\boldsymbol{r}_0}{r^2} = -\frac{\boldsymbol{r}}{r^3}\,, \tag{18.184}$$

und somit wird:

$$\text{div}\ \frac{\boldsymbol{r}}{r^3} = \frac{1}{r^3}\ \text{div}\ \boldsymbol{r} + \boldsymbol{r}\ \text{grad}\ \frac{1}{r^3}\,. \tag{18.185}$$

Da auch:

$$\text{grad}\ \frac{1}{r^3} = \frac{\mathrm{d}}{\mathrm{d}r}\frac{1}{r^3}\boldsymbol{r}_0 = -\frac{3}{r^4}\boldsymbol{r}_0 \tag{18.186}$$

Gültigkeit besitzt, erhält man das gesuchte Ergebnis:

$$\Delta\frac{1}{r} = \frac{1}{r^3}\ \text{div}\ \boldsymbol{r} + \boldsymbol{r}\ \text{grad}\ \frac{1}{r^3} = \frac{3}{r^3} - 3\frac{\boldsymbol{r}\,\boldsymbol{r}_0}{r^4} = 0\,. \tag{18.187}$$

Der Aufpunkt innerhalb der Gl. (18.187) ist ein singulärer Punkt und er muss aus diesem Grunde vom Raum ausgeschlossen werden, auf den der Greensche Satz angewendet werden soll. Dazu wird der Aufpunkt durch eine Kugelfläche in P mit dem Radius r_0 abgetrennt. In dem verbliebenen Volumen kann der Greensche Satz angewendet werden und überall ist $\Delta\psi = \Delta\left(\frac{1}{r}\right) = 0$. Das Flächenintegral im Greenschen Satz ist aber über die das Volumen V begrenzende Außenfläche A und auch über die ausschließende Kugeloberfläche A_0 zu erstrecken. Beide Flächen sind Grenzflächen des verbleibenden Volumens.

Dadurch geht Gl. (18.180) wegen $\Delta\psi = \Delta\frac{1}{r} = 0$ über in die Form:

$$-\int\limits_{V-V_0} \frac{\Delta\varphi}{r}\,\mathrm{d}V = \oint\limits_{A} \left(\varphi\frac{\partial}{\partial n}\frac{1}{r} - \frac{1}{r}\frac{\partial\varphi}{\partial n}\right)\,\mathrm{d}A + \oint\limits_{A_0} \left(\varphi\frac{\partial}{\partial n}\frac{1}{r} - \frac{1}{r}\frac{\partial\varphi}{\partial n}\right)\,\mathrm{d}A\,. \tag{18.188}$$

Nach der Auswertung der beiden Flächenintegrale über A_0 und dem Mittelwertsatz der Integralrechnung gilt:

$$\oint\limits_{A_0} \frac{1}{r}\frac{\partial\varphi}{\partial n}\,\mathrm{d}A = \frac{1}{r_0}\oint\limits_{A_0}\frac{\partial\varphi}{\partial n}\,\mathrm{d}A = \frac{1}{r_0}\left(\frac{\partial\varphi}{\partial n}\right)_{\text{mittel}}\oint\limits_{A_0}\mathrm{d}A = \left(\frac{\partial\varphi}{\partial n}\right)_{\text{mittel}}\cdot 4\pi r_0 \rightarrow 0\,. \tag{18.189}$$

Mit abnehmendem r_0 strebt die Kugelfläche gegen Null und das rechte Flächenintegral in (18.189) liefert keinen Beitrag.

Die Flächennormale von $\boldsymbol{A}_0$ fällt in die Richtung des Kugelradius und zeigt gegen den Mittelpunkt der Kugel. Bei der Anwendung des Gaußschen Satzes wird die vom umgrenzten Volumen nach außen zeigende Normale positiv gezählt. Demzufolge wird aus Gl. (18.189):

$$\oint\limits_{A_0}\varphi\frac{\partial}{\partial n}\frac{1}{r}\,\mathrm{d}A = -\oint\limits_{A_0}\varphi\frac{\partial}{\partial r}\frac{1}{r}\,\mathrm{d}A = \oint\limits_{A_0}\varphi\left(\frac{1}{r^2}\right)\,\mathrm{d}A = \frac{1}{r_0^2}\oint\limits_{A_0}\varphi\,\mathrm{d}A\,. \tag{18.190}$$

Mit dem Mittelwertsatz der Integralrechnung finden wir:

$$\frac{1}{r_0^2}\oint\limits_{A_0} \varphi \, \mathrm{d}A = \frac{1}{r^2}\varphi_{\mathrm{mittel}} \, 4\pi r_0^2 = \varphi_{\mathrm{mittel}} \, 4\pi \quad \to \quad 4\pi\varphi(x,y,z) \; . \tag{18.191}$$

Der Mittelwert des elektrischen skalaren Potenzials strebt demzufolge auf der Kugeloberfläche A_0 genau gegen den Potenzialwert im Mittelpunkt der Kugel (Aufpunkt P) bei $r_0 \to 0$, so dass Gl. (18.189) in den Ausdruck:

$$-\int\limits_V \frac{\Delta\varphi}{r} \, \mathrm{d}V = \oint\limits_A \left(\varphi\frac{\partial}{\partial n}\frac{1}{r} - \frac{1}{r}\frac{\partial\varphi}{\partial n}\right) \mathrm{d}A + 4\pi\varphi(x,y,z) \; . \tag{18.192}$$

übergeht. In dieser Gleichung verbleibt nur das über die Außenfläche A zu erstreckende Flächenintegral. Für das Integral über die den Aufpunkt P ausschließende Fläche ist schon $4\pi\varphi(P)$ eingesetzt worden. Das Volumenintegral muss über den gesamten, hier durch die Außenfläche begrenzten, Raum erstreckt werden.

Das Raumintegral bleibt auch endlich, wenn sich der laufende Punkt dem Aufpunkt nähert. Das geht aus folgender Argumentation hervor. Ist der Abstand zwischen Q und P größer als r_0, dann ergibt das Raumintegral bestimmt einen endlichen Wert, weil sowohl $\Delta\varphi$ als auch die Veränderliche r endlich sind und $r \neq 0$ gilt. Für das Innere der Kugel mit dem Radius r_0 erstreckte Raumintegral besteht folgende Abschätzung.

Die Integration in sphärischen Koordinaten liefert den Wert:

$$\begin{aligned}
\int\limits_{V_0} \frac{\Delta\varphi}{r} \, \mathrm{d}V &= \int\limits_{\alpha=0}^{2\pi}\int\limits_{\vartheta=0}^{\pi}\int\limits_{r=0}^{r_0} \frac{\Delta\varphi}{r} r^2 \sin^2\vartheta \, \mathrm{d}r \, \mathrm{d}\vartheta \, \mathrm{d}\alpha \\
\int\limits_{V_0} \frac{\Delta\varphi}{r} \, \mathrm{d}V &\le (\Delta\varphi)_{\max} \int\limits_{\alpha=0}^{2\pi}\int\limits_{\vartheta=0}^{\pi}\int\limits_{r=0}^{r_0} r \sin\vartheta \, \mathrm{d}r \, \mathrm{d}\vartheta \, \mathrm{d}\alpha \\
\int\limits_{V_0} \frac{\Delta\varphi}{r} \, \mathrm{d}V &= (\Delta\varphi)_{\max} \frac{r_0^2}{2} \cdot 2 \cdot 2\pi = (\Delta\varphi)_{\max} \, 2\pi r_0^2 \; .
\end{aligned} \tag{18.193}$$

Das über das gesamte dreidimensionale Volumen erstreckte Raumintegral bleibt demzufolge endlich, obwohl die im Nenner vorkommende Veränderliche r in einem Raumpunkt den Wert Null annimmt.

Durch eine einfache Umstellung folgt aus Gl. (18.192) eine Berechnungsvorschrift für das gesuchte elektrische skalare Potenzial $\varphi = \varphi(x,y,z)$ in einem Punkt im Inneren des Raumes oder was dasselbe ist, im Inneren des Volumens V:

$$\varphi(x,y,z) = -\frac{1}{4\pi}\int\limits_V \frac{\Delta\varphi}{r} \, \mathrm{d}V - \frac{1}{4\pi}\oint\limits_A \left(\varphi\frac{\partial}{\partial n}\frac{1}{r} - \frac{1}{r}\frac{\partial\varphi}{\partial n}\right) \mathrm{d}A \; . \tag{18.194}$$

Anmerkung:
In Gl. (18.194) wird das Flächenintegral über die skalare Größe $\mathrm{d}A$ und nicht über die

vektorielle Größe d$\boldsymbol{A}$ erstreckt. Die Auswertung des skalaren Produktes im Zusammenhang mit d$\boldsymbol{A}$ erfolgte bereits im Greenschen Satz.

Für den Wert des Potenzials im Punkt $P(x, y, z)$ kann weiterhin gezeigt werden, dass die Zusammenhänge:

$$-\int_V \frac{\Delta\varphi}{r}\,\mathrm{d}V - \oint_A \left(\varphi\frac{\partial}{\partial n}\frac{1}{r} - \frac{1}{r}\frac{\partial\varphi}{\partial n}\right)\mathrm{d}A = \begin{cases} 4\pi\varphi & \text{im Inneren des Raumes,} \\ 2\pi\varphi & \text{auf der Fläche des Raumes,} \\ 0 & \text{in einem Punkt außerhalb} \\ & \text{des Raumes .} \end{cases} \tag{18.195}$$

bestehen. Um zu zeigen, was in Gl. (18.194) einzusetzen ist, bezieht man sich auf das Bild 18.12 und fügt P und Q hinzu. Das Potenzial im Punkt P berechnet sich danach aus der Beziehung:

$$\begin{aligned} \varphi(P) = &- \frac{1}{4\pi}\int_V \frac{\Delta_Q\varphi(Q)}{r(Q,P)}\,\mathrm{d}V_Q \\ &- \frac{1}{4\pi}\oint_A \left[\varphi(Q)\frac{\partial}{\partial n_Q}\left(\frac{1}{r(Q,P)}\right) - \frac{1}{r(Q,P)}\frac{\partial\varphi(Q)}{\partial n_Q}\right]\mathrm{d}A_Q\,. \end{aligned} \tag{18.196}$$

Damit kann der Wert einer skalaren Funktion in einem beliebigen Punkt eines abgeschlossenen Volumens berechnet werden. Dazu müssen die Ausdrücke $\Delta\varphi$ in jedem Punkt des Volumens und auf der Randfläche die Werte von φ und von $\frac{\partial\varphi}{\partial n}$ gegeben sein.

Anmerkung:
Für die eindeutige Angabe einer Potenzialfunktion genügt die Normalenkomponente der Feldstärke, oder was dasselbe ist, die Ableitung des Potenzials nach der Normalen entlang der Randfläche.

In Gl. (18.195) muss außerdem noch das Potenzial auf der Randfläche gegeben sein, um $\varphi(P)$ auszurechnen. Darin besteht kein Widerspruch. Denn, wenn der aus der Funktion φ abgeleitete Ausdruck $\Delta\varphi$ und die Werte von φ und $\frac{\partial\varphi}{\partial n}$ auf der Randfläche bekannt sind, so erhält man $\varphi(P)$ über Gl. (18.195). Man kann diese Werte aber nicht beliebig vorschreiben. Die Ableitung in Normalenrichtung ist bereits eindeutig bestimmt, falls $\Delta\varphi$ in V und φ auf der Randfläche vorgegeben sind. Damit ist die Beziehung Gl. (18.195) in dieser Form zur Berechnung von φ unbrauchbar. Werden φ und $\frac{\partial\varphi}{\partial n}$ auf der Randfläche willkürlich vorgeschrieben und man rechnet $\varphi(P)$ aus, so genügt diese zwar im Inneren der Poisson-Gleichung, führt auf der Randfläche zu einem ganz anderen Wert als jenem, der dort vorgeschrieben worden ist.

Geht man mit der Poisson-Gleichung (18.3) in die Gl. (18.196) ein, dann errechnet sich das Potenzial $\varphi(P)$ aus:

$$\begin{aligned}\varphi(P) = & \frac{1}{4\pi\varepsilon} \int\limits_V \frac{\varrho(Q)}{r(Q,P)} \, \mathrm{d}V_Q \\ & - \frac{1}{4\pi} \oint\limits_A \left[\varphi(Q) \frac{\partial}{\partial n_Q} \left(\frac{1}{r(Q,P)} \right) - \frac{1}{r(Q,P)} \frac{\partial \varphi(Q)}{\partial n_Q} \right] \mathrm{d}A_Q \,. \quad (18.197)\end{aligned}$$

Wenn innerhalb des begrenzten Raumes sich keine Raumladungen befinden, also $\varrho = 0$ gilt, verschwindet das Volumenintegral und das elektrische Potenzial gewinnt man aus dem Ausdruck:

$$\varphi(Q) = \frac{1}{4\pi} \oint\limits_A \left[\frac{1}{r(Q,P)} \frac{\partial \varphi(Q)}{\partial n_Q} - \varphi(Q) \frac{\partial}{\partial n_Q} \left(\frac{1}{r(Q,P)} \right) \right] \mathrm{d}A_Q \,. \quad (18.198)$$

Dieses Integral gibt dann den Potenzialanteil der außerhalb der Randfläche angeordneten Ladungen an. Ist also das Potenzial $\varphi(Q)$ mit:

$$\frac{\partial \varphi(Q)}{\partial n_Q} \quad (18.199)$$

über der Randfläche A bekannt, kann das Potenzial eines beliebigen Punktes innerhalb dieser Fläche A durch die Integration nach Gl. (18.198) berechnet werden. Die Lösung kann man als Lösung der Laplace-Gleichung für das Volumen V auffassen. Diese Lösung erfüllt dann die Randbedingungen.

Die Randfläche wird nun ins Unendliche erstreckt. Diese Aufgabe geht damit in eine offenen Randwertaufgabe über, weil der ganze Raum einbezogen wird. Strebt die Potenzialfunktion φ mit $1/R^\gamma$ (γ ist eine beliebige positive reele Zahl und R der Abstand des Aufpunktes vom weit entfernten laufenden Punkt) gegen Null, dann strebt der Term (18.199) mindestens mit $1/R^{\gamma+1}$ gegen Null und die Integranden aller Flächenintegrale verschwinden mindestens mit $1/R^{\gamma+2}$. Das über die gesamte unendliche Randfläche erstreckte Integral ergibt den Wert Null und Gl. (18.195) geht über in:

$$\varphi(x,y,z) = \frac{1}{4\pi} \int\limits_V \frac{\Delta\varphi}{r} \, \mathrm{d}V \,. \quad (18.200)$$

Setzen man nun die gegebenen Werte für $\Delta\varphi = -\varrho(x,y,z)/\varepsilon$ ein, so gilt mit Gl. (18.182) für die gesuchten Potenzialwerte in einem beliebigen Punkt $P(x,y,z)$:

$$\varphi(x,y,z) = \frac{1}{4\pi\varepsilon} \iiint\limits_V \frac{\varrho(x,y,z)}{\sqrt{(\xi-x)^2+(\eta-y)^2+(\varrho-z)^2}} \, \mathrm{d}\xi \, \mathrm{d}\eta \, \mathrm{d}\varrho \,. \quad (18.201)$$

Die Lösung der Poissonschen Differenzialgleichung, falls eine existiert, und die sich im Unendlichen in der beschriebenen Weise verhält, ist hierdurch gegeben.

Damit diese Lösung im Unendlichen mit $1/R^\gamma$ gegen Null strebt, ist es notwendig, dass sich $\varrho(x,y,z)$ bei steigendem R mit $1/R^{\gamma+2}$ (γ - positive reelle Zahl) dem Wert Null annähert.

18.1.3 Behandlung von elektrostatischen Feldern mit konformen Abbildungen

Analytische Funktionen und die Cauchy-Riemannschen Differenzialgleichungen

Diese Methode bietet die Möglichkeit, zu einer gegebenen oder gewählten komplexen Funktion den Feldverlauf und so auch diejenigen Elektrodenformen zu bestimmen, die dieses Feld hervorrufen. Die mathematische Grundlage bilden die analytischen Funktionen. Sollte in einem ebenen Gebiet ein ganz bestimmter Feldverlauf gefordert sein, dann ist man gezwungen, aus mehreren analytischen Funktionen diejenige auszuwählen, die den gesuchten Verlauf am besten annähert.

Die konformen Abbildungen als Bestandteil der Theorie komplexer Funktionen ([6], S. 558) wird hier zur Behandlung von Randwertaufgaben herangezogen. Wie anschließend bewiesen wird, verändert sich die analytische Funktion in Abhängigkeit von zwei Variablen, so dass demzufolge nur ebene Feldprobleme zu behandeln sind. Weiterhin wird die Raumladungsfreiheit ($\varrho = 0$) im zu untersuchenden Gebiet gefordert. Unseren Berechnungen liegt deshalb die zweidimensionale Laplace-Gleichung zugrunde.

Als Erstes ist eine notwendige und hinreichende Bedingung zu finden, um jene komplexen Funktionen herauszufinden, deren Real- bzw. deren Imaginärteil einzeln die Laplace-Gleichung erfüllen. Darüber hinaus müssen diese komplexen Funktionen zwischen der Darstellung in der x-y-Ebene und der u-v-Ebene:

$$\underline{w} = u + \mathrm{j}v = f(\underline{z}) = f(x + jy) \tag{18.202}$$

eineindeutige Zuordnung besitzen. Die Variable:

$$\underline{z} = x + \mathrm{j}y \tag{18.203}$$

stellt in diesem Zusammenhang eine komplexe Zahl und nicht die dritte Raumvariable bei reellen Funktionen dar.

Die Theorie der komplexen Funktion besagt: Wenn der Ausdruck:

$$\frac{\mathrm{d}\underline{w}}{d\underline{z}} = \lim_{\Delta\underline{z}\to 0} \frac{f(\underline{z} + \Delta\underline{z}) - f(\underline{z})}{\Delta\underline{z}} = f'(\underline{z}) \tag{18.204}$$

einen bestimmten endlichen Grenzwert besitzt, unabhängig davon, auf welche Weise $\Delta\underline{z}$ gegen Null strebt, dann muss er für $\Delta\underline{z} = \Delta x$ bzw. $\Delta\underline{z} = \mathrm{j}\Delta y$ dasselbe Ergebnis nach sich ziehen.

Eben diese Forderung, dass der Wert des Differenzialquotienten von der Richtung unabhängig bleibt, während der Betrag von $\Delta\underline{z}$ gegen Null strebt, bestimmt die Beziehung zwischen dem reellen und dem imaginären Teil der komplexen Funktion $\underline{w}$. Diese Beziehung ist die Voraussetzung zur Lösung elektrostatischer Randwertprobleme in der Ebene.

Man nähert sich zuerst dem Punkt, in dem der Wert des Differenzialquotienten nach Gl. (18.204) bestimmt werden soll, parallel zur reellen Achse. Dafür gilt:

$$\begin{aligned} f'(\underline{z}) &= \lim_{\Delta x \to 0} \frac{f(\underline{z}+\Delta x) - f(\underline{z})}{\Delta x} \\ &= \lim_{\Delta x \to 0} \left[\frac{u(x+\Delta x, y) - u(x,y)}{\Delta x} + \mathrm{j} \frac{v(x+\Delta x, y) - v(x,y)}{\Delta x} \right] \\ &= \frac{\partial u}{\partial x} + \mathrm{j} \frac{\partial v}{\partial x} \; . \end{aligned} \tag{18.205}$$

Nähert man sich demselben Punkt nun parallel zur imaginären Achse, dann gilt $\Delta \underline{z} = \mathrm{j}\Delta y$ und demzufolge:

$$\begin{aligned} f'(\underline{z}) &= \lim_{\Delta y \to 0} \frac{f(\underline{z}+\Delta y) - f(\underline{z})}{\mathrm{j}\Delta y} \\ &= \lim_{\Delta y \to 0} \left[\frac{u(x, y+\Delta y) - u(x,y)}{\mathrm{j}\Delta y} + \mathrm{j} \frac{v(x, y+\Delta y) - v(x,y)}{\mathrm{j}\Delta y} \right] \\ &= -\mathrm{j} \frac{\partial u}{\partial y} + \frac{\partial v}{\partial y} \; . \end{aligned} \tag{18.206}$$

Wegen der Annahme der Wegunabhängigkeit bei der Bildung des Differenzialquotienten sind beide Werte gleich, woraus sich die Relation:

$$\frac{\partial u}{\partial x} + \mathrm{j} \frac{\partial v}{\partial x} = -\mathrm{j} \frac{\partial u}{\partial y} + \frac{\partial v}{\partial y} \tag{18.207}$$

herleitet. Zwei komplexe Zahlen sind nur dann gleich, wenn sowohl deren Real- als auch deren Imaginärteile gleich sind:

$$\frac{\partial u}{\partial x} = \frac{\partial v}{\partial y} \; ; \qquad \frac{\partial v}{\partial x} = -\frac{\partial u}{\partial y} \; . \tag{18.208}$$

Diese Beziehungen heißen Cauchy-Riemannsche Differenzialgleichungen (Bedingungen) und sind notwendig für die Existenz eines Differenzialquotienten der Funktion in einem gegebenen Punkt.

Anmerkung:
Umgekehrt kann hergeleitet werden, dass der Differenzialquotient existiert, wenn der reelle und der imaginäre Teil der Funktion $\underline{w} = f(\underline{z})$ die Cauchy-Riemannschen Bedingungen nach Gl. (18.208) erfüllen. Damit sind diese Bedingungen sowohl notwendig als auch hinreichend für die Existenz der ersten Ableitung einer komplexen Funktion.

Aus Gl. (18.208) folgen durch die Bildung der zweiten Ableitung nach x:

$$\frac{\partial^2 u}{\partial x^2} = \frac{\partial^2 v}{\partial x \partial y} \; ; \qquad \frac{\partial^2 v}{\partial x \partial y} = -\frac{\partial^2 u}{\partial y^2} \tag{18.209}$$

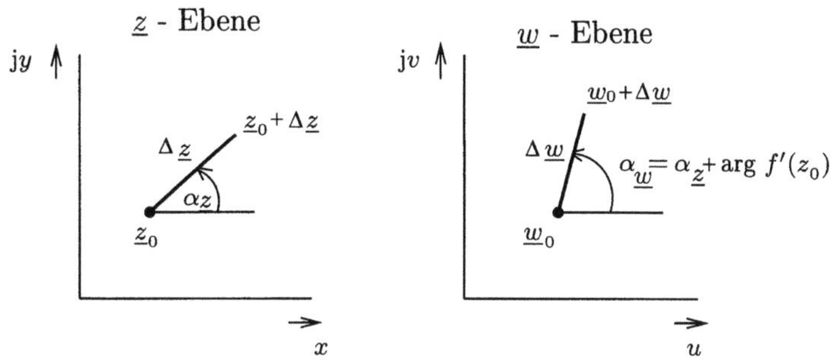

Bild 18.13: Abbildung zweier benachbarter Punkte

und somit nach der Addition beider:

$$\frac{\partial^2 u}{\partial x^2} + \frac{\partial^2 u}{\partial y^2} = 0 \, , \tag{18.210}$$

und über die Bildung der zweiten Ableitung nach y und Addition der daraus folgenden Funktionen:

$$\frac{\partial^2 v}{\partial x^2} + \frac{\partial^2 v}{\partial y^2} = 0 \, . \tag{18.211}$$

Zusammengefasst gilt, dass sowohl der Realteil als auch der Imaginärteil einer beliebigen regulären (analytischen) Funktion einzeln die Laplace-Gleichung erfüllen.

Aus der Sicht der Berechnungsmethoden der Elektrotechnik bedeutet dies, dass das Potenzial eines zweidimensionalen Potenzialfeldes durch den Realteil oder mittels Imaginärteil einer analytischen Funktion mathematisch bestimmt werden kann.

Abbildungen durch Funktionen einer komplexen Veränderlichen

Mit der Gl. (18.202) wird einem Punkt der $\underline{z}$-Ebene ein Punkt der $\underline{w}$-Ebene zugeordnet oder anders ausgedrückt, die $\underline{z}$-Ebene wird durch die komplexe Funktion $\underline{w} = f(\underline{z})$ in die $\underline{w}$-Ebene abgebildet. Legt man diesen Abbildungen analytische Funktionen zugrunde, so lassen sich besondere Eigenschaften herleiten. Es wird nun gezeigt, dass solche Abbildungen ähnlich in kleinen Teilen und winkeltreu sind.

Wegen Gl. (18.204) kann man nun zu einer Näherung zur Differenzendarstellung:

$$\frac{\Delta \underline{w}}{\Delta \underline{z}} = \frac{f(\underline{z}_0 + \Delta \underline{z}) - f(\underline{z}_0)}{\Delta \underline{z}} \approx f'(\underline{z}_0) \, , \qquad \Delta \underline{w} \approx f'(\underline{z}_0) \, \Delta \underline{z} \tag{18.212}$$

übergehen. Die geometrische Interpretation gibt das Bild 18.13 wieder. Der Punkt $\underline{z}_0$ wird auf den Punkt $\underline{w}_0$ und der Punkt $\underline{z}_0 + \Delta \underline{z}$ auf den Punkt $\underline{w}_0 + \Delta \underline{w}$ abgebildet. Da hier mit komplexen Zahlen gerechnet wird, ergibt sich die neue komplexe Zahl durch Multiplikation der beiden Absolutwerte und deren neues Argument durch Addition der beiden Argumente. Der Wert des Differenzialquotienten sei in einem Punkt $\underline{z}_0$ bekannt. Dann bestimmt dieser die Länge und den Neigungswinkel der Verschiebung $\Delta \underline{w}$ im

Punkt $\underline{w}_0$, was einer kleinen Verschiebung $\Delta\underline{z}$ entspricht. Der Differenzialquotient gibt demzufolge an, wie ein Linienelement $\Delta\underline{z}$ zu strecken (oder zu stauchen) und zu drehen ist.

Nun sollen nach Bild 18.14 zwei Kurven im Punkt $\underline{z}_0$ zusammentreffen. Der durch ihre Tangente eingeschlossenen Winkel sei β. Über die analytische differenzierbare Funktion $\underline{w} = f(\underline{z})$ wird auf die $\underline{w}$-Ebene abgebildet. Die beiden Kurven der $\underline{z}$-Ebene entsprechen dann zwei Kurven in der $\underline{w}$-Ebene. Die Kurven der $\underline{w}$-Ebene schneiden sich im korrespondierenden Punkt $\underline{w}_0$. Da es sich um ein und dieselbe Funktion handelt, existiert in $\underline{z}_0$ nur ein Differenzialquotient, so dass wegen Gl. (18.212) die Linienelemente beider Kurven um den gleichen Wert gestreckt (gestaucht) und wegen der Addition der Argumente um den gleichen Winkel gedreht werden. Das bedeutet, die Längenverhältnisse der zwei Kurvenstücke und der von ihnen eingeschlossene Winkel bleiben erhalten.

Die in kleinsten Teilen ähnliche und winkeltreue Abbildung eines Bereiches heißt konforme Abbildung. Die reguläre Funktion $\underline{w} = f(\underline{z})$ bildet sämtliche Bereiche der $\underline{z}$-Ebene, in denen der Differenzialquotient verschieden von Null ist, auf die $\underline{w}$-Ebene konform ab.

In der Tat gilt für die differenziellen Beziehungen in der $\underline{z}$-Ebene für ein Linienelement $\mathrm{d}\underline{z}$:

$$\mathrm{d}\underline{z} = \mathrm{d}x + \mathrm{j}\,\mathrm{d}y = \mathrm{d}S_z\,\mathrm{e}^{\mathrm{j}\,\delta} \tag{18.213}$$

und für ein Linienelement $\mathrm{d}\underline{w}$ in der $\underline{w}$-Ebene die Beziehung:

$$\mathrm{d}\underline{w} = \mathrm{d}u + \mathrm{j}\,\mathrm{d}v = \mathrm{d}S_w\,\mathrm{e}^{\mathrm{j}\,\vartheta} \; . \tag{18.214}$$

Bezieht man sich auf einen Punkt P_z der $\underline{z}$-Ebene, in dem sich zwei Kurven schneiden, so gelten:

$$\mathrm{d}z_1 = \mathrm{d}x_1 + \mathrm{j}\,\mathrm{d}y_1 = \mathrm{d}S_{z_1}\,\mathrm{e}^{\mathrm{j}\,\delta_1} \;, \qquad \mathrm{d}z_2 = \mathrm{d}x_2 + \mathrm{j}\,\mathrm{d}y_2 = \mathrm{d}S_{z_2}\,\mathrm{e}^{\mathrm{j}\,\delta_2} \; . \tag{18.215}$$

Ebenso gelten, übertragen in die $\underline{w}$-Ebene:

$$\mathrm{d}w_1 = \mathrm{d}u_1 + \mathrm{j}\,\mathrm{d}v_1 = \mathrm{d}S_{w_1}\,\mathrm{e}^{\mathrm{j}\,\vartheta_1} \;, \qquad \mathrm{d}w_2 = \mathrm{d}u_2 + \mathrm{j}\,\mathrm{d}v_2 = \mathrm{d}S_{w_2}\,\mathrm{e}^{\mathrm{j}\,\vartheta_2} \; . \tag{18.216}$$

Wegen der Gültigkeit von:

$$\mathrm{d}\underline{w} = f'(\underline{z})\mathrm{d}\underline{z} \;, \qquad f'(\underline{z}) \neq 0 \tag{18.217}$$

folgt:

$$\mathrm{d}S_{w_1}\,\mathrm{e}^{\mathrm{j}\,\vartheta_1} = f'(\underline{z})\,\mathrm{d}S_{z_1}\,\mathrm{e}^{\mathrm{j}\,\delta_1} \;, \qquad \mathrm{d}S_{w_2}\,\mathrm{e}^{\mathrm{j}\,\vartheta_2} = f'(\underline{z})\,\mathrm{d}S_{z_2}\,\mathrm{e}^{\mathrm{j}\,\delta_2} \; . \tag{18.218}$$

Aus dem Vergleich der Beträge erhalten wir:

$$\mathrm{d}S_{w_1} = |f'(\underline{z})|\,\mathrm{d}S_{z_1} \;, \qquad \mathrm{d}S_{w_2} = |f'(\underline{z})|\,\mathrm{d}S_{z_2} \tag{18.219}$$

und so nach der Division ($f'(\underline{z})$ hängt nur von P_z jedoch nicht von der Wahl des Differenzials $\mathrm{d}\underline{z}$ ab) beider:

$$\frac{\mathrm{d}S_{w_1}}{\mathrm{d}S_{w_2}} = \frac{\mathrm{d}S_{z_1}}{\mathrm{d}S_{z_2}} \; . \tag{18.220}$$

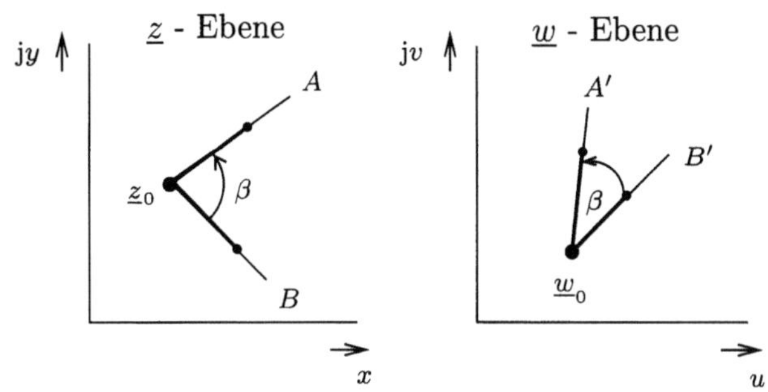

Bild 18.14: Abbildung sich schneidender Kurvenstücke

Aus Gl. (18.208) geht für die Winkel die Relation:

$$\vartheta_1 = \delta_1 + \arg f'(\underline{z}) \;, \qquad \vartheta_2 = \delta_2 + \arg f'(\underline{z}) \tag{18.221}$$

oder nach deren Subtraktion:

$$\vartheta_1 - \vartheta_2 = \delta_1 - \delta_2 \;. \tag{18.222}$$

hervor.

Diese Ergebnisse nutzt man in der Elektrotechnik zur Darstellung und Berechnung von elektrostatischen Feldern in ebenen Gebieten bei Abwesenheit von elektrischen Ladungen in dem zu untersuchenden Gebiet. Dort gilt die zweidimensionale Laplace-Gleichung. Aus elektrotechnischen Gründen sind in der $\underline{w}$-Ebene die Kurvenscharen $u = \text{const.}$ und $v = \text{const.}$ von besonderer Bedeutung. Beide Kurvenscharen bestehen aus senkrecht aufeinander stehenden Geraden. Die Abbildung dieser in die $\underline{z}$-Ebene hat dann zwei andere Kurvenscharen zur Folge, die sich auch unter einem rechten Winkel schneiden.

Ordnet man nun der Funktion $u(x, y) = \text{const.}$ das skalare elektrische Potenzial zu, dann stellen diese Kurvenscharen in der $\underline{w}$-Ebene die Äquipotenziallinien dar. Das gilt übertragen auch in der $\underline{z}$-Ebene. Die Kurvenscharen der Funktionen $v(x, y) = \text{const.}$ schneiden an jeder Stelle die Äquipotenziallinien senkrecht und führen demzufolge auf die Linien der elektrischen Feldstärke (bzw. der Verschiebungslinien). Analytisch gilt dann für die elektrische Feldstärke in kartesischen Koordinaten mit $v(x, y)$ als Potenzial:

$$\boldsymbol{E} = -\operatorname{grad}\; u(x,y) = -\left(\frac{\partial u}{\partial x}\boldsymbol{e}_x + \frac{\partial u}{\partial y}\boldsymbol{e}_y\right) = E_x\boldsymbol{e}_x + E_y\boldsymbol{e}_y \;. \tag{18.223}$$

Drückt ma nun die elektrische Feldstärke durch eine komplexe Größe aus, deren Real- bzw. deren Imaginärteil gleich der E_x- bzw. E_y-Komponente derselben sind, dann gilt:

$$E_x + \mathrm{j}E_y = -\left(\frac{\partial u}{\partial x} + \mathrm{j}\frac{\partial u}{\partial y}\right) \;. \tag{18.224}$$

Das bedeutet, ist das Potenzial in allen Punkten der $\underline{w}$-Ebene bekannt, dann liegen die Beziehungen der elektrischen Feldstärke in der Form:

$$E_x = -\frac{\partial u}{\partial x}, \qquad E_y = -\frac{\partial u}{\partial y} \tag{18.225}$$

vor. Den Betrag der elektrischen Feldstärke errechnet man aus:

$$E = \sqrt{E_x^2 + E_y^2} = \sqrt{\left(\frac{\partial u}{\partial x}\right)^2 + \left(\frac{\partial u}{\partial y}\right)^2} . \tag{18.226}$$

Mit der Folgerung:

$$\left(\frac{\partial u}{\partial y}\right)^2 = \left(\frac{\partial v}{\partial x}\right)^2 \tag{18.227}$$

aus den Cauchy-Riemannschen Differenzialgleichungen nach Gl. (18.208) erhält ma unter Beachtung von Gl. (18.205):

$$E = \sqrt{\left(\frac{\partial u}{\partial x}\right)^2 + \left(\frac{\partial v}{\partial x}\right)^2} = \left|\frac{\partial u}{\partial x} + \mathrm{j}\frac{\partial v}{\partial x}\right| = |f'(\underline{z})| . \tag{18.228}$$

Bei komplizierten Feldverläufen entspricht die Bestimmung einer Abbildungsfunktion $\underline{w} = f(\underline{z})$, deren Real- und Imaginärteil eine vorgegebene Randbedingung erfüllen, einer schwierigen Aufgabe (die wie später gezeigt wird, für einige Elektrodenformen durch den Satz von Schwarz-Christoffel gelöst werden kann). Einfacher ist es, jene Felder zu untersuchen, die durch einfache Abbildungsfunktionen dargestellt werden.

Anwendung der Methode

Das Vorgehen bei dieser Methode vollzieht sich so, dass für verschiedene Abbildungsfunktionen die zugehörige physikalische (hier elektrostatische) Aufgabe gesucht wird. Im praktischen Gebrauch wählt man aus der Vielzahl von Lösungen dann diejenige aus, die der Problemstellung am besten entspricht. Die komplexe Funktion muss in der $\underline{z}$-Ebene in den Real- und Imaginärteil aufgespaltet werden. Dann setzt man $u(x, y) = \text{const.}, v(x, y) = \text{const.}$ (Plattenkondensator) und gelangt zu den Gleichungen für die Kurvenscharen in der $\underline{z}$-Ebene. Die jeweiligen Kurvenscharen können dann entweder als Äquipotenziallinien oder als Feldlinien interpretiert werden. Der Feldverlauf mit den dazugehörigen Elektrodenformen liegt dann vor.

Beispiel 5:
Berechnung des Feldverlaufes an einer rechtwinkligen Elektrode

Diesen Feldverlauf gewinnt man aus der Abbildungsfunktion:

$$\underline{w} = f(\underline{z}) = \underline{z}^2 \tag{18.229}$$

Mit den bekannten Größen in beiden Ebenen folgt:

$$\underline{w} = u + jv = (x + \mathrm{j}y)^2 = x^2 - y^2 + 2jxy \; . \tag{18.230}$$

Die beiden Kurvenscharen besitzen dann die analytischen Ausdrücke:

$$u = x^2 - y^2 \; ; \qquad v = 2xy \; . \tag{18.231}$$

Um nachzuweisen, dass unsere Abbildungsfunktion einer komplexen Veränderlichen auch eine analytische Funktion ist, werden die Cauchy-Riemannschen Bedingungen nach Gl. (18.208) herangezogen. Diese notwendigen und hinreichenden Bedingungen sichern auch die Existenz einer ersten Ableitung ab.

Wegen Gl. (18.208) gilt mit Gl. (18.231):

$$\frac{\partial u}{\partial x} = 2x = \frac{\partial v}{\partial y} = 2x \; ; \qquad \frac{\partial v}{\partial x} = 2y = -\frac{\partial u}{\partial y} = -2y \; . \tag{18.232}$$

Die Cauchy-Riemannschen Bedingungen sind damit erfüllt und die Abbildungsfunktion $\underline{w} = \underline{z}^2$ ist analytisch. Es existiert eine erste Ableitung. Der Real- bzw. Imaginärteil der analytischen Funktion erfüllen wegen Gl. (18.210) bzw. Gl. (18.211) einzeln die zweidimensionale Laplace-Gleichung. Im betrachteten Raumgebiet dürfen sich deshalb keine Raumladungen befinden.

Die geometrische Interpretation der Gl. (18.231) ergibt, dass diese Funktion die Hyperbeln $x^2 - y^2 = \text{const.}$ in der $\underline{z}$-Ebene auf die parallelen Geraden $u = \text{const.}$ in der $\underline{w}$-Ebene und die Hyperbeln $2xy = \text{const.}$ der $\underline{z}$-Ebene auf die parallelen Geraden $v = \text{const.}$ in der $\underline{w}$-Ebene abbildet. Weiterhin gilt für den Differenzialquotienten:

$$\frac{\mathrm{d}\underline{w}}{d\underline{z}} = 2z \; . \tag{18.233}$$

Hieraus folgt, dass die Abbildung von der $\underline{z}$- in die $\underline{w}$-Ebene mit Ausnahme des Punktes $\underline{z} - x + jy - 0$ überall konform ist, weil der Betrag derselben verschieden von Null ist. Die beiden Hyperbelscharen stehen senkrecht aufeinander.

Jetzt ist zu entscheiden, welche Kurvenschar den Potenziallinien und welche den Feldlinien zugeordnet wird. Es wird als Potenzialfunktion der Imaginärteil der Abbildungsfunktion gewählen. Das skalare elektrische Potenzial ist somit durch die Potenzialfunktion:

$$v = 2xy \tag{18.234}$$

gegeben. Mit dieser Abbildungsfunktion löst man die Probleme bei denen die Grundkurve (in der Ebene) eine durch die Gleichung $2xy = v_0$ charakterisierte Hyperbel darstellt. Da den Geraden $v = 0$, d.h. der u-Achse, die positiven Teile der x- und y-Achse entsprechen, führt diese Abbildung auf das elektrische Feldbild einer Elektrode gegenüber einer Hyperbelelektrode oder einer unendlich entfernten Ebene.

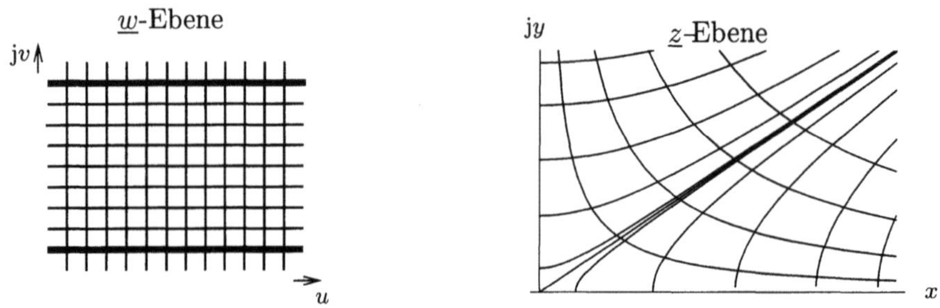

Bild 18.15: Äquipotenzial- und Feldlinien für analytische Abbildungsfunktion $\underline{w} = f(\underline{z}) = \underline{z}^2$

Die Koordinaten der elektrischen Feldstärke berechnen sich über (18.225) mit (18.234), wobei wegen der Wahl der Potenzialfunktion in (18.225) an die Stelle von u die Variable v einzusetzen ist. Es gilt $\boldsymbol{E} = -\operatorname{grad}\, v$:

$$E_x = -\frac{\partial v}{\partial x} = -2y\ ; \qquad E_y = -\frac{\partial v}{\partial y} = -2x\ . \tag{18.235}$$

Für den Betrag der elektrischen Feldstärke berechnen wir:

$$E^2 = E_x^2 + E_y^2 = 4(x^2 + y^2)\ . \tag{18.236}$$

Die geometrischen Verhältnisse sind im Bild 18.15 wiedergegeben.

Die elektrische Feldstärke nimmt in x- bzw. y-Richtung ständig zu und verläuft bei großen x-Werten in der Nähe der x-Achse parallel zur y-Achse und bei großen y-Werten in der Nähe der y-Achse parallel zur x-Achse.

Denkt man sich dieses ebene Feldbild senkrecht zur Ebene in den dreidimensionalen Raum ausgebreitet, dann entsteht ein Elektrodengebilde mit gleichen Potenzial- und Feldstärkewerten im Inneren unabhängig von der Höhe derselben. □

Beispiel 6:
Abbildung des elektrostatischen Feldes einer sehr langen Linienladung

Zu bestimmen sei das Feldbild zur Funktion:

$$\underline{w} = \ln\, \underline{z} = \ln\,(x + \mathrm{j}y). \tag{18.237}$$

Für die Trennung dieser Funktion in den Real- und in den Imaginärteil empfiehlt sich die Polarform:

$$\underline{z} = r\ \mathrm{e}^{\mathrm{j}\vartheta}\ , \qquad r = \sqrt{x^2 + y^2}\ , \qquad \vartheta = \arctan\frac{y}{x}\ . \tag{18.238}$$

Damit folgen durch Einsetzen:

$$\begin{aligned} \underline{w} &= u + \mathrm{j}v = \ln\,(r\ \mathrm{e}^{\mathrm{j}\vartheta}) = \ln\ r + \mathrm{j}\vartheta \\ u &= \ln\ r = \ln\ \sqrt{x^2 + y^2}\ , \qquad v = \vartheta = \arctan\frac{y}{x}\ . \end{aligned} \tag{18.239}$$

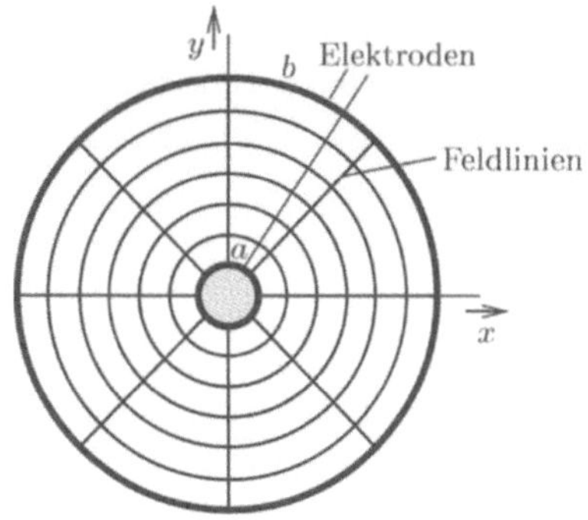

Bild 18.16: Feldbild zur analytischen Funktion $\underline{w} = \ln \underline{z}$, (u ist Potenzialfunktion)

Nun schließt sich die Überprüfung hinsichtlich des Vorhandenseins einer analytischen Funktion an. Die Cauchy-Riemannschen Bedingungen nach Gl. (18.208) führen auf die Rechenergebnisse:

$$\begin{aligned} \frac{\partial u}{\partial x} &= \frac{x}{x^2+y^2} = \frac{\partial v}{\partial y} = \frac{\frac{1}{x}}{1+\frac{y^2}{x^2}} = \frac{x}{x^2+y^2} \\ \frac{\partial u}{\partial y} &= \frac{y}{x^2+y^2} = -\frac{\partial v}{\partial y} = \frac{(-1)(-y)x^{-2}}{1+\frac{y^2}{x^2}} = \frac{y}{x^2+y^2} . \end{aligned} \quad (18.240)$$

Die Funktion $\underline{w} = \ln \underline{z}$ ist eine analytische Funktion. Für $u(x, y) = \text{const.}$ erhält man die Gleichungen der Äquipotenziallinien aus Gl. (18.239) zu:

$$x^2 + y^2 = \mathrm{e}^{2u} = r^2 . \quad (18.241)$$

Die geometrische Interpretation liefert konzentrische Kreise mit dem Radius $r = e^u$. Die Kurvenverläufe der Feldlinien gehen aus $v(x, y) = \text{const.}$ hervor und haben die Form:

$$y = x \tan v . \quad (18.242)$$

Diese Gleichungen stellen strahlenförmig vom Zentrum der Kreise ausgehende Geraden dar. Das dazugehörige Feldbild - Feld einer sehr langen Linienladung - enthält im Querschnitt das Bild 18.16.

Belegt man die mit a bzw. b bezeichneten im $\mathbb{R}^3$ gedachten Zylinder mit Metallfolien, dann liegt das Feldbild zweier konzentrischer Zylinder vor.

Im einem zweiten Fall wird im Bild 18.17 für die Gleichung der Äquipotenziallinien die Funktionen nach Gl. (18.239) $v(x, y) = \text{const.}$ gewählt:

$$v = \varphi(x, y) = \arctan \frac{y}{x} . \quad (18.243)$$

Die Äquipotenziallinien stellen so vom Zentrum ausgehende Geraden (im $\mathbb{R}^3$ Ebenen) dar. Die Feldlinien $u(x,y) = \text{const.}$ sind jetzt Kreise. Es liegt das Feldbild zweier eng beieinander liegender isolierter ebener Platten mit verschiedenen Potenzialen vor. Ein solches Feldbild findet man am Rand eines Kondensators vor.

□

Beispiel 7:
Feldbild am Rande eines ausgedehnten Plattenkondensators

Die analytische Funktion:

$$\underline{z} = \underline{w} + \mathrm{e}^{\underline{w}} \tag{18.244}$$

führt durch Einsetzen auf:

$$x + \mathrm{j}y = u + \mathrm{j}v + \mathrm{e}^u(\cos v + \mathrm{j}\sin v) \tag{18.245}$$

und demzufolge auf den Real- und den Imaginärteil:

$$\mathrm{Re}(\underline{z}) = x = u + \mathrm{e}^u \cos v \ , \qquad \mathrm{Im}(\underline{z}) = y = v + \mathrm{e}^u \sin v \ . \tag{18.246}$$

Für die Werte $v = \pm\pi$ folgen:

$$x = u - e^u \ , \qquad y = \pm\pi \ . \tag{18.247}$$

Die Gerade $v = \pm\pi$ der $\underline{w}$-Ebene wird in die Gerade in der $\underline{z}$-Ebene $y = \pm\pi$ im Wertebereich $-\infty < x \leqq -1$ abgebildet. Für den speziellen Wert $v = 0$ gelten:

$$x = u + e^u \ , \qquad y = 0 \tag{18.248}$$

mit der x-Achse als Symmetrieachse. Bei $v(x,y) = \text{const.}$ als Äquipotenziallinien und $u(x,y) = \text{const.}$ als Feldlinien liegt das Feld am Rande eines Plattenkondensators großer Ausdehnung vor. Auf ein Feldbild wird hier verzichtet, da diese elektrische Anordnung als Beispiel zum Satz von Schwarz-Christoffel nochmals behandelt wird.

Anmerkung:
Bei allen vorgestellten Beispielen ist eine komplexe Funktion gegeben gewesen und das dazugehörige Feldbild wurde gesucht. D.h., nach der Zuordnung des Real- und Imaginärteils zu den Potenzial- bzw. zu den Feldlinien und umgekehrt, kann aus dem Verlauf der Kurvenscharen auf die elektrotechnischen Konfigurationen geschlossen werden.

Im folgenden soll für bestimmte gegebene Elektrodenformen die das Feldbild beschreibende analytische Funktion berechnet werden. Diese Methode geht anders als bei der Methode der konformen Abbildungen von der Elektrodenform aus und gelangt über eine Integraldarstellung zur analytischen Funktion. □

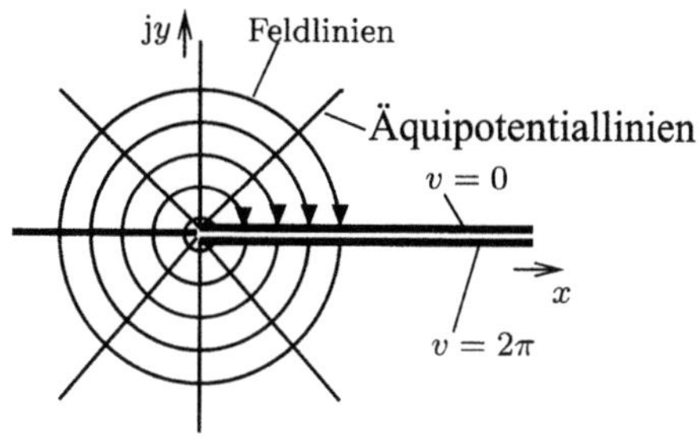

Bild 18.17: Feldbild zweier eng beieinander liegender isolierter ebener Platten (v ist Potenzialfunktion)

18.1.4 Der Satz von Schwarz-Christoffel

Herleitung des Satzes

Der Lösungsansatz für diese Aufgabe beruht auf dem Satz von Schwarz-Christoffel (auch Schwarz-Christoffelscher Abbildungssatz genannt). Das mit den Elektroden gegebene Gebiet (und damit das auszubildende Feld) wird zu diesem Zweck konform auf eine einfachere Feldform, z. B. auf die eines unbegrenzten Plattenkondensators abgebildet. Man beschränkt sich dabei auf die Abbildung eines Gebietes der $\underline{z}$-Ebene auf die obere Halbebene der $\underline{w}$-Ebene und nähert die Elektrode durch einen Polygonzug an. Zuletzt soll mit dieser Methode der Satz von Schwarz-Christoffel hergeleitet werden.

Anmerkung:
Gelangt man mit einer Abbildung einer gegebenen Elektrodenform nicht zum Feldbild eines unbegrenzten Plattenkondensators, dann muss in einer zweiten (bzw. mehrfachen) Abbildung selbige zum Plattenkondensator vollzogen werden.

Zur Erklärung dieser Methode wird Schritt für Schritt vorgegangen. Zuerst überführt man eine unendliche Gerade z. B. die reelle u-Achse der $\underline{w}$-Ebene in einen Polygonzug der $\underline{z}$-Ebene (Bild 18.18). Die Abbildungsfunktion:

$$\underline{z} = \underline{w}^{\frac{3}{2}} \tag{18.249}$$

hat für differenzielle Stücke die Form:

$$\mathrm{d}\underline{z} = \frac{3}{2}\underline{w}^{\frac{1}{2}}\mathrm{d}\underline{w} \ . \tag{18.250}$$

Eine Verschiebung $\mathrm{d}\underline{w}$ in der $\underline{w}$-Ebene hat eine Verschiebung $\mathrm{d}\underline{z}$ in der $\underline{z}$-Ebene zur Folge.

Aus der komplexen Abbildungsfunktion nach Gl. (18.250) leiten sich die Betragsbedingung:

$$|\mathrm{d}\underline{z}| = \frac{3}{2}|\underline{w}^{\frac{1}{2}}| \cdot |\mathrm{d}\underline{w}| \tag{18.251}$$

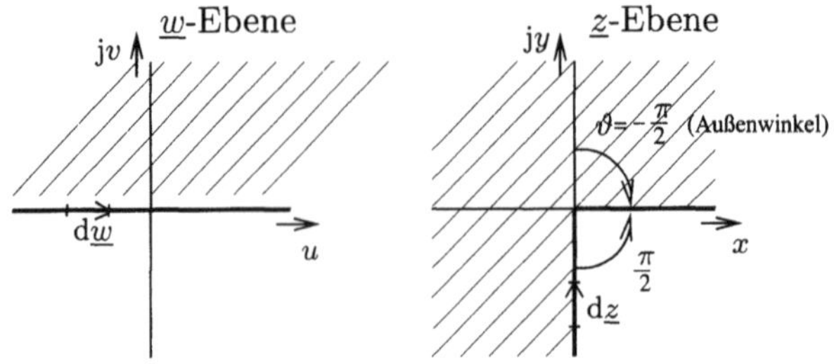

Bild 18.18: Abbildung der oberen $\underline{w}$-Ebene auf einen Teil der $\underline{z}$-Ebene durch die Abbildungsfunktion $\underline{z} = \underline{w}^{\frac{3}{2}}$

und die Winkelbeziehung:

$$\arg\ \mathrm{d}\underline{z} = \frac{1}{2} \arg\ \underline{w} + \arg\ \mathrm{d}\underline{w} \tag{18.252}$$

her. Da die obere Hälfte der $\underline{w}$-Ebene auf die $\underline{z}$-Ebene abgebildet werden soll, ist die Abbildung der reellen u-Achse von $-\infty$ nach $+\infty$ auf einen Polygonzug in der $\underline{z}$-Ebene zu untersuchen. Dieses Vorgehen enthält das Bild 18.18.

Dazu wird das infinitesimale Stück $\mathrm{d}\underline{w}$ auf der reellen u-Achse betrachtet, welches diese von $-\infty$ nach $+\infty$ durchläuft. Für den Winkel von $\mathrm{d}\underline{w}$ gilt $\arg\ \mathrm{d}\underline{w} = 0$. In dieser Abbildungsfunktion nach Gl. (18.250) geht neben der Verschiebung von $\mathrm{d}\underline{w}$ auch die Position auf $\underline{w}$ ein, an der sich $\mathrm{d}\underline{w}$ befindet. Auf der positiven Halbachse gilt für jedes $\arg\ \underline{w} = 0$ und auf der negativen u-Halbachse ist für jedes $\underline{w}$ der Winkel $\arg\ \underline{w} = \pi$. Das Stück $\mathrm{d}\underline{w}$ wird außerdem nach Gl. (18.251) in $\mathrm{d}\underline{z}$ gestreckt. Für die Winkelbeziehung erhält man mit Gl. (18.252):

$$\begin{aligned} u > 0 : &\qquad \arg\ \mathrm{d}\underline{z} = \frac{1}{2} \arg\ \underline{w} = 0 \\ u < 0 : &\qquad \arg\ \mathrm{d}\underline{z} = \frac{1}{2} \arg\ \underline{w} = \frac{\pi}{2}\ . \end{aligned} \tag{18.253}$$

Demzufolge wird die negative u-Achse bei der Abbildung in die $\underline{z}$-Ebene um $\pi/2$ oder um 90° mathematisch positiv gedreht, während die positive u-Achse in die positive x-Achse übergeht. Die Abbildungsfunktion nach Gl. (18.250) bildet somit die obere $\underline{w}$-Halbebene in den schraffierten Teil der $\underline{z}$-Ebene ab. Die Knickstelle befindet sich in der $\underline{z}$-Ebene im Koordinatenursprung und in der $\underline{w}$-Ebene da, wo die negative u-Halbebene in die positive u-Halbebene (das entspricht in der $\underline{w}$-Ebene in diesem Fall auch dem Koordinatenursprung) übergeht.

Die Verallgemeinerung dieser speziellen Ergebnisse ergibt die neue Abbildungsfunktion:

$$\underline{z} = \frac{\underline{w}^{\mu+1}}{\mu+1}\ , \qquad \mathrm{d}\underline{z} = \underline{w}^{\mu}\mathrm{d}\underline{z}\ , \qquad \arg\ \mathrm{d}\underline{z} = \mu\ \arg\ \underline{w} + \arg\ \mathrm{d}\underline{w}\ . \tag{18.254}$$

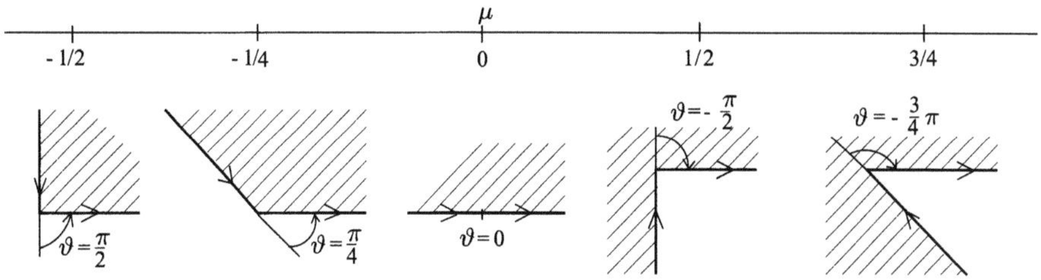

Bild 18.19: Abbildung der oberen $\underline{w}$-Ebene auf Gebiete der $\underline{z}$-Ebene mit verschiedenen μ. ϑ ist der Außenwinkel an der Knickstelle

Für verschiedene charakteristische μ zeigt das Bild 18.19 auf welches Gebiet der $\underline{z}$-Ebene die obere $\underline{w}$-Halbebene abgebildet wird. Die Knickstellen des Polygonzuges befinden sich an der Stelle, wo $|f(\underline{w})| = 0$ ist. Durch eine reelle Zahl u_1 lässt sich in der $\underline{w}$-Ebene eine Verschiebung aus dem Koordinatenursprung erreichen. Durch:

$$\mathrm{d}\underline{z} = (\underline{w} - u_1)^{\mu}\ \mathrm{d}\underline{w} \tag{18.255}$$

liegt die Knickstelle in der $\underline{z}$-Ebene an der Stelle u_1 auf der u-Achse. Um den Polygonzug in der $\underline{z}$-Ebene beliebig verdrehen, strecken und zusätzlich alles parallel verschieben zu können, geht man zur Abbildungsfunktion:

$$\mathrm{d}\underline{z} = \underline{A}(\underline{w} - u_1)^{\mu}\ \mathrm{d}\underline{w} \tag{18.256}$$

über. Die komplexe Zahl $\underline{A}$ verdreht und streckt $\mathrm{d}\underline{z}$ um $|\underline{A}|$, wie man nach der Aufspaltung in Betrag und Winkel sieht, weil die Beziehungen:

$$\begin{aligned} |\mathrm{d}\underline{z}| &= |\underline{A}| \cdot |(\underline{w} - u_1)^{\mu}| \cdot |\mathrm{d}\underline{w}| \\ \arg\ \mathrm{d}\underline{z} &= \arg\ \underline{A} + \mu\ \arg\ (\underline{w} - u_1) + \arg\ \mathrm{d}\underline{w} \end{aligned} \tag{18.257}$$

gelten. Die Integration von Gl. (18.256) liefert schließlich:

$$\underline{z} = \underline{A}\frac{(\underline{w} - u_1)^{\mu+1}}{\mu + 1} + \underline{B} \tag{18.258}$$

Die komplexe Zahl $\underline{B}$ verschiebt die gesamte Abbildung in der $\underline{z}$-Ebene parallel. Die Vorgänge an einer Knickstelle in der $\underline{z}$-Ebene veranschaulicht das Bild 18.20.

Es gibt drei unterschiedliche Fälle der Transformation in dieser Abbildung, wenn man sich in der $\underline{w}$-Ebene auf der reellen Achse befindet.

1. $\underline{w} = u_1$; $\mathrm{d}\underline{z} = 0$; $\underline{z} = \underline{B}$

   Die Knickstelle befindet sich in der $\underline{z}$-Ebene im durch die Wahl der komplexen Zahl $\underline{B}$ entsprechenden Punkt. Der Punkt $\underline{B}$ korrespondiert in der $\underline{w}$-Ebene mit dem Punkt $(u_1, 0)$.

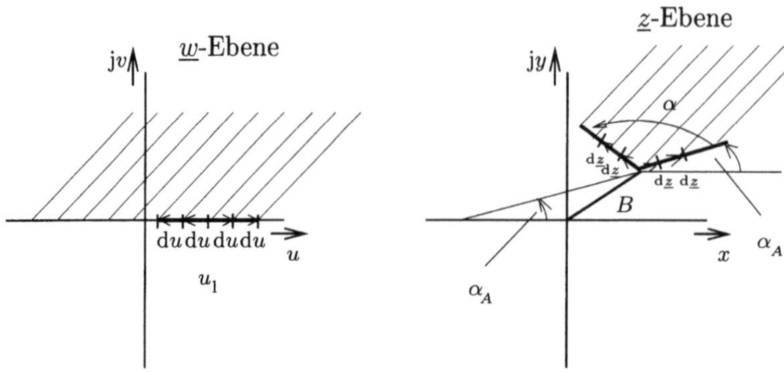

Bild 18.20: Drehstreckung und Parallelverschiebung durch die Abbildungsfunktion nach Gl. (18.258)

2. $\underline{w} = u;\ u > u_1;\ u - u_1 > 0$

   Rechts von u_1 gilt gemäß der Gl. (18.257):

$$\begin{aligned} |\mathrm{d}\underline{z}| &= |\underline{A}||u - u_1|^\mu |\mathrm{d}u| \\ \arg\ \mathrm{d}\underline{z} &= \arg \underline{A} + \mu \arg\ (u - u_1) + \arg\ \mathrm{d}u \end{aligned} \tag{18.259}$$

   oder für die Argumente $\arg(u - u_1) = 0, \arg\ \mathrm{d}u = 0$ eingesetzt folgt:

$$\arg\ \mathrm{d}\underline{z} = \arg \underline{A}\ , \tag{18.260}$$

   so dass eine Drehung von $\mathrm{d}\underline{z}$ in der $\underline{z}$-Ebene um den Winkel α_A gegenüber von $\mathrm{d}u$ in der $\underline{w}$-Ebene vorliegt.

3. $\underline{w} = u;\ u < u_1;\ \mathrm{d}\underline{w} = -\mathrm{d}u$

   Links von u_1 gilt:

$$\mathrm{d}\underline{z} = \underline{A}(u - u_1)^\mu(-\mathrm{d}u) = |\underline{A}|\, \mathrm{e}^{\mathrm{j}\alpha_A}(-1)^\mu(u_1 - u)^\mu(-1)\mathrm{d}u \tag{18.261}$$

   und für die Winkel erhält man (-1 bedeutet eine Drehung um $+\pi, \arg(u_1 - u) = 0$):

$$\alpha_{\mathrm{d}\underline{z}} = \alpha_A + \mu\pi + \pi = \alpha_A + \alpha = \text{const.} \tag{18.262}$$

   mit $\alpha = \pi(\mu + 1)$. α ist der Innenwinkel, um den, ausgehend von α_A, gedreht wird.

Gefordert war die Abbildung der oberen Halbebene auf ein durch einen Polygonzug begrenztes Gebiet der $\underline{z}$-Ebene. Dazu sind n Knickstellen erforderlich, die der Größe nach sortiert sind und mit den kleineren Werten beginnen und den Werten $u_1 < u_2 < \ldots < u_\gamma < \ldots < u_n$ entsprechen. Damit ist unsere Abbildungsfunktion nach Gl. (18.256) auf:

$$\mathrm{d}\underline{z} = \underline{A}(\underline{w} - u_1)^{\mu_1}(\underline{w} - u_2)^{\mu_2} \ldots (\underline{w} - u_n)^{\mu_n}\mathrm{d}\underline{w} \tag{18.263}$$

zu erweitern oder integriert geschrieben:

$$\underline{z} = \underline{A} \int (\underline{w} - u_1)^{\mu_1} (\underline{w} - u_2)^{\mu_2} \dots (\underline{w} - u_n)^{\mu_n} \mathrm{d}\underline{w} + \underline{B} \ , \tag{18.264}$$

wobei für die Innenwinkel die Beziehungen:

$$\alpha_\gamma = \pi(\mu_\gamma + 1) \ , \qquad \gamma = 1, \dots, n \tag{18.265}$$

Gültigkeit haben. Allgemein ist die Summe von Außen- und Innenwinkel an jeder Knickstelle gleich π, so dass für die Außenwinkel (siehe Bild 18.21):

$$\alpha_{\gamma_{\text{außen}}} = \pi - \alpha_\gamma = \pi - \pi(\mu_\gamma + 1) = -\mu_\gamma \pi \ . \tag{18.266}$$

gelten.

Zusammenfassend lautet der *Satz von Schwarz-Christoffel*:

Satz 18.1 *Es sei auf der reellen Achse der $\underline{w}$-Ebene die Folge der n reellen Zahlen $u_1 < u_2 < \dots < u_\gamma \dots < u_n$ gegeben. Dann bildet die Funktion:*

$$\underline{z} = \underline{A} \int_c^{\underline{w}} (\underline{w} - u_1)^{\mu_1} (\underline{w} - u_2)^{\mu_2} \dots (\underline{w} - u_\gamma)^{\mu_\gamma} \dots (\underline{w} - u_n)^{\mu_n} \mathrm{d}\underline{w} + \underline{B} \tag{18.267}$$

den oberen Teil der $\underline{w}$-Ebene auf ein durch Polygone begrenztes Gebiet der $\underline{z}$-Ebene ab, wobei dieses Gebiet den Punkt $\underline{z} = \infty$ als Innenpunkt nicht enthält. $\underline{A}$ und $\underline{B}$ sind wählbare komplexe Konstanten, die $\mu_1, \mu_2, \dots, \mu_n$ einstweilen keinen Einschränkungen unterliegende reelle Zahlen. Aus den Punkten $u_1, u_2, \dots, u_n$ auf der reellen u-Achse und gegebenfalls $\underline{w} = \infty$ ergeben sich die Eckpunkte $z_1, z_2, \dots, z_n$ des Polygonzuges. Zu jedem Eckpunkt gehört ein Außenwinkel $\alpha_{\gamma_{\text{außen}}} = -\mu_\gamma \pi$.

Für die μ_γ besteht noch eine Nebenbedingung. Denn aus der Geometrie folgt für die Summe der Außenwinkel eines geschlossenen Polygonzuges 2π oder 360°: Dadurch gilt für ihre Summe:

$$\sum_{\gamma=1}^{n} (-\mu_\gamma \pi) = -\sum_{\gamma=1}^{n} \mu_\gamma \pi = 2\pi \ , \tag{18.268}$$

was auf:

$$\sum_{\gamma=1}^{n} \mu_\gamma = -2 \tag{18.269}$$

führt.

Zur Berechnung elektrotechnischer Anwendungen ist es zweckmäßig, die μ_γ durch die Innenwinkel α_γ auszudrücken. Wegen der Gültigkeit von Gl. (18.266) geht aus:

$$-\mu_\gamma \pi + \alpha_\gamma = \pi \tag{18.270}$$

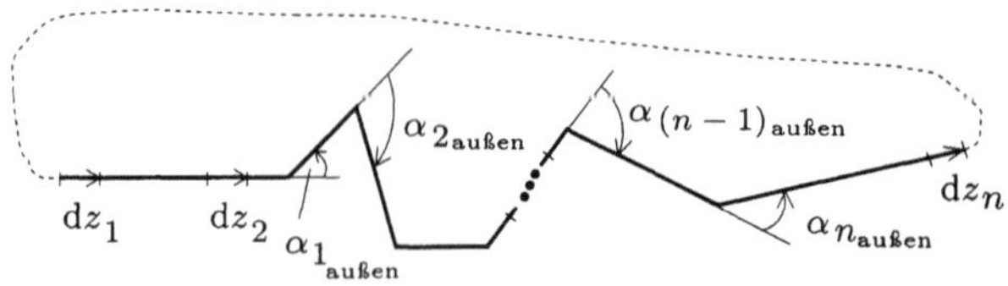

Bild 18.21: Darstellung zum Außenwinkel des unendlich fernen Punktes in der $\underline{z}$-Ebene

für die μ_γ der Ausdruck:

$$\mu_\gamma = \frac{\alpha_\gamma}{\pi} - 1 \tag{18.271}$$

hervor. Dies ist ein einfacher Zusammenhang zwischen den μ_γ und den Innenwinkeln an jeder Knickstelle des Polygonzuges. Die Gl. (18.267) nimmt damit die Form:

$$\underline{z} = \underline{A} \int\limits_c^{\underline{w}} (\underline{w} - u_1)^{\frac{\alpha_1}{\pi}-1} (\underline{w} - u_2)^{\frac{\alpha_2}{\pi}-1} \dots (\underline{w} - u_\gamma)^{\frac{\alpha_\gamma}{\pi}-1} \dots (\underline{w} - u_n)^{\frac{\alpha_n}{\pi}-1} \mathrm{d}\underline{w} + \underline{B} \tag{18.272}$$

an.

Eine besondere Bedeutung bei der Transformation von der $\underline{w}$- in die $\underline{z}$-Ebene nimmt der unendlich ferne Punkt ein. Er wird von einer Ebene in die andere Ebene abgebildet, ohne einen Beitrag in Gl. (18.246) zu liefern. Der Eckpunkt im Unendlichen besitzt den Außenwinkel:

$$\alpha_{\infty_{\text{außen}}} = 2\pi + \sum_{\gamma=1}^{n} \mu_\gamma \pi \ . \tag{18.273}$$

Denn der Polygonzug beginnt im Unendlichen, führt über die Geradenstücke nebst den Knickstellen und endet wieder im Unendlichen. Die Drehung des Linienelementes $\mathrm{d}z_2$ in dieselbe Richtung wie die von dz_1 erfordert 360° oder 2π (Bild 18.21). Ist im Sonderfall das Polygon in der $\underline{z}$-Ebene geschlossen, dann gilt Gl. (18.269) und aus Gl. (18.273) errechnet sich $\alpha_{\infty_{\text{außen}}} = 0$. Das bedeutet, für den unendlich fernen Punkt bleibt ein Winkel von Null übrig.

Vor der Berechnung von technischen Anwendungen sind noch Aussagen über die Anzahl der Konstanten zu treffen, denn ihre Bestimmung dient zur Anpassung an die vorhandenen Randbedingungen.

Die Anzahl der Konstanten in der $\underline{w}$-Ebene entnimmt man der Gl. (18.267):

n Konstanten wegen der μ_γ mit $\gamma = 1, \dots, n$,

n Konstanten infolge der zu wählenden u_γ $(\gamma = 1, \dots, n)$,

2 Konstanten in der komplexen Zahl $\underline{A}$,

2 Konstanten in der komplexen Zahl $\underline{B}$,

Abzüglich einer Konstanten infolge der Nebenbedingungen nach Gl. (18.269).

Insgesamt sind in der $\underline{w}$-Ebene $2n + 3$ Konstanten aus der Geometrie und den elektrotechnischen Sachverhalten (Festlegungen, Randbedingungen) zu bestimmen. In der $\underline{z}$-Ebene ergeben sich für einen Polygonzug mit n Knickstellen $2n$ Konstanten (n komplexe Zahlen mit je zwei Konstanten). Subtrahiert man die Anzahl der Konstanten in der $\underline{z}$-Ebene von der Anzahl derer in der $\underline{w}$-Ebene bleiben 3 Konstanten frei wählbar. Bei der Abbildung der oberen $\underline{w}$-Halbebene auf ein polygonales Gebiet der $\underline{z}$-Ebene stehen folglich 3 wählbare Konstanten zur Anpassung an die vorhandenen Randbedingungen zur Verfügung.

Da die den Polygoneckpunkten der $\underline{z}$-Ebene entsprechenden Punkte in der $\underline{w}$-Ebene Unstetigkeitsstellen in der Abbildungsfunktion darstellen, muss die Integration diese ausschließen. Man integriert deshalb um die Punkte $P_\gamma(u_\gamma, 0)$ herum.

Aus mathematischen Gründen erweist es sich nicht immer vorteilhaft, das gegebene Gebiet der $\underline{z}$-Ebene sofort als konformes Abbild eines Parallelstreifens des unbegrenzten Plattenkondensators auszudrücken. Deshalb kann man in einem ersten Schritt das gegebene Gebiet mit Hilfe der Schwarz-Christoffelschen Abbildungsfunktion (-integral) auf die obere $\underline{w}$-Halbebene abbilden. Liegt eine Abbildung des Plattenkondensators auf diese Halbebene vor, dann hat man auch eine konforme Abbildung des Plattenkondensators auf das Gebiet, in dem sich das zu berechnende elektrostatische Feld ausbildet, bestimmt. Dieses Vorgehen beinhaltet die Ausführung mehrerer Transformationen, um zur gesuchten konformen Abbildungsfunktion zu gelangen.

Berechnung von konformen Abbildungsfunktionen für elektrostatische Anordnungen

Zur Demonstration des Vorgehens bei dieser Methode sollen im Folgenden mehrere Anwendungen berechnet werden.

Beispiel 8:
Die Aufgabe besteht in der Bestimmung der Abbildungsfunktion, die die obere $\underline{w}$-Halbebene konform auf ein rechtwinkliges Gebiet der $\underline{z}$-Ebene abbildet.

Dem Bild 18.22 ist zu entnehmen, welcher Punkt der reellen Achse der $\underline{w}$-Ebene auf dem Rand des Gebietes $G(x, \mathrm{j}y)$ welchen Punkt in der $\underline{z}$-Ebene zugeordnet wird. Diese Zuordnung kann im Allgemeinen beliebig gewählt werden. Die Innenwinkel α_γ mit $\gamma = 1, \ldots, 4$ sind in diesem speziellen Fall gleich $\alpha_\gamma = \frac{\pi}{2}$, sodass aus Gl. (18.271) für die μ_γ:

$$\mu_\gamma = \frac{\alpha_\gamma}{\pi} - 1 = -\frac{1}{2}\,, \qquad \gamma = 1, 2, 3, 4 \tag{18.274}$$

oder:

$$-\mu_\gamma \pi = \frac{\pi}{2} \tag{18.275}$$

folgt, und die Summe der μ_γ gleich:

$$\sum_{\gamma=1}^{4} \mu_\gamma = -2 \tag{18.276}$$

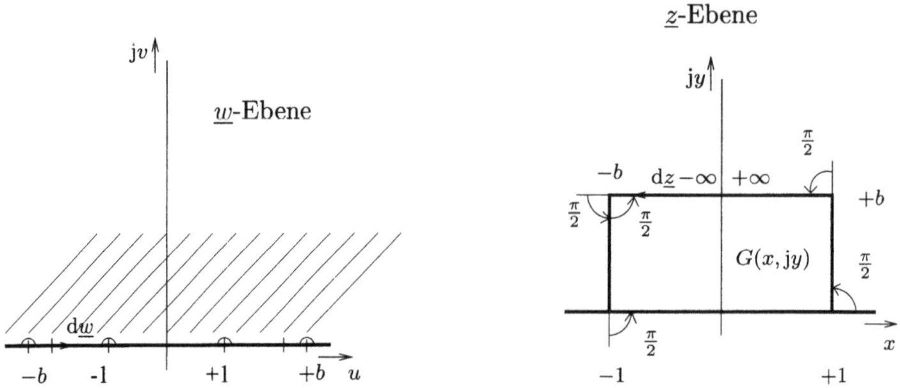

Bild 18.22: Konfiguration zur konformen Abbildung von der $\underline{w}$-Ebene in die $\underline{z}$-Ebene einschließlich der Zuordnung der Bildpunkte

ist. Das bedeutet, der Winkel $\alpha_{\infty_{\text{außen}}} = 0$. Die Abbildungsfunktion nach Gl. (18.267) bzw. Gl. (18.272) mit vier Summanden anzusetzen, was auf das Integral:

$$\underline{z} = \underline{A} \int (\underline{w} - u_1)^{\mu_1} (\underline{w} - u_2)^{\mu_2} (\underline{w} - u_3)^{\mu_3} (\underline{w} - u_4)^{\mu_4} \mathrm{d}\underline{w} + \underline{B} \tag{18.277}$$

und nach Einsetzen der Werte für die μ_γ unter Beachtung der Zuordnung der Knickstellen zu den Punkten in der $\underline{w}$-Ebene auf:

$$\underline{z} = \underline{A} \int (\underline{w} + b)^{-\frac{1}{2}} (\underline{w} + 1)^{-\frac{1}{2}} (\underline{w} - 1)^{-\frac{1}{2}} (\underline{w} - b)^{-\frac{1}{2}} \mathrm{d}\underline{w} + \underline{B} \tag{18.278}$$

führt. Dieses Abbildungsintegral lässt sich in den Ausdruck:

$$\underline{z} = \underline{A} \int \frac{\mathrm{d}\underline{w}}{\sqrt{(\underline{w}^2 - b^2)(\underline{w}^2 - 1)}} + \underline{B} = \frac{\underline{A}}{b} \int \frac{\mathrm{d}\underline{w}}{\sqrt{\left(1 - \underline{w}^2\right)\left(1 - \frac{\underline{w}^2}{b^2}\right)}} + \underline{B} \tag{18.279}$$

umschreiben. Es ist ein elliptisches Integral 1. Gattung. Weil dieses nicht geschlossen integriert werden kann, liegt es nur tabelliert vor.

Nun soll dargelegt werden, welches elektrostatisches Probleme durch diese Abbildungsfunktion beschrieben wird. Das Bild 18.23 zeigt in der $\underline{w}$-Ebene für $u =$ const. (Linien der elektrischen Feldstärke) und $v =$ const. (Äquipotenziallinien) das Feldbild der im unendlich fernen Punkt befindlichen elektrischen Ladung. Der unendlich ferne Punkt ist aus Gründen der Symmetrie in den Schnittpunkt der oberen Kante mit der y-Achse transformiert (Bild 18.22). Die Linien $u =$ const. und $v =$ const. gehen in der $\underline{w}$-Ebene durch den unendlich fernen Punkt und demzufolge in der Bildebene ($\underline{z}$-Ebene) durch den Bildpunkt des unendlich fernen Punktes. Dieses Feldbild kennen wir. Im Feld des Dipols (Punkt-, Linien- oder Flachdipol) treffen auch alle Feld- und Äquipotenziallinien in einem Punkt zusammen. Das bedeutet, unendlich nahe dem Punkte P befindet sich eine das Dipolfeld erzeugende Linienladung.

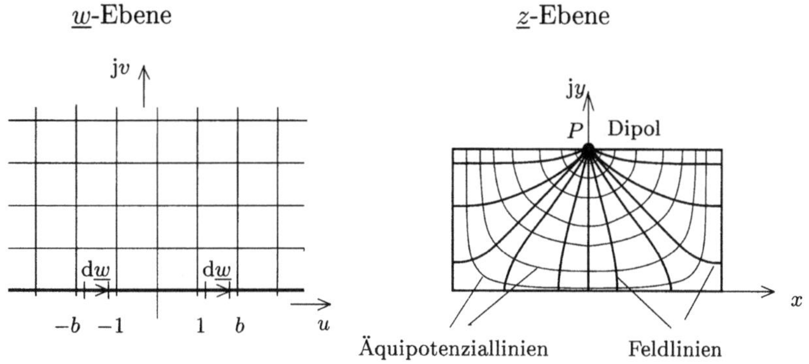

Bild 18.23: Abbildung des Plattenkondensators in der $\underline{w}$-Ebene auf das Feld des Dipols in der $\underline{z}$-Ebenen

Zusammenfassung: Der Abbildungssatz von Schwarz-Christoffel zeigt, wie vom Rand eines Gebietes auf den Feldverlauf in seinem Inneren analytisch geschlossen werden kann. Wegen der meist gebrochen auftretenden Exponenten μ_γ lässt sich die Integration im Schwarz-Christoffelschen Abbildungssatzes aber nur in wenigen Fällen geschlossen ausführen, was die mit ihm behandelbaren elektrotechnischen Anwendungen erheblich einschränkt.

□

Beispiel 9:
Die Aufgabe besteht hier in der Berechnung das Feldbildes am Rande eines unendlich ausgedehnten Plattenkondensators.

Die Kondensatorplatten befinden sich in der negativen x-Halbebene (siehe Bild 18.24; $x = (\infty, 0)$) und ist durch Platten auf den Geraden $y = 0$ und $y = a$ begrenzt. Da die x-Achse eine Äquipotenziallinie (Äquipotenzialfläche) ist, reicht die Berücksichtigung der oberen $\underline{z}$-Halbebene aus. Weil auch die y-Achse eine Symmetrieachse (Symmetriefläche) bildet, genügt die Betrachtung eines Gebietes im zweiten Quadranten. Das Bild 18.24 gibt die Zuordnung der Gebiete, die zugeordneten speziellen Punkte und den Lauf der Linienelemente $\mathrm{d}\underline{w}$ und $\mathrm{d}\underline{z}$ wieder.

Die Zuordnung ausgewählter Punkte ist beliebig. Die Spur der oberen Kondensatorplatte (Doppelfläche), hier gekennzeichnet durch $\overline{A_1\underline{B}C_1}$ bildet man in die negative reelle u-Achse und die x-Achse in die positive reelle u-Achse ab. Im Koordinatenursprung der $\underline{w}$-Ebene denkt man sich eine unendlich dünne Isolierschicht von ausreichender Durchschlags- und Überschlagsfestigkeit. Der Umlauf beginnt in der $\underline{z}$-Ebene bei A_1 im Unendlichen und endet über B, C_1 und C_2 im Unendlichen in A_2. Der Punkt $\underline{A}$ geht in die Abbildungsfunktion deshalb nicht ein, weil er mit dem unendlich fernen Punkt in der $\underline{w}$-Ebene korrespondiert. Die Tabelle 18.1 gibt die Zuordnung der Punkte zu ihren Bildpunkten, die Außenwinkel und die dazugehörigen μ_γ an.

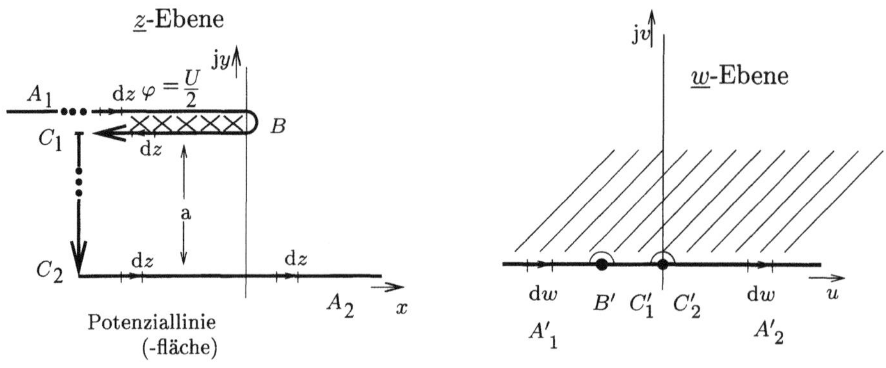

Bild 18.24: Transformation der oberen $\underline{w}$-Halbebene auf ein Gebiet der $\underline{z}$-Ebene zur Bestimmung der Abbildungsfunktion am Rande eines unendlichen ausgedehnten Plattenkondensators

Tabelle 18.1: Punkte, Bildpunkte und Außenwinkel zur Aufgabe

Punkt	**A**	**B**	**C**	**Summe**
Bildpunkt	$\pm\infty$	$u = -1$	$u = 0$	-
$\alpha_{\gamma_{\text{außen}}}$	2π	$-\pi$	$+\pi$	2π
μ_γ	-2	1	-1	-2

In der Abbildungsfunktion nach Gl. (18.267) sind in Übereinstimmung mit der Festlegung im Bild 18.24 zwei Summanden einzufügen. Man gelangt so zur Abbildungsfunktion:

$$\underline{z} = \underline{A}^* \int (\underline{w} - u_1)^{\mu_1} (\underline{w} - u_2)^{\mu_2} \mathrm{d}\underline{w} + B^* \tag{18.280}$$

oder eingesetzt zum komplexen Integral:

$$\underline{z} = \underline{A}^* \int (\underline{w}+1)^1 (\underline{w})^{-1} \mathrm{d}\underline{w} + B^* = \underline{A}^* \int \frac{\underline{w}+1}{\underline{w}} \mathrm{d}\underline{w} + B^* = \underline{A}^* (\underline{w} + \ln \underline{w}) + B^* \,. \tag{18.281}$$

Die komplexe Konstante $\underline{A}^*$ berechnet man über die $\underline{w}$-Ebene durch die Betrachtung der Strecke um C', die aus einem kleinen Halbkreis gebildet wird. Dieses Halbkreisintegral in der $\underline{w}$-Ebene entspricht der Strecke $-\mathrm{j}a$ in der $\underline{z}$-Ebene. In der $\underline{w}$-Ebene wird um den Koordinatenursprung integriert und dann der Radius gegen Null geführt. Mit $r \to 0$ strebt auch $|\underline{w}| \to 0$. Die Vorgehensweise legt das Bild 18.25 dar.

Die Polardarstellung einer komplexen Zahl lautet:

$$\underline{w} = r\,\mathrm{e}^{\mathrm{j}\sigma} \,. \tag{18.282}$$

σ läuft von π nach Null. Mit:

$$\mathrm{d}\underline{w} = r\,\mathrm{j}\,\mathrm{e}^{\mathrm{j}\sigma}\,\mathrm{d}\sigma = \mathrm{j}\underline{w}\,\mathrm{d}\sigma \tag{18.283}$$

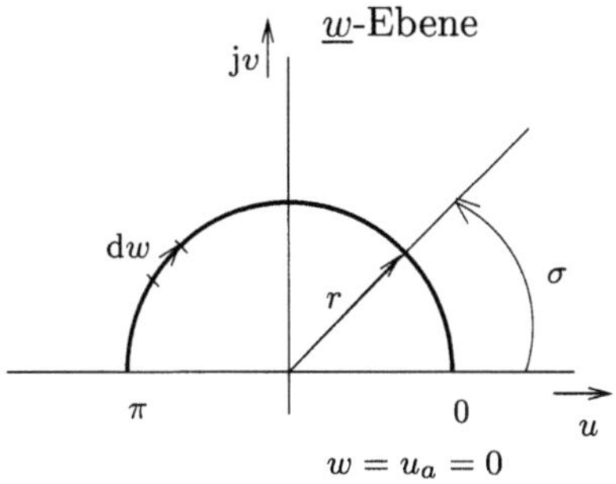

Bild 18.25: Zur Integration auf einem Halbkreis um den Koordinatenursprung

geht unter der Randbedingung $\underline{z}_{A^*} = -\mathrm{j}a$ (das ist die Strecke in −j-Richtung und kein Punkt) das Integral aus Gl. (18.281) über in:

$$\underline{z}_{A^*} = -\mathrm{j}a = \lim_{\underline{w}\to 0} \underline{A}^* \int_{\pi}^{0} \frac{\underline{w}+1}{\underline{w}} \mathrm{j}\underline{w}\,\mathrm{d}\sigma = \mathrm{j}\underline{A}^* \int_{\pi}^{0} \mathrm{d}\sigma = \mathrm{j}\underline{A}^*\sigma|_{\pi}^{0} \qquad (18.284)$$

und die Konstante ist $\underline{A}^* = \dfrac{a}{\pi}$.

Die Bestimmung der Konstanten $\underline{B}^*$ erfolgt mit dem Eckpunkt B herangezogen. Die damit verbundene Parallelverschiebung drückt sich in dem halben Abstand der Kondensatorplatten aus. Der Punkt B, ausgedrückt durch $z_B = \mathrm{j}a$ korrespondiert in der $\underline{w}$-Ebene mit dem Punkt $\underline{w} = -1$. Eingesetzt in die beiden äußeren Seiten der Abbildungsfunktion nach Gl. (18.281) erhalten wir:

$$\mathrm{j}a = \frac{a}{\pi}\big[-1 + \ln(-1)\big] + \underline{B}^* \ . \qquad (18.285)$$

Wegen $\ln(-1) = \ln\left(1 \cdot \mathrm{e}^{\mathrm{j}\pi}\right) = \mathrm{j}\pi \ln e = \mathrm{j}\pi$ berechnet sich die Konstante zu $B^* = \dfrac{a}{\pi}$.

Die Abbildungsfunktion zur Berechnung des Feldbildes am Rand eines unendlich ausgedehnten Plattenkondensators unter Berücksichtigung der Randbedingungen nach dem Satz von Schwarz-Christoffel lautet dann:

$$\underline{z} = \frac{a}{\pi}\left(\underline{w} + \ln \underline{w} + 1\right) \ . \qquad (18.286)$$

Den konkreten Feldverlauf erhält man durch die Aufspaltung dieser Abbildungsfunktion in den Real- und Imaginärteil. In der Tat gilt in Polarkoordinaten für die Darstellung einer komplexen Zahl in Betrag und Winkel der Ausdruck:

$$\underline{w} = r\,\mathrm{e}^{\mathrm{j}\sigma} = \sqrt{u^2+v^2}\,\mathrm{e}^{\mathrm{j}\arctan\frac{v}{u}} \ . \qquad (18.287)$$

Setzt man die linke Seite in die Abbildungsfunktion nach Gl. (18.286) ein, dann führt das auf:

$$x + \mathrm{j}y = \frac{a}{\pi}\big[r\,\mathrm{e}^{\mathrm{j}\sigma} + \ln(r\,\mathrm{e}^{\mathrm{j}\sigma}) + 1\big] = \frac{a}{\pi}\big[r\cos\sigma + \ln r + 1 + \mathrm{j}(r\sin\sigma + \sigma)\big] \qquad (18.288)$$

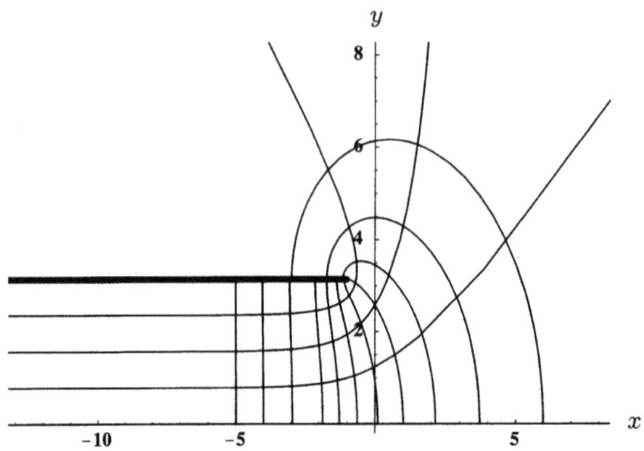

Bild 18.26: Feldverlauf und Verlauf der Äquipotenziallinien am Rande eines unendlich ausgedehnten Plattenkodensators

und deshalb erhält man durch den Vergleich der Real- sowie der Imaginärteile:

$$\begin{aligned} x &= \frac{a}{\pi}(r\cos\sigma + \ln r + 1) \\ y &= \frac{a}{\pi}(r\sin\sigma + \sigma)\ . \end{aligned} \tag{18.289}$$

Mit $r = \text{const.}$ werden die Linien der elektrischen Feldstärke festgelegt und $\sigma = \text{const.}$ führt zu den Äquipotenziallinien. Die x-Achse ($y = 0$) ist Symmetrieachse. Das Bild 18.26 zeigt die obere Hälfte des Feldbildes.

Im Folgenden wird gezeigt, dass das zu suchende Feldbild nicht von der Festlegung der den Knickstellen ($\underline{z}$-Ebene) zugeordneten Punkte in der $\underline{w}$-Ebene abhängt. Diese sind frei wählbar. Im Punkt $\underline{w} = -1$ gilt für die Abbildungsfunktion nach Gl. (18.286):

$$\underline{z} = \frac{a}{\pi}(-1 + \ln(-1) + 1) = \frac{a}{\pi}\ln(-1) = \frac{a}{\pi}\mathrm{j}\pi = \mathrm{j}a\ . \tag{18.290}$$

Das ist der Punkt B der $\underline{z}$-Ebene.

Nun sei in der $\underline{w}$-Ebene B' nicht minus Eins, sondern beliebig und wird mit $B' = -d$ angenommen. Dann gilt gemäß Gl. (18.281):

$$\underline{z} = \underline{A}^* \int \frac{\underline{w} + d}{\underline{w}} \mathrm{d}\underline{w} + \underline{B}^* = \underline{A}^*(\underline{w} + d\ln\underline{w}) + \underline{B}^*\ , \tag{18.291}$$

sodass $\underline{A}^*$ aus der Relation:

$$-\mathrm{j}a = \underline{A}^* \int_{\pi}^{0} \mathrm{j}d\,\mathrm{d}\sigma = -\mathrm{j}\underline{A}^* d\pi \tag{18.292}$$

zu:

$$\underline{A}^* = \frac{a}{d\pi} \tag{18.293}$$

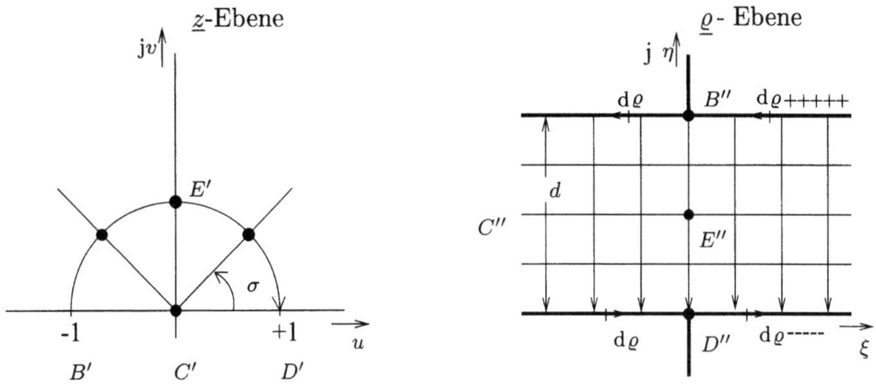

Bild 18.27: Festlegung zur Herleitung der Abbildungsfunktion von den Polarkoordinaten auf den Plattenkondensator

folgt. Damit gilt:

$$\underline{z}_{B^*} = \mathrm{j}a = \frac{a}{d\pi}[-d + d\ln(-d)] + \underline{B}_{-d} \ , \tag{18.294}$$

was auf die neue Konstante:

$$\underline{B}^*_{-d} = \mathrm{j}a - \frac{a}{d\pi}[-d + d\ln(-d)] \tag{18.295}$$

und demzufolge auf die veränderte Abbildungsfuntion:

$$\underline{z} = \frac{a}{d\pi}(\underline{w} + d\ln\underline{w}) + \mathrm{j}a - \frac{a}{d\pi}[-d + d\ln(-d)] \tag{18.296}$$

führt. Die Kontrolle dieses Ergebnisses für $\underline{w} = -d$ liefert:

$$\underline{z} = \frac{a}{d\pi}[-d + d\ln(-d)] + \mathrm{j}a - \frac{a}{d\pi}[-d + d\ln(-d)] = \mathrm{j}a \ . \tag{18.297}$$

Das ist ebenfalls im Punkt B der $\underline{z}$-Ebene im Bild 18.24.

Bisher wurde noch keine Abbildung auf den Plattenkondensator vollzogen. Im Bild 18.27 sind die zueinander korrespondierenden Punkte festgelegt. Der Ansatz für die Transformation der Abbildungsfunktion von den Polarkoordinaten auf parallele Ebenen (Plattenkondensator) lautet:

$$\underline{w} = \mathrm{e}^{\frac{\underline{\varrho}}{c}} \tag{18.298}$$

oder:

$$\underline{\varrho} = c\ln\underline{w} \tag{18.299}$$

mit der reellen Konstante c und stellt eine zweite Abbildung von der $\underline{w}$-Ebene nach der $\underline{\varrho}$-Ebene (Bild 18.27) dar.

Über die Umformung:

$$\underline{\varrho} = \xi + \mathrm{j}\eta = c\ln\underline{w} = c\ln\left(\sqrt{u^2+v^2}\,\mathrm{e}^{\mathrm{j}\sigma}\right) = c\ln\sqrt{u^2+v^2} + c\mathrm{j}\sigma \tag{18.300}$$

ist eine Trennung in Real- und in Imaginärteil ausführbar:

$$\xi = c \ln \sqrt{u^2 + v^2} = K_1 \ , \qquad \eta = c\sigma \ . \tag{18.301}$$

Für $\sigma = \text{const.} = K_1$ ergeben sich nach Quadrieren und Neubenennung der Konstanten durch:

$$u^2 + v^2 = \tilde{K}_1^{\,2} \ , \tag{18.302}$$

konzentrische Halbkreise mit dem Radius $\tilde{K}_1$ und damit die Feldlinien in der σ-Ebene. Mit $\eta = \text{const.} = K_2$ erhält man strahlenförmige Geraden in der $\underline{w}$-Ebene:

$$\sigma = \tilde{K}_2 \tag{18.303}$$

und folglich die Äquipotenziallinien in der σ-Ebene. Durch diese zwei Abbildungsfunktionen nach Gl. (18.286) bzw. Gl. (18.289) und Gl. (18.300) wird das Feldbild am Rande eines unendlich ausgedehnten Plattenkondensators auf das Feldbild im Inneren eines anderen Plattenkondensators abgebildet. Aus den Transformationsgleichungen lassen sich in jeder der drei Ebenen die elektrische Feldstärke (Feldlinien- bzw. -flächen und das elektrische skalare Potenzial (Äquipotenziallinien- bzw. -flächen) analytisch berechnen.

Es wird auch hier eine Kontrollrechnung ausgeführt. Für den Halbkreis $r = 1 = \sqrt{u^2 + v^2}$ gilt $\xi = c \ln 1 = 0$ oder $\underline{\varrho} = \mathrm{j}c\sigma$ mit σ von $0 \to \pi$. Die Punkte sind wie folgt zugeordnet:

$$B' = -1 \ , \quad \eta = c\pi = d \ . \quad \text{Das ist der Punkt } B''.$$
$$D' = +1 \ , \quad \eta = c \cdot 0 = 0 \ . \quad \text{Das ist der Punkt } D''.$$

Zusammenfassend kann festgestellt werden, dass ein Gebiet der $\underline{z}$-Ebene auf die obere $\underline{w}$-Halbebene konform abgebildet worden ist. Im gewählten Beispiel gelangt man erst mit einer zweiten Abbildung in die $\underline{\varrho}$-Ebene zum Plattenkondensator. Jetzt lassen sich für konstante ξ- und η-Werte die Feld- und die Äquipotenziallinien zeichnen. In der $\underline{z}$-Ebene erhält man sowohl das Feldbild zwischen den Kondensatorplatten als auch das am Rande derselben, was letztlich zu berechnen war. □

18.1.5 Die Abbildungsfunktion für das Smith-Diagramm

In der Nachrichtentechnik, in der Mikrowellentechnik u. a. kennt man das so genannte Smith-Diagramm. Aus der Theorie der Leitungen ergeben sich eine Reihe von Beziehungen zwischen den komplexen Größen Reflexionsfaktor, Widerstand und Leitwert am Ende einer Leitung und auch in Abhängigkeit von der Leitungslänge. Um optimal zu dimensionieren, muss durch Anpassungsgleichungen, z. B. Vorschalten eines Leitungsstückes, ein fehlangepasster Abschlussleitwert korrigiert werden. Dazu verwendet man das Smith-Diagramm.

Dieses Diagramm leitet sich aus der analytischen Abbildungsfunktion :

$$\underline{w} = c\frac{\underline{z} + a}{\underline{z} + b} \tag{18.304}$$

her, die eine umkehrbar eindeutige konforme Abbildung der $\underline{z}$-Ebene in die $\underline{w}$-Ebene vollzieht. Die Größen a, b und c sind reelle Konstante. Um zum Smith-Diagramm im Bild 18.28 zu gelangen, sind für $0 < x < +\infty$ (rechte $\underline{z}$-Halbebene) die Konstanten a, b und c aus den Festlegungen:

$$\begin{aligned}
\underline{z} &= 0 \;\; (x = 0, y = 0) &\longrightarrow \quad & \underline{w} = 0 \;\; (u = 0, v = 0) \\
\underline{z} &= 1 \;\; (x = 1, y = 0) &\longrightarrow \quad & \underline{w} = 1 \;\; (u = 1, v = 0) \\
\underline{z} &= \pm\infty &\longrightarrow \quad & \underline{w} = 2 \;\; (u = 2, v = 0)
\end{aligned}$$

zu bestimmen. Diese Festlegungen resultieren aus Zweckmäßigkeitsgründen innerhalb der Anpassungstechnik in Übertragungsanordnungen. Durch das Einsetzen dieser Werte erhält man $a = 0, b = 1$ und $c = 2$, womit sich die Abbildungsfunktion:

$$\underline{w} = \frac{2z}{1 + \underline{z}} \tag{18.305}$$

und nach $\underline{z}$ aufgelöst die Umkehrfunktion:

$$\underline{z} = \frac{\underline{w}}{2 - \underline{w}} \tag{18.306}$$

ergeben. Mit Hilfe der Erweiterung $(2-u+\mathrm{j}v)$ gelangt man zur Trennung der komplexen Funktion in den Real- und Imaginärteil:

$$\underline{z} = x + \mathrm{j}y = \frac{(u + \mathrm{j}v)(2 - u + \mathrm{j}v)}{(2 - u - \mathrm{j}v)(2 - u + \mathrm{j}v)} = \frac{2u - (u^2 + v^2)}{(2 - u)^2 + v^2} + \mathrm{j}\frac{2v}{(2 - u)^2 + v^2} \,. \tag{18.307}$$

Dadurch liegen sowohl der Realteil als auch der Imaginärteil der Umkehrfunktion analytisch vor. Für $x = \text{const.}$ erhält man:

$$x = \text{const.} = \frac{2u - (u^2 + v^2)}{(2 - u)^2 + v^2} \tag{18.308}$$

oder umgeformt eine Kreisgleichung:

$$\left(u - \frac{1 + 2x}{1 + x}\right)^2 + v^2 = \left(\frac{1}{1 + x^2}\right)^2 \tag{18.309}$$

mit dem Radius:

$$\varrho_x = \frac{1}{1 + x^2} \tag{18.310}$$

und den Mittelpunktkoordinaten:

$$u_{M_x} = \frac{1 + 2x}{1 + x} \; ; \qquad v_{M_y} = 0 \,. \tag{18.311}$$

Für $y = \text{const.}$ folgen:

$$y = \frac{2v}{(2-u)^2 + v^2} \tag{18.312}$$

oder:

$$(u-2)^2 + \left(v - \frac{1}{y}\right)^2 = \frac{1}{y^2} \, . \tag{18.313}$$

Zu dieser Kreisgleichung gehören der Radius:

$$\varrho_y = \frac{1}{y} \tag{18.314}$$

und die Mittelpunktkoordinaten:

$$u_{M_x} = 2 \; ; \qquad v_{M_y} = \frac{1}{y} \, . \tag{18.315}$$

Das Bild 18.28 zeigt in der $\underline{w}$-Ebene das Smith-Diagramm und die konforme Abbildung eines Gebietes von der $\underline{w}$-Ebene in die $\underline{z}$-Ebene.

18.1.6 Berechnung elektrischer Felder durch Spiegelung

Diese Methode begründet sich auf den im Abschnitt 17.2 hergeleiteten Satz von der eindeutigen Lösbarkeit der Maxwellschen Gleichungen (Satz 17.1). Der Beweis dieses Satzes zeigt, dass unter gegebenen Bedingungen nur eine einzige Lösung dieser existiert. Denn was für raschveränderliche elektromagnetische Felder im Allgemeinen gilt, trifft im Besonderen auch für elektrostatische Felder zu.

Diesen grundlegenden Sachverhalt nutzt man bei der Methode der Spiegelung gezielt aus.

Beschreibung der Methode

Der Name Methode der Spiegelbilder rührt von Analogien zu den Brechungsgesetzen der Optik her. Die Methode der Spiegelung verfolgt das Ziel, die Lösung komplizierter Randwertaufgaben (zweidimensional, keine Raumladungen im betreffenden Gebiet) erheblich zu vereinfachen. Dazu nutzt man die Unterteilung des gesamten Raumes durch Flächen, auf denen Randwerte vorgeschrieben sind, in zwei oder mehrere Teilräume. In diesen Teilräumen kann der Materialparameter wechseln. Unter Berücksichtigung der Bedingungen an den Berandungsflächen können für die ursprüngliche Randwertaufgabe zwei oder mehrere einfachere Ersatzanordnungen mit den entsprechenden Ladungsanordnungen gefunden werden. Mit Hilfe der Superposition der Teilfelder berechnet man dann das Gesamtfeld.

Die Methode der Spiegelung lässt sich sowohl mit Hilfe analytischer komplexer Funktionen als auch mit reellen Funktionen abhandeln. Wie bei der konformen Abbildung

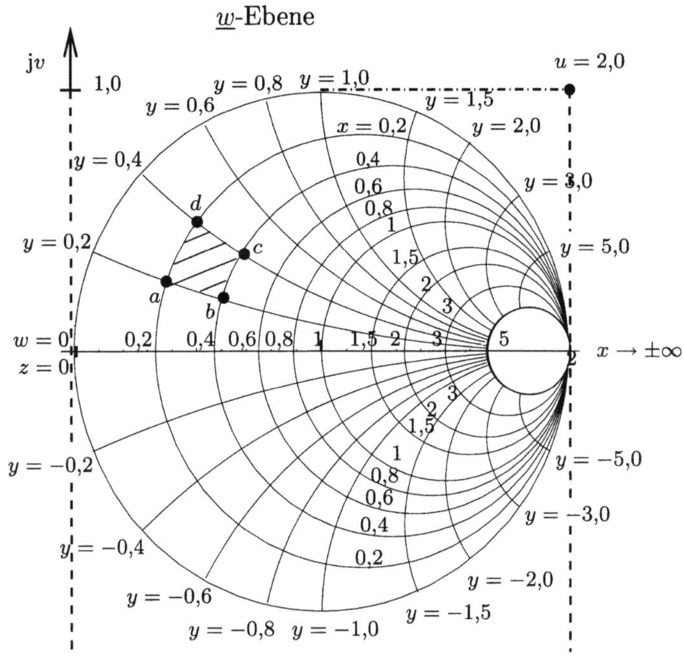

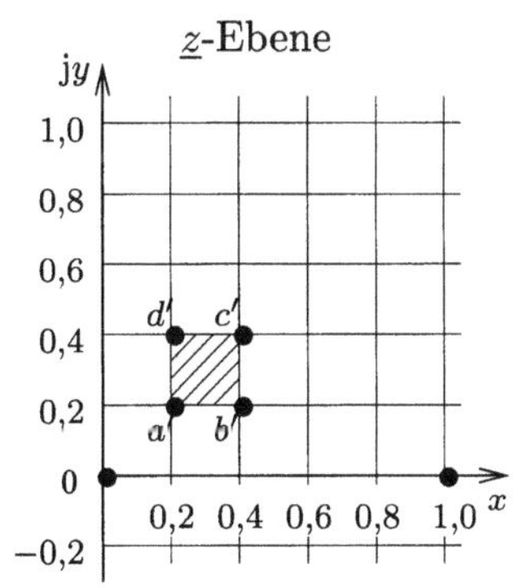

Bild 18.28: Das Smith-Diagramm und die Transformation eines Gebietes von der $\underline{w}$- in die $\underline{z}$-Ebene

sei in der $\underline{z}$-Ebene eine beliebige Kurve gegeben und in deren Inneren befinde sich eine Punktladung im Punkt $\underline{z}_0$. Die Aufgabe besteht nun darin, das Potenzialfeld dieser Punktladung so zu suchen, dass das Potenzial auf der umliegenden Kurve überall den Wert Null annimmt. Man nimmt eine komplexe Funktion $\underline{w} = f(\underline{z})$ als gegeben an, die das von der Kurve umschlossene Gebiet in die obere $\underline{w}$-Halbebene transformiert. Die Randkurve geht dabei in die reelle u-Achse über. Der Punkt $\underline{z}_0$ korrespondiert mit dem

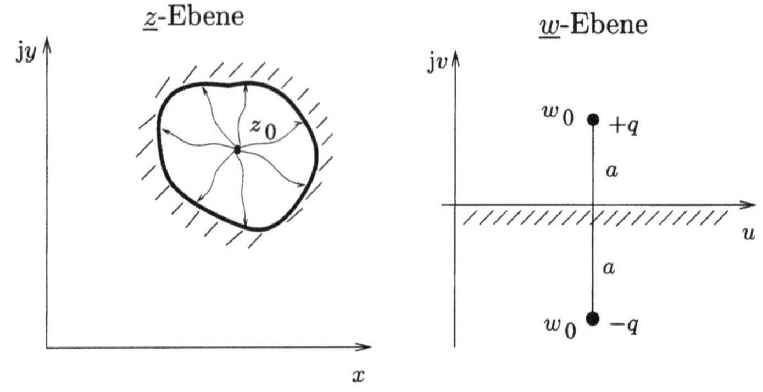

Bild 18.29: Spiegelung einer Punktladung im Komplexen

Punkt $\underline{w}_0$ (Bild 18.29). Anstelle in der $\underline{z}$-Ebene mit einem komplizierten Funktionsverlauf zu arbeiten, sucht man in der $\underline{w}$-Ebene diejenige einfache Potenzialfunktion, die auf der reellen Achse den konstanten Potenzialwert Null aufweist.

Nur an der Stelle w_0 liegt für das Potenzial ein singulärer Punkt vor. Dieses Potenzial findet man offensichtlich, wenn im gleichen Abstand a gegenüber der Punktladung $+q$ dem Betrag eine gleichgroße aber eine negative Ladung $-q$ angebracht wird. Man sagt folgerichtig, die Ladungen $+q$ wird an der Ebene (Gerade) $v = 0$ gespiegelt. Das gesuchte Potenzial berechnet sich aus der Superposition der Potenziale herrührend von den einzelnen Ladungen. Das Superpositionsprinzip besagt:

> In jedem linearen System kann die Wirkung einzelner Quellen getrennt bestimmt werden. Die Gesamtwirkung ergibt sich durch die Addition (gewöhnliche oder vektorielle) der Einzelwirkungen.

Man rechnet dann mit dem komplexen Potenzial und geht später zum Realteil über. Transformiert man die durch die Superposition aufgestellte Potenzialfunktion in die $\underline{z}$-Ebene zurück, dann liegt dort die die Grenzbedingungen erfüllende skalare elektrische Potenzialfunktion vor.

Die Anwendung des Superpositionsprinzips setzt die Erfüllung der Linearitätseigenschaften voraus. Hier werden sie erfüllt, weil:

1. die Maxwellschen Gleichungen, und damit auch die Laplace-Gleichung, lineare partielle Differenzialgleichungen sind und dazu die Materialparameter $\varepsilon, \mu, \varkappa$ im betrachteten Gebiet konstant sind.
2. die Unabhängigkeit der Quellen, hier der elektrischen Ladungen, und die durch sie wirkenden Feldkräfte, vorliegen.

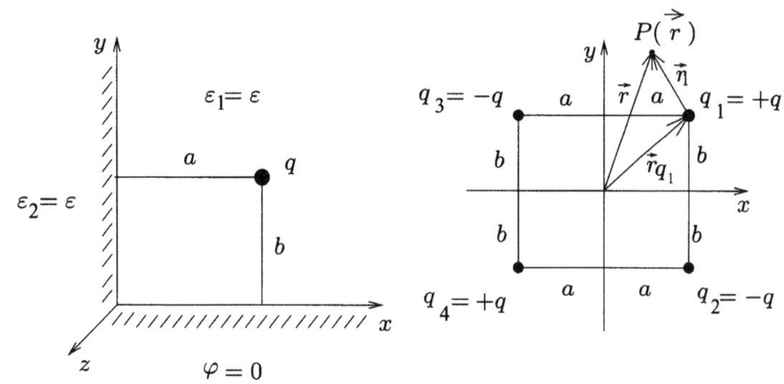

Bild 18.30: Aufgabenstellung und Ersatzanordnung durch hinzufügen von Spiegelladungen

In den weiteren Ausführungen zur Methode der Spiegelung wird von der Verwendung komplexer Funktionen abgegangen und es werden reelle Funktionen zugrundegelegt. Das hat zwei wesentliche Gründe:

1. Viele praktische Feldprobleme lassen sich damit lösen.
2. Man benötigt die komplexe Abbildungsfunktion $\underline{z} = f^{-1}(\underline{w})$ nicht, was sich als erheblicher Vorteil erweist. Denn mit komplizierter werdenden Elektrodenformen gelangt man alsbald an die Grenzen des Satzes von Schwaz-Christoffel.

Anwendung der Methode

Das Vorgehen bei der Methode der Spiegelung wird nun an zwei Beispielen gezeigt.

Beispiel 10:
Eine Punktladung $+q$ befindet sich im Abstand a an einer rechtwinkligen geerdeten ausgedehnten Metallfläche. Gesucht ist die Ersatzanordnung von Spiegelladungen zur Berechnung des elektrischen Potenzials und der elektrischen Feldstärke im Gebiet ε_1, wobei im gesamten Raum die Dieletrizitätskonstante ε = const. sein soll. Die Metallplatte, als unendlich guter Leiter schreibt als Randbedingung vor, dass die elektrische Feldstärke überall senkrecht zur Metallfläche verlaufen muss. Deshalb wird im ersten Schritt die Ebene für $x = 0$ als unendlich im gesamten Raum angesehen und im gleichen Abstand b eine Punktladung $q_2 = -q$ angebracht. Das Feldbild zweier gleichgroßer Punktladungen mit unterschiedlichem Vorzeichen ist bekannt. Auf der Symmetriefläche steht die elektrische Feldstärke senkrecht. Ihre Tangentialkomponenten sind gleich. Da voraussetzungsgemäß überall im Raum ein konstantes ε gilt, entspricht das Feld den gesuchten Randbedingungen im Gebiet.

In einem zweiten Schritt wird die Ebene $y = 0$ als unendlich ausgedehnt angenommen und die Spiegelladung $q_3 = -q$ im Abstand a angeordnet. Aus den selben Gegebenheiten sind auch hier die Randbedingungen erfüllt.

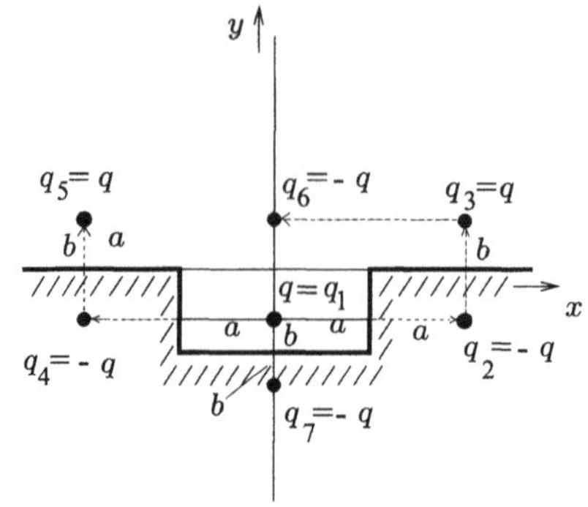

Bild 18.31: Ausgangsladung $q = q_1$ gegenüber einer Berandungsfläche

Im dritten und letzten Schritt wird die Ladung $q_2 = -q$ an der Ebene $y = 0$ bzw. die Ladung $q_3 = -q$ an der Ebene $x = 0$ gespiegelt. So gelangt man in beiden Fällen zur Ladung $q_4 = +q$.

Nach den Voraussetzungen zur Anwendung der Methode der Spiegelung liegt die dreidimensionale Poisson- bzw. Laplace-Gleichung zugrunde. Das bedeutet, im zu untersuchenden Teilraum mit der Dielektrizitätskonstanten $\varepsilon = \varepsilon_1$ dürfen keine Spiegelladungen auftreten, denn diese würden das ursprüngliche Feldbild verändern. Der Vorgang der Spiegelung in unserem Beispiel führt auf keine Spiegelladungen in diesem Teilraum. Es liegt kein Widerspruch vor. Die geerdete Metallfläche kann herausgenommen werden.

Das Potenzial und die Feldstärke in einem Punkt P des ersten Quadranten wird im Weiteren mittels der Superposition der Wirkungen aller vier Ladungen berechnet. Ist $\boldsymbol{r}_i, i = 1, \ldots, 4$, der Abstand von der Ladung q_i zum Aufpunkt $P(\boldsymbol{r})$, dann gelten mit $\boldsymbol{r}_i = \boldsymbol{r} - \boldsymbol{r}_{q_i}$:

$$\varphi(x,y,z) = \varphi(\boldsymbol{r}) = \sum_{i=1}^{4} \varphi_i = \sum_{i=1}^{4} \frac{q_i}{4\pi\varepsilon |\boldsymbol{r}_i|} = \sum_{i=1}^{4} \frac{q_i}{4\pi\varepsilon\, |(\boldsymbol{r} - \boldsymbol{r}_{q_i})|} \tag{18.316}$$

und:

$$\begin{aligned} \boldsymbol{E}(x,y,z) &= \boldsymbol{E}(\boldsymbol{r}) = \sum_{i=1}^{4} \boldsymbol{E}_i = -\operatorname{grad} \varphi(\boldsymbol{r}) \\ \boldsymbol{E}(x,y,z) &= \sum_{i=1}^{4} \frac{q_i}{4\pi\varepsilon} \frac{\boldsymbol{r}_i}{r_i^3} = \sum_{i=1}^{4} \frac{q_i}{4\pi\varepsilon} \frac{\boldsymbol{r} - \boldsymbol{r}_{q_i}}{|\boldsymbol{r} - \boldsymbol{r}_{q_i})|^3} \,. \end{aligned} \tag{18.317}$$

□

Beispiel 11:
Gegeben sei eine Punktladung $q = q_1$ gegenüber einer Randfläche nach Bild 18.31.

Gesucht sind die Spiegelladungen, um dann durch Superposition im Gebiet oberhalb der Randfläche das Potenzial sowie die dazugehörige elektrische Feldstärke zu berechnen.

Die Spiegelung der ursprünglichen Ladung q wird in solchen Schritten ausgeführt, dass man jede Ebenenlinie der Berandung als unendlich verlängert ansieht. Diese Aufgabe unterscheidet sich von Beispiel 1 durch zwei Gegebenheiten. Die Anzahl der Spiegelladungen bleibt nicht endlich. Es treten Spiegelladungen (z. B. $q_3, q_5, q_6, \ldots$) in demjenigen Gebiet auf, in dem das Potenzialfeld φ und die Feldstärke $\boldsymbol{E}$ berechnet werden sollen. Diese verfälschen das ursprüngliche Feldbild. Die Methode der Spiegelung führt demzufolge hier nicht zum Ziel. □

18.1.7 Die Monte-Carlo-Methode

Es sei ein Gebiet G gegeben und auf dessen Rand seien die Potenzialwerte bekannt. Die Aufgabe besteht in der Berechnung des elektrischen Potenzials in einem einzelnen beliebigen inneren Punkt von G.

Diese Aufgabe lässt sich auf der Grundlage der Wahrscheinlichkeitsrechnung lösen. Die Methode heißt *Monte-Carlo-Methode* und findet in letzter Zeit aus Effektivitätsgründen verstärkt Anwendung in mehreren Wissenschaften. Sie umfassen die Berechnung von elektrischen Feldern bis hin zu neuesten Untersuchungen über den Strahlungstransport in astronomischen Konfigurationen. Ihr Vorteil besteht vor allem in der Tatsache, die Potenzialwerte um den gesuchten Punkt P nicht kennen zu müssen, wenn das Potenzial in diesem Punkt bestimmt werden soll.

Zur Vorstellung dieser Methode wird ein ebenes ladungsfreies Gebiet nach Bild 18.32 betrachtet. Die Lösung der Laplace-Gleichung bei Vorliegen einer Randbedingung erster Art (Dirichletsches Randwertproblem) soll auf wahrscheinlichkeitstheoretischer Grundlage für einen inneren Punkt des Gebietes G hergeleitet werden.

Das Gebiet mit der Randkurve S überzieht man mit einem quadratischen Gitter unter der Beibehaltung einer Schrittweite h. Durch vier gleichwahrscheinliche Möglichkeiten wandert man zufällig vom Punkt P_0 in eine der vier Richtungen. Dieser Vorgang wird bis zur Ankunft in einem beliebigen Randpunkt $P_i(\xi_i, \eta_i)$ fortgeführt. Wird N-mal vom Punkt $P_0(x_0, y_0)$ ausgegangen, dann gelangt man n_1-mal zum Randpunkt $P_1(\xi_1, \eta_1), \ldots, n_i$ -mal zum Randpunkt $P_i(\xi_i, \eta_i)$. Es gilt:

$$\sum_{j=1}^{i} n_j = n_1 + n_2 + \ldots + n_i = N \; . \tag{18.318}$$

Die Wahrscheinlichkeit vom Punkt $P_0(x_0, y_0)$ ausgehend zum Punkt $P_i(\xi_i, \eta_i)$ zu gelangen ist:

$$p_i(x_0, y_0, \xi_i, \eta_i) = \frac{n_i}{N} \; . \tag{18.319}$$

Damit gilt auch:

$$\frac{n_1}{N} + \frac{n_2}{N} + \ldots + \frac{n_i}{N} = 1 \; . \tag{18.320}$$

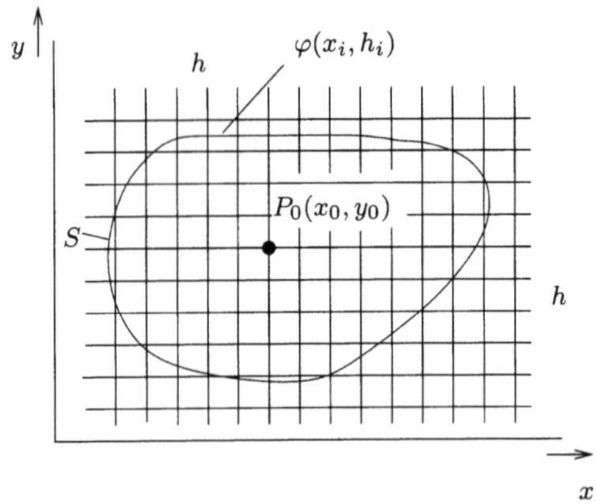

Bild 18.32: Quadratisches Gitter der Schrittweite h zur Potenzialberechnung mittels der Monte-Carlo-Methode

Das elektrische Potenzial im Aufpunkt $\varphi(x_0, y_0)$ berechnet sich nun bei hinreichend großem N durch den gewichteten Mittelwert der Potenzialwerte auf dem Rand. Als Gewichte dienen die entsprechenden Wahrscheinlichkeiten:

$$\varphi(x_0, y_0) = \frac{1}{N}[n_1\, \varphi(\xi_1, \eta_1) + n_2\, \varphi(\xi_2, \eta_2) + \ldots + n_i\, \varphi(\xi_i, \eta_i)] \; , \tag{18.321}$$

was unter der Berücksichtigung von Gl. (18.319) auf den Ausdruck:

$$\varphi(x_0, y_0) = \sum_{j=1}^{i} p_j(x_0, y_0, \xi_j, \eta_j)\; \varphi(\xi_j, \eta_j) \; . \tag{18.322}$$

führt.

Um die Richtigkeit dieser Lösung nachzuweisen, genügt zu zeigen, dass der Ausdruck nach Gl. (18.322) näherungsweise die Laplace-Gleichung erfüllt. Dieser Nachweis beginnt mit folgender Tatsache: Wegen der Gleichwahrscheinlichkeit aus dem Punkt $P_0(x_0, y_0)$ in eine der möglichen Richtungen zu gelangen, berechnet sich das Potenzial dort aus dem arithmetischen Mittel der Potenziale der vier Nachbarpunkte:

$$\varphi(x_0 + h, y_0) \; , \; \varphi(x_0 - h, y_0) \; , \; \varphi(x_0, y_0 + h) \; , \; \varphi(x_0, y_0 - h) \tag{18.323}$$

durch den Ausdruck:

$$\sum_{j=1}^{i} n(x_0 + h, y_0; \xi_j, \eta_j) = \sum_{j=1}^{4} n(x_0, y_0 + h; \xi_j, \eta_j) = \ldots = \frac{N}{4} \; . \tag{18.324}$$

Das Potenzial im Punkt $P_0(x_0, y_0)$ ist dann bezogen auf die betreffenden Randwerte:

$$\varphi(x_0, y_0) = \frac{1}{N} \sum_{j=1}^{i} n(x_0, y_0; \xi_j, \eta_j)\; \varphi(\xi_j, \eta_j) \tag{18.325}$$

oder eingesetzt:

$$\varphi(x_0,y_0) = \frac{1}{N}\sum_{j=1}^{i}[n(x_0+h,y_0;\xi_j,\eta_j)+n(x_0,y+h;\xi_j,\eta_j) + n(x_0-h,y_0;\xi_j,\eta_j)+n(x_0,y-h;\xi_j,\eta_j)]\ \varphi(\xi_j,\eta_j)\,. \quad (18.326)$$

Hieraus folgt:

$$\begin{aligned}\varphi(x_0,y_0) = {} & \frac{\sum_{j=1}^{i} n(x_0+h,y_0;\xi_j,\eta_j)\ \varphi(\xi_j,\eta_j)}{4\sum_j n(x_0+h,y_0;\xi_j,\eta_j)} \\ & + \frac{\sum_{j=1}^{i} n(x_0,y_0+h;\xi_j,\eta_j)\ \varphi(\xi_j,\eta_j)}{4\sum_j n(x_0,y_0+h;\xi_j,\eta_j)} \\ & + \frac{\sum_{j=1}^{i} n(x_0-h,y_0;\xi_j,\eta_j)\ \varphi(\xi_j,\eta_j)}{4\sum_j n(x_0-h,y_0;\xi_j,\eta_j)} \\ & + \frac{\sum_{j=1}^{i} n(x_0,y_0-h;\xi_j,\eta_j)\ \varphi(\xi_j,\eta_j)}{4\sum_j n(x_0,y_0-h;\xi_j,\eta_j)} \end{aligned} \quad (18.327)$$

oder was gleichbedeutend mit:

$$\varphi(x_0,y_0) = \frac{1}{4}\Big[\varphi(x_0+h,y_0)+\varphi(x_0,y_0+h) + \varphi(x_0-h,y_0)+\varphi(x_0,y_0-h)\Big] \quad (18.328)$$

ist. Aus der Umformung von (18.328) geht eine Näherung für die Laplace-Gleichung $\Delta\varphi = 0$ bei laufendem inneren Punkt $P(x,y)$ hervor:

$$\begin{aligned}\Delta\varphi \approx {} & \frac{1}{n}\left[\frac{\varphi(x+h,y)-\varphi(x,y)}{h} - \frac{\varphi(x,y)-\varphi(x-h,y)}{h}\right] \\ & + \frac{1}{n}\left[\frac{\varphi(x,y+h)-\varphi(x,y)}{h} - \frac{\varphi(x,y)-\varphi(x,y-h)}{h}\right] = 0\,. \end{aligned} \quad (18.329)$$

Damit wurde hergeleitet, dass die auf der Wahrscheinlichkeitsrechnung basierende Monte-Carlo-Methode bei einer ausreichend großen Versuchsanzahl eine Näherungslösung der Laplace-Gleichung liefert.

Der Rechenvorgang beginnt mit der Festlegung des Innenpunktes in dem das elektrische Potenzial gesucht ist. Man gelangt mit Hilfe eines Zufallsgenerators zu einem Nachbarpunkt und schließlich zu einem Randpunkt. Schließlich werden N Versuche ausgeführt und man kann mit den Potenzialwerten auf dem Rand nach Gl. (18.322) den gesuchten Potenzialverlauf im Punkt($P_0(x_0,y_0)$ bestimmen.

Der Vorteil dieser Methode liegt darin, dass man mit ihr das elektrische Potenzial in einem einzelnen Feldpunkt berechnen kann, ohne die Potenziale in den anderen Gitterpunkten zu kennen bzw. gleichzeitig bestimmen zu müssen.

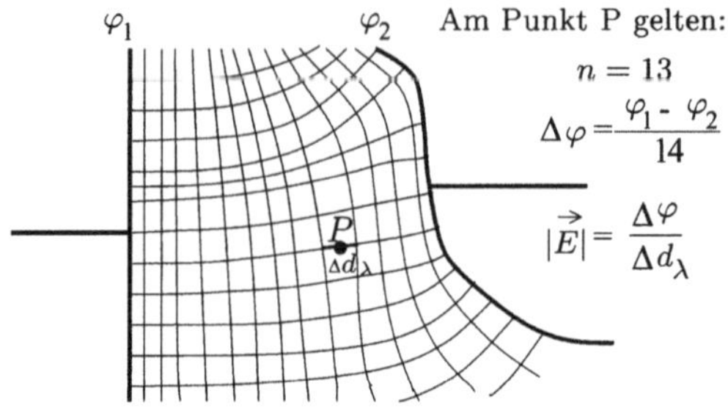

Bild 18.33: Graphische Konstruktion des Feldbildes bei gegebener Elektrodenform

18.1.8 Graphische Ermittlung des Feldbildes bei gegebener Elektrodenform

Diese einfache schnell zu einem Näherungsergebnis führende Methode gilt für ebene elektrostatische Felder bei gegebenen Elektroden. Für dreidimensionale Felder muss Rotationssymmetrie vorliegen.

Die Elektroden führen das Feld. Von ihnen wird ausgegangen. Man zeichnet zuerst parallel zu den Elektroden die Äquipotenziallinien ein und in einem zweiten Schritt senkrecht dazu die Feldlinien. Benachbarte Äquipotenzial- und Feldlinien bilden krummlinige Rechtecke. Hat man die Ebene mit diesen Linien ausgestaltet, bleibt festzustellen, dass das Feld, wie zu erwarten, nicht dem gedachten Verlauf entspricht. Nun werden in einem zweiten und nachfolgenden Schritten zwischen die schon vorliegenden Linien weitere Äquipotenzial- und Feldlinien eingezeichnet, bis fast überall krummlinige Quadrate entstehen.

Sind neben den Elektrodenlinien n Äquipotenziallinien eingezeichnet, so errechnet sich die Potenzialdifferenz zwischen zwei benachbarten Äquipotenziallinien aus:

$$\Delta\varphi = \frac{\varphi_1 - \varphi_2}{n+1} = \frac{U_{12}}{n+1} \,. \tag{18.330}$$

Die Spannung $U_{12} = \varphi_1 - \varphi_2$ liegt zwischen den Elektroden an. Der Betrag der elektrischen Feldstärke errechnet sich aus dem Quotient der Potenzialdifferenz zwischen zwei benachbarten Äquipotenziallinien und ihrem Abstand Δd_λ zu:

$$|\boldsymbol{E}| = \frac{\Delta\varphi}{\Delta d_\lambda} \,, \tag{18.331}$$

so dass sich für den Betrag der dielektrischen Verschiebung bei bekanntem Materialparameter ε:

$$|\boldsymbol{D}| = \varepsilon|\boldsymbol{E}| = \varepsilon\frac{\Delta\varphi}{\Delta d_\lambda} \tag{18.332}$$

ergibt. Ein Beispiel gibt das Bild 18.33 wieder.

18.1.9 Zusammenfassung der Ergebnisse

Die Methoden zur Berechnung der elektrostatischen Felder:

Integration der Gleichungen von Laplace bzw. Poisson im eindimensionalen Fall
Produktansatz
Reihenansatz
Konforme Abbildungen
Berechnung der Abbildungsfunktion nach Schwarz-Christoffel
Methode der Spiegelung
Monte-Carlo-Methode
Graphische Ermittlung des Feldbildes

bilden die Grundlage zur Bestimmung anderer elektrischer, magnetischer oder elektromagnetischer Feldverläufe.

Die Forderung der Zeitunabhängigkeit der Feldgrößen, hier des elektrischen skalaren Potenzials, der elektrischen Feldstärke und der dielektrischen Verschiebung sowie der magnetischen Größen und des Feldes von Ladungsbewegungen macht das elektrische und das magnetische Feld voreinander unabhängig, weshalb die getrennte Berechnung beider Felder erlaubt ist.

Die partiellen Differenzialgleichungen sind von zweiter Ordnung bei unveränderten Dielektrizitätskonstanten (Permittivität) linear. Die Feldgrößen hängen nur von den Ortskoordinaten ab. Alle hier aufgeführten Methoden dienen letztendlich dazu, diese Differenzialgleichungen bei gegebenen Randbedingungen zu integrieren.

Durch die Integration der Laplace- bzw. Poissongleichung liegt als Lösung eine mathematische Funktion für das elektrische skalare Potenzial vor. Die elektrische Feldstärke erhält man durch die Gradientenbildung (Differenziation) der vorliegenden Potenzialfunktion. Der Lösungsvorgang - zweifache Integration, einfache Differenziation - zur Gewinnung des Feldverlaufes lässt sich nicht auf eine einfache Integration reduzieren, weil bei der zweifachen Integration der Feldgleichung die Randbedingungen einzuarbeiten sind.

18.2 Stationäre Felder und ihre Berechnung

18.2.1 Das stationäre elektrische Strömungsfeld

Die bisher vorgeführten Methoden werden nun in Analogie zur Berechnung stationärer elektrischer bzw. magnetischer Felder herangezogen und durch weitere Methoden ergänzt.

Stationär (lat. stationarius) heißt unverändert, gleich bleibend oder an einen festen Ort gebunden. In der Elektrotechnik und im besonderen in der Theorie der Felder bezeichnet man als stationäre Vorgänge solche, die sich zeitlich, also im Verlauf des Zeitgeschehens nicht verändern. Bezogen auf einen Punkt im Raum (hier der rein räumliche dreidimensionale Raum, meist euklidisch) bleibt das elektrische oder das magnetische Feld unverändert. Eine Veränderung von Punkt zu Punkt ist, abgesehen von eng begrenzten Gebieten, zugelassen.

Geht man auf die Einteilung der Felder in 17.4.2 zurück, so liegen die Beschreibungsgleichungen für das stationäre elektrische Feld und das magnetische Feld stationärer Ströme vor. Unter der Wirkung der Feldkräfte findet als Voraussetzung eine Bewegung von elektrischen Ladungen statt, die ständig ihre Lage verändern, jedoch die Raumladungsdichte in einem infinitesimal kleinem Volumen konstant lassen. Das bedeutet physikalisch, an die Stelle einer sich fortbewegenden Ladung (Ladungsmenge) rückt sofort eine gleichgroße nach. Die Beschaffenheit des Feldes schließt also eine Änderung der Raumladungsdichte von Ort zu Ort nicht aus. Die Bewegung der Ladungen (Gleichstromfluss) ist die Ursache eines magnetischen Feldes. Es findet ein Energieumsatz statt. Die Quellenfreiheit des magnetischen Feldes führt zu geschlossenen Feldlinien.

Um zu den Berechnungsmethoden zu gelangen, geht man von der Gleichungsgruppe nach Gl. (17.22) aus. Beim stationären elektrischen Feld muss auch eine stationäre Raumladungsdichte vorliegen. Das entsprechende Feld ist demzufolge dasselbe wie das elektrostatische Feld, welches sich bei derselben Ladungsverteilung ausbildet. Die danach verteilten Raumladungen ziehen ein elektrisches Potenzial $\varphi = \varphi(x, y, z)$ nach sich. Dieses Feld ist ein Potenzialfeld. Rein mathematisch hergeleitet folgt aus:

$$\operatorname{rot} \boldsymbol{E} = 0 \tag{18.333}$$

notwendig und hinreichend die Existenz eines solchen skalaren Potenzials mit dem Zusammenhang zur elektrischen Feldstärke in der Form:

$$\boldsymbol{E} = -\operatorname{grad} \varphi \ . \tag{18.334}$$

Deshalb können zur Berechnung von stationären Strömungsfeldern auch die Methoden zur Feldbestimmung elektrostatischer Felder herangezogen werden. Dabei sind die spezifischen Unterschiede dieser Felder zu berücksichtigen. Zuvor ist noch auf einige Spezifikationen hinzuweisen.

Bei der Bewegung elektrischer Ladungen wird notwendiger Weise in Wärme umgewandelte Arbeit verrichtet. Wegen der zeitlichen Konstanz der Feldverläufe muss auch die Energie (in einem geschlossenen Volumen) eine Erhaltungsgröße und somit über die Zeit konstant sein. Die Wärmeverluste sind durch die Zuführung von Energie nichtelektrischer Natur zur Aufrechterhaltung des stationären Stromes zu ersetzen. Daraus folgt das Vorhandensein von Feldern nichtelektrischer Natur in begrenzten Gebieten. Die dort herrschende Feldstärke sei $\boldsymbol{E}_\mathrm{n}$. Diese Felder kann man auch als Spannungsquellen bezeichnen und so mit dem Vorhandensein von elektromotorischen Kräften identifizieren.

Ein elektrischer Strom kann nur auf einem leitenden geschlossenen Weg fließen. Bildet man das Umlaufintegral entlang dieses Weges, so gilt:

$$\oint \boldsymbol{E}\,\mathrm{d}\boldsymbol{l} + \oint \boldsymbol{E}_\mathrm{n}\,\mathrm{d}\boldsymbol{l} = e\ . \tag{18.335}$$

Die Größe e bezeichnet die vorhandenen elektromotorischen Kräfte.

Wegen der Gültigkeit von Gl. (18.333) ist das linke Umlaufintegral Null, was technisch-physikalisch die Stationärität der Raumladungsverteilung zum Ausdruck bringt. Das elektrische Feld ist ein Potenzialfeld und es gilt für die Spannung zwischen den Punkten P_1 und P_2:

$$U_{12} = \varphi_1 - \varphi_2 = \int_{P_1}^{P_2} \boldsymbol{E}\,\mathrm{d}\boldsymbol{l}\ . \tag{18.336}$$

Anmerkung:
Die so zu berechnende Spannung ist nicht an einen geschlossenen Umlauf gebunden, sondern errechnet sich aus der Summation über die Spannungen der einzelnen infinitessimalen Linienelemente zwischen zwei Punkten der Kurve.

Neben der elektrischen Feldstärke als Intensitätsgröße kennzeichnet die elektrische Stromdichte $\boldsymbol{j}$ als Quantitätsgröße das stationäre Strömungsfeld. Die Gleichung:

$$\operatorname{div}\ \boldsymbol{j} = 0\ , \tag{18.337}$$

aus Gl. (17.35), auch als Differenzialform des 1. Kirchhoffschen Satzes bekannt, geht durch die Quadratur (Integration) über ein Volumen V im $\mathbb{R}^3$ und der anschließenden Anwendung des Gaußschen Satzes der Mathematik über in:

$$\oint_{\boldsymbol{A}} \boldsymbol{j}\,\mathrm{d}\boldsymbol{A} = 0\ . \tag{18.338}$$

Die Summe der Ströme durch eine Hüllfläche $\boldsymbol{A}$ des Volumens V im stationären Strömungsfeldes ist Null.

Berechnungsmethoden unter Anwendung des Superpositionsprinzips

Zur Berechnung von stationären elektrischen Strömungsfeldern wendet man unter Beachtung der Besonderheiten elektrischer Strömungen aus mathematischer Sicht dieselben Methoden an, wie sie für statische Felder vorgestellt worden sind.

Die Maxwellschen Gleichungen sind lineare Feldgleichungen. Demzufolge kann das Superpositionsprinzip bei konstantem Materialparameter $\varkappa$ Anwendung finden. Man berechnet das Feldbild herrührend von jedem einzelnen Strom und addiert in jedem Punkt des Raumes die wirkenden Felder geometrisch zum Gesamtfeld. Die im Abschnitt 18.1.2 angegebenen Methoden zur direkten Integration lassen sich zur Berechnung von Strömungsfeldern übertragen.

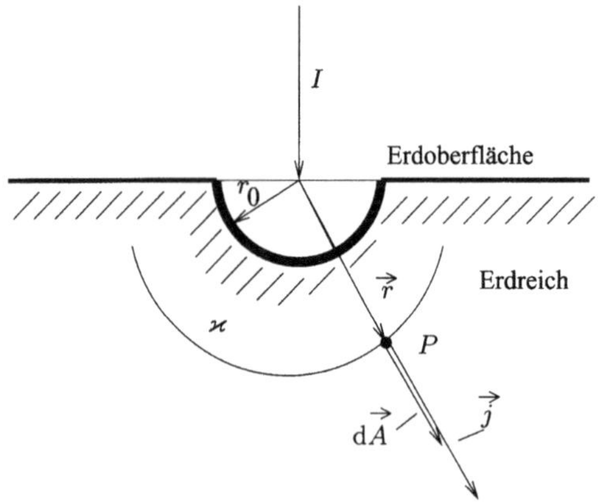

Bild 18.34: Darstellung des Halbkugelerders

Methode der Spiegelung

Die vor nachgewiesene eindeutige Lösung der Maxwellschen Gleichung, was mathematisch gleichbedeutend mit der Eindeutigkeit der Lösung der Randwertaufgabe ist, gestattet die Benutzung der Methode der Spiegelung. Man geht bei der Spiegelung genauso vor, wie im Abschnitt über elektrostatische Felder gezeigt worden ist. Das Superpositionsprinzip zur Potenzial- und Feldstärkeberechnung kann herangezogen werden.

Beispiele

An zwei Beispielen wird die Anwendung der vorn aufgeführten Berechnungsmethoden gezeigt.

Beispiel 1:
Berechnung der Erdungswerte eines Freileitungsmastes

Die Erdung eines Freileitungsmastes sei durch eine Halbkugel an der Erdoberfläche mit dem Radius $r_0 = 1\text{m}$ angenommen. Die Bodenleitfähigkeit betrage $\varkappa = 10^{-2}$ A/Vm. Bei der Berührung eines Leiters der Freileitung mit dem Mast soll ein Erdstrom von $I = 100\text{A}$ fließen.

Im Bild 18.34 sind in ausreichender Vereinfachung die elektrischen und geometrischen Verhältnisse eingezeichnet. Es bildet sich ein stationäres Strömungsfeld aus. Im laufenden Punkt P sind die Stromdichte und die elektrische Feldstärke zu berechnen. Desweiteren gilt es den Erdübertragungswiderstand zu bestimmen.

Da als geometrische Form eine Halbkugel angenommen worden ist, ist über diese zu integrieren. Der zur Erde fließende Strom führt gemäß Gl. (18.338) auf das Integral:

$$I = \int_0^r \boldsymbol{j}\, \mathrm{d}\boldsymbol{A}\,. \tag{18.339}$$

Im Punkt P zeigen die Stromdichte $\boldsymbol{j}$ und der Vektor des Flächenelementes $\mathrm{d}\boldsymbol{A}$ in dieselbe Richtung und damit geht das Skalarprodukt der Vektoren $\boldsymbol{j}$ und $\mathrm{d}\boldsymbol{A}$ über in eine einfache Multiplikation der Beträge. Für einen bestimmten Radius r ist die Stromdichte bei homogenem Erdreich dem Betrag nach konstant. Deshalb gilt:

$$I = \int_A \boldsymbol{j}\,\mathrm{d}\boldsymbol{A} = j \int_A \mathrm{d}A = j2\pi r^2 \tag{18.340}$$

oder:

$$j = \frac{I}{2\pi r^2} \,. \tag{18.341}$$

Die elektrische Feldstärke berechnet sich über die Materialgleichung:

$$\boldsymbol{j} = \varkappa \boldsymbol{E} \tag{18.342}$$

zu:

$$\boldsymbol{E} = \frac{I}{2\pi\varkappa r^2}\,\boldsymbol{e}_r \,. \tag{18.343}$$

Mit den eingesetzten Daten folgt für den Betrag der elektrischen Feldstärke 1 m vom Kugelzentrum entfernt 1 592,3 V/m.

Die sogenannte Schrittspannung U_s errechnet sich aus dem Linienintegral über die elektrische Feldstärke. Bei laufendem Radius und bei einer angenommenen Schrittlänge von 80 cm folgt:

$$U_\mathrm{s} = \int_r^{r+0{,}8\,\mathrm{m}} \boldsymbol{E}\,\mathrm{d}\boldsymbol{r} = \int_r^{r+0{,}8\,\mathrm{m}} E\,\mathrm{d}r = \frac{I}{2\pi\varkappa}\left(\frac{1}{r} - \frac{1}{r+0{,}8\,\mathrm{m}}\right) \,. \tag{18.344}$$

Die maximale Schrittspannung (Sie ist ein Maß für die Gefahr von Mensch und Tier) liegt in unmittelbarer Mastnähe, also bei $r = r_0$, vor:

$$U_{\mathrm{s_{max}}} = \frac{I}{2\pi\varkappa}\left[\frac{1}{r_0} - \frac{1}{r_0+0{,}8\,\mathrm{m}}\right] = 707{,}8\,\mathrm{V} \,. \tag{18.345}$$

Die Übergangsspannung von der Halbkugel zum unendlich weit entfernen Punkt im Erdreich ist:

$$U_{0\infty} = \int_{r_0}^{\infty} \boldsymbol{E}\cdot\mathrm{d}\boldsymbol{r} = -\frac{I}{2\pi\varkappa r}\bigg|_{r_0}^{\infty} = \frac{1}{2\pi\varkappa r_0} = 1\,592{,}3\,\mathrm{V} \,. \tag{18.346}$$

Der messbare Erdübergangswiderstand hat den Wert:

$$R_\mathrm{ü} = \frac{U_{0\infty}}{I} = \frac{1}{2\pi\varkappa r_0} = 15{,}92\,\Omega \,. \tag{18.347}$$

□

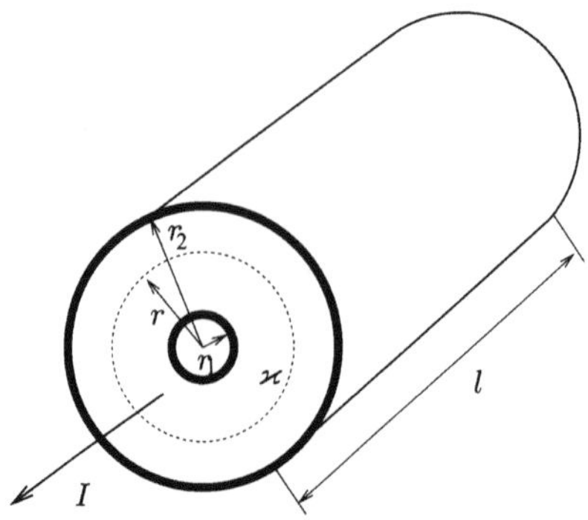

Bild 18.35: Geometrie und Größe zweier koaxialzylindrischen Elektroden

Beispiel 2:
Es soll das Strömungsfeld zwischen zwei koaxialzylindrischen Elektroden berechnet werden.

Beide Elektroden besitzen unterschiedliche Potenziale. Deshalb fließt durch das Material mit der Leitfähigkeit $\varkappa$ ein Strom und es bildet sich in diesem ein stationäres Strömungsfeld aus. Strom und Stromdichte stehen über den Ausdruck:

$$I = \int_{A_\mathrm{m}} \boldsymbol{j} \, \mathrm{d}\boldsymbol{A} \tag{18.348}$$

in Verbindung, wobei als Fläche die Mantelfläche A_m für einen laufenden Radius r einzusetzen ist. Damit werden:

$$j = \frac{I}{2\pi r l} \,, \qquad \boldsymbol{E} = \frac{I}{2\pi \varkappa l r} \boldsymbol{e}_r \,. \tag{18.349}$$

Die Spannung zwischen den Elektroden ist demzufolge:

$$U_{12} = \varphi_1 - \varphi_2 = \int_{r_1}^{r_2} \boldsymbol{E} \cdot \mathrm{d}\boldsymbol{r} = \int_{r_1}^{r_2} \frac{I}{2\pi \varkappa l r} \mathrm{d}r = \frac{I}{2\pi \varkappa l} \ln \frac{r_2}{r_1} \,. \tag{18.350}$$

Der Isolationswiderstand folgt aus:

$$R_\mathrm{iso} = \frac{U_{12}}{I} = \frac{1}{2\pi \varkappa l} \ln \frac{r_2}{r_1} \,. \tag{18.351}$$

□

18.2.2 Das stationäre magnetische Feld

Mit jedem elektrischen Strom ist immer ein magnetisches Feld verbunden, welches als Vektorfeld (Tensorfeld) jedem Punkt im Raum zugeordnet werden kann. Dieses magnetische Feld übt auf andere Ströme (bewegte Ladungen) Kraftwirkungen aus und ist die Ursache für elektromotorische Kräfte in elektrischen Leitern. Wie im elektrischen Feld können die (fiktiven) Feldlinien zur Beschreibung des Feldes herangezogen werden.

Die Gleichungen des magnetischen Feldes stationärer Ströme sind mit den Gl. (17.36) gegeben. Eine Veränderung des Feldes mit der Zeit findet nicht statt, es kann sich aber von Raumpunkt zu Raumpunkt verändern. Es reicht demzufolge aus, die Beschreibungen und Berechnungen im rein räumlichen dreidimensionalen Raum vorzunehmen.

Nichtexistenz wahrer magnetischer Ladungen

Elektrische Ladungen sind mittels verschiedener Methoden aus Stoffen herauslösbar. Obwohl seit vielen Jahren mit erheblichem Aufwand die Suche nach wahren magnetischen Ladungen fortgeführt wird, wurden bisher noch keine magnetischen Monopole gefunden. Als Quelle treten nur magnetische Dipole, magnetische Quadrupole, usw. auf. Die Nichtexistenz magnetischer Monopole zieht die Quellen- oder Senkenfreiheit der magnetischen Induktion nach sich.

Berechnungen des magnetischen Feldes über das Vektorpotenzial

Die Gleichung:

$$\operatorname{div} \boldsymbol{B} = 0 \tag{18.352}$$

sagt mathematisch aus, dass das magnetische Feld keine Quellen besitzt und drückt anschaulich die Gechlossenheit der Feldlinien der magnetischen Induktion aus. Wegen der Gültigkeit von:

$$\operatorname{rot} \boldsymbol{H} = \boldsymbol{j} \tag{18.353}$$

ist es aber selbst ein Wirbelfeld. Das quellenlose magnetische Feld muss demzufolge aus seinen Wirbeln berechnet werden.

Anmerkung:
Aus der Gleichung $\operatorname{div} \boldsymbol{B} = 0$ lässt sich allgemein nicht die Gleichung $\operatorname{rot} \boldsymbol{H} = 0$ herleiten. Sie gilt nur in homogenen isotropen Stoffen, für welche die Permeabilität μ konstant bleibt.

Die nun zur Berechnung des stationären magnetischen Feldes herangezogene Hilfsgröße $\boldsymbol{A}$ heißt Vektorpotenzial und steht definitionsgemäß mit der magnetischen Flussdichte $\boldsymbol{B}$ über die Beziehung:

$$\boldsymbol{B} = \operatorname{rot} \boldsymbol{A} \tag{18.354}$$

in direkter Verbindung. Setzt man diese für $\mu = \text{const.}$ (im zu untersuchenden Gebiet) in Gl. (18.353) ein, dann folgen mit $\boldsymbol{B} = \mu \boldsymbol{H}$:

$$\operatorname{rot} \boldsymbol{B} = \mu \boldsymbol{j} \tag{18.355}$$

und so:

$$\operatorname{rot}\ \operatorname{rot}\boldsymbol{A} = \operatorname{grad}\ \operatorname{div}\boldsymbol{A} - \Delta\boldsymbol{A} = \mu\boldsymbol{j}\ . \tag{18.356}$$

Für den Fall:

$$\operatorname{div}\boldsymbol{A} = 0 \tag{18.357}$$

erhält man:

$$\Delta\boldsymbol{A} = -\mu\boldsymbol{j}\ . \tag{18.358}$$

Diese Gleichung ist vom mathematischen Aufbau her gleich der Poissonschen Differenzialgleichung, wenn man vom Tensorcharakter (Vektor) der physikalischen Größen absieht. Die Lösung dieser Gleichung für das zu suchende Vektorpotenzial $\boldsymbol{A}$ bei gegebenem Stromdichteverlauf geht aus analogen Überlegungen zu Gl. (18.196) hervor, wobei die entsprechenden Größen einzusetzen sind:

$$\boldsymbol{A}(P) = -\frac{1}{4\pi}\int\limits_V \frac{\Delta\boldsymbol{A}}{r}\,\mathrm{d}V + \frac{1}{4\pi}\int\limits_{A^*} \frac{1}{r}\frac{\partial\boldsymbol{A}}{\partial n}\,\mathrm{d}A^* - \frac{1}{4\pi}\int\limits_{A^*} \boldsymbol{A}\frac{\partial}{\partial n}\left(\frac{1}{r}\right)\mathrm{d}A^*\ . \tag{18.359}$$

In dieser Gleichung steht auf der linken Seite das Vektorpotenzial im Aufpunkt P, während auf der rechten Seite das Vektorpotenzial im laufenden Punkt Q (auch Quellenpunkt genannt) einzusetzen ist. Der Vektor $\boldsymbol{r}$ verbindet den laufenden Punkt mit dem Aufpunkt. Die Fläche $\boldsymbol{A}^*$ begrenzt das endliche Volumen V. Verschwinden die Komponenten des Vektorpotenzials im Unendlichen und somit dort auch $\boldsymbol{A}$ selbst hinreichend schnell, dann streben die Flächenintegrale gegen Null und Gl. (18.359) geht mit eingesetzter Gl. (18.358) in den Ausdruck:

$$\boldsymbol{A}(P) = \frac{\mu}{4\pi}\int \frac{\boldsymbol{j}(Q)}{r(Q,P)}\,\mathrm{d}V_Q\ . \tag{18.360}$$

über. Für das hier zu berechnende Vektorpotenzial gilt div $\boldsymbol{A} = 0$.

Anmerkung:

1. Die Gl. (18.360) entspricht der Gl. (18.200) mit $\Delta\varphi = -\frac{\varrho}{\varepsilon}$.

2. Die Gleichung (18.358) stellt eine Vektorgleichung dar, die in kartesischen Koordinaten in die drei skalaren Gleichungen zerlegt werden kann:

$$\begin{aligned}
\frac{\partial^2 A_x}{\partial x^2} + \frac{\partial^2 A_x}{\partial y^2} + \frac{\partial^2 A_x}{\partial z^2} &= -j_x \\
\frac{\partial^2 A_y}{\partial x^2} + \frac{\partial^2 A_y}{\partial y^2} + \frac{\partial^2 A_y}{\partial z^2} &= -j_y \\
\frac{\partial^2 A_z}{\partial x^2} + \frac{\partial^2 A_z}{\partial y^2} + \frac{\partial^2 A_z}{\partial z^2} &= -j_z\ .
\end{aligned}$$

Für stromführende Leitungen, bei denen die Querschnittsabmessungen gegenüber der Leiterlänge vernachlässigbar bleiben, gilt $\mathrm{d}V = \boldsymbol{A} \cdot \mathrm{d}\boldsymbol{l} = A \cdot \mathrm{d}l$. Solche Leiter heißen auch Linienleiter und die in ihm fließenden Ströme Linienströme. Das Produkt aus der Stromdichte und dem Querschnitt ergibt die Gesamtstromstärke. Deshalb geht Gl. (18.360) über in (die Größe A auf der rechten Seite bezeichnet die Fläche):

$$\boldsymbol{A}(P) = \frac{\mu}{4\pi} \int\limits_V \frac{\boldsymbol{j}}{r} \mathrm{d}V = \frac{\mu}{4\pi} \oint\limits_l \frac{jA\mathrm{d}\boldsymbol{l}}{r} = \frac{\mu I}{4\pi} \oint\limits_l \frac{\mathrm{d}\boldsymbol{l}_Q}{r_{(Q,P)}} \, . \tag{18.361}$$

Für gegebene Linienströme berechnet man aus dieser Gleichung das Vektorpotenzial und bildet davon die Rotation, um so die magnetische Flussdichte auszurechnen. Die magnetische Flussdichte ist also nur von der Stromdichte und ihrer räumlichen Verteilung abhängig. So gesehen hat die magnetische Feldstärke ihre Ursache hier in den elektrischen Strömen. Es gelten dann die Beziehungen:

$$\boldsymbol{B} = \operatorname{rot} \boldsymbol{A} = \frac{\mu}{4\pi} \int\limits_V \operatorname{rot} \left(\frac{\boldsymbol{j}}{r} \right) \mathrm{d}V \tag{18.362}$$

und:

$$\boldsymbol{H} = \frac{1}{\mu} \operatorname{rot} \boldsymbol{A} = \frac{1}{4\pi} \int\limits_V \operatorname{rot} \left(\frac{\boldsymbol{j}}{r} \right) \mathrm{d}V \, . \tag{18.363}$$

Ihre Differenzialform lautet:

$$\mathrm{d}\boldsymbol{B} = \frac{\mu}{4\pi} \operatorname{rot} \left(\frac{\boldsymbol{j}}{r} \right) \mathrm{d}V \tag{18.364}$$

bzw.:

$$\mathrm{d}\boldsymbol{H} = \frac{1}{4\pi} \operatorname{rot} \left(\frac{\boldsymbol{j}}{r} \right) \mathrm{d}V \, . \tag{18.365}$$

Mit diesen Ergebnissen lässt sich das für Linienströme geltende bekannte Gesetz von Biot-Savart einfach herleiten.

Herleitung des Gesetzes von Biot-Savart

Die Aufgabe besteht in der Berechnung der magnetischen Feldstärke bei gegebener, räumlich verteilter Stromdichte, im Sonderfall in der Umgebung eines Linienstromes (linearer stromführender Leiter). Die Herleitung des dafür geltenden Gesetzes von Biot-Savart erfolgt mit den eben erzielten Ergebnissen. Mit dem aus Gl. (18.361) berechneten Vektorpotenzial $\boldsymbol{A}(P)$ gilt für die magnetische Feldstärke:

$$\boldsymbol{H} = \frac{\boldsymbol{B}}{\mu} = \frac{1}{\mu} \operatorname{rot} \boldsymbol{A}(P) = \operatorname{rot} \left[\frac{I}{4\pi} \oint\limits_l \frac{\mathrm{d}\boldsymbol{l}_Q}{r(Q,P)} \right] = \frac{I}{4\pi} \oint\limits_l \operatorname{rot} \left(\frac{\mathrm{d}\boldsymbol{l}_Q}{r} \right) \, . \tag{18.366}$$

Die Differenziation infolge der Rotationsbildung und die Integration kann man vertauschen, wenn der Integrand stetig differenzierbar ist und weil die Rotationsbildung durch die Ableitung nach den Koordinaten des Punktes P, die Integration jedoch nach dem Linienelement $\mathrm{d}\boldsymbol{l}_Q$ vorgenommen werden.

Innerhalb der Vektoranalysis (Tensoranalysis) geht nach der Anwendung der Produktregel der Differenziation für beliebige jedoch stetig differenzierbare physikalische Größen ψ und $\boldsymbol{M}$ die Umformung:

$$\nabla \times (\psi \boldsymbol{M}) = \operatorname{rot}(\psi \boldsymbol{M}) = \operatorname{grad} \psi \times \boldsymbol{M} + \psi \operatorname{rot} \boldsymbol{M} \tag{18.367}$$

hervor. Wendet man diese Relation auf $\mathrm{d}\boldsymbol{l}_Q/r$ an, dann folgt:

$$\operatorname{rot} \frac{\mathrm{d}\boldsymbol{l}_Q}{r} = \nabla \times \left(\frac{\mathrm{d}\boldsymbol{l}_Q}{r}\right) = \operatorname{grad} \frac{1}{r} \times \mathrm{d}\boldsymbol{l}_Q + \frac{1}{r} \operatorname{rot} \mathrm{d}\boldsymbol{l}_Q = \operatorname{grad} \frac{1}{r} \times \mathrm{d}\boldsymbol{l} \ . \tag{18.368}$$

Voraussetzungsgemäß wird die Rotation nach den Koordinaten des Aufpunktes gebildet und demzufolge liefert sie angewendet auf $\mathrm{d}\boldsymbol{l}_Q$ den Wert Null. Damit geht man in die Gl. (18.366) ein und erhält zur Berechnung der magnetischen Feldstärke:

$$H = \frac{I}{4\pi} \oint\limits_l \operatorname{rot}\left(\frac{\mathrm{d}\boldsymbol{l}_Q}{r}\right) = \frac{I}{4\pi} \oint\limits_l \operatorname{grad} \frac{1}{r} \times \mathrm{d}\boldsymbol{l}_Q = \frac{I}{4\pi} \oint\limits_l \left(-\frac{\boldsymbol{r}_0}{r^2}\right) \times \mathrm{d}\boldsymbol{l}_Q = \frac{I}{4\pi} \oint\limits_l \frac{\mathrm{d}\boldsymbol{l} \times \boldsymbol{r}_0}{r^2} \tag{18.369}$$

oder umgeformt:

$$H = \frac{I}{4\pi} \oint\limits_l \frac{\mathrm{d}\boldsymbol{l} \times \boldsymbol{r}}{r^3} \ . \tag{18.370}$$

Das ist das Gesetz von Biot-Savart:

Es besagt, dass jedes vom Linienstrom I durchflossene Leiterstück $\mathrm{d}\boldsymbol{l}$ eine Teilfeldstärke im Aufpunkt P liefert. Diese Teilfeldstärken sind zur Gesamtfeldstärke geometrisch aufzusummieren, was letztendlich durch die Form des Integranden und des Integrals selbst seinen Ausdruck findet.

In der Literatur wird häufig die differenzielle Form:

$$\mathrm{d}\boldsymbol{H} = \frac{I}{4\pi} \frac{\mathrm{d}\boldsymbol{l} \times \boldsymbol{r}}{r^3} \tag{18.371}$$

angegeben.

Beispiel 3:
Es soll die magnetische Feldstärke berechnet werden, die im Punkt P des rechteckig abgewinkelten Linienleiters (Bild 18.36) infolge des Stromflusses I vorhanden ist.

Der Ausgangspunkt ist das Gesetz nach Biot-Savart gemäß Gl. (18.370). Das Linienelement $\mathrm{d}\boldsymbol{l}$ läuft von $-\infty$ nach Null. Der Aufpunkt ist der Punkt P und der Vektor $\boldsymbol{r}$ zeigt vom Linienelement zum Aufpunkt. Wegen der Anordnung der kartesischen Basis entsprechend dem Bild 18.36 gilt:

$$\mathrm{d}\boldsymbol{l} = \mathrm{d}y \, \boldsymbol{e}_y \ . \tag{18.372}$$

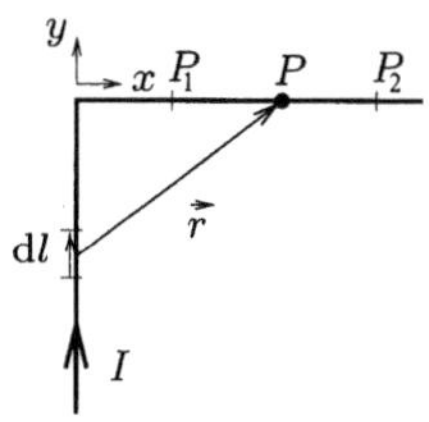

Bild 18.36: Anordnung eines stromführenden elektrischen Leiters

Der Vektor $\boldsymbol{r}$ hat die Koordinaten x und y, da der abgewinkelte Linienleiter in der Ebene $z = 0$ liegt. Für das Kreuzprodukt im Gesetz von Biot-Savart ergibt sich somit über die Auswertung der Determinante:

$$\mathrm{d}\boldsymbol{l} \times \boldsymbol{r} = \begin{bmatrix} \boldsymbol{e}_x & \boldsymbol{e}_y & \boldsymbol{e}_z \\ 0 & \mathrm{d}y & 0 \\ x & y & 0 \end{bmatrix} = -x\,\mathrm{d}y\,\boldsymbol{e}z\ . \tag{18.373}$$

Der Strom durch das laufende Linienelement $\mathrm{d}\boldsymbol{l}$ ruft im Punkt P eine magnetische Teilfeldstärke hervor. Es muss über alle Teilfeldstärken muss summiert. Wegen des Kreuzproduktes $\mathrm{d}\boldsymbol{l} \times \boldsymbol{r}$ im Gesetz von Biot-Savart liefern die Teilstücke des Leiters in x-Richtung keinen Beitrag zur Gesamtfeldstärke, weil dort $\mathrm{d}\boldsymbol{l}$ und $\boldsymbol{r}(x, 0, 0)$ in dieselbe Richtung zeigen. Die Gl. (18.370) geht dann über in den Ausdruck:

$$\boldsymbol{H} = \frac{\boldsymbol{B}}{\mu} = -\frac{Ix}{4\pi} \int\limits_{-\infty}^{0} \frac{\mathrm{d}y}{|\boldsymbol{r}|^3} \boldsymbol{e}_z = -\frac{Ix}{4\pi} \int\limits_{-\infty}^{0} \frac{\mathrm{d}y}{(\sqrt{x^2 + y^2})^3} \boldsymbol{e}_z\ , \tag{18.374}$$

woraus nach der Ausführung der Integration für die Gesamtfeldstärke:

$$\boldsymbol{H} = -\frac{Ix}{4\pi} \left[\frac{y}{x^2 \sqrt{x^2 + y^2}} \right]_{-\infty}^{0} \boldsymbol{e}_z = -\frac{Ix}{4\pi} \left[\frac{1}{x^2 \sqrt{1 + \frac{x^2}{y^2}}} \right]_{-\infty}^{0} \boldsymbol{e}_z \tag{18.375}$$

hervorgeht. Für $y \to 0$ strebt der Klammerausdruck selbst gegen Null. Für $y \to -\infty$ wird daraus:

$$\boldsymbol{H}(x) = -\frac{Ix}{4\pi} \left[\frac{1}{x^2} \right] \boldsymbol{e}_z = -\frac{I}{4\pi x} \boldsymbol{e}_z\ . \tag{18.376}$$

Da x die laufende Koordinate entlang des Linienleiters in x-Richtung bezeichnet, kann man an jeder Stelle entlang der x-Achse, speziell für P_1 bzw. P_2 die Gesamtfeldstärke angeben, indem man ein ganz bestimmtes festes x einsetzt. Die wirkende magnetische Feldstärke ist unabhängig von der Permeabilität μ.

□

Beispiel 4:
Feld- und Kraftberechnung an einem elektromagnetischen Schnellschalter

Ein elektromagnetischer Schnellschalter hat den im Bild 18.37 dargestellten prinzipiellen Aufbau. Mittels einer Feder wird das Leiterstück der Länge a im Verbund der

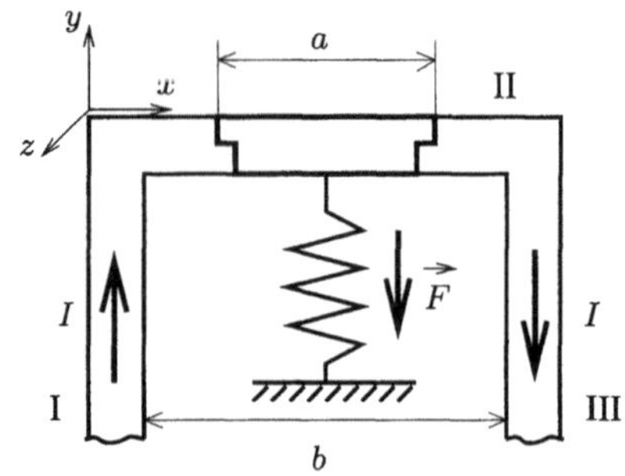

Bild 18.37: Prinzipaufbau eines elektromagnetischen Schnellschalters

Leitung gehalten. Der Stromkreis ist somit geschlossen. Im Kurzschlussfall soll das Teilstück herausgeschleudert werden. Es stellt sich nun die Frage: Wie groß muss der elektrische Strom I, der durch die Leitung und somit auch durch das bewegliche Leitungsstück fließt, sein, um den Stromkreis zu unterbrechen?

Dieses Problem soll im Weiteren mit dem Gesetz von Biot-Savart gelöst werden.

Der elektrische Strom I im Leiterstück I erzeugt ein Magnetfeld $\boldsymbol{B}$. Dieses durchdringt das Leiterstück II, was eine Kraftwirkung auf diesen stromdurchflossenen Leiter zur Folge hat. Aus geometrischen Gründen besitzt die magnetische Induktion $\boldsymbol{B}$ in der x-y-Ebene nur eine z-Komponente $\boldsymbol{B} = -B\boldsymbol{e}_z$. Der Strom I fließt in Richtung $\boldsymbol{e}_x$ und somit senkrecht zu den magnetischen Feldlinien. Mittels Lorentz-Kraft ist die Kraftwirkung auf den stromdurchflossenen Leiter erfassbar:

$$\boldsymbol{F} = Q(\boldsymbol{v} \times \boldsymbol{B}) \tag{18.377}$$

mit $\boldsymbol{v} = \boldsymbol{l}/t$ und $I = Q/t$ modifiziert sich Gl. (18.377) zu:

$$\boldsymbol{F} = I(\boldsymbol{l} \times \boldsymbol{B}) \qquad \text{bzw.} \qquad \mathrm{d}\boldsymbol{F} = I(\mathrm{d}\boldsymbol{l} \times \boldsymbol{B}) \; . \tag{18.378}$$

Um den auslösenden Strom zu berechnen, muss als erstes die magnetische Induktion $\boldsymbol{B}$, die das Leiterstück a durchdringt, bestimmt werden. Dies soll mittels des Gesetzes von Biot-Savart erfolgen. Es lautet in allgemeiner Form:

$$\mathrm{d}\boldsymbol{B} = \frac{\mu I}{4\pi} \frac{\mathrm{d}\boldsymbol{l} \times \boldsymbol{r}}{r^3} \; . \tag{18.379}$$

Die geometrischen Größen sind im Bild 18.38 erklärt.

Mit den Ortsvektoren:

$$\boldsymbol{r} = \text{Zielpunkt} - \text{Quellpunkt} = \begin{pmatrix} x \\ 0 \end{pmatrix} - \begin{pmatrix} 0 \\ y \end{pmatrix} = x\boldsymbol{e}_x - y\boldsymbol{e}_y \tag{18.380}$$

$$\mathrm{d}\boldsymbol{l} = \mathrm{d}y\, \boldsymbol{e}_y \tag{18.381}$$

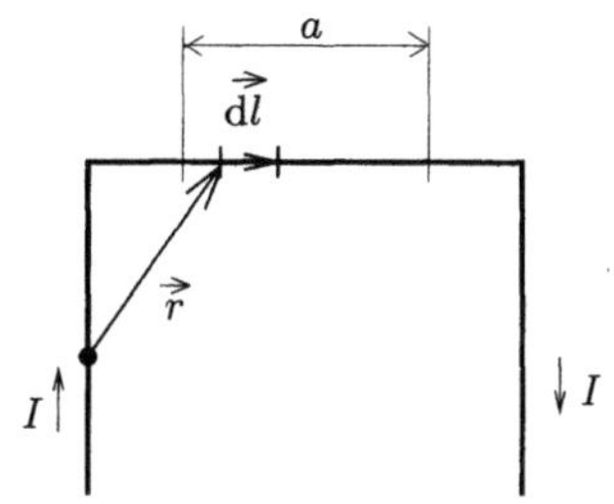

Bild 18.38: Darstellung der Ortsvektoren

erhält man für das Kreuzprodukt $\mathrm{d}\boldsymbol{l} \times \boldsymbol{r}$:

$$\mathrm{d}\boldsymbol{l} \times \boldsymbol{r} = \begin{vmatrix} \boldsymbol{e}_x & \boldsymbol{e}_y & \boldsymbol{e}_z \\ 0 & \mathrm{d}y & 0 \\ x & -y & 0 \end{vmatrix} = -x\,\mathrm{d}y\,\boldsymbol{e}_z \tag{18.382}$$

und $r = \sqrt{x^2 + y^2}$ für $\mathrm{d}\boldsymbol{B}$:

$$\mathrm{d}\boldsymbol{B} = -\frac{\mu I}{4\pi} \frac{x\,\mathrm{d}y}{\sqrt{x^2+y^2}^3}\,\boldsymbol{e}_z \,. \tag{18.383}$$

Um $\boldsymbol{B}$ zu erhalten, muss in den Grenzen von $-\infty$ bis 0 nach $\mathrm{d}y$ integriert werden:

$$\boldsymbol{B} = -\frac{\mu I}{4\pi}\,x \int\limits_{-\infty}^{0} \frac{\mathrm{d}y}{\sqrt{x^2+y^2}^3}\,\boldsymbol{e}_z = -\frac{\mu I}{4\pi}\,x \left[\frac{y}{x^2\sqrt{x^2+y^2}}\right]_{-\infty}^{0} \boldsymbol{e}_z \,. \tag{18.384}$$

Um den Grenzübergang für $y \to -\infty$ auswerten zu können, wird die Gl. (18.384) etwas umgeformt:

$$\boldsymbol{B} = -\frac{\mu I}{4\pi}\,x \left[\frac{1}{x^2\sqrt{\frac{x^2}{y^2}+1}}\right]_{-\infty}^{0} \boldsymbol{e}_z \,. \tag{18.385}$$

Nach der Bildung des Grenzübergangs folgt:

$$\boldsymbol{B} = -\frac{\mu I x}{4\pi}\left[0 + \frac{1}{x^2}\right] \boldsymbol{e}_z = -\frac{\mu I}{4\pi x}\,\boldsymbol{e}_z \,. \tag{18.386}$$

Im Weiteren erfolgt nun die Berechnung der Kraft $\boldsymbol{F}$, die vom Leiterstück I hervorgerufen wird. Das Kreuzprodukt $\mathrm{d}\boldsymbol{l} \times \boldsymbol{B}$ liefert:

$$\mathrm{d}\boldsymbol{l} \times \boldsymbol{B} = \begin{vmatrix} \boldsymbol{e}_x & \boldsymbol{e}_y & \boldsymbol{e}_z \\ \mathrm{d}x & 0 & 0 \\ 0 & 0 & B \end{vmatrix} = -B\,\mathrm{d}x\,\boldsymbol{e}_y \tag{18.387}$$

und eingesetzt in Gl. (18.378), folgt:

$$\mathrm{d}\boldsymbol{F} = -IB\mathrm{d}x\,\boldsymbol{e}_y = I^2\frac{\mu\,\mathrm{d}x}{4\pi x}\,\boldsymbol{e}_y \,. \tag{18.388}$$

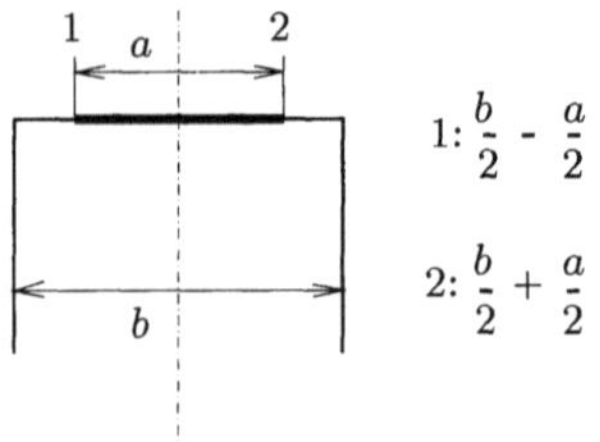

Bild 18.39: Geometrie der Anordnung

Für die Kraft $\boldsymbol{F}$ erhält man nun:

$$\boldsymbol{F} = \frac{I^2\mu}{4\pi}\int \frac{1}{x}\,\mathrm{d}x\,\boldsymbol{e}_y\ . \tag{18.389}$$

Um das Integral auswerten zu können, müssen die Integrationsgrenzen 1-2 geschickt gewählt werden. Beachtet man die Geometrie der gesamten Anordnung, so folgt nach Bild 18.39:

$$\begin{aligned}\boldsymbol{F} &= \frac{I^2\mu}{4\pi}\int\limits_{\frac{b-a}{2}}^{\frac{b+a}{2}} \frac{1}{x}\,\mathrm{d}x\,\boldsymbol{e}_y = \frac{I^2\mu}{4\pi}\Big[\ln x\Big]_{\frac{b-a}{2}}^{\frac{b+a}{2}}\boldsymbol{e}_y \\ \boldsymbol{F} &= \frac{I^2\mu}{4\pi}\left[\ln\frac{a+b}{2} - \ln\frac{b-a}{2}\right]\boldsymbol{e}_y = \frac{I^2\mu}{4\pi}\left[\ln\frac{b+a}{b-a}\right]\boldsymbol{e}_y\ . \end{aligned}\tag{18.390}$$

Hierbei muss außerdem beachtet werden, dass vom Leiterstück III ebenfalls eine Kraftwirkung ausgeht. Berücksichtigt man die Symmetrie der Anordnung, so ist festgestellt, dass die Kraftwirkung, die vom Leiterstück III verursacht wird, gleich der Kraftwirkung vom Leiterstück I ist. Daraus folgt, dass sich die Gesamtkraft additiv aus den beiden Teilkräften der Leiter I und III zusammensetzt:

$$\boldsymbol{F}_{\text{ges}} = \boldsymbol{F}_{\text{I}} + \boldsymbol{F}_{\text{III}} = 2\boldsymbol{F}_{\text{I}} = \frac{I^2\mu}{2\pi}\ln\frac{b+a}{b-a}\boldsymbol{e}_y\ . \tag{18.391}$$

Der elektrische Strom I, der bei einer vorgegebenen Federkraft $\boldsymbol{F}$ zur Auslösung der Sicherung fließen muss, ist dann:

$$I = \frac{2\pi|\boldsymbol{F}|}{\mu\ln\frac{b-a}{b+a}}\ . \tag{18.392}$$

Das bedeutet, wenn die Kraft $\boldsymbol{F}_{\text{ges}} \geq \boldsymbol{F}_{\text{Feder}}$, dann wird das Leiterstück a herausgeschleudert und der Strom unterbrochen. □

Berechnung des magnetischen Flusses aus dem Vektorpotenzial

Das Vektorpotenzial $\boldsymbol{A}$ sei bekannt als Funktion der Ortskoordinaten. Mit ihm kann man den von einer geschlossenen Linie beliebigen Verlaufs umfassten magnetischen

Fluss einfach berechnen. Denn wegen der Gültigkeit von:

$$\Phi = \int_{A^*} \boldsymbol{B}\,\mathrm{d}\boldsymbol{A}^* = \int_{A^*} \operatorname{rot}\boldsymbol{A}\,\mathrm{d}\boldsymbol{A}^* = \oint_{l} \boldsymbol{A}\,\mathrm{d}\boldsymbol{l} \tag{18.393}$$

ist das über einem geschlossenen Umlauf erstreckte Linienintegral des Vektorpotenzials gleich dem umfassten magnetischen Fluss.

Anwendung konformer Abbildungen zur Berechnung von Strömungsfeldern

Bei der Berechnung von Strömungsfeldern mittels konformer Abbildungen geht man von der Gl. (18.355) aus. Außerhalb des stromführenden Leiters ist die Stromdichte dem Betrag nach Null. Das magnetische Feld hat dort dann keine Wirbel und für dieses wirbelfreie Feld gilt wegen Gl. (18.358)

$$\operatorname{rot}\boldsymbol{B} = 0\;. \tag{18.394}$$

Jedes wirbelfreie Feld kann durch den Gradienten eines skalaren Potenzials mathematisch ausgedrückt werden. Mit $\operatorname{div}\boldsymbol{B} = 0$ und dem skalaren magnetischen Potenzial ψ folgt mit

$$\boldsymbol{H} = -\operatorname{grad}\psi \tag{18.395}$$

analog der Herleitungen zur Elektrostatik:

$$\operatorname{div}\;\boldsymbol{B} = \operatorname{div}(\mu\boldsymbol{H}) = -\operatorname{div}(\mu\;\operatorname{grad}\psi) \tag{18.396}$$

und bei konstantem μ die Laplace-Gleichung des skalaren magnetischen Potenzials:

$$\Delta\,\psi = 0\;. \tag{18.397}$$

Es besteht gegenüber dem skalaren elektrischen Potenzial ein grundlegender Unterschied. Für den Anteil $\psi = \text{const.}$ bleibt der Winkel α nicht mehr eindeutig. Bei n Umläufen um den stromführenden Leiter wächst er um $2\pi n$, da aus der Exponentialform:

$$\underline{z} = x + \mathrm{j}y = |\underline{z}|\,\mathrm{e}^{\mathrm{j}(\alpha+2\pi m)}\;, \qquad m = 0,\ldots,n \tag{18.398}$$

der Ausdruck:

$$\ln\underline{z} = \ln|\underline{z}| + \mathrm{j}(\alpha + 2\pi n) \tag{18.399}$$

hervorgeht. Da uns wegen $\mu = \text{const.}$ eine lineare Aufgabe vorliegt, kann beim Vorhandensein mehrerer stromführender Leiter das Superpositionsprinzip angewendet werden. Das magnetische Gesamtpotenzial errechnet sich durch die Summation der Einzelpotenziale.

Anmerkung:
Innerhalb stromführender Leiter gilt für das Vektorpotenzial die Gleichung (18.358) und demzufolge darf die Laplace-Gleichung nicht angesetzt werden. Eine Berechnung

des Vektorpotenzials mit Hilfe der Theorie komplexer Funktionen verbietet sich deshalb.

In der Elektrostatik ist gezeigt worden, dass in der $\underline{w}$-Ebene sowohl der Real- als auch der Imaginärteil der komplexen Funktion $\underline{w} = f(\underline{z}) = u(x,y) + \mathrm{j}v(x,y)$ einzeln die Laplace-Gleichung erfüllen. Wenn das Potenzial in allen Punkten der $\underline{w}$-Ebene bekannt ist, und es dem Realteil das skalare magnetische Potenzial zugeordnet wurde, dann berechnet sich die magnetische Feldstärke über die Gradientenbildung in der Form:

$$H_x = -\frac{\partial u(x,y)}{\partial x} \; ; \qquad H_y = -\frac{\partial u(x,y)}{\partial y} \tag{18.400}$$

und es gilt wegen den Cauchy-Riemannschen Differenzialgleichungen:

$$\begin{aligned} |\boldsymbol{H}| &= \sqrt{H_x^2 + H_y^2} = \sqrt{\left(\frac{\partial u}{\partial x}\right)^2 + \left(\frac{\partial u}{\partial y}\right)^2} = \sqrt{\left(\frac{\partial u}{\partial x}\right)^2 + \left(\frac{\partial v}{\partial x}\right)^2} \\ |\boldsymbol{H}| &= \left|\frac{\partial u}{\partial x} + \mathrm{j}\frac{\partial v}{\partial x}\right| = |f'(\underline{z})| \; . \end{aligned} \tag{18.401}$$

Der Betrag der magnetischen Feldstärke im betrachten Gebiet stimmt mit dem Absolutwert des Differenzialquotienten der betreffenden analytischen Funktion überein.

Resümee:
In stromfreien zweidimensionalen Gebieten kann man zur Berechnung magnetischer Felder mit analytischen Funktionen genauso vorgehen, wie das im Abschnitt zur Elektrostatik gezeigt worden ist.

Elektrotechnische Anwendungen

Zur Berechnung von magnetischen Feldern stationärer Ströme können das Vektorpotenzial, das Gesetz von Biot-Savart und in Analogie alle mathematischen Methoden, die vorn für elektrostatische Felder hergeleitet worden sind, herangezogen werden. In den folgenden Beispielen werden diese kombiniert.

Beispiel 5:
Berechnung des magnetischen Feldes eines ebenen vom Strom I durchflossenen Kreisringes entlang der z-Achse.

Das Gesetz von Biot-Savart ist nach Gl. (18.370) gegeben. Aus den geometrischen Gegebenheiten im Bild 18.40 folgen:

$$a^2 = r^2 + z^2 \; ; \qquad \sin\beta = \frac{r}{\sqrt{r^2 + z^2}} \; ; \qquad \mathrm{d}l = r\,\mathrm{d}\alpha \; . \tag{18.402}$$

Mit diesen Größen geht man in das Gesetz von Biot-Savart nach Gl. (18.371) ein und beachtet, dass der dort vorkommende Radius der Abstand vom Linienelement

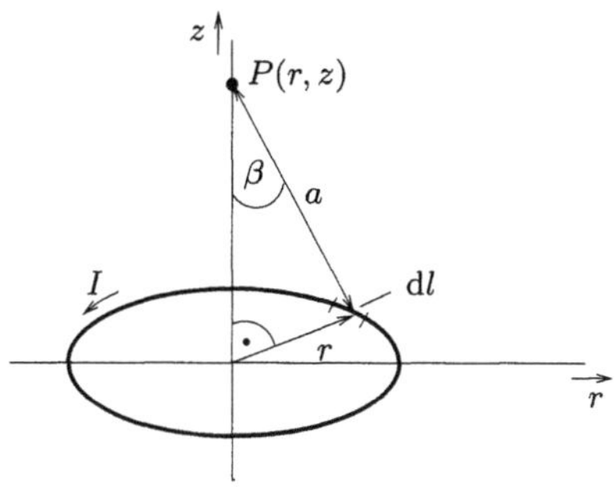

Bild 18.40: Vom Strom I durchflossener ebener Kreisringleiter

zum Aufpunkt P, also a ist. Die Integration wird über den Winkel $\mathrm{d}\alpha$ von 0 bis 2π ausgeführt. Damit folgt:

$$\mathrm{d}H = \frac{I}{4\pi}\frac{\mathrm{d}l \cdot a \sin\beta}{a^3} = \frac{I}{4\pi}\frac{\sqrt{r^2+z^2}}{(r^2+z^2)^{\frac{3}{2}}} \cdot \frac{r \cdot r\mathrm{d}\alpha}{\sqrt{r^2+z^2}} \tag{18.403}$$

oder:

$$H(z) = \frac{I}{4\pi}\int\limits_0^{2\pi} \frac{r^2}{(r^2+z^2)^{\frac{3}{2}}}\mathrm{d}\alpha = \frac{I}{4\pi}\frac{r^2}{(r^2+z^2)^{\frac{3}{2}}}\int\limits_0^{2\pi}\mathrm{d}\alpha = \frac{I}{2}\frac{r^2}{(r^2+z^2)^{\frac{3}{2}}} \, . \tag{18.404}$$

Bei festem r und gleichem Strom I hat die magnetische Feldstärke ihr Maximum an der Stelle $z = 0$, also im Mittelpunkt des Kreisringes:

$$H(0) = H_{\max} = \frac{I}{2}\frac{r^2}{(r^2)^{\frac{3}{2}}} = \frac{I}{2r} \, . \tag{18.405}$$

□

Beispiel 6:
Berechnung eines rotationssymmetrischen - hier zylindersymmetrischen Feldes (Luftspule)

In der Anordnung nach Bild 18.41 wird ein magnetisches Feld durch eine rotationssymmetrische Spule bei gegebenem Querschnitt hervorgerufen. Hier bietet sich zur Feldberechnung im Sinne einer analytischen Lösung das Vektorpotenzial nach Gl. (18.361) in der Form:

$$\boldsymbol{A} = \frac{\mu}{4\pi}\int \frac{\boldsymbol{j}}{r}\mathrm{d}V \tag{18.406}$$

an. Der Aufbau dieser Spule und das in ihr verlaufende Feld sind qualitativ bekannt. Wegen der Rotationssymmetrie ist das magnetische Feld und damit auch das Vektorpotenzial vom Winkel α unabhängig. Die magnetische Flussdichte bzw. die magnetische Feldstärke besitzen keine Komponente in α-Richtung, weil kein Spulenring ein Feld

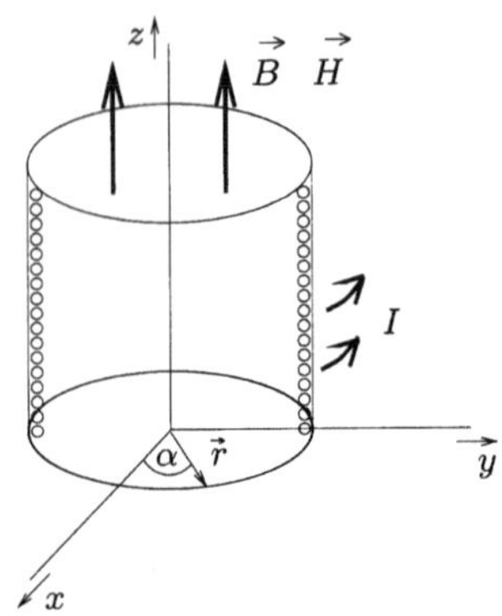

Bild 18.41: Magnetisches Feld einer zylindersymmetrischen Spule

tangential zum selben aufbaut. Weiterhin fließt der Strom in der Spule senkrecht zur z-Achse. Das Vektorpotenzial zeigt nach Gl. (18.406) immer in die Richtung des Stromstärkevektors. Deshalb verläuft das Vektorpotenzial überall senkrecht zur z-Achse und besitzt demzufolge keine z-Komponente: $\boldsymbol{A} = \boldsymbol{A}(A_r, A_\alpha, 0)$. Wegen der Definitionsgleichung für das Vektorpotenzial Gl. (18.354) gelten die drei skalaren Gleichungen in Zylinderkoordinaten:

$$\begin{aligned} B_r &= \mu H_r = -\frac{\partial A_\alpha}{\partial z}\,, \\ B_\alpha &= \mu H_\alpha = \frac{\partial A_r}{\partial z} = 0\,, \\ B_z &= \mu H_z = \frac{1}{r}\frac{\partial}{\partial r}(rA_\alpha)\,, \end{aligned} \tag{18.407}$$

wovon man sich aus der Darstellung der Operation der Rotation in Zylinderkoordinaten leicht überzeugen kann. Denn es ist:

$$\boldsymbol{B}(r,\alpha,z) = \operatorname{rot} \boldsymbol{A}(r,\alpha,z), \tag{18.408}$$

$$\boldsymbol{B}(r,\alpha,z) = \left(\frac{1}{r}\frac{\partial A_z}{\partial \alpha} - \frac{\partial A_\alpha}{\partial z}\right)\boldsymbol{e}_r + \left(\frac{\partial A_r}{\partial z} - \frac{\partial A_z}{\partial r}\right)\boldsymbol{e}_\alpha + \left(\frac{1}{r}\frac{\partial (rA_\alpha)}{\partial r} - \frac{1}{r}\frac{\partial A_r}{\partial \alpha}\right)\boldsymbol{e}_z\,.$$

Die Divergenz des Vektorpotenzials liefert in Zylinderkoordinaten:

$$\frac{1}{r}\frac{\partial}{\partial r}(rA_r) + \frac{1}{r}\frac{\partial A_\alpha}{\partial \alpha} + \frac{\partial A_z}{\partial z} = 0 \tag{18.409}$$

und vereinfacht sich wegen $A_z = 0$ und der Unabhängigkeit des Vektorpotenzials vom Winkel α in ihre eindimensionale direkt integrierbare Form:

$$\frac{1}{r}\frac{\mathrm{d}}{\mathrm{d}r}(rA_r) = 0\,. \tag{18.410}$$

Die Koordinate A_r hängt wegen $H_\alpha = 0$ und der mittleren Gleichung aus Gl. (18.407) nur vom Radius r ab, so dass die Lösung von Gl. (18.410):

$$A_r = \frac{K}{r} \tag{18.411}$$

lautet. Aus mathematischen Gründen hat diese Funktion an der Stelle $r = 0$ eine Singularität, d. h. das Feld würde dort über alle Grenzen wandern. Das ist aus energetischen Gründen ausgeschlossen und A_r muss deshalb Null sein (Anpassung des mathematischen Modells an die Realität). Somit besitzt das Vektorpotenzial nur noch eine Koordinate $A_\alpha(r, z)$, was $\boldsymbol{A} = \boldsymbol{A}(0, A_\alpha, 0)$ bedeutet. Zur Berechnung dieser Koordinate zieht man die 1. Maxwellsche Gleichung heran und muss beachten, dass das erzeugte Feld stationär ist und dass das magnetische Feld im Inneren der Spule insbesondere in z-Achsennähe berechnet wird. Dort fließen keine Ströme und die Rotation der magnetischen Feldstärke ist Null. Es wird dann mit $\mu = \text{const.}$:

$$\mu \;\text{rot}\,\boldsymbol{H} = \text{rot}\,\boldsymbol{B} = \text{rot}\;\;\text{rot}\,\boldsymbol{A} = 0\;. \tag{18.412}$$

Mit der Indentität:

$$\text{rot}\;\;\text{rot}\,\boldsymbol{A} = \text{grad}\;\;\text{div}\,\boldsymbol{A} - \Delta\boldsymbol{A} \tag{18.413}$$

erhält man wegen der Quellenfreiheit des Vektorpotenzials:

$$\text{rot}\;\;\text{rot}\,\boldsymbol{A} = -\Delta\boldsymbol{A} = 0\;. \tag{18.414}$$

Zwei Komponenten des Vektors dieser Gleichung sind identisch Null. Seine dritte Komponente führt für $A_\alpha(r, z)$ auf die partielle Differenzialgleichung:

$$\frac{\partial^2 A_\alpha}{\partial r^2} + \frac{\partial}{\partial r}\left(\frac{1}{r}A_\alpha\right) + \frac{\partial^2 A_\alpha}{\partial z^2} = 0\;. \tag{18.415}$$

Anmerkung:
In Gl. (18.413) ist der Ausdruck:

$$\Delta\boldsymbol{A} = \text{div}\;\;\text{grad}\,\boldsymbol{A}$$

auszuwerten, wobei die Gradientenbildung auf den Vektor $\boldsymbol{A}$ anzuwenden ist. Es wird nun die Operation Gradient eines Vektors oder Tensors 1. Stufe gebildet:

$$T = \Delta\boldsymbol{A} = \text{grad}\,\boldsymbol{A} = \boldsymbol{g}^l\frac{\partial\boldsymbol{A}}{\partial x^l} = \boldsymbol{g}^l\frac{\partial}{\partial x^l}(A^k\boldsymbol{g}_k)\;; \qquad k, l = 1, 2, 3 \tag{18.416}$$

und man erhält einen Tensor zweiter Stufe. Nach der Einsteinschen Summationskonvention wird in Gl. (18.416) über gleiche obere und untere Indizes, hier für k, l im $\mathbf{R}^3$ von 1 bis 3 summiert. Da die $\boldsymbol{g}_k$ auch von den Koordinaten x^l abhängen können, muss die Produktregel der Differenziation angewendet werden ($\partial A^k/\partial x^l \equiv A^k{}_{,l}$):

$$T = \boldsymbol{g}^l(A^k{}_{,l}\,\boldsymbol{g}_k + A^k g_{k,l}) = (A^k{}_{,l} + A^m\Gamma^k_{ml})\,\boldsymbol{g}^l\boldsymbol{g}_m\;, \qquad k, l, m = 1, 2, 3 \tag{18.417}$$

Die Γ^k_{ml} heißen Christoffel-Symbole. Sie verschwinden in geradlinigen Basis- bzw. Koordinatensystemen. Das ist sofort einzusehen, weil die Basisvektoren - das sind im Allgemeinen keine Einheitsvektoren - dann nicht von den x^l abhängen dürfen und so ihre Differenziation Null ergibt. Die Γ^k_{ml} hängen von der Metrik des Raumes, genauer gesagt vom metrischen Tensor der jeweiligen Basis, also vom Koordinatensystem ab.

Der Ausdruck in Zylinderkoordinaten:

$$\Delta A_\alpha = \text{div grad}\, A_\alpha = \frac{1}{r}\frac{\partial}{\partial r}\left(r\frac{\partial A_\alpha}{\partial r}\right) + \frac{1}{r^2}\frac{\partial^2 A_\alpha}{\partial \alpha^2} + \frac{\partial^2 A_\alpha}{\partial z^2} = 0 \tag{18.418}$$

unterscheidet sich von dem in Gl. (18.415). Es wird der Lösungsweg auf der Grundlage der Gl. (18.415) fortgesetzt und eine Funktion zwischen den Werten für $\boldsymbol{A}$ und $\boldsymbol{H}$ an der Symmetrieachse und den Werten dieser in einem laufenden Raumpunkt benötigt. Dazu wird die Funktion $A_\alpha = A_\alpha(r, z)$ in eine Reihe nach r entwickelt.

Wegen der dritten Gleichung in Gl. (18.407) muss A_α eine ungerade Funktion sein, wenn μH_r eine solche ist. Wegen der Rotationssymmetrie ist H_r eine ungerade Funktion, denn ersetzt man r durch $-r$, so ändert H_r das Vorzeichen. Somit ist der Ausdruck:

$$A_\alpha(r, z) = rA_1(z) + r^3 A_3(z) + r^5 A_5(z) + \ldots \; . \tag{18.419}$$

anzusetzen. Damit setzt nach Ausführung der Differenziation in die Gl. (18.415) ein und erhält nach dem Koeffizientenvergleich hinsichtlich der verschiedenen Potenzen r die Bestimmungsgleichung für die $A_i(z)$:

$$A_3(z) = -\frac{1}{2\cdot 4}\frac{\partial^2 A_1(z)}{\partial z^2} \; ; \qquad A_5(z) = \frac{1}{2\cdot 4^2\cdot 6}\frac{\partial^4 A_1(z)}{\partial z^4} \; , \; \ldots \tag{18.420}$$

und so die Reihe:

$$A_\alpha(r, z) = rA_1(z) - \frac{1}{2\cdot 4}\frac{\partial^2 A_1(z)}{\partial z^2}r^3 + \frac{1}{2\cdot 4^2\cdot 6}\frac{\partial^4 A_1(z)}{\partial z^4}r^5 + \ldots \; . \tag{18.421}$$

Mit der Radialkomponente der magnetischen Flussdichte aus Gl. (18.407) gewinnt man durch Einsetzen die z-Koordinate der magnetischem Feldstärke:

$$H_z(r, z) = \frac{1}{\mu}\left[\frac{1}{r}\frac{\partial}{\partial r}(rA_\varphi)\right] = \frac{1}{\mu}\left[2A_1(z) - \frac{r^2}{2}\frac{\partial^2 A_1}{\partial z^2} + \ldots\right] . \tag{18.422}$$

Wegen:

$$\mu H_z(0, z) = 2A_1(z) \tag{18.423}$$

für $r = 0$ gilt entlang der r-Achse:

$$A_1(z) = \frac{\mu H_z(0, z)}{2} \; , \tag{18.424}$$

woraus mit Gl. (18.407) für laufende r und z die gesuchten Abhängigkeiten für das Vektorpotenzial $A_\alpha(r, z)$ und für die Koordinaten der magnetischen Feldstärke $H_r(r, z)$ sowie $H_z(r, z)$ hervorgehen, wenn $H_z(0, z)$ entlang der Symmetrieachse bekannt ist.

Für die Ringspule muss man mit dem Ergebnis aus Beispiel 1 über alle Ringe integrieren und erhält für jeden Punkt $P(r, z)$ über Gl. (18.422) für die z-Koordinate der magnetischen Feldstärke die Summe:

$$H_z(r, z) = \sum_{n=0}^{\infty}\frac{(-1)^{n+1}}{(n+1)!n!}\frac{\partial^{2n+1}H_z(z)}{\partial z^{2n+1}}\left(\frac{r}{2}\right)^{2n+1} . \tag{18.425}$$

□

18.3 Quasistationäre und raschveränderliche Felder

Die Maxwellschen Gleichungen für quasistationäre Felder sowie für rasch veränderliche Felder entnimmt man den Gl. (17.38), (17.39). Beide Felder werden durch zeitlich veränderliche Feldgrößen hervorgerufen. Alle Feldgrößen ändern sich darüber hinaus im Allgemeinen mit dem Ort. Bei der ersten Gleichungsgruppe tritt eine sich zeitlich veränderliche elektrische Erregung $\partial \boldsymbol{D}/\partial t$ auf, die als Verschiebungsstromdichte bezeichnet wird.

Quasistationär (quasi: lat. sozusagen) bedeutet physikalisch, dass die zeitlichen Änderungen von Spannungen, Strömen und Feldern so langsam verlaufen, dass keine wirksame Antennenstrahlung vor sich geht. Damit das elektrotechnisch zutrifft, müssen die Leitungs- und Drahtlängen viel kleiner sein als ein Viertel der Wellenlänge der Strahlung.

18.3.1 Die mathematische Formulierung der Verschiebungsstromdichte

Die mathematische Formulierung der Verschiebungsstromdichte kommt Maxwell zu. Maxwell suchte eine mathematisch erfassbare Größe, um den Faradayschen *elektrotonischen Zustand* zu charakterisieren. In seiner Abhandlung Treatise[5] schreibt Maxwell über die Verschiebungsstromdichte:

> »Die Vorstellung einer solchen Größe, von deren Änderungen - und nicht von ihrem Absolutwert - die induzierte Spannung abhängt, kam *Faraday* schon in den frühen Stadien seiner Untersuchungen in den Sinn. Er hatte gefunden, dass im Sekundärstromkreis kein elektrischer Effekt zu beobachten war, wenn er sich unbeweglich in einem elektromagnetischen Feld konstanter Intensität befand, dass hingegen ein Strom entstand, wenn derselbe Feldzustand plötzlich hergestellt wurde. Ähnlicherweise ergibt sich ein Strom entgegengesetzter Richtung, wenn man den Primärkreis aus dem Feld entfernt oder die magnetischen Kräfte zum Verschwinden bringt. Es stelle sich daher im Sekundärkreis - wenn dieser sich im elektromagnetischen Feld befand - einen besonderen elektrischen Zustand der Materie vor, dem er den Namen Elektrotonischer Zustand gab. Später fand er, dass dieser Begriff entbehrlich wurde, wenn er gewisse Überlegungen zu den magnetischen Kraftlinien anstellte, aber selbst bei seinen letzten Untersuchungen drängte sich ihm - wie er feststellte - die Vorstellung eines elektrotonischen Zustandes immer wieder auf .... Da jedoch *Farraday* zu dieser Vorstellung auf rein experimentellem Wege gelangt war, schreibt er ihr eine physikalische Existenz zu und nahm an, es handle sich um einen besonderen Zustand der Materie .... Die wissenschaftliche Bedeutung der Farradayschen Vorstellung vom elektrotonischen Zustand ist, unserem Intellekt dazu anzuhalten, eine Größe zu erfassen, von deren Änderung die tatsächliche Erscheinung abhängt.«

[5] Maxwell, J.C.: A treatise on electricity and magnetism. Vol. II, 1873, Vorwort; p. 173-174.

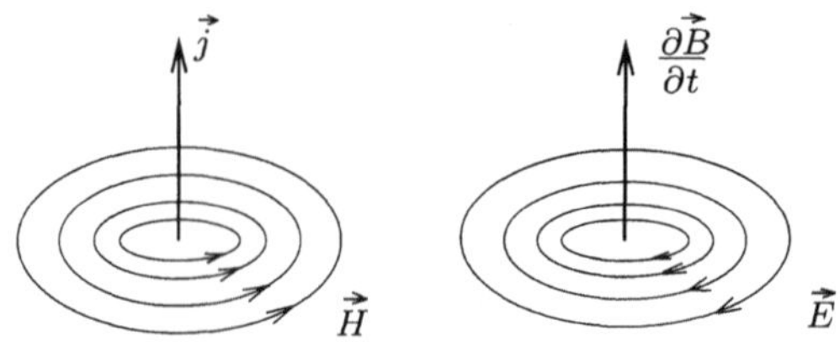

Bild 18.42: Zusammenhänge zwischen dem Leitungsstrom und der magnetischen Feldstärke sowie denen zwischen dem zeitlich veränderlichen magnetischen Feld und der elektrischen Feldstärke

Maxwell suchte somit eine mathematische Größe, die dann in seiner Theorie tatsächlich die entscheidende Rolle spielt. Sie ist das zeitlich veränderliche Vektorpotenzial. Die zeitliche Änderung dieser Größe steht in unmittelbarem Zusammenhang mit der induzierten elektrischen Feldstärke durch die Beziehung:

$$\boldsymbol{E} = -\frac{\partial \boldsymbol{A}}{\partial t} - \operatorname{grad} \varphi \ . \tag{18.426}$$

woraus sofort über die Rotationsbildung wegen $\boldsymbol{B} = \operatorname{rot} \boldsymbol{A}$:

$$\operatorname{rot} \boldsymbol{E} = -\frac{\partial \boldsymbol{B}}{\partial t} \tag{18.427}$$

folgt.

In der heutigen, didaktisch überarbeiteten Fassung der Maxwellschen Theorie gehört das Vektorpotenzial nicht mehr zu den Grundgrößen, sondern zu den abgeleiteten Größen.

Die Bilder 18.42 und 18.43 geben anschaulich wieder, wie nach der linken Gleichung in Gl. (17.38), (17.39) die zeitlich veränderliche magnetische Flussdichte und die elektrischen Feldstärke im Induktionsgesetz in Differenzialform und die elektrische Leitungsstromdichte mit der magnetischen Feldstärke im Durchflutungsgesetz in Differenzialform in Verbindung stehen. Anders ausgedrückt, jede zeitliche Veränderung der magnetischen Flussdichte verursacht ein elektrisches Feld und jede Strömung elektrischer Ladungen bringt ein magnetisches Feld mit sich. Auf diesen beiden Zusammenhängen baut die Starkstromtechnik auf.

Mit den anderen Gleichungen in Gl. (17.38), (17.39) zusammen werden quasistationäre Felder erfasst, beschrieben und berechnet.

Maxwell ging in seinen epochalen Untersuchungen noch einen entscheidenden Schritt weiter. Für Farraday und für Maxwell ist es selbstverständlich gewesen, dass die in einem Dielektrikum befindlichen elektrischen Ladungen durch die Einwirkung eines elektrischen Feldes aus ihrer Ruhelage verschoben werden und so eine zeitliche Änderung des elektrischen Feldes einen Strom - bezeichnet als *Verschiebungsstrom* - hervorruft. In eine mathematische Form gefasst, lautet die Verschiebungsstromdichte:

$$\frac{\partial \boldsymbol{D}}{\partial t} \tag{18.428}$$

mit der Dimension $\mathrm{A/m^2}$ und ordnet sich nach Gl. (17.41) in die für raschveränderliche Felder gültige erste Maxwellsche Gleichung ein. Die Verschiebungsstromdichte ruft in derselben Weise und nach derselben Gesetzmäßigkeiten ein magnetisches Feld wie der elektrische Leitungsstrom hervor. Die rechte Seite in der Gleichung:

$$\operatorname{rot} \boldsymbol{H} = \boldsymbol{j} + \frac{\partial \boldsymbol{D}}{\partial t} \tag{18.429}$$

heißt deshalb auch Gesamtstromdichte.

Man kann auch sagen es handelt sich um einen magnetischen Induktionseffekt. Durch eine zeitliche Änderung des elektrischen Feldes entsteht ein magnetisches Feld. Im Bild 18.43 ist anschaulich dargestellt, dass jede zeitliche Veränderung der Verschiebung ein magnetische Feld hervorruft und dieses zeitlich veränderliche Feld der magnetischen Flussdichte mit einem elektrischen Feld verbunden ist. Da sich elektrische und magnetische Felder wechselseitig bedingen, kann ein magnetisches Feld somit auch im Vakuum, d. h. ohne jeden stromführenden Leiter, existieren. Dieser Zusammenhang führte zur Entstehung elektromagnetischer Wellen, was die weiteren Herleitungen und Berechnungen zeigen werden.

Anmerkung:

1. Etwa drei Jahrzehnte vor den theoretischen und experimentellen Untersuchungen elektromagnetischer Wellen im Vakuum ist diskutiert worden, wie schnell sich elektromagnetische Wirkungen ausbreiten. W. Thomson hat bereits 1854 in Analogie zur Wärmeleitungsgleichung eine noch unvollständige Telegraphenleitung angegeben. Diese hat eine fortschreitende gedämpfte Welle mit einer zur Wurzel aus der Frequenz proportionalen Ausbreitungsgeschwindigkeit zur Lösung.

2. W. Thomson hat zu Charakterisierung des magnetischen Feldes die Feldvektoren $\boldsymbol{B}$ und $\boldsymbol{H}$ eingefügt. Er fand in den Jahren 1851 - 1853 auch den Zusammenhang zwischen der Energiedichte und den Feldern.

3. Die Vektoren $\boldsymbol{E}$ und $\boldsymbol{D}$ zur Kennzeichnung des elektrischen Feldes stammen im wesentlichen von Maxwell.

18.3.2 Die Feldgleichungen der magnetischen Feldstärke bei quasistationären Vorgängen

Es wird von den Feldgleichungen Gl. (17.38) und (17.39) ausgegangen. Im betrachteten Gebiet werden die Materialkenngrößen μ und $\varkappa$ als konstant angenommen. Bildet man in der 1. Maxwellschen Gleichung auf beiden Seiten die Rotation, so folgt:

$$\operatorname{rot}\operatorname{rot} \boldsymbol{H} = \operatorname{rot} \boldsymbol{j} = \varkappa \operatorname{rot} \boldsymbol{E} \ , \tag{18.430}$$

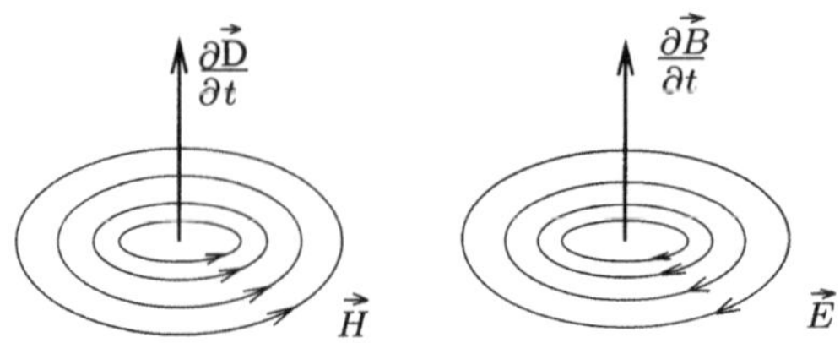

Bild 18.43: Induktionseffekt von elektrischen bzw. von magnetischen zeitlich veränderlichen Feldern

was mit der 2. Maxwellschen Gleichung auf den Ausdruck:

$$\text{rot rot } \boldsymbol{H} = -\varkappa\,\mu\,\frac{\partial \boldsymbol{H}}{\partial t} \tag{18.431}$$

führt. Die linke Seite ergibt aus rein mathematischen Gründen:

$$\text{grad div } \boldsymbol{H} - \nabla^2 \boldsymbol{H} = \text{grad div } \boldsymbol{H} - \Delta \boldsymbol{H} = -\varkappa\,\mu\frac{\partial \boldsymbol{H}}{\partial t} \tag{18.432}$$

und wegen der Quellenfreiheit der magnetischen Flussdichte gelangt man zur Beschreibung quasistationärer magnetischer Vorgänge:

$$\Delta \boldsymbol{H} + \varkappa\,\mu\,\frac{\partial \boldsymbol{H}}{\partial t} = 0\ . \tag{18.433}$$

Diese homogene Differenzialgleichung setzt sich aus einem Laplaceteil und der ersten zeitlichen Ableitung der magnetischen Feldstärke zusammen. Da voraussetzungsgemäß mit:

$$\left|\frac{\partial \boldsymbol{D}}{\partial t}\right| = 0 \tag{18.434}$$

der magnetische Induktionseffekt durch eine zeitliche Änderung elektrischer Felder vorliegt, fehlt bei dieser Art von Vorgängen die Ausbildung eines Wechselvorgangs.

Mathematisch formal drückt sich das in der Struktur des zweiten Summanden aus. Die homogene Gl. (18.433) besitzt die Struktur einer Leitungsgleichung, z. B. der Wärmeleitungsgleichung. Diese Gleichungen decken sich mathematisch auch mit der Diffusionsgleichung, so dass die Lösungsmethoden bei Austausch der Symbole bzw. physikalischen Größen übernommen werden können.

18.3.3 Berechnung qasistationärer Felder

Bei quasistationären Feldern überwiegt der Einfluss der Leistungsstromdichte auf die Entstehung magnetischer Felder wesentlich und somit gilt:

$$\left|\frac{\partial \boldsymbol{D}}{\partial t}\right| \ll |\boldsymbol{j}|\ . \tag{18.435}$$

Die Gl. (17.38), (17.39) beweisen die Untrennbarkeit der beiden Felder. Ihre Quelle besteht im elektrischen Leitungsstrom. Bei allen quasistationären Vorgängen treten sowohl die elektrische als auch die magnetische Feldstärke auf. Alle Feldgrößen verändern sich im Allgemeinen mit dem Ort und mit der Zeit. Unter der Beachtung der zeitlichen Änderung der Feldgrößen können die vorn aufgeführten Feldberechnungmethoden auch bei quasistationären Felder zur Anwendung gelangen.

Als Beispiel zur Lösung der Besselschen Differenzialgleichung wird der Effekt der Strom- und Flussverdrängung in zylindrischen Leitern untersucht.

Beispiel 1:
Strom- und Feldverdrängung in zylindrischen Leitern

Für dieses elektrotechnisch relevante Phänomen soll ein kurzes homogenes Leiterstück mit dem Radius r_a untersucht werden. Die elektrische Stromdichte innerhalb des zylindrischen Leiters ist dann nur eine Funktion des Abstandes r von der z- Achse. Die elektrische Feldstärke und die elektrische Stromdichte besitzen innerhalb des Leiters demzufolge nur eine axiale Komponente. Die magnetische Feldstärke verfügt nur über eine Tangentialkomponente:

$$\boldsymbol{E} = \boldsymbol{E}_z \; ; \qquad \boldsymbol{j} = \boldsymbol{j}_z \; ; \qquad \boldsymbol{H} = \boldsymbol{H}_\alpha \; . \tag{18.436}$$

In Zylinderkoordinaten bewirkt die Abhängigkeit der Feldgrößen nur vom Radius r, dass die partiellen Ableitungen nach den Koordinaten α, z Null sind.

Nimmt man auch sinusförmige Wechselgrößen an, so gilt in komplexer Form für die elektrische Feldstärke (und für die anderen Feldgrößen $\boldsymbol{j}, \boldsymbol{H}$ adäquat):

$$\underline{\boldsymbol{E}} = \hat{\boldsymbol{E}}\,\mathrm{e}^{\mathrm{j}\omega t} = \sqrt{2}\boldsymbol{E}\,\mathrm{e}^{\mathrm{j}\omega t} \; , \qquad \frac{\partial \underline{\boldsymbol{E}}}{\partial t} = \mathrm{j}\omega \boldsymbol{E}\sqrt{2}\,\mathrm{e}^{\mathrm{j}\omega t} \; . \tag{18.437}$$

Das bedeutet, dass die drei Feldvektoren räumliche Vektoren sind. Sie können auch als Zeitzeiger dargestellt werden. Die räumliche Lage der komplexen Zahlen ist für jeden Vektor des Feldes durch seine Lage im R^3 gegeben. Die komplexen Beträge $\underline{E}, \underline{j}$ und $\underline{H}$ sind Zeitzeiger in der komplexen Ebene, deren absoluter Betrag $|\underline{E}|, |\underline{j}|, |\underline{H}|$ gleich dem Effektivwert der Wechselgröße sein soll.

In Zylinderkoordinaten gilt für die Rotation des Vektors der elektrischen Feldstärke:

$$\begin{aligned} \mathrm{rot}_r\,\boldsymbol{E} &= \frac{1}{r}\frac{\partial E_z}{\partial \alpha} - \frac{\partial E_\alpha}{\partial z} \\ \mathrm{rot}_\alpha\,\boldsymbol{E} &= \frac{\partial E_r}{\partial z} - \frac{\partial E_z}{\partial r} \\ \mathrm{rot}_z\,\boldsymbol{E} &= \frac{1}{r}\frac{\partial}{\partial r}(rE_\alpha) - \frac{1}{r}\frac{\partial E_r}{\partial \alpha} \; . \end{aligned} \tag{18.438}$$

Die Maxwellschen Gleichungen in Zylinderkoordinaten gehen in diesem Beispiel (die Indizes z bzw. α werden nicht mitgeschrieben) in die Form:

$$\begin{aligned} -|\,\mathrm{rot}\,\underline{\boldsymbol{E}}| &= \frac{\mathrm{d}\underline{E}}{\mathrm{d}r} = \mathrm{j}\omega\mu\underline{H} \\ |\,\mathrm{rot}\,\underline{\boldsymbol{H}}| &= \frac{\mathrm{d}\underline{H}}{\mathrm{d}r} + \frac{1}{r}\underline{H} = \varkappa\underline{E} \; , \end{aligned} \tag{18.439}$$

über. Aus der ersten Gleichung folgt:

$$\underline{H} = \frac{1}{\mathrm{j}\omega\mu}\frac{\mathrm{d}\underline{E}}{\mathrm{d}r} \; ; \qquad \frac{\mathrm{d}\underline{H}}{\mathrm{d}r} = \frac{1}{\mathrm{j}\omega\mu}\frac{\mathrm{d}^2\underline{E}}{\mathrm{d}r^2} \tag{18.440}$$

so dass mit diesem Ergebnis in die zweite Gleichung eingesetzt die Besselschen Differenzialgleichung (Vergleich mit Gl. (18.58) oder (18.60)):

$$\frac{\mathrm{d}^2\underline{E}}{\mathrm{d}r^2} + \frac{1}{r}\frac{\mathrm{d}\underline{E}}{\mathrm{d}r} + \underline{k}^2\underline{E} = 0 \tag{18.441}$$

entsteht, denn die Multiplikation mit r^2 für $n = 0$ ergibt die allgemeine Form, wobei:

$$\underline{k} = \sqrt{-\mathrm{j}\omega\varkappa\mu} = \sqrt{-\mathrm{j}}k \tag{18.442}$$

gesetzt wird.

Die allgemeine Lösung der Besselschen Differenzialgleichung ist durch die Gl. (18.72) gegeben. Die Bessel-Funktionen zweiter Art $N_n(x)$ streben für nach Null gehendes Argument gegen Unendlich (siehe Bild 18.5). Da die elektrische Feldstärke längs der Leiterachse endlich bleiben muss, ist die Konstante A_2 vor den $N_n(x)$ Null zu setzen. Die allgemeine Lösung von Gl. (18.441) lautet somit:

$$\underline{E} = A_1 J_0(\underline{k}r) = A_1 J_0\left(\sqrt{-\mathrm{j}}kr\right) \; . \tag{18.443}$$

Da außerdem zwischen der Bessel-Funktion nullter und erster Ordnung die Beziehung (18.69) gilt, geht aus Gl. (18.440) für die magnetische Feldstärke der Ausdruck:

$$\underline{H} = -\frac{\varkappa}{\underline{k}^2}\frac{\mathrm{d}\underline{E}}{\mathrm{d}r} = \frac{\varkappa}{\underline{k}}A_1 J_1(\underline{k}r) \tag{18.444}$$

hervor. Auf der Oberfläche des Leiters gilt $r = r_\mathrm{a}$ und somit:

$$\underline{H}_\mathrm{a} = \frac{I}{2\pi r_\mathrm{a}} = \frac{\varkappa}{\underline{k}}A_1 J_1(\underline{k}r_\mathrm{a}) \; , \tag{18.445}$$

so dass sich die Konstante A_1 aus dieser Randbedingung zu:

$$A_1 = \frac{I\underline{k}}{2\pi r_\mathrm{a}\varkappa} \cdot \frac{1}{J_1(\underline{k}r_\mathrm{a})} \tag{18.446}$$

bestimmt. Wegen Gl. (18.443) und (18.444) gelten für die Feldstärken und die Stromdichte:

$$\underline{E} = \frac{\underline{k}I}{2\pi r_\mathrm{a}\varkappa}\frac{J_0(\underline{k}r)}{J_1(\underline{k}r_\mathrm{a})} \; ; \qquad \underline{j} = \frac{\underline{k}I}{2\pi r_\mathrm{a}}\frac{J_0(\underline{k}r)}{J_1(\underline{k}r_\mathrm{a})} \; ; \qquad \underline{H} = \frac{I}{2\pi r_\mathrm{a}}\frac{J_1(\underline{k}r)}{J_1(\underline{k}r_\mathrm{a})} \; . \tag{18.447}$$

Die Bessel-Funktionen ([6], S. 125, 130, 480, 622; [135]) liegen auch tabelliert vor oder man verwendet eine Reihenentwicklung, so dass die Feldgrößen für verschiedene r berechnet werden können.

Die Größe $\underline{k}$ ist komplex. Demzufolge ändern sich nicht nur die Amplituden der Feldgrößen sondern auch ihre Phasen innerhalb des elektrischen Leiters mit dem Abstand von der Leiteroberfläche.

Im Grenzfall gelten die Relationen (18.68). Deshalb rechnet man bei Gleichstrom oder bei niedrigen Frequenzen für $|\underline{k}r| \ll 1$ mit:

$$J_0(|\underline{k}r|) \approx 1 \; ; \qquad J_1(|\underline{k}r|) \approx \frac{|\underline{k}r|}{2} \, , \tag{18.448}$$

so dass für die elektrische Stromdichte der vereinfachte Ausdruck:

$$\underline{j}_0 = \frac{\underline{k}I}{2\pi r_\mathrm{a}} \cdot \frac{2}{\underline{k}r_\mathrm{a}} = \frac{I}{\pi r_\mathrm{a}^2} = j_0 \tag{18.449}$$

folgt. Der Strom ist nahezu gleichmäßig über den Leiterquerschnitt von $r = 0$ bis $r = r_\mathrm{a}$ verteilt. Diese Verteilung hängt nicht von der Größe des Leiterquerschnittes ab.

Für hohe Frequenzen oder großem Leiterradius gilt $|\underline{k}r| \gg 1$ und Gl. (18.70) wird der Effektivwert (absoluter Betrag) der elektrischen Stromdichte:

$$|\underline{j}| = \frac{Ik}{2\pi r_\mathrm{a}} \sqrt{\frac{r_\mathrm{a}}{r}} \, \mathrm{e}^{-\sqrt{\pi f \varkappa \mu}(r_\mathrm{a} - r)} \tag{18.450}$$

oder mit der Abschätzung:

$$\alpha = \frac{k}{\sqrt{2}} = \sqrt{\frac{\omega \varkappa \mu}{2}} = \sqrt{\pi f \varkappa \mu} \tag{18.451}$$

folgt:

$$\frac{|\underline{j}|}{|\underline{j}_\mathrm{a}|} = \sqrt{\frac{r}{r_\mathrm{a}}} \, \mathrm{e}^{-\alpha(r_\mathrm{a} - r)} \; . \tag{18.452}$$

Die Größe $\underline{j}_\mathrm{a}$ bezeichnet die Stromdichte auf der Leiteroberfläche. Bei hohen Frequenzen nimmt der Betrag der Stromdichte mit wachsender Tiefe $r_\mathrm{a} - r$ nach einer Exponentialfunktion ab. Dieses Ergebnis belegt die Widerstandszunahme (Quotient von Wechselstromwirkwiderstand und Gleichstromwiderstand) infolge der Stromverdrängung. Um den Widerstand bei hohen Frequenzen klein zu lassen finden Hohlleiter mit möglichst großer Oberfläche - meist aus Kupfer - Anwendung. Das Bild 18.44 gibt die Stromverteilung in einem zylindrischen Leiter sowohl bei niedrigen als auch bei hohen Frequenzen wieder. Über die angegebenen Näherungen lassen sich aus (18.447) für die elektrische und die magnetische Feldstärke entsprechende Schlussfolgerungen für niedrige sowie für hohe Frequenzen herleiten. □

18.3.4 Raschveränderliche Felder

Im Kapitel 3 wurde zur Aufrechterhaltung der Kausalitätsaussage die eindeutige Lösbarkeit der Maxwellschen Gleichungen über den Beweis des Satzes 3.1 nachgewiesen.

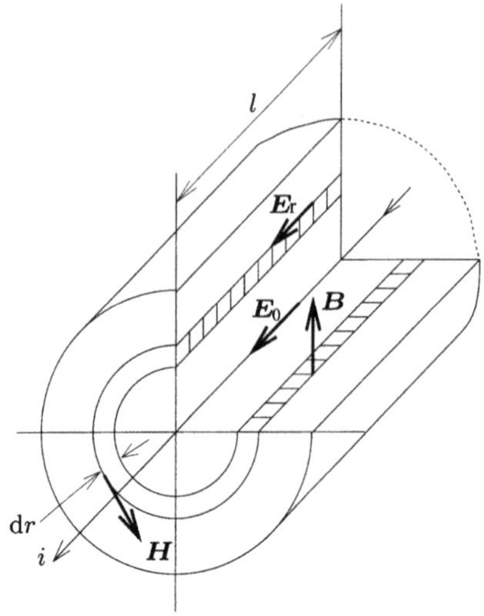

Bild 18.44: Stromverteilung in einem zylindrischen Leiter infolge der Stromverdrängung

Die Maxwellschen Gleichungen verkörpern in mathematischer Form Gesetze der Physik bzw. der Elektrotechnik. Es sind durch Symbole und mathematische Operationen von Maxwell geschaffene Abbilder der objektiv wirkenden Gesetze, hier das Durchflutungs- und das Induktionsgesetz. Sind die Bedingungen für das Wirken dieser Gesetze erfüllt, dann vollziehen sich die mit ihnen verbundenen Vorgänge unabhängig vom Menschen. Diese können gegebenenfalls Bedingungen oder abgeschwächte Parameter verändern. Der entsprechend diesen Gesetzen geprägte Ablauf der elektrotechnischen Ereignisse nach Qualität und (bei dann als fest angenommenen Parametern) nach Quantität ist bestimmt, d. h. unabhängig vom Menschen.

Die Eindeutigkeit der Lösbarkeit der Maxwellschen Gleichungen ist vorn bewiesen worden. Nun sind Wege zu ihrer Lösung aufzuzeigen. In den Maxwellschen Gleichungen sind neben den Erregungen die Feldgrößen erhalten und man kann auf die elektrodynamischen Potenziale φ und $\boldsymbol{A}$ zurückgreifen. Die Feldgrößen $\boldsymbol{E}$, als Intensitätsgröße, $\boldsymbol{H}$ als Quantitätsgröße und die Potenziale hängen sowohl von deren Ortskoordinaten als auch der Zeitkoordinate ab. Es treten in den jeweiligen Gleichungen zweite Ableitungen nach dem Ort und nach der Zeit auf.

Es wird mit der Herleitung des Operators der Wellenausbreitung (Wellenoperator), begonnen, seine Forminvarianz aufgezeigt und anschließend die Wellengleichungen für die magnetische Feldstärke, für die elektrische Feldstärke, für das skalare elektrische Potenzial und für das Vektorpotenzial hergeleitet.

Der Wellenoperator und seine Invarianz gegenüber der Lorentz-Transformation

Um die Forminvarianz des Wellenoperators gegenüber der Lorentz-Transformation zu zeigen, muss vom vierdimensionalen Nablaoperator ausgegangen werden. Dieser Operator hat per Definition die Form ($\boldsymbol{g}^i$ sind die kontravarianten Grundvektoren und die x^i, $i = 0, 1, 2, 3$ die kontravarianten Koordinaten des Viererortsvektors):

$$\boldsymbol{g}^i \frac{\partial}{\partial x^i} = \boldsymbol{g}^0 \frac{\partial}{\partial x^0} + \boldsymbol{g}^1 \frac{\partial}{\partial x^1} + \boldsymbol{g}^2 \frac{\partial}{\partial x^2} + \boldsymbol{g}^3 \frac{\partial}{\partial x^3} = \left(\frac{1}{c}\frac{\partial}{\partial t}, \nabla\right) . \tag{18.453}$$

Alle Koordinaten sind kovariant, weil eine kontravariante Koordinate im Nenner zur kovarianten Koordinate im Zähler und umgekehrt wird. Da für die sogenannten Vierervektoren (Vierertensoren 1. Stufe) die Beziehungen (A^i steht hier vorerst ohne konkreten physikalischen bzw. elektrotechnischen Inhalt) gelten:

$$A^0 = A_0 \ , \qquad A^1 = -A_1 \ , \qquad A^2 = -A_2 \ , \qquad A^3 = -A_3 \tag{18.454}$$

gilt demzufolge für die Koordinaten des Viererortsvektors:

$$x^0 = x_0 \ , \qquad x^1 = -x_1 \ , \qquad x^2 = -x_2 \ , \qquad x^3 = -x_3 \tag{18.455}$$

oder zusammengefasst:

$$x^i = (ct, \boldsymbol{r}) \ , \qquad x_i = (ct, -\boldsymbol{r}) \ . \tag{18.456}$$

Damit geht der Nabla-Operator hinsichtlich der Ableitung der kovarianten Koordinate in:

$$\boldsymbol{g}_i \frac{\partial}{\partial x_i} = \boldsymbol{g}_0 \frac{\partial}{\partial x_0} + \boldsymbol{g}_1 \frac{\partial}{\partial x_1} + \boldsymbol{g}_2 \frac{\partial}{\partial x_2} + \boldsymbol{g}_3 \frac{\partial}{\partial x_3} = \left(\frac{1}{c}\frac{\partial}{\partial t}, -\nabla\right) \tag{18.457}$$

über. Bezeichnet man diese vierdimensionalen Operatoren durch $\Box_{\mathrm{kov}}$ und $\Box\,\mathrm{e}^{\mathrm{kon}}$, so folgt:

$$\Box\,\mathrm{e}^{\mathrm{kon}} \cdot (\Box_{\mathrm{kov}}) \ldots = \Box^2 \ldots \ . \tag{18.458}$$

Der hochgestellte Index 2 bezeichnet eine zweifache Operatoranwendung und stellt nicht das Quadrat des Operators dar. Zusammenfassend folgt bei vorgenommenem Indizewechsel zur getrennten Ausweisung der beiden Summationen:

$$\boldsymbol{g}^i \frac{\partial}{\partial x^i} \cdot \left[\left(\boldsymbol{g}_j \frac{\partial}{\partial x_j}\right) \ldots\right] = \left(\frac{1}{c}\frac{\partial}{\partial t}, \nabla\right) \cdot \left[\left(\frac{1}{c}\frac{\partial}{\partial t}, -\nabla\right) \ldots\right] . \tag{18.459}$$

Dieser Ansatz geht bei Beachtung des durch die Tensorrechnung für alle Basissysteme (Koordinatensysteme) gezeigten allgemein gültigen Zusammenhanges:

$$\boldsymbol{g}^i \cdot \boldsymbol{g}_i = \delta^i_j = \begin{cases} 1 & i = j \\ 0 & i \neq j \end{cases} \qquad (i, j = 0, 1, 2, 3) \tag{18.460}$$

über in den Wellenoperator (auch als Quablaoperator bezeichnet):

$$\left(\frac{1}{c}\frac{\partial}{\partial t}, \nabla\right) \cdot \left[\left(\frac{1}{c}\frac{\partial}{\partial t}, -\nabla\right) \ldots\right] \equiv \left(\frac{1}{c^2}\frac{\partial^2}{\partial t^2} - \nabla^2\right) \ldots = \left(\frac{1}{c^2}\frac{\partial^2}{\partial t^2} - \Delta\right) \ldots = \Box^2 \ldots \ . \tag{18.461}$$

Mit den vorgestellten Herleitungen lässt sich nun die Forminvarianz (Kovarianz) des Wellenoperators unter der Lorentz-Transformation oder was dasselbe beinhaltet, beim Übergang von einem Inertialsystem zu einem anderen Inertialsystem, zeigen. Forminvarianz heißt, der Operator der Wellenausbreitung hat vor und nach der Transformation dieselbe Form, d. h. denselben mathematischen Aufbau. Gemäß der Idendität Gl. (18.461) gilt dann unter der Berücksichtigung der gleich bleibenden y- und z-Koordinaten, also $y = \bar{y}, z = \bar{z}$:

$$\left(\frac{1}{c^2}\frac{\partial^2}{\partial t^2} - \frac{\partial^2}{\partial x^2}\right)\ldots = \left(\frac{1}{c^2}\frac{\partial^2}{\partial \bar{t}^2} - \frac{\partial^2}{\partial \bar{x}^2}\right)\ldots \;. \tag{18.462}$$

In der Tat kann man auf der linken Seite die Ableitungsoperatoren nach:

$$\frac{\partial}{\partial x} = \frac{1}{\sqrt{1-(\frac{v}{c})^2}}\left(\frac{\partial}{\partial \bar{x}} - \frac{v}{c^2}\frac{\partial}{\partial \bar{t}}\right) \tag{18.463}$$

bzw.:

$$\frac{\partial}{\partial t} = \frac{1}{\sqrt{1-(\frac{v}{c})^2}}\left(\frac{\partial}{\partial \bar{t}} - v\frac{\partial}{\partial \bar{x}}\right) \;. \tag{18.464}$$

einsetzen und gelangt zum gesuchten Ergebnis unter Hinzuziehung der y- und der z-Koordinate für den Wellenoperator (Viereroperator):

$$\Box^2 \ldots = \bar{\Box}^2 \ldots \;. \tag{18.465}$$

Mathematisch formal kann man diesen Operator auf die Feldvektoren bzw.auf die elektromagnetischen Potenziale anwenden und erhält im homogenen Falle, z. B. angewendet auf das skalare elektrische Potenzial φ, die homogene Wellengleichung:

$$\left(\frac{1}{c^2}\frac{\partial^2}{\partial t^2} - \nabla^2\right)\varphi = \frac{1}{c^2}\frac{\partial^2 \varphi}{\partial t^2} - \Delta\varphi = \Box^2\varphi = 0 \tag{18.466}$$

oder in überstrichenen Koordinaten:

$$\bar{\Box}^2\bar{\varphi} = 0 \;. \tag{18.467}$$

Die Wellengleichung ist nach der mathematischen Klassifikation eine hyperbolische partielle Differenzialgleichung. Mit dieser Herleitung gilt als bewiesen, dass die Wellengleichung auch in bewegten Systemen gültig bleibt. Der darin auftretende Wellenoperator oder $\Box$ - Operator berücksichtigt die endliche Laufzeit der elektrischen Felder und Wirkungen aller Art.

Herleitung der Wellengleichungen für die Feldstärken *H* und *E*

Da sich die Wellengleichungen für diese physikalischen Größen in den Inhomogenitäten unterscheiden, sind diese nacheinander herzuleiten. Begonnen wird mit der Wellengleichung für die magnetische Feldstärke $\boldsymbol{H}$ und nehmen als Ausgangsgleichung die erste

Maxwellsche Gleichung. Auf beiden Seiten bildet man die Rotation, differenziert die zweite Maxwellsche Gleichung nach der Zeit t und erhält bei konstantem ε, μ:

$$\operatorname{rot}\operatorname{rot}\boldsymbol{H} = \operatorname{rot}\boldsymbol{j} + \varepsilon\frac{\partial}{\partial t}\operatorname{rot}\boldsymbol{E} \tag{18.468}$$

oder:

$$\operatorname{rot}\operatorname{rot}\boldsymbol{H} + \varepsilon\mu\frac{\partial^2\boldsymbol{H}}{\partial t^2} = \operatorname{rot}\boldsymbol{j}\ . \tag{18.469}$$

Mit der Identität (angewendet auf ein beliebiges Vektorfeld):

$$\operatorname{rot}\operatorname{rot}\boldsymbol{H} = \operatorname{grad}\operatorname{div}\boldsymbol{H} - \nabla^2\boldsymbol{H} = \operatorname{grad}\operatorname{div}\boldsymbol{H} - \Delta\boldsymbol{H} \tag{18.470}$$

folgt wegen $\operatorname{div}\boldsymbol{H} = \frac{1}{\mu}\operatorname{div}\boldsymbol{B} = 0$:

$$\varepsilon\mu\frac{\partial^2\boldsymbol{H}}{\partial t^2} - \Delta\boldsymbol{H} = \operatorname{rot}\boldsymbol{j} \tag{18.471}$$

oder:

$$\Delta\boldsymbol{H} - \varepsilon\mu\frac{\partial^2\boldsymbol{H}}{\partial t^2} = -\operatorname{rot}\boldsymbol{j}\ . \tag{18.472}$$

Das ist die inhomogene Wellengleichung für die magnetische Feldstärke in Materialien gekennzeichnet durch ε und μ unter der Beachtung stromführender elektrischer Leiter.

Anmerkung:

Unter der Beachtung, dass $c^2 = \dfrac{1}{\varepsilon_0\mu_0} \neq \dfrac{1}{\varepsilon\mu}$, kann man auch:

$$\Box^2\boldsymbol{H} = \nabla\times\boldsymbol{j}$$

schreiben. Die Größe $v^2 = \frac{1}{\varepsilon\mu}$ bezeichnet die Ausbreitungsgeschwindigkeit der Welle.

Zur Herleitung der Wellengleichung für die elektrische Feldstärke geht man von der zweiten Maxwellschen Gleichung aus, bildet die Rotation und setzt die nach der Zeit differenzierte erste Maxwellsche Gleichung ein. Dadurch wird die magnetische Feldstärke eliminiert, ε und μ seien konstant:

$$\operatorname{rot}\operatorname{rot}\boldsymbol{E} = -\mu\frac{\partial}{\partial t}\operatorname{rot}\boldsymbol{H} \tag{18.473}$$

$$\operatorname{grad}\operatorname{div}\boldsymbol{E} + \varepsilon\mu\frac{\partial^2\boldsymbol{E}}{\partial t^2} - \Delta\boldsymbol{E} = \mu\frac{\partial\boldsymbol{j}}{\partial t}\ . \tag{18.474}$$

Mit:

$$\operatorname{div}\boldsymbol{D} = \operatorname{div}(\varepsilon\boldsymbol{E}) = \varepsilon\operatorname{div}\boldsymbol{E} = \varrho \tag{18.475}$$

und wenigen Umstellungen nebst Vorzeichenwechsel gelangt man zur Wellengleichung:

$$\Delta\boldsymbol{E} - \varepsilon\mu\frac{\partial^2\boldsymbol{E}}{\partial t^2} = \mu\frac{\partial\boldsymbol{j}}{\partial t} + \frac{1}{\varepsilon}\operatorname{grad}\varrho \tag{18.476}$$

oder mit dem Viereroperator:

$$\Box^2\boldsymbol{E} = -\mu\frac{\partial\boldsymbol{j}}{\partial t} - \frac{1}{\varepsilon}\operatorname{grad}\varrho\ . \tag{18.477}$$

Wellengleichung für das elektrische skalare Potenzial und für das magnetische Vektorpotenzial

Wegen der Gl. (18.426) gelangt man bei konstantem ε über $\operatorname{div} \boldsymbol{D} = \varepsilon \operatorname{div} \boldsymbol{E} = \varrho$ zu:

$$\operatorname{div} \boldsymbol{E} = \operatorname{div}\left(-\operatorname{grad}\varphi - \frac{\partial \boldsymbol{A}}{\partial t}\right) = \frac{\varrho}{\varepsilon} \tag{18.478}$$

oder nach der Vertauschung der räumlichen mit der zeitlichen partiellen Ableitung auf:

$$-\frac{\partial}{\partial t}\operatorname{div} \boldsymbol{A} - \operatorname{div}\operatorname{grad}\varphi = \frac{\varrho}{\varepsilon}\,. \tag{18.479}$$

Im Abschnitt über stationäre Felder ist dem Vektorpotenzial die Zusatzbedingung seiner Quellenfreiheit, d. h. $\operatorname{div} \boldsymbol{A} = 0$, auferlegt worden. Ohne dem zu widersprechen, kann man als Forderung zwischen dem Vektorpotenzial und dem skalaren Potenzial mit $v^2 = 1/\varepsilon\mu$ durch den Ausdruck:

$$\operatorname{div} \boldsymbol{A} = -\varepsilon\mu\frac{\partial\varphi}{\partial t} = -\frac{1}{v^2}\frac{\partial\varphi}{\partial t} \tag{18.480}$$

stellen und gelangt damit zur Wellengleichung für das skalare elektrische Potenzial:

$$\Delta\,\varphi - \frac{1}{v^2}\frac{\partial^2\varphi}{\partial t^2} = -\frac{\varrho}{\varepsilon}\,. \tag{18.481}$$

Im zeitlich veränderlichen elektromagnetischen Feld genügt das elektrische Potenzial einer inhomogenen Wellengleichung. Im statischen elektrischen Feld gilt die Poissonsche Differenzialgleichung:

$$\Delta\,\varphi = -\frac{\varrho}{\varepsilon}\,. \tag{18.482}$$

Mit dem Operator der Wellengleichung nach Gl. (18.461) gilt:

$$\Box^2\varphi = \frac{\varrho}{\varepsilon}\,. \tag{18.483}$$

Aus dem Wellenoperator geht mathematisch die Struktur hervor, aber erst die Herleitung der Wellengleichung liefert eine Inhomogenität, hier durch das Vorhandensein von Raumladungen.

Die Herleitung der Wellengleichung für das Vektorpotenzial beginnt bei der Definition desselben nach Gl. (18.354). Mit der ersten Maxwellschen Gleichung folgt bei konstanten μ, ε:

$$\operatorname{rot} \boldsymbol{B} = \mu\left(\boldsymbol{j} + \frac{\partial \boldsymbol{D}}{\partial t}\right) = \mu\boldsymbol{j} + \varepsilon\mu\frac{\partial \boldsymbol{E}}{\partial t}\,. \tag{18.484}$$

Wegen $\boldsymbol{B} = \operatorname{rot} \boldsymbol{A}$ erhält man auf dieselbe Art und Weise:

$$\operatorname{grad}\operatorname{div} \boldsymbol{A} - \Delta\,\boldsymbol{A} = \mu\boldsymbol{j} + \varepsilon\mu\frac{\partial \boldsymbol{E}}{\partial t}\,. \tag{18.485}$$

Aus der zweiten Maxwellschen Gleichung ergibt sich durch Einsetzen:

$$\operatorname{rot}\boldsymbol{E} = -\frac{\partial \boldsymbol{B}}{\partial t} = -\frac{\partial}{\partial t}\operatorname{rot}\boldsymbol{A} = -\operatorname{rot}\frac{\partial \boldsymbol{A}}{\partial t} . \tag{18.486}$$

Die beiden äußeren Seiten sind gleich bis auf den Gradienten einer skalaren Funktion, hier dem skalaren elektrischen Potenzial, weil:

$$\nabla \times (\nabla\varphi) = 0 \tag{18.487}$$

gilt und deshalb $\boldsymbol{E}$ nach Gl. (18.426) nicht zum Widerspruch führt. Nach der Differenziation kann man mit:

$$\frac{\partial \boldsymbol{E}}{\partial t} = -\frac{\partial^2 \boldsymbol{A}}{\partial t^2} - \operatorname{grad}\frac{\partial\varphi}{\partial t} \tag{18.488}$$

in die Gl. (18.485) eingehen und gelangt zum Ausdruck:

$$\operatorname{grad}\left(\operatorname{div}\boldsymbol{A} + \varepsilon\mu\frac{\partial\varphi}{\partial t}\right) - \Delta\,\boldsymbol{A} + \varepsilon\mu\frac{\partial^2 \boldsymbol{A}}{\partial t^2} = \mu\boldsymbol{j} . \tag{18.489}$$

Mit dem in Gl. (18.480) geforderten Zusammenhang zwischen dem skalaren Potenzial und dem Vektorpotenzial verifiziert sich nach einer Vorzeichenumkehr die Wellengleichung für das Vektorpotenzial:

$$\Delta\,\boldsymbol{A} - \varepsilon\mu\frac{\partial^2 \boldsymbol{A}}{\partial t^2} = -\mu\boldsymbol{j} . \tag{18.490}$$

Diese Gleichung bezeichnet die Literatur als d'Alembertsche Gleichung.

Damit sind die vier Wellengleichungen hergeleitet worden. Die linken Seiten sind der mathematischen Form nach gleich. Sie unterscheiden sich durch die Inhomogenitäten. Die Inhomogenitäten stellen die Erregung dar und hängen von den stromdurchflossenen Leitern und/oder von den Raumladungen im zu untersuchenden Gebiet ab.

In kartesischen Koordinaten gilt für ein Vektorfeld $\boldsymbol{v}(P)$:

$$\Delta\,\boldsymbol{v}(P) = (\Delta\,v_x)\boldsymbol{e}_x + (\Delta\,v_y)\boldsymbol{e}_y + (\Delta\,v_z)\boldsymbol{e}_z , \tag{18.491}$$

was gleichbedeutend mit:

$$\begin{aligned}\Delta\,\boldsymbol{v} \quad = \quad & \left(\frac{\partial^2 v_x}{\partial x^2} + \frac{\partial^2 v_x}{\partial y^2} + \frac{\partial^2 v_x}{\partial z^2}\right)\boldsymbol{e}_x \\ & + \left(\frac{\partial^2 v_y}{\partial x^2} + \frac{\partial^2 v_y}{\partial y^2} + \frac{\partial^2 v_y}{\partial z^2}\right)\boldsymbol{e}_y \\ & + \left(\frac{\partial^2 v_z}{\partial x^2} + \frac{\partial^2 v_z}{\partial y^2} + \frac{\partial^2 v_z}{\partial z^2}\right)\boldsymbol{e}_z \end{aligned} \tag{18.492}$$

ist (In anderen Koordinatensystemen besitzt der Δ-Operator einen komplizierteren Aufbau). Wegen dieser einfachen Form können die Vektorgleichungen in je drei skalare Gleichungen zerlegt werden. Als Beispiel entstehen aus der Gl. (18.476) für die

Koordinaten der elektrischen Feldstärke:

$$\begin{aligned}
\Delta\, E_x - \varepsilon\mu\frac{\partial^2 E_x}{\partial t^2} &= \mu\frac{\partial j_x}{\partial t} + \frac{1}{\varepsilon}\frac{\partial \varrho}{\partial x} \\
\Delta\, E_y - \varepsilon\mu\frac{\partial^2 E_y}{\partial t^2} &= \mu\frac{\partial j_y}{\partial t} + \frac{1}{\varepsilon}\frac{\partial \varrho}{\partial y} \\
\Delta\, E_z - \varepsilon\mu\frac{\partial^2 E_z}{\partial t^2} &= \mu\frac{\partial j_z}{\partial t} + \frac{1}{\varepsilon}\frac{\partial \varrho}{\partial z}\, .
\end{aligned} \tag{18.493}$$

Nun bleibt noch zu klären, welchen Inhalt die Bedingung in Gl. (18.480) präsentiert. Wendet man den Viereroperator nach Gl. (18.461) an, dann zieht das den Ausdruck:

$$\Box^2 \operatorname{div} \boldsymbol{A} = -\Box^2 \left(\frac{1}{v^2}\frac{\partial \varphi}{\partial t}\right) \tag{18.494}$$

oder:

$$\operatorname{div} \Box^2 \boldsymbol{A} = -\frac{1}{v^2}\frac{\partial}{\partial t}\Box^2 \varphi \tag{18.495}$$

nach sich. Setzt man nun die Wellengleichung für das Vektorpotenzial und für das skalare elektrische Potenzial ein, so findet man die Beziehung:

$$\operatorname{div} \mu \boldsymbol{j} = -\frac{1}{v^2}\frac{\partial}{\partial t}\frac{\varrho}{\varepsilon}\, , \tag{18.496}$$

was mit:

$$v^2 = \frac{1}{\mu\varepsilon} = \text{const.} \tag{18.497}$$

auf die Kontinuitätsgleichung führt. Diese Zusatzbedingung widerspricht demzufolge nicht der Erhaltung der Elektrizitätsmenge.

Lösung der Wellengleichung im $\mathbb{R}^3$ - retardierte Potenziale

Die vorn hergeleiteten Wellengleichungen sind partielle Differenzialgleichungen hyperbolischen Typs. Aus mathematisch formaler Sicht sind sie durch den Wellenoperator nach Gl. (18.461) charakterisiert. Sie unterscheiden sich durch die eingesetzte Feldgröße sowie durch die dazugehörige Inhomogenität.

Die vektorielle inhomogene Wellengleichung für das Vektorpotenzial nach Gl. (18.490) kann in kartesischen Koordinaten mit:

$$\boldsymbol{A} = A^i \boldsymbol{e}_i = (i = 1, 2, 3) = A_x \boldsymbol{e}_x + A_y \boldsymbol{e}_y + A_z \boldsymbol{e}_z \tag{18.498}$$

in drei skalare Gleichungen:

$$\begin{aligned}
\Delta\, A_x - \varepsilon\mu\frac{\partial^2 A_x}{\partial t^2} &= -\mu j_x \\
\Delta\, A_y - \varepsilon\mu\frac{\partial^2 A_y}{\partial t^2} &= -\mu j_y \\
\Delta\, A_z - \varepsilon\mu\frac{\partial^2 A_z}{\partial t^2} &= -\mu j_z
\end{aligned} \tag{18.499}$$

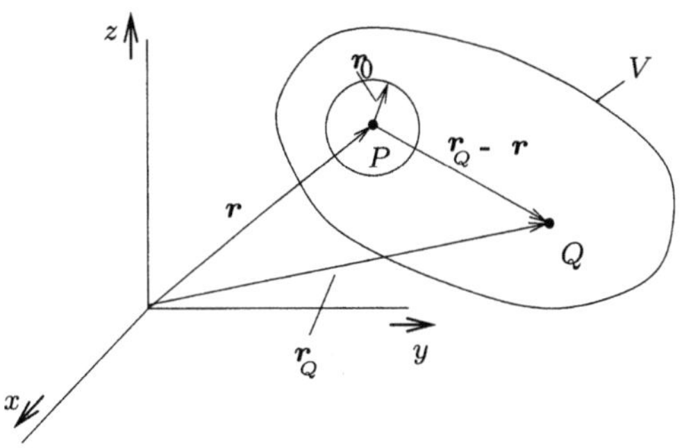

Bild 18.45: Aufpunkt, Quellenpunkt und Quellenvolumen zur Lösung der skalaren inhomogenen Wellengleichung

zerlegt werden. Die Struktur dieser drei skalaren Gleichungen stimmt mit der für das skalare elektrische Potenzial gefundene Wellengleichung in Gl. (18.481) überein. Aus diesem Grunde erscheint es zweckmäßig, vorerst die Lösung der inhomogenen Wellengleichung:

$$\Delta h - \frac{1}{C^2}\frac{\partial^2 h}{\partial t^2} = -f \tag{18.500}$$

zu finden und das erhaltene Ergebnis dann auf die Wellengleichung nach Gl. (18.461) und Gl. (18.480) zu übertragen. Der Satz 18.2 enthält die Behauptung ([108], S. 594):

Satz 18.2 *Die zu suchende Lösung von Gl. (18.500) ist in quellenmäßiger Darstellung durch das Integral:*

$$h(\boldsymbol{r},t) = \frac{1}{4\pi}\int\limits_V \frac{f\left(\boldsymbol{r}_Q, t \mp \frac{|\boldsymbol{r}-\boldsymbol{r}_Q|}{C}\right)}{|\boldsymbol{r}-\boldsymbol{r}_Q|}\mathrm{d}V_Q \tag{18.501}$$

gegeben, wobei $\boldsymbol{r}$ *den Aufpunkt und* $\boldsymbol{r}_Q$ *den Quellenpunkt* Q *bezeichnet. Es wird über das Quellenvolumen* $\mathrm{d}V_Q = \mathrm{d}x_Q\mathrm{d}y_Q\mathrm{d}z_Q$ *integriert.*

Offensichtlich ist das Vorhandensein von zwei Lösungen allgemein entsprechend der zwei Vorzeichen in Gl. (18.501) gegeben. Diese partielle Differenzialgleichung bleibt invariant gegenüber der Substitution $c \to -c$.

Beweis:

Der Beweis wird in mehreren Schritten geführt. Aus Gründen der Konvergenz umgibt man den Aufpunkt P mit einer Kugel vom Radius r_0 und schließt sie vom Volumen V aus. An passender Stelle vollzieht man dann den Grenzübergang $r_0 \to 0$.

Man wendet auf Gl. (18.501) die Gradientenbildung an und erhalten:

$$\begin{aligned}
\operatorname{grad} h &= \frac{1}{4\pi}\int\limits_V \operatorname{grad}\left[\frac{f\left(\boldsymbol{r}_Q, t \mp \frac{|\boldsymbol{r}-\boldsymbol{r}_Q|}{C}\right)}{|\boldsymbol{r}-\boldsymbol{r}_Q|}\right] \mathrm{d}V_Q \\
\operatorname{grad} h &= \frac{1}{4\pi}\int\limits_V \left[\frac{1}{|\boldsymbol{r}-\boldsymbol{r}_Q|}\operatorname{grad} f\left(\boldsymbol{r}_Q, t \mp \frac{|\boldsymbol{r}-\boldsymbol{r}_Q|}{C}\right)\right. \\
&\qquad \left. - \frac{\boldsymbol{r}-\boldsymbol{r}_Q}{|\boldsymbol{r}-\boldsymbol{r}_Q|^3} f\left(\boldsymbol{r}_Q, t \mp \frac{|\boldsymbol{r}-\boldsymbol{r}_Q|}{C}\right)\right] \mathrm{d}V_Q \,. \qquad (18.502)
\end{aligned}$$

Durch die Divergenzbildung entsteht $\Delta h = \operatorname{div} \operatorname{grad} h$:

$$\begin{aligned}
\Delta h &= \frac{1}{4\pi}\int\limits_V \left[-\frac{2(\boldsymbol{r}-\boldsymbol{r}_Q)}{|\boldsymbol{r}-\boldsymbol{r}_Q|^3}\operatorname{grad} f\left(\boldsymbol{r}_Q, t \mp \frac{|\boldsymbol{r}-\boldsymbol{r}_Q|}{C}\right)\right. \\
&\qquad + \frac{1}{|\boldsymbol{r}-\boldsymbol{r}_Q|}\Delta f\left(\boldsymbol{r}_Q, t \mp \frac{|\boldsymbol{r}-\boldsymbol{r}_Q|}{C}\right) \\
&\qquad \left. - \operatorname{div}\left(\frac{\boldsymbol{r}-\boldsymbol{r}_Q}{|\boldsymbol{r}-\boldsymbol{r}_Q|^3}\right) f\left(\boldsymbol{r}_Q, t \mp \frac{|\boldsymbol{r}-\boldsymbol{r}_Q|}{C}\right)\right] \mathrm{d}V_Q \,. \qquad (18.503)
\end{aligned}$$

Zum weiteren Fortgang der Rechnung sind die bekannten Ausdrücke:

$$\operatorname{grad}|\boldsymbol{r}-\boldsymbol{r}_Q| = \frac{\boldsymbol{r}-\boldsymbol{r}_Q}{|\boldsymbol{r}-\boldsymbol{r}_Q|} \qquad (18.504)$$

und:

$$\operatorname{grad} f\left(\boldsymbol{r}_Q, t \mp \frac{|\boldsymbol{r}-\boldsymbol{r}_Q|}{C}\right) = \mp\frac{1}{C}\frac{\boldsymbol{r}-\boldsymbol{r}_Q}{|\boldsymbol{r}-\boldsymbol{r}_Q|}\frac{\partial f\left(\boldsymbol{r}_Q, t \mp \frac{|\boldsymbol{r}-\boldsymbol{r}_Q|}{C}\right)}{\partial t} \qquad (18.505)$$

erforderlich. Durch die Divergenzbildung entsteht aus Gl. (18.505) angewendet auf die Inhomogenitätsfunktion $f(\boldsymbol{r}, t)$ der Ausdruck:

$$\begin{aligned}
\Delta f\left(\boldsymbol{r}_Q, t \mp \frac{|\boldsymbol{r}-\boldsymbol{r}_Q|}{C}\right) &= \mp \frac{1}{C}\operatorname{div}\left(\frac{\boldsymbol{r}-\boldsymbol{r}_Q}{|\boldsymbol{r}-\boldsymbol{r}_Q|}\right)\frac{\partial f\left(\boldsymbol{r}_Q, t \mp \frac{|\boldsymbol{r}-\boldsymbol{r}_Q|}{C}\right)}{\partial t} \\
&\quad \mp \frac{1}{C}\frac{\boldsymbol{r}-\boldsymbol{r}_Q}{|\boldsymbol{r}-\boldsymbol{r}_Q|}\frac{\partial}{\partial t}\operatorname{grad} f\left(\boldsymbol{r}_Q, t \mp \frac{|\boldsymbol{r}-\boldsymbol{r}_Q|}{C}\right) \qquad (18.506)
\end{aligned}$$

und nach der Elimination gemäß Gl. (18.505) folgt:

$$\begin{aligned}
\Delta f\left(\boldsymbol{r}_Q, t \mp \frac{|\boldsymbol{r}-\boldsymbol{r}_Q|}{C}\right) &= \mp \frac{1}{C}\operatorname{div}\left(\frac{\boldsymbol{r}-\boldsymbol{r}_Q}{|\boldsymbol{r}-\boldsymbol{r}_Q|}\right)\frac{\partial f\left(\boldsymbol{r}_Q, t \mp \frac{|\boldsymbol{r}-\boldsymbol{r}_Q|}{C}\right)}{\partial t} \\
&\quad \mp \frac{1}{C^2}\frac{\partial^2 f\left(\boldsymbol{r}_Q, t \mp \frac{|\boldsymbol{r}-\boldsymbol{r}_Q|}{C}\right)}{\partial t^2} \,. \qquad (18.507)
\end{aligned}$$

Damit setzt man in die Gl. (18.503) ein und erhalten:

$$\Delta h = \frac{1}{4\pi} \int\limits_V \Bigg[\pm \frac{1}{C}\frac{\partial f}{\partial t}\frac{1}{|\boldsymbol{r}-\boldsymbol{r}_Q|}\left(\frac{2}{|\boldsymbol{r}-\boldsymbol{r}_Q|} - \operatorname{div}\frac{\boldsymbol{r}-\boldsymbol{r}_Q}{|\boldsymbol{r}-\boldsymbol{r}_Q|}\right) + \frac{1}{C^2|\boldsymbol{r}-\boldsymbol{r}_Q|}\frac{\partial^2 f}{\partial t^2} - f \operatorname{div}\frac{\boldsymbol{r}-\boldsymbol{r}_Q}{|\boldsymbol{r}-\boldsymbol{r}_Q|^3}\Bigg] \mathrm{d}V_Q \,. \tag{18.508}$$

Nun wird das Volumen V additiv zerlegt in das Volumen ohne Kugel V^* und das Kugelvolumen V_K, so dass aus Gl. (18.508) die Integrale:

$$\begin{aligned}\Delta h = {} & \frac{1}{4\pi} \int\limits_{V^*} \Bigg[\frac{1}{C}\frac{\partial f}{\partial t}\frac{1}{|\boldsymbol{r}-\boldsymbol{r}_Q|}\left(\frac{2}{|\boldsymbol{r}-\boldsymbol{r}_Q|} - \operatorname{div}\frac{\boldsymbol{r}-\boldsymbol{r}_Q}{|\boldsymbol{r}-\boldsymbol{r}_Q|}\right) \\ & + \frac{1}{C^2|\boldsymbol{r}-\boldsymbol{r}_Q|}\frac{\partial^2 f}{\partial t^2} - f \operatorname{div}\frac{\boldsymbol{r}-\boldsymbol{r}_Q}{|\boldsymbol{r}-\boldsymbol{r}_Q|^3}\Bigg] \mathrm{d}V_Q \\ & + \frac{1}{4\pi} \int\limits_{V_\mathrm{K}} \Bigg[\pm\frac{1}{C}\frac{\partial f}{\partial t}\frac{1}{|\boldsymbol{r}-\boldsymbol{r}_Q|}\left(\frac{2}{|\boldsymbol{r}-\boldsymbol{r}_Q|} - \operatorname{div}\frac{\boldsymbol{r}-\boldsymbol{r}_Q}{|\boldsymbol{r}-\boldsymbol{r}_Q|}\right) \\ & + \frac{1}{C^2|\boldsymbol{r}-\boldsymbol{r}_Q|}\frac{\partial^2 f}{\partial t^2} - f \operatorname{div}\frac{\boldsymbol{r}-\boldsymbol{r}_Q}{|\boldsymbol{r}-\boldsymbol{r}_Q|^3}\Bigg] \mathrm{d}V_Q\end{aligned} \tag{18.509}$$

hervorgehen.

Im Integral über das Volumen V^* bleibt $|\boldsymbol{r}-\boldsymbol{r}_Q| \neq 0$, so dass:

$$\operatorname{div}\frac{\boldsymbol{r}-\boldsymbol{r}_Q}{|\boldsymbol{r}-\boldsymbol{r}_Q|} = \frac{2}{|\boldsymbol{r}-\boldsymbol{r}_Q|}\,, \qquad \operatorname{div}\frac{\boldsymbol{r}-\boldsymbol{r}_Q}{|\boldsymbol{r}-\boldsymbol{r}_Q|^3} = 0 \tag{18.510}$$

sind, weswegen im Integranden der erste sowie der dritte Summand verschwindet.

Die Auswertung des Integrals über das Kugelvolumen gestaltet sich langwierig. Der erste Anteil liefert keinen Beitrag, weil im Grenzverhalten für $r_0 \to 0$, das bedeutet $\boldsymbol{r}_Q \to \boldsymbol{r}$, bei der Verwendung rein räumlicher sphärischer Koordinaten das Integral gegen Null strebt:

$$\int\limits_{V_\mathrm{K}} \frac{1}{|\boldsymbol{r}-\boldsymbol{r}_Q|}\left(\frac{2}{|\boldsymbol{r}-\boldsymbol{r}_Q|} - \operatorname{div}\frac{\boldsymbol{r}-\boldsymbol{r}_Q}{|\boldsymbol{r}-\boldsymbol{r}_Q|}\right) \mathrm{d}V_Q \quad \to \tag{18.511}$$

$$\int\limits_{*} \mathrm{d}\alpha \int\limits_{*} \sin\vartheta\,\mathrm{d}\vartheta \int \frac{|\boldsymbol{r}-\boldsymbol{r}_Q|^2}{|\boldsymbol{r}-\boldsymbol{r}_Q|}\left(\frac{2}{|\boldsymbol{r}-\boldsymbol{r}_Q|} - \operatorname{div}\frac{\boldsymbol{r}-\boldsymbol{r}_Q}{|\boldsymbol{r}-\boldsymbol{r}_Q|}\right) \mathrm{d}|\boldsymbol{r}-\boldsymbol{r}_Q| \quad \to \quad 0\,.$$

Der dritte Summand im Integral über das Kugelvolumen in Gl. (18.509) geht unter

Anwendung des Gaußschen Satzes der Mathematik und mit Gl. (18.505) über in:

$$\begin{aligned}
\int\limits_{V_k} f \operatorname{div} \frac{\boldsymbol{r}-\boldsymbol{r}_Q}{|\boldsymbol{r}-\boldsymbol{r}_Q|^3} \mathrm{d}V_Q &= \int\limits_{V_k} \operatorname{div} f \left(\frac{\boldsymbol{r}-\boldsymbol{r}_Q}{|\boldsymbol{r}-\boldsymbol{r}_Q|^3}\right) \mathrm{d}V_Q - \int\limits_{V_k} \frac{\boldsymbol{r}-\boldsymbol{r}_Q}{|\boldsymbol{r}-\boldsymbol{r}_Q|^3} \operatorname{grad} f \,\mathrm{d}V_Q \\
&= \int\limits_{V_k} f \frac{\boldsymbol{r}-\boldsymbol{r}_Q}{|\boldsymbol{r}-\boldsymbol{r}_Q|^3} \mathrm{d}\boldsymbol{\sigma}_{\boldsymbol{Q}} \pm \frac{1}{C} \int\limits_{V_k} \frac{1}{|\boldsymbol{r}-\boldsymbol{r}_Q|^2} \frac{\partial f}{\partial t} \mathrm{d}V_Q \\
&= \int\limits_{(V_\mathrm{K})} f \,\mathrm{d}w_Q \pm \frac{1}{C} \int\limits_{V_\mathrm{K}} \frac{1}{|\boldsymbol{r}-\boldsymbol{r}_Q|^2} \frac{\partial f}{\partial t} \mathrm{d}V_Q \\
&\rightarrow \int\limits_{(V_\mathrm{K})} f \,\mathrm{d}w_Q \rightarrow 4\pi f(\boldsymbol{r},t) \; .
\end{aligned} \tag{18.512}$$

In dieser Auswertung gelten in Kugelkoordinaten für das Oberflächenelement, das Raumwinkelelement sowie für das Volumenelement:

$$\mathrm{d}\sigma = r^2 \sin\vartheta \,\mathrm{d}\vartheta \,\mathrm{d}\alpha \; , \qquad \mathrm{d}\omega = \frac{\mathrm{d}\sigma}{r^2} \; , \qquad \mathrm{d}V = r^2 \sin\vartheta \,\mathrm{d}r \,\mathrm{d}\vartheta \,\mathrm{d}\alpha \; , \tag{18.513}$$

so dass der Betrag des Flächenelements ausgedrückt durch das Raumwinkelelement $\mathrm{d}\omega_Q$:

$$d\sigma_Q = |d\boldsymbol{\sigma}_Q| = |\boldsymbol{r}-\boldsymbol{r}_Q| \, d\omega_Q \tag{18.514}$$

ergibt. Das Kugelvolumen ist bekannterweise proportional zu $|\boldsymbol{r}-\boldsymbol{r}_Q|^3$ und beim Erhalten des Integranden mit $|\boldsymbol{r}-\boldsymbol{r}_Q|^{-2}$ beim Grenzübergang von r_0 gegen Null fällt kein Beitrag an. Das Integral über den gesamten Raumwinkel ist 4π, d.h. $\int \mathrm{d}\omega_Q = 4\pi$. Damit geht die Gl. (18.509) über in:

$$\Delta h = \frac{1}{4\pi c^2} \int\limits_V \frac{1}{|\boldsymbol{r}-\boldsymbol{r}_Q|} \frac{\partial^2 f}{\partial t^2} \mathrm{d}V_Q - f(\boldsymbol{r},t) \; . \tag{18.515}$$

Für die erste und zweite Ableitung berechnt man aus Gl. (18.501):

$$\frac{\partial h}{\partial t} = \frac{1}{4\pi} \int\limits_V \frac{1}{|\boldsymbol{r}-\boldsymbol{r}_Q|} \frac{\partial f}{\partial t} \mathrm{d}V_Q \tag{18.516}$$

$$\frac{\partial^2 h}{\partial t^2} = \frac{1}{4\pi} \int\limits_V \frac{1}{|\boldsymbol{r}-\boldsymbol{r}_Q|} \frac{\partial^2 f}{\partial t^2} \mathrm{d}V_Q \; . \tag{18.517}$$

Die Gl. (18.515), (4.518) erfüllen die inhomogene Wellengleichung (partielle Differenzialgleichung) Gl. (18.500), was das Einsetzen derselben zeigt. Damit geht dieser aufwendige Beweis zu Ende. Der Ansatz nach Gl. (18.501) ist tatsächlich eine Lösung der Gl. (18.500).

Die skalaren Funktionen $h(\boldsymbol{r},t)$, $f(\boldsymbol{r},t)$ haben die geforderten mathematischen Bedingungen zu erfüllen, sind in Bezug auf ihren elektrotechnischen Inhalt noch nicht festgelegt und insofern bei Beachtung der unterschiedlichen Inhomogenitäten frei wählbar. Demzufolge findet man die Lösung der Gl. (18.481) in der Form:

$$\varphi(\boldsymbol{r},t) = \frac{1}{4\pi\varepsilon} \int\limits_V \frac{\varrho\left(\boldsymbol{r}_Q, t \mp \frac{|\boldsymbol{r}-\boldsymbol{r}_Q|}{v}\right)}{|\boldsymbol{r}-\boldsymbol{r}_Q|}\, \mathrm{d}V_Q \tag{18.518}$$

und die Lösung der Gl. (18.490) im Ausdruck:

$$\boldsymbol{A}(\boldsymbol{r},t) = \frac{\mu}{4\pi} \int\limits_V \frac{\boldsymbol{j}\left(\boldsymbol{r}_Q, t \mp \frac{|\boldsymbol{r}-\boldsymbol{r}_Q|}{v}\right)}{|\boldsymbol{r}-\boldsymbol{r}_Q|}\, \mathrm{d}V_Q\ . \tag{18.519}$$

Die vier Komponenten $\varphi(\boldsymbol{r},t)$, $\boldsymbol{A}(\boldsymbol{r},t)$ bilden zusammen das retardierte Viererpotenzial. Man spricht von retardierten Potenzialen, weil diese sich zeitlich verzögert einstellen. In Gl. (18.518) drückt sich diese Verzögerung durch das Minuszeichen im Argument der Raumladungsdichte ϱ aus. Das Potenzial auf der Kugeloberfläche mit dem Radius $\boldsymbol{r}$ wird durch die Größe der Raumladungen zum Zeitpunkt:

$$t - \frac{|\boldsymbol{r}-\boldsymbol{r}_Q|}{v} \tag{18.520}$$

bestimmt. Die Zeit:

$$t^* = \frac{|\boldsymbol{r}-\boldsymbol{r}_Q|}{v} \tag{18.521}$$

ist jene Zeit, in der sich die elektromagnetische Welle von den Raumladungen bis zur Kugeloberfläche mit dem Radius $\boldsymbol{r}$ ausgebreitet hat.

Im Falle einer Punktladung mit dem Quellradius $\boldsymbol{r}_Q \to 0$ gilt in Auswertung der Gl. (18.518):

$$\varphi(\boldsymbol{r},t) = \frac{1}{4\pi\varepsilon r} Q\left(t \mp \frac{|\boldsymbol{r}|}{v}\right)\ . \tag{18.522}$$

Das obere Vorzeichen bedeutet, dass die Ursache vor der Wirkung liegt. Gemäß der Kausalitätsvorstellung heißen diese Potenziale retardierte Potenziale. Die verzögerten Wirkungen gehen vom Quellpunkt aus und treffen nach der Retardierungszeit im Aufpunkt ein. Das untere Vorzeichen entspricht dem avancierten Potenzial, für die, entgegen unserer Kausalitätsauffassung, die Ursache nach der Wirkung liegt. Vom Aufpunkt ausgehende Wirkungen laufen auf den Quellpunkt zu.

Im Sonderfall der Elektrostatik liegt die sofortige Herausbildung eines Potenzials (Feldes) beim Vorhandensein elektrischer Ladungen vor, was der formelle Grenzübergang $v \to \infty$ bedeutet. Die Erregung diese Feldes, hier die elektrische Raumladungsdichte, hängt definitionsgemäß nicht von der Zeit t ab. Die Gl. (18.518) geht deshalb in den Ausdruck:

$$\varphi(\boldsymbol{r}) = \frac{1}{4\pi\varepsilon} \int\limits_V \frac{\varrho(\boldsymbol{r}_Q)}{|\boldsymbol{r}-\boldsymbol{r}_Q|}\, \mathrm{d}V_Q \tag{18.523}$$

bei einer durch $\varrho(\boldsymbol{r}_Q)$ gegebenen Ladungsverteilung über.

Für eine Punktladung Q ergibt das Integral $\int \varrho(\boldsymbol{r}_q)\,\mathrm{d}V_Q$ diese selbst (die Integration mittels Distributionen zeigt die Gl. (17.15)) und für das Potenzial folgt:

$$\varphi(\boldsymbol{r}) = \frac{Q}{4\pi\varepsilon|\boldsymbol{r}|}\;, \tag{18.524}$$

woraus durch Gradientenbildung der Feldstärkeverlauf folgt.

□

Kapitel 19

Numerische Methoden zur Feldberechnung

Nach der ausführlichen Vorstellung von klassischen Berechnungsmethoden für elektrostatische, stationäre, quasistationäre sowie raschveränderliche elektromagnetische Felder wird nun zur Behandlung numerischer Methoden übergegangen. Diese Methoden gelangen dann zur Anwendung, wenn die gestellte Aufgabe eine geschlossene analytische Lösung oder eine Lösung über einen Reihenansatz nicht zulässt. Die Gründe für ein Scheitern der klassichen Methoden erscheinen letzendlich im Mathematischen, haben ihre Ursache in den Materialeigenschaften sowie im Verhalten an den Rändern der Gebiete, in denen die Feldverläufe gesucht sind.

Die Unterteilung der numerischen Methoden nach Hauptgruppen richtet sich in erster Linie nicht nach der Art des Feldes, sondern nach der gewählten mathematischen Beschreibungsform. In zweiter Linie wird in diesen Hauptgruppen nach der Art des Feldes (z. B. statisch, stationär oder quasistationär) unterschieden. Dadurch sind die Auswahlkriterien zur Lösung einer Feldaufgabe andere als bei den klassichen Methoden. Man wählt zuerst die Beschreibungsform und danach die numerische Methode aus.

19.1 Übersicht zu den Methoden

Die Lösung der Feldgleichungen, insbesondere der Laplace- bzw. Poisson-Gleichung, mittels analytischer Verfahren sind an Bedingungen gebunden, die in vielen praktischen Fällen nicht erfüllt werden können. So sind z. B. nur ebene, 2-dimensionale Felder mit homogenen Materialeigenschaften, mittels der Methode der konformen Abbildungen berechenbar. Ebenso gelangt die Methode des Produnktansatzes bald an ihre Grenzen, wenn die Ränder und Grenzflächen von Teilgebieten nicht mehr mit den

Koordinatenlinien bzw. -flächen zusammenfallen. Tritt der Fall inhomogener, anisotroper bzw. nichtlinearer Medien im betrachteten Gebiet auf, dann werden diese Felder nicht mehr durch die Laplace- bzw. Poisson-Gleichung sondern durch die sogenannte *Quasi-Poisson-Differenzialgleichung* beschrieben. In solchen Fällen führen analytische Verfahren nicht zum Erfolg.

Verschiedene Randbedingungen (*Dirichletsche* und *Neumannsche* Randbedingungen) zu einem Feldgebiet können die Anwendung von analytischen Verfahren erschweren oder nicht zulassen. Diese Probleme werden unter anderem durch die Anwendung numerischer Verfahren gelöst. Es existieren zur Zeit eine Vielzahl numerischer Verfahren in Abhängigkeit von den zur Feldmodellierung verwendeten Modellen. In Abbildung 5.1 ist eine allgemeine Übersicht zu numerischen Verfahren ([85], S. 87.) der Feldberechnung angegeben.

Aus dieser Vielzahl numerischer Verfahren resultieren drei Gruppen. Sie basieren auf der Grundlage von

1. partiellen Differenzialgleichungen,
2. der Variationsrechnung,
3. von Integralgleichungen.

Um hier einen Überblick zu den prinzipiellen Methoden zu geben, soll aus jeder dieser Gruppen eine spezielle Methode vorgestellt werden:

a) die *Finite-Differenzen-Methode* (FDM)
b) die *Finite-Elemente-Methode* (FEM)
c) die *Rand-Elemente-Methode.* (REM oder BEM)

Jede numerische Methode ist auch auf die Übereinstimmung mit bestehenden Theorien zu überprüfen. Das nicht immer eine solche Überprüfung vorliegt zeigt die Anwendung des FDTD-Algorithmus [64] (Methode der Finiten Differenzen im Zeitbereich). Bei der Herleitung dieses Algorithmus zur Berücksichtigung magnetischer Verluste wurde eine magnetische Leitfähigkeit σ^* und eine magnetische Stromdichte j_m [1] durch

$$\boldsymbol{j}_m = \sigma^* \boldsymbol{H} \tag{19.1}$$

eingeführt, was gleichbedeutend mit der unbewiesenen Hypothese magnetischer Ladungen (magnetische Monopole) einhergeht. Die Maxwellschen Gleichungen haben dann die dreidimensionale Form

[1] Yee, K.S.: Numerical Solution of Initial Boundary Value Problems Insolving Maxwell's Equations in Isotropic Media. IEEE Trans. Antennas Propagat., 14/1966)4, S.302-307.

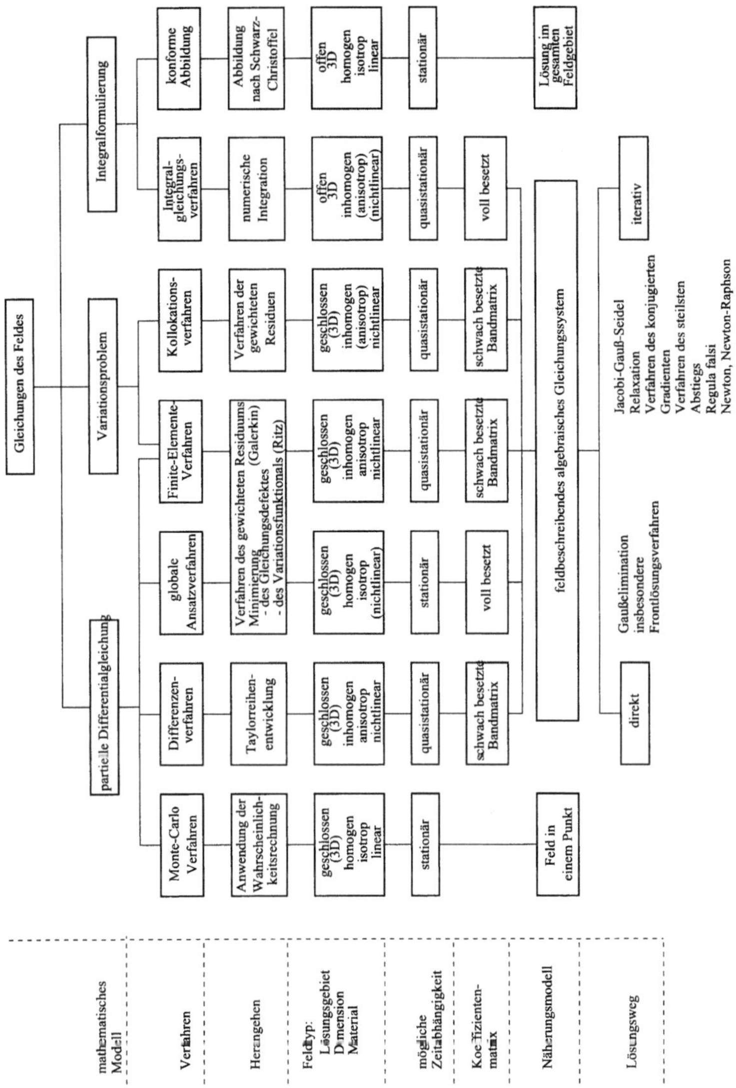

Bild 19.1: Übersicht über die numerischen Verfahren zur Feldberechnung

$$rot\,\boldsymbol{H} \;=\; \frac{\partial(\varepsilon \boldsymbol{E})}{\partial t} + \sigma\,\boldsymbol{E} \tag{19.2}$$

$$rot\,\boldsymbol{E} \;=\; -\frac{\partial(\mu \boldsymbol{H})}{\partial t} - \sigma^*\,\boldsymbol{H}\;. \tag{19.3}$$

über die Darstellung für die Feldstärkekoordinaten in kartesischen Koordinaten E_x und H_x erhält man

$$\frac{\partial H_x}{\partial t} = \frac{1}{\mu}\left(\frac{\partial E_y}{\partial z} - \frac{\partial E_z}{\partial y} - \sigma^* H_x\right) \tag{19.4}$$

$$\frac{\partial E_x}{\partial t} = \frac{1}{\varepsilon}\left(\frac{\partial H_z}{\partial y} - \frac{\partial H_y}{\partial y} - \sigma E_x\right) . \tag{19.5}$$

Aus der örtlichen und zeitlichen Diskretisierung dieser Gleichungen leitet sich ein explizites Gleichungssystem zur Bestimmung der magnetischen und der elektrischen Feldstärkekoordinaten her.

Der Ansatz nach Gl.(5.3) ist theoretisch aus zwei Gründen unsauber und demzufolge nicht haltbar. Der erste Grund besteht in der fälschlich angenommenen, jedoch bisher nirgends experimentell bestätigten Existenz magnetischer Monopole. Der zweite Grund bildet der Zusatz $\boldsymbol{j}_m = \sigma^* \boldsymbol{H}$ in der Maxwellschen Gleichung (5.3). Durch diesen Zusatz genügt diese Gleichung nicht mehr den Forderungen der speziellen Relativitätstheorie und steht damit im Widerspruch zu dieser bewiesenen Theorie. Ein solcher Ansatz wäre aus theoretischer Sicht nur zum Zweck des Nachweises magnetischer Monopole statthaft, sonst nicht.

19.2 Die Finite Differenzen Methode - FDM

Die Methode der finiten Differenzen steht zur Berechnung von Feldproblemen, bei denen das Verhalten der Feldgrößen durch partielle, orts- und zeitabhängige Differenzialgleichungen beschrieben wird, zur Verfügung. Sie ist sowohl zur Berechnung elektrostatischer als auch magnetischer Felder geeignet.

Bei dieser Methode werden die Differenzialquotienten durch Differenzenquotienten in den Potenzialgleichungen (hier Laplace- und Poisson-Gleichung) ersetzt. Es erfolgt somit eine Diskretisierung des Feldgebietes bezüglich der Gleichungen.

Um das Potenzial eines vorgegebenen Gebiets zu berechnen, wird diese mit einem Gitter überzogen, wobei die Schrittweite so gewählt werden sollte, dass die Begrenzung des Gitters mit dem Rand des Feldgebietes übereinstimmt.

Es werden die Potenziale in den Schnittpunkten der Gitterlinien, den Knotenpunkten des Gitters ermittelt, anstatt einer kontinuierlichen Potenzialverteilung im gesamten Gebiet. Die Differenzialgleichung (z. B. Potenzialgleichung) geht in eine Differenzengleichung über. Am Beispiel der Poisson-Gleichung

$$\Delta\varphi = \frac{\partial^2\varphi}{\partial x^2} + \frac{\partial^2\varphi}{\partial y^2} + \frac{\partial^2\varphi}{\partial z^2} = -f(x,y,z) \tag{19.6}$$

soll die Finite Differenzen Methode vorgestellt werden. Begonnen wird mit dem ebenen Problem

$$\Delta\varphi(x,y) = \frac{\partial^2\varphi}{\partial x^2} + \frac{\partial^2\varphi}{\partial y^2} = -f(x,y) . \tag{19.7}$$

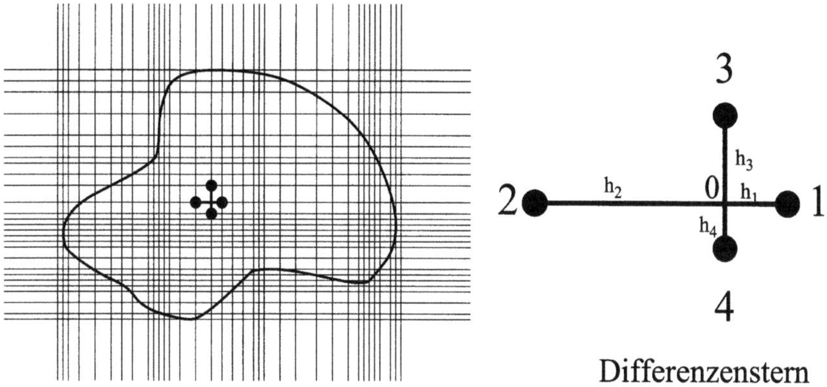

Bild 19.2: Gitter über dem Feldgebiet beim 5-Punkte-Differenzenstern

19.2.1 Diskretisierung

Im ersten Schritt erfolgt die Diskretisierung des Feldgebiets im Allgemeinen mittels nichtäquidistantem Gitter. Ein Gitternetz wird über das zu analysierene Feldgebiet gelegt. Im Bild 19.2 ist dies dargestellt.

19.2.2 Entwicklung der Potenzialgleichung im Differenzenstern

Der 5-Punkte-Differenzenstern

Es folgt die Entwicklung der Potenzialgleichung $\varphi(x, y)$ im Punkt P_0 in eine Taylorreihe

$$\begin{aligned}\varphi(x,y) = \varphi_0(x_0,y_0) \quad &+ \quad \frac{1}{1!}\left[(x-x_0)\frac{\partial\varphi}{\partial x}(x_0,y_0) + (y-y_0)\frac{\partial\varphi}{\partial y}(x_0,y_0)\right] \\ &+ \quad \frac{1}{2!}\left[(x-x_0)^2\frac{\partial^2\varphi}{\partial x^2}(x_0,y_0) + 2(x-x_0)(y-y_0)\frac{\partial^2\varphi}{\partial x\partial y}(x_0,y_0)\right. \\ &\qquad \left. +(y-y_0)^2\frac{\partial^2\varphi}{\partial y^2}(x_0,y_0)\right] + \dots \qquad (19.8)\end{aligned}$$

Je nach geforderter Genauigkeit wird nach einer bestimmten Summandenanzahl abgebrochen.

Im Fall eines 5-Punkte-Differenzensternes nach Bild 19.2 erfolgt dies nach dem dritten Term. Mit der Gleichung (19.6) erhält man für die Potenziale in den benachtbarten Punkten 1-4 des Differenzensternes folgende Potenzialausdrücke:

$$\varphi_1 = \varphi_0 + h_1 \frac{\partial \varphi}{\partial x} + \frac{h_1^2}{2} \frac{\partial^2 \varphi}{\partial x^2} \tag{19.9}$$

$$\varphi_2 = \varphi_0 - h_2 \frac{\partial \varphi}{\partial x} + \frac{h_2^2}{2} \frac{\partial^2 \varphi}{\partial x^2} \tag{19.10}$$

$$\varphi_3 = \varphi_0 + h_3 \frac{\partial \varphi}{\partial y} + \frac{h_3^2}{2} \frac{\partial^2 \varphi}{\partial y^2} \tag{19.11}$$

$$\varphi_4 = \varphi_0 - h_4 \frac{\partial \varphi}{\partial y} + \frac{h_4^2}{2} \frac{\partial^2 \varphi}{\partial y^2} \; . \tag{19.12}$$

(19.13)

Bei der Annahme, dass die Potenziale $\varphi_1, ..., \varphi_4$ bekannt sind, erhält man ein Gleichungssystem von fünf Gleichungen für die fünf Unbekannten $\varphi_0, \frac{\partial \varphi}{\partial x}, \frac{\partial \varphi}{\partial y}, \frac{\partial^2 \varphi}{\partial x^2}, \frac{\partial^2 \varphi}{\partial y^2}$. Werden die Gleichungen (19.9) und (19.10) bzw. (19.11) und (19.12) jeweils addiert folgen:

$$\varphi_1 + \varphi_2 = 2\varphi_0 + \frac{h_1^2}{2} \frac{\partial^2 \varphi}{\partial x^2} + \frac{h_2^2}{2} \frac{\partial^2 \varphi}{\partial x^2} = 2\varphi_0 + \frac{h_1^2 + h_2^2}{2} \frac{\partial^2 \varphi}{\partial x^2} \tag{19.14}$$

bzw.

$$\frac{\partial^2 \varphi}{\partial x^2} = 2 \frac{\varphi_1 + \varphi_2 - 2\varphi_0}{h_1^2 + h_2^2} \tag{19.15}$$

und

$$\varphi_3 + \varphi_4 = 2\varphi_0 + \frac{h_3^2 + h_4^2}{2} \frac{\partial^2 \varphi}{\partial y^2} \tag{19.16}$$

bzw.

$$\frac{\partial^2 \varphi}{\partial y^2} = 2 \frac{\varphi_3 + \varphi_4 - 2\varphi_0}{h_3^2 + h_4^2} \; . \tag{19.17}$$

Addiert man die Gleichungen (19.15) und (19.17)

$$\frac{\partial^2 \varphi}{\partial x^2} + \frac{\partial^2 \varphi}{\partial y^2} = 2 \frac{\varphi_1 + \varphi_2 - 2\varphi_0}{h_1^2 + h_2^2} + 2 \frac{\varphi_3 + \varphi_4 - 2\varphi_0}{h_3^2 + h_4^2} \tag{19.18}$$

und geht damit in Gl. (19.6) ein

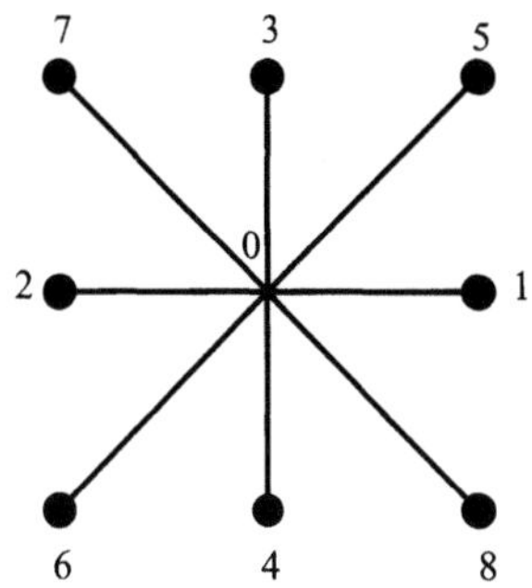

Bild 19.3: 9-Punkte-Differenzenstern

$$-\frac{f(x,y)}{2} = \frac{1}{h_1+h_2}\left(\frac{\varphi_1}{h_1}+\frac{\varphi_2}{h_2}\right)+\frac{1}{h_3+h_4}\left(\frac{\varphi_3}{h_1}+\frac{\varphi_4}{h_2}\right)-\varphi_0\left(\frac{1}{h_1h_2}+\frac{1}{h_3h_4}\right) \quad (19.19)$$

erhält man einen Ausdruck für φ_0 in der Form

$$\varphi_0 = \frac{\frac{1}{h_1+h_2}\left(\frac{\varphi_1}{h_1}+\frac{\varphi_2}{h_2}\right)+\frac{1}{h_3+h_4}\left(\frac{\varphi_3}{h_3}+\frac{\varphi_4}{h_4}\right)+\frac{1}{2}f(x,y)}{\left(\frac{1}{h_1h_2}+\frac{1}{h_3h_4}\right)} . \quad (19.20)$$

Bei äquidistanter Geometrie vereinfacht sich Gleichung (19.20) zu

$$\varphi_0 = \frac{1}{4}(\varphi_1+\varphi_2+\varphi_3+\varphi_4)+\frac{h^2}{4}f(x,y) . \quad (19.21)$$

Der 9-Punkte-Differenzenstern

Bei der Verwendung eines 9-Punkte Differenzensternes erhöht sich mit der Genauigkeit auch der Aufwand.

Die Taylorreihenentwicklung muss hier bis zur 4. Ordnung erfolgen $\left(\frac{\partial^4\varphi}{\partial x^4}\right)$. Es entsteht dann ein Gleichungsystem von neun Gleichungen mit neun Unbekannten.
Im Falle eines äquidistanten Gitters erhält man für φ_0

$$\varphi_0 = \frac{1}{5}(\varphi_1+\varphi_2+\varphi_3+\varphi_4)+\frac{1}{20}(\varphi_5+\varphi_6+\varphi_7+\varphi_8) . \quad (19.22)$$

Ein Vergleich der Diskretisierungsfehler zeigt beim 5-Punkte-Differenzenstern einen Fehler von $o(h^2)$ und bei einem 9-Punkte-Differenzenstern einen Fehler von $o(h^6)$. Je nach Spezifik des zu lösenden Feldproblems ist zu entscheiden, welche Diskretisierungsart zu wählen ist.

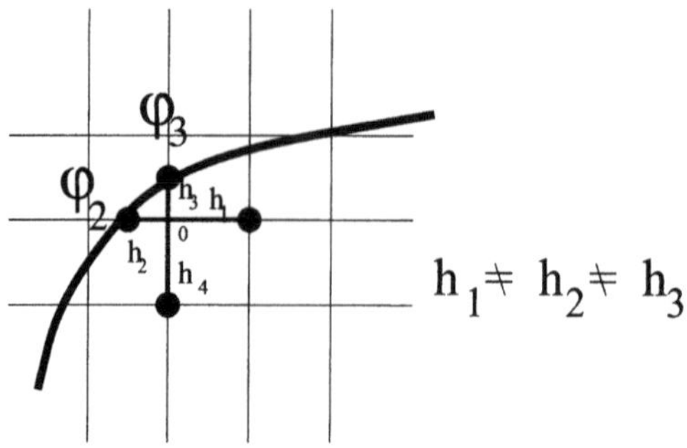

Bild 19.4: Potenzialverteilung auf dem Rand - unsymmetrischer Differenzenstern

19.2.3 Rand- und Grenzbedingungen

Ist auf dem Rand eines Feldgebietes das Potenzial gegeben, so können diese Randbedingungen direkt in die Differenzialgleichung aufgenommen werden. Diese Randbedingungen sind auch unter dem Begriff *Randbedingungen 1. Art* oder *Dirichletsche Randbedingung* bekannt. Im allgemeinen Fall ist der dann zu betrachtende Differenzenstern unsymmetrisch.

Das Potenzial φ_0 berechnet sich mittels

$$\varphi_0 = \sum_{i=1}^{4} K_i \varphi_i \ , \tag{19.23}$$

wobei in der Konstante K_i die Geometrie des Differenzensterns enthalten ist.
Für die Potenziale in den Gitterpunkten des Randes wird nun der vorgegebene Wert in die Differenzengleichung eingefügt. Ist jedoch statt des Potenzials die Ableitung dessen in Richtung der Normalen des Randes (Normalenableitung) gegeben, hierbei spricht man von den *Randbedingungen 2. Art* oder *Neumannschen Randbedingungen*, ist die Berücksichtigung der Randbedingungen aufwendiger. Vorweg dazu einige erforderliche Erläuterungen:

Es wird hier der Fall betrachtet, bei dem die Normalenableitung des Potenzials auf dem Rand verschwindet (*homogene Neumannsche Randbedingung*). Dieser Fall tritt in der Elektrostatik an Grenzflächen zwischen Dielektrika mit großen Unterschieden in ε auf. Im Dielektrikum mit sehr großem ε_r verlaufen die Feldlinien annähernd parallel zur Grenzfläche, d.h. die Normalkomponente ist annähernd gleich Null (Ableitung des Potenzials). Im Gegensatz dazu treffen die Feldlinien fast senkrecht auf die Grenzfläche eines Dielektrikums mit kleinem ε_r auf.

An bestimmten Symmetrieflächen verschwinden in elektrostatischen Feldern die Normalkomponenten der Feldstärke. An solchen Symmetrieflächen müssen die

Normalkomponenten der jeweiligen Feldgebiete, die sich an den Symmetrielinien berühren, gleich groß sein, damit die resultierende Normalkomponente gleich Null wird.

Trennt man nun zur Berechnung eine Hälfte (der Symmetriefläche) des Feldgebietes ab, so stellt diese Symmetriefläche nun eine Randfläche dar, an dem die homogene Neumannsche Randbedingung erfüllt ist. Das so berechnete Teilfeld entspricht gerade dem ursprünglichen (durch die Bedingung der Eindeutigkeit der Randwertaufgabe) Feld. Spiegelt man nun an der Symmetriefläche das Teilfeld, erhält man das Gesamtfeld. Somit reduziert sich der Aufwand um die Hälfte.

Will man die homogene Neumannsche Randbedingung in die Differenzenformal einbeziehen, muss in den Überlegungen der umgekehrte Weg gegangen werden. Verschwindet durch eine Spiegelsymmetrie die Normalkomponente der Feldstärke auf dem Rand, so verschwindet sie auch, wenn man den Potenzialverlauf spiegelsymmetrisch nach dem Rand fortsetzt. Das bedeutet, dass für das Differenzenverfahren zusätzliche Gitterpunkte außerhalb des eigentlichen Feldgebietes einzuführen sind, die das gleiche Potenzial wie im inneren besitzen. Somit ist die homogene Neumannsche Randbedingung in der Differenzengleichung berücksichtigt.

Aus den vorangegangenen Betrachtungen folgt ebenfalls, dass der Berechnungsaufwand verringert werden kann, wenn man die Randbedingungen (Dirichletsche, Neumannsche) bewusst nutzt .

Beispiel 1:
Im Bild 19.5 können zwei Symmetrieebenen zur Berechnung vorteilhaft genutzt werden:
1. Die Neumannsche Symmetrieebene: entlang der x-Achse
2. Die Dirichletsche Symmetrieebene: entlang der y-Achse
Es braucht hier somit nur 1/4 der Anordung diskretisiert zu werden. □

Wie werden nun Grenzflächen (z. B. zwischen verschiedenen Dielektrika) in der FDM behandelt? Hier werden die Grenzbedingungen der Feldstärke hinzugezogen:

$$E_{t_i} = E_{t_2} \qquad \text{und} \qquad \varepsilon_1 E_{n_1} = \varepsilon_2 E_{n_2} \tag{19.24}$$

Es ist bekannt, dass die Normalableitung des Potenzials gleich der Feldstärke-Normalen ist. Berücksichtigt man die Geometrie in dem Bild 19.6 so folgt:

$$\frac{\partial \varphi}{\partial y}|_2 = E_{n_2} \ . \tag{19.25}$$

Daraus geht hervor:

$$\varepsilon_1 \frac{\partial \varphi}{\partial y}|_1 = \varepsilon_2 \frac{\partial \varphi}{\partial y}|_2 \qquad \Rightarrow \qquad \frac{\partial \varphi}{\partial y}|_1 = \frac{\varepsilon_2}{\varepsilon_1} \frac{\partial \varphi}{\partial y}|_2 \ . \tag{19.26}$$

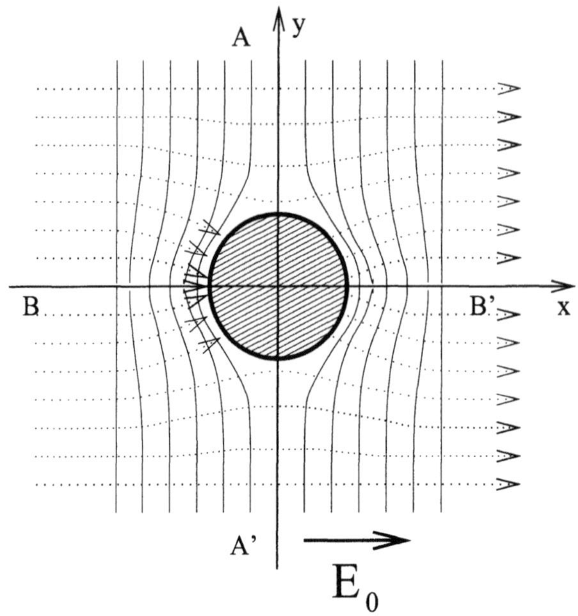

Bild 19.5: Metallische Kugel im homogenen elektrischen Feld

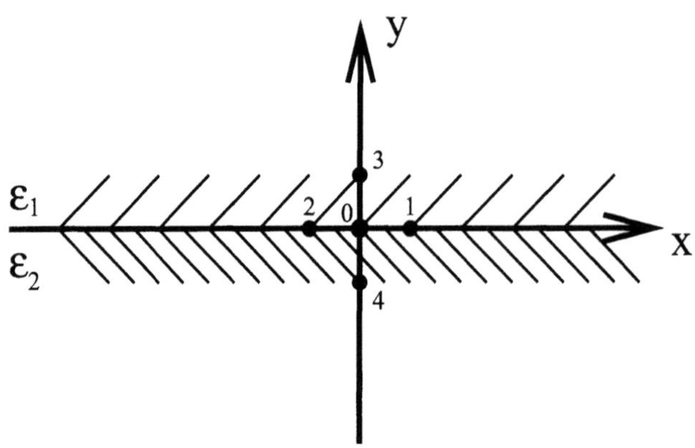

Bild 19.6: Grenzfläche zwischen zwei verschiedenen Dielektrika

Die Gleichungen für die Potenziale $\varphi_1, ..., \varphi_4$ lauten dann

$$\varphi_1 = \varphi_0 + h\frac{\partial\varphi}{\partial x}|_1 + \frac{h^2}{2}\frac{\partial^2\varphi}{\partial x^2}|_1 + ... \tag{19.27}$$

$$\varphi_2 = \varphi_0 - h\frac{\partial\varphi}{\partial x}|_2 + \frac{h^2}{2}\frac{\partial^2\varphi}{\partial x^2}|_2 + ... \tag{19.28}$$

$$\varphi_3 = \varphi_0 + h\frac{\partial\varphi}{\partial y}|_3 + \frac{h^2}{2}\frac{\partial^2\varphi}{\partial y^2}|_3 + ... \tag{19.29}$$

$$\varphi_4 = \varphi_0 - h\frac{\partial\varphi}{\partial y}|_4 + \frac{h^2}{2}\frac{\partial^2\varphi}{\partial y^2}|_4 + ... \tag{19.30}$$

Aus den Gleichungen (19.27) und (19.28) folgt nach dem Addieren unter Beachtung von $\left.\frac{\partial\varphi}{\partial x}\right|_1 = \left.\frac{\partial\varphi}{\partial x}\right|_2$

$$\varphi_1 + \varphi_2 = 2\varphi_0 + h^2\left.\frac{\partial^2\varphi}{\partial x^2}\right|_1 \tag{19.31}$$

und aus den Gleichungen (19.29) und (19.30) mit Gleichung (19.26) der Ausdruck

$$\varphi_3 + \frac{\varepsilon_2}{\varepsilon_1}\varphi_4 = (1 + \frac{\varepsilon_2}{\varepsilon_1})\varphi_0 + \frac{1}{2}h^2\left(\frac{\partial^2\varphi}{\partial y^2}|_3 + \frac{\varepsilon_2}{\varepsilon_1}\frac{\partial^2\varphi}{\partial y^2}|_4\right) . \tag{19.32}$$

Auf der Grundlage raumladungsfreier Gebiete (Laplace-Gleichung ist erfüllt) geht aus Gl. (19.31) und (19.32) für die zweidimensionale Laplace-Gleichung

$$\Delta\varphi = \frac{\partial^2\varphi}{\partial x^2} + \frac{\partial^2\varphi}{\partial y^2} = \frac{1}{h^2}(\varphi_1 + \varphi_2 - 2\varphi_0) + \frac{2}{h^2}\frac{\varphi_3}{(1+\frac{\varepsilon_2}{\varepsilon_1})} + \frac{2}{h^2}\frac{\varepsilon_2}{\varepsilon_1(1+\frac{\varepsilon_2}{\varepsilon_1})}\varphi_4 - \frac{2}{h^2}\varphi_0 = 0 \tag{19.33}$$

und nach φ_0 aufgelöst

$$\varphi_0 = \frac{1}{4}\left(\varphi_1 + \varphi_2 + 2\frac{\varphi_3 + \frac{\varepsilon_2}{\varepsilon_1}\varphi_4}{1 + \frac{\varepsilon_2}{\varepsilon_1}}\right) \tag{19.34}$$

hervor.

19.2.4 Diskretisierungs- und Nummerierungsmöglichkeiten

Zur Diskretisierung des Gitters bestehen zwei prinzipielle Möglichkeiten - die *lexikografische* und die *Schachbrett-Nummerierung*

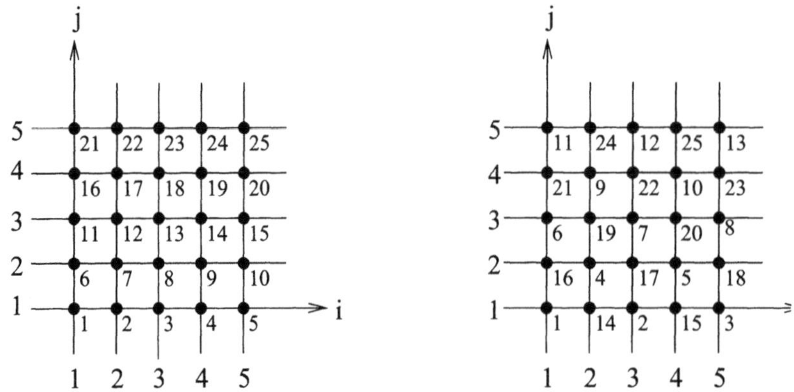

Bild 19.7: Lexikografische und Schachbrett-Nummerierung der Diskretisierung

19.2.5 Lösung des Gleichungssystems

Nach der Diskretisierung des Feldgebietes und des formalen Aufstellens der Potenzialgleichungen werden jetzt für jeden Gitterpunkt (ausgenommen sind die Dirichletschen Randpunkte) die Differenzensterngleichungen für das Potenzial aufgestellt. Handelt es sich um randnahe Punkte, so wird Gleichung (19.20) benutzt, ansonsten Gleichung (19.21). Die Potenziale der Dirichletschen Randpunkte sind bekannt und werden direkt in die Differenzensterngleichung für räumliche Punkte eingesetzt (Gleichung (19.20)). Das so erhaltene Gleichungssystem kann nun nach den unbekannten Potenzialen aufgelöst werden.

Man unterscheidet zwei grundsätzliche Verfahren zur Lösung linearer Gleichungssysteme - die *direkten* und *iterativen Verfahren.*

Zu den direkten Verfahren zählen das *Gaußeleminationsverfahren* und das *Cholesky-Verfahren.* Als iterative Verfahren seien als Beispiele das *Jacobi-*, das *Gauß-Seidel-*, das *Gradienten-* sowie das *Relaxationsverfahren* genannt.

Anmerkung:
Zur Lösung relativ kleiner Gleichungssysteme sind die direkten Verfahren recht gut geeignet. Steigt die Anzahl der Gleichungen eines Gleichungssystems jedoch stark an, ist den iteariven Verfahren der Vorzug zu geben.

Die Finite-Differenzen-Methode ist eine relativ einfache und allgemein anwendbare Methode zur Berechnung von Feldern. Es bedarf nur geringer mathematischer Voraussetzungen. Sie ist jedoch nur bei rechtwinkligen Gittern und abgeschlossenen Lösungsgebieten anwendbar.

Aufgrund der vielen Diskretisierungspunkte entsteht ein hoher Speicherbedarf und die Lösung ist nur in diskreten Punkten angebbar.

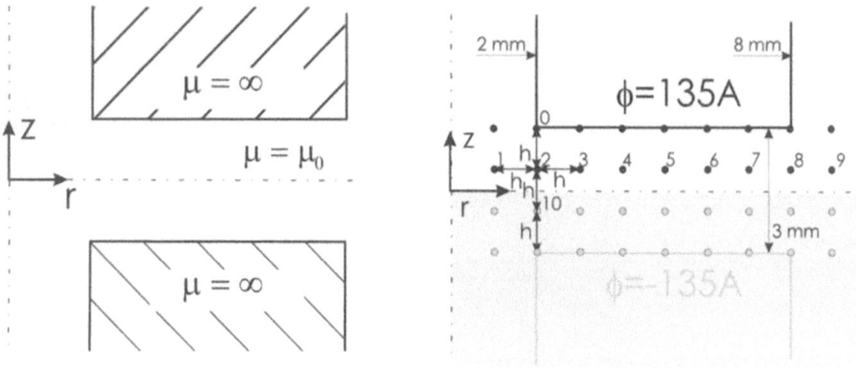

Bild 19.8: Luftspalt eines Elektromagneten aus Abb. 19.11 (links) und Festlegung der Gitterpunkte (rechts)

Der Fehler ist nicht exakt bestimmbar. Es entstehen Diskretisierungsfehler durch die endliche Größe der Maschenweite, Abbruchfehler durch die endliche Anzahl von Reihengliedern der Taylorreihe, Fehler durch numerische Lösung des Gleichungssystem und Fehler durch numerische Berechnung der Funktion $f(x, y)$.

19.2.6 Finite-Differenzen-Methode *per Hand*

Die Numerische Feldberechnung lässt sich bei jeder Feldsimulation anwenden, jedoch geschieht die Diskretisierung des Feldbereiches mit einer großen Anzahl von Stützstellen, was Rechenhilfen erfordert. Der Ablauf der FDM soll nun anschaulich anhand eines Beispiels erklärt werden.

Als Anwendung wird ein magnetostatisches Feldproblem untersucht. Gesucht sei das magnetische Feld innerhalb eines Luftspaltes zweier magnetischer Pole in einer zylindersymmetrischen Anordnung gemäß dem Bild 19.8. Vereinfachend wird das Eisenmaterial der Magnetpole als ideal leitend angenommen.

Allgemein gelten für magnetostatische Feldprobleme die Gleichungen nach Gl. (15.26). Der Ausdruck

$$rot\boldsymbol{H} = 0 \tag{19.35}$$

ist notwendig und hinreichend für die Existenz eines skalaren magnetischen Potenzials ψ mit der Dimension $[\psi] = A$ und es kann

$$\boldsymbol{H} = grad\,\psi \ . \tag{19.36}$$

gesetzt werden.

Der **erste Schritt** besteht in der Suche der zu lösenden Differenzialgleichung. Da es sich um ein magnetostatisches zylindersymmetrisches Feldproblem handelt, ändert sich das Feld in α-Richtung nicht und kann demzufolge in zweidimensionalen Zylinderkoordinaten (r, z) dargestellt werden. Das magnetische Potenzial ψ und die anderen Feldgrößen hängen dann ebenfalls nur von diesen Koordinaten ab. Magnetische Monopole sind nicht vorhanden. Die Form der zu lösenden Differenzialgleichung ergibt sich bei eingesetztem magnetischen Potenzial ψ in Ananlogie aus der Gl. (18.19) zu

$$\frac{1}{r}\frac{\partial}{\partial r}\left[r\frac{\partial\psi(r,z)}{\partial r}\right]+\frac{\partial^2\psi(r,z)}{\partial z^2}=0\ , \qquad (19.37)$$

die nach der Ausführung der Differenziation in den Ausdruck

$$\frac{\partial^2\psi}{\partial r^2}+\frac{1}{r}\frac{\partial\psi}{\partial r}+\frac{\partial^2\psi}{\partial z^2}=0 \qquad (19.38)$$

übergeht. Es ist eine partielle Differenzialgleichung zweiter Ordnung. Zur Lösung sind zwei Randbedingungen erforderlich.
Zur Reduzierung des Rechenaufwandes nutzt man zweckmäßig vorhandene Symmetrien aus. Jede Symmetrielinie halbiert die Anzahl der Knoten. In unserem Fall liegt eine Symmetrielinie in der Mitte des Luftspaltes, d. h. auf der Geraden $z = 0$.

Im **zweiten Schritt** wird das Gitter festgelegt, also das Feld diskretisiert. Einerseits erhöht ein dichtes Gitternetz die Genauigkeit, andererseits vergrößert es das zu lösende Gleichungssystem. [2] Im Beispiel wiegt letzteres Argument schwerer, weil das Gleichungssystem per Hand aufgestellt werden soll. Weiterhin vereinfacht ein äquidistantes Gitter die Aufstellung des Gleichungssystems.

Bei der Wahl der Gitterlinien wird stets mit den Körperkanten begonnen. Damit liegen bereits eine radiale ($z = 1,5$ mm) und zwei vertikale Linien ($r = 2$ und 8 mm) fest. Die restlichen Linien werden so gewählt, dass ihr Abstand maximal bei Ausnutzung der Symmetrie wird. Deshalb liegt die Gitterlinie in r-Richtung bei $z = 0,5$ mm. Der Gitterabstand beträgt $h = 1$ mm und die vertikalen Gitterlinien werden auf $r = 1$; 3; 4; 5; 6; 7; 9 mm gelegt. Bei diesem Gitter müssen also 9 Potenziale[3] berechnet werden.

Schritt Drei besteht in der Einarbeitung der Randbedingungen. Da das Eisen als ideal leitend angenommen wurde, ist die magnetische Spannung zwischen den Magnetpolen vorgegeben. Ihr Wert entspricht der in der Spule erzeugten Durchflutung Θ und die sei $\Theta = w \cdot I = 270$ A (w - Anzahl der Windungen, I - Strom). Bei der Berechnung von Potenzialen muss auch im magnetischen Feld ein Bezugspotenzial vorgeben werden. Es wird so gewählt, dass das Potenzial der Magnetpole +135 A bzw. -135 A beträgt.

[2] Weitere Ausführungen zur Gittererzeugung bei FDM werden im Abschnitt 19.5.2 vorgenommen.

[3] Würde eine Gitterlinie auf die Symmetrielinie gelegt werden, dessen Potenziale ebenfalls bekannt sind, so wäre die Gitterlinie mit den zu ermittelden Potenzialen auf $z = 0,75$ mm und der Abstand der Gitterlinien würde $h = 0,75$ mm betragen. Dann wären 11 Potenziale zu berechnen.

Zum anderen folgt aus den vorhandenen Symmetrie die zweite Randbedingung. Hier stehen die Feldlinien senkrecht auf der Symmetrielinie ($\boldsymbol{n} \cdot \boldsymbol{H} = 0$.) Wegen der Wahl des Bezugspotenzials gilt

$$\psi(r, z) = \psi(r, -z). \tag{19.39}$$

Im **vierten Schritt**, der Aufstellung des Gleichungssystems, muss die Differenzialgleichung 19.38 in eine Differenzengleichung überführt werden. Wegen des äquidistanten Gitters mit dem Gitterabstand h ist dies besonders einfach. Die Herleitung wird o. B. d. A. am Beispiel des Knotens 2 aus Bild 19.8 rechts gezeigt. Die Ableitung nach r nähert man durch die zentrale Differenz der Nachbarpunkte

$$\psi_2' \approx \frac{\psi_3 - \psi_1}{2h}. \tag{19.40}$$

an. Die zweite Ableitung nach r wird auf die erste Ableitungen zurückgeführt und ebenfalls als zentrale Differenz beschrieben.

$$\psi_2'' \approx \frac{\psi_{32}' - \psi_{21}'}{h} \approx \frac{\frac{\psi_3-\psi_2}{h} - \frac{\psi_2-\psi_1}{h}}{h} = \frac{\psi_3 + \psi_1 - 2\psi_2}{h^2}. \tag{19.41}$$

Analog gilt das für die z-Richtung. Man erhält damit für den Punkt 2 die beschreibende Gleichung in der Form

$$\frac{\psi_3 + \psi_1 - 2\psi_2}{h^2} + \frac{1}{r_2} \cdot \frac{\psi_3 - \psi_1}{2h} + \frac{\psi_0 + \psi_{10} - 2\psi_2}{h^2} = 0 \tag{19.42}$$

bzw. die nach dem magnetischen Potenzial ψ_2 im Punkt 2 umgestellte Gleichung

$$\psi_2 = \frac{1}{4}(\psi_0 + \psi_1 + \psi_3 + \psi_{10}) + \frac{h}{8r_2}(\varphi_3 - \varphi_1). \tag{19.43}$$

Wendet man diese Form auf alle Gitterpunkte mit unbekanntem magnetischem Potenzial an und setzt dabei $\psi_0 = 135$ A als Potenzial des Magnetpols sowie die Symmetriebedingung nach Gl. (19.39) ein, so ergibt sich folgendes Gleichungssystem

$$\begin{aligned}
\psi_1 &= \tfrac{1}{4}(-\psi_1 + \psi_2) + \tfrac{h}{8r_1}(\psi_2)\\
\psi_2 &= \tfrac{1}{4}(\psi_0 + \psi_1 - \psi_2 + \psi_3) + \tfrac{h}{8r_2}(\psi_3 - \psi_1)\\
\psi_3 &= \tfrac{1}{4}(\psi_0 + \psi_2 - \psi_3 + \psi_4) + \tfrac{h}{8r_3}(\psi_4 - \psi_2)\\
\psi_4 &= \tfrac{1}{4}(\psi_0 + \psi_3 - \psi_4 + \psi_5) + \tfrac{h}{8r_4}(\psi_5 - \psi_3)\\
\psi_5 &= \tfrac{1}{4}(\psi_0 + \psi_4 - \psi_5 + \psi_6) + \tfrac{h}{8r_5}(\psi_6 - \psi_4)\\
\psi_6 &= \tfrac{1}{4}(\psi_0 + \psi_5 - \psi_6 + \psi_7) + \tfrac{h}{8r_6}(\psi_7 - \psi_5)\\
\psi_7 &= \tfrac{1}{4}(\psi_0 + \psi_6 - \psi_7 + \psi_8) + \tfrac{h}{8r_7}(\psi_8 - \psi_6)\\
\psi_8 &= \tfrac{1}{4}(\psi_0 + \psi_7 - \psi_8 + \psi_9) + \tfrac{h}{8r_8}(\psi_9 - \psi_7)\\
\psi_9 &= \tfrac{1}{4}(\psi_8 - \psi_9) + \tfrac{h}{8r_9}(-\psi_8)
\end{aligned} \tag{19.44}$$

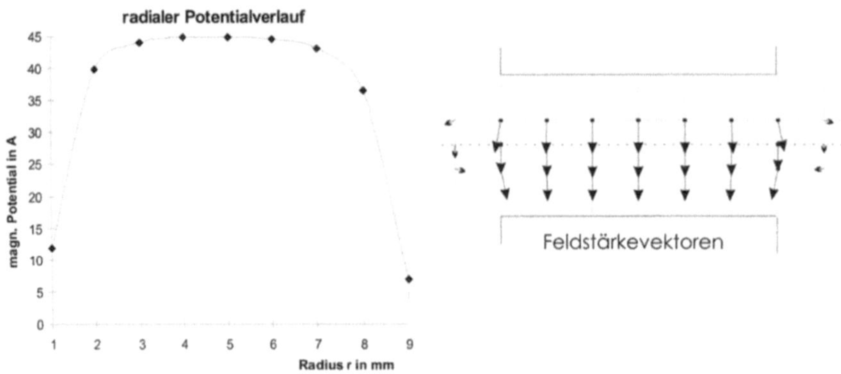

Bild 19.9: Verlauf des skalaren magnetischen Potenzials ψ im Luftspalt über den Radius r und Feldstärkevektoren $\boldsymbol{H}$ im Feldgebiet

für die neun magnetischen Potenziale an neun Punkten gemäß Bild 19.8. Das zu lösende Gleichungssystem lautet mit den eingesetzten Werten

$$\begin{pmatrix} \frac{5}{4} & \frac{3}{8} & 0 & 0 & 0 & 0 & 0 & 0 & 0 \\ \frac{3}{16} & \frac{5}{4} & \frac{5}{16} & 0 & 0 & 0 & 0 & 0 & 0 \\ 0 & \frac{5}{24} & \frac{5}{4} & \frac{7}{24} & 0 & 0 & 0 & 0 & 0 \\ 0 & 0 & \frac{7}{32} & \frac{5}{4} & \frac{9}{32} & 0 & 0 & 0 & 0 \\ 0 & 0 & 0 & \frac{9}{40} & \frac{5}{4} & \frac{11}{40} & 0 & 0 & 0 \\ 0 & 0 & 0 & 0 & \frac{11}{48} & \frac{5}{4} & \frac{13}{48} & 0 & 0 \\ 0 & 0 & 0 & 0 & 0 & \frac{13}{56} & \frac{5}{4} & \frac{15}{56} & 0 \\ 0 & 0 & 0 & 0 & 0 & 0 & \frac{15}{64} & \frac{5}{4} & \frac{17}{64} \\ 0 & 0 & 0 & 0 & 0 & 0 & 0 & \frac{17}{72} & \frac{5}{4} \end{pmatrix} \cdot \begin{pmatrix} \psi_1 \\ \psi_2 \\ \psi_3 \\ \psi_4 \\ \psi_5 \\ \psi_6 \\ \psi_7 \\ \psi_8 \\ \psi_9 \end{pmatrix} = -\frac{135}{4} \begin{pmatrix} 0 \\ 1 \\ 1 \\ 1 \\ 1 \\ 1 \\ 1 \\ 1 \\ 0 \end{pmatrix} . \tag{19.45}$$

Die Lösung dieses Gleichungssystems fasst man in der Potenzialmatrix

$$\psi = (11{,}94;\ 39{,}81;\ 44{,}09;\ 44{,}81;\ 44{,}87;\ 44{,}57;\ 43{,}11;\ 36{,}55;\ 6{,}91)^T . \tag{19.46}$$

zusammen. Die Verteilung der Potenziale über den Radius gibt die Abb. 19.9 wieder.

Weitere Feldgr"ßen lassen sich aus den Potenzialen herleiten. Zum Beispiel berechnet sich der Vektor der magnetischen Feldstärke in Zylinderkoordinaten wegen Gl. (19.36) durch die Gradientenbildung

$$\boldsymbol{H} = \mathrm{grad}\psi = \frac{\partial\psi}{\partial r}\boldsymbol{e}_r + \frac{1}{r}\frac{\partial\psi}{\partial\alpha}\boldsymbol{e}_\alpha + \frac{\partial\psi}{\partial z}\boldsymbol{e}_z \tag{19.47}$$

Die α-Komponente entf„llt. Die partiellen Ableitungen müssen gen„hert werden. In diesem Fall bietet es sich an, auf jeweils drei aufeinanderfolgenden magnetischen Potenzialen ein quadratisches Polynom zu legen ($\psi = ar^2 + br + c$) und dessen Ableitung am mittleren Punkt durch $\partial\psi/\partial r = 2ar + b$ zu berechnen. Die Abb. 19.9 zeigt rechts so die entstehenden Feldst„rkevektoren $\boldsymbol{H}$.

Man sieht an den Feldbildern in Abb. 19.9, dass sich die Verteilung des Feldes auf der Innenseite von der der Außenseite unterscheidet. In dieser Beziehung wurde ein unsymmetrisches, inhomogenes Feld berechnet, das mit analytischen Mittel wesentlich größeren Aufwand nach sich gezogen hätte. Auf der anderen Seite ist das Feld nur an 9 Punkten innerhalb des Luftspaltes bekannt und das auch nur unter Hinzuziehung mehrerer Annahmen, wie ideal leitendem Eisen oder schnell abfallendem Feld am Rand. Mit den heutigen rechenstarken Computern sind genaue Feldberechnungen in kürzester Zeit kein Problem mehr.

Aus den Feldstärkewerten lassen sich wegen der Gültigkeit der Materialgleichung gemäß Gl. (15.26) die Flussdichten an den Gitterpunkten

$$\boldsymbol{B_i} = \mu_0 \boldsymbol{H_i} \quad , \quad i = 1, 2, ..., 9 \tag{19.48}$$

ausrechnen. Der magnetische Fluss folgt dann aus dem Ausruck

$$\Phi = \sum_{z=const} |\boldsymbol{B_i}| \cdot A_i = \sum_{z=const} |\boldsymbol{B_i}| * \pi \cdot 2r_i \cdot 1mm \; . \tag{19.49}$$

In unserem Beispiel ergibt sich $\Phi = 26 \cdot 10^{-6}$ Vs. Weitere zu berechnende Gr”ßen wären der magnetische Leitwert, der magnetische Widerstand, die Induktivit„t und die Magnetkraft. Die Genauigkeit der ermittelten Wert ist jedoch nicht groß, wegen der im Modell enthaltenen Vereinfachungen.

19.2.7 Aufbau eines Rechenprogramms

1. Pre-prozessing: »*Vorbereitung der Rechnung*«

- Vorgeben der Struktur des Feldgebietes, Grenzlinien und Symmetrien berücksichtigen
- Überziehen des zu berechnenden Feldgebietes mit einem Gitter ⇒ Diskretisierung

2. Berechnung:

- Potenzialwerte in den Gitterpunkten berechnen (direkt bzw. iterativ)
  iterativ: so viele Iterationsdurchläufe durchfüren bis die Abbruchbedingung erfüllt ist, d.h. die größte Änderung gegenüber des vorherigen Wertes liegt unter einer vorgegebenen Schranke.

3. Post-prozessing: »*Nachbearbeitung der Rechnung*«

- Berechnung der Äquipotenziallinien und deren Darstellung
- Berechnung der aus dem Potenzial folgenden Feldstärke ⇒ Darstellung des Feldbildes
- aus dem Feld resultierende Kraftwirkung berechnen

19.3 Die Finite Elemente Methode - FEM

19.3.1 Grundlagen

Im vorangegangenen Abschnitt wurde die Formulierung eines Feldproblems als partielle Differenzialgleichung mit Randbedingungen 1. und 2. Art dargelegt. Es ist bekannt, dass sich Randwertprobleme nicht immer exakt lösen lassen, so dass sich Näherungsverfahren anbieten. Es gibt nun verschiedene Wege, Näherungslösungen zu erhalten. Die bekanntesten hierzu sind das *Ritzsche Verfahren*, das *Galerkin-Verfahren*, das *Kollokationsverfahren*, das *Gradientenverfahren* sowie die *Gaußsche Methode der kleinsten Fehlerquadrate*.

Mit zunehmender Tendenz lassen sich technische Systeme bei verschiedenen Energien als Variationsproblem mathematisch darstellen und behandeln. Sowohl die Prozesse in der Natur als auch die in der Technik streben den energieärmsten Zustand an. Diese Tatsache führt zum Grundproblem der Variationsrechnung. Die Methode der Variationsrechnung besteht in der Bestimmung der größten und kleinsten Werte von Funktionalen, die von Elementen aus einem Funktionenraum abhängen und durch Integrale ausgedrückt werden. Diese Extremalaufgabe für ein Variationsfunktional führt zu einer Lösung, die der Randwertaufgabe adäquat ist. In vielen technisch relavanten Fällen ist die näherungsweise Bestimmung der Funktion, die das Funktional minimiert einfacher oder leichter als die näherungsweise Bestimmung der Funktion, die die Feld-Differenzialgleichung löst. Aus diesem Grund wird häufig das technische Problem auf eine Variationsaufgabe zurückgeführt.

Es ist notwendig, auf die mathematischen Grundlagen des Variationsrechnung einzugehen, soweit es zur Berechnung im Rahmen der FEM und der dafür verwendeten numerischen Verfahren notwendig ist.

Variationsansatz im ein- und im dreidimensionalen Fall

Eindimensionaler Fall

Aus Übersichtlichkeitsgründen wird zuerst eine eindimensionale Betrachtung vorangestellt.

Zu Beginn steht die Frage, welche zweimalstetige stetig-differenzierbare Funktion

$y = y(x)$; $a \leq x \leq b$ führt unter Beachtung eventuell vorhandener Randbedingungen für y und $\dfrac{dy}{dt} = y'$ in den Punkten a und b das Funktional:

$$I(y) = \int_a^b F\left[x, y(x), \frac{dy}{dx}, \frac{d^2y}{dx^2}\right] dx = \int_a^b F(x, y, y', y'')dx \tag{19.50}$$

zu einem extremalen (größten oder kleinsten) Wert?

Die Variationsaufgabe

$$I(y) = \int_a^b F(x, y, y', y'')dx \stackrel{!}{=} Extremum \tag{19.51}$$

mit dem Funktional I für die Argumentfunktion y besitzt die gleiche Lösung wie eine aus einer Differenzialgleichung und den dazugehörigen Randbedingungen bestehendes Randwertproblem. Der Verlauf der vorgegebenen Funktion $F(x, y, y', y'')$ ist unter Festhalten des Anfangs- und Endpunktes beliebig.

Man variiert nun unter der Bedingung

$$y(a) = const. \qquad \text{und} \qquad y(b) = const. \tag{19.52}$$

den Funktionsverlauf und bestimmt die Funktion $y(x)$, die die geforderten Extremaleigenschaften liefert. Die nun anstatt der Funktion $y(x)$ eingesetzte Funktion $y^*(x)$ nennt man Vergleichsfunktion. Für $y^*(x)$ lautet der Ansatz

$$y^*(x) = y(x) + \xi\eta(x) , \tag{19.53}$$

die von einem Parameter ξ abhängt und in der η eine feste zweimalstetig differenzierbare Funktion ist. Die Vergleichsfunktion $y^*(x)$ muss die gleichen Randbedingungen wie $y(x)$ erfüllen. Daraus resultiert das Verschwinden der Funktionswerte von η und η' in den Randpunkten a und b

$$\eta(a) = \eta(b) = 0 . \tag{19.54}$$

Mit der Vergleichsfunktion (19.53) wird das Funktional

$$I(y^*) = \int_a^b F(x, y + \xi\eta, y' + \xi\eta', y'' + \xi\eta'')dx = I(\xi) \tag{19.55}$$

gebildet. Bei Festhalten von η ist (19.55) eine stetig differenzierbare Funktion $I(\xi)$ des Parameters ξ. Da $I(y^*)$ ein Extremum des Variationsintegrals ist, muss die Funktion $I(\xi)$ für $\xi = 0$ auch einen Extremwert einnehmen. Die notwendige Bedingung hierfür ist

$$\frac{\partial I(\xi)}{\partial \xi}|_{\xi=0} = 0 . \tag{19.56}$$

Mit Gleichung (19.50) folgt die Ableitung

$$\frac{\partial I(\xi)}{\partial \xi} = \int_a^b \left(\frac{\partial F}{\partial y^*}\frac{\partial y^*}{\partial \xi} + \frac{\partial F}{\partial y^{*\prime}}\frac{\partial y^{*\prime}}{\partial \xi} + \frac{\partial F}{\partial y^{*\prime\prime}}\frac{\partial y^{*\prime\prime}}{\partial \xi} \right) dx \tag{19.57}$$

und somit folgt für (19.56)

$$\frac{\partial I(\xi)}{\partial \xi}|_{\xi=0} = \int_a^b \left(\frac{\partial F}{\partial y}\eta + \frac{\partial F}{\partial y'}\eta' + \frac{\partial F}{\partial y''}\eta'' \right) dx = 0 . \tag{19.58}$$

Nach Ausführung der partiellen Integration des zweiten und dritten Summanden unter dem Integral folgt:

$$\frac{\partial I(\xi)}{\partial \xi} = \int_a^b \left(\frac{\partial F}{\partial y} - \frac{d}{dx}\frac{\partial F}{\partial y'} + \frac{d^2}{dx^2}\frac{\partial F}{\partial y''} \right) \eta dx + \left[\left(\frac{\partial F}{\partial y'} - \frac{d}{dx}\frac{\partial F}{\partial y''} \right) \eta \right]_a^b + \left[\frac{\partial F}{\partial y''}\eta' \right]_a^b = 0 \; . \tag{19.59}$$

Gleichung (19.56) ist nur dann erfüllt, wenn alle drei Summanden gleich Null werden. Der zweite und dritte Summand nehmen wegen der Bedingung in Gl. (19.54) den Wert Null an. Aufgrund der willkürlichen (bis auf gewisse Stetigkeits- und Differenzierbarkeitsbedingungen) Wählbarkeit der Funktion η und das Verschwinden des Integralausdruckes folgt nach Anwendung des Fundamentallemmas der Variationsrechnung:

$$\frac{\partial F}{\partial y} - \frac{d}{dx}\frac{\partial F}{\partial y'} + \frac{d^2}{dx^2}\frac{\partial F}{\partial y''} = 0 \; . \tag{19.60}$$

Die Lösung der Variationsaufgabe ist gleich der Lösung der Euler-Lagrange-Differenzialgleichung (19.60) unter Berücksichtigung der vorgegebenen Randbedingungen. Die Gleichungen:

$$\frac{\partial F}{\partial y'} - \frac{d}{dx}\frac{\partial F}{\partial y''} = 0 \; , \qquad \frac{\partial F}{\partial y''} = 0 \tag{19.61}$$

stellen weitere Bedingungen dar, die aber wegen den Voraussetzungen (19.54) erfüllt sind.

Es wurde somit gezeigt, dass eine Lösung eines Randwertproblems auf der Grundlage der Variationsrechnung auf die Lösung der Euler-Lagrange-Differenzialgleichung führt. Folglich ist eine näherungsweise Lösung der Variationsaufgabe im Allgemeinen gleichbedeutend mit der genäherten Lösung des Randwertproblems.

Dreidimensionaler Fall

An einem weiteren Funktional soll gezeigt werden, dass die Lösung nicht zwingend auf die Euler-Lagrange-Differenzialgleichung sondern auf eine andere Form der Beschreibungsgleichung führen kann. Auch hier soll ein Variationsproblem zu einer Randwertaufgabe führen, so dass die zu findende Funktion φ sowohl das Variationsintegral minimieren muss als auch die Feldproblematik beschreibende Differenzialgleichung (Poisson- bzw. Laplace-Gleichung) erfüllen soll.
Ausgangspunkt bildet hier die skalare Funktion $\varphi(x, y, z)$ (dreidimensional), die in einem Volumen V stetig und zweimal stetig differenzierbar ist. Auf der Oberfläche A des Volumens V sind die Randbedingungen 1. Art erfüllt.
Das zu minimierende Integral lautet dann:

$$I = \int_V \left(\frac{1}{2} \left[\left(\frac{d\varphi}{dx} \right)^2 + \left(\frac{d\varphi}{dy} \right)^2 + \left(\frac{d\varphi}{dz} \right)^2 \right] + f(x, y, z)\varphi \right) dV \; . \tag{19.62}$$

Da der Wert des Integrals von der Wahl der Funktion φ abhängt, stellt I somit ein Funktional dar. Einer Funktion wird mittels einer Vorschrift eine reele Zahl zugeordnet.

Es sei angenommen, dass die Funktion $\varphi(x,y,z)$ das Funktionals I minimiert (Lösung des Variationsproblems):

$$I = \int_V F(\varphi(x,y,z))dV(x,y,z) \ . \tag{19.63}$$

Der Verlauf der Funktion $\varphi(x,y,z)$ im Inneren des Gebietes ist unter dem Festhalten der Randpunkte beliebig. Man variiert nun unter der Bedingung

$$\varphi(x,y,z)|_A = const. \tag{19.64}$$

den Funktionsverlauf und bestimmt die Funktion $\varphi(x,y,z)$, die die geforderten Extremaleigenschaften liefert. Der Ansatz der aufzustellenden Vergleichsfunktion φ^* lautet

$$\varphi^*(x,y,z) = \varphi(x,y,z) + \xi\eta(x,y,z) \ . \tag{19.65}$$

Wegen (19.64) muss auf dem Rand des Gebietes das Integral für $\eta(x,y,z)$

$$\eta(x,y,z)|_A = 0 \tag{19.66}$$

gelten. Man setzt nun anstelle $\varphi(x,y,z)$ - $\varphi^*(x,y,z)$ in (19.62) ein und erhält so ein Parameterintegral in ξ

$$\begin{aligned} I(\xi) &= \int_V \left(\frac{1}{2} \left[\left(\frac{\partial}{\partial x}(\varphi + \xi\eta) \right)^2 + \left(\frac{\partial}{\partial y}(\varphi + \xi\eta) \right)^2 + \left(\frac{\partial}{\partial z}(\varphi + \xi\eta) \right)^2 \right] \right. \\ & \qquad \left. + f(x,y,z)(\varphi + \xi\eta) \ \right) dV \ . \end{aligned} \tag{19.67}$$

Da $\varphi(x,y,z)$ eine Lösung der Variationsaufgabe ist, d.h. auch die Randbedingungen erfüllt, genügt für alle ξ auch $\varphi^*(x,y,z)$ diesen Bedingungen.
Für alle $\xi \epsilon R$ und alle Funktionen $\eta(x,y,z)$ gilt somit

$$I(\varphi + \xi\eta) \geq I(v) \ . \tag{19.68}$$

Das Integral wird nach der Voraussetzung für $\xi = 0$ extremal. Damit wird die Bestimmung der größten und kleinsten Werte das Funktionals wieder auf eine gewöhnliche Extremalaufgabe zurückgeführt, wobei die notwendige Bedingung für einen Extremwert von Gleichung (19.67)

$$\frac{\mathrm{d}I}{\mathrm{d}\xi}|_{\xi=0} = \frac{\mathrm{d}J(\varphi+\xi\eta)}{\mathrm{d}\xi}|_{\xi=0} = 0 \tag{19.69}$$

lautet. Die Differenziation von (19.69) nach ξ ergibt

$$\begin{aligned} \frac{\partial I}{\partial \xi} &= \int_V \left(\left[\frac{\partial}{\partial x}\varphi + \xi\frac{\partial \eta}{\partial x} \right] \frac{\partial \eta}{\partial x} + \left[\frac{\partial}{\partial y}\varphi + \xi\frac{\partial \eta}{\partial y} \right] \frac{\partial \eta}{\partial y} + \left[\frac{\partial}{\partial z}\varphi + \xi\frac{\partial \eta}{\partial z} \right] \frac{\partial \eta}{\partial z} \right. \\ & \qquad \left. + f(x,y,z)\eta \ \right) \mathrm{d}V = 0 \ . \end{aligned} \tag{19.70}$$

Für $\xi = 0$ folgt somit

$$\frac{\partial I}{\partial \xi}|_{\xi=0} = \int\limits_V \left(\frac{\partial \varphi}{\partial x}\frac{\partial \eta}{\partial x} + \frac{\partial \varphi}{\partial y}\frac{\partial \eta}{\partial y} + \frac{\partial \varphi}{\partial z}\frac{\partial \eta}{\partial z} + f(x,y,z)\eta \right) \mathrm{d}V = 0 \; . \tag{19.71}$$

Addiert man den Wert Null zu einer Funktion, so bleibt diese erhalten, ganz gleich wie diese Null beschaffen ist. Der folgende Ausdruck wird in diesem Sinne:

$$\int\limits_V \eta \left[\frac{\partial^2 \varphi}{\partial x^2} + \frac{\partial^2 \varphi}{\partial y^2} + \frac{\partial^2 \varphi}{\partial z^2} \right] dV - \int\limits_V \eta \left[\frac{\partial^2 \varphi}{\partial x^2} + \frac{\partial^2 \varphi}{\partial y^2} + \frac{\partial^2 \varphi}{\partial z^2} \right] \mathrm{d}V \tag{19.72}$$

zu Gleichung (19.71) addiert. Durch Umformen entsteht der Ausdruck:

$$\begin{aligned} &\int\limits_V \left[\left(\frac{\partial \eta}{\partial x}\frac{\partial \varphi}{\partial x} + \eta \frac{\partial^2 \varphi}{\partial x^2} \right) + \left(\frac{\partial \eta}{\partial y}\frac{\partial \varphi}{\partial y} + \eta \frac{\partial^2 \varphi}{\partial y^2} \right) + \left(\frac{\partial \eta}{\partial z}\frac{\partial \varphi}{\partial z} + \eta \frac{\partial^2 \varphi}{\partial z^2} \right) \right] \mathrm{d}V \\ - &\int\limits_V \eta \left[\frac{\partial^2 \varphi}{\partial x^2} + \frac{\partial^2 \varphi}{\partial y^2} + \frac{\partial^2 \varphi}{\partial z^2} - f(x,y,z) \right] \mathrm{d}V = 0 \; . \end{aligned} \tag{19.73}$$

oder

$$\begin{aligned} &\int\limits_V \left[\frac{\partial}{\partial x}\left(\eta \frac{\partial \varphi}{\partial x} \right) + \frac{\partial}{\partial y}\left(\eta \frac{\partial \varphi}{\partial y} \right) + \frac{\partial}{\partial z}\left(\eta \frac{\partial \varphi}{\partial z} \right) \right] \mathrm{d}V \\ - &\int\limits_V \eta \left[\frac{\partial^2 \varphi}{\partial x^2} + \frac{\partial^2 \varphi}{\partial y^2} + \frac{\partial^2 \varphi}{\partial z^2} - f(x,y,z) \right] \mathrm{d}V = 0 \; . \end{aligned} \tag{19.74}$$

Die Gleichung (19.74) kann auch in der Form

$$\int\limits_V div\ [\eta\ grad\ \varphi] \mathrm{d}V - \int\limits_V \eta [\Delta\varphi - f(x,y,z)] \mathrm{d}V = 0 \tag{19.75}$$

geschrieben werden. Wendet man den dreidimensionalen Gaußschen Satz auf den ersten Term von Gleichung (19.75) an, so folgt:

$$\oint\limits_A \eta\ grad\ \varphi \mathrm{d}\boldsymbol{A} - \int\limits_V \eta [\Delta\varphi - f(x,y,z)] \mathrm{d}V = 0 \; . \tag{19.76}$$

Dieser erste Term ist auf Grund der Bedingung (19.64) (Randbedingungen) (η ist auf der Hüllfläche gleich Null) gleich Null. Die Gl. (19.76) reduziert sich somit auf

$$\int\limits_V \eta [\Delta\varphi - f(x,y,z)] \mathrm{d}V = 0 \; . \tag{19.77}$$

Da für alle Werte von η (auch $\neq 0$) die Gl. (19.77) erfüllt sein muss, folgt

$$\Delta\varphi - f(x,y,z) = 0 \; . \tag{19.78}$$

Die Gl. (19.78) repräsentiert die Poisson-Gleichung für φ. Die Lösung der Variationsaufgabe ist damit der Lösung der Poisson-Differenzialgleichung mit den Randbedingungen 1. Art adäquat. Für den Fall $f(x,y,z) = 0$ geht Gleichung (19.78) in die Laplace-Gleichung über

$$\Delta\varphi = 0 \; . \tag{19.79}$$

Es wurde gezeigt, dass verschiedene Ansätze unter dem Variationsintegral zu verschiedenen, das Feldgebiet beschreibenden, Differenzialgleichungen in Abhängigkeit von der zu lösenden Problemstellung führen.

Ritzsches Verfahren

Zur Fortführung der Berechnung wählt man eine Vergleichsfunktion mit n freien Parametern und bestimmt deren Parameter so, dass das dazugehörige Funktional einen Extremalwert annimmt. Bei einer hinreichend großen Parameteranzahl n ist die Abweichung der gewählten Lösung von der exakten Lösung verschwindend gering. Diese Vorgehensweise bildet den Grundgedanken des *Ritzschen Verfahrens.* Es soll jetzt ausführlich beschrieben werden, weil selbiges zu den wichtigsten Verfahren der Finiten Elemente Methode zählt.

Da in vielen Fällen die Funktion, die das Funktional minimiert, leichter näherungsweise bestimmbar ist, als die Lösung der Feld-Differenzialgleichung, werden viele numerische Feldberechnungsverfahren als Variationsproblem formuliert und mittels geeigneter Ansatzfunktion gelöst. Das Verfahren von Ritz besitzt deshalb eine so große Bedeutung, weil dieses Berechnungsverfahren letztendlich auf die Lösung eines linearen Gleichungssystems führt. Hierzu sei angenommen, dass φ_0 eine exakte Lösung der Variationsaufgabe darstellt und $I(\varphi_0) = J_0$ gilt. Existiert nun eine Funktion $w(x)$ (hier eindimensionaler Fall ansonsten dreidimensional w(x,y,z)), die die Randbedingungen erfüllt und es gilt:

$$I(w) \approx I_0 \; , \tag{19.80}$$

Diese Annahme berechtigt zur Ausage:

> Es gibt eine Funktion
>
> $$w_n = \sum_{i=1}^{n} w_i \; , \tag{19.81}$$
>
> welche ebenfalls die geforderten Randbedingungen erfüllt. Es gilt weiter
>
> $$\lim_{n\to\infty} I(w_n) = I_0 \; . \tag{19.82}$$

Es ist abzusehen, dass die Summe der Funktionen w_i gegen die Lösung von v_0 konvergiert je größer die Anzahl der Summanden ist (sprich die Summe der speziellen Funktionen). Diese Folge von Funktionen w_i ist dann im Weiteren von den Parametren ε_i abhängig, so dass w_n wie folgt geschrieben werden kann:

$$w_n = F(x, \xi_1, \xi_2, ..., \xi_n) \; . \tag{19.83}$$

Setzt man die Funktion (19.83) in das Funktional (19.50) ein und führt die Integration aus, erhält man als Ergebnis eine Funktion in Abhängigkeit der Parameter $\xi_1, ..., \xi_n$

$$I = f(\varepsilon_1, \varepsilon_2, ..., \varepsilon_n) \; . \tag{19.84}$$

Um das Minimum des Funktionals I zu ermitteln, erfolgt eine Differenziation der Funktion $f(x, \xi_1, \xi_2, ..., \xi_n)$ nach den Parametern ξ_i und Nullsetzen dieser gewonnenen Ausdrücke. Daraus folgt das mit ausgearbeitete Verfahren lösbare Gleichungssystem:

$$\frac{\partial f(x, \xi_1, \xi_2, ..., \xi_n)}{\partial \xi_i} = 0 \quad , \quad i = 1, 2, ..., n \; , \tag{19.85}$$

Die Variationsaufgabe reduziert sich demzufolge auf die Lösung eines Gleichungssystems (jedoch nach Wahl der Vergleichsfunktion - linearer Ansatz in ξ_i $\rightarrow$ lineares Gleichungssystem).
Eine für die Lösung von zweidimensionalen Potenzialfunktionen geeignete Funktion stellt die Gl. (19.86) dar:

$$u(x, y) = \varphi_0(x, y) + \sum_{i=1}^{n} \xi_i \varphi_i(x, y) \; . \tag{19.86}$$

19.3.2 Vorgehen und Ansatzfunktion

Strategie

Eine durch ein Ansatzverfahren ermittelte Lösung (des Variationsproblems) ist um so genauer, je mehr freie Parameter der gewählte Ansatz enthält. Je größer das zu untersuchende Feldgebiet wird, um so mehr muss die Parameteranzahl bei gleicher Genauigkeit der Lösung des partiellen Differenzialgleichungssystem steigen. Daraus geht hervor, dass die Struktur der Ansatzfunktion immer komplizierter wird. Diese Schwierigkeit kann man umgehen, indem das Feldgebiet in kleinere Gebiete unterteilt und für jedes einen geeigneten Ansatz formuliert wird. Dadurch entsteht eine Gesamtheit von einfacheren Ansatzfunktionen mit weniger Parametern. Auf diese Weise ist ebenso eine insgesamt große Anzahl von Parametern erzielt worden.

Das Vorgehen vollzieht sich in drei Schritten:

1. Der erste Schritt der FEM-Strategie befasst sich mit der Diskretisierung des zu untersuchenden Bereiches in finite Elemente.

2. Der sich anschließende Schritt beinhaltet die Wahl einer geeigneten Ansatzfunktion für jedes finite Element.

3. Mit einem bekannten Verfahren ist das sich ergebende lineare Gleichungssystem unter Beachtung der Randwerte zu lösen.

Diskretisierung des Feldgebietes

Je nach der Problemstellung unterscheidet man die 1-, 2- oder 3-dimensionale Diskretisierung (Linienelement, Flächenelement, Volumenelement).

Die Tabelle 19.1 gibt einen Überblick über mögliche finite Elementetypen an.

Für die einzelnen finiten Elemente wird ein einfacher Ansatz, meist Polynome, in der Form:

$$\varphi_k(x,y) = a + bx + cy \ . \tag{19.87}$$

gewählt. Für den gesamten Lösungsbereich gilt dann

$$\varphi(x,y) = \sum_{k=1}^{n} \varphi_k(x,y) \ , \tag{19.88}$$

mit n als Anzahl der finiten Elemente. Auf dem Rand der finiten Elemente werden Knotenpunkte festgelegt. Die Anzahl dieser ist gleich der Anzahl der Koeffizienten der Ansatzfunktion. Im Fall der Gl. (19.87) benötigt man 3 Knotenpunkte, weil die Ansatzfunktion drei Konstanten enthält. Das Potenzial für das k-te finite Flächenelement ist dann

$$\varphi_k = \varphi_1 + \varphi_2 + \varphi_3 \tag{19.89}$$

als Summe der Potenziale in den drei Knotenpunkten darstellbar. Für jeden Knoten kann man eine Potenzialgleichung der Form

$$\begin{aligned} \varphi_1 &= a + bx_1 + cy_1 \\ \varphi_2 &= a + bx_2 + cy_2 \\ \varphi_3 &= a + bx_3 + cy_3 \ . \end{aligned} \tag{19.90}$$

aufstellen. Dieses Gleichungsystem wird nach den Koeffizienten a, b und c aufgelöst und man erhält drei Funktionen für a, b und c, die von den Potenzialen in den Knotenpunkten in der Form

$$\begin{aligned} a &= f(\varphi_1, \varphi_2, \varphi_3, x, y) \\ b &= f(\varphi_1, \varphi_2, \varphi_3, x, y) \\ c &= f(\varphi_1, \varphi_2, \varphi_3, x, y) \ . \end{aligned} \tag{19.91}$$

abhängen. Geht man mit den Koeffizienten a, b und c in die Gl. (19.90) und dann in (19.89) ein, so führt das auf eine Funktion, welche das Potenzial des k-ten finiten Elementes repräsentiert:

$$\varphi_k = \varphi_1 + \varphi_2 + \varphi_3 = f(\varphi_1, \varphi_2, \varphi_3, x, y) \tag{19.92}$$

oder was gleichbedeutend mit

$$\varphi_k = \varphi_k(x,y) = \varphi_1 N_1(x,y) + \varphi_2 N_2(x,y) + \varphi_3 N_3(x,y) \ . \tag{19.93}$$

Tabelle 19.1: Elementetypen (1-, 2- und 3-dimensional)

Dimension	**Geometrie**	**linear. finit. Element**	**quadrat. finit. Element**	**krummliniges quadrat. finit. Element**
1-dim.		(a) 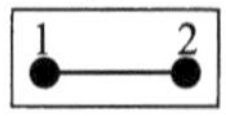	(b) 	
2-dim.	Dreieck	(c) 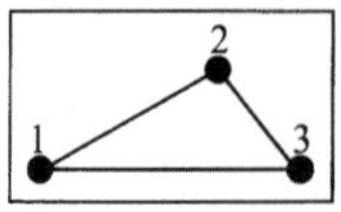	(d) 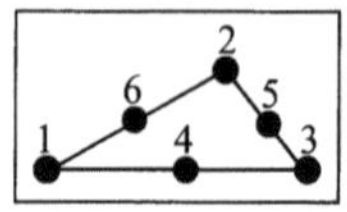	(e) 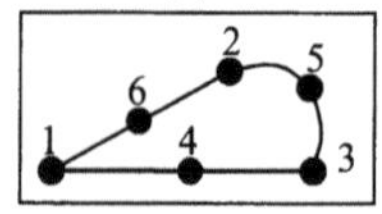
	Viereck	(f) 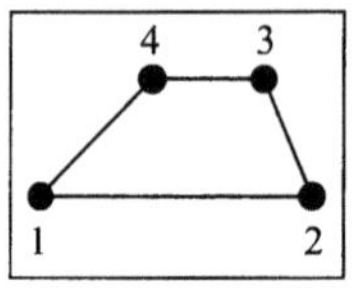	(g) 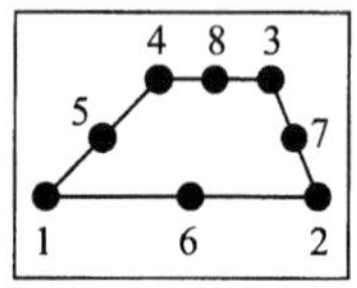	(h) 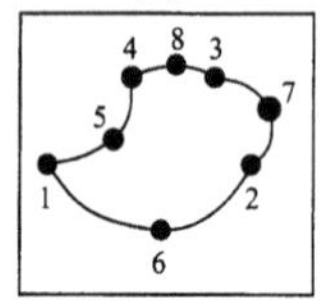
3-dim.	Tetraeder	(i) 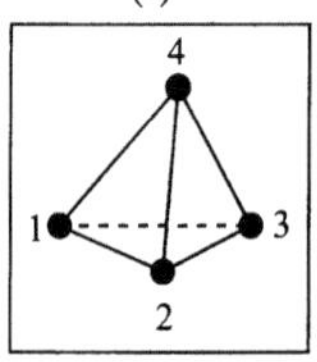	(j) 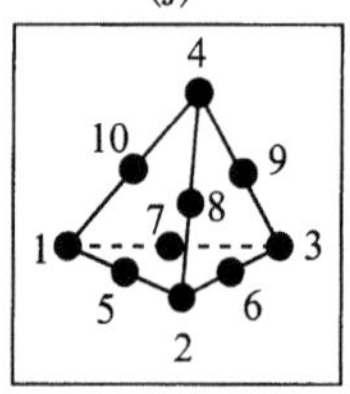	(k) 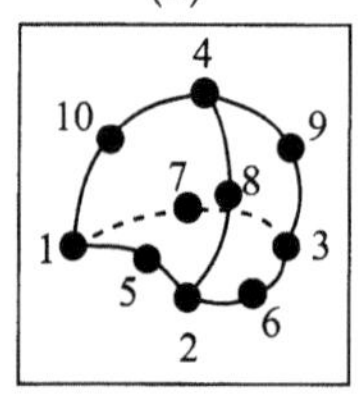
	Prisma	(l) 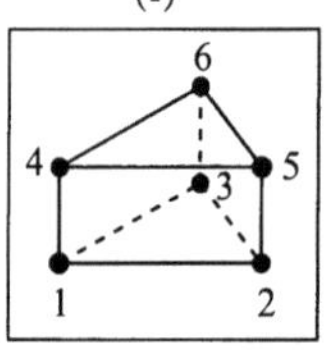	(m) 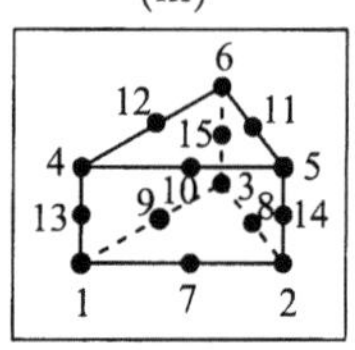	(n) 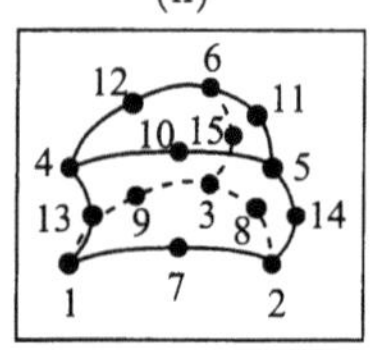
	Quader	(o) 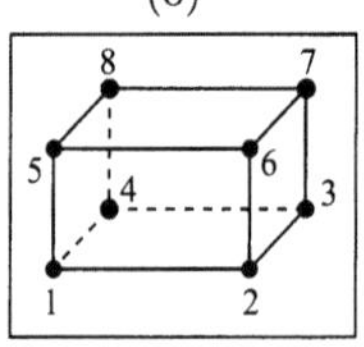	(p) 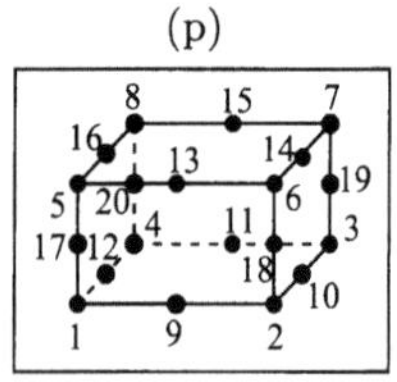	(q) 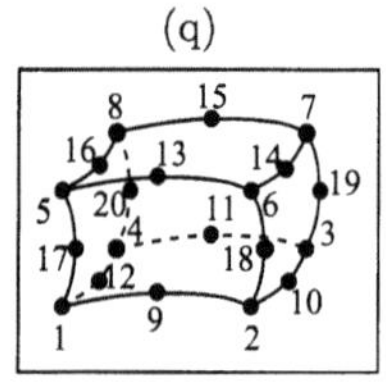

ist. Die Funktion N_1, N_2 und N_3 sind rein geometrische Funktionen und sie werden deshalb auch als *Formfunktionen* bezeichnet. Die Gl. (19.93) bildet die Linearkombination von Formfunktionen mit den Knotenvariablen als Koeffizienten. Die Formfunktionen hängen von den Koordinaten des jeweiligen finiten Elementes ab und sind für jedes finite Element verschiedene lineare Funktionen der Koordinaten x und y. In den Tabellen 19.2 und 19.3 sind für 1-, 2- und 3-dimensionale finite Elemente spezielle Formfunktionen angegeben.

Auf Grund der Geometrie dieser Dreiecks-Elemente und der Spezifik der Formfunktion in diesen Elementen ergibt sich die Tatsache, dass die Formfunktion in einem der Eckpunkte der Dreiecksflächen den Wert 1 annimmt und an den anderen beiden gleich Null ([84], S. 160) ist. Im Lösungsgebiet werden alle Knotenpunkte von 1 bis n durchnummeriert. Die Randknotenpunkte werden zum Schluss nummeriert. Die Gl. (19.88) besitzt dann die Form:

$$\varphi(x,y) = \sum_{k=1}^{m} \varphi_k N_k^*(x,y) \,. \tag{19.94}$$

N_k^* ist die Summe der Formfunktionen der finiten Elemente, die den Knoten k gemeinsam haben. In dem Ansatz (19.94) finden die Dirichletschen Randbedingungen durch die Vorgabe der Werte der Knotenpotenziale auf den Randpunkten Berücksichtigung.

Mit dem Ansatz (19.94) geht man nun in das Funktional:

$$J = \int_A F(\varphi(x,y))dxdy \tag{19.95}$$

ein und kommt zum Ausdruck:

$$J = \int_A F\left(\sum_{k=1}^{m} \varphi_k N_k^*(x,y)\right) dxdy \,. \tag{19.96}$$

Durch die Differenziation nach den Knotenpotenzialen φ_k und dem Nullsetzen dieser Ableitungen erhält man die linearen Gleichungen zur Bestimmung der Knotenpotenziale.

19.4 Die Randelementemethode Boundary element method - BEM

Wie aus dem Begriff *Randelementemethode* hervorgeht, reduziert sich die Betrachtung auf die Berandung des zu untersuchenden Feldgebietes. Wenn der Potenzial- bzw. Feldstärkeverlauf auf der Berandung des Feldgebietes bekannt ist, kann man das Potenzial bzw. den Feldstärkeverlauf im Inneren bei bekannter Feldfunktion, berechnen.

Tabelle 19.2: Formfunktionen für 1-, 2- und 3-dimensionale finite Elemente

Dimension	lineares Finites Element	quadratisches finites Element
1-dim.	(a) 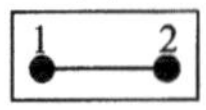 $N_1 = C_{11} + C_{12}x$ $N_2 = C_{21} + C_{22}x$ $u^e(x) = u_1N_1(x) + u_2N_2(x)$ $u^e(x) = \sum_{i=1}^{2} u_i^e N_i^e(x,y)$	(b) 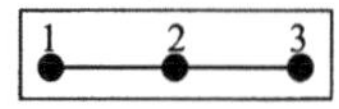 $N_1 = C_{11} + C_{12}x + C_{13}x^2$ $N_2 = C_{21} + C_{22}x + C_{23}x^2$ $N_3 = C_{31} + C_{32}x + C_{33}x^2$ $u^e(x) = u_1N_1(x) + u_2N_2(x) + u_3N_3(x)$ $u^e(x) = \sum_{i=1}^{3} u_i^e N_i^e(x)$
2-dim.	(c) 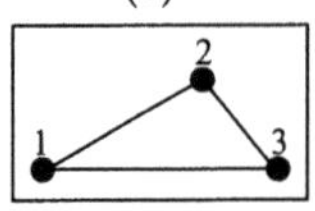 $N_1(x,y) = C_{11} + C_{12}x + C_{13}y$ $N_2(x,y) = C_{21} + C_{22}x + C_{23}y$ $N_3(x,y) = C_{31} + C_{32}x + C_{33}y$ $u^e(x,y) = \sum_{i=1}^{3} u_i^e N_i^e(x,y)$	(d) 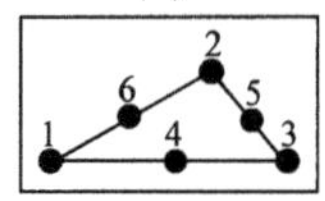 $N_i^e(x,y) = C_{i1} + C_{i2}x + C_{i3}y + C_{i4}xy + C_{i5}x^2 + C_{i6}y^2$ $u^e(x,y) = \sum_{i=1}^{6} u_i^e N_i^e(x,y)$
	(e) 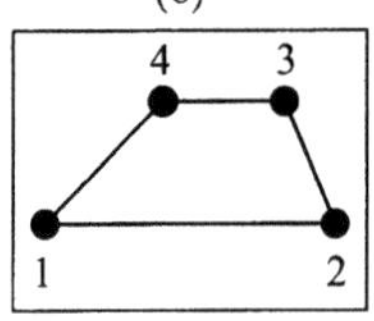 $N_i^e(x,y) = C_{i1} + C_{i2}x + C_{i3}y + C_{i4}xy$ $u^e(x,y) = \sum_{i=1}^{4} u_i^e N_i^e(x,y)$	(f) 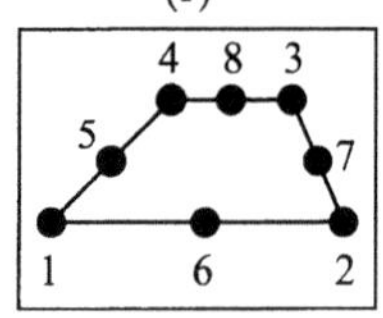 $N_i^e(x,y) = C_{i1} + C_{i2}x + C_{i3}y + C_{i4}x^2 + C_{i5}xy + C_{i6}y^2 + C_{i7}x^2y + C_{i8}xy^2$ $u^e(x,y) = \sum_{i=1}^{8} u_i^e N_i^e(x,y)$
3-dim.	(g) 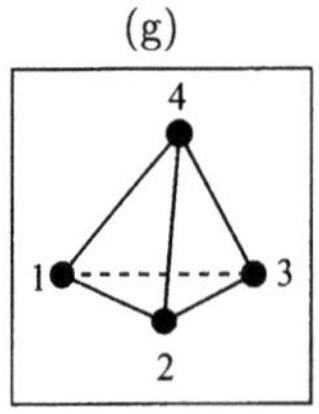 $N_i^e(x,y,z) = C_{i1} + C_{i2}x + C_{i3}y + C_{i4}z$ $u^e(x,y,z) = \sum_{i=1}^{4} u_i^e N_i^e(x,y,z)$	(h) 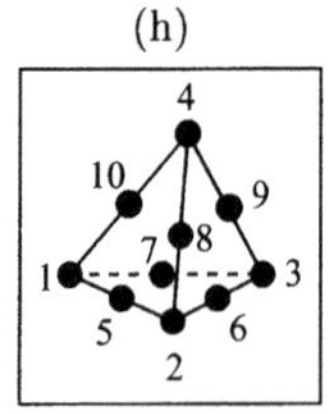 $N_i^e(x,y,z) = C_{i1} + C_{i2}x + C_{i3}y + C_{i4}z + C_{i5}x^2 + C_{i6}xy + C_{i7}xz + C_{i8}y^2 + C_{i9}yz + C_{i10}z^2$ $u^e(x,y,z) = \sum_{i=1}^{10} u_i^e N_i^e(x,y,z)$

Tabelle 19.3: Formfunktionen für 1-, 2- und 3-dimensionale finite Elemente

Dimension	lineares Finites Element	quadratisches finites Element
3-dim.	(a) 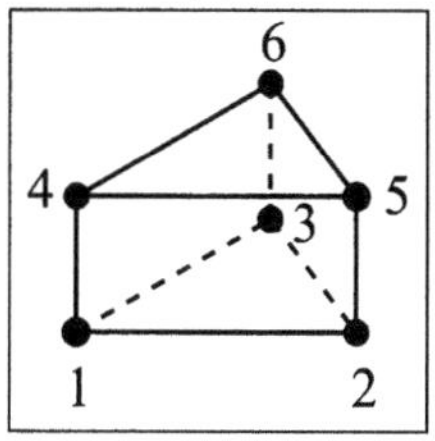 $N_i^e(x,y,z) = C_{i1} + C_{i2}x$ $+C_{i3}y + C_{i4}z$ $+C_{i5}xz + C_{i6}yz$ $u^e(x,y,z) = \sum_{i=1}^{6} u_i^e N_i^e(x,y,z)$	(b) 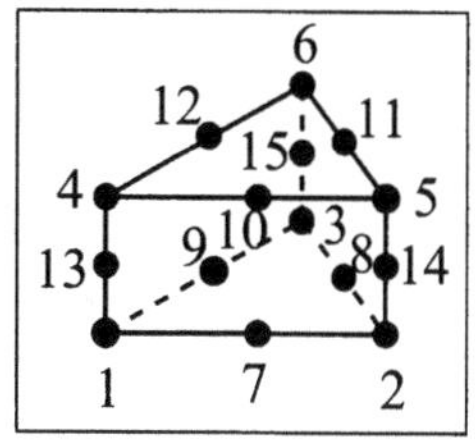 $N_i^e(x,y,z) = C_{i1} + C_{i2}x$ $+C_{i3}y + C_{i4}z$ $+C_{i5}x^2 + C_{i6}xy$ $+C_{i7}xz + C_{i8}yz$ $+C_{i9}y^2 + C_{i10}z^2$ $+C_{i11}xyz + C_{i12}x^2y$ $+C_{i13}y^2z + C_{i14}xz^2$ $+C_{i15}x^2z$ $u^e(x,y,z) = \sum_{i=1}^{15} u_i^e N_i^e(x,y,z)$
	(c) 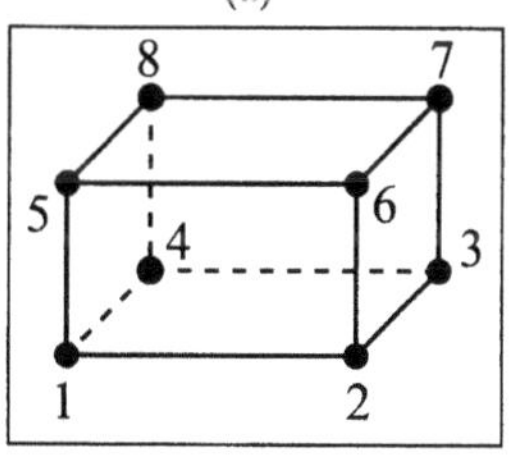 $N_i^e(x,y,z) = C_{i1} + C_{i2}x$ $+C_{i3}y + C_{i4}z$ $+C_{i5}xy + C_{i6}xz$ $+C_{i7}yz + C_{i8}xyz$ $u^e(x,y,z) = \sum_{i=1}^{8} u_i^e N_i^e(x,y,z)$	(d) 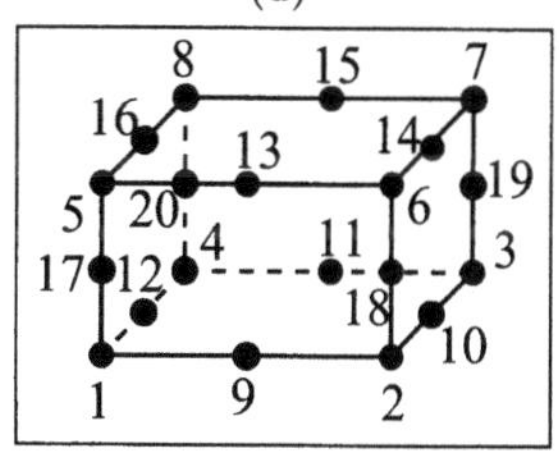 $N_i^e(x,y,z) = C_{i1} + C_{i2}x + C_{i3}y$ $+C_{i4}z + C_{i5}x^2 + C_{i6}y^2$ $+C_{i7}z^2 + C_{i8}xy + C_{i9}xz$ $+C_{i10}yz + C_{i11}xyz$ $+C_{i12}x^2y + C_{i13}y^2z$ $+C_{i14}xz^2 + C_{i15}y^2x$ $+C_{i16}z^2y + C_{i17}x^2z$ $+C_{i18}x^2yz + C_{i19}xy^2z$ $+C_{i20}xyz^2$ $u^e(x,y,z) = \sum_{i=1}^{20} u_i^e N_i^e(x,y,z)$

19.4.1 Die Methode

Das Vorgehen besteht darin, dass bei gegebener Funktion des Feldes das Potenzial φ im Inneren eines Volumen V bestimmt werden kann, wenn auf dem Rand S das Potenzial φ und die nach außen gerichteten Normalenableitungen von φ (Dirichletsche und Neumannsche Randbedingungen) vorliegen.

Die grundlegenden Gleichungen seien als bekannt vorausgesetzt. Es geht hier darum, das grundsätzliche Vorgehen bei der BEM darzulegen ohne auf spezielle Probleme einzugehen. Zur Methode der BEM steht eine Vielzahl von Literatur zur Verfügung, die sich sehr ausführlich mit allen Details der BEM beschäftigt. Genannt seien hier: [54], [63], [34], [36] und [62]. Worin besteht nun der Vorteil der BEM gegenüber der FEM?

Bei 3-D-Problemen wird die Anzahl der zu berechnenden Größen aus einem Gleichungssystem nur auf der Oberfläche zu berechnen sein (2-D $\rightarrow$ auf der Kontur). Durch die Reduktion der Dimension (3D $\rightarrow$ 2D; 2D $\rightarrow$ 1D) verringert sich die Anzahl der unbekannten Größen und es vereinfacht sich die Datenaufbereitung. Auch offene Gebiete sind mittels der BEM einfach berechenbar. Als Nachteil sei die vollbesetzt Systemmatrix mit vektoriellen Unbekannten in 3D zu erwähnen, wodurch tausende Unbekannte mit direkten Gleichungslösern zu finden sind, die ein schnelles Erreichen der Grenzen des Rechenspeichers zu Folge hat. Bei singulären sowie nahezu singulären Integralen sind zur Bestimmung der Koeffizienten die Systemmatrizen zu berechnen. Erhebliche numerische Fehler treten auf. Nichtlineare Materialien sind nur unter einem hohen Aufwand berechenbar.

19.4.2 BEM - Strategie

Es soll nun in kurzen Schritten die Strategie der BEM dargelegt werden.

Man betrachtet ein abgeschlossenes Feldgebiet mit dem Volumen V. Die Laplace-Gleichung sei aufgrund eines vorliegenden statischen Randwertproblems erfüllt:

$$\Delta\varphi = 0 \ . \tag{19.97}$$

φ_0 sei die exakte Lösung der Laplace-Gleichung. Auf der Oberfläche A des Volumens V soll in einem Teilgebiet A_1 die Dirichletsche Randbedingung und in einem anderen Teilbereich A_2 die Neumannsche Randbedingung erfüllt sein.

$$\begin{aligned} \varphi_0 &= \bar{\varphi} \ , & &\text{auf} \quad A_1 \ , \\ s_0 &= \frac{\partial \varphi_0}{\partial n} = \bar{s} \ , & &\text{auf} \quad A_2 \ . \end{aligned} \tag{19.98}$$

Da das Feldproblem hier mit numerischen Methoden approximiert wird, erfüllt die approximierte Lösung $\varphi \approx \varphi_0$ die Laplace-Differenzialgleichung nur näherungsweise, so dass gilt:

$$\Delta\varphi = o(\varphi) \qquad \text{in } V \ . \tag{19.99}$$

Das Ziel besteht in der Befreiung der gesuchten Lösung in einem Aufpunkt i im Volumen V vom Differenzialoperator in (19.99) und statt dessen die Lösung explizit bzw. nur durch Lösungswerte auf dem Rand auszudrücken. Den Ausgangspunkt bildet die Strategie der gewichteten Residuen und einer zunächst beliebigen Gewichtsfunktion G. Es folgt somit

$$\int_V \varepsilon G dV = \int_V \Delta\varphi G dV = 0 \ . \tag{19.100}$$

Im Falle der exakten Lösung $\varphi = \varphi_0$ ist der Fehler gleich Null und die Gleichung (19.100) wird unabhängig von der Gewichtsfunktion G erfüllt. Wird an Stelle der exakten Lösung φ_0 eine approximierte Lösung φ eingesetzt, so entsteht eine ortsabhängige Fehlerfunktion $o(\varphi)$, das Residuum. Die Strategie der gewichteten Residuen verfolgt das Ziel:

Es wird der mit einer Gewichtsfunktion G gewichtete Fehler ε über das gesamte Volumen V integriert, so dass im Mittel der Fehler verschwindet.

Da bei der BEM der Rand A betrachtet wird und das sich folglich auch in der Gleichung widerspiegeln muss, wird der 2. Greensche Satz

$$\int_V (\Delta\varphi G - \Delta G\varphi) dV = \oint_A \left(G\frac{d\varphi}{dn} - \varphi\frac{dG}{dn} \right) dA \ . \tag{19.101}$$

angewendet. Nach dem Einsetzen von Gleichung (19.100) in (19.101) folgt

$$\int_V \Delta G\varphi dV = \oint_A \left(\varphi\frac{dG}{dn} - G\frac{d\varphi}{dn} \right) dA \ . \tag{19.102}$$

Fließen die Rahmenbedingungen (19.98) in (19.102) ein, so ergibt sich der Ausdruck

$$\int_V \Delta G\varphi dV = \int_{A_1} \left(\bar{\varphi}\frac{dG}{dn} - Gs \right) dA + \int_{A_2} \left(\varphi\frac{dG}{dn} - G\bar{s} \right) dA \ . \tag{19.103}$$

Die Anwendung des 2. Greenschen Satzes führt dazu, dass die zweite Ableitung $\Delta\varphi$ nicht mehr auftritt, sondern nur noch die Lösung φ selbst, unter dem Volumenintegral

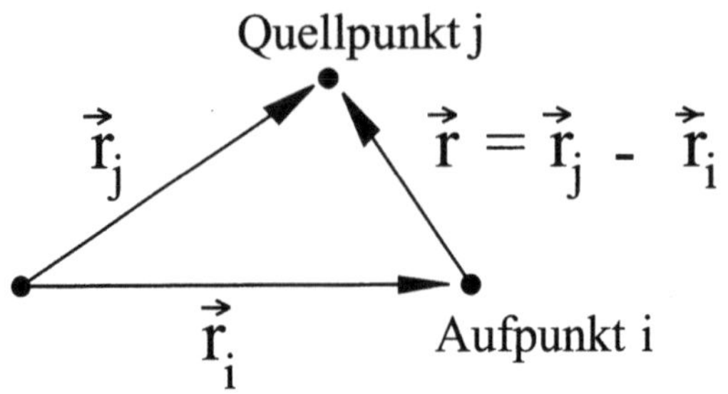

Bild 19.10:

in Gl. (19.103). Um das Volumenintegral noch zu eleminieren, wird die DIRAC-Delta-Funktion herangezogen:

$$\delta_i = \delta(\boldsymbol{r} - \boldsymbol{r}_i) = \begin{cases} 0 & \text{für } \boldsymbol{r} \neq \boldsymbol{r}_i, \\ \infty & \text{für } \boldsymbol{r} = \boldsymbol{r}_i \ , \end{cases} \tag{19.104}$$

mit der im Bild 19.10 dargestellten Beziehung.

Durch den Ansatz

$$\Delta G = -\delta_i = -\delta(\boldsymbol{r} - \boldsymbol{r}_i) \tag{19.105}$$

eingesetzt in Gl. (19.103) folgt nach einfachen Umformungen

$$\int\limits_V \Delta G \varphi dV = -\int\limits_V \varphi(\boldsymbol{r})\delta(\boldsymbol{r} - \boldsymbol{r}_i) dV = -\varphi(\boldsymbol{r}_i) \cdot 1 = -\varphi_i \ . \tag{19.106}$$

Der Einsatz der DIRAC-Delta-Funktion bedeutet, dass die Gewichtsfunktion G festgelegt ist, als Fundamentallösung der Gleichung (19.105)

$$\Delta G = -\delta_i \ . \tag{19.107}$$

Das Ziel - das explizite Auftreten der gesuchten Funktion φ - ist erreicht, wenn die Gleichung (19.106) in die Gleichung (19.103) eingesetzt wird

$$\varphi_i = -\int\limits_{A_1} \left(\bar{\varphi} \frac{dG}{dn} - Gs \right) dA + \int_{A_2} \left(\varphi \frac{dG}{dn} G\bar{s} \right) dA \ . \tag{19.108}$$

Wird für die Gewichtsfuntion G die häufig verwendete Bezeichnung φ^* [54] verwendet, so gilt

$$G(\boldsymbol{r}) = \varphi^*(\boldsymbol{r}) \qquad \text{und} \qquad \frac{dG(\boldsymbol{r})}{dn} = \frac{d\varphi^*}{dn} = s^*(\boldsymbol{r}) \tag{19.109}$$

und es folgt

$$\varphi_i = -\int\limits_{A_1} (\bar{\varphi}s^* - \varphi^* s)\, dA - \int\limits_{A_2} (\varphi s^* - \varphi^* \bar{s})\, dA \quad ; \quad i\epsilon V \tag{19.110}$$

bzw.

$$\varphi_i = -\int\limits_{A} \varphi s^* dA + \int\limits_{A} \varphi^* s dA \quad ; \quad i\epsilon V \; . \tag{19.111}$$

Die Lösung φ_i in einem Punkt P_i des Volumens V kann somit durch ein Randintegral dargestellt werden. Voraussetzung hierfür ist jedoch, dass die in (19.110) noch unbekannte Lösung φ auf dem Rand A_2 sowie die ebenfalls noch unbekannte Normalableitung s auf dem Teilrand A_1 vorliegen. Um diese noch unbekannten Funktionen φ und s auf dem Rand A zu bestimmen, wird der Aufpunkt P_i auf den Rand gelegt und die so entstehende Randdifferenzialgleichung gelöst. Um diese Randintegralgleichung zu lösen, wird der Rand in diskrete Randelemente aufgeteilt.

Der Lösungsverlauf über den einzelnen Randelementen wird auch hier, wie bei der FEM, lokal durch Formfunktionen angenähert. Im Unterschied zur FEM sind bei der BEM sogar *konstante* Formfunktionen möglich, so dass die Lösung als auch die Normalenableitung von φ, in diesem Fall durch einen einzigen Wert, angenähert werden kann. Somit geht die Randintegralgleichung (19.110) für einen festen Punkt P_i in eine algebraische Gleichung mit $N = N_1 + N_2$ Unbekannten über, wenn der eine Teilbereich $A_1 N_1$ und der andere Teilbereich $A_2 N_2$ Randelemente enthält. Die hierzu erforderliche Gesamtzahl von N Gleichungen erhält man, indem man nacheinander den Punkt P_i in alle Teilelemente des gesamten Randes legt. Dies ist die Kernaufgabe der BEM und ebenso die kritische Stelle, da an die Größe des Gleichungssystem, bedingt durch die Rechentechnik, Grenzen gesetzt sind.

Die durch Gleichung (19.107) angegebene Fundamentallösung φ^* soll jetzt berechnet werden. Die Gleichung ist aufgrund der Struktur physikalisch als Potenzialverlauf einer normierten Punktladung interpretierbar, so dass das Ergebnis sofort angegeben werden kann:

$$\varphi^* = \frac{1}{4\pi r} \; . \tag{19.112}$$

Auf die Behandlung von auftretenden Singularitäten wird an dieser Stelle verzichtet, obwohl dieses Problem nicht zu vernachlässigen ist.

Tabelle 19.4: Diskretisierungsmöglichkeiten der BEM

	2 - D	3 - D
constant	(a) 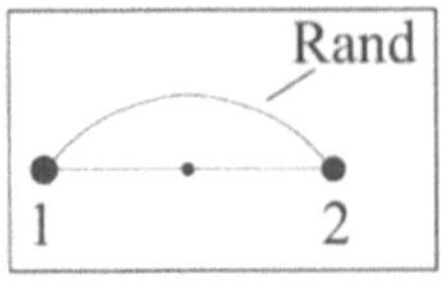	(b) 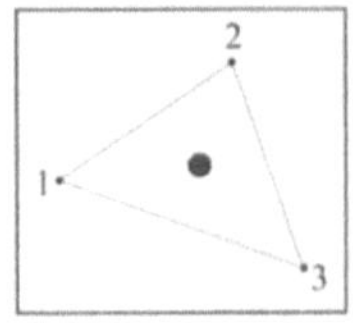
linear	(c) 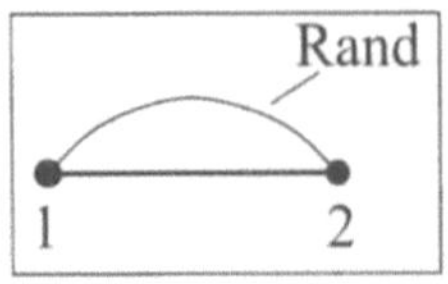	(d) 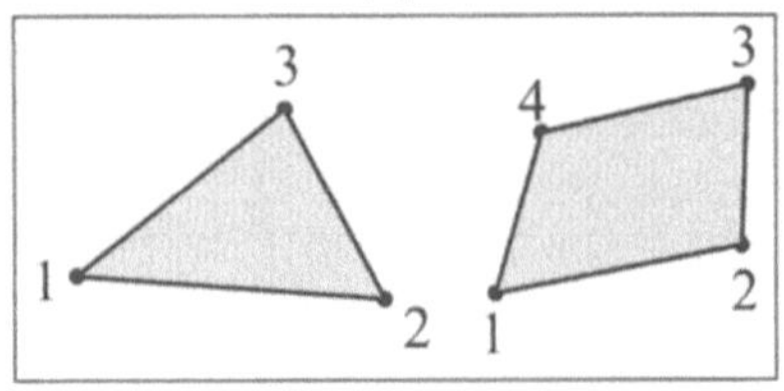
quadratisch	(e) 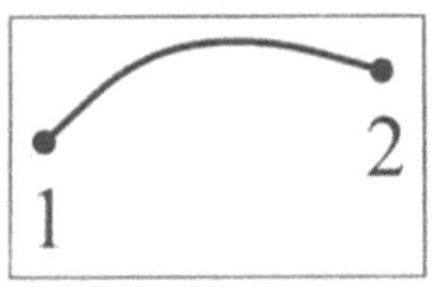	(f) 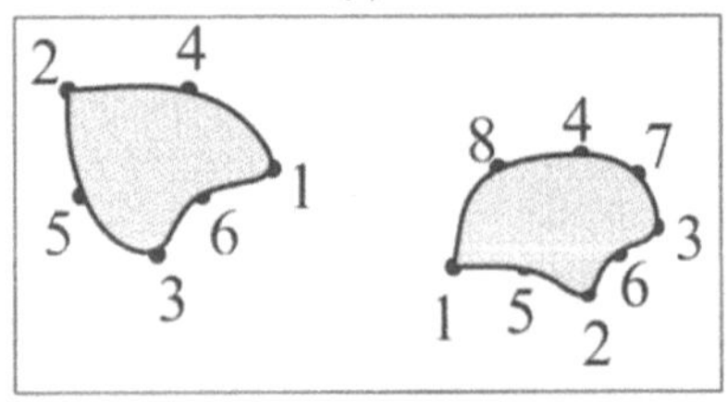

Diskretisierung

Im nächsten Schritt wird die Diskretisierung des Randgebietes durchgeführt.

Die Diskretisierung bedeutet hier, dass der Rand diskretisiert und die Lösung φ bzw. die Normalenableitung $\frac{d\varphi}{dn}$ auf dem Rand durch einfache Funktionen approximiert werden, um so die Integralgleichung in ein lineares Gleichungssystem zu überführen.

In Tabelle 19.4 sind mögliche Diskretisierungen für 2- und 3-D-Probleme zusammenfassend dargestellt.

Anmerkung:
In der 2-D-Praxis hat sich gezeigt, dass die Approximation durch geradlinige und maximal quadratische Elemente ausreichend ist.

Nach der erfolgten Diskretisierung besteht jetzt die Möglichkeit, die Randintegralgleichung in ein lineares Gleichungssystem zu überführen. Das Randgebiet wird so diskretisiert, dass $N = N_1 + N_2$ Randelemente (N_1 zugehörig zu A_1, N_2 zugehörig zu A_2) entstehen. Auf jedem dieser Elemente ist entweder eine Dirichletsche oder eine Neumannsche Randbedingung vorgegeben (φ auf A_1, s auf A_2).

Somit lassen sich die Integrale in der Randintegralgleichung als Summe der Teilintegrale über die N Randintegrale ausdrücken:

$$\varphi_i = -\sum_{j=1}^{N} \int_{A_j} \varphi s^* dA + \sum_{j=1}^{N} \int_{A_j} s\varphi^* dA \ . \tag{19.113}$$

In Abhängigkeit von der Wahl der verwendeten Elemente und somit von deren Formfunktionen ergeben sich unterschiedliche Beträge durch die Integrale.

Die Berechnung des elektrischen Potenzials φ und der Feldstärke $\boldsymbol{E}$

Der zweite Haupschritt der BEM-Strategie fordert die Berechnung der Lösung, also die des Potenzials φ und der Feldstärke $\boldsymbol{E} = -grad\ \varphi$ im Volumen V.

Ausgangpunkt hierfür ist die Gleichung (19.111) für einen nicht auf der Oberfläche A sondern im Volumen V liegenden Punkt P_i, wobei die Knotenwerte φ_j und s_j in allen Oberflächenknoten j bekannte sind.

Es folgen somit

$$\varphi_i = -\sum_{j=1}^{N} \left(\int_{A_j} s^* dA \right) \varphi_i + \sum_{j=1}^{N} \left(\int_{A_j} \varphi^* dA \right) s_j \tag{19.114}$$

und

$$\boldsymbol{E}_i = \sum_{j=1}^{N} \left(\int_{A_j} grad_i\ s^* dA \right) \varphi_j - \sum_{j=1}^{N} \left(\int_{A_j} grad_i\ \varphi^* dA \right) s_j \ . \tag{19.115}$$

Der Gradient ist hierbei nach den Koordinaten (x, y, z) des betrachteten Randpunktes P_i zu bilden.

$$grad_i\ \varphi^* = \frac{\partial \varphi^*}{\partial x_i} \boldsymbol{e}_x + \frac{\partial \varphi^*}{\partial y_i} \boldsymbol{e}_y + \frac{\partial \varphi^*}{\partial z_i} \boldsymbol{e}_z \ . \tag{19.116}$$

Für jeden betrachteten Raumpunkt P_i sind für die φ_i genau $2N$ Integrale und für die Feldstärke $\boldsymbol{E}_i$ die $6N$ Integrale zu lösen.

19.5 Anwendung der numerischen Feldberechnung

Wie schon vorn angemerkt, existieren keine technisch genutzten Anordnungen mit homogenen Feldern und ausschließlich linearen Materialien. Ganz im Gegenteil sind Inhomogenitäten und Nichtlinearitäten oftmals funktionsbestimmend.

Für die genaue Analyse solcher Anordnungen ist die Beschreibung durch analytische Ansätze kaum möglich. Die numerische Feldberechnung löst das Problem durch enormen Rechenaufwand. Dazu wird das Feldgebiet in so kleine Bereiche zerlegt bis diese wieder als linear und homogen angesehen werden können. Verschiedene theoretische Ansätze dazu wurden in den voranstehenden Abschnitten vorgestellt. Es liegen inzwischen auch eine Vielzahl von Programmsystemen vor, zur Anwendung dieser.

Das praktisch Bedeutsame an diesem Weg der Analyse besteht darin, dass der Anwender von numerischen Feldberechnungsprogrammen eigentlich nichts mehr von der ihnen zugrundeliegenden Theorie wissen muss. Es reicht meist die sorgfältige Eingabe der Eigenschaften seiner Anordnung aus.

Wie noch gezeigt wird, ist der Ablauf der Problemlösung mittels numerischer Feldberechnung stets der selbe, unabhängig von der physikalischen Art des Problems und von dem eingesetzten Programm. Er entspricht sogar dem Weg, den man bei der *Per-Hand-Lösung* einer Feldtheorieaufgabe beschreitet. Im folgenden soll dieser Weg an zwei Beispielen vorgeführt und gezeigt werden, wie einfach sich komplizierte Anordnungen berechnen lassen.

19.5.1 Berechnung statischer Feldprobleme mit MAXWELL

Das Programmsystem MAXWELL der Firma Ansoft Corp. ist ein auf elektromagnetische Feldprobleme spezialisiertes FEM-Programm. Es zeichnet sich durch eine sehr übersichtliche Oberfläche (Benutzerschnittstelle) und durch seine leichte Erlernbarkeit aus.

Den Ablauf der Magnetfeldberechnung soll am Beispiel eines Ventilmagneten demonstriert werden. Dabei handelt es sich um einen Gleichstrommagneten in Topfform, wie er im Bild 19.11 dargestellt ist. Seine Arbeitsweise ist folgende. Um die von einem Strom durchflossene Spule bildet sich ein Magnetfeld aus, welches vom magnetisch gut leitenden Eisen geführt wird. Am Luftspalt entwickeln sich dann Reluktanzkräfte. Diese Kräfte entstehen, weil ein elektromagnetische System dem energieärmsten Zustand anstrebt, welcher gerade bei minimalem magnetischen Leitwert (Reluktanz) angenommen wird. Deshalb sind Reluktanzkräfte stets anziehend. In diesem Fall wird der Anker zum Magnetkern gezogen. Nach dem Abschalten des Stromes zieht den Anker eine Feder oder eine konstante Gegenkraft zurück.

Für den Anwender bedeutsam ist die Kraft in Abhängigkeit von der Länge des Luftspaltes und vom eingespeisten Strom. Aber auch das Feldbild ist von Interesse, z. B. um Bereiche mit hohen Sättigungen zu detektieren.

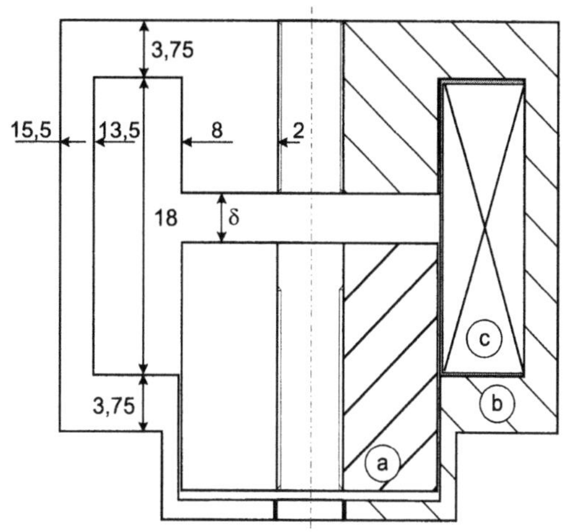

Bild 19.11: Schnittdarstellung des Elektromagneten

Nach dem Start des Programms legt der Nutzer ein neues Projekt an und öffnet dieses. Damit kommt er in ein Fenster entsprechend Bild 19.12.

Auf der linken Seite des Fensters befindet sich die Ablaufsteuerung, auf der rechten oberen Hälfte eine Zusammenfassung von Ergebnissen der Eingabe und der Rechnung. Rechts unten befindet sich eine Fortschrittsanzeige des Rechenvorgangs. Der Weg der Problemlösung ist durch die schrittweise Befolgung der Punkte auf der linken Seite vorgegeben. Es werden nun die Punkte 1 bis 9 schrittweise durchgegangen.

Auswahl des Feldtyps

Da MAXWELL ein sehr spezialisiertes Programm darstellt, ist die Auswahl auf die angegebenen sechs elektrotechnischen Feldtypen begrenzt. Die Entscheidung entspricht der Auswahl der zur Aufgabe passenden Differenzialgleichung bzw. Maxwellschen Gleichung.

Gesucht ist der magnetische Fluss und die magnetischen Feldlinien. Deshalb muss das *magnetostatische* Feld ausgewählt werden.

Elektrostatische Felder treten beispielsweise bei Kondensatoranordnungen auf. Wirbelstromprobleme (eddy current) kann MAXWELL nur bei sinusförmiger Erregung berechnet werden. Weiterhin lassen sich noch die Stromleitungsprobleme untersuchen.

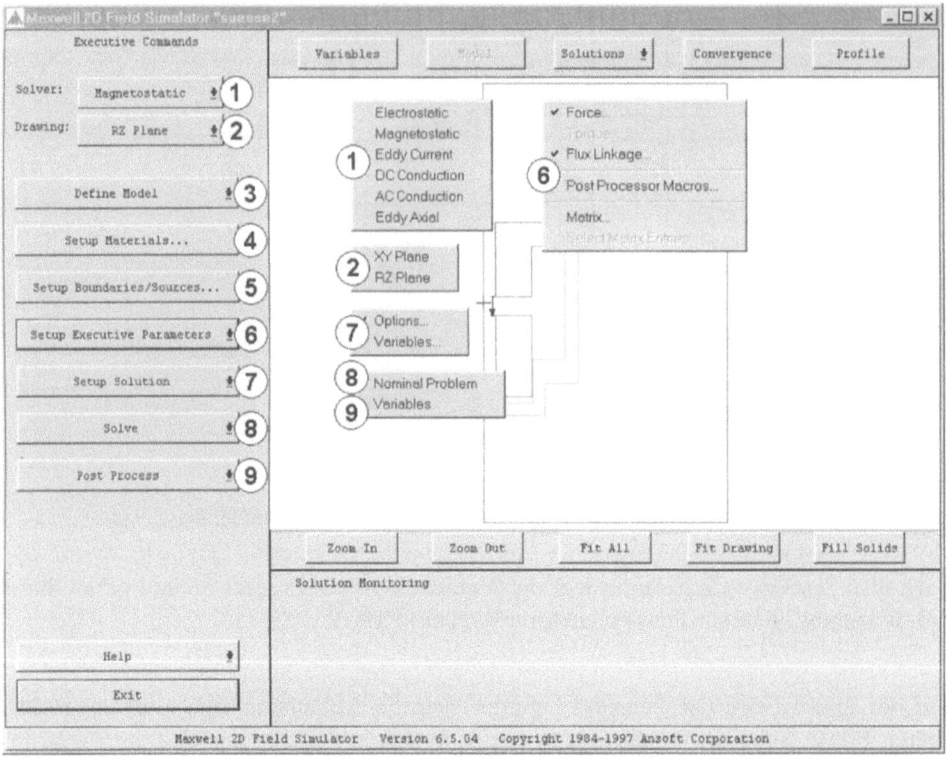

Bild 19.12: Hauptprojektfenster des FEM-Programmsystems MAXWELL

Das Koordinatensystem

Mit der Ausnutzung der Zylindersymmetrie des Topfmagneten zur Reduzierung der Komplexität und Rechenzeit und der damit verbundenen Nutzung der 2D-Variante von MAXWELL legt man sich auf Zylinderkoordinaten, d. h. auf die *r-z-Ebene*, fest.

Bei kartesischen Koordinaten (x-y-Ebene)wird eigentlich eine dreidimensionale Anordnungen berechnet. Die Tiefe des Objektes wird dabei mit 1m vorgegeben. Dies ist z. B. bei der Interpretation der Kraftberechnung zu berücksichtigen.

Eingabe der Geometrie

Im Projektfenster führt der Knopf *Define Model - Draw Model...* zur Eingabe der Geometrie der Anordnung.

Das CAD-ähnliche Eingabefenster von MAXWELL (siehe Abb. 19.13) besteht aus einer großen Zeichenfläche, aus der Menüzeile mit allen nötigen Befehlen, aus einer

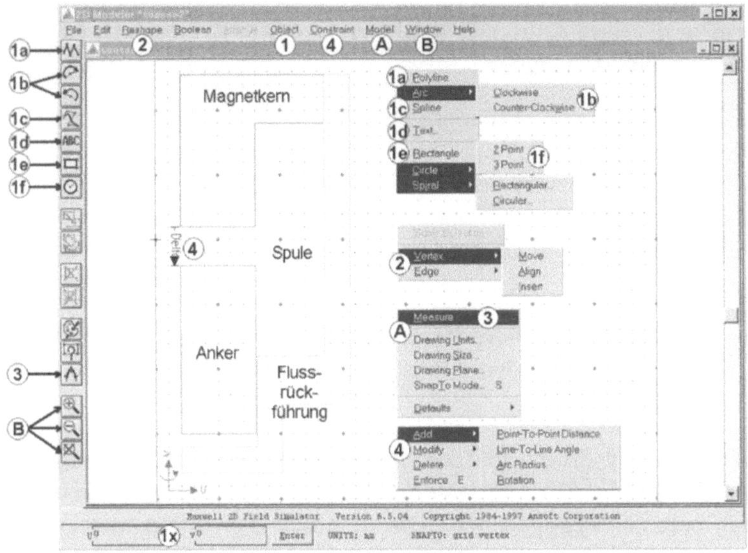

Bild 19.13: Fenster zur Eingabe der Geometie

Ikonenleiste am linken Rand, welche die wichtigsten Befehle enthält, und aus einer Zeile mit den aktuellen Koordinaten am unteren Rand.

Die globalen Einstellungen wie Maßeinheit, z. B. mm, oder Größe der Zeichenebene können im Menüpunkt Model (Punkt B) vorgenommen werden. Unter anderem besteht die praktische Hilfe, dass ein Mausklick automatisch zum nächsten Gitterpunkt gezogen wird, *SnapTo grid vertex.* Die Feinheit dieses Gitters kann im Menüpunkt Window (Punkt A) geändert werden. Dort kann auch eine Vergrößerung oder Verkleinerung der Ansicht eingestellt werden: *Change View.*

Damit kann die Eingabe der verschiedenen Bauteile des Systems beginnen. Ein Bauteil ist durch eine geschlossene Umrandung gekennzeichnet. Zum Erstellen von Objekten gibt es verschiedene Geometrieelemente. Sie sind im Menüpunkt *Object* bzw. in der Ikonenleiste oben zu finden (Punkt 1).

Das am häufigsten verwendete ist der Polygonzug (1a). Ist dieser angewählt, so wird Punkt für Punkt der Kontur durch einen Mausklick in der Zeichenenbene bzw. durch Angabe der Koordinaten der Punkte eingeben bis ein Punkt hintereinander doppelt eingeben wird. Das Objekt muss hierbei noch nicht geschlossen sein, denn der Nutzer kann einen Polygonzug beispielsweise durch einen Kreisbogen (1b), einen weiteren Polygonzug usw. fortsetzen wollen. Ist bei einem Polygonzug ein Fehler in einem Punkt aufgetreten kann der jeweils letzte sofort mit der rechten Maustaste gelöscht werden. Korrekturen können aber auch später vorgenommen werden. Nützlich ist weiterhin, dass nicht nur Gitterpunkte sondern auch bereits eingegebene Eckpunkte auf den Mausklick anziehend wirken.

Ist ein Objekt geschlossen und die Eingabe z. B. des Polygonzugs beendet, so erscheint automatisch ein Fenster, in dem der Nutzer dem Objekt einen Namen und eine bestimmte Farbe zuweisen kann. Die speziellen Geometrien Rechteck (1e) und Kreis (1f) lassen sich auch direkt eingeben.

Nachträgliche Änderungen, Verfeinerungen oder Vereinfacherungen der Geometrie können mit dem Menüpunkt *Reshape* (2) vorgenommen werden. Es ist möglich, einzelne Punkte (*Vertex - Move*) zu verschieben, wobei angrenzende Linien mitbewegt werden. Linien (Kanten, *Edge - Delete*) kann man ganz entfernen und wie oben beschrieben durch eine andere Kontur ersetzen. Die weiteren Änderungsmethoden werden seltener benutzt.

Ein hilfreiches Mittel zur Überprüfung der Eingaben ist der Messzirkel (3). Mit ihm wird der Abstand zweier mit dem Mausklick bestimmter Punkte koordinatenweise und absolut angegeben.

Besondere Bedeutung für die späteren Rechnungen besitzt der Menüpunkt *Constraint* (4), zu deutsch Zwang. Mit ihm lassen sich Abstände von Bauteilen oder Winkel zwischen ihnen parametrisch eingeben, d. h. in Abhängigkeit von einer Variable, die erst später festgelegt wird. In diesem Fall benutzt man einen Constraint, um die Ankerkraft in Abhängigkeit von der Luftspalthöhe zu ermitteln.

Die Eingabe geschieht mit *Constraint - Add - Point-To-Point Distance.* Daraufhin ist auf zwei Objektpunkte zu klicken. Der erste muss auf dem festen Objekt (hier der Magnetkern), der zweite auf dem beweglichen (hier der Anker) liegen. Maxwell zeichnet dann einen Pfeil zwischen den Punkten ein und öffnet ein Fenster, in dem der Name des Zwangs und sein Wert (der Nominalwert) eingeben werden. Der Name ist bei späteren Simulationen der Parameter. Im Beispiel wurde er Delta genannt. Die Nominalwerte lassen sich jederzeit mit *Modify* wieder ändern. Mit *Enforce* kann das bewegliche Objekt im Anzeigebereich auf die gesetzte Position bewegt werden. Dies ist aber nicht nötig. Besteht das bewegliche Teil aus mehreren geometrischen Objekten, dann müssen diese vor der Einführung des Constraints zusammengefasst werden. Dazu verwendet man den Menüpunkt *Boolean.*

Verschiedene Objekte dürfen sich natürlich nicht überschneiden. Das muss auch bei der Eingabe der Constraints beachtet werden.

Da FEM-Simulationen, insbesondere parametrische, eine nicht unbedeutende Rechenzeit benötigen, empfiehlt es sich, ein Modell des Untersuchungsobjekts zu verwenden, das bei allen funktionswichtigen Komponenten genau ist, aber alles andere vernachlässigt. Das betrifft besonders stark Kreisbögen. Ist man dabei unsicher, sollten die entsprechenden Teile genau nachgebildet werden. Nach einer ersten Rechnung und der Auswertung des Feldbildes können Teile, in denen praktisch kein Feld vorliegt, immer noch vereinfacht werden. Ob sich der Aufwand lohnt, hängt sicherlich von der Simulationsaufgabe ab.

Im Fall unseres Elektromagneten reichen 4 Objekte aus, der Anker, der Magnetkern, die Flussrückführung und die Spule (Quelle des magnetischen Feldes).

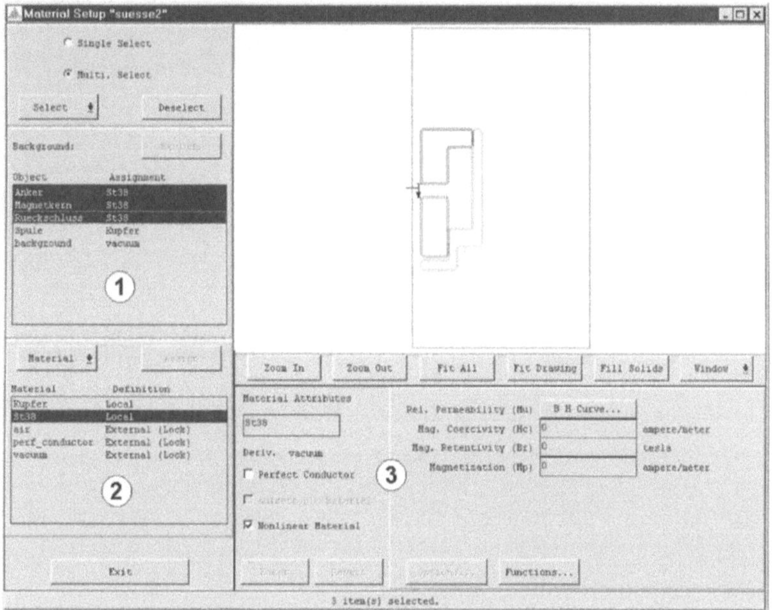

Bild 19.14: Eingabe der Werkstoffeigenschaften

Materialeingabe - *Setup Materials...*

Das Fenster zur Eingabe der Materialdaten besteht wie in Abb. 19.14 dargestellt aus drei Teilen. Die Auswahl der Magnetteile kann sowohl in der Teileliste (1) links oben als auch im großen Anzeigebereich geschehen. Die Materialauswahl (2) wird in der Liste links unten ausgeführt. Ist ein benötigtes Material nicht in der angebotenen Liste enthalten, so kann es hinzugefügt werden.

Dazu wird auf *Material - New* geklickt. Die Materialdaten können daraufhin im Eingabebereich (3) rechts unten eingetragen werden. Zu den Materialdaten gehören der Name und im Fall linearer Materialien die konstanten Größen, wie die relative Permeabilität μ, die Koerzitivfeldstärke H_c, die Remanenzflussdichte B_r und die Magnetisierung M_p.

Bei nichtlinearen Werkstoffen muss man die B-H-Kennlinie eingeben. Nach dem Klicken des Knopfes *B H Curve...* geht ein neues Fenster (siehe Abb. 19.15 auf, in dem die Kennlinie unktweise genommen wird. Auf der linken Seite befindet sich eine Liste der einzelnen Wertepaare, auf der rechten die grafische Darstellung derselben. Unten rechts kann der Anzeigebereich eingstellt werden. Die Eingabe der Punkte der Kennlinie beginnt mit dem Klicken des Knopfes *Add Point.* Sie kann im Darstellungsbereich oder in der Eingabezeile am unteren Fensterrand erfolgen. Die Punkte sind der Reihe nach mit der kleinsten Feldstärke beginnend anzugeben. Punkte können nur am Ende der bereits eingebenen Kennline angefügt werden. MAXWELL überprüft bei jedem Punkt anhand des Anstiegs im Vergleich zum voranstehenden Punkt, dass die Kennlinie

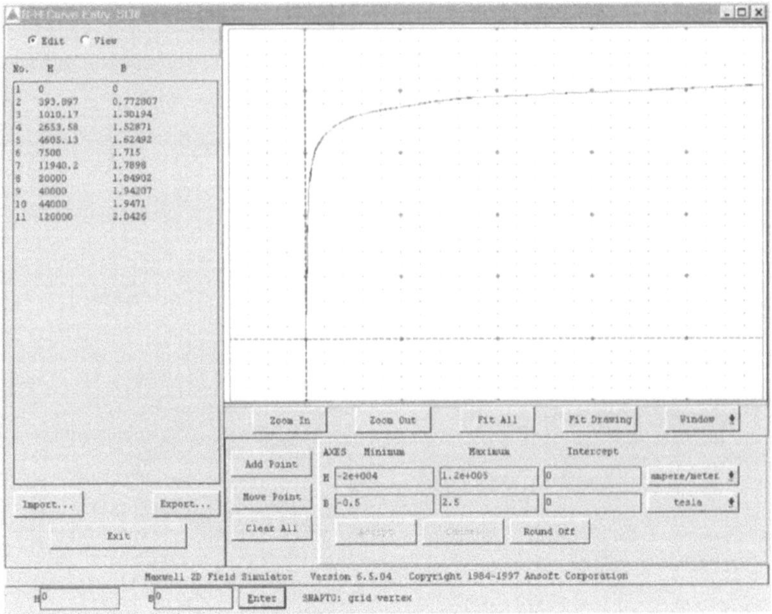

Bild 19.15: Eingabe von B-H-Kennlinien

monoton steigt und ihr Anstieg einen sinnvollen Wert aufweist. Wird ein Punkt doppelt eingegeben, dann ist die Eingabe beendet. Nachträglich können Punkte mit dem Knopf *Move* noch verschoben werden, so weit das die automatische Kennlinienprüfung zulässt. Mit *Exit* kehrt man zurück zur Materialeingabe.

Ist ein Material ausgewählt bzw. eingegeben und sind die entsprechenden Magnetteile selektiert. Dann wird ihnen der Werkstoff mit dem Knopf *Assign* zugewiesen. Allen in der linken Elementeliste aufgeführten Teilen muss ein Werkstoff zugewiesen werden. Alle nicht zu einem Bauteil gehörenden Geomtriebereiche werden automatisch Vakuumeigenschaften zugewiesen.

In unserem Beispiel wurde eine B-H-Kennlinie für einen Stahl der Qualität St38 eingegeben und dem Anker, dem Magnetkern und der Flussrückführung zugewiesen. Der Spule wurde Kupfer als lineares Material mit der relativen Permeabilität $\mu = 1$ zugeordnet.

Quellen und Randbedingungen

Der fünfte Schritt im Projektfenster führt zur Eingabe von Quellen und Randbedingungen, indem der Knopf *Setup Boundaries/Sources...* betätigt wird.

Die Eingabe von Quellen oder Randbedingungen ist ein Vier-Schritt-Verfahren. Als erstes ist mit *Pick* (1) ein Objekt oder eine Linie auszuwählen. Dann wird mit *Assign*

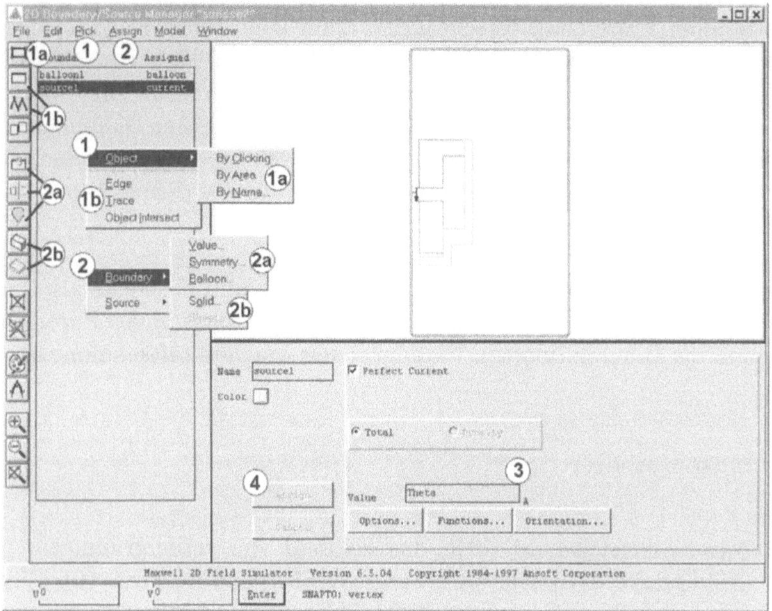

Bild 19.16: Quellen und Randbedingungen

(2) ein Quellentyp oder eine Randbedingung zugewiesen. Drittens tätigt der Nutzer in einem Eingabefeld (3) quantitative Zuweisungen. Und zuguterletzt muss die Eingabe mit dem *Assign*-Knopf bestätigt werden.

Das Auswählen geschieht durch Klicken auf ein Objekt in der Darstellung oder Angabe seines Namens (1a). Um eine Linie auszuwählen (1b), kann direkt auf eine Körperkante geklickt werden, eine Körperkante nachgezeichnet werden oder die Schnittkante zweier Körper erzeugt werden. Jeweils ist der dazu gehörende Menüpunkt bzw. die Shortcut-Ikone zu klicken.

Die Quellen magnetischer Felder sind magnetische Durchflutungen, also Ströme bzw. das Produkt aus Strom und Windungszahl bei Spulenanordnungen. Durch die Reduktion auf zweidimensionale Betrachtungen ist die Durchflutung auf ihre wirksame Fläche in der Betrachtungsebene zu beziehen. Es müsste also eine Stromdichte eingeben werden. Weil MAXWELL die Geometriedaten an dieser Stelle schon bekannt sind, kann es sich diese Stromdichte selbst berechnen. Dazu wird der Menüpunkt *Assign - Source - Solid...* (2b) gewählt und eine Stromdichte oder eine Durchflutung zugewiesen.

Für den dann einzugebenen Wert der Quelle kann ein fester Wert eingeben oder durch den Knopf *Options - Function* und *Function* eine Funktion aus bestehenden Parametern für ihn bestimmt werden. Solche Variablen sind die Koordinaten, z. B. r, z, oder selbstdefinierte Parameter.

Als Randbedingungen (2b) stehen feste Vektorpotenziale, Symmetrien und das Verhalten gegen Unendlich zur Auswahl. Für Finite Elemente ist ja eigentlich das Verhalten im Unendlichen unbestimmt. Wenn man aber davon ausgehen kann, dass des Feld in einer bestimmten Entfernung verschwindet, dann kann fester Rand gezogen werden, auf dem die Feldgrößen Null gesetzt werden. Bei MAXWELL geschieht dies, indem der Rand selektiert wird, und bei *Assign - Boundary - Balloon* eingestellt wird. Für letzteres steht als Shortcut-Ikone am linken Bildrand der grüne Ballon zur Verfügung. Bei der Eingabe der Werte für ein vorgegebenes Vektorpotenzial gelten die gleichen Bedingungen wie bei dem Wert der Quelle. Eine Symmetrielinie kann gerades oder ungerades Verhalten haben.

Für unseren Elektromagneten wurden nur der Ballon und die Spule als Quelle eingeben. Der Wert der Spule (seine Durchflutung) ist als Funktion des Parameters Theta definiert, weil die Durchflutung ein Parameter der Magnetkraftkennlinie ist.

Berechnungsparameter

In vielen Anwendungsfällen ist nicht das Feldbild von vordergründigem Interessen, sondern auch abgeleitete Größen, wie erzeugte Kräfte oder die Werte von Flüssen durch bestimmte Bereiche. Diese Größen werden bei der zweidimensionalen Rechnung durch die Integration der Feldgrößen über Linien oder Flächen gewonnen. Das Programm bietet unter dem *Setup Executive Parameters* des Projektfensters dazu die Berechnung von Kräften *Force...*, Drehmomenten *Torques...*, von Flüssen *Flux Linkages...* und von Postprozessor-Makros an.

Wählt der Nutzer die Kräfte an, so geht ein Fenster auf, in dem sich links wieder eine Liste der Bauteile und rechts die Darstellung des Magneten befindet. Es genügt, das oder die Bauteile in der Liste oder im Bild zu markieren und hinter der Frage *Include selected objects* den Knopf *Yes* zu drücken. Daraufhin erscheint in der Liste hinter dem Teil ein *yes*.

Bei der Bestimmung von Flüssen geht ein Fenster auf, in dem Linien eingeben werden sollen, entlang welcher die Flüsse summiert werden. Auf der linken Seite des Fensters ist eine Liste der eingebenen Flüsse auf der rechten die Darstellung des Magneten, die bei Bedarf beliebig vergrößert werden kann (siehe dazu die Knöpfe unter der Darstellung). Nach Drücken des Knopfes *New* für »neue Linie erstellen« wird der Anfangs- und der Endpunkt mit der Maus im Bild oder über die Eingabezeile am unteren Bildrand festgelegt. Die Koordinaten erscheinen in den Feldern unterhalb des Bildes. Es kann nun noch ein Name gewählt werden. Mit dem Knopf *Enter* wird die Eingabe der Linie bestätigt und in die Liste auf der Linken Seite übernommen. Dort aufgeführte Linien können in dieser Art und Weise auch verändert werden. Sie können auch mit *Delete* wieder entfernt werden.

Für das Beispiel unseres Elektromagneten wurde die Kraft auf den Anker ausgewählt und eine Linie quer durch den Arbeitsluftspalt gezogen, entlang derer der magnetische Fluss aufsummiert werden soll.

Rechnungsparameter

Dies ist der letzte Punkt der Rechnungsvorbereitung (Preprozessing). Unter dem Punkt *Options...* können für die Rechnungsschleifen wichtige Angaben eingeben werden.

MAXWELL vernetzt das Feldgebiet entsprechend der eingeben Geometrie automatisch und in der Regel auch sehr gut. Mit dem Knopf *Mesh* kann dieses Initialisierungsnetz angesehen und verändert werden. Aber wie gesagt vernetzt MAXWELL sehr gut und dieser Punkt kann normalerweise ausgelassen werden.

Während der Rechnung vollzieht der Rechenkern folgende Schleife: Berechnung der Feldgrößen (und der oben vereinbarten Integralparameter), Berechnung des Fehlers der Lösung und automatische Verfeinerung des Netzes, wenn der Fehler zu groß ist. Dieser Fehler kann bei *Error* angeben werden. Bei *Refining* erfolgt die Eingabe zur Verfeinerung des Netzes. Damit es keine Endlosschleife gibt, bricht die Rechnung nach einer vereinbarten Anzahl Schleifen ab. Diese Anzahl kann mit *Max number of iterations* eingestellt werden.

Der andere Hauptpunkt ist die Paramterdefinition *Variables...*. Hierfür gelangt man in ein Fenster, das aus einer großen Tabelle besteht. Vorbereitet sind als Tabellenkopf schon die Spalten der Rechenergebnisse, z. B. der Fehler, die Anzahl der verwendeten Dreieckselemente oder der Gesamtfluss, aber auch die Kraft, wenn eine berechnet werden sollte.

Mit dem Menüpunkt *Variable - Add* kann der Nutzer aus der ihm angebotenen Liste von Variablen (in der Liste sind alle Variablen enthalten, die bei der Geometrieeingabe als Constraints - Zwänge oder bei der Quelleneingabe als Funktionen definiert hat) eine auwählen, welche bei der folgenden Rechnung variiert werden soll. Die Variable erscheint dann im Tabellenkopf. Bei mehreren Parametern wiederholt sich dieser Ablauf.

In unserem Beispiel sollen sowohl die Luftspalthöhe delta als auch die Durchflutung Theta die Parameter sein.

Ist der Tabellenkopf vollständig, wird der Menüpunkt *Data - Sweep* aufgerufen. Es erscheint ein Dialogfenster, in dem in einer Tabelle die ausgewählten Parameter stehen. Weitere Spalten sind Anfangswert, Endwert und Werteanzahl der Parametervariation. Eingetragen sind dabei zunächst die Nominalwerte der Parameter. Durch Anwählen einer Zeile dieser Tabelle wird in den unteren Bereich des Dialogs der Parametername übernommen. In den weiteren Eingabefeldern können die nun der jeweilige Start- und Endwert, sowie die Anzahl von Paramterwerten eingeben werden. Maxwell verteilt diese übrigens äquidistant. Wichtig ist, diese Eingabe durch *Accept* zu bestätigen. Erst dann werden die Werte in die obige Tabelle übernommen. Sind alle Parameterbereiche eingeben, wird nach *OK* der Dialog geschlossen und in der großen Tabelle werden alle Kombination dieser Parameter als Zeilen eingefügt. Zusätzlich werden alle Zeilen als »zu berechnen« gesetzt.

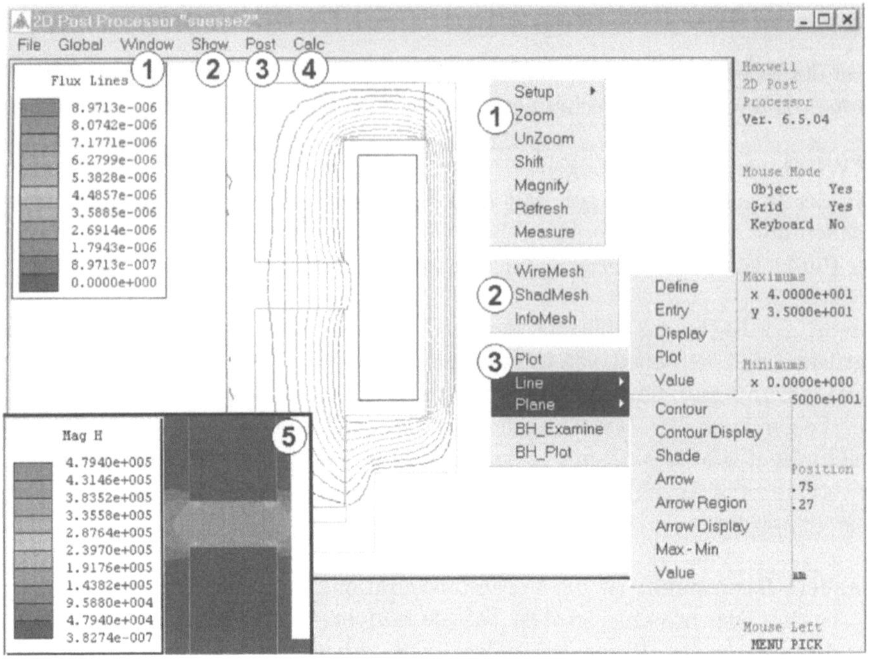

Bild 19.17: Feldbilder

Berechnung

Ergebnisdarstellung - Postprozessor

Am Ende der FEM-Simulation steht die Ergebnisaufarbeitung (Post-processing) Unter dem Punkt 9 des Hauptfensters (Bild 19.12) lassen sich die Ergebnisse der nominellen Rechnung und die der parametrischen Rechnung ansehen.

Die Ergebnisse der nominellen Rechnung sind die Feldbilder. In Abb. 19.17 ist das Fenster dargestellt, welches die Feldbildaufbereitung steuert. Unter dem Menüpunkt Window (1) finden sich die allgemeinen Funktionen wie Vergrößern (*Zoom*), Bildschirm säubern (*Refresh*, nützlich, wenn bereits Feldgrößen dargestellt sind) oder Messen (*Measure*).

Die eigentlichen Darstellungsfunktionen befinden sich im Menüpunkt *Post* (3). Der Menüunterpunkt Plot bietet einen Dialog an, in dem der Nutzer auswählen kann, ob er die Feldlinien, die Feldstärke- oder Flussdichtvektoren, ihre Beträge, die Permeabilitäten oder andere Feldgrößen ansehen will. Diese können wahlweise als Linie oder ausgemalt erscheinen.

Im Beispiel werden Abb. 19.17 sind im Hauptfenster die Flusslinien und im Ausschnitt (5) ein Teil des Feldbildes der Beträge der Feldstärke gezeigt. Das Feldbild auswertend muss gesagt werden, dass sich bei diesem großen Luftspalt eigentlich noch fast nichts Interessantes tut. Nur an den Ecken bilden sich höhere Feldstärken und somit höhere Sättigungen aus. Der Fluss folgt ansonsten artig dem Eisenkreis. Im parasitären Luftspalt zwischen Anker und Rückschluss verteilt sich der Fluss auf eine große Breite und senkt so die magnetischen Verluste an dieser Stelle als auch die wirkenden Kräfte in radialer Richtung. Das ist auch der Grund für den Einsatz eines verbreiterten Übergangs.

19.5.2 Berechnung transienter Felder mit PROFI

Mit den stationären Feldberechnungen lassen sich viele auftretende Problemstellungen wie Kraftberechnungen oder Magnetkreisoptimierungen lösen. Immer häufiger werden in der Industrie auch Forderungen an die Schaltzeiten gestellt. Deshalb sind Simulationswerkzeuge zum Berechnen von Schaltvorgängen erforderlich.

Um instationäre Prozesse, z. B. den Anzugsvorgang eines Elektromagneten, zu berechnen, müssen die elektrische Ansteuerung und die Wirkung der mechanischen Bewegung berücksichtigt werden. Weiterhin spielen Wirbelströme und Hysteresevorgänge eine entscheidende Rolle.

Die Berechnung von transienten (zeitabhängigen) Vorgängen wird durch die Linearisierung der zeitabhängigen Differenzialgleichung realisiert. Das bedeutet, mit den gegebenen Anfangsbedingungen der elektrischen Ansteuerung, des Magnetkreises und der mechanischen Kräfte wird des Magnetfeld berechnet. Daraus folgen dann die Rückwirkungen auf den elektrischen Kreis, z. B. der fließende Strom bei Spannungseinprägung, und auf den mechanischen Kreis, z. B. die vollzogene Bewegung als Summe aller auftretender Kräfte. Diese und die Beeinflussung des Magnetfeldes durch die Wirbelströme bilden die Anfangsbedingung für den nächsten Zeitschritt.

Die Länge der Zeitschritte ist dabei ein entscheidendes Kriterium für die Genauigkeit der Lösung. Die höheren Rechenzeiten durch die hohe Anzahl nichtlinearer Feldberechnungen werden durch die immer schnellere Rechentechnik kompensiert. Doch es treten noch weitere Probleme auf. Zum Beispiel würde ein berechnetes Finite-Elemente-Netz unbrauchbar, wenn sich ein Bauteil verschiebt. Wie werden dann die Anfangsbedingungen auf ein neues Gitter übertragen? Bei einem festen Netz stellt diese Übertragung keine Schwierigkeit dar.

Das Programmpaket PROFI löst diese Aufgabenstellung bereits seit vielen Jahren. Gegenwärtig bemühen sich aber auch andere Hersteller um alternative Varianten. Es soll nun mit Profi ein Beispiel für eine transiente Rechnung gezeigt werden, um daran den Ablauf zu demonstrieren.

Profi Transient in der Version 2.0 verwendet die Finite Differenzen Methode. Statt einer modernen graphischen Nutzerschnittstelle kommuniziert Profi über ASCII-Skript Dateien mit dem Anwender. Zur Eingabe der Rechenaufgabe sind zwei Dateien zu erstellt. Die Syntax der Datenschnittstelle ist leicht lesbar, gut untergliedert und logisch aufgebaut, so dass es auch dem Einsteiger leicht fällt, Probleme zu lösen. Fast unerlässlich für die Benutzung von Profi ist das Benutzerhandbuch. Zum praktischen Lernen sollte man mehrere Beispieldateien zur Hand zu haben.

An einem Beispiel sollen nun Schritt für Schritt die wichtigsten Eingaben und den Ablauf einer transienten Untersuchung erklärt werden. Dabei sollen hier nicht alle Optionen der Skiptschnittstelle von Profi aufgeführt werden. Diese findet man im Benutzerhandbuch. Als Beispiel dient wieder der Hubmagnet.

Eingabe der Daten

Die benötigten Daten gleichen denen aller numerischen Simulationsprogramme, wie sie im voranstehenden Abschnitt schon durchgegangen wurden. Sie werden in einer Datei mit der Endung *.d eingegeben und sind dort nach inhaltlichen Schwerpunkten in Datenblöcke unterteilt. Ihre Reihenfolge spielt keine Rolle. Ein Datenblock beginnt immer mit einen Schlüsselwort (sein Name) und endet mit einem »**END:**«'. Dazwischen stehen spezifische Anweisungen, die im Folgenden erklärt werden. Die erste Zeile des Datenfiles enthält 8 Leerzeichen und einen Titel.

Von der Art des zu lösenden Feldproblems ist Profi transient auf zweidimensionale magnetische Feldprobleme ausgelegt.

Koordinatensystem und Randbedingungen Der Datenblock **NSYS** umfasst das Koordinatensystem und die Randbedingungen. Im Beispiel wurden folgende Daten verwendet:

```
NSYS
CCC:**************************** N S Y S **********************************
CCC:
SYS: NGEO=3,I1A=2,I1E=2,I3A=2,I3E=2
END:
```

Eine Anweisung beginnt stets mit einem dreistelligen Anweisungscode gefolgt von einem Doppelpunkt. Dem folgen diverse Datenangaben. Die Anweisung CCC: steht für einen Kommentar und dient nur der šbersichtlichkeit. In diesem Datenblock werden die Daten bei der Anweisung SYS: definiert. Es bedeuten NGEO=3 Zylinderkoordinaten. I1A, I1E, I3A und I3E sind Indikatoren für die Randbedingungen. Ihr Wert 2 bedeutet parallelen Feldverlauf zum Rand. Alternativ dazu bietet Profi Kartesische Koordinaten und Polarkoordinaten. Bei den Randbedingungen kann das Feld auch senkrecht zur Berandung verlaufen, sich periodisch fortsetzen oder einen vorgegebenen Randwert besitzen.

Variablen und Funktionen Der Datenblock **SYMB** wird in dem hier betrachteten Beispiel nicht verwendet. In ihm werden symbolische Konstanten und symbolische Formeln definiert, welche in anderen Datenblöcken ausgewertet werden.

Geometrie Die Geometriedaten beschreibt der Datenblock MATE. Jede Definition eines Geometriebereichs beginnt mit dem Schlüsselwort SPZ. Danach folgen deren Daten. In unserem Beispiel werden folgende Eingaben verwendet.

```
MATE
CCC:**************************** M A T E ***********************************
CCC: Anker
SPZ: NR=1, ART='QUAD', MAZ=1, XA=2.0, XE=8.0, ZA=-13.0, ZE=0.0
CCC: Magnetkern
SPZ: NR=2, ART='POLY', MAZ=2
POL: 2.0, 12.8, 13.5, 12.8, 13.5, 9.0
POL: 8.0, 9.0, 8.0, 1.0, 2.0, 1.0, 2.0, 12.8
CCC: Eisenrückschluss
SPZ: NR=3, ART='POLY', MAZ=2
POL: 13.5, 12.8, 15.6, 12.8, 15.6, -12.8, 10.1, -12.8
POL: 10.1, -18.0, 2.0, -18.0, 2.0, -16.0, 8.1, -16.0
POL: 8.1, -9.0, 13.5, -9.0, 13.5, 12.8
CCC: Spule
SPZ: NR=4, ART='QUAD', MAZ=3, XA=9.0, XE=13.0, ZA=-8.0, ZE=8.0
END:
```

Hierbei steht NR=1...4 für die Nummerierung der Teile. ART gibt die Form des Teiles an und MAZ ist die Materialnummer eines im Datenblock KELI definierten Materials. Bei einfachen Geometrieformen, wie einem Rechteck (ART='QUAD') werden weitere Argumente ausgewertet. Bei QUAD sind es die Koordinaten der Kanten. Da beim Polygon (ART='POLY') eine unbestimmte Anzahl Parameter folgen, werden diese unter dem Schlüsselwort POL als Folge der Koordinaten der Eckpunkte angegeben.

Die Koordinatenwerte wurden in Millimeter angeben. Normalerweise werden alle Größen in ihren SI-Einheiten angeben, jedoch kann für die Koordinatenwerte im Datenblock GITT (Gitter) ein Faktor angeben werden. In unserem Fall wurde dies ausgenutzt, um die Eingaben zu vereinfachen.

Weitere einfache Geometrieformen sind Kreis und Ringsektor, sowie Kopien von Rechteck, Kreis und Ringsektor. Jede Form besitzt ihre speziellen Parameter.

Materialdaten, Quellen und Bewegungseigenschaften Im Datenblock **KELI** werden sämtliche physikalischen Eigenschaften der einzelnen Geometrieobjekte definiert.

```
KELI
CCC:**************************** K E L I ***********************************
CCC:
MAT: N='Anker',NR=1
CON: KAPP=6.7E6,RHO=7850.
CON: VART=2,VAU=0., AUSU=-0.0000, AUSO=0.0008, KORV=3
CON: FEDE=6500, REIB=50.0, FVSP=0.0
CCC:  Stahl  St38
BHS:     0.00, 0.0,        393.897, 0.772807,  1010.17, 1.30194
BHS:  2653.58, 1.52871,   4605.130, 1.62492,   7500.00, 1.715
BHS: 11940.20, 1.7898,   20000.000, 1.84902,  40000.00, 1.94207
BHS: 44000.00, 1.9471,  120000.000, 2.0426
XXXX
MAT: N='magnetisch',NR=2
CON: VART=0, KAPP=6.7E6, PREI=50.,RHO=7850.
```

```
CCC:  Stahl  St38
BHS:     0.00, 0.0,         393.897, 0.772807,   1010.17, 1.30194
BHS:  2653.58, 1.52871,    4605.130, 1.62492,    7500.00, 1.715
BHS: 11940.20, 1.7898,    20000.000, 1.84902,   40000.00, 1.94207
BHS: 44000.00, 1.9471,   120000.000, 2.0426
XXXX
MAT: N='Spule', NR=3
CON: MUE=1., IREG=1, ANWI=270, OHM=6.0, UKL=6.0, UKLO=0.0
XXXX
END:
```

Eine Materialdefinition beginnt mit dem Schlüsselwort MAT. Es folgen ein Name und die Materialnummer, auf die im Geometrieteil (MATE) verwiesen wird. Danach werden die Angaben zu Materialkonstanten unter dem Schlüsselwort CON vorgenommen. So bedeutet KAPP die elektrische Leitfähigkeit (wichtig für die Berechnung der Wirbelströme) und RHO die Dichte (die Masse des Objektes wird aus der Dichte und den Geometrieangaben ermittelt). VART gibt an, wie die Bewegung erfolgt. VART=0 heißt, das Teil ruht, bei VART=2 resultiert die Geschwindigkeit aus den wirkenden Kräften. Sie ließe sich auch einprägen. Der Fall VART=2 tritt nur beim Anker auf, weil er das einzige bewegliche Bauteil bildet. In diesem Fall sind noch einige Angaben erforderlich. VAU ist die Anfangsgeschwindigkeit, KORV die Richtung der Geschwindigkeit, AUSU und AUSO die relativen Grenzen der Auslenkung. Um das System korrekt zu beschreiben, wird dem Anker eine Rückstellfeder mit der Federkonstanten FEDE und der Federvorspannung FVSP zugewiesen. Es lässt sich noch eine Dämpfungskonstante hinzufügen.

Die magnetischen Eigenschaften des Ankers werden durch seine B-H-Kennlinie beschrieben, die unter dem Schlüsselwort BHS durch Angabe alle Wertepaare der Kennlinie vorliegt. Bei linearem magnetischen Verhalten kann im Konstantenteil die Permeabilität unter MUE angegeben werden, siehe MAT :N='Spule', NR=3 im Datenblock **KELT**.

Zu den Materialkonstanten CON gehören auch die elektrischen Quellen. In unserem Fall die Spule. Es wird eine Spannung eingeprägt. Dafür werden die Größen Klemmenspannung (UKL), Klemmenspannung für $t < 0$ (UKL0) und der elektrische Widerstand der Spule (OHM) benötigt. IREG gibt an, dass die Stromdichte im ganzen Bereich den entsprechenden Wert erhält. Alternativ kann auch eine Stroneinprägung gewählt werden, wobei dann die Stromdichten anzugegeben sind. Zeitabhängigkeiten dieser Quellen werden im Datenblock TRAN definiert.

Beim betrachteten Magneten werden die Möglichkeiten der Einbeziehung vom Permanentmagneten, der Federkennlinien und Reibungskennlinien nicht genutzt.

Gitternetz Profi gehört zu den Programmen, bei denen die örtliche Diskretisierung von Hand vorgenommen werden muss. Dies geschieht im Datenblock **GITT**.

Körperkanten müssen stets auf Gitterlinien liegen. Dies gilt insbesondere für die bewegten Teile. Bei ihnen sind auch Gitterlinien an den Stellen vorzugesehen, an den entstehende Lagen und Zwischenschritte erwartet werden. Das bedeutet zwangsläufig ein besonders fein diskretisiertes Netz im Bewegungsbereich.

Dichte Netze sind ebenfalls in Bereichen sinnvoll, an denen ein inhomogenes Feld auftritt. Für die Genauigkeit ist ein möglichst quadratisches Gitter bei gleichmäßigen Abständen benachbarter Gitterlinien von Vorteil.

Im folgenden Beispiel ist ein relative weitmaschiges Gitter angegeben.

```
GITT
CCC:**************************** G I T T ***********************************
CCC
SCA: SC11=0.001 , SC31=0.001
%NET: INTZ=1,ITEB=1
KX1: 0.5, 1.0, 1.3, 1.6, DEL=0.1, 2.4, 2.7, 3.0, DEL=0.5, 7.0
KX1: 7.3, 7.6, DEL=0.1, 8.4, 8.7, 9.0, 9.3, 9.6, 9.9
KX1: 10.1, 10.5, DEL=0.5, 13.5,
KX1: 13.8, DEL=0.3, 15.6, 16.0, 17.0, 18.0, 20.0, 25.0, 40.0
KX3: -25.0, -20.0, -18.0, DEL=0.5, -13.5, -13.0, -12.9, -12.8,
KX3: -12.7, DEL=0.1, -12.2, -12.0, DEL=0.5, -1.0
KX3: -0.7, -0.5, DEL=0.1, 1.5, 1.7, 2.0, DEL=0.5, 12.0
KX3: 12.8, 14.0, 16.0, 20.0, 25.0
END:
```

Für die Gitterkoordinaten können unter dem Schlüsselwort SCA Skalierungsfaktoren (SC11, SC21, SC31, je nach Raumrichtung) und Verschiebungen (SC12, SC22, SC32) angegeben werden, welche dann auch für die Koordinaten der Geometriedefinitionen (siehe Datenblock MATE) gelten. So ist eine übersichtlichere Darstellung möglich.

Die Schlüsselworte KX1, KX2 und KX3 stehen für die Auflistung der Gitterkoordinaten in den entsprechenden Raumrichtungen (hier KX1 die r-Richtung und KX3 die z-Richtung). Mit der Angabe von DEL=Wert können äquidistante mit dem Abstand Wert diskretisierte Gitterlinien im Bereich der davor und danach stehenden Werte erzeugt werden.

Parameter des Gleichungslösers

Es ist im Normalfall nicht erforderlich, die Parameter des Rechenkerns zu ändern. Dies erlaubt der Datenblock **ITER**. Man kann die automatische Wahl der Iterationsdaten verwenden:

```
ITER
CCC:**************************** I T E R **********************************
CCC:
ITR: VERF='AUTO'
END:
```

Ergebnisvariable Es gibt viele Systemgrößen, die dem Anwender von Interesse sein können. Im Datenblock **ERGE** wird festgelegt, welche von ihnen als Ergebnis der Feldberechnung ermittelt und ausgegeben werden.

Unabhängig von den hier in diesem Datenblock definierten Größen werden die resultierende Kraft, der Weg des beweglichen Teils und seine Geschwindigkeit ausgeben.

```
ERGE
CCC:***************************** E R G E ************************************
CCC:
ERG: N='KRAF', D='Kraft auf Anker', ART='KRA3', METH='MX', MAT=1
ERG: N='WIRB', D='Wirbelstroeme', ART='VERL', MAT=2
SPE: NR=1,INH='MGF',ISPI=100000,ANC1=0.,ENC1=16., ANC3=-20.,ENC3=14.
SPE: NR=2,INH='MF',ISPI=000000,ANC1=0.,ENC1=16., ANC3=-20., ENC3=14.
END:
```

Mit dem Schlüsselwort ERG werden skalare Ergebnisgrößen ausgewählt. Die Parameter geben folgende Daten an. Der Name der Variablen (N=") wird im Datenblock TRAN (Zeitverläufe) benötigt. Optional ist die persönliche Erklärung unter D=". ART ist die eigentliche Auswahl der physikalischen Größe, die im Material MAT auftritt. Als Größen stehen zur Verfügung: KRA3 - Kraft auf das Material MAT in z-Richtung, VERL - Wirbelstromverluste im Material MAT. Weitere Möglichkeiten sind magnetische Flussdichten, magnetische Flüsse, magnetische Spannungen, diverse Kräfte, Drehmomente oder magnetische Feldenergien. Die Ergebnissen werden in Tabellenform geliefert.

Es können aber auch Größen zwischen zwei Materialien oder in individuell festgelegten Punkten oder Geometriebereichen berechnet werden. Weiterhin lassen sich Funktionen der Ergebnisvariablen berechnen.

Dem Schlüsselwort SPE folgen Festlegungen, welche ortsabhängigen Feldgrößen Größen graphisch aufbereitet (für Drucken oder Ploten) werden sollen. Hierbei bedeutet NR die Nummer der Spezifikation, INH den Bildinhalt (Niveaulinien, Gitter, Körperkanten), ISPI eine bestimmte Spiegelung der Darstellung, ANC1, ENC1, ANC2, ENC2, ANC3, ENC3 die Grenzen der Darstellung, z. B. für Vergrößerungen. Mit IFEL ober DPOT kann die Anzahl der Niveaulinien bzw. ihre Potenzialdifferenz eingestellt werden.

Zeitbereich In Datenblock **TRAN** wird die Diskretisierung der Zeitachse vorgenommen. Es wird festgelegt, zu welchen Zeitpunkten Anregungen erfolgen und wann Ergebnisgrößen ermittelt werden.

```
TRAN
CC:***************************** T R A N ************************************
CCC:
TIM: ART='KON', 0.1,0.0001
ZFK: NR=1,VERL='STEP'
DEF: 0.05, 1.0, 0.1, 0.0
STE: ANR='UKL',MAT=3,ISTE=1,IZFK=1
ZPF: NR=1, 0.0002, DEL=0.001, 0.015, DEL=0.005, 0.1
ZPF: NR=2, 0.0002, DEL=0.002, 0.1
AUS: MED='PLOT',ISPE=1,IZPF=1,F='VEPO'
```

```
AUS: MED='PLOT',ISPE=2,IZPF=2,F='PWIR'
ERG: N='KRAF',IZPF=1,IVGL=1
ERG: N='WIRB',IZPF=1
END:
```

Die Anweisung TIM legt fest, zu welchen Zeitpunkten das Feld ausgewertet wird. Es werden stets ein Endzeitpunkt und die Schrittweite bis dorthin angeben.

Zeitfunktionen werden in ZFK bestimmt und dienen der Festlegung der Zeitabhängigkeit der Erregergrößen. Parameter sind die Nummer N der Spezifikation und Funktionsklasse VERL, Je nach Funktionklasse werden in den folgenden Zeilen unter dem Schlüsselwort DEF deren Parameter festgelegt. Der hier verwendete Funktionverlauf VERL='STEP' ermöglicht Rechteckfuntionen, wobei die Höhe und die Rechteckbreite in DEF angegeben werden. Andere Zeitfuntionen sind lineare Verläufe (z. B. Sägezahn-Funktion), Sinusfunktionen, Exponentialfunktionen, ab- und zunehmende Sinusfuntionen, sowie Mischungen von dieser Anhägigkeit.

Anschließend werden in STE die eben definierten Zeitverläufe einer Anregung zugewiesen. ANR beschreibt die Art der Anregung (hier Klemmenspannung), MAT die Materialnummer (siehe Datenblock KELI) und IZFK die Nummer der Zeitfunktion.

In ZPF werden Zeitpunktfolgen bestimmt, die für die Ergebnisausgaben von Bedeutung sind. Neben der Nummer der Spezifikation werden die Zeitpunkte aufgezählt bzw. durch äquidistante Intervall (DEL) angegeben.

In den Anweisungen ERG wird einer Ergebnisvariablen mit Name N (siehe Datenblock ERGE) die Zeitpunktfolge mit Nummer IZPF zugewiesen.

Analog ist in AUS die Verbindung einer Plot- oder Druckgröße des Typs F (VEPO = Vektorpotenzial, PWIR = Wirbelstromverluste) mit der Zeitpunktfolge IZPF und mit der im Datenblock ERGE definierten Druck- bzw. Plotspezifikation festgelegt, wobei MED das Ausgabemedium bestimmt.

Rechnungsablauf Der Datenblock **STEU** dient nur der Festlegung, ob während der Rechnung Niveaulinienplots erzeugt werden, ob Zwischenergebnisse zu einem bestimmten Zeitpunkt gespeichert werden sollen und ob eine früher unterbrochene Rechnung fortgesetzt werden soll.

```
STEU
CCC:**************************** S T E U ************************************
CCC:
CTR: PLOT='JA'
END:
```

Die Rechenergebnisse

Die Rechenergebnisse legt Profi in einer Datei mit der Erweiterung ».ausgabe« ab. In ihr werden die Gültigkeit alle Eingaben bestätigt bzw. auftretende Fehler angezeigt. War die Eingabe fehlerfrei, so schließen sich für jeden Zeitschritt die Iterationsdaten sowie Angaben zu den auftretenden Kräften und der erfolgten Bewegung an. Am Ende der Datei werden die zeitabhängigen skalaren Größen in Tabellen zusammengefasst. Diese Daten werden auch graphisch aufbereitet.

Als zweites Ergebnis wird von Profi eine graphische Ausgabedatei mit der Erweiterung ».plot« angelegt. Sie kann mit einem beiliegenden Programm angesehen werden. Zuerst sind in der zeitlichen Reihenfolge die im Datenfile (*.d) vereinbarten Niveaulinienplots zu sehen. In den Bildern 19.18 und 19.19 sind beispielsweise die Feldlinien bzw. die Verteilung der Wirbelströme dargestellt.

Im Anschluss an die Niveaulinienplots folgen die Darstellungen der wichtigen Systemgrößen über der Zeit. Das sind der Erregerstrom, die wirkende Kraft, die Ortsabhängigkeit und die Geschwindigkeit des sich bewegenden Teils. Diagramme sind für unser Beispiel in den Abb. 19.20 und 19.21 dargestellt.

Am Ende sind die Diagramme der im Datenblock TRAN unter ERG definierten skalaren Größen.

Bewertung der Ergebnisse

Die Kennlinien des Stromes, des Wegs und der Geschwindigkeit über der Zeit (siehe Abb. 19.20 und 19.21) sind charakteristisch für das Anzugsverhalten eines Hubmagneten. Der Anker bewegt sich deutlich schneller werdend bis zur Endlage. Dies resultiert aus der Tatsache, dass die Anziehungskraft umso stärker wird, je kleiner der Luftspalt ist. Der zuerst steigende Spulenstrom bricht jedoch vor Erreichen des Anschlages wieder ein. Dieses Verhalten erklärt sich aus der sich ändernden Induktivität des Magneten bei kleiner werdendem Luftspalt.

Im Diagramm des Spulenstromes fallen einige Sprünge auf. Sie resultieren aus der groben Vergitterung des Magneten (man vergleiche die Zeitpunkte der Sprünge und die sich daraus ergebene Orte mit den Gitterlinien). Bei feinerer Diskretisierung des Luftspaltes ergibt sich ein Zeitverlauf, der in Abb. 19.22 gezeigt wird.

Auch das Ausschalten der Erregung am Magneten zeigt ein typisches Verhalten. Ein gewisse Zeit bewegt sich nichts, weil sich die Feldenergie nicht so schnell abbauen kann und damit die Haltekraft erstmal größer bleibt als die rückwirkenden Kräfte.

Ein ganz anderer Effekt, den die transiente Rechnung offenbart, resultiert aus den Wirbelströmen. Das Feld in den Bildern 19.18 und 19.19 breitet sich nicht gleichmäßig im Eisenmaterial aus, sondern bleibt zunächst auf der Innenseite des Umlaufs um die Spule. In diesem Gebiet befinden sich auch die Wirbelströme. Sie wirken dem

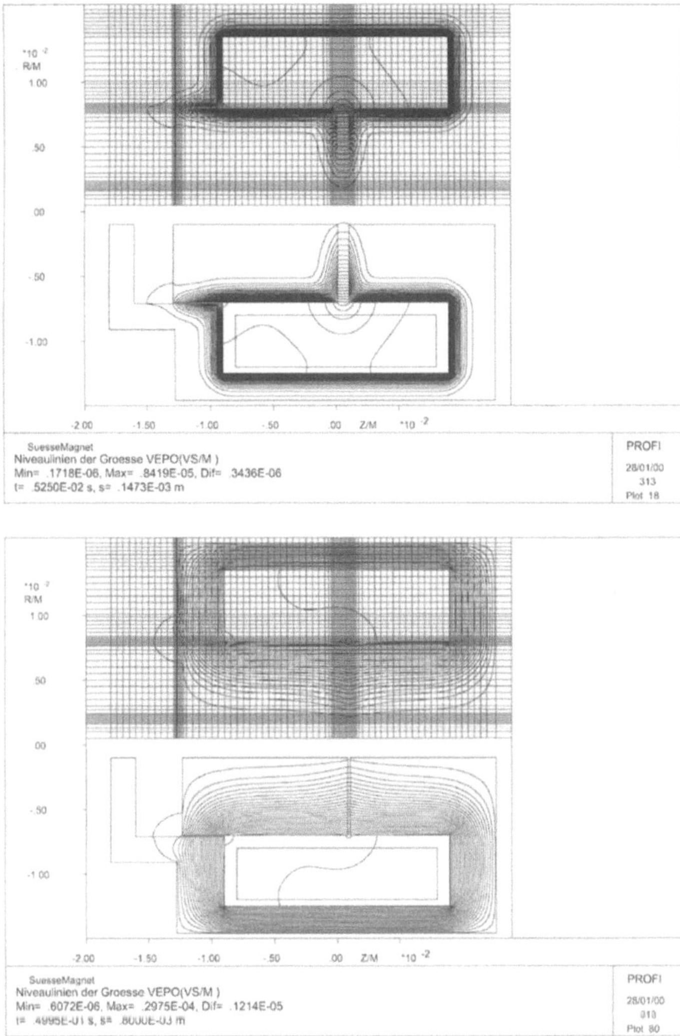

Bild 19.18: Feldlinien des Magneten während des Anzuges und zum Ende der Ausgleichsvorgänge im Eisen

Ausbreiten des magnetischen Flusses auf den gesamten Eisenquerschnitt entgegen. Die Folge sind hohe Sättigungen in dem vom magnetischen Fluss durchströmten Volumen, daraus resultierend ein geringer magnetische Gesamtfluss und kleine wirksame Kräfte. Erst wenn das Feld in das gesamte zur Verfügung stehende Eisen eingedrungen ist, werden höhere Kräfte erreicht (siehe Abb. 19.20). Die Wirbelströme verursachen also hohe Anzugszeiten.

Ein theoretisches Experiment, in dem die elektrische Leitfähigkeit des Eisens Null ge-

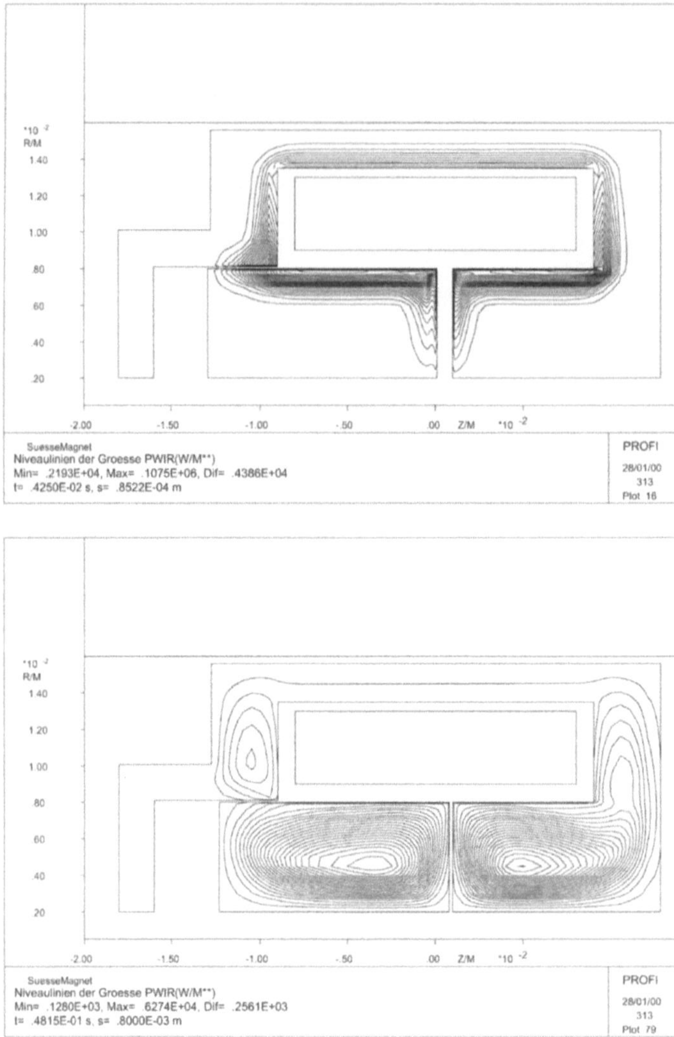

Bild 19.19: Verteilung der Wirbelströme während des Anzuges und zum Ende der Ausgleichsvorgänge im Eisen

setzt wird, zeigt, dass der Fluss von Anfang an im gesamten Eisenquerschnitt vorliegt und die Anzugszeit deutlich abnimmt und weniger Leistung umgesetzt wird. In Abb. 19.23 ist der Stromverlauf für diesen Fall dargestellt. Im Vergleich zu Abb. 19.22 ist der Strom bei gleicher Quellspannung geringer und die Zeit bis zum Anschlag geringfügig kürzer.

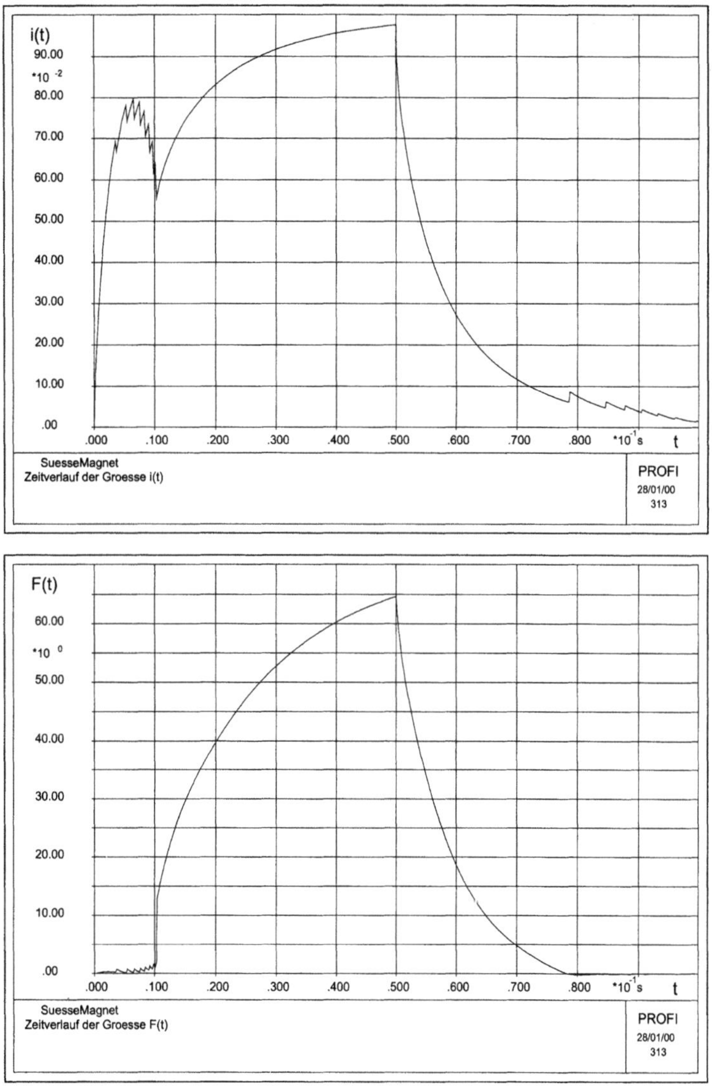

Bild 19.20: Zeitverhalten des Erregerstroms (oben) und der Ankerkraft (unten)

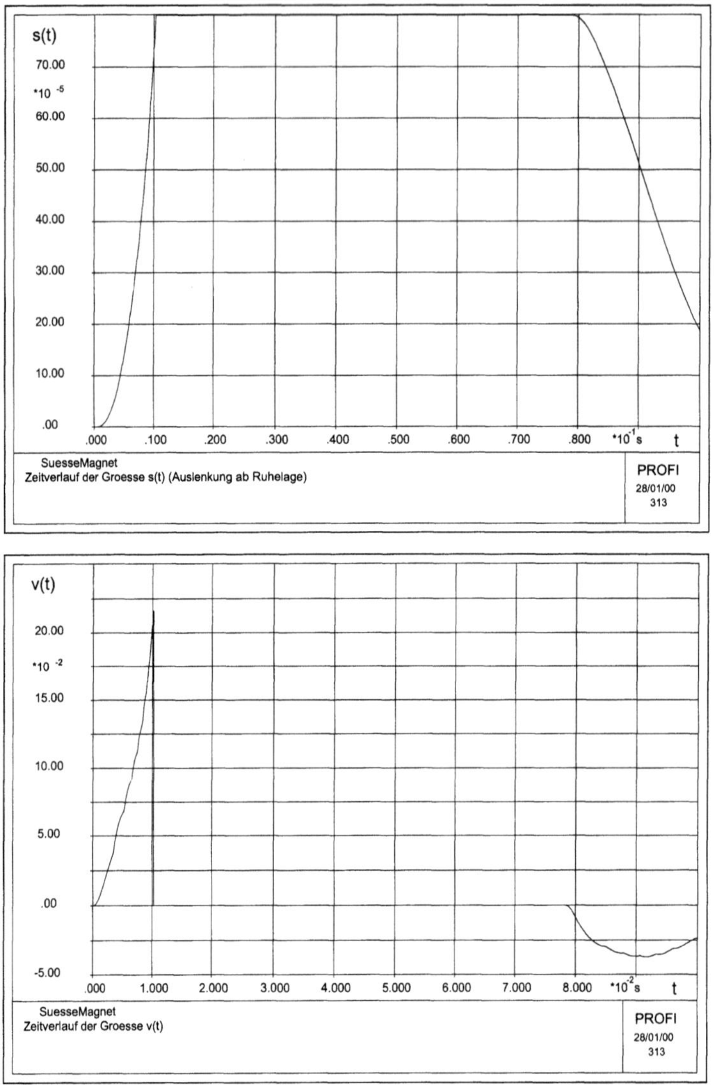

Bild 19.21: Zeitverhalten des Ortes (oben) und der Geschwindigkeit (unten) des Ankers

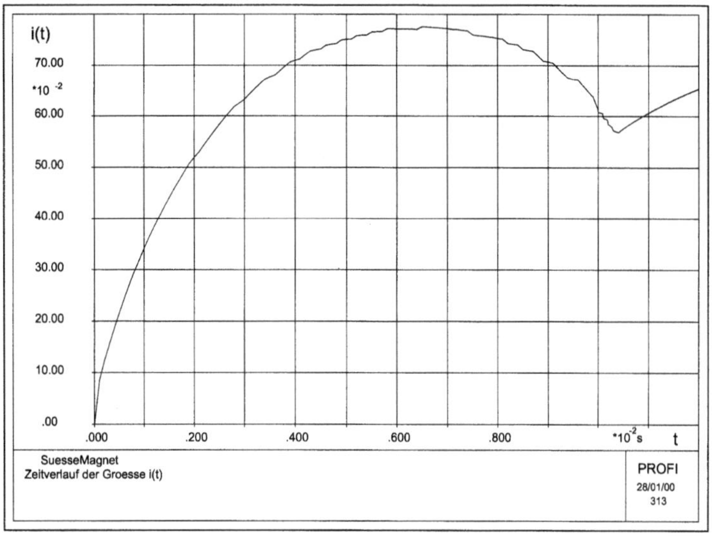

Bild 19.22: Erregerstrom bei feinerem Gitter im Luftspalt

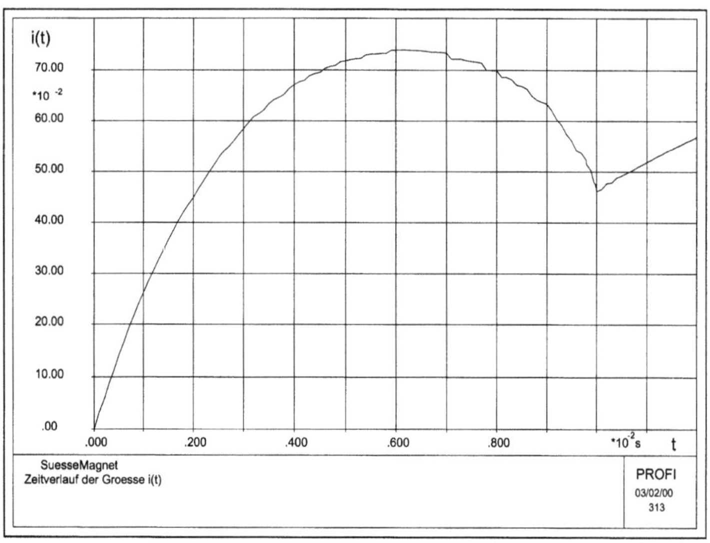

Bild 19.23: Erregerstrom ohne Wirbelstromverluste

Kapitel 20

Synthese von elektrischen und magnetischen Feldern

Nach der Darstellung von klassischen und numerischen Methoden zur Berechnung elektromagnetischer Felder wird im Weiteren die Synthese von Feldern betrachtet, wobei diese Aufgabe nur für wenige unterschiedliche Konfigurationen durch analytische Ausdrücke zu lösen ist.

Diese Begrenztheit des Vorgehens liegt in der Tensorrechnung selbst begründet. Gibt man eine Gesamtheit von Basisvektoren bestehend aus einem kovarianten und dem dazugehörigen kontravarianten Grundsystem vor, dann existiert immer eine Metrik in Form der metrischen Koeffizienten zusammengefasst im metrischen Tensor. Der inverse Schluss vom metrischen Tensor auf die Basisvektoren gilt im Allgemeinen nicht. Und genau darin besteht eine der prinzipiellen mathematischen nicht zu umgehenden Tatsachen zur Synthese von Feldern.

Um bei Untersuchungen zum Weltall, im engeren Sinne zur Raumfahrt, dieses Dilemma zu umgehen, wird von vorn herein ein ganz bestimmtes Koordinatensystem, von dem man die Metrik und auch die Basis kennt, zugrunde gelegt. Zahlreiche Anwendungen beziehen sich beispielsweise auf das Gravitationsfeld der Erde und der Sonne. Sieht man von der Drehung mit einer Geschwindigkeit deutlich kleiner als die Lichtgeschwindigkeit und der minimalen Abplattung ab, dann gelten die Erde oder die Sonne als kugelsymmetrische Anordnung mit statischen Masseverteilungen. Das rechtfertigt die Verwendung von Kugelkoordinaten mit bekannter Metrik und gegebenen Basisvektoren:

$$\mathrm{d}s^2 = c^2\mathrm{d}t^2 - \mathrm{d}r^2 - r^2\left(\mathrm{d}\vartheta^2 + \vartheta^2 \sin\vartheta^2\mathrm{d}\vartheta^2\right) . \tag{20.1}$$

Hierbei sind r, und ϑ die bekannten Kugelkoordinaten und t ist die Zeitkoordinate. Bei Berücksichtigung des Gravitationsfeldes können metrische Koeffizienten auftreten, die von den zur Gl. (20.2) gehörenden abweichen. Deshalb setzt man bei isotroper und statischer Metrik für das Quadrat des Wegelementes den Ausdruck:

$$\mathrm{d}s^2 = B(r)\, c^2 \mathrm{d}t^2 - A(r)\, \mathrm{d}r^2 - C(r)\, r^2 \left(\mathrm{d}\vartheta^2 + \vartheta^2 \sin\vartheta^2 \mathrm{d}\vartheta^2\right) \tag{20.2}$$

an. Die Freiheit der Koordinatenwahl gestattet die Einführung einer neuen Radiusvariablen. Deshalb kann man $C(r) = 1$ setzen.

Der metrische Tensor der Standardform ist diagonal:

$$(g_{kl}) = \begin{pmatrix} B(r) & 0 & 0 & 0 \\ 0 & -A(r) & 0 & 0 \\ 0 & 0 & -r^2 & 0 \\ 0 & 0 & 0 & -r^2 \sin^2\vartheta \end{pmatrix}, \tag{20.3}$$

so dass mit $\left(g^{kl}\right) = (g_{kl})^{-1}$:

$$\left(g^{kl}\right) = \mathrm{diag}\left(\frac{1}{B(r)}, -\frac{1}{A(r)}, -\frac{1}{r^2}, -\frac{1}{r^2 \sin^2\vartheta}\right) \tag{20.4}$$

und der allgemein geltenden Gleichung (6.248) sich die Christoffelsymbole sofort berechnen lassen. Im Falle dynamischer Sternmodelle verändern sich die Funktionen $A(r)$, $B(r)$ und $C(r)$ in Gl. (20.2) mit der Zeit und es treten zusätzliche Zeitableitungen auf.

Für technische Anwendungen würde die Orientierung auf ein ganz bestimmtes Koordinatensystem eine nicht gerechtfertigte Einschränkungen bedeuten. Die folgende Methode weicht deshalb von denen der Physiker bzw. Astronomen ab.

Die Kapitel 11 und 12 geben eine Theorie und mehrere Methoden zur Synthese von analogen Schaltungen, im Besonderen solche zur Erzeugung eines ganz bestimmten Bifurkationsverhaltens, wieder. Dort ist vorausgesetzt, dass nur Bauelemente mit konzentrierten Parametern auftreten, d. h. die geometrischen Abmessungen der Schaltungen sind klein im Vergleich zur Wellenlänge der durchlaufenden Signale. Als Bewegungsgleichungen dienen gewöhnliche Integro-Differenzialgleichungen bis zur n-ten Ordnung.

Die angestrebte Synthese von Feldern hat zum Ziel, für einen vorgegebenen bzw. geforderten Feldverlauf eine zu realisierende elektrotechnische Anordnung zu finden. Die Syntheseaufgabe ist im Allgemeinen nicht eindeutig zu lösen, da die Erfahrungen aus der Analyse lehren, dass es meist mehrere Systeme gibt, die in mindestens einer ihrer wesentlichen Eigenschaften übereinstimmen. Das heißt jedoch nicht, dass sie in allen wesentlichen Eigenschaften übereinstimmen. Die Auswahl der zu realisierenden Variante erfolgt nach Kriterien, die sich demzufolge auch auf die verschiedenen Eigenschaften der Systeme beziehen.

Wie sich hier und in den nachfolgenden Kapiteln noch zeigen wird, gehen neben technologischen Besonderheiten noch die Materialien in Form ihrer Kennwerte, Energien, Herstellungskosten, deshalb auch die Masse und das Volumen des Systems (Bauelement, Baustein, Gerät) ein. Daraus geht hervor, dass die Syntheseaufgabe infolge der Anzahl und der Verschiedenartigkeit auftretender Energien sowie der zu berücksichtigenden Einflussgrößen nicht ausschließlich mathematisch gelöst werden kann. Dazu wird auf das Kapitel 22 verwiesen.

20.1 Die Syntheseaufgabe

Zu Beginn der Synthese eines Feldes ist zu einem gewünschten Potenzial- bzw. Feldverlauf eine Potenzial- bzw. Feldstärkefunktion aufzusstellen. Zusätzlich müssen sich aus den Beziehungen dieser Funktionen und der Geometrie des noch unbekannten Koordinatensystems die Feldgrößen bestimmen lassen. Dazu wird die Tensorrechnung (Tensoralgebra, Tensoranalysis) verwendet, da:

1. der Potenzialverlauf und das Feld in Gebieten mit räumlicher (gegebenenfalls raumzeitlicher) Ausdehnung zu synthetisieren sind,
2. die Tensorrechnung eine Darstellung in ko- bzw. kontravarianten Koordinaten einschließlich einer Metrik erlaubt und so die Beschreibungsformen nicht von vornherein eingeschränkt werden, wie das auf der Grundlage der Vektoranalysis der Fall wäre,
3. sich alle Vorteile der Tensorrechnung uneingeschränkt nutzen lassen (mehrere Darstellungsformen, Basiswechsel, Invariantensuche, u. a.).

Wie sich noch zeigt, stehen der Freiheitsgrad des technischen Systems (hier des Feldes und seiner Elektroden) im unmittelbaren Zusammenhang mit dem Rang der in einer Matrix angeordneten Koordinaten des metrischen Tensors, wobei noch Nebenbedingungen eingehen. Zusammenfassend definiert man:

Definition 20.1 *Unter der* Synthese *von technischen Systemen mit dem Freiheitsgrad f versteht man die Aufgabe, geforderte bzw. vorgegebene technische Verhaltensweisen über ein mathematisches Modell unter Berücksichtigung von Randbedingungen auf systematischem Wege zu realisieren.*

Die Syntheseaufgabe von den Forderungen bis zur Realisierung eines technischen Systems lässt sich wegen der innewohnenden Komplexität nicht in einem ausführen. Deshalb muss eine Unterteilung in Teilaufgaben oder Etappen der Synthese vorgenommen werden.

20.2 Die Syntheseetappen und die Methode der Feldsynthese

Die Syntheseaufgabe für Systeme mit konzentrierten Parametren untergliedert sich gemäß Abschnitt 11.1 in in vier Teilaufgaben, die hier zur Gegenüberstellung nochmal wiedergegeben werden.

1. *Mathematische Synthese:* Approximation vorgegebener Systemeigenschaften mit Hilfe mathematischer Funktionen und deren Umformung zur Bildung der Beschreibungs- bzw. Bewegungsgleichungen des zu realisierenden Systems.

2. *Struktursynthese:* Überführen der Beschreibungs- bzw. Bewegungsgleichungen in eine für das Syntheseproblem geeignete Form und ihre Aufspaltung in Verhaltensgleichungen von Teilsystemen und Strukturgleichungen des Gesamtsystems, die sich mit vorhandenen technischen Mitteln realisieren lassen.

3. *Äquivalenzetappe:* Bestimmung äquivalenter Systeme, die es gestatten, ein gefundenes System durch ein anderes mit gleichen Eigenschaften, aber technisch günstigeren Bedingungen zu ersetzen.

4. *Realisierung:* Mit Hilfe der physikalisch-technischen Deutung der Strukturgleichungen und der bekannten Zuordnung von verfügbaren Teilsystemen zu den auftretenden Verhaltensgleichungen entsteht das physikalisch-technisch realisierbare Gesamtsystem.

In Adäquatheit zu diesen Syntheseetappen vollzieht sich die *Methode zur Synthese* von elektrischen, magnetischen u. a. Feldern ebenfalls in vier Teilaufgaben.

1. *Die mathematische Synthese*
   Ausgehend von einer allgemeinen, approximierten oder angenommenen in einem noch nicht näher bezeichneten Gebiet vorgegebenen, mathematischen Funktion, die als Potenzial- bzw. als Feldstärkefunktion zu interpretieren ist, wird zum Zweck der mathematischen Synthese ein den Forderungen an den Feldverlauf angepasstes Koordinatensystem hergeleitet. Daraus resultiert die Metrik des Raumes neben dem innewohnenden Zusammenhang zwischen der kovarianten und der kontravarianten Basis.
   Zur anschaulichen Verdeutlichung der Ergebnisse kann man im Euklidischen Raum den Bezug zu den kartesischen Koordinaten herstellen.

2. *Die Feldsynthese*
   Die Feldsynthese umfasst die Herleitung eines gültigen und auch realisierbaren Bewegungsverlaufes (Feldverlauf), um so die Abgrenzung der betreffenden Gebiete und die Festlegung ihrer Eigenschaften (Materialeigenschaften, Raumladungsverlauf, Stromverteilung, u. a.) unter der Berücksichtigung von Randbedingungen (Grenzbedingungen) vorzunehmen.

3. *Die Äquivalenzetappe*
   Die Äquivalenzuntersuchungen beinhaltet die Suche nach anderen Feldverläufen bei gleichen Feldeigenschaften in Teilen der durch die Feldsynthese bestimmten Gebieten bei anderen Elektrodenformen und/oder veränderten Materialeigenschaften bzw. Ladungs- (Strom-)anordnungen sowie den Basiswechsel zur einfacheren Handhabung der Feldverlaufsfunktion.

4. *Die Realisierung der Randbedingungen und die technische Realisierung*
   Die Realisierung legt die Potenzial- und die Feldverläufe nebst allen Feldgrößen (Intensitäts-, Quantitätsgrößen), die Elektrodenanordnungen an den Grenzflächen für charakteristische Materialeigenschaften fest. Dabei ergeben sich die restlichen Konstanten unter Berücksichtigung konkreter Randbedingungen.
   Die technische Realisierung hat den mechanischen und elektrotechnischen Aufbau zum Wirken des gesuchten elektrischen, magnetischen oder elektromagnetischen Feldes zum Inhalt.

Nach diesen Festlegungen kann die Synthese beginnen.

20.3 Die Synthese von Potenzial- und Feldstärkefunktion im dreidimensionalen euklidischen Raum

Ausgehend von einer bestimmten Stetigkeits- und Differenzierbarkeitsbedingung gegenüber der mathematischen Funktion, die als Potenzial- bzw. als Feldstärkefunktion zu interpretieren ist, wird mittels eines geeigneten Koordinatensystem und dem daraus resultierenden Tensor eine elektrotechnische Anordnung hergeleitet. Die Funktionen enthalten die allgemeinen Koordinaten x^1, x^2, x^3. Die oberen Indizes an den Potenzial- und Feldgrößen kennzeichnen das betreffenden Gebiet.

20.3.1 Synthese eines hyperbolischen Potenzialverlaufs

Die mathematische Synthese

Gesucht ist eine Elektrodenform, die den folgenden mathematischen Potenzialverlauf in einem noch zu bestimmenden Gebiet 2 erzeugt:

$$\varphi^2 = K \frac{1}{\bar{x}^1} \,. \tag{20.5}$$

K bezeichnet dabei eine frei wählbare Konstante. Die mathematische Funktion soll nur von einer allgemeinen Koordinate abhängen, wobei an dieser Stelle noch kein Bezug auf ein bestimmtes Koordinatensystem erfolgt. Dieses Gebiet sei durch:

$$R^2: \quad \begin{array}{ccccc} a & \leq & \bar{x}^1 & \leq & \infty \\ 0 & \leq & \bar{x}^2 & \leq & \pi \\ 0 & \leq & \bar{x}^3 & \leq & 2\pi \,. \end{array} \tag{20.6}$$

gegeben (R^2 ist ein Gebiet in einem Raum. Die Zahl 2 bezeichnet nicht die Raumdimension.) Das Raumgebiet R^2 wird durch die Randfläche:

$$R^{1,2}: \quad \begin{array}{rcl} & \bar{x}^1 & = a \\ 0 \leq & \bar{x}^2 & \leq \pi \\ 0 \leq & \bar{x}^3 & \leq 2\pi \,. \end{array} \tag{20.7}$$

begrenzt und grenzt an das Raumgebiet R^1:

$$R^1: \quad \begin{array}{rcl} 0 \leq & \bar{x}^1 & \leq a \\ 0 \leq & \bar{x}^2 & \leq \pi \\ 0 \leq & \bar{x}^3 & \leq 2\pi \,. \end{array} \tag{20.8}$$

Aus der Analogie von Feldern ist bekannt, dass bei einem wie hier gesuchten Potenzialverlauf die Verwendung von Kugelkoordinaten Vorteile bieten. Deshalb seien $\bar{x}^1, \bar{x}^2, \bar{x}^3$ die Koordinaten eines Kugelkoordinatensystems. Die Flächen $\bar{x}^1 = \text{const.}$ sind dann Kugelflächen. Der Definitionsbereich hierfür ist bekannter Weise:

$$\begin{array}{rcl} 0 \leq & \bar{x}^1 = \bar{r} & \leq \infty \\ 0 \leq & \bar{x}^2 = \bar{\vartheta} & \leq \pi \\ 0 \leq & \bar{x}^3 = \bar{\alpha} & \leq 2\pi \end{array} \tag{20.9}$$

und der Zusammenhang zu den kartesischen Koordinaten weist die Transformation in Gl. (20.10) aus:

$$\begin{aligned} x &= \bar{r} \sin\bar{\vartheta} \cos\bar{\alpha} \\ y &= \bar{r} \sin\bar{\vartheta} \sin\bar{\alpha} \\ z &= \bar{r} \cos\bar{\vartheta} \,. \end{aligned} \tag{20.10}$$

Der Zusammenhang von Koordinatensystemen ist nach Gl. (6.218) ff. in Band 1 in der Form:

$$\bar{\boldsymbol{g}}_k = \frac{\partial x^l}{\partial \bar{x}^k} \boldsymbol{g}_l = \underline{a}_k^l \, \boldsymbol{g}_l \,, \qquad k, l = 1, 2, 3 \tag{20.11}$$

gegeben und führt bei Anwendung auf die Gleichungen 20.10 zum Gleichungssystem

$$\begin{aligned} \bar{\boldsymbol{g}}_r &= \frac{\partial x}{\partial \bar{r}} \boldsymbol{e}_x + \frac{\partial y}{\partial \bar{r}} \boldsymbol{e}_y + \frac{\partial z}{\partial \bar{r}} \boldsymbol{e}_z \\ \bar{\boldsymbol{g}}_\vartheta &= \frac{\partial x}{\partial \bar{\vartheta}} \boldsymbol{e}_x + \frac{\partial y}{\partial \bar{\vartheta}} \boldsymbol{e}_y + \frac{\partial z}{\partial \bar{\vartheta}} \boldsymbol{e}_z \\ \bar{\boldsymbol{g}}_\alpha &= \frac{\partial x}{\partial \bar{\alpha}} \boldsymbol{e}_x + \frac{\partial y}{\partial \bar{\alpha}} \boldsymbol{e}_y + \frac{\partial z}{\partial \bar{\alpha}} \boldsymbol{e}_z \,. \end{aligned} \tag{20.12}$$

Daraus folgen nach der Ausführung der Differenziation die kovarianten Basisvektoren in Kugelkoordinaten bezogen auf die kartesische Basis:

$$\begin{aligned} \bar{\boldsymbol{g}}_r &= \sin\bar{\vartheta} \cos\bar{\alpha} \; \boldsymbol{e}_x + \sin\bar{\vartheta} \sin\bar{\alpha} \; \boldsymbol{e}_y + \cos\bar{\vartheta} \; \boldsymbol{e}_z \\ \bar{\boldsymbol{g}}_\vartheta &= \bar{r} \cos\bar{\vartheta} \cos\bar{\alpha} \; \boldsymbol{e}_x + \bar{r} \cos\bar{\vartheta} \sin\bar{\alpha} \; \boldsymbol{e}_y - \bar{r} \sin\bar{\vartheta} \; \boldsymbol{e}_z \\ \bar{\boldsymbol{g}}_\alpha &= -\bar{r} \sin\bar{\vartheta} \sin\bar{\alpha} \; \boldsymbol{e}_x + \bar{r} \sin\bar{\vartheta} \cos\bar{\alpha} \; \boldsymbol{e}_y \,. \end{aligned} \tag{20.13}$$

Die zugehörigen Metrikkoeffizienten ergeben sich aus der allgemeingültigen Beziehung zwischen den Basisvektoren und den metrischen Koeffizienten:

$$g_{ij} = \bar{\boldsymbol{g}}_i \cdot \bar{\boldsymbol{g}}_j \ . \tag{20.14}$$

Ausgewertet und in einer quadratischen Matrix angeordnet, folgt:

$$(g_{ij}) = \begin{pmatrix} 1 & 0 & 0 \\ 0 & \bar{r}^2 & 0 \\ 0 & 0 & \bar{r}^2 \sin^2 \bar{\vartheta} \end{pmatrix} \ . \tag{20.15}$$

Die kovarianten Einheitsvektoren des krummlinigen Koordinatensystems berechnen sich an den Gleichungen:

$$\bar{\boldsymbol{e}}_i = \frac{\bar{\boldsymbol{g}}_i}{|\bar{\boldsymbol{g}}_i|} \qquad \text{(Tangenteneinheitsvektoren)} \tag{20.16}$$

so, dass daraus diese in Kugelkoordinaten die Beziehungen:

$$\bar{\boldsymbol{e}}_r = \frac{\bar{\boldsymbol{g}}_1}{|\bar{\boldsymbol{g}}_1|} = \sin\bar{\vartheta}\cos\bar{\alpha}\,\boldsymbol{e}_x + \sin\bar{\vartheta}\sin\bar{\alpha}\,\boldsymbol{e}_y + \cos\bar{\vartheta}\,\boldsymbol{e}_z \quad \Rightarrow \quad \bar{\boldsymbol{g}}_1 = |\bar{\boldsymbol{g}}_1|\bar{\boldsymbol{e}}_r = \bar{\boldsymbol{e}}_r$$

$$\bar{\boldsymbol{e}}_\vartheta = \frac{\bar{\boldsymbol{g}}_2}{|\bar{\boldsymbol{g}}_2|} = \cos\bar{\vartheta}\cos\bar{\alpha}\,\boldsymbol{e}_x + \cos\bar{\vartheta}\sin\bar{\alpha}\,\boldsymbol{e}_y - \sin\bar{\vartheta}\,\boldsymbol{e}_z \quad \Rightarrow \quad \bar{\boldsymbol{g}}_2 = |\bar{\boldsymbol{g}}_2|\bar{\boldsymbol{e}}_\vartheta = \bar{r}\,\bar{\boldsymbol{e}}_\vartheta$$

$$\bar{\boldsymbol{e}}_\alpha = \frac{\bar{\boldsymbol{g}}_3}{|\bar{\boldsymbol{g}}_3|} = -\sin\bar{\alpha}\,\boldsymbol{e}_x + \cos\bar{\alpha}\,\boldsymbol{e}_y \quad \Rightarrow \quad \bar{\boldsymbol{g}}_3 = |\bar{\boldsymbol{g}}_3|\bar{\boldsymbol{e}}_\alpha = \bar{r}\sin\bar{\vartheta}\,\bar{\boldsymbol{e}}_\alpha$$

hervorgehen. Bei der Gradientenbildung werden wegen der Definition des Nabla-Operators auch die kontravarianten Grundvektoren benötigt und werden durch das Heben der Indizes aus der kovarianten Basis berechnet:

$$\bar{\boldsymbol{g}}^i = g^{ij}\bar{\boldsymbol{g}}_j \ . \tag{20.17}$$

Aus Gleichung (20.17) folgt, dass die Matrix der metrische Koeffizienten invertiert werden muss, was auf:

$$(g^{ij}) = \begin{pmatrix} 1 & 0 & 0 \\ 0 & \dfrac{1}{\bar{r}^2} & 0 \\ 0 & 0 & \dfrac{1}{\bar{r}^2 \sin^2 \bar{\vartheta}} \end{pmatrix} = (g_{ij})^{-1} \tag{20.18}$$

führt. Die kontravarianten Grundvektoren berechnen sich deshalb aus den kovarianten Grundvektoren durch die Ausdrücke:

$$\begin{aligned} \bar{\boldsymbol{g}}^1 &= \bar{\boldsymbol{g}}_1 \\ \bar{\boldsymbol{g}}^2 &= \frac{1}{\bar{r}^2}\,\bar{\boldsymbol{g}}_2 \\ \bar{\boldsymbol{g}}^3 &= \frac{1}{\bar{r}^2\sin^2\bar{\vartheta}}\,\bar{\boldsymbol{g}}_3 \ . \end{aligned} \tag{20.19}$$

Die kontravarianten Einheitsvektoren haben dann die Form:

$$\begin{aligned}\bar{\boldsymbol{e}}^{\,r} &= \frac{\bar{\boldsymbol{g}}^1}{|\bar{\boldsymbol{g}}^1|} = \bar{\boldsymbol{e}}_r \\ \bar{\boldsymbol{e}}^{\,\vartheta} &= \frac{\bar{\boldsymbol{g}}^2}{|\bar{\boldsymbol{g}}^2|} = \bar{\boldsymbol{e}}_\vartheta \\ \bar{\boldsymbol{e}}^{\,\alpha} &= \frac{\bar{\boldsymbol{g}}^3}{|\bar{\boldsymbol{g}}^3|} = \bar{\boldsymbol{e}}_\alpha \,,\end{aligned} \tag{20.20}$$

woraus letztendlich die kontravarianten Basisvektoren bezogen auf die kartesische Basis hervorgehen:

$$\bar{\boldsymbol{g}}^{\,i} = |\bar{\boldsymbol{g}}^{\,i}|\bar{\boldsymbol{e}}^{\,i}\;; \qquad \bar{\boldsymbol{g}}^{\,1} = \bar{\boldsymbol{e}}^{\,r}\;; \qquad \bar{\boldsymbol{g}}^{\,2} = \frac{1}{\bar{r}}\bar{\boldsymbol{e}}^{\,\vartheta}\;; \qquad \bar{\boldsymbol{g}}^{\,3} = \frac{1}{\bar{r}\sin\bar{\vartheta}}\bar{\boldsymbol{e}}^{\,\alpha}\,. \tag{20.21}$$

Als nächstes ist der Normalenvektor auf der Randfläche R zu berechnen. Der Normalenvektor für die Randfläche $R^{1,2}$ bestimmt sich nach Gl. (20.22):

$$\bar{\boldsymbol{n}}_k = \frac{\bar{\boldsymbol{g}}_i \times \bar{\boldsymbol{g}}_j}{\sqrt{g_{ii}g_{jj} - g_{ij}g_{ji}}} = \frac{\bar{\boldsymbol{g}}_i \times \bar{\boldsymbol{g}}_j}{\sqrt{g_{ii}g_{jj} - g_{ij}^2}} \tag{20.22}$$

$$\bar{\boldsymbol{n}}_1^{1,2} = \frac{\bar{\boldsymbol{g}}_2 \times \bar{\boldsymbol{g}}_3}{|\bar{\boldsymbol{g}}_2 \times \bar{\boldsymbol{g}}_3|} = \frac{\bar{\boldsymbol{g}}_2 \times \bar{\boldsymbol{g}}_3}{\sqrt{g_{22}g_{33}}} \quad \text{(allgemein für orthogonale Systeme: } \frac{\bar{\boldsymbol{g}}_i \times \bar{\boldsymbol{g}}_j}{\sqrt{g_{ii}g_{jj}}}\text{)}$$

und deshalb gilt:

$$\bar{\boldsymbol{n}}_1^{1,2} = \sin\bar{\vartheta}\cos\bar{\alpha}\boldsymbol{e}_x + \sin\bar{\vartheta}\sin\bar{\alpha}\boldsymbol{e}_y + \cos\bar{\vartheta}\boldsymbol{e}_z = \bar{\boldsymbol{e}}_r\,. \tag{20.23}$$

Feldsynthese

Die Struktursynthese beginnt mit dem Ziel durch eine räumliche Differenziation, hier die Gradientenbildung angewendet auf eine skalare Funktion, eine realisierbare Beschreibungsgleichung (Feldverlaufsfunktion unter Beachtung der Randbedingungen) zu erhalten. Für den Gradienten eines skalaren Feldes gilt:

$$\operatorname{grad}\varphi = \nabla\varphi = \frac{\partial\varphi}{\partial x^i}\boldsymbol{g}^{\,i} = \frac{\partial\varphi}{\partial x^i}|\boldsymbol{g}^{\,i}|\boldsymbol{e}^{\,i} \tag{20.24}$$

und bei orthogonalen Koordinatensystemen:

$$\operatorname{grad}\varphi = \frac{\partial\varphi}{\partial x^i}\sqrt{g^{ii}}\boldsymbol{e}^{\,i} = \frac{\partial\varphi}{\partial x^i}\sqrt{g^{ii}}\boldsymbol{e}_i\,, \quad \text{da: } \boldsymbol{e}^{\,i} = \boldsymbol{e}_i\,. \tag{20.25}$$

Daraus folgt nun in Kugelkoordinaten:

$$\operatorname{grad}\varphi = \nabla\varphi = \frac{\partial\varphi}{\partial r}\,\boldsymbol{e}_r + \frac{1}{r}\,\frac{\partial\varphi}{\partial\vartheta}\,\boldsymbol{e}_\vartheta + \frac{1}{r\sin\vartheta}\,\frac{\partial\varphi}{\partial\alpha}\,\boldsymbol{e}_\alpha\,. \tag{20.26}$$

Das Potenzial φ ist voraussetzungsgemäß nur eine Funktion der Variablen r. Folglich verschwinden die Ableitungen nach ϑ und α und die Gl. (20.26) reduziert sich auf:

$$\nabla\varphi = \frac{\partial}{\partial r}\,\varphi(r)\,\boldsymbol{e}_r = \frac{\partial}{\partial r}\left(K\frac{1}{r}\right) = -\frac{K}{r^2}\,\boldsymbol{e}_r\,. \tag{20.27}$$

Das Ergebnis besteht in einer Feldfunktion in einem ganz bestimmten Koordinatensystem, hier den Kugelkoordinaten. Damit kann eine erste Aussage über den Feldverlauf getroffen werden.

Die Bildung der zweiten räumlichen Ableitung stellt einen Zusammenhang zwischen dem Feldverlauf und der im selben Gebiet vorhandenen Raumladungen her. In der Tat ist:

$$\begin{aligned}\nabla\cdot(\nabla\varphi) = \Delta\varphi &= \frac{1}{\sqrt{|\det g_{ij}|}}\,\frac{\partial}{\partial\bar{x}^i}\left(g^{ij}\sqrt{\det g_{ij}}\,\frac{\partial}{\partial\bar{x}^j}\,\varphi\right)\\ \Delta\varphi &= \frac{1}{r^2\sin\vartheta}\left[\frac{\partial}{\partial r}\left(r^2\sin^2\vartheta\frac{\partial}{\partial r}\varphi\right)+\ldots\right]\end{aligned} \tag{20.28}$$

und mit eingesetztem Zwischenergebnis nach Gl. (20.27):

$$\begin{aligned}\Delta\varphi &= \frac{1}{r^2}\frac{\partial}{\partial r}\left(r^2\frac{\partial\varphi}{\partial r}\right)+\ldots = \frac{2}{r}\frac{\partial\varphi}{\partial r}+\frac{\partial^2\varphi}{\partial r^2}+\ldots\\ \Delta\varphi &= \frac{2}{r}\left(-\frac{K}{r^2}\right)+\frac{2K}{r^3} = 0\,.\end{aligned} \tag{20.29}$$

Die Gl. (20.29) liefert die Raumladungsfreiheit des betrachteten Gebietes. Für das Gebiet R^2 gilt somit:

$$\varphi = K\frac{1}{r}\,,\qquad \boldsymbol{E} = -\operatorname{grad}\varphi = \frac{K}{r^2}\,\boldsymbol{e}_r\,;\qquad \Delta\varphi = 0\,. \tag{20.30}$$

Für das Randgebiet $R^{1,2}$ folgt für die Randbedingung:

$$\varphi^{1,2}\big|_{r=a} = K\frac{1}{a}\,, \tag{20.31}$$

und konstantem ε, was wegen der Raumladungsfreiheit angenommen werden kann, für die dielektrische Verschiebung:

$$\boldsymbol{D}^{1,2} = \varepsilon\boldsymbol{E}^{1,2} = \varepsilon\nabla\varphi^{1,2} = \varepsilon\left(-\frac{K}{a^2}\right)\,\boldsymbol{e}_r = -\frac{\varepsilon K}{a^2}\,\boldsymbol{e}_r\,. \tag{20.32}$$

Weil $\boldsymbol{D}^{1,2}$ nur eine Normalkomponente besitzt und ε nicht ortsabhängig ist, kann die elektrische Feldstärke auch nur eine Normalkomponente in Richtung $\boldsymbol{e}_r$ hat. Deswegen erhält man für das Kreuzprodukt:

$$\boldsymbol{n}_1^{1,2}\times\boldsymbol{E}^{1,2} = 0 \tag{20.33}$$

den Wert Null, was $E^{1,2} = 0$ bedeutet. Die elektrische Feldstärke besitzt auf dem Randbereich keine Tangentialkomponenten.

Hier endet die Struktursynthese mit dem Vorliegen einer Feldverlaufsfunktion und die Abgrenzung verschiedener Gebiete unter Beachtung der Randbedingungen.

Äquivalenzbetrachtungen

An dieser Stelle sind Äquivalenzuntersuchungen nicht erforderlich, da eine Feldverlaufsfunktion vorliegt.

Realisierung der Feldverlaufsfunktion

Die Realisierung der Feldverlaufsfunktion basiert auf Festlegungen über die Materialeigenschaften und somit über die elektrischen Eigenschaften der verschiedenen Gebiete. Für das Gebiet R^1 wird festgelegt, dass es aus einer ideal leitenden Hohlkugel bestehen soll. Diese Festlegung hat zur Folge, dass das Potenzial φ^1 im Gebiet 1 Null ist und es gilt:

$$\begin{aligned} \nabla\varphi^1 = 0 \quad \Rightarrow \quad \boldsymbol{E}^1 = 0 \quad &\Rightarrow \quad \boldsymbol{D}^1 = \boldsymbol{D}^{1,2} = 0 \ \text{(Normalkomponente)} \qquad (20.34)\\ E_{\mathrm{t}}^1 = E_{\mathrm{t}}^{1,2} = 0 \quad & \qquad\qquad\qquad\quad \text{(Tangentialkomponente)}. \end{aligned}$$

Für das Raumgebiet $R^{1,2}$ gilt, dass sich die Gesamtladung in ihm nach Gl. (20.35) berechnet:

$$Q = \int_V \varrho \,\mathrm{d}V = \int_A \sigma \,\mathrm{d}A = \int_A \boldsymbol{D}\,\mathrm{d}\boldsymbol{A}\,. \qquad (20.35)$$

An der Stelle $r = a$ ist $D_{\mathrm{n}} = -\sigma$ mit σ als konstante Flächenladungsdichte und für die Normalkomponente der dielektrischen Verschiebung im Randbereich 1,2 folgt:

$$D_{\mathrm{n}}^{1,2}\Big|_{r=a} = -\frac{\varepsilon K}{a^2} = -\sigma^{1,2} = \frac{\mathrm{d}Q}{\mathrm{d}A}\,. \qquad (20.36)$$

Damit kann man die Ladungsmenge Q:

$$Q = \int_{r=a} \sigma \,\mathrm{d}A = \sigma \int \mathrm{d}A = \sigma A|_{r=a} = \sigma 4\pi r^2|_{r=a} \qquad (20.37)$$

und so die Konstante K in der Form:

$$Q = \frac{\varepsilon K}{a^2} 4\pi a^2 \quad \Rightarrow \quad K = \frac{a^2 Q}{4\pi\varepsilon a^2} = \frac{Q}{4\pi\varepsilon} \qquad (20.38)$$

berechnen.

Die Ergebnisse des Synthesevorganges sind für die drei Gebiete in der Tabelle 20.1 zusammengefasst.

Die technische Realisierung eines Systems muss von den Festlegungen für die Gebiete ausgehen:

$$\begin{aligned} R^1: &\quad \text{Hohlkugel} \quad \Rightarrow \quad \boldsymbol{E}^1, \boldsymbol{D}^1 = 0 \\ R^{1,2}: &\quad \sigma \quad \Rightarrow \quad R^2 \to \boldsymbol{E}^2, \boldsymbol{D}^2 \neq 0 \ ; \ \boldsymbol{E} = E\,\boldsymbol{e}_r \ ; \ \varphi = \text{const.}|_{r=a} \end{aligned} \qquad (20.39)$$

Aus diesen Ergebnissen erhält man die Anordnung eines radialsymmetrischen Feldes. Sie besteht aus einer ideal leitende Hohlkugel vom Radius a (Bild 20.1).

Mit dem Vorliegen mindestens einer elektrotechnischen Anordnung ist die Synthese des elektrischen Feldes abgeschlossen. Der technische Aufbau bedarf keiner zusätzlichen theoretischen Herleitungen und keiner weiteren mathematischen Begründungen mehr.

Tabelle 20.1: Übersicht zu den Ergebnissen aus der verallgemeinerten Synthese, der Struktursynthese und der Realisierung

$R^1 \quad (0 \leq r \leq a)$	$R^{1,2} \quad (r = a)$	$R^2 \quad (a \leq r \leq \infty)$
$\varphi^1 = 0$	$\varphi^{1,2} = K\frac{1}{a} = \frac{Q}{4\pi\varepsilon a}$	$\varphi^2 = K\frac{1}{r} = \frac{Q}{4\pi\varepsilon r}$
$\boldsymbol{E}^1 = 0$	$\boldsymbol{E}^{1,2} = 0$	$\boldsymbol{E}^2 = -\operatorname{grad}\varphi^2 = \frac{Q}{4\pi\varepsilon r^2}$
$\boldsymbol{D}^1 = 0$	$D_n^{1,2} = -\sigma$	$\boldsymbol{D}^2 = \varepsilon\boldsymbol{E}^2 = \frac{Q}{4\pi r^2}$
$\rho^1 = 0$	$\rho^{1,2} = \sigma$	$\rho^2 = 0$

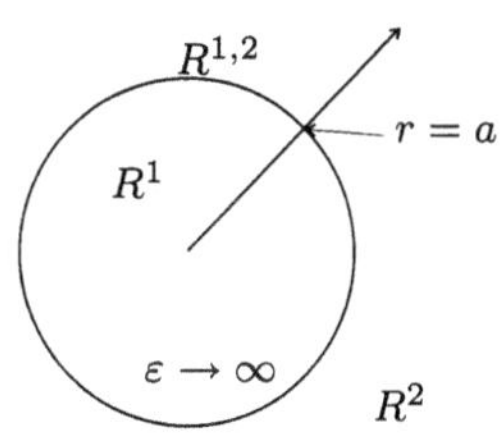

Bild 20.1: Realisierte technische Anordnung

20.3.2 Synthese eines zylindersymmetrischen Feldes

Mathematische Synthese

Die Syntheseaufgabe besteht in der Suche nach einer Elektrodenform, die den folgenden mathematischen Feldstärkeverlauf in einem noch zu bestimmenden Gebiet 2 hervorruft:

$$\boldsymbol{E}^2 = K\frac{1}{\bar{x}^1}\boldsymbol{e}_{x^1} \tag{20.40}$$

Die mathematische Funktion soll hier nur von einer allgemeinen Koordinate abhängen. Das Gebiet sei durch:

$$R^2: \quad \begin{array}{ccccc} a & \leq & \bar{x}^1 & \leq & \infty \\ 0 & \leq & \bar{x}^2 & \leq & 2\pi \\ -\infty & \leq & \bar{x}^3 & \leq & \infty \end{array} \tag{20.41}$$

gegeben und es wird durch die Randfläche:

$$\begin{array}{rcccl} & & \bar{x}^1 & = & a \\ R^{1,2}: \quad 0 & \leq & \bar{x}^2 & \leq & 2\pi \\ -\infty & \leq & \bar{x}^3 & \leq & \infty \end{array} \tag{20.42}$$

begrenzt. Das Raumgebiet R^2 grenzt an das Raumgebiet R^1:

$$\begin{array}{rcccl} 0 & \leq & \bar{x}^1 & \leq & a \\ R^1: \quad 0 & \leq & \bar{x}^2 & \leq & 2\pi \\ -\infty & \leq & \bar{x}^3 & \leq & \infty \end{array} \tag{20.43}$$

K ist eine frei zu wählende Konstante. Aus der Analogie von Feldern ist bekannt, dass bei einem wie hier gesuchten Feldstärkeverlauf die Verwendung von Zylinderkoordinaten Vorteile bietet. Deshalb seien $\bar{x}^1, \bar{x}^2, \bar{x}^3$ - die Koordinaten eines Zylinderkoordinatensystems. Die Flächen $\bar{x}^1$ = const. sind dann Zylinder- oder Mantelflächen. Der Definitionsbereich hierfür ist bekannter Weise:

$$\begin{array}{rcccccl} 0 & \leq & \bar{x}^1 & = & r & \leq & \infty \\ 0 & \leq & \bar{x}^2 & = & \alpha & \leq & 2\pi \\ -\infty & \leq & \bar{x}^3 & = & z & \leq & \infty \end{array} \tag{20.44}$$

und der Zusammenhang zu den kartesischen Koordinaten weist die Transformation in Gl. (20.45) aus:

$$\begin{array}{rcl} x & = & \bar{r}\cos\bar{\alpha} \\ y & = & \bar{r}\sin\bar{\alpha} \\ z & = & \bar{z}\,. \end{array} \tag{20.45}$$

Die Grundvektoren ergeben sich nach Gl. (6.218) angewendet im R^3 allgemein durch:

$$\bar{\boldsymbol{g}}_k = \frac{\partial x^l}{\partial \bar{x}^k}\boldsymbol{g}_l = \underline{a}^l_k \boldsymbol{g}_l \tag{20.46}$$

oder eingesetzt mit Gl. (20.45) zu:

$$\begin{array}{rcl} \bar{\boldsymbol{g}}_r & = & \dfrac{\partial x}{\partial \bar{r}}\boldsymbol{e}_x + \dfrac{\partial y}{\partial \bar{r}}\boldsymbol{e}_y + \dfrac{\partial z}{\partial \bar{r}}\boldsymbol{e}_z \\ \bar{\boldsymbol{g}}_\alpha & = & \dfrac{\partial x}{\partial \bar{\alpha}}\boldsymbol{e}_x + \dfrac{\partial y}{\partial \bar{\alpha}}\boldsymbol{e}_y + \dfrac{\partial z}{\partial \bar{\alpha}}\boldsymbol{e}_z \\ \bar{\boldsymbol{g}}_z & = & \dfrac{\partial x}{\partial \bar{z}}\boldsymbol{e}_x + \dfrac{\partial y}{\partial \bar{z}}\boldsymbol{e}_y + \dfrac{\partial z}{\partial \bar{z}}\boldsymbol{e}_z \end{array} \tag{20.47}$$

Nach der Ausführung der Differenziation folgen die kovarianten Basisvektoren in Zylinderkoordinaten bezogen auf die kartesische Basis:

$$\begin{array}{rcrcrcl} \bar{\boldsymbol{g}}_r & = & \cos\bar{\alpha}\,\boldsymbol{e}_x & + & \sin\bar{\alpha}\,\boldsymbol{e}_y & + & 0\cdot\boldsymbol{e}_z \\ \bar{\boldsymbol{g}}_\alpha & = & -\bar{r}\sin\bar{\alpha}\,\boldsymbol{e}_x & + & \bar{r}\cos\bar{\alpha}\,\boldsymbol{e}_y & + & 0\cdot\boldsymbol{e}_z \\ \bar{\boldsymbol{g}}_z & = & 0\cdot\boldsymbol{e}_x & + & 0\cdot\boldsymbol{e}_y & + & \boldsymbol{e}_z \end{array} \tag{20.48}$$

Die Metrikkoeffizienten ergeben sich aus der allgemein gültigen Beziehung zwischen den Basisvektoren und den metrischen Koeffizienten:

$$g_{ij} = \bar{\boldsymbol{g}}_i \cdot \bar{\boldsymbol{g}}_j \tag{20.49}$$

und in einer quadratischen Matrix angeordnet:

$$g_{ij} = \begin{pmatrix} 1 & 0 & 0 \\ 0 & \bar{r}^2 & 0 \\ 0 & 0 & 1 \end{pmatrix} . \tag{20.50}$$

Die Einheitsvektoren des Zylinderkoordinatensystems berechnen sich mittels:

$$\bar{\boldsymbol{e}}_i = \frac{\bar{\boldsymbol{g}}_i}{|\bar{\boldsymbol{g}}_i|} \qquad \text{Tangenteneinheitsvektoren,} \tag{20.51}$$

so dass für diese in Zylinderkoordinaten folgen:

$$\bar{\boldsymbol{e}}_r = \frac{\bar{\boldsymbol{g}}_1}{|\bar{\boldsymbol{g}}_1|} = \cos\bar{\alpha}\,\boldsymbol{e}_x + \sin\bar{\alpha}\,\boldsymbol{e}_y \qquad \Rightarrow \quad \bar{\boldsymbol{g}}_1 = |\bar{\boldsymbol{g}}_1|\bar{\boldsymbol{e}}_r = \bar{\boldsymbol{e}}_r$$

$$\bar{\boldsymbol{e}}_\alpha = \frac{\bar{\boldsymbol{g}}_2}{|\bar{\boldsymbol{g}}_2|} = -\sin\bar{\alpha}\,\boldsymbol{e}_x + \cos\bar{\alpha}\,\boldsymbol{e}_y \quad \Rightarrow \quad \bar{\boldsymbol{g}}_2 = |\bar{\boldsymbol{g}}_2|\bar{\boldsymbol{e}}_\alpha = \bar{r}\,\bar{\boldsymbol{e}}_\alpha$$

$$\bar{\boldsymbol{e}}_z = \frac{\bar{\boldsymbol{g}}_3}{|\bar{\boldsymbol{g}}_3|} = \bar{\boldsymbol{e}}_z \qquad \Rightarrow \quad \bar{\boldsymbol{g}}_3 = |\bar{\boldsymbol{g}}_3|\bar{\boldsymbol{e}}_z = \bar{\boldsymbol{e}}_z \ .$$

Der Normalenvektor für die Randfläche $R^{1,2}$ bestimmt sich nach Gl. (20.52)

$$\bar{\boldsymbol{n}}_1^{1,2} = \frac{\bar{\boldsymbol{g}}_2 \times \bar{\boldsymbol{g}}_3}{|\bar{\boldsymbol{g}}_2 \times \bar{\boldsymbol{g}}_3|} = \frac{\bar{\boldsymbol{g}}_2 \times \bar{\boldsymbol{g}}_3}{\sqrt{g_{22}g_{33}}} = \frac{\bar{r}\cos\bar{\alpha}\,\boldsymbol{e}_x + \bar{r}\sin\bar{\alpha}\,\boldsymbol{e}_y}{\bar{r}} = \cos\bar{\alpha}\,\boldsymbol{e}_x + \sin\bar{\alpha}\,\boldsymbol{e}_y = \bar{\boldsymbol{e}}_r \ . \tag{20.52}$$

Feldsynthese

Aus der uns vorgegebene Feldstärkefunktion resultiert für das Randgebiet $R^{1,2}$:

$$\boldsymbol{E}^{1,2} = K\left.\frac{1}{r}\right|_{r=a}\boldsymbol{e}_r = \frac{K}{a}\boldsymbol{e}_r \qquad \Rightarrow \qquad \boldsymbol{D}^{1,2} = \varepsilon\boldsymbol{E}^{1,2}|_{r=a} = \frac{\varepsilon K}{a}\boldsymbol{e}_r \tag{20.53}$$

Weil $\boldsymbol{D}$ nur einen Normalenvektor hat und ε nicht ortsabhängig ist, hat auch die elektrische Feldstärke $\boldsymbol{E}$ nur eine Normalkomponente ($\boldsymbol{e}_r$):

$$\boldsymbol{n}_1^{1,2} \times \boldsymbol{E}^{1,2} = 0 \qquad \Rightarrow \qquad E_{\mathrm{t}}^{1,2} = 0 \tag{20.54}$$

Hier endet die Struktursynthese mit dem Vorliegen einer Feldverlaufsfunktion und die Abgrenzung verschiedener Gebiete unter Beachtung der Randbedingungen.

Äquivalenzuntersuchungen sind wie im ersten Beispiel nicht erforderlich.

Die Realisierung der Ergebnisse

Die Realisierung der Feldverlaufsfunktion basiert auch hier auf der Festlegung über die Materialeigenschaften und so über die elektrischen Eigenschaften der verschiedenen Gebiete.

Es sollen nun zwei Möglichkeiten zur Festlegung erörtert werden. Im ersten Fall soll das Raumgebiet R^1 aus einer ideal leitenden Hohlkugel und zweitens aus einem dielektrischen Material bestehen.

a) R^1 - Hohlkugel

Diese Festlegung hat zur Folge, dass das Potenzial φ^1 im Raumgebiet R^1 gleich Null ist und es gilt:

$$\varphi = 0 \quad \Rightarrow \quad \boldsymbol{E} = 0 \quad \Rightarrow \quad \boldsymbol{D} = 0\,. \tag{20.55}$$

Für den Raumbereich $R^{1,2}$ gilt, dass sich die Gesamtladung in ihm nach:

$$Q = \int \boldsymbol{D}\,\mathrm{d}\boldsymbol{A} = \int \varrho\,\mathrm{d}V = \int \sigma\,\mathrm{d}A \tag{20.56}$$

berechnet. An der Stelle $r = a$ ist $D_\mathrm{n} = \sigma$ und für die Normalkomponente der dielektrischen Verschiebung im Randbereich 1,2 folgt damit:

$$D_\mathrm{n}^{1,2}\Big|_{r=a} = \frac{\varepsilon K}{a} = \sigma^{1,2} = \frac{\mathrm{d}Q}{\mathrm{d}A}\,. \tag{20.57}$$

Damit kann man die Ladungsmenge Q:

$$\begin{aligned} Q &= \int\limits_{r=a} \sigma\,\mathrm{d}A = \sigma \int\limits_{r=a} \mathrm{d}A = \sigma A|_{r=a} = \sigma\, 2\pi r l|_{r=a} \\ Q &= \frac{\varepsilon K}{a} 2\pi a l = \varepsilon K 2\pi l \end{aligned} \tag{20.58}$$

und anschließend die Konstante K in der Form:

$$K = \frac{Q}{2\pi\varepsilon l} \tag{20.59}$$

berechnen. Die elektrische Feldstärke im Gebiet R^2 gehorcht dann der folgenden Funktion:

$$\boldsymbol{E}^2 = \frac{Q}{2\pi\varepsilon l r}\boldsymbol{e}_r\,. \tag{20.60}$$

b) R^1 - dielektrisches Material

Aus **b)** geht hervor, dass sowohl die Feldstärke $\boldsymbol{E}$ als auch die Verschiebungsflussdichte $\boldsymbol{D}$ im Raumbereich R^1 nicht Null sind und es gilt:

$$D_\mathrm{n}^1 = D_\mathrm{n}^2 \quad \Rightarrow \quad \boldsymbol{n}_1^1 = \boldsymbol{e}_r\,. \tag{20.61}$$

Tabelle 20.2: Übersicht zu den Ergebnissen aus der verallgemeinerten Synthese, der Struktursynthese und der Realisierung

$R^1 \quad (0 \leq r \leq a)$		$R^{1,2} \quad (r = a)$	$R^2 \quad (a \leq r \leq \infty)$
a) idealer Leiter	**b)** dielektr. Material		
$\boldsymbol{E}^1 = 0$	$\boldsymbol{E}^1 = \frac{Q}{2\pi\varepsilon l a^2} r\boldsymbol{e}_r$	$\boldsymbol{E}^{1,2} = \frac{Q}{2\pi\varepsilon l a}\boldsymbol{e}_r$	$\boldsymbol{E}^2 = \frac{Q}{2\pi\varepsilon l r}\boldsymbol{e}_r$
$\boldsymbol{D}^1 = 0$	$\boldsymbol{D}^1 = \frac{Q}{2\pi l a^2} r\boldsymbol{e}_r$	$\boldsymbol{D}^{1,2} = \frac{Q}{2\pi l a}\boldsymbol{e}_r$	$\boldsymbol{D}^2 = \frac{Q}{2\pi l r}\boldsymbol{e}_r$
$\rho^1 = 0$	$\rho^1 = \frac{Q}{\pi l a^2}$	$a)\ \rho^{1,2} = \sigma$ $b)\ \rho^{1,2} = \rho$	$\rho^2 = 0$

Aus Gleichung:

$$Q = \int \varrho \,\mathrm{d}V \qquad \text{und} \qquad Q = \int \boldsymbol{D}\,\mathrm{d}\boldsymbol{A} \tag{20.62}$$

folgt, dass die Gesamtladung bei $r = a$ den größten Wert annimmt und $\boldsymbol{D}$ bezüglich einer Mantelfläche konstant ist und $\boldsymbol{D} \uparrow\uparrow \mathrm{d}\boldsymbol{A}$ gilt. So ergibt sich:

$$Q = D\int_0^a \mathrm{d}A = D\,2\pi r l\big|_0^a = D\,2\pi l a \tag{20.63}$$

mit $D = \dfrac{\varepsilon K}{a}$ folgt für die Konstante K:

$$K = \frac{Q}{2\pi\varepsilon l}\,. \tag{20.64}$$

Hier wird von dem Fall einer konstanten Raumladungsdichte im Raumbereich R^1 ausgegangen. Deshalb ist die Feldstärke in R^1 nicht Null. Die elektrische Ladung, die zur Erzeugung des elektrischen Feldes vorherrscht, berechnet sich allgemein aus der konstanten Raumladungsdichte und dem dazugehörigen Volumen, das diese Raumladung einschließt bzw. aus der Verschiebungsflussdichte die das entsprechende Volumen umfassende Fläche durchdringt. Es sind somit die beiden Gleichungen aus (20.62) gleichzusetzen und es folgt bei konstanten ϱ und D (unter Berücksichtigung von $\boldsymbol{D} \uparrow\uparrow \mathrm{d}\boldsymbol{A}$):

$$\begin{aligned} Q = \int \varrho \,\mathrm{d}V &= \int \boldsymbol{D}\,\mathrm{d}\boldsymbol{A} \\ \varrho \int_0^r \mathrm{d}V &= D \int_0^r \mathrm{d}A \\ \varrho \int_0^r 2\pi r l \,\mathrm{d}r &= D \int_0^r 2\pi l \,\mathrm{d}r \\ \varrho\, 2\pi l \frac{r^2}{2} &= D\, 2\pi l r \end{aligned} \tag{20.65}$$

Für die dielektrische Verschiebungsflussdichte D erhält man so:

$$D = \frac{\varrho\, 2\pi l r^2}{2\pi l r 2} = \frac{\varrho\, r}{2} = \varepsilon E \tag{20.66}$$

und für die elektrische Feldstärke E:

$$\boldsymbol{E} = \frac{\varrho\, r}{2\varepsilon}\,\boldsymbol{e}_r = \frac{Q}{2\pi\varepsilon l a^2} r\,\boldsymbol{e}_r \qquad \text{mit} \qquad \varrho = \frac{Q}{\pi l a^2} \tag{20.67}$$

Für $r = a$ sind die Grenzbedingungen für den Übergang vom Raumbereich R^1 über $R^{1,2}$ zu R^2 erfüllt. Die Ergebnisse des Synthesevorganges sind für die drei Gebiete und die Unterscheidung des Gebietes R^1 in der Tabelle 20.2 zusammengefasst. Die technische Realisierung dieser zwei Anordnungen hängt von den Festlegungen ab. Für beide Realisierungen - die Hohlkugel und die mit dielektrisches Material gefüllte Kugel - bildet sich im Raumgebiet R^2 das gleiche Feld aus. Unterschiedlich ist lediglich der Feldverlauf im Raumgebiet R^1:

a) Hohlkugel - kein elektrisches Feld.
b) dielektrisches Material - Verlauf der elektrischen Feldstärke nach Gl. (20.67).

Aus diesen Ergebnissen geht hervor, dass die technische Anordnung ein zylindersymmetrisches Feld erzeugen muss. Sie besteht somit gemäß Bild 20.2 aus:

a) einem sehr langen Hohlzylinder aus ideal leitendem Material mit dem Radius a.
b) einem sehr langen Zylinder mit dielektrischem Material gefüllt und dem Radius a.

20.3.3 Der elliptische Potenzialverlauf und seine Synthese

Mathematische Sythese

Es soll durch systematisches Vorgehen eine Elektrodenanordnung aufgebaut werden, die den Potenzialverlauf:

$$\varphi^2 = K \ln \tanh \frac{\bar{x}^1}{2} \tag{20.68}$$

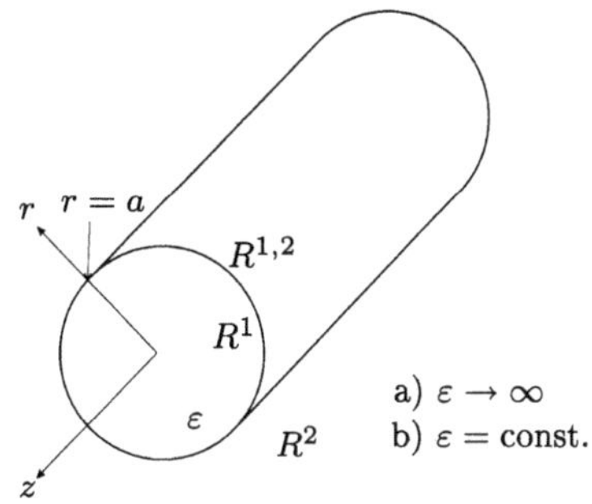

Bild 20.2: Realisierte technische Anordnung

in einem noch zu bestimmenden Gebiet erzeugt. Die mathematische Funktion hängt auch hier nur von einer allgemeinen Koordinate ab. Das Gebiet sei durch die Koordinaten:

$$R^2: \quad \begin{array}{ccccc} a & < & \bar{x}^1 & < & \infty \\ 0 & \leq & \bar{x}^2 & \leq & \pi \\ 0 & \leq & \bar{x}^3 & < & 2\pi \end{array} \tag{20.69}$$

umrissen und wird durch die Randfläche:

$$R^{1,2}: \quad \begin{array}{ccccc} & & \bar{x}^1 & = & a \\ 0 & \leq & \bar{x}^2 & \leq & \pi \\ 0 & \leq & \bar{x}^3 & < & 2\pi \end{array} \tag{20.70}$$

begrenzt. Das Raumgebiet R^2 grenzt an das Raumgebiet R^1:

$$R^1: \quad \begin{array}{ccccc} 0 & \leq & \bar{x}^1 & < & a \\ 0 & \leq & \bar{x}^2 & \leq & \pi \\ 0 & \leq & \bar{x}^3 & < & 2\pi\,. \end{array} \tag{20.71}$$

K ist eine noch frei wählbare Konstante. Diese Syntheseaufgabe löst man mit elliptischen Koordinaten. Die $\bar{x}^1, \bar{x}^2, \bar{x}^3$ gehören dann zu einem elliptischen Koordinatensystems. Die Flächen $\bar{x}^1 = \text{const.}$ sind dann Paraboloide. Der Definitionsbereich hierfür ist:

$$\begin{array}{ccccc} 0 & \leq & \bar{x}^1 = \bar{\eta} & < & \infty \\ 0 & \leq & \bar{x}^2 = \bar{\vartheta} & \leq & \pi \\ 0 & \leq & \bar{x}^3 = \bar{\psi} & < & 2\pi \end{array} \tag{20.72}$$

und der Zusammenhang zu den kartesischen Koordinaten weist die Transformation in Gl. (20.73) aus:

$$\begin{aligned} x &= l\sinh\bar{\eta}\,\sin\bar{\vartheta}\,\cos\bar{\psi} \\ y &= l\sinh\bar{\eta}\,\sin\bar{\vartheta}\,\sin\bar{\psi} \\ z &= l\cosh\bar{\eta}\,\cos\bar{\vartheta}\,. \end{aligned} \tag{20.73}$$

Die Grundvektoren ergeben sich nach Gl. (6.218), (20.11) und (20.12) im R^3 allgemein durch:

$$\bar{\boldsymbol{g}}_k = \frac{\partial x^l}{\partial \bar{x}^k}\boldsymbol{g}_l = \underline{a}^l_k \boldsymbol{g}_l\ , \qquad k,l = 1,2,3\ . \tag{20.74}$$

Die kovarianten Basisvektoren in elliptischen Koordinaten bezogen auf die kartesische Basis erhält man somit nach dem Einsetzen der Gl. (20.73) und dem Ausführen der Differenziation:

$$\begin{aligned} \bar{g}_1 = \bar{g}_\eta = &\ l\cosh\bar{\eta}\sin\bar{\vartheta}\cos\bar{\psi}\ \boldsymbol{e}_x + l\cosh\bar{\eta}\sin\bar{\vartheta}\sin\bar{\psi}\ \boldsymbol{e}_y + l\sinh\bar{\eta}\cos\bar{\vartheta}\ \boldsymbol{e}_z \\ \bar{g}_2 = \bar{g}_\vartheta = &\ l\sinh\bar{\eta}\cos\bar{\vartheta}\cos\bar{\psi}\ \boldsymbol{e}_x + l\sinh\bar{\eta}\cos\bar{\vartheta}\sin\bar{\psi}\ \boldsymbol{e}_y - l\cosh\bar{\eta}\sin\bar{\vartheta}\ \boldsymbol{e}_z\ . \\ \bar{g}_3 = \bar{g}_\psi = & -l\sinh\bar{\eta}\sin\bar{\vartheta}\sin\bar{\psi}\ \boldsymbol{e}_x + l\sinh\bar{\eta}\sin\bar{\vartheta}\cos\bar{\psi}\ \boldsymbol{e}_y + \qquad 0\cdot\boldsymbol{e}_z \end{aligned} \tag{20.75}$$

Die zugehörigen Metrikkoeffizienten berechnen sich nach Gl. (20.14) in der Form:

$$(g_{ij}) = \begin{pmatrix} l^2(\sinh^2\bar{\eta} + \sin^2\bar{\vartheta}) & 0 & 0 \\ 0 & l^2(\sinh^2\bar{\eta} + \sin^2\bar{\vartheta}) & 0 \\ 0 & 0 & l^2\sinh^2\bar{\eta}\,\sin^2\bar{\vartheta} \end{pmatrix}\ . \tag{20.76}$$

Die Einheitsvektoren des krummlinigen Koordinatensystems berechnen sich nach Gleichung (20.16):

$$\begin{aligned} \bar{e}_\eta &= \frac{\bar{\boldsymbol{g}}_1}{|\bar{\boldsymbol{g}}_1|} = \frac{\cosh\bar{\eta}\sin\bar{\vartheta}\cos\bar{\psi}\boldsymbol{e}_x + \cosh\bar{\eta}\sin\bar{\vartheta}\sin\bar{\psi}\boldsymbol{e}_y + \sinh\bar{\eta}\cos\bar{\vartheta}\boldsymbol{e}_z}{\sqrt{\sinh^2\bar{\eta} + \sin^2\bar{\vartheta}}} \\ \boldsymbol{e}_\vartheta &= \frac{\bar{\boldsymbol{g}}_2}{|\bar{\boldsymbol{g}}_2|} = \frac{\sinh\bar{\eta}\cos\bar{\vartheta}\cos\bar{\psi}\boldsymbol{e}_x + \sinh\bar{\eta}\cos\bar{\vartheta}\sin\bar{\psi}\boldsymbol{e}_y - \cosh\bar{\eta}\sin\bar{\vartheta}\boldsymbol{e}_z}{\sqrt{\sinh^2\bar{\eta} + \sin^2\bar{\vartheta}}} \\ \bar{\boldsymbol{e}}_\psi &= \frac{\bar{\boldsymbol{g}}_3}{|\bar{\boldsymbol{g}}_3|} = -\sin\bar{\psi}\ \boldsymbol{e}_x + \cos\bar{\psi}\ \boldsymbol{e}_y\ , \end{aligned} \tag{20.77}$$

so dass diese in elliptischen Koordinaten folgen:

$$\begin{aligned} \bar{\boldsymbol{g}}_\eta &= |\bar{\boldsymbol{g}}_\eta|\bar{e}_\eta = l\sqrt{\sinh^2\bar{\eta} + \sin^2\bar{\vartheta}}\ \bar{\boldsymbol{e}}_\eta \\ \bar{\boldsymbol{g}}_\vartheta &= |\bar{\boldsymbol{g}}_\vartheta|\bar{e}_\vartheta = l\sqrt{\sinh^2\bar{\eta} + \sin^2\bar{\vartheta}}\ \bar{\boldsymbol{e}}_\vartheta \\ \bar{\boldsymbol{g}}_\psi &= |\bar{\boldsymbol{g}}_\psi|\bar{e}_\psi = l\sinh\bar{\eta}\sin\bar{\vartheta}\ \bar{\boldsymbol{e}}_\psi\ . \end{aligned} \tag{20.78}$$

Bei der Gradientenbildung werden wegen der Definition des Nabla-Operators wiederum die kontravarianten Grundvektoren benötigt. Diese werden durch das Heben der Indizes aus der kovarianten Basis berechnet und lauten:

$$(g^{ij}) = \begin{pmatrix} \frac{1}{l^2(\sinh^2\bar{\eta} + \sin^2\bar{\vartheta})} & 0 & \\ 0 & \frac{1}{l^2(\sinh^2\bar{\eta} + \sin^2\bar{\vartheta})} & 0 \\ 0 & 0 & \frac{1}{l^2 \sinh^2\bar{\eta} \sin^2\bar{\vartheta}} \end{pmatrix} = (g_{ij})^{-1} . \tag{20.79}$$

Die kontravarianten Grundvektoren berechnen sich deshalb aus den kovarianten Grundvektoren durch die Ausdrücke

$$\begin{aligned} \bar{\boldsymbol{g}}^1 &= g^{11}\bar{\boldsymbol{g}}_1 = \frac{1}{l^2(\sinh^2\bar{\eta} + \sin^2\bar{\vartheta})}\bar{\boldsymbol{g}}_1 \\ \bar{\boldsymbol{g}}^2 &= g^{22}\bar{\boldsymbol{g}}_2 = \frac{1}{l^2(\sinh^2\bar{\eta} + \sin^2\bar{\vartheta})}\bar{\boldsymbol{g}}_2 \\ \bar{\boldsymbol{g}}^3 &= g^{33}\bar{\boldsymbol{g}}_3 = \frac{1}{l^2 \sinh^2\bar{\eta} \sin^2\bar{\vartheta}}\bar{\boldsymbol{g}}_3 . \end{aligned} \tag{20.80}$$

Für die kontravarianten Einheitsvektoren gilt dann:

$$\begin{aligned} \bar{\boldsymbol{e}}^{\,\eta} &= \bar{\boldsymbol{e}}_\eta \\ \bar{\boldsymbol{e}}^{\,\vartheta} &= \bar{\boldsymbol{e}}_\vartheta \\ \bar{\boldsymbol{e}}^{\,\psi} &= \bar{\boldsymbol{e}}_\psi , \end{aligned} \tag{20.81}$$

woraus letztendlich die kontravarianten Basisvektoren bezogen auf die kartesische Basis

$$\begin{aligned} \bar{\boldsymbol{g}}^{\,\eta} &= \frac{1}{l\sqrt{\sinh^2\bar{\eta} + \sin^2\bar{\vartheta}}}\,\bar{\boldsymbol{e}}^{\,\eta} \\ \bar{\boldsymbol{g}}^{\,\vartheta} &= \frac{1}{l\sqrt{\sinh^2\bar{\eta} + \sin^2\bar{\vartheta}}}\,\bar{\boldsymbol{e}}^{\,\vartheta} \\ \bar{\boldsymbol{g}}^{\,\psi} &= \frac{1}{l \sinh\bar{\eta} \sin\bar{\vartheta}}\,\bar{\boldsymbol{e}}^{\,\psi} \end{aligned} \tag{20.82}$$

hervorgehen. Der Normalenvektor für die Randfläche $R^{1,2}$ bestimmt sich nach Gleichung (20.22). Für $x^1 = \eta = \text{const.}$ erhält man Äquipotenzialflächen. Der Vektor der elektrischen Feldstärke steht senkrecht auf diesen. Daraus folgt, das Kreuzprodukt wird aus den beiden Tangenteneinheitsvektoren $\boldsymbol{e}_\vartheta$ und $\boldsymbol{e}_\psi$ gebildet und ergibt:

$$\bar{\boldsymbol{n}}_1^{1,2} = \bar{\boldsymbol{e}}_\eta . \tag{20.83}$$

Feldsynthese

Die Struktursynthese wird mit dem Ziel begonnen, durch eine räumliche Differenziation (hier: Gradientenbildung angewendet auf eine skalare Funktion) eine realistische

Beschreibungsgleichung (Feldverlaufsfunktion unter Beachtung der Randbedingungen) zu erhalten. Es gelten wieder die Gleichungen (20.24) bzw. (20.25). Daraus folgt in elliptischen Koordinaten:

$$\begin{aligned}\operatorname{grad}\varphi = {} & \frac{\partial\varphi}{\partial\eta}\sqrt{\frac{1}{l^2(\sinh^2\eta+\sin^2\vartheta)}}\,\boldsymbol{e}_\eta \\ & + \frac{\partial\varphi}{\partial\vartheta}\sqrt{\frac{1}{l^2(\sinh^2\eta+\sin^2\vartheta)}}\,\boldsymbol{e}_\vartheta \\ & + \frac{\partial\varphi}{\partial\psi}\frac{1}{l\sinh\eta\sin\vartheta}\,\boldsymbol{e}_\psi\ .\end{aligned} \tag{20.84}$$

Da das Potenzial φ voraussetzungsgemäß nur eine Funktion der Variablen η ist, verschwinden die Ableitungen nach θ und ψ und die Gl. (20.84) reduziert sich auf:

$$\operatorname{grad}\varphi = \frac{K}{2l\sqrt{\sinh^2\eta+\sin^2\vartheta}\,\sinh\frac{\eta}{2}\cosh\frac{\eta}{2}}\boldsymbol{e}_\eta\ . \tag{20.85}$$

Das Ergebnis besteht im Vorliegen einer Feldfunktion in einem ganz bestimmten Koordinatensystem, hier dem Elliptischen. Damit kann eine erste Aussage über den Feldverlauf getroffen werden. Die Bildung der zweiten räumlichen Ableitung stellt wieder einen Zusammenhang zwischen dem Feldverlauf und der im selben Gebiet vorhandenen Raumladungen her und es gilt auch hier::

$$\triangle\ \varphi = 0\ . \tag{20.86}$$

Die Gleichung (20.86) liefert die Raumladungsfreiheit des Gebietes R^2. Für den Bereich R^2 gilt somit:

$$\begin{aligned}\operatorname{grad}\varphi &= K\ln\tanh\frac{\eta}{2} \\ \boldsymbol{E} &= -\operatorname{grad}\varphi = -\frac{K}{2l\sqrt{\sinh^2\eta+\sin^2\vartheta}\sinh\frac{\eta}{2}\cosh\frac{\eta}{2}}\boldsymbol{e}_\eta \\ \triangle\varphi &= 0 \quad \Rightarrow \quad \text{raumladungsfrei}\ .\end{aligned} \tag{20.87}$$

Für den Randbereich $R^{1,2}$ folgt für ($\eta = a$) die Randbedingung:

$$\varphi^{1,2} = K\ln\tanh\frac{a}{2} \tag{20.88}$$

und demzufolge bei konstantem ε für die dielektrische Verschiebung:

$$\boldsymbol{D}^{1,2} = \varepsilon\boldsymbol{E}^{1,2}\big|_{\eta=a} = \varepsilon\nabla\varphi^{1,2}\big|_{\eta=a} = \varepsilon\left[-\frac{K}{2l\sqrt{\sinh^2\eta+\sin^2\vartheta}\sinh\frac{\eta}{2}\cosh\frac{\eta}{2}}\right]\boldsymbol{e}_\eta\ . \tag{20.89}$$

Weil $\boldsymbol{D}^{1,2}$ nur eine Normalkomponente besitzt und ε nicht ortsabhängig ist, kann die elektrische Feldstärke auch nur eine Normalkomponente in Richtung $\boldsymbol{e}_\eta$ haben. Deswegen erhält man für das Kreuzprodukt:

$$\boldsymbol{n}_1^{1,2} \times \boldsymbol{E}^{1,2} = 0 \qquad \Rightarrow \qquad E_{\mathrm{t}}^{1,2} = 0 \tag{20.90}$$

den Wert Null, was $E^{1,2} = 0$ bedeutet. Die elektrische Feldstärke besitzt auf dem Randgebiet keine Tangentialkomponente.

Auch hier endet die Struktursynthese mit dem Vorliegen einer Feldverlaufsfunktion und die Abgrenzung verschiedener Gebiete unter Beachtung der Randbedingungen.

Zu Äquivalenzen

Äquivalenzuntersuchungen sind hier ebenfalls nicht erforderlich, da erstens eine Feldverlaufsfunktion vorliegt und zweitens die bis hierher erzielten Ergebnisse systematisch einer Realisierung zugeführt werden können.

Realisierung des Feldverlaufs

Zur Realisierung der Feldverlaufsfunktion müssen die Material- sowie die elektrischen Eigenschaften der verschiedenen Gebiete festgelegt werden. Für das Raumgebiet R^1 wird festgelegt, dass es aus einem ideal leitendem Hohlleiter bestehen soll. Diese Festlegung hat zur Folge, dass das Potenzial φ^1 im Gebiet 1 Null ist:

$$\varphi^1 = 0 \quad , \quad \nabla\varphi^1 = 0 \quad \Rightarrow \quad \boldsymbol{E}^1 = 0 \quad \Rightarrow \quad \boldsymbol{D}^1 = 0\,. \tag{20.91}$$

Für das Raumgebiet $R^{1,2}$ gilt, dass sich die Gesamtladung in ihm nach Gl. (20.92) berechnet:

$$Q = \int \boldsymbol{D}\mathrm{d}\boldsymbol{A} = \int \varrho\,\mathrm{d}V = \int \sigma\,\mathrm{d}A\,. \tag{20.92}$$

An der Stelle $\eta = a$ ist $D_{\mathrm{n}} = -\sigma^{1,2}$ und für die Normalkomponente der dielektrischen Verschiebung im Randgebiet 1,2 folgt:

$$D_{\mathrm{n}}^{1,2}|_{\eta=a} = -\frac{\varepsilon K}{2l\sqrt{\sinh^2 a + \sin^2\vartheta}\,\sinh\dfrac{a}{2}\cosh\dfrac{a}{2}} = -\sigma^{1,2} = \frac{\mathrm{d}Q}{\mathrm{d}A} \tag{20.93}$$

Tabelle 20.3: Übersicht zu den Ergebnissen aus der verallgemeinerten Synthese, der Struktursynthese und der Realisierung

$R^1 \quad (0 \leq \eta < a)$	$R^{1,2} \quad (\eta = a)$	$R^2 \quad (a < \eta < \infty)$
$\varphi^1 = 0$	$\varphi^{1,2} = K \ln \tanh \frac{a}{2}$	$\varphi^2 = K \ln \tanh \frac{\eta}{2}$
$\boldsymbol{E}^1 = 0$	$\boldsymbol{E}^{1,2} = 0$	$\boldsymbol{E}^2 = -\frac{K\,\boldsymbol{e}_\eta}{2l\sqrt{\sinh^2\eta + \sin^2\vartheta}\sinh\frac{\eta}{2}\cosh\frac{\eta}{2}}$
$\boldsymbol{D}^1 = 0$	$D_n^{1,2} = -\sigma$	$\boldsymbol{D}^2 = \varepsilon \boldsymbol{E}^2$
$\rho^1 = 0$	$\rho^{1,2} = \sigma$	$\rho^2 = 0$

Damit kann man die Ladungsmenge Q:

$$
\begin{aligned}
Q &= \int\int\limits_{\eta=a} -\sigma\,\mathrm{d}A = \int \sigma\sqrt{g_{22}}\sqrt{g_{33}}\,\mathrm{d}\vartheta\,\mathrm{d}\psi \\
Q &= -\int\int \sigma l^2\left(\sinh^2 a + \sin^2\vartheta\right)\left(l^2\sinh^2 a\sin^2\vartheta\right)\,\mathrm{d}\vartheta\,\mathrm{d}\psi \qquad (20.94)\\
Q &= \int \frac{\varepsilon K\,l^2\left(\sinh^2 a + \sin^2\vartheta\right)\left(l^2\sinh^2 a\sin^2\vartheta\right)}{2l\sqrt{\sinh^2 a + \sin^2\vartheta}\sinh\frac{a}{2}\cosh\frac{a}{2}}\,\mathrm{d}\vartheta\,\mathrm{d}\psi \\
Q &= \frac{\varepsilon K l^3\sinh^2 a}{2\sinh\frac{a}{2}\cosh\frac{a}{2}}\int_0^{2\pi}\int_0^{\pi}\sin^2\vartheta\sqrt{\sinh^2 a + \sin^2\vartheta}\,\mathrm{d}\psi\,\mathrm{d}\vartheta
\end{aligned}
$$

formal berechnen.

Das Integral (20.94) ist nicht analytisch lösbar. Für einen speziellen Wert a= 0,65 erhält man eine numerische Lösung:

$$Q = 2{,}418\,58\ \pi\varepsilon K l^3\ . \qquad (20.95)$$

Die Konstante K hat dann den Betrag:

$$K = \frac{Q}{2{,}418\,58\ \pi\varepsilon l^3}\ . \qquad (20.96)$$

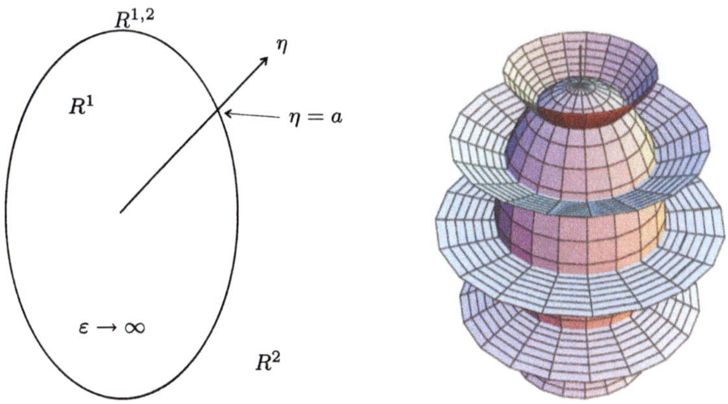

Bild 20.3: Realisierte technische Anordnung und der Verlauf des Feldes und der Äquipotenzialflächen

Die Potenzial- und Feldstärkefunktion ergeben sich zu:

$$\begin{aligned} \varphi &= \frac{Q}{2.41858\ \pi\varepsilon l^3} \ln\tanh\frac{\eta}{2} \\ \boldsymbol{E} &= -\frac{Q}{4.83716\ \pi\varepsilon l^4 \sqrt{\sinh^2\eta + \sin^2\vartheta}\sinh\frac{\eta}{2}\cosh\frac{\eta}{2}} \boldsymbol{e}_\eta\,. \end{aligned} \tag{20.97}$$

Die Ergebnisse des Synthesevorganges sind für die drei Gebiete in Tabelle 20.3 zusammengefasst. Die technische Realisierung eines Systems muss von den Festlegungen für diese Gebiete ausgehen.

Für $\varphi =$ const. ergeben sich die Äquipotenzialflächen. Aus der Potenzialgleichung ist ersichtlich, dass hierfür $\eta =$ const. gilt. Da η eine der drei Koordinaten ist, erhält man die im elliptischen Koordinatensystem charakteristischen Flächen bei $x^1 =$ const., in diesem Fall - konfokale elliptische Paraboloide. Auch die Oberfläche der Elektrode stellt eine Äquipotenzialfläche dar. Das heißt, die Elektrode mit der Flächenladungsdichte σ ist ein elliptischer Paraboloid mit $\eta = a$ und in diesem speziell berechneten Fall $\eta = 0{,}65$. Die Feldlinien haben daher die Form von konfokalen Hyperbeln, die senkrecht aus der Oberfläche des Paraboloiden heraustreten.

In Bild 20.3 ist die Elektrodenanordnung sowie der Feldlinienverlauf dargestellt. Die Feldlinien der elektrischen Feldstärke liegen in den Hyperbolischen Flächen, die senkrecht aus der Oberfläche des Paraboloiden treten. Das bedeutet, dass der elliptische Paraboloid mit $\eta = a$ aus ideal leitendem Material bestehen muss um diesen Feldverlauf zu gewährleisten. An dieser Stelle ist Syntheseaufgabe abgeschlossen, da mindestens eine Realisierung gefunden wurde.

20.4 Synthese von Feldern im vierdimensionalen Raum

Die Syntheseetappen für Felder sind unabhängig von Typ des Feldes und Dimension des Raumes im Abschnitt 20.2 definiert. Diese Überlegungen über die Synthese lassen sich auf den vierdimensionalen Raum ausdehnen. Das Hauptziel der im Weiteren begründeten Methode besteht in der Suche von ein-, zwei- oder mehrdimensionalen Potenzial- und Feldfunktionen einschließlich der realisierenden geometrischen Formen. Im Sonderfall sind das Verlaufsfunktionen des skalaren elektrischen Potenzials und/oder des elektrischen Feldes mit den das Feld realisierenden Elektrodenformen. Entsprechend dem Funktionsverlauf werden Äquipotenzialflächen mit Metallfolien belegt.

Zur Synthese von Potenzialfeldern und elektrischen Felder gelten zwei Voraussetzungen:

1. Das elektrische Feld wird mit Hilfe eines dazu in Ruhe befindlichen Koordinatensystems beschrieben.
2. Da erfahrungsgemäß die elektrische Feldstärke stets senkrecht zu den Äquipotenzialflächen verläuft, kommen nur orthogonale Koordinatensysteme zur Auswahl.

Gesucht sind die Koordinaten des elektromagnetischen Feldtensors, insbesondere jene, welche in direktem Zusammenhang mit der Potenzial- bzw. Feldstärkefunktion und der Metrik des Raumes über die noch unbekannten metrischen Koeffizienten stehen. Im Ergebnis liegen Funktionen im Raum vor, denen wegen ihrer Orthogonalität Potenzial- bzw. Feldverläufe zuzuordnen sind.

Dieser Synthesemethode liegt die Tensorrechnung zugrunde. Die Untersuchungen sollen im *M*inkowski-Raum durchgeführt werden. Hierauf ist im Einzelnen einzugehen, weil die Physiker bei Untersuchungen überwiegend mit kartesischen Koordinaten arbeiten (obwohl kein Koordinatensystem besonders ausgezeichnet ist), die Synthese von Feldern damit nur den trivialen Fall orthogonalen ebener Platten (Feld eines ebenen Plattenkondensators) hervorbrächte.

In kartesischen Koordinaten besitzen alle Elemente des Feldtensors die gleiche Dimension. In anderen Koordinatensystemen sind die Dimensionen der Koordinaten des Feldtensors verschieden, was im einzelnen zu zeigen bleibt.

20.4.1 Minkowski-Raum und seine Metrik

Basis und Dimension von Tensorkoordinaten

Die Ausgangssituation bildet aus Gründen der Zweckmäßigkeit ein pseudoeuklidischer Raum vom Index 1, der *Minkowski-Raum* $\mathbb{M}^4$. Der Index 1 weist darauf hin, dass drei Basisvektoren eines Koordinatensystems reell sind und ein Basisvektor imaginär ist.

Zur zeitlichen Koordinate gehört der imaginäre Basisvektor, die drei räumlichen Koordinaten haben reelle Basisvektoren. Griechische Indizes durchlaufen dabei die Werte 1, 2, 3 und nichtgriechische Indizes hingegen 0, 1, 2, 3.

Während im kartesischen Koordinatensystem die Basisvektoren Einheitsvektoren und demzufolge dimensionslos sind, ist es bei krummlinigen Koordinatensystemen vorteilhaft, mit dimensionsbehafteten Basisvektoren, also nicht mit Einheitsvektoren, zu rechnen. Alle Koordinaten eines Tensors haben dann nicht die gleiche Dimension, denn der Tensor, hier beispielsweise ein Tensor vierter Stufe:

$$\boldsymbol{T} = T^{opqr}\, \boldsymbol{g}_o \boldsymbol{g}_p \boldsymbol{g}_q \boldsymbol{g}_r \ , \tag{20.98}$$

ist eine Invariante. Eine Komponente eines Tensors setzt sich aus dem Betrag der Koordinate und den dazugehörigen Basisvektoren zusammen. In kartesischen Koordinaten liegen die Einheitsvektoren $\boldsymbol{e}_i = \boldsymbol{e}^i$ mit dem Betrag 1 zugrunde und die Koordinaten des Tensors des elektrischen Feldes gemäß Gl. (15.3), (15.4)haben die Dimension:

$$[F_{ij}] = [F^{ij}] = \begin{pmatrix} 0 & \frac{\mathrm{Vs}}{\mathrm{m}^2} & \frac{\mathrm{Vs}}{\mathrm{m}^2} & \frac{\mathrm{Vs}}{\mathrm{m}^2} \\ \frac{\mathrm{Vs}}{\mathrm{m}^2} & 0 & \frac{\mathrm{Vs}}{\mathrm{m}^2} & \frac{\mathrm{Vs}}{\mathrm{m}^2} \\ \frac{\mathrm{Vs}}{\mathrm{m}^2} & \frac{\mathrm{Vs}}{\mathrm{m}^2} & 0 & \frac{\mathrm{Vs}}{\mathrm{m}^2} \\ \frac{\mathrm{Vs}}{\mathrm{m}^2} & \frac{\mathrm{Vs}}{\mathrm{m}^2} & \frac{\mathrm{Vs}}{\mathrm{m}^2} & 0 \end{pmatrix} . \tag{20.99}$$

Im Kugelkoordinatensystem (siehe A.4) ergeben sich für die Koordinaten der Basisvektoren die Dimensionen:

$$[\bar{\boldsymbol{g}}_i] = \left[\ \frac{\partial x^j}{\partial \bar{x}^i} \boldsymbol{e}_j \ \right] = \begin{pmatrix} 1 \\ 1 \\ \mathrm{m} \\ \mathrm{m} \end{pmatrix} , \qquad [\bar{\boldsymbol{g}}^i] = [\ g^{ij} \bar{\boldsymbol{g}}_j \ ] = \begin{pmatrix} 1 \\ 1 \\ \frac{1}{\mathrm{m}} \\ \frac{1}{\mathrm{m}} \end{pmatrix} \tag{20.100}$$

und somit haben die Koordinaten des Feldtensors die Dimensionen:

$$[F_{ij}] = \begin{pmatrix} 0 & \frac{\mathrm{Vs}}{\mathrm{m}^2} & \frac{\mathrm{Vs}}{\mathrm{m}} & \frac{\mathrm{Vs}}{\mathrm{m}} \\ \frac{\mathrm{Vs}}{\mathrm{m}^2} & 0 & \frac{\mathrm{Vs}}{\mathrm{m}} & \frac{\mathrm{Vs}}{\mathrm{m}} \\ \frac{\mathrm{Vs}}{\mathrm{m}} & \frac{\mathrm{Vs}}{\mathrm{m}} & 0 & \mathrm{Vs} \\ \frac{\mathrm{Vs}}{\mathrm{m}} & \frac{\mathrm{Vs}}{\mathrm{m}} & \mathrm{Vs} & 0 \end{pmatrix} , \quad [F^{ij}] = \begin{pmatrix} 0 & \frac{Vs}{\mathrm{m}^2} & \frac{\mathrm{Vs}}{\mathrm{m}^3} & \frac{\mathrm{Vs}}{\mathrm{m}^3} \\ \frac{\mathrm{Vs}}{\mathrm{m}^2} & 0 & \frac{\mathrm{Vs}}{\mathrm{m}^3} & \frac{\mathrm{Vs}}{\mathrm{m}^3} \\ \frac{\mathrm{Vs}}{\mathrm{m}^3} & \frac{\mathrm{Vs}}{\mathrm{m}^3} & 0 & \frac{\mathrm{Vs}}{\mathrm{m}^4} \\ \frac{\mathrm{Vs}}{\mathrm{m}^3} & \frac{\mathrm{Vs}}{\mathrm{m}^3} & \frac{\mathrm{Vs}}{\mathrm{m}^4} & 0 \end{pmatrix} . \tag{20.101}$$

Im gestreckten sowie im abgeplatteten elliptischen Koordinatensystem (siehe A.5 und A.6) sind die Dimensionen der Koordinaten der Basisvektoren:

$$[\bar{\boldsymbol{g}}_i] = \left[\ \frac{\partial x^j}{\partial \bar{x}^i}\boldsymbol{e}_j\ \right] = \begin{pmatrix} 1 \\ \mathrm{m} \\ \mathrm{m} \\ \mathrm{m} \end{pmatrix}, \qquad [\bar{\boldsymbol{g}}^i] = [\ g^{ij}\bar{\boldsymbol{g}}_j\ ] = \begin{pmatrix} 1 \\ \frac{1}{\mathrm{m}} \\ \frac{1}{\mathrm{m}} \\ \frac{1}{\mathrm{m}} \end{pmatrix} \tag{20.102}$$

und die des Tensors des elektromagnetischen Feldes:

$$[F_{ij}] = \begin{pmatrix} 0 & \frac{\mathrm{Vs}}{\mathrm{m}} & \frac{\mathrm{Vs}}{\mathrm{m}} & \frac{\mathrm{Vs}}{\mathrm{m}} \\ \frac{\mathrm{Vs}}{\mathrm{m}} & 0 & \mathrm{Vs} & \mathrm{Vs} \\ \frac{\mathrm{Vs}}{\mathrm{m}} & \mathrm{Vs} & 0 & \mathrm{Vs} \\ \frac{\mathrm{Vs}}{\mathrm{m}} & \mathrm{Vs} & \mathrm{Vs} & 0 \end{pmatrix}, \quad [F^{ij}] = \begin{pmatrix} 0 & \frac{\mathrm{Vs}}{\mathrm{m}^3} & \frac{\mathrm{Vs}}{\mathrm{m}^3} & \frac{\mathrm{Vs}}{\mathrm{m}^3} \\ \frac{\mathrm{Vs}}{\mathrm{m}^3} & 0 & \frac{\mathrm{Vs}}{\mathrm{m}^4} & \frac{\mathrm{Vs}}{\mathrm{m}^4} \\ \frac{\mathrm{Vs}}{\mathrm{m}^3} & \frac{\mathrm{Vs}}{\mathrm{m}^4} & 0 & \frac{\mathrm{Vs}}{\mathrm{m}^4} \\ \frac{\mathrm{Vs}}{\mathrm{m}^3} & \frac{\mathrm{Vs}}{\mathrm{m}^4} & \frac{\mathrm{Vs}}{\mathrm{m}^4} & 0 \end{pmatrix}. \tag{20.103}$$

Damit die Einheiten der Koordinaten die gewohnten Dimensionen annehmen, müssen die Koordinaten lediglich in ihre physikalischen Komponenten umgerechnet werden.

Metrik und Abstand

Der metrische Tensor (g_{ij}, g^{ij}) gibt an, wie in einem Koordinatensystem gemessen wird (lat.: metiri - messen), das heißt, wie der Betrag von Längen, Flächen und Volumina bestimmt wird. Es ergibt sich aus:

$$g_{ij} = \boldsymbol{g}_i \cdot \boldsymbol{g}_j \quad \text{bzw.} \quad g^{ij} = \boldsymbol{g}^i \cdot \boldsymbol{g}^j\ . \tag{20.104}$$

Außerdem gilt für beliebige Koordinatensysteme die Relation (6.128).

Da wegen des elektrotechnischen Ziels der Konstruktion von zueinander orthogonalen Potenzial- und Feldverläufen nur orthogonale Koordinatensysteme in Frage kommen, werden hier ausschließlich solche betrachtet. Die Matrix der metrischen Tensoren g_{ij}, g^{ij} besitzt deswegen nur Hauptdiagonalelemente:

$$(g_{ij}) = \begin{pmatrix} \boldsymbol{g}_0 \cdot \boldsymbol{g}_0 & 0 & 0 & 0 \\ 0 & \boldsymbol{g}_1 \cdot \boldsymbol{g}_1 & 0 & 0 \\ 0 & 0 & \boldsymbol{g}_2 \cdot \boldsymbol{g}_2 & 0 \\ 0 & 0 & 0 & \boldsymbol{g}_3 \cdot \boldsymbol{g}_3 \end{pmatrix}, \tag{20.105}$$

$$
\left(g^{ij}\right) = \begin{pmatrix} \frac{1}{g_{00}} & 0 & 0 & 0 \\ 0 & \frac{1}{g_{11}} & 0 & 0 \\ 0 & 0 & \frac{1}{g_{22}} & 0 \\ 0 & 0 & 0 & \frac{1}{g_{33}} \end{pmatrix} . \tag{20.106}
$$

Die Determinante des metrischen Tensors berechnet sich aus dem Produkt der Spurelemente:

$$
g = \det(g_{ij}) = g_{00} g_{11} g_{22} g_{33} \ . \tag{20.107}
$$

Der kovariante vollständig antisymmetrische ϵ-Pseudotensor ist definiert durch:

$$
\epsilon_{ijkl} = \sqrt{g} \begin{cases} 1; & \text{bei geradzahliger Anzahl Permutationen von} \\ & i,j,k,l = 0,1,2,3 \\ -1; & \text{bei ungeradzahliger Anzahl Permutationen von} \\ & i,j,k,l \\ 0; & \text{sonst} \end{cases} \tag{20.108}
$$

und der kontravariante vollständig antisymmetrische ϵ-Tensor, ein Pseudotensor, durch:

$$
\epsilon^{ijkl} = \frac{1}{\sqrt{g}} \begin{cases} 1; & \text{bei geradzahliger Anzahl Permutationen von} \\ & i,j,k,l = 0,1,2,3 \\ -1; & \text{bei ungeradzahliger Anzahl Permutationen von} \\ & i,j,k,l \\ 0; & \text{sonst} \end{cases} \tag{20.109}
$$

Ein Pseudotensor ist kein Tensor im Sinne der Tensorrechnung, weil sich bei Transformationen des Koordinatensystems mit Spiegelungen von Koordinatenachsen die Vorzeichen der Koordinaten umkehren. Ein ϵ-Pseudotensor ist in jedem Koordinatensystem gleich definiert. Bei der Synthese werden nur Transformationen ohne Spiegelungen betrachtet, so dass diese Pseudotensoren Tensoren entsprechen.

Ereignisse vollziehen sich an einem bestimmten Ort und geschehen zu einer bestimmten Zeit. Ein Ereignis ist somit durch einen Punkt, einem sogenannten Weltpunkt, im $\mathbb{M}^4$ eindeutig festgelegt. Der Abstand im $\mathbb{M}^4$ ist die Länge des Vektors, der zwei Ereignisse bzw. zwei Weltpunkte miteinander verbindet. Das infinitesimale Abstandsquadrat ist in der Form:

$$
\mathrm{d}s^2 = g_{ij}\,\mathrm{d}x^i\,\mathrm{d}x^j \tag{20.110}
$$

definiert und wird als metrische Fundamental der Koordinatendifferenziale bezeichnet. Da nur Hauptdiagonalelemente vorliegen, gilt:

$$
\mathrm{d}s^2 = g_{00}\,(\mathrm{d}x^0)^2 + g_{11}\,(\mathrm{d}x^1)^2 + g_{22}\,(\mathrm{d}x^2)^2 + g_{33}\,(\mathrm{d}x^3)^2 \ , \tag{20.111}
$$

wobei g_{00} negatives und die $g_{\alpha\alpha}$ positive Vorzeichen haben.

Die Christoffel-Symbole

Wegen des bei dieser Synthesemethode erforderlichen Zusammenhangs zwischen der Geometrie des zu suchenden Koordinatensystems und dem Potenzial- bzw. Feldstärkeverlaufes ist auf die Christoffel-Symbole und ihre Abhängigkeit von den metrischen Koeffizienten einzugehen. Im Verlauf der Synthese ist aus den geometrischen auf die elektrotechnischen Größen zu schließen.

Bei einer infinitesimalen Parallelverschiebung eines Vektors darf sich seine Länge nicht ändern und das totale Differenzial des Vektors muss verschwinden. Die Christoffel-Symbole Γ^k_{ij} geben an, wie ein durch infinitesimale Parallelverschiebung entstandener Vektor mit dem ursprünglichen Vektor in krummlinigen Koordinatensystemen zusammenhängt. Bei geradlinigen Koordinatenachsen liegen konstante metrische Koeffizienten vor und ihre Ableitungen nach den Koordinaten ergeben Null, d. h. $\Gamma^k_{ij} = 0$. Ihre Definition lautet:

$$\Gamma^k_{ij} = \frac{1}{2}\, g^{kl} \left(\frac{\partial g_{li}}{\partial x^j} - \frac{\partial g_{ij}}{\partial x^l} + \frac{\partial g_{jl}}{\partial x^i} \right) . \tag{20.112}$$

Die Christoffel-Symbole sind keine Tensoren dritter Stufe, denn sie erfüllen die Transformationsgesetze für Tensoren nicht. Sie besitzen die Eigenschaft der Symmetrie in den unteren Indizes.

Voraussetzungsgemäß vereinfacht sich ihre Berechnung aufgrund des ruhenden Koordinatensystems und der Orthogonalität der Basisvektoren mit $l = k$ auf:

$$\Gamma^k_{ij} = \frac{1}{2}\, g^{kk} \left(\frac{\partial g_{ki}}{\partial x^j} - \frac{\partial g_{ij}}{\partial x^k} + \frac{\partial g_{jk}}{\partial x^i} \right) \tag{20.113}$$

oder eingesetzt:

$$(\Gamma^0_{ij}) = \begin{pmatrix} 0 & 0 & 0 & 0 \\ 0 & 0 & 0 & 0 \\ 0 & 0 & 0 & 0 \\ 0 & 0 & 0 & 0 \end{pmatrix}, \quad (\Gamma^1_{ij}) = \frac{1}{2} g^{11} \begin{pmatrix} 0 & 0 & 0 & 0 \\ 0 & \frac{\partial g_{11}}{\partial x^1} & \frac{\partial g_{11}}{\partial x^2} & \frac{\partial g_{11}}{\partial x^3} \\ 0 & \frac{\partial g_{11}}{\partial x^2} & -\frac{\partial g_{22}}{\partial x^1} & 0 \\ 0 & \frac{\partial g_{11}}{\partial x^3} & 0 & -\frac{\partial g_{33}}{\partial x^1} \end{pmatrix}, \tag{20.114}$$

$$(\Gamma^2_{ij}) = \frac{1}{2} g^{22} \begin{pmatrix} 0 & 0 & 0 & 0 \\ 0 & -\frac{\partial g_{11}}{\partial x^2} & \frac{\partial g_{22}}{\partial x^1} & 0 \\ 0 & \frac{\partial g_{22}}{\partial x^1} & \frac{\partial g_{22}}{\partial x^2} & \frac{\partial g_{22}}{\partial x^3} \\ 0 & 0 & \frac{\partial g_{22}}{\partial x^3} & -\frac{\partial g_{33}}{\partial x^2} \end{pmatrix}, \tag{20.115}$$

$$(\Gamma_{ij}^3) = \frac{1}{2} g^{33} \begin{pmatrix} 0 & 0 & 0 & 0 \\ 0 & -\dfrac{\partial g_{11}}{\partial x^3} & 0 & \dfrac{\partial g_{33}}{\partial x^1} \\ 0 & 0 & -\dfrac{\partial g_{22}}{\partial x^3} & \dfrac{\partial g_{33}}{\partial x^2} \\ 0 & \dfrac{\partial g_{33}}{\partial x^1} & \dfrac{\partial g_{33}}{\partial x^2} & \dfrac{\partial g_{33}}{\partial x^3} \end{pmatrix} . \tag{20.116}$$

Sind zwei Indizes der Christoffelsymbole gleich, dann vereinfachen sich die Berechnungen nochmals auf die Ausdrücke:

$$\Gamma_{kj}^k = \frac{1}{2}\, g^{kk}\, \frac{\partial g_{kk}}{\partial x^j} , \qquad \Gamma_{jj}^k = g^{kk} \left(\frac{\partial g_{kj}}{\partial x^j} - \frac{1}{2}\, \frac{\partial g_{jj}}{\partial x^k} \right) . \tag{20.117}$$

Kovariante Ableitungen von Tensoren

Neben der partiellen Ableitung existiert innerhalb des Tensorkalküls eine kovariante Ableitung, die für die Untersuchung von Tensorfeldern und deshalb auch für die nachfolgende Synthese von Feldern erforderlich ist. Der mathematische und letztlich physikalische bzw. technische Grund zur Definition einer solchen Ableitung besteht darin, dass partielle Ableitungen von Tensoren erster und höherer Stufe keine Tensoren sind, weil sie die Transformationsgesetze für diese nicht erfüllen.

Zur besseren Unterscheidung seien die partielle Ableitung von Tensoren durch ein Komma ($A_{i,j} = \partial A_i / \partial x^j$) und die kovariante Ableitung durch einen senkrechten Strich ($A_{i|j}$) gekennzeichnet.

Zur Transformation von alten zu neuen Koordinaten wird gemäß Gl. (6.221) und (6.223) vorgegangen. Zu untersuchen ist die partielle Ableitung auf ihre Tensoreigenschaft. Für eine skalare Funktion gilt vor und nach der Transformation $\bar{\varphi} = \varphi$ oder nach den neuen Koordinaten abgeleitet:

$$\bar{\varphi},_i = \frac{\partial \bar{\varphi}}{\partial x^i} = \frac{\partial \varphi}{\partial x^i} = \frac{\partial \varphi}{\partial x^j}\,\frac{\partial x^j}{\partial x^i} . \tag{20.118}$$

Gemäß der Gl. (6.136) gilt in Analogie für Tensorfelder:

$$\bar{\varphi},_i = \bar{a}_i^j \varphi,_i \ . \tag{20.119}$$

Die partielle Ableitung $\varphi,_i$ des Skalars φ ist demzufolge ein kovarianter Tensor erster Stufe bzw. eine kovariante Ableitung, weil die Gl. (20.119) den tensoriellen Transformationsgesetzen genügt.

Die partielle Ableitung eines Vektors (Tensor 1. Stufe) gewinnt man auf folgenden Art und Weise. Für einen kontravarianten Vektor, genau für seine kontravarianten Koordinaten gilt die Transformationsgleichung gemäß Gl. (6.221):

$$\bar{\boldsymbol{g}}_i = \underline{a}_i^j\, \boldsymbol{g}_j = \frac{\partial x^j}{\partial \overline{x}^i}\, \boldsymbol{g}_j \ , \qquad i,j = 1,2,\ldots,n. \tag{20.120}$$

Die Bildung der partiellen Ableitung führt schließlich auf den Ausdruck:

$$\bar{A}^i{}_{,j} = \frac{\partial}{\partial \bar{x}^j}\left(\frac{\partial \bar{x}^i}{\partial x^k} A^k\right) \tag{20.121}$$

und resultierend aus der Kettenregel:

$$\frac{\partial x^l}{\partial \bar{x}^j}\frac{\partial}{\partial x^l} \tag{20.122}$$

kann man dafür schreiben:

$$\bar{A}^i{}_{,j} = A^k{}_{,l}\,\frac{\partial x^l}{\partial \bar{x}^j}\frac{\partial \bar{x}^i}{\partial x^j} + A^k \frac{\partial^2 \bar{x}^i}{\partial x^n \partial x^l}\frac{\partial x^l}{\partial \bar{x}^j}\ . \tag{20.123}$$

Würde auf der rechten Seite nur der erste Summand vorhanden sein, so wäre $A^k{}_{,l}$ gemäß der Transformation für gemischte Tensoren zweiter Stufe ein gemischter Tensor zweiter Stufe. Wegen des zweiten Summanden ist bei krummlinigen Koordinaten die partielle Ableitung von Tensoren im Allgemeinen kein Tensor. Durch ein Korrekturglied wird eine kovariante Ableitung für Tensoren 1. Stufe definiert, die dennoch das tensorielle Transformationsgesetz:

$$A^i|_j = A^i{}_{,j} + \Gamma^i_{jk} A^k \tag{20.124}$$

erfüllt. Man kann zeigen, dass beim Übergang zu neuen Koordinaten die Relation ([52], S. 88-89):

$$\bar{A}^i|_j = \frac{\partial \bar{x}^i}{\partial x^k}\frac{\partial x^l}{\partial \bar{x}^j} A^k|_l \tag{20.125}$$

gilt und gemäß der nach Gl. (20.124) gebildeten kovarianten Ableitung ein Tensor zweiter Stufe ist.

Zur Synthese sind die kovarianten Ableitungen bestimmter Tensoren erforderlich:

$$A_{i|j} = A_{i,j} - \Gamma^k_{ji}\, A_k \tag{20.126}$$

$$A_{ij|k} = A_{ij,k} - \Gamma^l_{ki}\, A_{lj} - \Gamma^l_{kj}\, A_{il}\ , \qquad A^{ij}|_k = A^{ij}{}_{,k} + \Gamma^i_{kl}\, A^{lj} + \Gamma^j_{kl}\, A^{il} \tag{20.127}$$

$$A_i{}^j|_k = A_i{}^j{}_{,k} - \Gamma^l_{ki}\, A_l{}^j + \Gamma^j_{kl}\, A_i{}^l\ , \qquad A^i{}_j|_k = A^i{}_{j,k} + \Gamma^i_{kl}\, A^l{}_j - \Gamma^l_{kj}\, A^i{}_l \tag{20.128}$$

$$A_{ijk}|_l = A_{ijk,l} - \Gamma^m_{li}\, A_{mjk} - \Gamma^m_{lj}\, A_{imk} - \Gamma^m_{lk}\, A_{ijm}\ . \tag{20.129}$$

Damit ist das Bildungsgesetz der kovarianten Ableitung angewendet auf Tensoren höherer Stufe zu erkennen.

Linien-, Flächen- und Volumenelemente und die Integralsätze von Gauß und Stokes

Im Folgenden sind weitere tensorielle Zusammenhänge zum Zwecke der Synthese von Feldern aufgeführt.

Linienelemente

Das Längenelement im $\mathbb{M}^4$ wird vom Vektor $\sqrt{g_{(ii)}}\,\mathrm{d}\boldsymbol{x}$ bzw. $\sqrt{g_{(ii)}}\,\mathrm{d}x^i$ gebildet.

Flächenelemente

Im euklidischen dreidimensionalen Raum berechnet sich der Flächeninhalt eines zweidimensionalen Flächenelements $\mathrm{d}\boldsymbol{A}$ aus dem Produkt des Betrages $\sqrt{g}$ und der Flächennormalen in Richtung des Kreuzprodukts aus den die Fläche aufspannenden Vektoren $\mathrm{d}\boldsymbol{x}_{(1)}$ und $\mathrm{d}\boldsymbol{x}_{(2)}$. Im Tensorkalkül ist der Pseudotensor $\mathrm{d}A_i$ der duale Tensor des äußeren Produkts der Tensoren $\mathrm{d}x^j_{(1)}$ und $\mathrm{d}x^k_{(2)}$, so dass:

$$\mathrm{d}A_\alpha = \epsilon_{\alpha\beta\gamma}\,\mathrm{d}x^{[\beta}_{(1)}\,\mathrm{d}x^{\gamma]}_{(2)} \tag{20.130}$$

gilt, wobei $\mathrm{d}\boldsymbol{A} = \sqrt{g}\,\mathrm{d}\boldsymbol{x}_{(1)} \times \mathrm{d}\boldsymbol{x}_{(2)}$ entspricht. Im vierdimensionalen Raum ist die Normale eines zweidimensionalen von den Vektoren $\mathrm{d}\boldsymbol{x}_{(1)}$ und $\mathrm{d}\boldsymbol{x}_{(2)}$ aufgespannten Flächenelements das dazu orthogonale Flächenelement, d.h. $\mathrm{d}A_{ij}$ ist der duale Tensor des äußeren Produkts der Tensoren $\mathrm{d}x^k_{(1)}$ und $\mathrm{d}x^l_{(2)}$. Es erfolgt die Multiplikation der Tensoren $\mathrm{d}x^k_{(1)}$ und $\mathrm{d}x^l_{(2)}$ bei vorgenommener Alternierung, so dass der Ausdruck:

$$\begin{aligned} \mathrm{d}A_{ij} &= \sqrt{\det g^{ij}}\,\epsilon_{ijkl}\,\mathrm{d}x^{[k}_{(1)}\mathrm{d}x^{l]}_{(2)} \\ &= \sqrt{\det g^{ij}}\,\epsilon_{ijkl}\,\frac{1}{2!}\left(\mathrm{d}x^k_{(1)}\,\mathrm{d}x^l_{(2)} - \mathrm{d}x^l_{(1)}\,\mathrm{d}x^k_{(2)}\right) \end{aligned} \tag{20.131}$$

zur Verfügung steht. Das dreidimensionale Hyperflächenelement ist das äußere Produkt der drei das Hyperflächenelement aufspannenden Vektoren $\mathrm{d}\boldsymbol{x}_{(1)}, \mathrm{d}\boldsymbol{x}_{(2)}$ und $\mathrm{d}\boldsymbol{x}_{(3)}$ in der Form:

$$\mathrm{d}S_i = \sqrt{g^{(ii)}}\,\epsilon_{ijkl}\,\mathrm{d}S^{jkl} = \sqrt{g^{(ii)}}\,\epsilon_{ijkl}\,\mathrm{d}x^{[j}_{(1)}\,\mathrm{d}x^k_{(2)}\,\mathrm{d}x^{l]}_{(3)}\ . \tag{20.132}$$

Die Klammern unter den Wurzelzeichen drücken aus, dass über den Index i nicht summiert werden darf.

Im Besonderen ist das Hyperflächenelement:

$$\mathrm{d}S_0 = \epsilon_{0jkl}\,\mathrm{d}x^{[j}_{(1)}\,\mathrm{d}x^k_{(2)}\,\mathrm{d}x^{l]}_{(3)} \tag{20.133}$$

gleich dem dreidimensionalen Volumenelement $\mathrm{d}V$ bei $x^0 = \text{const.}$, was im $\mathbb{R}^3$ auf die Bezeichnung:

$$\mathrm{d}V = \epsilon_{\alpha\beta\gamma}\,\mathrm{d}x^{[\alpha}_{(1)}\,\mathrm{d}x^\beta_{(2)}\,\mathrm{d}x^{\gamma]}_{(3)} \tag{20.134}$$

$$\mathrm{d}V = \sqrt{g}\,\left(\mathrm{d}\boldsymbol{x}_{(1)} \times \mathrm{d}\boldsymbol{x}_{(2)}\right) \cdot \mathrm{d}\boldsymbol{x}_{(3)} \tag{20.135}$$

führt.

Volumenelemente

Das vierdimensionale Volumenelement wird durch das äußere Produkt der vier das Volumenelement aufspannenden Vektoren $\mathrm{d}\boldsymbol{x}_{(0)}, \mathrm{d}\boldsymbol{x}_{(1)}, \mathrm{d}\boldsymbol{x}_{(2)}$ und $\mathrm{d}\boldsymbol{x}_{(3)}$ gebildet, so dass der dazugehörige duale Tensor $\mathrm{d}\Omega$ sich nach der Gleichung:

$$\mathrm{d}\Omega = \epsilon_{ijkl}\,\mathrm{d}x_{(0)}^{[i}\,\mathrm{d}x_{(1)}^{j}\,\mathrm{d}x_{(2)}^{k}\,\mathrm{d}x_{(3)}^{l]} \tag{20.136}$$

berechnet.

Integralsätze von Gauß und Stokes

Die Umwandlung vierdimensionaler Integrale von Tensorfeldern erfolgt analog zur Umwandlung dreidimensionaler Integrale von Tensorfeldern. Zum besseren Verständnis seien die Integralsätze für den $\mathbb{R}^3$ und $\mathbb{M}^4$ eingefügt. Mit Hilfe des *Gaußschen Satzes* kann ein Integral eines Tensorfeldes über eine geschlossene Hyperfläche in ein Integral der kovarianten Ableitungen dieses Tensorfeldes über das von der Hyperfläche eingeschlossene vierdimensionale Volumen überführt werden und umgekehrt. $\mathrm{d}S_i$ muss durch den Operator $|_i\ \mathrm{d}\Omega$ ersetzt werden, so dass die Relationen:

$$\mathrm{d}S_i \to |_i\ \mathrm{d}\Omega$$

$$\begin{aligned} \mathbb{R}^3: \quad & \oint \boldsymbol{X}\,\mathrm{d}\boldsymbol{A} = \int \operatorname{div}\boldsymbol{X}\,\mathrm{d}V \\ & \oint X^i\,\mathrm{d}A_i = \int X^i|_i\ \mathrm{d}V \\ \mathbb{M}^4: \quad & \oint X^i\,\mathrm{d}S_i = \int X^i|_i\ \mathrm{d}\Omega = \int \operatorname{div}\boldsymbol{X}\,\mathrm{d}\Omega \end{aligned} \tag{20.137}$$

gilt. Der *Stokessche Satz* gibt den Zusammenhang zwischen dem Integral eines Tensorfeldes entlang einer geschlossene Kurve und dem Integral der kovarianten Ableitungen dieses Tensorfeldes über eine von der Kurve berandete Fläche und umgekehrt an. $\mathrm{d}x^i$ muss durch den Operator $\partial/\partial x^j(.)\,\mathrm{d}A^{ji}$ ersetzt werden. Wegen der Antisymmetrie von $\mathrm{d}A^{ij}$ kann an Stelle der kovarianten Ableitung die partielle Ableitung angewandt werden. Daraus folgen die Ausdrücke:

$$\mathrm{d}x^i \to \frac{\partial}{\partial x_j}(.)\,\mathrm{d}A^{ji}$$

$$\begin{aligned} \mathbb{R}^3: \quad & \oint \boldsymbol{X}\,\mathrm{d}\boldsymbol{x} = \int \operatorname{rot}\boldsymbol{X}\,\mathrm{d}\boldsymbol{A} \\ & \oint X_i\,\mathrm{d}x^i = \int \epsilon^{ijk}\,X_{j,i}\,\mathrm{d}A_k = \int X_{j,i}\,\mathrm{d}A^{ij} \end{aligned} \tag{20.138}$$

$$\mathbb{M}^4: \quad \oint X_i\,\mathrm{d}x^i = \int X_{i,j}\,\mathrm{d}A^{ji} = \int \frac{1}{2}\,(X_{j,i} - X_{i,j})\,\mathrm{d}A^{ij} = \int \operatorname{rot}\boldsymbol{X}\,\mathrm{d}\boldsymbol{A}\,. \tag{20.139}$$

Das Integral eines Tensorfeldes über eine geschlossene zweidimensionale Fläche kann in ein Integral der kovarianten Ableitungen dieses Tensorfeldes über die von dieser zweidimensionalen Fläche berandeten Hyperfläche überführt werden. $\mathrm{d}A_{ij}$ muss durch den Operator $1/2\ (|_j\ \mathrm{d}S_i -\ |_i\ \mathrm{d}S_j)$ ersetzt werden:

$$\oint X^{ij}\,\mathrm{d}A_{ij} = \frac{1}{2}\int \left(X^{ij}|_j\ \mathrm{d}S_i - X^{ij}|_i\ \mathrm{d}S_j\right) \quad = \int X^{ij}|_{[j}\ \mathrm{d}S_{i]}\ . \tag{20.140}$$

Für antisymmetrische Tensoren X^{ij} gilt die einfachste Form:

$$\oint X^{ij}\,\mathrm{d}A_{ij} = \int X^{ij}|_j\ \mathrm{d}S_i\ . \tag{20.141}$$

Physikalische Komponenten

Bisher sind die entsprechenden Rechnungen mit den kontravarianten bzw. kovarianten Koordinaten (Komponenten) eines Tensors ausgeführt worden. Diese besitzen keine unmittelbare anschauliche Bedeutung. Um die zugehörigen Koordinaten (Komponenten) zu erhalten, vollzieht man eine Multiplikation mit den kovarianten bzw. kontravarianten Grundvektoren. Dabei sind oft nur die Beträge der Komponenten, also ihre Koordinaten und gegebenenfalls ihre Richtungen in Bezug auf die Grundvektoren von Interesse. Durch diese beiden Größen werden die physikalischen Komponenten bestimmt.

Man definiert die physikalischen kontravarianten Koordinaten A^{*i} eines Vektors $\boldsymbol{A}$ durch seine kontravarianten Koordinaten A^i hinsichtlich der Einheitsvektoren $\boldsymbol{e}_i$ in die Richtung der kovarianten Grundvektoren $\boldsymbol{g}_i$, so dass gilt:

$$\boldsymbol{A} = A^i\,\boldsymbol{g}_i\ . \tag{20.142}$$

Mit der Beziehung:

$$\boldsymbol{g} = |\boldsymbol{g}_i|\boldsymbol{e}_i\ , \tag{20.143}$$

gilt:

$$\boldsymbol{A} = A^i\,|\boldsymbol{g}_i|\,\boldsymbol{e}_i\ , \tag{20.144}$$

und es folgt durch den Vergleich von der Gl. (20.142) mit der Gl. (20.144) unter Beachtung von $|g_i| = \sqrt{g_{(ij)}}$:

$$A^{*i} = A^i\,\sqrt{\boldsymbol{g}_i\cdot\boldsymbol{g}_j} = A^i\,\sqrt{g_{(ij)}}\ . \tag{20.145}$$

Die physikalischen kovarianten Koordinaten A_i^* des Vektors $\boldsymbol{A}$ berechnen sich gemäß der Gleichung:

$$A_i^* = A_i\,\sqrt{\boldsymbol{g}^i\cdot\boldsymbol{g}^j} = A_i\,\sqrt{g^{(ij)}}\ . \tag{20.146}$$

Die physikalischen Komponenten besitzen folgende Eigenschaften:

1. Die Beträge der physikalischen kontravarianten bzw. kovarianten Komponenten eines Tensors 1. Stufe sind gleich den Beträgen der anschaulichen Tensorkomponenten in Richtung des kovarianten bzw. kontravarianten Grundsystems.

2. Die physikalischen Komponenten eines Tensors 1. Stufe besitzen positives bzw. negatives Vorzeichen, je nachdem, ob die zugehörigen Tensorkomponenten in gleicher bzw. in entgegengesetzter Richtung zu den Grundvektoren zeigen.

20.4.2 Mathematische Beziehungen vom elektromagnetischen Feld im Minkowski-Raum

Quantitätsgrößen und Erregungstensor

Die Maxwellschen Gleichungen und der Tensor des elektromagnetischen Feldes im Minkowski-Raum $\mathbb{M}^4$ sind durch die Gleichungen (15.119), (15.152) und (15.180) gegeben. Das skalare elektrische Potenzial φ und das magnetische Vektorpotenzial fasst das sogenannte Viererpotenzial in einem Tensor 1. Stufe zusammen, wobei der Zusammenhang zu den physikalischen Koordinaten in Matrixform geschrieben durch den Ausdruck:

$$(A_i) = \begin{pmatrix} \frac{\varphi}{c} \\ -A_1 \\ -A_2 \\ -A_3 \end{pmatrix} = \begin{pmatrix} \sqrt{g^{00}}\,\frac{\varphi^*}{c} \\ -\sqrt{g^{11}}\,A_1^* \\ -\sqrt{g^{22}}\,A_2^* \\ -\sqrt{g^{33}}\,A_3^* \end{pmatrix} \tag{20.147}$$

gegeben ist. Die Koordinaten A_i gehören zum Tensor $\boldsymbol{A}$. Gemäß der Definition der Rotation im Anhang B.3 stehen der Feldtensor und die Potenziale über die Gl. (20.148)

$$\boldsymbol{F} = F^{ij}\boldsymbol{g}_i\boldsymbol{g}_j = F_{ij}\boldsymbol{g}^i\boldsymbol{g}^j = 2\,\mathrm{rot}\,\boldsymbol{A} = F_{[ij|k]} = F_{[ij,k]} \tag{20.148}$$

in Beziehung. F ist ein Tensor 2. Stufe bestehend aus Koordinaten und Tensorprodukt zweier Basisvektoren.

Die nachfolgenden Syntheseaufgaben erfordern die Hinzuziehung der Quantitätsgrößen des Feldes im $\mathbb{M}^4$. In Analogie der Zusammenhänge im $\mathbb{R}^3$: $\boldsymbol{D} = \varepsilon\boldsymbol{E}$ und $\boldsymbol{B} = \mu\boldsymbol{H}$ wird der Erregungstensor G^{ij} für isotrope, homogene und relaxationsfreie Medien ohne Remanenz aus den Koordinaten des Feldtensors durch die Beziehung:

$$G^{ij} = \frac{1}{2}\,\lambda^{ijkl}\,F_{kl} \tag{20.149}$$

bestimmt. Wegen der Gültigkeit der Beziehung:

$$\begin{aligned} \lambda^{ijkl} &= \frac{1}{\mu}\left(g^{ki}\,g^{lj} - g^{kj}\,g^{li}\right) \\ &+ \frac{1}{\mu_0}\left(\varepsilon_\mathrm{r} - \frac{1}{\mu_\mathrm{r}}\right)\left(g^{jk}\,u^i\,u^l + g^{il}\,u^j\,u^k - g^{ik}\,u^j\,u^l - g^{jl}\,u^i\,u^k\right) \end{aligned} \tag{20.150}$$

mit $u^i = \dfrac{\mathrm{d}x^i}{\mathrm{d}s}$ als Vierergeschwindigkeit des Mediums folgt der Ausdruck:

$$G^{ij} = \frac{1}{\mu}\,F^{ij} - \frac{1}{\mu_0}\left(\varepsilon_\mathrm{r} - \frac{1}{\mu_\mathrm{r}}\right)\left(F^i{}_l\,u^j - F^j{}_l\,u^i\right)u^l\,. \tag{20.151}$$

In Medien mit $\varepsilon_\mathrm{r} = \frac{1}{\mu_\mathrm{r}}$ bzw. $\varepsilon_\mathrm{r} = \mu_\mathrm{r} = 1$ (exakt im Vakuum und annähernd in Luft gültig) gilt demzufolge:

$$G^{ij} = \frac{1}{\mu_0}\,F^{ij} \tag{20.152}$$

und es gilt bei der Anordnung der Tensorkoordinaten in quadratischen Matrizen:

$$\begin{pmatrix} 0 & -cD^1 & -cD^2 & -cD^3 \\ cD^1 & 0 & -H^3 & H^2 \\ cD^2 & H^3 & 0 & -H^1 \\ cD^3 & -H^2 & H^1 & 0 \end{pmatrix} = \frac{1}{\mu_0} \begin{pmatrix} 0 & -\frac{E^1}{c} & -\frac{E^2}{c} & -\frac{E^3}{c} \\ \frac{E^1}{c} & 0 & -B^3 & B^2 \\ \frac{E^2}{c} & B^3 & 0 & -B^1 \\ \frac{E^3}{c} & -B^2 & B^1 & 0 \end{pmatrix} . \qquad (20.153)$$

Speziell für ruhende Medien mit beliebigen ε_r und μ_r erhält man bei gleich bleibender linken Seite für die rechte Seite den Ausdruck:

$$G^{ij} = \frac{1}{\mu_0} F^{ij} = \frac{1}{\mu_0} \begin{pmatrix} 0 & -\varepsilon_\mathrm{r}\frac{E^1}{c} & -\varepsilon_\mathrm{r}\frac{E^2}{c} & -\varepsilon_\mathrm{r}\frac{E^3}{c} \\ \varepsilon_\mathrm{r}\frac{E^1}{c} & 0 & -\frac{B^3}{\mu_\mathrm{r}} & \frac{B^2}{\mu_\mathrm{r}} \\ \varepsilon_\mathrm{r}\frac{E^2}{c} & \frac{B^3}{\mu_\mathrm{r}} & 0 & -\frac{B^1}{\mu_\mathrm{r}} \\ \varepsilon_\mathrm{r}\frac{E^3}{c} & -\frac{B^2}{\mu_\mathrm{r}} & \frac{B^1}{\mu_\mathrm{r}} & 0 \end{pmatrix} . \qquad (20.154)$$

In den Gl. (20.148), ff. besteht kein Bezug zu einem konkreten Koordinatensystem. Den $G^{ij}, F_{ij}, F^{ij}, D^i, H^i, E^i, B^i$ wird durch den Wert des Index ein bestimmter Platz im Tensor bzw. im zur Ordnung verwendeten Matrixschema zugewiesen. Das kann hier nicht anders sein, weil wegen der sich anschließenden Synthese von Feldern noch nicht feststeht, welches Koordinatensystem letztendlich aus dem Syntheseprozess hervorgeht.

Die zweite Gruppe der Maxwellschen Gleichungen folgt auch aus der Divergenzbildung (Anhang B.2) des Erregungstensors gemäß:

$$\operatorname{div} \boldsymbol{G} = -\boldsymbol{j} \ ; \qquad G^{ij}|_j = -j^i \ . \qquad (20.155)$$

Die j^i sind die Koordinaten des Tensors der Viererstromdichte, die sich aus dem Produkt von Lichtgeschwindigkeit und Raumladungsdichte sowie der elektrischen Stromdichte zusammensetzen:

$$j^j = (\varrho c, \boldsymbol{j}) = (\varrho c, \varrho \boldsymbol{v}) \ . \qquad (20.156)$$

Bildet man die Divergenz der Viererstromdichte, erhält man die Kontinuitätsgleichung. G^{ij} ist ein antisymmetrischer Tensor. Die zweimalige Divergenzbildung beinhaltet eine symmetrische Operation. Deshalb muss das Ergebnis Null sein:

$$G^{ij}|_{ji} = -j^i|_i = 0 \qquad (20.157)$$

Anmerkung:
Mit im $\mathbb{R}^3$ eingesetzten Koordinaten gelangt man zur Kontinuitätsgleichung:

$$\frac{\partial \varrho}{\partial t} + \operatorname{div} \boldsymbol{J} = 0 \ . \qquad (20.158)$$

Die Lorentz-Eichung im $\mathbb{M}^4$ liefert die Divergenzbildung des Viererpotenzials:

$$\operatorname{div} A = A^i|_i = 0 \ , \tag{20.159}$$

woraus im $\mathbb{R}^3$ die dafür bekannte Form hervorgeht:

$$\varepsilon\,\mu\,\frac{\partial\varphi}{\partial t} + \operatorname{div}\boldsymbol{A} = 0\,. \tag{20.160}$$

Die in einem räumlichen Gebiet eingeschlossene Ladungsmenge ist gleich dem Integral der Raumladungsdichte über das Volumen dieses Gebietes. Aus dieser Tatsache, der Kontinuitätsgleichung und den in 20.4.1 beschriebenen Integralsätzen leiten sich die Zusammenhänge:

$$\begin{aligned}
0 &= \frac{1}{c}\int j^i|_i \,\mathrm{d}\Omega &&= \frac{1}{c}\oint j^i\, dS_i &&= -\frac{1}{c}\oint G^{ij}|_j\ dS_i &&= -\frac{1}{c}\oint G^{ij}\,\mathrm{d}A_{ij} \\
Q &= \frac{1}{c}\int j^0|_0 \,\mathrm{d}\Omega &&= \frac{1}{c}\oint j^0\, dS_0 &&= -\frac{1}{c}\oint G^{0\alpha}|_\alpha\ dS_0 &&= -\frac{1}{c}\oint G^{kl}\,\mathrm{d}A_{kl} \\
-Q &= \frac{1}{c}\int j^\alpha|_\alpha \,\mathrm{d}\Omega &&= \frac{1}{c}\oint j^\alpha\, dS_\alpha &&= -\frac{1}{c}\oint G^{\alpha\beta}|_\beta\ dS_\alpha &&= -\frac{1}{c}\oint G^{\alpha\beta}\,\mathrm{d}A_{\alpha\beta}\,,
\end{aligned} \tag{20.161}$$

und im Besonderen:

$$Q \quad = -\frac{1}{c}\oint G^{kl}\,\mathrm{d}A_{kl} \quad \text{mit} \quad \left\{\begin{array}{l} k = 0 \wedge l = 1,2,3 \\ l = 0 \wedge k = 1,2,3 \end{array}\right. . \tag{20.162}$$

her.

Zusammenhang zwischen den Feldgrößen und der Metrik

Nach der Ausstellung der Potenzial- und Feldstärkefunktion, und Approximation eines gewünschten Verlaufs, sind aus der Relation zwischen diesen Funktionen und der jetzt noch bekannten Geometrie des Koordinatensystems geometrische Größen aus den elektrischen Größen zu bestimmen. Die Rand- bzw. Anfangsbedingungen sind ebenfalls, gegebenenfalls auch nachträglich, einzuarbeiten. Diese Teilaufgaben ordnen sich einerseits der mathematischen Synthese und andererseits der Struktursynthese zu, weil sie im praktischen Vorgehen nicht immer trennbar sind.

Da die Felder ihre Ursache haben müssen und letztlich die Randbedingungen eingehen, haben die heranzuziehenden Beschreibungsgleichungen (meist partielle Differenzialgleichungen) auch eine vorerst allgemeine Aussage über die Quellen der Felder zu enthalten.

Den nachfolgenden Untersuchungen wird vorausgesetzt, dass die Materialien die Bedingung nach Gl. (20.154) erfüllen, weil anderenfalls die Koordinaten des Materialtensors

λ^{ijkl} in Gl. (20.150) in noch unbekannten Koordinatensystemen zusätzlich bestimmt werden müssten. Bei einer Raumladungsfreiheit im vierdimensionalen Raum gibt es weder Raumladungsdichten noch Leitungsstromdichten. Daher geht die Gl. (20.155) in den Ausdruck:

$$j^j = G^{ij}|_j = 0 \qquad (20.163)$$

über und es entsteht nach der Ausführung der kovarianten Ableitung gemäß der rechten Form in Gl. (20.127) die Beziehung:

$$G^{ij}{}_{,j} + \Gamma^i_{jk}\, G^{kj} + \Gamma^j_{jk} G^{ik} = 0\ . \qquad (20.164)$$

Der zweite Term der linken Seite verschwindet, weil das Produkt einer symmetrischen Größe (Γ^i_{jk} ist in j und k symmetrisch) mit einer antisymmetrischen Größe (G^{kj} ist in j und k antisymmetrisch) stets verschwindet:

$$G^{ij}{}_{,j} + \Gamma^j_{jk}\, G^{ik} = 0\ . \qquad (20.165)$$

Wegen des Ziels der Synthese von Feldern sind zu Beginn dieser Aufgabenstellung zwar Aussagen über den Feldverlauf nicht aber der Erregungstensor noch die Christoffel-Symbole bekannt. In Wiederholung der Nennung des Ziels ist eine Abhängigkeit zwischen dem Feldtensor und den metrischen Koeffizienten zu suchen. Aufgrund der additiven Verknüpfungen der Koordinaten des Feldtensors und der metrischen Koeffizienten, lassen sich im allgemeinen Fall die geometrischen Größen nicht explizit aus den elektrischen Größen bestimmen. Die Summationen werden unter der Festlegung von $G_{00} = G_{\alpha\beta} = 0$ und $\partial G_{ij}/\partial x^0 = 0$ im Einzelnen aufgeschrieben und zweckmäßiger Weise umgeformt. Die Gl. (20.165) ergibt damit den Ausdruck:

$$G^{0\alpha}{}_{,\alpha} + \Gamma^\alpha_{\alpha\beta}\, G^{0\beta} = 0\ . \qquad (20.166)$$

Durch die Multiplikation mit μ_0/ε_r gelangen wir, ohne ein konkretes Feld benennen zu müssen, von den Koordinaten des Erregungstensors zu denen des Feldtensors, woraus die Gleichung:

$$F^{0\alpha}{}_{,\alpha} + \Gamma^\alpha_{\alpha\beta}\, F^{0\beta} = 0 \qquad (20.167)$$

resultiert. Sind in einem Christoffel-Symbol zwei Indizes gleich, dann vereinfacht sich die weitere Rechnung erheblich und wegen der linken Gleichung in Gl. (20.117) folgt:

$$F^{0\alpha}{}_{,\alpha} + \frac{1}{2}\, g^{\alpha\alpha}\, g_{\alpha\alpha,\beta}\, F^{0\beta} = 0\ . \qquad (20.168)$$

Die Summation über β von 1 bis 3 liefert:

$$F^{0\alpha}{}_{,\alpha} + \frac{1}{2}\, g^{\alpha\alpha}\, \left(g_{\alpha\alpha,1}\, F^{01} + g_{\alpha\alpha,2}\, F^{02} + g_{\alpha\alpha,3}\, F^{03}\right) = 0\,. \qquad (20.169)$$

Die Summation über $\alpha = 1, 2, 3$ zuzüglich der Multiplikation mit 2 und wenigen Umformungen führt auf die Gleichung:

$$\begin{aligned} -2\left(F^{01}{}_{,1} + F^{02}{}_{,2} + F^{03}{}_{,3}\right) = {} & g^{11}\, \left(g_{11,1}\, F^{01} + g_{11,2}\, F^{02} + g_{11,3}\, F^{03}\right) \\ & + g^{22}\, \left(g_{22,1}\, F^{01} + g_{22,2}\, F^{02} + g_{22,3}\, F^{03}\right) \\ & + g^{33}\, \left(g_{33,1}\, F^{01} + g_{33,2}\, F^{02} + g_{33,3}\, F^{03}\right) \end{aligned} \qquad (20.170)$$

und ausmultipliziert, sowie nach den zweifachen kontravarianten Koordinaten des Tensors des elektromagnetischen Feldes geordnet, folgen die Tensorgleichungen:

$$\begin{aligned} -2\left(F^{01}{}_{,1} + F^{02}{}_{,2} + F^{03}{}_{,3}\right) = \; & \frac{g_{11,1}}{g_{11}} F^{01} + \frac{g_{11,2}}{g_{11}} F^{02} + \frac{g_{11,3}}{g_{11}} F^{03} \\ & + \frac{g_{22,1}}{g_{22}} F^{01} + \frac{g_{22,2}}{g_{22}} F^{02} + \frac{g_{22,3}}{g_{22}} F^{03} \\ & + \frac{g_{33,1}}{g_{33}} F^{01} + \frac{g_{33,2}}{g_{33}} F^{02} + \frac{g_{33,3}}{g_{33}} F^{03} \, . \end{aligned} \tag{20.171}$$

Nach den $F^{0\beta}$ geordnet, ergibt sich:

$$\begin{aligned} -2\left(F^{01}{}_{,1} + F^{02}{}_{,2} + F^{03}{}_{,3}\right) = \; & F^{01}\left(\frac{g_{11,1}}{g_{11}} + \frac{g_{22,1}}{g_{22}} + \frac{g_{33,1}}{g_{33}}\right) \\ & + F^{02}\left(\frac{g_{11,2}}{g_{11}} + \frac{g_{22,2}}{g_{22}} + \frac{g_{33,2}}{g_{33}}\right) \\ & + F^{03}\left(\frac{g_{11,3}}{g_{11}} + \frac{g_{22,3}}{g_{22}} + \frac{g_{33,3}}{g_{33}}\right) \, . \end{aligned} \tag{20.172}$$

Resultierend aus:

$$\frac{g_{\alpha\alpha,\beta}}{g_{\alpha\alpha}} = \frac{1}{g_{\alpha\alpha}} \frac{\partial g_{\alpha\alpha}}{\partial x^\beta} = \frac{\partial}{\partial x^\beta} \ln|g_{\alpha\alpha}| \tag{20.173}$$

folgt die Gleichung:

$$\begin{aligned} -2\left(F^{01}{}_{,1} + F^{02}{}_{,2} + F^{03}{}_{,3}\right) = \; & F^{01} \frac{\partial}{\partial x^1} \ln|g_{11}\, g_{22}\, g_{33}| \\ & + F^{02} \frac{\partial}{\partial x^2} \ln|g_{11}\, g_{22}\, g_{33}| \\ & + F^{03} \frac{\partial}{\partial x^3} \ln|g_{11}\, g_{22}\, g_{33}| \, . \end{aligned} \tag{20.174}$$

Die $F^{\alpha\beta}$ werden mittels der metrischen Koeffizienten durch die F_{ij} ausgedrückt. Der allgemeine Zusammenhang zwischen diesen Tensorkoordinaten lautet:

$$F^{ij} = g^{ik}\, g^{jl}\, F_{kl} \, ; \qquad k,l = 0,1,2,3 \, . \tag{20.175}$$

Diese Gleichung enthält eine Doppelsummation, wodurch beide beide kovarianten Indizes k,l gehoben und in kontravariante Indizes umgewandelt werden. Die Ersetzung erfolgt unter der Annahme der Unveränderlichkeit der Zeitkoordinate, was $g^{00} = 1$ bedeutet. Als Beispiel wird der Zusammenhang zwischen F^{01} und F_{01} ausgewählt:

$$\begin{aligned} F^{01} = \; & g^{00}\, g^{10}\, F_{00} + g^{00}\, g^{11}\, F_{01} + g^{00}\, g^{12}\, F_{02} + g^{00}\, g^{13}\, F_{03} \\ & + g^{01}\, g^{10}\, F_{10} + g^{01}\, g^{11}\, F_{11} + g^{01}\, g^{12}\, F_{12} + g^{01}\, g^{13}\, F_{13} \\ & + g^{02}\, g^{10}\, F_{20} + g^{02}\, g^{11}\, F_{21} + g^{02}\, g^{12}\, F_{22} + g^{02}\, g^{13}\, F_{23} \\ & + g^{03}\, g^{10}\, F_{30} + g^{03}\, g^{11}\, F_{31} + g^{03}\, g^{12}\, F_{32} + g^{03}\, g^{13}\, F_{33} \, . \end{aligned} \tag{20.176}$$

Vorn war aus elektrotechnischen Gründen (zueinander orthogonale Potenzial- und Feldstärkeverläufe) die Forderung nach nur Hauptdiagonalelementen in Gl. (20.105) und (20.106) zu erheben. Dadurch sind alle metrischen Koeffizienten mit verschiedenen Indizes Null und man erhält:

$$F^{01} = g^{00}\, g^{11}\, F_{01} = g^{11}\, F_{01}\ . \tag{20.177}$$

Vollzieht man diesen Vorgang auch für die anderen Koeffizienten F^{01}, F^{02} und F^{03}, dann geht die Gl. (20.174) über in:

$$\begin{aligned} -2\left(\left(g^{11}\,F_{01}\right)_{,1} + \left(g^{22}\,F_{02}\right)_{,2} + \left(g^{33}\,F_{03}\right)_{,3}\right) = \quad & g^{11}\,F_{01}\frac{\partial}{\partial x^1}\ln\left|\frac{1}{g_{11}\,g_{22}\,g_{33}}\right| \\ + \; & g^{22}\,F_{02}\frac{\partial}{\partial x^2}\ln\left|\frac{1}{g_{11}\,g_{22}\,g_{33}}\right| \\ + \; & g^{33}\,F_{03}\frac{\partial}{\partial x^3}\ln\left|\frac{1}{g_{11}\,g_{22}\,g_{33}}\right| \end{aligned} \tag{20.178}$$

oder nach Multiplikation mit -1 und Anwendung der Produktregel auf der linken Seite entsteht:

$$\begin{aligned} & 2\left(g^{11}\,F_{01,1} + g^{11}_{,1}\,F_{01} + g^{22}\,F_{02,2} + g^{22}_{,2}\,F_{02} + g^{33}\,F_{03,3} + g^{33}_{,3}\,F_{01}\right) \\ & = \quad g^{11}\,F_{01}\frac{\partial}{\partial x^1}\ln\left|g^{11}\,g^{22}\,g^{33}\right| \\ & + \quad g^{22}\,F_{02}\frac{\partial}{\partial x^2}\ln\left|g^{11}\,g^{22}\,g^{33}\right| \\ & + \quad g^{33}\,F_{03}\frac{\partial}{\partial x^3}\ln\left|g^{11}\,g^{22}\,g^{33}\right|\ . \end{aligned} \tag{20.179}$$

Die Summanden $g^{\alpha\alpha}_{,\alpha}F_{0\alpha}$ auf der rechten Seite in Gl. (20.179) eingearbeitet ergeben den Ausdruck:

$$\begin{aligned} 2\left(g^{11}\,F_{01,1} + g^{22}\,F_{02,2} + g^{33}\,F_{03,3}\right) = \quad & g^{11}\,F_{01}\frac{\partial}{\partial x^1}\ln\left|\frac{g^{22}\,g^{33}}{g^{11}}\right| \\ + \; & g^{22}\,F_{02}\frac{\partial}{\partial x^2}\ln\left|\frac{g^{11}\,g^{33}}{g^{22}}\right| \\ + \; & g^{33}\,F_{03}\frac{\partial}{\partial x^3}\ln\left|\frac{g^{11}\,g^{22}}{g^{33}}\right| \end{aligned} \tag{20.180}$$

und nach einer Umstellung erhält man die Gleichung:

$$\begin{aligned} 0 = \quad & g^{11} \left(F_{01} \frac{\partial}{\partial x^1} \ln \left| \frac{g^{22}\, g^{33}}{g^{11}} \right| - 2\, F_{01,1} \right) \\ + \, & g^{22} \left(F_{02} \frac{\partial}{\partial x^2} \ln \left| \frac{g^{11}\, g^{33}}{g^{22}} \right| - 2\, F_{02,2} \right) \\ + \, & g^{33} \left(F_{03} \frac{\partial}{\partial x^3} \ln \left| \frac{g^{11}\, g^{22}}{g^{33}} \right| - 2\, F_{03,3} \right) . \end{aligned} \tag{20.181}$$

Der Ersatz der kontravarianten Koordinaten des metrischen Tensors durch seine kovarianten ergibt:

$$\begin{aligned} 0 = \quad & \frac{1}{g_{11}} \left(F_{01} \frac{\partial}{\partial x^1} \ln \left| \frac{g_{11}}{g_{22}\, g_{33}} \right| - 2\, F_{01,1} \right) \\ + \, & \frac{1}{g_{22}} \left(F_{02} \frac{\partial}{\partial x^2} \ln \left| \frac{g_{22}}{g_{11}\, g_{33}} \right| - 2\, F_{02,2} \right) \\ + \, & \frac{1}{g_{33}} \left(F_{03} \frac{\partial}{\partial x^3} \ln \left| \frac{g_{33}}{g_{11}\, g_{22}} \right| - 2\, F_{03,3} \right) . \end{aligned} \tag{20.182}$$

Diese Gleichung ist eine nichtlineare inhomogene partielle Differenzialgleichung 1. Ordnung der drei Funktionen $g_{\alpha\alpha}(x^1, x^2, x^3), \alpha = 1, 2, 3$. Damit wird die mathematische Synthese bis zu einem Stand vorangetrieben, bei dem die Tensorkoordinaten des Feldes und die metrischen Koeffizienten unabhängig von einem ganz bestimmten Koordinatensystem sind. Die $F_{0\alpha}$, deren partielle Ableitung und die metrischen Koeffizienten müssen nun in Abhängigkeit von einer gewünschten Feldverlaufsfunktion so in Zusammenhang gebracht werden, dass sie den Feldverlauf beschreiben und die Gl. (20.182) erfüllen. Eine einfache Auswertung wird möglich, wenn sowohl das Potenzial als auch die Feldstärke nur von einer Koordinate abhängen.

20.4.3 Synthese von Feldern in Abhängigkeit von einer Koordinate

Feldtensor und der metrische Tensor

Das skalare elektrische Potenzial sei nur von einer räumlichen Koordinate eines beliebigen orthogonalen Koordinatensystems abhängig. Dann sind die Flächen, welche die beiden übrigen räumlichen Basisvektoren aufspannen, Äquipotenzialflächen. Die mathematische Synthese kann jetzt weitergeführt werden. Man formt dazu die Gl. (20.182) so um, dass der aufgelegten Bedingung - der Potenzial- bzw. Feldverlauf hängt nur von einer Kordinate ab, genüge getan wird, ohne sich auf ein Koordinatensystem (Basis) festzulegen.

Es sei: $\varphi^* = \varphi^*(x^a)$. Hieraus folgt $\varphi^* \neq \varphi^*(x^0, x^b, x^c)$ mit unbekannten aber konstanten a, b, c und $a \neq b \neq c; a, b, c, \epsilon\{1, 2, 3\}$. Der Feldstärketensor F_{ij} steht mit dem Viererpotenzial A_i nach Gl. (15.119) in Verbindung. Da keine zeitlichen Veränderungen auftreten sollen, ist $g^{00} = 1$ und wegen orthogonaler Koordinaten, d.h. $g^{0\alpha} = 0, \alpha = 1, 2, 3$, folgt:

$$A^0 = g^{00}\,A_0 + g^{01}\,A_1 + g^{02}\,A_2 + g^{03}\,A_3 = A_0 \tag{20.183}$$

Für die Koordinaten des Feldstärketensor erhält man dann in Übereinstimmung mit der oben aufgeführten Bedingung:

$$F_{ij} = \frac{\partial A_j}{\partial x^i} - \frac{\partial A_i}{\partial x^j} = \begin{cases} \dfrac{E_a}{c}\,; & i = 0,\ j = a \\ -\dfrac{E_a}{c}\,; & i = a,\ j = 0 \\ 0\,; & \text{sonst} \end{cases} \cdot \tag{20.184}$$

Die Gleichung (20.182) vereinfacht sich zu:

$$2\,F_{0a,a} = F_{0a}\,\frac{\partial}{\partial x^a}\,\ln\left|\frac{g_{aa}}{g_{bb}\,g_{cc}}\right|, \tag{20.185}$$

woraus nach der Multiplikation mit $\dfrac{\mathrm{d}x^a}{F_{0a}}$ der Ausdruck:

$$2\,\frac{F_{0a,a}}{F_{0a}}\,\mathrm{d}x^a = \frac{\partial}{\partial x^a}\,\ln\left|\frac{g_{uu}}{g_{bb}\,g_{cc}}\right|\,\mathrm{d}x^a\,. \tag{20.186}$$

hervorgeht. Die Integration über x^a liefert:

$$2\ln F_{0a} = \ln\left|\frac{g_{aa}}{g_{bb}\,g_{cc}}\right| + C_a'(x^b, x^c)\,, \tag{20.187}$$

oder unter Beachtung der Logarithmusfunktion und den neu definierten Konstanten umgestellt:

$$(F_{0a})^2 = \frac{g_{aa}}{g_{bb}\,g_{cc}}\,C_a(x^b, x^c)\,. \tag{20.188}$$

Das heißt:

$$(F_{0a})^2 \overset{x^a}{\sim} \frac{g_{aa}}{g_{bb}\,g_{cc}}\,. \tag{20.189}$$

Die metrischen Koeffizienten sind bezügliche den Koordinaten, von der das Potenzial bzw. die elektrische Feldstärke abhängt, durch das Potenzial bzw. die elektrische Feldstärke bestimmt. Der Index a der Koordinate kann durch den Vergleich mit den metrischen Koeffizienten verschiedener Koordinatensysteme ermittelt werden. Dieser Zusammenhang schränkt jedoch die möglichen Koordinatensysteme, in denen die Laplace-Gleichung gilt, ein.

Synthese eines fallenden Potenzialverlaufs

In Fortsetzung der mathematischen Synthese sind über den zutreffenden allgemeinen Zusammenhang zwischen dem Feldtensor und dem elektrodynamischen Potenzial nach Gl. (15.119) die wesentlichen speziellen Koordinaten des Feldstärketensors zu ermitteln. Mit dem Ansatz:

$$\varphi^* = K \frac{1}{x^a} \tag{20.190}$$

erhält man bei diesem Potenzialverlauf nach Gl. (20.184) den Ausdruck

$$F_{0a} = -\frac{\partial A_0}{\partial x^a} = \frac{K}{c\,(x^a)^2}\,. \tag{20.191}$$

Hierbei ist die Unveränderbarkeit des Potenzials in der x^0-Richtung berücksichtigt. Nach Gl. (20.189) gilt dann die Relation:

$$\frac{1}{(x^a)^4} \overset{x^a}{\sim} \frac{g_{aa}}{g_{bb}\,g_{cc}}\,. \tag{20.192}$$

Der Vergleich mit den metrischen Tensoren im Anhang A zum Zwecke der Struktursynthese ergibt wegen der Beziehungen:

$$\frac{g_{11}}{g_{22}\,g_{33}} = \frac{1}{(x^1)^4 \sin^2(x^2)}\,, \qquad \frac{g_{22}}{g_{11}\,g_{33}} = \frac{1}{\sin^2(x^2)}\,, \qquad \frac{g_{33}}{g_{11}\,g_{22}} = \sin^2(x^2)\,, \tag{20.193}$$

dass das Kugelkoordinatensystem und im Besonderen die Koordinate $x^a = x^1 = r$ eine mögliche Realisierung für den gegebenen Potenzialverlauf darstellen.

Die elektrotechnische Anordnung stellt eine Kugel mit dem Radius R dar, deren Oberfläche eine Äquipotenzialfläche ist und die von den Vektoren:

$$\mathrm{d}x^i_{(1)} = (0,0,\mathrm{d}\theta^*,0)^{\mathrm{T}} \mathrm{d}x^j_{(2)} = (0,0,0,\mathrm{d}\phi^*)^{\mathrm{T}} \tag{20.194}$$

aufgespannt werden muss. Äquivalenzuntersuchungen sind nicht erforderlich, weil ein durch den Feldverlauf und Geometrie gegebener Ausdruck vorliegt und ein zweiter nicht gesucht wird.

In Weiterführung der Synthese ist unter der Berücksichtigung von Randbedingungen ein realisierbarer Feldverlauf zu finden. Dann sind die Konstante K zu bestimmen und die physikalischen Koordinaten zu berechnen. Diese Bestimmung von K erfolgt über die Quantitätsgrößen. Das sind hier die elektrische Ladung und der Tensor der Erregung nach Gl. (20.152). Aus den Beziehungen in Gl. (20.156) wird das Integral:

$$Q = -\frac{1}{c} \int\limits_A G^{ij} \mathrm{d}A_{ij} \quad \text{mit} \quad \left\{ \begin{array}{l} i = 0 \wedge j = 1,2,3 \\ j = 0 \wedge i = 1,2,3 \end{array} \right. \tag{20.195}$$

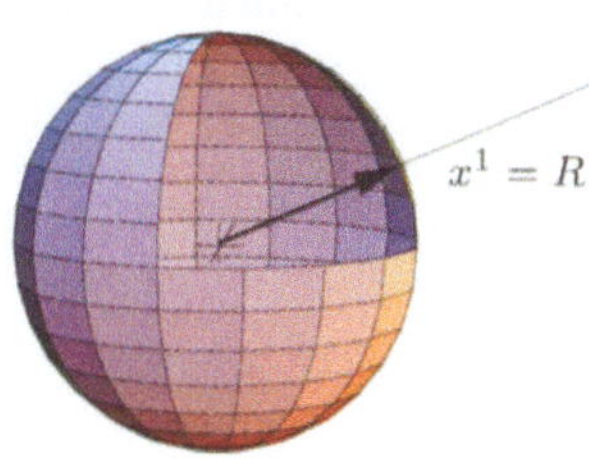

Bild 20.4: Elektrodenform bei fallendem Potenzialverlauf

verwendet, woraus durch Einsetzen von Gl. (20.145) mit Gl. (20.131) hervorgeht:

$$Q = -\frac{1}{c} \int\limits_A \frac{1}{2} \lambda^{ijkl} F_{kl} \sqrt{\det g^{ij}}\, \epsilon_{ijmn} \, \mathrm{d}x^{[m}_{(1)} \, \mathrm{d}x^{n]}_{(2)} \tag{20.196}$$

oder ausgerechnet auf:

$$Q = -\frac{1}{c} \int\limits_A \frac{1}{\mu_0} g^{00} g^{11} F_{01} \sqrt{g^{00} g^{11}} \sqrt{g}\, \mathrm{d}x^2_{(1)} \, \mathrm{d}x^3_{(2)} \; . \tag{20.197}$$

führt. In Kugelkoordinaten sind $g^{00} = -1, g^{11} = 1$. Für F_{01} wird die Gl. (20.191) eingesetzt:

$$Q = -\frac{1}{c} \int\limits_A \frac{1}{\mu_0} \frac{K}{c(x^1)^2} \, \mathrm{j}\, \mathrm{j}\, (x^1)^2 \sin x^2 \, \mathrm{d}x^2 \mathrm{d}x^3 \; . \tag{20.198}$$

Nach der Ausführung der bestimmten Integration:

$$Q = K\,\varepsilon_0 \int\limits_0^{2\pi} \int\limits_0^{\pi} \sin x^2 \mathrm{d}x^2 \, \mathrm{d}x^3 = 4\,\pi\,\varepsilon_0\, K \tag{20.199}$$

ergibt sich für die Konstante K der Ausdruck:

$$K = \frac{Q}{4\,\pi\,\varepsilon_0} \; . \tag{20.200}$$

Zur vierten Syntheseetappe gehören die Realisierung der Randbedingungen und die Berechnung der physikalischen Koordinaten.

Damit liegt im Bild 20.4 mindestens eine elektrotechnische Anordnung für den angestrebten Potenzialverlauf vor. Auf der Kugelfläche ist die Ladung Q mit einer konstanten Flächenladungsdichte, $\sigma = \text{const.}$, wegen $F_{ij} \neq f\left(x^2, x^3\right)$ verteilt. Außerhalb der Kugel für $x^1 \geq R$ ist das Potenzial nach der Integration von Gl. (20.191) mit eingesetztem K aus Gl. (20.200):

$$A_0 = \frac{Q}{4\,\pi\,\varepsilon_0\,c\,x^1} \tag{20.201}$$

oder in physikalischen Koordinaten $r^* = x^1, \varphi^* = cA_0$ ausgedrückt

$$\varphi^* = \frac{Q}{4\,\pi\,\varepsilon_0\,r^*}. \tag{20.202}$$

Mit dieser elektrotechnischen Anordnung kann schließlich die technische Realisierung, bestehend im konkreten Aufbau, erfolgen.

Synthese eines elliptischen Potenzialverlaufs

Gesucht ist ein elektrotechnischer Aufbau, bei dem der Potenzialverlauf durch

$$\varphi^* = K \ln\tan\frac{x^a}{2} \tag{20.203}$$

bzw. wegen der Gültigkeit von Gl. (15.101):

$$A_0 = \frac{K}{c}\ln\tan\frac{x^a}{2} \tag{20.204}$$

mathematisch beschrieben werden kann. Die wesentliche Koordinate des Feldstärketensors geht aus Gl. (15.119) nach dem Einsetzen von A_0 aus Gl. (20.204) und der Differenziation hervor:

$$F_{0a} = -\frac{\partial A_0}{\partial x^a} = -\frac{K}{c\,\sin x^a}\,, \tag{20.205}$$

so dass gemäß Gl. (20.189) gelten muss:

$$\frac{1}{\sin^2 x^a} \sim \frac{g_{aa}}{g_{bb}\,g_{cc}}\,. \tag{20.206}$$

Der Vergleich mit den metrischen Tensoren im Anhang A zieht nach sich, dass sowohl das Kugelkoordinatensystem nach A.4:

$$\frac{g_{11}}{g_{22}\,g_{33}} = \frac{1}{(x^1)^4\sin^2(x^2)}\,, \qquad \frac{g_{22}}{g_{11}\,g_{33}} = \frac{1}{\sin^2(x^2)}\,, \qquad \frac{g_{33}}{g_{11}\,g_{22}} = \sin^2(x^2)\,, \tag{20.207}$$

das gestreckte elliptische Koordinatensystem in A.5:

$$\frac{g_{11}}{g_{22}\,g_{33}} = \frac{g_{22}}{g_{11}\,g_{33}} = \frac{1}{a^2\sinh^2(x^1)\sin^2(x^2)}$$

$$\frac{g_{33}}{g_{11}\,g_{22}} = \frac{\sinh^2(x^1)\sin^2(x^2)}{a^2(\sinh^2(x^1)+\sin^2(x^2))^2}\,, \tag{20.208}$$

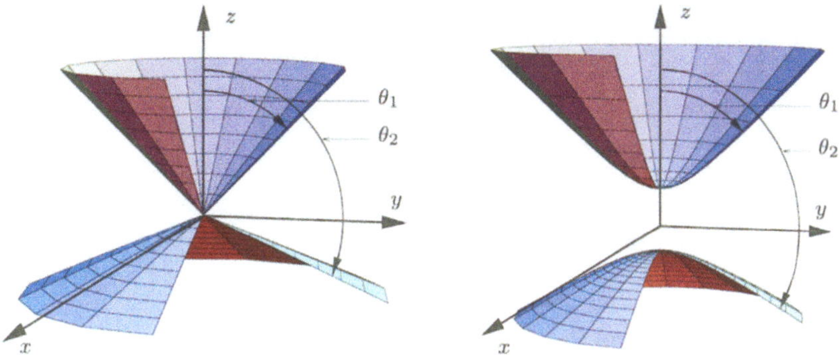

(a) Kegelelektroden

(b) zweischalige konfokale Hyperboloid-elektroden

Bild 20.5: Anordnung der Kegelelektroden und der zweischaligen konfokalen Hyperboloid-elektroden

als auch das abgeplattete elliptische Koordinatensystem gemäß A.6:

$$\frac{g_{11}}{g_{22}\,g_{33}} = \frac{g_{22}}{g_{11}\,g_{33}} = \frac{1}{a^2\cosh^2(x^1)\sin^2(x^2)}$$

$$\frac{g_{33}}{g_{11}\,g_{22}} = \frac{\cosh^2(x^1)\sin^2(x^2)}{a^2(\cosh^2(x^1)-\sin^2(x^2))^2} \tag{20.209}$$

mit der Koordinate $x^a = x^2 = \theta$ stellen mögliche Realisierungen für den oben angegebenen Potenzialverlauf dar. Hier schließen an die mathematische Synthese die ineinander übergehenden Struktursynthese und die Äquivalenzetappe an. Zur Konkurrenz stehen drei Koordinatensysteme mit unterschiedlichen Elektrodenformen.

Im Kugelkoordinatensystem nach Bild 20.5(a) bestehen die Elektroden aus elektrisch leitenden Kegeln mit gemeinsamer Symmetrieachse und unendlich eng benachbarten, sich aber nicht berührenden Spitzen.

Im gestreckten elliptischen Koordinatensystem nach Bild 20.5(b) sind die Elektroden zweischalige, konfokale Hyperboloide.

Im abgeplatteten elliptischen Koordinatensystem im Bild 20.6 sind die Elektroden einschalige konfokale Hyperboloide, die einseitig von der x-y-Ebene begrenzt werden. In der Umgebung dieser Ebene unterscheidet sich der erhaltene Feldverlauf vom geforderten Verlauf. Die einschaligen konfokalen Hyperboloidelektroden eines Halbraumes sind keine Elektrodenform für den gegebenen Feldverlauf. Setzt man die Elektroden spiegelbildlich zur x-y-Ebene ($\theta_1, \theta_4 = \pi - \theta_1$ und $\theta_2, \theta_3 = \pi - \theta_2$) fort, wird der geforderte Feldverlauf erzeugt.

Die im Ansatz nach Gl. (20.203) verwendete Konstante K bestimmt man aus den Potenzialen der Elektroden:

$$\varphi_1^* = K\,\ln\tan\frac{\theta_1^*}{2}\,, \qquad \varphi_2^* = K\,\ln\tan\frac{\theta_2^*}{2} \tag{20.210}$$

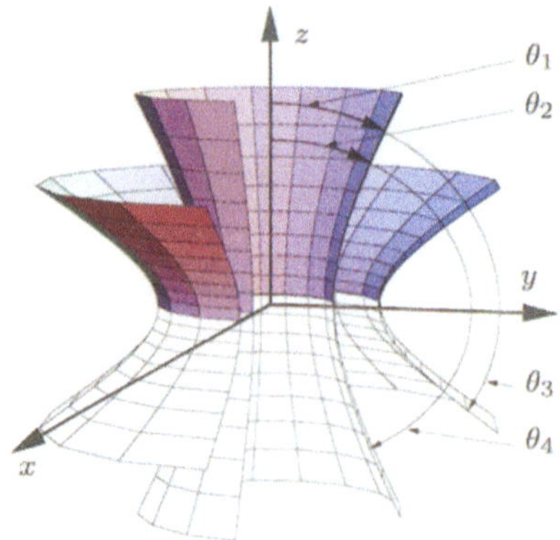

Bild 20.6: Anordnung der einschaligen konfokalen Hyperboloidelektroden

durch einfache Subtraktion der Potenziale φ_1^* und φ_2^*:

$$K = \frac{\varphi_1^* - \varphi_2^*}{\ln \dfrac{\tan \frac{\theta_1^*}{2}}{\tan \frac{\theta_2^*}{2}}} . \tag{20.211}$$

Synthese eines zylindersymmetrische Feldes

Im Folgenden sei eine zylindersymmetrische Elektrodenkonfiguration zur Realisierung des Feldstärkeverlaufs:

$$|\boldsymbol{E}| = K \frac{1}{x^a} . \tag{20.212}$$

Die maßgebende Koordinate des Feldstärketensors hat die Form:

$$F_{0a} = \sqrt{g^{00} g^{aa}} \frac{K}{c\, x^a} . \tag{20.213}$$

Sie folgt in Analogie aus der Beziehung für die physikalische Komponenten (Koordinaten) nach Gleichung (20.189). Weil ein Tensor zweiter Stufe vorliegt ist der Ausdruck unter dem Wurzelzeichen als Produkt $g^{00} g^{aa}$ einzusetzen. Nach Gl. (20.189) muss gelten:

$$\frac{1}{(x^a)^2} \overset{x^a}{\sim} \frac{1}{g_{bb}\, g_{cc}} . \tag{20.214}$$

Durch Vergleich mit den metrischen Tensoren im Anhang A, speziell mit A.1:

$$\frac{1}{g_{22}\, g_{33}} = \frac{1}{g_{11}\, g_{22}} = \frac{1}{(x^1)^2} , \qquad \frac{1}{g_{11}\, g_{33}} = 1 \tag{20.215}$$

lässt sich ableiten, dass das Zylinderkoordinatensystem eine mögliche Beschreibung des Raumes mit $x^a = x^1 = r$ für den gegebenen Feldverlauf darstellt. Die Äquipotenzialflächen sind Zylindermantelflächen, deren Elemente von den Vektoren $\mathrm{d}x^2$ und $\mathrm{d}x^3$ aufgespannt werden. Die Konstante K bestimmt man aus dem Integral in Gl. (20.162) und den Zusammenhang zwischen Ladung, Erregungstensor und Flächentensor:

$$Q = \frac{1}{c} \int_A G^{ij} \mathrm{d}A_{ij} \quad \text{mit} \quad \begin{cases} i = 0 \wedge j = 1,2,3 \\ j = 0 \wedge i = 1,2,3 \,. \end{cases} \tag{20.216}$$

Nach dem Einsetzen der Gl. (20.145) und Gl. (20.131) erhalten wir:

$$\begin{aligned} Q &= -\frac{1}{c} \int_A \frac{1}{2} \lambda^{ijkl} F_{kl} \sqrt{\det g^{ij}}\, \epsilon_{ijmn}\, \mathrm{d}x^m_{(1)}\, \mathrm{d}x^n_{(2)} \\ &= -\frac{1}{c} \int_A \frac{1}{\mu_0} g^{00}\, g^{11}\, F_{01} \sqrt{g^{00}\, g^{11}}\, \sqrt{g}\, \mathrm{d}x^2_{(1)}\, \mathrm{d}x^3_{(2)} \end{aligned} \tag{20.217}$$

und somit:

$$Q = -\frac{1}{c} \int_A \frac{1}{\mu_0} \frac{K}{c\, x^1} \mathrm{j}\, \mathrm{j}\, x^1\, \mathrm{d}x^2 \mathrm{d}x^3 \,. \tag{20.218}$$

Die Integration für eine Zylinderlänge l liefert den Ausdruck:

$$Q = K\, \varepsilon_0 \int_{-\frac{l}{2}}^{\frac{l}{2}} \int_0^{2\pi} \mathrm{d}x^2\, \mathrm{d}x^3 = \lim_{l \to \infty} 2\,\pi\, \varepsilon_0\, K\, l \,, \tag{20.219}$$

woraus die Konstante K zu:

$$K = \frac{Q}{2\,\pi\, \varepsilon_0\, l} \tag{20.220}$$

hervorgeht. Für endlich lange Zylinder gilt $l \gg r$.

Außerhalb des Zylinders ($x^1 \geq R$, Bild 20.7) gilt bei hinreichender Entfernung von seinen Enden und nah am Zylinder für die elektrische Feldstärke die Gleichung:

$$F_{01} = \frac{Q}{2\,\pi\, \varepsilon_0\, l\, c\, x^1} \,. \tag{20.221}$$

Mit den physikalischen Koordinaten $r^* = x^1, E^*_1 = c\sqrt{g^{00} g^{11}}\, F_{01}$ folgt daraus:

$$E^*_1 = \frac{Q}{2\,\pi\, \varepsilon_0\, l\, r^*} \,. \tag{20.222}$$

Zur Beschreibung des Feldes in größerem Abstand vom Zylinder zur Zylinderachse hin eignet sich das gestreckte elliptische Koordinatensystem in A.5 besser.

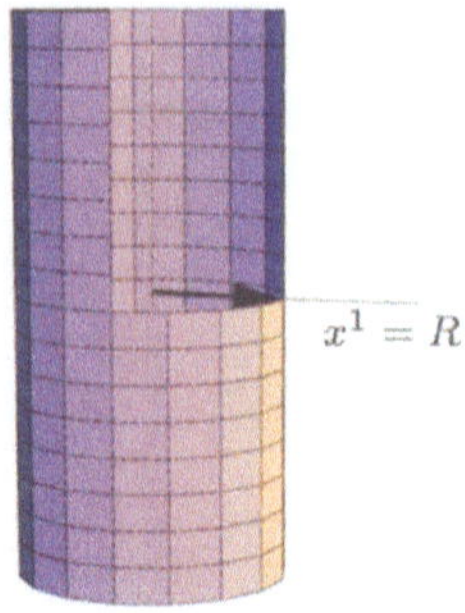

Bild 20.7: Elektrodenform

20.4.4 Abhängigkeit der Feldgrößen von zwei Koordinaten

Feldtensor und Metrik

Das elektrische Potenzial soll nun von zwei räumlichen Koordinaten eines beliebigen orthogonalen Koordinatensystems abhängen. Es sei z. B. $\varphi^* = \varphi^*\left(x^a, x^b\right)$ und $\varphi^* \neq \varphi^*(x^0, x^c)$ mit noch festzulegenden a, b, c für $a \neq b \neq c$; $a, b, c \in [1, 2, 3]$. Der Feldstärketensor ergibt sich gemäß Gl. (15.119) aus dem Viererpotenzial A_i:

$$F_{ij} = \frac{\partial A_j}{\partial x^i} - \frac{\partial A_i}{\partial x^j} = \begin{cases} F_{0a} F_{0b}\,; & i = 0 \\ F_{a0} F_{b0}\,; & j = 0 \\ 0\,; & \text{sonst} \end{cases} . \tag{20.223}$$

Die Gl. (20.182) reduziert sich wegen der Abhängigkeit von nur zwei Koordinaten auf den Ausdruck:

$$\begin{aligned} 0 = \;& \frac{1}{g_{11}} \left(F_{01} \frac{\partial}{\partial x^1} \ln \left| \frac{g_{11}}{g_{22}\, g_{33}} \right| - 2\, F_{01,1} \right) \\ &+ \frac{1}{g_{22}} \left(F_{02} \frac{\partial}{\partial x^2} \ln \left| \frac{g_{22}}{g_{11}\, g_{33}} \right| - 2\, F_{02,2} \right) \end{aligned} \tag{20.224}$$

und lässt sich nicht weiter vereinfachen. Für jeden zu synthetisierenden Feldverlauf ist sie gesondert auszuwerten. Triviale Lösungen sind mit $g_{11}(x^1, x^2) = g_{22}(x^1, x^2)$ und $g_{33} = 1$ durch:

$$F_{01,1}(x^1, x^2) + F_{02,2}(x^1, x^2) = 0 \tag{20.225}$$

gegeben. Solche metrischen Koeffizienten liefern zylindrische Koordinatensysteme, die aus konformen Abbildungen hervorgegangen sind. Die Koordinatensysteme mit winkelabhängigen Koordinaten scheiden jedoch wegen der Periodizität dieser Koordinate aus, wenn das Feld unendlich ausgedehnt ist.

Die Gl. (20.224) wird zur allgemein bekannten Gleichung zweidimensionaler Probleme ohne Raumladungen im betrachteten Gebiet (Laplace-Gleichung):

$$\frac{\partial^2 \varphi^*}{\partial (x^1)^2} + \frac{\partial^2 \varphi^*}{\partial (x^2)^2} = 0 , \tag{20.226}$$

denn in Gl. (20.224) steht die erste Ableitung der Tensorkoordinaten oder eingesetzt die der elektrischen Feldstärkekoordinaten. Die Gradientenbildung (Bildung der Richtungsableitung des skalaren elektrischen Potenzials) führt dann auf die Laplace-Gleichung.

Synthese eines Potenzialverlaufs

Gesucht sei eine Elektrodenanordnung für einen von zwei Koordinaten abhängigen Potenzialverlauf:

$$\varphi^* = K\, x^a\, x^b \tag{20.227}$$

oder:

$$A_0 = \frac{K}{c}\, x^a\, x^b . \tag{20.228}$$

Die zwei Koordinaten des Feldstärketensors sind wegen der Gültigkeit von Gl. (15.119)

$$F_{0a} = -\frac{\partial A_0}{\partial x^a} = \frac{K}{c}\, x^b , \qquad F_{0b} = -\frac{\partial A_0}{\partial x^b} = \frac{K}{c}\, x^a . \tag{20.229}$$

Die Gleichung (20.225) ist identisch erfüllt, was aus dem Einsetzen und Ausführen der Differenziation hervorgeht. Die Gl. (20.224) ist ebenfalls zu erfüllen. Die einfachste Lösung der Gleichung (20.224) ist die für:

$$g_{11} = g_{22} , \qquad g_{33} = 1 . \tag{20.230}$$

Solche metrischen Koeffizienten haben alle zylindrischen Koordinatensysteme, die aus konformen Abbildungen hervorgegangen sind. Das Feld ist im jeweiligen Koordinatensystem unendlich ausgedehnt, deshalb können Koordinatensysteme mit winkelabhängigen Koordinaten nicht in Betracht gezogen werden. Die Koordinaten x^a, x^b seien u, v und x^c sei z im zylindrischen Koordinatensysteme.

Als Beispiele solcher Koordinatensysteme sind das kartesische Koordinatensystem, das hyperbolische Zylinderkoordinatensystem (Anhang A.2) und ein Koordinatensystem mit sich berührenden Zylindern (Anhang A.3) anzuführen.

Im kartesischen Koordinatensystem bestehen die unendlich ausgedehnten Elektroden aus hyperbolisch geformten leitenden Oberflächen, deren Brennpunkte auf einer Ebene ($x = y$-z-Ebene) liegen (Bild 20.8(a)).

Im hyberbolisch-zylindrischen Koordinatensystem erzeugen die im Bild 20.8(b) abgebildeten Elektrodenoberflächen einen Potenzialverlauf von $\varphi^* = K\, u\, v + \varphi_0^*$.

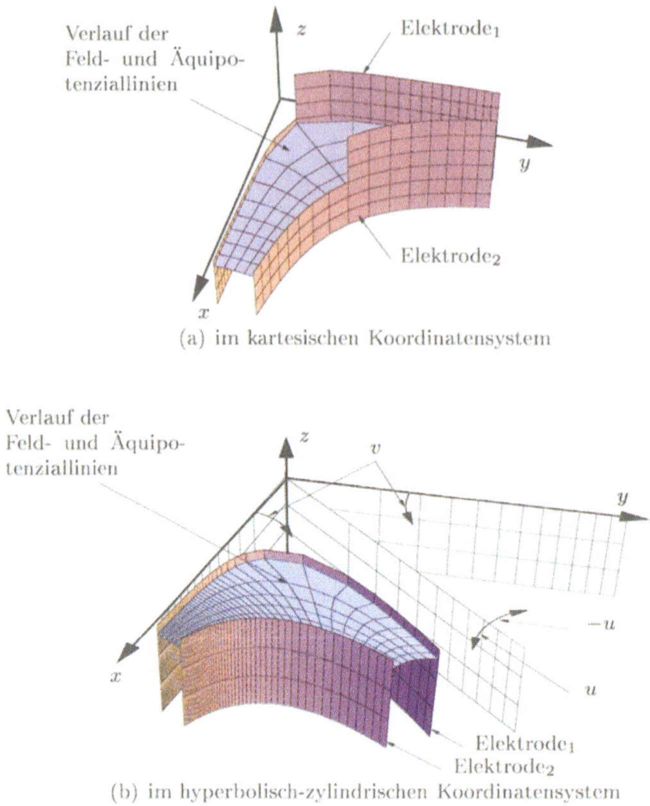

Bild 20.8: Anordnung der hyperbelförmige Elektrodenoberflächen

Im Koordinatensystem, das aus der konformen Abbildung nach $z^\star = \frac{1}{w}$ hervorgeht, entsteht innerhalb dieser Elektrodenanordnung ein Potenzialverlauf $\varphi^* = K\,u\,v + \varphi_0^*$. Die Elektroden sind in jeder Koordinatenrichtung unendlich ausgedehnt. Der unendlich ferne Punkt dieses Koordinatensystem liegt im Ursprung des kartesischen Koordinatensystems (Bild 20.9).

Die Konstante K ist aus den Potenzialen der Elektroden bestimmbar. In Übereinstimmung mit dem Potenzialverlauf nach Gl. (20.227) gilt für die Potenziale auf den Elektroden:

$$\varphi_1^* = K\ (uv)_1 + \varphi_0^*\ , \qquad \varphi_2^* = K\ (uv)_2 + \varphi_0^* \tag{20.231}$$

und somit

$$K = \frac{\varphi_1 - \varphi_2}{(uv)_1 - (uv)_2}\ . \tag{20.232}$$

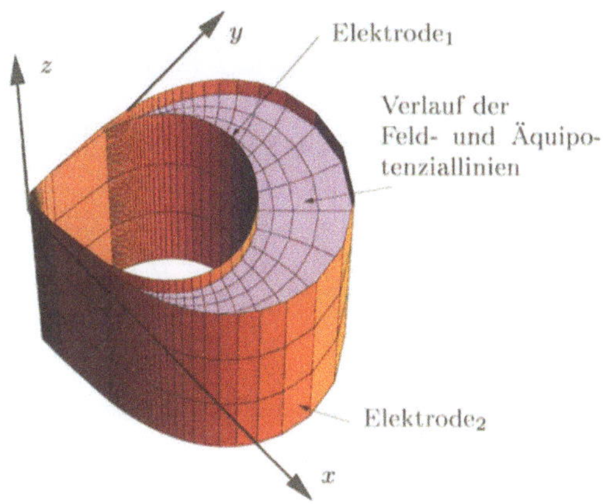

Bild 20.9: Anordnung der Elektrodenflächen

20.4.5 Synthese von Feldern in Abhängigkeit von drei Koordinaten

Hierbei soll das elektrische Potenzial von den drei räumlichen Koordinaten eines beliebigen orthogonalen Koordinatensystems und nicht von der zeitlichen Koordinate abhängen. Es sind $\varphi^* = \varphi^*(x^a, x^b, x^c)$ und $\varphi^* \neq \varphi^*(x^0)$ mit noch zu findenden a, b, c mit $a \neq b \neq c$; $a, b, c \in [1, 2, 3]$. Der Feldstärketensor ergibt sich aus dem Viererpotenzial A_i ohne Bezug auf ein spezielles Koordinatensystem zu:

$$F_{ij} = \frac{\partial A_j}{\partial x^i} - \frac{\partial A_i}{\partial x^j} = \begin{cases} F_{0\alpha}\,; & i = 0 \\ F_{\alpha 0}\,; & j = 0 \\ 0\,; & \text{sonst} \end{cases} . \tag{20.233}$$

Die Gl. (20.182) gilt dann ohne Einschränkungen:

$$\begin{aligned} 0 = \; & \frac{1}{g_{11}} \left(F_{01} \frac{\partial}{\partial x^1} \ln \left| \frac{g_{11}}{g_{22}\, g_{33}} \right| - 2\, F_{01,1} \right) \\ + \; & \frac{1}{g_{22}} \left(F_{02} \frac{\partial}{\partial x^2} \ln \left| \frac{g_{22}}{g_{11}\, g_{33}} \right| - 2\, F_{02,2} \right) \\ + \; & \frac{1}{g_{33}} \left(F_{03} \frac{\partial}{\partial x^3} \ln \left| \frac{g_{33}}{g_{11}\, g_{22}} \right| - 2\, F_{03,3} \right) , \end{aligned} \tag{20.234}$$

kann demzufolge nicht weiter vereinfacht werden und ist für jeden geforderten Feldverlauf gesondert auszuwerten. Die triviale Lösung besteht auch hier durch konstante metrische Koeffizienten $g_{11} = g_{22} = g_{33} = \text{const.}$, die denen im kartesischen Koordinatensystem entsprechen. Die Koordinaten x^1, x^2, x^3 sind x, y, z und die Gl. (20.234) geht über in den Ausdruck:

$$F_{01,1} + F_{02,2} + F_{03,3} = 0 \tag{20.235}$$

und ist wegen der Gradientenbildung vom skalaren Potenzial identisch mit der dreidimensionalen Laplace-Gleichung:

$$\frac{\partial^2 \varphi}{\partial x^2} + \frac{\partial^2 \varphi}{\partial y^2} + \frac{\partial^2 \varphi}{\partial z^2} = 0\,. \tag{20.236}$$

Synthese eines dreidimensionalen Potenzialverlaufs

Gegeben sei ein Potenzialverlauf:

$$\varphi^* = K \frac{1}{\sqrt{(x^a)^2 + (x^b)^2 + (x^c)^2}} \tag{20.237}$$

oder:

$$A_0 = \frac{K}{c} \frac{1}{\sqrt{(x^a)^2 + (x^b)^2 + (x^c)^2}}\,, \tag{20.238}$$

für den eine Elektrodenanordnung synthetisiert werden soll. Die maßgebenden Koordinaten des Feldstärketensors sind:

$$F_{0a} = -\frac{\partial A_0}{\partial x^a} = \frac{K\,x^a}{c\left[(x^a)^2 + (x^b)^2 + (x^c)^2\right]^{\frac{3}{2}}}\,,$$

$$F_{0b} = -\frac{\partial A_0}{\partial x^b} = \frac{K\,x^b}{c\left[(x^a)^2 + (x^b)^2 + (x^c)^2\right]^{\frac{3}{2}}}\,,$$

$$F_{0c} = -\frac{\partial A_0}{\partial x^c} = \frac{K\,x^c}{c\left[(x^a)^2 + (x^b)^2 + (x^c)^2\right]^{\frac{3}{2}}}\,. \tag{20.239}$$

Die Gl. (20.235) ist erfüllt. Die einfachste Lösung ist wieder die triviale mit den metrischen Koeffizienten:

$$g_{11} = g_{22} = g_{33} = C = \text{const.} \tag{20.240}$$

In Fortführung der Struktursynthese folgt, dass konstante und gleiche metrische Koeffizienten nur im kartesischen Koordinatensystem vorliegen. Die Koordinaten x^a, x^b, x^c sind Koordinaten im kartesischen Koordinatensystem x, y und z. Eine elektrisch leitende Kugel mit konstanter Flächenladungsdichte im Ursprung des Koordinatensystems erzeugt den gewünschten Feldverlauf für $r = \sqrt{x^2 + y^2 + z^2} > R_{\text{Kugel}}$.

Zusammenfassung

Dieses Kapitel erbringt den Nachweis, auf welche Art und Weise man mit Hilfe der Tensorrechnung die Aufgabe der Synthese von Feldern lösen kann. Weil von den metrischen Koeffizienten zur Basis im Allgemeinen nicht geschlossen werden kann, bleibt diese Synthesemethode auf eine Reihe orthogonaler Feld- und Elektrodenanordnungen begrenzt.

Kapitel 21

Analyse elektrotechnischer Bauelemente und Abbildung der Bewegung im Riemannschen Raum

In diesem Kapitel wird eines der bekanntesten elektrotechnischen Bauelemente, das Relais, analysiert. Die Vorgänge in einem Relais sind elektromechanischer Natur, weil neben dem üblichen elektrischen Stromkreis zur Ansteuerung eines Relais mit ihm verbundene Massen eine Bewegung erfahren. Die Stellung einiger Einzelteile zueinander wiederum verändert die Bedingungen entstehender Felder. Demzufolge verbindet die vorgestellte Analyse eine Berechnungsmethode für elektrische Netzwerke, die Berücksichtigung mechanischer Bewegungen, eine Feldberechnungsmethode und die Nutzung von *Mathematica* [135] zur Bewältigung der numerischen Rechnungen sowie der Ausführung mathematischer Operationen, beispielsweise Matrizeninversion und Tensoroperationen. Die berechnete verallgemeinerte Bewegung wird im Riemannschen Raum abgebildet.

21.1 Programmpaket `Lagrange‘` und numerische Voraussetzungen

Die Behandlung konkreter technischer Systeme, insbesondere elektromechanischer Systeme oder elektrischer Netzwerke erfordert einen zum Teil erheblichen Rechenaufwand.

Deshalb wird nun ein Mathematica-Paket namens **Lagrange‘** [1] vorgestellt, das die Aufstellung und Lösung der Bewegungsgleichungen automatisiert. Außerdem können weiter führende tensorielle Berechnungen unter Verwendung der gewonnenen Größen innerhalb Mathematica unmittelbar ausgeführt werden.

Der prinzipielle Ablauf der Aufstellung und Lösung der Bewegungsgleichungen mit diesem Paket ist im Bild 21.1 gezeigt. Der Quelltext dazu ist in Anhang C zu finden. Es handelt sich um eine Anregung für den Leser, der eigene Erweiterungen und Verbesserungen nachrüsten kann. Bei der Konzeption wurde der Schwerpunkt auf die allgemeine Verwendbarkeit und Offenheit des Systems gelegt. Das heißt, die Übergabe von Parametern und Bauelementekennwerten kann auf vielfältige Art und Weise erfolgen, je nach den jeweiligen Erfordernissen. Dies bedeutet allerdings für den Nutzer, dass er mit den Grundlagen von Mathematica und dem entsprechenden Betriebssystem vertraut sein muss, um die Möglichkeiten dieses offenen Konzepts ausschöpfen zu können. In der folgenden Beschreibung des Paketes werden deshalb Grundkenntnisse über das Algebraprogramm Mathematicavorausgesetzt. Eine detaillierte Abhandlung über dieses Programm würde den Rahmen dieses Lehrbuches sprengen und ist in [135] nachzulesen. Die Vorgehensweise bei der Anwendung des Paketes **Lagrange‘** besteht prinzipiell aus vier Schritten:

1. Aufstellung einer Liste der Bauelemente und der zugehörigen verallgemeinerten Lagekoordinaten.
2. Aufstellung der L- und D-Funktion mit Hilfe dieser Liste.
3. Aufstellung der erweiterten Euler-Lagrange-Gleichung unter Verwendung der L- und D-Funktion aus Schritt 2 und Bildung der Variationsableitungen.
4. Lösung dieser Gleichung bzw. dieses Gleichungssystems.

Schritt 2 und 3 können auch zu einem Schritt zusammengefasst werden, sie sollen jedoch zunächst aus Gründen der Systematik getrennt behandelt werden. Die Liste der Bauelemente ist immer eine Liste aus Listen, die als erstes Element die Bauelementeart, als zweites Element etwaige Parameter des Bauelementes oder Kennlinienfunktionen und als weitere Elemente die mit diesem Bauelement verknüpften verallgemeinerten Lagekoordinaten enthalten. So wird zum Beispiel ein ohmscher Widerstand von 20 Ω im Zweig 1 durch die Liste:

```
{daempfer,20,q1}
```

[1] Erweiterungspakete für Mathematica repräsentieren sogenannte Kontexte. Sie werden durch einen Apostroph gekennzeichnet.

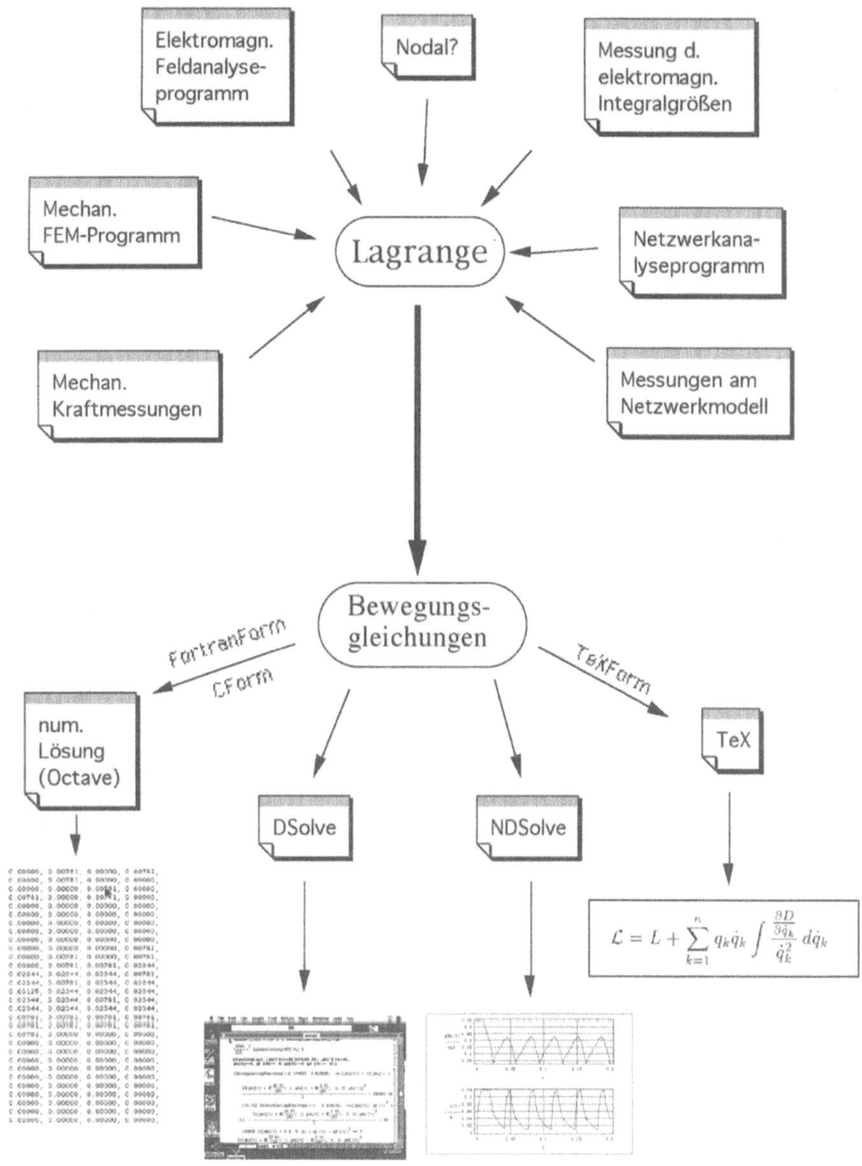

Bild 21.1: Verwendungsmöglichkeiten für Lagrange'

dargestellt. Das Bauelement heißt `daempfer`, weil es sich bei einem ohmschen Widerstand um einen linearen Dämpfer im allgemeinen Sinne handelt. Das zweite Element ist der einzige Parameter, die Dämpfungskonstante. Er könnte auch in allgemeiner Form als Variable stehen bleiben, wenn nur die Bewegungsgleichung in algebraischer Form ausgegeben und nicht gelöst werden soll. Selbst im zweiten Fall könnte der Parameter als Variable zunächst stehen bleiben und erst unmittelbar vor der Lösung der Gleichung einen konkreten Wert zugewiesen bekommen. Abschnitt 21.3 zeigt hierzu einige Anwendungen.Auf diese Weise werden alle Bauelemente des Systems in einer Liste zusammengefasst. Je nach Formulierungsart stellt zum Beispiel ein Kondensator in der Flussformulierung eine allgemeine Masse dar und in der Ladungsformulierung eine Feder. Dies gilt analog für alle Bauelemente. Die Bezeichnungen der Bauelemente, die dem System bereits bekannt sind, orientieren sich an der Mechanik, um die allgemeine Verwendbarkeit zu verdeutlichen. Welche Bauelemente das Paket bereits kennt, möge der Leser dem Quelltext in Anhang C entnehmen. Die `usage`-Meldungen der jeweiligen Bauelemente geben darüber Auskunft,wie die Beschreibungslisten aussehen müssen. Die Liste der Bauelemente für einen einfachen Gleichstromkreis mit einer Spannungsquelle und einem Widerstand hat demnach folgende Gestalt:

```
{{quelle,U,q1},{daempfer,R,q1}}
```

Im zweiten Schritt wird eine Funktion namens `mkld` auf die Liste der Bauelemente angewendet. Sie benutzt eine Funktion `bauel`, die auf jede dieser Unterlisten angewendet wird. Sie ist für die gebräuchlichsten Bauelemente bereits vordefiniert. Ihre Definition kann, wie in Abschnitt 21.3.1 gezeigt, für noch unbekannte $\{L, D\}$-Modelle erweitert werden. Für die Funktion `bauel` ist vereinbart, dass sie eine Liste aus zwei Elementen zurückliefert. Das erste Element ist der L-Term und das zweite der D-Term des Bauelements. Wenn nur Bauelemente verwendet werden, deren$\{L, D\}$-Modell dem System bereits bekannt ist, braucht sich der Nutzer nicht um die Funktion `bauel` zu kümmern. Die Anwendung von `mkld` auf die Liste der Baulemente ergibt nun eine Liste, deren erstes Element die L-Funktion und deren zweites Element die D-Funktion des Gesamtsystems ist. Dieses Ergebnis von `mkld` wird nun von der Funktion `mkeuler`benutzt, um die Bewegungsgleichung(en) aufzustellen. Die Argumente von `mkeuler` sind das Ergebnis von `mkld`, die Gleichungen, die die Zwangsbedingungen ($\boldsymbol{F}(\boldsymbol{x}) = 0$) darstellen, die Liste der abhängigen Lagekoordinaten, die Liste der unabhängigen Lagekoordinaten und die Variable für die Zeit (meist `t`). Die Beziehung $\boldsymbol{x} = \boldsymbol{f}(\widetilde{\boldsymbol{x}})$ wird innerhalb von `mkeuler` automatisch berechnet. Die Eingabe könnte also folgende Form haben:

```
mkeuler[mkld[blist],{a+b==c,a-d==0},{a,b},{c,d},t]
```

Hierbei wurden die Schritte 2 und 3 zusammengefasst, indem `mkld`als Argument erscheint. Die Gleichungen für die Zwangsbedingungen sind in der für Mathematica üblichen Form dargestellt. Bei Netzwerken sind es beispielsweise die unabängigen Knoten- oder Maschengleichungen.Der Rückgabewert von `mkeuler` sind schließlich die Bewegungsgleichungen. Sie können nun in`TeXForm` dargestellt und in Dokumente übernommen werden. Außerdem können sie numerisch (`NDSolve`)oder, wenn möglich, analytisch (`DSolve`) gelöst werden. An dieser Stelle sei angemerkt, dass `mkeuler` die erweiterte Euler-Lagrange-Gleichung für Elemente n-ter Ordnung aufstellt. Es werden zuerst die abhängigen durch die unabhängigen Variablen [2] substituiert, dann werden L- und D-Funktion nach der höchsten Ableitung der Lagekoordinaten nach der Zeit durchsucht. Danach wird die Euler-Lagrange-Gleichung für Elemente höherer Ordnung nach Gl. (9.136):

$$\sum_{l=0}^{n}(-1)^{l+1}\frac{\mathrm{d}^l}{\mathrm{d}t^l}\frac{\partial L}{\partial \overset{(l)}{q}}+\sum_{s=0}^{m}(-1)^s\frac{\mathrm{d}^s}{\mathrm{d}t^s}\frac{\partial D}{\partial \overset{(s+1)}{q}}=0 \tag{21.1}$$

aufgestellt, mit m als höchster Ableitung in der L-Funktion[3] und n als höchster Ableitung in der D-Funktion[4]. Für $m = 1$ und $n = 1$ ergibt sich wie gewohnt die Euler-Lagrange-Gleichung. `Lagrange'` enthält noch eine weitere Funktion `mkfirst`, die nicht unmittelbar für die Realisierung des Lagrange-Formalismus benötigt wird. Da Mathematica aufgrund seiner LISP-artigen Struktur für aufwendige numerische Rechnungen nicht geeignet ist, kann diese Funktion dazu benutzt werden, um aus einem DGLS höherer Ordnung ein nach den $\dot{q}$ aufgelöstes DGLS erster Ordnung zu machen. Dabei werden neue Variablen mit den Namen `hilf1, hilf2, ...` eingeführt. Das von `mkfirst` generierte DGLS könnte nun über MathLink oder spezielle temporäre Dateien an ein Programm übergeben werden, dass eine effizientere Lösung des DGLS gestattet. Eine Möglichkeit wäre das GNU-Programm Octave. Die Funktion `mkfirst` ist im Quelltext beschrieben und wird im Beispiel nicht verwendet, da alle Lösungen der Einfachheit halber mit Mathematica selbst durchgeführt werden.

21.2 Implementation neuer Bauelemente

Unter der Implementation eines neuen Bauelementes soll hier die Definition der Funktion `bauel` für das neue Bauelement verstanden werden. Wichtig ist nur, dass `bauel` auf die Unterliste mit dem neuen Element angewendet wird und dass das Ergebnis dieser Anwendung die Liste aus L-und D-Funktion des Bauelements ist.Bei der Programmierung von `bauel` hat der Nutzer freie Hand. Es stehen alle Möglichkeiten offen, über das Einlesen von Zahlentabellen oder die Definition spezieller Funktionen neue Modelle zu erstellen.Die Zahlentabellen können berechnete oder gemessene Strom-Spannungs-Kennlinien, Kraft-Weg-Kennlinien oder andere Zusammenhänge verkörpern, die z. B. mit elektrischen oder mechanischen FEM-Programmen gewonnen wurden.In einem Beispiel in Abschnitt 21.3.1 wird eine Energie-Winkel-Kennlinie von einem Fremdprogrammberechnet und dann für die Programmierung von `bauel` verwendet. Denkbar wäre auch die Übergabe von Zwangsbedingungen in Form der Topologie des Netzwerkes mit Hilfe des Mathematica-Schaltungsanalysators Nodal an die Funktion `mkeuler` sowie das Aufstellen von $\{L, D\}$-Modellen kompletter Teilschaltungen.

[2] Die L- und D-Funktion nach der Substitution heißen im Quelltext `lzwang` und `dzwang`.
[3] im Quelltext `lord`
[4] im Quelltext `dord`

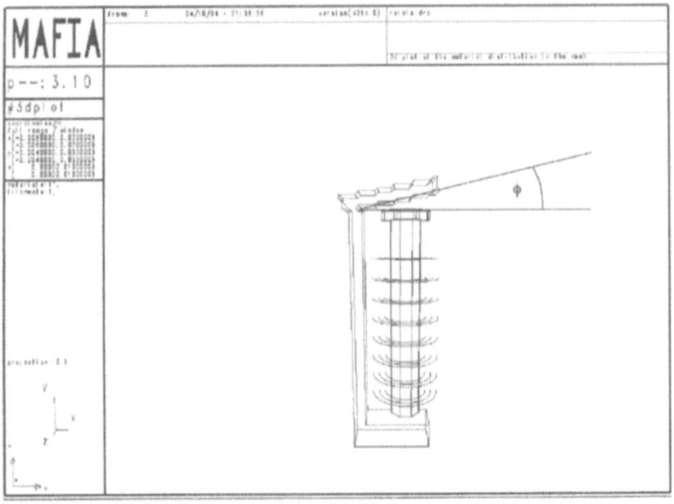

Bild 21.2: Computermodell des Relais bei geöffnetem Anker

21.3 Anwendungen

21.3.1 Aufstellung des $\{L, D\}$-Modells für ein Relais

Zunächst soll ein Relais vom Typ 56[5] in Ladungsformulierung modelliert werden, das später in verschiedenen Beschaltungen untersucht werden soll. Hierbei wird gleichzeitig die Implementation eines neuen Bauelements in `Lagrange'` demonstriert, da das Relais ein neues, dem System unbekanntes Bauelement darstellt. Die Struktur mit ϕ als Öffnungswinkel des Ankers ist in Bild 21.2 gezeigt. Es ist nur eine Hälfte der Relais zu sehen, weil die Schnittebene bei der späteren Feldberechnung eine Symmetrieebene darstellt, an der die Normalkomponente der magnetischen Feldstärke verschwindet und somit die Berechnung einer Hälfte des Relais ausreicht.

Das Relais kann Energie in drei Formen speichern:

- Kinetische Energie des Ankers infolge seiner Masse
- Potentielle Energie des Ankers infolge der Kontaktfederkräfte und der magnetischen Kräfte
- Gespeicherte Energie des Magnetfeldes

[5] Hierbei handelt es sich um ein Rundrelais, wie es z. B. in Fernmeldeanlagen verwendet wird.

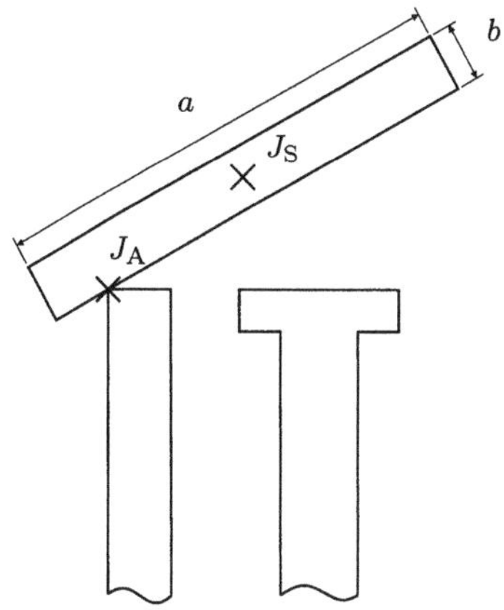

Bild 21.3: Masse bei der Berechnung des Massenträgheitsmoments

Außerdem sollen Reibungskräfte der mechanischen Elemente und Dämpfung durch die Bewegung in Luft berücksichtigt werden. Die kinetische Energie des Ankers ergibt sich aus der Beziehung:

$$W_\mathrm{k} = \frac{J_\mathrm{A}}{2}\dot{\phi}^2 , \tag{21.2}$$

mit J_A als Massenträgheitsmoment des Ankers im Aufhängungspunkt und $\dot{\phi}$ als Winkelgeschwindigkeit. Um J_A zu berechnen, muss zunächst das Massenträgheitsmoment im Schwerpunkt J_S berechnet werden, um dann mit Hilfe des Satzes von Steiner J_A zu erhalten. Der Anker stellt einen Quader dar. Sein Massenträgheitsmoment ergibt sich gemäß Bild 21.3 zu:

$$J_\mathrm{S} = \int r^2\,\mathrm{d}m = \frac{m(a^2+b^2)}{12} \tag{21.3}$$

Mit der Dichte von Eisen von $\varrho = 7860\,\mathrm{kg\,m^{-3}}$ und gemäß Bild 21.3 mit den Parametern $a = 2$ mm, $b = 15$ mm und der Tiefe $c = 10$ mm errechnet sich das Massenträgheitsmoment zu $J_\mathrm{S} = 4,45 \cdot 10^{-8}\ \mathrm{kg\,m^2}$.

Nach dem Satz von Steiner muss nun noch die Rotationsachse vom Schwerpunkt[6] in den Aufhängungspunkt verschoben werden. Es gilt:

$$J_\mathrm{A} = J_\mathrm{S} + ms^2 \tag{21.4}$$

mit s als Weglänge vom Schwerpunkt zum Aufhängungspunkt. Der Anker liegt nach Bild 21.3 einen Millimeter vor der Kante auf dem Joch, woraus $s = 6,58$ mm folgt und $J_\mathrm{A} = 1,466 \cdot 10^{-7}\ \mathrm{kg\,m^2}$ ist.

Nun kann der erste L-Term angegeben werden. Es handelt sich um eine freie Masse in *allgemeiner* Form, weil die Rotationsenergie betrachtet wird. Sie wird in das System integriert, indem man der Liste der Bauelemente das Listenelement `{masse,ja,phi}`

[6] in Bild 21.3 mit J_S gekennzeichnet.

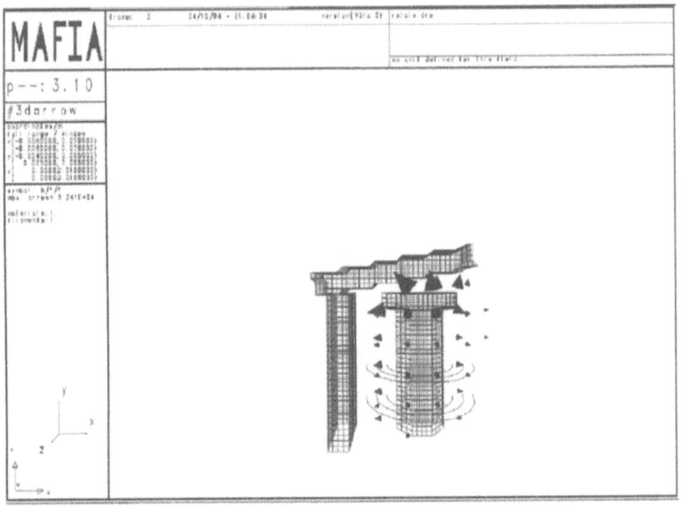

Bild 21.4: Feldstärkeverteilung bei $\phi = 20°$

anfügt. Der Variablen `ja` wird der oben berechnete Wert erst später zugewiesen, damit bei der Aufstellung der Bewegungsgleichungen das Massenträgheitsmoment nochals Variable erkennbar ist. Die potentielle Energie in der Lagekoordinate ϕ wird von den Kontaktfedern und den durch den Relaisstrom hervorgerufenen magnetischen Kräften bestimmt. Zunächst sollen die magnetischen Kräfte über eine Feldmodellierung mit dem elektromagnetischen CAD-Programm MAFIA[7] berechnet werden. Dieses Programm diente ursprünglich zur Berechnung der Schwingungsmoden in Hohlraumresonatoren für Teilchenbeschleuniger, ist aber inzwischen zu einem universellen Werkzeug für das gesamte Gebiet der Elektromagnetik geworden.

Im Weiteren wird die prinzipielle Vorgehensweise beschrieben, ohne detailliert auf die Interna von MAFIA einzugehen, denn die Berechnung der Feldenergie kann ebenso gut mit jedem anderen geeigneten Feldanalyseprogramm erfolgen. Die Wahl fiel in diesem Fall auf MAFIA, weil dieses Programm im universitären Bereich gut verfügbar ist.

Das Feld konzentriert sich im wesentlichen auf den oberen Teil und den Luftspalt zwischen Anker und Kern (Bild 21.4).

Das Drehmoment, welches infolge des Magnetfeldes auf den Anker wirkt, hängt von der Ankerstellung ϕ und vom Strom durch die Relaiswicklung $i = \dot{q}$ ab. Der Energieträger ist in diesem Falle das magnetische Feld. Die Beziehung zwischen dem Drehmoment am Anker M_{m} und der gespeicherten magnetischen Energie W_{m} lautet:

$$M_{\mathrm{m}} = \frac{\partial W_{\mathrm{m}}(\dot{q}, \phi)}{\partial \phi} \ . \qquad (21.5)$$

[7]siehe T. Weiland et al.; DESY ReportM86-07(1986).

Die Berechnung von $W_{\mathrm{m}}(\dot{q}, \phi)$ wird wegen der sehr hohen Rechenzeiten[8] über die Beziehung:

$$W_{\mathrm{m}} = \frac{L_0(\phi)}{2}\Theta^2 \tag{21.6}$$

durchgeführt, das heißt, es wird eine lineare Magnetisierungskennlinie des Eisens angenommen. Hierbei ist L_0 die auf eine Windung normierte Induktivität und Θ die magnetische Durchflutung bzw. MMK. Somit kann die Abhängigkeit von $\Theta = n \cdot \dot{q}$ über die Proportionalität zum Quadrat des Stromes dargestellt werden. Außerdem braucht nur eine eindimensionale Abtastung der möglichen Zustände über $L_0(\phi)$ bei festem Θ zu erfolgen. Bei entsprechender Rechenkapazität kann man natürlich auch die nichtlineare Magnetisierungskennlinie des Eisens berücksichtigen und zweidimensional über ϕ und Θ abtasten. Mit Hilfe eines Shellskripts, der MAFIA mit den den entsprechenden Eingabedaten versorgt und iterativ aufruft, wird nun:

$$W_{\mathrm{m}0}(\phi) = \frac{L_0(\phi)}{2}\Theta_0^2 \tag{21.7}$$

gewonnen. Hierzu wird die für das Rundrelais 56 angegebene Ansprechdurchflutung (Ampèrewindungszahl) mit $\Theta_0 = n \cdot \dot{q}_0 = 115A$ verwendet. Nach Beendigung des Shellskripts liegt nun die magnetische Energie bei Θ_0 in Abhängigkeit von ϕ tabellarisch im File `ergebnis` vor. Die Abtastung erfolgte von 40° bis 0° in 5°-Schritten. Diese Tabelle kann nun mit dem Mathematica-Kommando `ReadList` in Mathematica integriert werden, oder wegen ihrer Kürze über Copy-Paste in ein Notebook integriert werden. In diesem Beispiel wurde der Einfachheit halber die letztere Variante gewählt, man erhält schließlich:

```
w0={{0.698132, 0.000500976}, {0.610865, 0.000504215},
    {0.523599, 0.00050874}, {0.436332, 0.000515986},
    {0.349066, 0.0005262790000000000001}, {0.261799, 0.000542456},
    {0.174533, 0.000570261}, {0.139626, 0.0005868359999999999999},
    {0.10472, 0.000614167}, {0.0872665, 0.000627727},
    {0.0698132, 0.000639131}, {0, 0.000896552}, {-0.1, 0.000896552}}
```

Der Winkel ist im Bogenmaß angegeben. Aufgrund der höheren Auflösung wurde zwischen 10° und 0° eine feinere Abstufung gewählt. Der letzte Wert für $-0,1$ rad wurde per Hand angefügt. Er entspricht exakt dem Wert für 0° und dient nur der Erweiterung des Bereichs der Interpolationsfunktion, die später aus dieser Tabelle gewonnen wird. Das heißt nicht, dass der Anker wegen des negativen Winkels in den Spulenkern hineingedrückt wird. Dies ist nötig, weil die Funktion `NDSolve`, die später die Bewegungsgleichungen löst, ein adaptives Verfahren einsetzt, das bei der Prüfung auf Steifheit der Differenzialgleichung über den eigentlichen Definitionsbereich hinaus abtastet. Wenn die Bewegungsgleichungen von einem Fremdprogramm gelöst werden, ist dies nicht nötig. `w0` ist nunmehr eine Liste aus Listen, deren erstes Element den Winkel im Bogenmaß und deren zweites Element die dazugehörige Energie $W_{\mathrm{m}0}$ enthält. Das

[8] In jedem Schritt ist ein Gleichungssystem ca. 120000. Ordnung zu lösen.

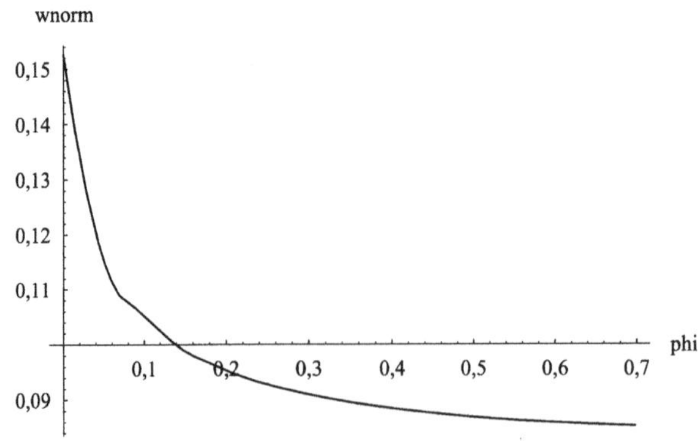

Bild 21.5: auf den Strom normierte gespeicherte magnetische Energie $[\mathrm{J/A^2}]$ des Relais in Abhängigkeit vom Ankerschließwinkel [rad]

Ziel besteht jetzt darin, die magnetische Energie des Relais in Abhängigkeit von einem beliebigen Strom zu berechnen. Dazu wird L_0 aus (21.7) über:

$$L_0^* = 2\frac{W_{\mathrm{m0}}(\phi)}{\Theta_0^2} \tag{21.8}$$

gewonnen. Damit kann die magnetische Energie für beliebige Ströme mit Hilfe der Amperewindungszahl $n \cdot \dot{q}$ über:

$$W_{\mathrm{m}} = \frac{L_0^*}{2} n^2 \dot{q}^2 = \underbrace{\frac{W_{\mathrm{m0}}(\phi)}{\Theta_0^2} n^2}_{w_n} \dot{q}^2 = w_n(\phi)\dot{q}^2 \tag{21.9}$$

berechnet werden. Somit stellt $w_n(\phi)$ die auf das Quadrat des Stromes normierte magnetische Energie in Abhängigkeit vom Strom dar. In Mathematica wird $w_n(\phi)$ durch `wnorm[phi]` dargestellt.Für das Beispiel soll eine Windungszahl von 1500 gelten. Also kann jetzt mit Hilfe der Liste `w0`:

```
wnorm=(1500./115.)^2 Interpolation[w0][#]&
```

geschrieben werden. Damit steht die magnetische Energie in Abhängigkeit vom Strom und von der Ankerstellung für Mathematica zur Verfügung. Das Bild 21.5 zeigt die graphische Darstellung von `wnorm[phi]`.

Nun wird der entsprechende L-Term für den Wandler benötigt, der die Wechselwirkung zwischen ϕ und $\dot{q}$ beschreibt. Dazu ist es erforderlich, die verallgemeinerten Kräfte[9] in

[9]Drehmoment am Anker und Spannung an der Wicklung des Relais

Abhängigkeit vonϕ und $\dot{q}$ aufzuschreiben. Für die elektrische Spannung an der Wicklung erhält man:

$$u = Q_1 = \frac{\mathrm{d}\Psi}{\mathrm{d}t} = \frac{\mathrm{d}}{\mathrm{d}t}\left(\frac{\partial W_\mathrm{m}}{\partial \dot{q}}\right) = \frac{\mathrm{d}}{\mathrm{d}t}(2w_n(\phi)\dot{q}) = \frac{\mathrm{d}}{\mathrm{d}t}f_1(\dot{q},\phi)\ . \tag{21.10}$$

In Abschnitt 21.3.4 wird gezeigt, dass Ψ mit dem kovarianten Impuls identisch ist und seine Ableitung nach der Zeit wie in der Newtonschen Mechanik die Kraft (hier eine Spannung) ergibt.

Für das Drehmoment gilt:

$$M_\mathrm{m} = Q_2 = -\frac{\partial W_\mathrm{m}}{\partial \phi} = -\frac{\partial}{\partial \phi}(w_n(\phi)\dot{q}^2) = -\frac{\partial w_n(\phi)}{\partial \phi}\dot{q}^2 = -f_2(\dot{q},\phi)\ . \tag{21.11}$$

Das negative Vorzeichen ergibt sich, weil das Drehmoment inϕ-Richtung gezählt wird und ein Anzugsmoment deshalb positiv sein muss ($\partial w_n/\partial\phi$ ist negativ). Mit den Gleichungen (21.10) und (21.11) ist erkennbar, dass es sich umeinen Wandler vom Typ Nr. 7 aus Tabelle 9.5 handelt. Im nächsten Schritt sind nun die Integrabilitätsbedingungen zu überprüfen. Nach Tabelle 9.5 muss also:

$$\frac{\partial f_1}{\partial \phi} = \frac{\partial f_2}{\partial \dot{q}} \tag{21.12}$$

sein. Dies ist der Fall, also kann das $\{L,D\}$-Modell nach Tabelle 9.5 aufgestellt werden. Es gilt nach Gleichung (9.54):

$$L = \int \boldsymbol{f}\,\mathrm{d}(\tilde{\dot{q}},\tilde{\phi})^\mathrm{T} = \int f_2\Big|_{\tilde{\dot{q}}=\dot{q}}\mathrm{d}\tilde{\phi} = w_n(\phi)\dot{q}^2\ , \tag{21.13}$$

das heißt, der L-Term ist identisch mit der gespeicherten Energie des magnetischen Feldes.

Das Relais als Wandler vom Typ 7 ist Mathematica noch unbekannt, wie aus dem Quelltext in Anhang C ersichtlich ist. Also muss das $\{L,D\}$-Modell des Wandlers dem System noch implementiert werden. Dazu wird zunächst für den Wandler der Name `relaiswandler` festgelegt. Der Wandler soll später in der Liste der Bauelemente in der Form:

```
{relaiswandler,phi,q}
```

erscheinen. Also muss die Anwendung der Funktion `bauel` auf diese Liste die Liste aus L- und D-Term zurückliefern. Somit ist ihre Definition sehr einfach:

```
bauel[relaiswandler,q1_,q2_]:={wnorm[q1] q2'^2,0}
```

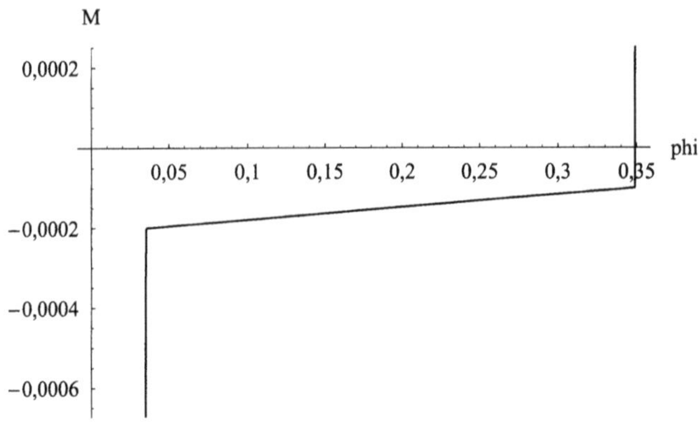

Bild 21.6: am Anker wirkende Federkräfte durch Kontaktfedern und Anschläge

Damit ist der Wandler, der die Wechselwirkung zwischen ϕ und $\dot{q}$ beschreibt, implementiert.

Die Kräfte der Kontaktfedern könnten in ähnlicher Weise mit einem FEM-Programm wie TPC-10 oder LUSAS berechnet werden. Hierbei müssten die Kräfte in Abhängigkeit vom Federweg in Listenform ausgegeben und mit Hilfe des Mathematica-Kommandos `ReadList` eingelesen werden. Der Einfachheit halber sollen diese Federn jedoch als ideal angesehen werden, was angesichts der kurzen Federwege berechtigt ist. Das aus den Federkräften resultierende Drehmoment hängt davon ab, welche Kontaktsätze am Relais Verwendung finden. Für dieses Beispiel soll es um etwa eine Zehnerpotenz niedriger angesetzt werden, als die magnetischen Kräfte. Es wird also eine Momentverteilung über den Winkel wie in Bild 21.6 festgelegt. Hierbei sind die senkrechten Abschnitte der Kennlinie in Wahrheit sehr steile Anstiege, die die beidseitigen Anschläge des Ankers darstellen. Der mittlere Abschnitt rührt von den Kontaktfedern her und ist negativ, weil der Anker vom Kern weggedrückt wird. Die Implementation in Mathematica erfolgt mittels stückweise linearer Interpolation. Die Momentenfunktion soll durch `mm[phi]` dargestellt werden und wird durch:

```
mm=Interpolation[{{N[-10/180 Pi],-1.},{N[2/180 Pi],-2. 10^-4},
                  {N[20/180 Pi],-1. 10^-4},{N[30/180 Pi],1.}},
                  InterpolationOrder->1]
```

implementiert. Man sieht, dass die Anschläge bei 2° und 20° liegen. Durch die Knicke in der Federkennlinie müssen die Federkräfte als *allgemeine* Feder betrachtet werden und auch als solche implementiert werden. Dies geschieht durch Anfügen des Listenelementes:

```
{allgfeder,mm[phi],phi}
```

an die Liste der Bauelemente.

Schließlich sollen noch die Verluste berücksichtigt werden. Esexistieren Reibungsverluste der mechanischen Bauteile untereinander und die Dämpfung des Ankers durch Luftreibung, sowie im ohmschen Widerstand der Relaiswicklung. Die Berechnung der mechanischen Dämpfung hängt wiederum vom gewählten Kontaktfedersatz ab und kann sehr kompliziert werden. Am zweckmäßigsten wäre hier eine Messung am physikalischen Modell und die anschließende Implementation der Messwerte wie bei der Feldberechnung. Deshalb soll hier ein empirisch gefundener Wert verwendet werden, der die Anzugs- und Abfallzeit um etwa 10% gegenüber dem dämpfungsfreien Fall verlängert. Wenn der Anker über die Anschläge hinaus gedrückt wird, soll aufgrund der Anschlagstücke (Molekularreibung) eine etwa zehnmal höhere Dämpfung angesetzt werden. Mit anderen Worten, der Wert der Dämpfungskonstante hängt von der Ankerstellung ϕ ab. Somit ergibt sich ein allgemeiner Dämpfer, der mit:

```
{allgdaempfer,If[phi > N[20/180 Pi] || phi < N[2/180 Pi],
1. 10^-4,1.5 10^-5] phi',phi}
```

implementiert wird. Der ohmsche Widerstand der Relaiswicklung soll $20\,\Omega$ betragen und wird als ein einfacher linearer Dämpfer durch das Listenelement:

```
{daempfer, 20, q}
```

implementiert.

Damit ist die Modellierung des Relais abgeschlossen. Das gesamte Relais wird, nachdem das Bauelement `relaiswandler` dem System durch Definition von `bauel` bekanntgemacht wurde, mit der Liste:

```
{{masse,ja,phi},{allgdaempfer,If[phi > N[20/180 Pi] || phi <
N[2/180Pi], 1. 10^-4,1.5 10^-5] phi',phi},{allgfeder,
mm[phi],phi},{relaiswandler,phi,q},{daempfer,20,q}}
```

implementiert. Nach Anfügen weiterer Bauelemente wie Relaiskontakte, Spannungsquellen oder Schalter kann die Funktion `mkld` auf diese Liste angewendet werden und stellt die Gesamt-L- und -D-Funktion des elektromechanischen Systems auf. Die Funktion `mkeuler` erzeugt dann aus dem Rückgabewert von `mkld` die Bewegungsgleichungen des Systems.

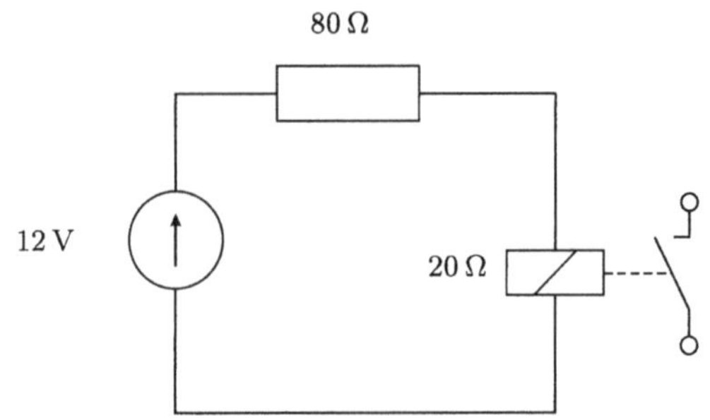

Bild 21.7: Beschaltung des Relais

21.3.2 Modellierung einer Relaisschaltung

Mit dem im vorigen Abschnitt gewonnenen $\{L, D\}$-Modell des Relais ist beispielsweise das Zurückschnippen und Nachschwingen des Ankers vollständig simulierbar. Nun soll noch die elektrische Komponente des Systems hinzugenommen werden. Um die Berechnungen in den folgenden zwei Abschnitten nicht zu kompliziert werden zu lassen, wird das Relais an eine einfache Gleichspannungsquelle mit Vorwiderstand angeschlossen (Bild 21.7).

Nach der Vorgehensweise aus Abschnitt 21.1 muss nun die Gleichspannungsquelle und der Vorwiderstand an die im vorangegangenen Abschnitt aufgestellte Liste der Elemente des Relais angehängt werden. Die vollständige Bauelementeliste lautet also:

```
blist={{masse,ja,phi},{allgdaempfer,If[phi > N[20/180 Pi] || phi <
N[2/180Pi], 1. 10^-4,1.5 10^-5] phi',phi},{allgfeder,mm[phi],phi},
{relaiswandler,phi,q},{daempfer,20,q},{daempfer,80,q},{quelle,12,q}}
```

Sie wurde der Variablen `blist` zugewiesen. Nachdem der Wert für die Funktion `bauel` für das Argument `relaiswandler` dem System bekannt gemacht wurde, kann die L- und D-Funktion nun mit:

```
LDFunkt=mkld[blist]
```

aufgestellt werden, das System antwortet mit:

```
                                              2
                                      ja phi'
{-Integrate[mm[phi], {phi, 0, phi}] + -------- +
                                         2
             2
wnorm[phi] q' ,
                20 Pi                2 Pi     1.   1,5        2
    If[phi > N[-----] || phi < N[-----], ---, ---] phi'
                 180                  180       4    5
                                              10   10
    ----------------------------------------------------------- -
                                   2
                   2
    12 q' + 50. q' }
```

Die Variable `LDFunkt` enthält nun eine Liste aus zwei Elementen, nämlich der *L*- und *D*-Funktion. Wenn man die kryptischen Variablennnamen wie z. B. `wnorm` in `W[n]` umwandelt, kann das Ergebnis über `TeXForm` in technische Dokumente wie dieses übernommen werden und nimmt die Form:

$$\{L, D\} = \left\{ -\int_0^{\phi} M_{\mathrm{m}}(\tilde{\phi})\,\mathrm{d}\tilde{\phi} + \frac{J_{\mathrm{a}}\dot{\phi}^2}{2} + w_n(\phi)\dot{q}^2\,,\ \frac{D_{\mathrm{d}}(\phi)\dot{\phi}^2}{2} - 12\dot{q} + 50\dot{q}^2 \right\} \tag{21.14}$$

an. Hierbei wurde für die winkelabhängige Dämpfung die Definition:

$$D_{\mathrm{d}} = \mathrm{If}(\phi > N\left(\frac{20\pi}{180}\right) \vee \phi < N\left(\frac{2\pi}{180}\right), 10^{-4}, 1,5 \cdot 10^{-5}) \tag{21.15}$$

verwendet. Die Aufstellung der Bewegungsgleichungen erfolgt in einfacher Weise mit `mkeuler`. Weil keine Zwangsbedingungen zwischen den verallgemeinerten Lagekoordinaten ϕ und q existieren, bleiben die Listen für die Zwangsbedingungen und die abhängigen Variablen leer:

```
Bewgln=mkeuler[LDFunkt,{},{},{phi,q},t]
```

Das System hat nun in der Variablen `Bewgln` das Bewegungsgleichungssystem für ϕ und q abgelegt:

```
                                 20 Pi                   2 Pi     1.
{mm[phi[t]] + If[phi[t] > N[-----] || phi[t] < N[-----], ---,
                                  180                    180       4
                                                                 10
    1.5                 2
    ---] phi'[t] - q'[t]  wnorm'[phi[t]] + ja phi''[t] == 0 ,
      5
    10
   -12 + 100. q'[t] + 2 phi'[t] q'[t] wnorm'[phi[t]]  +
  + 2 wnorm[phi[t]] q''[t] = 0}
```

Dieses Gleichungssystem kann jetzt mittels `NDSolve` numerisch gelöst werden. In den Schaltungen der Abschnitte 21.3.5 bis 21.3.8 müssen sie numerisch gelöst werden, weil die Abhängigkeit der magnetischen Energie vom Ankerwinkel nur durch die Interpolationsfunktion `wnorm` dargestellt werden kann.

An dieser Stelle sei auf zwei Bugs in der aktuellen Mathematica Version 2.2 hingewiesen, die auf allen Computersystemen auftreten.

- Wenn die verallgemeinerten Lagekoordinaten in der Form `q[x]` indiziert werden, muss `q` das Attribut `NProtectedAll` erhalten, das nicht im Handbuch dokumentiert ist. Dies ist erforderlich, weil `Solve` das Argument fälschlicherweise in den Typ `Real` verwandelt und $\mathtt{q}[1] \neq \mathtt{q}[1.0]$ ist.
- Alle Interpolationsfunktionen dürfen erst nach dem Aufstellen der Bewegungsgleichungen zugewiesen werden, weil die Funktion `InterpolatingFunction` von der Routine für die totale Differenziation ignoriert wird. Bis zur Aufstellung der Bewegungsgleichungen müssen sie ihre allgemeine Form (z. B. `wnorm[phi]`) behalten.

21.3.3 Koordinatentransformation im Riemannschen Raum

Im vorigen Abschnitt wurden die Bewegungsgleichungen in der Variablen `Bewgln` abgelegt. In der anschaulicheren `TeXForm` nehmen sie folgende Gestalt an:

$$0 = J_{\mathrm{a}}\ddot{\phi} + D_{\mathrm{d}}(\phi)\dot{\phi} + M_{\mathrm{m}}(\phi) - \dot{q}^2 \frac{\partial w_n(\phi)}{\partial \phi} \tag{21.16}$$

$$0 = 2w_n(\phi)\ddot{q} + 2\dot{q}\dot{\phi}\frac{\partial w_n(\phi)}{\partial \phi} + 100\dot{q} - 12 \; . \tag{21.17}$$

Nun soll die Transformation von Koordinaten im Riemannschen Raum und die Forminvarianz gegenüber dem Wechsel des Koordinatensystems am Beispiel dieser Bewegungsgleichungen demonstriert werden. Die Koordinaten sollen so transformiert werden, dass für den Ankerwinkel ein logarithmischer Maßstab entsteht. Die alten Koordinaten sind also:

$$x^1 = \phi \; , \tag{21.18}$$

$$x^2 = q \; . \tag{21.19}$$

Die neuen Koordinaten nach der Transformation sollen demnach:

$$\bar{x}^1 = \ln x^1 \; , \tag{21.20}$$

$$\bar{x}^2 = x^2 \tag{21.21}$$

sein. Dabei müssen die Bewegungsgleichungen ihre Form behalten und nur durch die Transformationskoeffizienten transformiert werden, da das Schaltverhalten des Relais nicht vom gewählten Koordinatensystem abhängen kann. Es ergeben sich nun die Transformationskoeffizienten:

$$\begin{pmatrix} \bar{a}_1^1 & \bar{a}_2^1 \\ \bar{a}_1^2 & \bar{a}_2^2 \end{pmatrix} = \begin{pmatrix} \dfrac{\partial \bar{x}^1}{\partial x^1} & \dfrac{\partial \bar{x}^1}{\partial x^2} \\ \dfrac{\partial \bar{x}^2}{\partial x^1} & \dfrac{\partial \bar{x}^2}{\partial x^2} \end{pmatrix} = \begin{pmatrix} \dfrac{1}{x^1} & 0 \\ 0 & 1 \end{pmatrix} . \tag{21.22}$$

Da die Gleichungen kovariante Koordinaten verknüpfen, müssen zu deren Transformation die $\underline{a}_\beta^\alpha$ gebildet werden. Dies geschieht durch einfache Matrixinversion:

$$\begin{pmatrix} \underline{a}_1^1 & \underline{a}_2^1 \\ \underline{a}_1^2 & \underline{a}_2^2 \end{pmatrix} = \begin{pmatrix} \bar{a}_1^1 & \bar{a}_2^1 \\ \bar{a}_1^2 & \bar{a}_2^2 \end{pmatrix}^{-1} = \begin{pmatrix} x^1 & 0 \\ 0 & 1 \end{pmatrix} . \tag{21.23}$$

Die Lagrange- und Dissipationsfunktion lauten gemäß (21.14):

$$L = \frac{J_\mathrm{a}}{2}\dot{x^1}^2 - \int M_\mathrm{m}(x^1)\,\mathrm{d}x^1 + w_n(x^1)\dot{x^2}^2 , \tag{21.24}$$

$$D = \frac{D_\mathrm{d}(x^1)}{2}\dot{x^1}^2 + 50\dot{x^2}^2 - 12\dot{x}^2 . \tag{21.25}$$

Sie sind nun in $\bar{L}$ und $\bar{D}$ umzuwandeln, indem die x^α durch $\bar{x}^\alpha$ ersetzt werden. Dazu muss nur (21.20) zu:

$$x^1 = e^{\bar{x}^1} \tag{21.26}$$

invertiert werden. Die transformierten Funktionen lauten nun:

$$\bar{L} = \frac{J_a}{2}\dot{\bar{x}}^{1^2} e^{2\bar{x}^1} - \int M_\mathrm{m}(e^{\bar{x}^1})\,\mathrm{d}e^{\bar{x}^1} + w_n(e^{\bar{x}^1})\dot{\bar{x}}^{2^2} , \tag{21.27}$$

$$\bar{D} = \frac{D_\mathrm{d}(e^{\bar{x}^1})}{2}\dot{\bar{x}}^{1^2} e^{2\bar{x}^1} + 50\dot{\bar{x}}^{2^2} - 12\dot{\bar{x}}^2 . \tag{21.28}$$

Wegen $\underline{a}_2^2 = 1$ und $\underline{a}_2^1 = 0$ bleibt die zweite Bewegungsgleichung in x^2 bzw. $\bar{x}^2$ unverändert. Es gilt:

$$\frac{\mathrm{d}}{\mathrm{d}t}(\bar{L}_{,\dot{\bar{x}}^2}) - \bar{L}_{,\bar{x}^2} + \bar{D}_{,\dot{\bar{x}}^2} = \frac{\mathrm{d}}{\mathrm{d}t}(L_{,\dot{x}^2}) - L_{,x^2} + D_{,\dot{x}^2} . \tag{21.29}$$

Wegen $\underline{a}_1^1 = x^1$ und $\underline{a}_1^2 = 0$ muss auch:

$$\frac{\mathrm{d}}{\mathrm{d}t}(\bar{L}_{,\dot{\bar{x}}^1}) - \bar{L}_{,\bar{x}^1} + \bar{D}_{,\dot{\bar{x}}^1} = x^1\left[\frac{\mathrm{d}}{\mathrm{d}t}(L_{,\dot{x}^1}) - L_{,x^1} + D_{,\dot{x}^1}\right] \tag{21.30}$$

gelten. Dies kann überprüft werden, indem man für $\bar{L}$ die erweiterte Euler-Lagrange-Gleichung aufstellt und dann mittels(21.20) rücksubstituiert. Das führt auf das Ergebnis:

$$
\begin{aligned}
\frac{\mathrm{d}}{\mathrm{d}t}(\bar{L}_{,\dot{\bar{x}}^1}) - \bar{L}_{,\bar{x}^1} + \bar{D}_{,\dot{\bar{x}}^1} &= J_\mathrm{a}\frac{\mathrm{d}}{\mathrm{d}t}\left(\dot{\bar{x}}^1 e^{2\bar{x}^1}\right) - J_\mathrm{a}\dot{\bar{x}}^{1^2} e^{2\bar{x}^1} + e^{\bar{x}^1} M_\mathrm{m}(e^{\bar{x}^1}) \\
&\quad - e^{\bar{x}^1}\frac{\partial w_n(e^{\bar{x}^1})}{\partial e^{\bar{x}^1}}\dot{\bar{x}}^{2^2} + D_\mathrm{d}(e^{\bar{x}^1})\dot{\bar{x}}^1 e^{2\bar{x}^1} && (21.31) \\
&= J_\mathrm{a}\frac{\mathrm{d}}{\mathrm{d}t}\left(\frac{1}{x^1}\dot{x}^1 x^{1^2}\right) - J_\mathrm{a}\left(\frac{1}{x^1}\dot{x}^1\right)^2 x^{1^2} + x^1 M_\mathrm{m}(x^1) \\
&\quad - x^1\frac{\partial w_n(x^1)}{\partial x^1}\dot{x}^{2^2} + D_\mathrm{d}(x^1)\frac{1}{x^1}\dot{x}^1 x^{1^2} && (21.32) \\
&= J_\mathrm{a}x^1\ddot{x}^1 + J_\mathrm{a}\dot{x}^{1^2} - J_\mathrm{a}\dot{x}^{1^2} + x^1 M_\mathrm{m}(x^1) \\
&\quad - x^1\frac{\partial w_n(x^1)}{\partial x^1}\dot{x}^{2^2} + D_\mathrm{d}(x^1)x^1\dot{x}^1 && (21.33) \\
&= x^1\Bigg[J_\mathrm{a}\ddot{x}^1 + M_\mathrm{m}(x^1) - \frac{\partial w_n(x^1)}{\partial x^1}\dot{x}^{2^2} + \\
&\qquad + D_\mathrm{d}(x^1)\dot{x}^1\Bigg] && (21.34) \\
&= x^1\left[\frac{\mathrm{d}}{\mathrm{d}t}(L_{,\dot{x}^1}) - L_{,x^1} + D_{,\dot{x}^1}\right]. && (21.35)
\end{aligned}
$$

Wie erwartet stellt (21.34) die um $x^1 = \phi$ erweiterte Gleichung (21.16) dar. Damit ist für diese spezielle Transformation gezeigt worden, dass die erweiterte Euler-Lagrange-Gleichung der Relaisschaltung im Riemannschen Raum forminvariant gegenüber dem verwendeten Koordinatensystem ist.

21.3.4 Ermittlung der Metrik und der kovarianten Impulse

Um tensorielle Berechnungen im Riemannschen Raum durchführen zu können und um Indizes herauf- oder herunterzuziehen, ist es zunächst erforderlich, die Metrik des Raumes zu bestimmen. Dazu werden die metrischen Koeffizienten gemäß Gleichung 14.206 gewonnen. Sie werden auch beim Übergang vom Lagrange- zum Hamilton-Formalismus gebraucht, um die verallgemeinerten Geschwindigkeiten in die kovarianten Impulse mittels Gleichung (14.242) umzurechnen. Die Impulse können dann unmittelbar verwendet werden, um über ihre Ableitung nach der Zeitanalogie der Newtonschen Mechanik die jeweiligen Beschleunigungskräfte zu erhalten.

Zunächst wird die komplette Mathematica-Sitzung wiedergegeben, mit der die kovarianten Imulse und die metrischen Koeffizienten von Schaltung 21.7 gewonnen werden:

```
In[1]:=<<Lagrange`
In[2]:=bauel[relaiswandler,q1_,q2_]:={wnorm[q1] q2'^2,0}
In[3]:=blist={{masse,ja,phi},{allgdaempfer,If[phi > N[20/180 Pi] ||
phi < N[2/180 Pi],1. 10^-4,1.5 10^-5]phi',phi},{allgfeder,mm[phi],phi},
{relaiswandler,phi,q},{daempfer,100.,q},{quelle,12 ,q}}
```

```
Out[3]={{masse, ja, phi}, {allgdaempfer,
                 20 Pi              2 Pi     1.    1.5
    If[phi > N[-----] || phi < N[----], ---, ---] phi', phi}\
                 180                180      4     5
                                           10    10
    , {allgfeder, mm[phi], phi}, {relaiswandler, phi, q},
   {daempfer, 100., q}, {quelle, 12, q}}
In[4]:=Lfunkt=mkld[blist][[1]]
Out[4]:=
                                                 2
                                           ja phi'
-Integrate[mm[phi], {phi, 0, phi}] + -------- +
                                              2
                 2
  wnorm[phi]
q'In[5]:=p1=D[Lfunkt,phi']
Out[5]=ja phi'
In[6]:=p2=D[Lfunkt,q']
Out[6]=2 wnorm[phi] q'
In[7]:=D[p1/. phi'->phi'[t],t]
Out[7]=ja phi''[t]In[8]:=D[p2/. {q'->q'[t],phi->phi[t]},t]
Out[8]=2 phi'[t] q'[t] wnorm'[phi[t]] + 2 wnorm[phi[t]] q''[t]
In[9]:=g11=2 Coefficient[Lfunkt,phi'^2]
Out[9]=ja
In[10]:=g22=2 Coefficient[Lfunkt,q'^2]
Out[10]=2 wnorm[phi]
In[11]:=g12=2 Coefficient[Lfunkt,q'phi']
Out[11]=
0
```

Sie beginnt wie auch die folgenden Beispielschaltungen mit dem Einlesen des Paketes `Lagrange``. Danach wird dem System das$\{L, D\}$-Modell des Relaiswandlers implementiert. In der dritten Eingabe wird die Liste aller Bauelemente der Variablen `bauel` zugewiesen. Dabei wurden der Innenwiderstand der Spannungsquelle und der Wicklungswiderstand des Relais zusammengefasst. Die vierte Eingabeweist der Variablen `Lfunkt` die Lagrange-Funktion des Systems zu. Es ist zu beachten, dass mit `mkld[blist][[1]]` nur das erste Element der Liste aus L- und D-Funktion Verwendung findet, da die Dissipationsfunktion hierbei uninteressant ist.

Die Ableitungen der Lagrange-Funktion nach `phi'` und `q'` in den Eingaben 5 und 6 ergeben die kovarianten Imulse, die mit dem Drehimpuls des Ankers und dem verketteten Fluss der Relaiswicklung identisch sind. Ihre Ableitungen nach der Zeit in den Eingaben 7 und 8 sind erwartungsgemäß das Beschleunigungsmoment des Ankers und die durch Selbstinduktion und Ankerbewegung entstehende Induktionsspannung an der Relaiswicklung.

Die Eingaben 9 bis 11 führen den Koeffizientenvergleich gemäß Abschnitt 14.10.5 durch. Der Faktor 2 vor der Funktion `Coefficient` resultiert aus der Vereinbarung (14.204). Man erhält:

$$\begin{pmatrix} g_{11} & g_{12} \\ g_{21} & g_{22} \end{pmatrix} = \begin{pmatrix} J_\mathrm{a} & 0 \\ 0 & 2w_n(\phi) \end{pmatrix} . \tag{21.36}$$

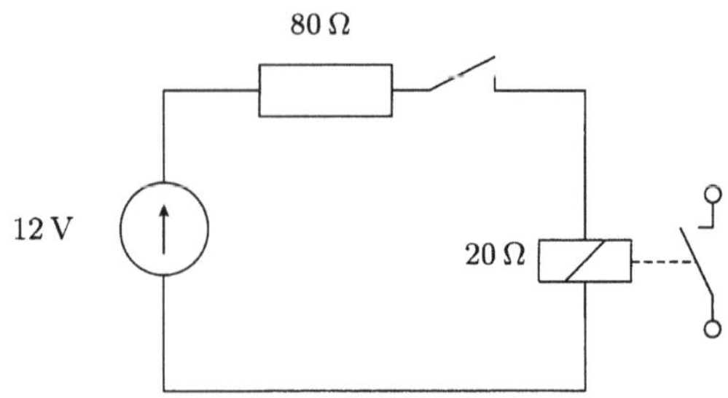

Bild 21.8: Schaltung zur Untersuchung des Schaltverhaltens und der Ankerrückwirkung

Die Koeffizienten g_{12} und g_{21} müssen wegen der Symmetrie des Skalarproduktes gleich sein. Wegen $g_{12} = g_{21} = 0$ handelt es sich um ein orthogonales Bezugssystem und wegen $g_{22} = f(\phi)$ um ein ortsabhängiges Bezugssystem. Durch Inversion der Matrix der kovarianten metrischen Koeffizienten erhält man die kontravarianten metrischen Koeffizienten:

$$\begin{pmatrix} g_{11} & g_{12} \\ g_{21} & g_{22} \end{pmatrix}^{-1} = \begin{pmatrix} g^{11} & g^{12} \\ g^{21} & g^{22} \end{pmatrix} = \begin{pmatrix} \frac{1}{J_\mathrm{a}} & 0 \\ 0 & \frac{1}{2w_n(\phi)} \end{pmatrix} . \tag{21.37}$$

Die $g^{\alpha\beta}$ können nun mit Hilfe der Gleichung 14.242 dazu verwendet werden, um beim Übergang zum Hamilton-Formalismus die Geschwindigkeiten durch die Impulse darzustellen. Wenn man $m_0 = 1$ festlegt, ergibt Gleichung (14.242) für diesen konkreten Fall:

$$\begin{pmatrix} \dot{x}^1 \\ \dot{x}^2 \end{pmatrix} = \begin{pmatrix} g^{11} & g^{12} \\ g^{21} & g^{22} \end{pmatrix} \cdot \begin{pmatrix} p_1 \\ p_2 \end{pmatrix} = \begin{pmatrix} \frac{1}{J_\mathrm{a}} & 0 \\ 0 & \frac{1}{2w_n(\phi)} \end{pmatrix} \cdot \begin{pmatrix} J_\mathrm{a}\dot{\phi} \\ 2w_n(\phi)\dot{q} \end{pmatrix} = \begin{pmatrix} \dot{\phi} \\ \dot{q} \end{pmatrix} . \tag{21.38}$$

Unter Verwendung dieser metrischen Koeffizienten können nun kontravariante in kovariante Größen und umgekehrt umgewandelt werden. Diese Größen könnten jetzt innerhalb Mathematica in Tensorpakete wie *Ricci* oder *MathTensor* übernommen werden, um beliebige tensorielle Berechnungen durchzuführen.

21.3.5 Ankerrückwirkung und Kontaktprellen

Im Folgenden wird nun eine konkrete Schaltung simuliert, bei der das Zusammenspiel zwischen mechanischen und elektrischen Größen möglichst originalgetreu nachgebildet werden soll. Es wird untersucht, inwieweit die Ankerbewegung auf den Relaisstrom zurückwirkt und wie stark der Anker beim Anzug und beim Abfallen nachfedert.

Um einen Schaltvorgang zu simulieren, wird zusätzlich zu den Bauelementen im Bild 21.7 noch ein Schalter benötigt, der das Relais einmal ein- und ausschaltet (siehe Bild

21.8). Dieser Schalter wird am zweckmäßigsten durch einen Widerstand modelliert, der im ausgeschalteten Zustand sehr hoch ist und im eingeschalteten Zustand Null. Dazu wird zuerst eine Impulsfunktion definiert, die in Abhängigkeit von der Zeit 1 oder 0 ergibt:

```
Impuls[t_,y_,z_]:=If[t>y && t<z,1,0]
```

Hierbei sind die Ein- und Ausschaltzeit über die Parameter y und z frei wählbar. Wenn man für den Ausschaltwiderstand den Wert 200 000 Ω ansetzt und $t_{\text{ein}} = 0{,}03\,\text{s}$ sowie $t_{\text{aus}} = 0{,}1\,\text{s}$ setzt, so erhält man für den Schalter mit:

```
Rschalt = 200000 (1-Impuls[t,0.03,0.1])
```

den Widerstandswert:

$$R_{\text{schalt}} = \begin{cases} 0 & \text{wenn: } 0{,}03<\text{t}<0{,}1 \\ 200000 & \text{sonst} \end{cases} . \tag{21.39}$$

Die Eingabe der Gesamtschaltung ist damit sehr einfach. Die Liste der Bauelemente `blist` aus Abschnitt 21.3.2 wird nur um diesen Schalter erweitert, also:

```
AppendTo[blist,{daempfer,Rschalt,q}]
```

Damit ist die Bauelementeliste komplett. Weil die Topologie des Netzwerkes durch den Schalter nicht verändert wurde, ergeben sich auch keine neuen Zwangsbedingungen und man kann die Bewegungsgleichungen wie gewohnt mit:

```
Bewgln = mkeuler[mkld[blist],{},{},{phi,q},t]
```

aufstellen. Mathematica gibt daraufhin die Bewegungsgleichungen zurück:

```
                                   20 Pi                  2 Pi   1.
{mm[phi[t]] + If[phi[t] > N[-----] || phi[t] < N[----], ---,
                                    180                   180     4
                                                                 10
      1.5                  2
      ---] phi'[t] - q'[t]  wnorm'[phi[t]] + ja phi''[t] == 0\
        5
      10
   , -12 + 100. q'[t] + 200000
     (1 - If[t > 0,03 && t < 0,1, 1, 0]) q'[t] +
    2 phi'[t] q'[t] wnorm'[phi[t]] + 2 wnorm[phi[t]] q''[t] =\
    = 0}
```

Die Werte für `ja`, `mm` und `wnorm` dürfen wegen der in Abschnitt 21.3.2 erwähnten Bugs in Mathematica erst jetzt gemäß Abschnitt 21.3.1 zugewiesen werden. Nun können die in der Variablen `Bewgln` gespeicherten Bewegungsgleichungen gelöst werden. Dies ist nur numerisch möglich und deshalb kommt nun die Funktion `NDSolve` zum Einsatz. Sie benötigt natürlich Anfangsbedingungen, die wiederum an die Liste der Bewegungsgleichungen angehängt werden:

```
AppendTo[Bewgln,{phi[0]==0.349083, phi'[0]==0, q[0]==0, q'[0]==0}]
```

Hierbei repräsentiert $\phi(0) = 0{,}349\,083$ den Wert für den Anschlag des Ankers im Bogenmaß im stromlosen Zustand. Die Lösung erfolgt nun mit der Kommandozeile:

```
Ergebnis = NDSolve[Bewgln,{phi,q},{t,0,0.2},MaxSteps->4000,
                  PrecisionGoa$L$->4];
```

Jetzt enthält die Variable `Ergebnis` eine Liste von Regeln, die die Variablen `phi` und `q` durch die entsprechenden `InterpolatingFunction`-Objekte substituiert. Man erhält somit den Strom durch die Ableitung von `q` nach der Zeit mit:

```
i = q' /. Ergebnis;phi = phi /. Ergebnis;
```

Nunmehr liegen Strom und Winkel in Abhängigkeit von der Zeit vor und können weiter verarbeitet werden. Bild 21.9 zeigt die graphische Darstellung dieser Größen.

Man erkennt, wie der Strom zunächst nach einer e-Funktion mit niedriger Zeitkonstante ansteigt und sich auf den Wert $i = 0{,}12\,\mathrm{A}$ einstellt. Gleichzeitig wird der Anker beschleunigt und zeigt erst kurz vor dem Anschlag eine merkliche Rückwirkung auf den Relaisstrom. Die Anzugszeit beträgt etwa 20 ms und stimmt damit gut mit dem in Datenblättern angegebenen Werten überein. Das Nachschwingen des Ankers von etwa 10 ms muss nicht mit dem Kontaktprellen identisch sein, da die Kontaktfedern meist in der Mitte des Ankerweges schalten.

Nach dem Abschalten des Stromes fällt der Anker mit nahezu konstanter Winkelgeschwindigkeit ab. Dies liegt in der Linearität der rücktreibenden Federkraft und der mechanischen Dämpfung begründet. Die Abfallzeit liegt bei etwa 30 ms, sie ist in Datenblättern mit 8...250 ms angegeben. Die hohen Werte für die Abfallzeit werden in der Fernmeldetechnik meist durch Kurzschlusswicklungen erzielt. Das Nachfedern beim Abfallen geschieht mit einer größeren Periodendauer als beim Anzug, weil die die Periodendauer bestimmende Federkraft viel geringer ist als die Magnetkraft beim Anzug.

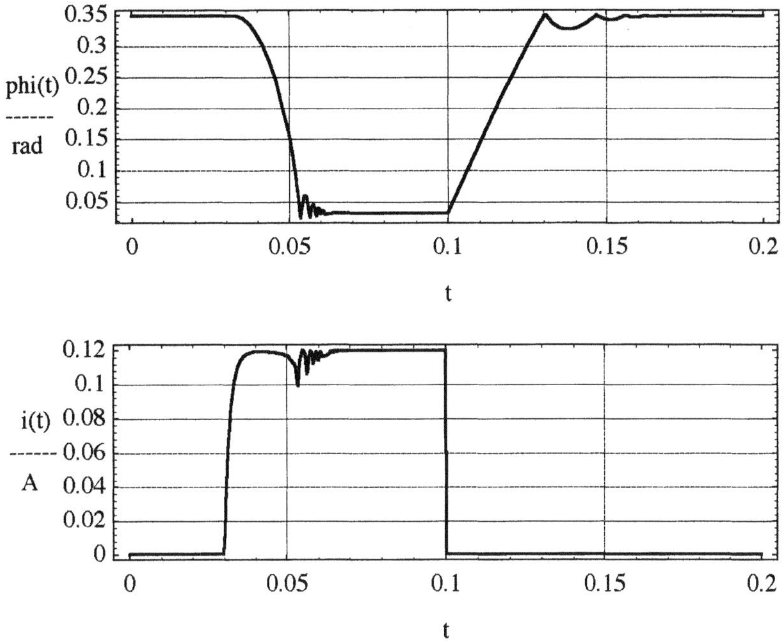

Bild 21.9: Stromverlauf und Winkelstellung des Ankers während eines Schaltvorgangs

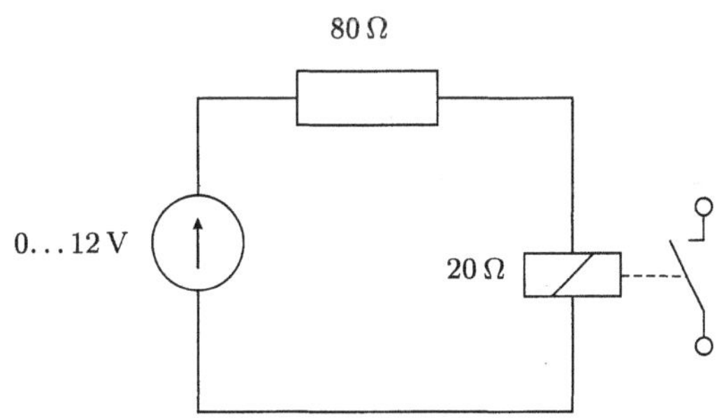

Bild 21.10: Schaltung zur Ermittlung des Anzugs- und Abfallstromes

21.3.6 Ermittlung des Anzugs- und Abfallstromes

Zur Ermittlung des Anzugs- und Abfallstromes wird der Schalter aus dem vorigen Abschnitt nicht benötigt. Dafür soll der Relaisstrom wie bei einer realen Messung bei laufender Simulation allmählich erhöht werden, bis der Anker anzieht. Dies geschieht der Einfachheit halber mit einer zeitabhängigen Spannungsquelle, die eine Rampenfunktion realisiert. Das Bild 21.10 zeigt die zugehörige Schaltung.

Der Schalter wird also wieder aus der Liste der Bauelemente eliminiert und dafür die Spannungsquelle neu definiert. Dies kann in einfacher Weise geschehen, indem man

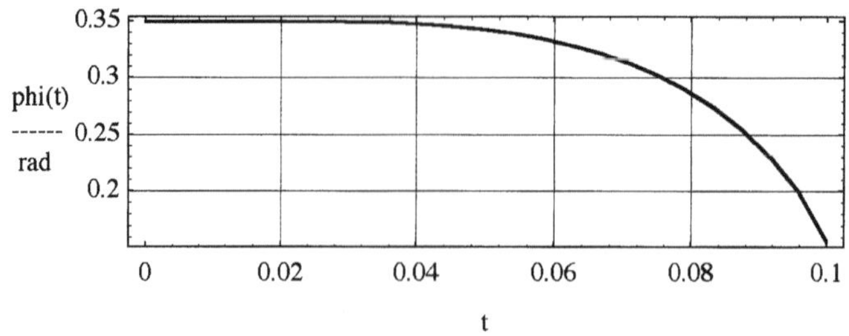

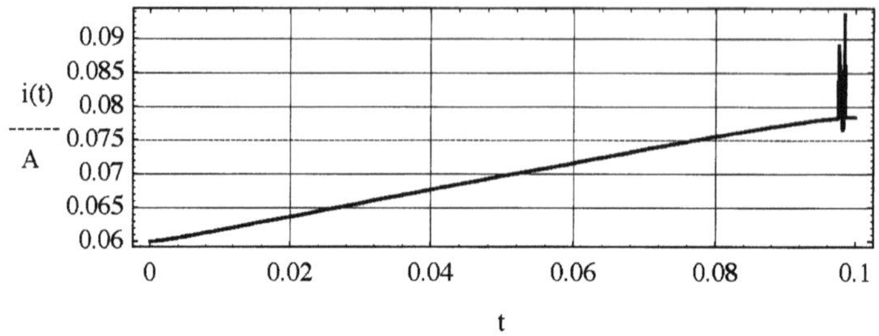

Bild 21.11: Stromverlauf und Winkelstellung des Ankers während der Ermittlung des Anzugsstromes

statt eines konstanten Wertes für die Spannung in der Unterliste `{quelle, 12, q}` eine Funktion von der Zeit angibt. Dabei darf der Anstieg der Spannungnicht zu steil sein, um eine genaue Bestimmung des Anzugsstromes zu gewährleisten. Er darf aber auch nicht zu flach sein, da das DGLS sonst zu steif wird und das adaptive Verfahren, das `NDSolve` verwendet, zu große Rechenkapazitäten in Anspruch nimmt. Nach einer probeweisen Simulation auf einem leistungsstarken Rechner ergibt sich als optimale Spannungs-Zeit-Funktion:

$$u(t) = 20\frac{\mathrm{V}}{\mathrm{s}}t + 6\mathrm{V}\ . \tag{21.40}$$

Somit heißt die neue Definition für die Spannungsquelle:

```
{quelle, 20 t + 6, q}
```

Die Aufstellung und Lösung der Bewegungsgleichungen erfolgt wieder wie im vorigen Abschnitt und man gewinnt in der graphischen Darstellung den Winkel- und Stromverlauf im Bild 21.11.

Hieraus lässt sich nun der Anzugsstrom von:

$$i_{\mathrm{an}} = 0{,}067\,\mathrm{A} \tag{21.41}$$

ablesen. Mit der auf Seite 428 festgelegten Windungszahl von 1500 ergibt sich eine Anzugsdurchflutung von 100,5 A. Somit besteht bis zur angegebenen Ansprechdurchflutung von 115 A noch eine Sicherheit von 14,5 A$\hat{=}$14,4 %. Dieser Wert entspricht der

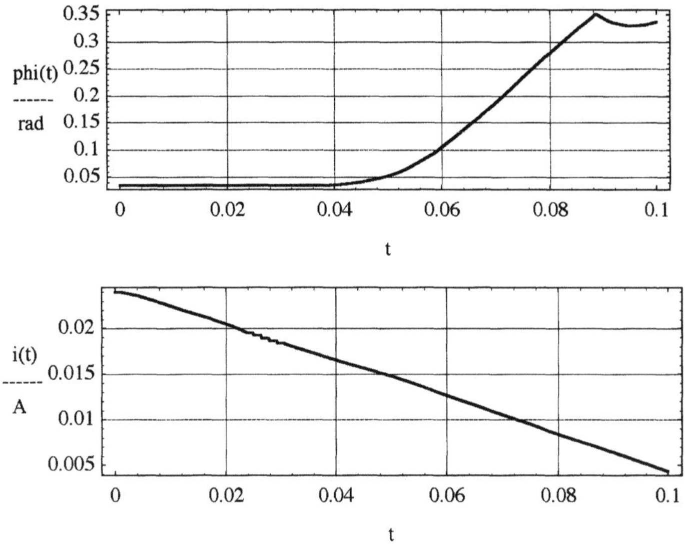

Bild 21.12: Stromverlauf und Winkelstellung des Ankers während der Ermittlung des Abfallstromes

Forderung für die Ansprechsicherheit von $s_{\mathrm{an}} = 10 \ldots 20\,\%$ für Relais ohne Zeitbedingungen in der Fernmeldetechnik.Auf die gleiche Weise wird nun der Abfallstrom ermittelt. Hier ergibt sich nach der Probesimulation der optimale Zeitverlauf zu:

$$u(t) = 2,4\mathrm{V} - 20\frac{\mathrm{V}}{\mathrm{s}}t\ . \tag{21.42}$$

Bei der Definition der Anfangsbedingungen ist hier jedoch zu beachten, dass der Anker sich im angezogenen Zustand befindet. Der Wert für diesen Gleichgewichtszustand muss aus einer Simulation gewonnen werden, bei der eine Gleichspannungsquelle mit $u = u(0) = 2,4$ V zum Einsatz kommt. Somit betragen die Anfangswerte hier:

$$\phi(0) = 0,0349 \tag{21.43}$$

$$\dot{q}(0) = \frac{2,4\ \mathrm{V}}{100\Omega} = 0,024\ \mathrm{A}. \tag{21.44}$$

Das Ergebnis der Ermittlung des Abfallstromes ist in Bild21.12 zu sehen. Der Abfallstrom beträgt demnach:

$$i_{\mathrm{ab}} = 0,016\,\mathrm{A}. \tag{21.45}$$

Das Verhältnis von i_{ab} zu i_{an} entspricht mit $v_{\mathrm{ab/an}} = 0,24$ den aus der Praxis bekannten Werten.

21.3.7 Verzögerungschaltung mit Kondensator

Verzögerungen der Anzugs- und Abfallzeit werden in der Praxis entweder durch Kurzschlusswicklungen oder durch Parallelschaltung kapazitiver oder resistiver Bauelemente

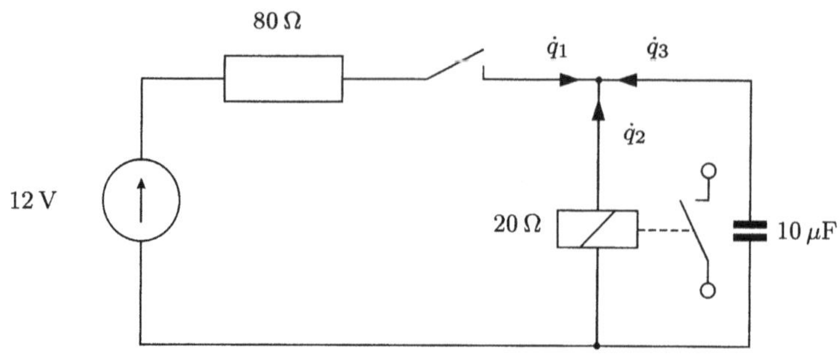

Bild 21.13: Schaltung mit Kondensator zur Verzögerung

erzielt. Die Verzögerung mittels Kurzschlusswicklung kann modelliert werden, indem man eine dritte Lagekoordinate q_v einführt, die durch das Bauelement `relaiswandler` mit ϕ und durch das Bauelement `trafo` (Nach Tabelle 9.5 Typ 2) mit q verkoppelt wird. Zusätzlich muss noch der ohmsche Widerstand der Kurzschlusswicklung an die Bauelementeliste angefügt werden.

Im Folgenden soll jedoch die zweite Variante beschrieben werden, um die Einführung von Zwangsbedingungen zu demonstrieren. Das Bild 21.13 zeigt nun die Beschaltung des Relais. Das einzige gegenüber Abschnitt 21.3.5 hinzugekommene Bauelement ist der Kondensator. Also wird der Bauelementeliste aus Abschnitt 21.3.5 der Kondensator mittels:

```
AppendTo[blist,{feder,1/(10*10^-6),q3}]
```

angefügt, weil der Kondensator in Ladungsformulierung eine verallgemeinerte Feder darstellt. Dabei ist die verallgemeinerte Federkonstante wegen $u = q/C$ das Reziproke der Kapazität.

Mit dem Einfügen des Kondensators wurde jedoch auch die Topologie des Netzwerkes verändert. Es existiert nun eine unabhängige Knotengleichung, die eine Zwangsbedingung repräsentiert, da sie die verallgemeinerten Geschwindigkeiten (Ströme) - oder bei Integration die verallgemeinerten Lagekoordinaten (Ladungen) - miteinander verknüpft. Deshalb sieht der Aufruf von `mkeuler` diesmal so aus:

```
mkeuler[mkld[blist],{q1+q2+q3==0},{q3},{phi,q1,q2},t]
```

Man erkennt die Knotengleichung als Zwangsbedingung und q3 als abhängige Koordinate. Es liegen die gleichen Anfangsbedinungen wie in Abschnitt 21.3.5 vor, nur dass hier $\dot{q}_3(0) = 0$ hinzukommt (der Schalter ist zu Beginn aus).

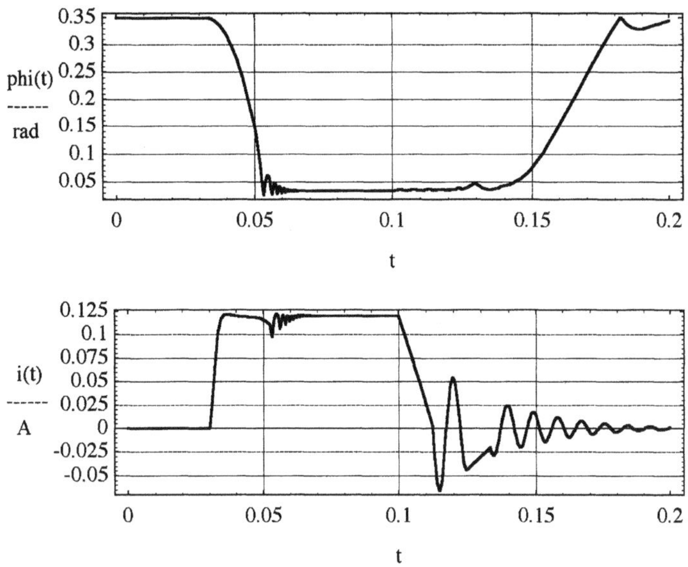

Bild 21.14: Stromverlauf und Winkelstellung des Ankers während einesverzögerten Schaltvorganges

Im Bild 21.14 ist der Verlauf von $\dot{q}_2$ und ϕ zu sehen. Man sieht, dass aufgrund der niedrigen Zeitkonstante zwischen dem Innenwiderstand der Spannungsquelle und dem Kondensator die Anzugszeit praktisch nicht beeinflusst wird. Die Abfallzeit jedoch wird durch diese Maßnahme mit $t_{\text{ab}} = 82$ ms fast verdreifacht, weil die Energie im Schwingkreis Relais-Kondensator noch eine Weile gespeichert wird. Zum Zeitpunkt $t = 0,13$ s sieht man, wie der Anker abfallen will, aber durch das Überschwingen des Stromes noch einmal zurückgeholt wird und dabei wiederum auf den Strom zurückwirkt. Wenn der Anker losgelassen wurde, ist der Einfluss des Stromes geringer, aber immer noch erkennbar, denn für den gleichen Weg benötigte der Anker in Abschnitt 21.3.5 etwa 10 ms weniger.

21.3.8 Parameteroptimierung einer Zerhackerschaltung

Im letzten Schaltungsbeispiel soll gezeigt werden, wie Relaiskontakte in das System einbezogen werden können. Gegenüber der Schaltung im vorigen Abschnitt wird nun gemäß dem Bild 21.15 statt des Kondensators ein Relaiskontakt eingefügt. Also schreibt man diesmal unter Zuhilfenahme der Bauelementeliste aus dem vorigen Abschnitt:

```
AppendTo[blist,{relaiskontakt, phi, q3}]
```

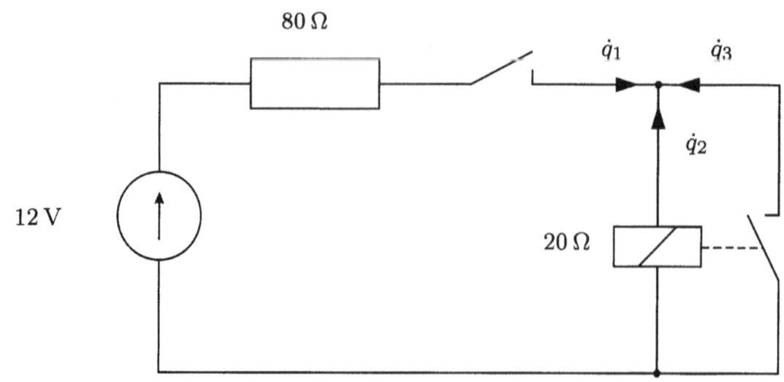

Bild 21.15: Zerhackerschaltung mit Verzögerung durch Kurzschluss

Das Bauelement `relaiskontakt` ist dem System allerdings noch nicht bekannt, d.h. es muss noch implementiert werden. Wie aus der Bauelementeliste ersichtlich, verkoppelt der Relaiskontakt ϕ und q_3. Er soll nun analog zum Schalter durch einen Widerstand modelliert werden, der je nach Ankerstellung sehr groß oder Null ist. Das gewünschte Verhalten sei:

$$R_r = \begin{cases} 0 & \text{wenn:} \quad \phi < 0,2 \\ 2\,000\,000 & \text{sonst.} \end{cases} \tag{21.46}$$

Da es sich um einen linearen Widerstand handelt, der unter der angegebenen Bedingung in Erscheinung tritt, kann man ihn mit einem$D$-Term darstellen. Somit wird der Relaiskontakt dem System mit der Eingabe:

```
bauel[relaiskontakt,x_,y_]:=        {0,10^6 If[x<0.2,0,1]/2 y'^2}
```

bekanntgemacht. Die Parameter des Schalters werden so eingestellt, dass er während der gesamten Simulation eingeschaltet ist. Man könnte ihn ebenso gut aus der Liste der Bauelemente entfernen, aber er stört in diesem Falle nicht und kann bei weiteren Untersuchungen wieder zum Einsatz kommen.

Da sich die Topologie des Systems nicht geändert hat, können jetzt mit der gleichen Eingabe wie im vorigen Abschnitt die Bewegungsgleichungen aufgestellt und gelöst werden. Das Ergebnis ist im Bild 21.16 zu sehen. Wie erwartet führt das auf einen periodischen Vorgang. Da das Relais nicht vom Stromkreis abgetrennt sondern kurzgeschlossen wird, tritt eine Verzögerungswirkung wie bei einer Kurzschlusswicklung ein, und der Strom kann nach der jeweiligen Abschaltung weiterfließen. Deshalb ergeben sich immer dann, wenn der Anker die $0,2$-Grenze unterschreitet exponentiell abklingende Ströme. Beim Ankeranschlag erkennt man wieder deutlich die Ankerrückwirkung in Form von leichten Knicken im Stromverlauf.

Durch Biegen an den Kontaktfedern - respektive verändern der 0.2-Grenze - kann nun die Frequenz der Zerhackerschaltung eingestellt werden. Auch die Auswirkungen der Veränderung des Massenträgheitsmoments, der Federkraft oder der Dämpfung können nun untersucht werden.

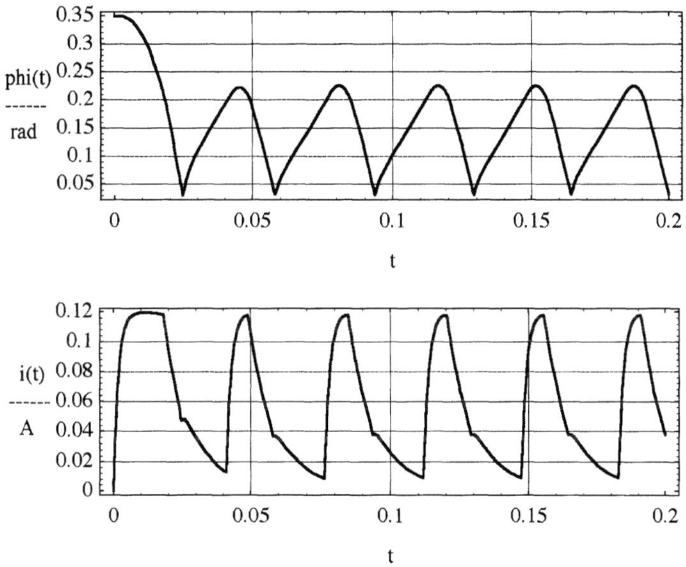

Bild 21.16: Stromverlauf und Winkelstellung des Ankers der Zerhackerschaltung

Kapitel 22

Synthese mechatronischer Antriebe

Die Kapitel 11 und 12 geben Synthesemethoden unter dem Netzwerkaspekt einschließlich der Synthese von Schaltungen für vorgegebenes Bifurkationsverhalten wieder. Im Kapitel 20 sind zwei Synthesemethoden für elektromagnetische Felder zur systematischen Suche nach dem Feldstärke- bzw. dem Potenzialverlauf unter Berücksichtigung der Randbedingungen vorgestellt. Wegen der im Allgemeinen existierenden Mehrdeutigkeit bei der Konstruktion einer Basis aus der über die Syntheseaufgabe gewonnenen Metrik (Feldaspekt) führen diese Methoden nur für ausgezeichnete Feldkonfigurationen zum Ziel. Spezielle geometrische Forderungen, die Berücksichtigung von Materialparametern und gewünschte Kraftverläufe innerhalb der synthetisierten Felder u. a. lassen sich nur bedingt berücksichtigen.

Die Forderungen an neue Geräte und technische Systeme nehmen sowohl nach ihrer Anzahl als auch hinsichtlich der Qualität und der Quantität zu. Alle in ihnen vorhandenen Energien sollen zur Optimierung des Gesamtverhaltens beitragen. Dieser Trend veränderte inhaltlich die Grenzgebiete zwischen der Elektrotechnik und dem Maschinenbau. Er führte zur Herausbildung der Mechatronik mit eigenständiger Lehre und Forschung.

An der Entwicklung mechatronischer Produkte sind stets Wissenschaftler aus verschiedenen Wissenschaften bzw. Wissenschaftsdisziplinen beteiligt. In erster Linie gehören dazu Elektrotechniker und Maschinenbauer, Informations- und Automatisierungstechniker und nicht zuletzt Mechatroniker. Die über Jahrzehnte entstandenen Methoden unterscheiden sich zum Teil erheblich und bedürfen der Angleichung. Denn die praktische Synthese von Energiewandlern, im Besonderen von mechatronischen Antrieben, erfordert heute die Einarbeitung einer Gesamtheit von Verhaltensweisen, Kennlinienverläufen, Paramtern, Materialeigenschaften, kurzen Rechenzeiten zur Optimierung, die Bestimmung mittlerer Genauigkeiten u. a. in aufeinander abgestimmter Weise.

In derartigen Systemen wechseln sich Baugruppen, die unter dem Netzwerkaspekt zu erfassen sind, und solche, bei denen die elektromagnetischen Felder bestimmend sind, mehrfach nacheinander ab. Damit scheidet die numerische Feldberechnung trotz ihrer höheren Genauigkeit zur Synthese aus. Diese Tatsache ist prinzipieller Natur, weil zum Zeitpunkt der auszuführenden Feldberechnungen die konkreten Geometriedaten nur bei wenigen einfachen Konstruktionen vorliegen.

Das Kapitel 22 stellt die Verbindungen von den theoretischen Grundlagen der Elektrotechnik zur Mechatronik her und bietet mehrere Methoden zur Synthese mechatronischer Antriebe an. Mit diesen Methoden, zu diesen gehört auch eine Methode, die unter dem Begriff »Netzwerkmethode« bekannt geworden ist, wird der Leser in die Lage versetzt, selbstständig Antriebe zu entwerfen und zu optimieren, wobei bei das statisches wie dynamisches Verhalten, Energie- und Kraftberechnungen, Dynamiksimulationen, der konstruktive Aufbau, aber auch die Erwärmung der Geräte Berücksichtigung finden.

22.1 Allgemeiner Entwurfsablauf nach der VDI-Richtlinie 2206

22.1.1 Besonderheiten

Mechatronische Antriebe, wie netzwerkfähige (die Ansteuerung betreffend), schnellwirkende Magnetaktoren, Magnetventile, integrierte Mehrkoordinatenantriebe, Bremssysteme in Automobilen und Roboter zeichnen sich im Vergleich zu klassischen mechanischen Produkten [129], [42] durch eine größere Komplexität, Heterogenität und damit durch die Notwendigkeit des rechnergestützten Entwurfes aus.

An der Entwicklung mechatronischer Produkte sind immer mehrere Wissenschaftsdisziplinen beteiligt. In erster Linie sind das der Maschinenbau, die Elektrotechnik und die Informatik. Die einzelnen Wissenschaftsdisziplinen verfügen über in Jahrzehnten entstandene Definitionen, Methoden, Modelle, eigene Begriffe und Erfahrungen, die sich zum Teil erheblich unterscheiden bzw. überschneiden und deshalb nicht einfach zusammengefasst werden können.

An Stelle eines sequenziellen Vorgehens bei der Entwicklung neuer Produkte, das nur zu teiloptimierten Produkten führt, besteht die neue Herausforderung darin, das vorhandene Innovationspotenzial domänenübergreifender Zusammenarbeit zu nutzen und im Sinne eines **Concurrent Engineering** zu einem Gesamtoptimum zusammenzufügen. Dabei werden neben den domänenspezifischen, **domänenübergreifende Vorgehensweisen** und Beschreibungsmittel (Modelle, Programme) benötigt, um die Kommunikation und Kooperation zwischen den Fachdisziplinen zu unterstützen [7].

Jede interdisziplinäre Zusammenarbeit von Experten erfordert außerdem die Bereitschaft und auch die Fähigkeit, Verständnis für die Möglichkeiten der jeweils anderen

Fachgebiete zu entwickeln und Lösungen zu erarbeiten, die das Innovationspotenzial, das objektiv aus der domänenübergreifenden Integration des vorhandenen Wissens entsteht, auch im vollen Umfang unter den gegebenen Kosten- und Zeitbedingungen ausschöpfen.

Durch die größere Komplexität mechatronischer Produkte ergibt sich ein breiterer **Lösungsraum** (Machbarkeitsraum). Eine frühzeitige Einschränkung des Lösungsraumes kann ohne dass aussichtsreiche Lösungen verloren gehen, dabei nur durch Fokussierung auf einen durch die Aufgabenstellung begründeten eingeschränkten Lösungsraum erreicht werden.

Dazu können folgende Maßnahmen dienen:

- Präzisierung der Aufgabenstellung,
- Differerenzierte Berücksichtigung der Anforderungen in allen Phasen des Entwicklungsprozesses,
- Verwendung von Funktions-Struktur-Speichern zur Struktursynthese,
- Erarbeitung und Anwendung von Modellen verschiedener Beschreibungstiefe für die Analyse- und Syntheseprozesse.

Ziel ist ein **funktionsbasierter Entwurf** mechatronischer Systeme. Dazu ist es notwendig, die Gesamtfunktion des mechatronischen Produktes in Teilfunktionen zu zerlegen, Lösungselemente auszuwählen und in ein Gesamtsystem zu integrieren. Die Komplexität mechatronischer Produkte erfordert außerdem eine **erweiterte Systembetrachtung**, die bei der Funktionsbeschreibung bereits physikalische, geometrische und technologische Aspekte so früh wie möglich berücksichtigt.

Die Beherrschung der Komplexität erfordert die Anwendung von Methoden zur Strukturierung komplexer Systeme. Das sind z. B. Partitionierung, Hierarchisierung, Modularisierung und Integration [29], [43].

Mit einem bisher üblichen Vorgehen, das getrennt entwickelte und optimierte domänenspezifische Baugruppen zu einem Gesamtsystem zusammenfügt **(bottom-up-design)**, kann in der Regel kein optimales Gesamtsystem entwickelt werden auf Grund der Restriktionen, die vorher bei der Optimierung der einzelnen Baugruppen eingeführt wurden.

Es ist vielmehr ein **top-down-design** notwendig, gekennzeichnet durch ein iteratives Herangehen, das über eine schrittweise Verfeinerung zu einem globalen Optimum führt [75].

In diesen Phasen ist das virtuelle Prototyping unverzichtbar. Durch Modellierung und Simulation kann das Systemverhalten bereits in den frühen Phasen des Entwurfes kosten- und zeitgünstig untersucht werden, wobei auch die Beeinflussung der Teilsysteme untereinander betrachtet und frühzeitig Inkompatibilitäten erkannt werden können.

Dabei kommt erschwerend hinzu:

- Systemelemente können oft nicht nur einer Domäne zugeordnet werden, da sie Funktionen zweier oder mehrerer Domänen enthalten (Energiewandler, Sensoren für nichtelektrische Größen),
- Systemelemente bilden Schnittstellen zwischen Teilsystemen, die verschiedenen Domänen zuzuordnen sind.

Die Heterogenität der mechatronischen Systeme stellt außerdem folgende Anforderungen an die Modellierung und Simulation.

Die Modellierungswerkzeuge müssen:

- möglichst viele Wissensdomänen abdecken,
- den Import von verschiedenen Modellen in ein Simulationswerkzeug ermöglichen,
- die wichtigsten Werkzeuge in einer Entwicklungsumgebung zusammenführen, welche das Zusammenspiel der Werkzeuge modell-, system-, prozess- und verfahrenstechnisch unterstützen.

Die Entwicklung mechatronischer Produkte verlangt aber auch den Einsatz fähiger Ingenieure, die die modernen Entwicklungsmethoden und -werkzeuge beherrschen, schöpferisch anwenden und die erreichten Ergebnisse bewerten können. Gerade dieser Aspekt wird heute oft zu wenig berücksichtigt.

22.1.2 Wesentliche Elemente der Entwicklung mechatronischer Produkte

Vorgehensweise

Bisherige Erfahrungen zeigen, dass es **keine kanonisierbare Optimalform** des Konstruktionsprozesses gibt, welcher der Konstrukteur nach einem festem Ablaufplan folgen kann [21]. Deshalb ist ein flexibles, von der Aufgabenstellung abhängiges, Vorgehensmodell geeignet, das sich auf drei Lösungselemente stützt [129]:

- den allgemeinen Problemlösungszyklus auf der Mikroebene,
- das V-Modell auf der Makroebene,
- vordefinierte Prozessbausteine zur Bearbeitung wiederkehrender Arbeitsschritte bei der Entwicklung mechatronischer Systeme.

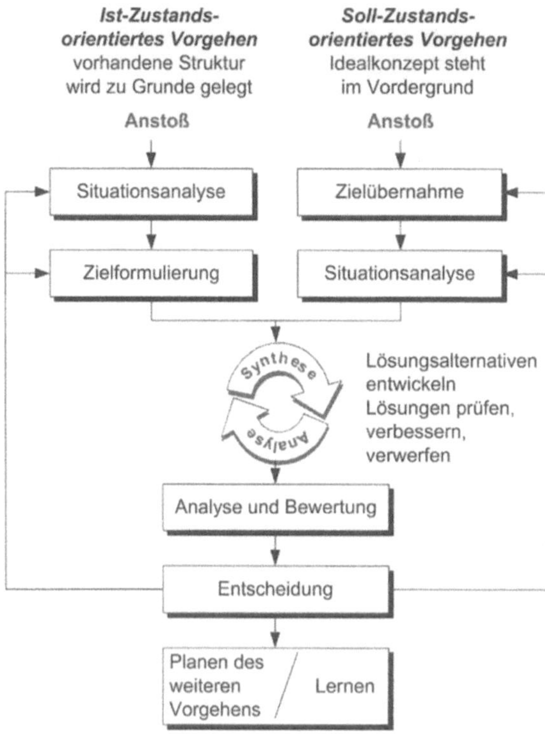

Bild 22.1: Der Problemlösungszyklus als Mikrozyklus [129]

Der allgemeine Problemlösungszyklus auf der Mikroebene

Das Vorgehen im Entwicklungsprozess kann, wie aus dem Systemengineering bekannt, durch Aneinanderreihen und Verschachteln von Vorgehenszyklen flexibel an die Besonderheiten der jeweiligen Entwurfsaufgabe angepasst werden. Trotz der Unterschiede der verschiedenen Entwurfsaufgaben, kann ein **allgemeiner Problemlösungszyklus** (Bild 22.1) abgeleitet werden, der sowohl für die Lösung planbarer Teilaufgaben als auch beim Auftreten unvorhergesehener Probleme verwendet werden kann. Es hat sich gezeigt, dass dieser Problemlösungszyklus nicht nur nützlich, sondern auch psychologisch günstig ist und sich damit positiv auf die Teamarbeit auswirkt [55] [22].

Die wichtigsten Schritte umfassen:

- Situationsanalyse bzw. Zielübernahme

  Je nach Aufgabenstellung, ob eine vorhandene Struktur zu Grunde gelegt wird (Ist-Zustandsorientiertes Vorgehen) oder ein reales Ziel im Vordergrund steht (Soll-Zustandsorientiertes Vorgehen) wird man mit einer Situationsanalyse oder mit einer Zielübernahme beginnen.

Analyse: **Struktur-Funktionen-Übergang; Ermittlung der Funktionen, die von den Strukturen getragen werden**

$S \xrightarrow[p_0=1]{}$

F	Nutzfunktion
F_i	Nebenfunktion
F^*_{ijk}	Störfunktion
$p_{Ü}$	Übergangswahrscheinlichkeit

Prinzipiell ist die Anzahl je nach Betrachtungsebene unbegrenzt.
Einschränkung der Funktion durch Bewertung

Synthese: **Ermittlung der geometrisch-stofflichen Eigenschaften der Struktur, die die Nutzfunktion erfüllt.**

$F \xrightarrow[p_0=1]{} S_i$ Teilstrukturen

Prinzipiell ist die Anzahl der Lösungen unbegrenzt. Einschränkung des Lösungsraumes erfolgt durch Optimierung

Bild 22.2: Analyse und Synthese im Entwurfsprozess

- Analyse und Synthese

  Die Suche nach Lösungen stellt sich in der Praxis als Wechselspiel von Analyse- und Syntheseschritten dar (Bild 22.2).

  Dabei soll unter Analyse das Auffinden der funktionellen Eigenschaften einer vorgegebenen Struktur bzw. eines Lösungselementes verstanden werden (Bild 22.3).

  In der Vergangenheit hat man sich dabei auf die Ableitung der Hauptfunktion (Nutzfunktion) konzentriert. In diesem Fall ist die Analyse ein eindeutiger Prozess. Ist es jedoch erforderlich, aus der **Sicht einer späteren Integration von Lösungselementen** weitere Teilfunktionen zu kennen und hinsichtlich ihrer Beeinflussung der Gesamtfunktion zu bewerten, so wird der Analyseprozess wesentlich umfangreicher, bleibt aber **eindeutig**.

  Der umgekehrte Prozess, die Struktursynthese, die zum Auffinden von Wirkprinzipien und Strukturen dient, die die vorgegebene Nutzfunktion erfüllen, ist ein mehrdeutiger Prozess. Es sind in der Regel mehrere Lösungsvarianten vorhanden, aus denen die aus der Sicht des konkreten Anwendungsfalles optimale Lösung ausgesucht werden muss [42].

  Zur Erzeugung einer wechselsinnigen Bewegung mit steuerbaren Rasten sind viele Antriebsprinzipien (z. B. Elektromagnete, Piezoaktoren, elektrodynamische Aktoren) geeignet, die sehr unterschiedliche Eigenschaften haben.

- Bewertung von Lösungsvarianten

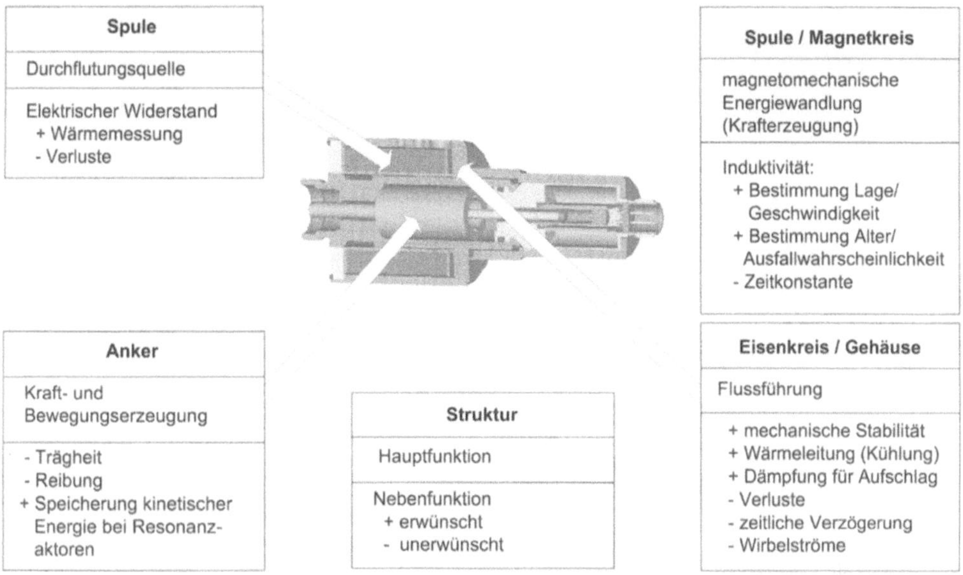

Bild 22.3: Haupt- und Nebenfunktionen von Elektromagneten

Die bei der Lösungssuche gefundenen Lösungsvarianten sind anhand der an sie gestellten Anforderungen nach dem im Rahmen der Lösungssuche definierten Bewertungskriterien zu bewerten.

Dazu sind in der Regel auch Berechnungen (Grobdimensionierung) bzw. Simulationen notwendig, da in der Literatur nicht alle erforderlichen Daten enthalten sind.

- Entscheidung

  In diesem Schritt muss entschieden werden, ob die Lösung die gestellten Anforderungen erfüllt. Andernfalls muss zur Zielformulierung zurückgekehrt werden.

- Planen

  Nach dem Durchlaufen jedes Problemlösungszyklus soll das Ergebnis als auch der Prozessablauf einer kritischen Betrachtung unterzogen werden mit dem Ziel, Wissen für weitere Entwicklungsaufgaben abzuleiten und zu speichern. Dieser Lernprozess ist besonders wichtig für Unternehmen, die ähnliche Aufgabenstellungen wiederholt bearbeiten müssen.

22.1.3 Das V-Modell als Makrozyklus

Das V-Modell (siehe Bild 22.4) umfasst die zweckmäßige Abfolge von wesentlichen Phasen bei dem Entwurf mechatronischer Systeme bzw. Produkte.

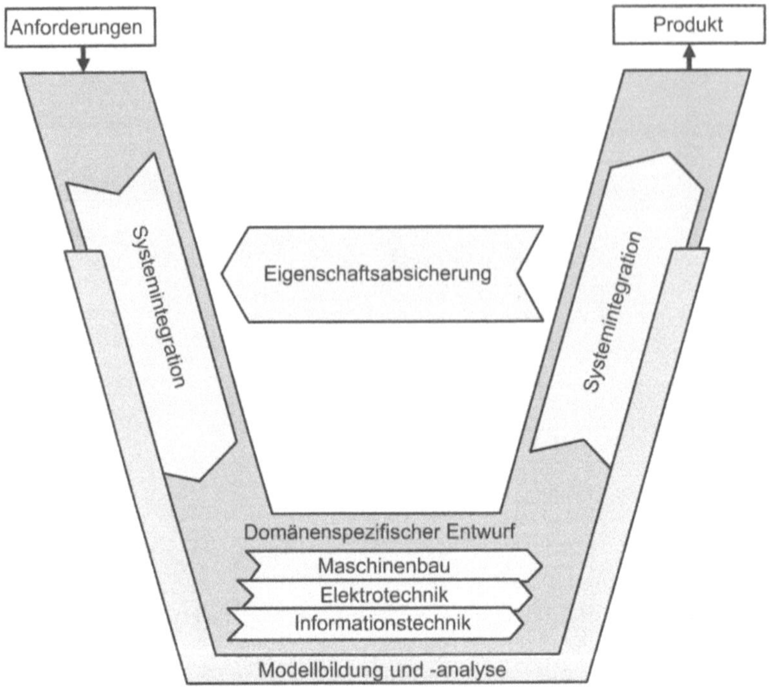

Bild 22.4: Das V-Modell als Makrozyklus [129]

Unter dem Entwerfen wird dabei ein Vorgang verstanden, der ausgehend von den Anforderungen zu einer Konkretisierung eines technischen Systems führt. Er umfasst das Finden des Lösungskonzeptes, das Erkennen der Lösungselemente und das gedankliche, modellhafte Zusammenfügen und Integrieren der Elemente zu einem Ganzen [12].

Entscheidend für die Effektivität des Entwurfs ist die **Formulierung der vollständigen** Anforderungen, die gleichzeitig den Maßstab für eine spätere Bewertung des Produktes bilden. Bei der Präzisierung der Anforderungen durch den Entwickler in Abstimmung mit dem Auftraggeber ist die Gesamtfunktion des zu entwickelnden mechatronischen Systems abzuleiten.

Systementwurf

Während des Systementwurfes, die Tätigkeiten sind in Bild 22.5 dargestellt, ist ein **domänenübergreifendes Lösungskonzept** zu erarbeiten, das die wesentlichen energetischen, stofflichen und informationstechnischen Wechselwirkungen beschreibt.

Zu diesem Zweck wird die Gesamtfunktion F in die wesentliche Teilfunktionen $F_1 \dots F_n$ zerlegt, die unter Beachtung der Ein- und Ausgangsgrößen zu einer allgemeinen **Funktionsstruktur** zusammengesetzt werden können (Bild 22.6).

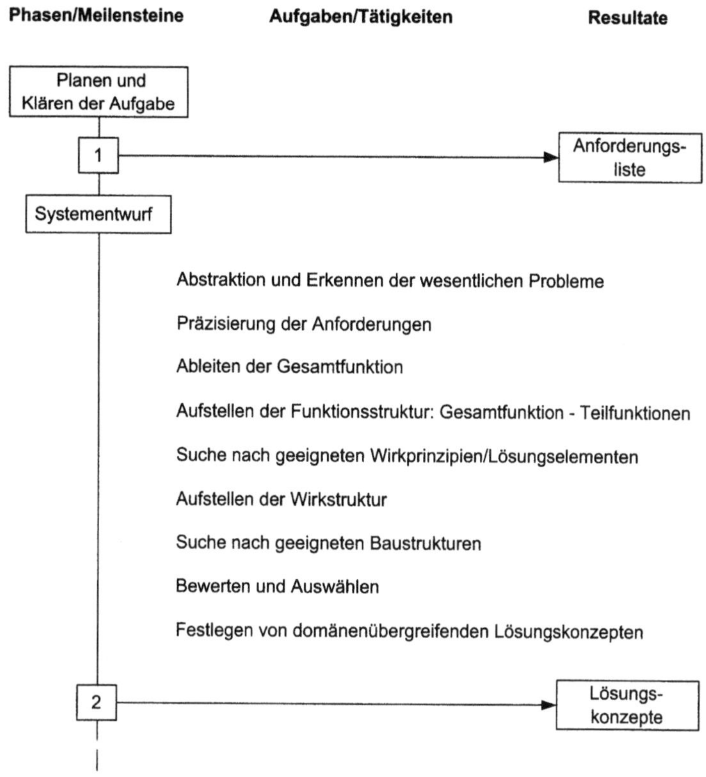

Bild 22.5: Tätigkeiten beim Systementwurf [129]

Mit Hilfe der allgemeinen **Flussgrößen Stoff, Energie** und **Information** kann die Funktionsstruktur noch weiter spezifiziert werden. In Bild 22.7 ist diese Spezifizierung an der Grundstruktur eines mechatronischen Antriebssystems dargestellt.

Die Funktionsstruktur sollte so weit detailliert werden, bis es gelingt, Wirkprinzipien und Lösungselemente zur Erfüllung der Teilfunktionen zu finden.

Der Übergang von der Teilfunktion zur Teilstruktur (Synthese), die die Nutzfunktion der betreffenden Teilfunktion erfüllt, ist ein **nicht eindeutiger Prozess**. Es gibt einen mehr oder weniger ausgeprägten Lösungsraum, in dem eine entsprechend große Anzahl an Wirkprinzipien enthalten ist, die die Teilfunktion prinzipiell erfüllen (siehe Bild 22.8).

Neben den Teilstrukturen, die eine Teilfunktion erfüllen, gibt es auch so genannte **polyhierarchische Teilstruktur** [55], die mehrere Teilfunktionen erfüllen.

Ein Beispiel sind tragende Lösungselemente wie Gehäuse, die die Teilfunktionen Befestigen, Tragen, Dichten, Schutz gegen Umwelteinflüsse erfüllen.

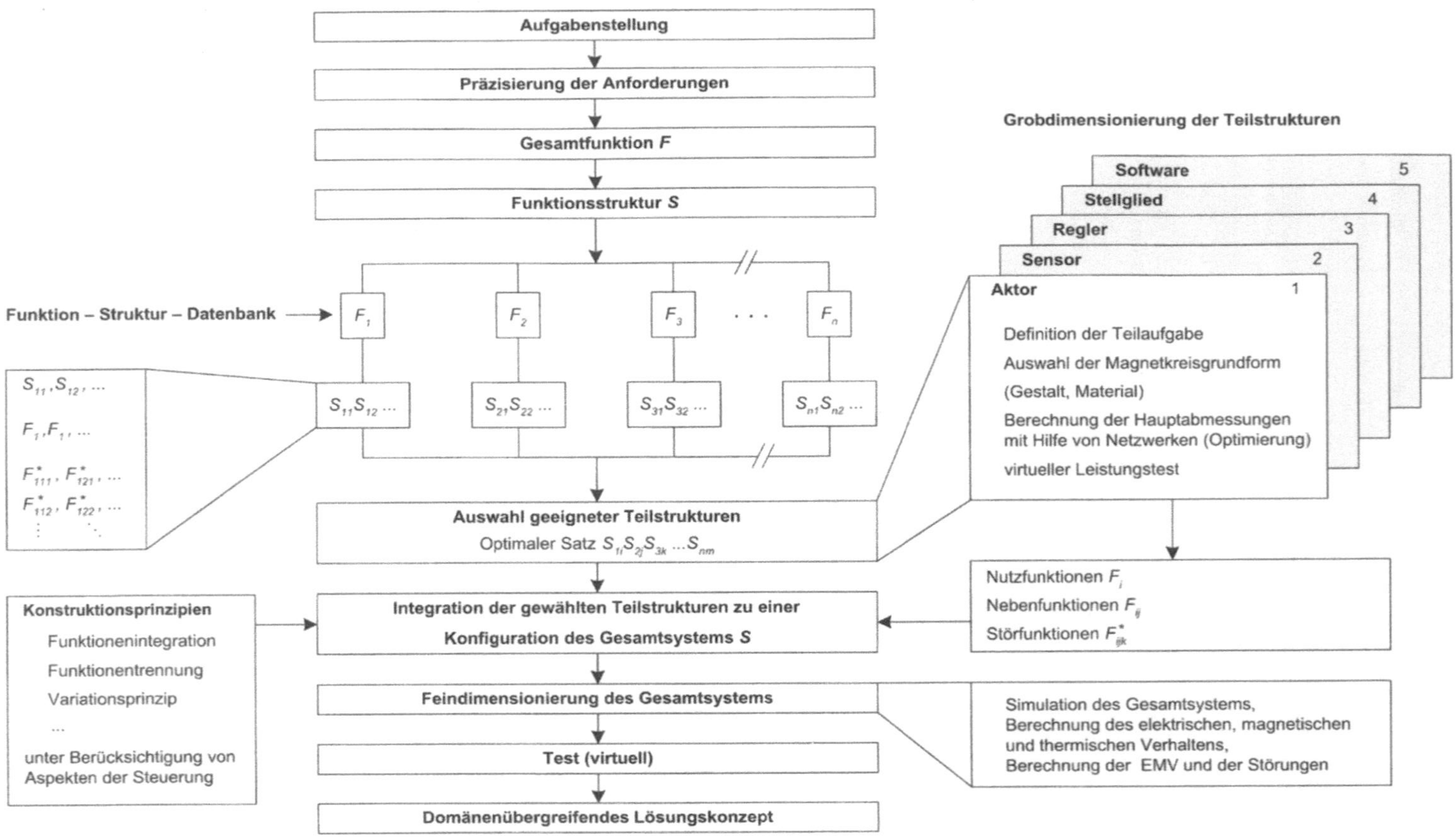

Bild 22.6: Zerlegung der Gesamtfunktion und Aufstellen der Wirkstruktur

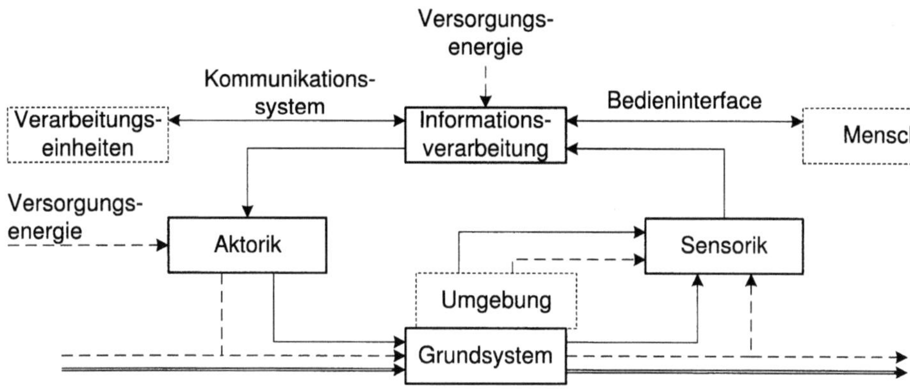

Bild 22.7: Grundstruktur eines mechatronischen Antriebssystems [129]

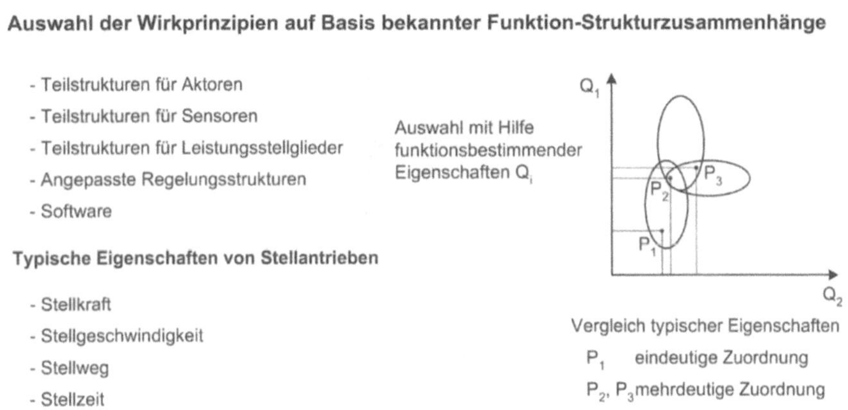

Bild 22.8: Auswahl von Teilstrukturen

Die Suche geeigneter Teilfunktionen erfolgt, soweit nicht geeignete Funktions-Struktur-Speicher vorhanden sind, in einem iterativen Such- und Auswahlprozess unter Berücksichtigung der **Nutz- und Störfunktionen**[1] und der **Kompatibilitätsbedingungen**. Sie ist so lange fortzusetzen, bis alle Teilfunktionen durch geeignete Teilstrukturen bzw. Wirksprinzipien erfüllt werden, die zu einer Gesamtstruktur bzw. einer Wirkstruktur zusammengefasst werden. In den meisten Entwurfsprozessen sind mehrere alternative Wirkstrukturen vorhanden. Es ist deshalb notwendig, die Wirkstruktur zu finden, die eine optimale Gesamtlösung ermöglicht. Gegebenenfalls sind Maßnahmen zur Vermeidung (Bild 22.9) bzw. Unterdrückung unerwünschter Wechselwirkungen zu

[1] Jede Teilstruktur trägt jedoch nicht nur die ausgewählte Nutzfunktion, sondern auch weitere Funktionen, die sich bei einem Zusammenbau der Teilstrukturen störend auswirken können (Störfunktion) [44]. Bei einem Magnetaktor können z. B. als Störfunktionen die Erwärmung oder das magnetische Streufeld auftreten (siehe Bild 22.3).

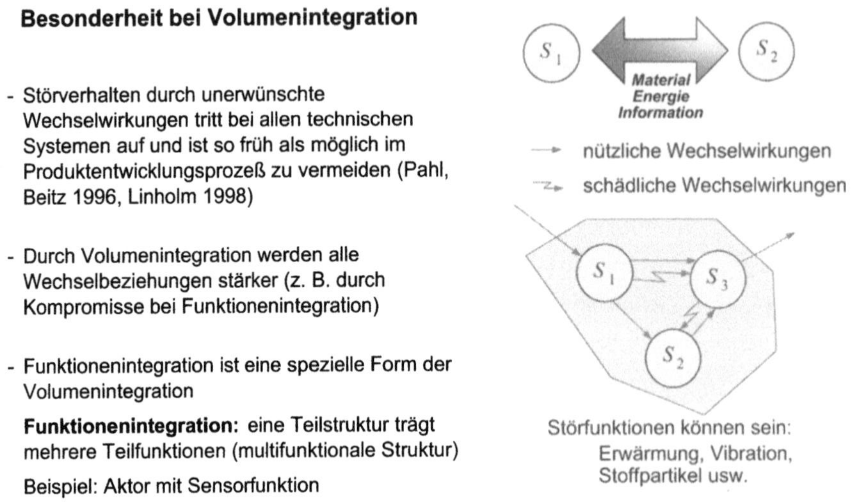

Bild 22.9: Vermeidung unerwünschter Wechselwirkungen [129]

ergreifen.

Oft muss die **Wirkstruktur** durch Grobdimensionierung der Geometrie der Teilstrukturen qantifiziert werden, um die verschiedenen zur Auswahl stehenden Wirkprinzipien bezüglich ihrer Nutz- und Störfunktionen besser beurteilen zu können (siehe Bild 22.6).

Danach schließt sich als weiterer Schritt zur Berücksichtigung räumlicher Zusammenhänge und Fertigungsanforderungen die Realisierung der Baustruktur an. Alle Lösungselemente sind schließlich in ein Stütz- und Hüllsystem einzubetten, das neben der funktionsgerechten Anordnung der Elemente, deren Zusammenwirken sichert.

Schließlich sind zur Optimierung der Baustruktur die aus der Konstruktionstechnik bekannten **Gestaltungsprinzipien** (z. B. die Funktionen- und Volumenintegration) anzuwenden.

Um das endgültige Lösungskonzept festzulegen, sind gegebenenfalls weitere Aspekte wie Störanfälligkeit, Lebensdauer, Fehlertoleranz usw. zu berücksichtigen, wozu orientierende Berechnungen (FEM), Analyse von Mehrkörpersystemen (MKS), skizzenhafte Gestaltstudien und Anschauungsmodelle dienen könnne. Als Ergebnis des Systementwurfes entsteht ein **domänenübergreifendes Lösungskonzept**.

Moderne Stelleinrichtungen können eine große Anzahl von Steuerfunktionen erfüllen und flexibel mittels Software an Kundenanforderungen angepasst werden (Bild 22.12).

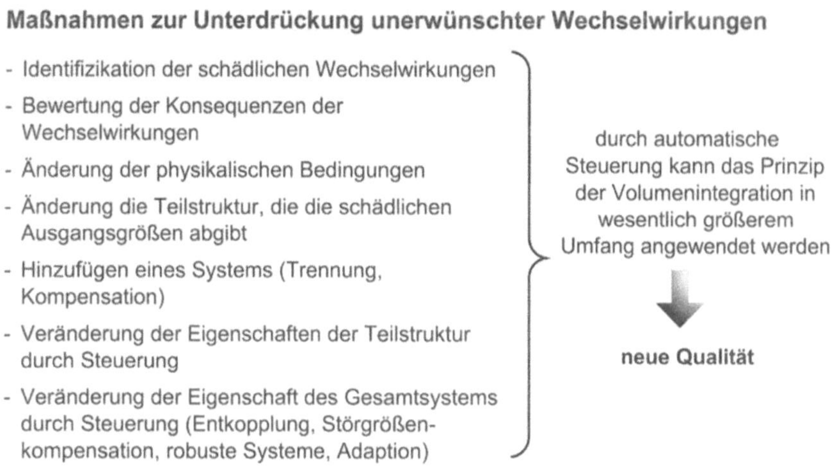

Bild 22.10: Maßnahmen zur Unterdrückung unerwünschter Wechselwirkungen

Systemintegration

Die Integration von Teilen (Funktionen, Komponenten, Teilsystemen) zu einem übergeordneten Ganzen, d. h. dem zukünftigen mechatronischen Produkt, ist durch die in Bild 22.13 dargestellten Tätigkeiten gekennzeichnet. Dabei ist je nach Aufgabenstellung, Integrationstechnologien und Stückzahlen die geeignete Art der Integration zu wählen [44]. Jede der in Bild 22.13 dargestellten Integrationsarten hat Vor- und Nachteile, die je nach Aufgabenstellung beachtet werden müssen.

Die **Integration verteilter Komponenten** verbindet Lösungselemente wie Aktoren, Sensoren und Leistungsstellglieder über Signal- und Energieflüsse.

Dabei ist es aus Kostengründen vorteilhaft, dass gegebenenfalls Serienkomponenten verwendet werden können. Kabel- und Steckverbindungen bergen jedoch die Gefahr in sich, dass besonders bei rauen Umweltbedingungen Kontaktprobleme, Kabelbrüche und Kurzschlüsse auftreten können.

Bei der **modularen Integration** besteht das mechatronische System aus Modulen definierter Funktionalität und mechanischen Schnittstellen mit standardisierten Abmessungen. Diese oft in einem Baukasten enthaltenen Module können flexibel kombiniert werden (Hardwareflexibilität) und ermöglichen eine große Funktionsvielfalt. Modulare integrierte Systeme haben in der Regel ein größeres Bauvolumen im Vergleich zu räumlich integrierten mechatronischen Systemen.

Bei der **räumlichen Integration** bilden alle Lösungselemente eine räumliche Funktionseinheit, wodurch z. B. kleinere Bauvolumen, höhere Zuverlässigkeit durch Schnittstellenreduktion, schnellere Datenübertragung und geringerer Montageaufwand entstehen.

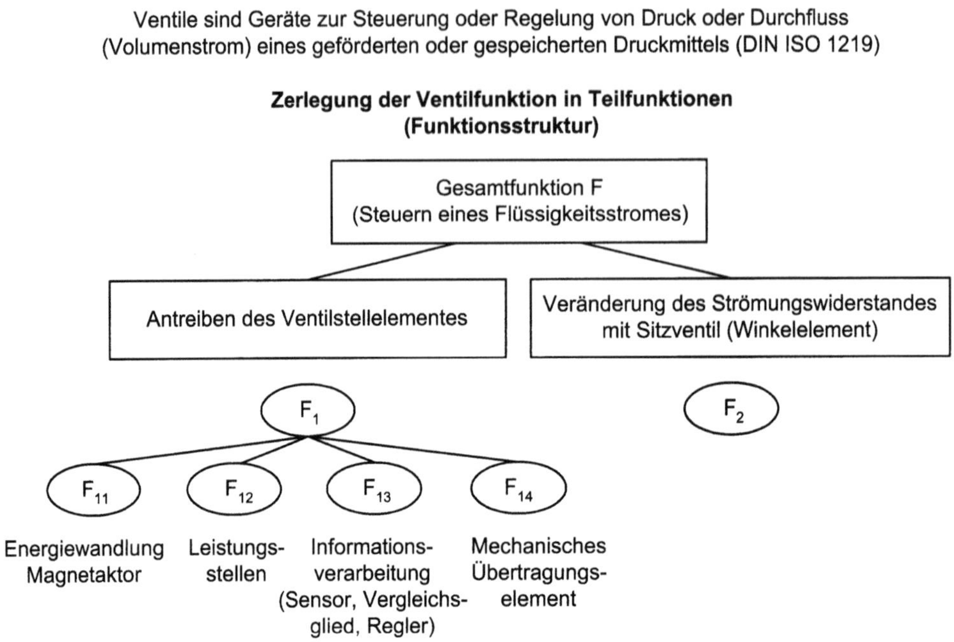

Bild 22.11: Funktionsstruktur eines Magnetventils

Durch die räumliche Nähe können aber auch unerwünschte Wechselwirkungen wie z. B. magnetische Streufelder, Schwingungen, Erwärmungen, Spannungsspitzen auftreten, die zu begrenzen sind. Elektronische Funktionselemente müssen bei der räumlichen Integration gegebenenfalls an das Einsatzumfeld angepasst oder durch zusätzliche Maßnahmen wie Kapselung, Kühlung geschützt werden im Interesse der erforderlichen Zuverlässigkeit und Lebensdauer.

Die **räumliche integrierte Konstruktion** stellt besondere Anforderungen an die bereits im Systementwurf zu berücksichtigenden Gestaltungsprinzipien sowie an die Modellbildung und Modellierung. Inkompatibilitäten sind bereits bei der Systemintegration zu erkennen und zu beseitigen. Dazu gibt es Möglichkeiten durch Änderungen im Hardwarebereich oder durch Steuerung bzw. Regelung.

Zur Integration des Gesamtsystems wird für jede Teilfunktion eine Teilstruktur ausgewählt, wobei mehrere Teilstrukturen je eine Teilfunktion erfüllen können.

Stehen m_i Lösungen für jede Teilstruktur F_i zur Verfügung, so ergeben sich

$$N = \prod_{i=1}^{n} m_i \qquad (22.1)$$

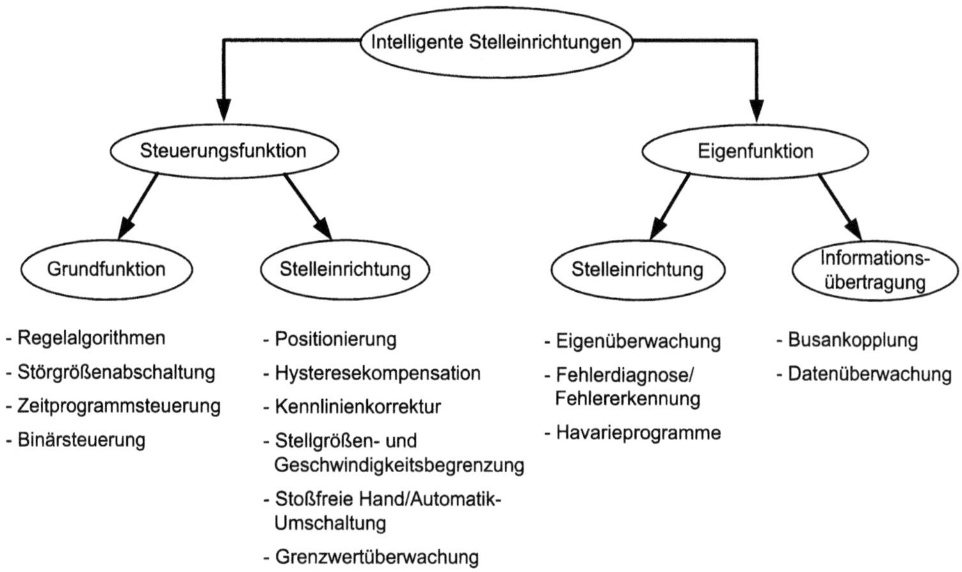

Bild 22.12: Funktionen intelligenter Stelleinrichtungen [30]

Gesamtvarianten, aus welchen die optimale Gesamtlösung ausgewählt werden muss. Durch Inkompatibilitäten einzelner Teillösungen wird in der Regel die Anzahl der anwendbaren Gesamtlösungen stark eingeschränkt.

Den Vorteilen der räumlichen Integration stehen als Nachteile die geringere Flexibilität und die in der Regel höheren Entwicklungskosten gegenüber.

Die Flexibilität beschränkt sich bei der räumlichen Integration auf die **Softwareflexibilität**. Die räumliche Integration wird deshalb dann angewendet, wenn damit besondere Eigenschaften erreicht werden: z. B. Bauraumreduzierung in der Automobiltechnik und Raumfahrt, Reduzierung bewegter Massen in der Präzisionsantriebs- und Robotertechnik. Eine besondere Form der räumlichen Integration ist der Ersatz realer Lösungselemente durch virtuelle Lösungselemente. Ein Beispiel ist der Ersatz eines Sensors durch einen virtuellen Sensor in Form eines Beobachters [35].

Eigenschaftsabsicherung

In jeder der dargestellten Phasen der Entwicklung mechatronischer Systeme sind Lösungsvarianten auszuwählen und zu bewerten. Bei dieser Eigenschaftsabsicherung sind die Fragen zu beantworten:

- Wird ein korrektes Produkt entwickelt (Verifikation), das die Anforderungen erfüllt?

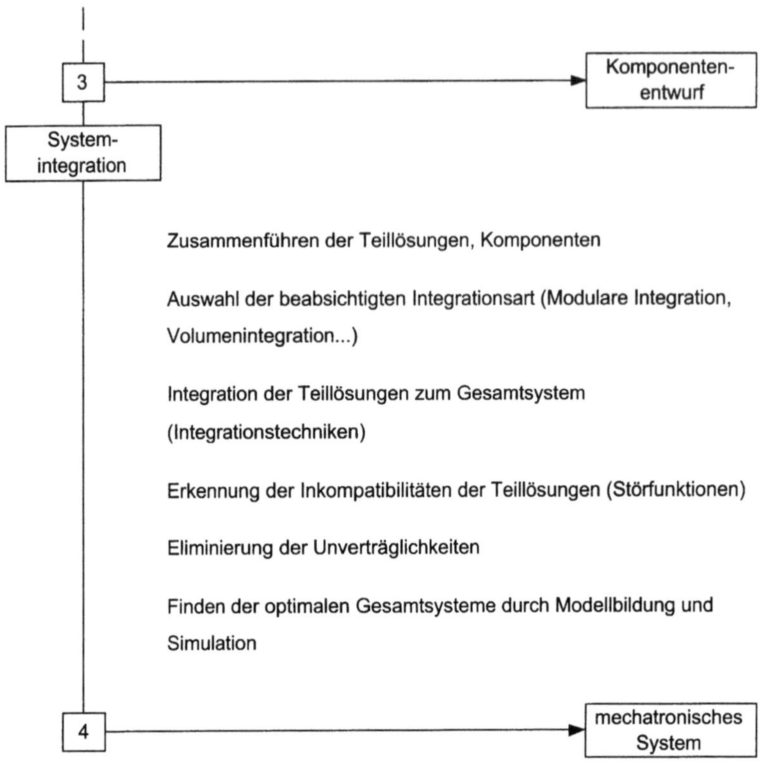

Bild 22.13: Tätigkeiten bei der Systemintegration [129]

- Wird ein richtiges Produkt entwickelt (Validierung), das für seinen Einsatzzweck geeignet ist?

Auf diese Weise können verschiedene Lösungsvarianten untereinander vergleichen oder im Vergleich zu einer idealisierten Lösug als Grad der Annäherung abgeschätzt werden.

Dabei spielen Modelle geeigneter Modellierungstiefe und leistungsfähige Modellierungssoftware eine entscheidende Rolle (Hardware in the loop, Software in the loop).

22.1.4 Integrativer Entwurf von Produkt und Produktionssystem

Um die funktionale und räumliche Integration zu erreichen, bedarf es auch geeigneter Technologien, die in Produktionssysteme integriert werden müssen.

Vor allem die räumliche Integration stellt hohe Anforderungen an den Produktionsprozess. So ist z. B. ein Produktionsprozess erforderlich, in dem mindestens mechanische,

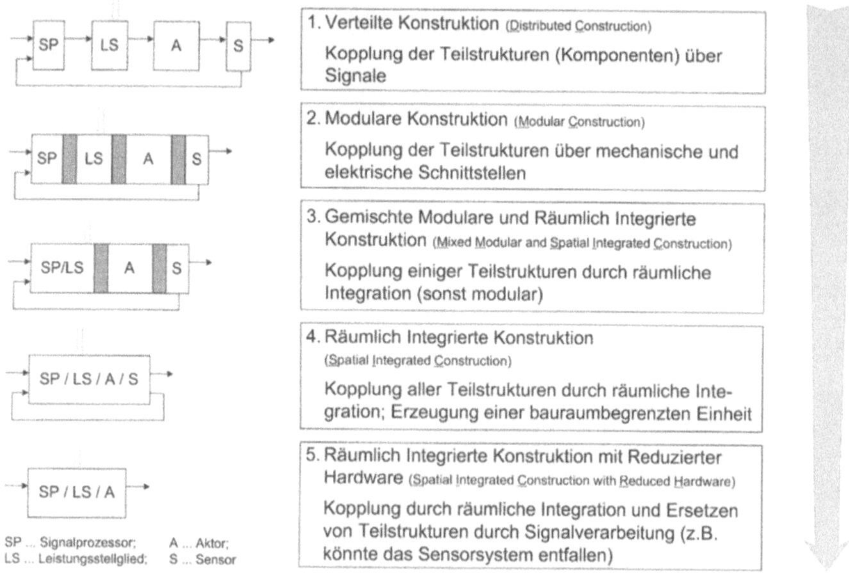

Bild 22.14: Integrationsarten mechatronischer Systeme

elektronische und informationstechnische Komponenten zu einer Baueinheit integriert und getestet werden müssen.

Zur Reduzierung der Entwicklungszeit bis zur Aufnahme der Serienproduktion und zur Abstimmung von Entscheidungen bereits in den frühen Phasen ist möglichst ein paralleler Entwurf der Produkte und des Produktionssystems anzustreben (siehe Bild 22.15).

22.2 Domänenspezifischer Entwurf magnetischer Antriebe

Magnetische Antriebe können auf verschiedenen physikalischen Krafterzeugungsprinzipien beruhen, z. B.

- Reluktanzkraft (Grenzflächenkraft) – Elektromagnete, Relais, Schrittmotoren,
- Lorentz-Kraft – Gleichstrommotoren, Elektrodynamische Antriebe,
- Magnetostriktion – Schwinger, Schrittmotoren,
- Magentic-Shape-Memory-Effekt.

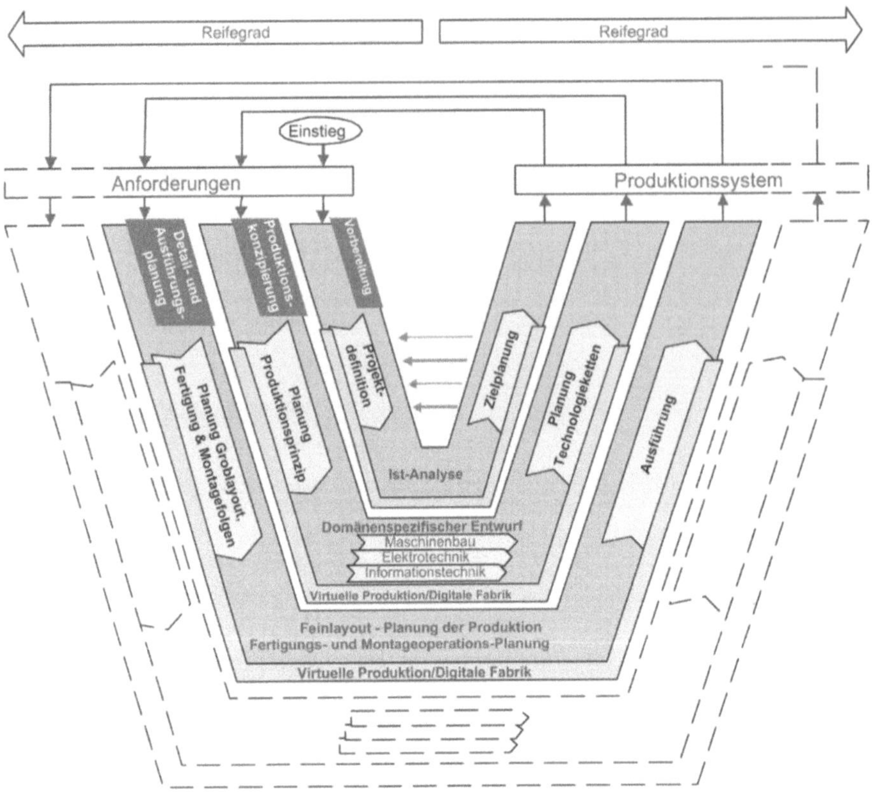

Bild 22.15: Iteratives Vorgehen beim Entwurf von Produktionssystemen für mechatronische Erzeugnisse

Trotz unterschiedlicher Berechnung der Kraft verläuft die Auslegung des Antriebs stets auf ähnliche Weise. Da das magnetische Feld ein Wirbelfeld ist, schließen sich die Feldlinien um die Erregerspule bzw. um einen Permanentmagneten. Das Feld wird an einem anderen Ort erzeugt als die Kraft ausgeübt werden soll. Entlang eines Eisenkreises wird der Fluss an diesen Ort (Arbeitsluftspalt) geleitet. Dabei ist das Eisenvolumen sowie das Spulenvolumen zu optimieren, weil häufig nur begrenzt Platz zur Verfügung steht, Forderungen an die Dynamik das Volumen indirekt begrenzen oder generell Materialkosten gespart werden müssen. Weiterhin ist die Erwärmung der Spule ein begrenzende Größe.

22.2.1 Modellierung von Magnetkreisen

Nach der Auswahl der Magnetgrundform, die entweder durch die Aufgabenstellung vorgeschrieben sein kann, aus objektiven Gründen folgt oder zur Bestimmung der Leistungsgrenzen getestet werden soll, besteht die Aufgabe, eine optimale Geometrie für die gegebene Aufgabenstellung zu finden.

Es handelt sich dabei um eine typische Optimierungsaufgabe. Auf der einen Seite erzeugt eine größere Spule ein größeres magnetisches Feld. Dieses muss durch den Eisenkreis geleitet werden, dessen Flussdichte durch die Sättigung ferromagnetischer Stoffe auf etwa $B = 2\,\mathrm{T}$ begrenzt ist. Auf der anderen Seite wächst die erzeugte Kraft bei gleicher Flussdichte proportional zur Querschnittsfläche. Beide Elemente, Eisenkreis und Spule teilen ein begrenztes Volumen.

Es ist sinnvoll, die Magnetkreisauslegung in zwei Schritten durchzuführen. Erstens werden in einer *Grobdimensionierung* die Hauptabmessungen des Antriebs bestimmt. Danach werden die Kennlinien im zweiten Schritt in einer *Feindimensionierung* durch Detaillierung der Geometrie am Arbeitsluftspalt der Belastung angepasst.

22.2.2 Grobdimensionierung mit der Netzwerkmethode

Für die Grobdimensionierung sind Netzwerkmodelle besonders gut geeignet. Netzwerkmodelle weisen folgende Eigenschaften auf:

- mittlere Genauigkeit (Probleme bei Inhomogenitäten oder lokalen Sättigungen),
- kurze Rechenzeit,
- Vergleich einer großen Variantenvielfalt möglich,
- leichte Parametrisierbarkeit durch wenige Elemente (Synthesefreundlichkeit),
- größerer Modellierungsaufwand,
- Nutzung der Rechenmethoden der Elektrotechnik,
- 2D-, 3D-Anwendungen gleich aufwändig.

Numerische Feldberechnung ist trotz wesentlich höherer Genauigkeit für diese Aufgabe weniger geeignet, weil zu diesem Zeitpunkt die konkreten Geometriemaße noch nicht vorliegen und der Rechenaufwand exponentiell mit der Anzahl freier Parameter steigt.

Die Berechnung der Netzwerkmodelle kann vorgenommen werden

- per Hand, Excel oder MathCAD (einfache Rechnungen und Netzwerke),
- mit Netzwerksimulatoren wie (P)Spice, Simplora,

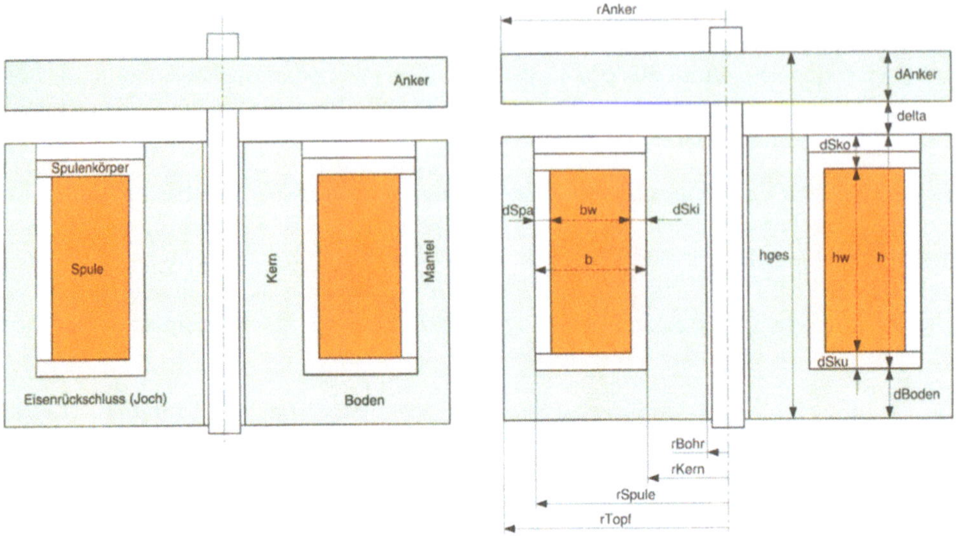

Bild 22.16: Magnetgrundform (links) und Geometriemodell (rechts)

- mit Computeralgebra bzw. Analogsimulatoren, z. B. Mathematica, Maple, Matlab/Simulink,
- mit spezialisierter Software, z. B. SESAM [121], AMESim.

Bevor das Netzwerk berechnet werden kann, muss es erstellt werden. Für dem Ziel der Ermittlung der optimalen Geometrie sind einige Besonderheiten bei der Modellierung zu berücksichtigen.

Aufstellen des Geometriemodells

Ein Magnetmodell enthält eine Vielzahl von Maßen, die zu bestimmen sind (Bild 22.16). Man kann die Geometriemaße prinzipiell in drei Kategorien einteilen:

1. *Feste Maße* sind durch die Aufgabenstellung bzw. deren Präzisierung oder durch technologische Gegebenheiten vorgegeben, beispielsweise der Durchmesser der Führungsstange, die Dicke des Spulenkörpers oder maximale Außenabmaße.
2. *Hauptabmessungen* sind unabhängige, variable Maße.
3. *Abhängige Maße* lassen sich stets durch die Verknüpfung von Hauptabmessungen, festen Maßen oder anderen bereits berechneten abhängigen Maßen bestimmen.

Um ein widerspruchsfreies Modell zu erhalten, ist es nötig, die Einteilung sorgfältig vorzunehmen. Die festen Maße sind stets vorgegeben. Für Bild 22.16 sind das beispielsweise:

$dSku = 0{,}4\,\mathrm{mm}$	Dicke Spulenkörperunterseite (Stabilität des Spulenkörpers, Erfahrungswert),
$dSko = 0{,}4\,\mathrm{mm}$	Dicke Spulenkörperoberseite (ebenso),
$dSki = 0{,}4\,\mathrm{mm}$	Dicke Spulenkörperinnenseite (ebenso),
$dSpa = 0{,}2\,\mathrm{mm}$	Dicke Spulenaußenseite (Sicherheit Draht bei Montage, Erfahrungswert),
$rBohr = 1{,}5\,\mathrm{mm}$	Radius der Führungsstange (durch Last oder Anschluss bestimmt),
$rTopf \leq 10\,\mathrm{mm}$	maximaler Topfdurchmesser (Gesamtgröße, Einbaumaß).

Hauptabmessungen dürfen sich nicht aus festen Maßen und anderen Hauptabmessungen ableiten lassen. Weiterhin sollten für Hauptabmessungen stets Elementarmaße verwendet werden. Das sind Maße, die sich nicht aus der *Addition* anderer Maße ergeben. Dann entstehen für beliebige Werte der Hauptabmessungen bei den abhängigen Maßen stets positive Werte, da sie nur aus Additionen aber nie aus Subtraktionen ermittelt werden. Ansonsten wären numerische Probleme z. B. beim Wurzelziehen oder beim Logarithmieren möglich und müssten im Modell durch Überprüfungen mit zusätzlichem Aufwand vermieden werden. Für das Beispiel in Bild 22.16 sind folgende Hauptabmessungen sinnvoll:

$rKern$	Kernradius ($rKern > rBohr$),
bw	Wickelkörperbreite,
hw	Wickelkörperhöhe.

In den meisten Fällen gibt es drei bis sechs Hauptabmessungen. Alle anderen Maße lassen sich nun berechnen. Dazu werden einerseits Maßketten herangezogen:

$h = hw + dSko + dSku$	Spulcnfensterhöhe
$b = bw + dSpa + dSki$	Spulenfensterbreite
$rSpule = rKern + b$	Spulenaußendurchmesser

und andererseits wird die Querschnittsbedingung ausgewertet. Sie besagt, dass die magnetische Flussdichte entlang der Flusslinie gleich groß sein sollte, um lokale Sättigungen zu vermeiden und somit das Eisen bestmöglich auszunutzen. Deshalb müssen die Querschnittsflächen im Kern, im Mantel, im Boden und im Anker gleich groß sein:

$$AKern = \pi(rKern^2 - rBohr^2),$$

$$AMantel = \pi(rTopf^2 - rSpule^2) \quad \Rightarrow \quad rTopf = \sqrt{\tfrac{AKern}{\pi} + rSpule^2},$$

$$ABoden = 2\pi \cdot rKern \cdot dBoden \quad \Rightarrow \quad dBoden = \tfrac{AKern}{2\pi rKern}.$$

Der Boden weist die Besonderheit auf, dass die Querschnittsfläche als Zylinderfläche mit dem Radius steigt. Hier ist der kleinste Querschnitt, d. h. die Innenseite zu wählen, damit Sättigung vermieden wird. Die aus den Bedingungen gleicher Flächen folgenden Formeln für den Außendurchmesser $rTopf$ und $dBoden$ können durch Einsetzen der Kernfläche $AKern$ weiter umgeformt werden. Bei algorithmischer Abarbeitung ist es jedoch sinnvoll, die Zwischenergebnisse mit dem Ziel der Verringerung auszuführender Rechenoperationen zu nutzen.

Die Maße des Ankers ergeben sich durch die Symmetrie

$$rAnker = rTopf,$$
$$dAnker = dBoden.$$

Aufstellen des magnetischen Netzwerks

Der Ausgangspunkt beim Erstellen eines magnetischen Netzwerks ist das Geometriemodell des Magnetkreises. Als günstig erweist sich eine Skizze bzw. Zeichnung des Magnetkreises, ggf. eine Schnittdarstellung (z. B. Bild 22.16). Bei aufwändigen Magnetkreisen hilft auch ein mit FEM berechneter Flusslinienverlauf. Das magnetische Netzwerk leitet sich aus der mittleren magnetischen Flusslinie ab.

Flusslinien sind wegen der Quellenfreiheit des magnetischen Feldes geschlossene Kurven, die einen elektrischen Leiter bzw. eine Spulenwicklung umschließen oder sich in einem Dauermagneten schließen. Durch die gegenüber Luft deutlich kleinere Permeabilität von *Eisenwerkstoffen* (etwa $\mu_r = 1000$) verlaufen Flusslinien so weit wie möglich im Eisen. Sie nehmen auch dort den kürzest möglichen Weg, da ein physikalisches System den Zustand des Energieminimums einnimmt. Auf Grund des nichtlinearen Verhaltens der B-H-Kennlinien von Eisen geht das Eisen jedoch bei hohen Flussdichten in Sättigung und verliert dann seine guten leitenden Eigenschaften. Konstruktiv dient das Eisen stets der Führung des magnetischen Flusses.

Magnetische Aktoren haben die Aufgabe, Kräfte und Bewegungen zu erzeugen. Das Streben des Magnetfeldes nach dem energieärmsten Zustand führt zur Minimierung der magnetischen Widerstände und entsprechender Kraftwirkung. Da sich das Eisen geometrisch nicht ändern kann, tritt Kraftwirkung nur an *Luftspalten* zwischen Eisenteilen auf, wenn sich diese gegeneinander bewegen können. Dient die Kraft der zu realisierenden Bewegung, so spricht man von *Arbeitsluftspalten*, ansonsten von *parasitären* oder *Nebenluftspalten*. Das bewegte Teil heißt *Anker*. Da Luft dem magnetischen Feld einen wesentlich größeren magnetischen Widerstand entgegensetzt als Eisen, belegt die Flusslinie immer den kürzesten Weg entlang des Luftspaltes. Konstruktiv dienen Luftspalte der Krafterzeugung bzw. der Ermöglichung von Bewegungen.

Im Inneren der Spule wird als Folge des Durchflutungsgesetzes auf die Flusslinie eine *Durchflutung* als *Spannungsquelle* eingefügt. Ihr Wert berechnet sich bei einer Spule

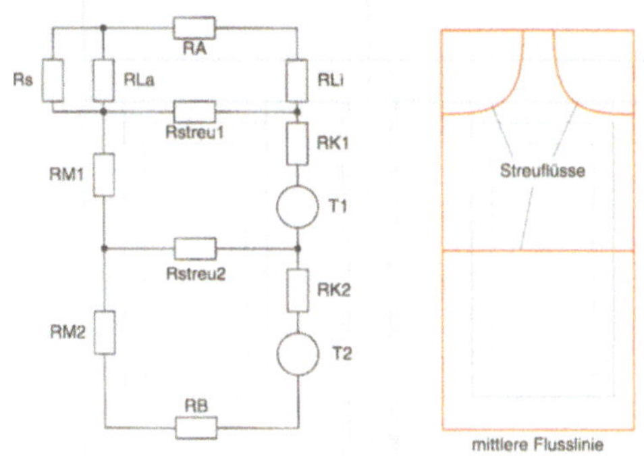

Bild 22.17: Mittlere Flusslinien (rechts) und einfaches Netzwerkmodell (links)

mit w Windungen über den fließenden Strom I und wird in Ampere (A) oder Amperewindungen (AW) angegeben:

$$\Theta = wI. \tag{22.2}$$

Für das Netzwerkmodell wird der Magnet entlang der Flusslinien in Bereiche mit möglichst homogener Feldverteilung zerlegt. Im Wesentlichen entsprechen diese Gebiete den Volumenelementen eines Materials, in denen eine gerade Flusslinie vorliegt. Mehrere parallele Flusslinien in einem Volumenelement werden zu einem magnetischen Widerstand

$$R_m = \frac{V}{\Phi} = \frac{\int \boldsymbol{H}\,\mathrm{d}\boldsymbol{l}}{\int \boldsymbol{B}\,\mathrm{d}\boldsymbol{A}} \tag{22.3}$$

zusammengefasst.

Besitzt ein Volumenelement eine *homogene Feldverteilung* und eine konstante relative Permeabilität μ_r, so berechnet sich der magnetische Widerstand über die Länge h und den konstanten Querschnitt A:

$$R_m = \frac{V}{\Phi} = \frac{Hh}{BA} = \frac{h}{\mu_0 \mu_r A}. \tag{22.4}$$

Diese Formel gilt für alle prismatischen Körper und findet Anwendung für den Arbeitluftspalt oder Eisenbereichen bei vernachlässigter Sättigung.

Bei *nichtlinearen B-H-Kennlinien* von Eisen (Permeabilität μ nicht konstant) müssen Länge l und Querschnittsfläche A bekannt sein, um den magnetischen Widerstand aus der B-H-Kennlinie des Material ermitteln zu können. In diesem Fall muss stets von einer homogenen Feldverteilung im gesamten Volumen ausgegangen werden. Im anderen Fall muss eine mittlere Querschnittsfläche angenommen werden oder der Körper in kleinere Bereiche zerlegt werden. Die Berechnung des magnetischen Netzwerks verlangt bei Vorhandensein nichtlinearer Widerstände einen iterativen Gleichungslöser. Der magnetische Widerstand der nichtlinearen Widerstände wird intern entweder über

$$V \implies H = \frac{V}{l} \implies B = B(H) \implies R_m = \frac{V}{B(H)A} \tag{22.5}$$

oder über

$$\Phi \implies B = \frac{\Phi}{A} \implies H = H(B) \implies R_m = \frac{H(B)l}{\Phi} \tag{22.6}$$

bestimmt. Welche der beiden Möglichkeiten Anwendung findet, hängt von der Methode ab, mit der das Gleichungssystem aufgestellt wird. Bei Knotenspannunganalyse wird beispielsweise (22.5) verwendet, bei Maschenstromanalyse (22.6). Die B-H-Kennlinie liegt in den meisten Fällen punktweise vor und lässt sich deshalb sowohl als $B = B(H)$ als auch als $H = H(B)$ approximieren, z. B. mittels Spline-Approximation.

Bestimmte nicht gerade Flussröhren, z. B. Halbkreise, Viertelkreise oder Schrägen, können bei konstanter Permeabilität zu etwas komplizierteren Widerstandsformeln integriert werden. Diese Formeln werden in z. B. Nebenluftspalten, Streufeldern am Arbeitsluftspalt oder durch die Spule angewendet.

Beispiel 1:
Radial durchflossener Hohlzylinder (Bild 22.18 rechts): Die Integration des magnetischen Widerstands wird über kleine Zylinderschalen mit der Dicke dr vorgenommen, durch die jeweils der gesamte magnetische Fluss hindurchfließt. Dies entspricht der Reihenschaltung differenzieller Widerstände.

$$R_m = \int_{r_i}^{r_a} \mathrm{d}R = \int_{r_i}^{r_a} \frac{\mathrm{d}r}{\mu_r \mu_0 2\pi r t} = \frac{\ln \frac{r_a}{r_i}}{2\pi \mu_r \mu_0 t}\,. \tag{22.7}$$

□

Beispiel 2:
Widerstand von Kanten an rechteckförmigen Querschnitten (Bild 22.18 links): Die Flusslinien weisen den gleichen Querschnitt, aber unterschiedliche Längen auf. Deshalb muss hier eine Parallelschaltung von differenziellen Widerständen verwendet werden:

$$\frac{1}{R_m} = G_m = \int_0^b \mathrm{d}G. \tag{22.8}$$

Die Länge eines differenziellen Leitwertes dG setzt sich aus dem senkrechten und dem schrägen Teil zusammen. Sein Querschnitt ist ein Rechteck mit den Seitenlängen t und dx. Damit gilt für das Integral:

$$G_m = \int_0^b \mathrm{d}G = \int_0^b \frac{\mu_r \mu_0 t \,\mathrm{d}x}{\delta + \frac{b-x}{\cos\alpha}}. \tag{22.9}$$

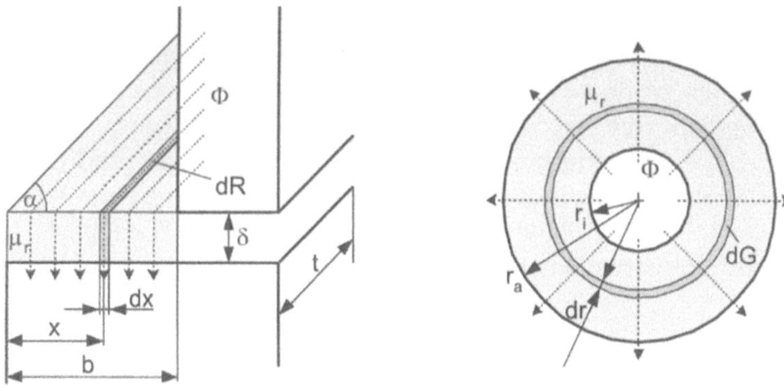

Bild 22.18: Beispiele zur Berechnung von magnetischen Widerständen inhomogener Magnetfelder: Widerstand von Kanten an rechteckförmigen Querschnitten (links) und radial durchflossener Hohlzylinder (rechts)

Die Integration wird über die inverse Kettenregel ausgeführt.

$$G_m = -\mu_r \mu_0 t \cos\alpha \int_0^b \frac{-\frac{1}{\cos\alpha}}{\delta + \frac{b-x}{\cos\alpha}} \,\mathrm{d}x = -\mu_r \mu_0 t \cos\alpha \ln \frac{\delta}{\delta + \frac{b}{\cos\alpha}} \tag{22.10}$$

bzw.

$$G_m = \mu_r \mu_0 t \cos\alpha \ln\left(1 + \frac{b}{\delta\cos\alpha}\right). \tag{22.11}$$

□

Streufelder durch die Spule treten vor allem bei langen Spulen auf ($h \gg b$). Um sie zu berücksichtigen, muss die Spule (Durchflutungsquellen) aufgeteilt werden. Dies geschieht am einfachsten, indem die Gesamtdurchflutung Θ entsprechend den Anteilen an der Windungszahl w gewichtet wird.

$$\Theta = \sum_{k=1}^{n} \Theta_k = \sum_{k=1}^{n} \frac{w_k}{w}\Theta \qquad \text{mit} \qquad w = \sum_{k=1}^{n} w_i. \tag{22.12}$$

Die im magnetischen Netzwerk in Bild 22.17 verwendeten Elemente haben zusammengefasst folgende synthesefreundliche Berechnung:

T1, T2	Theta/2,
RLa, RLi	delta/(μ_0·AKern)
RK1, RM1	Rnili(l=h/2, A=AKern, B-H-Kennlinie)
RK2, RM2	Rnili(l=(h+dBoden)/2, A=AKern, B-H-Kennlinie)
RB, RA	Rnili(l=b+(rKern+rBohr)/2, A=AKern, B-H-Kennlinie)
Rstreu1, Rstreu2	ln(rSpule/rKern)/(μ_0·2·π·h/2)
Rs	2 / (μ_0·2·π·rTopf·$\sqrt{2}$/2·ln(1+4·dAnker/$\sqrt{2}$·delta))

Bei der Aufstellung der Elementeberechnungen wurden einige Vereinfachungen vorgenommen, die für ein genaueres Modell angepasst werden müssten. So wurde für die radialen Widerstände RB und RA die kleinste Fläche angenommen. Das ergibt im Fall der Sättigung einen zu großen Widerstand. Gegebenenfalls muss ein mittlerer Radius verwendet werden. Für den Streuwiderstand Rs lässt sich keine exakte analytische Formel angeben. Als Näherung wurde der Umfang abgewickelt und mit Gl. (22.11) beschrieben. Der Winkel α wurde dabei mit 45° abgeschätzt und die Weite b mit der Ankerhöhe. Die Teilung der Spule wurde in zwei gleich hohe Teile (Höhe h) vorgenommen. Damit wird das Streufeld am Arbeitsluftspalt vorwiegend radial beschrieben.

Diese Elementebeschreibung ist deshalb synthesefreundlich, weil alle Elemente nur durch Materialparameter und Geometrieparameter beschrieben werden, die im Syntheseprozess frei festgelegt bzw. durch die Modellabhängigkeiten bestimmt werden können.

22.2.3 Optimierung unter statischen und dynamischen Gesichtspunkten

Die Optimierung der Hauptabmessungen unter statischen oder dynamischen Gesichtspunkten hat prinzipiell drei Optimierungsszenarien

- *Minimaler Bauraum (oder minimales Ankervolumen) bei vorgegebener Hubarbeit oder Kraft*

  Für die Bewegungsaufgabe, bei der die benötigte Anzugskraft, Haltekraft bzw. die daraus folgenden Hubarbeit gegeben sind, ist ein Antrieb zu dimensionieren, der ein minimales Volumen einnimmt. Aus Gründen des dynamischen Verhaltens könnte auch die Ankermasse minimiert werden oder die Anzugskraft aus einer vorgegebenen Hubzeit abgeschätzt werden.

- *Maximale Hubarbeit oder maximale Anzugkraft bei gegebenem Bauraum*

  Häufig ist der Bauraum durch das Einsatzgerät für den zu dimensionieren Antrieb vorgeben. Dann kann die Kraft maximiert werden, z. B. um die Schaltzeiten zu minimieren oder maximale Lasten zu bewegen.

- *Minimale Verlustleistung für gegebene Hubarbeit (Kraft) und ggf. begrenztem Bauraum*

  Die Forderung nach minimaler Verlustleistung entsteht aus dem Wunsch nach gutem Wirkungsgrad z. B. bei begrenzten Energieressoursen oder für die Reduzierung der Erwärmung des Antriebs.

Je nach Aufgabenstellung der Optimierung muss die Zielgröße (Zielfunktion) maximiert oder minimiert werden. Die Nebenbedingungen lassen sich als Liste von Ausschlusskriterien formulieren (z. B. $F_A \geq F_{min}$ – Anzugskraft soll eine Mindestkraft nicht unterschreiten) oder in Form eines Fehlermaßes ($E = (F_A - F_{min})^2 + \ldots$, wenn die Bedingung

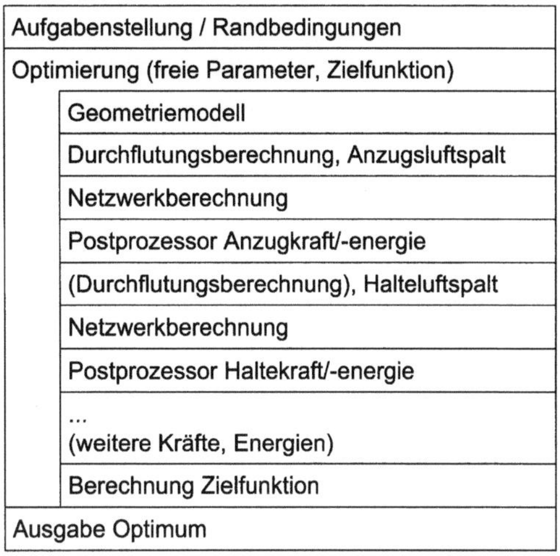

Bild 22.19: Algorithmus zur Optimierung der Hauptabmessungen von Magnetkreisen mit statischen Zielgrößen

nicht erfüllt ist). Das Fehlermaß hat den Vorteil, dass auch im Fall keiner Lösung im Lösungsraum eine Konfiguration gefunden werden kann, die die Bedingungen zwar nicht wie gefordert, aber noch am besten erfüllt.

Innerhalb der Optimierungsschleife (siehe Bild 22.19) nehmen die Hauptabmessungen Werte des Lösungsraumes an. Für diese Konfigurationen lassen sich im Geometriemodell alle weiteren Abmessungen (abhängigen Maße) bestimmen. Dazu zählt auch die Spulenfenstergeometrie (Spulenfensterfläche A_W, mittlere Windungslänge l_m). Aus diesen Größen wird die Durchflutung Θ geschätzt. Dafür gibt es zwei Varianten:

- *mittels maximal zulässiger Stromdichte* J_{zul}:

$$\Theta = J_{zul} k_{Cu} b_w h_w. \tag{22.13}$$

  Hierbei sind b_w und h_w die Spulenfensterbreite und -höhe und k_{Cu} der Kupferfüllfaktor ($k_{Cu} = 0,4 \ldots 0,6$ (siehe Abschnitt 22.4.3)). Die zulässige Stromdichte ist ein Erfahrungswert. Für Dauerbetrieb ohne spezielle Kühlungsmaßnahmen beträgt er $J_{zul} = 4\,\mathrm{A/mm^2}$. Wird der Antrieb mit einer relativen Einschaltdauer $ED < 1$ betrieben, erhöht sich die zulässige Stromdichte um den Faktor des Reziprokwerts des relativen Einschaltdauer (siehe Gl. (22.98)). Die Formel findet Anwendung, wenn keine Werte für die abführbare Wärmeleistung vorliegen.

- *mittels maximal zulässiger Verlustleistung* P_{vzul}:

$$\Theta = \sqrt{\frac{P_{vzul} k_{Cu} A_W}{\varrho_{warm} l_m}} \tag{22.14}$$

Die Herleitung dieser Formel ist in Abschnitt 22.4.3 dargestellt. Der spezifische Widerstand des Kupfers ist in Tabellenwerken für 20°C angegeben: $\varrho_{20} = 1{,}7 \cdot 10^{-}8\,\Omega\text{m}$. Er muss für eine korrekte Dimensionierung auf Wert im erwärmten Zustand umgerechnet werden:

$$\varrho_{warm} = \varrho_{20}(1 + \alpha(\vartheta - 20°C)) \qquad \text{mit} \qquad \alpha = 0{,}004/K \tag{22.15}$$

Diese Bestimmung der Durchflutung wird angewendet, wenn Erfahrungswerte über die abführbare Verlustleistung vorliegen oder eine Abschätzung der Erwärmung stattgefunden hat. Wird der Antrieb mit einer relativen Einschaltdauer $ED < 1$ betrieben, kann die zulässige Verlustleistung wie oben um den Faktor des Reziprokwert des relativen Einschaltdauer (siehe Gl. (22.98)) erhöht werden.

Zur Überprüfung, ob die Erwärmung tatsächlich nicht die maximal zulässige Temperatur überschreitet, sollte nach der Optimierung eine Thermiksimulation durchgeführt werden.

Sind die Geometriedaten und die Durchflutung bekannt, dann kann die Netzwerkberechnung und ein Postprozessor, der die Kräfte auswertet, vorgenommen werden. In vielen Optimierungsfällen werden mehrere Netzwerke und die dazu gehörenden Kräfte oder Energien ausgewertet, beispielsweise für den Anzugs- und Halteluftspalt oder für Kalt- und Warmdurchflutung.

Beispiel 3:
Für den Flachankermagneten in Bild 22.16 mit dem Geometrie- und Netzwerkmodell aus Abschnitt 22.2.2 soll im Folgenden eine Minimierung des Ankervolumens bei vorgegebener Hubarbeit und Verlustleistung durchgeführt werden. Damit gilt die Aufgabenstellung:

```
% Aufgabenstellung / Randbedingungen
% Geometrievorgaben
dSku = 0.4 mm               % Spulenkoerper unten
dSko = 0.4 mm               % Spulenkoerper oben
dSki = 0.4 mm               % Spulenkoerper innen
dSpa = 0.2 mm               % Lufttoleranz Spulenaussenseite
rBohr = 1.5mm               % Durchmesser Bohrung
rTopfmax = 10 mm            % maximaler Außendurchmesser (Topfdurchmesser)
%
% Bewegungsaufgabe
x = 0.5 mm                  % Hub
delta0 = 0.2 mm             % Restluftspalt
Wmechsoll = 1 Nmm           % Hubarbeit
%
%
kCu = 0.6                   % Kupferfüllfaktor (geschätzt)
rho20 = 1.7e-008            % elektr. Leitfähigkeit Kupfer
Pv = 1 W                    % Verlustleistung (Dauerbetrieb)
```

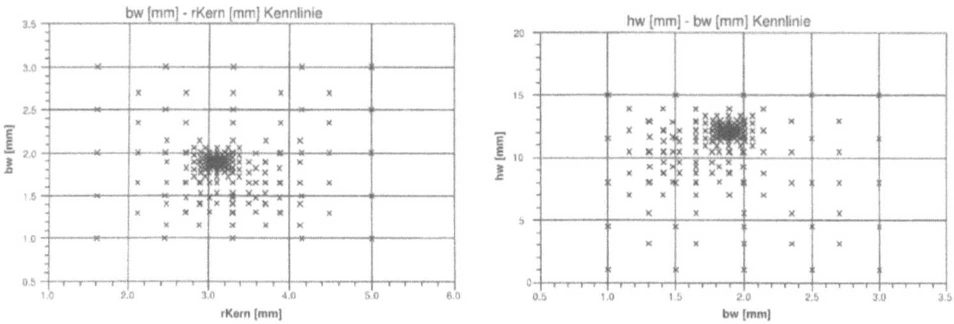

Bild 22.20: Optimierung der Hauptabmessungen für das Textbeispiel; die Diagramme zeigen die Entwicklung der Lösung bei einer adaptiven Parameterstudie

Die Optimierung lässt sich mit dem Algorithmus einer Parameterstudie mit sich verringernden Grenzen durchführen. Die Optimierungsvorgaben lauten zusammengefasst:

```
%Parameterstudie
iteration = 10
adaption radius = 0.7
parameter = rKern; value = 1.6mm : 5mm num 5
parameter = bw; value = 1mm : 3mm num 5
parameter = hw; value = 1mm : 10mm num 5
min = anker_volumen
restriction = Wmech > Wmechsoll
restriction = FA > 0.2 N
restriction error = (Wmech-Wmechsoll)^2
```

Für das Beispielnetzwerk ergeben sich nach der Optimierung entsprechend Bild 22.19 folgende Hauptabmessungen und Leistungsdaten (Auswahl):

```
rKern [mm]              2.883500
bw [mm]                 2.490000
hw [mm]                 9.971520
THETA                   169.955600
volumen [mm^3]          1688.557000
anker_volumen [mm^3]    137.920300
FA [N]                  0.243973
FH [N]                  2.444043
```

Im Bild 22.20 sind die Konfigurationen der Hauptabmessungen dargestellt, die im Optimierungsprozess berechnet wurden. Die Rechnung wurde in diesem Beispiel mit der Software SESAM der TU Ilmenau durchgeführt.

□

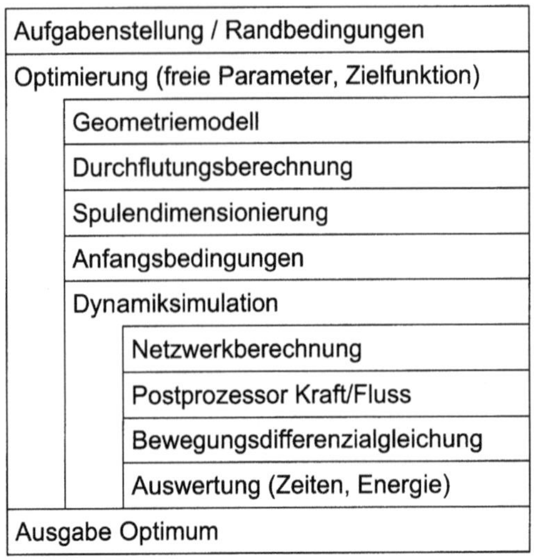

Bild 22.21: Algorithmus zur Optimierung der Hauptabmessungen von Magnetkreisen mit dynamischen Zielgrößen

22.2.4 Dynamiksimulation in der Optimierung

In statischen Optimierungen lassen sich die Anzugskraft und die Haltekraft berechnen, aus denen eine Federdimensionierung abgeleitet werden kann. Aus den sich ergebenen Zeitkonstanten können Aussagen zu den Schaltzeiten getroffen werden. Ebenso kann nach einer statischen Optimierung eine Spulendimensionierung und eine Dynamiksimulation (transiente Rechnung) durchgeführt werden, um die tatsächlichen Anzugs- und Abfallzeiten zu berechnen. Allerdings lässt sich mit dieser Methode nicht nachweisen, ob man wirklich die schnellste Konfiguration ermittelt hat. Dazu ist es nötig, die Dynamiksimulation in die Optimierungsschleife zu bringen (Bild 22.21).

Weitere Optimimierungsszenarien sind die Minimierung der Schaltenergie oder der mittleren elektrischen Leistung.

Als Beispiel für die Dynamiksimulation in der Optimierung dient die Aufgabenstellung aus Abschnitt 22.2.3. Sie muss nur um wenige Daten ergänzt werden:

```
...
tein = 10ms       % Einschaltzeit
...
UB = 24 V         % Betriebsspannung
...
rhoFe = 7850      % Dichte Eisen
```

Innerhalb der Dynamiksimulation einer Konfiguration werden die Anzugszeit t_1 und die Abfallzeit t_2 bestimmt. Als Zielfunktion für die Optimierung könnte die Summe beider als Schaltzeit $t_S = t_1 + t_2$ benutzt werden. Nebenbedingung für die Optimierung ist das Vorhandensein des Anschlags in der Endposition. Neben den drei Hauptabmessungen werden hier beispielhaft die Federparameter Steifigkeit c und Vorspannung F_0 in die Optimierung einbezogen:

```
%Parameterstudie
method=param
iteration = 10
adaption radius = 0.7
parameter = rKern; value = 1.6mm : 5mm num 5
parameter = bw; value = 1mm : 3mm num 5
parameter = hw; value = 1mm : 10mm num 5
parameter = F0; value = 0.0 N : 1 N num 5
parameter = c; value = 0 : 5 num 5
min = t1+t2
restriction = t1>0
restriction = t2>0
```

Die transiente Rechnung soll für ein Zeitintervall von 20 ms durchgeführt werden, wobei zum Zeitpunkt $t = 0$ ms eingeschaltet und zum Zeitpunkt $t = t_{ein} = 10$ ms wieder ausgeschaltet wird. Zur Definition der Aufgabenstellung der transiente Rechnung werden weiterhin Angaben zum elektrischen Kreis benötigt. Die erforderlichen Daten, Spulenwiderstand und Windungszahl, werden in der vorher ausgeführten Spulendimensionierung ermittelt (siehe Abschnitt 22.4.3). Als letztes wird vereinbart, wie der magnetische Fluss ermittelt wird (z. B. als gemittelter Fluss durch die Durchflutungsquellen).

```
%Spannungseinpraegung
times = 0 : 20ms num 400
voltage = UB*(step(time)-step(time-tein))
coil resistance = Spule_Rwarm
windings = Spule_w
mmf variable = THETA
flux evaluation = net; network=Magnet
iteration tasks = Magnet
```

In der Dynamiksimulation wird ebenfalls die Bewegungsdifferenzialgleichung gelöst. Die Beschleunigungskraft F_B ergibt sich aus der Magnetkraft abzüglich der Gegenkräfte (Federkraft, Last u. a.).

$$F_B = F_{mag} - \sum F_{geg} = ma \tag{22.16}$$

Über die bewegte Masse m wird aus der Beschleunigungskraft F_B die Beschleunigung $a = \ddot{x}$ berechnet. Durch eine doppelte Integration der Beschleunigung a beispielsweise mittels Recheckregel (Euler-Integration) erfolgt die Ermittlung von Geschwindigkeit und Position:

$$v(t + \Delta t) = v(t) + a\Delta t \tag{22.17}$$

$$x(t + \Delta t) = x(t) + v\Delta t \tag{22.18}$$

Zum Modell gehört ebenfalls das Anschlagsverhalten. Ein einfaches Modell (siehe Beispiel) ist, bei Überschreiten der Bewegungsgrenzen die Geschwindigkeit 0 und die Position auf die Grenze zu setzen. Genauere Modelle berücksichtigen das Prellen, bei dem die Geschwindigkeit aus einem teilelastischen Stoß mit der Stoßzahl e ermittelt wird.

$$v = -ev = -v\sqrt{\frac{h_2}{h_1}} \tag{22.19}$$

Die Stoßzahl ist material- und oberflächenabhängig und lässt sich in einem Fallexperiment ermitteln, bei dem ein Probekörper im freier Fall aus der Höhe h_1 bis zur Höhe h_2 zurückprallt.

Im folgenden Postprozessor ist ebenfalls die Bestimmung der Schaltzeiten realisiert:

```
% Kraftberechnung
Fmag = $FORCE
Ffeder = c*x
Fges = Fmag-Ffeder-F0-FL
% Bewegungsdifferenzialgleichung
v = v+Fges/m*timestep
x = x+v*timestep
delta = deltamax-x
% Anschlaege
IF x<0 THEN v=0
IF x<0 THEN x=0
IF x>hub THEN v=0
IF x>hub THEN x=hub
% Schaltzeiten speichern
IF x>0 AND t11=0 THEN t11=time
IF x=hub AND t1=0 THEN t1=time
IF time>tein AND x<hub AND t21=0 THEN t21=time-tein
IF time>tein AND x=0 AND t2=0 THEN t2=time-tein
```

Die Optimierung ergibt für das vorliegende Modell folgende Ergebnisse. Die in der Optimierungsschleife simulierten Zeitverläufe sind in Bild 22.22 dargestellt.

```
rKern [mm]        3.251000
bw [mm]           2.661495
hw [mm]           5.288500
```

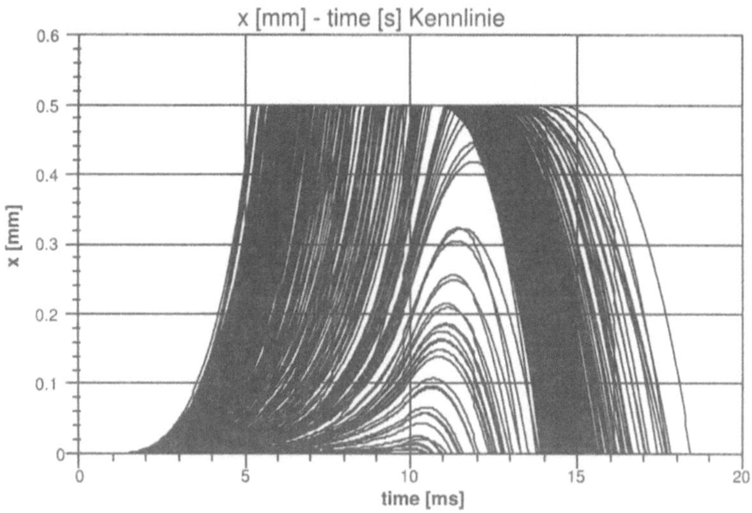

Bild 22.22: Optimierung mit Dynamiksimulation; die Diagramme zeigen die Entwicklung der Lösung im Weg-Zeit-Diagramm

```
F0 [N]                  0.000000
c [N/mm]                0.002025
anker_volumen [m^3]     2.03917e-007
volumen [m^3]           1.37821e-006
t11 [ms]                1.453634
t1 [ms]                 5.914787
t21 [ms]                1.478697
t2 [ms]                 4.686717
```

Dieses einfache Beispiel zeigt das Potenzial der Optimierung unter Berücksichtigung des dynamischen Verhaltens. Aufgrund des hohen Rechenaufwands ist es derzeit nicht möglich, Optimierungen mit FEM durchzuführen. Mit Netzwerkmodellen bleibt der Zeitaufwand in einem vernünftigen Maß.

22.2.5 Einsatz von numerischer Feldberechnung im Entwurf (Feindimensionierung)

Die Numerische Feldberechnung umfasst Methoden wie FEM (Finite Element Methode), BEM (Boundary Element Method) usw., die in Kapitel 19 beschrieben sind. Diese Methoden weisen gegenüber analytischen Rechnungen oder Netzwerkmethoden eine wesentlich höhere Genauigkeit auf. Dies liegt an der feine Vernetzung des Feldgebietes. Auf der anderen Seite steigt mit der feinen Vernetzung auch der Rechenaufwand zur Lösung des nichtlinearen Gleichungssystems. Das gilt vor allem für dreidimensionale

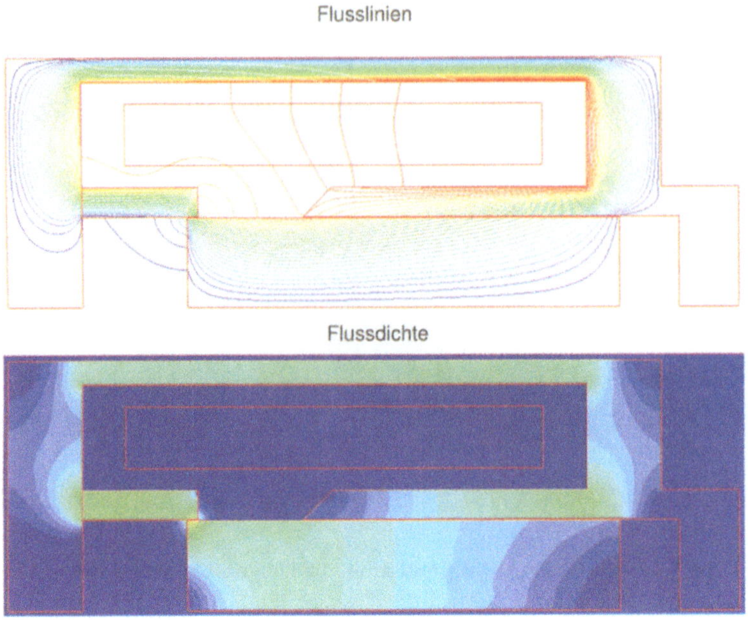

Bild 22.23: Feldbilder gerechnet mit FEM (Maxwell 10.0 der Firma Ansoft Corporation), Flusslinien und Flussdichteverteilung

Anordnungen. Aus diesem Grunde sollten so gut es geht Symmetrien und Periodizitäten ausgenutzt werden, z. B. Zylinderkoordinaten, Symmetrielinien und -ebenen.

Ebenfalls liegen in der Modellierung deutliche Unterschiede vor. Die Numerische Feldberechnung hat wesentlich weniger Aufwand bei der Modellierung, da nur ein CAD-Modell und die Materialkennlinien sowie Angaben zu den Quellen und Rändern eingegeben werden müssen. Für das CAD-Modell müssen die Geometriedaten jedoch auch vorliegen. Deshalb ist numerische Feldberechnung nicht synthesefreundlich.

Für den Entwurf von Antrieben wird numerische Feldberechnung zu folgenden Zwecken eingesetzt:

- *Analyse von Feldbildern.* Durch die exakte Kenntnis der Flussdichteverteilung und der Flusslinien (siehe Bild 22.23) können Sättigungsstellen im Eisenkreis erkannt und gezielt vermieden werden. Weiterhin lassen sich Streuflüsse identifizieren und minimieren. Dadurch kann der magnetische Wirkungsgrad verbessert werden.

  Die Flusslinien lassen sich auch nutzen, um ein Netzwerkmodell aufzustellen bzw. zu verifizieren. Die Flusslinien entsprechen im Wesentlichen der Topolgie des eines Netzwerkmodells. Quantitativ können die Flüsse durch bestimmte magnetische Widerstände durch Integration der Flussdichte entlang ausgewählter Linien (2D) bzw. Flächen (3D) überprüft werden.

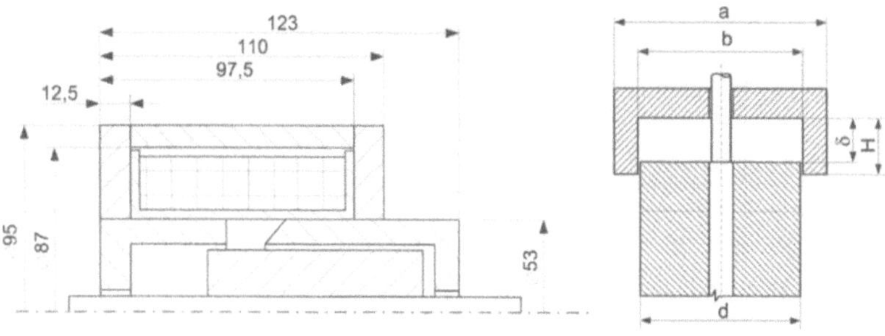

Kurve	H [mm]
K0	0
K1	25
K2	19,8
K3	14,1
K4	10
K5	5
K6	3,6

a = 53 mm
b = 43,3 mm
d = 43 mm

Bild 22.24: Aufbau des Beispielmagneten

- *Kennlinienbeeinflussung.* Die Form der Kraft-Weg-Kennlinie hängt entscheidend von der konstruktiven Gestaltung des Arbeitsluftspaltes ab. Bei Elektromagneten geschieht das durch bestimmte Anker-Ankergegenstück-Kombinationen, bei Schrittmotoren durch die Zahnform und -geometrie.

Das Bild 22.24 zeigt einen Magneten, bei dem die Form der Kraft-Weg-Kennlinie durch eine Kennlinienbeeinflussung in der Tauchstufe variiert wird.

Die Abhängigkeit der Magnetkraft vom Parameter H (Höhe das hohlzylindrischen Ankergegenstücks – Tauchstufe) zeigt das Bild 22.25. Mit größer werdender Höhe H bildet sich ein Kraftmaximum an der Stelle des Eintritts des Ankers in den Zylinder. Die Kennlinie hat gegenüber der Kennlinie des nicht beeinflussten Magneten ($H = 0\,\mathrm{mm}$) einen steigenden Abschnitt ein der Kennlinie. Diese kann zum Regeln oder zu einem besonderen Beschleunigungsverhalten genutzt werden (z. B. für Schlagmagnete).

Weitere Parameter für diese Form der Kennlinienbeeinflussung sind der Außendurchmesser a des hohlzylindrischen Ankergegenstücks und der parasitäre Luftspalt $((b-d)/2)$. Weitere konstruktive Formen des Anker-Ankergegenstück-Systems zeigt das Bild 22.26. Jede von ihnen weist einen charakteristischen Kraftverlauf über den Weg auf, mit dem eine Anpassung des Magnete an die Bewegungsaufgabe erfolgt.

Beim Entwurf von Elektromagneten mit Kennlinienbeeinflussung muss in zwei Schritten vorgegangen werden, weil die Netzwerkmethode zur Simulation der Anker-Ankergegenstück-Feldgebiete auf Grund lokaler Sättigungen und zum Teil wechselnder Topologie nicht geeignet sind. Deshalb werden im ersten Schritt für den nicht kennlinienbeeinflussten Magneten mit Netzwerkmethoden, wie in Abschnitt 22.2.2 beschrieben, die Hauptabmessungen bestimmt. Da die Kennlinienbeeinflussung zwar die Form, aber nicht das Integral unter der Kraft-Weg-Kennlinie (mechanische Energie) ändert, wird die Optimierung so durchgeführt, dass die Hubarbeit der Bewegungsaufgabe erreicht wird. Anschließend wird mit FEM für eine passende Anker-Ankergegenstück-Kombination die Feindimensionierung in Form von Parameterstudien durchgeführt.

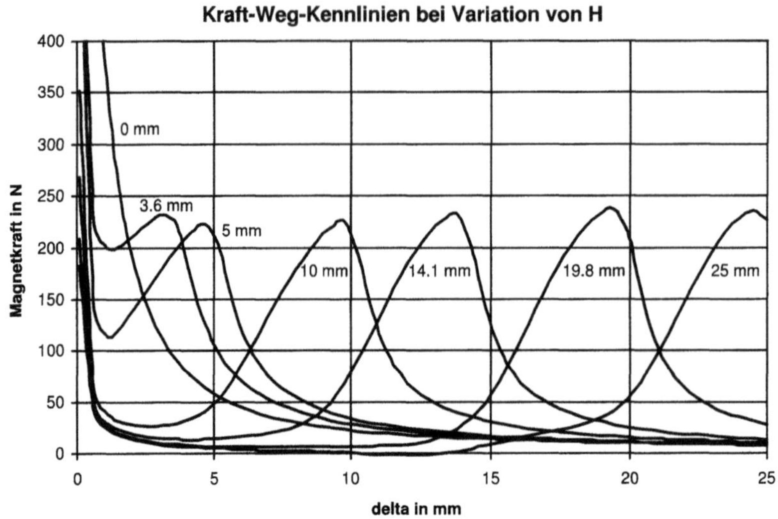

Bild 22.25: Beispiel für die Kennlinienbeeinflussung: Abhängigkeit der Kraft-Weg-Kennlinie von der Länge der Tauchstufe

22.3 Rechenmodell zur Optimierung von Magnetkreisen mittels Netzwerkmethoden

22.3.1 Simulation magnetischer Netzwerke

Die Simulation magnetischer Felder mittels Netzwerken beruht auf der Analogie zwischen dem magnetischen Feld und dem elektrischen Strömungsfeld. Diese Analogie hat ihre Ursache in der Formgleichheit der Maxwellschen Gleichungen. Das Ziel ist die Nutzung der umfangreichen bereits existierenden Methoden zur Simulation von elektrischen Netzwerken oder sogar die Nutzung kommerziell verfügbarer Software-Pakete, z. B. Spice.

In der Tabelle 22.1 sind die vergleichbaren elektrischen und magnetischen Größen gegenübergestellt.

Zu beachten ist, dass analoge Größen unterschiedlicher physikalischer Natur sein können. Dies lässt sich an der physikalischen Einheit erkennen. Beispielsweise wird die magnetische Spannung V in A angegeben. Ein anderes Beispiel für den unterschiedlichen physikalischen Inhalt ist der elektrische und der magnetische Widerstand. Während der elektrische Widerstand R ein Energieverbraucher ist, stellt der magnetische Widerstand R_m einen Energiespeicher dar. Entgegengesetzt dazu ist die Induktivität L ein Energiespeicher und das Wirbelstromelement (magnetische Induktivität L_m) ein Energieverbraucher.

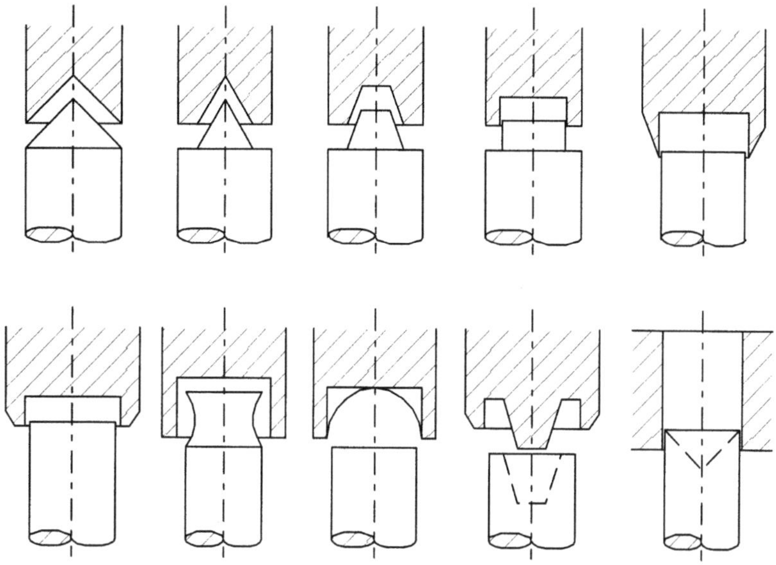

Bild 22.26: Häufig angewandte Ausführungen von konstruktiven Kennlinienbeeinflussungen

Netzwerklöser für magnetische Netzwerke können also alle Methoden der Netzwerktheorie benutzen, insbesondere lassen Berechnungsmethoden für Widerstandsnetzwerke gewenden (siehe Teil 1, Abschnitt 4.2), z. B. die Knotenspannungsanalyse

$$\mathbf{KYK}^{\mathrm{T}}\boldsymbol{V}_p = \mathbf{KY}\boldsymbol{V}_z^e \tag{22.20}$$

oder die Maschenstromanalyse

$$\mathbf{MZM}^{\mathrm{T}}\boldsymbol{\Phi}_M = -\mathbf{M}\boldsymbol{V}_z^e. \tag{22.21}$$

Hierbei stellen $\mathbf{M}$ die Maschen-Zweig-Inzidenzmatrix, $\mathbf{K}$ die Knoten-Zweig-Inzidenzmatrix sowie $\mathbf{Z}$ und $\mathbf{Y}$ die Impedanz bzw. Admittanzmatrix der magnetischen Widerstände dar. $\boldsymbol{V}_p$ sind die magnetischen Knotenpotenziale, $\boldsymbol{\Phi}_M$ die Maschenflüsse, $\boldsymbol{V}_z^e$ die magnetischen Spannuungsquellen, d. h. Durchflutungen und Dauermagnetquellen. Die magnetischen Knotenpotenziale bzw. Maschenflüsse müssen nach der Gleichungslösung noch in die Zweigflüsse und Zweigspannungen umgerechnet werden.

Die Maschenstromanalyse erzeugt für die meisten magnetischen Netzwerke die kleineren Gleichungssysteme. Diese sind auf der anderen Seite jedoch wesentlich schwieriger aufzustellen, da aus der Topologie zuerst geeignete Maschen gewonnen werden müssen.

Die Besonderheit magnetischer Netzwerke ist allerdings, dass die magnetischen Widerstände für die eingesetzen ferromagnetischen Eisenmaterialien extrem nichtlinear sind und deshalb besondere mathematische Algorithmen zur Lösung der Gleichungssysteme verwendet werden müssen.

Tabelle 22.1: Analogiebeziehungen zwischen magnetischen und elektrischen Größen und Gesetzen

elektrisch			magnetisch		
Feldgrößen					
spezifische Leitfähigkeit	$\varkappa$	$\frac{\mathrm{A}}{\mathrm{Vm}}$	Permeabilität	μ	$\frac{\mathrm{Vs}}{\mathrm{Am}}$
elektr. Feldstärke	E	$\frac{\mathrm{V}}{\mathrm{m}}$	magn. Feldstärke	H	$\frac{\mathrm{A}}{\mathrm{m}}$
Stromdichte	$J = \varkappa E$	$\frac{\mathrm{A}}{\mathrm{m}^2}$	Flussdichte	$B = \mu H$	$\frac{\mathrm{Vs}}{\mathrm{m}^2}$
Integralparameter					
elektr. Spannung	$U = \int E\mathrm{d}l$	V	magn. Spannung	$V = \int H\mathrm{d}l$	A
			Durchflutung	$\Theta = wI = \oint H\mathrm{d}l$	A
Strom	$I = \int J\mathrm{d}A$	A	magn. Fluss	$\Phi = \int B\mathrm{d}A$	Vs
ohmscher Widerstand	$R = \frac{U}{I}$	$\frac{\mathrm{V}}{\mathrm{A}}$	magn. Widerstand	$R_m = \frac{V}{\Phi}$	$\frac{\mathrm{A}}{\mathrm{Vs}}$
Induktivität	$L = \frac{\Psi}{I}$	$\frac{\mathrm{Vs}}{\mathrm{A}}$	Wirbelstrom (magn. Induktivität)	$L_m = \frac{1}{R_{el}}$	$\frac{\mathrm{A}}{\mathrm{V}}$
Leistung	$P = UI$	W	magn. Energie	$W = \int V\mathrm{d}\Phi$	Ws
Knotensatz / Schnittgesetz					
	$\sum_\nu I_\nu = \sum_\lambda I_{q\lambda}$			$\sum_\nu \Phi_\nu = 0$	
Maschensatz					
	$\sum_\nu U_\nu = \sum_\lambda U_{q\lambda}$			$\sum_\nu V_\nu = \sum_\lambda \Theta_\lambda$	

22.3.2 Energie- und Kraftberechnung mit magnetischen Netzwerken

Defintion der magnetischen Energie

Die Kraft und die Hubarbeit von Elektromagneten lassen sich aus dem Energieerhaltungssatz ableiten [46]. Für den elektrischen Teil des Magneten gilt an dessen Klemmen der Maschensatz

$$u(t) = R\, i(t) + \frac{\mathrm{d}\psi(i, x, t)}{\mathrm{d}t}, \tag{22.22}$$

wobei $u(t)$ die eingeprägte Spannung, R der ohmsche Widerstand der Wicklung und $\mathrm{d}\psi/\mathrm{d}t$ die Induktionsspannung sind. Durch Multiplikation der gesamten Gleichung mit $i(t)\ \mathrm{d}t$ ergibt sich die Energiebilanz des elektrischen Kreises des Magneten

$$u(t)\, i(t)\ \mathrm{d}t = R\, i^2(t)\ \mathrm{d}t + i\ \mathrm{d}\psi. \tag{22.23}$$

Die Änderung der eingeleiteten elektrischen Energie teilt sich auf in die Änderung der ohmschen Verluste, die über den elektrischen Widerstand der Spule in Wärme umgewandelt werden, und die Änderung der Energie des Magnetkreises:

$$\mathrm{d}W_{el} = \mathrm{d}W_{therm} + \mathrm{d}W_{mag,ges}. \tag{22.24}$$

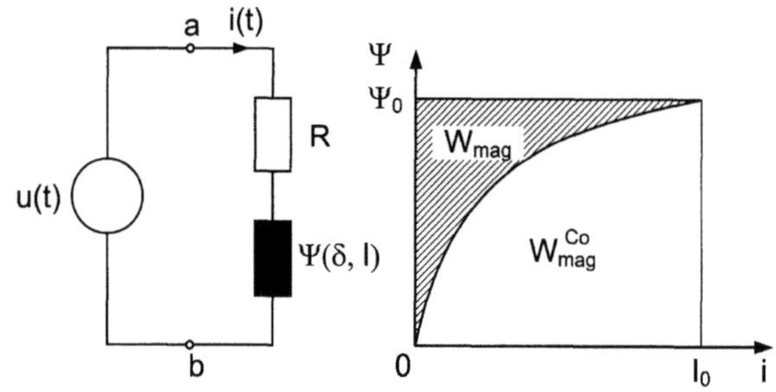

Bild 22.27: Definition der magnetischen Energie und der Co-Energie

Die Änderung der Energie des Magneten umfasst die Änderung der Energie des magnetischen Feldes und kann einen mechanischen Anteil enthalten, wenn eine Bewegung stattfindet:

$$i \, \mathrm{d}\psi = \mathrm{d}W_{mech} + \mathrm{d}W_{mag}. \tag{22.25}$$

Definition 22.1 *Die* magnetische Energie *in einem ruhenden System an der Posititi-on δ, d. h. die im Magnetfeld gespeicherte Energie, wird durch Integration des elektrischen Stroms über den verketteten magnetischen Fluss bestimmt:*

$$W_{mag}(\delta, \Psi_0) = \int_0^{\Psi_0} I(\delta, \psi) \, \mathrm{d}\Psi. \tag{22.26}$$

Die magnetische Energie ist bei Vernachlässigung der magnetischen Hysterese unabhängig vom Aufmagnetisierungsprozess, d. h. unabhängig von der Zeit. Die Abhängigkeit $I(\delta, \Psi)$ ist in der Regel wegen des nichtlinearen Verhaltens von ferromagnetischen Eisenwerkstoffen nichtlinear.

Definition 22.2 *Zur magnetischen Energie wird die* magnetische Co-Energie *als Differenz zum umschreibenden Rechtecht $I_0\Psi_0$ definiert (siehe auch Bild 22.27):*

$$W_{mag}^{Co}(\delta, I_0) = I_0\Psi_0 - W_{mag}(\delta, \Psi_0) = \int_0^{I_0} \Psi(\delta, I) \, \mathrm{d}I. \tag{22.27}$$

Magnetkraft und magnetische Energie

Die mechanische Arbeit $\mathrm{d}W_{mech}$ lässt sich über die Kraftwirkung entlang des Weges ausdrücken ($F\mathrm{d}s$). Um zur Magnetkraft zu gelangen, kann man also die Änderung der

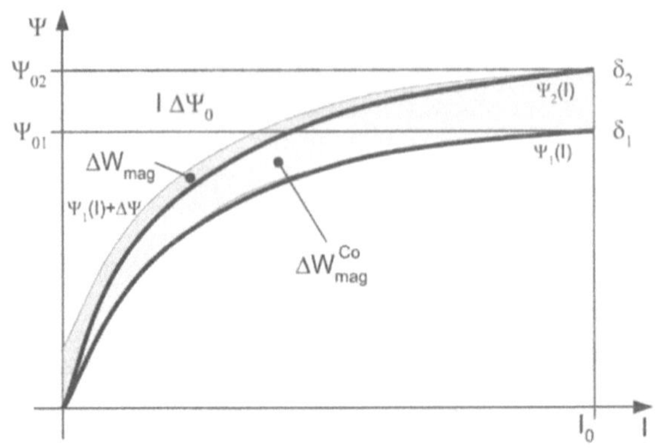

Bild 22.28: Veränderung der magnetischen Energien bei einer Veränderung des Luftspaltes

Energieverhältnisse bei einer differenziellen Verrückung dδ des Ankers betrachten. Für den stationären Zustand ändert sich der Strom dabei nicht. Aus

$$I_0 \Psi_0(\delta) = W_{mag}^{Co}(\delta, I_0) + W_{mag}(\delta, \Psi_0) \tag{22.28}$$

folgt für differenzielle Änderung von δ

$$I_0 \, \mathrm{d}\Psi_0(\delta) = \mathrm{d}W_{mag}^{Co}(\delta, I_0) + \mathrm{d}W_{mag}(\delta, \Psi_0). \tag{22.29}$$

Der Vergleich mit Gl. 22.25 zeigt, dass die Änderung der magnetischen Co-Energie gerade der Änderung der mechanischen Energie entspricht, welche auf die Wirkung der Magnetkraft zurückzuführen ist:

$$\mathrm{d}W_{mag}^{Co}(\delta, I_0) = \mathrm{d}W_{mech} = F \, \mathrm{d}\delta. \tag{22.30}$$

Die Verhältnisse der magnetischen Energie und der Co-Energie bei zwei verschiedenen Luftspalten werden im Bild 22.28 illustriert. Die Differenz der Co-Energien wird durch die Fläche zwischen den beiden Ψ-I-Kennlinien und der Linie $I{=}I_0$ ausgedrückt. Die Änderung der magnetischen Energie erhält man, indem man die untere Ψ-I-Kennlinie um den Betrag $\Delta\Psi = \Psi_{02} - \Psi_{01}$ nach oben verschiebt und die eingeschlossene Fläche mit der anderen Ψ-I-Kennlinie und der Ordinatenachse erfasst.

Aus Gl. 22.30 erhält man durch Umstellen die **Bestimmungsgleichung der Magnetkraft**:

$$F = \frac{\mathrm{d}W_{mag}^{Co}}{\mathrm{d}\delta} = \frac{\mathrm{d}}{\mathrm{d}\delta} \int_0^{I_0} \Psi(\delta, I) \, \mathrm{d}I. \tag{22.31}$$

Diese Bestimmungsgleichung ist von hohem Allgemeinheitsgrad. Es gibt keine Einschränkungen, weder bezüglich der Nichtlinearitäten der Eisenwerkstoffe noch bezüglich der konkreten Geometrie, d. h., alle Streufelder sind mit erfasst.

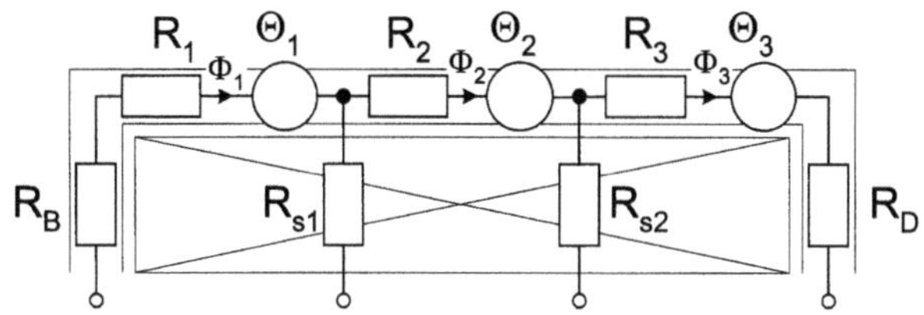

Bild 22.29: Beispiel für ein Netzwerk mit aufgeteilten Durchflutungen

In der Praxis können die $\Psi(\delta, I)$-Kennlinien analytisch nur durch eine fehlerbehaftete Approximationsfunktion angegeben werden. Aus diesem Grund wird die Ableitung nach δ in der Regel durch einen Differenzenquozienten angenähert.

Die magnetische Co-Energie bei geteilten Quellen

Die Gleichung 22.31 zur Bestimmung der Magnetkraft aus der magnetischen Co-Energie lässt sich ohne Probleme bei einmaschigen magnetischen Netzwerken anwenden. In diesen Fällen kann man zu einem Strom I und einem Luftspalt δ genau einen magnetischen Fluss Φ berechnen. Der verkettete Fluss Ψ ergibt sich dann über die Windungszahl w:

$$\Psi(I, \delta) = w\Phi(I, \delta). \tag{22.32}$$

Genauere Magnetmodelle erfassen auch Streuflüsse, die nicht durch den Arbeitsluftspalt fließen. Die Streuflüsse durch die Spule werden von Streuwiderständen erfasst, wie es im Bild 22.29 exemplarisch dargestellt ist. Da die Streuwiderstände ein bestimmtes Volumen zusammenfassen, jedoch in Knoten des äußeren Kreises enden, spalten sich die Durchflutungsquelle und der Eisenwiderstand auf (im Bild in drei Teile).

Die Werte der einzelnen Durchflutungsquellen entsprechen dem jeweiligen Anteil an der Gesamtwindungszahl.

$$\Theta_\nu = w_\nu \Theta. \tag{22.33}$$

Das bedeutet nicht, dass die Quellen in gleiche Teile zerlegt werden müssen. Die Summe der einzelnen Quellen muss aber stets die Gesamtdurchflutung ergeben:

$$\Theta = \sum_{\nu=1}^{Q} \Theta_\nu = \sum_{\nu=1}^{Q} \frac{w_\nu}{w} \Theta \qquad \text{mit} \qquad w = \sum_{\nu=1}^{Q} w_\nu. \tag{22.34}$$

Die Aufteilung der Quellen in Q Maschen bewirkt, dass die Flüsse in allen Quellzweigen unterschiedlich sein können, sogar, wenn die Teilquellen gleich groß gewählt wurden. In diesem Fall muss der verkettete magnetische Fluss wie folgt bestimmt werden. Gemäß seiner Definition ist der verkettete Fluss Ψ die Summe der Flüsse Φ_k, die von jeder einzelnen Windung umschlossen werden. Bei den konzentrierten Elementen des Netzwerks sind dabei jeweils die Flüsse eines der Q Teilabschnitte gleich. Folglich gilt:

$$\Psi = \sum_{k=1}^{w} \Phi_k = \sum_{\nu=1}^{Q} w_\nu \Phi_\nu, \tag{22.35}$$

wobei w_ν die Windungszahl und Φ_ν der magnetische Fluss im ν-ten Element sind.

Für die magnetische Co-Energie ergibt sich daraus:

$$W_{mag}^{Co} = \int_0^{I_{max}} \Psi \, \mathrm{d}I = \int_0^{I_{max}} \sum_{\nu=1}^{Q} w_\nu \Phi_\nu \, \mathrm{d}I. \tag{22.36}$$

Ersetzt man den Strom I durch die Durchflutung ($I = \Theta/w$), so erhält man:

$$W_{mag}^{Co} = \int_0^{\Theta_{max}} \Psi \, \mathrm{d}\frac{\Theta}{w} = \int_0^{\Theta_{max}} \sum_{\nu=1}^{Q} \frac{w_\nu}{w} \Phi_\nu \, \mathrm{d}\Theta. \tag{22.37}$$

Dann kann man die Summe und das Integral vertauschen.

$$W_{mag}^{Co} = \sum_{\nu=1}^{Q} \int_0^{\Theta_{max}} \frac{w_\nu}{w} \Phi_\nu \, \mathrm{d}\Theta. \tag{22.38}$$

Die Durchflutung eines Teilabschnitts entspricht nur dem jeweiligen Anteil an der Windungszahl ($\Theta_\nu = \Theta \cdot w_\nu/w$). Es folgt:

$$W_{mag}^{Co} = \sum_{\nu=1}^{Q} \int_0^{\Theta_{\nu max}} \Phi_\nu \, \mathrm{d}\Theta_\nu = \sum_{\nu=1}^{Q} W_{mag_\nu}^{Co}. \tag{22.39}$$

Das entstandene Integral entspricht gerade dem Anteil der magnetischen Co-Energie, den die einzelnen Durchflutungen (Quellen) einbringen.

Für die praktische Umsetzung der Netzwerkmethode ist Gleichung (22.37) am besten geeignet, weil bei ihr die Integration nur einmal ausgeführt werden muss. Die magnetische Co-Energie von Netzwerken mit zerlegten Durchflutungsquellen wird aus dem Integral der gewichteten Summe der magnetischen Flüsse durch alle Quellen gebildet.

Vereinfachte Energieermittlung in magnetischen Netzwerken

Die Methode der Berechnung der magnetischen Co-Energie in komplexeren Netzwerken nach Gl. (22.37) ist sowohl in linearen als auch in nichtlinearen Netzwerken gültig, da sie nur die Flüsse durch die Spannungsquellen betrachtet. Diese Methode hat aber auch einige Nachteile.

Für die Ermittlung der magnetischen Energie muss das Netzwerk bisher mit der Durchflutung $\Theta = 0$ bis $\Theta = \Theta_{max}$ an genügend vielen Stützstellen berechnet werden. An diesen Stützstellen werden die gewichteten Flüsse gemittelt und diskret aufsummiert. Für eine glatte Φ-Θ-Kennlinie sind etwa 10 bis 20 Stützstellen sinnvoll. Das heisst, für eine Energie sind 10 bis 20 nichtlineare Netzwerkberechnungen auszuführen.

Ein weiterer Nachteil ist, dass das Durchlaufen der Durchflutung von $\Theta = 0 \ldots \Theta_{max}$ den inneren Zustand des Systems verändert. Damit wird es sehr umständlich oder sogar unmöglich, Simulationen durchzuführen, bei denen der Zustand des Magnetkreises entscheidend ist, z. B. transiente Rechnungen (Ein- und Abschalten) oder Hysteresesimulationen.

Mit einem Netzwerkmodell ist es möglich, die Energieermittlung so abzuwandeln, dass diese Nachteile nicht mehr auftreten [120]. Die folgende Ableitung zeigt, wie dies gelingt. Der Ausgangspunkt ist Gl. (22.39).

Nach dem Energieerhaltungssatz ist in einem Netzwerk die Summe der Energien, welche die Q Quellen einspeisen, gleich der Summe der Energien, welche die N Verbraucher (die magnetischen Widerstände) aufnehmen:

$$\sum_{\nu=1}^{Q} W_{mag_\nu}^{Co} = \sum_{\lambda=1}^{N} W_{mag_\lambda}^{Co} \tag{22.40}$$

Somit kann man statt der Quellen auch die N magnetischen Widerstände nutzen, um die magnetische Co-Energie des Systems zu ermitteln:

$$W_{mag}^{Co} = \sum_{\lambda=1}^{N} \int_0^{V_\lambda} \Phi_\lambda \, \mathrm{d}V_\lambda, \tag{22.41}$$

wobei V_λ die magnetische Spannung ist, die über dem Widerstand R_{mag_λ} abfällt.

Im nächsten Schritt werden die N_{lin} linearen und die N_{nili} nichtlinearen Widerstände in getrennten Summen geschrieben.

$$W_{mag}^{Co} = \sum_{\lambda=1}^{N_{lin}} \int_0^{V_\lambda} \Phi_\lambda \, \mathrm{d}V_\lambda + \sum_{\lambda=1}^{N_{nili}} \int_0^{V_\lambda} \Phi_\lambda \, \mathrm{d}V_\lambda \qquad (N_{lin} + N_{nili} = N). \tag{22.42}$$

Die Integrale der linearen Widerstände lassen sich durch das Hopkinsonsche Gesetz ($V = R_{mag}\Phi$) auflösen. Bei den nichtlinearen Widerständen muss man von homogener Feldverteilung ausgehen, wenn man das Feld zu einem einzigen Widerstand mit einheitlicher (nichtlinearer) Permeabilität zusammenfassen will. Dazu überführt man die integralen Größen V_λ und Φ_λ in die Feldgrößen H_λ bzw. B_λ bezogen auf die konkrete Geometrie l_λ, A_λ:

$$W_{mag}^{Co} = \sum_{\lambda=1}^{N_{lin}} \int_0^{V_\lambda} \frac{V_\lambda}{R_{mag\lambda}} \mathrm{d}V_\lambda + \sum_{\lambda=1}^{N_{nili}} \int_0^{H_\lambda l_\lambda} B_\lambda A_\lambda \, \mathrm{d}(H_\lambda l_\lambda) \tag{22.43}$$

Durch Vereinfachen erhält man

$$W_{mag}^{Co} = \sum_{\lambda=1}^{N_{lin}} \frac{V_\lambda^2}{2R_{mag\lambda}} + \sum_{\lambda=1}^{N_{nili}} A_\lambda l_\lambda \int_0^{H_\lambda} B_\lambda \, \mathrm{d}H_\lambda \tag{22.44}$$

bzw.

$$W_{mag}^{Co} = \sum_{\lambda=1}^{N_{lin}} \frac{1}{2} V_\lambda \Phi_\lambda + \sum_{\lambda=1}^{N_{nili}} A_\lambda l_\lambda \int_0^{V_\lambda / l_\lambda} B_\lambda \, \mathrm{d}H_\lambda . \tag{22.45}$$

Das in der Formel verbliebene Integral lässt sich ebenfalls eliminieren, wenn man folgende Überlegung anstellt. Integriert wird die B-H-Kennlinie des Eisenwerkstoffs, wobei die obere Grenze durch die magnetische Spannung über dem Widerstand bestimmt wird. Diese Integration ist für jeden Zustand dieses Materials und auch für andere Eisenwiderstände des gleichen Materials immer dieselbe. Sie kann also vor Beginn der Rechnung einmal durchgeführt werden und als Funktion w_{mag}^{Co} in Abhängigkeit der oberen Grenze H abgelegt werden:

$$w_{mag}^{Co}(H) = \int_0^{H} B \, \mathrm{d}H^* . \tag{22.46}$$

Vom physikalischen Inhalt ist $w_{mag}^{Co}(H)$ eine Energiedichtefunktion. Zu beachten ist, dass die unabhängige Variable der Funktion die obere Grenze ist. Deshalb wurde die Integrationsvariable mit H^* bezeichnet. Die Berechnung der Co-Energie hat nun die Form:

$$W_{mag}^{Co} = \sum_{\lambda=1}^{N_{lin}} \frac{1}{2} V_\lambda \Phi_\lambda + \sum_{\lambda=1}^{N_{nili}} A_\lambda l_\lambda w_{mag}^{Co} \left(\frac{V_\lambda}{l_\lambda} \right) \tag{22.47}$$

Die entstandene Formel zur Berechnung der Co-Energie besitzt gegenüber Gl. (22.37) deutliche rechentechnische Vorteile. Es ist keine Integration mehr auszuführen. Die Co-Energie des Systems als Summe der Co-Energien der einzelnen Widerstände hängt jetzt nur noch von deren Zweigspannungen bzw. Flüssen ab. Einzig der Aufruf einer nichtlinearen Funktion pro Eisenwiderstand ist durchzuführen. Im Vergleich zur nichtlinearen Netzwerkberechnung ist der Aufwand zur Ermittlung der Co-Energie vernachlässigbar. Und es ist nur noch eine einzige Netzwerkberechnung durchzuführen. Das bedeutet, der Gesamtrechenaufwand zur Ermittlung der Co-Energie kann um eine Zehnerpotenz reduziert werden.

Auch der andere am Anfang dieses Abschnitts beschriebene Mangel der Zustandsänderung des magnetischen Systems bei der Energieermittlung tritt nicht mehr auf.

Vereinfachung der Kraftberechnung für magnetische Netzwerke

Im voranstehenden Abschnitt wurde mit Gl. (22.47) eine Beziehung hergeleitet, mit der die magnetische Co-Energie effizient berechnet werden kann. Angewandt auf Gl. (22.31) lässt sich die Magnetkraft ebenfalls günstiger berechnen, als dies bisher der Fall war.

Die Ausführung der Differenziation kann in der Praxis nur numerisch durch einen (zentralen) Differenzenquozienten geschehen, wenn die nichtlinearen Eigenschaften des Eisens berücksichtigt werden sollen:

$$F = \frac{W_{mag}^{Co}(\delta + \varepsilon) - W_{mag}^{Co}(\delta - \varepsilon)}{2\varepsilon}. \tag{22.48}$$

Ein Differenzenquozient birgt numerisch einige Schwierigkeiten. Dies ist besonders bei den Elektromagneten der Fall, da sich die Konvergenzfehler der nichtlinearen Netzwerklösung im Fall der Berücksichtigung der magnetischen Hysterese verstärken und sich die weniger fehlerbehafteten Werte der linearen Elemente gegenseitig aufheben.

Es ist also das Ziel, den Differenzenquozienten aufzulösen. Dazu wird noch einmal von den Gleichungen (22.47) und (22.31) ausgegangen, welche ineinander eingesetzt ergeben:

$$F = \frac{\mathrm{d}}{\mathrm{d}\delta}\left(\sum_{\lambda=1}^{N_{lin}} \frac{1}{2} V_\lambda \Phi_\lambda + \sum_{\lambda=1}^{N_{nili}} A_\lambda l_\lambda w_{mag}^{Co}\left(\frac{V_\lambda}{l_\lambda}\right)\right). \tag{22.49}$$

Der Differenzialoperator kann mit dem Summenoperator vertauscht werden. Bei der Umformung der nichtlinearen Summanden wird von konstanten Längen l_λ und Querschnittflächen A_λ ausgegangen[2].

$$F = \frac{1}{2}\sum_{\lambda=1}^{N_{lin}} \frac{\mathrm{d}V_\lambda \Phi_\lambda)}{\mathrm{d}\delta} + \sum_{\lambda=1}^{N_{nili}} A_\lambda l_\lambda \frac{\mathrm{d}w_{mag}^{Co}\left(\frac{V_\lambda}{l_\lambda}\right)}{\mathrm{d}\delta}. \tag{22.50}$$

Im linken Summanden, der Summe der linearen Widerstände, wird das Hopkinsonsche Gesetz $V = R_{mag}\Phi$ angewandt, auf der rechten Seite wird die Feldstärke $H = V/l$ als eigentlicher Parameter der Energiedichtefunktion Gl. (22.46) eingesetzt:

$$F = \frac{1}{2}\sum_{\lambda=1}^{N_{lin}} \frac{\mathrm{d}\frac{V_\lambda^2}{R_{mag\lambda}}}{\mathrm{d}\delta} + \sum_{\lambda=1}^{N_{nili}} A_\lambda l_\lambda \frac{\mathrm{d}w_{mag}^{Co}(H_\lambda)}{\mathrm{d}H_\lambda}\,\frac{\mathrm{d}\frac{V_\lambda}{l_\lambda}}{\mathrm{d}\delta}. \tag{22.51}$$

[2] Die Längen und Querschnittsflächen der Eisenelemente sind bei realen Magneten eigentlich stets konstant. Für die Modellierung von Inhomogenitäten, z. B. Kennlinienbeeinflussungen an bestimmten Anker-Ankergegenstück Kombinationen, können aber variable Flächen oder Längen angenommen werden. In diesem Fall erscheinen auf Grund der Multiplikationsregel bei Ableitungen zwei weitere Summanden, welche nicht weiter zusammengefasst werden können. In diesem Fall bringt die Herleitung keine weiteren Vorteile.

Durch Ausführen der Differenziation und unter Verwendung der Definitionsgleichung 22.46 der Energiedichtefunktion, wobei die Variable H die obere Grenze des Integrals darstellt, ergibt sich

$$F = \frac{1}{2} \sum_{\lambda=1}^{N_{lin}} \frac{2V_\lambda R_{mag\lambda} \frac{\mathrm{d}V_\lambda}{\mathrm{d}\delta} - V_\lambda^2 \frac{\mathrm{d}R_{mag\lambda}}{\mathrm{d}\delta}}{R_{mag\lambda}^2} + \sum_{\lambda=1}^{N_{nili}} A_\lambda l_\lambda B_\lambda \frac{1}{l_\lambda} \frac{\mathrm{d}V_\lambda}{\mathrm{d}\delta} \tag{22.52}$$

bzw. vereinfacht

$$F = \sum_{\lambda=1}^{N_{lin}} \Phi_\lambda \frac{\mathrm{d}V_\lambda}{\mathrm{d}\delta} - \frac{1}{2} \sum_{\lambda=1}^{N_{lin}} \Phi_\lambda^2 \frac{\mathrm{d}R_{mag\lambda}}{\mathrm{d}\delta} + \sum_{\lambda=1}^{N_{nili}} \Phi_\lambda \frac{\mathrm{d}V_\lambda}{\mathrm{d}\delta}. \tag{22.53}$$

Die erste und dritte Summe lassen sich zu einer Summe über alle Widerstände des Netzwerks zusammenfassen:

$$F = \sum_{\lambda=1}^{N} \Phi_\lambda \frac{\mathrm{d}V_\lambda}{\mathrm{d}\delta} - \frac{1}{2} \sum_{\lambda=1}^{N_{lin}} \Phi_\lambda^2 \frac{\mathrm{d}R_{mag\lambda}}{\mathrm{d}\delta}. \tag{22.54}$$

Im Folgenden soll gezeigt werden, dass der erste Summand dieser Gleichung Null ist, also verschwindet. Beachtet man, dass die Spannungsquellen des magnetischen Netzwerks (die Durchflutungen) bei einer Veränderung des Luftspaltes konstant bleiben, also ihre Ableitung nach δ Null ist, so kann man diese Elemente zur Summe als sinnvolle Null hinzufügen, ohne die Summe zu ändern:

$$\sum_{\lambda=1}^{N} \Phi_\lambda \frac{\mathrm{d}V_\lambda}{\mathrm{d}\delta} = \sum_{\nu=1}^{Z} \Phi_\nu \frac{\mathrm{d}V_\nu}{\mathrm{d}\delta}, \tag{22.55}$$

wobei Z die Anzahl aller Zweige im Netzwerk sei. Nach dem Maschensatz für Netzwerke gilt

$$\mathbf{M}(\boldsymbol{V} - \boldsymbol{V_0}) = 0. \tag{22.56}$$

Hierbei ist $\boldsymbol{V}$ der Vektor aller magnetischer Zweispannungen, $\boldsymbol{V_0}$ der Vektor der Zweigquellspannungen und $\mathbf{M}$ die Maschen-Zweig-Inzidenzmatrix (topologische Matrizen siehe 4.1.2).

Der Maschensatz gilt ebenfalls für das Netzwerk mit den Widerständen bzw. Zweigspannungen, die sich bei einem differenziell geänderten Luftspalt δ ergeben.

$$\mathbf{M}(\boldsymbol{V} + \mathrm{d}\boldsymbol{V} - \boldsymbol{V_0}) = 0. \tag{22.57}$$

Zieht man nun beide Gleichungen voneinander ab, so ergibt sich

$$\mathbf{M}\,\mathrm{d}\boldsymbol{V} = 0 \tag{22.58}$$

und damit auch

$$\mathbf{M}\,\frac{\mathrm{d}\boldsymbol{V}}{\mathrm{d}\delta} = 0. \tag{22.59}$$

Das bedeutet, dass die Ableitungen der magnetischen Spannung nach dem Luftspalt den Maschensatz für magnetische Netzwerke erfüllen.

Nach dem Theorem von Tellegen [84] sind ein beliebiger Vektor elektrischer Zweigspannungen $\boldsymbol{U_1}$, die den Maschensatz erfüllen, und ein beliebiger Vektor elektrischer Zweigströme $\boldsymbol{I_2}$, welche die Knotengleichungen eines (anderen) Netzwerks mit der gleichen Topologie erfüllen, zueinander orthogonal, d. h., ihr Skalarprodukt ist Null:

$$\boldsymbol{U_1} \cdot \boldsymbol{I_2} = 0. \tag{22.60}$$

Im betrachteten Fall entspricht der Vektor der Spannungen $\boldsymbol{U_1}$ den Ableitungen der magnetischen Spannungen nach dem Luftspalt und der Vektor der Ströme $\boldsymbol{I_2}$ den magnetischen Flüssen.

Die Voraussetzungen des Theorems von Tellegen sind bei den Summen von Gl. (22.55) erfüllt, denn die Flüsse Φ_ν entsprechen in Analogie den sich einstellenden Zweigstöme und für die Ableitung der magnetischen Spannungen nach dem Luftspalt wurde zuvor die Gültigkeit des Maschensatzes für das magnetische Netzwerk nachgewiesen. Damit verschwindet die Summe

$$\sum_{\lambda=1}^{N} \Phi_\lambda \frac{\mathrm{d}V_\lambda}{\mathrm{d}\delta} = \sum_{\nu=1}^{Z} \Phi_\nu \frac{\mathrm{d}V_\nu}{\mathrm{d}\delta} = 0. \tag{22.61}$$

Dies ist eine entscheidende Aussage, denn die Kraftberechnung nach Gl. (22.54) vereinfacht sich deutlich:

$$F = -\frac{1}{2} \sum_{\lambda=1}^{N_{lin}} \Phi_\lambda^2 \frac{\mathrm{d}R_{mag\lambda}}{\mathrm{d}\delta}. \tag{22.62}$$

Dieses Ergebnis besagt, dass man zur Kraftberechnung nur das magnetische Netzwerk für den konkreten Luftspalt lösen und die Ableitungen der linearen magnetische Widerstände nach dem Luftspalt bilden muss. In der Realität kann die Ableitung durch einen Differenzenquozienten genähert werden. Dabei werden keine Einschränkungen zur Nichtlinearität des Eisenwerkstoffes getroffen.

22.3.3 Dynamiksimulation

Neben den statischen Größen wie Halte- oder Anzugskraft, Nenn- oder Anzugsmoment sind immer häufiger die Eigenschaften vom Schaltvorgängen Zielgrößen einer Antriebsentwicklung. Dies können Schaltzeiten, Reaktionszeiten, Energieverbrauch im Schaltprozess sein. Um solche Größen zu ermitteln, muss eine transiente Simulation durchgeführt werden. Dazu müssen die elektrischen, magnetischen und mechanischen Vorgänge sowie ihre Verkopplungen berücksichtigt werden (Bild 22.30).

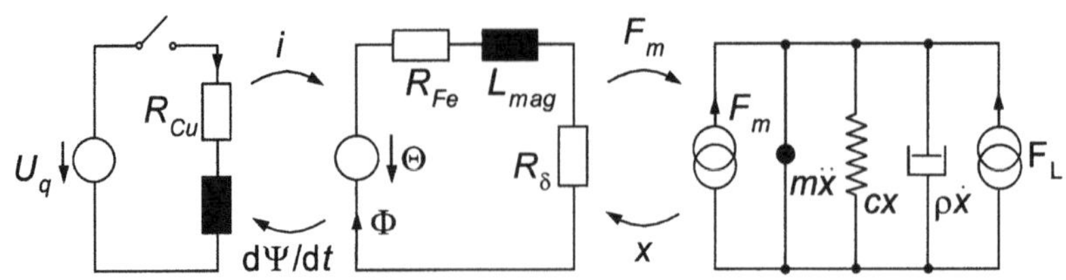

Bild 22.30: Ersatzschaltbild eines Elektromagneten

Prinpiell muss dazu folgendes verkoppeltes Differenzialgleichungssystem gelöst werden.

$$U_q = R_{Cu}i(t) + \frac{\mathrm{d}\Psi(x,i)}{\mathrm{d}t} \tag{22.63}$$

$$\Theta = w\,i(t) = (R_{Fe} + R_\delta)\Phi + L_{mag}\frac{\mathrm{d}\Phi}{\mathrm{d}t} \tag{22.64}$$

$$F_m = m\frac{\mathrm{d}^2x}{\mathrm{d}t^2} + \varrho\frac{\mathrm{d}x}{\mathrm{d}t} + cx + F_L \tag{22.65}$$

Auf Grund der Nichtlinearitäten im magnetischen Kreis (Sättigung der B-H-Kennlinien von ferromagnetischem Eisen) lässt sich das Differenzialgleichungssystem nicht analytisch lösen. Die mittlere Gleichung 22.64 kann mittels Netzwerkmethode oder FEM-Simulation berechnet werden, wenn der Strom $i(t)$ bekannt ist.

Im Fall einer Stromeinprägung entfällt die erste Differenzialgleichung 22.63. Es muss nur der magnetische Kreis und die Bewegungsgleichung gelöst werden. Der Fall der Spannungseinprägung ist komplizierter bei der Umsetzung der Simulation, weil das Modell des Magnetkreises den Strom (Durchflutung) als Eingabegröße benötigt und der (verkettete) magnetische Fluss die Ausgangsgröße darstellt, die ihrerseits den Strom bestimmt. Es gibt zwei Lösungsmöglichkeiten für dieses Problem

1. **Lösung per Iteration**: Die Idee ist, einen geschätzen Strom so lange zu korrigieren, bis der Fehler in der Spannungsdifferenzialgleichung unter eine Schranke ε gesunken ist (Bild 22.31). Als Iterationsalgorithmus ist die Bisektion oder das Sekantenverfahren geeignet, da die Grenzen des Stromes bekannt sind (stationärer Zustand).

   Die Iteration ist ein vergleichsweise rechenaufwändiges Verfahren mit hoher Sicherheit, dass die Lösung ein vorgegebenes Fehlermaß nicht überschreitet. Es ist auch für Spannungssprünge geeignet, zeigt dann allerdings eine gewisse Restwelligkeit in der Lösung.

2. **Lösung per Integration**: Der Ansatz ist die Spannungsdifferenzialgleichung, die nach zwei Abhängigkeiten des verketteten magnetischen Flusses aufgeteilt wird.

$$U_q = R_{Cu}i(t) + \frac{\partial\Psi}{\partial x}\frac{\mathrm{d}x}{\mathrm{d}t} + \frac{\partial\Psi}{\partial i}\frac{\mathrm{d}i}{\mathrm{d}t} \tag{22.66}$$

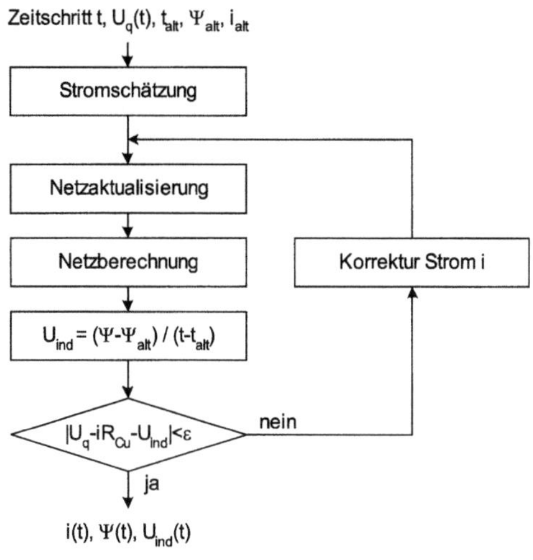

Bild 22.31: Iteration zur Bestimmung des Stromes in transienten Vorgängen

Der erste der beiden so entstehenden Summanden beschreibt die Bewegungsinduktion, der zweite die Selbstinduktion. Im Term der Selbstinduktion ist die zeitliche Ableitung des Stromes enthalten, nach der umgestellt wird:

$$\frac{\mathrm{d}i}{\mathrm{d}t} = \frac{U_q - R_{Cu} i(t) - \frac{\partial \Psi}{\partial x} \frac{\mathrm{d}x}{\mathrm{d}t}}{\frac{\partial \Psi}{\partial i}} \tag{22.67}$$

Diese Gleichung gilt nur, wenn eine Änderung des Flusses nach dem Strom vorliegt. Im stationären Fall ist dies nicht der Fall. Dann kann Gl. (22.66) direkt nach dem gesuchten Strom i umgestellt werden. Es muss jedoch die Bewegungsinduktion berücksichtigt werden.

Die Berechnung des Stromes aus der Ableitung $\mathrm{d}i/\mathrm{d}t$ erfolgt mittels numerischer Integration, z. B. mit der Rechteckregel. Dann ergibt sich die Berechnungsvorschrift:

$$i_{neu} = \begin{cases} \dfrac{U_q - w\frac{\Delta\Phi}{\Delta t}}{R_{Cu}} & \text{für } \frac{\Delta\Phi}{\Delta i}\Big|_{x=const} = 0, \\ i_{alt} + \Delta t \dfrac{U_q - R_{Cu} i_{alt}(t) - w\, \frac{\Delta\Phi}{\Delta t}\Big|_{i=const}}{\frac{\Delta\Phi}{\Delta i}\Big|_{x=const}} & \text{für } \frac{\Delta\Phi}{\Delta i}\Big|_{x=const} \neq 0. \end{cases} \tag{22.68}$$

Zur Berechnung der beiden Differenzenquozienten und des korrekten Stromes werden 3 Netzwerkberechnungen benötigt: $\Phi(x_{neu}, i_{alt})$, $\Phi(x_{neu}, i_{test})$, $\Phi(x_{neu}, i_{neu})$ ($\Phi(x_{alt}, i_{alt})$ ist aus dem letzten Zeitschritt bekannt).

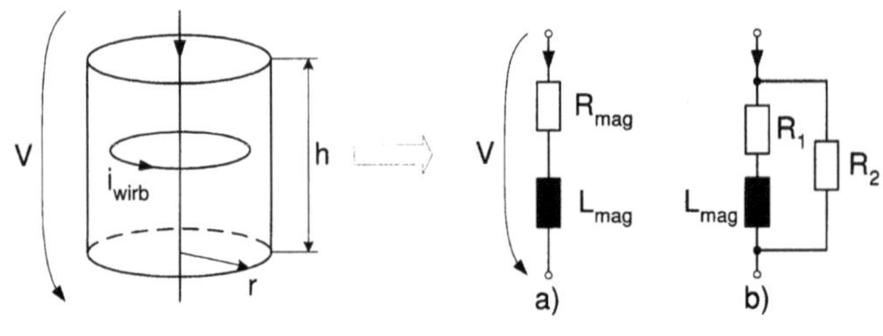

Bild 22.32: einfaches Wirbelstrommodell

22.3.4 Wirbelströme und Kurzschlussringe

Modell der Wirbelströme und Kurzschlussringe

Wirbelströme bewirken in magnetischen Energiewandlern Verzögerungen und Verluste, die sehr erheblich sein können. Sie treten in elektrisch leitenden Teilen auf, die vom magnetischen Fluss durchströmt werden. Auf der gleichen Ursache beruht auch das Wirkprinzip der Kurzschlussringe, die bei Wechselstromantrieben einen konstanten Kraftanteil bewirken sollen.

Für ein einfaches Modell des Wirbelstroms [111] wird der Wirbelstrom, der sich in der Realität über das gesamte Material verteilt, als ein konzentriert fließender Strom angesehen (Bild 22.32). Aus der Induktionsspannung (bei einer Windung)

$$u_{ind} = -\frac{\mathrm{d}\Phi}{\mathrm{d}t} \tag{22.69}$$

ergibt sich der aus dem Kurzschluss entstehende Wirbelstrom:

$$i_{wirb} = \frac{u_{ind}}{R_{el}} = -\frac{\varkappa A}{l}\frac{\mathrm{d}\Phi}{\mathrm{d}t}. \tag{22.70}$$

Der elektrische Widerstand im Material R_{el} lässt sich dabei mittels der Bemessungsgleichung aus dem spezifischen elektrischen Leitwert $\varkappa$, der mittleren Weglänge l und der effektiven Querschnittsfläche A berechnen. Die mittleren Weglänge l entspricht für axial durchflossenen zylindrische Körper beispielsweise einem Kreisumfang mit mittlerem Radius, die Fläche ist in diesem Fall ein Rechteck mit den Seitenlängen r und h.

Der Wirbelstrom wirkt als Durchflutung auf den ihn erzeugenden magnetischen Fluss wie eine einzelne Windung zurück. Damit ergibt sich für die magnetische Spannung V über dem Flussstück:

$$V = R_{mag}\Phi - i_{wirb} = R_{mag}\Phi + \frac{\varkappa A}{l}\frac{\mathrm{d}\Phi}{\mathrm{d}t} = R_{mag}\Phi + L_{mag}\frac{\mathrm{d}\Phi}{\mathrm{d}t} \tag{22.71}$$

mit

$$L_{mag} = \frac{\varkappa A}{l}. \tag{22.72}$$

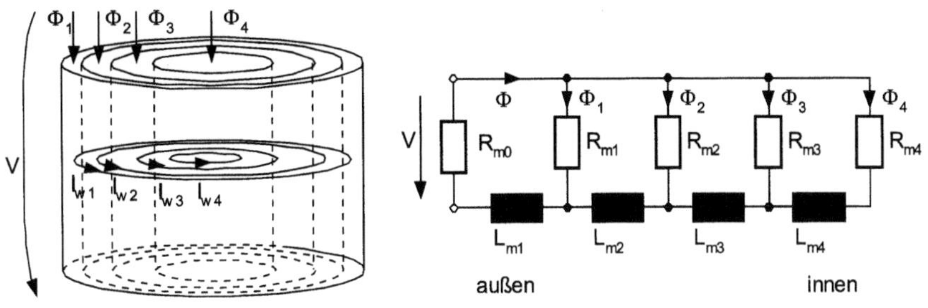

Bild 22.33: Flussverdängungsmodell auf Netzwerkbasis

In Analogie zum elektrischen Stromkreis kann man das Wirbelstromelement L_{mag} als magnetische Induktivität bezeichnen, weil sie den Flussaufbau verzögert und im magnetischen Ersatzschaltbild induktiven Charakter aufweist. Eigentlich repräsentiert dieses Element jedoch einen ohmschen Leitwert.

Ein Kurzschlussring lässt sich mit dem gleichen Modell der magnetische Induktivität beschreiben, wobei sich die mittlere Weglänge l und die Querschnittsfläche A direkt bestimmen lassen.

Flussverdrängung

Die Annahme in Abschnitt 22.3.4, dass sich der Wirbelstrom konzentriert auf einem mittleren Pfad ausbreitet, ist ein sehr grobes Modell. Tatsächlich wirkt dieser konzentrierte Strom nur auf den Teil des magnetischen Flusses zurück, den er umschließt. Somit verzögert er nur einen Teil (den inneren) des magnetischen Flusses. Man kann diesen Effekt der Flussverdrängung messen und auch mit Hilfe numerischer Feldberechnung (z. B. FEM) simulieren. Der Fluss dringt bei insbesondere schnell wirkenden Magneten im Kern stets von außen nach innen ein und wird ebenfalls von außen nach innen wieder gelöscht. Mit dem Modell im Bild 22.33 kann dieser Effekt beschrieben werden.

Der Eisenblock sei in n Schalen zerlegt, die entlang der Wirbelstrompfade liegen, welche von außen nach innen nummeriert seien. Der Wirbelstrom der ν-ten Schale wird bestimmt durch

$$i_{W,\nu} = -\frac{1}{R_{el,\nu}} \frac{\mathrm{d}}{\mathrm{d}t} \sum_{\lambda=\nu}^{n} \phi_\lambda = -L_{m,\nu} \frac{\mathrm{d}}{\mathrm{d}t} \sum_{\lambda=\nu}^{n} \phi_\lambda . \tag{22.73}$$

In der Summe sind alle eingeschlossenen Flüsse, also alle Flüsse innerhalb der ν-ten Schale, enthalten.

Dagegen müssen bei der Aufstellung der Maschengleichung der ν-ten Schale alle weiter außen liegenden Wirbelströme mit einbezogen werden:

$$V = R_{m,\nu}\phi_\nu - \sum_{\kappa=1}^{\nu} i_{W,\kappa} = R_{m,\nu}\phi_\nu + \sum_{\kappa=1}^{\nu}\left(L_{m,\kappa}\frac{\mathrm{d}}{\mathrm{d}t}\sum_{\lambda=\kappa}^{n}\phi_\lambda\right). \tag{22.74}$$

Die Gleichung entspricht einer Kaskade von RL-Gliedern, wie sie in Bild 22.33 rechts dargestellt ist, wobei $R_{m,\nu}$ der Widerstand der jeweiligen Masche ist und die Summe alle folgenden Induktivitäten mit den entsprechenden Teilsummen der Flüsse zusammenfasst.

Das Verhalten der Ersatzschaltung entspricht offensichtlich der Flussverdrängung. Nach dem Einschalten einer magnetischen Spannung bildet sich zunächst ein Fluss durch den linken Widerstand aus, der dem äußeren Radius entspricht. Die Flüsse durch die anderen Zweige werden durch die folgenden magnetischen Induktivitäten verzögert. Der Ausgleichsvorgang der magnetischen Induktivitäten vollzieht sich der Reihe nach von links nach rechts, da der Fluss wegen der Addition der jeweiligen Zweigflüsse in dieser Reihenfolge ansteigt. Damit gehen auch die Zweigflüsse von links nach rechts in den stationären Zustand über.

Blechung, Lamellierung

Um die Wirbelstromverluste zu reduzieren, wird das Eisen in elektromagnetischen Wandlern entlang der Flussausbreitung geblecht. Dies findet häufig Anwendung in Transformatoren, Wechselstrommagneten, Universalmotoren u. a. Die elektrisch nicht leitfähigen Übergänge zwischen den Blechen verhindern die Ausbildung des Wirbelstroms über den gesamten Querschnitt. Dieser kann nur innerhalb eines Bleches fließen.

Die Simulation solcher geblechter Anordnungen ist mit FEM-Software bezüglich Modellierung und Rechnung sehr aufwändig. Zweidimensionale FE-Modelle können die Wirbelströme in die dritte Dimension nicht nachbilden. Dreidimensionale Modelle benötigen wegen der zahlreichen dünnen Strukturen enge Netze. Zum Teil wird deshalb bei FEM-Simulationen mit einem Ersatzleitwert gearbeitet, wobei die Abschätzung des Wertes sehr schwierig ist. Bei der Netzwerkmethode besteht kein Unterschied im Rechenaufwand gegenüber dem ungeblechten Fall, weil sich ein einfaches Ersatzschaltbild finden lässt (Bild 22.34).

Für ein beliebiges Blech gilt der Mschensatz des magnetischen Ersatzschaltbildes

$$V_{12} = R_{mag,i}\Phi_i + L_{mag,i}\frac{\mathrm{d}}{\mathrm{d}t}\Phi_i. \tag{22.75}$$

Da man davon ausgehen kann, dass alle Bleche gleiche Querschnitte und Längen besitzen, sind ihre Parameter $R_{mag} = R_{mag,i}$ und $L_{mag} = L_{mag,i}$ gleich und der magnetische Fluss teilt sich gleichmäßig auf alle Bleche auf:

$$V_{12} = R_{mag}\frac{\Phi}{n} + L_{mag}\frac{\mathrm{d}}{\mathrm{d}t} frac\Phi n \tag{22.76}$$

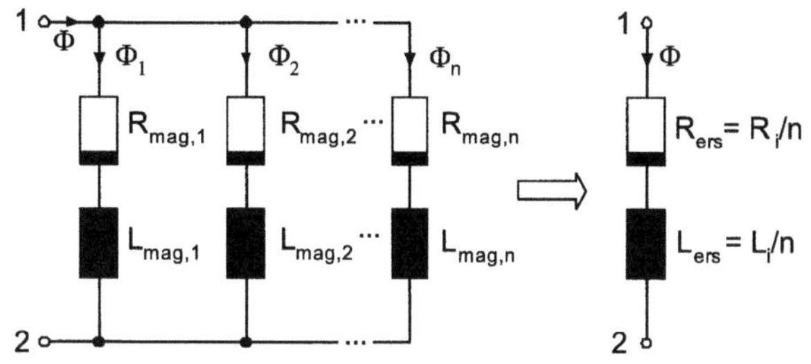

Bild 22.34: Netzwerkmodell für geblechte magnetische Anordnungen

bzw.

$$V_{12} = \frac{R_{mag}}{n}\Phi + fracL_{mag}n\frac{\mathrm{d}}{\mathrm{d}t}\Phi. \tag{22.77}$$

Dies entspricht dem Maschensatz für die Ersatzschalzung in Bild 22.34. Die Parameter der Ersatzelemente ergeben sich aus den Parametern eines Bleches geteilt duch die Anzahl der Bleche:

$$R_{ers} = \frac{R_{mag}}{n} \qquad \text{und} \qquad L_{ers} = \frac{L_{mag}}{n}. \tag{22.78}$$

Während der Ersatzwiderstand durch diese Formel den Wert des ungeblechten Vollmaterials annimmt, liegen bei den magnetischen Induktivitäten andere Werte vor. Der Grund ist der veränderte Wirbelstromweg gegenüber dem originalen Flussweg.

Die Bildung der Ersatzelemente von geblechten Magnetkreisen geschieht bei Flussverdrängungsmodellen analog.

Diese Überlegungen können ebenfalls benutzt werden, um eine Ersatzleitfähigkeit für die FEM-Simulation zu berechnen.

22.3.5 Dynamisches Ersatzmodell für Induktivitäten und Kapazitäten

Die Berechnung von Netzwerken mit Kapazitäten und Induktivitäten stellt eine Lösung von Differenzialgleichungen dar. Sie lässt sich aber auch über einen Netzwerklöser für Widerstandsnetzwerke realisieren. Die Integration des Differenzialgleichungssystems wird durch eine Umwandlung der Netzwerkelemente realisiert. Der Ausgangspunkt ist jeweils die Elementebeziehung, die in ihre integrale Schreibweise umgeformt wird.

Die Beziehung der induzierten Spannung

$$u(t) = L\frac{\mathrm{d}i}{\mathrm{d}t} \qquad \text{bzw.} \qquad i(t) = \frac{1}{L}\int_0^t u(t)\,\mathrm{d}t \tag{22.79}$$

Tabelle 22.2: Ersatzelemente für Induktivitäten

Rechteckintegration (Euler-Regel)	Rechteckintegration (Euler-Rückwärts-Regel)	Trapezregel
$i(t) = i(t-\Delta t) + \frac{1}{L} u(t-\Delta t)\Delta t$	$i(t) = i(t-\Delta t) + \frac{1}{L} u(t)\Delta t$	$i(t) = i(t-\Delta t) + \frac{1}{L} \frac{u(t-\Delta t)+u(t)}{2} \Delta t$
	Maschensatz	
	$u(t) = \frac{L}{\Delta t} i(t) - \frac{L}{\Delta t} i(t-\Delta t)$	$u(t) = \frac{2L}{\Delta t} i(t) - \frac{2L}{\Delta t} i(t-\Delta t) - u(t-\Delta t)$
	$u(t) = R_{ers} i(t) - U_{q,ers}$	$u(t) = R_{ers} i(t) - U_{q,ers}$
	Ersatzschaltbild	
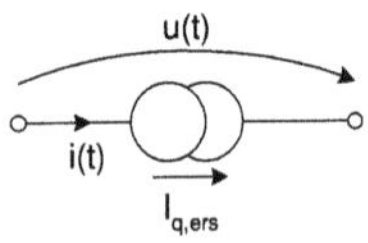	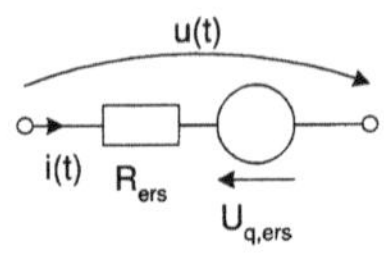	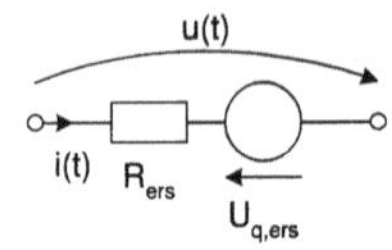
$I_{ers} = i(t-\Delta t) + \frac{\Delta t}{L} u(t-\Delta t)$	$R_{ers} = \frac{L}{\Delta t}$	$R_{ers} = \frac{2L}{\Delta t}$
	$U_{ers} = \frac{L}{\Delta t} i(t-\Delta t)$	$U_{ers} = \frac{2L}{\Delta t} i(t-\Delta t) - u(t-\Delta t)$

kann durch schrittweise Integration

$$i(t) = i(t - \Delta t) + \frac{1}{L} \int\limits_{t-\Delta t}^{t} u(t)\,\mathrm{d}t \tag{22.80}$$

mit Hilfe der Regeln in Tabelle 22.2 umgeformt werden.

Analog lässt sich die Beziehung zwischen Ladung, Spannung und Kapazität nach der Spannung umformen und durch den Strom ausdrücken:

$$Q(t) = Cu(t) \qquad \text{bzw.} \qquad u(t) = \frac{1}{C} \int\limits_{0}^{t} i(t)\mathrm{d}t \tag{22.81}$$

und durch schrittweise Integration

$$u(t) = u(t - \Delta t) + \frac{1}{C} \int\limits_{t-\Delta t}^{t} i(t)\mathrm{d}t \tag{22.82}$$

mittels der drei Methoden aus Tabelle 22.3 ersetzen.

22.4 Berücksichtigung des Erwärmungsverhaltens

Neben der Antriebsauslegung aus Sicht der benötigten Kräfte und des dynamischen Verhaltens spielt die Erwärmungsbetrachtung eine ebenso wichtige Rolle für den Entwurfsprozess. Die Erwärmung begrenzt in den meisten Fällen die erreichbaren Kräfte

Tabelle 22.3: Ersatzelemente für Kapazitäten

Rechteckintegration (Euler-Regel)	Rechteckintegration (Euler-Rückwärts-Regel)	Trapezregel
$u(t) = u(t-\Delta t) + \frac{1}{L} i(t-\Delta t)\Delta t$	$u(t) = u(t-\Delta t) + \frac{1}{L} i(t)\Delta t$	$u(t) = u(t-\Delta t) + \frac{1}{L}\frac{i(t-\Delta t)+i(t)}{2}\Delta t$
	Maschensatz	
	$u(t) = \frac{\Delta t}{C} i(t) + u(t-\Delta t)$	$u(t) = \frac{\Delta t}{2C} i(t) - \frac{\Delta t}{2C} i(t-\Delta t) + u(t-\Delta t)$
	$u(t) = R_{ers} i(t) + U_{q,ers}$	$u(t) = R_{ers} i(t) + U_{q,ers}$
	Ersatzschaltbild	
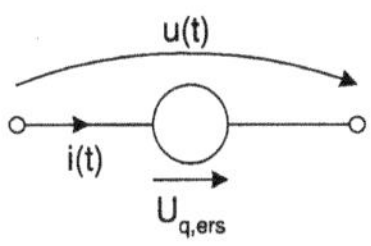	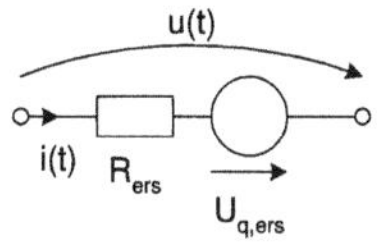	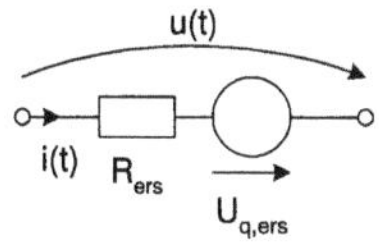
$U_{ers} = u(t-\Delta t) + \frac{\Delta t}{C} i(t-\Delta t)$	$R_{ers} = \frac{\Delta t}{C}$	$R_{ers} = \frac{\Delta t}{2C}$
	$U_{ers} = u(t-\Delta t)$	$U_{ers} = \frac{\Delta t}{2C} i(t-\Delta t) + u(t-\Delta t)$

und somit auch die Beschleunigungen. Übermäßige Erwärmung führt zum Ausfall eines Gerätes oder zur Reduzierung seiner Lebensdauer durch irreversible Vorgänge. Hohe Temperaturen können auch die Leistung des Wandlers mindern, z. B. durch Depolarisation. Insbesondere bei stark optimierten Antrieben, die nahe an den physikalischen Grenzen betrieben werden, ist die Berücksichtigung des Erwärmungsverhaltens unverzichtbar.

22.4.1 Temperaturdefinitionen

Nach DIN VDE 0580 werden Temperaturen mit ϑ symbolisiert und in °C angegeben. Die Angabe von Temperaturdifferenzen $\Delta\vartheta$ erfolgt in K.

In der DIN VDE 0580 werden weiterhin alle typischen und zu berücksichtigenden Temperaturen aufgeführt. Bei der Vereinbarung von Lastenheften sollte auf eine einheitliche Begriffsbestimmung geachtet werden, die sich entweder auf die DIN Norm beziehen kann oder durch entsprechende Definitionen festgelegt ist.

Jeder Energiewandler befindet sich in einer Umgebung, an die er auf Grund seiner Verluste Wärme abgibt, von der er in bestimmten Fällen auch Wärme aufnehmen kann, beispielsweise wenn sich Stellantriebe in der Nähe von Verbrennungsmotoren befinden.

Definition 22.3 *Die* Umgebungstemperatur ϑ_{13} *für einen Energiewandler ist die Durchschnittstemperatur von festgelegten Stellen seiner Umgebung am Ende der Messung.*

Die Umgebung stellt gegenüber dem betrachteten Wandler ein sehr großes Wärmereservoir dar, dessen Temperatur er nicht beeinflussen kann. Trotzdem sind geringe änderungen wegen der großen Zeitkonstanten von Erwärmungsvorgängen möglich.

Häufig wird bei Erwärmungsbetrachtungen statt der absoluten Temperatur die Temperaturdifferenz zur Umgebung betrachtet.

Definition 22.4 *Die* Übertemperatur $\Delta\vartheta_{31}$ *ist der Unterschied zwischen der Temperatur des elektromagnetischen Stellgliedes oder eines Teiles davon und der Umgebungstemperatur* ϑ_{13}.

Die Grenzen der Erwärmung werden durch die verwendeten Materialien oder den Betriebszweck bestimmt. Bei den meisten elektromagnetischen Energiewandlern bestimmt der Lack der Drahtisolation die maximal zulässige Einsatztemperatur, damit ein Leitungsschluss vermieden wird. Beim Einsatz polarisierter Materialien, wie Permanentmagneten, Piezokeramiken oder magnetostriktiven Werkstoffen bestimmt die Curie-Temperatur die Depolarisation. Die zulässige Höchsttemperatur liegt jedoch weit darunter, da bereits in der Nähe der Curie-Temperatur viele irreversible Depolarisationen einsetzen. Begrenzung der Erwärmung können durch die Betriebsumgebung vorgeben sein, wenn beispielsweise in Anwendungen im Haushalt Kontakt mit der menschlichen Haut möglich ist oder wenn empfindliche Messgeräte beeinflusst werden können. Untere Grenzen müssen vor allen zum Einschaltzeitpunkt berücksichtigt werden. Hier muss die Funktion des Gerätes gewährleistet sein, z. B. das Anlassen eines Autos im strengen Winter.

Definition 22.5 *Die* untere Grenztemperatur ϑ_{12} *ist die niedrigste zulässige Temperatur, die* obere Grenztemperatur ϑ_{21} *die höchste zulässige Temperatur für den Betrieb eines elektromagnetischen Gerätes oder eines Teiles desselben. Als* Grenzübertemperatur $\Delta\vartheta_{31}$ *wird ihre Differenz zur Umgebungstemperatur bezeichnet.*

Beim Betrieb eines Wandlers stellt sich beim kontinuierlichen Betrieb zwischen der Wärmezufuhr durch Verlustleistung und der Wärmeabfuhr durch Strahlung, Konvektion sowie Wärmeleitung ein Gleichgwicht ein.

Definition 22.6 *Die* Beharrungstemperatur ϑ_{23} *eines Gerätes oder eines Teiles davon liegt bei Gleichheit zwischen zugeführter und abgeführter Wärme auftretende Temperatur vor. Ihre Differenz zur Umgebungstemperatur heißt* Beharrungsübertemperatur $\Delta\vartheta_{32}$. *Das Gleichgewicht gilt als eingetreten, wenn sich die Temperatur innerhalb 60 Minuten höchtens um 1 K ändert, sofern dies nicht anders festgelegt wird.*

Temperaturverteilungen in den Wandlern lassen sich sowohl simulieren als auch messen. Sie weisen vor allem innerhalb von Errergerspulen eine große Bedeutung auf, wenn diese nahe der oberen Grenztemperatur betrieben werden. Durch die schlechte Wärmeleitung zwischen den einzelnen Wicklungen auf Grund der Drahtisolierung tritt im Inneren der Spule ein Heißpunkt (engl.: Hotspot) auf.

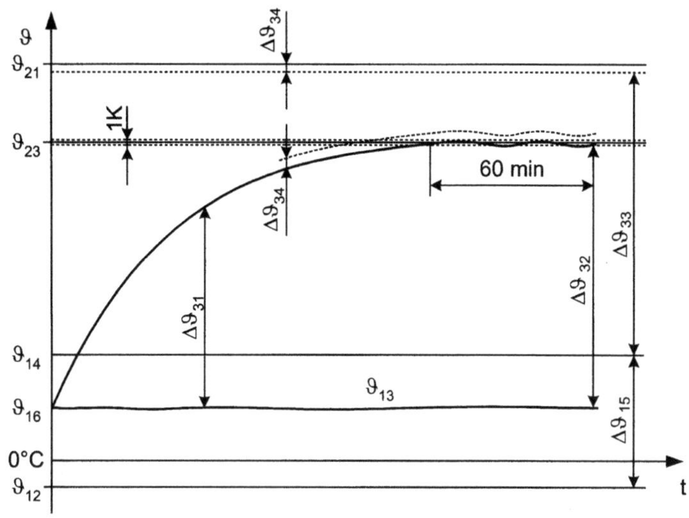

Bild 22.35: Temperaturbegriffe für einen Erwärmungsvorgang

Definition 22.7 *Die* Heißpunktdifferenz $\Delta\vartheta_{34}$ *ist der Unterschied zwischen der mittleren Wicklungstemperatur und der heißesten Stelle der Erregerwicklung.*

Obwohl die Temperatur des Heißpunktes entscheidend für die zulässige Erwärmung ist, bestimmt die DIN-gerechte Messung die mittlere Windungstemperatur, indem der elektrische Widerstand warm gegenüber dem bei 20 °C gemessen und die Temperatur mittels

$$\Delta\vartheta = \frac{1}{\alpha}\left(\frac{R(\Delta\vartheta)}{R_{20}} - 1\right) \tag{22.83}$$

berechnet wird, wobei $\alpha = 0{,}004/\mathrm{K}$ der Temperaturbeiwert des elektrischen Widerstands für Kupfer ist.

22.4.2 Berechnung der Erwärmung

Eine einfache Berechnung des Erwärmungsvorgangs lässt sich aus der Energiebilanz des Wandlers

$$\mathrm{d}W_{zu} = \mathrm{d}U + \mathrm{d}W_{ab} \tag{22.84}$$

ableiten. Die zugeführte Wärmeenergie entsteht aus ohmschen Verlusten, Wirbelstrom- und Hystereseverlusten, Reibung usw., die in der Verlustleistung P_v zusammengefasst werden. Sie führt einerseits zur Erhöhung der inneren Energie U des Magneten (Erwärmung) und wird andererseits an die Umgebung abgegeben.

Die abgegebene Energie ist proportional zur Oberfläche A_O des Magneten, zur Übertemperatur $\Delta\vartheta_{31}$ und zur Zeit $\mathrm{d}t$. Sie kann über Strahlung oder Konvektion abgeführt

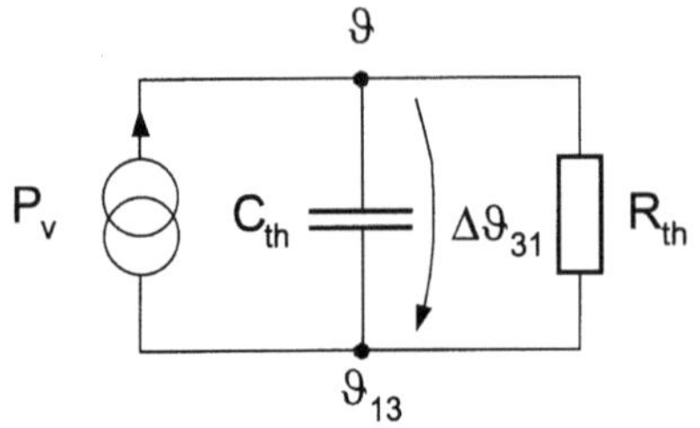

Bild 22.36: Einkörpermodell zur Beschreibung der Erwärmung eines Wandlers

werden oder über Wärmeleitung an andere Bauteile übertragen werden. Die Proportionalitätskonstante wird als Gesamtwärmeübergangszahl α_G bezeichnet. Die Änderung der inneren Energie ist proportional zur Masse des Körpers m und zur Änderung der Temperatur $\mathrm{d}\Delta\vartheta_{31}$, wobei die spezifische Wärmekapazität c_p den Proportionalitätsfaktor darstellt. Somit ergibt sich

$$\mathrm{d}W_{zu} = m\, c_p\, \mathrm{d}\Delta\vartheta_{31} + A_O \alpha_G \Delta\vartheta_{31}\, \mathrm{d}t\ . \tag{22.85}$$

Bezogen auf die Zeit $\mathrm{d}t$ folgt die Leistungsbilanz

$$P_v = m\, c_p \frac{\mathrm{d}\Delta\vartheta_{31}}{\mathrm{d}t} + A_O \alpha_G \Delta\vartheta_{31}\ . \tag{22.86}$$

Diese Differenzialgleichung kann als thermisches Ersatzschaltbild gedeutet werden, das im Bild 22.36 gezeigt wird. Hierbei stellt P_v eine Stromquelle dar. Die Verlustleistung wird in der Parallelschaltung von Wärmekapazität $C = mc_p$ und thermischem Widerstand $R_{th} = 1/(A_O\alpha_G)$ umgesetzt. Der Bezugsknoten hat die Umgebungstemperatur ϑ_{13}, der andere Knoten die Temperatur im Magneten ϑ. Die Spannung zwischen den beiden Knoten stellt die Übertemperatur $\Delta\vartheta_{31}$ dar.

Mit der Anfangsbedingung $\Delta\vartheta_{31}(t=0) = 0$ ergibt sich die Lösung

$$\Delta\vartheta_{31} = \Delta\vartheta_{23}\left(1 - e^{-\frac{t}{\tau_{th}}}\right)\ , \tag{22.87}$$

mit der thermischen Zeitkonstante τ_{th}. Diese entspricht dem Temperaturgradienten im Schaltmoment $t = 0 = t_{ein}$ bzw. $t = t_{aus}$,

$$\tau_{th} = \frac{c_p\, m}{\alpha_G\, A_O} = R_{th} C_{th}\ . \tag{22.88}$$

Für $t \to \infty$ im thermisch eingeschwungenen Zustand ergibt sich die Beharrungsübertemperatur $\Delta\vartheta_{23}$:

$$\Delta\vartheta_{23} = \frac{P_v}{\alpha_G\, A_O} = P_v R_{th}\ . \tag{22.89}$$

In praktischen Fällen gelten die Ausgleichsvorgänge nach $5\tau_{th}$ als abgeschlossen und die Grenzerwärmung als erreicht, d. h., alle Ausgleichsvorgänge sind abgeschlossen und im Ersatzschaltbild 22.36 ist die Kapazität aufgeladen.

Nach dem Abschalten des Erregerstromes erhält man als Lösung der Differenzialgleichung (22.86) für den Abkühlvorgang

$$\Delta\vartheta_{31} = \Delta\vartheta_{23} e^{-\frac{t}{\tau_{th}}} , \tag{22.90}$$

Der normierte Temperaturverlauf (dabei ist die Übertemperatur $\Delta\vartheta_{31}$ bezogen auf die sich für $t = \infty$ einstellende Grenzübertemperatur $\Delta\vartheta_{23}$) ist in Abhängigkeit von der Zeit für beide Vorgänge in Bild 22.37 dargestellt.

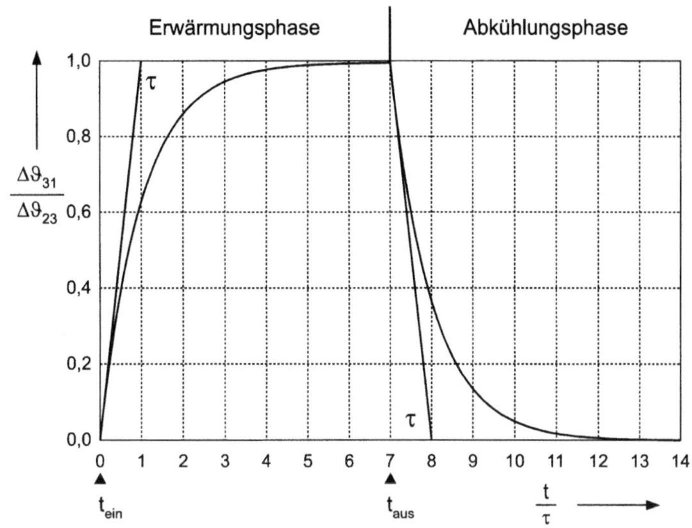

Bild 22.37: Erwärmung und Abkühlung einer Erregerspule bei konstanter Umgebungstemperatur und konstanter zugeführter elektrischer Leistung

22.4.3 Spulendimensionierung

Spulendimensionierung bedeutet die Ermittlung der Wicklungsdaten (Drahtdurchmesser, Windungszahl usw.) für einen bekannten Spulenbauraum bei gegebenen elektrischen Anschlussdaten wie Spannung oder Strom. Dabei gehen zahlreiche konstruktive Entscheidungen ein.

Die *Spulenform* folgt aus der Aktorkonstruktion. Möglich sind Zylinderspulen, Rechteckspulen und freie Formen. Die Zylinderspule stellt die geringsten Ansprüche an die Fertigung, bei Rechteckspulen muss das Brechen des Drahtes an den Ecken vermieden werden sowie die Isolation an dieser Stelle erhalten bleiben. Freie Formen werden z. B. häufig bei Motorwicklungen verwendet. Bei ihnen werden aufwändigere Wickelmaschinen benötigt.

Aus den Geometriedaten des Spulenkörpers kann man entsprechend der Spulenform die mittlere Windungslänge l_m bestimmen.

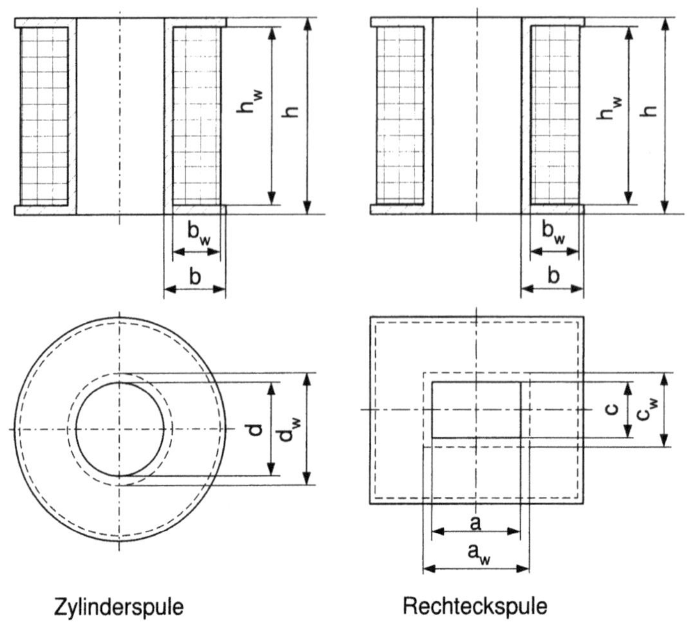

Bild 22.38: Geometriemodell für die wichtigsten beiden Spulenformen

Für die Zylinderspule gilt:

$$l_m = \pi(d_w + b_w), \tag{22.91}$$

für die Rechteckspule:

$$l_m = 2a + 2c + 4b_w. \tag{22.92}$$

Für beide Fälle ergibt sich die Wickelfensterfläche:

$$A_W = h_w b_w. \tag{22.93}$$

Das *Wickelfenster* ist ein Teil des Spulenfensters ($A_{sp} = bh$). Diese Fläche kann in der Regel nicht vollständig genutzt werden. Ein Spulenkörper als Träger der Wicklung benötigt Platz, er erhöht jedoch auch die Festigkeit des Spule, schützt sie und erleichtert die automatisierte Produktion. Weiterhin trägt ein Spulenverguss zur Stabilität der Wicklungen und zur besseren Wärmeableitung bei. In den Spulenkörper wird in vielen Fällen die Kontaktierung integriert.

Die *Wickelart* bestimmt den Kupferfüllfaktor. Dieser ist abhängig von der Dicke der Drahtisolation (ggf. Backlack) und von den Lufträumen zwischen den einzelnen Windungen. Es sind drei Anordnungen der Drähte zueinander möglich.

1. Die *orthozyklische* Wicklung ist die dichteste Wickelart. Die Drähte liegen genau auf Lücke. Der theoretische Wickelfüllfaktor k_W (Quotient aus Drahtfläche A_{Dr}

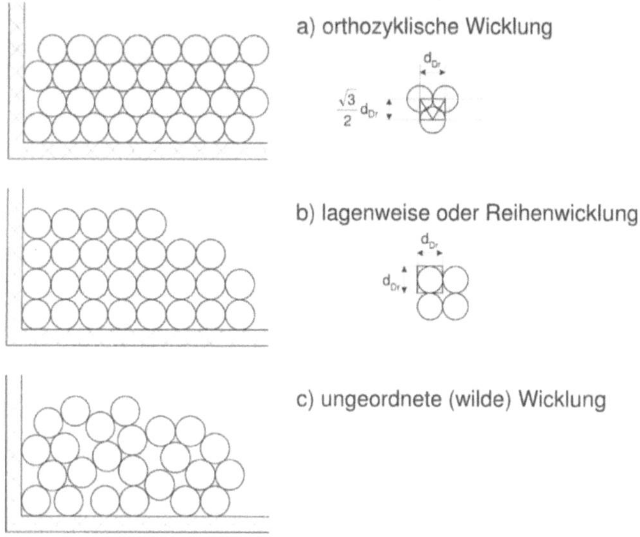

Bild 22.39: Wickelarten von Spulen

zu Wickelfensterfläche A_W) berechnet sich mit der Hilfskonstruktion in Bild 22.39 aus dem Quotienten der Fläche von 4 Viertelkreisen zur Rechteckfläche, die sich aus dem Abstand der Drahtmittelpunkte und dem Abstand zweier Lagen (Höhe des gleichseitigen Dreiecks) ergibt:

$$k_W = \frac{A_{Dr}}{A_W} = \frac{\frac{\pi}{4} d_{Dr}^2}{\frac{\sqrt{3}}{2} d_{Dr}^2} = \frac{\sqrt{3}}{6}\pi \approx 0{,}91. \tag{22.94}$$

Praktisch ist diese dichteste Wicklung wegen der Überkreuzung der Windungen durch die entgegengesetzte Vorzugsbewegung beim Wickeln der einzelnen Lagen und wegen der Lagenenden nicht zu realisieren. Anspruchsvoll ist die Wicklung der ersten Lage. Sie kann durch Kerben oder Rillen im Spulenkörper unterstützt werden. Für die weiteren Lagen ist die Führung durch unteren Lagen gegeben. Durch die Zugspannung des Drahtes wird der Draht in die Rillen gezogen. Die Überkreuzungen der Drähte dürfen nur in einer engen Zone stattfinden, damit das Führungsverhalten nicht verloren geht. [28]

2. Bei der *lagenweise Wicklung* liegen alle Lagen direkt aufeinander. Der Wickelfüllfaktor ist leicht zu berechnen:

$$k_W = \frac{A_{Dr}}{A_W} = \frac{\frac{\pi}{4} d_{Dr}^2}{d_{Dr}^2} = \frac{\pi}{4} \approx 0{,}785. \tag{22.95}$$

Diese Wicklung ist schwer zu realisieren, weil die Zugkraft beim Wickeln den Draht in die Rillen der unteren Lage zieht.

3. Bei einer *wilde Wicklung* liegen die Windungen ungleichmäßig neben- und übereinander. Kreuzungspunkte sind an beliebigen Stellen zulässig. Der Wickelfüllfaktor ist relativ klein und kann nur aus Erfahrungswerten geschätzt werden:

$$k_W = \approx 0{,}65 ... 0{,}75. \tag{22.96}$$

Die Spannungsfestigkeit ist geringer als bei den anderen Wicklungsarten, weil einzelne Windungen in untere Lagen abrutschen können. Wegen der Streuung der verwickelten Drahtlänge variiert auch der ohmsche Widerstand stark.

Die wilde Wicklung stellt geringe Ansprüche an die Prozessgestaltung für die Fertigung. Der Draht wird mit kontinuierlicher seitlicher Verlegung auf den zu bewickelnden Körper aufgebracht. Die Umkehrpunkte des Drahtführers müssen für gleichmäßiges Befüllen des Wickelraums geeignet festgelegt werden, um Bäuche und hohe Ränder zu vermeiden.

Der *Ablauf der Spulendimensionierung* beginnt mit der Festlegung der oberen Grenztemperatur ϑ_{21}. Es gibt verschiedene Gründe für die Begrenzung der Temperatur:

- thermische Alterung von Stoffen (insbesondere der Spulenisolation) oberhalb der Grenztemperatur (Montsinger-Regel)
- Beeinflussung polarisierter Stoffe (Curie-Temperatur),
- Beeinflussung anderer Funktionseinheiten (z. B. Längenänderungen bei Präzisionsgeräten)
- Einsatzzweck (z. B. bei Kontakt mit der menschlichen Haut)

Mittels einer Thermiksimulation lässt sich aus ϑ_{21} die zulässige Verlustleistung im Dauerbetrieb berechnen. Für Einkörpermodelle geschieht dies mit der Berechnung:

$$P_{vD} = \frac{\vartheta_{21}}{R_{th}}. \tag{22.97}$$

Da Thermiksimulation aufwändig sind und nur eine sehr begrenzte Genauigkeit aufweisen, wird häufig auf Erfahrungswerte zurückgegriffen, welche Wärmemenge abgeführt werden kann.

Durch die Kenntnis der Einschaltzeiten t_5 und der Pausenzeiten t_6, die meist mit der Aufgabenstellung gegeben sind, ist die Betriebsart und die relative Einschaltdauer $\%ED$ vorgegeben. Damit erhöht sich die zulässige Verlustleistung:

$$P_{vzul} = P_{vD} \frac{\%ED}{100\%}. \tag{22.98}$$

Aus der zulässigen Verlustleistung wird die aus thermischer Sicht maximale Durchflutung abgeleitet:

$$\Theta = wI = w\sqrt{\frac{P_{vzul}}{R_{el}}} \tag{22.99}$$

Für den elektrischen Widerstand der Wicklung gilt die Bemessungsgleichung ($R = \varrho l/A$). Die Drahtlänge l_{Dr} bestimmt sich aus der Windungszahl w und der mittleren Drahtlänge l_m. Die Drahtfläche A_{Dr} wird mit dem Wickelfenster A_W abgeleitet, das mit dem Kupferfüllfaktor k_{Cu} multipliziert und durch die Windunszahl w geteilt wird:

$$\Theta = w\sqrt{\frac{P_{\mathrm{vzul}}A_{Dr}}{\varrho_{warm}l_{Dr}}} = w\sqrt{\frac{P_{vzul}A_{Cu}}{\varrho_{warm}w^2 l_m}} = \sqrt{\frac{P_{vzul}k_{Cu}A_W}{\varrho_{warm}l_m}} \tag{22.100}$$

In dieser Formel muss der spezifische elektrische Widerstand für den ungünstigsten Fall der größten Erwärmung angesetzt werden:

$$\varrho_{warm} = \varrho_{20}(1 + \alpha(\vartheta_{21} - 20°C)), \tag{22.101}$$

wobei der Wärmekoeffizient des elektrischen Widerstands von Kupfer $\alpha = 0{,}004/K$ und der spezische elektrische Widerstand von Kupfer $\varrho_{20} = 1,75e - 8\Omega\mathrm{m}$ aus Tafelwerken entnommen wird.

Ist die zulässige Verlustleistung nicht gegeben oder lässt sie sich nicht wie beschrieben ermitteln, so kann sie aus Erfahrungswerten der maximal zulässigen Stromdichte J_{zul} abgeschätzt werden:

$$\Theta = wI = J_{zul}k_{Cu}b_W h_W. \tag{22.102}$$

Bei Dauerbetrieb kann von $J_{zul} = 4\ \mathrm{A/mm^2}$ ausgegangen werden. Dieser Wert erhöht sich ggf. noch um den Faktor der relativen Einschaltdauer (Reziprokwert). Die Wickelfenstergeometrie $b_W \cdot h_W$ folgt aus der Optimierung der Hauptabmessungen (Grobimensionierung).

Für den elektrischen Widerstand der Wicklung gilt das Ohmsche Gesetz ($R = U/I$) sowie die bereits oben verwendete Bemessungsgleichung ($R = \varrho l/A$). Die Drahtfläche A_{Dr} wird diesmal mit dem Drahtdurchmesser d_{Dr} beschrieben. Beide Formeln für den Widerstand kann man benutzen, um den theoretischen Drahtdurchmesser d^*_{Dr} zu bestimmen:

$$R_{warm} = \frac{U}{I} = \frac{wU}{\Theta} = \frac{\varrho_{warm}l_{Dr}}{A_{Dr}} = \frac{\varrho_{warm}wl_m}{\frac{\pi}{4}d^{*2}_{Dr}} \quad \Longrightarrow \quad d^*_{Dr} = \sqrt{\frac{4\Theta\varrho_{warm}l_m}{\pi U}}. \tag{22.103}$$

An dieser Stelle muss zwischen den zwei möglichen Betriebsfällen eingeprägter Spannung und eingeprägtem Strom unterschieden werden. Die Stromeinprägung ist eigentlich ein theoretischer Grenzfall, da sich der Strom an Induktivitäten nicht sprunghaft ändern kann. Jedoch ist er für die Spulendimensionierung nützlich um Übererregungen (Beschleunigung des Schaltvorgangs) zu beschreiben.

Spannungseinprägung

Zur Ermittlung des theoretischen Drahtdurchmessers nach Gl. (22.103) ist die Spannung für den ungünstigsten Fall die Erwärmung betreffend einzusetzen. Für die Nennspannung U_N ist bei der Spannungseinprägung meist ein Toleranzband mit den Grenzen Minimalspannung U_{min} und Maximalspannung U_{max} vorgegeben. Die Toleranzen

Tabelle 22.4: Drahttabelle (Auszug) mit den Spalten Kupferdrahtdurchmesser d_{Cu}, maximaler Drahtisolationsdurchmesser für einfache Isolation d_{Drmax1} und für doppelte Isolation d_{Drmax2}, Angaben in mm

$d_{\mathrm{Cu}} = d_{\mathrm{Nenn}}$	d_{Drmax1}	d_{Drmax2}	$d_{\mathrm{Cu}} = d_{\mathrm{Nenn}}$	d_{Drmax1}	d_{Drmax2}
0,018	0,022	0,024	0,315	0,349	0,367
0,019	0,023	0,026	0,335	0,372	0,391
0,02	0,024	0,027	0,355	0,392	0,411
0,021	0,026	0,028	0,375	0,414	0,434
0,022	0,027	0,03	0,4	0,439	0,459
0,024	0,029	0,032	0,425	0,466	0,488
0,025	0,031	0,034	0,45	0,491	0,513
0,027	0,033	0,036	0,475	0,519	0,541
0,028	0,034	0,038	0,5	0,544	0,566
0,03	0,037	0,041	0,53	0,576	0,6
0,032	0,039	0,043	0,56	0,606	0,63
0,034	0,041	0,046	0,6	0,649	0,674
0,036	0,044	0,049	0,63	0,679	0,704
0,038	0,046	0,051	0,67	0,722	0,749
0,04	0,049	0,054	0,71	0,762	0,789
0,043	0,052	0,058	0,75	0,805	0,834
0,045	0,055	0,061	0,8	0,855	0,884
0,048	0,059	0,065	0,85	0,909	0,939
0,05	0,06	0,066	0,9	0,959	0,989
0,053	0,064	0,07	0,95	1,012	1,044
0,056	0,067	0,074	1	1,062	1,094
0,06	0,072	0,079	1,06	1,124	1,157
0,063	0,076	0,083	1,12	1,184	1,217
0,067	0,08	0,088	1,18	1,246	1,279
0,071	0,084	0,091	1,25	1,316	1,349
0,075	0,089	0,095	1,32	1,368	1,422
0,08	0,094	0,101	1,4	1,468	1,502
0,085	0,1	0,107	1,5	1,57	1,606
0,09	0,105	0,113	1,6	1,67	1,706
0,095	0,111	0,119	1,7	1,772	1,809
0,1	0,117	0,125	1,8	1,872	1,909
0,106	0,123	0,132	1,9	1,974	2,012
0,112	0,13	0,139	2	2,074	2,112
0,118	0,136	0,145	2,12	2,196	2,235
0,125	0,144	0,154	2,24	2,316	2,355
0,132	0,152	0,162	2,36	2,438	2,478
0,14	0,16	0,171	2,5	2,578	2,618
0,15	0,171	0,182	2,65	2,73	2,772
0,16	0,182	0,194	2,8	2,88	2,922
0,17	0,194	0,205	3	3,083	3,126
0,18	0,204	0,217	3,15	3,233	3,276
0,19	0,216	0,228	3,35	3,435	3,479
0,2	0,226	0,239	3,55	3,635	3,679
0,212	0,24	0,254	3,75	3,838	3,883
0,224	0,252	0,266	4	4,088	4,133
0,236	0,267	0,283	4,25	4,341	4,387
0,25	0,281	0,297	4,5	4,591	4,637
0,265	0,297	0,314	4,75	4,843	4,891
0,3	0,334	0,352	5	5,093	5,141

können aus dem Ladezustand eines Akkus oder Spannungseinbrüchen z. B. bei Starten eines Autos folgen. Für die Spulendimensionierung ist die Maximalspannung besonders kritisch, weil sie bei der oberen Grenztemperatur ϑ_{21} den größtmöglichen Strom verursacht. Für den theoretischen Drahtdurchmesser ergibt sich:

$$d_{Dr}^{*} = \sqrt{\frac{4\Theta \varrho_{warm} l_m}{\pi U_{max}}}. \tag{22.104}$$

Der Wert für d_{Dr}^{*} entspricht nicht exakt der Realität, weil Kupferdrähte nur in bestimmten Staffelnormen hergestellt und angeboten Werten. Die Liste verfügbarer Drähte ist in Tabelle 22.4 zusammengefasst. Aus dieser Tabelle muss der nächst größere oder kleinere Draht ausgewählt werden:

$$d_{Dr}^{*} \quad \stackrel{\text{Drahttabelle}}{\Longrightarrow} \quad (d_{Iso}, d_{Cu}). \tag{22.105}$$

Hierbei ist d_{Cu} der Durchmesser des reinen Kupferdrahtes und d_{Iso} der Drahtdurchmesser einschließlich der Isolationsschicht. Je nach Anforderungen an die Durchschlagsfestigkeit werden unterschiedlich dicke Isolationsdicken angeboten. Weitere Isolationsdicken ergeben sich beim Einsatz von Backlack.

Unter Umständen ist es sinnvoll, noch weitere benachbarte Drähte in Hinblick auf die Ausnutzung des vorhandenen Wickelraums A_W zu betrachten.

Mit dem so festgelegten Drahtdurchmesser ist es möglich, die tatsächlichen Spulendaten zu berechnen. Die Anzahl der Lagen und der Windungen pro Lage ergeben sich, indem die Spulenfensterbreite bzw. -höhe durch den Drahtdurchmesser geteilt wird. Da nur ganzzahlige Werte sinnvoll sind, muss dabei abgerundet werden:

$$w_b = \left\lfloor \frac{b}{d_{iso}} \right\rfloor \qquad \text{bzw.} \qquad w_h = \left\lfloor \frac{h}{d_{iso}} \right\rfloor. \tag{22.106}$$

Der durch das Abrunden ungenutzte Spulenraum verringert den tatsächlichen Kupferfüllfaktor. Deshalb können an dieser Stelle unter Umständen benachbarte Drähte aus der Drahttabelle günstiger sein. Die Anzahl der Lagen in der angebenen Weise zu ermitteln, geht von lagenweiser Wicklung aus. Für orthozyklische Wicklungen muss entsprechend Bild 22.39 noch durch $\sqrt{3}/2$ geteilt werden, da die Wicklungen versetzt und somit die Lagen überlappend liegen.

$$w_{b_orth} = \left\lfloor \frac{2b}{\sqrt{3} d_{iso}} \right\rfloor \tag{22.107}$$

In diesem Fall muss bei der Berechnung der Anzahl der Wicklungen pro Lage w_h für jede zweite Lage der Versatz beachtet werden, der dazu führt, dass ggf. eine Wicklung abgezogen werden muss.

In der Praxis die orthozylische Wicklung auf Grund der Überkreuzungen, der Lagenenenden und der daraus entstehenden Fehler nicht diese ideale Wicklungszahlen w_b und w_h auf. Deshalb ist die Berechnung nach Gl. (22.106) in den meisten Fällen ausreichend.

Die Windungszahl ergibt sich aus der Multiplikation w_b und w_h:

$$w = w_b w_h. \tag{22.108}$$

Der tatsächliche Kupferfüllfaktor

$$k_{Cu} = \frac{\frac{\pi}{4} d_{iso}^2}{b_W h_W}. \tag{22.109}$$

kann nun mit dem angenommen Kupferfüllfaktor in den Gleichungen (22.100) bzw. (22.102) verglichen werden. Bei starker Abweichung müsste die Rechnung korrigiert werden.

Wichtige Kenndaten des so dimensionierten Spule sind bei der Spannungseinprägung der tatsächliche Warmwiderstand

$$R_{warm} = 4\varrho_w l_m w / \pi d_{Cu}^2 \tag{22.110}$$

und die maximale Verlustleistung

$$P_{vmax} = \frac{U_{max}}{R_{warm}}. \tag{22.111}$$

Weiterhin muss mit der minimalen Spannung und dem Warmwiderstand geprüft werden, ob die damit erreichte Durchflutung

$$\Theta_{min} = w U_{min} / R_{warm} \tag{22.112}$$

die Bewegungsaufgabe gelöst werden kann.

Da dieser Ablauf der Spulendimensionierung die bestmögliche Spule ermittelt, muss für den Fall, dass kein möglicher Spulendraht in der Drahttabelle (d_{Dr}^* zu klein) gefunden werden kann oder dass die Überprüfung mit Θ_{min} eine negative Aussage ergibt, eine vollständige Neudimensionierung des Magnetkreises erfolgen, die einen größeren Bauraum zur Folge hat.

Die Tabelle 22.5 fasst den Ablauf der Spulendimensionierung zusammen.

Stromeinprägung

Die Stromeinprägung als theoretischer Grenzfall für die Beschleunigung des Schaltverhaltens magnetischer Antriebe kann auf Grund der Induktionswirkung magnetischer Kreise nicht realisiert werden, weil dafür eine unendlich hohe Spannung benötigt würde. In der Praxis wird sie durch die *Übererregung* in folgender Weise umgesetzt.

Die Spule wird für einen Nennstrom I_N bei einer bestimmten Spannung U^* ausgelegt, so dass sie im Dauerbetrieb die Bedingung für die zulässige Erwärmung erfüllt. Die Betriebs- oder Nennspannung U_N wird um den *Übererregungsfaktor* (Boostfaktor)

Tabelle 22.5: Zusammenfassung des Ablaufs der Spulendimensionierung bei Spannungseinprägung

	Rechnung	Beispiel
aus magnetischer Grobdimensionierung:		
Vorgabe Wickelfensterbreite	b_W	2,8 mm
Vorgabe Wickelfensterhöhe	h_W	8,4 mm
Vorgabe Durchmesser Wickelkern	r_W	4,0 mm
Vorgabe Durchflutung	Θ	180 A
aus Randbedingungen Spannungsversorgung:		
Vorgabe Betriebsspannung	U_B	$24\,\mathrm{V}^{+5\%}_{-10\%}$
Minimalspannung	U_{min}	21,6 V
Maximalspannung	U_{max}	25,2 V
Temperaturabhängigkeiten:		
Vorgabe Umgebungstemperatur	ϑ_{13}	20 °C
Vorgabe zulässige Grenztemperatur	ϑ_{21}	140 °C
zulässige Übertemperatur	$\Delta\vartheta_{31} = \vartheta_{21} - \vartheta_{13}$	120 K
spez. elektrischer Widerstand von Kupfer	ϱ_{20}	1,75e-8 Ωm
Temperaturbeiwert des Ohmschen Widerstands	α	0,004/K
spez. elektrischer Widerstand bei ϑ_{21}	$\varrho_w = \varrho_{20}(1 + \alpha(\vartheta_{21} - 20\,°\mathrm{C}))$	2,59e-8 Ωm
Berechnung (Schätzung) des Spulendrahtes:		
mittlere Windungslänge	$l_m = 2\pi(r_W + b_W/2)$	33,93 mm
Drahtdurchmesser	$d^* = \sqrt{\frac{4\Theta\varrho_w l_m}{\pi U_{max}}}$	0,096 mm
Auswahl des Spulendrahtes und Nachrechnung der Windungszahl:		
Drahtdurchmesser (Kupfer)	d_{Cu}	0,095 mm
Drahtdurchmesser (Isolation)	d_{Iso}	0,111 mm
Windungen pro Lage	$w_h = [h_W/d_{Iso}]$	75
Anzahl Lagen	$w_b = [b_W/d_{Iso}]$	25
Windungszahl	$w = w_b w_h$	1875
Kupferfüllfaktor	$k_{Cu} = w\frac{\pi}{4}d_{Cu}^2/h_W b_W$	0,57
Nachrechnung der Leistungsdaten:		
Warmwiderstand	$R_w = 4\varrho_w l_m w/\pi d_{Cu}^2$	232,5 Ω
max. Verlustleistung	$P_{vmax} = \Theta^2 R_w/w^2$	2,14 W

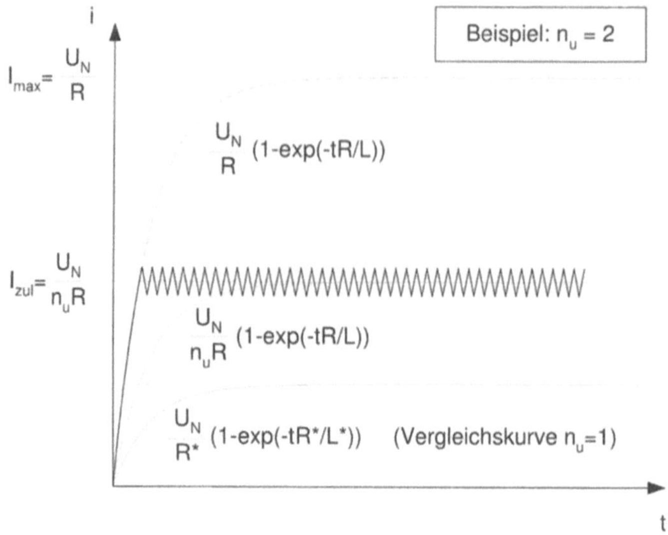

Bild 22.40: Stromverlauf bei Stromeinprägung

$n_{\ddot{u}}$ höher gesetzt. Damit wird der Stromverlauf um diesen Faktor skaliert und somit der Stromanstieg vergrößert. Um die thermiche Sicherheit zu gewährleisten, muss die Spannung von U_N auf U^* abgesenkt werden, wenn der Strom den Nennstrom I_N übersteigt. Dies kann entweder durch Stromregelung oder Herabschalten geschehen. Das Bild 22.40 zeigt die Verhältnisse am Beispiel $n_{\ddot{u}} = 2$.

Bei der Spulenauslegung ist die Betriebsspannung U_N von der Anwendung vorgegeben, der Übererregungsfaktor entsprechend der Wünsche an die Verkürzung der Schaltzeiten gewählt. Dementsprechend wird die Spule auf die reduzierte Spannung

$$U^* = \frac{U_N}{n_{\ddot{u}}} \tag{22.113}$$

dimensioniert. Schwankungen der Nennspannung spielen dabei keine Rolle, da die Regelung auf den zulässigen Maximalstrom eingestellt wird.

Damit muss die Gl. (22.103) wie folgt angepasst werden.

$$d^*_{Dr} = \sqrt{\frac{4 n_{\ddot{u}} \Theta \varrho_{warm} l_m}{\pi U_N}}. \tag{22.114}$$

Der weitere Ablauf der Spulenauslegung verläuft analog zur Spannungseinprägung (d_{Cu}, d_{iso}, w_b, w_h, w, k_{Cu}). Unterschiedlich sind jedoch die relevanten elektrischen Daten. Zur Regelung wird der zulässige Regelstrom benötigt:

$$I_{zul} = \frac{\Theta}{w}. \tag{22.115}$$

Die sich daraus ergebene Verlustleistung berechnet sich aus:

$$P_{vwarm} = R_{warm} I_{zul}^2 \qquad \text{mit} \qquad R_{warm} = \frac{\varrho_{warm} w l_m}{\frac{\pi}{4} d_{Cu}^2}. \tag{22.116}$$

Die Bewegungsaufgabe wird bei Stromeinprägung stets erfüllt, weil die für die Kraft erforderliche Durchflutung duch die Regelung stets erreicht wird. Statt dessen bleibt zu prüfen, ob die geforderten Zeiten erfüllt werden.

Die Tabelle 22.6 fasst den Ablauf der Spulendimensionierung für die Stromeinprägung bzw. Übererregung zusammen.

Im folgenden werden die Abhängigkeiten der wichtigen Dimensionierungsgrößen vom Übererregungsfaktor $n_{ü}$ qualitativ dargestellt.

- Widerstand:

$$R = \frac{U^{*2}}{P_v} = \frac{U_N^2}{n_{ü}^2 P_v} \sim \frac{1}{n_{ü}^2}, \tag{22.117}$$

- zulässiger Regelstrom:

$$I_{zul} = \frac{P_v}{U^*} = \frac{n_{ü} P_v}{U_N} \sim n_{ü}, \tag{22.118}$$

- Windungszahl:

$$w = \frac{U_N}{n_{ü}} \sqrt{\frac{\varrho l_m}{k_{Cu} A_W P_v}} \sim \frac{1}{n_{ü}}, \tag{22.119}$$

- Durchflutung:

$$\Theta = w I_{zul} = \sqrt{\frac{P_v \varrho l_m}{k_{Cu} A_W}} = \text{const.}, \tag{22.120}$$

- elektrische Zeitkonstante:

$$\tau_{el} = \frac{L}{R} = \frac{w^2}{R R_m} = \frac{U_N^2 \varrho l_m}{n_{ü}^2 k_{Cu} A_W P_v} \frac{n_{ü}^2 P_v}{U_N^2} \frac{1}{R_m} = \frac{\varrho l_m}{k_{Cu} A_W R_m} = \text{const.} \tag{22.121}$$

Wie man sieht, hängen weder die Durchflutung noch die elektrische Zeitkonstante vom Übererregungsfaktor ab. Dafür nimmt die Windungszahl mit steigendem Übererregungsfaktor ab, der Widerstand sogar quadratisch. Ein sehr geringer Widerstand der Spulenwicklung muss im Verhältnis zum Kontaktwiderstand und Leitungswiderstand der Zuleitung sowie zum Innenwiderstand der Verstärkerschaltung gesehen werden. Hier ist darauf zu achten, dass die Betriebsspannung tatsächlich auch an der Spule anliegt.

Tabelle 22.6: Zusammenfassung des Ablaufs der Spulendimensionierung bei Stromeinprägung

	Rechnung	Beispiel
aus magnetischer Grobdimensionierung:		
Vorgabe Wickelfensterbreite	b_W	2,8 mm
Vorgabe Wickelfensterhöhe	h_W	8,4 mm
Vorgabe Durchmesser Wickelkern	r_W	4,0 mm
Vorgabe Durchflutung	Θ	180 A
aus den Randbedingungen der Spannungsversorgung:		
Vorgabe Übererregungsfaktor	$n_{ü}$	4
Vorgabe Nennspannung	U_N	24 V
Minimalspannung	U_{min}	21,6 V
Maximalspannung	U_{max}	25,2 V
Temperaturabhängigkeiten:		
Vorgabe Umgebungstemperatur	ϑ_{13}	20 °C
Vorgabe zulässige Grenztemperatur	ϑ_{21}	140 °C
zulässige Übertemperatur	$\Delta\vartheta_{31} = \vartheta_{21} - \vartheta_{13}$	120 K
spez. elektrischer Widerstand von Kupfer	ϱ_{20}	1,75e-8 Ωm
Temperaturbeiwert des Ohmschen Widerstands	α	0,004/K
spez. elektrischer Widerstand bei ϑ_{21}	$\varrho_w = \varrho_{20}(1 + \alpha(\vartheta_{21} - 20\,°\mathrm{C}))$	2,59e-8 Ωm
Berechnung (Schätzung) des Spulendrahtes:		
mittlere Windungslänge	$l_m = 2\pi(r_W + b_W/2)$	33,93 mm
Drahtdurchmesser	$d^* = \sqrt{\frac{4n_{ü}\Theta\varrho_w l_m}{\pi U_N}}$	0,096 mm
Auswahl des Spulendrahtes und Nachrechnung der Windungszahl:		
Drahtdurchmesser (Kupfer)	d_{Cu}	0,095 mm
Drahtdurchmesser (Isolation)	d_{Iso}	0,111 mm
Windungen pro Lage	$w_h = [h_W/d_{Iso}]$	75
Anzahl Lagen	$w_b = [b_W/d_{Iso}]$	25
Windungszahl	$w = w_b w_h$	1875
Kupferfüllfaktor	$k_{Cu} = w\frac{\pi}{4}d_{Cu}^2/h_W b_W$	0,57
Nachrechnung der Leistungsdaten:		
Strom	$I_{zul} = \Theta/w$	
Kaltwiderstand	$R_{20} = 4\varrho_{20}l_m w/\pi d_{Cu}^2$	232,5 Ω
Warmwiderstand	$R_w = 4\varrho_w l_m w/\pi d_{Cu}^2$	232,5 Ω
Verlustleistung (kalt)	$P_{v20} = I^2 * R_{20}$	2,14 W
Verlustleistung (warm)	$P_{vw} = I^2 * R_w$	2,14 W

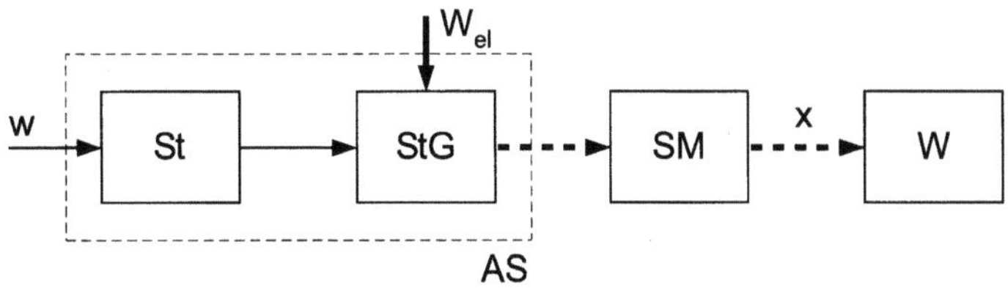

Bild 22.41: Grundstruktur eines Schrittmotorantriebes in offener Steuerkette (St Steuereinrichtung, StG Leistungsstellglied, SM Schrittmotor, W Wirkelement, AS Ansteuereinheit)

22.5 Elektromagnetische Schrittmotoren

22.5.1 Das Wesen elektromagnetischer Schrittmotoren

Elektromagnetische Schrittmotoren sind elektro-magneto-mechanische Energiewandler, die infolge diskontinuierlich bewegter magnetischer Felder schrittförmige mechanische Bewegungen erzeugen. Sie sind für Positionierbewegungen sehr gut geeignet.

Je nach dem Motorprinzip, dem konstruktiven Aufbau und der Art der elektrischen Ansteuerung der Spulenstränge entsteht eine abzählbare Menge elektrischer Zustände, in denen Haltkräfte oder -momente erzeugt werden, die stabile Ankerstellungen zur Folge haben.

Man kann sich diese elektromagnetischen Schrittmotoren als Integration von mehreren Elektromagneten vorstellen, deren Anker infolge der möglichen Addition von Einzelschritten größere Wege bzw. Drehwinkel zurücklegen können als der Anker eines Elektromagneten. Sie sind hervorragend geeignet, elektrische Signale synchron in mechanische Schritte umzuwandeln.

Schrittmotor und Ansteuereinheit bilden aus der Sicht der Antriebsfunktion eine Einheit, den Schrittmotorantrieb (Bild 22.41). Die elektrischen und mechanischen Zustandsänderungen werden durch impulsförmige Erregerströme in den Ständerwicklungen erzeugt. Je nach dem Aufbau des magnetischen Kreises, der Anzahl der Ständer, der Phasenzahl m_s, der Polpaarzahl p und dem Bewegungsfreiheitgrad F können Schrittmotoren mit sehr unterschiedlichen stationären und dynamischen Antriebseigenschaften aufgebaut werden, die zusammen mit angepassten Ansteuereinheiten ein breites Feld von Antriebsforderungen erfüllen können (Tabelle 22.7).

Mit Hilfe von Bild 22.42 soll das Entstehen der elektrischen Zustände $\underline{I}(\varphi_{sk})$ - jedem elektrischen Zustand k ist mindestens eine stabile Lage des Ankers zugeordnet - näher erläutert werden [11], [39].

Sind die Erregerspulen gleichmäßig über den Umfang von rotatorischen Schrittmotoren verteilt, gilt bei Erregung der Phasen n, $n+1\ldots m$ für den elektrischen Zustand:

$$\underline{I}(\varphi_{sk}) = \sum_{k=n}^{m} \underline{I}_k(\varphi_{sk}) = \sum_{k=n}^{m} i_k(t) e^{j\frac{2\pi}{\xi\, m_s}(k-1)} \qquad (22.122)$$

Tabelle 22.7: Einteilung elektromagnetischer Schrittmotoren

Bewegungsform, Bewegungsfreiheitsgrad F	
- rotatorischer Schrittmotor F = 1	* für allgemeine Anwendung * häufigste Schrittmotorart * 0,72 grad < φ_0 < 45 grad
- Linearschrittmotor, F = 1	* für spezielle Anwendungen in Direktantrieben * 0,01 mm < x_0 < 5 mm
- Mehrkoordinatenschrittmotor * x-y-Schrittmotor, F = 2 * x-φ-Schrittmotor, F = 2	 * integrierte Mehrkoordinaten- * schrittmotoren mit Luftführung
Aufbau des magnetischen Kreises	
- Reluktanzschrittmotor	* neutraler Magnetkreis * magnetischer Widerstand stellungsabhängig
- Wechselpolschrittmotor (Heteropolarmotor)	* polarisierter Magnetkreis * Flussrichtung wechselt am Läuferumfang
- Hybridschrittmotor (Homopolarmotor)	* polarisierter Magnetkreis * Flussrichtung ist gleich am Läuferumfang
Konstruktiver Aufbau des Schrittmotors	
- Innenläufermotor	* häufigste Konstruktionsform des rotatorischen Schrittmotors
- Scheibenläuferschrittmotor	* günstige Dynamik
- Mehrstatormotor	* gute magnetische Entkopplung der einzelnen Phasen * hohe Schrittgenauigkeit
- Mehrphasenmotor	* kleinere Bauweise, keine magnetische Entkopplung * ungünstigere Dynamik

mit

$$\varphi_{sk} = \frac{2\pi}{\xi\, m_s}(k-1). \tag{22.123}$$

Wird jeweils nur eine Spule ($n = m$, 1-1-1-Betrieb) bzw. eine gleiche Anzahl benachbarter Spulen ($m = n + 1$, 2-2-2-Betrieb) impulsförmig erregt, so bewegt sich beim Übergang von $k = n$ auf $k = n + 1$ der elektrische Zustandsvektor diskontinuierlich entgegengesetzt zum Uhrzeigersinn um den **elektrischen Schrittwinkel** φ_{so} weiter (22.42).

$$\varphi_{sk}(t) = \varphi_{s(k-1)} + \varphi_{so}\,\sigma(t) \tag{22.124}$$

$$\varphi_{so} = \frac{2\pi}{\xi\, m_s}. \tag{22.125}$$

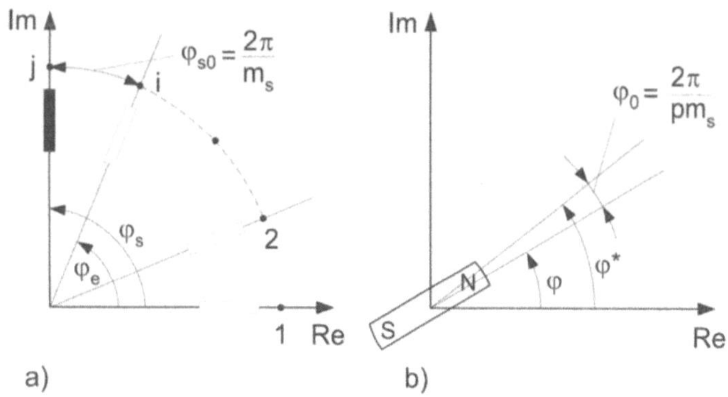

Bild 22.42: Elektrische und mechanische Zustände von rotatorischen Schrittmotoren; a) elektrisches Koordinatensystem, φ_s elektrische Solllage, φ_e elektrische Istlage, φ_{so} elektrischer Schrittwinkel; b) mechanisches Koordinatensystem, φ^* mechanische Solllage, φ mechanische Istlage, φ_0 konstruktiver Schrittwinkel

In Schrittmotoren mit einer Polpaarzahl $p = 1$ entspricht dieser elektrische Winkelschritt φ_{so} auch dem **mechanischen Schrittwinkel** φ_0. Ist jedoch die Polpaarzahl $p > 1$ bzw. sind im Anker und Ständer Zähne enthalten, so verringert sich der mechanische Schrittwinkel

$$\varphi_0 = \frac{2\pi}{\xi\, m_s\, p} \qquad \text{bzw.} \qquad \varphi_0 = \frac{2\pi}{\xi\, m_s\, z}. \tag{22.126}$$

Dabei bedeuten: p Polpaarzahl, z Zähnezahl, $\varphi_0 = \varphi_{so}/p$.

In neutralen Schrittmotoren (neutral bedeutet ohne Verwendung von Dauermagneten) ist $\xi = 2$, d. h.

$$\varphi_0 = \frac{\pi}{m_s\, p}. \tag{22.127}$$

In Wechselpolschrittmotoren hingegen gilt mit $\xi = 1$:

$$\varphi_0 = \frac{2\pi}{m_s\, p}. \tag{22.128}$$

Die Größe der mechanischen Schritte kann durch die sprunghafte Änderung der Anzahl der je Arbeitstakt bestromten Erregerspulen (z. B. 1-2-1-Betrieb, Schritthalbierung) oder durch unterschiedliche Änderung der Sprungamplituden der Erregerströme in den einzelnen Phasenspulen (elektronische Schrittteilung, Mikroschrittbetrieb) noch weiter verkleinert werden (Abschnitt 22.5.7).

Die sprunghafte Verschiebung des elektrischen Zustandsvektors entspricht einer Verschiebung der statischen Drehmomentenkennlinie um den Schrittwinkel φ_0 (Bild 22.43).

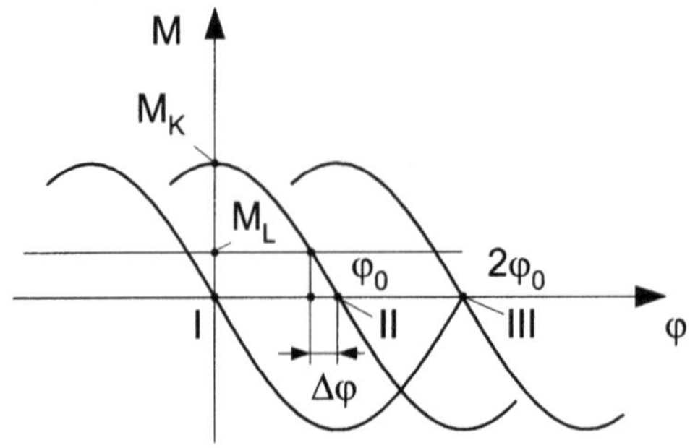

Bild 22.43: Drehmomentenverlauf eines Rotationsschrittmotors; M_K Kippmoment, M_L Lastmoment, $\Delta\varphi$ Schrittfehler

Das im Motor entstehende Drehmoment bewirkt eine typische Schrittbewegung. Der Anker geht, wenn $M_L = 0$, von einer stabilen Position (I) in die andere stabile Position (II) über.

Infolge äußerer Belastungsmomente M_L treten jedoch Schrittfehler ($\Delta\varphi$) auf, die bei einer vorgegebenen Belastung um so kleiner sind, je größer die Steigung der Momentenkennlinie im Schnittpunkt mit der Abszisse (Steifigkeit) ist.

Für die Steifigkeit S^* der Drehmomentenkennlinie gilt:

$$S^* = \frac{\mathrm{d}M}{\mathrm{d}\varphi}. \tag{22.129}$$

Sind die beiden Bedingungen $M - M_L = 0$ und $S^* < 0$ erfüllt, liegt im Schnittpunkt der Drehmomentenkennlinie mit der Lastmomentengerade ein stabiler Arbeitspunkt vor.

Nach Bild 22.43 erhält man für den Schrittfehler infolge des Lastmomentes M_L:

$$\Delta\varphi = \frac{M_L}{S^*}. \tag{22.130}$$

Die Schrittmotoren sind ihrem Wesen nach Synchronmotoren, in denen sich das Drehfeld bei Rotationsmotoren und das Wanderfeld bei Linearmotoren schrittförmig bewegen.

Infolge des auftretenden synchronisierenden Momentes, das durch eine innere Maßverkörperung hervorgerufen wird, kann der Schrittmotor gesteuerte Bewegungen bereits in offener Steuerkette ausführen. Dadurch ergeben sich relativ einfach aufgebaute und preiswerte Antriebsstrukturen.

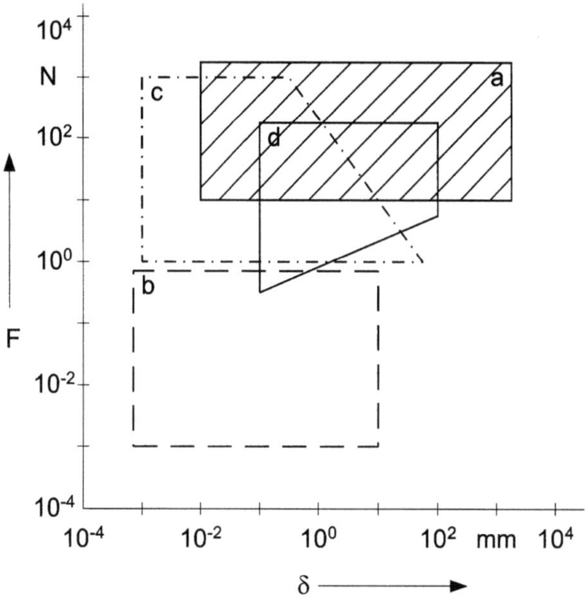

Bild 22.44: Stellkraft und Wegbereich von Linearmotoren; a) linearer Hybridschrittmotor; b) elektrostatischer Linearmotor; c) piezoelektrischer Schrittmotor mit Schrittaddition; d) Elektromagnet

Besonderheiten elektromagnetischer Schrittmotoren

Elektrische Motoren mit schrittweiser Ankerbewegung können nach sehr unterschiedlichen Wirkprinzipien, die durch die Energiewandlung charakterisiert sind, aufgebaut werden [11], [50], [59], [117].

So sind neben den elektromagnetischen Schrittmotoren auch piezoelektrische und magnetostriktive Schrittmotoren bekannt geworden, die jedoch wegen ihrer sehr kleinen Schrittweiten im nm- bis μm-Bereich besonders in der Präzisionstechnik für Positionieraufgaben eingesetzt werden (Bild 22.44). Die Anwendung elektrostatischer Schrittmotoren ist wegen der sehr geringen mechanischen Leistung pro Volumeneinheit und der sehr kleinen Stellkräfte auf den Bereich der Mikroaktorik beschränkt [92].

Die elektromagnetischen Schrittmotoren überstreichen das größte Anwendungsfeld im oberen Leistungsbereich der elektrischen Schrittmotoren.

22.5.2 Konstruktiver Aufbau und Wirkungsweise von Reluktanzschrittmotoren

Reluktanzschrittmotoren sind Motoren mit neutralem Läufer. Die Kräfte oder Momente in Reluktanzschrittmotoren entstehen infolge der mit der Bewegung des Läufers verbundenen Änderung des magnetischen Widerstandes des magnetischen Kreises

(Reluktanzprinzip). Das ist das gleiche Prinzip nach dem auch neutrale Gleichstrommagnete arbeiten. Diese verfügen jedoch nur über zwei elektrische Zustände und zwei mechanische Zustände, wobei nur eine aktive Bewegungsrichtung vorhanden ist.

Durch die Kopplung mehrerer Magnetsysteme und das Anbringen von Zähnen an den Polen (Modulation) kann die Zahl der elektrischen Zustände pro Umdrehung bei Rotationsmotoren wesentlich erhöht werden. Eine eindeutige Drehrichtung kann mit Reluktanzschrittmotoren nur erzeugt werden, wenn mindestens drei Phasen vorhanden sind. In Schrittantrieben mit hoher Positioniergenauigkeit werden Schrittmotoren benötigt, die eine hohe Schrittzahl Z (Anzahl der konstruktiv bedingten Schritte pro Umdrehung) besitzen

$$Z = \frac{360\,\mathrm{grad}}{\varphi_0} = m_s\, z, \tag{22.131}$$

d. h., es werden möglichst kleine konstruktive Schrittwinkel

$$\varphi_0 = \frac{360\,\mathrm{grad}}{m_s\, z}. \tag{22.132}$$

angestrebt. Man wählt deshalb die Zähnezahl z so groß wie technologisch vertretbar.

Jeder Reluktanzschrittmotor kann als Einstator- oder Mehrstatormotor (Bild 22.45) ausgeführt sein. Bei Einstatormotoren sind die einzelnen Stränge tangential am Umfang des Stators angebracht, wodurch sich ein größerer Radius des Läufers ergibt. Außerdem treten parasitäre Verkopplungen der einzelnen Magnetkreise auf.

Da die einzelnen Phasen der Mehrstatormotoren axial hintereinander angeordnet sind, ergeben sich kleinere Rotorträgheitsmomente bezogen auf das Motormoment. Die dynamische Leistung (Power rate: $\dot{P}_M = M_m^2/J_m$) ist größer als bei Einstatormotoren. Auf Grund der magnetischen Entkopplung sind die Mehrstatormotoren auch besser für den Mikroschrittbetrieb geeignet als die Einstatorreluktanzmotoren, die allerdings den Vorteil insgesamt kleinerer Bauweise besitzen.

Das Motormoment einer Phase kann nach Gl. (22.31) aus der magnetischen Co-Energie berechnet werden:

$$M_m = \frac{\partial}{\partial\varphi} \int \psi(\varphi, i)\,\mathrm{d}i. \tag{22.133}$$

Für den linearen Fall gilt $\psi(\varphi, i) = L(\varphi)i$ und $L(\varphi) = w^2\, G_m(\varphi)$ und man erhält

$$M_m = \frac{i^2}{2}\frac{\mathrm{d}L(\varphi)}{\mathrm{d}\varphi} = \frac{\Theta^2}{2}\frac{\mathrm{d}G_m(\varphi)}{\mathrm{d}\varphi}. \tag{22.134}$$

Durch die Zahnstruktur ergibt sich der in Bild 22.46 dargestellte Verlauf der Luftspaltleitfähigkeit von Reluktanzschrittmotoren:

$$G_m(\varphi) = G_{m0} + G_{m1}(\varphi), \tag{22.135}$$

$$G_m(\varphi) = G_{mo} + G_{m1} \cos k\varphi \quad \text{mit} \quad k = \frac{2\pi}{\tau_z} \quad \text{und} \quad G_{m1} = \frac{G_{\max} - G_{\min}}{2}. \tag{22.136}$$

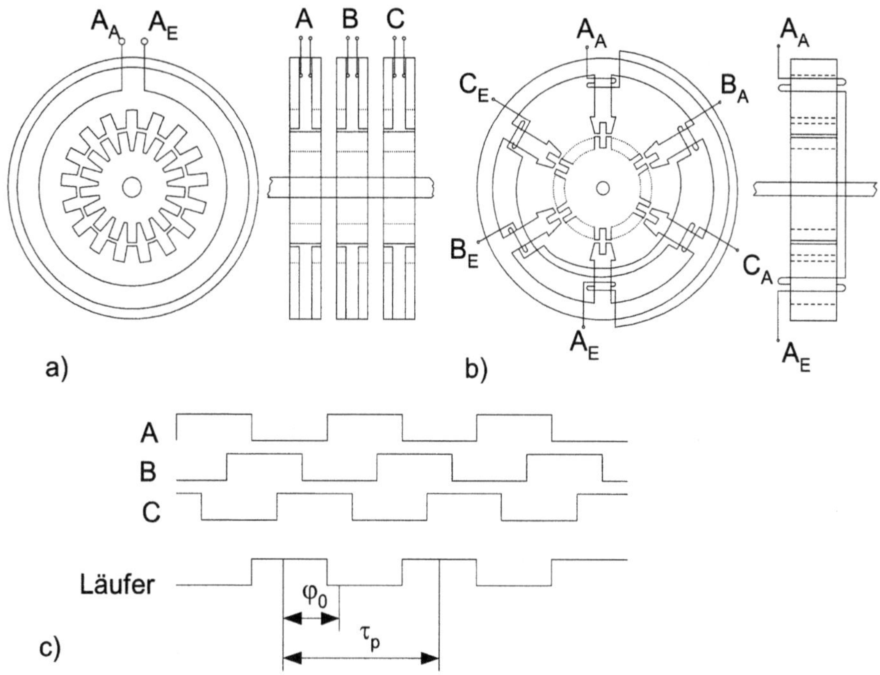

Bild 22.45: Aufbau dreiphasiger Reluktanzschrittmotoren; a) Mehrstatormotor, b) Einstatormotor, c) abgewickelte Zahngeometrie

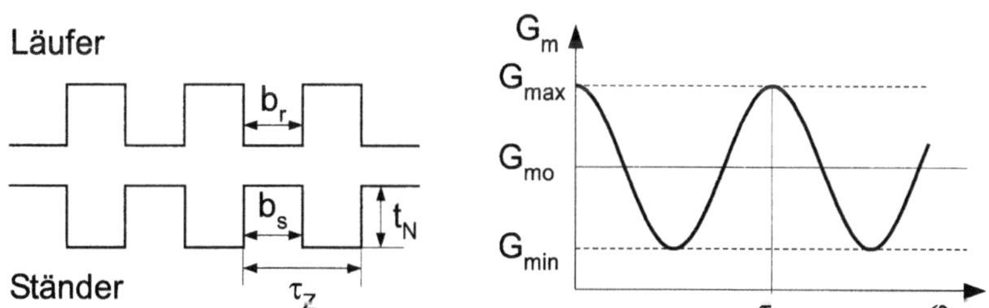

Bild 22.46: Zahnstruktur und Leitfähigkeitsverlauf von Reluktanzschrittmotoren

Daraus folgt nach (22.134)

$$M_m = -\frac{\Theta^2}{2} k\, G_{m1}\, \sin k\varphi. \tag{22.137}$$

$\Theta^2 k G_{m1}/2$ ist das sogenannte Kippmoment M_K. Damit gilt:

$$M_m = -M_K\, \sin k\varphi. \tag{22.138}$$

Bei Mehrständermotoren werden die einzelnen Ständer zueinander um jeweils $2\pi/m_s$ phasenverschoben angeordnet. Wenn $m_s \geq 3$ ist, entstehen bei der Umschaltung der Erregerwicklungen Fortschaltmomente.

Analog gilt für lineare Reluktanzschrittmotoren:

$$F_m = -F_k \sin kx. \tag{22.139}$$

Nach [1] kommt es bei Reluktanzschrittmotoren im Interesse hoher Kippmomente M_K darauf an, dass solche Zahnformen im Ständer und Läufer realisiert werden, die große Leitwertschwankungen G_{m1} bei der Läuferbewegung erzeugen und gleichzeitig einfach herzustellen sind.

Nach [104] kann die Zahnstruktur in drei Gruppen eingeteilt werden:

1. gleiche Zähnezahlen im Läufer und im Ständer (Mehrstatormotoren),
2. unterschiedliche Zähnezahlen im Läufer und im Ständer (Einstatormotoren),
3. ausgeprägte Ständerpole mit Zahnstrukturen.

Die Zahnstrukturen von magnetisch optimierten Reluktanzschrittmotoren genügen folgenden Bedingungen (Bild 22.46):

- die Luftspaltlänge δ wird so klein wie fertigungstechnisch möglich gewählt (0,02 mm $\leq \delta \leq$ 0,05 mm),
- Verhältnis von Ständerzahnbreite b_s zu Ständerzahnteilung τ_z

$$\frac{b_s}{\tau_z} \approx 0{,}5,$$

- Ständernuttiefe

$$t_N \approx \frac{\tau_z}{2},$$

- Läuferzahnbreite b_r zur Zahnteilung τ_z

$$0{,}38 < \frac{b_r}{\tau_z} \leq 0{,}45.$$

Da in Reluktanzmotoren das Drehmoment nur von der Reluktanzänderung und nicht von der Richtung der Magnetfelder abhängt, ist nur eine unipolare Ansteuerung erforderlich. Es können wie bei neutralen Elektromagneten nur anziehende Kräfte erzeugt werden.

Die Anwendung der Reluktanzschrittmotoren geht zurück, weil die pro Volumeneinheit abgegebene Leistung geringer ist als bei polarisierten Schrittmotoren. Außerdem ist die Zahl der minimal erforderlichen Phasen mit $m_s = 3$ größer als die von Wechselpol- oder Hybridschrittmotoren, wodurch auch die Zahl der benötigten Leistungsendstufen größer ist.

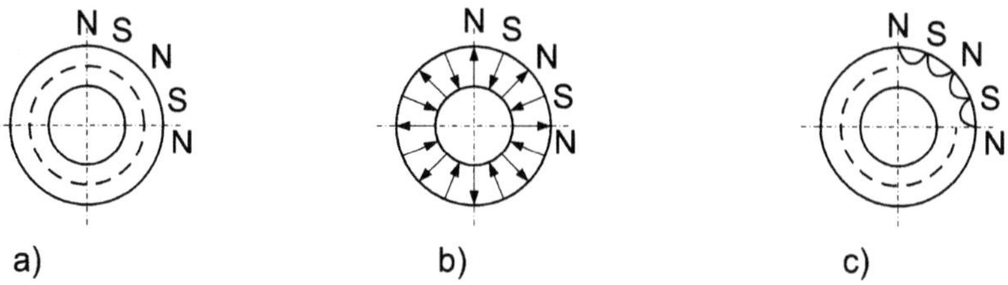

Bild 22.47: Wechselpolläufer aus Ferritmaterial [104]; a) ohne Vorzugsrichtung des Materials (isotrop), b) mit radialer Vorzugsrichtung (anisotrop), c) polorientiert vorzugsgerichtet

22.5.3 Konstruktiver Aufbau und Wirkungsweise von Wechselpolschrittmotoren

Wechselpolschrittmotoren sind polarisierte Schrittmotoren. Der Permamentmagnet befindet sich im Läufer. Die Flussrichtung des magnetischen Flusses wechselt entlang dem Läuferumfang, wodurch eine heteropolare Flussverteilung entsteht (Bild 22.47). Der Läufer ist häufig als Vollpolläufer ausgeführt, d. h. es tritt bei der Ankerbewegung keine Reluktanzänderung auf. Durch bipolare Erregung können sowohl anziehende als auch abstoßende Momente oder Kräfte erzeugt werden. Vorteilhaft für die Herstellung von Wechselpolschrittmotoren ist der einfache Aufbau. Die Polpaarzahl im Läufer von Innenläufermotoren kann jedoch aus energetischen und werkstofftechnischen Gründen nur begrenzt vergrößert werden (2 bis 12 Polpaare), so dass sich relativ große Schrittwinkel ergeben (7,5grad). Für die Erzeugung einer eindeutigen Bewegungsrichtung genügen bereits zwei Phasen der Erregerwicklung.

Der am häufigsten produzierte Wechselpolschrittmotor ist der sogenannte Klauenpolschrittmotor (Bild 22.48). Sogenannte Blechklauen, die innerhalb einer Ringspule abwechselnd ineinandergreifen, bilden den magnetischen Rückschluss.

Auf diese Weise kann ein heteropolares Erregerfeld erzeugt werden, das mit dem heteropolaren Magnetfeld des Läufers zusammenwirkt. Ein Schrittmotor besteht in der Regel aus zwei Statoren, die um eine halbe Polteilung zueinander versetzt angeordnet sind, wodurch die Polung des Magnetläufers in axialer Richtung durchgehend gleich sein kann (Bild 22.48). Die Schritte entstehen dadurch, dass abwechselnd eines der beiden Ständersysteme umgepolt wird. Ein Läufer-Nordpol nimmt jeweils eine mittlere Stellung zwischen zwei Südpolen ein.

Eine antriebstechnisch sehr interessante Sonderbauform ist der Scheibenläuferschrittmotor (Bild 22.49). Der Rotor besitzt eine Scheibenform. Durch eine spezielle Technologie werden am äußeren Rand der Scheibe magnetische Bereiche mit wechselnder Polarität erzeugt. Der Abstand aufeinanderfolgender Abschnitte entspricht der Polteilung τ_p einer konventionellen Synchronmaschine. Jeder der beiden Stränge umfasst mehrere Statorelemente, die gegeneinander in Umfangsrichtung versetzt sind (Bild 22.50).

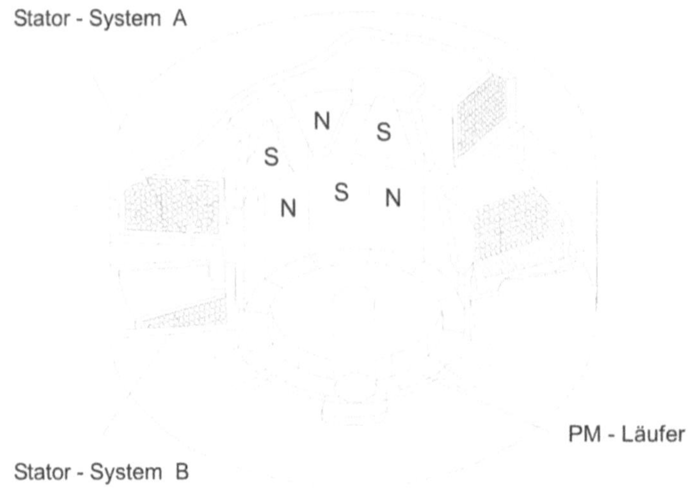

Bild 22.48: Klauenpolschrittmotor [116]

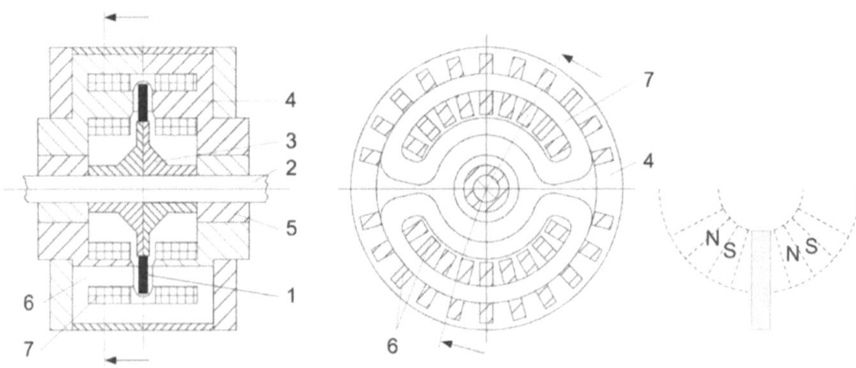

Bild 22.49: Wechselpol-Scheibenläuferschrittmotor; 1 Wechselpolanordnung, 2 Achse, 3 Läufer, 4 Kunststoffumhüllung, 5 Lager, 6 Statorkreis, 7 Erregerspule [81]

Die Ständersegmente des Stranges A sind zu denen des Stranges B um $n\tau_p \pm \tau_p/2$ verschoben. Bei Scheibenläuferschrittmotoren treten Selbsthaltemomente auf, deren Maxima wesentlich kleiner sind als die Maxima der Grundwelle bei Erregung (Bild 22.51). Die Scheibenläufer-Wechselpolschrittmotoren zeichnen sich durch ein außergewöhnlich günstiges dynamisches Verhalten aus.

Infolge des geringen Trägheitsmomentes können hohe Beschleunigungen erzielt werden. Mit Hilfe einer speziellen Aufmagnetisierungstechnik kann eine sehr große Anzahl von Magnetpolen auf dem Umfang des scheibenförmigen Läufers angeordnet werden, wodurch wesentlich kleinere Schrittwinkel als bei konventionellen Wechselpolschrittmotoren erzeugt werden können.

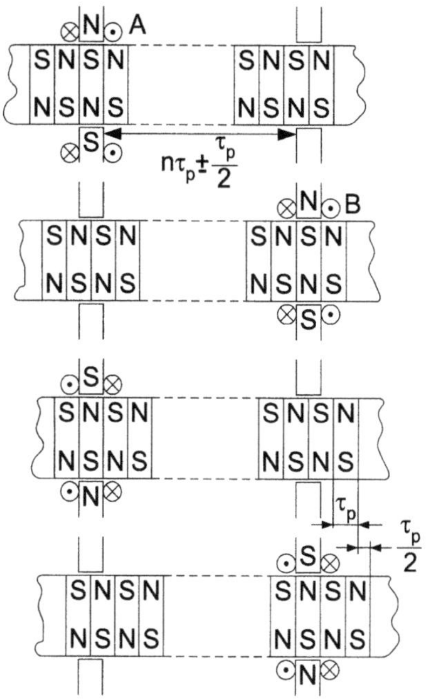

Bild 22.50: Schrittfolge eines zweiphasigen Scheibenläuferschrittmotors

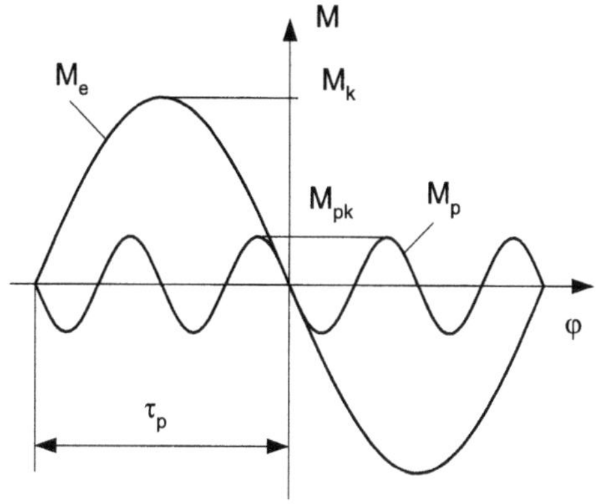

Bild 22.51: Drehmomentenverlauf eines Scheibenläuferschrittmotors; M_e elektromagnetisches Drehmoment, M_p permanentmagnetisches Drehmoment, M_{pk} Kippmoment durch Permanentmagneterregung

Ein weiterer Vorteil ist die konstruktiv bedingte kurze Eisenweglänge der Statorkreise. Dadurch entstehen im Zusammenhang mit der Lamellierung des Eisenkreises auch bei hohen Drehzahlen niedrige Verlustleistungen.

22.5.4 Konstruktiver Aufbau und Wirkungsweise von Hybridschrittmotoren

Rotatorische Hybridschrittmotoren

Hybridschrittmotoren sind polarisierte Schrittmotoren, in denen die Vorteile der Reluktanzschrittmotoren (kleine Schrittweite) mit denen der Wechselpolschrittmotoren (höhere mechanische Arbeit pro Volumeneinheit) verbunden sind.

Der Permanentmagnet ist im Läufer nicht radial wie bei Wechselpolschrittmotoren, sondern axial magnetisiert (Bild 22.52). Dadurch bleibt die Polarität des magnetischen Feldes an den Zähnen gleich (homopolar).

Die Kraftwirkung auf den Anker wird durch die Feldkräfte auf die mit einer Zahnstruktur versehenen Läuferpole in einem sich schrittweise bewegenden Ständerfeld erzeugt. Durch die Zahnstrukturen kann der konstruktive Schrittwinkel φ_0 im Vergleich zum

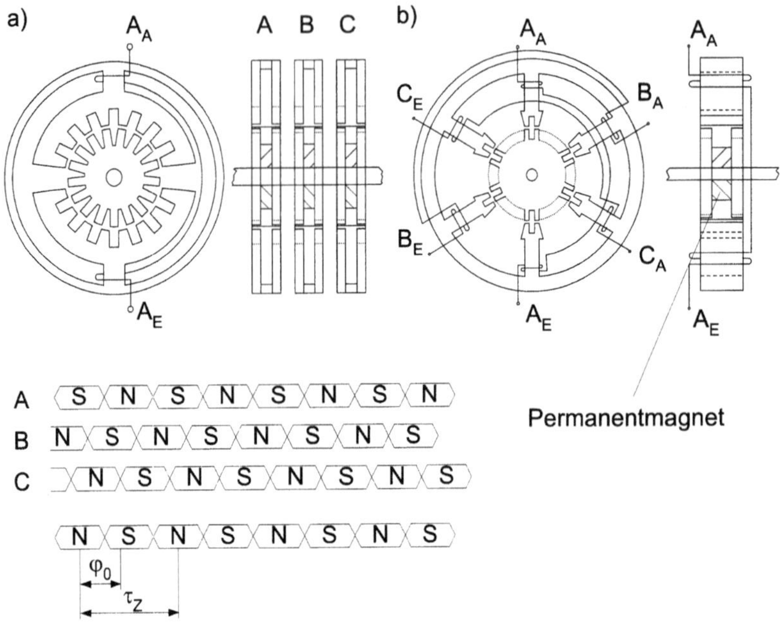

Bild 22.52: Einstator- und Mehrstatorhybridschrittmotoren

Wechselpolschrittmotor sehr stark verkleinert werden (Modulation). Begrenzt wird die Verkleinerung des Schrittwinkels nur durch die technologisch bedingten Fertigungstoleranzen.

Auf dem Markt werden heute rotatorische Hybridschrittmotoren mit einem konstruktiven Schrittwinkel von $\varphi_0 \geq 0{,}72°$ mit Schrittfrequenzen f_s bis zu 20 kHz und maximalen Drehmomenten M_K bis zu 1000 Ncm angeboten.

Lineare Hybridschrittmotoren

Aufgrund ihrer hervorragenden Eigenschaften werden lineare Hybridschrittmotoren heute in zunehmendem Maße eingesetzt.

Das Wirkprinzip eines solchen Motors ist in Bild 22.53 dargestellt. Während in Rotationsschrittmotoren die Erregung für das Schrittfeld im Ständer angeordnet ist und der Permanentmagnet sich im Läufer befindet, sind die Erregerspulen und Permanentmagnete des Linearmotors im Läufer angeordnet. Der Läufer des Hybridschrittmotors besteht somit aus einem Permanentmagneten und zwei, mit den Erregerspulen 1 und 2 getrennt erregbaren Magnetkreisen [132].

Sind die beiden Erregerspulen nicht bestromt, schließt sich der Dauermagnetfluss Φ_p über die Schenkel beider Elektromagnete.

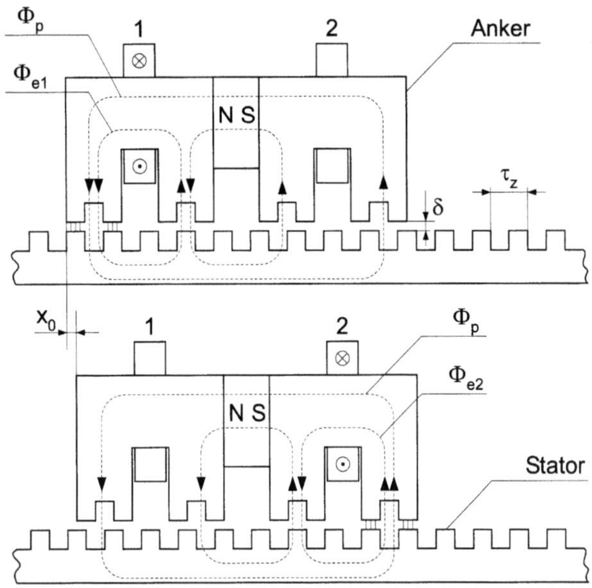

Bild 22.53: Funktionsweise des Linearhybridschrittmotors

Die beiden Teilwicklungen der Elektromagnete sind so ausgelegt, dass bei Erregung der Dauermagnetfluss in einem Pol verstärkt, im anderen kompensiert wird. Die tangentiale Magnetkraft kann nun den erregten Pol und damit den Anker um eine halbe Zahnbreite so verschieben, dass sich die Zähne genau gegenüber stehen.

Wird nun die Erregerspule 1 abgeschaltet und die Spule 2 eingeschaltet, so wird durch den rechten Pol des Magneten 2 der maximale Fluss fließen und den Anker um x_0 nach rechts verschieben. Durch Umpolung der Stromrichtung in der Wicklung 1 kann der nächste Schritt erzeugt werden usw. Natürlich entstehen an den Polen nicht nur Tangentialkräfte F_t, die die Läuferbewegung erzeugen, sondern auch Normalkräfte F_n, die bis zu 10mal größer als die Tangentialkräfte werden können.

Die Tangential- und Normalkräfte sind um so größer, je kleiner der Luftpalt δ zwischen den Läufer- und den Ständerpolen ist. Die Qualität der Ankerführung ist deshalb entscheidend für die Parameter des Linearantriebes. Die relativ großen Normalkräfte würden im Falle einer mechanischen Führung sehr stabile Konstruktionen erfordern. Die besten Ergebnisse wurden bisher mit Luftführungen erzielt. Die hohen magnetischen Normalkräfte sind im Hinblick auf eine hohe Lagersteifigkeit dabei sehr vorteilhaft. Die Luftlagerung hat außerdem den Vorteil, dass praktisch keine Reibung und kein mechanischer Verschleiß auftreten, allerdings führt die Bereitstellung der Luft zu einem zusätzlichen Energieverbrauch. Unter normalen Bedingungen lassen sich in Abhängigkeit von der Ebenheit und der Rauhigkeit der Stator- und Ankerführungsflächen Luftspalte von 10 bis 20 μm erreichen.

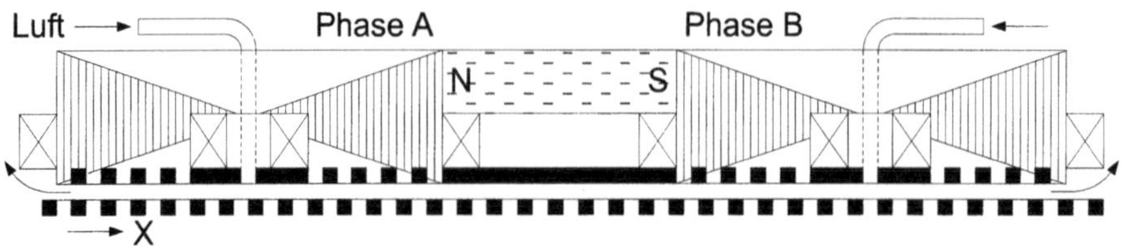

Bild 22.54: Konstruktive Ausführung eines linearen Hybridschrittmotors mit Luftlagerung

Für den Verlauf der Magnetkraft von linearen Hybridschrittmotoren gilt:

$$F = -F_k \sin \frac{2\pi}{\tau_z} x. \tag{22.140}$$

Für den Grundschritt erhält man bei $m_s = 2$ für den Motor nach Bild 22.53:

$$x_0 = \frac{\tau_z}{2m_s}. \tag{22.141}$$

In Bild 22.54 ist die konstruktive Ausführung eines linearen Hybridschrittmotors mit Luftlagerung dargestellt. Die Zahnnuten sind mit einem nichtmagnetischen Werkstoff verfüllt. Technische Parameter von kommerziell angebotenen Hybridschrittmotoren sind in Tabelle 22.9 enthalten.

Die linearen Hybridschrittmotoren haben folgende entscheidende Vorteile im Vergleich zu klassischen Positioniereinrichtungen:

- Die Motor- und Antriebseigenschaften sind unabhängig vom Bewegungsbereich. Sie werden durch die Läuferlänge bestimmt.
- Die Beschleunigung (F/m) und die Resonanzfrequenz hängen nicht von der Läuferfläche ab.
- Die statische Positioniergenauigkeit ist unabhängig von der Schrittzahl (Positionierweg) und der Positioniergeschwindigkeit. Sie hängt von der Genauigkeit der Zahnstruktur und von der Ansteuerung ab.

Linearmotoren als Antriebselemente in Direktantrieben sind im Vergleich zu rotatorischen Antrieben immer problemspezifisch auszuführen. Dieser Forderung kann man mit der Verfügbarkeit von standardisierten Antriebsmodulen in hervorragender Weise gerecht werden. Für den Maschinenentwickler bieten sich mit den Bewegungsmodulen die Möglichkeiten an, folgende Vorteile zu nutzen:

- Durch Koppelung einer begrenzten Zahl von Modulen kann eine große Bewegungsvielfalt realisiert werden, die eine verbesserte Anpassung des Bewegungssystems an eine vorgegebene technologische Aufgabenstellung ermöglicht.
- Mit Hilfe der Module lassen sich dezentralisierte Antriebssysteme aufbauen. Jeder Bewegungskoordinate wird ein Antriebsmodul zugeordnet.

Tabelle 22.8: Magnetische Grundkreise von Schrittmotoren

<table>
<tr><th>Reluktanzschrittmotor</th><th>Wechselpolschrittmotor
(mit Volläufer)</th><th>Hybridschrittmotor</th></tr>
<tr><td colspan="3">Magnetkreise</td></tr>
<tr><td>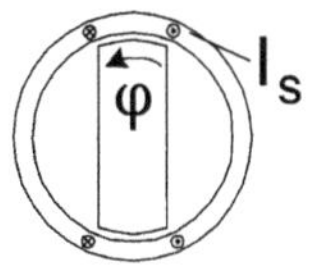
</td><td>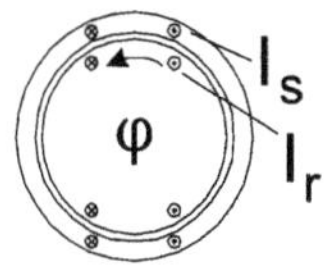
</td><td>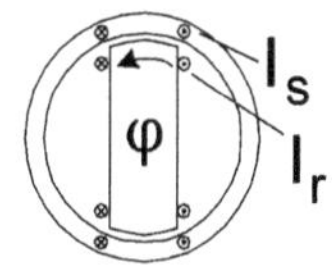
</td></tr>
<tr><td colspan="3">charakteristische Drehmomentenkennlinien</td></tr>
<tr><td>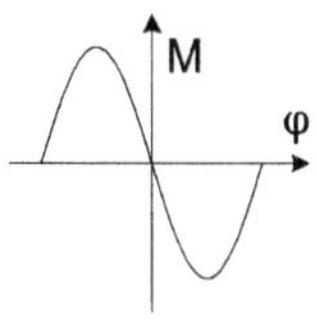

$M = -\frac{1}{2}\, L_{rr}\, I_s^2\, \sin 2\varphi$</td><td>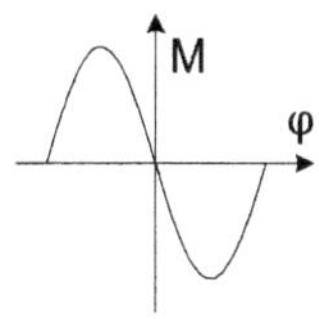

$M = -\Psi_{sr}\, I_s \sin\varphi$</td><td>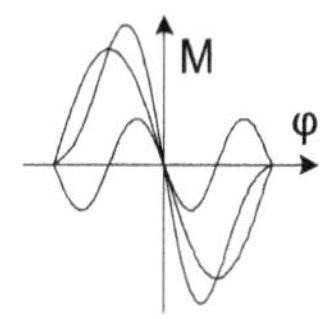

$M = -\Psi_{sr}\, I_s \sin\varphi$
$-\frac{1}{2} L_{rr}\, I_s^2 \sin 2\varphi$</td></tr>
<tr><td colspan="3">Bemerkungen</td></tr>
<tr><td colspan="3">I_s Ständerstrom
I_{SN} Ständernennstrom
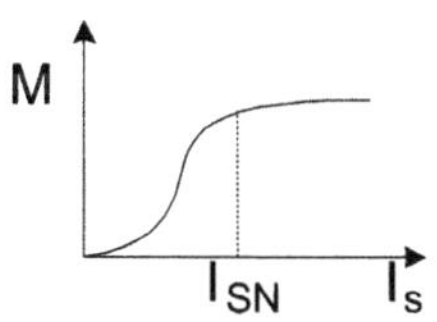

Das Läuferfeld der Wechselpol- und Hybridschrittmotoren wird durch Dauermagnete erzeugt,
I_r äquivalenter Strom, I_r = konst</td></tr>
</table>

Tabelle 22.9: Technische Parameter von Linearmodulen

Bewegungsbereich	bis 2 m, durch Statorlänge begrenzt
Kippkraft F_k	20 bis 1000 N
Kippkraft F_k pro bewegte Läufermasse m	90 bis 120 N/kg
maximale Geschwindigkeit v_{max}	2,5 m/s
Führungsgenauigkeit in Bewegungsrichtung	5 μm / 300 mm

Tabelle 22.10: Vergleich von linearen Positioniersystemen mit rotatorischen und linearen Schrittmotoren

<table>
<tr><td colspan="2">

Annahme:

Rotatorischer Schrittmotor mit der Phasenzahl m_s, dessen Rotationsbewegung von einem idealen Rotations-Translations-Wandler mit veränderlichem Übersetzungsverhältnis $\ddot{u}$ in eine linearen Bewegung umgewandelt wird (Antrieb I),

Linearer Schrittmotor, dessen Läufer das gleiche Eisenvolumen und die gleiche aktive Läufermasse wie der Rotationsschrittmotor besitzt (Antrieb II)

</td></tr>
<tr><td>

Antrieb I

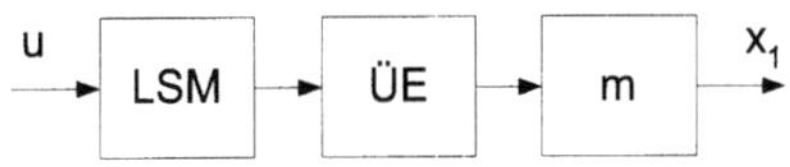

RSM Rotationsschrittmotor
ÜE Rotations-Translations-Wandler

</td><td>

Antrieb II

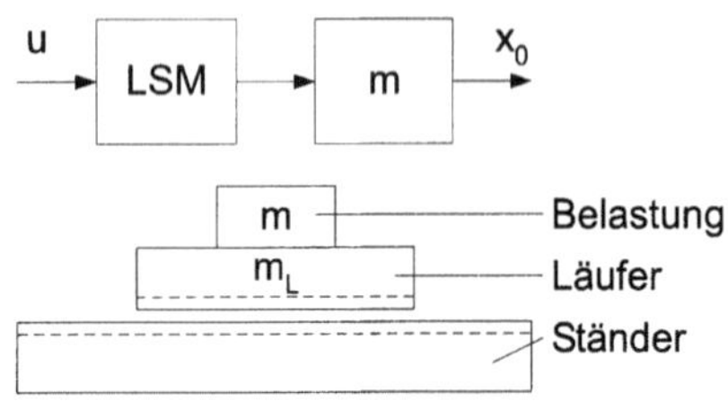

LSM Linearschrittmotor
m_L Läufermasse
m Massebelastung

</td></tr>
<tr><td>

- φ_0 Schrittwinkel des rotatorischen Schrittmotors
- $\ddot{u} = x_1/\varphi_0$ Übersetzung des Rotations-Translations-Wandlers
- x_1 äquivalente Schrittweite
- die Steifigkeit der schrittförmigen Linearbewegung C^*_{magn} steigt mit fallendem Übersetzungsverhältnis

$$C^*_{magn} = \frac{C_{magn}}{\ddot{u}}$$

- die Kippkraft steigt mit fallendem $\ddot{u}$

$$F^*_k = \frac{M_K}{\ddot{u}}$$

</td><td>

- x_0 Schrittweite des linearen Schrittmotors
- Linearschrittmotor ist direkt mit der Last gekoppelt, $\ddot{u} = 1$
- die Schrittweite x_0 des Schrittmotors wird mittels elektronischer Schrittteilung reduziert
- bei Schrittteilung bleiben Steifigkeit C_{magn} und F_k näherungsweise konstant
- höhere Geschwindigkeiten aber auch größere Ausregelzeiten als Antrieb I

</td></tr>
<tr><td colspan="2">

Antrieb II ist grundsätzlich schneller bei kleinen Schrittweiten als Antrieb I, aber empfindlicher gegen Belastungs- bzw. Störgrößenschwankungen. Antrieb II muss problemspezifisch optimiert werden.

</td></tr>
</table>

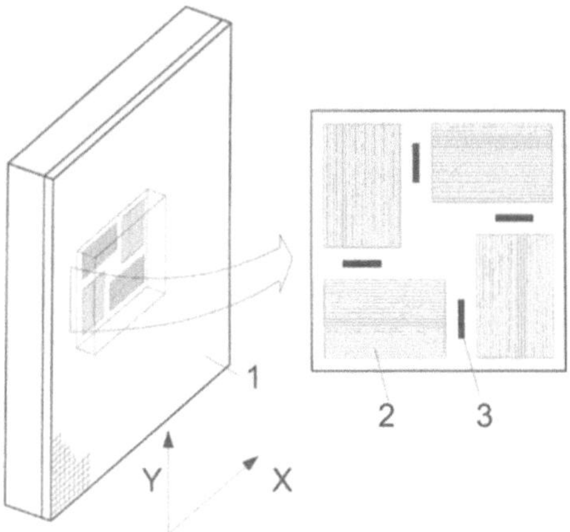

Bild 22.55: Konstruktiver Aufbau eines x-y-Schrittmotors mit Luftlagerung; 1 Grundplatte, 2 Motorläufer, 3 Luftdüsen

- Mit Hilfe der Dezentralisierung können die bewegten mechanischen Teile einer Maschine wesentlich reduziert werden, da Mechanismen für die Übertragung mechanischer Bewegungsgrößen entfallen.
- Die Antriebsmodule bieten die Möglichkeit, in Abhängigkeit vom Einsatzfall kostengünstigere Maschinen mit verbesserten technischen Parametern zu schaffen.

22.5.5 Mehrkoordinatenhybridschrittmotoren

Durch geometrische Integration von mehreren Hybridschrittmotormodulen mit dem Bewegungsfreiheitsgrad $F = 1$ in einem Grundkörper können kompakte Antriebsmodule mit einem Bewegungsfreiheitsgrad $F > 1$ aufgebaut werden. Die Vorteile dieser kompakten Mehrkoordinatenmodule bestehen darin, dass nicht nur gewünschte Bewegungsabläufe, sondern auch gewünschte Bewegungsformen durch Steuerung und somit flexibel erzeugt werden können. Bisher sind folgende Bewegungsmodule realisiert worden:

- x-y-Modul (Bild 22.55),
- z-φ-Modul (Bild 22.56),
- x-y-z-Modul,
- x-y-z-φ-Modul (Bild 22.57).

Der Ständer des x-y-Moduls besteht aus einem stabilen Stator in Form einer Grundplatte, die an der Oberfläche mit einer Zahnstruktur versehen ist. Der Anker besteht aus mindestens zwei orthogonal zueinander angeordneten Linearmodulen. Zur Kompensation von Drehmomenten sind 4 lineare Schrittmotoren erforderlich.

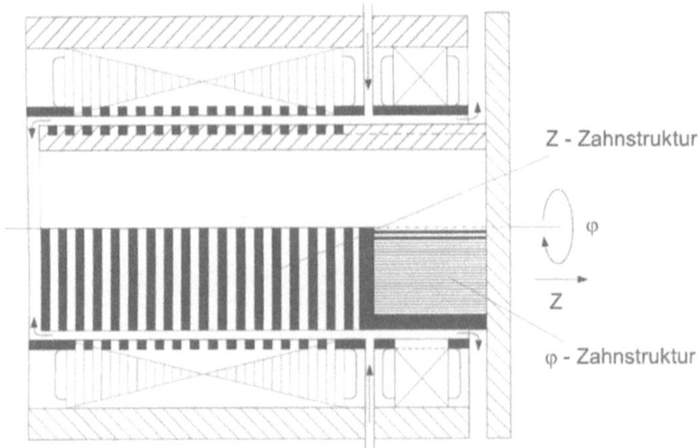

Bild 22.56: Konstruktiver Aufbau eines integrierten x-φ-Schrittmotors mit Luftlagerung

22.5.6 Dynamische Eigenschaften von Schrittmotoren

Bewegungsgleichungen

Für die Anwendung von Schrittmotoren ist die Kenntnis des dynamischen Verhaltens des Schrittantriebes unter den konkreten Einsatzbedingungen von entscheidender Bedeutung.

Im Vergleich zur Berechnung des dynamischen Verhaltens von Gleichstrommotoren muss bei Schrittmotoren zusätzlich überprüft werden, ob sie sich bei Betrieb in offener Steuerkette unter den vorgegebenen Belastungsbedingungen schrittfehlerfrei bewegen, denn nur dann sind sie für Positionieraufgaben geeignet.

Für das in Bild 22.58 dargestellte Ersatzschaltbild lässt sich folgendes Differenzialgleichungssystem angeben:

$$U_1 = i_1 R_1 + \frac{\mathrm{d}\psi_1(i_1, i_2 \ldots i_n, \varphi)}{\mathrm{d}t}, \tag{22.142}$$

$$\vdots$$

$$U_n = i_n R_n + \frac{\mathrm{d}\psi_n(i_1, i_2 \ldots i_n, \varphi)}{\mathrm{d}t}, \tag{22.143}$$

$$\sum_{n=j}^{k} M_{mn} = J\ddot{\varphi} + K\dot{\varphi} + M_{geg}(\varphi) \tag{22.144}$$

mit dem magnetischen Moment, das von der n-ten Phase erzeugt wird

$$M_{mn} = \frac{\partial}{\partial \varphi} \int_0^{i_n} \psi_n(i_n, \varphi)\, \mathrm{d}i. \tag{22.145}$$

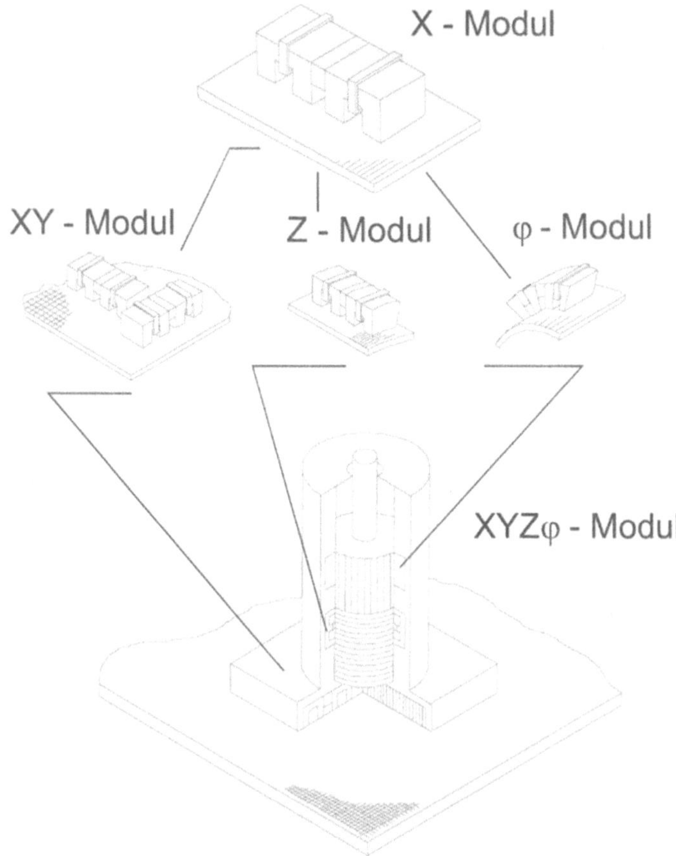

Bild 22.57: Kombination von Modulen mit dem Bewegungsfreiheitsgrad F=1 zu einem x-y-z-φ-Modul

Infolge der Zahnstrukturen und/oder der permanentmagnetischen Teile der magnetischen Kreise sind die Ψ-I-Kennlinien nichtlinear und häufig auch magnetisch verkoppelt. Außerdem werden in Abhängigkeit vom Ansteuerregime die einzelnen Phasen zeitlich versetzt angesteuert. Das heißt, die Verkopplung des Differenzialgleichungssystems ändert sich von Takt zu Takt.

Es ist deshalb zweckmäßig, in Abhängigkeit von der speziellen Konstruktion des Schrittmotors, dem Einsatzfall und dem Ansteuerregime von problemspezifischen Näherungsmodellen auszugehen. Sind die einzelnen Phasen des Schrittmotors nicht miteinander verkettet, das ist besonders bei Mehrstatormotoren der Fall, kann man das Differenzi-

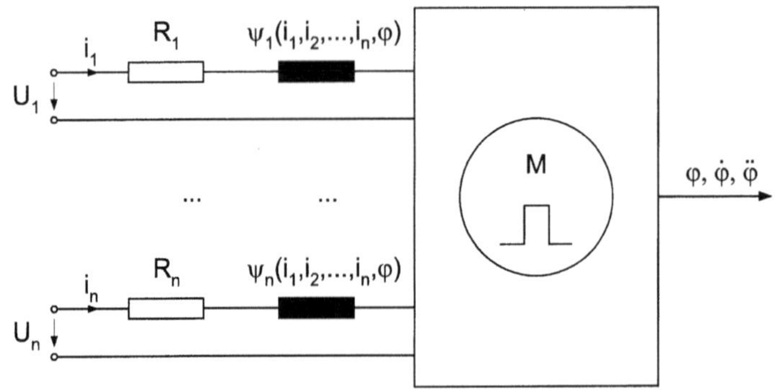

Bild 22.58: Ersatzschaltbild eines Mehrphasenschrittmotors

algleichungssystem weiter vereinfachen:

$$U_1 = i_1 R_1 + \frac{\mathrm{d}\psi_1(i_1,\varphi)}{\mathrm{d}t}, \qquad (22.146)$$

$$\vdots$$

$$U_n = i_n R_n + \frac{\mathrm{d}\psi_n(i_n,\varphi)}{\mathrm{d}t}, \qquad (22.147)$$

$$\sum_{n=j}^{k} M_{mn} = J\ddot{\varphi} + K\dot{\varphi} + M_{geg}(\varphi) \qquad (22.148)$$

Wenn man die stationären Momentenkennlinien der erregten Phasen vorgibt und berücksichtigt, dass die durch die Ankerbewegung erzeugte Spannung

$$e = \frac{\partial\psi}{\partial\varphi}\frac{\mathrm{d}\varphi}{\mathrm{d}t} \qquad (22.149)$$

wie ein geschwindigkeitsabhängiges Reibmoment

$$M_{geg} = K_m\dot{\varphi} \qquad (22.150)$$

wirkt, so können (22.146) bis (22.148) durch folgende Näherungsbeziehungen ersetzt werden:

$$\sum_{n=j}^{k} M_{mn} = J\ddot{\varphi} + (K + K_m)\dot{\varphi} + M_{geg}(\varphi). \qquad (22.151)$$

Es wird weiterhin angenommen, dass das stationäre Moment einer Phase sinusförmig verläuft:

$$M_{mj} = -M_K \sin(\varphi - \varphi^*). \qquad (22.152)$$

Für kleine Argumente gilt dann [17]:

$$M_{mj} = -C_{magn}(\varphi - \varphi^*). \qquad (22.153)$$

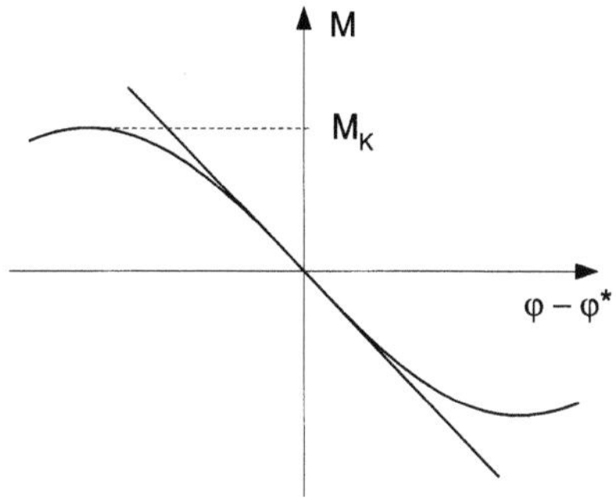

Bild 22.59: Linearisierung der Drehmomentenkennlinie

D. h., die stationäre M-φ-Kennlinie wird durch eine Gerade in der Nähe des stabilen Arbeitspunktes ersetzt (Bild 22.59).

Unter den genannten Vereinfachungen und unter der Voraussetzung, dass durch Führungsimpulse $w(k)$ die Solllage φ^* vorgegeben wird, erhält man bei Vernachlässigung von $M_{geg}(\varphi)$

$$M_{mj} = -C_{magn}(\varphi - \varphi^*) = J\ddot{\varphi} + (K + K_m)\dot{\varphi} \tag{22.154}$$

bzw.

$$J\ddot{\varphi} + (K + K_m)\dot{\varphi} + C_{magn}\varphi = C_{magn}\varphi^*. \tag{22.155}$$

Mit den Anfangsbedingungen (bei $t = 0$ sei $\varphi = 0$, $\dot{\varphi} = 0$) ergibt sich damit die Übertragungsfunktion für den Schrittmotor

$$G(p) = \frac{\varphi(p)}{\varphi^*(p)} = \frac{1}{1 + 2DT_M p + T_M^2 p^2} \tag{22.156}$$

mit

$$T_M = \sqrt{\frac{J}{C_{magn}}}; \qquad D = \frac{K + K_m}{2\sqrt{J\,C_{magn}}}. \tag{22.157}$$

Der Schrittmotor ist nach (22.156) ein schwingungsfähiges Gebilde mit der Eigenfrequenz

$$\omega_0 = \frac{1}{T_M}\sqrt{1 - D^2}. \tag{22.158}$$

Mit Hilfe von (22.156) kann das dynamische Verhalten von Schrittmotoren für verschiedene charakteristische Betriebsfälle, d. h. bei unterschiedlichem Verlauf der Führungsgrößen beschrieben werden.

Einzelschrittbetrieb:

Die Zeitdauer der Erregerimpulse ist so groß, dass der Anker seinen stationären Zustand erreicht, bevor der nächste Erregerimpuls einsetzt. Mit

$$\varphi^*(t) = \varphi_0 \sigma(t) \tag{22.159}$$

erhält man

$$\varphi(t) = \mathcal{L}^{-1} \left\{ \frac{\varphi_0}{p(1 + 2DT_M\, p + T_M^2\, p^2)} \right\}, \tag{22.160}$$

$$\varphi(\tau) = \varphi_0 \left[1 - e^{-D\tau} \frac{\sin(\sqrt{1-D^2}\tau + \beta_1)}{\sqrt{1-D^2}} \right] \tag{22.161}$$

mit $\tau = t/T_M$ und $\beta_1 = \arccos D$.

Betriebsfrequenzbereich:

Die Steuerfrequenz f_s ist groß im Vergleich zur Resonanzfrequenz. Mit

$$\varphi^* = \varphi_0\, f_s\, t = \omega_s t, \tag{22.162}$$

erhält man

$$\varphi(\tau) = \omega_s T_M \left[\tau - 2D - e^{-D\tau} \frac{\sin(\sqrt{1-D^2}\tau + \beta_2)}{\sqrt{1-D^2}} \right] \tag{22.163}$$

mit

$$\beta_2 = 2 \arctan \sqrt{\frac{1-D^2}{D}}. \tag{22.164}$$

Die Übergangsfunktion des Schrittmotors für die beiden Betriebsfälle ist in Bild 22.60 dargestellt.

Die **maximale Startfrequenz** ist die größte Steuerfrequenz, bei der der Schrittmotor ohne Schrittfehler anläuft. Während des Starts von Schrittmotoren entstehen entsprechend Bild 22.60b Schrittfehler, wenn die Differenz zwischen der durch die elektrische Steuerung erzeugten Solllage φ^* und der Istlage φ des Ankers größer ist als eine halbe Zahnteilung $\tau/2$. Berücksichtigt man auftretende Gegenkräfte und die Approximation der Sinusfunktion durch eine Gerade, so kann man für die maximal zulässige Soll-Ist-Wertabweichung angeben [16]:

$$e_{\varphi\,\max} = \frac{1}{3} m_s \varphi_0. \tag{22.165}$$

Unter Vorgabe dieses Wertes kann aus (22.163) f_{smax} berechnet werden.

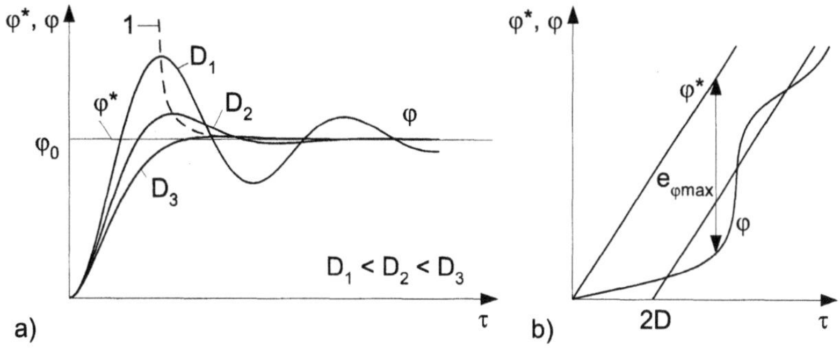

Bild 22.60: Übergangsfunktionen von Schrittmotoren: a) im Einzelschrittbetrieb (Kurve 1 geometrischer Ort der ersten Maxima), b) Ansteuerung mit Rampenfunktion

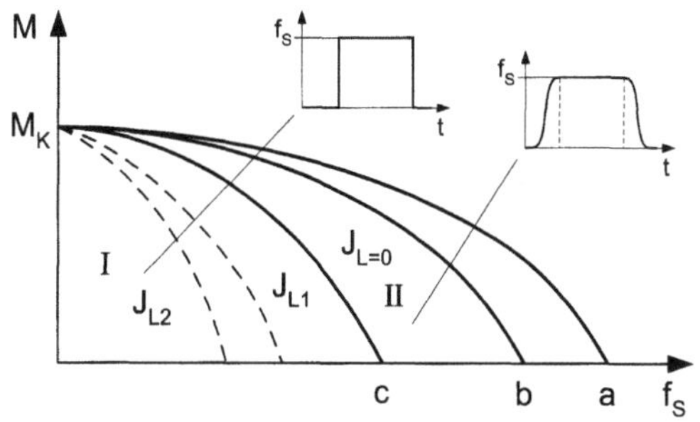

Bild 22.61: Schrittmotorencharakteristik; I Start-Stopp-Frequenzbereich, II Betriebsfrequenzbereich, J_L Lastträgheitsmoment, $J_{L2} > J_{L1}$, a Betriebsfrequenz-Grenzkennlinie bei eingeprägtem Strom, b Betriebsfrequenz-Grenzkennlinie bei eingeprägter Spannung, c Start-Stopp-Frequenz-Grenzkennlinie

Schrittmotorcharakteristik

Für die summarische Beurteilung des dynamischen Verhaltens und die Motorauswahl unter Beachtung dynamischer Gesichtspunkte ist die Schrittmotorcharakteristik gut geeignet. Man versteht darunter die Abhängigkeit des Betriebsfrequenzgrenzmomentes und des Start-Stopp-Grenzfrequenzmomentes von der Schrittfrequenz (Bild 22.61).

Die angegebenen Kennlinien grenzen die beiden Betriebsbereiche, den Start-Stopp-Frequenz-Bereich und den Betriebsfrequenzbereich der Schrittmotoren, in denen bei der Positionierung keine Schrittfehler in offener Steuerkette auftreten, voneinander ab. Während sich bei Gleichstrommotoren auf Grund des eingebauten Kommutators der Arbeitspunkt im Drehzahl-Drehmomenten-Kennlinienfeld als Schnittpunkt der Motor- und der Belastungskennlinie selbständig einstellt, wird der Arbeitspunkt des Schrittmotors mit der Betriebsfrequenz und der Belastung vorgegeben. Es ist zu prüfen, ob und unter welchen Bedingungen der Motor ohne Schrittfehler arbeitet, der Anker sich synchron zum Erregerfeld bewegt.

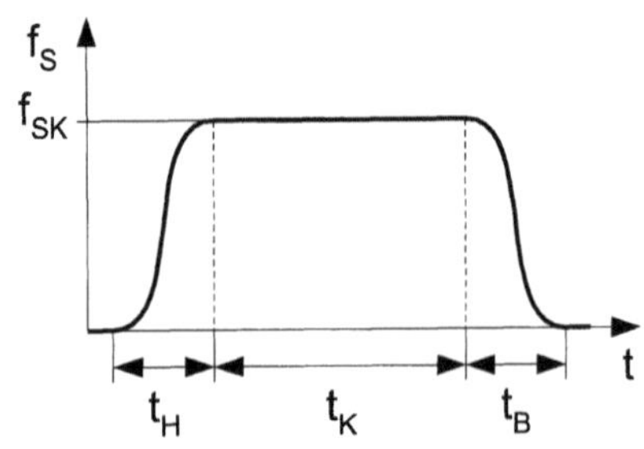

Bild 22.62: Frequenzsteuerung: t_H Hochlaufzeit, t_K Konstantlaufzeit, t_B Bremszeit, f_{SK} Konstantlauffrequenz

Im Start-Stopp-Frequenzbereich ist es zulässig, die Steuerfrequenz sprungartig zu ändern. Die auftretenden Beschleunigungs- oder Bremsmomente sind geringer als das Kippmoment. Der maximal zulässige Polradwinkel $\varphi_p = \varphi^* - \varphi$ wird nicht überschritten. Das Betreiben des Schrittmotors im Betriebsfrequenzbereich erfordert die Realisierung von Hochlauf- und Bremsvorgängen (Bild 22.62), die im Interesse günstigen dynamischen Verhaltens (Minimierung der Hochlaufzeit und der Bremszeit) zeitoptimal erfolgen sollten [106].

Durch Mikrorechnereinsatz können komplizierte Zeitfunktionen relativ einfach realisiert und gegebenenfalls hohe Dynamikgewinne erzielt werden.

Wie aus Bild 22.61 weiterhin ersichtlich, ist der Start-Stopp-Frequenzbereich stark von dem Massenträgheitsmoment des Motors und der Belastung sowie von der Ansteuerungsart und der Auslegung des Leistungsschalters abhängig. Wenn hohe Schrittfrequenzen verlangt werden, ist der Betriebsfall »eingeprägter Strom« anzustreben.

Bei einigen Schrittmotortypen, besonders bei Luftlagerung bzw. geringer Dämpfung treten Eigenresonanzen im Bereich niedriger Schrittfrequenzen auf. Ein Betrieb in diesem Bereich ist zu vermeiden. Bei stetiger Frequenzänderung ist dieser Bereich schnell zu durchlaufen.

22.5.7 Elektronische Schrittteilung

Prinzip der elektronischen Schrittteilung Die Ansteuerung der Schrittmotoren im Grundschrittbetrieb – die Schrittwinkel, die der Motor zurücklegt, entsprechen dem **konstruktiven Schrittwinkel** φ_0 – hat folgende Nachteile:

- Der durch die Konstruktion des Schrittmotors bestimmte konstruktive Schrittwinkel ist für viele Anwendungsfälle zu groß und begrenzt die Positioniergenauigkeit.
- Im Bereich geringer Geschwindigkeiten geht der Motor praktisch in den Einzelschrittbetrieb über. Dabei treten starke Schwingungen auf, die sich sehr störend auswirken können.

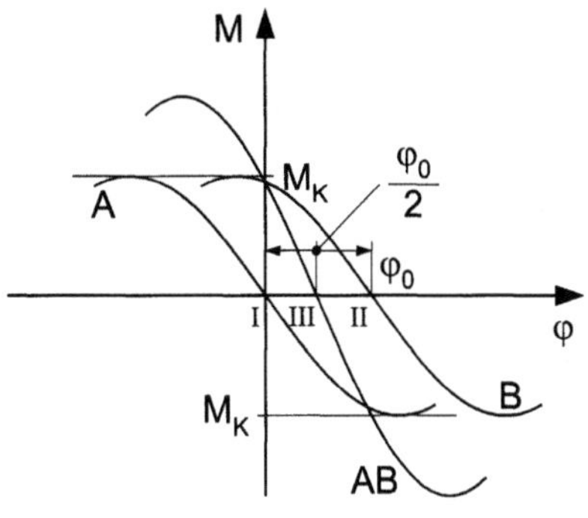

Bild 22.63: Prinzip der elektronischer Schrittteilung: Das resultierende Moment ergibt sich nach $M_{AB} = k_A M_A + k_B M_B$ (vgl. (22.169)). Kurve A: $k_A = 1$, $k_B = 0$; Kurve B: $k_A = 0$, $k_B = 1$; Kurve AB: $k_A = k_B = 1$

Ein wirksames Mittel, um diese Nachteile zu beseitigen, ist die elektronische Schrittteilung. Das Grundprinzip der elektronischen Schrittteilung besteht darin, durch gleichzeitige Erregung von mehr als einer Phase und Steuerung der Phasenströme die Nullstelle der resultierenden M-φ-Kennlinie auf Positionen zu verschieben, die zwischen den Positionen I und II liegen (Bild 22.63).

Da Schrittmotoren im Nennbetrieb kurz unterhalb der Sättigung des Magnetkreises arbeiten, kann eine wirksame Steuerung der M-φ-Kennlinien nur über eine Phasenstromreduzierung erreicht werden. Erhöht man die Phasenströme über I_N hinaus, entstehen starke Verzerrungen der M-φ-Kennlinien.

Mathematische Grundlagen der Schrittteilung Die Verschiebung des stabilen Arbeitspunktes soll nachfolgend an zwei Phasen bei sinusförmigem Momentenverlauf näher untersucht werden. Die beiden Momentenkennlinien werden beschrieben durch:

$$M_A = -M_{kA} \sin z\varphi, \tag{22.166}$$

$$M_B = -M_{kB} \sin(z\varphi - \frac{2\pi}{m_s}). \tag{22.167}$$

Durch Steuerung der Phasenströme werden die Kippmomente der Motoren in folgender Weise verändert:

$$M_K(I) = k(I) M_{kN}, \tag{22.168}$$

$k(I) = f(I/I_N)$ für polarisierte Schrittmotoren,

$k(I) = f(I/I_N)^2$ für Reluktanzschrittmotoren,

$0 \leq k(I) \leq 1$,

M_{kN} bezeichnet das Kippmoment bei Erregung mit dem Nennstrom I_N.

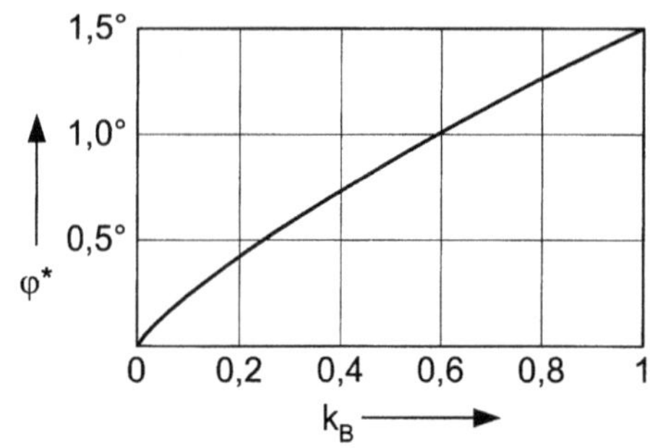

Bild 22.64: Verschieben des stabilen Arbeitspunktes durch Veränderung des Phasenstromes I_B und damit k_B

In der folgenden Ableitung soll der Strom durch die Phase B gesteuert und in Phase A konstant gehalten werden.

Dann gilt für das resultierende Moment:

$$M_{AB} = M_A + M_B = M_{kA}\left[\sin z\varphi + k_B \sin\left(z\varphi - \frac{2\pi}{m_s}\right)\right]. \qquad (22.169)$$

Mit Hilfe von Additionstheoremen erhält man folgende Gleichung für die Lage des stabilen Arbeitspunktes φ^*, in dem das resultierende Moment $M_{AB} = 0$ ist:

$$\sin z\varphi^* + k_B \sin z\varphi^* \cos\frac{2\pi}{m_s} - k_B \cos z\varphi^* \sin\frac{2\pi}{m_s} = 0, \qquad (22.170)$$

bzw.:

$$\varphi^*(k_B) = \frac{1}{z}\arctan\frac{k_B \sin\frac{2\pi}{m_s}}{1 + k_B\cos\frac{2\pi}{m_s}}. \qquad (22.171)$$

Durch Änderung von $k_B = f(I)$ kann φ^* im Bereich von 0 bis $\varphi_0/2$ mit beliebiger Genauigkeit verschoben werden (Bild 22.64).

Unter realen Bedingungen kann in offener Steuerkette mit Hilfe der elektronischen Schrittteilung nur eine begrenzte Erhöhung der Positioniergenauigkeit erreicht werden. Das hängt davon ab, dass die M-φ-Kennlinien infolge der Fertigungstoleranzen der Zähne nicht ideal sinusförmig sind und außerdem Reibmomente auftreten.

Ein Grund für die Anwendung des Mikroschrittbetriebes ist jedoch häufig die wesentliche Verbesserung der Laufruhe des Schrittantriebes vor allem im unteren Drehzahlbereich.

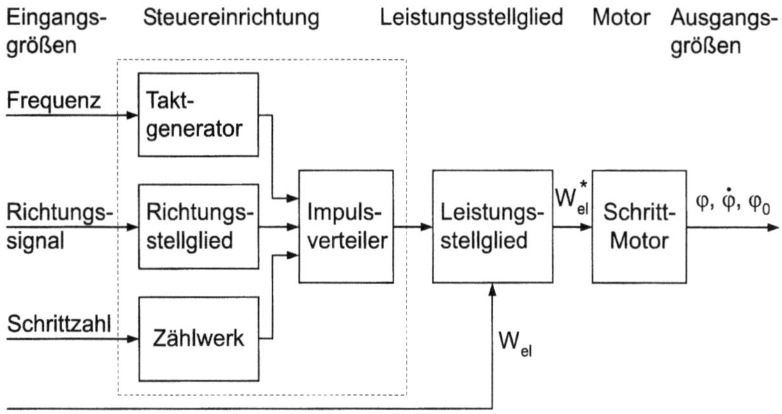

Bild 22.65: Grundstruktur des Schrittmotorantriebes in offener Steuerkette

22.5.8 Die Ansteuerung von Schrittmotoren

Aufgaben der Ansteuerung

Das Betriebsverhalten von Schrittantrieben wird in entscheidender Weise von der Ansteuerung bestimmt, die im regelungstechnischen Sinne aus der Steuereinrichtung St und dem Leistungsstellglied StG besteht (Bild 22.41).

Mit der Verfügbarkeit immer leistungsfähigerer elektronischer Schaltkreise für die Informationsverarbeitung und für die Leistungssteuerung lassen sich die aus der Bewegungsaufgabe ableitbaren Anforderungen an die Ansteuereinrichtung sowohl funktionell als auch in zunehmendem Maße kostengünstig erfüllen, die Grenzparameter des Schrittantriebes werden vorrangig durch die Grenzparameter des Schrittmotors bestimmt.

Die **Steuereinrichtung** des Schrittantriebes hat entsprechend Bild 22.65 die Aufgaben Impulsverteilung, Frequenzsteuerung und Distanzsteuerung zu erfüllen. Mit der Impulsverteilung auf die einzelnen Phasen wird die Bewegungsrichtung festgelegt. Die Steuerung der Impulsfrequenz bestimmt das Geschwindigkeitsprofil des Schrittantriebes, während die Distanzsteuerung in Positionierantrieben eine festgelegte Impulszahl abgibt, die der zurückzulegenden Wegstrecke proportional ist. Diese Aufgaben können sowohl in Hardware als auch in Software und damit flexibel realisiert werden, wobei je nach der Antriebsaufgabenstellung ein optimales Hardware-Software-Verhältnis anzustreben ist.

In der Regel werden Steuereinrichtungen für Schrittmotoren mit Mikrorechnern realisiert, die folgende Aufgaben erfüllen können [107]:

- dezentrale simultane Steuerung mehrerer Schrittmotoren,
- Schrittmotorantrieb kann durch Programmierung flexibel an unterschiedliche Bewegungsaufgaben vorangepasst werden,

- es lassen sich mit der Realisierung vorgegebener Hochlauf- und Bremsfunktionen (Bild 22.62) zeitoptimale Antriebe realisieren und damit die Leistungsgrenzen des Motors besser ausschöpfen,
- mit Hilfe elektronischer Lagekorrektur kann die Positioniergenauigkeit erhöht werden,
- mit Hilfe des Mikroschrittbetriebes lässt sich der Winkel- bzw. Längsschritt im Vergleich zum konstruktiven Schrittwinkel wesentlich (1:10 bis 1:1000) verkleinern, ohne dass dabei allerdings im gleichen Umfang die Genauigkeit erhöht werden kann,
- Erhöhung der Positioniergenauigkeit durch elektronische Lagekorrektur.

Wenn sehr hohe Anforderungen an Schrittantriebe gestellt werden, ist es zweckmäßig, Schrittmotorantriebe als Regelkreise aufzubauen (Abschnitt 22.5.9).

Leistungsstellglieder für Schrittmotoren

Anforderungen an das Leistungsstellglied Unter dem Leistungsstellglied StG soll nachfolgend ein Funktionselement verstanden werden, in dem der Energiefluss W_{el} durch die Stellgröße u gesteuert wird, so dass ein gesteuerter Energiefluss W_{el}^* entsteht, der die bewegungserzeugenden Kräfte bzw. Momente hervorruft. Die Leistungsstellglieder müssen bezüglich der Anzahl der Leistungsendstufen an die Phasenzahl des Schrittmotors angepasst werden. Jede Leistungsendstufe ist optimal an den Schrittmotor so anzupassen, dass die Ansteuerung des Motors die Leistungsfähigkeit des vorgegebenen Schrittmotors auszunutzen gestattet. Für die Auslegung der Leistungsstellglieder für Schrittmotoren gelten grundsätzlich die gleichen Gesichtspunkte wie für die Leistungsstellglieder für Elektromagnete. Allerdings werden bei Schrittmotoren im Vergleich zu Elektromagneten in der Regel höhere Anforderungen an das dynamische Verhalten gestellt. Außerdem ist bei polarisierten Schrittmotoren bipolare Bestromung erforderlich. Zur Erzeugung des Schrittfeldes werden mehrere Phasenwicklungen benötigt, die unterschiedlich bestromt werden müssen.

Mit m_s symmetrisch verteilten Strängen können mit bipolarer Erregung $2m_s$ magnetische Zustände - charakterisiert durch die Zeiger der Phasenpotenziale (Bild 22.66) - erzeugt werden, denen im Normalbetrieb der Schrittmotorläufer synchron folgt. Für eine übersichtliche Darstellung der Bestromung mit den aktivierten Zeigern der Phasenpotenziale eignen sich hervorragend die Bestromungstabellen [104].

Die Richtungsänderung eines Potenzialvektors kann jeweils durch Umpolen des Phasenstromes (Bipolarbetrieb) oder durch Umschalten eines Erregerwicklungsteils einer bifilaren Wicklung erreicht werden.

In Bild 22.67 sind die Bestromungstabellen eines zweiphasigen Wechselpolschrittmotors mit der Polpaarzahl 1 für den 1-aus-2-Betrieb, 2-aus-2-Betrieb und den Halbschrittbetrieb dargestellt.

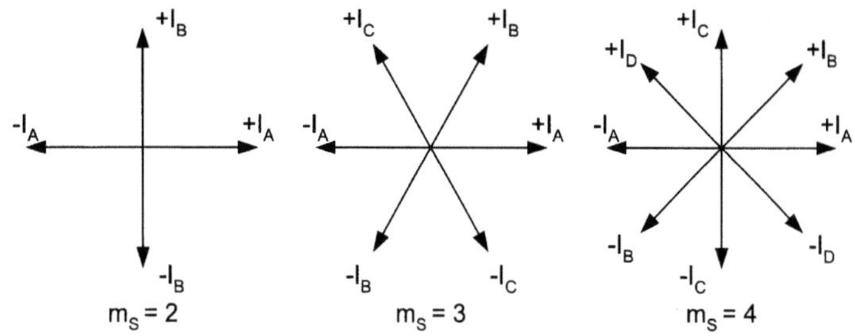

Bild 22.66: Räumliche Phasenlage der Phasenpotenziale

Schritt	1	2	3	4
I_A	+I	0	-I	0
I_B	0	+I	0	-I
Position	→	↑	←	↓

Vollschrittbetrieb 1 aus 2

Schritt	1	2	3	4
I_A	+I	-I	-I	+I
I_B	+I	+I	-I	-I
Position	↗	↖	↙	↘

Vollschrittbetrieb 2 aus 2

Schritt	1	2	3	4	5	6	7	8
I_A	+I	+I	0	-I	-I	-I	0	+I
I_B	0	+I	+I	+I	0	-I	-I	-I
Position	→	↗	↑	↖	←	↙	→	↘

Halbschrittbetrieb

Bild 22.67: Bestromungstabellen für Zweiphasenschrittmotoren

Vereinfachtes Schrittmotormodell Die Darstellung der Sollposition des Ständerfeldes mit Hilfe von Potenzialzeigern oder Bestromungstabellen ist zwar sehr anschaulich, jedoch zur Ableitung mathematischer Steuerungsgesetze wenig geeignet.

Es ist deshalb erforderlich, ein vereinfachtes Motormodell abzuleiten, das unabhängig von der Phasenzahl m_s der Schrittmotoren ist und einen eindeutigen Zusammenhang zwischen den Phasenströmen und den Motormomenten in einer möglichst geschlossenen Form herstellt.

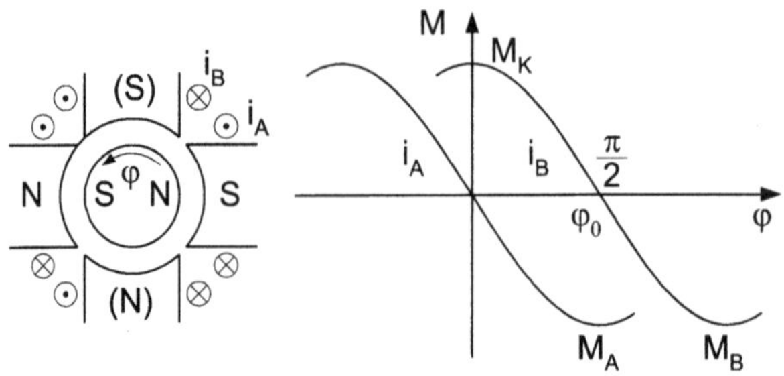

Bild 22.68: Polarisierter Zweiphasenschrittmotor

Damit besteht die Möglichkeit, die Phasenströme als Stellgrößen aufzufassen. Die Herleitung soll am einfachsten Motor, dem Zweiphasen-Wechselpol-Schrittmotor, dessen magnetische Leitfähigkeit unabhängig vom Drehwinkel φ ist, durchgeführt werden (Bild 22.68) [90].

Setzt man die lineare Abhängigkeit des verketteten Fluss ψ vom Phasenstrom i und sinusförmige Grundwellen der statischen Momentenkennlinien voraus, gilt entsprechend Tabelle 22.8 für die Motormomente der Phasen A und B:

$$M_A = -\psi_{srA}\, i_A \sin\varphi = \psi_{srA}\, i_A \cos(\varphi + \frac{\pi}{2}), \tag{22.172}$$

$$M_B = -\psi_{srB}\, i_B \sin(\varphi - \frac{\pi}{2}) = \psi_{srB}\, i_B \cos\varphi. \tag{22.173}$$

Nimmt man weiterhin an, dass die Amplituden der verketteten Flüsse ψ_{sr} gleich sind, gilt für das auf den Anker wirkende Motormoment:

$$M = M_A + M_B = \psi_{sr}\left[i_A \cos(\varphi + \frac{\pi}{2}) + i_B \cos\varphi\right]. \tag{22.174}$$

Für (22.174) kann man in komplexer Schreibweise angeben:

$$M = \Re\{\underline{M}\} = \Re\left\{\psi_{sr} e^{j(\varphi + \frac{\pi}{2})}(i_A - j\, i_B)\right\} \tag{22.175}$$

bzw.

$$M = \psi_{sr}|\underline{i}| \sin(\varphi_i - \varphi) \tag{22.176}$$

mit

$$\varphi_i = \arctan\frac{i_B}{i_A} \tag{22.177}$$

und

$$i_A - j\, i_B = |\underline{i}|e^{-j\varphi_i}. \tag{22.178}$$

Es lässt sich zeigen, dass man leicht von dem komplexen Strom $\underline{i}$ in (22.178) auf den Stromvektor $i_A - j\, i_B = |\underline{i}|e^{-j\varphi_i}$ schließen kann.

Daraus kann man erkennen, dass bei Steuerung der Wicklungsströme der Führungswinkel φ_i des Stromvektors $|\underline{i}|$ vorgegeben wird.

Aus der Theorie der elektrischen Maschinen ist bekannt, dass man auch für mehrphasige Elektromotoren mit $m_s > 2$, eine entsprechende Beziehung finden kann. Das heißt, dass sich mehrphasige Maschinen auf zweiphasigen Maschinen zurückführen lassen.

Mit dem Stromkoordinatensystem i_A, $j\,i_A$ erhält man dann für Motoren mit einer Polpaarzahl p:

$$M = \psi_0 |\underline{i}| \sin p(\varphi^* - \varphi). \tag{22.179}$$

mit

$$\psi_0 = p\psi_{sr} \tag{22.180}$$

und

$$p\varphi^* = \varphi_i = \arctan \frac{i_B}{i_A}. \tag{22.181}$$

Die Winkeldifferenz $\varphi^* - \varphi$ heißt Lastwinkel im mechanischen Koordinatensystem. (22.179) ist für die Ableitung von Steuerprogrammen bei Vorgabe von mechanischen Bewegungsgrößen sehr gut geeignet.

Grundschaltungen von Leistungsstellgliedern von Schrittmotoren In Schrittmotorantrieben sind folgende Betriebsarten üblich:

- Konstantspannungsbetrieb,
- Betrieb mit gesteuerter Spannung (Bilevel-Betrieb),
- Konstantstrombetrieb.

In Tabelle 22.11 sind die wichtigsten Steuerprinzipien und Wicklungsarten von Schrittmotoren dargestellt.

Der Betrieb mit gesteuerter Spannung im Bilevel-Betrieb hat vor allem deshalb eine so große Bedeutung erlangt, weil mit seiner Hilfe der Verlauf der Ständerspannung in Abhängigkeit von der Schrittfrequenz so vorgegeben werden kann, dass in weiten Betriebsbereichen annähernd konstante Phasenströme erzeugt werden, die entsprechende Drehmomente zur Folge haben.

Das wird durch geeignete Abstimmung der Versorgungsspannungen U_0 und nU_0 sowie der Schaltzeit T_S mit der Wicklungsauslegung des Schrittmotors erreicht (Bild 22.69).

Tabelle 22.11: Steuerung von Schrittmotoren

Steuerungsprinzipien		
1. Ein- und Umschalten:		Vollschrittbetrieb Halbschrittbetrieb
2. Steuerung der Phasenströme: 2.1 Betrieb mit konstanter Schrittweite 2.2 Betrieb mit variabler Schrittweite		Mini- oder Mikroschrittbetrieb
Wicklungsarten		
monofile Wicklung unipolare Erregung	monofile Wicklung bipolare Erregung	bifilare Wicklung bipolare Erregung
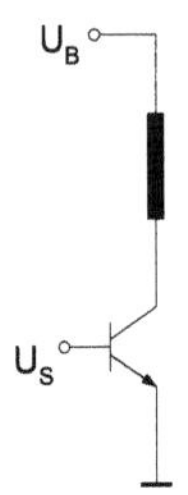	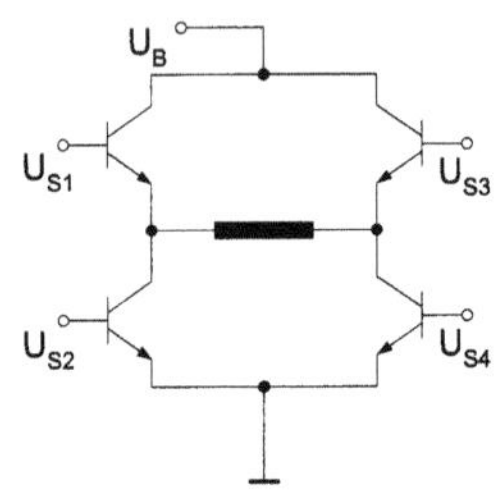	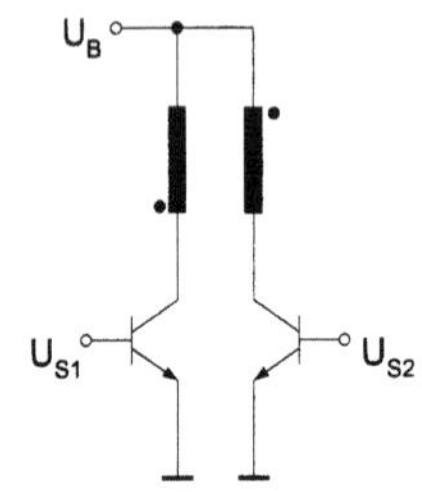
Arten der Stromsteuerung		
Durch Stromsteuerung (Stromeinprägung) wird die Wirkung der induzierten Gegenspannungen auf die elektromechanischen Ausgleichsvorgänge kompensiert. – Zweipunktstromregelung (Tabelle 22.10) – Stromregler mit Pulsbreitenmodulation [45], [90]		

22.5.9 Schrittmotoren in Regelkreisen

Der Betrieb von Schrittmotoren in offener Steuerkette ist vor allem dann ökonomisch, wenn der Schrittmotor den der Führungsgröße entsprechenden Impulsen folgen kann. Offene Steuerketten sind jedoch grundsätzlich störempfindlicher als Regelkreise. So können z. B. durch Belastungssprünge bzw. große Führungsgrößenänderungen über die mit der Schrittmotorcharakteristik gegebenen Grenzen hinaus Schrittfehler auftreten, deren Korrektur nicht ohne weiteres möglich ist. Außerdem tendiert der Schrittmotor in offener Steuerkette leicht zum Schwingen. Die Eigenschaften von Schrittmotorantrieben lassen sich durch Realisierung von Regelkreisen (Bild 22.70) wesentlich verbessern.

Im Vergleich zum Betrieb in offener Steuerkette können folgende Vorteile erzielt werden:

- Vermeidung oder Korrektur von Schrittfehlern,

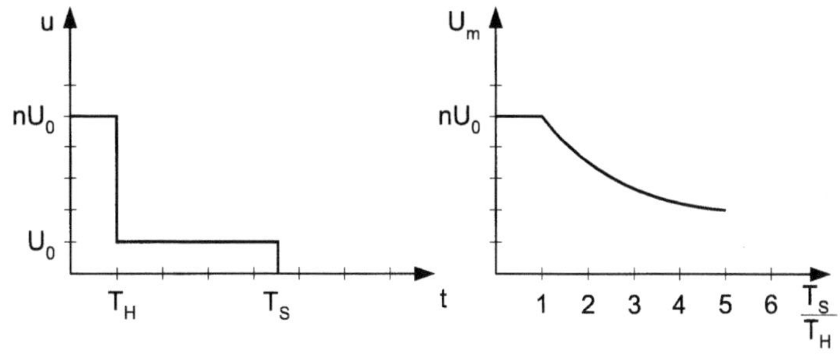

Bild 22.69: Bilevel-Betrieb; T_S Schaltzeit, T_H Einschaltzeit der High-Level-Spannung

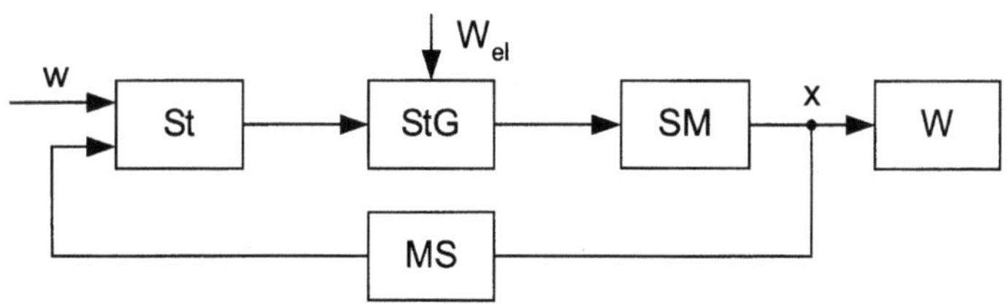

Bild 22.70: Schrittmotor im Regelkreis

- schnellere Bewegung durch Hochlauf mit maximaler Beschleunigung sowie Bremsen mit maximaler Verzögerung bei ständiger Lastanpassung,
- glattere Bewegungen (geringere Welligkeit der Geschwindigkeit und Verringerung der Ausschwingzeiten in der Zielposition),
- Erhöhung der Positioniergenauigkeit, indem eine Funktionstrennung zwischen Energiewandler und Messsystem erreicht wird.

Zur Generierung des regelungstechnisch verwertbaren Rückkopplungssignals sind die Messgrößen: Position (Weg bzw. Winkel), Geschwindigkeit, Beschleunigung, Induktivität, Stromanstiegsgeschwindigkeit, Kräfte bzw. Momente geeignet [1], [58].

Die Festlegung der zu verwendenden Messgröße hängt in starkem Maße von der Bewegungsaufgabe selbst und dem sich daraus ergebenden Gütekriterium ab. Die Rückwirkung des Sensors auf das Antriebssystem (Vergrößerung des Bauraumes, Erhöhung der Masse) ist dabei möglichst gering zu halten. Am häufigsten werden wegproportionale Messsignale verwendet, zumal dazu die optoelektronischen inkrementalen Geber gut geeignet sind.

Von Bedeutung für die Steuerung eines Schrittmotors in einem geschlossenen Regelkreis ist der Vorhalte- oder Führungswinkel $\varphi_F = \varphi^* - \varphi$. Am einfachsten lässt sich seine Wirkung an den statischen Drehmomentenkennlinien von Schrittmotoren erklären (Bild 22.71). Im Einzelschrittbetrieb wird der Motor so angesteuert, dass eine Umschaltung der Erregung erst dann erfolgt, wenn der Anker die Gleichgewichtsposition

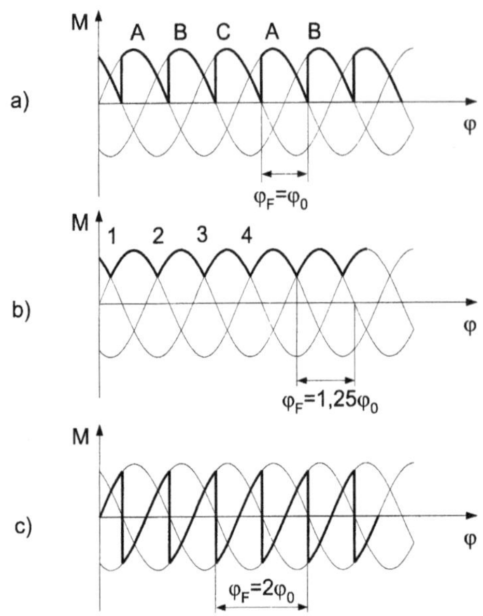

Bild 22.71: Beziehungen zwischen dem Führungswinkel φ_F und dem statischen Drehmoment eines Dreiphasenmotors

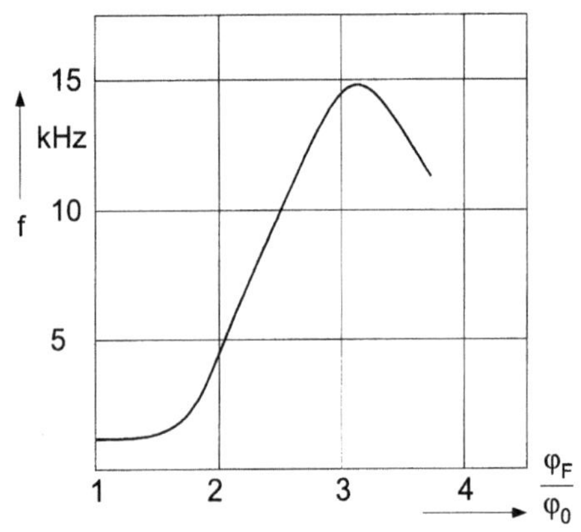

Bild 22.72: Maximale Schrittfrequenz eines 4-Phasen-Hybridschrittmotors in Abhängigkeit vom normierten Führungswinkel [50]

erreicht hat. Dann wirkt der im Bild 22.71a dick eingezeichnete Momentenverlauf auf den Motoranker. Bei der Wirkung von Gegenkräften können dadurch ungleichmäßige Bewegungen auftreten. Erfolgt jedoch die Umschaltung der Erregerspulen entsprechend den Punkten 1, 2, 3 im Bild 22.71b, so ist die Welligkeit des Momentes geringer und außerdem der Mittelwert des Momentes größer, wodurch eine schnellere und gleichmäßigere Bewegung entsteht. In diesem Fall ist $\varphi_F = 1{,}25\varphi_0$.

Mit wachsender Geschwindigkeit des Motors ergeben sich jedoch für die Bestimmung des optimalen Führungswinkels andere Kriterien. Die Abnahme des Strommittelwertes mit steigender Steuerfrequenz, die auch eine Abnahme des Mittelwertes des Drehmomentes zur Folge hat, kann teilweise dadurch kompensiert werden, dass der Führungswinkel φ_F über den statischen Führungswinkel hinaus vergrößert wird (Bild 22.71c).

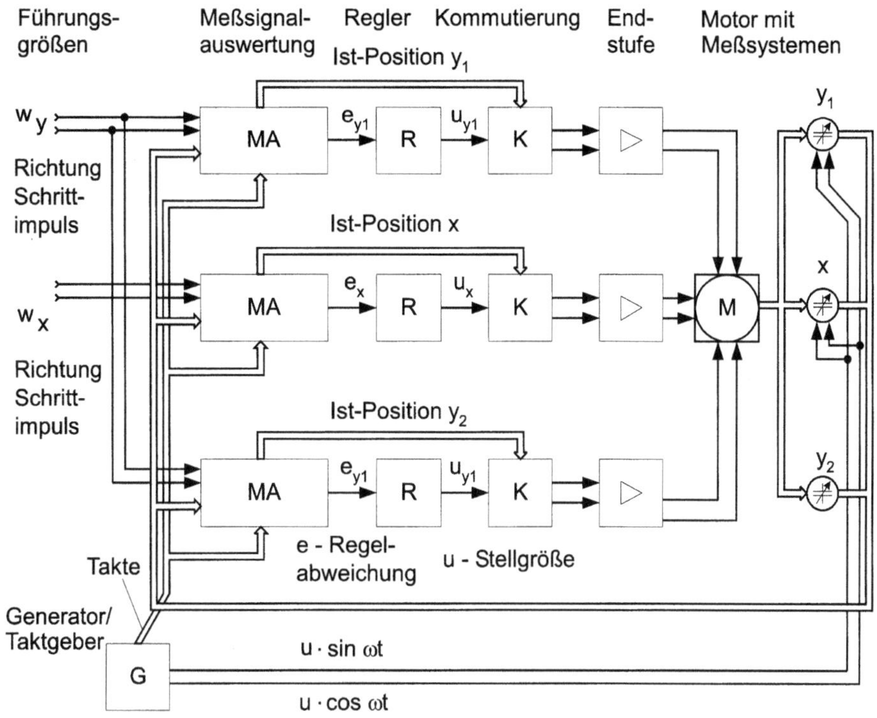

Bild 22.73: Steuerungsstruktur eines Zweikoordinaten-Hybridschrittmotors mit einem integrierten x-y-$\Delta\varphi$-Messsystem

Bild 22.72 zeigt die Wirkung des Führungswinkels φ_F auf die maximale Steuerfrequenz eines 4-Phasen-Hybridschrittmotors. Während in Antrieben mit rotatorischen Schrittmotoren und Linearschrittmotoren in der Regel kommerzielle Sensoren verwendet werden können, sind bei integrierten Mehrkoordinatenmotoren (Bild 22.55) spezielle Sensoren erforderlich, wenn die Vorteile der integrierten Motoren nicht verloren gehen sollen. In [5] wird ein kapazitives Sensorsystem vorgeschlagen, das in den Motor integriert werden kann (Bild 22.73).

Sensorlose Antriebsregelkreise

Da Sensoren in Antriebsregelkreisen besonders bei Mehrkoordinatenmotoren meistens sehr teure Bauelemente darstellen, bemüht man sich sehr intensiv, Antriebsregelkreise mit Schrittmotoren aufzubauen, in denen auf spezielle Sensoren verzichtet werden kann. In diesem Falle müssen die Rückkopplungssignale aus motoreigenen Zustandsgrößen gewonnen werden. Der Schrittmotor arbeitet dann als integriertes Aktor-Sensorsystem [27]. In [90] wurden die Möglichkeiten und Grenzen der indirekten Bestimmung von Rückkopplungssignalen eingehend theoretisch untersucht.

Neben der Kosteneinsparung für den Sensor ergeben sich noch weitere Vorteile, die im Zuverlässigkeitsbereich (Wegfall des Sensors und der Sensor-Motor-Koppelstelle) und im konstruktiv-technologischen Bereich (geringerer Platzbedarf, vereinfachte Montage) liegen.

Von besonderem Interesse sind natürlich indirekte Verfahren bei integrierten Mehrkoordinatenschrittmotoren mit großen Verfahrwegen, weil bei diesen Schrittmotoren Messsysteme prinzipbedingt nur sehr schwer angeordnet werden können. Im Falle der Flächenschrittmotoren würde das bedeuten, dass eine Maßverkörperung über dem gesamten Bewegungsbereich realisiert werden müsste.

Da Schrittmotoren aufgrund ihrer inneren Steuerungsstruktur die Eigenschaft eines Phasenregelkreises besitzen, können sie selbst innerhalb eines Grundschrittes ohne Rückführung positionieren. Wenn die Positioniergenauigkeit der offenen Steuerkette ausreicht, genügt häufig bereits das Erkennen von Schrittfehlern, damit die Regelung so erfolgen kann, dass ein schrittfehlerfreier Betrieb entsteht.

Vom Standpunkt der Steuerungstechnik wird die Bestimmung der gewünschten Zustandsgrößen aus den Steuer- und Ausgangsgrößen als Zustandsbeobachtung bezeichnet. D. h., aus den elektrischen Klemmengrößen als Ausgangsgrößen sind die Istwerte der mechanischen Größen (Position, Geschwindigkeit, Lastwinkel) zu ermitteln.

Durch Auswertung der Bewegungs-EMK und der elektromagnetischen Leistung können Aussagen über die Lage und den Drehwinkel gewonnen werden [27]. In [24], [23] wird vorgeschlagen, mit Hilfe von im Magnetanker planarer Schrittmotoren integrierten Hall-Sensoren den magnetischen Fluss zu messen und die Erregerströme so zu regeln, dass eine höhere mechanische Steifigkeit der Motoren entsteht bzw. eine Erkennung von Schrittfehlern möglich wird. Höhere Antriebskräfte und eine weitere Optimierung des Antriebsverhaltens von Schrittmotoren lassen sich erreichen, wenn die Schrittmotoren bis in das Sättigungsgebiet ausgesteuert werden. In diesem Fall müssen allerdings nichtlineare Schrittmotormodelle zur Regelkreisauslegung herangezogen werden [91]. Durch Stromkorrektur kann außerdem eine wesentliche Verbesserung der Laufruhe der Linearschrittmotoren erreicht werden [93]

22.6 Gleichstrommotoren

22.6.1 Wirkprinzip

Die Wirkungsweise von Gleichstrommotoren beruhen auf der Lorentz-Kraft. Dies ist die Kraft, die auf bewegte Ladungsträger in einem Magnetfeld wirkt (siehe Bild 22.74 links):

$$\boldsymbol{F}_L = q(\boldsymbol{v} \times \boldsymbol{B}). \tag{22.182}$$

Für einen stromdurchflossenen Leiter leitet sich daraus eine Kraft als Summe bzw. Integral über alle Ladungsträger ab:

$$\boldsymbol{F}_L = \sum q(\boldsymbol{v} \times \boldsymbol{B}) = \int (\boldsymbol{v} \times \boldsymbol{B})\,\mathrm{d}q = \int \left(\frac{\mathrm{d}\boldsymbol{l}}{\mathrm{d}t} \times \boldsymbol{B}\right) I\,\mathrm{d}t = \int I\,(\mathrm{d}\boldsymbol{l} \times \boldsymbol{B}) = \int \boldsymbol{J} \times \boldsymbol{B}\,\mathrm{d}V. \tag{22.183}$$

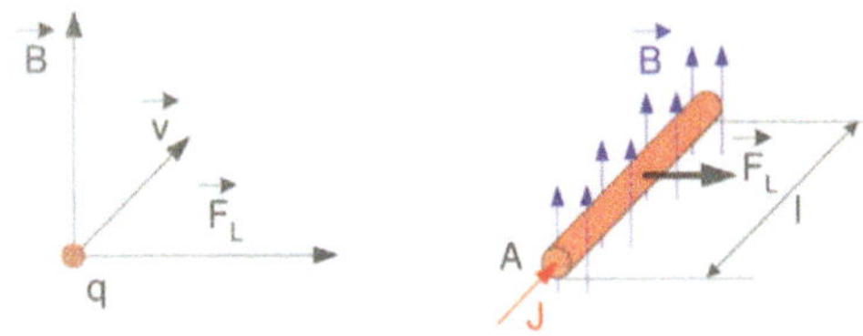

Bild 22.74: Lorentz-Kraft: links Kraft auf einen Ladungsträger, rechts Kraft auf einen stromdurchflossenen Leiter in einem Magnetfeld

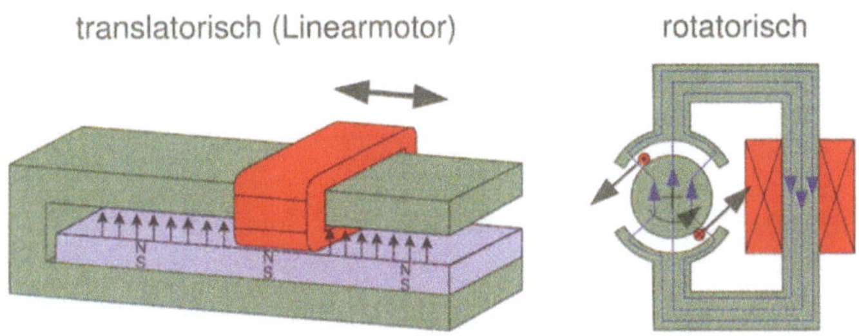

Bild 22.75: Lorentz-Kraft: links Anwendung in einem Linearmotor, rechts Anwendung in einem Rotationsmotor

Die Lorentz-Kraft steht somit stets senkrecht zum Vektor der Stromdichte und zu dem der magnetischen Flussdichte. In Motoranwendungen werden Spulen mit w Windungen eingesetzt:

$$\boldsymbol{F}_M = \int wI\,(\mathrm{d}\boldsymbol{l} \times \boldsymbol{B}) = wIlB\sin\alpha. \tag{22.184}$$

Wenn möglich ist der Winkel $\alpha = 90\,\mathrm{grad}$ zu wählen, um die maximale Kraft zu erreichen (vgl. Bild 22.75).

Bei Rotationsmotoren werden die Wicklungen gleichmäßig um den Rotor gewickelt, so dass sich ein konstanter Kraftverlauf ergibt (Bild 22.75 rechts). Damit die Kraftrichtung für alle Winkelstellungen den gleichen tangentialen Richtungssinn hat ist es notwendig, die Stromrichtung in der Mittelstellung umzudehen. Die wird als *Kommutierung* bezeichnet und durch Kontaktplättchen an der Welle realisiert. Durch dieses Umschalten fließt im Rotor eigentlich ein Wechselstrom. An den Kontaktstellen lässt sich auch Funkenbildung beobachten.

Durch die Lorentz-Kraft liegt eine lineare Abhängigkeit der Kraft vom Strom vor, die mit der Motorkonstante k_M beschrieben wird:

$$F_M = C_1^*\Phi I = k_M^* I \qquad \text{bzw.} \qquad M_M = C_1\Phi I = k_M I. \tag{22.185}$$

Gleichstrommotoren lassen sich nach verschiedenen Gesichtspunkten einteilen.

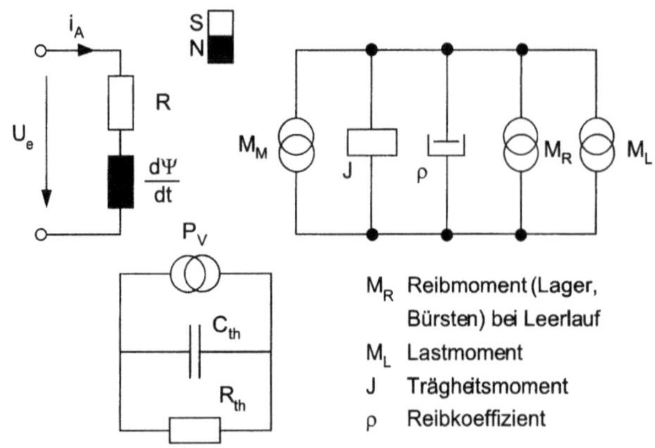

Bild 22.76: Grundstruktur von Gleichstrommotoren (permanentmagneterregt

Art der Ankerbewegung: rotatorisch, translatorisch (linear);

Art der Erregung: Spulenerregung, Permanent(magnet)erregt;

Art der Kommutierung: Bürstenlose Motoren (Elektronikmotoren), Kommutatormotoren;

Freiheitsgrad: Einkoordinatenmotor, Zweikoordinatenmotor, Dreikoordinatenmotor

Bauart / Konstruktion: Innenläufermotoren, Zwischenläufermotoren, Außenläufermotoren, Glockenläufermotoren, Scheibenläufermotoren.

Die Bauart bestimmt stark die technischen Parameter:

- statische und dynamische Eigenschaften,
- Leistungsbereich,
- Drehzahlbereich,
- Dauermagnetmaterial,
- Lebensdauer.

Der aktuelle Trend der Entwicklung von Gleichstrommotoren zeigt, dass die Zahl der Sonderbauformen von Gleichstrommotoren trotz der Verbesserung der Steruerungs- und Regelungsmöglichekeiten ständig zunimmt.

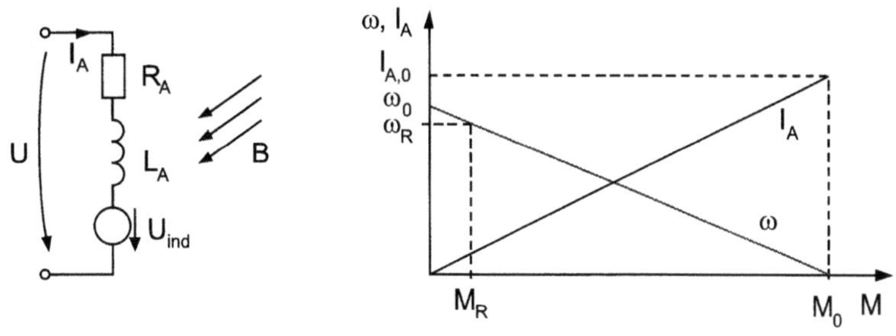

Bild 22.77: Ersatzschaltbild sowie Drehzahl- und Stromkennlinie des permanenterregten Gleichstrommotors

22.6.2 Grundstruktur

Die Grundstruktur von Gleichstrommotoren (Bild 22.76) bildet ein einfaches elektrisches, mechanisches und thermisches Ersatzschaltbild ab. Das beschreibende Bewegungsdifferenzialgleichungssystem nimmt dementsprechend folgende Form an:

$$U_e = i_A R + \frac{\mathrm{d}\Psi}{\mathrm{d}t}, \qquad (22.186)$$

$$M_M = J\ddot{\varphi} + \varrho\dot{\varphi} + M_R \mathrm{sign}(\dot{\varphi}) + M_L. \qquad (22.187)$$

Häufiger rechnet man bei Gleichstrommotoren mit den *Maschinengleichungen*. Sie drücken die einfachen linearen Zusammenhänge zwischen den elektrischen (Ankerstrom, Bewegungsinduktionsspannung) und mechanischen (Motormoment, Drehzahl) Zustandsgrößen aus.

$$M_M = k_M I \qquad (22.188)$$

$$U_{ind} = \frac{\mathrm{d}\Psi}{\mathrm{d}t} = \frac{\mathrm{d}\Psi}{\mathrm{d}\varphi}\omega = w\frac{\mathrm{d}\Phi}{\mathrm{d}\varphi}\omega = wB\frac{\mathrm{d}A}{\mathrm{d}\varphi}\omega = wBl\omega = k_M\omega. \qquad (22.189)$$

mit $\omega = 2\pi n$.

In der Ankerwicklung bildet sich ein Wechselstrom aus, dessen Frequenz proportional zur Drehzahl ist. Trotzdem genügt es in den meisten Fällen, das stätionäre Verhalten ($\omega = \text{const.} \longrightarrow \mathrm{d}I_A/\mathrm{d}t = 0,\ J\mathrm{d}^2\varphi/\mathrm{d}t^2 = 0$) zu betrachten:

$$U_e = i_A R + k_M\omega, \qquad (22.190)$$

$$M_M = M_R + M_L, \qquad (22.191)$$

$$P_v = i_A^2 R. \qquad (22.192)$$

22.6.3 Permanentmagneterregter Gleichstrommotor

Die Maschinengleichungen für den permanenterregten Gleichstrommotor weisen die einfache Form

$$1.\ \text{MG:} \qquad U_{ind} = k_M \omega, \tag{22.193}$$

$$2.\ \text{MG:} \qquad M_M = k_M I_A \tag{22.194}$$

auf. Weiterhin gilt die Maschengleichung

$$U = R_A I_A + L_A \frac{\mathrm{d}I_A}{\mathrm{d}t} + U_{ind}. \tag{22.195}$$

Die elektrische Zeitkonstante $\tau_{el} = L_A/R_A$ liegt im Mikro- oder Millisekundenbereich und ist somit um Größenordnungen kleiner als die mechanische Zeitkonstante τ_{mech}. Deshalb kann die Induktivität sowohl für den stationären Betrieb als auch für die Anlaufphase vernachlässigt werden:

$$U = R_A I_A + U_{ind}. \tag{22.196}$$

Durch Umstellen der Maschinengleichungen unter Einbeziehung der Maschengleichung ergeben sich die stationäre Strom-Drehmoment- und die stationäre Drehzahl-Drehmoment-Kennlinie:

$$I_A = \frac{M_M}{k_M}, \tag{22.197}$$

$$\omega = \frac{U}{k_M} - \frac{R_A I_A}{k_M} = \frac{U}{k_M} - \frac{R_A}{k_M^2} M_M = \omega_0 - \frac{R_A}{k_M^2} M_M = \omega_0 \left(1 - \frac{M_M}{M_0}\right) \tag{22.198}$$

mit den charakteristischen Größen Leerlaufdrehzahl ($M_M = 0$)

$$\omega_0 = \frac{U}{k_M}, \tag{22.199}$$

Anlaufstrom ($\omega = 0$, $U_{ind} = 0$)

$$I_{A0} = \frac{U}{R_A}, \tag{22.200}$$

und Anlaufmoment

$$M_0 = k_M I_{A0} = \frac{k_M U}{R_A}. \tag{22.201}$$

Möglichkeiten zum Drehzahlstellen

Entsprechend Gl. (22.198) ist es möglich, die Drehzahl über die Spannung U, den Widerstand R_A oder über die Maschenkonstante k_M (eigentlich den Erregerfluss) zu verändern. Heutzutage ist es am einfachsten, das Drehzahlstellen über die Spannung zu realisieren.

a) Änderung der Ankerspannung:

Parallelverschiebung der Kennlinie in beide Richtungen,

Realisierung über Pulsweitenmodulation oder Phasenanschnittsteuerung

derzeit angewandte Methode

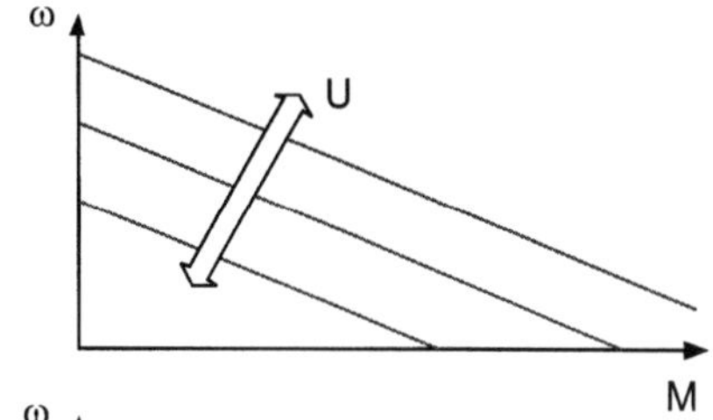

b) Änderung des Ankerwiderstands:

Erhöhung des Abfalls der Kennlinie bei gleicher Leerlaufdrehzahl,

Realisierung mit schaltbarem Vorwiderstand,

auf Grund der Verlust über dem Vorwiderstand heute kaum noch verwendet

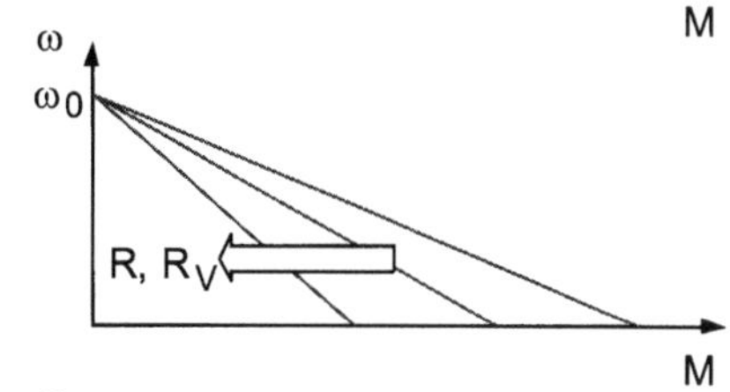

c) Änderung des Erregerflusses:

ungeeignet, da die Drehzahländerung von der Last und die Realisierung abhängig ist,

aufwändig zu realisieren, z. B. über mechanische Änderung des Luftspalts

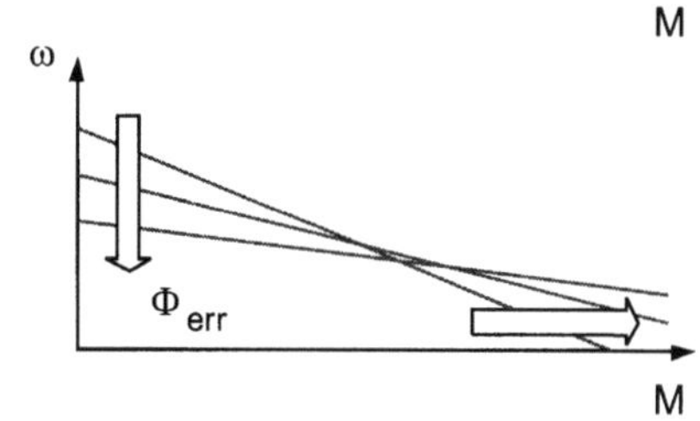

Leistung und Wirkungsgrad

Die abgegebene mechanische Leistung berechnet sich aus dem Motormoment abzüglich der Reibung unter Benutzung von Gl. (22.198):

$$P_{mech} = M_L\omega = (M_M - M_R)\omega = (M_M - M_R)\left(\omega_0 - \frac{R_A}{k_M^2}M_M\right) \tag{22.202}$$

Durch Einsetzen von $\omega_0 = U/k_M$ für die Leerlaufdrehzahl, von $M_0 = k_M U/R_A$ und Umformen ergibt sich (siehe auch Bild 22.78):

$$P_{mech} = -\frac{R_A}{k_M^2}(M_M - M_R)(M_M - M_0). \tag{22.203}$$

Das Maximum der abgegebenen Leistung erhält man durch das Nullsetzen der Ableitung dieser Beziehung nach dem Motormoment.

$$\frac{\mathrm{d}P_{mech}}{\mathrm{d}M_M} = -\frac{R_A}{k_M^2}((M_M - M_R) + (M_M - M_0)) \stackrel{!}{=} 0 \quad \rightarrow \quad M_{Pmax} = \frac{1}{2}(M_0 + M_R). \tag{22.204}$$

Das Maximum der Leistung tritt also beim arithmetischen Mittelwert von Anlauf- und Reibmoment auf. Bei Vernachlässigung der Reibung ($M_R \ll M_0$) befindet sich das Maximum an der Stelle:

$$M_{Pmax} \approx \frac{1}{2}M_0. \tag{22.205}$$

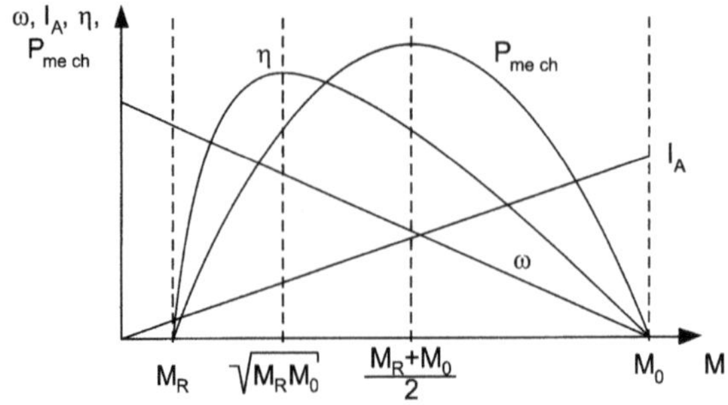

Bild 22.78: Mechanische Leistung und Wirkungsgrad von permanenterregten Gleichstrommotoren

Der Wirkungsgrad ist der Quotient aus abgegebener zu aufgenommener Leistung. Dies ist die elektrische Leistung

$$P_{el} = UI_A = U\frac{M_M}{k_M} \tag{22.206}$$

Damit folgt für den Wirkungsgrad (siehe auch Bild 22.78)

$$\eta = \frac{P_{mech}}{P_{el}} = -\frac{R_A}{k_M U}\frac{(M_M - M_R)(M_M - M_0)}{M_M} = -\frac{M_M}{M_0}\left(1 - \frac{M_R}{M_M}\right)\left(1 - \frac{M_0}{M_M}\right) \tag{22.207}$$

Das Drehmoment für den maximalen Wirkungsgrad erhält man durch Ableiten dieser Beziehung nach dem Moment

$$\frac{\mathrm{d}\eta}{\mathrm{d}M_M} = -\frac{1}{M_0}\left(\left(1 - \frac{M_0}{M_M}\right) + (M_M - M_R)\frac{M_0}{M_M^2}\right) \stackrel{!}{=} 0 \tag{22.208}$$

bzw.

$$0 = 1 - \frac{M_0}{M_{\eta max}} + \frac{M_0}{M_{\eta max}} - \frac{M_R M_0}{M_{\eta max}^2} \quad \rightarrow \quad M_{\eta max} = \sqrt{M_R M_0}. \tag{22.209}$$

Der maximale Wirkungsgrad wird also beim geometrischen Mittel von Anlauf- und Reibmoment angenommen und tritt somit stets bei kleineren Lasten auf als die maximal abgegebene Leistung. Der maximale Wirkungsgrad beträgt

$$\eta_{max} = \left(1 - \sqrt{\frac{M_R}{M_0}}\right)^2. \tag{22.210}$$

22.6.4 Nebenschlussmotor

Beim Nebenschlussmotor wird das Erregerfeld durch eine Spule erzeugt, die parallel zur Ankerspule geschaltet ist. Damit sind beide Spulen unabhängig und die Motorkonstante

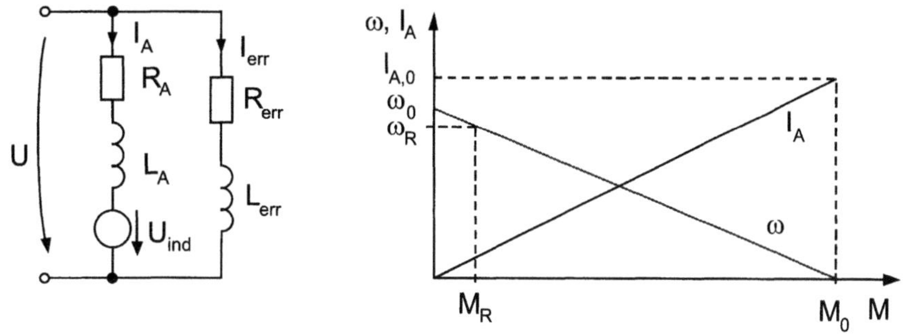

Bild 22.79: Ersatzschaltbild sowie Drehzahl- und Stromkennlinie des Nebenschlussmotors

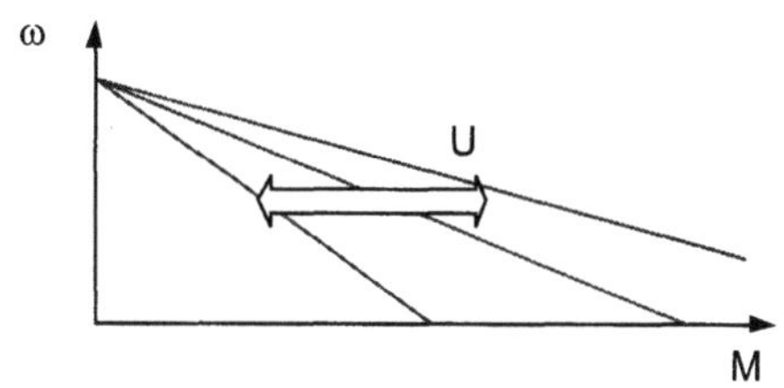

Bild 22.80: Drehzahlstellen von Nebenschlussmotoren mittels Spannung

ist abhängig vom Erregerstrom:

$$k_M = C_1 \Phi_{err} = C_1 C_2 I_{err} = \frac{C_1 C_2 U}{R_{err}}. \tag{22.211}$$

Die Motorkonstante bleibt aber konstant und somit gelten die Maschinengleichungen, Maschengleichung des fremderregten Gleichstrommotors und folglich auch die Beziehungen für den Strom und die Drehzahl in Abhängigkeit vom Drehmoment.

Allerdings ändert sich die Abhängigkeit des Drehzahlstellens mittels der Spannung. Wegen

$$\omega = \frac{U}{k_M} - \frac{R_A}{k_M^2} M_M = \frac{R_{err}}{C_1 C_2} - \frac{R_A R_{err}}{C_1 C_2 U^2} M_M \tag{22.212}$$

ändert sich nur der Anstieg der Drehzahlkennlinie, die Leerlaufdrehzahl bleibt erhalten (siehe Bild 4.7). Für die anderen beiden Methoden zum Drehzahlstellen gibt es keine Unterschiede zum permanenterregten Gleichstrommotor.

22.6.5 Reihenschlussmotor

Beim Reihenschlussmotor sind die Ankerwicklung und die Erregerwicklung in Reihe geschaltet (siehe Bild 22.81). Damit hängt die Motorkonstante $k_M = C_1 C_2 I_{err}$ auch

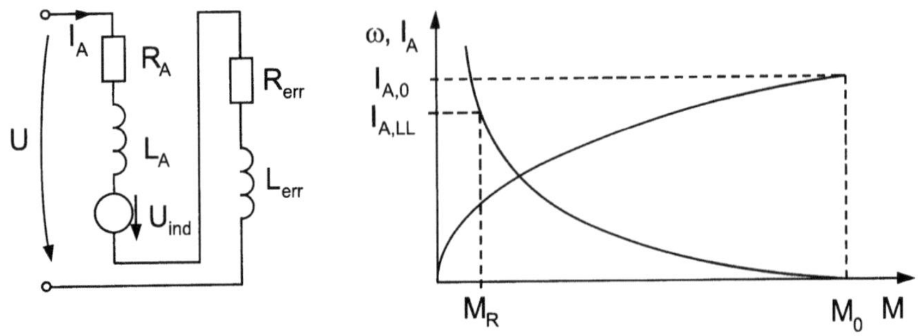

Bild 22.81: Ersatzschaltbild sowie Drehzahl- und Stromkennlinie des Reihenschlussmotors

vom Ankerstrom ab und ist nicht mehr konstant. Aus diesem Grund müssen die Maschinengleichungen nun in der Form

$$\text{1. MG:} \qquad U_{ind} = C_1 C_2 I_A \omega, \tag{22.213}$$

$$\text{2. MG:} \qquad M_M = C_1 C_2 I_A^2 \tag{22.214}$$

geschrieben werden. Weiterhin gilt für den stationären Betrieb die Maschengleichung

$$U = (R_A + R_e rr) I_A + U_{ind}. \tag{22.215}$$

Durch Umstellen der Maschinengleichungen unter Einbeziehung der Maschengleichung ergeben sich analog zum permanentmagneterregten Gleichstrommotor die stationären Strom-Drehmoment- und Drehzahl-Drehmoment-Kennlinie:

$$I_A = \sqrt{\frac{M_M}{C_1 C_2}}, \tag{22.216}$$

$$\omega = \frac{U}{\sqrt{C_1 C_2 M_M}} - \frac{R_A + R_{err}}{C_1 C_2} = \frac{U}{\sqrt{C_1 C_2}} \left(\frac{1}{\sqrt{M_M}} - \frac{1}{\sqrt{M_0}} \right) \tag{22.217}$$

mit den charakteristischen Größen Anlaufstrom ($\omega = 0$, $U_{ind} = 0$):

$$I_{A0} = \frac{U}{R_A + R_{err}}, \tag{22.218}$$

und dem entsprechenden Anlaufmoment M_0. Aus der Drehzahlkennlinie geht hervor, dass im Leerlauffall die Drehzahl gegen Unendlich geht. Sie wird nur durch das Reibmoment begrenzt. Trotzdem muss beim Reihenschlussmotor der Leerlauf vermieden werden, da er in diesem Fall mechanisch zerstört werden könnte. Aus diesem Grund wurden Reihenschlussmotoren häufig dort eingesetzt, wo der Leerlauffall nicht auftritt, z. B. Fahrstuhlantrieb, Straßenbahn.

22.6.6 Dynamisches Verhalten

Da Gleichstrommotoren näherungsweise ein lineares System darstellt, kann man das dynamische Verhalten mittels der Übertragungsfunktion beschreiben. Besonders interessant aus Anwendungssicht sind die Übertragungsfunktionen für den Lageregelkreis $G_\varphi(p) = \Phi(p)/U(p)$ und für die Geschwindigkeitsregelung $G_\omega(p) = \Omega(p)/U(p)$.

Aus dem Bewegungsdifferenzialgleichungssystem

$$U = R_A i_A + L_A \frac{\mathrm{d}i_A}{\mathrm{d}t} + k_M \dot{\varphi}, \tag{22.219}$$

$$M_M = k_M i_A = J\ddot{\varphi} + \varrho\dot{\varphi} + k^*\varphi + M_L, \tag{22.220}$$

wobei J das Trägheitsmoment des Läufers, ϱ der Reibkoeffizient der Lagerung, k^* die Elastizitätskonstante der Motorwelle und M_L die Last darstellen, sollen im Folgenden die Übertragungsfunktionen mit einigen zulässigen Vereinfachungen hergeleitet werden.

Die konstante Last M_L entfällt bei der Laplace-Transformation (siehe Gl. (3.64)). Unter Vernachlässigung von Reibung und Elastizität entsteht nach der Laplace-Transformation bei den Anfangsbedingungen $\varphi(0) = 0$ und $\omega(0) = 0$:

$$U(p) = R_A I_A(p) + pL_A I_A(p) + pk_M \Phi(p), \tag{22.221}$$

$$k_M I_A(p) = p^2 J\Phi. \tag{22.222}$$

Durch Eliminierung von $I_A(p)$ erhält man:

$$U(p) = \frac{JR_A}{k_M} p^2 \Phi(p) + \frac{JL_A}{k_M} p^3 \Phi(p) + pk_M \Phi(p), \tag{22.223}$$

woraus die Übertragungsfunktion für die Lageregelung folgt:

$$G_\varphi(p) = \Phi(p)/U(p) = \frac{1}{\frac{JL_A}{k_M}p^3 + \frac{JR_A}{k_M}p^2 + pk_M} = \frac{1/k_M}{\frac{JL_A}{k_M^2}p^3 + \frac{JR_A}{k_M^2}p^2 + p}. \tag{22.224}$$

Mit den Konstanten

$$T_m = \frac{JR_A}{k_M^2} \quad \text{elektromechanische Zeitkonstante,} \tag{22.225}$$

$$T_e = \frac{L_A}{R_A} \quad \text{elektrische Zeitkonstante} \tag{22.226}$$

entsteht:

$$G_\varphi(p) = \frac{1/k_M}{p(T_e T_m p^2 + T_m p + 1)}. \tag{22.227}$$

bzw. mit $\omega_0^* = 1/\sqrt{T_e T_m}$ und $D = 0{,}5\sqrt{Tm/Te}$ die Normalform:

$$G_\varphi(p) = \frac{C^*}{p\left(1 + p\frac{2D}{\omega_0} + p^2\frac{1}{\omega_0^2}\right)}. \tag{22.228}$$

Die Normalform ist in zahlreichen Mathematikbüchern tabelliert und diskutiert.

Im Normalfall ist $T_m \gg T_e$. Dann gilt näherungsweise

$$G_\varphi(p) = \frac{1/k_M}{p(1+pT_e)(1+T_m)}. \tag{22.229}$$

Die Geschwindigkeitsübertragungsfunktion lässt sich direkt aus der Positionsübertragungsfunktion ableiten, indem man $\omega = \mathrm{d}\varphi/\mathrm{d}t$ bzw. im Laplace-Bereich $\Omega(p) = p\Phi(p)$ setzt. So erhält man:

$$G_\omega(p) = \Omega(p)/U(p) = p\Phi(p)/U(p) = \frac{1/k_M}{T_e T_m p^2 + T_m p + 1}. \tag{22.230}$$

Die Parameter der Geschwindigkeitsübertragungsfunktion und der Positionsübertragungsfunktion werden zur Reglerauslegung benutzt. Mit ihnen lassen sich optimale Regler bzgl. Einschwingzeit, Überschwingen usw. dimensionieren.

22.6.7 Integrierte Gleichstrommotoren

In zunehmendem Maße werden für die Erzeugung translatorischer Bewegungen Linearmotoren eingesetzt. Es handelt sich dabei um Direktantriebe, die kein Übertragungselement (Getriebe) besitzen. Das bietet einige Vorteile:

- Wegfall des Rotations-Translations-Wandlers (z. B. Kugelspindel),
- Kostensenkung,
- höherer Wirkungsgrad,
- Wegfall von Reibung, Spiel, Verschleiß,
- höhere Dynamik,
- höhere Genauigkeit.

Dafür müssen aber auch einige Nachteile in Kauf genommen werden:

- geringere Kräfte,
- Motor muss unmittelbar an die Belastung angepasst sein.

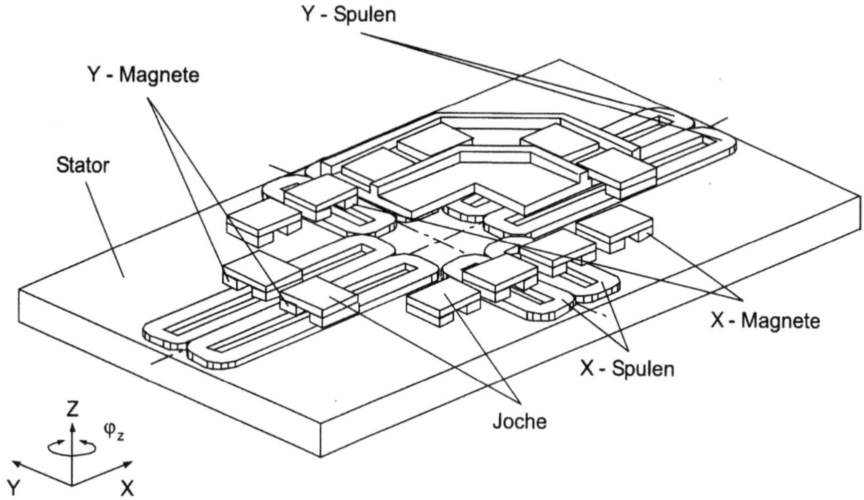

Bild 22.82: Beispiel für einen integrierten Mehrkoordinatenantrieb basierend auf Linearmotoren

Das Bild 22.82 zeigt beispielhaft einen integrierten Mehrkoordinatenantrieb zur Erzeugung von Bewegungen in der x-y-Ebene sowie von Verdrehbewegungen. Gegenüber der Realisierung einer vergleichbaren Bewegung durch einzelne Linearantriebe, die im Huckepack-Prinzip aufeinander ausgeführt werden, ist hier die bewegte Masse und somit die Trägheit deutlich kleiner.

In Abhängigkeit von der Massebelastung gibt es einen optimalen Arbeitsbereich. Die Anwendung des Linearmotors bringt in Spezialfällen Vorteile. Die Berechnung ist analog zu den rotatorischen:

$$\text{1. MG:} \quad U_{ind} = k_M^* v, \tag{22.231}$$

$$\text{2. MG:} \quad F_M = k_M^* I_A \tag{22.232}$$

Weiterhin gilt die Maschengleichung (22.195). Damit liegen die gleichen stationären Kennlinien wie beim permanenterregten Gleichstrommotor in Bild 22.78 vor. Das Kräftegleichgewicht besitzt für den Linearmotor die Form:

$$F_M = k_M^* i_A = m\ddot{x} + \varrho\dot{x} + F_R \text{sign}(\dot{x}) + F_L. \tag{22.233}$$

Elastizitäten entfallen. Dafür spielt die Reibung unter Umständen eine größere Rolle. Für die Leistung gilt

$$P_{mech} = F_M \dot{x} = U_{ind} I_A. \tag{22.234}$$

Anhang A

Koordinatensysteme und deren metrische Koeffizienten

Im Hinblick auf die Lösung unterschiedlicher Syntheseaufgaben sind hier verschiedene Kordinatensysteme mit den dazugehörigen metrischen Koreffizienten zusammengestellt. Die Bilder zeigen Flächen bei denen jeweils eine Koordinate konstant bleibt.

A.1 Kreiszylinderkoordinatensystem

Metrik

$$(g_{ij}) = \begin{pmatrix} -1 & 0 & 0 & 0 \\ 0 & 1 & 0 & 0 \\ 0 & 0 & (x^1)^2 & 0 \\ 0 & 0 & 0 & 1 \end{pmatrix}, \tag{A.1}$$

$$(g^{ij}) = \begin{pmatrix} -1 & 0 & 0 & 0 \\ 0 & 1 & 0 & 0 \\ 0 & 0 & \frac{1}{(x^1)^2} & 0 \\ 0 & 0 & 0 & 1 \end{pmatrix}, \tag{A.2}$$

$$\sqrt{g} = \mathrm{j}\, x^1 , \tag{A.3}$$

$$\frac{g_{11}}{g_{22}\, g_{33}} = \frac{g_{33}}{g_{11}\, g_{22}} = \frac{1}{(x^1)^2}, \quad \frac{g_{22}}{g_{11}\, g_{33}} = (x^1)^2 \tag{A.4}$$

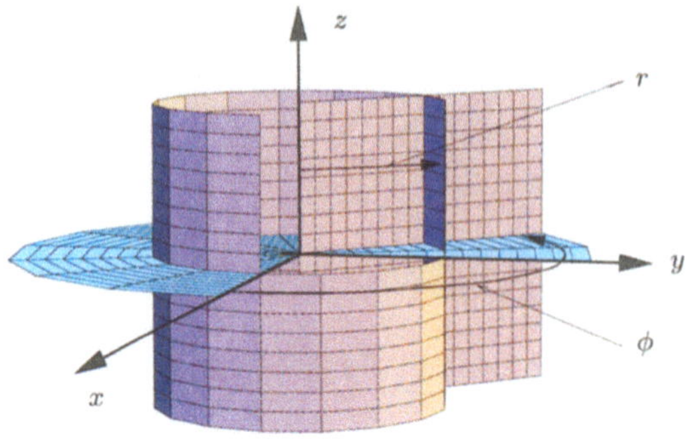

$$x = r\cos\phi\,,\quad y = r\sin\phi\,,\quad z = z$$

$$x^0 = ct \in (-\infty,\infty)\,,\quad x^1 = r \in [0,\infty)\,,\quad x^2 = \phi \in [0,2\pi)\,,\quad x^3 = z \in (-\infty,\infty)$$

Bild A.1: Kreiszylinderkoordinatensystem

A.2 Hyperbolisches Zylinderkoordinatensystem

Metrik

$$g_{ij}: \quad g_{00} = -1, \quad g_{11} = g_{22} = \frac{1}{2\sqrt{u^2+v^2}}, \quad g_{33} = 1 \tag{A.5}$$

$$g^{ij}: \quad g^{00} = -1, \quad g^{11} = g^{22} = 2\sqrt{u^2+v^2}, \quad g^{33} = 1 \tag{A.6}$$

$$\sqrt{g}: \quad \sqrt{g} = \mathrm{j}\,\frac{1}{2\sqrt{u^2+v^2}} \tag{A.7}$$

$$\frac{g_{aa}}{g_{bb}\,g_{cc}}: \quad \frac{g_{11}}{g_{22}\,g_{33}} = \frac{g_{22}}{g_{11}\,g_{33}} = 1, \quad \frac{g_{33}}{g_{11}\,g_{22}} = \frac{1}{4\,(u^2+v^2)} \tag{A.8}$$

A.3 Koordinatensystem sich berührender Zylinder

Metrik

$$g_{ij}: \quad g_{00} = -1\,, \quad g_{11} = g_{22} = \frac{1}{(u^2+v^2)^2}\,, \quad g_{33} = 1 \tag{A.9}$$

$$g^{ij}: \quad g^{00} = -1\,, \quad g^{11} = g^{22} = \frac{1}{(u^2+v^2)^2}\,, \quad g^{33} = 1 \tag{A.10}$$

$$\sqrt{g}: \quad \sqrt{g} = \mathrm{j}\,\frac{1}{(u^2+v^2)^2} \tag{A.11}$$

$$\frac{g_{aa}}{g_{bb}\,g_{cc}}: \quad \frac{g_{11}}{g_{22}\,g_{33}} = \frac{g_{22}}{g_{11}\,g_{33}} = 1\,, \quad \frac{g_{33}}{g_{11}\,g_{22}} = \left(u^2+v^2\right)^4 \tag{A.12}$$

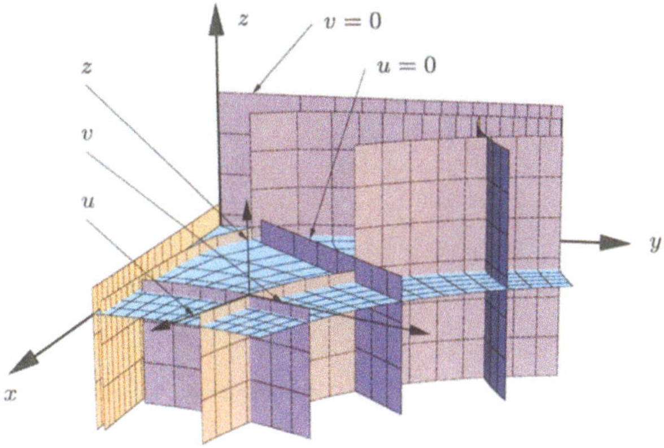

$$x = \sqrt{\sqrt{u^2+v^2}+u}\,, \qquad x^0 = ct \in (-\infty,\infty)\,,$$
$$y = \sqrt{\sqrt{u^2+v^2}-u}\,, \qquad x^1 = u \in (-\infty,\infty)\,,$$
$$z = z \qquad x^2 = v \in [0,\infty)\,,$$
$$x^3 = z \in (-\infty,\infty)$$

Bild A.2: Hyperbolisches Zylinderkoordinatensystem

A.4 Kugelkoordinatensystem

Metrik

$$(g_{ij}) = \begin{pmatrix} -1 & 0 & 0 & 0 \\ 0 & 1 & 0 & 0 \\ 0 & 0 & (x^1)^2 & 0 \\ 0 & 0 & 0 & (x^1)^2\sin^2(x^2) \end{pmatrix}, \tag{A.13}$$

$$(g^{ij}) = \begin{pmatrix} -1 & 0 & 0 & 0 \\ 0 & 1 & 0 & 0 \\ 0 & 0 & \dfrac{1}{(x^1)^2} & 0 \\ 0 & 0 & 0 & \dfrac{1}{(x^1)^2\sin^2(x^2)} \end{pmatrix} \tag{A.14}$$

$$\sqrt{g} = \mathrm{j}(x^1)^2\sin(x^2) \tag{A.15}$$

$$\frac{g_{11}}{g_{22}\,g_{33}} = \frac{1}{(x^1)^4\sin^2(x^2)}, \qquad \frac{g_{22}}{g_{11}\,g_{33}} = \frac{1}{\sin^2(x^2)}, \qquad \frac{g_{33}}{g_{11}\,g_{22}} = \sin^2(x^2) \tag{A.16}$$

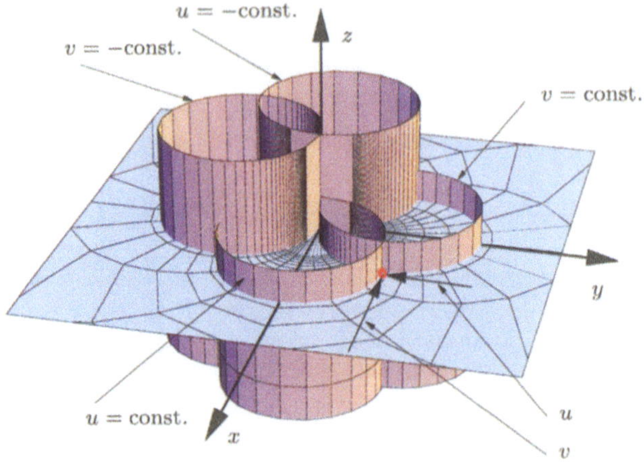

$$x = \frac{u}{u^2+v^2}\,, \qquad x^0 = ct \in (-\infty,\infty)\,,$$
$$y = \frac{v}{u^2+v^2}\,, \qquad x^1 = u \in (-\infty,\infty)\,,$$
$$z = z \qquad x^2 = v \in (-\infty,\infty)\,,$$
$$x^3 = z \in (-\infty,\infty)$$

Bild A.3: Koordinatensystem sich berührender Zylinder

A.5 Gestrecktes Elliptisches Koordinatensystem

Metrik

$$g_{ij}: \quad g_{00} = -1\,, \quad g_{11} = g_{22} = a^2(\sinh^2(x^1) + \sin^2(x^2))\,, \tag{A.17}$$
$$g_{33} = a^2 \sinh^2(x^1)\sin^2(x^2) \tag{A.18}$$

$$g^{ij}: \quad g^{00} = -1, \quad g^{11} = g^{22} = \frac{1}{a^2(\sinh^2(x^1) + \sin^2(x^2))}\,, \tag{A.19}$$
$$g^{33} = \frac{1}{a^2 \sinh^2(x^1)\sin^2(x^2)} \tag{A.20}$$

$$\sqrt{g}: \quad \sqrt{g} = \mathrm{j}\,a^3(\sinh^2(x^1) + \sin^2(x^2))\sinh(x^1)\sin(x^2) \tag{A.21}$$

$$\frac{g_{aa}}{g_{bb}\,g_{cc}}: \quad \frac{g_{11}}{g_{22}\,g_{33}} = \frac{g_{22}}{g_{11}\,g_{33}} = \frac{1}{a^2\sinh^2(x^1)\sin^2(x^2)}\,, \tag{A.22}$$
$$\frac{g_{33}}{g_{11}\,g_{22}} = \frac{\sinh^2(x^1)\sin^2(x^2)}{a^2(\sinh^2(x^1) + \sin^2(x^2))^2} \tag{A.23}$$

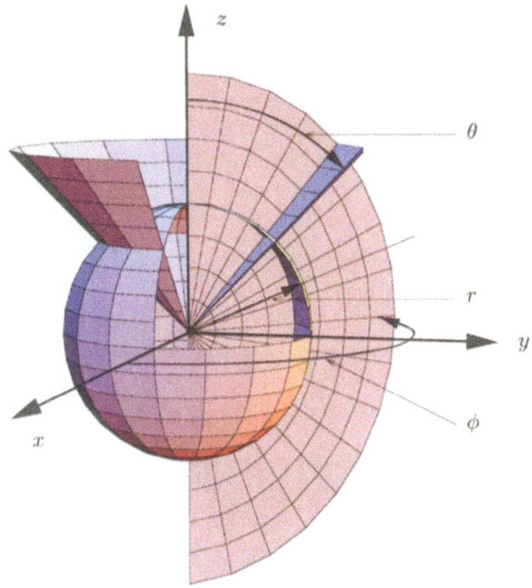

$$x = r \sin\theta \cos\phi, \qquad x^0 = ct \in (-\infty, \infty),$$
$$y = r \sin\theta \sin\phi, \qquad x^1 = r \in [0, \infty),$$
$$z = r \cos\theta \qquad x^2 = \theta \in [0, \pi],$$
$$x^3 = \phi \in [0, 2\pi)$$

Bild A.4: Kugelkoordinatensystem

A.6 Abgeplattetes Elliptisches Koordinatensystem

Die Koeffizienten des metrischen Tensors

$$g_{ij}: \quad g_{00} = -1, \quad g_{11} = g_{22} = a^2(\cosh^2(x^1) - \sin^2(x^2)), \tag{A.24}$$
$$g_{33} = a^2 \cosh^2(x^1) \sin^2(x^2) \tag{A.25}$$

$$g^{ij}: \quad g^{00} = -1, \quad g^{11} = g^{22} = \frac{1}{a^2(\cosh^2(x^1) - \sin^2(x^2))}, \tag{A.26}$$
$$g^{33} = \frac{1}{a^2 \cosh^2(x^1) \sin^2(x^2)} \tag{A.27}$$

$$\sqrt{g}: \quad \sqrt{g} = \mathrm{j}\, a^3(\cosh^2(x^1) - \sin^2(x^2)) \cosh(x^1) \sin(x^2) \tag{A.28}$$

$$\frac{g_{aa}}{g_{bb}\, g_{cc}}: \quad \frac{g_{11}}{g_{22}\, g_{33}} = \frac{g_{22}}{g_{11}\, g_{33}} = \frac{1}{a^2 \cosh^2(x^1) \sin^2(x^2)}, \tag{A.29}$$
$$\frac{g_{33}}{g_{11}\, g_{22}} = \frac{\cosh^2(x^1) \sin^2(x^2)}{a^2(\cosh^2(x^1) - \sin^2(x^2))^2} \tag{A.30}$$

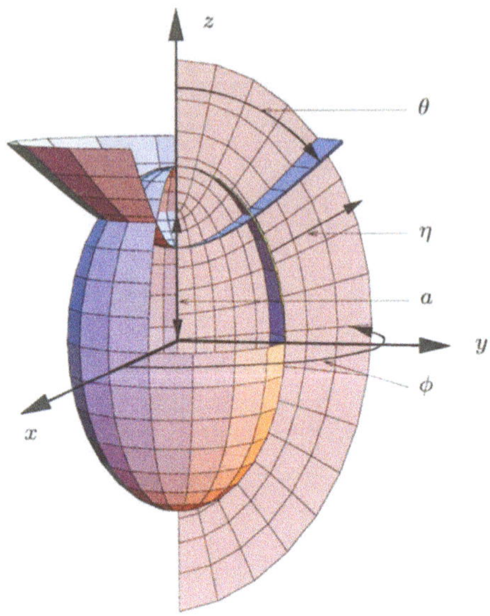

$$x = a \sinh\eta \sin\theta \cos\phi, \qquad x^0 = ct \in (-\infty, \infty),$$
$$y = a \sinh\eta \sin\theta \sin\phi, \qquad x^1 = \eta \in [0, \infty),$$
$$z = a \cosh\eta \cos\theta \qquad x^2 = \theta \in [0, \pi],$$
$$x^3 = \phi \in [0, 2\pi)$$

Bild A.5: gestrecktes elliptisches Koordinatensystem

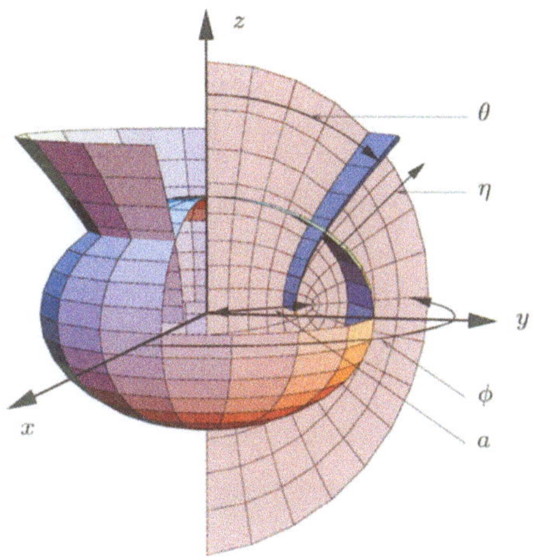

$$x = a \cosh \eta \sin \theta \cos \phi, \qquad x^0 = ct \in (-\infty, \infty),$$
$$y = a \cosh \eta \sin \theta \sin \phi, \qquad x^1 = \eta \in [0, \infty),$$
$$z = a \sinh \eta \cos \theta \qquad x^2 = \theta \in [0, \pi],$$
$$x^3 = \phi \in [0, 2\pi)$$

Bild A.6: abgeplattetes elliptisches Koordinatensystem

Anhang B

Rechenoperationen im $\mathbb{R}^n$

B.1 Alternierung

Von den gleichartigen Indizes eines Tensors wird eine gewisse Zahl N ausgewählt. Unter Alternierung bezüglich der ausgewählten Indizes versteht man das arithmetische Mittel der $N!$ Tensoren, die sich durch Permutation der N Indizes und Multiplikation mit dem Vorzeichen der jeweiligen Permutation ergeben. Das Operatorsymbol für die Alternierung sind eckige Klammern um die Indizes. Das Ergebnis ist ein in den ausgewählten Indizes antisymmetrischer Tensor.

$$T^{ij} = S^{[ij]} = \frac{1}{2!}\left(S^{ij} - S^{ji}\right) \tag{B.1}$$

$$T_{ijk} = S_{[ijk]} = \frac{1}{3!}\left(S_{ijk} + S_{jki} + S_{kij} - S_{jik} - S_{ikj} - S_{kji}\right) \tag{B.2}$$

$$T^{ij}_{k} = S^{[ij]}_{k} = \frac{1}{2!}\left(S^{ij}_{k} - S^{ji}_{k}\right) \tag{B.3}$$

B.2 Divergenz

Die Divergenz eines Tensors der Stufe n ist die Verjüngung der kovarianten Ableitungen dieses Tensors. Die Stufe des Ergebnistensors ist $n-1$.

$$\boldsymbol{T} = \operatorname{div} \boldsymbol{S} \tag{B.4}$$

$$T^{i} = S^{ij}\big|_{j}$$

$$t = S^{i}\big|_{i}$$

B.3 Rotation

Die Rotation eines Tensors der Stufe n ist der vollständig antisymmetrische Anteil der kovarianten Ableitung des Tensors. Seine Stufe erhöht sich um eins.

$$\boldsymbol{T} = \operatorname{rot} \boldsymbol{S} \tag{B.5}$$

$$T_{ijk} = S_{[ij}|_{k]}$$

$$T_{ijk} = \frac{1}{3!} \left(S_{ij}|_k + S_{jk}|_i + S_{ki}|_j - S_{ji}|_k - S_{ik}|_j - S_{kj}|_i \right)$$

$$T_{ijk} = \frac{1}{3!} \left(S_{ij,k} + S_{jk,i} + S_{ki,j} - S_{ji,k} + S_{kj,i} + S_{ik,j} \right) \tag{B.6}$$

Für antisymmetrische Tensoren gilt:

$$T_{ijk} = \frac{1}{3} \left(S_{ij,k} + S_{jk,i} + S_{ki,j} \right)$$

Anhang C

Das Paket Lagrange‘

```
BeginPackage["Lagrange‘"]

bauel::usage =
"Addiert den Beitrag eines Elements zur Lagrange-
bzw. Dissipationsfunktion. Fuer einige Standardbauelemente ist
bauel bereits definiert. Bei Definitionen von bauel fuer neue
Bauelemente muss bauel die Liste {L-Term, D-Term} zurueckgeben."

mkld::usage =
"Stellt die Lagrange- und Dissipationsfunktion auf. Die Funktion mkld
hat nur ein Argument, das eine Liste aus Listen der Argumente
fuer die Funktion bauel darstellt, fuer jedes Bauelement ein
Listenelement. Sie gibt die Liste {L-Funktion, D-Funktion}zurueck."

feder::usage =
"Allgemeines Kraftpotenzial. bauel[feder, K, q] addiert eine
allgemeine Feder mit der Fedekonstante K
(in Ladungsformulierung z.B. ein Kondensator mit 1/C) in der
Ortskoordinate q zum Gesamtsystem."

masse::usage =
"Allgemeine freie Masse. bauel[masse, m, q] addiert eine
allgemeine freie Masse der Groesse m
(in Ladungsformulierung z.B. eine Spule mit L) in der
Ortskoordinate q zum Gesamtsystem."

daempfer::usage =
"Allgemeiner Resistor. bauel[daempfer, D, q] addiert einen
allgemeinen linearen Resistor mit der Daempfungskonstante D
```

```
(in Ladungsformulierung z.B. ein Widerstand mit R) in der
Ortskoordinate q zum Gesamtsystem."

gestquv::usage =
"Lineare geschwindigkeitsgesteuerte Kraftquelle.
bauel[gestquv, K, q1, q2] addiert eine Kraftquelle der Form Q_1=K q2'
zum Gesamtsystem."

gestquq::usage =
"Lineare ortsgesteuerte Kraftquelle.  bauel[gestquq, K, q1, q2]
addiert eine Kraftquelle der Form Q_1=K q2 zum Gesamtsystem."

trafo::usage =
"Linearer reziproker Wandler, der von der
Beschleunigung abhaengt. bauel[trafo, K, q1, q2] addiert einen
Wandler der Form Q_1=K q2", Q_2=K q1" (in der
Ladungsformulierung z.B. einen Transformantor mit der
Gegeninduktivitaet M) zum Gesamtsystem."

quelle::usage =
"Freie Quelle. bauel[quelle, f[t], q] addiert eine Quelle mit Q=f[t]
im Zweig q zum Gesamtsystem."

allgmasse::usage =
"Nichtlineare Masse (speicherintensiv). bauel[allgmasse, f[q'], q]
addiert  eine allgemeine nichtlineare Masse mit Q=f'[q']
(in Ladungsformulierung z.B. eine Spule mit Eisenkern) in der
Ortskoordinate q zum Gesamtsystem."

allgdaempfer::usage =
"Nichtlinearer Resistor (speicherintensiv).
bauel[allgdaempfer, f[q'], q]addiert einen allgemeinen Daempfer
mit Q=f[q'] (in Ladungsformulierung z.B. eine Diode) in der
Ortskoordinate q zum Gesamtsystem."

allgfeder::usage =
"Nichtlineare Feder (speicherintensiv).
bauel[allgfeder, f[q], q] addiert  eine allgemeine nichtlineare Feder
mit Q=f[q] (in Ladungsformulierung z.B. ein Kondensator mit
nichtlinearem Dielektrikum) in der Ortskoordinate q zum Gesamtsystem."

allggestquv::usage =
"Nichtlineare geschwindigkeitsgesteuerte Quelle.
bauel[allggestquv, f[q2], q1, q2] addiert  eine Kraftquelle
der Form Q_1=f[q2'] zum Gesamtsystem."
```

```
mkld::nodef =
"Von mindestens einem Element ist dem System
kein {L,D}-Modell bekannt."

mkeuler::usage =
"mkeuler[{L-Funktion,D-Funktion}, zwang, abh, unabh ,t] erzeugt
das DGLS, das die Bewegung der unabhaengigen Ortskoordinaten
beschreibt. Dabei ist zwang ein Gleichungssystem, dass die
Zwangsbedingungen beschreibt, abh und unabh die Liste der abhaengigen
bzw. unabhaengigen Ortskoordinaten und t die Variable fuer die Zeit."

mkfirst::usage =
"mkfirst[gllist_List,vars_List,t_] erzeugt aus einem DGLS hoeherer
Ordnung ein DGLS erster Ordnung zur numerischen Loesung. Dabei ist
<gllist> eine Liste von Differenzialgleichungen hoeherer Ordnung,
<vars> ist die Liste der zu loesenden Variablen und <t> ist die
Variable, von der die <vars> abhaengen. Es werden dabei neue Variablen
der Form hilf<n> eingefuehrt. Zurueckgegeben wird einen Liste, deren
erstes Element das neue DGLS und deren zweites Element die dazu
gehoerigen abhaengigen Variablen sind."

Begin["‘Private‘"]

(* Definition fuer bauel fuer die wichtigsten Bauelemente *)

bauel[feder,k_,q_]:=
     (
     (* Wenn k keine Zahl ist, bekommt k das Attribut
        Constant, damit es von Dt[] nicht abgeleitet wird. *)
     NumberQ[k] || SetAttributes[k,Constant];
    {- k/2 q^2,0}
    )

bauel[masse,k_,q_]:=
    (
    NumberQ[k] || SetAttributes[k,Constant];
    {k/2 q'^2,0}
    )

bauel[daempfer,k_,q_]:=
    (
    NumberQ[k] || SetAttributes[k,Constant];
    {0,k/2 q'^2}
    )

bauel[gestquv,k_,q1_,q2_]:=
```

```
    (
    NumberQ[k] || SetAttributes[k,Constant];
    {- k/2 q1 q2', k/2 q1' q2'}
    )

bauel[gestquq,k_,q1_,q2_]:=
    (
    NumberQ[k] || SetAttributes[k,Constant];
    {0,k q1' q2}
    )

bauel[trafo,k_,q1_,q2_]:=
    (
    NumberQ[k] || SetAttributes[k,Constant];
    {k q1' q2',0}
    )

bauel[quelle,k_,q_]:=
    {0,-q' k}

bauel[allgfeder,k_,q_]:=
    {-Integrate[k, {q,0,q}] /. x_Symbol :>
    (SetAttributes[x,Constant];x) /; x =!= q
    && FreeQ[Attributes[x],Protected], 0}

bauel[allgdaempfer,k_,q_]:=
    {0,Integrate[k, {q',0,q'}] /.
    x_Symbol :> (SetAttributes[x,Constant];x)
    /; x =!= q && FreeQ[Attributes[x],Protected]}

bauel[allgmasse,k_,q_]:=
    {Integrate[k, {q',0,q'}] /. x_Symbol :>
    (SetAttributes[x,Constant];x) /; x =!= q
    && FreeQ[Attributes[x],Protected], 0}

bauel[allggestquv,k_,q1_,q2_]:=
    {-q1 k/2, q1' k/2+q1 q2" D[k, q2']/2} /.
    x_Symbol :>
      (SetAttributes[x,Constant];x) /;
       x =!= q1 && x=!=q2 && FreeQ[Attributes[x],Protected]

mkld[blist_List]:=
    Module[{ldterme},
      ldterme = bauel @@ #& /@ blist;
      (* Die Variable ldterme enthaelt nun die Liste aus
         den Listen der L- und D-Terme. *)
```

```
      If[MemberQ[ldterme,_bauel], Message[mkld::nodef],
      Thread[Plus @@ ldterme]]
      (* Wenn eine Anwendung von bauel kein Ergebnis bringt,
         wird eine Meldung ausgegeben, sonst wird die Liste
         transponiert und aufaddiert;
         Ergebnis: {L-Fkt,D-Fkt} *)
    ]

mkeuler[{l_,d_},zwang_,abh_List,unabh_List,t_]:=
  Module[{ lzwang, dzwang, lord, dord },
    {lzwang, dzwang} = {l ,d }       /. First[Solve[zwang,abh]]
    /. {x_ :> x[t] /; MemberQ[unabh,x]}
    /. {Derivative[i_][x_] :> D[x,{t,i}]};
    (* Die Abhaengigen werden durch die unabhaengigen substituiert,
       dann wird ein [t] angehaengt, dann werden die Ableitungen
       ausgefuehrt. *)
    lord = Cases[lzwang, Derivative[i_][_][t]->i,
                 Infinity]//Max;
           (* Hoechste Ableitung in L-Fkt. *)
    dord = Cases[dzwang, Derivative[i_][_][t]->i,
                 Infinity]//Max;
           (* Hoechste ableitung in D-Fkt. *)
    lord==-Infinity && (lord=0);
    (* Wenn keine Ableitung -> Ordnung 0 *)
    dord==-Infinity && (dord =0);
    (* Wenn keine Ableitung -> Ordnung 0 *)
    Sum[(-1)^(ii+1) Dt[D[lzwang,Derivative[ii][#][t]],
      {t,ii}],{ii,0,lord}]
    + Sum[(-1)^ii Dt[D[dzwang,Derivative[ii+1][#][t]],
        {t,ii}],{ii,0,dord-1}] == 0& /@ unabh
    /. If[a_,b_,c_] :> c /; b==c
    (* Fuer jede Unabhaengige wird eine DGL aufgestellt,
       durch Dt[] entstehen If's mit b==c, sie werden
       aussortiert. *)
  ]

mkfirst[gllist_List,vars_List,t_]:=
   Module[{tmpcnt=0,tmplist={},gln=gllist,devmax},
      (* Die ganze While-Schleife ist eine reine Funktion,
         die auf jede der Variablen angewendet wird. *)
      While[(devmax=Max[Cases[gln,
        Derivative[n_][#][t]->n,Infinity]])>1,
        (* solange Ableitungen existieren, die
           groesser 1 sind *)
        gln = gln /. Derivative[devmax][#][t]->
         ToExpression["hilf"<>ToString[++tmpcnt]]'[t];
```

```
        (* ersetze hoechste Ableitung durch hilf1,
           hilf2, ... *)
        AppendTo[gln,
        ToExpression["hilf"<>ToString[tmpcnt]][t] ==
        Derivative[devmax-1][#][t]];
       (* Haenge hilfn==Derivative[devmax-1][x] an *)
       AppendTo[tmplist,
        ToExpression["hilf"<>ToString[tmpcnt]]]
       (* Haenge hilfn an Variablenliste an *)
      ]& /@ vars;
  {First[Solve[gln,#'[t]& /@ Join[tmplist,vars]]]
   /. Rule[n_,m_] :> Equal[n,m],Join[vars,tmplist]}
  (* Loese nach den ersten Ableitungen auf, so dass
    y'=f(y,t) *)
 ]

End[]

EndPackage[]
```

Literaturverzeichnis

[1] Balkovoj, A.P.: Diskreter Elektroantrieb mit Rückkopplungen: Hauptbaugruppen und Projektierungsmethodik. *Wissenschaftliche Zeitschrift TH Ilmenau* 33(1987)4, S. 141-154.

[2] Betten, J.: *Tensorrechnung für Ingenieure.* B.G. Teubner, Stuttgart, 1987.

[3] Bertin, M.; Faroux, J.-P.; Renault, J.: *Electromagnétisme. III: Magnétostatique, induction, équations de Maxwell, compléments d'électronique.* BORDAS, Paris, 1986.

[4] Bourne, D.E.; Kendall, P.C.: *Vektoranalysis.* 2. Auflage. B.G. Teubner, Stuttgart, 1988.

[5] Braunschweig, M.; Löwe, B.; Schilling, M.: Geregelter Zweikoordinaten-Hybridschrittmotor. Ilmenau: TU, *Tätigkeitsbericht der Fakultät für Maschinenbau,* 1992.

[6] Bronstein, I.N.; Semendjajew, K.A.: *Teubner-Taschenbuch der Mathematik.* In zwei Teilen. 7. Auflage. Hrsg. Grosch, G.; Ziegler, V., u.a.. B.G. Teubner, Stuttgart · Leipzig, 1996, 1995. ISBN 3-8154-2001-6; ISBN 3-8154-2100-4.

[7] Brussel, H.M.J. van: Mechatronics - A powerfull concurrent engineering framework. *IEEE/ASME Transactions on Mechatronics,* Vol.1, No.2, 1996, S. 127-136.

[8] Caratheodory, C.: *Variationsrechnung und partielle Differentialgleichungen erster Ordnung.* Band I, Teubner Verlag, Leipzig, 1956.

[9] Cartan, E.: *Leçons sur les invariants intégraux.* Hermenn Verlag, Paris, 1922.

[10] Christen, G.: *Modellierung und Simulation motorgetriebener Antriebssysteme der Gerätetechnik.* Ilmenau: TH Habilitation, 1987.

[11] Cilikin, M.G.: *Diskreter Elektroantrieb mit Schrittmotoren* (russ.). Moskau: Verlag Energie, 1971.

[12] Daenzer, W. F.; Huber, F.: *Systems Engineering – Methoden und Praxis.* 8. verbesserte Auflage, Zürich: Verlag Industrielle Organisation, 1984.

[13] Diemar, U.: *Analyse und Synthese elektrischer Netzwerke und elektromagnetischer Felder auf der Grundlage einer tensoriellen Beschreibung.* Habilitation, TU Ilmenau, 2003.

[14] *DIN 42021* (Teil 2) Schrittmotoren 1976.

[15] Dirschmidt, H.-J.: *Tensoren und Felder.* Springer-Verlag, Wien · New York, 1996.

[16] Dittrich, P.: *Untersuchungen des Bewegungsverhaltens linearer elektromagnetischer Schrittantriebe der Gerätetechnik.* Ilmenau: TH Dissertation, 1980.

[17] Dittrich, P.: Nährerungsweise Berechnung der zulässigen Steuerfrequenzen im Start-Stopp-Betrieb von Schrittantrieben. *Feingerätetechnik* 30(1981)9, S. 401-406.

[18] Dittrich, P.; Döring, G.; Schatter, G.: Schrittantriebe in Positioniersystemen der Gerätechnik. *Feingerätetechnik,* Berlin 32(1983)1, S. 6-10 (Teil 1), 32(1983)1, S. 51-54.

[19] Dittrich, P.; Wolf, A.: Aufbau und Wirkungsweise linearer reaktiver Schrittmotoren mit ausgeprägten Polen. *Feingerätetechnik* 25(1976)11, S. 486-490.

[20] Döring, G.: *Ein Beitrag zur Analyse und Synthse von rotatorischen Schrittantrieben für die Präzisionsgerätetechnik.* Ilmenau: TH Dissertation, 1981.

[21] Dörner, D.: *Gedächtnis und Konstruieren.* Pahl, G. (Hrsg.): Psychologische und Pädagogische Fragen beim methodischen Konstruieren, Ergebnisse des Ladenburger Diskurses, Mai 1992 - Oktober 1993, TÜV Rheinland, Köln, 1994.

[22] Dörner, D.: *Die Logik des Misslingens – Strategisches Denken und komplexe Situationen.* Hamburg: Rowolt Verlag, 1989.

[23] Dreifke, L.: *Untersuchungen an planaren Hybridschrittmotoren mit Hall-Sensoren zur Magnetflussregelung und Positionsbestimmung.* Dissertation TU Ilmenau, 2003.

[24] Dreifke, L.; Kallenbach, E.: Direktantriebe mit internen Sensoren und Magnetflussregelung. *Tagungsband 45. IWK TU Ilmenau 2000,* S. 545-550.

[25] Dvoracek, J.: Studienarbeit, Fak EI, FG TET, TU Ilmenau, 1999.

[26] Einstein, A.: *The Meaning of Relativity.* 5. Auflage. Princton, 1956.

[27] Eissfeldt, H.: *Regelung von Hybridschrittmotoren durch Ausnutzung sensorischer Motoreigenschaften.* München: TU Dissertation, 1991.

[28] Feldmann, K.; Wenger, U.: Innovative Automatisierungslösungen in der Wickeltechnik. *wt Werkstattstechnik* Ausgabe 03/2003, S. 153-156.

[29] Felgen, L.; Deubzer, F.; Lindemann, U.: Vorgehensmodell zur Identifikation kritischer Merkmale von mechatronischen Systemen. *Mechatronik 2005 Innovative Produktentwicklung,* Tagung Wiesloch 1. u. 2.6.05, VDI Berichte 1892.1, S. 253-272.

[30] Freund, J.; Töpfer, H.: Leistungsarme, intelligent und buskompatible Stelleinrichtungen für Fluide im Ex-Bereich. *Ölhydraulik und Pneumatik* 43 (1999), 2.

[31] Gförer R.: Dynamisches Bindeglied, Schrittmotorantrieb mit Servoeigenschaften. *Elektrotechnik* 70(1988)16, S. 26-31.

[32] Grant, I.S.; Phillips, W.R.: *Electromagnetism.* Second Edition. John Wiley & Sons. Chichester · New York · Brisbane · Toronto · Singapore, 1990.

[33] Greiner, W.; Rafelski, J.: *Theoretische Physik, Band 3A, Spezielle Relativitätstheorie.* 3. überarbeitete Auflage. Verlag Harri Deutsch, Thun · Frankfurt a.M., 1992.

[34] Gründemann, H.: *Randelementemethode in der Festkörpermechanik.* Fachbuchverlag, Leipzig, 1991.

[35] Gunselmann, C.: *Regelungsverfahren für sensorlose elektromagnetische Umschwing-Aktuatoren.* Dissertation, Ruhr-Universität Bochum, 2005.

[36] Hartmann, F.: *Methode der Randelemente.* Springer-Verlag, Berlin, 1987.

[37] Hofmann, H.: *Das elektromagnetische Feld.* 2. Auflage. Springer-Verlag, Wien · New York, 1982.

[38] Hotop, H.-J.: *Numerische Methoden.* Wissner-Verlag, Augsburg, 1994.

[39] Ivobotenko, B.A.; Ilinski, N.F.: Diskrete Mehrkoordinatenantriebe (russ.). *Moskau: Arbeiten des Moskauer Energetischen Instituts*, Ausgabe 440, 1979.

[40] Ivobotenko, B.A.; Kosacenko, V.F.: *Schrittantriebe in der Robotertechnik* (russ.). Moskau: MEI-Verlag, 1984.

[41] Ivobotenko, B.A.; Kosacenko, V.F.: *Die Projektierung des Schrittmotors* (russ.). Moskau: MEI-Verlag, 1985.

[42] Isermann, R.:*Mechatronische Systeme - Grundlagen.* Berlin, Springer Verlag 1999.

[43] Jansen, S.; Welp, E. G.: Ein Werkzeug zur modellbasierten Partitionierung mechatronischer Systeme. *Mechatronik 2005 Innovative Produktentwicklung*, Tagung Wiesloch 1. u. 2.6.05, VDI Berichte 1892.1, S. 273-294.

[44] Johanneson, H. L.: Design Project planing using functional coupling analysis. *Nord Design*, 1996, Proceedings, S. 75-83.

[45] Kallenbach, E.; Bögelsack, G.: *Gerätetechnische Antriebe.* München, Wien: Carl Hanser Verlag, 1991 und Berlin: Verlag Technik, 1991.

[46] Kallenbach, E.; Eick, R.; Quendt, P.; Ströhla, T.; Feindt, K.; Kallenbach, M.: *Elektromagnete. Grundlagen, Berechnung, Konstruktion, Anwendung.* 2. Auflage, B.G. Teubner Stuttgart Leipzig Wiesbaden, 2003.

[47] Kämmel, G.; Franeck, H.: *Einführung in die Methode der finiten Elemente.* Fachbuchverlag, Leipzig, 1990.

[48] Kästner, S.: *Vektoren, Tensoren, Spinoren.* Akademie-Verlag, Berlin, 1960.

[49] Kenjo, T.: *Stepping motors and their microprocessor control.* Oxford: University Press, 1992.

[50] Kenjo, T.; Takahashi, H.: *Stepping motors and their microprocessor control.* Oxford: Clarendon Press, 1984.

[51] Klingbeil, E.: *Variationsrechnung.* 2. Auflage. B · I · Wissenschaftsverlag. Mannheim · Wien · Zürich, 1988.

[52] Klingbeil, E.: *Tensorrechnung für Ingenieure.* Bibliographisches Institut & F.A. Brockhaus AG, Mannheim · Wien · Zürich, 1996.

[53] Knothe, K.; Wessels, H.: *Finite Elemente.* Springer-Verlag, Berlin, 1991.

[54] Kost, A.: *Numerische Methoden in der Berechnung elektromagnetischer Felder.* Springer-Verlag, Berlin, 1994.

[55] Kranach, M.; von Ochsenbein, G.; Valach, L.: The group as selfactive system: Outling of a theorie of groupaction. *European journal of social psychology,* 16 193/229, 1986.

[56] Kreuth, H.P.: *Schrittmotoren.* München, Wien: R. Oldenbourg Verlag, 1988.

[57] Kröger, R.; Unbehauen, R.: *Elektrodynamik.* B.G. Teubner-Verlag, Stuttgart, 1990.

[58] Kühne, E.: *Verbesserung der Dynamik von Schrittmotoren durch Einführung einer Rückkopplung.* Karl-Marx-Stadt: TU Dissertation, 1986.

[59] Kuo, B.C.: *Theory and application of stepmotors.* Sant Paul, New York: Westpublishing Co, 1974.

[60] Küpfmüller, K.: *Einführung in die theoretische Elektrotechnik.* Springer-Verlag, Berlin · Göttingen · Heidelberg, 7. Auflage, 1962.

[61] Landau, L.D.; Lifschitz, E.M.: *Lehrbuch der Theoretischen Physik, Band2: Klassiche Feldtheorie.* Akademie Verlag GmbH, Berlin, 12. Auflage, 1992.

[62] Laucks, G.: *Das Randelementeverfahren zur Berechnung statischer Felder in 3 Dimensionen.* Universität Erlangen, Erlangen, 1992.

[63] Lehner, G.: *Elektromagnetische Feldtheorie für Ingenieure und Physiker.* Springer-Verlag, Berlin, 1996.

[64] Lingel, TH.: *Anwendung der Methode der Finiten Differenzen im Zeitbereich zur Optimierung passiver Wellenleiterdiskontinuitäten.* Dissertation zum Dr.-Ing., TU Ilmenau, Ilmenau, 1998.

[65] Link, W.: *Das dynamische Verhalten des Schrittmotors bei schnellstmöglichen Positioniervorgängen.* Stuttgart: Universität Dissertation 1982.

[66] Loele, H.: *Numerische Methoden zur Berechnung elektrodynamischer Felder - Lösung von Feldproblemen mit Variationstechniken.* Unveröffentlichtes Manuskript, 60 Seiten. TU Ilmenau, Ilmenau, 1998.

[67] Macke, W.: *Elektromagnetische Felder.* Akademische Verlagsgesellschaft Geest & Portig K.-G., Leipzig, 1960.

[68] Martin, C.A.: *Ein Beitrag zur Optimierung der dynamischen Eigenschaften von Schrittmotor-Antriebssystemen.* Braunschweig: TU Dissertation, 1984.

[69] Maxwell, J.C.: *A treatise on electricity and magnetism.* Vol. II, 1873.

[70] MAXWELL Software, Users Manual, Ansoft Corp., 1994.

[71] Michalowsky, L.; Schneider, J. (Hrsg.): *Magnettechnik : Grundlagen, Werkstoffe, Anwendungen.* 3. Auflage, Vulkan Verlag GmbH, Essen, 2006.

[72] Miller, K.; Ross, B.: *An introduction to the fractional calculus an fractional differential equations.* John Wiley & Sons, Inc., New York, 1993.

[73] Minkowski, H.: *Zwei Abhandlungen über die Grundgleichungen der Elektrodynamik.* Teil I: Göttinger Nachrichten, 1908; Teil II: Math. Ann. 68 (1910).

[74] Mitter, H.: *Elektrodynamik.* 2. Auflage, B · I · Wissenschaftsverlag. Mannheim · Wien · Zürich, 1990.

[75] Möhringer, S.: Gibt es ein gemeinsames Vorgehen in der Mechatronik? Bestandsaufnahme gängiger Entwicklungsmethoden und Handlungsempfehlungen. *Mechatronik 2005 Innovative Produktentwicklung*, Tagung Wiesloch 1. u. 2.6.05, VDI Berichte 1892.1, S. 229-252.

[76] Moon, P.; Spencer, D.E.: *Field Theory Handbook.* Springer Verlag, Berlin · Göttingen · Heidelberg, 1968.

[77] Müller, G.: *Einsatzgrenzen zwischen Schrittantrieben und lagegeregelten Gleichstromantrieben.* In: Wiss. Zeitschrift TU Dresden 43(1985)3, S. 137-141.

[78] Neuendorf, W.: *Numerische Verfahren - Vorlesungen, Übungen, Algorithmen und Programme*, Shaker Verlag, Aachen, 2002.

[79] Nkamnang, A. R.: *Diskretisierung von mehrgliedrigen Abelschen Integralgleichungen und gewöhnliche Differentialgleichungen gebrochener Ordnung*, FU Berlin, 1998, Dissertation zum Dr. rer. nat an der FU Berlin.

[80] Oldham, K.B.; Spanier, J.: *The fractional calculus*, Academic Press, New York, 1974.

[81] Oudet, C.: *Elektrische Schrittmotoren.* Offenlegungsschrift DE 3049 234 A1.

[82] Panowski, K.H.; Philipps, M.: *Classical electricity and magnetism.* Second Edition, Addison-Wesley Publishing Company, Inc. Reading, Massachusetts, USA, London, England, 1955.

[83] Pfeiffer, G.: *Analyse, Berechnung und Betriebsverhalten von permanentmagnetischen Gleichpol-Schrittmotoren.* Darmstadt: TH Dissertation, 1983.

[84] Philippow, E.: *Grundlagen der Elektrotechnik.* 9. Auflage, Verlag Technik, Berlin · München, 1992.

[85] Philippow, E.: *Taschenbuch der Elektrotechnik.* Band 1, Verlag Technik, Berlin, 1976.

[86] Podlubny, I.: Fractional differential equations: An introduction to fractional derivatives, fractional differential equations, to methods of their solution and some of their applications, *Mathematics in science and engineering*, Academic Press, Vol 198, San Diego, **198**(1999).

[87] PROFI 2D transient Version 2.0, Benutzerhandbuch, Profi Engineering Systems GmbH, 1997.

[88] Raschewski, P.K.: *Riemannsche Geometrie und Tensorrechnung.* Deutscher Verlag der Wissenschaften, Berlin, 1995.

[89] Räumschüssel, E.: *Untersuchungen der dynamischen Eigenschaften von rotatorischen elektromagnetischen Schrittantrieben.* Ilmenau: TH Dissertation, 1977.

[90] Räumschüssel, E.: *Steuerung, Modellierung und Simulation von Schrittmotorantrieben.* Ilmenau: TH Habilitation, 1990.

[91] Räumschüssel, E.; Lipfert, R.: Nichtlineares Modell eines Linearschrittmotors auf der Basis der Magnetfeldberechnung. *Tagungsband 45. IWK TU Ilmenau* 2000, S. 529-534.

[92] Riemer, D.: *Untersuchungen zur Berechnung, konstruktiven Gestaltung und technologischen Realisierung von kaskadierbaren, elektrostatischen Mikroantrieben.* Dissertation TU Ilmenau, 1997.

[93] Räumschüssel, E., Lipfert, R.: Beeinflussung des Bewegungsverhaltens von Antriebssystemen mit eisenbehafteten elektromagnetischen Aktoren am Beispiel von Linearaktoren. *Tagungsband 50. IWK TU Ilmenau* 19.-23.9.2005, Ilmenau, S. 119f.

[94] Reinhard, M.: Nachbildung einer realen Spule unter Einsatz der fraktionalen Differenziation. Tagungsband 51. Internationales Wissenschaftliches Kolloqium (IWK) an der TU-Ilmenau, 2006.

[95] Ritz, W.: *Du rôle de l' éther en physique.* Scientia 3(1908).

[96] Ritz, W.: *Über Variationsprobleme der mathematische Physik.* Journal of Mathematics 135 (1909).

[97] Ritz, W.: *Recherches critiques sur l' électrodynamique général.* Ann. de chim. et physik. 13 (1908).

[98] Ritz, W.: *Sur les théories électromagnétiques de Maxwell-Lorentz.* Arch. de Génève, 16 (1908).

[99] Riemann, B.: *Über die Hypothese, die der Geometrie zugrunde liegt.* Göttinger Nachrichten 13 (1868).

[100] Riemann, B.: *Ein Beitrag zur Elektrodynamik.* (vom 10. Februar 1858). Poggendorff's Annalen der Physik und Chemie, Band CXXXI.

[101] Römer, H.: *Theoretische Optik.* VCH Verlagsgesellschaft. Weinheim · New York · Basel · Cambridge · Tokyo, 1994.

[102] Römer, H.; Ferger, M.: *Elementare Feldtheorie.* VCH Verlagsgesellschaft. Weinheim · New York · Basel · Cambridge · Tokyo, 1993.

[103] Roth, K.: *Konstruieren mit Konstruktionskatalogen.* 3. Auflage, Berlin: Springer Verlag, 2000.

[104] Rummich, E. u. a.: *Elektrische Schrittmotoren und -antriebe.* Ehningen bei Böblingen: expert Verlag, 1992.

[105] Schäfer, I.: *Fraktionale Zeitableitungen zur Beschreibung viskoelastischen Materialverhaltens*, Fachbereich Maschinenbau der Universität der Bundeswehr Hamburg, Dissertation zum Dr.-Ing., Hamburg, 2001.

[106] Schatter, G.: *Untersuchung zur Steuerung und Dynamik von Schrittmotoren.* Ilmenau: TH Dissertation, 1981.

[107] Schatter, G.; Kallenbach, E.; Dittrich, P.: Besonderheiten der Kopplung von Schrittantrieben an Mikrorechnersysteme. *Feingerätetechnik* 28(1979)2, S. 99-102.

[108] Schmutzer, E.: *Grundlagen der Theoretischen Physik* in zwei Teilen. Deutscher Verlag der Wissenschaften, Berlin, 1989.

[109] Schmutzer, E.: *Relativistische Physik.* B.G. Teubner Verlagsgesellschaft, Leipzig, 1968.

[110] Schöne, D.: *Ein Beitrag zur Modellierung und Simulation von Schrittmotorantieben.* Ilmenau: TH Dissertation, 1988.

[111] Schweer, J.-B.: *Berechnung kleiner Wechselstrom-Ventilmagnete mit massivem Eisenkreis.* Dissertation Universität Hannover, 1997.

[112] Simonyi, K.: *Theoretische Elektrotechnik.* 9. Auflage. Deutscher Verlag der Wissenschaften, Berlin, 1989.

[113] Simonyi, K.: *Grundgesetze des elektromagnetischen Feldes.* Deutscher Verlag der Wissenschaften, Berlin, 1963.

[114] Simonyi, K.: *Kulturgeschichte der Physik.* Übersetzt aus der 3. ungarischen Ausgabe. Akadémiai Kiadó, Budapest, 1990.

[115] Sommerfeld, A.: *Vorlesung über Theoretische Physik.* Band III: Elektrodynamik. 4. Auflage, Akademische Verlagsgesellschaft, Geest & Portig K.-G., Leipzig, 1964.

[116] Stölting, H.-D.; Beisse, A.: *Elektrische Kleinmaschinen.* Stuttgart: Teubner Verlag, 1987.

[117] Stölting, H.D.; Kallenbach, E.: *Handbuch Elektrische Kleinantriebe.* 2. Auflage, Carl Hanser Verlag, München Wien, 2002.

[118] Strassacker, G.; Süße, R.: *Rotation, Divergenz und Gradient. Elektromagnetische Feldtheorie in Vektoranalytischer Darstellung - Eine Einführung.* 6. Auflage. B.G. Teubner. Wiesbaden, 2006.

[119] Strassacker, G.; Strassacker, P.: *Analytische und numerische Methoden der Feldberechnung.* B.G. Teubner. Stuttgart-Leipzig, 1993.

[120] Ströhla, T.: *Ein Beitrag zur Simulation und zum Entwurf von elektromagnetischen Systemen mit Hilfe der Netzwerkmethode.* Dissertation TU Ilmenau, Ilmenau Wissenschaftsverlag, 2002.

[121] Ströhla, T.; Kallenbach, E.; Feindt, K.; Birli, O.: Entwurf magnetischer Aktoren für mechatronische Systeme mit SESAM, *VDI-Mechatronik Tagung 2003 Innovative Produktentwicklung*, 7-8 Mai 2003, Fulda.

[122] Süße, R.: *Das Kompensationsprinzip.* Zeitschrift für elektrische Informations- und Energietechnik, Leipzig 10(1980)5, S. 461-468.

[123] Süße, R.: Nouveaux aspects dans l' analyse des systèmes électrotechniques. *Annales de l' Université de Craïova. Seria: Inginerie electrică.* Anul 21, nr. 21, 1997, S. 95-102.

[124] Süße, R.; Marx, B.: *Theoretische Elektrotechnik*, Band 1: Variationsrechnung und Maxwellsche Gleichungen. B·I Wissenschaftsverlag, Mannheim · Leipzig · Wien· Zürich, 1994. Wissenschaftsverlag Ilmenau, Ilmenau, 1999.

[125] Süße, R.; Diemar, U.; Michel, G.: *Theoretische Elektrotechnik*, Band 2: Netzwerke und Elemente höherer Ordnung. VDI-Verlag, 1996. Wissenschaftverlag Ilmenau, Ilmenau, 1999.

[126] Süße, R.; Kallenbach, E.; Ströhla, T.: *Theoretische Elektrotechnik*, Band 3: Analyse und Synthese elektrotechnischer Systeme. Wissenschaftsverlag Ilmenau, Ilmenau, 1997.

[127] Süße, R.; Diemar, U.: *Theoretische Elektrotechnik*, Band 4: Beschreibung, Berechnung und Synthese von Feldern. Wissenschaftverlag Ilmenau, Ilmenau, 2000.

[128] Süße, R.; Domhardt, A., Reinhard, M.: Calculation of electrical circuits with fractional characteristics of construction elements. *Forschung im Ingenieurwesen.* (2005) 69, S. 230-235. DOI 10.1007/s10010-005-0007-z.

[129] VDI: *VDI 2206. Entwicklungsmethodik für mechatronische Systeme*, Entwurf 2003.

[130] von Weiss, A.: *Übersicht über die Theoretische Elektrotechnik: Die Physikalisch-mathematischen Grundlagen.* 2. Auflage. Akademische Verlagsgesellschaft Geest & Portig K.-G., Leipzig, 1959.

[131] von Weiss, A.; Kleinwächter, H.K.: *Übersicht über die Theoretische Elektrotechnik. Ausgewählte Kapitel und Aufgaben.* Akademische Verlagsgesellschaft Geest & Portig K.-G., Leipzig, 1956., 1961.

[132] Wendorf, E.; Kallenbach, E.: Direct drives for positioning tasks based on hybrid steppermotor. *Proceedings Intelligent Motion* 1993, S. 38-52.

[133] Wolff, I.: *Grundlagen und Anwendungen der Maxwellschen Theorie I.* VDI-Verlag, Düsseldorf, 1996.

[134] Wolf, S.; Fischer, O.; Pfau, W.: Radiative transfer in the clumpy environement of young stellar objects, *Astronomy and Astrophysics.* October 11, 1998, S. 1-14.

[135] Wolfram, S.: *Mathematica - Ein System für Mathematik auf dem Computer*, Addison Wesley, 1992.

Index

MIX
Papier aus verantwortungsvollen Quellen
Paper from responsible sources
FSC® C105338

If you have any concerns about our products,
you can contact us on
ProductSafety@springernature.com

In case Publisher is established outside the EU,
the EU authorized representative is:
Springer Nature Customer Service Center GmbH
Europaplatz 3, 69115 Heidelberg, Germany

Printed by Libri Plureos GmbH
in Hamburg, Germany